建筑施工手册

（第五版）

5

《建筑施工手册》（第五版）编委会

中国建筑工业出版社

图书在版编目(CIP)数据

建筑施工手册 5/《建筑施工手册》(第五版)编委会 .—5 版 .
北京：中国建筑工业出版社，2012.12 （2024.1重印）
ISBN 978-7-112-14688-8

Ⅰ.①建… Ⅱ.①建… Ⅲ.①建筑工程-工程施工-技术手册
Ⅳ.①TU7-62

中国版本图书馆 CIP 数据核字(2012)第 225511 号

《建筑施工手册》第五版共分 5 个分册，本书为第 5 分册。本书共分 6 章，主要内容包括：机电工程施工通则；建筑给水排水及采暖工程；通风与空调工程；建筑电气安装工程；智能建筑工程；电梯安装工程。

近年来，我国先后对建筑材料、建筑结构设计、建筑技术、建筑施工质量验收等规范、标准进行了全面的修订，并新颁布了多项规范、标准，本书修订紧密结合现行规范，符合新规范要求；对近年来发展较快的施工技术内容做了大量的补充，反映了住房和城乡建设部重点推广的新材料、新技术、新工艺；充分体现权威性、科学性、先进性、实用性、便捷性，内容更全面、更系统、更丰富、更新颖，是建筑施工技术人员的好参谋、好助手。

本书可供建筑施工工程技术人员、管理人员使用，也可供大专院校相关专业师生参考。

* * *

责任编辑：刘 江 张伯熙 张 磊
责任设计：陈 旭
责任校对：王誉欣 关 健

建 筑 施 工 手 册
（第 五 版）
5
《建筑施工手册》(第五版)编委会

*

中国建筑工业出版社出版、发行（北京西郊百万庄）
各地新华书店、建筑书店经销
北京红光制版公司制版
天津翔远印刷有限公司印刷

*

开本：787×1092 毫米 1/16 印张：78 字数：1944 千字
2012 年 12 月第五版 2024 年 1 月第二十五次印刷
定价：**155.00** 元
ISBN 978-7-112-14688-8
(22779)
如有印装质量问题，可寄本社退换
(邮政编码 100037)

《建筑施工手册》（第五版）编委会

主　　任：王珮云　肖绪文

委　　员：（按姓氏笔画排序）

马荣全　马福玲　王玉岭　王存贵　邓明胜

冉志伟　冯　跃　李景芳　杨健康　吴月华

张　琨　张志明　张学助　张晋勋　欧亚明

赵志缙　赵福明　胡永旭　侯君伟　龚　剑

蒋立红　焦安亮　谭立新　虢明跃

主编单位：中国建筑股份有限公司

副主编单位：上海建工集团股份有限公司

北京城建集团有限责任公司

北京建工集团有限责任公司

北京住总集团有限责任公司

中国建筑一局（集团）有限公司

中国建筑第二工程局有限公司

中国建筑第三工程局有限公司

中国建筑第八工程局有限公司

中建国际建设有限公司

中国建筑发展有限公司

参 编 单 位

同济大学

哈尔滨工业大学

东南大学

华东理工大学

上海建工一建集团有限公司

上海建工二建集团有限公司

上海建工四建集团有限公司

上海建工五建集团有限公司

上海建工七建集团有限公司

上海市机械施工有限公司

上海市基础工程有限公司

上海建工材料工程有限公司

上海市建筑构件制品有限公司

上海华东建筑机械厂有限公司

北京城建二建设工程有限公司

北京城建安装工程有限公司

北京城建勘测设计研究院有限责任公司

北京城建中南土木工程集团有限公司

北京市第三建筑工程有限公司

北京市建筑工程研究院有限责任公司

北京建工集团有限责任公司总承包部

北京建工博海建设有限公司

北京中建建筑科学研究院有限公司

全国化工施工标准化管理中心站

中建二局土木工程有限公司

中建钢构有限公司

中国建筑第四工程局有限公司

贵州中建建筑科研设计院有限公司

中国建筑第五工程局有限公司

中建五局装饰幕墙有限公司

中建（长沙）不二幕墙装饰有限公司

中国建筑第六工程局有限公司

中国建筑第七工程局有限公司

中建八局第一建设有限公司

中建八局第二建设有限公司

中建八局第三建设有限公司

中建八局第四建设有限公司

上海中建八局装饰装修有限公司

中建八局工业设备安装有限责任公司

中建土木工程有限公司

中建城市建设发展有限公司

中外园林建设有限公司

中国建筑装饰工程有限公司

深圳海外装饰工程有限公司

北京房地集团有限公司

中建电子工程有限公司

江苏扬安机电设备工程有限公司

第五版出版说明

《建筑施工手册》自 1980 年问世，1988 年出版了第二版，1997 年出版了第三版，2003 年出版了第四版，作为建筑施工人员的常备工具书，长期以来在工程技术人员心中有着较高的地位，对促进工程技术进步和工程建设发展作出了重要的贡献。

近年来，建筑工程领域新技术、新工艺、新材料的应用和发展日新月异，我国先后对建筑材料、建筑结构设计、建筑技术、建筑施工质量验收等标准、规范进行了全面的修订，并陆续颁布出版。为使手册紧密结合现行规范，符合新规范要求，充分体现权威性、科学性、先进性、实用性、便捷性，内容更全面、更系统、更丰富、更新颖，我们对《建筑施工手册》（第四版）进行了全面修订。

第五版分 5 册，全书共 37 章，与第四版相比在结构和内容上有很大变化，主要为：

（1）根据建筑施工技术人员的实际需要，取消建筑施工管理分册，将第四版中"31 施工项目管理"、"32 建筑工程造价"、"33 工程施工招标与投标"、"34 施工组织设计"、"35 建筑施工安全技术与管理"、"36 建设工程监理"共计 6 章内容改为"1 施工项目管理"、"2 施工项目技术管理"两章。

（2）将第四版中"6 土方与基坑工程"拆分为"8 土石方及爆破工程"、"9 基坑工程"两章；将第四版中"17 地下防水工程"扩充为"27 防水工程"；将第四版中"19 建筑装饰装修工程"拆分为"22 幕墙工程"、"23 门窗工程"、"24 建筑装饰装修工程"；将第四版中"22 冬期施工"扩充为"21 季节性施工"。

（3）取消第四版中"15 滑动模板施工"、"21 构筑物工程"、"25 设备安装常用数据与基本要求"。在本版中增加"6 通用施工机械与设备"、"18 索膜结构工程"、"19 钢—混凝土组合结构工程"、"30 既有建筑鉴定与加固"、"32 机电工程施工通则"。

同时，为了切实满足一线工程技术人员需要，充分体现作者的权威性和广泛性，本次修订工作在组织模式、表现形式等方面也进行了创新，主要有以下几个方面：

（1）本次修订采用由我社组织、单位参编的模式，以中国建筑工程总公司（中国建筑股份有限公司）为主编单位，以上海建工集团股份有限公司、北京城建集团有限责任公司、北京建工集团有限责任公司等单位为副主编单位，以同济大学等单位为参编单位。

（2）书后贴有网上增值服务标，凭 ID、SN 号可享受网络增值服务。增值服务内容由我社和编写单位提供，包括：标准规范更新信息以及手册中相应内容的更新；新工艺、新工法、新材料、新设备等内容的介绍；施工技术、质量、安全、管理等方面的案例；施工类相关图书的简介；读者反馈及问题解答等。

本手册修订、审稿过程中，得到了各编写单位及专家的大力支持和帮助，我们表示衷心地感谢；同时也感谢第一版至第四版所有参与编写工作的专家对我们出版工作的热情支持，希望手册第五版能继续成为建筑施工技术人员的好参谋、好助手。

中国建筑工业出版社

2012 年 12 月

第五版执笔人

1

1	施工项目管理	赵福明	田金信	刘　杨	周爱民	姜　旭
		张守健	李忠富	李晓东	尉家鑫	王　锋
2	施工项目技术管理	邓明胜	王建英	冯爱民	杨　峰	肖绪文
		黄会华	唐　晓	王立营	陈文刚	尹文斌
		李江涛				
3	施工常用数据	王要武	赵福明	彭明祥	刘　杨	关　柯
		宋福渊	刘长滨	罗兆烈		
4	施工常用结构计算	肖绪文	王要武	赵福明	刘　杨	原长庆
		耿冬青	张连一	赵志缙	赵　帆	
5	试验与检验	李鸿飞	宫远贵	宗兆民	秦国平	邓有冠
		付伟杰	曹旭明	温美娟	韩军旺	陈　洁
		孟凡辉	李海军	王志伟	张　青	
6	通用施工机械与设备	龚　剑	王正平	黄跃申	汪思满	姜向红
		龚满哗	章尚驰			

2

7	建筑施工测量	张晋勋	秦长利	李北超	刘　建	马全明
		王荣权	罗华丽	纪学文	张志刚	李　剑
		许彦特	任润德	吴来瑞	邓学才	陈云祥
8	土石方及爆破工程	李景芳	沙友德	张巧芬	黄兆利	江正荣
9	基坑工程	龚　剑	朱毅敏	李耀良	姜峰	袁　芬
		袁　勇	葛兆源	赵志缙	赵　帆	
10	地基与桩基工程	张晋勋	金　淮	高文新	李　玲	刘金波
		庞　炜	马　健	高志刚	江正荣	
11	脚手架工程	龚　剑	王美华	邱锡宏	刘　群	尤雪春
		张　铭	徐　伟	葛兆源	杜荣军	姜传库
12	吊装工程	张　琨	周　明	高　杰	梁建智	叶映辉
13	模板工程	张显来	侯君伟	毛凤林	汪亚东	胡裕新
		王京生	安兰慧	崔桂兰	任海波	阎明伟
		邵　畅				

3

| 14 | 钢筋工程 | 秦家顺 | 沈兴东 | 赵海峰 | 王士群 | 刘广文 |
| | | 程建军 | 杨宗放 | | | |

15	混凝土工程	龚 剑	吴德龙	吴 杰	冯为民	朱毅敏
		汤洪家	陈尧亮	王庆生		
16	预应力工程	李晨光	王 丰	仝为民	徐瑞龙	钱英欣
		刘 航	周黎光	宋慧杰	杨宗放	
17	钢结构工程	王 宏	黄 刚	戴立先	陈华周	刘 曙
		李 迪	郑伟盛	赵志缙	赵 帆	王 辉
18	索膜结构工程	龚 剑	朱 骏	张其林	吴明儿	郝晨均
19	钢-混凝土组合结构工程	陈成林	丁志强	肖绪文	马荣全	赵锡玉
		刘玉法				
20	砌体工程	谭 青	黄延铮	朱维益		
21	季节性施工	万利民	蔡庆军	刘桂新	赵亚军	王桂玲
		项蕃行				
22	幕墙工程	李水生	贺雄英	李群生	李基顺	张 权
		侯君伟				
23	门窗工程	张晓勇	戈祥林	葛乃剑	黄 贵	朱帏财
		唐际宇	王寿华			

4

24	建筑装饰装修工程	赵福明	高 岗	王 伟	谷晓峰	徐 立
		刘 杨	邓 力	王文胜	陈智坚	罗春雄
		曲彦斌	白 洁	宓文喆	李世伟	侯君伟
25	建筑地面工程	李忠卫	韩兴争	王 涛	金传东	赵 俭
		王 杰	熊杰民			
26	屋面工程	杨秉钧	朱文键	董 曦	谢 群	葛 磊
		杨 东	张文华	项桦太		
27	防水工程	李雁鸣	刘迎红	张 建	刘爱玲	杨玉苹
		谢 婧	薛振东	邹爱玲	吴 明	王 天
28	建筑防腐蚀工程	侯锐钢	王瑞堂	芦 天	修良军	
29	建筑节能与保温隔热工程	费慧慧	张 军	刘 强	肖文凤	孟庆礼
		梅晓丽	鲍宇清	金鸿祥	杨善勤	
30	既有建筑鉴定与加固改造	薛 刚	吴学军	邓美龙	陈 娣	李金元
		张立敏	王林枫			
31	古建筑工程	赵福明	马福玲	刘大可	马炳坚	路化林
		蒋广全	王金满	安大庆	刘 杨	林其浩
		谭 放	梁 军			

5

| 32 | 机电工程施工通则 | 刘 青 | 韦 薇 | 鞠 东 | | |

33	建筑给水排水及采暖工程	纪宝松	张成林	曹丹桂	陈 静	孙 勇
		赵民生	王建鹏	邵 娜	刘 涛	苗冬梅
		赵培森	王树英	田会杰	王志伟	
34	通风与空调工程	孔祥建	向金梅	王 安	王 宇	李耀峰
		吕善志	鞠硕华	刘长庚	张学助	孟昭荣
35	建筑电气安装工程	王世强	谢刚奎	张希峰	陈国科	章小燕
		王建军	张玉年	李显煜	王文学	万金林
		高克送	陈御平			
36	智能建筑工程	苗 地	邓明胜	崔春明	薛居明	庞 晖
		刘 淼	郎云涛	陈文晖	刘亚红	霍冬伟
		张 伟	孙述璞	张青虎		
37	电梯安装工程	李爱武	刘长沙	李本勇	秦 宾	史美鹤
		纪学文				

手册第五版审编组成员（按姓氏笔画排列）

卜一德　马荣华　叶林标　任俊和　刘国琦　李清江　杨嗣信　汪仲琦　张学助
张金序　张婳娜　陆文华　陈秀中　赵志缙　侯君伟　施锦飞　唐九如　韩东林

出版社审编人员

胡永旭　余永祯　刘　江　郦锁林　周世明　曲汝铎　郭　栋　岳建光　范业庶
曾　威　张伯熙　赵晓菲　张　磊　万　李　王砾瑶

第四版出版说明

《建筑施工手册》自 1980 年出版问世，1988 年出版了第二版，1997 年出版了第三版。由于近年来我国建筑工程勘察设计、施工质量验收、材料等标准规范的全面修订，新技术、新工艺、新材料的应用和发展，以及为了适应我国加入 WTO 以后建筑业与国际接轨的形势，我们对《建筑施工手册》（第三版）进行了全面修订。此次修订遵循以下原则：

1. 继承发扬前三版的优点，充分体现出手册的权威性、科学性、先进性、实用性，同时反映我国加入 WTO 后，建筑施工管理与国际接轨，把国外先进的施工技术、管理方法吸收进来。精心修订，使手册成为名副其实的精品图书，畅销不衰。

2. 近年来，我国先后对建筑材料、建筑结构设计、建筑工程施工质量验收规范进行了全面修订并实施，手册修订内容紧密结合相应规范，符合新规范要求，既作为一本资料齐全、查找方便的工具书，也可作为规范实施的技术性工具书。

3. 根据国家施工质量验收规范要求，增加建筑安装技术内容，使建筑安装施工技术更完整、全面，进一步扩大了手册实用性，满足全国广大建筑安装施工技术人员的需要。

4. 增加补充建设部重点推广的新技术、新工艺、新材料，删除已经落后的、不常用的施工工艺和方法。

第四版仍分 5 册，全书共 36 章。与第三版相比，在结构和内容上有很大变化，第四版第 1、2、3 册主要介绍建筑施工技术，第 4 册主要介绍建筑安装技术，第 5 册主要介绍建筑施工管理。与第三版相比，构架不同点在于：（1）建筑施工管理部分内容集中单独成册；（2）根据国家新编建筑工程施工质量验收规范要求，增加建筑安装技术内容，使建筑施工技术更完整、全面；（3）将第三版其中 22 装配式大板与升板法施工、23 滑动模板施工、24 大模板施工精简压缩成滑动模板施工一章；15 木结构工程、27 门窗工程、28 装饰工程合并为建筑装饰装修工程一章；根据需要，增加古建筑施工一章。

第四版由中国建筑工业出版社组织修订，来自全国各施工单位、科研院校、建筑工程施工质量验收规范编制组等专家、教授共 61 人组成手册编写组。同时成立了《建筑施工手册》（第四版）审编组，在中国建筑工业出版社主持下，负责各章的审稿和部分章节的修改工作。

本手册修订、审稿过程中，得到了很多单位及个人的大力支持和帮助，我们表示衷心地感谢。

第四版总目（主要执笔人）

手册第四版审编组成员（按姓氏笔画排列）

王寿华　王家隽　朱维益　吴之昕　张学助　张　琰　张惠宗
林贤光　陈御平　杨嗣信　侯君伟　赵志缙　黄崇国　彭圣浩

出版社审编人员

胡永旭　余永祯　周世明　林婉华　刘　江　时咏梅　郦锁林

第三版出版说明

《建筑施工手册》自1980年出版问世，1988年出版了第二版。从手册出版、二版至今已16年，发行了200余万册，施工企业技术人员几乎人手一册，成为常备工具书。这套手册对于我国施工技术水平的提高，施工队伍素质的培养，起了巨大的推动作用。手册第一版荣获1971~1981年度全国优秀科技图书奖。第二版荣获1990年建设部首届全国优秀建筑科技图书部级奖一等奖。在1991年8月5日的新闻出版报上，这套手册被誉为"推动着我国科技进步的十部著作"之一。同时，在港、澳地区和日本、前苏联等国，这套手册也有相当的影响，享有一定的声誉。

近十年来，随着我国经济的振兴和改革的深入，建筑业的发展十分迅速，各地陆续兴建了一批对国计民生有重大影响的重点工程，高层和超高层建筑如雨后春笋，拔地而起。通过长期的工程实践和技术交流，我国建筑施工技术和管理经验有了长足的进步，积累了丰富的经验。与此同时，许多新的施工验收规范、技术规程、建筑工程质量验评标准及有关基础定额均已颁布执行。这一切为修订《建筑施工手册》第三版创造了条件。

现在，我们奉献给读者的是《建筑施工手册》（第三版）。第三版是跨世纪的版本，修订的宗旨是：要全面总结改革开放以来我国在建筑工程施工中的最新成果，最先进的建筑施工技术，以及在建筑业管理等软科学方面的改革成果，使我国在建筑业管理方面逐步与国际接轨，以适应跨世纪的要求。

新推出的手册第三版，在结构上作了调整，将手册第二版上、中、下3册分为5个分册，共32章。第1、2分册为施工准备阶段和建筑业管理等各项内容，分10章介绍；除保留第二版中的各章外，增加了建设监理和建筑施工安全技术两章。3~5册为各分部工程的施工技术，分22章介绍；将第二版各章在顺序上作了调整，对工程中应用较少的技术，作了合并或简化，如将砌块工程并入砌体工程，预应力板柱并入预应力工程，装配式大板与升板工程合并；同时，根据工程技术的发展和国家的技术政策，补充了门窗工程和建筑节能两部分。各章中着重补充近十年采用的新结构、新技术、新材料、新设备、新工艺，对建设部颁发的建筑业"九五"期间重点推广的10项新技术，在有关各章中均作了重点补充。这次修订，还将前一版中存在的问题作了订正。各章内容均符合国家新颁规范、标准的要求，内容范围进一步扩大，突出了资料齐全、查找方便的特点。

我们衷心地感谢广大读者对我们的热情支持。我们希望手册第三版继续成为建筑施工技术人员工作中的好参谋、好帮手。

1997年4月

手册第三版主要执笔人

第1册

1 常用数据　　　　　　　　关　柯　刘长滨　罗兆烈

第二版出版说明

《建筑施工手册》（第一版）自1980年出版以来，先后重印七次，累计印数达150万册左右，受到广大读者的欢迎和社会的好评，曾荣获1971～1981年度全国优秀科技图书奖。不少读者还对第一版的内容提出了许多宝贵的意见和建议，在此我们向广大读者表示深深的谢意。

近几年，我国执行改革、开放政策，建筑业蓬勃发展，高层建筑日益增多，其平面布局、结构类型复杂、多样，各种新的建筑材料的应用，使得建筑施工技术有了很大的进步。同时，新的施工规范、标准、定额等已颁布执行，这就使得第一版的内容远远不能满足当前施工的需要。因此，我们对手册进行了全面的修订。

手册第二版仍分上、中、下三册，以量大面广的一般工业与民用建筑，包括相应的附属构筑物的施工技术为主。但是，内容范围较第一版略有扩大。第一版全书共29个项目，第二版扩大为31个项目，增加了"砌块工程施工"和"预应力板柱工程施工"两章。并将原第3章改名为"施工组织与管理"、原第4章改名为"建筑工程招标投标及工程概预算"、原第9章改名为"脚手架工程和垂直运输设施"、原第17章改名为"钢筋混凝土结构吊装"、原第18章改名为"装配式大板工程施工"。除第17章外，其他各章均增加了很多新内容，以更适应当前施工的需要。其余各章均作了全面修订，删去了陈旧的和不常用的资料，补充了不少新工艺、新技术、新材料，特别是施工常用结构计算、地基与基础工程、地下防水工程、装饰工程等章，修改补充后，内容更为丰富。

手册第二版根据新的国家规范、标准、定额进行修订，采用国家颁布的法定计量单位，单位均用符号表示。但是，对个别计算公式采用法定计量单位计算数值有困难时，仍用非法定单位计算，计算结果取近似值换算为法定单位。

对于手册第一版中存在的各种问题，这次修订时，我们均尽可能一一作了订正。

在手册第二版的修订、审稿过程中，得到了许多单位和个人的大力支持和帮助，我们衷心地表示感谢。

手册第二版主要执笔人

上　册

项　目　名　称	修　订　者			
1. 常用数据			关　柯	刘长滨
2. 施工常用结构计算		赵志缙	应惠清	陈　杰
3. 施工组织与管理	关　柯	王长林　董五学		田金信
4. 建筑工程招标投标及工程概预算				侯君伟
5. 材料试验与结构检验				项蒵行
6. 施工测量			吴来瑞	陈云祥

1988 年 12 月

第一版出版说明

《建筑施工手册》分上、中、下三册，全书共二十九个项目。内容以量大面广的一般工业与民用建筑，包括相应的附属构筑物的施工技术为主，同时适当介绍了各工种工程的常用材料和施工机具。

手册在总结我国建筑施工经验的基础上，系统地介绍了各工种工程传统的基本施工方法和施工要点，同时介绍了近年来应用日广的新技术和新工艺。目的是给广大施工人员，特别是基层施工技术人员提供一本资料齐全、查找方便的工具书。但是，就这个本子看来，有的项目新资料收入不多，有的项目写法上欠简练，名词术语也不尽统一；某些规范、定额，因为正在修订中，有的数据规定仍取用旧的。这些均有待再版时，改进提高。

本手册由国家建筑工程总局组织编写，共十三个单位组成手册编写组。北京市建筑工程局主持了编写过程的编辑审稿工作。

本手册编写和审查过程中，得到各省市基建单位的大力支持和帮助，我们表示衷心的感谢。

手册第一版主要执笔人

上　册

1. 常用数据	哈尔滨建筑工程学院	关　柯　陈德蔚
2. 施工常用结构计算	同济大学	赵志缙　周士富
		潘宝根
	上海市建筑工程局	黄进生
3. 施工组织设计	哈尔滨建筑工程学院	关　柯　陈德蔚
		王长林
4. 工程概预算	镇江市城建局	左鹏高
5. 材料试验与结构检验	国家建筑工程总局第一工程局	杜荣军
6. 施工测量	国家建筑工程总局第一工程局	严必达
7. 土方与爆破工程	四川省第一机械化施工公司	郭瑞田
	四川省土石方公司	杨洪福
8. 地基与基础工程	广东省第一建筑工程公司	梁　润
	广东省建筑工程局	郭汝铭
9. 脚手架工程	河南省第四建筑工程公司	张肇贤

中　册

10. 砌体工程	广州市建筑工程局	余福荫
	广东省第一建筑工程公司	伍于聪
	上海市第七建筑工程公司	方　枚

11. 木结构工程	山西省建筑工程局	王寿华	
12. 钢结构工程	同济大学	赵志缙	胡学仁
	上海市华东建筑机械厂	郑正国	
	北京市建筑机械厂	范懋达	
13. 模板工程	河南省第三建筑工程公司	王壮飞	
14. 钢筋工程	南京工学院	杨宗放	
15. 混凝土工程	江苏省建筑工程局	熊杰民	
16. 预应力混凝土工程	陕西省建筑科学研究院	徐汉康	濮小龙
	中国建筑科学研究院		
	建筑结构研究所	裴 骕	黄金城
17. 结构吊装	陕西省机械施工公司	梁建智	于近安
18. 墙板工程	北京市建筑工程研究所	侯君伟	
	北京市第二住宅建筑工程公司	方志刚	

下　册

19. 滑升模板施工	河南省第三建筑工程公司	王壮飞	
	山西省建筑工程局	赵全龙	
20. 大模板施工	北京市第一建筑工程公司	万嗣诠	戴振国
21. 升板法施工	陕西省机械施工公司	梁建智	
	陕西省建筑工程局	朱维益	
22. 屋面工程	四川省建筑工程局建筑工程学校	刘占黑	
23. 地下防水工程	天津市建筑工程局	叶祖涵	邹连华
24. 隔热保温工程	四川省建筑科学研究所	韦延年	
	四川省建筑勘测设计院	侯远贵	
25. 地面工程	北京市第五建筑工程公司	白金铭	阎崇贵
26. 装饰工程	北京市第一建筑工程公司	凌关荣	
	北京市建筑工程研究所	张兴大	徐晓洪
27. 防腐蚀工程	北京市第一建筑工程公司	王伯龙	
28. 工程构筑物	国家建筑工程总局第一工程局二公司	陆仁元	
	山西省建筑工程局	王寿华	赵全龙
29. 冬季施工	哈尔滨市第一建筑工程公司	吕元骐	
	哈尔滨建筑工程学院	刘宗仁	
	大庆建筑公司	黄可荣	

手册编写组组长单位　　北京市建筑工程局（主持人：徐仁祥　梅　璋　张悦勤）

手册编写组副组长单位　　国家建筑工程总局第一工程局（主持人：俞佾文）

同济大学（主持人：赵志缙　黄进生）

手册审编组成员　　王壮飞　王寿华　朱维益　张悦勤　项蠹行　侯君伟　赵志缙

出版社审编人员　　夏行时　包瑞麟　曲士蕴　李伯宁　陈淑英　周　谊　林婉华

胡凤仪　徐竞达　徐焰珍　蔡秉乾

1980 年 12 月

总目录

目 录

32 机电工程施工通则

32.1 常用机电工程设计图例与图示

机电施工图所涉及的内容往往根据建筑物不同的功能而有所不同，主要有给水排水、暖通空调、建筑电气、建筑弱电等方面。机电工程图大多是采用统一的图形符号并加注文字符号绘制而成，要求施工人员必须熟悉各种图例符号，理解图例、符号所代表的内容。以下是机电施工图常用的设计图例及说明。

32.1.1 建筑给水排水及采暖工程设计图例

建筑给水排水及采暖常用设计图例如图 32-1、图 32-2 所示。

图 例	名 称	图 例	名 称	图 例	名 称
—— J	给水管		蝶阀		除垢器
——XH——	消火栓给水管		球阀		温度计
——ZP——	自动喷水给水管		防污隔断阀		压力表
——RJ——	热水给水管		角阀		水表及水表井
——ZJ——	中水给水管		浮球阀		可曲挠接头
——XJ——	循环给水管		自动排气阀		波纹管
——Xh——	循环回水管				Y型过滤器
—— W	污水管		安全信号阀		立管检查口
——YW——	压力污水管		水龙头		通气帽
—— F	废水管		皮带龙头		雨水斗
—— Y	雨水管		自闭式冲洗阀		排水漏斗
——YY——	压力雨水管		湿式报警阀		P型、N型存水弯
——KN——	空调凝结水管				地漏
—— T	通气管		水流指示器		清扫口
	截止阀		室内消火栓		管堵
	闸阀		室内双阀双出口消火栓		排水检查井
	止回阀		室外地上式消火栓		水封井
	消声止回阀 缓闭止回阀		水泵接合器		跌水井
	减压阀		闭式自动喷洒头		隔油池
	泄压持压阀		水泵		末端试水装置

注：分区管道用加注角标方式表示。

图 32-1 给水排水设计图例

图 例	名 称	图 例	名 称	图 例	名 称
——H——	采暖供水管	〜〜〜	软管	⊳⊲——┤	旋塞阀
――H――	采暖回水管	○	立管	—⊙— 卪	自动放气阀
——C——	空调冷(热)水送水管	＊— —╪	管道固定支架	电动双通阀	电动双通阀
――C――	空调冷(热)水回水管		管道坡向	▭—	散热器放气门
——B——	补水管	—‖	丝堵	—⊣►—	水过滤器
地沟内管道	地沟内管道	⊳⬚—┬	蝶 阀	—⊙— ▭	除污器
——n——	空调冷凝水管	⊲◁—┬	闸 阀	〜W〜	金属软管
——LM——	空调冷媒管	⌐↗	止回阀	—⊙—	可曲挠橡胶接头
⊘ ⊗	压力表	▭ ▭	散热器	平衡阀	平衡阀
卪	温度计	—►⊲—	流量计	电动蝶阀	电动蝶阀

图 32-2 采暖设计图例

32.1.2 通风与空调工程设计图例

常见通风与空调设备、风管及其附件的设计图例分别见图 32-3 和图 32-4。

图 例	名 称	图 例	名 称	图 例	名 称
——H——	采暖供水管	〜〜〜	软管	⊳⊲——┤	旋塞阀
――H――	采暖回水管	○	立管	—⊙— 卪	自动放气阀
——C——	空调冷(热)水送水管	＊— —╪	管道固定支架	电动双通阀	电动双通阀
――C――	空调冷(热)水回水管	—⊣—	管道坡向	▭—	散热器放气门
——B——	补水管	—‖	丝堵	—⊣►—	水过滤器
地沟内管道	地沟内管道	⊳⬚—┬	蝶 阀	—⊙— ▭	除污器
——n——	空调冷凝水管	⊲◁—┬	闸 阀	〜W〜	金属软管
——LM——	空调冷媒管	⌐↗	止回阀	—⊙—	可曲挠橡胶接头
⊘ ⊗	压力表	▭ ▭	散热器	平衡阀	平衡阀
卪	温度计	—►⊲—	流量计	电动蝶阀	电动蝶阀

图 32-3 通风空调设计图例

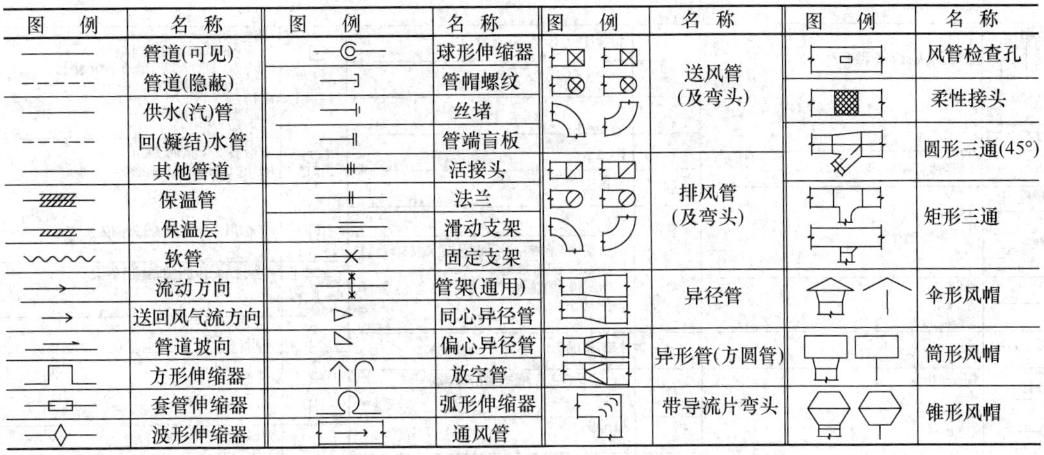

图 32-4 风管及其附件设计图例

32.1.3 建筑电气工程设计图例

建筑电气主要包括电力设备、配电系统、照明电气、防火消防、防雷接地等，其中部分常用的设计图例分别见图 32-5、图 32-6、图 32-7。

图 32-5 建筑电气图例（一）

方法a

方法b

用单根连接表示线组线（线束）

单根连接线汇入线束示例

单线表示

多线表示

连线示例

避雷线
避雷带
避雷网

避雷针

物件，例如：
-设备
-器件
-功能单元
-元件
-功能元件
符号轮廓内填入或加上适当的代号或符号以表示物件的类别

轮廓外就近标注种类代号"*"，表示电气箱（柜）
种类代码AC，表示为控制箱
种类代码AFC，表示为火灾报警控制器
种类代码ABC，表示为建筑自动化控制器
种类代码ACP，表示为并联电容器箱
种类代码AD，表示为直流电源箱
种类代码AE，表示为励磁箱
种类代码AF，表示为熔断器式开关、开关熔断器组
种类代码AS，表示为信号箱
种类代码AT，表示为电源自动切换箱
种类代码AW，表示为电度表箱
种类代码AX，表示为插座箱

轮廓内用位置代号"*"，表示电气柜（屏）、箱、台

多拉单极开关（用于不同照度）

两控单极开关

中间开关　等效电路图

调光器

单极拉线开关

按钮

根据需要"*"用下述文字标注在图形符号旁边区别不同类型开关：
2-二个按钮单元组成的按钮盒
3-三个按钮单元组成的按钮盒
EX-防爆型按钮
EN-密闭型按钮

带有指示灯的按钮

防止无意操作的按钮（例如借助打碎玻璃罩）

限时设备
定时器

定时开关

钥匙开关
看守装置

灯一般符号
如果要求指出灯光源类型，则在靠近符号处标出下列代码：
Na=钠气
Hg=汞
I=碘
IN=白热
ARC=弧光
FL=荧光
IR=红外线
UV=紫外线
MH=金属卤化物灯
HI=石英灯

设备盒（箱）
注：星号被专门的设备符号代替或省略：
本图集星号用下列字母表示设备盒（箱）的种类：
F-开关熔断器组（负荷开关）、熔断器盒
K-刀开关箱
Q-断路器箱、母线槽插接箱
XT-接线端子箱

带有设备箱的固定式分支器的直通区域
星号应以所用设备符号代替或省略

例：在母线槽上经插接开关分支的回路

固定式分支带有保护触点的插座型的直通段

温度计
高温计

转速表

记录式功率表

组合式记录功率表和无功功率表

录波器

电度表（瓦时计）

复费率电度表，示出二费率

超量电度表

带发送器电度表

带最大需量指示器电度表

图32-5　建筑电气图例（二）

图例	名称	图例	名称	图例	名称
	配电柜(盘)		控制箱(柜)	(P)	泵用电动机
	照明/动力配电箱	⊙	信号箱	(C)	压缩机用电动机
	照明配电箱		开水,热水器	(T)	电梯或起重机用电动机
	多种电源配电箱(柜)	(1)　(2)	(1)低压断路器箱 (2)启动器		直流电焊机
	双电源自动切换箱(柜)	←　⊗	换气扇,轴流风机		交流电焊机
	组合开关箱(柜)		空调机		蜂鸣器
	事故照明配电箱	(G)	发电机		电铃
	电容柜	(M)	电动机		电喇叭
	电表箱,计量柜	(F)	通风用电动机	○ ○	按钮盒

图32-6　电气设备设计图例

图 例	名 称	图 例	名 称	图 例	名 称
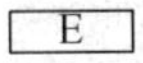 E	安全出口指示灯	◖	壁灯	 ◉	防护式深照型工矿灯
⊠	应急灯	⊗	花灯	⊕	弯灯
 ⊢⊣	单管日光灯	⊛	防水防尘灯	 ⊕	聚光灯
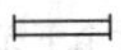 ⊢⊢⊣	双管日光灯	◐	防爆灯	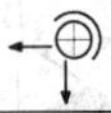 ⊕	泛光灯
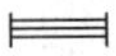 ⊢⊢⊢⊣	三管日光灯	⊝	安全灯	○	节能筒灯
 ⊢◄	单管隔爆日光灯	⊖	矿山灯	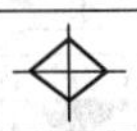 ◇	艺术造型灯
 ⊢◄	双管隔爆日光灯	◠	广照型工矿灯	▿	墙脚灯
◗	吸顶灯	◬	深照型工矿灯	▽	草坪灯
●	球形灯	 ◎	防护式广照型工矿灯		

图 32-7 电气照明设计图例

32.1.4 智能建筑工程设计图例

建筑弱电系统主要是通信网络系统（含电话、电视、广播、计算机网络等）和安防监控系统（含火灾和可燃气体探测系统、报警及消防联动系统、视频监控系统，楼宇对讲系统、出入口控制（门禁）系统，停车管理系统、入侵报警系统和巡更系统等），其部分常用设计图例分别见图 32-8 和图 32-9。

32.2 机电工程深化设计管理

32.2.1 机电工程深化设计目的

近几年随着境外公司在国内大城市投资和管理的项目越来越多，国外的一些先进的工程管理模式也随之而来。在国外设计和施工是分开来的，设计又分为方案设计和施工图设计，这两个部分的设计一般也会有不同的部门或公司配合完成，这样就会非常专业，而且图纸也非常细致到位，给施工也带来了很大的方便。尤其是一些高档的项目，甲方为了便于管理要求各施工单位在施工前要先进行施工图深化设计，待深化设计图纸审批好以后才能施工，目的就是要求各施工单位在施工前先理一遍思路，消化成熟后再施工，避免出错，而且可以统一做法确保效果。

深化设计是指在工程实施过程中对招标图纸或原施工图的补充与完善，使之成为可以现场实施的施工图。深化设计是为了将设计师的设计理念、设计意图在施工过程中得到充分体现；是为了在满足甲方需求的前提下，使施工图纸更加符合现场实际情况，是施工单位的施工理念在设计阶段的延伸；是为了更好地为甲方服务，满足现场不断变化的需要，

图 例	名 称	图 例	名 称	图 例	名 称	图 例	名 称
CD	建筑群配线架	TO	信息插座		电源插座		光电转换
BD	主配线架	■	综合布线接口	●	电话出线盒		光衰减器
FD	楼层配线架	A B	架空交接箱 A：编号 B：容量		一般电话机		由下至上穿线
SPC	程控交换机	A B	落地交接箱 A：编号 B：容量		按键式电话机		由上至下穿线
HUB	集线器		防爆电话机		一般传真机		二、三、四分配器
LIU	光缆配线设备	A B	壁龛交接箱 A：编号 B：容量	FD	楼层配线架		光纤或光缆
	自动交换设备	ODF	光纤配线架		综合布线配线架	CPU	计算机
MDF	总配线架	VDF	单频配线架	CP	集合点	CRT	显示器
DDF	数字配线架	IDF	中间配线架		室内分线盒	PRT	打印机
TP	语音信息点	PC	数据信息点		室外分线盒	CI	通信接口
TV	有线电视信息点	○TP	电话出线座		光纤插座	MS	监视墙壁

图 32-8 通信网络设计图例

优化设计方案在现场实施的过程；是为了达到在满足功能的前提下降低成本，为企业创造更多利润。

即使是在业主所提供的施工图相对完善的情况下，通过深化设计，可对机电各系统的设备管线进行精确定位，明确各设备管线的细部做法，直接指导施工。还可综合协调机房、各楼层、设备竖井、专业的管线位置以及墙壁、顶棚上机电末端器具，力求各专业的管线及设备布置合理、整齐美观，并提前解决图纸中可能存在的问题，避免因变更和拆改造成不必要的损失。在满足规范的前提下，合理布置机电管线，为业主提供最大的使用空间。机电工程深化设计，还是企业为实现价值工程提供有利的依据。因企业与供应商之间的天然密切联系关系，使得企业比设计院更有便利条件实现价值工程，优化各系统。

32.2.2 机电工程深化设计的依据

机电工程深化设计的前提是业主或设计单位所提供的有指导意义的图纸。深化设计，并不是要颠覆原设计思想，改变原设计功能，而是弥补设计单位施工经验不足，弥补设计单位对建筑材料市场了解不足，弥补设计单位和施工单位之间的真空，优化、完善建筑工程各系统的设计。因而，业主或设计单位所提供的图纸，即成为机电工程深化设计的前提。在这前提下，机电工程深化设计的依据，包括了以下几部分：

（1）相关设计、施工规范，行业标准以及标准图集。机电工程的深化设计工程，离不开相关规范，是深化设计的基础。

（2）项目合同中规定的技术说明书以及招标过程中业主对承包方的技术答疑回复。因

图 例	名　称	图 例	名　称	图 例	名　称	图 例	名　称
⊙	防盗探测器		电磁门锁	DMDp	对讲门口子机	U	超声波探测器
◉	防盗报警控制器		出门按钮	KVDp	可视对讲门口主机	M	微波探测器
EL	电控门锁		报警按钮		按键式自动电话机	IR	红外探测器
ML	电磁门锁		脚挑报警开关	DZ	室内对讲机	B	玻璃破碎探测器
	紧急按钮开关		磁卡读卡机	KVDZ	室内可视对讲机	P	压敏探测器
	门锁开关		指纹读入机	KY	操作键盘	V	震动探测器
	层接线箱		非接触式读卡机	ACI	报警通信接口		感烟探测器
	变压器		报警警铃		门磁开关		压力垫开关
	感温探测器		报警闪灯		紧急按纽开关		可燃气体探测器
	出门按纽		报警那叭		紧急脚挑开关		电视摄像机
	门磁开关		巡更站		报警喇叭		彩色电视摄像机
	振动感应器		保安控制器		可视对讲户外机		带云台的摄像机
	电控门锁	DMZHp	对讲门口主机		可视对讲机		电视监视器
	对讲门口主机		保安巡逻打卡器		可视电话机		电视接收机
	彩色电视接收机		对讲电话分机		报警警铃		调制器
	楼宇对讲电控防盗门主机		声光报警器		报警闪灯		混合器

图 32-9　安防监控设计图例

在投标过程中，业主有可能已通过技术答疑的形式对机电原系统进行了部分调整，如取消某设备或增加某系统，若机电在深化设计过程中并没有体现技术答疑的相关技术问题，其实就是没有充分体现业主对该项目的需求。

（3）项目合同中包括的建筑、结构、装修、机电及相关专业图纸以及设计变更和工程洽商。建筑、结构、装修等专业图纸，是机电各系统为实现系统功能而进行设计协调的基础。

（4）供货商所提供的图纸以及设备信息。供货商所提供的图纸以及设备信息，是进行系统校验计算的基础，是进行技术间大样图设计的关键信息。只有在此基础设计的技术间大样图，才能保证系统的准确性，并有效指导现场的施工。

（5）专业分包商提供的图纸。如玻璃幕墙分包、电梯分包、火灾自动报警分包等。因这些专业性质所决定了专业分包的图纸才能更为有效地表达其专业系统的功能，更有效地指导专业系统的施工。

（6）业主的有效指令

只有结合了以上几部分，才使得机电工程的深化设计工作有了依据。尤其是涉及变更图纸的相关内容。在有理有据的情况下，如业主对承包方的技术答疑回复、或业主的有效指令、或设计院所提供的设计变更等，才有可能为后期的二次经营创造有利的条件，而且才能使深化设计的图纸更能满足业主要求。

32.2.3   机电工程深化设计工作流程

32.2.3.1   机电深化设计总流程

图 32-10 所示为深化设计总流程图。可看到，在开展机电工程深化设计工作之前，先

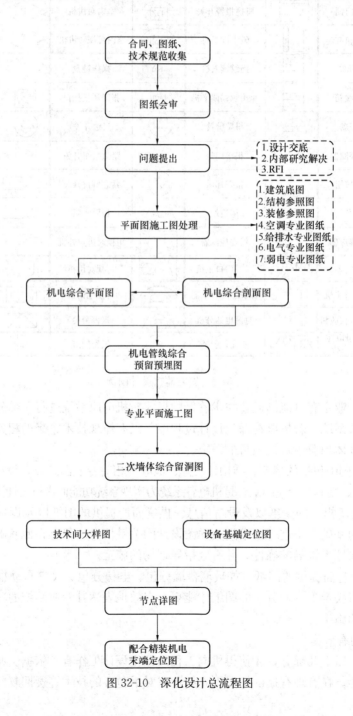

图 32-10   深化设计总流程图

要完成相关的准备工作，包括合同、图纸、技术规范的收集。因这些都是深化设计工作的前提和依据。

相关的资料收集完毕后，要对图纸进行会审，将相关的问题提出，为下一步的工作做好铺垫。涉及业主或设计院的问题，可通过 RFI（Request for Information）的形式向其正式提交，并做好相关记录；其他的，就需要通过内部研究解决，并对相关设计人员做好设计交底。在这过程中，各专业负责人需要将本专业的大概情况作一个介绍，让其他专业的工程师对其有一个初步的了解，为下一步的机电综合作好准备。

平面施工图的处理，主要是为在图纸上突出显示机电专业的消息，如将建筑底图无用的标注、字体隐藏，将颜色统一为 8 号色等。同时也统一各专业之间 CAD 绘图原则，包括线型、颜色、字体、尺寸标注等，尤其是各颜色的统一。机电工程所包括的专业较多，若不统一 CAD 绘图原则，最终出来的机电综合图将会给人眼花缭乱，无所适从。此阶段还有一个重要的任务就是检查图纸设计的完整性和正确性。因有些项目，尤其是国外的项目，所接收到的图纸只是扩初设计阶段，甚至只是初设阶段，图纸和项目的技术规范书，和相关的标准等难免会存在些冲突。此时，在各专业的平面施工图阶段，就要将相关的错误及时地更改，特别是各专业的主管线。若在这阶段没有发现，后面的工作量就会成倍地增长。

平面施工图处理完后，就可以进入机电综合平面图的设计。在此过程中，机电综合剖面图是同时进行的。两者是相辅相成的，平面图是剖面图的基础，剖面图检验平面图的正确、合理性。

机电综合图的设计完成后，才能进行机电管线综合预留预埋图的设计。但这里根据项目的情况，可能会有所调整。在一些工程里，因进场时间较晚或工程进度较紧张，没有充足的时间预留给机电深化设计人员完成上面的工作，包括机电综合图的设计，就需要提供预留预埋图以保证现场的施工进度，这时就需要深化设计人员凭借其经验，在原有图纸的基础上，充分考虑各种因素，完成预留预埋图纸，下一步的综合图，就只能在这基础上完成相关的设计。机电综合图与预留预埋图设计完成后，要将各综合图里的各专业分离出来，并反馈回各专业的专业图纸里。各专业根据因综合协调而调整移位的管线相应地调整相关内容并完成二次墙体综合留洞图。

机电工程深化设计工作的进度与项目的进度是同步进行的。当专业平面施工图设计完毕后，主要设备的采购也基本完成。此时，可进入技术间大样图的设计阶段。若主要设备的型号还没有确定下来，技术间大样图的设计可适当放缓，因型号的不一样，设备尺寸会有所变化。在技术间大样图的设计过程中，设备基础定位图的设计可同步进行。

上面工作基本完成后，可进行节点详图的设计。在节点详图的设计过程中，尤其是注意大管径的支架设计。常规的管径，可查规范得到相应的支架。但对于大管径，因其本身的特殊性，规范并没有对相关的支架作出明确的规定。此时，就需要机电深化设计工程师对其支架进行详细的受力分析，而不能大概估算一下支架规格。

一旦接到精装图纸，则机电工程深化设计就会进入到配合精装机电末端定位图的设计阶段。若因配合精装而较大地调整了相应的机电图纸，如风口位置、灯具位置、火灾自动报警的探头位置等，则各专业平面施工图在末端定位图的设计完成后要进行相应的调整，以保证图纸统一性。

在最后的末端定位图设计结束并通过监理或业主的审批后，对所设计的图纸进行整理、归档。至此，一个项目的机电深化设计工作基本结束。

32.2.3.2 机电管线综合预留预埋图设计流程

机电管线综合预留预埋图设计流程，主要分三步：
- 图层处理
- 管线协调
- 管线/基础定位

图层处理，是为了在图纸上突出显示机电系统的相关消息，而将一些不重要的情况隐藏或删除。同时，统一各专业之间的绘图原则，保证图纸的美观、整洁。但它并不是仅要求对图纸进行简单的处理。正如上面的深化设计总流程所提到的，若在进行机电管线综合预留预埋图的设计时，机电管线综合协调图还没设计完毕，此时就需要机电深化设计工程师在原有的基础上，在图层处理的同时，充分考虑各种情况，包括原图纸的合理性、完整性，以免发生遗漏。尤其是穿透结构梁、结构剪力墙、承重墙等地方，更要注意。

管线协调，是协调各专业之间的冲突，保证系统的体现。但一般预留预埋图是在综合协调图设计后进行设计的，从而避免所预留预埋的套管或预留洞错位。若综合协调图因时间关系没有完成，此时就需要在管线综合预留预埋图的设计过程中将各专业的主路径管线首先叠加分析一番，确保主路径管线不发生冲突。

管线/基础定位，是将所要预留预埋的套管或预留洞的轴线位置反映在图纸上，包括套管或预留洞的标高、专业归属、洞口功能，若该套管是防水套管等特殊材质，还需要在图纸上将其反映出来。

一张合理的综合预留预埋图纸，在完成机电各专业协调完成后，有必要提交给结构专业核实一下。若结构专业认为有部分套管或预留洞的位置会影响结构，甚至是无法实现，如在结构梁的边缘处预留一个占结构梁高 3/4 的预留洞，机电专业就要根据结构专业的意见调整相关的套管或预留洞，以保证实际施工的可行性。

只有最终经过结构专业的审核，机电管线综合预留预埋图才算设计完毕。

32.2.3.3 机电管线综合协调图设计流程

机电管线综合协调图设计流程，主要分六步：
- 各专业管线综合协调
- 图层叠加
- 综合协调图
- 专业图层处理
- 管线/设备定位
- 专业深化设计

各专业在进行机电图层叠加前要首先进行管线的初次综合协调，尤其是各专业主路径的综合协调，从而避免在综合协调图的设计过程中协调各专业的主路径管线。

经过各专业的初次综合协调后，可将各专业的图层叠加在一张图纸上，分区综合协调。若发生如上面所提到的情况，机电管线综合协调图是在管线预留预埋图设计完成后进行设计，此时，综合协调图就需要将预留预埋图作为首要图层叠加在图纸上，各专业管线首先要在此套管或预留洞内穿过，才能保证出来的机电管线综合协调图能满足现场实际的施工要求。

综合协调完毕后，各专业要将自身专业的管线从协调图中挑选出来，反馈回自身的专业图纸当中，并根据协调图中的位置，调整自身专业图纸，完成各专业的深化设计。

32.2.3.4 机电末端装修配合图设计流程

此部分工作内容属综合协调平、剖面图范畴，但是需要在排布之前，首先与精装设计及业主沟通，拿到精装吊顶造型、标高，以及其他书面要求，在此基础上进行机电管线的综合排布。配合流程如图 32-11 所示。

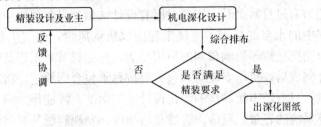

图 32-11　配合精装机电综合排布流程图

需要注意的是，与精装设计及业主的沟通之前，首先要基本完成机电各专业系统的深化设计，涉及有吊顶区域的地方，最好能先完成机电管线综合协调图，将吊顶的最低标高基本排布出来。这样，在与精装专业沟通时，能使得吊顶的标高控制在机电管线综合排布可接受的范围之内，而不会出现后期机电专业与精装专业因标高问题而诸多争吵的情况出现，也不会出现后期因机电某专业系统在深化设计过程中，发现漏掉了某设备而要调整精装图纸的情况。

32.2.4 机电工程深化设计工作内容

机电工程深化设计工作内容，主要取决于与业主合同的约定，一般情况分为以下类型：

(1) 根据总包合同，主要负责机电工程的预留预埋图；机电管线综合协调图；机房大样图；与精装配合图纸。在这类合同情况下，机电各专业平面施工图可不需要做详细的深化设计，但仍需机电深化设计工程师对各自的专业图纸进行检验。

(2) 根据机电工程分包合同，主要负责与土建配合图；机电各专业深化设计；机电管线综合协调图；机房大样图；与精装配合图纸。在这类合同情况下，机电各专业平面施工图就需要机电深化设计工程师对各自的专业图纸进行详细的深化设计，以保证各专业系统的完整性和准确性。

但不管是哪一种类型，深化设计工作都会包括以下内容：

(1) 深化设计人员首先熟悉合约、技术规格说明书及当地设计规范，以及合约过程中所涉及的技术性文件，以及业主的相关指令文件；

(2) 深化设计人员熟悉相关的设计交底，全面了解设计情况、设计意图及施工图的要求；

(3) 对建设单位提供的仅有指导意义的施工图纸的缺少部分，如安装节点详图、各种支架（吊架和托架）的结构图、设备的基础图、预留孔图、预埋件位置和构造进行补充设计；

（4）设计单位提供的施工图纸中，不改变所设计的机电工程各系统的设备、材料、规格、型号又不改变原有使用功能的前提下，布置设备的管路、路线系统或做位置的移动，使之更趋合理，进行优化设计，达到节省工程造价的目的；

（5）由于设备位置移动，尤其是设备移动后的变动，系统的线路、管道和风管等相应移位或长度发生变化，带来运行时电气线路压降、管道管路阻力、风管的风量损失和阻力损失等发生的变化，都应在深化设计时进行校验计算，核算设备能力是否满足要求，如果能力不能满足或能力有过量富余时，则需对原有设计选型的设备规格中的某些参数进行调整。例如管道工程中的水泵的扬程、空调工程中风机的风量，电气工程中的电缆截面积等，总之调整的原则要坚持不影响预期的使用功能，并达到节省工程造价的目的；

（6）深化设计完成后，机电安装总承包方要按总承包合同约定，将其送原设计单位或业主指定单位审批。只有经审批确认的深化设计施工图纸，才能作为施工的依据；

（7）复核计算系统的容量、负荷、管线支吊架等，发现问题及时向建设单位提出，并提供相关的支持性文件。

32.2.5　机电工程深化设计深度

32.2.5.1　机电管线综合预留预埋图

机电管线综合预留预埋图，并不是指所有的机电管线都有反映在该图纸上，如电气专业的照明、插座管线，火灾自动报警系统的管线、给水排水管线的末端管线等要暗埋敷设管路。这些都是属于末端支管，是不需要反映到该图纸上的。机电管线综合预留预埋，是指机电各专业在一些土建结构上，楼板、结构剪力墙、承重墙、结构梁等，一旦后期需要补打孔洞时会影响到土建结构，甚至破坏土建结构等，此时需要在土建浇筑混凝土前在相应位置预留套管或木盒等。而机电管线综合预留预埋图，就是反映这些套管或木盒的尺寸、标高。如电气专业的防雷接地系统，当需要在楼层底板上设置接地装置（接地井）时，因要切断底板钢筋，因而需要做预留洞，连接各接地装置之间的 UPVC 管，则不影响到底板钢筋，而无需反映在预留预埋图中。再如电气专业的各灯具底盒，插座底盒，当需要嵌入到楼板、结构剪力墙、承重墙等时需要事先将底盒安装埋设到位。但这类底盒在各专业里数量较多，体积较小，且涉及各管线敷设方向。若也反映到预留预埋图时，不但繁琐，且不能保证准确，现场施工也不需要这部分内容。因而这部分内容可不反映到预留预埋图纸当中。只有那种体积较大的暗装箱，如嵌入结构承重墙内的消火栓箱，要穿透墙体，但因箱体积较大，若事先不预留木盒在承重墙内，后期的安装则要切断墙体钢筋，影响到墙体的支撑力，以及穿透楼板、结构剪力墙、承重墙、结构梁等机电各专业的主路径的管路（因各专业的主路径管路通常是大于 100mm×10mm 或 DN100 的管路），包括各专业进、出挡土墙的管线，竖井里的管线等，预留预埋洞都要反映在图纸上。

反映在预留预埋图中的各套管、木盒，都需要标注其洞口尺寸，洞口轴线位置，基础尺寸，基础位置和基础标高，同时还需要简短的说明，如专业归属、洞口功能，方便现场施工时核实，以免遗漏。

32.2.5.2　机电管线综合协调图

管线综合协调图是机电工程深化设计工作的重点，也是难点。它包括空调送、回、新风管，防排烟管，空调水管，给水管，排水管，电力桥架、线槽，电力母线，安防、消防、电话网络等弱电线槽、消防喷淋管等多专业的协调。

机电管线综合协调图的设计，要满足四个基本要求：1) 满足管线交叉要求，包括满足各专业本身与其他专业之间交叉敷设的要求，如净距要求，空间排布要求，检修维护要求等。2) 满足净高要求，尤其是有吊顶区域的高度要求。3) 节省成本的要求，尽可能地减少翻弯。4) 满足图纸的整洁美观。

通过某实例来具体说明综合协调图的设计尝试：

图 32-12 是某机电工程综合协调图。从此图可看到，各专业的管线，包括空调风管、水管、线槽桥架、消防喷淋，都要求一一反映在图纸当中。若有吊装风机，还需要将吊顶风机按实际比例反映到图纸当中。各专业管线的弯头，都要按实际的情况充分地在图纸上反映出来，包括风管的弯头、桥架的弯头等，其中，弯头包括水平弯头和垂直弯头两种。只有这样，才能保证图纸在现场的实际施工中不会因安装空间不足而变为形式上的协调图纸或设计工作和现场施工的无谓返工。要注意的是，虽然支架的安装并没有在图纸中反映出来，但需要为其留有足够的安装位置，否则到了实际现场施工时，只是"纸上谈兵"。

当仅用综合协调平面图仍不能完全说明各专业的平面协调关系和空间位置时，则要借助于剖面图来说明。图 32-13 是某工程综合剖面图。

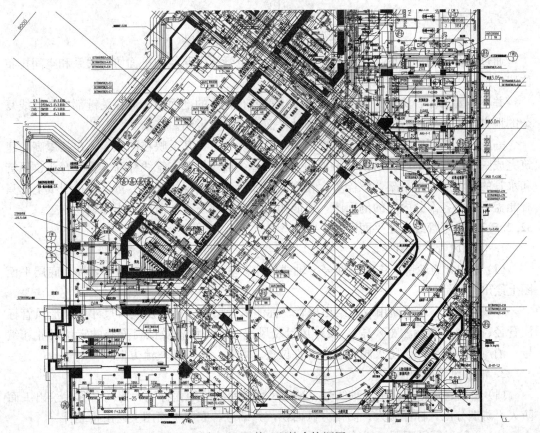

图 32-12　某工程综合协调图

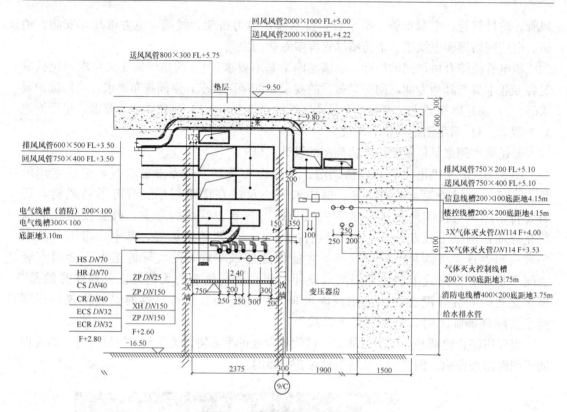

图 32-13 某工程综合协调剖面图

通过综合协调剖面图，可以直观地反映出机电管线主路径的平面协调关系和空间排布位置，还可直观地知道其净高的情况。

并不是要求综合协调平面图中任何部位都要有相应的剖面图，但在关键部位和管线复杂的地方，是需要相应的剖面图来作为其平面图的补充说明。

一旦需要画相应剖面图，就需要按实际管路尺寸，将其反映在图纸上，包括屋高、建筑完成图、轴线、墙厚、吊顶、吊顶的龙骨、管线轴线位置、管线标高、管线弯头、风管和水管的保温层、支吊架、螺栓等，在现场实际情况会出现的都要尽量反映在图纸上。只有涵盖了以上各部分内容的剖面图，才能如实地反映现场实际情况，指导现场施工。

32.2.5.3 机电管线专业平面图

1. 空调风管平面图

（1）绘出建筑轮廓、主要轴线号、轴线尺寸、室内外地面标高、房间名称。底层平面图上绘出指北针。

（2）通风、空调平面用双线绘出风管。标注风管尺寸、标高及风口尺寸（圆形风管标注管径、矩形风管标注宽×高）、设计风量及风速；各种设备及风口安装的定位尺寸和编号；消声器、调节阀、防火阀等各种部件位置及风管、风口的气流方向。

2. 消防风管平面图

（1）绘出建筑轮廓、主要轴线号、轴线尺寸、室内外地面标高、房间名称。绘出平面防火、防烟分区，标注防火、防烟分区面积，并编号。底层平面图上绘出指北针。

（2）消防风管平面用双线绘出风管。标注风管尺寸及定位尺寸、标高及风口尺寸（圆形风管标注管径、矩形风管标注宽×高)、设计风量及风速；各种设备及风口安装的定位尺寸和编号；消声器、调节阀、防火阀等各种部件位置及风管、风口的气流方向。

3. 空调水管平面图

(1) 绘出建筑轮廓、主要轴线号、轴线尺寸、室内外地面标高、房间名称。底层平面图上绘出指北针。

(2) 采暖平面绘出散热器位置，注明片数或长度，采暖干管及立管位置、编号；管道的阀门、放气、泄水、固定支架、补偿器、入口装置、减压装置、疏水器、管沟及检查人孔位置。注明干管管径及标高。

(3) 二层以上的多层建筑，其建筑平面相同的，采暖平面二层至顶层可合用一张图纸，散热器数量应分层标注。

(4) 单线绘出空调冷热水、凝结水等管道。标注水管管径、设计流量和流速、标高、坡度、坡向及定位尺寸；各种设备的安装定位尺寸和编号；干管及立管位置、编号；管道的阀门、放气、泄水、固定支架（包括安装详图）、伸缩器、入口装置、减压装置、疏水器、管沟及检查人孔位置。

4. 给水排水平面图

(1) 绘出建筑轮廓、主要轴线号、轴线尺寸、室内外地面标高、房间名称。底层平面图上绘出指北针。

(2) 平面用双线绘出水管，包括其管路弯头。标注水管尺寸及定位尺寸、标高及管路材质、设计流量及流速；各种设备及排水口的定位尺寸和编号。

5. 电气专业平面图

灯具开关、插座平面布置、管线选取、管线的敷设；防雷接线图的网络尺寸、定位尺寸，接地网的安装要求，接地电阻，管井的接地干线，主设备房的接地要求等；配电箱、桥架、母线、线槽的协调定位、选取，二次原理图的控制要求的注明。

32.2.5.4　技术间大样图

1. 给水排水专业

包括卫生间大样图、生活和消防水泵房大样图、水箱间大样图、中水机房大样图、直饮水机房大样图、气体灭火机房大样图等，这些图均须标注设备及管道尺寸及平面定位和标高。

2. 暖通专业

(1) 平面图

1) 机房图应根据需要增大比例，绘出通风、空调、制冷设备（如冷水机组、新风机组、空调器、冷热水泵、冷却水泵、通风机、消声器、水箱等）的轮廓位置及编号，注明设备和基础距离墙或轴线的尺寸。

2) 绘出连接设备的风管、水管位置及走向；注明尺寸、管径、标高、设计流量及流速。

3) 标注机房内所有设备、管道附件（各种仪表、阀门、柔性短管、过滤器等）的位置；并注明管道阀门、补偿器、管道固定支架安装位置以及就地安装一次测量仪表的位置等。

4) 空调、制冷机房应有控制原理图，图中以图例绘出设备、传感器及控制元件位置，并配备相关的文字说明。注明控制要求、逻辑程序及必要的控制参数。

（2）剖面图

1）当其他图纸不能表达复杂管道相对关系及竖向位置时，应绘制剖面图。

2）剖面图应绘出对应于机房平面图的设备、设备基础、管道和附件的竖向位置、竖向尺寸和标高。标注连接设备的管道位置尺寸；注明设备和附件编号以及详图索引编号。

3. 锅炉房及换热间大样图

（1）锅炉房

1）热力系统图。应绘出设备、各种管道工艺流程，绘出就地测量仪表设置的位置。按本专业制图规定注明符号、管径及介质流向，并注明设备名称或设备编号。标注控制要求、逻辑程序及必要的控制参数。

2）绘出设备平面布置图，对规模较大的锅炉房还应绘出主要设备剖面图，注明设备定位尺寸及设备编号。

3）绘出汽、水、风、烟等管道布置平面图，应绘出管道布置剖面图，并注明管道阀门、补偿器、管道固定支架安装位置以及就地安装一次测量仪表的位置等。注明各种管道管径尺寸、设计流量和流速及安装标高，还应注明管道坡度及坡向。

4）其他图纸，如机械化运输平、剖面布置图，设备安装详图、非标准设备制造图或制作条件图（如油罐等）应根据工程情况进行绘制。

（2）其他动力站房

1）管道系统图（或透视图）。对热交换站，气体站房和柴油发电机房等绘制系统图，深度参照锅炉房。对燃气调压站和瓶组站绘制透视图，并注明标高。标注控制要求、逻辑程序及必要的控制参数。

2）设备管道平面图、剖面图。绘出设备及管道平面布置图，当管道系统较复杂时，应绘出管道布置剖面图、图纸内容和深度参照锅炉房平、剖面图的有关要求。

4. 机房管井

机电管井大样图主要包括设备管井及电气管井两类。其中设备管井可分为单专业管井及综合管井。在管井大样排布前，首先要明确管井中所涉及内容，将所有管线及设备综合后进行综合排布。

（1）设备管井

设备管井的排布要以井外管线为依据，排布时要考虑管线检修问题，将需要检修的管线排布在检修门侧。按照规范要求保持管线间距，并留出足够空间以满足保温、支架的安装要求。

需要注意的是，各层管井的排布要上下层保持贯通，即上下层管线位置一致，避免仅做本层排布而导致管线位置颠倒。

在管井排布时，要参考梁图及现场实际情况，避免过于理想化导致现场施工困难。

在设备管井中既有风管又有水管时，要将风管与水管分开排列，切忌交错排布。

深化设计具有前瞻性，在现场施工前，如果发现建筑设计预留管井规格偏小，则可以通过以下三种方法进行沟通解决：

1）校核管线规格，看在满足设计规范的前提下管线规格是否有优化的可能性，通过减小管线截面来解决管井空间不够之问题。

2）及时与专业设计、建筑设计及业主沟通，看是否能够对原有竖井规格进行扩大。

这种情况下，竖井将占去更多使用空间，需要与业主及时沟通。

3）在满足规范的前提下没有优化空间，并且由于建筑、结构问题不能进行管井扩大的情况下，则需要建筑及机电设计改变原有方案，进行管井的移位。

管井大样图的排布过程中，需要注意土建专业是否留出检修门或检修口位置，如果没有留出或者数量位置有误，需要深化设计人员与土建技术部门进行及时沟通。通常，在水管立管装有阀门或检查口位置需要预留检修门。有些时候风管立管上装有阀门，也需要在阀门附近竖井上预留检修门。

（2）电气竖井

电气竖井的综合排布同样需要明确所有设备及管线，并注意以下几点：

在排布强弱电井时尤其需要强弱电专业密切配合，配电箱柜及出线路由尽量分布在竖井的两侧，做到排布协调互不干扰。

如果发现竖井规格偏小，需要及时与建筑及电气设计进行沟通。

配电箱的定位需要考虑安装及检修方便，定位标注要以轴线为基准，上下层间管线路由同样需要保持贯通。

配电箱柜的出线风格要保持一致，箱柜水平分布，以确保进出线路顺畅。

在管井预留洞时，母线要单独留洞，以符合现场施工工艺要求。

机房及管井大样图的绘制，可以正确指导现场施工，协调各专业间的配合，并及时发现原设计不足并加以补充协调，以减少施工的二次拆改并保证施工的顺利进行，良好的机房及管井排布，对于后期物业维保工作也具有重大意义。同时，在满足设计与施工验收规范及业主要求的前提下，增强机房及管井内视觉效果，也是体现施工单位实力的很好载体。因此，在深化设计及现场施工工作中，管井及机房大样图具有举足轻重的作用。

变配电室大样图，需要标注高、低压柜、模拟屏、直流屏、变压器等的布置，灯具开关和插座的平面布置、管线选取、管线的敷设；应急发电机房大样图，需要标注发电机的布置，灯具开关和插座的平面布置、管线选取、管线的敷设。

32.2.5.5　机电末端装修配合图

1. 立面及节点配合

由于精装造型包括平面及立面造型，通常在机电管线排布时首先考虑平面造型及标高的满足。然而立面造型的配合也非常关键，如：侧风口的规格及定位、防雨百叶的定位，排烟防火阀手动按钮定位等。

2. 综合顶棚图纸的配合

在配合精装施工图纸中，综合顶棚图的配合是一项重要内容。一般意义上，机电各末端需要由机电设计提至精装设计，双方进行沟通，在综合考虑技术与观感因素后，精装设计给出综合顶棚图。该图纸经过各相关施工单位校核与沟通后，最终由精装设计出图，精装设计、机电设计及业主签字下发施工单位。

3. 地砖排布的配合

由于在地面上有机电专业的疏散指示灯、地插等末端，按照精装设计要求，需要在地砖排布时进行协调。一般机电末端都是按照设计规范要求进行定位，在排布时只能微调，过程同顶棚末端定位。

4. 开关面板等末端定位

电气开关面板、温控器等末端一般都是按照施工验收规范进行预留或定位，在配合精装设计过程中，需要精装设计考虑此因素来确定墙面、柱面等处理方式。

32.2.5.6 机电系统相关计算

机电系统的计算包括了水力计算、支架受力计算、电气负荷计算等计算。

业主提供的设计图纸里，设计院对空调水系统的水力或许进行了计算，但因后期设备选型的差异等各种原因，在进行深化设计的过程中，仍需要进行空调水系统水力计算，分析其比摩阻 R 的取值范围的不同对管材、阀门、附件、工程造价带来的影响，从中选取最佳方案。

大型机电项目中，机电大管径管道较多，尤其是制冷主机房、管道井、设备层。由于管道支架受力计算复杂，管道支架的选取一般是根据经验估算，选取一个认为保守的方案，缺乏足够的计算依据，管道系统的安全性得不到保障。而规范又只对常规管径做了规定，并没有提供对大管径选择依据。因此，在机电的深化设计的过程中，在遇到大型管径的管道时，即使计算复杂，仍需要细致地对其计算、检验，以保证管道系统的安全性。

电气专业是个独立而又是个辅助的专业。设备选型的不同或其他专业的调整变更，都将会影响到电气负荷的计算。为此，电气专业在系统图的深化设计过程中，要对其各负荷重新进行核算，保证专业之间的统一性。

32.2.6 机电工程深化设计协调

32.2.6.1 机电工程各专业间协调

机电深化设计各专业除了安装空间协调外，还要进行系统功能的协调配合。如空调专业要和电气专业进行设备电气参数以及控制方式的协调配合，要为电气专业设备间提供空调通风系统；空调专业要为给水排水专业提供足够的热源，提供本专业排水点位置和管线尺寸等；空调专业与弱电专业进行设备自控方式，控制流程，以及点位等相关信息的综合协调。同样道理，电气、给水排水和弱电专业在设计过程中要与机电其他专业进行全面协调配合。从而保证各系统功能的实现，安全高效运行。

32.2.6.2 机电工程专业和土建专业的协调

机电专业在设计过程中，需要与土建等专业密切配合，从而全面了解建筑信息，保证与相关专业正确的结合，避免出现专业冲突。土建专业为各专业提供标准的建筑底图，提供必要的建筑信息，综合协调各专业在设计过程中出现的与建筑相关问题。机电专业绘制机电专业管线预留预埋图纸，经土建专业审核后提交。

与土建专业的配合，还包括技术间的设备基础的配合，尤其是安装在屋顶上的大型设备，土建专业有可能要根据设备的基础增加次梁等设计。因而，机电专业在绘制完设备基础定位图后，要及时与土建专业进行协调，并在土建专业审核后提交。

32.2.6.3 机电专业和精装修专业的协调

机电专业不能在深化设计的过程中静待精装修专业图纸。因精装区域的标高、灯具的数量、送风口、回风口、火灾自动报警系统的感烟探测器、感温探测器、应急照明、疏散照明、消防喷淋头等，精装修专业都有可能只是在原图纸的基础上进行设计。但在机电的深化设计过程中，这些内容都有可能已进行了调整、优化。若此过程中与精装修专业没有建立起有效地协调途径，后期会有可能发生较大的冲突，尤其是净高的冲突。因投资方为节省成本，都不可能将层高建设得过高，而又希望将精装区域的吊顶尽量调高，所带来的结果就是机电专业与精装修专业在净高的要求上，往往有较大的冲突。因此，机电专业与其需要有充分地沟通，在满足规范要求的基础上，尽可能地保证吊顶的安装高度。

32.2.6.4 机电管线综合协调原则

1. 总体原则

风管布置在上方，桥架和水管在同一高度时候，水平分开布置，在同一垂直方向时，桥架在上，水管在下进行布置。综合协调，利用可用的空间。

2. 避让原则

有压管让无压管，小管线让大管线，施工简单的避让施工难度大的。

3. 管道间距

考虑到水管外壁，空调水管、空调风管保温层的厚度。电气桥架、水管，外壁距离墙壁的距离，最小有 100mm 的距离，直管段风管距墙距离最小 150mm，沿结构墙需 90°拐弯风管及有消声器、较大阀部件等区域，根据实际情况确定距墙柱距离，管线布置时考虑无压管道的坡度。不同专业管线间距离，尽量满足施工规范要求。

4. 考虑机电末端空间

整个管线的布置过程中考虑到以后灯具、烟感探头、喷洒头等的安装，电气桥架安装后放线的操作空间及以后的维修空间，电缆布置的弯曲半径不小于电缆直径的 15 倍。

5. 垂直面排列管道

热介质管道在上，冷介质在下；

无腐蚀介质管道在上，腐蚀性介质管道在下；

气体介质管道在上，液体介质管道在下；

保温管道在上，不保温管道在下；

高压管道在上，低压管道在下；

金属管道在上，非金属管道在下；

不经常检修管道在上，经常检修的管道在下。

上述为管线布置基本原则，管线综合协调过程中根据实际情况综合布置，管间距离以便于安装、检修为原则。其具体尺寸要参照相关的规范。

32.2.7 机电工程深化设计软件介绍

目前市场上有很多相关的机电工程深化设计软件，如 AutoPlant、天正软件、Magi-CAD 等，其都各有特点，各有优势。但都并不是完全针对机电的深化设计工作。如 AutoPlant 能三维反映出机电管线之间的综合协调，但其主要用于工业厂房项目，且软件复杂，操作不便，并要预先建模，不能广泛应用于建筑行业里的机电工程深化设计；天正软件是在 AUTOCAD 平台上开发的专业设计软件，可用于系统计算、方案设计、国内标准施工图设计等，但它是将三个专业分开，没有综合在一起，在机电管线综合设计中需要频繁切换，没有国内机电产品库，绘图效率不高，偏重于设计院进行初设图、施工图设计，仍不是机电工程深化设计的理想工具；MagiCAD 是芬兰公司的新一代软件，在北欧建筑设备（包括暖通空调、给水排水、消防和电气专业）设计领域内占有绝对的市场优势，是三维绘图，有自动碰撞检测功能，有设备材料自动统计等功能，并能自动生成并更新剖面图。但它需要事先建模，且最大的缺点是没有国内机电产品图库。同时，三个专业仍独立分开，还不能较好地适合绘制机电综合协调图。某种意义上，深化设计软件目前在国内还是一个较大的空白。

因机电工程深化设计，不仅是图纸绘制，还包括机电系统的相关计算。现市场上有各种各样的机电系统的相关计算。但完全适用于建筑行业的机电深化设计软件，目前仍不多见，较多的仍是基于 EXCEL 表格上个人使用版本的部分计算表格。因而，与深化设计软件一样，在国内仍处于一个较大的空缺。

32.3　机电工程施工管理

机电施工现场管理应遵循国家、地方、行业有关法律法规和强制性标准的规定，现场各方主体应建立完善的组织机构，明确职责和要求，规范作业，文明施工。加强科学技术研究和先进技术的推广应用，提高机电施工现场管理水平，实现施工现场管理科学化、规范化和标准化。

32.3.1　机电工程设备、材料管理

为保证工程质量，必须加强对机电工程所使用设备、材料的管理。施工单位应建立一整套严格的质量管理体系，建立健全各项管理制度。从采购、运输、验收、保管、安装和调试等各环节严格把关，实行专人负责和共同审核机制，会同施工、建设、监理三方对主要设备和重点工程进行审核验收并签字确认。落实责任追究制度，奖罚分明，管理有序，确保机电工程的施工质量。

32.3.1.1　设备、材料的基本要求

机电工程所使用的主要材料、成品、半成品、配件、器具和设备必须符合国家或行业的现行技术标准，满足设计要求。其基本要求如下：

（1）实行生产许可证和安全认证制度的产品，比如：机电设备、施工机具、照明灯具、开关插座、安保器材、仪器仪表、管件阀门等，必须具有许可证编号和安全认证标志，相关材证资料齐全有效。

（2）在施工中应用的设备、材料必须具有质量合格证明文件，规格、型号及性能检测报告。进场时应做检查验收，对其规格、型号、数量及外观质量进行检查，不合格的建材产品应立即退货。涉及安全、节能、环保等功能的产品，应按各专业工程质量验收规范的规定进行复验（试），复验合格并经监理工程师检查认可后方可使用。

（3）按规定须进行抽检的建材产品，应按规定程序由相关单位委托具有法定资质的检测机构，会同监理（建设）、施工单位，按相关标准规定的取样方法、数量和判定原则，进行现场抽样检验。施工单位应根据工程需要配备相应的检测设备，检测设备的性能应符合有关施工质量检测的规定。

（4）建筑给水、排水及采暖工程所使用的管材、管件、配件、器具及设备必须是认证厂家生产的合格品，并有中文质量合格证明文件，生活给水系统所涉及的材料必须达到饮用水卫生标准。

（5）主要器具和设备必须有完整的安装使用说明书，设备有铭牌，注明厂家、型号。

在运输、保管和施工过程中，应采取有效措施防止损坏或腐蚀。

（6）机电设备安装施工用的辅助材料原则上使用厂家指定产品，非指定产品必须要求材料供应商提供材料的材质证明及合格证，其规格和质量必须符合工艺标准规定的技术参数指标，以确保达到工程质量标准。

（7）管道使用的配件的压力等级、尺寸规格等应和管道配套。塑料和复合管材、管件、胶粘剂、橡胶圈及其他附件应是同一厂家的配套产品。

（8）工程中使用的设备、材料优先选用环保节能产品，辅助材料必须满足有关环保及消防要求。

（9）电气设备上计量仪表和与电气保护有关的仪表应检定合格，投入试运行时，应在有效期内。

（10）电力变压器、柴油发电机组、不间断电源柜、高低压成套配电柜、控制柜（屏、台）及动力、照明配电箱（盘）等重要电力设备应有出厂试验记录及完整的技术资料。

（11）防腐保温材料除应符合设计的质量要求外，还应符合环保、消防等方面的技术规范要求。

32.3.1.2 设备、材料的检验与试验

机电工程的设备、材料、成品和半成品必须进行入场检验，查验产品外包装、品种、规格、附件等，如对产品质量有异议应送有资质第三方检验机构进行抽样检测，并出具检测报告，确认符合相关技术标准规定并满足设计要求，才能在施工中应用。成套设备或控制系统除符合相关技术标准规定外，还应有出厂检验与试验记录，并提供安装、调试、使用和维修的完整技术资料，确认符合相关技术规范规定和设计要求，才能在施工中应用。入场检验工作应由工程总承包方牵头，协调施工、建设、监理和供货商共同参与完成，检验工作程序规范，结论明确，记录完整。具体要求如表 32-1 所示。

机电工程设备、材料进场检验要求 表 32-1

序号	设备、材料	检验项目	查验要求
1	开关、插座、接线盒和风扇及其附件	产品证书	查验合格证 防爆产品有防爆标志和防爆合格证号 安全认证标志
		外观检查	完整、无破裂、零件齐全 风扇无变形损伤，涂层完整，调速器等附件适配
		电气性能	现场抽样检测 对塑料绝缘材料阻燃性能有异议时，按批抽样送有资质的试验室检测
2	电线、电缆	产品证书	按批查验合格证、生产许可证编号和安全认证标志
		外观检查	包装完好，抽检的电线绝缘层完整无损，厚度均匀 电缆无压扁、扭曲，铠装不松卷 耐热、阻燃的电线、电缆外护层有明显标识和制造厂标
		电气性能	现场抽样检测绝缘层厚度和圆形线芯的直径符合制造标准对电线、电缆绝缘性能、导电性能和阻燃性能有异议时，按批抽样送有资质的试验室检测

续表

序号	设备、材料	检验项目	查 验 要 求
3	电气工程用导管	产品证书	按批查验合格证
		外观检查	钢导管无压扁、内壁光滑 非镀锌钢导管无严重锈蚀，油漆完整 镀锌钢导管镀层均匀完整、表面无锈斑 绝缘导管及配件无碎裂、表面有阻燃标记和制造厂标
		质量性能	现场抽样检测导管的管径、壁厚及均匀度符合出厂标准对绝缘导管及配件的阻燃性能有异议时，按批抽样送有资质的试验室检测
4	安装用型钢和电焊条	产品证书	按批查验合格证和材质证明书
		外观检查	型钢表面无严重锈蚀，无过度扭曲、弯折变形 电焊条包装完整，拆包抽检，焊条尾部无锈斑
5	镀锌制品和外线金具	产品证书	按批查验合格证或厂家出具的镀锌质量证书
		外观检查	镀锌层覆盖完整、表面无锈斑、无砂眼、无变形 金具配件齐全
6	电缆桥架、线槽	产品证书	查验合格证
		外观检查	部件齐全、表面光滑、不变形 钢制桥架涂层完整，无锈蚀 玻璃钢桥架色泽均匀，无破损碎裂 铝合金桥架涂层完整，无扭曲变形，不压扁，无划伤
7	封闭母线、插接母线	产品证书	查验合格证和随带安装技术文件
		外观检查	插接母线上的静触头无缺损、表面光滑、镀层完整 母线螺栓搭接面平整、镀层覆盖完整、无起皮和麻面 防潮密封良好，各段编号标志清晰 附件齐全，外壳不变形
8	裸母线、裸导线	产品证书	查验合格证
		外观检查	包装完好，裸母线平直，表面无明显划痕 裸导线表面无明显损伤，不松股、扭折和断股（线）
		质量性能	测量厚度和宽度符合制造标准 测量线径符合制造标准
9	电缆头部件及接线端子	产品证书	查验合格证
		外观检查	部件齐全，表面无裂纹和气孔 随带的袋装涂料或填料不泄漏
10	照明灯具及附件	产品证书	普通灯具应有安全认证标志 防爆灯具应有防爆标志和防爆合格证号 新型气体放电灯具应有随带的技术文件和产品合格证
		外观检查	检查灯具涂层完整，无任何变形损伤 附件齐全
		质量性能	抽样检测成套灯具的绝缘电阻、内部接线等性能指标 对游泳池和类似场所灯具（水下灯及防水灯具）的密闭和绝缘性能有异议时，按批抽样送有资质的试验室检测

序号	设备、材料	检验项目	查 验 要 求
11	仪表设备及材料	开箱检查	产品包装及密封无破损，外观完好 产品的技术文件和质量证明书齐全 铭牌标志、附件、备件齐全 型号、规格、数量与设计要求相符
12	仪表盘、柜、箱	外观检查	表面平整，内外表面漆层完好 型号、规格与设计要求相符 盘、柜、箱内的仪表、电源设备及其所有部件的外形尺寸和安装孔尺寸准确，安装定位牢固可靠
13	高低压成套配电柜、控制柜（屏、台）及动力、照明配电箱（盘）	产品证书	查验产品合格证和随带技术文件
		外观检查	涂层完整，无明显变形损伤 检查柜内元器件无损坏丢失、接线牢固可靠
14	蓄电池柜、不间断电源柜	产品证书	许可证编号和安全认证标志 不间断电源柜应有出厂试验记录
		外观检查	蓄电池柜内电池壳体无碎裂、漏液，充油充气设备无泄漏
15	柴油发电机组	产品证书	查验产品合格证和附带的技术文件 发电机及其控制柜应有出厂试验记录
		开箱检查	依据装箱单，核对主机、附件、专用工具、备品备件
16	电动机、电加热器、电动执行机构和低压开关设备	产品证书	查验合格证、许可证编号和安全认证标志 安装、调试、使用说明等技术文件
		开箱检查	查验电气接线端子完好，元器件装配牢固无缺损，附件齐全
17	变压器、箱式变电所、高压电器及电瓷制品	产品证书	产品合格证和技术文件齐全完整 变压器应有出厂试验记录
		开箱检查	检查绝缘件无缺损、裂纹、渗漏现象 充气高压设备气压指示正常 涂层完整，无损伤 查验附件

　　机电工程其他专用设备、附件、辅材均应符合相关质量要求，有产品合格证及性能检测报告或厂家的质量证明书，并符合工程设计要求。仪表设备的性能试验应按现行相关技术规范的规定执行。

32.3.1.3　设备、材料现场保管的要求

　　进入现场的设备、器具要妥善安放，入库材料应由有关责任人和仓库保管员负责入库验收。验收内容为材料的类别、规格、型号、数量以及采购材料的合格证明等。室外保管要有完整的外包装，采取防雨、防晒、防风和防火等必要的防护措施。室内保管要注意防潮防火，易破碎物品要采取保护措施并予以醒目标识。具体要求如下：

　　（1）现场的材料应按型号、品种分区摆放，并分别编号、标识。

　　（2）易燃易爆的材料应专门存放、专人负责保管，并有严格的防火、防爆措施。

（3）有防湿、防潮要求的材料，应采取防湿、防潮措施，并做好标识。

（4）有保质期的库存材料应定期检查，防止过期，并做好标识。

（5）易损坏的材料应保护好外包装，防止损坏。

（6）材料的账、卡、物及其质量保证文件齐全、相符。

（7）仪表设备及材料验收后，应按其要求的保管条件分区保管。主要的仪表材料应按照其材质、型号及规格分类保管。

（8）仪表设备及材料在安装前的保管期限，不应超过一年。当超期保管时，应符合设备及材料保管的专门规定。

（9）油漆、涂料必须在有效期内使用，如过期，应送技检部门鉴定合格后，方可使用。

（10）保温材料在贮存、运输、现场保管过程中应不受潮湿及机械损伤。

（11）灯具、材料在搬运存放过程中应注意防震、防潮，不得随意抛扔、超高码放。应存放在干燥通风，不受撞击的场所。

32.3.2 机电工程施工现场管理

机电工程施工涉及众多学科和专业，大量采用新技术、新工艺、新材料、新设备，具有安装工艺流程复杂，技术更新快，科技含量高的特点。随着智能化建筑的推广普及，机电工程在建设项目中所占比例越来越大，技术标准也在不断提高，这些使得施工现场管理成为项目施工的关键环节，它将直接影响项目的成本目标、进度目标、质量目标和安全目标的实现。

32.3.2.1 现场成本管理

现场成本管理的原则是合理配置生产要素，采用优化配置、动态控制和科学调度等手段，对施工的全过程中所消耗的人力资源、物质资源和费用开支，进行指导、监督、调节和限制，及时纠正已经发生和控制将要发生的偏差，以使各项费用控制在计划成本的范围内，保证成本目标的实现。

1. 人力资源管理

（1）实行人力资源的优化配置。按照机电安装工人劳动生产率定额、施工进度计划、工程量、施工技术方案和施工人员素质等制定劳动力需求计划，原则是满足基本施工需求、适当留有余地，注意工种组合及技工配比。

（2）根据施工需要对人力资源进行动态管理，及时协调、调配、补充或减员，实现人力资源的优化组合，对劳动力的表现进行跟踪考核，并记入用工档案。

（3）按要求组织员工培训，根据工程特点、技术难点、四新技术的应用，组织作业人员进行技术操作培训和岗前培训。建立特种作业人员管理档案，记录培训考试、证书审验、岗位调配和工作业绩等。

（4）加强对员工作业质量和效率的检查评比，建立激励机制，兑现绩效奖励。

2. 工程设备和材料管理

（1）根据设计文件的要求，组织制定工程设备和主要材料需用量计划以及辅助材料需用量计划，并按施工进度计划确定分期分批供货计划。

（2）按需用量计划和分批供货计划组织采购，建立设备制造商和供应商信息数据库，了解供应商的产品价格、性能、信用、供货能力，建立长远、稳定、多渠道、可选择的货源基地。

（3）机电工程所需的材料按类别分级组织采购，A类材料应由企业物资部门订货或市场采购；B类和C类材料应按承包人授权由项目经理部采购。项目经理部应编制采购计划，报企业物资部门批准，按计划采购。特殊和零星材料的品种，在"项目管理目标责任书"中约定。

（4）分别建立工程设备和材料台账，严格履行物料收发手续，做到账、物相符。贵重物品应跟踪使用，并做好记录。

（5）建立使用限额领料制度和周转材料保管、使用制度，做好使用、报废、节约及超用状况记录。

（6）实施材料使用监督制度，定期检查、定期盘点，及时办理剩余材料、部件和配件的退库手续，做好包装物及废料的回收和处理。

3. 施工机械设备和检测器具管理

（1）项目经理部根据施工进度计划、施工技术方案的要求，制定施工机械设备和检测器具使用计划。

（2）施工机械设备和检测器具进入现场时，应进行完好程度、使用文件齐全状况等检查，机械设备的能力、检测器具的量程、设备和检测器具的精度和数量等应满足机电安装工程的需要。

（3）建立施工现场的机械设备和检测器具台账，制定相关的定机定人定岗位的责任制和操作规程，使用中做好维护和保养，使设备始终处于完好状态，检测器具保持有效性，保证使用安全合理。

（4）加强施工机械设备和检测器具的动态管理，合理调度和协调，既能满足施工需要，又能提高其利用率。

（5）定期或随时抽检设备所处状态及操作或使用的合理性、安全性，做好记录，发现问题应及时分析和处理。

4. 技术管理

（1）施工前技术准备工作

施工技术资料准备；施工现场、作业环境的技术准备；参与设计图纸的会审和设计交底；编制施工组织总设计、单位工程施工组织设计和施工方案；项目施工人员的资格认定；技术交底和施工安全技术交底；编制工程设备和材料、施工机械设备以及检测器具的需用计划等。

（2）施工过程中技术管理工作

施工指导和监督；办理设计修改、材料或设备变更手续；因施工条件变化修订原施工技术方案；指导和处理新技术的应用工作；制定调试和试运转方案；参加质量事故、安全事故的处理；及时填写技术日志等。

（3）交竣工验收中技术管理工作

收集、汇总和整理工程技术资料；绘制竣工图、参加工程竣工自检工作；参加交竣工各类文件资料的检查、整理和编制工程档案；编写工程施工技术总结等。

5. 资金管理

（1）依据工程承包合同的付款方式和施工进度计划做出项目收入预测表，统一对外收支和结算，及时催收预付款和结算工程款。

（2）根据成本费用控制计划、项目管理实施规划和施工组织总设计、工程设备和材料储备计划和工程进度计划做出资金支出预测，合理调配资金支付各项支出，重视资金支出的时间价值，提高资金利用效率。

（3）按资金收支对比差额筹措资金。在充分利用自有资金的基础上，多渠道筹措资金，尽量利用低利率贷款。

32.3.2.2 现场进度管理

现场进度管理要根据机电工程施工作业工序多、交叉作业量大、工艺复杂的特点，重点抓好施工组织的连续性和均衡性，协调好各个工种的相互配合，合理调配人力资源，保障施工机具、设备、材料按计划供应，及时解决施工中出现各种问题，确保进度计划正常实现。

1. 施工作业计划编制

（1）根据项目总进度计划和单位工程进度计划的实施情况或业主提出的实时进度指标，施工项目经理部在掌握和了解各单位工程中各分部分项工程的施工资源、现场条件、设备与材料供应等情况基础上，编制月、旬作业计划。

（2）施工的月、旬作业计划应明确：具体的计划任务目标；所需要的各种资源量；各工种之间和相关方的具体搭接与接口关系；存在问题及解决问题的途径和方法等。

（3）施工月、旬计划的编制一般可采用横道图形式表示，并应有计划说明和实施措施。

2. 施工作业计划实施

（1）项目经理部在计划实施前要进行计划交底，并对分承包方和施工队下达计划任务书。

（2）施工队应根据施工月、旬作业计划编制施工任务单，将计划任务落实到施工作业班组；施工任务单的内容应有具体的施工形象进度和工程实物量、技术措施和质量要求等。在实施进度计划过程中要做好施工记录，任务完成后由施工队进行检查验收并及时回收施工任务单。

（3）根据月、旬施工进度计划，掌握计划实施情况，协调施工中的各个环节、各个专业工种、各相关方之间协作配合关系，采取措施调度生产要素，加强薄弱环节，处理施工中出现的各种矛盾，保证施工有条不紊地按计划进行。

3. 施工作业计划调整

施工作业出现进度偏差时，一般采用的调整主要方法有：

（1）局部工作增加或减少施工内容。

（2）改变施工方案和施工方法，使单位时间内工程量增加或减少。

（3）在相应工作时差允许范围内改变起止时间。

（4）调整施工作业计划的方法和措施确定后，重新编制符合实际情况的进度计划。

4. 加强沟通协调，保障现场施工条件

（1）施工单位应加强与建设方和监理方的沟通协调，就施工进度及其影响因素进行密切交流与协商，争取得到各方的支持与配合。

（2）处理好施工现场与周边单位的关系，保证施工现场的水、电、气供应，协调好交通运输、社区安全、环保、消防等各方面，保障现场的作业环境和施工条件。

（3）施工过程中要随时掌握现场气候、环境、交通、安全等影响施工的信息，制定各种应急预案，及时调整部署，从容应对各种突发事件。

（4）按施工进度计划制定分期分批供货计划，按时组织采购、进货、验收和供应。采购部门或人员应随时了解施工现场情况，配合现场施工进度及时调整采购计划，避免物料供应与施工进度脱节，造成物料积压或不足的现象。

5. 制定奖惩制度

对于优质高效、完成施工计划并积极为下道工序创造条件的人员给予适当的奖励，对于无故延期、返工、浪费材料以及影响其他工序的进度和质量的人员给予必要的处罚并追究相关管理人员的责任。

32.3.2.3 现场质量管理

施工现场质量管理主要包括：工程质量管理体系和责任制度建立与落实，设备与材料质量控制，施工过程管理与控制，现场质量检验与试验，质量事故处理等全面质量管理工作。

1. 建立现场质量管理体系和质量责任制度

（1）明确规定工程项目领导和各级管理人员的质量责任。

（2）明确规定从事各项质量管理活动人员的责任和权限。

（3）规定各项工作之间的衔接、控制内容和控制措施。

（4）审核施工单位资质，施工管理人员、班组长、操作人员应具备相应的管理业务水平和技术操作能力，安装电工、焊工、起重吊装工、电气调试人员持证上岗。

（5）定期、不定期地检查工程质量控制和质量保证情况，并做出客观的评价。

2. 建立严格的施工技术管理体系

（1）针对工程的特点，组建现场技术管理体系，解决施工过程中遇到的技术性问题，严格控制工程施工质量。

（2）施工前，认真组织各专业技术人员，熟悉掌握图纸和进行专业技术图纸会审，进行设计交底和施工技术交底，明确下达施工任务单，操作人员按任务单施工。

（3）机电工程设计中若需要技术变更，应事先得到厂家及业主（监理工程师）的签字确认后进行，技术变更应保持完整记录。

（4）严格遵守技术复核制度，对建筑物的方位、标高、高度、轴线、图纸尺寸、误差等作复核记录，经复核无误后再进行资料存档管理。

（5）隐蔽工程施工时，质量检查人员、专业技术负责人和专职质检员必须共同进行监督，没有工程技术负责人、监理和有关工长、质检员签字，不准进入下一道工序。

（6）在分部分项工程施工中，相关专业工种之间应进行交接检验并形成记录，未经监理工程师（建设单位技术负责人）检查认可不得进行下道工序施工。

3. 现场会议制度

（1）施工现场必须建立、健全和完善现场会议制度，并协调有关单位间的业务活动。

（2）定期或不定期召开现场质量检查会议，及时分析、通报工程质量状况，保证施工的各个环节在相应管理层次的监督下有序进行。

4. 现场质量检验制度

(1) 根据设计要求和产品质量标准，确定对工程设备、材料进货检查和验收，施工监理参与检验并确认。

(2) 控制重点施工部位或关键工序，施工技术人员和质量检验人员事先对工序进行分析，针对施工过程中容易出现的质量问题，采取质量预控措施予以预防。

(3) 施工现场质量管理按《施工现场质量管理检查记录》进行检查记录。

(4) 隐蔽工程质量检验和试验应按已制定的质量检验计划的规定进行。如接地系统测试、管道强度试验、通球和吹扫试验等，经测试合格并形成验收记录，各方签字确认后，才能进行隐蔽施工。

(5) 机电设备安装完成后，按规定进行单机调试和试运转，按工艺系统进行联动调试和试运转，检验设备功能特性和安装质量是否符合工艺设计的要求，达到设计预期使用功能。

(6) 严格按施工验收规范要求填写机电设备运行和试验记录、安全测试记录、试运行记录、工序交接验收合格等施工安装记录。

(7) 建立质量统计报表制度，对已完成的检验批、分项工程、分部工程的质量评定情况进行统计分析，提高质量管理工作的科学性和时效性。

5. 质量事故报告和处理制度

(1) 提供真实数据资料

施工单位提供有关合同的合同文件，如工程承包合同、设计合同、设备、材料采购合同、监理合同及分包工程合同等；有关技术文件和档案，如有关设计文件；与施工有关的技术文件和档案资料；施工组织设计或施工方案、施工计划、施工记录、施工日志、有关材料的质量证明文件资料、有关设备检验材料、质量事故发生后事故状况的观测、试验记录和试验、检测报告等。

(2) 提交质量事故报告

施工单位在质量事故发生后应提交报告。内容包括质量事故发生的时间、地点、工程项目名称及工程的概况；质量事故状况的描述；质量事故现场勘察笔录、证物照片、录像、证据资料、调查笔录等；质量事故的发展变化情况等。

(3) 确定质量事故的原因

在事故调查与分析基础上，必要时请第三方进行试验验证，确认事故原因，并明确责任。

(4) 提交完整的事故处理报告

事故处理后应提交完整的事故处理报告，其内容包括：事故调查的原始资料、测试数据；事故原因分析、论证；事故处理依据；事故处理方案、方法及技术措施；事故处理结论等。

32.3.2.4　现场安全管理

机电工程施工安全管理包括施工安全组织、制度建设、施工管理、风险防控、技术措施、应急预案、事故处理等诸多方面。

1. 项目安全技术职责划分

(1) 项目经理对本工程项目的安全生产负全面领导责任，应组织并落实施工组织设计中安全技术措施，监督施工中安全技术交底制度和机械设备、设施验收制度的实施。

（2）项目总工程师对本工程项目的安全生产负技术责任，参加并组织编制施工组织设计及编制、审批施工方案时，要制定、审查安全技术措施，保证其可行性与针对性，并随时检查、监督、落实。

（3）工长（施工员）对所管辖劳务队（或班组）的安全生产负直接领导责任，针对生产任务特点，向管辖的劳务队（或班组）进行书面安全技术交底，履行签认手续，并对规程、措施、交底要求的执行情况经常检查，随时纠正违章作业。

（4）安全员负责按照安全技术交底的内容进行监督、检查，随时纠正违章作业。

（5）劳务队长或班组长要认真落实安全技术交底，每天做好班前教育。

2. 机电工程施工安全管理制度

（1）严格遵守国家、地方政府、行业和企业制定的建筑施工安全管理制度和相应的安全技术操作规程，贯彻执行安全生产的各项规定，确保施工安全。

（2）严格执行用工管理制度，建立三级教育、特种作业教育和经常性教育体系，承担专业技术工种作业的工人如电工、焊工、起重工等，必须达到该项作业的技术等级要求，持证上岗。未经培训或考核不合格者，不得独立操作。

（3）制定设备检测、维修、使用和报废管理制度，大型施工机具设备设专人负责管理，定期维护保养，保证其技术状况良好。手持式电动工具的管理、使用、检查和维修，应符合现行国家标准《手持式电动工具管理、使用、检查和维修安全技术规程》的规定。

3. 施工安全技术交底

（1）工程开工前，工程技术负责人要将工程概况、施工方法、安全技术措施等向全体职工进行详细交底。

（2）分项、分部工程施工前，工长（施工员）向所管辖的班组进行安全技术措施交底，如交底到劳务队长而不包括作业人员时，劳务队长还应向作业人员进行书面交底。

（3）两个以上施工队或工种配合施工时，工长（施工员）要按工程进度向班组长进行交叉作业的安全技术交底。

（4）班组长要认真落实安全技术交底，每天要对工人进行施工要求、作业环境的安全交底。

（5）针对新工艺、新技术、新设备、新材料施工的特殊性进行安全技术交底。

（6）工长（施工员）进行书面交底后应保存安全技术交底记录和所有参加交底人员的签字，安全技术交底记录一式三份，分别由工长、施工班组、安全员留存。

4. 作业环境安全管理

（1）施工现场用电、照明用电、使用各种电气机具必须符合行业标准《施工现场临时用电安全技术规范》的要求，配电箱、开关箱处悬挂安全用电警示牌及安全危险标志，所有用电施工设备一机一闸，严禁随意私拉乱接电源线，供电容量应与用电负荷相符。

（2）"五口"（即楼梯口、电梯口、外墙预备洞口、通道口和地坑口）必须有防护设施，夜间应有明显的红灯。

（3）施工现场高大脚手架、塔式起重机等大型机械设备应与架空输电导线保持安全距离，高压线路应采用绝缘材料进行安全防护。

（4）施工现场必须按规定设置安全网，凡 4m 以上的在建工程，必须随施工层支 3m 宽的安全网，首层必须固定一道 3～6m 宽的安全网。高层施工时，除在首层固定一道安全网外，每隔四层还要固定一道安全网。

（5）施工现场必须严格遵守消防管理制度，配置消防设施，有明火作业的施工现场，要有专人负责，作业结束后必须认真清理现场，消除各种火灾隐患。

5. 针对安全危险较大的施工作业制定技术安全措施

（1）设备调试和试运行必须严格按调试、试运行方案、操作规程和有关规定进行操作，事先制订相应的应急预案并采取必要的安全防护措施，参加调试、试运行的指挥人员和操作人员及监护人员不得随意改变操作程序和内容。

（2）制定高空作业、机械操作、起重吊装作业、动用明火作业、在密闭容器内作业、带电调试作业、管道和容器的压力试验、临时用电、单机试车和联动试车等工程项目施工全过程的安全技术措施。

（3）确定重大危险源的部位和过程，对危险大和专业性较强的工程项目施工，如：大型设备吊装，大型网架整体提升，在易燃易爆或危险化学品区域施工作业，动用明火，高电压作业和高压试验等，必须先进行安全论证，制订相应的安全技术措施。依据有关法规规定，报送相关的监督机构审批。

（4）针对采用新工艺、新技术、新设备、新材料施工以及工程项目的特殊性制定相应的安全技术措施。针对的特殊需求，补充相应的安全操作规程或措施。

（5）针对特殊气候条件如雨季、高温、冰雪、大风以及夜间施工等制定相应的安全技术措施。按各施工专业、工种的特点以及施工各阶段、交叉作业等编制针对性的安全技术措施。

6. 制定应急措施及事故处理预案

（1）有组织、有秩序地抢险救人，采取有效措施防止事故蔓延扩大。

（2）保护事故现场，妥善保管有关证物、现场痕迹、设备和物料状态，直至事故结案。

（3）及时报告有关部门，妥善处置后续工作。

7. 现场安全事故处理程序

（1）施工现场如发生安全生产事故，负伤人员或最先发现事故的人员应立即报告；施工总承包单位应按照国家有关伤亡事故报告和调查处理的规定，及时、如实地向负责安全生产监督管理的部门、建设行政主管部门或其他有关部门报告；特种设备发生事故的，还应当同时向特种设备安全监督管理部门报告。

（2）伤亡事故按其严重程度分为轻伤事故、重伤事故、死亡事故、重大死亡事故、特别重大事故等（建设部按程度不同把重大事故分为一～四级）。轻伤事故和重伤事故由施工企业调查、处理结案；重大死亡事故按照企业隶属关系由省级主管部门会同同级劳动、公安、监察、工会及其他有关部门人员组成事故调查组，由同级劳动部门处理结案。

（3）安全事故的处理参照《企业职工伤亡事故报告和处理规定》执行。

32.4 机电工程绿色施工管理

绿色施工是指在工程建设中，在保证质量、安全等基本要求的前提下，通过科学管理和技术进步，最大限度地节约资源与减少对环境负面影响的施工活动，实现"四节一环保"（节能、节地、节水、节材和环境保护）的目标。

实施绿色施工，应建立绿色施工管理体系，并制定相应的管理制度与目标。项目经理为绿色施工第一责任人，负责绿色施工的组织实施及目标实现。

绿色施工管理包括规划管理、实施管理、评价管理、人员安全与健康管理等，应对整个施工过程实施动态管理，加强对施工策划、材料采购、现场施工、工程验收等各阶段的控制，实行施工全过程的管理和监督。

32.4.1 机电绿色施工的基本规定

机电工程的绿色施工应符合国家法律、法规及相关的标准规范，按因地制宜的原则，贯彻执行国家、行业和地方相关的技术经济政策，实现经济效益、社会效益和环境效益的统一。具体要求和规定如下：

(1) 机电工程施工必须严格遵守《环境保护法》、《水污染防治法》、《大气污染防治法》、《固体废物污染环境防治法》、《环境噪声污染防治法》等国家关于保护和改善环境、防治污染的法律法规。

(2) 绿色施工应积极采用先进的生产工艺、技术措施和施工方法，发展绿色施工的新技术、新设备、新材料与新工艺，限制和淘汰能耗高的老旧技术、工艺、设备和材料，在建设成本允许的前提下，提供功能型、智能型、节能型、环保型的绿色建筑，积极推行节能环保的应用示范工程。

(3) 加强信息技术应用，如绿色施工的虚拟现实技术、三维建筑模型的工程量自动统计、绿色施工组织设计数据库建立与应用系统、数字化工地、基于电子商务的建筑工程材料、设备与物流管理系统等，利用现代信息技术对施工进行精密规划、设计，实现精确管理和施工，提高绿色施工的各项指标。

(4) 绿色施工管理应将有关内容分解到管理体系目标中，施工前应根据设计图纸、标准规范编制机电工程施工质量、环境、安全和节约控制措施，并严格实施过程控制，避免因施工管理缺失或控制措施不到位而导致质量事故、损坏设备、浪费资源、污染环境。

(5) 施工前，项目部应组织施工、设备安装人员针对每项作业活动所涉及的环境控制措施、环境操作基本要求、环境检测等内容以及防火、防爆、设备试车等应急准备响应中的关键特性和注意事项进行环境交底，避免因作业人员的不掌握环境方面的基本要求造成噪声超标、有害气体、废水排放、热辐射、光污染、振动、扬尘、遗洒、漏油、废物遗弃污染大气、污染土地和地下水等环境影响。

(6) 在施工过程中，建立环境安全监测评价体系，定期对重点工序和作业场地进行环境评测，记录评测结果，奖优罚劣；对于发现的问题或不足，通过调整作业程序、改变施工工艺、更换设备和材料等措施及时改进，不断提高环境管理绩效。

(7) 报废的机电器材、包装材料、容器用具、施工辅料、建筑垃圾以及废旧电池、墨盒、试剂等应分类回收，妥善保管，收集一个运输单位后交有资质单位或环卫部门处理，防止乱扔污染土地、污染地下水。

（8）施工中应具备文物保护意识，涉及文物古迹、古建筑、古树名木保护的由建设单位提供政府主管部门批准的文件，未经批准，不得施工，建设项目场址内因特殊情况不能避开地上文物，应积极履行经文物行政主管部门审核批准的原址保护方案，确保其不受施工活动损害。

32.4.2 机电绿色施工的资源节约

机电工程施工应根据绿色施工总体目标制定工程项目节能降耗的具体措施，控制施工过程中的资源消耗，提高资源利用效率。

32.4.2.1 节约土地

机电工程施工应遵守建筑施工现场管理规范，最大限度地节约使用土地，减少施工活动对土地环境的污染破坏。

（1）根据施工规模及现场条件等因素合理确定临时设施，如临时加工厂、现场作业棚、材料堆放场地、办公生活设施等的占地指标，临时设施的占地面积应按用地指标所需的最低面积设计。

（2）要求平面布置合理、紧凑，在满足环境、职业健康与安全及文明施工要求的前提下尽可能减少废弃地和死角，临时设施占地面积有效利用率大于90%。

（3）红线外临时占地应尽量使用荒地、废地，少占用农田和耕地。工程完工后，及时对红线外占地恢复原地形、地貌，使施工活动对周边环境的影响降至最低。

（4）利用和保护施工用地范围内原有绿色植被，对于施工周期较长的现场，可按建筑永久绿化的要求，安排场地新建绿化。

（5）施工总平面布置应做到科学、合理，充分利用原有建筑物、构筑物、道路、管线为施工服务，施工期间充分利用场地及周边现有给水、排水、供暖、供电、燃气、电信等市政管线工程。

（6）工程开工前，建设单位应组织对施工场地所在地区的土壤环境现状进行调查，制定科学的保护或恢复措施，防止施工过程中造成土壤侵蚀、退化，减少施工活动对土壤环境的破坏和污染。

（7）对于因施工而破坏的植被、造成的裸土，必须及时采取有效措施，以避免土壤侵蚀、流失。如采取覆盖砂石、种植速生草种等措施。施工结束后，被破坏的原有植被场地必须恢复或进行合理绿化。

32.4.2.2 节约能源

机电工程施工应遵守《中华人民共和国节约能源法》、《民用建筑节能设计标准》、《民用建筑节能管理规定》、《公共建筑节能设计标准》、《公共建筑节能评审标准》、《环境管理体系要求》等国家法律法规及地方有关法规的规定，推进建筑节能降耗，最大限度地节约资源和保护环境。

（1）机电施工应按设计要求采用节能型的建筑结构、材料、器具和产品，积极开发利用太阳能、地热等可再生能源和新能源，积极推广使用节能新技术、新工艺、新设备和新材料，提高能源和资源利用率。

（2）在编制机电工程施工组织设计或专项方案中，应有节能降耗的专项措施，内容应满足法律法规要求和达到建筑节能降耗的技术标准，具体包括节能降耗对象、目标（定额）、施工方法和途径、资源配置和考核奖惩等。

（3）机电施工过程中，在满足设计要求前提下，应选用节能型设备、机具和材料，禁止使用《淘汰落后生产能力、工艺和产品目录》所限制或淘汰的产品与材料，推广使用节能环保型产品（如节水阀门、节能灯具等）。

（4）机电施工过程中，合理安排各分项工程施工工序，提高各种机械的使用率和满载率，降低各种设备的单位耗能。

（5）推广运用冷热回收技术、变频节能技术、智能照明控制技术、均衡供热管理技术和新能源综合利用等节能新技术、新工艺，提高系统的用能效率，降低系统的运行维护费用，实现良好的节能效果。

（6）现场供水、供电系统应保持正常完好，所用管件、线路应符合产品质量要求；施工中应安排专人对供水、供电系统及其配套设施进行检查维护，及时消除系统存在的各种隐患，避免产生跑、冒、滴、漏。

（7）优先使用国家、行业推荐的节能、高效、环保的施工设备和机具，如选用变频技术的节能施工设备、低能耗的手持电动工具等，选择功率与负载相匹配的施工机械设备，避免大功率施工机械设备低负载长时间运行。

（8）施工现场应实行用电计量管理，分别设定生产、生活、办公和施工设备的用电控制指标，严格控制施工阶段用电量。

32.4.2.3　节约水源

机电工程施工应对现场用水实行总量控制和分级管理，尽可能使用循环水和废水再利用，达到节水的控制目标。

（1）施工现场用水器具必须符合《节水型生活用水器具》CJ 164 标准中的规定及《节水型产品通用技术条件》GB/T 18870 的要求。

（2）施工现场分别对生活用水与工程用水确定用水定额指标，并分别计量管理，生产、生活用水必须使用节水型生活用水器具，在水源处应设置明显的节约用水标识，实行用水计量管理，严格控制施工阶段用水量。

（3）施工作业过程中应加强对供水、供热系统的检查、维护，及时消除系统存在的各种隐患，避免发生管道爆裂、冻裂跑水等事故，防止浪费水资源。

（4）施工现场供水管网应根据用水量设计布置，管径合理、管路简捷，采取有效措施减少管网和用水器具的漏损。

（5）施工中优先采用先进的节水施工工艺，临时用水应使用节水型产品，安装计量装置，现场机具、设备、车辆冲洗用水必须设立循环用水装置，采取针对性的节水措施。

（6）大型施工现场，可建立雨水或可再利用废水的收集处理系统，使水资源得到梯级循环利用。

32.4.2.4　节约材料

机电施工过程中，通过制度建设和加强管理，严格控制施工材料的采购、运输、保管、发放、使用和回收等各环节，防止产生非生产性消耗和施工浪费。

（1）在编制机电工程施工组织设计或专项方案中，应审核材料消耗的相关内容，优化施工方案，避免现场临时变更设计或不合理施工造成的浪费。优先选用绿色环保材料，积极推广新材料、新工艺，促进材料的合理使用，降低材料消耗量。

（2）电气安装前应根据工艺流程，合理安排施工顺序，避免施工顺序颠倒造成费时或返工，增加能耗，浪费材料。

（3）所有材料应执行限额领料制度，按领料单控制发放，做到账物相符；计划外用料执行严格审批制度，避免随意领取、少用多领、先用后批的不良习惯，防止可能产生的浪费、失窃等现象。

（4）根据施工进度、材料周转时间、库存情况等制定采购计划，合理确定采购数量、进场时间和批次，减少库存。避免积压浪费；在材料发放时，应对有保质期要求的材料（如水泥、油漆、涂料、耐火材料、保温材料等）做到先进先出，避免材料过期失效或增加检测费用，造成额外损耗。

（5）给水排水管道敷设前应按设计图纸和实际路径计算管道的长度，合理安排管道的取料尺寸，减少管道接头和管道余料，减少管道接口和焊接施工。

（6）风管管件和部件等材料的选用必须符合有关质量和环境管理的要求，下料前先做好整体规划设计，加工过程中注意材料的合理利用及边角料的再利用。

（7）施工现场应建立可回收再利用物资清单，制定并实施可回收废料的回收管理办法，提高废料回收利用率；临时设施（设备安装调试、给水排水、照明、消防管道及消防设备）应采用可拆卸可循环使用材料，并在相关专项方案中列出回收再利用措施，对周转材料进行保养维护，维护其质量状态，延长其使用寿命。

（8）现场材料堆放有序，按照材料存放要求进行搬运、装卸和保管，储存环境适宜，措施得当，保管制度健全，责任落实，避免因保管不善而导致浪费。

32.4.3　机电绿色施工的环境保护

机电施工过程中必须自觉遵守《环境保护法》、《大气污染防治法》、《固体废物污染环境防治法》、《环境噪声污染防治法》等国家关于保护和改善环境、防治污染的法律法规。最大限度地降低噪声、水污染、光污染、废弃物和有害气体排放，保障安全生产和施工人员的身体健康。

32.4.3.1　施工环境影响控制

施工单位必须强化环保责任意识，结合施工项目特点和现场环境建立绿色施工管理体系和控制目标，制定具体的控制措施并落实到每个作业现场，对施工全过程进行严格监督管理，实现绿色施工管理目标。

（1）施工前要做好施工项目的环境方面策划，制定环境控制目标，配置必需的资金、物资和人力资源，明确环境主管部门、人员的职责和权限，编制项目专项的环境管理措施或程序和应急响应准备计划并严格实施。

（2）施工单位应按总体要求及有关规定进行施工过程控制，编制施工方案时应根据工程特点、工期要求、施工条件等因素进行综合权衡，选择适用于本工程重要环境因素控制的先进、经济、合理的适用方法，以达到保证工程质量控制环境影响的效果。

（3）施工前应针对项目施工的重大环境因素、环境法律法规及其他要求、控制方法和措施等进行环境管理培训，使相关人员树立环境保护意识，遵守环境保护的法律法规及其他要求，预防环境污染事故。

（4）机电施工前组织工程施工、设备安装人员针对每项作业所涉及的环境影响因素进行专项环境交底，避免因作业人员不掌握环境控制要求而造成噪声超标，有害气体、废水排放，热辐射、光污染、振动、扬尘、遗洒、漏油、废物遗弃等环境污染。

（5）在施工过程中，应按企业和法律法规要求，对噪声、有害气体、废水排放，热辐射、光污染、振动、扬尘、遗洒、漏油、废物遗弃、火灾、爆破、泄漏、跑水等重要环境因素，严格按照环境管理措施、组织的管理程序、法律法规和其他要求进行严格控制；对噪声、扬尘、废水排放向当地环保部门办理相关手续，对火灾、泄漏等环境事故或事件及时上报并按环保部门的意见进行处置。

（6）施工中对项目分包方、供应商按合同或协议进行全程控制或监测，使整个工程的环境影响因素都处于受控状态，保证各种环境控制措施和程序能得到有效实施。

（7）机电工程施工中应使用环保的材料与产品，优先选用坚持能源、资源的回收利用与审慎利用相结合的原则，一方面对废弃后可以再生利用的材料、能源和资源，应考虑其再生利用；另一方面，对废弃处理后难以再利用和降解的物资、材料审慎利用，以防产生新的环境污染。

（8）妥善处置施工产生的废弃物，涂刷处理剂和胶粘剂的工具报废后不得随意抛弃，收集后归类统一处理，以免污染环境。

32.4.3.2 灰尘固体悬浮物污染控制

（1）施工现场堆放易飞扬、细颗粒散体材料应采取覆盖措施，粉末状材料应密闭存放，施工场地应全部硬底化，未做硬底化的场地，要定期压实地面和洒水，减少灰尘对周围环境的污染。

（2）运输残土、垃圾及容易散落、飞扬、流漏物料的车辆，必须采取措施封闭严密，保证车辆清洁。施工现场主要道路应根据用途进行硬化处理。

（3）施工现场非作业区达到目测无扬尘的要求。对现场易飞扬物质采取有效措施，如洒水、地面硬化、围挡、密网覆盖、封闭等，防止扬尘产生。

（4）拆卸设备、管道及其他产生扬尘的破拆作业，采取洒水、覆盖等防护措施，达到作业区目测扬尘高度小于 1.5m，不扩散到场区外。

（5）结构、设备、管道安装施工，机械剔凿或打孔作业可用局部遮挡、掩盖、水淋等防护措施防尘，作业区目测扬尘高度小于 0.5m。

（6）设备、管路、工作场地等除尘尽量使用吸尘器，避免使用压缩空气吹扫等易产生扬尘的设备。高层或多层建筑清理垃圾应搭设封闭性临时专用道或采用容器吊运。

32.4.3.3 废水排放污染控制

（1）施工现场应设置排水沟及沉淀池，现场废水不得直接排入市政污水管网和河流，污水排放应达到国家标准《污水综合排放标准》GB 8978 的要求。

（2）在施工现场对于化学品等有毒材料、油料的储存地，应有严格的隔水层设计，做好渗漏液收集和处理。

（3）化学除锈液、清洗液、乳化除油液、脱脂剂使用后应经沉淀后，安排专人清除废渣后循环使用；废弃的酸性或碱性液体应经中和、稀释达到排放标准后才能排入市政污水管网，未经处理的废液不得随意泼洒或直接排放。

（4）保护地下水环境。采用隔水性能好的边坡支护技术。在缺水地区或地下水位持续下降的地区，基坑降水尽可能少地抽取地下水；当基坑开挖抽水量大于 50 万 m^3 时，应进行地下水回灌，并避免地下水被污染。

（5）搅拌机前台、混凝土输送泵及运输车辆清洗处应设置沉淀池，废水不得直接排入市政污水管网，经二次沉淀后循环使用或用于洒水降尘。

（6）食堂、盥洗室、淋浴间的下水管线应设置隔离网，并应与市政污水管线连接，保证排水通畅。厕所的化粪池必须进行抗渗处理，防止渗入地下，污染地下水。

32.4.3.4 噪声污染控制

（1）施工现场应按照现行国家标准《建筑施工场界环境噪声排放标准》GB 12523 及《建筑施工场界噪声测量方法》GB 12524 的规定对噪声进行实时监测与控制。

（2）使用强噪声和振动的施工机具、设备，应当采取消声、吸声、隔声等降噪措施，减少噪声的污染。

（3）合理安排施工工序，防止强噪声设备夜间作业扰民，对因生产工艺要求或其他特殊需要，确需在夜间进行强噪声施工的，施工单位应在施工前向有关部门提出申请，经批准后方可进行夜间施工，并公告附近居民，最大限度减少施工噪声。

（4）施工过程中设专人定期对施工机具设备进行检查和保养，发现问题及时维修，以降低作业噪声和保证施工安全。

32.4.3.5 光污染控制

（1）施工照明按有关部门的规定执行，对施工照明器具的种类、灯光亮度及照射范围严格管理和控制，减少施工照明对城市居民的危害。

（2）施工现场大型照明灯安装要有俯射角度，要设置挡光板控制照明光的照射角度，应无直射光线射入非施工区。

（3）进行电焊作业时应采取遮挡措施，避免电弧光外泄。

（4）夜间施工应合理调整灯光照射范围和方向，在保证现场施工作业面有足够光照的条件下，减少对周围居民生活的干扰。

32.4.3.6 固体废弃物污染控制

（1）施工中应减少施工固体废弃物的产生，工程结束后，对施工中产生的固体废弃物必须全部清除。

（2）施工现场生活区设置封闭式垃圾容器，施工场地生活垃圾实行袋装化，及时清运；对建筑垃圾进行分类，并收集到现场封闭式垃圾站，集中运出。

（3）施工现场应设置密闭式垃圾站，垃圾应按普通建筑垃圾、可回收利用垃圾和有毒有害废弃物分类存放，及时分拣和回收利用，严禁随意抛撒施工垃圾。

（4）施工中产生的施工辅料、包装材料、容器用具等废弃物应分类存放，集中清运，严禁随意丢弃，做到工结、料清、场清。

（5）施工车辆运输砂石、土方、渣土和建筑垃圾，必须采取密封、覆盖措施，避免泄漏、遗洒，垃圾清运必须运到批准的消纳场地，严禁乱倒乱卸。

（6）施工现场严禁焚烧各类废弃物。

32.4.3.7 有害气体排放污染控制

（1）机电施工辅助材料必须满足《室内装饰装修材料有害物质限量》GB/T 18580～

18588 和《建筑材料放射性核素限量》GB 6566 的要求，防止有害物质超标。

（2）接触或施工中可能产生有毒有害气体的作业人员应接受相关培训，了解环境控制的要求，熟练掌握操作技术，避免操作不当造成环境污染。

（3）易挥发的油漆、油料、有机溶剂和其他化学品未使用部分和使用后应进行封闭、覆盖，避免直接向大气挥发。

（4）不得在施工现场熔融沥青，严禁在施工现场焚烧含有有毒、有害化学成分的装饰废料、油毡、油漆、垃圾等各类废弃物。

32.4.4 机电绿色施工的职业健康与安全

机电绿色施工应针对作业要求和环境情况落实必要的安全防护措施，严格执行安全生产管理制度和卫生防疫制度，确保施工人员的长期职业健康。

32.4.4.1 职业健康防控

（1）机电工程特种作业人员必须持证上岗，按规定着装，并佩戴相应的个人劳动防护用品。劳动防护用品的配备应符合《劳动防护用品选用规则》GB 11651 规定。

（2）施工现场应在易产生职业病危害的作业岗位和设备、场所设置警示标识或警示说明；根据施工现场多发性事故治理，如高处坠落、触电、物体打击、机械伤害、坍塌事故等，分别预先制定应急预案和急救措施，尚要配备急救器材。

（3）制订施工防尘、防毒、防辐射等职业危害的防护措施，定期对从事有毒有害作业人员进行职业健康培训和体检，指导操作人员正确使用职业病防护设备和个人劳动防护用品。

（4）施工现场应采用低噪声设备，推广使用自动化、密闭化施工工艺，降低机械噪声。作业时，操作人员应戴耳塞进行听力保护。

（5）深井、地下隧道、管道施工、地下室防腐、防水作业等不能保证良好自然通风的作业区，应配备强制通风设施。操作人员在有毒有害气体作业场所应戴防毒面具或防护口罩。

（6）在粉尘作业场所，应采取喷淋等设施降低粉尘浓度，操作人员应佩戴防尘口罩，焊接作业时，操作人员应佩戴防护面罩、护目镜及手套等个人防护用品。

（7）防腐、保温作业人员实施涂刷、喷漆、充填、打磨等有毒有害作业时，必须戴防毒口罩和防护用品，并使用其他规定的劳动防护用品。

（8）施工过程中，如操作人员发生恶心、头晕、过敏等情况时，要立即停止工作，撤离现场休息，由专人看护，如有异常应马上送医院进行处理。

（9）高温作业时，施工现场应配备防暑降温用品，合理安排作息时间。

32.4.4.2 卫生防疫防控

（1）施工现场建立卫生急救、保健防疫制度，利用板报等形式向职工介绍防病的知识和方法，针对季节性流行病、传染病做好对职工卫生防病的宣传教育工作。

（2）施工人员发生传染病、食物中毒、急性职业中毒时，应及时向发生地的卫生防疫部门和建设主管部门报告，并按照卫生防疫部门的有关规定进行处置。

（3）合理布置施工场地，保护生活及办公区不受施工活动的有害影响，办公区和生活区应设专职或兼职保洁员，负责卫生清扫和保洁，并有灭鼠、蚊、蝇、蟑螂等措施。

（4）施工现场员工膳食、饮水、休息场所应符合卫生标准，生活区应设置密闭式容器，垃圾分类存放，定期灭蝇，及时清运。

（5）食堂应有相关部门发放的卫生许可证，各类器具及时清洗消毒，炊事人员必须持有健康证，上岗应穿戴洁净的工作服、工作帽和口罩，并应保持个人卫生。

32.4.4.3　作业环境安全防控

（1）施工现场必须采用封闭式硬质围挡，一般路段工地围挡高度不得低于1.8m，市区主要路段工地围挡要高于2.0m。

（2）施工区域、办公区域和生活区域应有明确划分，设标志牌，明确负责人。施工现场办公区域和生活区域应根据实际条件进行绿化。办公室、宿舍和更衣室要保持清洁有序。

（3）施工现场应设置标志牌和企业标识，按规定应有现场平面布置图和安全生产、消防保卫、环境保护、文明施工制度板，公示突发事件应急处置流程图。

（4）施工现场出入口、施工起重机械、临时用电设施、脚手架、出入通道口、楼梯口、电梯井口、孔洞口、桥梁口、隧道口、基坑边沿、爆破物及有害危险气体和液体存放处等危险部位，应设置明显的安全警示标志，安全警示标志必须符合国家标准。

32.5　机电工程施工的协调与配合

机电工程施工涉及机械、电气、电子、管道、暖通空调、压力容器、仪器仪表等多个专业领域，具有工艺复杂、技术标准高、工序衔接紧密、交叉作业多等特点。因此施工中各专业之间的协调和配合尤为重要，如进度安排、工作面交换、工序衔接、各专业管线的综合布置等都应在统一管理下有条不紊进行，加强协调与配合是按时完成施工进度计划和确保工程质量的重要保证。

32.5.1　与业主、设计及监理方的协调与配合

为确保机电工程项目的顺利实施，项目管理人员必须与业主、设计单位和监理单位建立良好的合作关系。其中，项目经理承担主导角色，应就工程项目实施过程中的诸多问题与相关方进行充分交流、协商、相互配合，以对业主和工程负责的态度，严格履行工程合同，详细了解设计意图，认真听取客户的要求和意见，接受监理单位的监督检查，并且将其贯穿于建设工程项目实施的全过程。

32.5.1.1　建立沟通管理制度，制订具体沟通计划

（1）沟通计划应明确沟通的具体内容、对象、方式、目标、责任人、完成时间、奖罚措施等，并定期或不定期地进行检查、考核和评价，确保沟通计划落到实处。

（2）沟通计划内容主要有：施工进度、质量、安全、成本、资金、环保、设计变更、索赔、材料供应、设备使用、人力资源、文明工地建设、思想政治工作等。

（3）按时间分主要有：项目管理实施规划、年度计划、半年计划、季度计划、月计划、旬计划、周计划等。

（4）项目管理人员应利用各种先进的方法和手段，在项目实施全过程与相关方进行充分、准确、及时的沟通与协调，并针对项目实施的不同阶段出现的矛盾和问题，调整和修

正沟通计划。

32.5.1.2 施工准备阶段的协调与沟通

(1) 项目经理应要求建设单位按规定时间履行合同约定的责任，并配合做好征地拆迁、施工场地规划、道路交通、水电接入、施工审批手续等工作，为工程顺利开工创造条件。

(2) 工程开工前，施工单位在全面理解设计图纸的基础上，会同建设单位和监理单位与设计单位进行充分的交流沟通和图纸会审，相关方就机电设计的具体问题，如设备安装位置、管线布局走向、暖通、给水排水、供配电以及安保、消防、智能化系统等机电系统的匹配设计等进行讨论协商，修正可能出现的设计错误或遗漏，最大限度地减少施工过程中的临时修改和设计变更。

(3) 机电项目开工前，施工单位在做好全部施工准备的基础上，会同建设单位与监理单位进行充分的交流沟通和施工交底，就项目的进度计划、成本控制、质量保障以及施工队伍、作业机械、环境影响等方面进行详细讨论说明，争取与建设单位达成高度一致，以便在后续的施工过程中得到建设单位的支持与配合。

(4) 积极配合施工监理审查施工组织设计与专项施工方案，细化施工图设计，绘制出主要电器设备、控制装置、管道线路及强、弱电竖井等部位安装详图，说明技术关键和施工难点，主动接受施工监理的监督审理，认真听取其审查意见并予以落实。

(5) 引入竞争机制，采取招标的方式，选择符合要求的施工分包商。在施工管理、作业内容、质量目标、成本控制、进度计划以及风险控制、事故预防、安全环保等各方面充分协商一致的基础上签订分包合同并严格履行。

32.5.1.3 施工阶段的协调与沟通

(1) 施工期间，施工单位应按时向建设、设计、监理等单位报送施工计划、统计报表和工程事故报告等资料，接受其检查、监督和管理；对拨付工程款、设计变更、隐蔽工程签证等关键问题，应取得相关方的认同，并完善相应手续和资料。对施工单位应按月下达施工计划，定期进行检查、评比。对材料供应单位严格按合同办事，根据施工进度协商调整材料供应数量。

(2) 建立专门的协调会议制度，施工过程中，施工单位与建设单位、监理单位人员应定期举行协调会议，沟通情况，解决施工中存在的问题；对于较复杂的工程和重点部位，在施工前应组织专门的协调会，使各方了解施工方法和预期结果，共同制定质量控制措施，明确各自应承担的责任和义务；不论是会签、会审还是隐蔽工程验收，所有参与的技术、管理人员，签字确认，并对自己承担的工作逐级落实。

(3) 在施工全过程中，严格按照经业主和监理批准的施工方案、施工组织设计等进行质量管理。各分部分项工程均在施工单位自检合格的基础上，接受监理的检查验收，并按照监理的要求予以整改。对可能出现的工作意见不一致的情况，遵循"先执行监理的指导后予以磋商统一"的原则，在现场质量管理工作中，维护好监理的权威性。

(4) 依据相关施工程序及建设监理条例，建立严格的隐蔽验收与中间验收制度，严格执行"上道工序不合格，下道工序不施工"的准则，隐蔽工程遮蔽前和分项目竣工交接前，施工方应主动协调相关的建设、监理方到现场进行审核、验收，签字确认；对于工程中发现的问题，及时采取有效手段予以解决和补救，防止以后出现推诿扯皮现象。

（5）实行物料报审制度，所有进入现场使用的成品、半成品、设备、材料、器具，均主动向监理提交产品合格证或质量证明书，按照规定使用前需进行复试的材料、设备，主动递交检验记录，在物料订货前提出申报，经审核满足设计要求与质量标准方可订货。

（6）施工过程中，施工单位要在严格履行项目合同的基础上，与各相关方共享项目实施有关的信息。通过及时、全面的信息交流，让客户了解自己的项目进度计划、质量目标、保证措施以及其他客户关心的内容，以坦诚公开的态度，得到客户的信任和支持。

32.5.1.4　竣工阶段的沟通与协调

（1）机电施工单位主动协调建设单位、监理单位、供货商、分项施工单位等相关单位和技术人员参与机电设备或系统的试压、试车、试运行等调试作业，协同相关各方共同进行验收，确认合格后再投入使用。

（2）竣工验收阶段，按照建设工程竣工验收的有关规范和要求，积极配合建设单位搞好工程验收工作，及时提交有关资料，确保工程顺利移交。

（3）对项目实施各阶段出现的矛盾和问题，项目管理人员应积极主动，通过与各相关方的有效沟通与协调，取得各方的认同、配合或支持，达到解决问题、排除障碍、形成合力、确保建设工程项目管理目标实现的目的。

32.5.1.5　外部沟通与协调

（1）施工期间，施工单位应自觉以法律、法规和社会公德约束自身行为，主动协调政府有关职能部门（如建委、城管、环保、公安、司法等）、新闻机构、社区街道及其居民等外层关系，取得政府部门、社会各界的支持、理解与配合。当出现矛盾和问题时，首先应按程序沟通解决，必要时借助社会中介组织的力量，调节矛盾、化解纠纷，妥善解决项目实施过程中的各种问题。

（2）项目管理者要运用现代信息和通信技术，以计算机、网络通信、数据库为技术支撑，对项目全过程所产生的各种沟通与协调信息进行汇总、整理，形成完整的档案资料，使其具有可追溯性。

32.5.2　与结构专业的协调与配合

机电工程各专业施工贯穿于整个建筑工程的各个环节之中。在土建施工的不同阶段都要为机电各专业做好预埋预留工作，机电专业施工也要兼顾土建施工的工艺特点和结构要求。如果双方配合不到位，不仅影响后续施工进度和质量，还会给整个工程造成难以弥补的损失，因此，机电工程与土建施工的协调配合十分重要。

32.5.2.1　施工前准备阶段的协调与配合

（1）施工前机电工程专业人员应会同土建施工技术人员共同审核土建和机电施工图纸，明确对土建结构施工的预留预埋要求，如：大型设备的吊装孔、人防工程的通风管、给水排水管道的孔洞预留、穿墙穿梁套管预埋、通风空调的设备构件预留、电气设备和线路的固定件预埋等，并落实到土建图纸上。其他机电施工的特殊要求也应在图纸上注明，以防遗漏和发生差错。

（2）机电安装人员应了解土建施工进度计划和施工方法，尤其是梁、柱、地面、屋面的施工工艺和工序，仔细地校核准备采用的电气安装方法能否和这一项目的土建施工相适应，还必须在施工前制作和备齐土建施工阶段中的预埋件、预埋管道和零配件。

（3）机房、设备间、控制室等机电设备集中地方应设置排水设施，施工前应给出具体施工要求，并反映在土建施工图纸上，交由土建施工实施。

32.5.2.2 基础施工阶段的协调与配合

在基础工程施工时，机电安装专业的施工员应配合土建做好给水排水管道穿墙套管的预埋、大型机电设备（如中央空调主机）型钢构件的预埋、强弱电专业的进户电缆穿墙管及止水挡板的预埋工作。这些工作应该赶在土建做墙体防水处理之前做好，避免电气施工破坏防水层造成墙体渗漏。

32.5.2.3 主体结构施工阶段的协调与配合

在主体结构施工阶段，机电安装专业应密切配合土建浇筑混凝土的进度要求及作业的顺序，及时完成各种预埋构件、管线的施工任务。

32.5.2.4 粗装修阶段的协调与配合

一切可能损害装饰层的工作都必须在墙面工程施工前完成，配合土建墙面工程，机电安装施工人员应仔细核对土建施工中的预埋件、预留工作有无遗漏，暗配管路有无堵塞，以便进行必要的补救工作。

32.5.2.5 其他与土建配合施工应注意的问题

（1）机电安装施工员要与土建施工员做好每个阶段的交接工作，准确把握土建施工进度，及时跟进，确保预留孔洞、管线的位置准确、无遗漏。需要预埋的铁件、吊卡、木砖、吊杆基础螺栓及配电柜基础型钢等预埋件，机电施工人员应配合施工进度，提前做好准备，土建施工到位及时埋入，不得遗漏。

（2）在浇捣混凝土过程中机电安装人员必须时时跟踪，以保证预埋工程的完善性。并时刻与土建施工员保持联系，以便在土建施工到位时能够及时跟进预留到位，机电施工人员应随时检查由土建负责的预留孔洞以防遗漏。

（3）加强给水排水与建筑结构的协调，卫生间等地方给水排水管线预留空洞与施工后卫生洁具之间的位置，以及管线标高，部分穿楼板水管的防渗漏。

（4）配合土建结构施工进度，及时做好各层的防雷引下线焊接工作，如利用柱子主筋作防雷引下线应按图纸要求将各处主筋的两根钢筋用红漆做好标记。继续在每层对该柱子的主筋绑扎接头按工艺要求作焊接处理，一直到楼层顶端，再用 $\phi12$ 镀锌圆钢与柱子主筋焊接引出女儿墙与屋面防雷网连接。

32.5.3　与精装修专业的协调与配合

机电工程与精装修施工配合主要是协调好作业顺序和互相做好成品保护，原则上要以精装修施工进度为主，机电专业紧密配合交叉进行。具体要点如下：

（1）机电施工与建筑装修方共同审核设计图纸，排出配合交叉施工的计划，明确各自的施工工序和作业时间，施工过程中注意协调配合，避免发生遗漏和差错，对于建筑装修与机电图纸有冲突的地方，及时沟通，协调解决。

（2）在装修施工之前，根据装修设计图纸进行墙内和吊顶内管线敷设，预埋好各种配件，并做必要的防腐处理。

（3）装修吊顶内敷设的冷水和排水管道必须采取防结露措施，保证冷凝水管道的坡度要求，避免管道倒坡或集水盘溢水淋湿吊顶面板，防止凝结水下滴产生透水痕迹。

（4）涉及风管、水管、照明灯具以及通信、消防等多系统复杂的公共空间内安装作业，施工时应严格按照装修图纸中风口、灯具、烟感器等的位置进行施工，管线按专业分区域布置，同时严格按照图纸标定的标高施工，以便为装修尽可能保证楼层净空。

（5）建筑物走廊吊顶内汇集较多管线，施工单位应根据通风空调管道、消防喷淋管道、电气线槽、照明等设计图纸进行综合布置，绘制走廊吊顶内各种管线综合布置图，协调各专业的施工顺序，并与装修作业配合施工。

（6）露出吊顶的设备，如灯具、送排风口、烟感器等必须与建筑装修的整体风格协调一致，合理选择、定购明装机电设备的外形、颜色、开关插座及照明配电等，颜色必须与业主、监理及装修承包商协商；风口、回风箱的形状、颜色与装饰造型统一，位置准确，安装平整，与建筑装修的顶棚、灯具、柱、墙面配合严密、整齐、美观。

（7）施工人员在安装风口、卫生洁具、五金配件、开关、插座面板、喷淋头等机电产品时，应戴白手套，用专用工具仔细安装，防止损伤机电产品的表面，注意保护精装修的墙面。机电产品完成后，要因地制宜制定切实可行的成品保护措施，保证已安装完的机电产品完好如初地移交给业主。

（8）在多个专业队伍交叉施工中要特别注意合理安排各工种施工顺序，密切配合，避免相互干扰和影响作业质量，装修后期的机电安装作业，尤其要注意对于已经完成装修的建筑物表面的成品保护。

32.5.4　与幕墙专业的协调与配合

幕墙专业涉及机电专业的主要有预埋管件、墙盒、照明灯座以及防雷接地等内容，配合施工要点如下：

（1）幕墙与主体结构连接件和机电预埋管件应在主体结构施工时，按设计要求的数量、位置和方法进行埋设。若建筑设计或幕墙承包商有特殊要求时，应给出书面要求并提供预埋件图、样品等，反馈给土建施工方，在主体结构施工图中注明要求。

（2）机电施工人员应在幕墙安装前检查预埋管件是否齐全，位置是否符合设计要求，并完成穿线、稳固墙盒、支架、基座等作业，配合后续的幕墙安装作业。

（3）涉及建筑电气、有线电视、计算机网络、安保消防等安装作业应在幕墙施工完成，现场清理干净之后进行。施工过程中采取保护措施，防止损坏幕墙。

（4）幕墙防雷系统要和整栋建筑物防雷系统连接起来，预先按设计要求为幕墙防雷提供足够的保护接合端，以便与防雷系统直接连接，要求防雷系统使用独立接地，不能与供电系统合用接地地线。

32.5.5　与供货商的协调与配合

施工单位需要按照施工进度和采购计划与供货商协调好机电设备、材料的订货、采购，按供货合同及时联系和安排供货商送货、验收以及退换货工作，并联系供货商或厂家对设备的安装、调试提供技术支持和售后服务，以保证施工进度和工程质量。

（1）机电设备、材料进入施工现场后，施工方协同监理工程师和供货商进行验收交接。首先检查货物是否符合规范要求，核对设备、材料的型号、规格、性能参数是否与设计一致；清点说明书、合格证、零配件，安全认证标志及外观检查；做好开箱记录，并妥善保管。

（2）对主要材料，应有出厂合格证或质量证明书等。对材料质量发生怀疑时，应现场封样，及时到当地有资质的检测部门去检验，合格后方能进入现场投入使用。

（3）设备、材料因质量问题不能安装使用，应及时协调供货商进行退、换货处理，避免长时间积压造成浪费。

（4）大型设备、高技术产品和较复杂系统签订采购合同时，应附加安装调试技术支持的内容，设备安装、调试、试运行期间，施工方应协调厂方派技术人员提供现场支持，帮助处理相关的技术问题，并由厂方提供设备保修服务。

（5）设备在安装、调试期间发生故障，应及时联系供货商协调解决，禁止随意拆卸或破坏设备上的封签，影响责任认定。

（6）按行业规范和法定程序选择有资质的材料设备供应商，严格按项目质量标准和设计要求进行订货、采购。在与供应商签订合同之前，就设备材料的产品质量、技术要求、配套设施、零配件供应、售后服务以及交货时间、检验方法和运输保管等进行充分交流沟通，并体现在订货合同中。

32.5.6　机电系统各专业间的协调与配合

机电系统各专业之间存在大量交叉作业和工序衔接问题，各方在施工场地、作业时间、操作空间以及排管布线、设备安装、系统调试等诸多方面有冲突和矛盾，需要加强沟通协调，密切合作才能顺利完成施工任务。任何一方都不能忽略与各相关专业的协调配合而擅自施工，以免延误工期甚至造成返工浪费或质量事故。

32.5.6.1　给水排水与通风和空调专业间的协调与配合

给水排水与通风和空调专业间的冲突主要在于管道安装空间。通风与空调系统的管路占据空间较大，而且多为现场加工制作，具有施工难度高、工程量大的特点。给水排水专业施工应给以合理避让，通过协商妥善解决施工过程中的矛盾。

（1）施工前，给水排水、通风与空调系统应进行管路综合设计，将建筑内各项管线工程统一安排，以便于发现各项管线工程设计上存在的问题，对单项工程原来布置的走向、位置有不合理或与其他工程发生冲突的情况，提出调整位置或相互协调的意见，并会同有关单位商讨解决。

（2）合理安排各系统管线在建筑内的空间位置，协调设计单位解决各专业诸如因多管道并列等原因引起的标高、尺寸之间的矛盾，并积极修正可能出现的设计错误，既要便于管线工程的施工，又要便于以后的运行使用、维修管理。

（3）在保证施工总进度计划的基础上，编制消防、给水排水、通风与空调工程进度计划，根据各分项施工的实际情况，协调好施工时间和顺序，灵活选择分步施工、穿插作业、交叉作业等施工组织形式，同时搞好分项图纸审查及有关变更工作，确认无误，再行施工，避免返工浪费。

（4）加强各专业管线交叉施工协调管理，遵循管线避让规则，合理安排管线标高和坡度，避免出现气囊现象影响管网循环，在不可避免出现气囊部位设置排气阀并将排气管出口接至利于系统排气处，施工中加强协调，及时解决现场遇到的技术问题。

32.5.6.2   给水排水与建筑电气专业间的协调与配合

给水排水与建筑电气专业间的矛盾主要在于排管位置发生冲突时的处理，很多问题可以在深化设计或图纸会审时协商解决，施工现场如果出现问题应按保证安全和管线避让规则，通过协调解决。

1. 施工前根据现场情况进行水、电、暖通专业之间综合布置图的深化设计，细化各系统的空间布置、管线走向、交叉避让等细节设计，修正设计错误和偏差，防止施工时被迫变更设计，影响工程进度和质量。

2. 给水排水与建筑电气管线交叉避让应遵循的原则是：

(1) 有压系统给无压系统让路；

(2) 电气专业给水暖专业让路；

(3) 电气管线要位于水暖管线上方。

3. 主配电缆桥架、母线槽和主干钢管的敷设与给水排水管路发生矛盾时，应主动与给水排水专业人员商讨，必要时调整线路，优先保证排水管道在该位置上的标高，确保其排水坡度。

4. 给水排水、水暖和电气工程师必须要看懂对方的图纸，保持经常沟通，施工中注意避让水表、阀门、散热器、仪表盘、控制箱（柜）、电源插座、开关等位置，防止先期作业给后续作业造成障碍，避免由此引发的矛盾和纠纷，进而影响整体工程质量。

32.5.6.3   建筑电气与通风、空调专业间的协调与配合

建筑电气与通风、空调专业间的矛盾主要发生在走线和排风口、灯具、控制装置的安装位置上。在管线布置上通风、空调系统优先于电气系统；在控制柜、箱、盘、盒的布置上要由大到小依次考虑。

(1) 施工前仔细审查施工图，协商解决建筑电气与通风、空调专业管线交叉问题，依照"小让大"的原则修改电气线路设计；合理布置控制盘、柜；通风、空调专业对供电的要求也一并讨论确认，并经设计、监理、建设单位审查确认。

(2) 通风、空调专业的管线应先于电气管线施工，当通风管线穿梁或楼面净空受限时，在确保通风截面的前提下可以采用异型风管，电气管线也可以与通风管线公用支、吊架，但应事先充分协调，不影响各自的安装与后期维护。

(3) 照明灯具应避开风口安装，避免通风口直接吹向照明灯具。

(4) 建筑电气与通风、空调系统分路控制，合理布局并明确标识。

32.5.6.4   给水排水、建筑电气、通风与空调和智能建筑专业间的协调与配合

给水排水、建筑电气、通风与空调和智能建筑专业间的施工存在多工种交叉作业、多方协同配合的问题。协调配合的重点是前期的图纸会审，工程总承包方应召集各专业技术人员，会同设计、监理和业主单位进行图纸会审。之前充分讨论，之后严格按审定的施工图施工，现场发生冲突，按既定的避让规则协商处理。

(1) 施工前应做好统筹规划，由总承包单位按采暖→通风与空调→给水排水及水消防→动力系统→供电照明→网络通信→安防与智能控制等顺序安排各专业的管线敷设及设备安装，个别管线相碰处，根据避让规则进行协商调整。

(2) 建筑物走廊的吊顶内汇集许多管线，施工前电气工程师、水暖工程师、消防专业人员、空调专业人员、业主及监理单位应充分协商讨论，研究各专业管路的排布问题，依据避让规则进行协调，兼顾具体作业的可操作性和后期安装及维修的操作空间，取得一致后绘制出管线排布的截面图，并签字确认。

（3）多系统交叉作业时，应注意现场施工顺序和位置的协调，里边的管线先施工，需保温的管线放在易施工的位置；优先保证重力流水管线的布置，满足其坡度的要求，达到水流通畅；电缆（动力、自控、通信）桥架与水系统的管线应分开布置，以免管道渗漏时，损坏电缆或造成更大的事故，若必须在一起敷设，电缆应考虑设套管等保护措施；管线安装一般是先布置管径大的管线，后考虑管径小的管线；先固定支、托、吊架，后安装管道；注意预留安装间距、支托吊架的距离和检查维修的空间。

（4）在公共区大厅的顶棚上端涉及风管、水管、照明灯具以及通信、消防系统的安装位置，施工前必须协调好各系统的位置、尺寸、连接、固定以及后期安装和维修等施工工艺问题，施工时应严格按照装修图纸中风口、灯具、烟感器等位置进行施工，管线按专业分区域布置，布置整齐有序，便于以后管理和维护。

（5）设备区管线较多，需要前期工程预留足够的安装空间，对于机房、设备间、控制室及照明配电室等设备集中处，施工前应画出详细的平面布置图及管线布置图，协调土建、装修等相关各方配合，严格按图纸要求进行施工。

（6）根据各种管线位置和各系统安装要求，合理编排施工顺序和分阶段施工计划。原则上按先上后下，先大后小排序，即大风管、管道、电缆先行施工，弱电系统、末端设备及中央设备安装均集中在后期进行。

（7）施工中各专业强调互相支持和协作，先施工的为后续施工预留空间和场地，后续施工注意成品保护，交叉施工时注意管道保护，及时沟通信息，提醒工序交接的操作要点和注意事项，避免相互影响或造成施工障碍。

（8）管道施工过程中未封闭的管口要做临时封堵，在焊接钢管安装前必须用机械或人工清除污垢和锈斑，当管内壁清理干净后，将管口封闭待装，以免污物进入，管道连接封闭前要仔细检查并清污。

（9）组织协调好电气系统各分包工程（网络、有线电视、电话、消防、空调等）的交叉施工，合理安排作业场地和顺序，各系统采用独立线槽并明确标识，敷设好后要按规定进行分系统线路测试和调试，在各系统正常的基础上进行联调联试。

（10）机电安装工程中有政府明令监督的特种设备安装、消防、监控等设备安装，应按国家的法律法规和当地监管部门的相关规定，列出计划，依报检、过程监督、最终准用等程序办理一切法定手续。

32.6 机电工程支、吊架系统

32.6.1 机电工程支、吊架系统一般说明

机电工程支架主要是指支承管道，并限制管道变形和位移，承受从管道传来的内压力、外载荷及温度变形的弹性力，通过它将这些力传递到支承结构或地上。管道支架根据用途和结构的不同，可以分为固定支架和活动支架。

1. 固定支架

固定支架用于不允许管道轴向和径向位移的地方。它除承受管道的重量外，还分段控制着管道的热胀冷缩变形。因此固定支架必须固定在 C13 级以上的钢筋混凝土结构上或专设的构筑物上。

2. 活动支架

活动支架分为滑动支架、导向支架、滚动支架和吊架。

(1) 滑动支架：滑动支架主要承受管道的重量和因管道热位移摩擦而产生的水平推力，保证在管道发生温度变化时，能够使其变形自由移动，滑动支架在管道工程上用得最为广泛。

(2) 导向支架：是为了限制管子径向位移，使管子在支架上滑动时不致偏移管子轴心线设置的。通常的做法是，在管子托架的两侧 3~5mm 处各焊接一块短角钢或扁钢，使管子托架在角（扁）钢制成的导向板范围内自由伸缩。

(3) 滚动支架：装有滚筒或球盘使管道在位移时产生滚动摩擦的支架称为滚动支架。滚动支架分滚珠和滚柱支架，主要用于管径较大而无横向位移的管道，两者比较起来，滚珠支架可承受较高的介质温度，而滚柱支架的摩擦力较滚珠大。

(4) 吊架由固定部分、连接部分及管卡装配而成，它适用于不便安装滑动支架的地方。对于没有温度变形的管道，吊架的吊杆要垂直安装；对于有温度变形的管道，吊杆要向管道热膨胀相反方向偏移一定距离倾斜安装，其偏移值为该处安全热膨胀位移量的二分之一。

3. 管道支架的选用

管道支架的选用按以下原则确定：

(1) 管道支吊架的设置和造型，要能正确的支吊管道，并满足管道的强度、刚度、输送介质的温度、压力、位移条件等各方面的要求。

(2) 支架还要能承受一定量的管道在安装状态、工作状态中一些偶然的外来荷载作用。

(3) 管线上的固定支架，设计者根据工程实际和使用要求作了综合考虑，一般都在施工图上作标注，安装时，按设计要求施工即可。

(4) 固定支架是固定管道不得有任何位移的，因此固定支架要生根在牢固的厂房结构或专设的建（构）筑物上。

(5) 在管道上无垂直位移或垂直位移很小的地方，可安装活动支架或刚性吊架，以承受管道重量，增强管道的稳定性，活动支架的形式要根据管道对支架的不同摩擦作用力来选取。

1) 对由于摩擦而产生的作用力无严格限制时，可采用滑动支架；

2) 当要求减少管道轴向摩擦作用力，可采用滚柱支架；

3) 当要求减少管道水平位移的摩擦作用，可采用滚珠支架。滚柱和滚珠支架结构较为复杂，一般只用于介质温度较高和管径较大的管路上。

(6) 在水平管道上只允许管道单向水平位移的地方、铸铁阀门两侧、方形补偿器两侧从弯头起弯点算起的第二个支架应设导向支架。

(7) 塑料管的强度刚度比铸铁管和钢管都差，因此，凡管径≥50mm 的塑料管道上安装阀门、水表等必须设独立的支架（座）。

(8) 轴向波纹管补偿器的两侧均需设导向支架，导向支架间距要根据波纹管补偿器的规格、要求确定。轴向波纹管补偿器和填料式补偿器要设双向限位导向支架，防止轴向和径向位移超过补偿器的允许值。

(9) 凡连接 $DN \geqslant 65mm$ 的法兰闸阀的管路上，法兰闸阀处需加设独立支承。

(10) 对于架空敷设的大规格管道的独立支架，要设计成柔性和半铰接的支架，也可采用可靠的滚动支架，尽量避免采用刚性支架或滑动支架。

(11) 填料式补偿器轴向推力大，易渗漏；当管道稍有角向位移和径向位移时，易造成套筒卡住，故使用单向填料式补偿器，并要在补偿器两侧设置导向支架。

32.6.2　机电工程支、吊架材料的选用

1. 悬臂支架

悬壁支架是以型钢（单肢和双肢）生根在建筑物的柱或墙上构成悬臂的一种管架，悬臂梁用来承受管道的垂直荷载和水平荷载。

悬臂梁的结构材料以选用角钢、不等边角钢、型钢和工字钢，也可以根据情况选择使用桁架等形式。结构材料选用得是否合适，需通过按强度条件计算其受力最不利点的应力，以其不超过钢材的许用应力者为合格。受力最不利点的应力可采用双向受弯的合成应力计算，受力情况如图 32-14 所示，计算公式为：

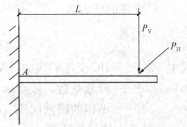

图 32-14　悬壁支架受力情况示意图

$$\sigma_A = \sqrt{\left(\frac{M_H}{W_X}\right)^2 + \left(\frac{M_V}{W_Y}\right)^2} = \sqrt{\left(\frac{P_V L}{W_X}\right)^2 + \left(\frac{P_H L}{W_Y}\right)^2} \leqslant [\sigma]$$

（32-1）

也可以按垂直应力与水平应力之和来计算，

$$\sigma_A = \frac{M_V}{W_X} + \frac{M_H}{W_Y} = \frac{P_V L}{W_Y} + \frac{P_H L}{W_X} \leqslant [\sigma]$$

（32-2）

式中　σ_A——悬臂梁 A 点的应力（MPa）；

　　　P_V——支架承受的垂直荷载（N）；

　　　P_H——支架承受的水平荷载（N）；

　　　L——悬臂梁的计算长度（mm）；

M_V、M_H——分别为 A 点的垂直弯矩和水平弯矩（N·mm）；

W_X、W_Y——分别为型钢 x-x 轴和 y-y 轴的截面系数（mm³）；

　　　$[\sigma]$——所用型钢的许用应力。

悬臂支架除按强度条件计算其应力外，还需要按刚度条件计算其挠度，以检验其挠度是否超过管架最大允许挠度，其计算公式如下：

$$f = \frac{L^3}{3E} \sqrt{\left(\frac{P_V}{I_X}\right)^2 + \left(\frac{P_H}{I_Y}\right)^2} \leqslant [f_y]$$

（32-3）

式中　f——型钢悬臂产生的最大挠度（mm）；

　　　E——钢材的弹性模数，一般取 $E = 2 \times 10^5 MPa$；

I_X、I_Y——为型钢 x——x 轴和 y——y 轴的惯性矩（mm⁴）；

$[f_y]$——管架最大允许挠度。

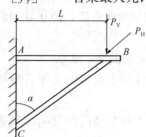

图 32-15 三角支架受力示意

腐蚀性较强环境中的型钢管架为保证其安全，选材时可以将型钢的规格加大一号。

2. 三角支架

三角支架要综合考虑悬臂梁和斜撑的强度，根据细长比来最终确定三角支架的选材。如图 32-15 所示，为单管三角支架受力情况图。

（1）AB 梁的强度计算 A 点的应力为：

$$\sigma_A = \frac{P_V \mathrm{tg}\alpha}{F} + \frac{P_H L}{W_Y} \leqslant [\sigma] \qquad (32-4)$$

式中　σ_A——A 点的应力（MPa）；

　　　F——型钢的截面积（mm²）。

（2）BC 斜撑的强度计算

BC 支撑的应力为

$$\sigma_{BC} = \frac{P_V}{\varphi F \cos\alpha} \leqslant [\sigma] \qquad (32-5)$$

式中　σ_{BC}——BC 支撑的应力（MPa）；

　　　φ——降低系数，依受压杆件的细长比 λ 而定；

　　　F——型钢的横截面积（mm²）。

细长比 λ 按下式计算：

$$\lambda = \frac{l}{i \sin\alpha} \qquad (32-6)$$

　　　l——横梁的计算长度（mm）；

　　　i——型钢的惯性半径（mm）。

由于 AB 梁按承受全部水平荷载的考虑，故 BC 斜撑不考虑水平荷载，腐蚀性较强的情况下型钢规格要加大一号。

3. 型钢横梁双杆吊架

吊架型钢横梁的选材要根据受力情况来确定，双杆吊架本身既要承受铅垂荷载，也要承受水平推力，但考虑吊架属柔性结构，在水平推力作用下梁可做轴向移动，故吊架梁一般仅需作单向受力验算，如图 32-16 所示。

（1）两吊杆承受的拉力为：

$$T = P_{r1}a_1 + P_{r2}a_2 + P_{r3}a_3 - T' \qquad (32-7)$$

$$T' = \frac{P_{r1}a_1 + P_{r2}a_2 + P_{r3}a_3}{l} \qquad (32-8)$$

式中　T，T'——两吊杆承受的拉力（N）；

　　　P_{r1}、P_{r2}、P_{r3}——各点的垂直荷载（N）。

（2）横梁各点的垂直弯矩 M

在垂直荷载 P_{v1} 的受力点

$$M_1 = Ta_1 \qquad (32-9)$$

在垂直荷载 P_{v2} 的受力点

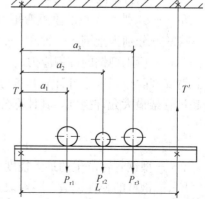

图 32-16 双吊杆型钢吊架受力情况示意

$$M_2 = T_{a2} + P_{v1}(a_2 - a_1) \tag{32-10}$$

在垂直荷载 P_{v3} 的受力点

$$M_2 = T_{a3} P_{v1}(a_3 - a_1)(a_3 - a_2) \tag{32-11}$$

根据 M_1、M_2、M_2 求出最大的叠加值 M_{max}，以此值按下式计算出所需要的横梁截面系数：

$$W_X = \frac{M_{max}}{[\sigma]} \tag{32-12}$$

根据计算出的 W_X 值，选取型钢规格，以其 W_X 值等于或稍大于计算的 W_X 值为合格。腐蚀性较强时型钢规格要加大一号。

4. 弹簧支吊架

根据管线的布置和支吊架生根的位置等具体情况，选用弹簧管托架或管吊架。一般采用弹簧吊架，尤其是在水平力较大的地方不能选用弹簧管托架。

弹簧的选择要根据支吊点垂直方向热位移值和工作荷重按下列公式计算：

(1) 弹簧型号选择计算

热位移向上：

$$P_{gz} \frac{F_{max}}{F_{max} - \dfrac{\Delta Y_t}{n'}} \leqslant P_{max} \tag{32-13}$$

热位移向下：

$$P_{gz} \leqslant P_{max} \tag{32-14}$$

(2) 弹簧数量

$$N = \frac{\Delta Y_t}{C' K P_{gz}} \tag{32-15}$$

式中　P_{gz}——管道的结构荷重（N）；

P_{max}——弹簧的最大允许荷重（N）；

F_{max}——弹簧最大允许变形量（mm）；

C'——初选荷重变化系数；

K——弹簧系数；

n'——初选弹簧个数；

ΔY_t——管道支架点垂直热位移（mm）。

经过上述计算可以按产品说明书选择弹簧型号。

5. U 形管卡

普通 U 形管卡是由圆钢（扁钢）管卡、螺母和垫圈组成。圆钢管卡的展开长度为：

$$L = \pi(R + d) + 2H \tag{32-16}$$

式中　L——圆钢展开长度（mm）；

R——钢管半径（mm）；

d——圆钢直径（mm）；

H——管中心至圆钢螺纹端的距离（mm）。

32.6.3 机电工程支、吊架安装的技术要求

（1）支、吊架的制作要遵守下列规定：

1）支、吊架的形式、材质、加工尺寸、精度及焊接等要符合设计和使用要求。

2）支架底板及支、吊架弹簧盒的工作面要平整。

3）支、吊架焊缝要进行外观检查，不能有漏焊、欠焊、裂纹、咬肉等缺陷。

4）制作合格的支、吊架的成品要进行防腐处理，合金钢支、吊架要有材质标记。

（2）支、吊架在安装固定前要进行标高和坡度测量并放线，固定后的支、吊架位置要正确，安装要平整牢固、与管子接触良好，栽埋式安装的支架，充填的砂浆要饱满、密实。

（3）导向支架或滑动支架的滑动面要平整，不能有歪斜和卡涩现象，滑托与滑槽两侧要有 3～5mm 间隙，安装位置要从支承面中心向位移反向偏移，偏移值为移位值一半。保温层不能妨碍热位移。

（4）弹簧支吊架的安装高度，要按设计要求调整，并作好记录。弹簧的临时固定件，要待系统安装、试压、绝热完毕后，方可拆除。

（5）管架紧固在槽钢或工字钢的翼板斜面上时，其螺栓要有相应的斜垫片。

（6）无热位移的管道，吊架的吊杆要垂直安装；有热位移的管道，在热负荷状态下，要及时对支、吊架进行检查与调整。

（7）管道固定点间的最大间距按设计要求，如果设计没有要求按表 32-2 所示。

管道固定点的最大间距　　　　　　　　　　　　　　　　表 32-2

补偿器类型	敷设方式	管 径 （mm）														
		40	50	70	80	100	120	125	150	200	250	300	350	400	450	500
方形（Ⅱ型）	架空	45	50	55	60	65	70	80	90	100	115	130	145	160	180	200
鼓形（波浪式）	架空	—	—	—	—	15	15	15	15	20	20	20	20	25	25
套筒式（填函式）	架空	—	—	—	—	—	50	55	60	70	80	90	100	120	120	140
Ω型	架空	45	50	55	60	65	70	80	90	100	115	130	145	160	180	200

（8）室内中、低压钢管活动支架的间距要按设计要求布置，当设计无明确要求时，对室内钢质管道按照表 32-3 设置，并不能以过墙套管作支承点。

钢管管道支架的最大间距　　　　　　　　　　　　　　　表 32-3

公称直径		15	20	25	32	40	50	70	80	100	125	150	200	250	300
支架的最大间距（m）	保温管	1.5	2	2	2.5	3	3	4	4	4.5	5	6	7	8	8.5
	不保温管	2.5	3	3.5	4	4.5	5	6	6	6.5	7	8	9.5	11	12

（9）对于室外管道的跨距，要根据输送介质的特点，分别按强度及刚度计算选用。

（10）垂直管道穿过楼板或屋面时，要设套管，套管不要限制管道位移和承受管道垂直荷载。

（11）固定在建筑结构上的管架，不能影响结构安全。

（12）在预埋钢板上焊接支、吊架时，要注意下列几点检验程序：

1）在柱子或墙面上的预埋板，均应在土建施工时进行预埋。焊接支吊架前要测量预埋钢板的标高及坡降，经过测量后要在预埋钢板上划线确定位置，按照划线来焊接支吊架。

2）在测量预埋钢板的同时，要检查预埋钢板的牢固性，当发现预埋钢板不牢固时，要用混凝土补强后，方可焊接支吊架。

（13）在砖墙上设置管道支架时，要注意下述操作程序：

1）孔洞不能打得过大，四周的砖层不要由于受震而松动。

2）安装支吊架浇筑混凝土之前要将孔洞内的沙子及砖砾用水冲洗干净，以使混凝土和砖层牢固结合。浇筑混凝土不低于C8级。

3）混凝土强度没达到预计强度的 65%～70%时，不能安装管道。

（14）采用膨胀螺栓和射钉锚固管道支吊架时要注意下述几项内容：

1）螺栓孔放线正确。钻孔或射钉位置准确。

2）在砖墙上钻孔和射钉时应避免在砖缝内。

3）钻头直径应与螺栓直径相一致。

32.7 机电系统管线标识

32.7.1 机电系统管线标识的要求

管道标识是采用一定的标注方式对施工现场使用的机电系统管道进行标注、识别和管理的过程。

32.7.1.1 给水排水管道标识要求

给水排水管道涂漆除了为了防腐外，还有一种装饰和辨认作用。特别是工厂厂区和车间内，各类工业管道很多，为了便于操作者管理和辨认，在不同介质的管道表面或保温层表面，涂上不同颜色的油漆和色环，如表 32-4 所示。

给水排水管道涂色和色环 表 32-4

序 号	管道名称（按输送介质划分）	油 漆 颜 色	
		基本色	色 环
1	工业用水管	黑	—
2	工业用水与消防用水合用管	黑	橙黄
3	消防用水管	橙黄	—
4	生活饮用水管	蓝	—
5	雨水管	黑	绿
6	中水管	浅绿	—
7	排水管	绿	蓝
8	压出水管道	绿	—
9	回流水管道	褐	—
10	热水管	绿	蓝
11	污水管道	黑	—
12	污泥管道	黑	—
13	自来水管道	浅灰	—

32.7.1.2 消防水管道标识要求

消防水管道应执行 GB 13495—1992《消防安全标志》的有关规定，对消防水附属设施应该设立明显的标志。

消防水管道标识应采用表面涂色和色环进行标识，如表 32-5 所示。

消防水管道涂色和色环   表 32-5

序　号	管道名称（按输送介质划分）	油　漆　颜　色	
		基本色	色　环
1	工业用水与消防用水合用管	黑	橙黄
2	消防水	红	—
3	消防泡沫	红	—
4	井水	绿	—
5	冷冻水（上）	淡绿	—
6	生活水	绿	—

32.7.1.3 空调水管道标识要求

为了便于运行管理，明装管道的表面和保温层的外表面要涂以颜色不同的涂料、色环和箭头，以表示管道内所输送介质的种类和流动方向，管道要根据敷设方式和热媒种类，决定其表面涂漆的颜色。架空管道全部涂色，通行地沟内管道每隔 10m 涂色 1m，不通行地沟内管道仅在检查井内涂色，并用箭头标出热媒流动方向。例如：饱和蒸汽管道涂红色，无圈；凝结水管涂绿色，红圈；回水管道涂绿色，褐圈。圈与圈的间距为 1m，圈宽 50mm。管道支座一律涂灰色，所有阀件均涂黑色，其油漆和色环应符合表 32-6 规定。

空调水管道涂色及色环   表 32-6

序　号	管道名称（按输送介质划分）	油　漆　颜　色	
		基本色	色　环
1	过热蒸汽管	红	黄
2	饱和蒸汽管	红	—
3	排汽管	红	黑
4	废汽管	红	绿
5	锅炉排污管	黑	—
6	锅炉给水管	绿	—
7	疏水管	绿	黑
8	凝结水管	绿	红
9	软化水（补给水）管	绿	白
10	盐水管	浅黄	—
11	余压凝结水管	绿	白

32.7.1.4 通风管道标识要求

通风管道涂色及色环   表 32-7

序　号	管道名称（按输送介质划分）			油 漆 颜 色	
				基本色	色 环
1	通风管道			灰	—
2	采暖管道			银	—
3	制冷系统管道	氨管道	吸入管	蓝	—
4			液体管	黄	—
5			压出管	红	—
6			油管	淡黄	—
7			空气管	白	—
8			安全管	棕	—
9		盐水管道	压出管	绿	—
10			回流管	褐	—
11		水管道	压出管	浅蓝	—
12			回流管	紫	—

32.7.1.5 其他管线标识

其他管线涂色及色环   表 32-8

序　号	管道名称（按输送介质划分）	油 漆 颜 色	
		基本色	色 环
1	油管	棕	—
2	高热值煤气管	黄	—
3	低热值煤气管	黄	褐
4	液化石油气管	黄	绿
5	压缩空气管	浅蓝	—
6	净化压缩空气管	浅蓝	黄
7	乙炔管	白	—
8	氧气管	蓝	—
9	氢气管	白	红
10	氮气管	棕	—
11	排气管	红	黑

32.7.2 机电系统管线标识的方法

机电系统管线标识的方法

有涂色及色环、粘贴标识、铭牌（挂牌、立牌）等方法，可任选一种或组合使用标注方式。

最常用的标识方法是基本识别色标识方法，基本识别色和色样如表 32-9 所示。

八种基本识别色和色样及颜色标准编号　　　　　　　　　　　表 32-9

物质种类	基本识别色	颜色标准编号	物质种类	基本识别色	颜色标准编号
水	艳绿	G03	酸或碱	紫	P02
水蒸气	大红	R03	可燃气体	棕	YR05
空气	淡灰	B03	其他液体	黑	
气体	中黄	Y07	氧	淡蓝	PB06

32.7.2.1　管道标识用材料要求

1. 油漆

不保温的设备和管道应根据防腐工艺要求和油漆的性能选用油漆，选用的油漆种类、颜色和涂刷遍数应符合下列规定：

（1）室内布置的设备和管道，宜先涂刷 2 遍防锈漆，再涂刷 1～2 遍油性调和漆；室外布置的设备和汽水管道，宜先涂刷 2 遍环氧底漆，再涂刷 2 遍醇酸磁漆或环氧磁漆；室外布置的气体管道，宜先涂刷 2 遍云母氧化铁酚醛底漆，再涂刷 2 遍云母氧化铁面漆。

（2）油管道和设备外壁，宜先涂刷 1～2 遍醇酸底漆，再涂刷 1～2 遍醇酸磁漆；油箱、油罐内壁，宜先涂刷 2 遍环氧底漆，再涂刷 1～2 遍铝粉缩醛磁漆或环氧耐油漆。

（3）管沟中的管道，宜先涂刷 2 遍防锈漆，再涂刷 2 遍环氧沥青漆。

（4）循环水管道、工业水管道、工业水箱等设备，宜先涂刷 2 遍防锈漆，再涂刷 2 遍沥青漆；直径较大的循环水管道内壁，宜涂刷 2 遍环氧富锌底漆。

（5）排汽管道应涂刷 1～2 遍耐高温防锈漆。

（6）制造厂供应的设备（如水泵、风机、容器等）和支吊架，若油漆损坏时，可涂刷 1 遍颜色相同的油漆。

设备和管道的油漆颜色可按表 32-9 执行（管道油漆颜色表）。

2. 标牌

一般为矩形，标牌一般做成 250mm×150mm 的，标牌上要标明流体名称，标出介质流向。单根、空间管段，便于观察的场合可采用挂牌方式；架空、埋地或设备装置中多根管段，可采用立牌方式。铭牌固定应牢固，位置应便于观察。挂牌应采用金属箍或钢丝等材料将其固定在压力管道的起、止端处或靠近设备的管段上，高度宜为 1.5～1.7m，并采用醒目的单根色环加以提示；立牌应将其固定在管段、设备或装置旁的地面或平台上。

3. 胶带

管道标识胶带是以聚氯乙烯（PVC）薄膜为基材，使用橡胶型压敏胶制造而成，适用于风管、水管、输油管等地面及地下管路的防腐保护。斜纹印刷胶带可用于地面、立柱等警示标志。

32.7.2.2　管道标识操作要求

1. 一般规定

（1）管道的表面色应根据其重要程度和不同介质涂刷不同的表面色和标志。

（2）凡表面层采用搪瓷、陶瓷、塑料、橡胶、有色金属、不锈钢、镀锌薄钢板（管）、合金铝板、石棉水泥等材料的设备和管道可保持制造厂出厂色或材料表色，不再涂色，只刷标志。

（3）对涂刷变色漆的设备和管道的表面严禁再涂色、但应刷标志，且标志不得妨碍对变色漆的观察。

（4）厚型防火涂料的外表面不宜涂表面色。确需涂装时，按规定采用与钢结构涂色相协调的颜色。

（5）在外径≤50mm 的管道上刷标志有困难时可采用标志牌。

（6）选用管道基本识别色和标志的原则：

1）表面色要求美观、雅静、色彩协调，色差不宜过大。

2）采用比较容易记忆的颜色，例如水管用绿色，空气、氧气管用天蓝色。

3）尽可能采用人们习惯颜色，例如污水管用黑色。

4）对危险管道、消防管道，应采用容易引起人们注意的红色。

5）颜色要统一，装置内同一介质的管道应刷同一种颜色，以便于操作管理。

2. 色环及识别符号的涂装要求

（1）色环的间距要分布均匀，便于观察，一般在直管段上其间距以 5m 左右为宜。色环的宽度可按管径大小来确定，外径（包括绝热层）在 150mm 以内，色环宽度可采用 50mm；外径在 150～300mm 之间，色环宽度为 70mm；外径在 300mm 以上者，色环宽度为 100mm。

（2）色环、流体名称或化学符号和箭头要涂刷在管道起点、终点、交叉点、阀门和穿孔洞两侧的管道上，以及需要观察识别的部位。识别符号由物质名称、流向和主要工艺参数等组成。

（3）输送的流体如果是双向流动的，要标出两个相反方向的箭头。箭头一般涂成白色或黄色，底色浅者则涂成深色箭头。

（4）当识别符号直接涂刷在外径小于 90mm 的管道上且不易识别时，可在所有需要识别的部位挂统一标牌。

（5）根据色环材料的不同，可分油漆和黏性色带两种。

3. 基本识别色标识方法

工业管道的基本识别色标识方法，使用方应从以下五种方法中选择。

1）管道全长上标识；

2）在管道上以宽为 150mm 的色环标识；

3）在管道上以长方形的识别色标牌标识；

4）在管道上以带箭头的长方形识别色标牌标识；

5）在管道上以系挂的识别色标牌标识。

4. 识别符号

工业管道识别符号由物质名称、流向和主要工艺参数等组成，其标识应符合下列要求：

（1）物质名称的标识

1）物质全称。例如：氮气、硫酸、甲醇。

2）化学分子式。例如：N_2、H_2SO_4、CH_3OH。

（2）物质流向的标识

1）工业管道内物质的流向用箭头表示，如图 32-17 所示，如果管道内物质的流向是双向的，则以双向箭头表示。

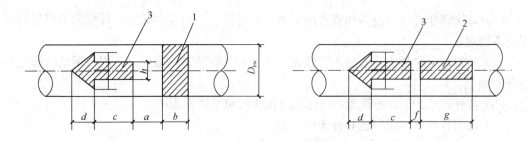

图 32-17   管道的色环、介质名称及介质流向箭头的位置和形状
1—色环；2—介质名称；3—介质流向箭头

管道的色环、介质名称及介质流向箭头的位置、形状尺寸（mm）   表 32-10

序号	保温外径或防腐管道外径 D_{bw}	a	b	c	d	f	g	h
1	≤50	24	30			45	100	20
2	51～100	28	30			55	100	25
3	101～200	35	70	$\frac{1}{5}D_{bw}+50$	$\frac{1}{2}c$	60	200	50
4	201～300	55	85			80	200	70
5	>300	65	130			80	400	100

2）当基本识别色的标识方法采用标牌时，则标牌的指向就作为表示管道内的物质流向，如果管道内物质流向是双向的，则标牌指向应做成双向的。

（3）物质的压力、温度、流速等主要工艺参数的标识，使用方可按需自行确定采用。

（4）标识中的字母、数字的最小字体，以及箭头的最小外形尺寸，应以能清楚观察识别符号来确定。

32.8   机电系统联合调试

32.8.1   机电系统联合调试前提条件

（1）通风空调工程，及相应电气工程、自动控制工程安装工作结束之后，经建设单位和施工单位对各分部、分项工程进行工程质量检查，达到了国家有关工程质量验收规范的要求。

（2）制定出机电系统联合调试方案，明确参加联合调试的施工单位、建设单位、监理部门联合调试现场负责人，以及设计单位有关专业设计人员。同时还应明确现场各专业技术负责人，以便协调和解决联合调试工作中所出现的一些重大技术问题。

（3）准备好与机电系统联合调试有关的设计图纸和设备技术文件，熟悉掌握机电设备的工作性能，了解设备技术文件中的主要技术参数。

（4）检查在机电系统联合调试中所需要的电、水、蒸汽、天然气等动力，及气动调节系统的压缩空气等，应具备使用条件。

（5）机电设备及附属设备所在场地的土建施工已完成，且相应门、窗齐全，场地应清扫干净。

（6）在机电系统联合调试期间，各专业工作技术人员以及所使用的测量仪器仪表能够按照计划进入调试现场。

（7）机电系统联合调试工作，必须在机电设备单机试运转及调试合格后进行。

（8）机电系统联合调试工作应由施工单位负责，监理单位进行监督，设计单位与建设单位及有关设备生产厂家参与和配合。

（9）调试工作所使用的测试仪器仪表，性能应稳定可靠，其精度等级及最小分度值应能满足测定的需要，并应符合国家有关计量法规及检定规程的规定。

（10）施工单位编制的调试方案应报送监理工程师审核批准；调试工作结束后，必须提供完整的调试报告和调试资料。

（11）空调系统中相关设备的联合运转程序：

1）空调机组运转；

2）冷冻水、冷却水系统及热水系统运转；

3）空调冷水机组运转；

4）冷冻水压差调节系统和空调控制系统运行；

5）自动调节及检测系统的联动运转。

（12）空调系统带冷（热）源的正常联合连续试运转时间不应少于 8h，当竣工季节与设计条件相差较大时，仅做不带冷（热）源的试运转。

（13）通风、除尘系统的连续试运转时间不应少于 2h。

（14）净化空调系统运行前应在新风口、回风口处，以及在粗效、中效过滤器前设置临时用过滤器（如无纺布等），即要实行对净化空调系统的保护。

（15）净化空调系统的检测和调整，应在对系统进行了全面清扫工作，并且系统已连续运行 24h 及以上时间达到稳定后进行。

（16）洁净室空气洁净度等级的检测，应在空态或静态下进行（或按合约规定进行）。在进行室内空气含尘浓度的检测时，测定人员不宜多于 3 人，且均必须穿与洁净室内洁净度等级相适应的洁净工作服。

32.8.2 机电系统联合调试内容

32.8.2.1 通风与空调系统的联合调试内容

（1）通风、空调系统总送风量调试；

（2）排风、除尘系统总排风量调试；

（3）单向流洁净室系统的室内截面平均风速调试；

（4）空调系统中冷冻水、冷却水及热水的总流量调试；

（5）湿式除尘机组的供水与排水系统运行调试；

（6）舒适性空调系统的温度、相对湿度测定；

（7）恒温恒湿空调及净化空调系统的温度、相对湿度测定以及波动范围；

（8）空调室内静压差的调试；

（9）室内噪声的测定；

（10）洁净室空气含尘浓度的测定；

（11）电气控制、监测设备与系统检测元件和执行机构的工作情况检查。

32.8.2.2 消防系统的联合调试内容

（1）正压送风系统风量调试；

（2）正压送风系统各送风口的风速、风量调试；

（3）排烟系统风量调试；

（4）排烟系统各排风口的风速、风量调试；

（5）安全区的正压调试。

32.9　机电工程成品保护

32.9.1　进场机电材料、设备的成品保护

（1）成品、半成品加工成型后，应存放在宽敞、避雨、避雪的仓库或棚中，置于干燥隔潮的木头垫上、架上，按系统、规格和编号堆放整齐，避免相互碰撞造成表面损伤，要保持所有产品表面的光滑、洁净。

（2）各种水龙头、喷水头等，尤其是卫生器具上的水龙头，一般在要验交时再安装，以免过早安装时，容易损坏和丢失。

（3）硬聚氯乙烯管材强度较低，并且脆性高，为减少破损率，在同一安装部位要将其他材质管道安装完后再进行安装。硬聚氯乙烯管材堆放要平整，防止遭受日晒和冷冻。管子、管道附件及阀门等在施工过程中要妥善保管和维护，不能混淆堆放。

（4）堆放的塑料管材，不得在上面随意踩踏和搭设支撑跳板等。

（5）阀门的手轮在安装时要卸下，交工前统一安装完好；水表要有保护措施，为防止损坏，可统一在交工前装好。

（6）卫生设备安装前，要将上、下水接口临时堵好。卫生设备安装后要将各进入口堵塞好，并且要及时关闭卫生间。

32.9.2　机电安装工程中的成品保护

32.9.2.1　通风与空调安装工程中的成品保护

1. 风机设备安装的成品保护

（1）吊装暖风机时，绳索固定在风机轴承箱的两个受力环上或电机受力环上，以及机壳侧面的法兰圆孔上。与机壳边缘接触的绳索，在棱角处要垫好棉纱、破布、橡胶等软物，防止绳索受力将棱边磨损。为了使风机上升时不与建筑物相碰，要另绑牵引绳控制方向。

（2）通风机在运输中要防止雨淋。安装在室外的电动机应设防雨罩。

（3）整体安装的通风机，搬运和吊装的绳索不能捆绑在机壳和轴承盖上，与机壳边接触的绳索，在机体棱角处应垫好柔软的材料，防止磨损机壳及绳索。风机搬运过程中，不应将叶轮和齿轮轴直接放在地上滚动或移动。

（4）通风机的进风管、出风管装置应有单独的支撑，并与基础或其他建筑物连接牢固。风管与风机连接时，法兰面不得硬拉和别劲，机壳不应承受其他机件的重量，以防止机壳变形。

（5）安装空气处理室的过程中，上下班要关锁；搬运零、部件时，注意勿撞伤安装好的成品。如果用玻璃挡水板，最好放在最后安装。

（6）洁净室安装，各种构件配件和材料应存放在有围护结构的清洁、干燥的环境中，平整地放置在防潮膜上，安装过程中不得撕下壁板表面的塑料保护膜，禁止撞击和蹬踏板面。

（7）净化设备应按出厂时外包装标志的方向装车、放置，运输过程中防止剧烈振动和碰撞。对于风机底座与箱体软连接的设备，搬运时应将底座架固定，就位后放下。

（8）净化设备运到现场开箱之前，应在较清洁的房间内存放，并应采取防潮措施。当现场不具备室内存放条件时，允许在室外短期存放，但应有防雨、防潮措施。

2. 风管的成品保护措施

（1）不锈钢板风管、铝板风管与配件的表面，不得有划伤、刻痕等缺陷。

（2）成品、半成品运输、装卸时，应轻拿轻放。风管较多或高出车身的部分要绑扎牢固，避免来回碰撞，损坏风管及配件。

（3）吊运、安装风管及配件时要先按编号找准、排好，然后再进行吊运、安装，减少返工。并要注意安全，不要掉下来损坏风管及配件或伤人。

（4）板料凸出平整时，严防在板料上留下锤痕，切不可乱打。

（5）对通风部件的加工，首先要选择好场地，通常在加工车间进行。因为部件加工工种多，零件多，加工环境对装配质量有着直接关系。

（6）洁净系统使用的部件，装配好后要进行洁净处理。处理好后用塑料薄膜分个进行包装。

（7）通风部件在运输过程中，要轻拿轻放。

（8）吊运、安装风管及配件时要先按编号找准，排好，然后再进行吊运，减少返工。并要注意安全，防止掉下重物损坏风管及配件或伤人。

3. 制冷系统管道及附件安装成品保护措施

（1）机房要能关锁，房内要清洁，散装压缩机等零部件及半安装成品要及时遮盖保护。

（2）设备充灌的保护气体，开箱检查后，应无泄漏，并采取保护措施，不宜过早或任意拆除，以免设备受损。

（3）制冷设备的搬运和吊装，应符合下列规定：

1）安装前放置设备，应用衬垫将设备垫妥，防止设备变形及受潮。

2）设备应捆扎稳固，主要承力点应高于设备重心，以防倾倒。

3）对于具有公共底座机组的吊装，其受力点不得使机组底座产生扭曲和变形。

4）吊索的转折处与设备接触部位，应以软质材料衬垫，以防设备、机体、管路、仪表、附件等受损和擦伤油漆。

（4）玻璃钢冷却塔和用塑料制品作填料的冷却塔，应严格执行防火规定。

（5）管道的预制加工、防腐、安装、试压等工序应紧密衔接进行，如施工有间断（包括下班时间），应及时将各管口封闭，以免进入杂物堵塞管道。

（6）吊装重物不得采用安装好的管道做吊点、支承点，不得在管道上施放脚手板踩蹬作业。

4. 空调水系统管道与设备的成品保护

(1) 中断施工时，管口一定要作好封闭工作。隔了一段时间又开始工作时，在与原口相接以前要特别注意检查原口内是否有其他异物。

(2) 敷设在地沟内的管道，施工前要先清理管沟内的渣土、污物；已保温的管道不允许随意踩踏，并且要及时盖好地沟盖板。

(3) 加工好的管端密封面应沉入法兰内 3～5mm，并及时填写高压管螺纹加工记录。

(4) 加工好的管子暂不安装时，应在加工面上涂油防锈并封闭管口，妥善保管。

(5) 当弯管工作在螺纹加工之后进行时，应对螺纹和密封面采取有效保护措施。

(6) 交工验收前，施工单位要专门组织成品保护人员，24h 有人值班，能关锁车间、场地要及时关锁。

(7) 已安好的塑料管或堆放的塑料管材，不得在上面随意踩踏和搭设支撑跳板等。

5. 防腐和绝热工程成品保护措施

(1) 在进行防腐油漆施工前，应清理周围环境，防止尘土污染油漆表面。

(2) 室内进行防腐油漆施工，每遍油漆后，应将门窗关闭；室外工程应建立值班制度负责看管，禁止摸碰。

(3) 施工过程中遇到雨雪、风沙或曝晒，应及时采取措施加以防护。室内油漆后 4h 以内要防雨淋。

(4) 防腐油漆的除锈和刷漆（或喷漆）要注意对建筑物装饰层的保护，不要造成交叉污染。

(5) 保温材料应放在干燥处妥善保管。如果在露天堆放时，应有防潮、防雨雪措施，并且防止挤压损伤变形（如矿纤材料）。

(6) 施工时尽量采用先上后下、先里后外的方法，确保施工完的保温层不损坏。

(7) 操作人员或其他人员不得脚踏、挤压或将工具及其他物件放在已施工好的绝热层上，已安装的金属护壳上严禁踩踏或堆放物品。对于不可避免的踩踏部位，采取临时防护措施。

(8) 固定保冷结构的金属保护层，使用手提电钻钻孔时，必须采取措施，严禁损坏防潮层。

(9) 拆移脚手架时不得碰坏保温层。由于脚手架或其他因素影响施工的地方，过后应及时补好，不得遗漏。

(10) 当与其他工种交叉作业时，要注意共同保护好成品，不要造成互相污染、互相损坏，已装好门窗的场所，下班后应关窗锁门。

32.9.2.2　建筑给水排水与采暖安装工程中的成品保护

1. 室内给水系统的成品保护

(1) 从安装开始到竣工验收之前，施工现场必须建立严格的成品保护值班制度。

(2) 贯彻施工方案规定的成品保护措施，现场必须建立值班制度。安装的建筑物必须能加锁；要建立严格的钥匙交接制度。尤其是多单位在内施工的项目，一定要建立值班交接制度。

(3) 中断安装时，必须将留下的管口做临时封闭（木塞、专用塑料塞，或用塑料布、牛皮纸包扎好）。

(4) 严禁非操作人员随意开关水泵。

(5) 交工验收前，施工单位要专门组织成品保护人员，24h 有人值班，能关锁车间、场地要及时关锁。

2. 室内排水系统的成品保护

(1) 室内排水管容易造成堵塞，要注意防治。防治措施如下：接口时严格清理管内的泥土及污物，甩口要封好堵严。卫生器具的排水口在未通水前要堵好，存水弯的排水丝堵可以后安装；管件安装时要尽量采用阻力小的，如 Y 型或 TY 型三通、45°弯头等。

(2) 塑料排水管必须按规定安装伸缩节。立管要每一层设一只伸缩节；横干管设置伸缩节要按设计伸缩量确定；横支管上合流配件的立管的直线管段超过 2m 时要设伸缩节，但伸缩节之间的最大距离不能超过 4m。

3. 卫生器具的成品保护措施

(1) 搬运和安装陶瓷、搪瓷卫生器具时，要注意轻拿轻放，避免损坏。

(2) 工程竣工前，将瓷器表面擦拭干净。

4. 室内采暖系统的成品保护措施

(1) 在管道进行刷漆时，要清理环境，防止灰尘污染油漆表面。每次油漆后，要将门窗关闭，并且禁止有人摸碰。油漆后 4h 以内严禁淋水。在管道保温后，在未达到一定强度前，严禁碰撞和挤压。

(2) 暖气立管、支管等严禁踩蹬或作为脚手架的支撑。

(3) 热水采暖防止超压事故。热水系统静水压力超过一般铸铁散热器所能承受的压力时，会造成散热器超压而破裂。铸铁散热器一般工作压力在 0.4MPa 左右，因此膨胀水箱的水面与系统底层散热器高差不能超过 40m；对于高于 40m 的高层建筑或地形高差很大时，要采用能承受高压的钢制散热器。

(4) 散热器等设备支架、托架要在土建抹灰或作面饰前进行安装。

(5) 散热器等设备及其支架，严禁踩蹬及作脚手架支撑。

5. 室外给水管网的成品保护

(1) 管道防腐层必须按设计或规范及时完成。输送腐蚀性较强的水时，钢管及铸铁管内壁要考虑作水泥砂浆防腐涂料。

(2) 刚打好口的管道（承插、套箍接口等），不能随意踩踏、冲撞和重压。

(3) 水压试验要密切注意最低点的压力不可超过管道附件及阀门的承受能力。排放水时，必须先打开上部排气阀。

6. 室外排水管网的成品保护

(1) 钢筋混凝土管、混凝土管、石棉水泥管、陶土管均承受外压较差，易损坏，搬运和安装过程中不能碰撞，不能随意滚动，要轻放，尤其陶土管不能随意踩踏或在管道上压重物。

(2) 回填土注意事项：

1) 管道施工完毕（指已闭水试验合格者），要及时进行回填，严禁晾沟；

2) 浇筑混凝土管墩、管座时，要待混凝土的强度达到 5MPa 以上方可填土；

3) 填土时，不能将土块直接砸在接口抹带及防腐层部位；

4) 管顶 50cm 范围内，要采用人工夯填。

7. 室外热水系统成品保护

(1) 敷设在地沟内的管道施工前，要清理干净地沟内的渣土及污物；已保温后的管道不允许踩蹬，并及时盖好盖板。

(2) 搬运阀门时，不允许随手抛掷；吊装时，绳索要拴在阀体与阀盖上的法兰连接处，不能拴在手轮上或阀杆上。

32.9.2.3 建筑电气安装工程中的成品保护

1. 电机的成品保护措施

(1) 安装前的保管（系指保管期限一年以内者），电机及其附件宜存放在清洁、干燥的仓库或厂房内。也可就地保管，但应有防潮、防雨、防尘等措施。

(2) 起吊电机转子时，不可将吊绳绑在滑环、换向器或轴颈部分。

(3) 电机安装场地要能关锁，并要保持清洁。尤其对解体安装的电机，尚未安装的部分，休工时要及时用塑料布遮盖。并且要有成品保护的值班制度。

(4) 电机存放应放在垫有枕木的水泥地上。存放的电机装拆应在室内。或有屋顶的地方；木箱保持 400mm 的间隔。不使用暂被存放的电机，应定期进行检查，每三个月不少于一次，如发现电机防锈层损坏时，应用干净的棉纱或布擦去，仔细检查其表面；有锈蚀时，应清理并洗净该处，重新涂上防锈剂，然后再包扎好。

(5) 低压电器的运输、保管应符合国家有关物资的运输保管规定；当产品有特殊要求时，尚应符合产品的规定。

(6) 电器安装结束后，施工中造成的建筑物损坏部分应修补完整。

(7) 安装施工作业过程中，要注意对已完工项目及设备的成品保护，防止磕碰摔砸和在上面搭撑任何物体，未经批准不得拆卸，不应拆卸的设备零件及仪表等，防止损坏。

(8) 要注意保护建筑物、构筑物的墙面、地面、顶棚、门窗及油漆等，防止碰坏及污染。剔槽打眼要尽量减少影响范围，尽量采用膨胀螺栓固定。

2. 电缆的成品保护措施

(1) 在运输装卸过程中，不应使电缆及电缆盘受到损伤，禁止将电缆盘直接由车上推下。电缆盘不应平放运输、平放储存。

(2) 运输或滚动电缆盘前，必须检查电缆盘的牢固性。充油电缆至压力箱间的油管应妥善固定及保护。

(3) 电缆在保管期间，应每三个月检查一次。木盘应完整，标志应齐全，封端应严密，铠装应无锈蚀。如有缺陷应及时处理。充油电缆应定期检查油压，并作好记录，必要时加装报警装置，防止油压降至最低值。如油压降至零或出现真空时，在未处理前严禁滚动。

(4) 装卸电缆时，不允许将吊绳直接穿入轴孔吊装，以防止电缆盘孔被损坏。

(5) 电缆卸车时，如采用木跳板溜下时，应做到跳板坚固，不可过窄、过短，坡度不可过大，下溜时要缓慢进行，轴前不可站人。

(6) 敷设电缆时需从中间倒电缆，必须按 "8" 字形或 "S" 形进行，不得倒成 "O" 形。

3. 变压器的成品保护措施

(1) 变压器门应加锁，未经安装单位许可，闲杂人员不得入内。

（2）对就位的变压器高压和低压瓷套管及环氧树脂铸件，应有防砸及防碰撞措施。

（3）变压器器身要保持清洁干净，油漆面无碰撞损伤。干式变压器就位后，要采取保护措施，防止铁件掉入线圈内。

（4）在变压器上方作业时，操作人员不得蹬踩变压器，并带工具袋以防工具材料掉下砸坏、砸伤变压器。

（5）变压器发现渗漏油，应及时处理。防止油面太低潮气侵入，降低线圈绝缘程度。

（6）对安装完的电气管线及其支架应注意保护，不得碰撞损伤。

（7）变压器上方操作电气焊时，对变压器进行全方位的保护，防止焊渣掉落下来损伤设备。

32.9.3 机电施工中对其他专业的成品保护

32.9.3.1 对结构专业的成品保护

（1）对已抹好水泥或白灰的墙面、做好的地坪，要注意保护。尽量减小打洞，并且要控制洞的大小；管道的固定支、吊架，尽量采用膨胀螺栓固定。

（2）管道穿过墙及楼板的孔洞修补工作，必须在建筑物面层粉饰之前全部完成。安装过程中，同样要注意对建筑物成品保护，不得碰坏或污染建筑表面。

（3）楼地面施工时，应用旧报纸或水泥纸将四周墙面保护好，防止污染，对地漏排水栓等应用编织布木塞堵口和低标号砂浆封闭，避免堵塞。

（4）在机电工程安装过程中，严防施工机具把防水保护层破坏。突出地面管根部，地漏、排水口、卫生洁具等处的防水层不得碰损。

（5）搬运材料、机具或施焊时，应轻拿轻放，下方垫木板或木方，施焊点周围应备防火布或其他防火材料，避免将已做好的墙面、地面弄脏、砸坏等现象发生。

（6）散热器往楼内搬运时，应注意不要将木门口、墙角、地面磕碰坏。装饰罩不得提前安装。在轻质墙上栽托钩及固定时，应用电钻打洞，防止将板墙剔裂。

（7）水箱等各设备安装条件，必须土建已完成粗装修（湿作业），设备房内门锁、门窗已全部安装完毕，方可进行设备安装。设备安装后，应防止跑水、损坏装修成品。设备安装施工前后，应锁好门窗，并通知成保人员看护并办移交手续。

32.9.3.2 对装修专业的成品保护

（1）如果需要动用气焊时，对已经做完装饰的房间墙面、地面，要用铁皮遮挡。

（2）建筑物装饰施工期间，必要时应设专人监护已安装完的管道、阀部件、仪表等。

（3）制冷设备安装，必须在机房土建工程已完工，包括墙面粉饰工作、地面工程全部完工。但要保证对墙面、地面不得碰坏或污染。

（4）机电工程打压试水，如果必须在装修项目施工完成之后进行时，各专业均必须分层安排足够人员进行巡视检查，发现问题及时处理，避免或最大限度地减少因跑水造成的成品损坏。

（5）机电安装工程与装修工程同时进行时，应注意各工种之间的交叉作业，要对已装修完的部位要进行保护。

（6）安装接地体时不得破坏散水和外墙装修，焊接时注意保护墙面。

32.9.3.3 对幕墙专业的成品保护

（1）在玻璃幕墙附近施工时，电焊火花要采用接渣斗（内加防火棉），防止火球下溅；严禁电焊火花损伤幕墙表面。

（2）严禁钢管、材料、工具等重物下落。对雨篷等水平安装的玻璃，应在上部盖防护层，防止上方施工的可能坠物。

（3）在与玻璃幕墙工程及交叉作业的时候，与其他幕墙临界接口处或其他交叉作业的地方，必须知会施工单位注意成品保护。

（4）在进行机电工程吊运时应轻拿轻放，并采取必要的保护措施，严禁与幕墙发生碰撞，必要时要设置隔离带。

参 考 文 献

1. 中华人民共和国国家标准. 建筑工程施工质量验收统一标准. GB 50300—2001. 北京：中国建筑工业出版社，2001.

2. 中华人民共和国国家标准. 建筑电气工程施工质量验收规范. GB 50303—2002. 北京：中国计划出版社，2002.

3. 中华人民共和国国家标准. 电梯工程施工质量验收规范. GB 50310—2002. 北京：中国建筑工业出版社，2002.

4. 中华人民共和国国家标准. 通风与空调工程施工质量验收规范. GB 50243—2002. 北京：中国计划出版社，2002.

5. 中华人民共和国国家标准. 建筑给水排水及采暖工程施工质量验收规范. GB 50242—2002. 北京：中国建筑工业出版社，2002.

6. 中华人民共和国国家标准. 建筑防腐蚀工程施工及验收规范. GB 50212—2002. 北京：中国标准出版社，2002.

7. 中华人民共和国国家标准. 建筑工程施工现场供用电安全规范. GB 50194—93. 北京：中国建筑工业出版社，1993.

8. 中华人民共和国国家标准. 现场设备、工业管道焊接工程施工及验收规范. GB 50236—2011. 北京：中国计划出版社，2011.

9. 中华人民共和国国家标准. 建筑节能工程施工质量验收规范. GB 50411—2007. 北京：中国建筑工业出版社，2007.

10. 中华人民共和国国家标准. 建筑工程项目管理规范. GB/T 50326—2006. 北京：中国建筑工业出版社，2006.

11. 中华人民共和国国家标准. 环境管理体系要求及使用指南. GB/T 24001—2004、ISO 14001：2004. 北京：北京世纪拓普顾问有限公司，2004.

12. 中华人民共和国行业标准. 施工现场临时用电安全技术规范. JGJ 46—2005. 北京：中国建筑工业出版社，2005.

13. 中华人民共和国行业标准. 建筑机械使用安全技术规程. JGJ 33—2001. 北京：中国建筑工业出版社，2001.

14. 中华人民共和国行业标准. 建筑施工现场环境与卫生标准. JGJ 146—2004. 北京：中国建筑工业出版社，2004.

15. 北京市地方标准. 绿色施工管理规程. DB 11/513—2008. 北京：北京市建设委员会，2008.

16. 中华人民共和国. 建设部绿色施工导则建质[2007]223 号.

17. 中华人民共和国国家标准. 工业建筑防腐蚀设计规范. GB 50046—2008. 北京：中国计划出版社，2008.

18. 中华人民共和国国家标准. 建筑防腐蚀工程施工及验收规范. GB 50212—2002. 北京：中国计划出版社，2002.

19. 中华人民共和国国家标准. 设备及管道保温技术通则. GB/T 4272—2008. 北京：中国标准出版社，2008.

20. 中华人民共和国行业标准. 石油化工设备和管道涂料防腐蚀技术规范(SH 3022—1999). 北京：中国石化出版社，1999.

21. 中国建筑工程总公司编著. 施工现场环境控制规程. 北京：中国建筑工业出版社，2005.

22. 李昂，吴密主编. 建筑安装分项工程施工新技术、新工艺、新标准实用手册. 北京：当代中国音像出版社.

33 建筑给水排水及采暖工程

33.1 室内给排水及采暖工程施工基本要求

33.1.1 质 量 管 理

（1）建筑给水、排水及采暖工程施工现场应具有必要的施工技术标准、健全的质量管理体系和工程质量检测制度，实现施工全过程质量控制。

（2）建筑给水、排水及采暖工程的施工应按照批准的工程设计文件和施工技术标准进行施工。修改设计应有设计单位出具的设计变更通知单。

（3）建筑给水、排水及采暖工程的施工应编制施工组织设计或施工方案，经批准后方可实施。

（4）建筑给水、排水及采暖工程的分部、分项工程划分见表33-1。

分部、分项工程划分 表 33-1

分部工程	序号	子分部工程	分 项 工 程
建筑给水、排水及采暖工程	1	室内给水系统	给水管道及配件安装、室内消火栓系统安装、给水设备安装、管道防腐、绝热
	2	室内排水系统	排水管道及配件安装、雨水管道及配件安装
	3	室内热水供应系统	管道及配件安装、辅助设备安装、防腐、绝热
	4	卫生器具安装	卫生器具安装、卫生器具给水配件安装、卫生器具排水管道安装
	5	室内采暖系统	管道及配件安装、辅助设备及散热器安装、金属辐射板安装、低温热水地板辐射采暖系统安装、系统水压试验及调试、防腐、绝热
	6	室外给水管网	给水管道安装、消防水泵接合器及室外消火栓安装、管沟及井室
	7	室外排水管网	排水管道安装、排水管沟与井池
	8	室外供热管网	管道及配件安装、系统水压试验及调试、防腐、绝热
	9	建筑中水系统及游泳池系统	建筑中水系统管道及辅助设备安装、游泳池水系统安装
	10	供热锅炉及辅助设备安装	锅炉安装、辅助设备及管道安装、安全附件安装、烘炉、煮炉和试运行、换热站安装、防腐、绝热

（5）建筑给水、排水及采暖工程的分项工程，应按系统、区域、施工段或楼层等划分成若干个检验批进行验收。

（6）建筑给水、排水及采暖工程的施工单位应当具有相应的资质，工程质量验收人员应具备相应的专业技术资格。

33.1.2 材料设备管理

（1）建筑给水、排水及采暖工程所使用的主要材料、成品、半成品、配件、器具和设备必须具有中文质量合格证明文件，规格、型号及性能检测报告应符合国家技术标准或设计要求。进场时应做检查验收，并经监理工程师核查确认。

（2）所有材料进场时应对品种、规格、外观等进行验收。包装应完好，表面无划痕及外力冲击破损。

（3）主要器具和设备必须有完整的安装使用说明书。在运输、保管和施工过程中，应采取有效措施防止损坏或腐蚀。

（4）阀门安装前，应作强度和严密性试验。试验应在每批（同牌号、同型号、同规格）数量中抽查 10%，且不少于一个。对于安装在主干管上起切断作用的闭路阀门，应逐个作强度和严密性试验。

（5）阀门的强度和严密性试验，应符合以下规定：阀门的强度试验压力为公称压力的1.5 倍；严密性试验压力为公称压力的 1.1 倍；试验压力在试验持续时间内应保持不变，且壳体填料及阀瓣密封面无渗漏。阀门试压的试验持续时间应不少于表 33-2 的规定。

阀门试验持续时间 表 33-2

公称直径 DN (mm)	最短试验持续时间（s）		
	严密性试验		强度试验
	金属密封	非金属密封	
≤50	15	15	15
65～200	30	15	60
250～450	60	30	180

（6）管道上使用冲压弯头时，所使用的冲压弯头外径应与管道外径相同。

（7）材料、设备、配件等在搬运、堆放存储、安装的过程中应符合下列要求：

1）在运输、装卸和搬动时应轻放，严禁剧烈撞击或与尖锐物品碰撞，不得抛、摔、滚、拖等，并采取有效措施防止损坏或腐蚀。

2）管材应水平堆放在平整的地面上或管架上，不得不规则堆放，避免受力弯曲。当用支垫物支垫时，支垫宽度不得小于 75mm，其间距不得大于 1m，端部外悬部分不得大于 500mm，高度适宜且不高于 1.5m。

3）对于塑料、复合管材、管件及橡胶制品，要防止阳光直射，应存放在温度不大于40℃的库房内，避免油污，距热源不小于 1m，库房且有良好的通风。

4）管件应按品种、规格、型号等存放。

5）胶粘剂、丙酮、机油、汽油、防腐漆及油漆等易燃物品，在存放和运输时，必须远离火源，封闭保存。存放处应安全可靠，阴凉干燥，并应随用随取。

33.1.3 施工过程的质量控制

（1）建筑给水、排水及采暖工程与相关各专业之间，应进行交接质量检验，并形成记录。

（2）隐蔽工程应在隐蔽前经验收各方检验合格后才能隐蔽，并形成记录。

（3）地下室或地下构筑物外墙有管道穿过的，应采取防水措施。对有严格防水要求的建筑物，必须采用柔性防水套管。

（4）管道穿过结构伸缩缝、抗震缝及沉降缝敷设时，应根据情况采取下列保护措施：

1）在墙体两侧采取柔性连接。

2）在管道或保温层外皮上、下部留有不小于 150mm 的净空。

3）在穿墙处做成方形补偿器，水平安装。

（5）在同一房间内，同类型的采暖设备、卫生器具及管道配件，除有特殊要求外，应安装在同一高度上。

（6）明装管道成排安装时，直线部分应互相平行。曲线部分：当管道水平或垂直并行时，应与直线部分保持等距；管道水平上下并行时，弯管部分的曲率半径应一致。

（7）管道支、吊、托架的安装，应符合下列规定：

1）位置正确，埋设应平整牢固。

2）固定支架与管道接触应紧密，固定应牢靠。

3）滑动支架应灵活，滑托与滑槽两侧间应留有 3～5mm 的间隙，纵向移动量应符合设计要求。

4）无热伸长管道的吊架、吊杆应垂直安装。

5）有热伸长管道的吊架、吊杆应向热膨胀的反方向偏移。

6）固定在建筑结构上的管道支、吊架不得影响结构的安全。

（8）钢管水平安装的支、吊架间距不应大于表 33-3 的规定。

钢管支架的最大间距表   表 33-3

公称直径（mm）		15	20	25	32	40	50	70	80	100	125	150	200	250	300
支架的最大间距（m）	保温管	2	2.5	2.5	2.5	3	3	4	4	4.5	6	7	7	8	8.5
	不保温管	2.5	3	3.5	4	4.5	5	6	6	6.5	7	8	9.5	11	12

（9）采暖、给水及热水供应系统的塑料管及复合管垂直或水平安装的支架间距应符合表 33-4 的规定。采用金属制作的管道支架，应在管道与支架间加衬非金属垫或套管。

塑料管及复合管管道支架的最大间距表   表 33-4

管径（mm）			12	14	16	18	20	25	32	40	50	63	75	90	110
最大间距（m）	立　管		0.5	0.6	0.7	0.8	0.9	1.0	1.1	1.3	1.6	1.8	2.0	2.2	2.4
	水平管	冷水管	0.4	0.4	0.5	0.5	0.6	0.7	0.8	0.9	1.0	1.1	1.2	1.35	1.55
		热水管	0.2	0.2	0.25	0.3	0.3	0.35	0.4	0.5	0.6	0.7	0.8		

（10）铜管垂直或水平安装的支架间距应符合表 33-5 的规定。

铜管管道支架的最大间距表 表 33-5

公称直径（mm）		15	20	25	32	40	50	65	80	100	125	150	200
支架的最大间距	垂直管	1.8	2.4	2.4	3.0	3.0	3.0	3.5	3.5	3.5	3.5	4.0	4.0
（m）	水平管	1.2	1.8	1.8	2.4	2.4	2.4	3.0	3.0	3.0	3.0	3.5	3.5

（11）不锈钢管道支架安装：

1）薄壁不锈钢管的固定支架的根部必须支撑在地面、混凝土柱、墙面上，不可支撑在轻质隔墙上。

2）支架应安装在管接头附近，特别是在弯管、变径、分支、接口附近。安装支架一定要在管接头卡压前进行，如后安装支架，卡压时易造成管子的弯曲。配管如果很长时，在外层套管上固定，即在保温层外加以固定。

3）水平管的防震固定支架间距不宜大于 15m，热水管固定支架间距应根据管线热胀量、膨胀节允许补偿量等确定，固定支架宜设置在变径、分支、接口及穿越承重墙、楼板的两侧等处。活动支架的间距可按表 33-6 选用。

不锈钢管道活动支架的间距（mm） 表 33-6

公称直径 DN	10～15	20～25	32～40	50～65	80～100
水平管	1000	1500	2000	2500	3000
立管	1500	2000	2500	3000	3000

4）管道支架为非不锈钢、塑料制品时，金属支架或管卡与薄壁不锈钢管材间必须采用塑料或橡皮隔离，以免使不锈钢管受到腐蚀。公称直径不大于 25mm 的管道安装时，可采用塑料管卡。采用金属管卡或吊架时，金属管卡或吊架与管道之间应采用塑料带或橡胶等软物隔垫。

5）薄壁不锈钢管管壁较薄，若按相同管径施工规范规定的支架间距进行安装，难以保证管道的强度，根据施工经验，卡压薄壁不锈钢管的支架间距 $\not>$ 2m。

6）主管的钢支架用切割机下料，用台钻钻孔，严禁用气割割孔。

7）管卡型号规格必须与管材型号规格相匹配，严禁以大代小，管卡螺母必须配备平垫圈。此外，管道安装及管道和阀门位置应在允许偏差范围内。

8）管道的固定支架间距应根据直线管端的伸缩量、设置波形膨胀节的允许伸缩量和管段走向的布置等因素确定，一般不宜大于 15m。固定支架宜在变径、分支、接口及穿越承重墙、楼板等处确定。立管底部应设固定支架。

（12）沟槽管道支架安装：

1）立管支架（管卡）：当楼层高度不大于 5m 时，每层必须安装 1 个；当楼层高大于 5m 时，每层不少于 2 个。当立管上无支管接出时，支架（管卡）安装高度距地面应为 1.5～1.8m。

2）横管吊架（托架）：每一直线管段必须设置 1 个；直线管段上 2 个吊架（托架）间的距离不得大于表 33-7 的规定。

沟槽管道活动支架的间距（m） 表 33-7

公称直径 DN（mm）	50	70	80	100	125	150	200	250	300	350～400	450～600
刚性接头	3.00	3.65		4.25		5.15		5.75		7.00	
挠性接头		3.60			4.20			4.80		5.40	6.00

注：本表适用于非保温管道。对保温管道，应按管道上保温材料重量的影响相应缩小吊架的间距。

3）横管吊架（托架）应设置在接头（刚性接头、挠性接头，支管接头）两侧和三通、四通、弯头、异径管等管件上下游连接接头的两侧。吊架（托架）与接头的净间距不宜小于 150mm 和大于 300mm。

（13）采暖、给水及热水供应系统的金属管道立管管卡安装应符合下列规定：

1）楼层高度小于或等于 5m，每层必须安装 1 个。

2）楼层高度大于 5m，每层不得少于 2 个。

3）管卡安装高度，距地面应为 1.5～1.8m，2 个以上管卡应匀称安装，同一房间管卡应安装在同一高度上。

（14）管道及管道支墩（座），严禁铺设在冻土和未经处理的松土上。

（15）管道穿过墙壁和楼板，应设置金属或塑料套管。安装在楼板内的套管，其顶部应高出装饰地面 20mm；安装在卫生间及厨房内的套管，其顶部应高出装饰地面 50mm，底部应与楼板底面相平；安装在墙壁内的套管其两端与饰面相平。穿过楼板的套管与管道之间缝隙应用阻燃密实材料和防水油膏填实，端面光滑。穿墙套管与管道之间缝隙宜用阻燃密实材料填实，且端面应光滑。管道的接口不得设在套管内。

（16）螺纹连接管道安装后的管螺纹根部应有 2～3 扣的外露螺纹，多余的麻丝应清理干净并做防腐处理。

（17）承插口采用水泥捻口时，油麻必须清洁、填塞密实，水泥应捻入并密实饱满，其接口面凹入承口边缘的深度不得大于 2mm。

（18）卡箍（套）式连接两管口端应平整、无缝隙，沟槽应均匀，卡紧螺栓后管道应平直，卡箍（套）安装方向应一致。

（19）各种承压管道系统和设备应做水压试验，非承压管道系统和设备应做灌水试验。

33.2   室内给水系统安装

33.2.1   建筑给水系统

33.2.1.1   室内给水系统的划分

建筑给水系统的划分，是根据用户对水质、水压、水量的要求，并结合外部给水系统情况进行的。按用途划分参见表 33-8 所示。

室内给水系统的划分 表 33-8

序　号	系统名称	用　途　说　明
1	生活给水系统	供生活饮用及洗涤、冲刷等用水
2	生产给水系统	供生产设备用水（包括产品本身用水、生产洗涤用水及设备冷却用水等）
3	消防给水系统	扑灭火灾时向消火栓及自动喷水灭火系统供水（包括湿式、干式、预作用、雨淋、水幕等自动喷水灭火系统供水）

根据具体情况，有时将表中三种基本给水系统或其中两种基本系统再合并成：生活—生产—消防给水系统、生活—消防给水系统、生产—消防给水系统。

33. 2. 1. 2 给水方式

给水方式即为给水方案，它与建筑物的高度、性质、用水安全性、是否设消防给水、室外给水管网所能提供的水量及水压等因素有关，最终取决于室内给水系统所需总水压 H 和室外管网所具有的资用水头（服务水头）H_0 之间的关系。

给水方式有许多种，在工程中可根据实际情况采用一种或几种，综合组成所需要的形式。室内给水系统常见供水方式见表 33-9 所示。

室内给水系统常见供水方式　　　　　　　　　表 33-9

名　　称	图　　式	供水方式说明
直接给水方式		由室外给水管网直接供水，是最简单、经济的给水方式。它适用于室外管网的水量、水压在一天内均能满足用水要求的建筑
设水箱的给水方式		设水箱的给水方式宜在室外给水管网供水压力周期性不足时采用。 当室外给水管网水压偏高或不稳定时，为保证建筑内给水系统的良好工况或满足稳压供水的要求，也可采用设水箱的给水方式
水泵水箱联合供水		室外给水管网压力低于或经常不满足建筑内给水管网所需的水压且室内用水不均匀时采用。特点是水泵及时向水箱充水，使水箱容积减小，又由于水箱的调节作用，使水泵工作状态稳定，可以使其在高效率下工作，同时水箱的调节，可以延时供水，供水压力稳定，可以在水箱上设置液体继电器，使水泵启闭自动化
水泵给水方式		1. 恒速泵 　适用室外管网压力经常不满足要求，室内用水量大且均匀，多用于生产给水。 2. 变频调速泵供水 　适用当建筑物内用水量大且用水不均匀时，可采用变频调速供水方式。 　特点是变负荷运行，节省减少能量浪费，不需设调节水箱

续表

名　　称	图　　式	供水方式说明
设贮水池、水泵、水箱联合工作的给水方式	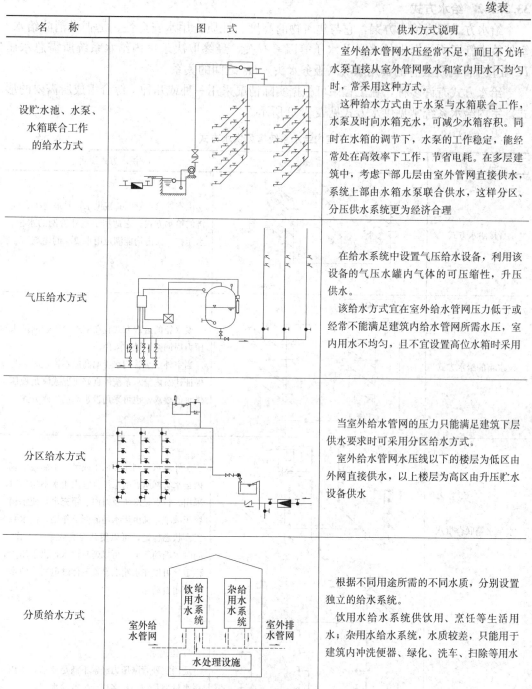	室外给水管网水压经常不足，而且不允许水泵直接从室外管网吸水和室内用水不均匀时，常采用这种方式。 　　这种给水方式由于水泵与水箱联合工作，水泵及时向水箱充水，可减少水箱容积。同时在水箱的调节下，水泵的工作稳定，能经常处在高效率下工作，节省电耗。在多层建筑中，考虑下部几层由室外管网直接供水，系统上部由水箱水泵联合供水，这样分区、分压供水系统更为经济合理
气压给水方式		在给水系统中设置气压给水设备，利用该设备的气压水罐内气体的可压缩性，升压供水。 　　该给水方式宜在室外给水管网压力低于或经常不能满足建筑内给水管网所需水压，室内用水不均匀，且不宜设置高位水箱时采用
分区给水方式		当室外给水管网的压力只能满足建筑下层供水要求时可采用分区给水方式。 　　室外给水管网水压线以下的楼层为低区由外网直接供水，以上楼层为高区由升压贮水设备供水
分质给水方式		根据不同用途所需的不同水质，分别设置独立的给水系统。 　　饮用水给水系统供饮用、烹饪等生活用水；杂用水给水系统，水质较差，只能用于建筑内冲洗便器、绿化、洗车、扫除等用水

33.2.1.3　给水管道布置和敷设要求

1. 给水管道的布置原则

（1）力求经济合理，满足最佳水力条件

1）给水管道布置力求短而直。

2）室内给水管网宜采用枝状布置，单向供水。

3) 为充分利用室外给水管网中的水压，给水引入管宜布设在用水量最大处或不允许间断供水处。

4) 室内给水干管宜靠近用水量最大处或不允许间断供水处。

(2) 满足美观要求，便于维修及安装

1) 管道应尽量沿墙、梁、柱直线敷设。

2) 对美观要求较高的建筑物，给水管道可在管槽、管井、管沟及吊顶内暗设。

3) 为便于检修，管道井应每层设检修设施，每两层应有横向隔断，检修门宜开向走廊。暗设在顶棚或管槽内的管道，在阀门处应留有检修门。管道井当需要进行检修时，其通道宽度不宜小于 0.6m。

4) 室内管道安装位置应有足够的空间以利拆换附件。

5) 给水引入管应有不小于 0.3% 的坡度坡向室外给水管网或坡向阀门井、水表井，以便检修时排放存水。

(3) 保证生产及使用的安全性

1) 给水管道的位置不得妨碍生产操作、交通运输和建筑物的使用。管道不得布置在遇水会引起燃烧、爆炸或损坏的原料、产品和设备上面，并应避免在生产设备上面通过。

2) 给水管道不得敷设在烟道、风道内；生活给水管道不得敷设在排水沟内，管道不宜穿过橱窗、壁柜、木装修，并不得穿过大便槽和小便槽。当给水立管距小便槽端部小于及等于 0.5m 时，应采用建筑隔断措施。

3) 给水引入管与室内排出管管外壁的水平距离不宜小于 1.0m。给水引入管过墙：在基础下通过，留洞；穿基础预留洞口，洞口尺寸 $(DN+200)\times(DN+200)$mm，如图 33-1 所示。

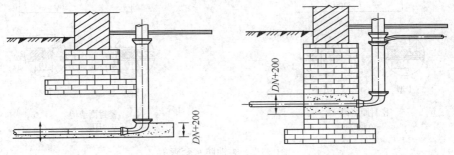

图 33-1 引入管进入建筑物

4) 建筑物内给水管与排水管之间的最小净距，平行埋设时应为 0.5m；交叉埋设时应为 0.15m，且给水管宜在排水管的上面。

5) 需要泄空的给水管道，其横管宜有 0.2%～0.5% 的坡度坡向泄水装置。

6) 给水管道宜敷设在不结冻的房间内，如敷设在有可能结冻的地方，应采取防冻措施。

7) 室内给水管道不应穿越变配电房、电梯机房、通信机房、大中型计算机房、计算机网络中心、音像库房等遇水会损坏设备和引发事故的房间，并应避免在设备上方通过。

2. 给水管道敷设要求

(1) 给水横干管宜敷设在地下室、技术层、吊顶或管沟内，立管可敷设在管道井内。

生活给水管道暗设时，应便于安装和检修。塑料给水管道室内宜暗设，明设时立管应布置在不宜受撞击处，如不能避免时，应在管外加保护措施。

（2）塑料给水管道不得布置在灶台上边缘，塑料给水立管明设距灶边不得小于 0.4m，距燃气热水器边缘不得小于 0.2m，达不到此要求必须有保护措施。塑料热水管道不得与水加热器或热水炉直接连接，应有不小于 0.4m 的过渡段。

（3）生产给水管道应沿墙、柱、桁架明设，当工艺有特殊要求时可暗设，但应便于安装和检修。

（4）给水管道穿过承重墙或基础处应预留洞口，且管顶上部净空不得小于建筑物的沉降量，一般不小于 0.1m。

（5）给水管道穿越地下室或地下构筑物外墙时，应采取防水措施。对有严格防水要求的建筑物，必须采用柔性防水套管，见图 33-2 所示，柔性防水套管尺寸见表 33-10；刚性防水套管见图 33-3，刚性防水套管尺寸重量表见表 33-11～表 33-13。

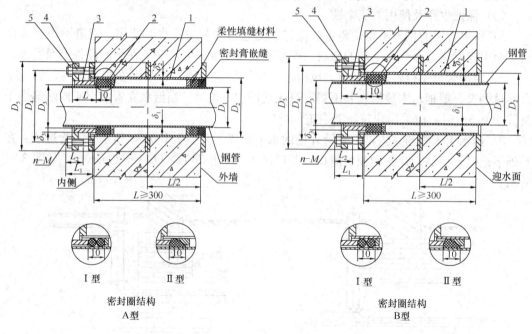

图 33-2 柔性防水套管

1—套管；2—密封圈 Ⅰ型、Ⅱ型；3—法兰压盖；4—螺柱；5—螺母

说明：

1. 柔性防水套管（A 型），当迎水面为腐蚀性介质时，可采用封堵材料将缝隙封堵。

2. 柔性防水套管（B 型），柔性填料材料为沥青麻丝、聚苯乙烯板、聚氯乙烯泡沫塑料板。密封膏为聚硫密封膏、聚胺酯密封膏。

3. 套管穿墙处如遇非混凝土墙壁时，应局部改用混凝土墙壁，其浇筑范围应比翼环直径（D_5）大 200，而且必须将套管一次浇固于墙内。

4. 穿墙处混凝土墙厚应不小于 300，否则应使墙壁一边加厚或两边加厚。加厚部分的直径至少为 D_5+200。

5. 套管的重量以 $L=300$ 计算，如墙厚大于 300 时，应另行计算。

柔性防水套管尺寸表　　　　　　表 33-10

DN	D_1	D_2	D_3	D_4	D_5	L	L_0 I	L_0 II	L_1	L_2	δ_1	δ_2	δ_3	$n \cdot M$
50	60	95	65	145	200	65	28	—	72	30	3.5	4	8	4-M12
65	76	114	80	165	220	65	28	25	72	30	3.75	4	8	4-M12
80	89	127	95	180	235	65	28	25	76	38	4	4	10	4-M16
100	108	146	114	200	255	65	28	25	76	38	4	4.5	10	4-M16
125	133	180	140	235	290	65	28	25	76	38	4	6	10	6-M16
150	159	203	165	260	315	65	28	25	76	38	4.5	6	10	6-M16
200	219	265	226	320	375	65	28	25	76	38	6	6	10	6-M16
250	273	325	280	380	435	65	28	25	76	38	8	8	10	8-M16
300	325	377	333	435	495	72	32	30	90	46	8	10	10	8-M20
350	377	426	385	485	545	72	32	30	90	46	10	10	10	8-M20
400	426	480	435	540	600	72	32	30	90	46	10	10	10	12-M20
450	480	530	488	590	650	72	32	30	90	46	10	10	10	12-M20
500	530	585	538	645	705	72	32	30	90	46	10	10	10	16-M20
600	630	690	640	755	820	75	40	30	104	54	10	10	12	16-M24
700	720	780	730	845	910	75	40	30	104	54	10	10	12	20-M24
800	820	880	830	950	1020	80	40	40	117	60	10	10	12	20-M27
900	920	980	930	1050	1120	80	40	40	117	60	10	10	12	20-M27
1000	1020	1080	1030	1150	1220	80	40	40	117	60	10	10	12	20-M27

刚性防水套管（A 型）尺寸、重量表　　　　　　表 33-11

DN	D_1	D_2	D_3	D_4	δ	b	K	重量（kg）
50	60	80	114	225	3.5	10	4	4.49
65	75.5	95	121	230	3.75	10	4	4.66
80	89	110	140	250	4	10	4	5.33
100	108	130	159	270	4.5	10	5	6.36
125	133	155	180	290	6	10	6	8.33
150	159	180	219	330	6	10	6	10.06
200	219	240	273	385	8	12	8	15.90
250	273	295	325	435	8	12	8	18.68
300	325	345	377	500	10	14	10	27.40
350	377	400	426	550	10	14	10	30.95
400	426	445	480	600	10	14	10	34.35
450	480	500	530	650	10	14	10	37.85
500	530	550	590	730	10	16	10	44.54
600	630	660	690	830	10	16	10	54.50
700	720	750	790	920	10	16	10	61.43
800	820	850	880	1020	10	16	10	69.12
900	920	950	980	1120	10	16	10	76.81
1000	1020	1050	1080	1230	10	16	10	84.50
1200	1220	1250	1290	1430	12	20	12	122.5
1400	1420	1450	1490	1630	12	20	12	141.3
1600	1620	1650	1690	1830	14	20	14	176.4
1800	1820	1850	1900	2040	16	20	16	216.6
2000	2020	2050	2100	2240	16	20	16	239.3

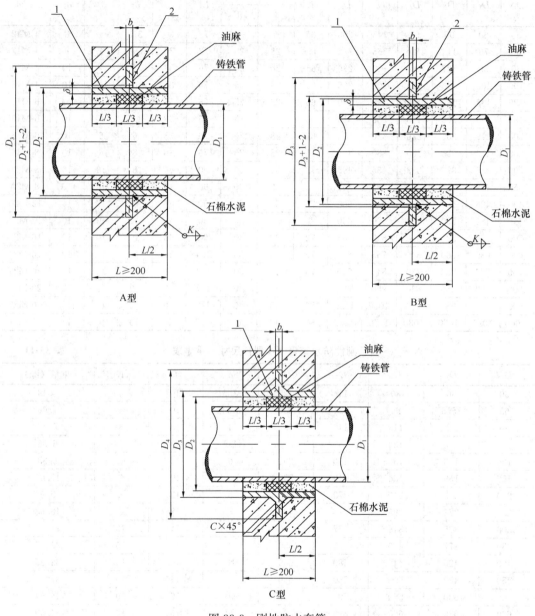

图 33-3   刚性防水套管
1—钢制套管；2—翼环

说明：

1. 套管穿墙处如遇非混凝土墙壁时，应改用混凝土墙壁，其浇筑范围应比翼环直径（D_4 或 D_3）大 200，而且必须将套管一次浇固于墙内。套管内的填料应紧密捣实。

2. 穿墙处混凝土墙厚应不小于 200，否则应使墙壁一边加厚或两边加厚。加厚部分的直径至少为 D_4（D_3）+200。

3. 当套管（件 1）采用卷制成型时，周长允许偏差为：D_3（D_2）≤600，±2，D_3（D_2）>600，±0.0035D_3（D_2）。

4. 套管的重量以 $L=200$ 计算，当 $L>200$ 时，应另行计算。

刚性防水套管（B型）尺寸、重量表   表 33-12

DN	D_1		D_2	D_3	δ	b	K	重量（kg）
	铸铁管	球墨铸铁管						
75	93	—	140	250	4	10	4	5.33
100	118	118	168	280	4.5	10	5	6.72
150	169	170	219	330	6	10	6	10.06
200	220	220	273	385	8	12	8	15.90
250	271.6	274	325	435	8	12	8	18.68
300	322.8	326	377	500	10	14	10	27.40
350	374	378	426	550	10	14	10	30.98
400	425.6	429	480	600	10	14	10	34.35
450	476.8	—	530	650	10	14	10	37.85
500	528	532	590	730	10	16	10	44.54
600	630.8	635	690	830	10	16	10	54.50
700	733	738	790	930	10	16	10	62.19
800	836	842	900	1040	10	16	10	70.65
900	939	945	1000	1140	10	16	10	78.34
1000	1041	1048	1100	1240	10	16	10	104.7
1100	1144	—	1200	1340	12	20	12	114.1
1200	1246	1255	1310	1450	12	20	12	124.4

刚性防水套管（C型）尺寸、重量表   表 33-13

DN	D_1		D_2	D_3	D_4	b	C	重量（kg）
	铸铁管	球墨铸铁管						
75	93	—	115	135	245	12	10	9.25
100	118	118	140	160	270	12	10	10.89
150	169	170	190	220	330	16	12	21.12
200	220	220	240	270	380	16	12	25.91
250	271.6	274	295	325	435	16	12	31.17
300	322.8	326	377	380	500	16	12	37.40
350	374	378	400	435	555	20	16	50.66
400	425.6	429	450	485	605	20	16	56.45
450	476.8	—	500	535	655	20	16	62.24
500	528	532	555	595	735	22	18	81.94
600	630.8	635	660	700	840	22	18	96.27
700	733	738	760	805	945	26	20	126.1
800	836	842	865	910	1050	26	20	142.4
900	939	945	970	1020	1160	28	20	175.3
1000	1041	1048	1075	1125	1265	28	20	193.3
1100	1144	—	1170	1225	1365	30	24	229.4
1200	1246	1255	1280	1335	1475	30	24	250.0

（6）给水管道穿过墙壁和楼板，应设置金属或塑料套管。安装在楼板内的套管，其顶部应高出装饰地面 20mm，安装在卫生间及厨房内的套管，其顶部应高出装饰地面 50mm，底部应与楼板底面相平；安装在墙壁内的套管其两端与饰面相平。套管直径宜大于管道直径两个规格。

（7）给水管道不宜穿过伸缩缝、沉降缝和抗震缝，管道必须穿过结构伸缩缝、抗震缝及沉降缝敷设时，可选取下列保护措施：

1）在墙体两侧采取柔性连接见图 33-4。

2）在管道或保温层外皮上、下部留有不小于 150mm 的净空。

3）在穿墙处做成方形补偿器，水平安装见图 33-5。

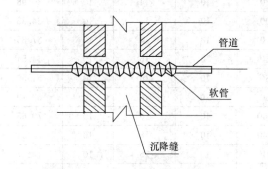

图 33-4 墙体两侧采用柔性连接   图 33-5 在穿墙处水平安装示意

4）活动支架法，将沉降缝两侧的支架做成能使管道垂直位移而不能水平横向位移，以适应沉降缝的伸缩应力。

（8）给水立管和装有 3 个或 3 个以上配水点的支管始端，均应安装可拆卸的连接件。

（9）冷、热水管道同时安装应符合下列规定：

1）上、下平行安装时热水管应在冷水管上方。

2）垂直平行安装时热水管应在冷水管左侧。

（10）明装支管沿墙敷设时，管外皮距墙面应有 20～30mm 的距离。

（11）管与管及与建筑物构件之间的最小净距见表 33-14。

管与管及与建筑物构件之间的最小净距   表 33-14

名　　称	最 小 净 距（mm）
水平干管	1. 与排水管道的水平净距一般不小于 500 2. 与其他管道的净距不小于 100 3. 与墙、地沟壁的净距不小于 80～100 4. 与柱、梁、设备的净距不小于 50 5. 与排水管的交叉垂直净距不小于 100
立　　管	不同管径下的距离要求如下： 1. 当 $DN \leqslant 32$，至墙的净距不小于 25 2. 当 $DN32 \sim DN50$，至墙面的净距不小于 35 3. 当 $DN70 \sim DN100$，至墙面的净距不小于 50 4. 当 $DN125 \sim DN150$，至墙面的净距不小于 65
支　　管	与墙面净距一般为 20～25
引入管	1. 在平面上与排水管道不小于 1000 2. 与排水管水平交叉时，不小于 150

33.2.2 建筑给水管道及附件安装

33.2.2.1 管材与连接方式

给水管材的选用和连接方式，见表 33-15。

给水管材的选用和连接方式 表 33-15

管 名	敷设方式	管径（mm）	管 材	连 接 方 式
生活给水管 生产给水管 中水给水管	明装或暗设	$DN \leqslant 100$	铝塑复合管	卡套式连接
			钢塑复合钢管	螺纹连接、沟槽或法兰连接
			给水硬聚氯乙烯管	密封圈柔性连接、胶粘连接
			聚丙烯管（PPR）	热熔、电熔、法兰式连接
			给水铜管	钎焊、卡套、卡压、法兰、沟槽式连接
			不锈钢管	卡压、压缩式管件、焊接、法兰、卡箍法兰、沟槽式连接
			热镀锌钢管	螺纹连接、沟槽或法兰连接
		$DN > 100$	热镀锌钢管	沟槽式或法兰连接
			钢塑复合钢管	沟槽式或法兰连接
			给水硬聚氯乙烯管	密封圈连接、胶粘连接
			给水铜管	焊接或卡套式连接
	埋地	$DN < 75$	热镀锌钢管	螺纹连接
			给水硬聚氯乙烯管	密封圈连接、胶粘连接
			聚丙烯管（PPR）	热熔、电熔连接
		$DN \geqslant 75$	给水铸铁管	石棉水泥、膨胀水泥、青铅或橡胶圈接口
			给水硬聚氯乙烯管	胶粘结口
			钢塑复合管	螺纹、法兰或沟槽连接
饮用水管	明装或暗设	$DN \leqslant 100$	不锈钢管	卡压、压缩式管件、焊接、法兰、卡箍法兰、沟槽式连接
			铜管	钎焊、卡套、卡压、法兰、沟槽式连接
			衬塑钢管	螺纹连接或沟槽连接
			聚丙烯管（PPR）	热熔、电熔、法兰式连接
消防给水管	明装或暗设	$DN \leqslant 100$	焊接钢管	焊接或螺纹连接
			热镀锌钢管	螺纹连接
		$DN \geqslant 100$	焊接钢管	焊接或法兰连接
			镀锌钢管	沟槽连接
	埋地或地沟	$DN \leqslant 100$	镀锌钢管	螺纹连接
		$DN \geqslant 150$	无缝钢管	法兰及焊接连接
			给水铸铁管	石棉水泥接口或橡胶圈接口
自动喷洒管	明装或暗设	$DN \leqslant 100$	镀锌钢管	螺纹、法兰、沟槽连接
		$DN \geqslant 150$	镀锌无缝钢管	沟槽连接或法兰连接
	埋 地		给水铸铁管	石棉水泥接口或橡胶圈接口

33.2.2.2 室内给水管道施工安装工艺流程

室内给水管道施工安装工艺流程，见图33-6。

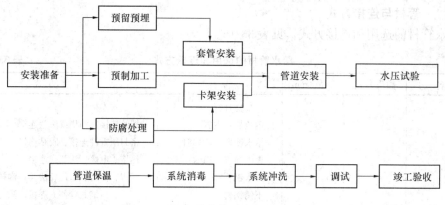

图 33-6 室内给水管道安装工艺流程图

33.2.2.3 管道施工安装前的准备

1. 材料、设备要求

（1）建筑给水所使用的主要材料、成品、半成品、配件、器具和设备必须具有有效的质量合格证明文件，规格、型号及性能检测报告应符合国家技术标准或设计要求。各类管材应有产品材质证明文件。各系统设备和阀门等附件、绝热、保温材料等应有产品质量合格证及相关检测报告。主要设备、器具、新材料、新设备还应附有完整的安装、使用说明书。对于国家及地方规定的特定设备及材料还应附有相应资质检测单位提供的检测报告。

（2）所有材料、成品、半成品、配件、器具和设备进场时应对品种、规格、外观等进行验收，包装应完好，表面无划痕及外力冲击破损，无腐蚀，并经监理工程师核查确认。

（3）各种联结管件不得有砂眼、裂纹、破损、划伤、偏扣、乱扣、丝扣不全和角度不准等现象。

（4）各种阀门的外观要规矩、无损伤，阀杆不得弯曲，阀体严密性好，阀门安装前，应做强度和严密性试验。

（5）其他材料例如：石棉橡胶垫、油麻、线麻、水泥、电焊条等辅材，质量都必须符合设计及相应产品标准的要求和规定。

2. 安装准备

（1）认真熟悉施工图纸，参看有关专业施工图和建筑装修图，核对各种管道标高、坐标是否有交叉，管道排列所占用空间是否合理。管道较多或管路复杂的空间、设备机房等部位应与相关专业进行器具、设备、管道综合排布的细部设计。

（2）根据施工方案决定的施工方法和技术交底的具体措施，按照设计图纸、检查、核对预留孔洞位置、尺寸大小等是否正确，将管道坐标、标高位置划线定位。

（3）施工或审图过程中发现问题必须及时与设计人员和有关人员研究解决，办好变更洽商记录。

（4）经预先排列各部位尺寸都能达到设计、技术交底及综合布置的要求后，方可下料。

3. 配合土建预留孔洞和预埋件

室内给水管道安装不可能与土建主体结构工程施工同步进行，因此在管道安装前要配合土建进行预留孔洞和预埋件的施工。

给水管道安装前需要预留的孔洞主要是管道穿墙和穿楼板孔洞及穿墙、穿楼板套管的安装。一般混凝土结构上的预留孔洞，由设计在结构图上给出尺寸大小；其他结构上的孔洞，当设计无规定时应按表33-16规定预留。

给排水管道预留孔洞尺寸　　　　　　　　　　表33-16

项　次	管道名称		明管留孔尺寸 （长×宽）（mm）	暗管墙槽尺寸 （宽×深）（mm）
1	给水立管	管径≤25mm	100×100	130×130
		管径32～50mm	150×150	150×130
		管径70～100mm	200×200	200×200
2	两根给水立管	管径≤32mm	150×100	200×130
3	一根排水立管	管径≤50mm	150×150	200×130
		管径≤70～100mm	200×200	250×200
4	一根给水立管和一根 排水立管在一起	管径≤50mm	200×150	200×130
		管径≤70～100mm	250×200	250×200
5	两根给水立管和一根 排水立管在一起	管径≤50mm	200×150	200×130
		管径≤70～100mm	250×200	250×200
6	给水支管	管径≤25mm	100×100	60×60
		管径≤32～40mm	150×130	150×100
7	排水支管	管径≤80mm	250×200	
		管径≤100mm	300×250	
8	排水主干管	管径≤80mm	300×250	
		管径≤100～125mm	350×300	
9	给水引入管	管径≤100mm	300×300	
10	排水排出管穿基础	管径≤80mm	300×300	
		管径≤100～150mm	（管径＋300）× （管径＋200）	

注：1. 给水引入管，管顶上部净空一般不小于100mm；
　　2. 排水排出管，管顶上部净空一般不小于150mm。

给水管道安装前的预埋件包括管道支架的预埋件和管道穿过地下室外墙或构筑物的墙壁、楼板处的预埋防水套管的形式和规格也应由给排水标准图或设计施工图给出，由施工单位技术人员按工艺标准组织施工。

33.2.2.4　给水铝塑复合管安装

1. 铝塑复合管材料要求

（1）铝塑复合管不得用于室内消防供水系统或生活与消防合用的供水系统。

（2）铝塑复合管管材及管件应符合国家现行有关标准的要求。生活饮用水系统使用的铝塑复合管的管材及管件，应具备法定卫生检验部门的检验报告或认证文件。管材及管件应具有法定质量检验部门认定的出厂许可证和质量合格证，并有明显标志标明生产厂家的名称和规格。包装上应标有批号、数量、生产日期和检验代号。

（3）铝塑复合管的连接管件，应由生产厂家配套供应。

（4）冷、热水管均可使用中间铝层以搭接焊或对接焊的铝塑复合管，内、外层应为中高密度聚乙烯。用途代号为"L"，外层颜色为白色者用于冷水管；用途代号为"R"，外层颜色为橙红色者用于热水管。热水管管材可用于冷水管，而冷水管管材不得用于热水管。

（5）铝塑复合管管材，管壁的颜色应一致，内、外壁应光滑、平整、无气泡、裂口、裂纹、脱皮、痕纹、碰撞等缺陷。公称外径 D_e 不大于 32mm 的盘管卷材，调直后截断断面应无明显的椭圆变形现象。

（6）铝塑复合管的工作压力检验：将管材浸入水槽，一端封堵，另一端通入 1.0MPa 的压缩空气，稳压 3min，管壁应无膨胀、无裂纹、无泄漏。

（7）铝塑复合管的静液压强度检验应符合表 33-17 的规定。

静液压强度检验   表 33-17

管材用途	试验温度（℃）	静液压强度（MPa）	持压时间（h）	合格指标
冷水管	60±2	2.48±0.07	10	管壁无膨胀、破裂、泄漏
热水管	82±2	2.72±0.07		

2. 管道安装在施工前应具备的条件

（1）同一系统的管材应同一种颜色，不得混淆。

（2）管材和管件应存放在通风良好的库房内，不得露天存放，防止阳光直射，应远离热源。严禁与油类或化学品混合堆放，并应注意防火。

（3）管材应水平堆放在平整地面上，避免局部受压使管材变形，堆置高度不宜超过 2.0m。管件应原箱码堆，堆高不宜超过 3 箱。

（4）室内明敷的管道，宜在内墙面粉刷层或（贴面层）完成后进行安装；直埋或暗敷的管道，应配合土建进行安装。暗装管道其外径一般不大于 25mm，敷设的管道应采用整条管道，中途不设三通接出支管，阀门设在管道的端部。嵌墙敷设的横管距地面的高度宜不大于 0.45m，且应遵守热水管在上冷水管在下的规定。

（5）公称外径 D_e 不大于 32mm 的管道，转弯处应尽量利于管道自身直接弯曲。直接弯曲的弯曲半径，以管轴心计不得小于管道外径的 5 倍。管道弯曲时应使用专用的弯曲工具，并一次弯曲成型，不得多次弯曲。

（6）暗敷在吊顶、管井内的管道，管道表面（有保温层时按保温层表面计）与周围墙、板面的净距不宜小于 50mm。

（7）明敷给水管道不得穿越卧室、贮藏室、变配电间、电脑房等遇水会损坏的设备或物品的房间，不得穿越烟道、风道、便槽。给水管道应远离热源，立管距灶边的净距不得小于 0.4m，距燃气器具的距离不得小于 0.2m，不满足此要求时应采取隔离措施。

3. 管道连接和敷设

铝塑复合管的连接方式采用卡套式连接。其连接件是由具有阳螺纹和倒牙管芯的主体、锁紧螺母及金属紧箍环组成。

(1) 公称外径 D_e 不大于 25mm 的管道，安装时应先将管盘卷展开、调直。

(2) 管道安装应使用管材生产厂家配套管件及专用工具进行施工。截断管材应使用专用管剪或管子割刀。

(3) 管道连接宜采用卡套式连接，卡套连接应按下列程序进行：

1) 管道截断后，应检查管口，如发现有毛刺、不平整或端面不垂直管轴线时应修正。

2) 使用专用刮刀将管口处的聚乙烯内层削坡口，坡角为 20°～30°，深度为 1.0～1.5mm，且应用清洁的纸或布将坡口残屑擦干净。

3) 用整圆器将管口整圆。将锁紧螺帽、C 型紧箍环套在管上，用力将管芯插入管内，至管口达管芯根部。

4) 将 C 型紧箍环移至距管口 0.5～1.5mm 处，再将锁紧螺帽与管道本体拧紧。

(4) 直埋敷设管道的管槽，宜配合土建施工时预留，管槽的底和壁应平整，无凸出尖锐物。管槽宽度宜比管道公称外径大 40～50mm，管槽深度宜比管道公称外径大 20～25mm。管道安装后，应用管卡将管道固定牢固。

4. 管道穿越无防水要求的墙体、梁、板的做法应符合的规定

(1) 靠近穿越孔洞的一端应设固定支承件将管道固定。

(2) 管道与套管或孔洞之间的环形缝隙应用 M7.5 水泥砂浆填实。

5. 管道的最大支承间距（表 33-18）

铝塑复合管管道最大支承间距（mm）　　　　　　　　　　　　　表 33-18

公称外径 D_e	立管间距	横管间距	公称外径 D_e	立管间距	横管间距
12	500	400	40	1300	1000
14	600	400	50	1600	1200
16	700	500	63	1800	1400
18	800	500	75	2000	1600
20	900	600	90	2200	1800
25	1000	700	110	2400	2000
32	1100	800			

6. 管道支承和支承件

(1) 无伸缩补偿装置的直线管段，固定支承件的最大间距：冷水管不宜大于 6.0m，热水管不宜大于 3.0m，且应设置在固定配件附近。

(2) 穿越管道伸缩器的直线管段，固定支承件的间距应经计算确定，管道伸缩补偿器应设在两个固定支承件中间部位。

(3) 采用管道折角进行伸缩补偿时，悬臂长度不应大于 3.0m，自由臂长度不应小于 300mm。

(4) 固定支承件的管卡与管道表面应为面接触，管卡的宽度宜为管道公称外径的1/2，收紧管卡时不得损坏管壁。

(5) 滑动支承件的管卡应卡住管道，可允许管道轴向滑动，但不允许管道产生横向位移，管道不得从管卡中弹出。

（6）管道穿越楼板、屋面时，穿越部位应设置固定支撑件，并应有严格的防水措施。

（7）铝塑复合管管道连接的各种阀门，应固定牢靠，不应将阀门自重和操作力矩传递给管道。

33.2.2.5 钢塑复合管管道连接

1. 一般规定

（1）涂塑镀锌焊接钢管（焊接钢管）应符合现行行业标准《给水涂塑复合钢管》CJ/T 120 的有关要求。

（2）衬塑镀锌焊接钢管（焊接钢管）应符合现行行业标准《给水衬塑复合钢管》CJ/T 136 的要求。衬塑无缝钢管应符合现行行业标准《给水衬塑复合钢管》CJ/T 136 的有关要求。

（3）内衬不锈钢复合钢管应符合现行行业标准《给水内衬不锈钢复合钢管管道工程技术规程》CECS 205 的要求。

（4）给水系统采用的钢塑复合管管件应符合下列要求：

1）衬塑可锻铸铁管管件应符合现行行业标准《给水衬塑可锻铸铁管件》CJ/T 137 的要求。

2）衬塑钢件应符合现行行业标准《给水衬塑复合钢管》CJ/T 136 的有关要求。

3）涂塑钢管件、涂塑球墨铸铁管件、涂塑铸钢管件应符合现行行业标准《给水涂塑复合钢管》CJ/T 120 的有关要求。

4）与内衬不锈钢复合管配套使用的管件，应采用内衬不锈钢可锻铸铁管件、衬塑可锻铸铁管件、镀合金可锻铸铁管件或不锈钢管件。

5）输送冷热水管道的管件采用的橡胶密封圈，其材质应按温度要求选用并符合现行行业标准《橡胶密封件、给排水及污水管道用接口密封圈、材料规范》HG/T 3091 的规定。

（5）水池（箱）内管道选择应符合下列要求：

1）水池（箱）内浸水部分的管道应采用内外涂塑焊接钢管及管件（包括法兰、水泵吸水管、溢流管、吸水喇叭、溢水漏斗等）或外覆塑料的内衬不锈钢复合钢管，管件应采用不锈钢管件、镀合金可锻铸铁管件。

2）泄水管、出水管应采用涂塑无缝管或涂塑焊接管。

3）管道穿越钢筋混凝土水池（箱）的部位应采用耐腐蚀防水套管。

4）管道的支承件、紧固件均应采用经过防腐处理的金属支承件。

（6）钢塑复合管安装前应符合下列要求：

1）室内埋地管道应在底层土建地坪施工前安装。

2）室内埋地管道安装埋设深度应不小于 300mm，安装至外墙的管道埋设深度应不小于 700mm，管口应及时封堵。

3）钢塑复合管不得埋设于钢筋混凝土结构层中。

（7）管道穿越楼板、屋面、水箱（池）壁（底），应预留孔洞或预埋套管，并应符合下列要求：

1）预留孔洞尺寸应为管道外径加 40mm。

2）管道在室内暗敷设，墙体内需开管槽时，管槽宽度和深度应为管道外径加 30mm。

且管槽的坡度应为管道坡度。

（8）钢筋混凝土水箱（池），进水管、出水管、泄水管、溢水管等穿越处应预埋防水套管；管径大于50mm时可用弯管机冷弯，但其弯曲曲率半径不得小于8倍管外径，弯曲角度不得大于10°。

（9）埋地、嵌墙暗敷设的管道，应在水压试验合格后再进行隐蔽工程验收。

（10）切割管道宜采用锯床不得采用砂轮机切割。当采用盘锯切割时，其转速不得大于800r/min；当采用手工切割时，其锯面应垂直于管轴心。

2. 钢塑复合管螺纹连接

（1）套丝应符合下列要求：套丝应采用自动套丝机；套丝机应采用润滑油润滑；圆锥形管螺纹应符合现行国家标准《用螺纹密封的管螺纹》GB/T 7306 的要求，并采用标准螺纹规检验。

1）钢塑复合管套丝应采用自动套丝机。

2）套丝机应使用润滑油润滑。

3）圆锥形管螺纹应符合现行国家标准的要求，并应采用标准螺纹规检验。

（2）管端清理：

1）用细锉将金属管端的毛边修光。

2）使用棉丝和毛刷清除管端和螺纹内的油、水和金属切屑。

3）衬塑管应采用专用绞刀，将衬塑层厚度1/2倒角，倒角坡度宜为10°～15°。

4）涂塑管应用削刀削成内倒角。

（3）管端、管螺纹清理加工后，应进行防腐、密封处理，宜采用防锈密封胶和聚四氟乙烯生料带缠绕螺纹，同时应用色笔在管壁上标记拧入深度。

（4）不得采用非衬塑可锻铸铁管件。

（5）管子与配件连接前，应检查衬塑可锻铸铁管件内橡胶密封圈或厌氧密封胶，然后将配件用手捻上管端丝扣，在确认管件接口已插入衬（涂）塑钢管后，用管子钳进行管子与配件的连接（注：不得逆向旋转）。

（6）管子与配件连接后，外露螺纹部分及所有钳痕和表面损伤的部位应涂防锈密封胶。

（7）用厌氧密封胶密封的管接头，养护期不得少于24h，期间不得进行试压。

（8）钢塑复合管不得与阀门直接连接，应采用黄铜质内衬塑的内外螺纹专用过渡管接头。

（9）钢塑复合管不得与给水栓直接连接，应采用黄铜质专用内螺纹管接头。

（10）钢塑复合管与铜管、塑料管连接时应采用专用过渡接头。

（11）当采用内衬塑料的内外螺纹专用过渡接头与其他材质的管配件、附件连接时，应在外螺纹的端部采取防腐处理。

3. 钢塑复合管法兰连接

（1）钢塑复合管法兰现场连接应符合下列要求：

1）在现场配接法兰时，应采用内衬塑凸面带颈螺纹钢制管法兰。

2）被连接的钢塑复合管上应铰螺纹密封用的管螺纹，其牙形应符合现行国家标准《用螺纹密封的管螺纹》GB/T 7306 的要求。

（2）钢塑复合管法兰连接根据施工人员技术熟练程度采取一次安装法或二次安装法。

1）一次安装法：现场测量、绘制管道单线加工图，送专业工厂进行管段、配件涂（衬）加工后，再运抵现场安装。

2）二次安装法：现场用非涂（衬）钢管和管件，法兰焊接，拼装管道，然后拆下运抵专业加工厂进行涂（衬）加工，再运抵现场进行安装。

（3）钢塑复合管法兰连接当采用二次安装法时，现场安装的管段、管件、阀件和法兰盘均应打上钢印编号。

4. 钢塑复合管沟槽连接

（1）沟槽连接方式可适用于公称直径不小于65mm的涂（衬）塑钢管的连接。

（2）沟槽式管接头应符合国家现行的有关产品标准。

（3）沟槽式管接头的工作压力应与管道工作压力相匹配。

（4）用于输送热水的沟槽式管接头应采用耐温型橡胶密封圈。用于饮用纯净水的管道的橡胶材质应符合现行国家标准《生活饮用水输配水设备及防护材料的安全性评价标准》GB/T 17219的要求。

（5）对于衬塑复合钢管，当采用现场加工沟槽并进行管道安装时，应优先采用成品沟槽式涂塑管件。

（6）连接管段的长度应是管段两端口净长度减去6～8mm断料，每个连接口之间应有3～4mm间隙并用钢印编号。

（7）当采用机械截管，截面应垂直轴心，允许偏差为：管径不大于100mm时，偏差不大于1mm；管径大于125mm时，偏差不大于1.5mm。

（8）管外壁端面应用机械加工1/2壁厚的圆角。

（9）应用专用滚槽机压槽，压槽时管段应保持水平，钢管与滚槽机正面90°。压槽时应持续渐进，槽深应符合表33-19的规定，并应用标准量规测量槽的全周深度。如沟槽过浅，应调整压槽机后再行加工。沟槽过深，则应作废品处理。

沟槽标准深度及公差（mm）   表33-19

管　径	沟槽深度	公　差	管　径	沟槽深度	公　差
65～80	2.20	+0.3	200～250	2.50	+0.3
100～150	2.20	+0.3	300	3.0	+0.5

（10）与橡胶密封圈接触的管外端应平整光滑，不得有划伤橡胶圈或影响密封的毛刺。

（11）涂塑复合钢管的沟槽连接方式，宜用于现场测量、工厂预涂塑加工、现场安装。

1）管段在涂塑前应压制标准沟槽。

2）管段涂塑除涂内、外壁外，还应涂管口端和管端外壁与橡胶密封圈接触部位。

（12）衬（涂）塑复合钢管的沟槽连接应按下列程序进行：

1）检查橡胶密封圈是否匹配，涂润滑剂，并将其套在一根管段的末端；将对接的另一根管段套上，然后将胶圈移至连接段中央。

2）将卡箍套在胶圈外，边缘卡入沟槽中。

3）将带变形块的螺栓插入螺栓孔，并用螺母旋紧。对称交替旋紧，防止胶圈起皱。

（13）内衬不锈钢复合管沟槽式卡箍连接：

1）在管材、管件平口端的接头部位加工环形沟槽后，用拼合式卡箍件、C 型橡胶密封圈和紧固件组成的快速拼装接头。

2）安装时在相邻管端套上橡胶密封圈，将卡箍的内缘嵌固在管端沟槽内，用拧紧箍上的螺栓紧固。

3）构造不同卡箍分为刚性卡箍和柔性卡箍两种。柔性卡箍允许相邻管端有少量相对角变位和相应的轴向转动。卡箍式连接管道，无须考虑管道因热胀冷缩的补偿。

（14）超薄壁不锈钢塑料复合管管材和管件的要求：

1）管材与管件连接用的橡胶圈、特种胶粘剂、低温钎焊料和有关施工工具等，均应由管材生产企业配套供应。施工机具应附有操作说明。

2）管材、管件内外表面应光滑平整，色泽一致，无明显的痕纹凹陷，断口平直，冷热水管标志醒目，内壁清洁无污染。

3）预置橡胶圈的承插式管件，其橡胶件应平整，座入位置正确。

4）管材压力条块等级为 1.6MPa，规格和壁厚见表 33-20。

超薄壁不锈钢塑料复合管管材规格和壁厚（mm）　　　　　　表 33-20

	公称外径 DN	16	20	25	32	40	50	63	75	90	110
1	不锈钢厚度	0.25	0.25	0.28	0.30	0.35	0.40	0.45	0.50	0.55	0.60
2	粘结层厚度	0.10	0.10	0.10	0.10	0.10	0.20	0.20	0.20	0.25	0.25
3	1　PE 类塑料厚度	1.65	1.65	2.12	2.60	3.05	3.40	4.35	5.30	6.20	7.15
	管壁总厚	2.00	2.00	2.50	3.00	3.50	4.00	5.00	6.00	7.00	8.00
	2　聚氯类塑料厚度	1.15	1.15	1.62	2.10	2.05	2.40	2.85	3.30	3.70	4.15
	管壁总厚	1.50	1.50	2.00	2.50	2.50	3.00	3.50	4.00	4.50	5.00

5）管材、管件的物理力学性能应符合表 33-21 的规定。

超薄壁不锈钢塑料复合管管材、管件的物理力学性能　　　　　　表 33-21

项　目	单　位	技　术　性　能
外表质量		表面平整光滑，无裂纹、拉丝痕迹、凹陷
压扁性能	%	压至 50%，壳体与塑料不分离
耐压试验（1h）	MPa	$DN<90$ 为 6.7MPa，$DN\geqslant90$ 为 4.5MPa
管材、管件组合性能试验（15℃）	MPa	100h　4.2MPa，连接处无渗漏 165h　2.5MPa，连接处无渗漏
热水管冷热水循环试验		1.0MPa　20～95℃，冷热水循环 500 次，内层塑料不变形、不分离，连接点不渗漏

6）管材、管件在运输或工地搬运时，应小心轻放，不得剧烈碰撞、抛摔、滚拖、受油腻沾污。

7）管材、管件储存应符合下列规定：

①管材按规格堆放整齐，管端口应有管堵或管塞封口，严格防止尘土或异物进入管内。管材堆放高度不宜大于 2.0m，堆放场地应平整，支垫物间距不宜大于 1.0m，且应采用木材制作。

②管件应逐件包装，包装箱按规格堆放整齐，堆放高度不宜大于 1.5m。

③管材、管件应存放在通风良好的库房内，距热源应大于 1.0m，不得露天堆放。

8）沟槽式卡箍接头安装：

沟槽式卡箍接头安装程序见表 33-22。

沟槽式卡箍管件安装图   表 33-22

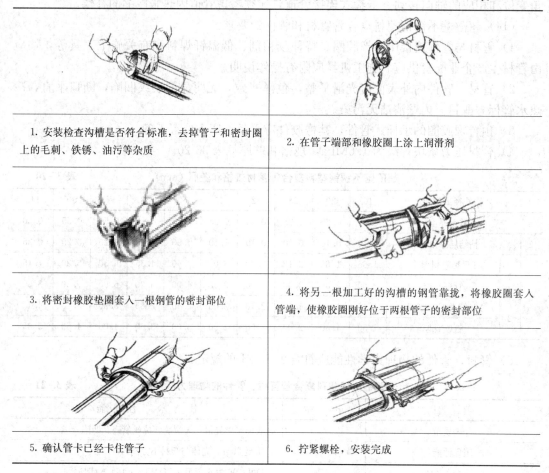

1. 安装检查沟槽是否符合标准，去掉管子和密封圈上的毛刺、铁锈、油污等杂质	2. 在管子端部和橡胶圈上涂上润滑剂
3. 将密封橡胶垫圈套入一根钢管的密封部位	4. 将另一根加工好的沟槽的钢管靠拢，将橡胶圈套入管端，使橡胶圈刚好位于两根管子的密封部位
5. 确认管卡已经卡住管子	6. 拧紧螺栓，安装完成

5. 管道支承

（1）支承设置时注意横管的任何两个接头之间均应有支承，支撑点不得设置在接头上。

（2）管道最大支承间距应不大于表 33-23 规定之最小值。

管道最大支承间距   表 33-23

管径（mm）	最大支承间距（m）
65～100	3.5
125～200	4.2
250～315	5.0

33.2.2.6 给水硬聚氯乙烯管管道连接

给水硬聚氯乙烯管道配管时，应对承插口的配合程度进行检验。将承插口进行试插，自然试插深度以承口长度的 1/2～2/3 为宜，并做出标记。采用粘结接口时，管端插入承口的深度不得小于表 33-24 的规定。

管端插入承口的深度（mm）　　　　　　表 33-24

公称直径	20	25	32	40	50	75	100	125	140
插入深度	16	19	22	26	31	44	61	69	75

1. 管道粘结连接要求

（1）管道粘结不宜在湿度很大的环境下进行，操作场所应远离火源、防止撞击和阳光直射。在−20℃以下的环境中不得操作。

（2）涂抹胶粘剂应使用鬃刷或尼龙刷。用于擦搌承插口的干布不得带有油腻及污垢。

（3）在涂抹胶粘剂之前，应先用干布将承、插口处粘结表面擦净。若粘结表面有油污，可用干布蘸清洁剂将其擦净。粘结表面不得沾有尘埃、水迹及油污。

（4）涂抹胶粘剂时，必须先涂承口，后涂插口。涂抹承口时，应由里向外。胶粘剂应涂抹均匀，并适量。每个胶粘剂用量参考表 33-25，表中数值为插口和承口两表面的使用量。

胶 粘 剂 用 量 表　　　　　　表 33-25

序　号	管材公称外径 （mm）	胶粘剂用量 （g/接口）	序　号	管材公称外径 （mm）	胶粘剂用量 （g/接口）
1	20	0.40	7	75	4.10
2	25	0.58	8	90	5.73
3	32	0.88	9	110	8.34
4	40	1.31	10	125	10.75
5	50	1.94	11	140	13.37
6	63	2.97	12	160	17.28

（5）涂抹胶粘剂后，应在 20s 内完成粘结。若操作过程中胶粘剂出现干涸，应在清除干涸的胶粘剂后，重新涂抹。

（6）粘结时，应将插口轻轻插入承口中，对准轴线，迅速完成。插入深度至少应超过标记。插接过程中，可稍做旋转，但不得超过 1/4 圈。不得插到底后进行旋转。

（7）粘结完毕，应立刻将接头处多余的胶粘剂擦干净。

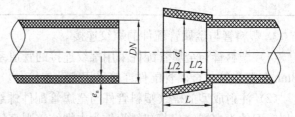

图 33-7　塑料管粘结连接承插口

（8）初粘结好的接头，应避免受力，须静置固化一定时间，牢固后方可继续安装。

（9）在零度以下粘结操作时，不得使胶粘剂结冻。不得采用明火或电炉等加热装置加热胶粘剂。

（10）塑料管道粘结承口尺寸如图 33-7 和表 33-26 所示。

公称外径	最小深度	中部平均内径（d_s）		公称外径	最小深度	中部平均内径（d_s）	
		最小	最大			最小	最大
20	16.0	20.1	20.3	63	37.5	63.1	63.3
25	18.5	25.1	25.3	75	43.5	75.1	75.3
32	22.0	32.1	32.3	90	51.0	90.1	90.3
40	26.0	40.1	40.3	110	61.0	110.1	110.4
50	31.0	50.1	50.3				

2. 橡胶圈柔性连接

（1）清理干净承插口工作面，由上表划出插入长度标记线。

（2）正确安装橡胶圈，不得装反或扭曲。

（3）把润滑剂均匀涂于承口处、橡胶圈和管插口端外表面，严禁用黄油及其他油类作润滑剂以防腐蚀胶圈。

（4）将连接管道的插口对准承口，使用拉力工具，将管在平直状态下一次插入至标线。若插入阻力过大，应及时检查橡胶圈是否正常。用塞尺沿管材周围检查安装情况是否正常。

（5）橡胶圈连接见图 33-8，管长 6m 的管道伸缩量见表 33-27 所示。

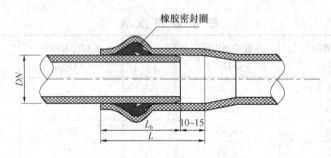

图 33-8　橡胶圈柔性连接

施工时最低环境温度（℃）	设计最大温差（℃）	伸缩量（mm）
15	25	10.5
10	30	12.6
5	35	14.7

3. 塑料管与金属管配件的螺纹连接

（1）塑料管与金属管配件采用螺纹连接的管道系统，其连接部位管道的管径不得大于 63mm。塑料管与金属管配件连接采用螺纹连接时，必须采用注射成型的螺纹塑料管件。

（2）注射成型的螺纹塑料管件与金属管配件螺纹连接时，宜将塑料管件作为外螺纹，金属管配件为内螺纹；若塑料管件为内螺纹，则宜使用注射螺纹端外部嵌有金属加固圈的塑料连接件。

（3）注射成型的螺纹塑料管件与金属管配件螺纹连接，宜采用聚四氟乙烯生料带作为密封填充物，不宜使用厚白漆、麻丝。

33.2.2.7 给水聚丙烯 PPR 管管道安装

1. 管道连接一般要求

(1) 同种材质的给水聚丙烯管材与管件应采用热熔连接或电熔连接，安装时应采用配套的专用热熔工具。

(2) 给水聚丙烯管道与金属管道、阀门及配水管件连接时，应采用带金属嵌件的聚丙烯过渡管件，该管件与聚丙烯管应采用热熔连接，与金属管及配件应采用丝扣或法兰连接。

(3) 暗敷在地坪面层下或墙体内的管道，不得采用丝扣或法兰连接。

2. 管道热熔连接

(1) 接通热熔专用工具电源，待其达到设定工作温度后，方可操作。

(2) 管道切割应使用专用的管剪或管道切割机，管道切割后的断面应去除毛边和毛刺，管道的截面必须垂直于管轴线。

(3) 熔接时，管材和管件的连接部位必须清洁、干燥、无油。

(4) 管道热熔时，应量出热熔的深度，并做好标记，热熔深度可按表 33-28 的规定。在环境温度小于 5℃时，加热时间应延长 50%。

热熔连接技术要求 表 33-28

公称外径 (mm)	热熔深度 (mm)	加热时间 (s)	加工时间 (s)	冷却时间 (min)	公称外径 (mm)	热熔深度 (mm)	加热时间 (s)	加工时间 (s)	冷却时间 (min)
20	14	5	4	3	63	24	24	6	6
25	16	7	4	3	75	26	30	10	8
32	20	8	4	4	90	32	40	10	8
40	21	12	6	4	110	38.5	50	15	10
50	22.5	18	6	5					

(5) 安装熔接弯头或三通时，应按设计要求，注意其方向，在管件和管材的直线方向上，用辅助标志，明确其位置。

(6) 连接时，把管端插入加热套内，插到所标志的深度，同时把管件推到加热头上达到规定标志处。加热时间应满足表 33-28 的规定。

(7) 达到加热时间后，立即把管材与管件从加热套与加热头上同时取下，迅速无旋转地直线均匀插入到所标深度，使接头处形成均匀凸缘。

(8) 在规定的加工时间内，刚熔好的接头还可校正，但严禁旋转。管道连接如图 33-9 所示。

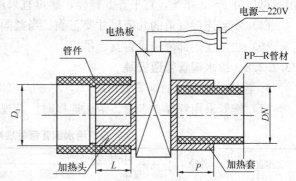

图 33-9　承口、插口热熔连接

3. 管道电熔连接

(1) 电熔连接主要用于大口径管道或安装困难场合。应保持电熔管件与管材的熔合部位不受潮。

(2) 电熔承插连接管材的连接端应切割垂直，并应用洁净棉布擦净管材和管件连接面上的污物，标出插入深度，刮净其表面。

（3）调直两面对应的连接件，使其处于同一轴线上。

（4）电熔连接机具与电熔管件的导线连接应正确。检查通电加热的电压，加热时间应符合电熔连接机具与电熔管件生产厂家的有关规定。

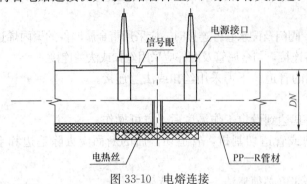
图 33-10 电熔连接

（5）在电熔连接时，在熔合及冷却过程中，不得移动、转动电熔管件和熔合的管道，不得在连接件上施加任何压力。

（6）电熔连接的标准加热时间应由生产厂家提供，并应根据环境温度的不同而加以调整。电熔连接的加热时间与环境温度的关系可参考表 33-29 的规定。若电熔机具有自动补偿功能，则不需调整加热时间。电熔连接见图 33-10。

（7）电熔过程中，当信号眼内熔体有突出沿口现象，通电加热完成。

电熔连接的加热时间与环境温度的关系　　　　　　表 33-29

环境温度 T（℃）	修正值	举例（s）	环境温度 T（℃）	修正值	举例（s）
−10	$T+12\%T$	112	+30	$T-4\%T$	96
0	$T+8\%T$	108	+40	$T-8\%T$	92
+10	$T+4\%T$	104	+50	$T-12\%T$	88
+20	标准加热时间 T	100			

4. 管道法兰连接

（1）将相同压力等级的法兰盘套在管道上。调直两对应的连接件，使连接的两片法兰垂直于管道轴线，表面相互平行。

（2）管道接口处的密封圈，应采用耐热、无毒、耐老化的弹性垫圈。

（3）应使用相同规格的螺栓，安装方向应一致。螺栓应对称拧紧，紧固好的螺栓应露出螺母以外 2~3 扣丝，宜平齐。螺栓、螺母宜采用镀锌或镀铬件。

（4）安装连接管道的几何尺寸要正确。当紧固螺栓时，不应使管道产生轴向拉力。

（5）法兰连接部位应设置支、吊架。

33.2.2.8　给水铜管管道安装

1. 建筑给水系统的铜管管材

（1）铜管采用钎焊、卡套、卡压连接时，其规格可按表 33-30 确定。

建筑给水铜管管材规格（mm）　　　　　　表 33-30

公称直径 DN	外径 D_e	工作压力 1.0MPa		工作压力 1.6MPa		工作压力 2.5MPa	
		壁厚 δ	计算内径 D_j	壁厚 δ	计算内径 D_j	壁厚 δ	计算内径 D_j
6	8	0.6	6.8	0.6	6.8		
8	10	0.6	8.8	0.6	8.8		
10	12	0.6	10.8	0.6	10.8	—	—
15	15	0.7	13.6	0.7	13.6		
20	22	0.9	20.2	0.9	20.2		
25	28	0.9	26.2	0.9	26.2		

续表

公称直径 DN	外径 D_e	工作压力 1.0MPa		工作压力 1.6MPa		工作压力 2.5MPa	
		壁厚 δ	计算内径 D_j	壁厚 δ	计算内径 D_j	壁厚 δ	计算内径 D_j
32	35	1.2	32.6	1.2	32.6		
40	42	1.2	39.6	1.2	39.6		
50	54	1.2	51.6	1.2	51.6	—	—
65	67	1.2	64.6	1.5	64.0		
80	85	1.5	82	1.5	82		
100	108	1.5	105	2.5	103	3.5	101
125	133	1.5	130	3.0	127	3.5	126
150	150	2.0	155	3.0	153	4.0	151
200	200	4.0	211	4.0	211	5.0	209
250	250	4.0	259	5.0	257	6.0	255
300	300	5.0	315	6.0	313	8.0	309

注：1. 壁厚不大于 3.5mm 的管材壁厚允许偏差为 ±10%，壁厚大于 3.5mm 的管材壁厚允许偏差为 ±15%。
2. 管材外径允许偏差应符合 GB/T 18033 的规定。

（2）采用沟槽连接的铜管应选用硬态铜管，其壁厚不应小于表 33-31 规定的数值。

沟槽连接时铜管的最小壁厚（mm） 表 33-31

公称直径 DN	外径 D_e	最小壁厚 δ	公称直径 DN	外径 D_e	最小壁厚 δ
50	54	2.0	150	159	4.0
65	67	2.0	200	219	6.0
80	85	2.5	250	267	6.0
100	108	3.5	300	325	6.0
125	133	3.5			

2. 铜管安装一般规定

（1）铜管管道安装前应检查铜管的外观质量和外径、壁厚尺寸。有明显伤痕的管道不得使用，变形管口应采用专用工具整圆。受污染的管材其内外污垢和杂物应清理干净。

（2）管道切割可采用手动或机械切割，不得采用氧气－乙炔火焰切割，切割时，应防止操作不当使管子变形，管子切口的端面应与管子轴线垂直，切口处的毛刺等应清理干净。管道坡口加工应采用锉刀或坡口机，不得采用氧气－乙炔火焰切割加工。夹持铜管用的台虎钳钳口两侧应垫以木板衬垫。切割采用切管器或用每 10mm 不少于 13 齿的钢锯和电锯、砂轮切割机等设备。切割的管子断面应垂直平整，且应去除管口内外毛刺并整圆。

（3）预制管道时应测量正确的实际管道长度在地面预制后，再进行安装。有条件的应尽量用铜管直接弯制的弯头。多根管道平行时，弯曲部位应一致，使管道整齐美观。

（4）管径不大于 25mm 的半硬态铜管可采用专用工具冷弯；管径大于 25mm 的铜管转弯时宜使用弯头。

(5) 采用铜管加工补偿器时，应先将补偿器预制成形后再进行安装。采用定型产品套筒式或波纹管式补偿器时，也宜将其与相邻管子预制成管段后再进行安装，特别是选用不锈钢等异种材料需与铜管钎焊连接的补偿器时，一般应将补偿器与铜管先预制成管段后，再进行安装。敷设管道所需的支吊架，应按施工图标明的形式和数量进行加工预制。

(6) 铜管连接可采用专用接头或焊接，当管径小于 22mm 时宜采用承插式或套管焊接，承口应迎介质流向安装；当管径大于等于 22mm 时宜采用对口焊接。

(7) 管道支撑件宜采用铜合金制品，当采用钢件支架时，管道与支架之间应设软性隔垫，隔垫不得对管道产生腐蚀。

(8) 采用胀口或翻边连接的管材，施工前应每批抽 1‰ 且不少于两根做胀口或翻边试验。当有裂纹时，应在退火处理后重做试验。如仍有裂纹，则该批管材应逐根退火试验，不合格者不得使用。

(9) 在施工过程中应防止铜管与酸、碱等有腐蚀性液体、污物接触。

3. 铜管钎焊

(1) 铜管钎焊连接前应先确认管材、管件的规格尺寸是否满足连接要求。依据图纸现场实测配管长度，下料应正确。铜管钎焊宜采用氧—乙炔火焰或氧—丙烷火焰。软钎焊也可用丙烷—空气火焰和电加热。

(2) 钎焊强度小，一般焊口采用搭接形式。搭接长度为管壁厚度的 6～8 倍，管道的外径 D 小于等于 28mm 时，搭接长度为 $(1.2～1.5)D$。

(3) 焊接前应对铜管外壁和管件内壁用细砂纸，钢丝刷或含其他磨料的布砂纸将钎焊处外壁和管道内壁的污垢与氧化膜清除干净。

(4) 硬钎焊可用各种规格铜管与管件的连接，钎料宜选用含磷的脱氧元素的铜基无银、低银钎料。铜管硬钎焊可不添加钎焊剂，但与铜合金管件钎焊时，应添加钎焊机。

(5) 软钎焊可用与管径不大于 $DN25$ 的铜管与管件的连接，钎料可选用无铅锡基、无铅锡银钎料。焊接时应添加钎焊剂，但不得使用含氨钎焊剂。

(6) 钎焊时应根据工件大小选用合适的火焰功率，对接头处铜管与承口实施均匀加热，达到钎焊温度时即向接头处添加钎料，并继续加热，钎焊时钎料填满焊缝后应立即停止加热，保持自然冷却。

(7) 焊接过程中，焊嘴应根据管径大小选用得当，焊接处及焊条应加热均匀。不得出现过热现象，焊料渗满焊缝后应立即停止加热，并保持静止，自然冷却。

(8) 铜管与铜合金管件或铜合金管件与铜合金管件间焊接时，应在铜合金管件焊接处使用助焊剂，并在焊接完后，清除管道外壁的残余熔剂。

(9) 覆塑铜管焊接时应将钎焊接头处的铜管覆塑层剥离，剥出长度不小于 200mm 裸铜管，并在两端连接点缠绕湿布冷却，钎焊完成后复原覆塑层。

(10) 钎焊后的管件，必须在 8h 内进行清洗，除去残留的熔剂和熔渣。常用煮沸的含 10％～15％ 的明矾水溶液或含 10％ 柠檬酸水溶液涂刷接头处，然后用水冲擦干净。

(11) 焊接安装时应尽量避免倒立焊。钎焊铜管承、插口规格尺寸见表 33-32。

钎焊铜管承、插口规格尺寸（mm） 表 33-32

公称直径 DN	铜管外径 D_e	插口外径	承口内径	承口长度	插口长度	最小管壁		
						1.0MPa	1.6MPa	2.5MPa
6	8	8±0.03	8+0.05	7	9			
8	10	10±0.03	10+0.05				0.75	
10	12	12±0.03	12+0.05	9	11			
15	15	15±0.03	15+0.05	11	13			
20	22	22±0.04	22+0.06	15	17			
25	28	28±0.04	28+0.08	17	19		1.0	—
32	35	35±0.05	35+0.08	20	22			
40	42	42±0.05	42+0.12	22	24	1.0	1.5	
50	54	54±0.05	54+0.15	25	27			
65	67	67±0.06	67+0.15	28	30		2.0	—
80	85	85±0.06	85+0.23	32	34	1.5	2.5	
100	108	108±0.06	108+0.25	36	38	2.0	3.0	3.5
125	133	133±0.10	133+0.28	38	41	2.5	3.5	4.0
150	159	159±0.18	159+0.28	42	45	3.0	4.0	4.5
200	219	219±0.30	219+0.30	45	48	4.0	5.0	6.0
250	267	273±0.25	273+0.30	48	51	4.0	5.0	6.0
300	325	325±0.25	325+0.30	50	53	5.0	5.0	8.0

（12）钎焊时应根据工件大小适用合适的火焰功率，对接头处铜管与承口实施均匀加热，达到钎焊温度时即向接头处添加钎料，并继续加热，钎焊时钎料填满焊缝后立即停止加热，保持自然冷却。钎焊完成后，应将接头处残留钎焊剂和反应物用干布擦拭干净。

4. 铜管卡套连接

（1）对管径不大于 DN50、需拆卸的铜管可采用卡套连接。

（2）管口断面垂直平整，且应使用专用工具将其整圆或扩口。

（3）应使用活络扳手或专用扳手，严禁使用管钳旋紧螺母。

（4）连接部位宜采用二次装配，第二次装配时，拧紧螺母应从力矩激增点后再将螺母旋转 1/4 圈。

（5）一次完成卡套连接时，拧紧螺母应从力矩激增点起再旋转 1～1.25 圈，使卡套刃口切入管子，但不可旋得过紧。

（6）卡套连接铜管的规格尺寸详见表 33-33。

卡套连接铜管的规格尺寸（mm） 表 33-33

公称直径 DN	铜管外径 D_e	承口内径		铜管壁厚	螺纹最小长度
		最 大	最 小		
15	15	15.30	15.10	1.2	8.0
20	22	22.30	22.10	1.5	9.0

公称直径 DN	铜管外径 D_e	承口内径		铜管壁厚	螺纹最小长度
		最　大	最　小		
25	28	28.30	28.10	1.6	12.0
32	35	35.30	35.10	1.8	12.0
40	42	42.30	42.10	2.0	12.0
50	54	54.30	54.10	2.3	15.0

5. 铜管卡压连接

(1) 管径不大于 DN50 的铜管可采用卡压连接，采用专用的与管径相匹配的连接管件和卡压机具。

(2) 管口断面应垂直平整，且管口无毛刺。

(3) 在铜管插入管件的过程中，管件内密封圈不得扭曲变形。管材插入管件到底后，应轻轻转动管子，使管材与管件的结合段保持同轴后再卡压。

(4) 压接时，卡钳端面应与管件轴线垂直，达到规定卡压压力后应保持 1～2s，方可松开卡钳卡压。

(5) 卡压连接应采用硬态铜管，卡压连接铜管规格尺寸见表 33-34。

卡压连接铜管的规格尺寸（mm）　　　　　　　　　　　　　表 33-34

公称直径 DN	铜管外径 D_e	承口内径		铜管壁厚	公称直径 DN	铜管外径 D_e	承口内径		铜管壁厚
		最　大	最　小				最　大	最　小	
15	15	15.20	15.35	0.7	32	35	35.30	35.50	1.2
20	22	22.20	22.35	0.9	40	42	42.30	42.50	1.2
25	28	28.25	28.40	0.9	50	54	54.30	54.50	1.2

6. 铜管法兰连接

(1) 法兰连接时，松套法兰规格应满足规定。垫片可采用耐温夹布橡胶板或铜垫片，紧固件应采用镀锌螺栓，对称旋紧。

(2) 铜及铜合金管道上采用的法兰根据承受压力的不同，可选用不同形式的法兰连接。法兰连接的形式一般有翻边活套法兰、平焊法兰和对焊法兰等，具体选用应按设计要求。一般管道压力在 2.5MPa 以内采用光滑面铸铜法兰连接。法兰及螺栓材料牌号应根据国家颁布的有关标准选用。

(3) 与铜管及铜合金管道连接的铜法兰宜采用焊接，焊接方法和质量要求应与钢管道的焊接一致。当设计无明确规定时，铜及铜合金管道法兰连接中的垫片一般可采用橡胶石棉垫或铜垫片，也可以根据输送介质的温度和压力选择其他材质的垫片。

(4) 法兰外缘的圆柱面上应打出材料牌号、公称压力和公称通径的印记。

(5) 管道采用活套法兰连接时，有两种结构：一种是管子翻边（见图 33-11），另一种是管端焊接焊环。焊环的材质与管材相同。

(6) 铜及铜合金管翻边模具有内模及外模。内模是一圆锥形的钢模，其外径应与翻边管子内径相等或略小。外模是两片长颈法兰，见图 33-12。

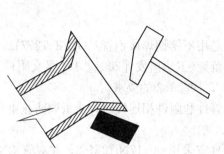

图 33-11 铜管翻边图

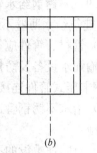

图 33-12 翻边模具

（7）为了消除翻边部分材料的内应力，在管子翻边前，先量出管端翻边宽度（见表33-35），然后划好线。将这段长度用气焊嘴加热至再结晶温度以上，一般为 450℃ 左右。然后自然冷却或浇水急冷。待管端冷却后，将内外模套上并固定在工作平台上，用手锤敲击翻边或使用压力机。全部翻转后再敲光锉平，即完成翻边操作。

铜管翻边宽度（mm）   表 33-35

公称直径（DN）	15	20	25	32	40	50	65	80	100	125	150	200	250
翻边宽度	11	13	16	18	18	18	18	18	18	20	20	20	24

（8）铜管翻边连接应保持两管同轴，公称直径≤50mm，其偏差≯1mm；公称直径＞50mm，其偏差≯2mm。

7. 铜管沟槽连接

（1）管径不小于 DN50 的铜管可采用沟槽连接。

（2）当沟槽连接件为非铜材质时，其接触面应采取必要的防腐措施。

（3）铜管槽口尺寸见表 33-36。

铜管槽口尺寸（mm）   表 33-36

公称直径 DN	铜管外径 D_e	铜管壁厚	槽 宽	槽 深
50	54	14.5	9.5	2.2
65	67			
80	85			
100	108			
125	133	16.0		
150	159			
200	219		13.0	2.5
250	267	19.0		
300	325			3.3

8. 黄铜配件与附件连接

黄铜配件与附件螺纹连接时，宜采用聚四氟乙烯生料带，应先用手拧入 2～3 扣，再用扳手一次拧紧，不得倒回，装紧后应留有 2～3 扣螺尾。

33.2.2.9 不锈钢给水管道施工技术

1. 建筑给水薄壁不锈钢管材、管件

（1）管材、管件应符合国家标准《流体输送用不锈钢焊接钢管》GB/T 12771、《生活饮用水输配水设备及防护材料的安全性评价规范》（卫法监发〔2001〕161号文附件2）和《不锈钢卡压式管件连接用薄壁不锈钢管》GB/T 19228.2 的要求。

（2）给水不锈钢管道与其他材料的管材、管件和附件相连接时，应采取防止电化学腐蚀的措施。

（3）对暗埋敷设的不锈钢钢管，其管材牌号宜采用0Cr17Ni12Mo2，并对管沟或外壁采取防腐蚀措施。

（4）在引入管、折角进户管件、支管、接出和仪表接口处，应采用螺纹转换接头或法兰连接。

（5）当热水水平干管与支管连接，水平干管与立管连接，立管与每层热水支管连接时，应采取在管道伸缩时相互不受影响的措施。

（6）给水不锈钢管明敷时，应采取防止结露的措施，当嵌墙敷设时，公称直径不大于20mm 的热水配水支管，可采用覆塑薄壁不锈钢水管，公称直径大于20mm 的热水管应采用保温措施，保温材料应采用不腐蚀不锈钢管的材料。

2. 不锈钢管道卡压连接

（1）卡压式管件连接：根据施工要求考虑接头本体插入长度决定管子的切割长度，管子的插入长度按表 33-37 选用。

不锈钢管活动插入长度（mm）   表 33-37

公称直径 DN	10	15	20	25	32	40	50	65
插入长度	18	21	24	24	39	47	52	64

（2）管子切断前必须确认没有损伤和变形，使用产生毛刺和切屑较少的旋转式管子切割器垂直与管的轴心线切断，切割时不能用力过大以防止管子失圆。切断后应清除管端的毛刺和切屑，粘附在管子内外的垃圾和异物用棉丝或纱布等擦干净，否则会导致插入接头本体时密封圈损坏不能完全结合而引起泄漏。锉刀和除毛刺器一定要用不锈钢专用，如果曾在其他材料上使用过，可能会沾染上锈蚀。

（3）用画线器在管子上标记，确保管子插入尺寸符合要求。

（4）将管子笔直地慢慢地插入接头本体，确保标记到接头端面在 2mm 以内。插入前要确认密封圈安装在 U 形位置上。如插入过紧可在管子上沾点水，不得使用油脂润滑，以免油脂使密封圈变性失效。

（5）卡压连接：

1）管道的连接采用专用管件，先按插入长度表在管端划线做标记，用力将管子插入管件到划线处。

2）将专用卡压工具的凹槽与管件环形凸槽贴合，确认钳口与管子垂直后，开始作业，缓慢提升卡压机的压力至 35～40MPa，压至卡压工具上，当下钳口闭合时，完成卡压连接。

3）卡压完成后应缓慢卸压，以防压力表被打坏。要确认卡压钳口凹槽安置在接头本体圆弧突出部位，卡压时应按住卡压工具，直到解除压力，卡压处若有松弛现象，可在原卡压处重新卡压一次。

4）带螺纹的管件应先锁紧螺纹后再卡压，以免造成卡压好的接头因拧螺纹而松脱。

5）配管弯曲时，应在直管部位修正，不可在管件部位矫正，否则可能引起卡压处松弛造成泄漏。对 $DN65\sim DN100$ 用环模，然后再次加压到位，见表 33-38。

不锈钢管卡压压力　　　　　　　　　　　　　　　表 33-38

公称通径 DN（mm）	卡压压力（MPa）	公称通径 DN（mm）	卡压压力（MPa）
15～25	40	65～100	60
32～50	50		

（6）卡压检查：卡压完成后检查划线处与接头端部的距离，若 $DN15\sim DN25$ 距离超过 3mm，$DN32\sim DN50$ 距离超过 4mm，则属于不合格，需切除后重新施工。卡压处使用六角量规测量，能够完全卡入六角量规的判定为合格。若有松弛现象，可在原位重新卡压，直至用六角量规测量合格。二次卡压仍达不到卡规测量要求，应检查卡压钳口是否磨损，有问题及时与供货商联系。一般情况下卡压机连续使用三个月或卡压 5000 次就送供货商检验保养。

（7）采用 EPDM 或 CIIR 橡胶圈，放入管件端部 U 形槽内时，不得使用任何润滑剂。

3. 不锈钢压缩式管件的安装

（1）断管，用砂轮切割机将配管切断，切口应垂直，且把切口内外毛刺修净。

（2）将管件端口部分螺母拧开，并把螺母套在配管上。用专用工具（胀形器）将配管内胀成山形台凸缘或外边加一档圈。

（3）将硅胶密封圈放入管件端口内，将事先套入螺母的配管插入管件内。

（4）手拧螺母，并用扳手拧紧，完成配管与管件一个部分的连接。

（5）配管胀形前，先将需连接的管件端口部分螺母拧开，并把他套在配管上。

（6）胀形器按不同管径附有模具，公称直径 15～20mm 用卡箍式（外加一档圈），公称直径 25～50mm 用胀箍式（内胀成一个山形台），装卸合模时借助木锤轻击。

（7）配管胀形过程凭借胀形器专用模具自动定位，上下拉动摇杆至手感力约 30～50kg，配管卡箍或胀箍位置应满足表 33-39 的规定。

管子胀形位置基准值（mm）　　　　　　　　　　表 33-39

公称直径 DN	15	20	25	32	40	50
胀形位置外径 ϕ	16.85	22.85	28.85	37.70	42.80	53.80

（8）硅胶密封圈应平放在管件端口内，严禁使用润滑油。把胀形后的配管插入管件时，切忌损坏密封圈或改变其平整状态。

（9）不锈钢压缩式管件承口尺寸的规格应符合图 33-13 和表 33-40 的规定。

（10）不锈钢压缩式管材与管材连接见图 33-14。

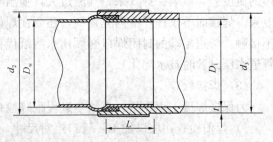

图 33-13 不锈钢压缩式管件承口

不锈钢压缩式管件承口尺寸（mm）   表33-40

公称直径 DN	管外径 D_w	承口内径 D_1	螺纹尺寸 d_2	承口外径 d_3	壁厚 t	承口长度 L
15	14	$14^{+0.07}_{+0.02}$	G1/2	18.4	2.2	10
20	20	$20^{+0.09}_{+0.02}$	G3/4	24	2	10
25	26	$26^{+0.104}_{+0.02}$	G1	30	2	12
32	35	$35^{+0.15}_{+0.05}$	G11/4	38.6	1.8	12
40	40	$40^{+0.15}_{+0.05}$	G11/2	44.4	2.2	14
50	50	$50^{+0.15}_{+0.05}$	G2	56.2	3.1	14

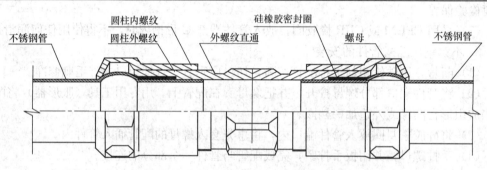

图 33-14　不锈钢压缩式管件与管材连接

4. 不锈钢管焊接

（1）不锈钢管道焊接可分为承插搭接焊和对接焊两种。影响手工氩弧焊焊接质量的主要因素有：喷嘴孔径，气体流量，喷嘴至工件的距离，钨极伸出长度，焊接速度，焊枪和焊丝与工件间的角度等。喷嘴孔径范围一般为 $\phi5\sim20$mm，喷嘴孔径越大，保护范围越大；但喷嘴孔径过大，氩气耗量大，焊接成本高，而且影响焊工的视线和操作。对接氩弧焊管材与管材连接见图 33-15。

（2）氩气流量范围在 $5\sim25$L/min，流量的选择应与喷嘴相匹配，气流过低，喷出气体的挺度差，影响保护效果；气流过大，喷出气流会变成紊流，卷进空气，也会影响保护效果。焊接时不仅往焊枪内充氩气，还要在焊前往管子内充满氩气，使焊缝内外均与空气不接触。管道尾端的封闭焊口必须用水溶纸代替挡板封闭管口（焊后挡板不能取出，纸在管道水压试验时被水溶化）。

（3）焊接检验

为保证焊接工程质量，必须全过程跟踪检查。

1）焊前检查：坡口加工，管口组对尺寸，焊条干燥情况，环境温度等。

2）中间检查：重点检查焊接中运条有无横向摆动，会不会产生层间温度过高的情况，

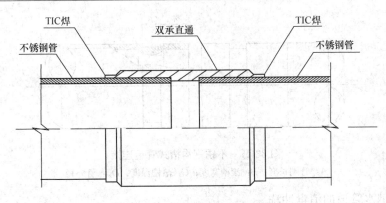

图 33-15　不锈钢氩弧焊管件与管材连接

每层焊缝焊完的清渣去瘤质量等。

3）焊后检查：首先进行外观检查。外观检查合格后，抽查焊口总数 5％ 的数量进行无损探伤超声波检验（或 X 射线透视）。若发现不合格焊口，对同标记焊口加倍抽检。不合格焊口，必须返修或割掉重焊，同一焊缝返修不能超过两次，焊后再次检查。必须及时真实填写检验记录，测试报告。

5. 不锈钢管法兰式连接

（1）被连接的管道分别装上一个带槽环的法兰盘，对两根管材端口进行 90° 翻边工艺处理，翻边后的端口平面打磨，应垂直平整，无毛刺，无凹凸、变形，管口需要专用工具整圆，应无微裂纹，厚薄均匀，宽度相同。

（2）将两侧已装好 O 形密封圈的金属密封环，嵌入带槽环的法兰盘内。用螺栓将法兰盘孔连接，对称拧紧螺栓组件。拧紧过程中，沿轴向推动两根管材的各翻边平面，均匀压缩两侧 O 形密封圈，使接头密封。

6. 不锈钢管卡箍法兰式连接

（1）左右两法兰片分别与需要连接的两管材端口，用氩弧焊焊接，焊角尺寸不小于管壁厚度。

（2）左右两法兰片间衬密封垫，用卡箍卡住两法兰片，用后紧定螺钉紧固。

（3）不锈钢卡箍法兰式管道连接见图 33-16。

7. 不锈钢管沟槽连接

（1）不锈钢管沟槽连接时，先将被连接的管材端部用专业厂提供的滚槽机加工出沟槽。对接时将两片卡箍件卡入沟槽内，用力矩扳手对称拧紧卡箍上的螺栓，起密封和紧固作用。

（2）不锈钢沟槽式管道连接见图 33-17。

8. 阀门与不锈钢管道连接

不锈钢管道与阀门、水表、水嘴等的连接采用转换接头，严禁在薄壁不锈钢水管上套丝。安装完毕的干管，不得有明显的起伏、弯曲等现象，管外壁无损伤。

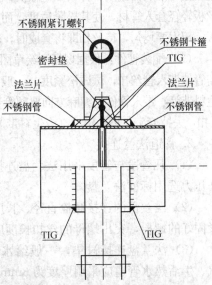

图 33-16　不锈钢卡箍法兰式管道连接

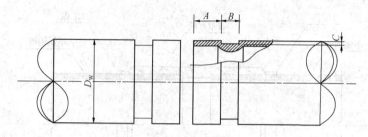

图 33-17　不锈钢沟槽式管道连接

A：管端长度；B：滚槽宽度；C：滚槽深度；D_w：管外径

9. 不锈钢水管道的消毒冲洗

饮用水不锈钢管道在试压合格后宜采用 0.03% 高锰酸钾消毒液灌满管道进行消毒，应将消毒液倒入管道中静置 24h，排空后再用饮用水冲洗。冲洗前应对系统内的仪表加以保护，并将有碍冲洗的节流阀、止回阀等管道附件拆除和妥善保管，待冲洗后复位。饮用水水质应达到《生活饮用水卫生标准》GB 5746 的要求。

33. 2. 2. 10　给水碳钢管道安装

1. 管道螺纹连接

螺纹连接管道安装后的管螺纹根部应有 2～3 扣的外露螺纹，多余的麻丝等填料应清理干净并做防腐处理。

(1) 套丝：将断好的管材，按管径尺寸分次套制丝扣，一般以管径 15～32mm 者套二次，40～50mm 者套三次，70mm 以上者套 3～4 次为宜。

1) 用套丝机套丝，将管材夹在套丝机卡盘上，留出适当长度将卡盘夹紧，对准板套号码，上好板牙，按管径对好刻度的适当位置，紧住固定板机，将润滑剂管对准丝头，开机推板，待丝扣套到适当长度，轻轻松板机。

2) 用手工套丝板套丝，先松开固定板机，把套丝板板盘退到零度，按顺序号上好板牙，把板盘对准所需刻度，拧紧固定板机，将管材放在台虎钳压力钳内，留出适当长度卡紧，将套丝板轻轻套入管材，使其松紧适度，而后两手推套丝板，带上 2～3 扣，再站到侧面扳转套丝板，用力要均匀，待丝扣即将套成时，轻轻松开板机，开机退板，保持丝扣锥度。

(2) 配装管件：根据现场测绘草图，将已套好丝扣的管材，配装管件。配装管件时应将所需管件带入管丝扣，试试松紧度（一般用手带入 3 扣为宜），在丝扣处涂抹铅油、缠麻后（或生料带等）带入管件（缠麻方向要顺管件上紧方向），然后用管钳将管件拧紧，使丝扣外露 2～3 扣，去掉麻头，擦净铅油（或生料带等多余部分），编号放到适当位置等待调直。

2. 管道法兰连接

(1) 凡管段与管段采用法兰盘连接或管道与法兰阀门连接者，必须按照设计要求和工作压力选用标准法兰盘。

(2) 法兰盘的连接螺栓直径、长度应符合标准要求，紧固法兰盘螺栓时要对称拧紧，紧固好的螺栓，突出螺母的丝扣长度应为 2～3 扣，不应大于螺栓直径的 1/2。

(3) 法兰盘连接衬垫，一般给水管（冷水）采用厚度为 3mm 的橡胶垫，供热、蒸汽、生活热水管道应采用厚度为 3mm 的石棉橡胶垫。法兰连接时衬垫不得凸入管内，其外边缘接近螺栓孔为宜，不得安放双垫或偏垫。

3. 管道沟槽式连接

(1) 沟槽式管接头采用平口端环形沟槽必须采用专门的滚槽机加工成型。可在施工现场按配管长度进行沟槽加工。钢管最小壁厚和沟槽尺寸、管端至沟槽边尺寸应符合表33-41 和图 33-18 的规定。

钢管最小壁厚和沟槽尺寸（mm） **表 33-41**

公称直径 DN	钢管外径 D_e	最小壁厚 δ	管端至沟槽边尺寸 $A^{+0.0}_{-0.5}$	沟槽宽度 $B^{+0.5}_{-0.0}$	沟槽深度 $C^{+0.5}_{-0.0}$	沟槽外径 D_1
20	27	2.75			1.5	24.0
25	33	3.25	14	8		28.4
32	42	3.25			1.8	38.4
40	48	3.50				44.4
50	57	3.50				52.6
50	60	3.50	14.5			55.6
65	76	3.75				71.6
80	89	4.00				84.6
100	108	4.00				103.6
100	114	4.00		9.5	2.2	109.6
125	133	4.50				128.6
125	140	4.50	16			135.6
150	159	4.50				154.6
150	165	4.50				160.6
150	168	4.50				163.6
200	219	6.00				214.0
250	273	6.50	19		2.5	268.0
300	325	7.50				319.0
350	377	9.00		13		366.0
400	426	9.00			5.5	415.0
450	480	9.00	25			469.0
500	530	9.00				519.0
600	630	9.00				619.0

(2) 当立管上设置支管时，应采取标准规格的沟槽式三通、沟槽式四通等管件连接。沟槽式三通、沟槽式四通、机械三通、机械四通等管件必须采用标准规格产品，支管接头采用专门的开孔机，当支管的管径不符合标准规格时，可在接出管上采用异径管等转换支管管径。

(3) 沟槽式管接头、沟槽式管件、附

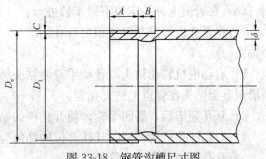

图 33-18 钢管沟槽尺寸图

件在装卸、运输、堆放时，应小心轻放，严禁抛、摔、滚、拖和剧烈撞击。严禁与有腐蚀和有害于橡胶的物资接触，避免雨水淋袭。橡胶密封圈应放置在卡箍内一起贮运和存放，不得另行分包。紧固件应于卡箍件螺栓孔松套相连。

（4）管材切割应按配管图先标定管子外径，外径误差和壁厚误差应在允许公差范围内。管材切口端面应垂直与管道中心轴线，其倾斜角偏差 e 不得大于表 33-42。

切割面倾斜角允许偏差（mm）　　表 33-42

公称直径 DN	切割端面倾斜角允许偏差 e
≤80	0.8
100～150	1.2
≥200	1.6

（5）管道切割应采用机械方法。切口表面应平整，无裂缝、凹凸、缩口、熔碴、氧化物，并打磨光滑。当管端沟槽加工部位的管口不圆整时应整圆，壁厚应均匀，表面的污物、油漆、铁锈、碎屑等应予清除。

（6）用滚槽机加工沟槽时应按下列步骤进行：

1）将切割合格的管子架设在滚槽机上或滚槽机尾架上。

2）在管子上用水平仪量测，使其处于水平位置。

3）将管子端面与沟槽机止面贴紧，使管轴线与滚槽机止面垂直。

4）启动滚槽机，滚压环行沟槽。

5）停机，用游标卡尺量测沟槽的深度和宽度，在确认沟槽尺寸符合要求后，滚槽机卸荷，取出管子。

6）在滚槽机滚压沟槽过程中，严禁管子出现纵向位移和角位移。

（7）滚槽机滚压成型的沟槽应符合下列要求：

1）管端至沟槽段的表面应平整，无凹凸、无滚痕。

2）沟槽圆心应与管壁同心，沟槽宽度和深度符合要求。

3）用滚槽机对管材加工成型的沟槽，不得损坏管子的镀锌层及内壁各种涂层和内衬层。

4）滚槽时，加工一个沟槽的时间不宜小于表 33-43 的要求。

沟槽加工用时一览表　　　　　　　　　　表 33-43

公称直径 DN（mm）	50	65	80	100	125	150	200	250	300	350	400	450	500	600
时间（min）	2	2	2.5	2.5	3	3	4	5	6	7	8	10	12	16

5）滚槽机应有限位装置。

（8）在管道上开孔应按下列步骤进行：

1）将开孔机固定在管道预定开孔的部位，开孔的中心线和钻头中心线必须对准管道中轴线。

2）启动电机转动钻头，转动手轮使钻头缓慢向下钻孔，并适时、适量地向钻头添加润滑剂直至钻头在管道上钻完孔洞。

3）开孔完毕后，摇回手轮，使开孔机的钻头复位。

4）撤除开孔机后，清除开孔部位的钻落金属和残渣，并将孔洞打磨光滑。

5）开孔直径不小于支管外径。

(9) 沟槽式接头安装步骤：

1) 用游标卡尺检查管材、管件的沟槽是否符合规定，以及卡箍件的型号是否正确。

2) 在橡胶密封圈上涂抹润滑剂，并检查橡胶密封圈是否有损伤。润滑剂可采用肥皂水或洗洁剂，不得采用油润滑剂。

3) 连接时先将橡胶密封圈安装在接口中间部位，可将橡胶密封圈先套在一侧管端，定位后再套上另一侧管端，较直管道中轴线。

4) 在橡胶密封圈的外侧安装卡箍件，必须将卡箍件内缘嵌固在沟槽内，并将其固定在沟槽中心部位。

5) 压紧卡箍件至端面闭合后，即刻安装紧固件，应均匀交替拧紧螺栓。

6) 在安装卡箍件过程中，必须目测检查橡胶密封圈，防止起皱。

7) 安装完毕后，检查并确认卡箍件内缘全圆周嵌固在沟槽内。

(10) 支管接头安装应按下列步骤进行：

1) 在已开孔洞的管道上安装机械三通或机械四通时，卡箍件上连接支管的管中心必须与管道上孔洞的中心对准。

2) 安装后机械三通、机械四通内的橡胶密封圈，必须与管道上的孔洞同心，间隙均匀。

3) 压紧支管卡箍件至两端面闭合，即刻安装紧固件，应均匀交替拧紧螺栓。

4) 在安装支管卡箍件过程中，必须目测检查橡胶密封圈，防止起皱。

33.2.2.11 给水铸铁管道安装

1. 石棉水泥接口

(1) 一般用线麻（大麻）在 5% 的 65 号或 75 号熬热普通石油沥青和 95% 的汽油的混合液里浸透，晾干后即成油麻。捻口用的油麻填料必须清洁。

(2) 将 4 级以上石棉在平板上把纤维打松，挑净混在其中的杂物，将 42.5 级硅酸盐水泥（捻口用水泥强度不低于 42.5MPa 即可），给水管道以石棉：水泥＝3：7 之比掺合在一起搅合，搅好后，用时加上其混合总重量的 10%～12% 的水（加水量在气温较高或风较大时选较大值），一般采用喷水的方法，即把水喷洒在混合物表面，然后用手着实揉搓，当抓起被湿润的石棉水泥成团，一触即又松散时，说明加水适量，调合即用。由于石棉水泥的初凝期短，加水搅拌均匀后立即使用，如超过 4h 则不可用。

(3) 操作时，先清洗管口，用钢丝刷刷净，管口缝隙用楔铁临时支撑找匀。

(4) 铸铁管承插捻口连接的对口间隙应不小于 3mm。

(5) 铸铁管沿直线敷设，承插捻口的环形间隙应符合规定；沿曲线敷设，每个接口允许有 2° 转角。

(6) 将油麻搓成环形间隙的 1.5 倍直径的麻辫，其长度搓拧后为管外径周长加上 100mm。从接口的下方开始向上塞进缝隙里，沿着接口向上收紧，边收边用麻凿打入承口，应相压打两圈，再从下向上依次打实打紧。当锤击发出金属声，捻凿被弹打好，被打实的油麻深度应占总深度 1/3（2～3 圈，注意两圈麻接头错开）。

(7) 麻口全打完达到标准后和灰打口，将调好的石棉水泥均匀地铺在盘内，将拌好的灰从下至上塞入已打紧的油麻承口内，塞满后，用不同规格的捻凿及手锤将填料捣实。分层打紧打实，每层要打至锤击时发出金属的清脆声，灰面呈黑色，手感有回弹力，方可填料打下一层，每层厚约 10mm，一直打击至凹入承口边缘深度不大于 2mm，深浅一致，表面用捻凿连打几下灰面再不凹下即可，大管径承插口铸铁管接口时，由两个人左右同时进行操作。

（8）接口捻完后，用湿泥抹在接口外面，春秋季每天浇两次水，夏季用湿草袋盖在接口上，每天浇四次水，初冬季在接口上抹湿泥覆土保湿，敞口的管线两端用草袋塞严。

（9）水泥捻口的给水铸铁管，在安装地点有侵蚀性的地下水时，应在接口处涂抹沥青防腐层。

2. 膨胀水泥接口

（1）拌合填料：以 0.2～0.5mm 清洗晒干的砂和硅酸盐水泥为拌合料，按砂：水泥：水＝1：1：0.28～0.32（重量比）的配合比拌合而成，拌好后的砂浆和石棉水泥的湿度相似，拌好的灰浆在 1h 内用完。冬期施工时，须用 80℃左右热水拌合。

（2）操作：按照石棉水泥接口标准要求填塞油麻。再将调好的砂浆一次塞满在已填好油麻的承插间隙内，一面塞入填料，一面用灰凿分层捣实，可不用手锤。表面捣出有稀浆为止，如不能和承口相平，则再填充后找平。一天内不得受到大的碰撞。

（3）养生：接口完毕后，2h 内不准在接口上浇水，直接用湿泥封口，上留检查口浇水，烈日直射时，用草袋覆盖住。冬季可覆土保湿，定期浇水。夏天不少于 2d，冬天不少于 3d，也可用管内充水进行养生，充水压力不超过 200kPa。

3. 青铅接口

一般用于工业厂房室内铸铁给水管敷设，设计有特殊要求或室外铸铁给水管紧急抢修，管道连接急于通水的情况下可采用青铅接口。

（1）按石棉水泥接口的操作要求，打紧油麻。

（2）将承插口的外部用密封卡或包有粘性泥浆的麻绳，将口密封，上部留出浇铅口。

（3）将铅锭截成几块，然后投入铅锅内加热熔化，铅熔至紫红色（500℃左右）时，用加热的铅勺（防止铅在灌口时冷却）除去液面的杂质，盛起铅液浇入承插口内，灌铅时要慢慢倒入，使管内气体逸出，至高出灌口为止，一次浇完，以保证接口的严密性。对于大管径管道灌铅速度可适当加快，防止熔铅中途凝固。

（4）铅浇入后，立即将泥浆或密封卡拆除。

（5）管径在 350mm 以下的用手钎子（捻凿）一人打，管径在 400mm 以上的，用带把钎子两人同时从两边打。从管的下方打起，至上方结束。上面的铅头不可剁掉，只能用铅塞刀边打紧边挤掉。第一遍用剁子，然后用小号塞刀开始打。逐渐增大塞刀号，打实打紧打平，打光为止。

（6）化铅与浇铅口时，如遇水会发生爆炸（又称放炮）伤人，可在接口内灌入少量机油（或蜡），则可以防止放炮。

4. 承插铸铁给水管橡胶圈接口

（1）胶圈形体应完整，表面光滑，粗细均匀，无气泡，无重皮。用手扭曲、拉、折表面和断面不得有裂纹、凹凸及海绵状等缺陷，尺寸偏差应小于 1mm，将承口工作面清理干净。

（2）安放胶圈，胶圈擦拭干净，扭曲，然后放入承口内的圈槽里，使胶圈均匀严整地紧贴承口内壁，如有隆起或扭曲现象，必须调平。

（3）画安装线：对于装入的管道，清除内部及插口工作面的粘附物，根据要插入的深度，沿管子插口外表面画出安装线，安装面应与管轴相垂直。

（4）涂润滑剂：向管子插口工作面和胶圈内表面刷水擦上肥皂。

（5）将被安装的管子插口端锥面插入胶圈内，稍微顶紧后，找正将管子垫稳。

（6）安装安管器：一般采用钢箍或钢丝绳，先捆住管子。安管器有电动、液压汽动，出力在 50kN 以下，最大不超过 100kN。

（7）插入：管子经调整对正后，缓慢启动安管器，使管子沿圆周均匀地进入并随时检查胶圈不得被卷入，直至承口端与插口端的安装线齐平为止。

（8）橡胶圈接口的管道，每个接口的最大偏转角不得超过如下规定：$DN \leqslant 200mm$ 时，允许偏转角度最大为 5°；$200mm < DN \leqslant 350mm$ 时，为 4°；$DN = 400mm$，为 3°。

（9）检查接口、插入深度、胶圈位置（不得离位或扭曲），如有问题时必须拔出重新安装。

（10）采用橡胶圈接口的埋地给水管道，在土壤或地下水对橡胶有腐蚀的地段，在回填土前应用沥青胶泥、沥青麻丝或沥青锯末等材料封闭橡胶圈接口。

33.2.3　给水管道支架安装

根据管道支架的结构形式，一般将支架分为吊架、托架和卡架。

33.2.3.1　支架安装前的准备工作

（1）管道支架安装前，首先应按设计要求定出支架位置，再按管道标高，把同一水平直管段两点间的距离和坡度的大小，算出两点间的高差。然后在两点间拉直线，按照支架的间距，在墙上或柱子上画出每个支架的位置。

（2）如果土建施工时已在墙上预留埋设支架的孔洞，或在钢筋混凝土构件上预埋了焊接支架的钢板，应检查预留孔洞或预埋钢板的标高及位置是否符合要求。

33.2.3.2　常用支、吊架的安装方法

（1）墙上有预留孔洞的，可将支架横梁埋入墙内。埋设前应清除洞内的碎砖及灰尘，并用水将洞浇湿。填塞用 M5 水泥砂浆，要填得密实饱满。

（2）钢筋混凝土构件上的支架，可在浇筑时在各支架的位置预埋钢板，然后将支架横梁焊接在预埋钢板上。

（3）在没有预留和预埋钢板的砖墙或混凝土构件上，可以用射钉或膨胀螺栓安装支架。

（4）沿柱敷设的管道，可采用抱柱式支架。

（5）室内给排水管道支架安装的几种形式见图 33-19 所示。

（6）管支架间距分为 1.5、3、6m 三种。型钢支、吊架根据全国通用图集室内管道支架及吊架（03S402）选用，管道的吊架由吊架根部、吊杆及管卡三个部分组成，可根据工程需要组合选用。

（7）吊架根部。根据安装方法，常用的吊架根部有下面几种类型：

1）穿吊型：吊架安装在楼板上，吊杆贯穿楼板，适用于公称直径 15～300mm 的管道。使用时必须在楼板面施工前钻孔安装。常用的有 A1 型和 A2 型两种形式，如图 33-20 所示，材料及尺寸表见表 33-44。

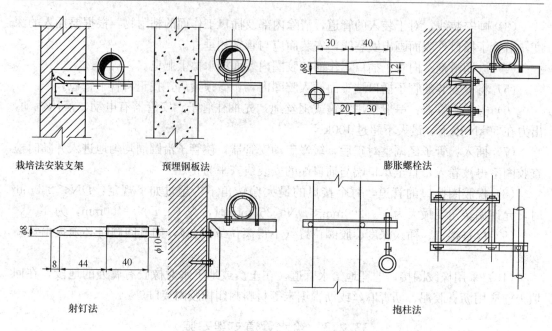

栽培法安装支架   预埋钢板法   膨胀螺栓法

射钉法   抱柱法

图 33-19   室内给排水管道支架常用安装形式

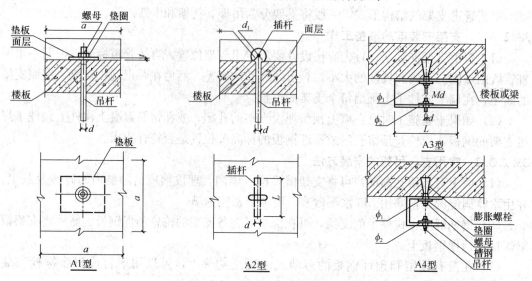

图 33-20   穿吊型吊架根部   图 33-21   锚固型吊架根部

穿吊型吊架根部材料明细表   表 33-44

序号	公称直径 DN	吊架间距 (m)	单管重 (kg) 保温 不保温	吊杆直径 (d)	A1 型						A2 型	
					垫板		螺母		垫圈		插杆	
					规格	件数	规格	个数	内径	个数	规格 (d₁×L)	件数
1	15	1.5	10	10	−100×100×8	1	M10	1	10.5	1	10×300	1
		1.5	10									

续表

序号	公称直径 DN	吊架间距 (m)	单管重 (kg) 保温/不保温	吊杆直径 (d)	A1 型 垫板 规格	件数	螺母 规格	个数	垫圈 内径	个数	A2 型 插杆 规格 (d₁×L)	件数
2	25~32	1.5	20	10	−100×100×8	1	M10	1	10.5	1	10×300	1
		3	20									
3	40~50	3	40	10	−100×100×8	1	M10	1	10.5	1	10×300	1
		3	30									
4	65~100	3	100	10	−100×100×8	1	M10	1	10.5	1	10×300	1
		6	170									
5	125	1.5	70	10	−100×100×8	1	M10	1	10.5	1	10×300	1
		3	120									
6	150	10	180	10	−100×100×8	1	M10	1	10.5	1	12×360	1
		3	160									10×300	
7	200~250	3	450	12	−120×120×10	1	M12	1	12.5	1	14×420	1
		3	420									
8	300	3	260	16	−120×120×10	1	M16	1	16.5	1	18×540	1
		3	590									
9	125	3	140	10	−100×100×8	1	M10	1	10.5	1	12×360	1
		6	240									
10	150	6	360	10	−120×120×10	1	M12	1	12.5	1	14×420	1
		6	320		−100×100×8	1					12×360	1
11	200	6	610	16	−120×120×10	1	M16	1	16.5	1	18×540	1
		6	570									14×420	1
12	250	6	890	20	−120×120×10	1	M20	1	21.5	1	18×540	1
		6	840	16			M16		16.5			
13	300	6	1240	20	−160×160×12	1	M20	1	21.5	1	22×660	1
		6	1180		−120×120×10	1					18×540	1

2）锚固型：吊架根部用膨胀螺栓锚固在楼板或梁上，如图 33-21 所示，适用于公称直径 15~150mm 的管道。材料及尺寸表见表 33-45。

锚固型吊架材料明细表　　　　表 33-45

序号	公称直径 DN (mm)	吊架间距 (m)	管重 (kg) 保温/不保温	吊杆直径 d (mm)	A3 型 胀锚螺栓 规格 Md	个数	螺母 规格	个数	垫圈 内径	个数	A4 型 槽钢 规格	长度	件数	重量 (kg)
1	15	1.5	10	10	M12	1	M12	1	12.5	1	C10	100	1	1.00
		1.5	10											

序号	公称直径 DN (mm)	吊架间距 (m)	管重 (kg) 保温 不保温	吊杆直径 d (mm)	A3 型						A4 型			
					胀锚螺栓		螺母		垫圈		槽钢			
					规格 Md	个数	规格	个数	内径	个数	规格	长度	件数	重量 (kg)
2	20～32	1.5	20	10	M12	1	M12	1	12.5	1	C10	100	1	1.00
		3	20											
3	40～50	3	40	10	M12	1	M12	1	12.5	1	C10	100	1	1.00
		3	30											
4	65～100	3	100	10	M12	1	M12	1	12.5	1	C10	100	1	1.00
		6	170											
5	125	1.5	70	10	M12	1	M12	1	12.5	1	C10	100	1	1.00
		3	120											
6	125	3	140	10	M12	1	M12	1	12.5	1	C10	100	1	1.00
		6	240											
7	125	3	180	10	M12	1	M12	1	12.5	1	C10	100	1	1.00
		6	320	12										

3）焊接型：吊架根部焊接在梁侧预埋钢板或钢结构型钢上，适用于公称直径 15～300mm 的管道。常用的有 A4，A5，A6 型几种形式。如图 33-22 所示。

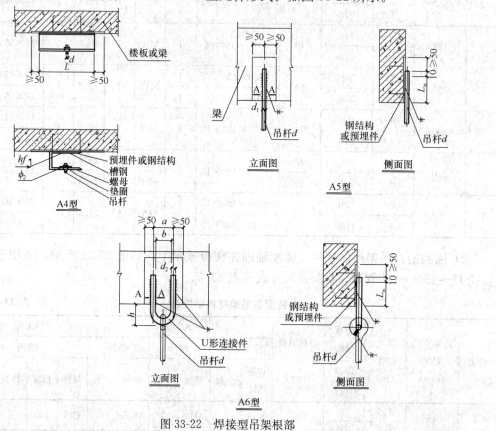

图 33-22　焊接型吊架根部

33.2.4 给水管道附件安装

33.2.4.1 材料要求

（1）所有材料使用前应做好产品标识，注明产品名称、规格、型号、批号、数量、生产日期和检验代码等，并确保材料具有可追溯性。

（2）铸铁给水管及管件的规格应符合设计压力要求，管壁薄厚均匀，内外光滑整洁，不得有砂眼、裂纹、毛刺和疙瘩；承插口的内外径及管件应造型规矩，管内外表面的防腐涂层应整洁均匀，附着牢固。

（3）镀锌碳素钢管及管件的规格种类应符合设计要求，管壁内外镀锌均匀，无锈蚀、无飞刺。管件无偏扣、乱扣，丝扣不全或角度不准等现象。

（4）水表的规格应符合设计要求，热水系统选用符合温度要求的热水表。表壳铸造规矩，无砂眼、裂纹，表玻璃无损坏，铅封完整，有出厂合格证。

（5）阀门的规格型号应符合设计要求，热水系统阀门符合温度要求。阀体铸造规矩，表面光洁，无裂纹、开关灵活，关闭严密，填料密封完好无渗漏，手轮无损坏，有出厂合格证。

（6）试验合格的阀门，应及时排尽内部积水，并吹干；密封面上应涂防锈油，关闭阀门，封闭出入口，做出明显的标记，并应按规定格式填写"阀门试验记录"。

（7）所有材料、成品、半成品、配件、器具和设备进场时应对品种、规格、外观等进行验收，包装应完好，表面无划痕及外力冲击破损，无腐蚀，并经监理工程师核查确认。

（8）各种联结管件不得有砂眼、裂纹、破损、划伤、偏扣、乱扣、丝扣不全和角度不准等现象。

（9）各种阀门的外观要规矩、无损伤，阀杆不得弯曲，阀体严密性好，阀门安装前，应做强度和严密性试验。

33.2.4.2 水表安装要求

（1）水表应安装在便于检修和读数，不受曝晒、冻结、污染和机械损伤的地方。

（2）螺翼式水表的上游侧，应保证长度为8～10倍水表公称直径的直管段，其他类型水表前后直线管端的长度，应小于300mm或符合产品标准规定的要求。

（3）注意水表安装方向，务须使进水方向与表上标志方向一致。旋翼式水表和垂直螺翼式水表应水平安装，水平螺翼式和容积式水表可根据实际情况确定水平、倾斜或垂直安装；垂直安装时，水流方向必须自下而上。

（4）对于生活、生产、消防合一的给水系统，如只有一条引入管时，应绕水表安装旁通管。

（5）水表前后和旁通管上均安装检修阀门，水表与水表后阀门间装设泄水装置。为减少水头损失并保证表前管内水流的直线流动，表前检修阀门宜采用闸阀。住宅中的分户水表，其表后检修阀及专用泄水装置可不设。

（6）当水表可能发生反转、影响计量和损坏水表时，应在水表后设止回阀。

（7）明装在室内的分户水表，表外壳距墙不得大于30mm。

（8）水表下方设置表托架宜采用 25×25×3 的角钢制作，牢固、形式合理。

33.2.4.3   压力表安装要求

（1）在管道上取压时，取压点应选择在流速稳定的直线管段上，不应在管路分岔、弯曲、死角等管段上取压。

（2）在容器内取压时，取压点应选择在容器内介质流动最小、最平稳区域。

（3）取压点一般应距焊缝 100mm 以上，距法兰 300mm 以上。如在同一管段上安装两个以上压力表（或其取压点）时，其间距不应小于 150mm。

（4）取压部件一般不得伸入设备和管道内壁，应保证内部平齐。

（5）安装取压部件时，可用气焊切割开孔。但开孔孔径应与取压部件相配合，开孔后必须清除毛刺，锉圆磨光。

（6）压力表应安装在便于观察和吹洗的位置，并防止受高温、冰冻和震动的影响。

（7）应有存水弯。压力表和存水弯之间应安装旋塞。

（8）压力表的刻度极限值，应为工作压力的 1.5～2 倍，精度等级为 1.5 级。

33.2.4.4   水位计安装

（1）水位计应有指示最高和最低安全水位的明显标记，玻璃板（管）的最低可见边缘应比最低安全水位低 25mm；最高可见边缘应比最高安全水位高 25mm。

（2）玻璃管式水位计应安装防护装置；水位计应有放水旋塞（或放水阀门）。

33.2.4.5   阀门安装

（1）选用的法兰盘的厚度、螺栓孔数、水线加工、有关直径等几何尺寸要符合管道工作压力的相应要求。

（2）水平管道上的阀门安装位置尽量保证手轮朝上或者倾斜 45°或者水平安装，不得朝下安装。

（3）阀门法兰盘与钢管法兰盘相互平行，一般误差应小于 2mm，法兰要垂直于管道中心线，选择适合介质参数的垫片置于两法兰盘的中心密合面上。

（4）连接法兰的螺栓、螺杆突出螺母长度不宜大于螺杆直径的 1/2。螺栓同法兰配套，安装方向一致；法兰平面同管轴线垂直，偏差不得超标，并不得用扭螺栓的方法调整。焊接法兰时，应注意与阀门配合，焊接时要把法兰的螺孔与阀门的螺孔先对好，然后焊接。

（5）安装阀门时注意介质的流向，水流指示器、止回阀、减压阀及截止阀等阀门不允许反装。阀体上标识箭头，应与介质流动方向一致。

（6）螺纹式阀门，要保持螺纹完整，按介质不同涂以密封填料物，拧紧后螺纹要有 3 扣的预留量，以保证阀体不致拧变形或损坏。紧靠阀门的出口端装有活结，以便拆修。安装完毕后，把多余的填料清理干净。

（7）过滤器：安装时要将清扫部位朝下，并要便于拆卸。

（8）截止阀和止回阀安装时，必须注意阀体所标介质流动方向，止回阀还须注意安装适用位置。

（9）明杆阀门不能安装在潮湿的地下室，以防阀杆锈蚀。

（10）较重的阀门吊装时，绝不允许将钢丝绳拴在阀杆手轮及其他传动杆件和零件上，而应拴在阀体的法兰处。

（11）塑料给水管道中，阀门可以采用配套产品，其阀门型号、承压能力必须满足设计要求，符合《生活饮用水标准检验方法》卫生要求，必要时阀门两端应设置固定支架，以免使得阀门扭矩作用在管道上。

33.2.5 给水设备安装

33.2.5.1 一般规定

1. 施工要求

（1）给水设备在安装前，应按设计图纸对设备基础的混凝土强度、坐标、标高、几何尺寸和螺栓孔位置要求进行复核或检验，施工时宜采用预留螺栓孔洞的方法，进行二次灌浆。待混凝土达到设计强度后，再进行给水设备的安装。立式水泵的减振装置不得采用弹簧减振器。

（2）给水设备安装完毕后，应按照设备说明书的规定，进行电气测试。设备试运转试验，其轴承温升必须符合设备说明书的规定。给水设备无负荷试验正常后，方可进行带负荷运行。并做好试运行记录，经监理工程师签字为合格。

2. 设备运输

（1）设备运抵现场后，可根据施工位置、施工进度、场地库房情况等确定卸车地点，利用铲车、汽车吊、塔式起重机等卸车，可直接运至设备所在楼层。

（2）设备在楼层内运输可用卷扬机牵引拖排运输等方法运至基础附近，也可用倒链、撬棍、滚杠等拖运，有条件时可用铲车运送。

（3）设备进场装卸、运输及吊装时，应注意包装箱上的标记，不得翻转倒置、倾斜、不得野蛮装卸。

（4）按包装箱上的标志绑扎牢固，捆绑设备时承力点要高于重心；捆绑位置须根据设备及内部结构选定，支垫位置一般选在底座、加强圈或有内支撑的位置，并尽量扩大支垫面积，消除应力集中，以防局部变形。

（5）不得将钢丝绳、索具直接绑在设备的非承力外壳或加工面上，钢丝绳与设备接触处要用软木条或用胶皮垫等保护，避免划伤设备。

（6）严禁碰撞与敲击设备，以保证设备运输装卸安全。

（7）因吊装及运输需要、需拆卸设备的部件时，按设备部件装配的相反顺序来拆卸，并及时在其非工作面上作上标记，避免以后装配时发生错误。

（8）由于受到层高及高度的限制，当设备无法吊送到位时，要搭设专用平台，先将设备吊送至平台上，再用拖排运至室内，吊送和拖运时要注意设备的方向和方位，避免不必要的掉头和翻身，以便于吊装和组装作业。

3. 基础验收复核

（1）土建移交设备基础时，组织施工班组依照土建施工图及时提交的有关技术资料和各种测量记录、安装图和设备实际尺寸对基础进行验收，并作好记录。

（2）具体验收内容包括以下各项工作：

1）检查土建提供的中心线、标高点是否准确。

2）对照设备和工艺图检查基础的外形尺寸、标高及相互位置尺寸等。

3）基础外观不得有裂纹、蜂窝、空洞、露筋等缺陷。

4）所有遗留的模板和露出混凝土的钢筋等必须清除，并将设备安装场地及地脚螺栓孔内的脏物、积水等全部清除干净。

5）设备基础部分的偏差必须符合表 33-46 的要求。

设备基础部分的偏差（mm）   表 33-46

项次	项　　目		允许偏差	检　验　方　法
1	基础坐标值		20	经纬仪、拉线和尺量
2	基础各不同平面的标高		0，-20	水准仪、拉线尺量
3	基础平面外形尺寸		20	尺量检查
4	凸台上平面尺寸		0，-20	
5	凹穴尺寸		+20，0	
6	基础上平面水平度	每米	5	水平仪（水平尺）和楔形塞尺检查
		全长	10	
7	竖向偏差	每米	5	经纬仪或吊线和尺量
		全高	10	
8	预埋地脚螺栓	标高（顶端）	+20，0	水准仪、拉线和尺量
		中心距（根部）	2	
9	预留地脚螺栓孔	中心位置	10	尺量
		深度	-20，0	
		孔壁垂直度	10	吊线和尺量
10	预埋活动地脚螺栓锚板	中心位置	5	拉线和尺量
		标高	+20，0	
		水平度（带槽锚板）	5	水平尺和楔形塞尺检查
		水平度（带螺纹孔锚板）	2	

4. 基础放线及垫铁布置

（1）基础验收合格后进行放线工作，划出安装基准线及定位基准线、地脚螺栓的中心线。对相互有关联或衔接的设备，按其关联或衔接的要求确定共同的基准。

（2）在基础平面上，划出垫铁布置位置，放置时按设备技术文件规定摆放。垫铁放置的原则是：负荷集中处，靠近地脚螺栓两侧，或是机座的立筋处。相临两垫铁组间距离一般规定为 300～500mm，若设备安装图上有要求，应按设备安装图施工。垫铁的布置和摆放要作好记录，并经监理代表签字认可。

（3）整个基础平面要修整铲麻面，预留地脚螺栓孔内的杂物清理干净，以保证灌浆的质量。垫铁组位置要铲平，宜用砂轮机打磨，保证水平度不大于 2mm/m，接触面积大于75%以上。图纸上有要求的基础，要按其要求施工。

33.2.5.2　水泵机组安装

1. 水泵机组安装

（1）离心泵机组分带底座和不带底座两种形式。一般小型离心泵出厂均与电动装配线在同一铸铁底座上，口径较大的泵出厂时不带底座，水泵直接安装在基础上。

（2）带底座水泵的安装

1）安装带底座的小型水泵时，先在基础面和底座面上划出水泵中心线，然后将底座吊装在基础上，套上地脚螺栓和螺母，调整底座位置，使底座上的中心线和基础上的中心线一致。

2）用水平仪在底座加工面上检查是否水平。不水平时，可在底座下承垫垫铁找平。

3）垫铁的平面尺寸一般为：60mm×800mm～100mm×150mm，厚度为 10～20mm。垫铁一般放置在底座的地脚螺栓附近。每处叠加的数量不宜多于三块。

4）垫铁找平后，拧紧设备地脚螺栓上的螺母，并对底座水平度再次进行复核。

5）底座装好后，把水泵吊放在底座上，并对水泵的轴线、进、出水口中心线和水泵的水平度进行检查和调整。

6）如果底座上已装有水泵和电机时，可以不卸下水泵和电动机而直接进行安装，其安装方法与无共用底座水泵的安装方法相同。

（3）无共用底座水泵的安装

1）安装顺序是先安装水泵，待其位置与进出水管的位置找正后，再安装电动机。吊水泵可采用三脚架，起吊时一定要注意，钢线绳不能系在泵体上，也不能系在轴承架上，更不能系在轴上，只能系在吊装环上。

2）水泵就位后应进行找正。水泵找正包括中心找正、水平找正和标高找正。找正找平要在同一平面内两个或两个以上的方向上进行，找平要根据要求用垫铁调整精度，不得用松紧地脚螺栓或其他局部加压的方法调整。垫铁的位置及高度、块数均应符合有关规范要求，垫铁表面污物要清理干净，每一组放置整齐平稳、接触良好。

3）中心线找正：水泵中心线找正的目的是使水泵摆放的位置正确，不歪斜。找正时，用墨线在基础表面弹出水泵的纵横中心线。然后在水泵的进水口中心和轴的中心分别用线坠吊垂线，移动水泵，使线锤尖和基础表面的纵横中心线相交。

4）水平找正：水平找正可用水准仪或 0.1～0.3mm/m 精度的水平尺测量。小型水泵一般用水平尺测量。操作时，把水平尺放在水泵轴上测其轴向水平，调整水泵的轴向位置，使水平尺气泡居中，误差不应超过 0.1mm/m，然后把水平尺平行靠边在水泵进出水口法兰的垂直面上，测其径向水平。大型水泵找平可用水准仪或吊垂线法进行测量。吊垂线法是将垂线从水泵进出口吊下，如用钢板尺测出法兰面距垂线的距离上下相等，即为水平；若不相等，说明水泵不水平，应进行调整，直到上下相等为止。

5）标高找正：标高找正的目的是检查水泵轴中心线的高程是否与设计要求的安装高程相符，以保证水泵能在允许吸水高度内工作。标高找正可用水准仪测量，小型水泵也可用钢板尺直接测量。

2.电动机安装（联轴器对中）

（1）安装电动机时以水泵为基准，将电动机轴中心调整到与水泵的轴中心线在同一条直线上。

（2）通常是靠测量水泵与电动机连接处两个联轴器的相对位置来完成。即把两个联轴器调整到既同心又相互平行。调整时，两联轴器间的轴向间隙，应符合下列要求：小型水泵（吸入径在 300mm 以下）间隙为 2～4mm；中型水泵（吸入径在 350～500mm 以下）间隙为 4～6mm；大型水泵（吸入径在 600mm 以上）间隙为 4～8mm。

（3）两联轴器的轴向间隙，可用塞尺在联轴器间的上下左右四点测得；塞尺片最薄为

0.03~0.05mm。各处间隙相等，表示两联轴器平行。测定径向间隙时，可把直角尺一边靠在联轴器上，并沿轮缘圆周移动。如直角尺各点都和两个轮缘的表面靠紧，则表示联轴器同心。

（4）电动机找正后，拧紧地脚螺栓和联轴器连接螺栓，水泵机组即安装完毕。

（5）在安装过程中，应同时填写"水泵安装记录"。

3. 潜水泵安装

安装前制造厂为防止部件损坏而包装的防护粘贴不得提早撕离，底座安装要调整水平，水平度不大于1/1000，安装位置和标高符合设计要求，平面位置偏差要小于±10mm，标高偏差不大于±20mm；潜水泵出水法兰面必须与管道连接法兰面对齐、平直紧密。

4. 水泵隔振措施

1）水泵机组隔振方式应采用支承式，当设有惰性块或型钢机座时隔振元件应设置在惰性块或型钢机座的下面。水泵机组的隔振元件应符合下列要求：弹性性能优良固有频率合适；承载力大强度高阻尼比适当；性能稳定耐久性好；抗酸碱油的侵蚀能力较好；维修更换方便。

2）水泵机组隔振应根据水泵型号、规格、水泵机组转速、系统质量和安装位置荷载值频率比要求等因素选用隔振元件一般宜选用橡胶隔振垫、阻尼弹簧隔振器和橡胶隔振器，卧式水泵宜采用橡胶隔振垫，安装在楼层时宜采用多层串联迭合的橡胶隔振垫或橡胶隔振器或阻尼弹簧隔振器。立式水泵宜采用橡胶隔振器，水泵机组隔振元件支承点数量应为偶数且不小于4个，一台水泵机组的各个支承点的隔振元件其型号规格性能应尽可能保持一致。橡胶隔振器或弹簧隔振器安装见图33-23，橡胶隔振垫安装见图33-24。SD型橡胶隔振垫安装见图33-25。

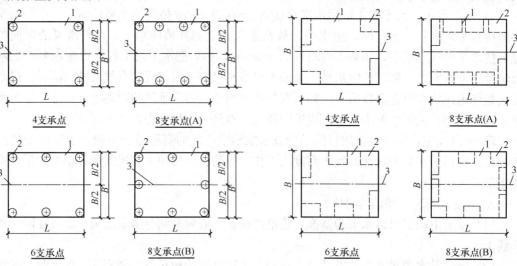

4支承点　　　　8支承点(A)

6支承点　　　　8支承点(B)

4支承点　　　　8支承点(A)

6支承点　　　　8支承点(B)

图 33-23　橡胶隔振器或弹簧隔振器
安装平面示意图

1—基座；2—橡胶隔振器或弹簧隔振器；

3—水泵机组中轴线

图 33-24　橡胶隔振垫安装平面示意图

1—基座；2—橡胶隔振器或弹簧隔振器；

3—水泵机组中轴线

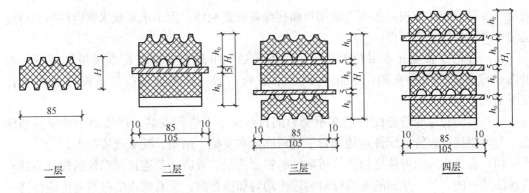

图 33-25　SD 型橡胶隔振垫安装图

3）隔振元件应按水泵机组的中轴线作对称布置，橡胶隔振垫的平面布置可按顺时针方向或逆时针方向布置，当机组隔振元件采用六个支承点时，其中四个布置在惰性块或型钢机座四角，另两个应设置在长边线上，并调节其位置使隔振元件的压缩变形量尽可能保持一致。

4）卧式水泵机组隔振安装橡胶隔振垫或阻尼弹簧隔振器时，一般情况下橡胶隔振垫和阻尼弹簧隔振器与地面及与惰性块或型钢机座之间毋需粘结或固定。

5）立式水泵机组隔振安装使用橡胶隔振器时在水泵机组底座下宜设置型钢机座并采用锚固式安装，型钢机座与橡胶隔振器之间应用螺栓加设弹簧垫圈固定。在地面或楼面中设置地脚螺栓，橡胶隔振器通过地脚螺栓后固定在地面或楼面上，橡胶隔振垫的边线不得超过惰性块的边线。

6）型钢机座的支承面积应不小于隔振元件顶部的支承面积，橡胶隔振垫单层布置频率比不能满足要求时可采取多层串联布置，但隔振垫层数不宜多于五层，串联设置的各层橡胶隔振垫其型号、块数、面积及橡胶硬度均应完全一致。

7）橡胶隔振垫多层串联设置时每层隔振垫之间用厚度不小于 4mm 的镀锌钢板隔开，钢板应平整，隔振垫与钢板应用粘合剂粘结，镀锌钢板的平面尺寸应比橡胶隔振垫每个端部大 10mm。

5. 管道隔振措施

（1）一般规定：

1）当水泵机组采取隔振措施时，水泵吸水管和出水管上均应采用管道隔振元件，管道隔振元件应具有隔振和位移补偿双重功能。

2）采用管道隔振元件时应根据隔振要求、位移补偿要求、环境条件等因素选用。一般宜采用以橡胶为原料的可曲挠管道配件，管道穿墙和穿楼板处均应有防固体传声措施。

（2）可曲挠橡胶管道配件：

1）当采用可曲挠橡胶管道配件时应根据安装位置、泵房面积大小、隔振和位移补偿要求、管道配件数量、管径大小等因素选用法兰或螺纹连接的可曲挠橡胶接头。

2）可曲挠橡胶接头等管道隔振元件的数量应由隔振和位移补偿两方面的要求确定，可曲挠橡胶管道配件的位移补偿应包括轴向位移和横向位移。

3）可曲挠橡胶管道配件的橡胶材料应根据流体介质成分、温度等环境条件确定，用于生活饮水管道的可曲挠橡胶管道配件其水质仍应符合饮用水水质标准；用于水泵出水管的可曲挠橡胶管道配件应按工作压力选用可曲挠橡胶管道配件；用于水泵吸水管时应按真空度选用可曲挠橡胶管道配件。

(3) 管道安装应在水泵机组隔振元件安装后24h进行，安装在水泵进出水管上的可曲挠橡胶接头必须在阀门和止回阀近水泵的一侧。可曲挠橡胶管道配件宜安装在水平管上。

(4) 可曲挠橡胶管道配件应在不受力的自然状态下进行安装，严禁处于极限偏差状态。与可曲挠橡胶管道配件连接的管道均应固定在支架、吊架、托架或锚架上。

(5) 法兰连接的可曲挠橡胶管道配件的特制法兰与普通法兰连接时螺栓的螺杆应朝向普通法兰一侧，每一端面的螺栓应对称逐步均匀加压拧紧，所有螺栓的松紧程度应保持一致。法兰连接的可曲挠橡胶管道配件串联安装时在两个可曲挠橡胶管道配件的松套法兰中间应加设一个用于连接的平焊钢法兰。

(6) 当对可曲挠橡胶管道配件的压缩或伸长的位移量有控制时，应在可曲挠橡胶管道配件的两个法兰间设限位控制杆。

(7) 当对可曲挠橡胶管道配件的压缩或伸长的位移量有控制时，应在可曲挠橡胶管道配件的两个法兰间设限位控制杆，可曲挠橡胶管道配件外严禁刷油漆，当管道需要保温时保温做法应不影响可曲挠橡胶管道配件的位移补偿和隔振要求。

6. 水泵设备安装的允许偏差和检验方法（表33-47）

水泵设备安装的允许偏差和检验方法　　　　　　　表33-47

	项　　目		允许偏差（mm）	检验方法
离心式水泵	立式泵体垂直度（m）		0.1	水平尺和塞尺检查
	卧式泵体垂直度（m）		0.1	水平尺和塞尺检查
	联轴器同心度	轴向倾斜（每米）	0.8	在联轴器互相垂直的四个位置上用水准仪、百分表或测微螺钉和塞尺检查
		径向位移	0.1	

7. 地脚螺栓灌浆及二次灌浆

(1) 地脚螺栓光杆部分的油脂、污物及氧化皮要清理干净，螺纹部分要涂油脂。放置时要垂直无歪斜，与孔壁及孔底的间隙要符合规范要求；设备底座套入地脚螺栓要有调整余地，不得有卡住现象，螺母、垫圈与设备底座间接触良好。

(2) 找正找平、隐蔽工程检查合格后方可进行预留孔灌浆工作。用比基础混凝土强度高一级的细石混凝土浇筑，捣固密实，且不影响地脚螺栓和安装精度。

(3) 强度达到设计强度的75%以上时，方可进行设备的精平及紧固地脚螺栓工作。最终找正找平后将地脚螺栓拧紧，每组垫铁点焊牢固。

(4) 拧紧螺栓时应对称均匀，并保持螺栓的外露螺纹2~3扣要求。

(5) 在隐蔽工程检查合格、最终找正找平并检查合格后24h内进行二次灌浆工作，待强度达到设计要求后，基础表面要抹面处理。一台设备要一次浇筑完成。

8. 水泵配管

(1) 在水泵二次灌浆混凝土强度达到75%以后，水泵经过精校后，可进行配管安装。

(2) 配管时，管道与泵体连接不得强行组合连接，且管道重量不能附加在泵体上。

（3）对水平吸水管有以下几点要求：

1）水泵吸水管道如变径，应采用偏心大小头，并使平面朝上，带斜度的一段朝下（以防止产生"气囊"）。

2）为防止吸水管中积存空气而影响水泵运转，吸水管的安装应具有沿水流方向连续上升的坡度接至水泵入口，坡度应小于0.005。

3）吸水管道靠近水泵进水口处，应有一段长约2～3倍管道直径的直管段，避免直接安装弯头，否则水泵进水口处流速分而不均匀，使流量减少。

4）吸水管应设有支撑件。

5）吸水管段要短，配管及弯头要少，力求减少管道压力损失。

6）水泵底阀与水底距离，一般不小于底阀或吸水喇叭口的外径；水泵出水管安装止回阀和阀门，止回阀应安装在靠近水泵一侧。

9. 支架隔振措施

（1）当水泵机组的基础和管道采取隔振措施时，管道支架应采用弹性支架。

（2）弹性支架应具有固定架设管道与隔振双重功能。

（3）支架隔振元件应根据管道的直径、重量、数量、隔振要求和与楼板或地面距离，可选用弹性支架、弹性托架、弹性吊架。

（4）框架式弹性支架的型号应根据隔振要求、水泵机组转速和水泵机组安装位置确定。

（5）支架数量根据管道重量确定，支架悬挂物体的总重量应不大于支架容许额定荷载量。

（6）弹性吊架应均匀布置，间距可按表33-48的规定。

弹性吊架安装间距表 表33-48

序号	公称直径 DN（mm）	安装间距（m）	序号	公称直径 DN（mm）	安装间距（m）
1	25	2～3	4	100	5～6
2	50	2.5～3.5	5	125	7～8
3	80	3～4	6	150	8～10

10. 多功能水泵控制阀安装

（1）多功能控制阀的选用应符合下列要求：

1）多功能水泵控制阀的直径宜根据流速1.5～3.0m/s选定。

2）多功能水泵控制阀的压力等级应不小于水泵零流量时的压力值。

3）用于热水供应的多功能水泵控制阀，应采用热水型多功能水泵控制阀。

（2）多功水泵控制阀应设置在单向流动的管道上，其设置应方便维修。

（3）多功能水泵控制阀可设置在水平管道或立管上。水平安装时，阀盖必须朝上；立式安装时，介质流向必须向上。

（4）多功能水泵控制阀宜设置在水泵出口处，其出口端应设置检修用的阀门，不应另设止回阀。

（5）多功能水泵控制阀的进水口和出水口宜安装压力表。

（6）橡胶软接头应安装在多功能水泵控制阀的出口端。

（7）当阀体安装在井或管沟内时，应留有检修用的空间。

（8）每台水泵出口处应单独设置多功能水泵控制阀。多功能水泵控制阀可与水泵一起采取多台并联的安装方式。

（9）在管道可能产生水柱中断的部位，应装有真空破坏阀。

（10）配置多功能水泵控制阀的水泵，在水泵进水管道上不宜设置底阀；当必须设置底阀时，应采用缓闭式底阀。

（11）当多功能水泵控制阀的出口静压与进口静压之差小于 0.05MPa 时，应设高位补给水箱或采取其他能增大阀门出口与进口间静压差的技术措施。

（12）安装前必须清洗管道，不得留有焊渣、螺栓等异物。

（13）吊装、搬运时不得用阀门控制管承吊，以免损伤控制管。

（14）安装前应先检查阀门各部件是否完好，确保紧固件齐全、无松动。

（15）安装时应注意阀体上箭头指示方向与水流方向一致，不得反装。

（16）安装阀门时，应采取固定措施。

（17）安装后，应检查阀体与管路连接是否紧固。

（18）调试前应进行下列检查：

1）设置、安装是否正确。

2）可能产生真空的管路，真空破坏阀应有足够的过流面积，动作应准确可靠。

3）进、出水管路上的阀门应完全开启，其他装置均应处于正常工作状态。

（19）调试应按下列步骤进行：

1）打开多功能水泵控制阀控制管系统的进、出口调节阀。

2）将控制室上腔内的空气排尽。

3）将控制管系统的进、出口调节阀打开至半开开度。

4）启动水泵，检查多功能水泵控制阀的运行状态。

5）调节控制管系统的进、出口调节阀的开度来修正开启和缓闭的时间，使多功能水泵控制阀处于最佳工作状态。

（20）调试运行后，应满足下列要求：停泵暂态过程最高压力不大于水泵出口额定压力的 1.3~1.5 倍；停泵暂态过程最高反转速度不大于水泵额定转速的 1.2 倍，超过额定转速的持续时间不应多于 2min。

（21）当用于消防工程时，应定期进行启动试验和检查，防止产生水垢，造成阀门失灵。

11. 消防供水设施安装与施工

（1）消防水泵、消防水箱、消防气压给水设备、消防水泵接合器等供水及其附属管道的安装，应消除其内部污垢和杂物。安装中断时，其敞口处应封闭。

（2）供水设施安装时，其环境温度不应低于 5℃。

12. 消防水泵、稳压泵的安装

（1）应符合现行国家标准《机械设备安装工程施工及验收通用规范》GB 50231 的有关规定。消防水泵和稳压泵的规格、型号应符合设计要求，并应有产品合格证和安装使用说明书。

（2）当设计无要求时，消防水泵的出水管上应安装止回阀和压力表，并宜安装检查和试水用的放水阀门，消防水泵泵组的总出水管上还应安装压力表和泄压阀，安装压力表时应加设缓冲装置。压力表和缓冲装置之间安装旋塞，压力表量程应为工作压力的 1.5～2 倍。

（3）吸水管及其附件的安装应符合下列要求：

1）吸水管上的控制阀应在消防水泵固定于基础上之后再进行安装，其直径不应小于消防水泵吸水直径，且不应采用蝶阀。

2）当消防水泵和消防水池位于独立的两个基础上且为刚性连接时，吸水管上应加设柔性连接管。

3）吸水管水平段上不应有气囊和漏气现象。

33.2.5.3 水箱安装

1. 水箱安装

（1）验收基础，并填写"设备基础验收记录"。

（2）作好设备检查，并填写"设备开箱记录"。水箱如在现场制作，应按设计图纸或标准图进行。

（3）设备吊装就位，进行校平找正工作。

（4）现场制作的水箱，按设计要求制作成水箱后须作盛水试验或煤油渗透试验。

（5）盛水试验后，内外表面除锈，刷红丹漆两遍。

（6）整体安装或现场制作的水箱，按设计要求其内表面刷汽包漆两遍，外表面如不作保温再刷油性调用漆两遍，水箱底部刷沥青漆两遍。

（7）水箱支架或底座安装，其尺寸及位置应符合设计规范规定；埋设平整牢固。美观大方，防腐良好。

（8）按图纸安装进水管、出水管、溢流管、排污管、水位讯号管等。水箱溢流管和泄放管应设置在排水地点附近但不得与排水管直接连接。

（9）水箱水位计下方应设置带冲洗的角阀，生活给水系统总供水管上应设置消毒设施。

2. 消防水箱安装

（1）消防水箱的容积、安装位置应符合设计要求。消防水箱间的主要通道宽度不应小于 0.7m；消防水箱顶部至楼板或梁底的距离不得小于 0.6m。

（2）消防水箱的溢流管、泄水管不得与生产或生活用水的排水系统直接相连。

3. 消防气压给水设备安装

（1）消防气压给水设备的气压罐、其容积、气压、水位及工作压力应符合设计要求。

（2）消防气压给水设备上的安全阀、压力表、泄水管、水位指示器等的安装应符合产品使用说明书的要求。

（3）消防气压给水设备安装位置，进水管及出水管方向应符合设计要求、安装时其四周应检修通道，其宽度不应小于 0.7m，消防气压给水设备顶部至楼台板或梁底的距离不得小于 1.0m。

33.2.5.4 室内给水水泵及水箱安装的允许偏差

（1）室内给水水泵及水箱安装的允许偏差和检验方法见表 33-49 所示。

室内给水水泵及水箱安装的允许偏差和检验方法   表 33-49

项次		项　目	允许偏差（mm）	检验方法
1	静止设备	坐标	15	经纬仪或拉线、尺量检查
		标高	±5	用水准仪、拉线和尺量检查
		垂直度（每米）	5	吊线和尺量检查
2	离心式水泵	立式泵体垂直度（每米）	0.1	水平尺和塞尺检查
		卧式泵体水平度（每米）	0.1	水平尺和塞尺检查
		联轴器同心度　轴向倾斜（每米）	0.8	在联轴器互相垂直的四个位置上用水准仪、百分表或测微螺钉和塞尺检查
		联轴器同心度　径向位移	0.1	

（2）管道及设备保温层的厚度和平整度的允许偏差应符合表 33-50 的规定。

管道及设备保温层的允许偏差和检验方法   表 33-50

项次	项　目		允许偏差（mm）	检　验　方　法
1	厚　度		$+0.1\delta$　-0.05δ	用钢针刺入
2	表面平整度	卷材	5	用 2m 靠尺和楔形塞尺检查
		涂抹	10	

注：δ 为保温层厚度。

33.2.5.5　给水设备试验与检验

1. 设备耐压及严密性试验

（1）设备耐压和严密性试验用以验证设备无宏观变形（局部膨胀、延伸）及泄漏等各种异常现象，在设计压力下检测设备有无微量渗透。

（2）耐压和严密性试验可分别采用水压、干燥压缩空气进行。

（3）试验前设备上的安全装置、阀类、压力计、液位计等附件及全部内件装配齐全，并进行外、内部检查，检查几何形状、焊缝、连接件及衬垫等是否符合要求，管件及附属装置是否齐备、操作是否灵活、正确，紧固件是否齐全且紧固完毕；检查内部是否清洁。

（4）图纸标明不耐压部件要用盲板隔离或拆除。

（5）试验时在设备的最高、低处安装压力表，以最高处的读数为准。

（6）对注明无需作耐压试验的设备可只作气密性试验。

2. 水箱试验

敞口水箱的满水试验：

1）盛水试验：将水箱充满水，经 2~3h 后用锤（一般 0.5~15kg）沿焊缝两侧约 150mm 的部位轻敲，不得有漏水现象；若发现漏水部位须铲去重新焊接，再进行试验。

2）煤油渗漏试验：在水箱外表面的焊缝上，涂满白垩粉或白粉，晾干后在水箱内焊缝上涂煤油，在试验时间内涂 2~3 次，使焊缝表面能得到充分浸润，如在白垩粉或白粉上没有发现油迹，则为合格。试验要求时间为：对垂直焊缝或煤油由下往上渗透的水平焊缝为 35min；对煤油由上往下渗透的水平焊缝为 25min。

3）敞口水箱的满水试验和密闭水箱（罐）的水压试验如无设计要求，应符合下列规定：敞口箱、罐安装前，应做满水试验；满水试验静置 24h 观察，不渗不漏为合格。密闭箱、罐，水压试验在试验压力下 10min 压力不下降，不渗不漏为合格。

33.2.5.6 设备保温

1. 设备胶泥结构保温

（1）设备胶泥保温结构的做法及所用的保温材料与管道保温基本相同。如图 33-26 所示。

（2）保温钩钉。保温钩钉用 $\phi=5\sim6mm$ 的圆钢制作，详图参见图 33-27。将设备外壁清扫干净，焊保温钩钉，间距 250～300mm。

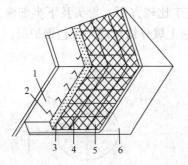

图 33-26 胶泥保温结构
1—热力设备；2—保温钩钉；3—保温层；
4—镀锌铁丝；5—镀锌铁丝网；6—保护层

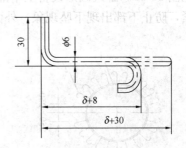

图 33-27 保温钩钉

（3）涂抹与外包。刷防锈漆后，再将已经拌合好的保温胶泥分层进行涂抹。第一层可用较稀的胶泥散敷，厚度为 3～5mm，待完全干燥后再敷第二层。厚度为 10～15mm，第二层干燥后再敷第三层，厚度为 20～25mm。以后分层涂抹，直至达到设计要求厚度为止。然后外包镀锌铁丝网一层，用镀锌铁丝绑在保温钩钉上。如果保温厚度在 100mm 以上或形状特殊，保温材料容易脱落的，可用两层镀锌铁丝网，外面再作 15～20mm 的保护层。保护层应抹成表面光滑无裂缝。

（4）保温层厚度均匀，结构牢固，无空鼓；表面平整度允许偏差 10mm；厚度允许偏差 -5‰～+10‰。

2. 平壁设备保温结构

保温预制板的纵横接缝要错开。但每层要分别固定，而且内外层纵横接缝要错开，板与板之间的接缝必须用相同的保温材料填充。在外面再包上镀锌铁丝网，平整地绑在保温钩钉上，为作保护层做准备。最后做石棉水泥或其他保护层，涂抹时必须有一部分透过镀锌铁丝网与保温层接触。外表面一定要抹得平整、光滑、棱角整齐，而且不允许有铁丝或铁丝网露出保护层外表面。

3. 立式圆形设备保温结构

属于该类设备有立式热交换器、给水箱、软水罐、塔类等。保温钩钉布置结构见图 33-28、图 33-29 所示。

施工方法与平壁设备保温结构基本相同，敷设保温板材宜根据筒体弧度制成的弧形瓦，如果筒体直径很大时，可用平板的保温板材进行施工。最难施工的部位是顶部封头及底部封头。尤其是底部的封头更加困难，在安装保温板时需要进行支撑。用镀锌铁丝绑牢，否则因自重而下沉。板与板之间的缝隙必须用相同的保温材料填充。圆形设备有一定曲度缝隙可能大些，填充时要填好。然后敷设镀锌铁丝网并做好石棉水泥保护层或其他保护层。

4. 卧式圆形设备保温结构

这类设备有热交换器，除氧器以及其他设备。施工方法基本与立式圆形设备相同，筒体上焊保温钩钉时。要在封头及筒体中间焊接水平支承板，支承板的宽度为保温层厚度的3/4。支承板厚度为5mm。筒体保温钩钉及支承板布置见图33-30；封头上保温钩钉及支承板布置见图33-31。卧式圆形设备上半部施工比较方便，封头及下半部施工较困难。铁丝必须绑紧，防止下部出现下坠现象。外面包上镀锌铁丝网，再包保护层。

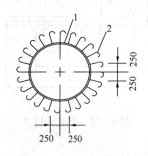

图 33-28　筒体上保温钩钉布置
1—筒体；2—保护钩钉

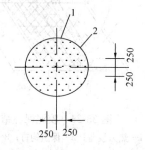

图 33-29　顶部及底部封头
保温钩钉的布置
1—顶部或底部封头；2—保温钩钉

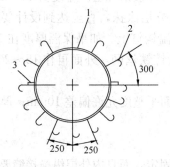

图 33-30　卧式设备上保温钩钉及支承板布置图
1—卧式圆形设备筒体；2—保温钩钉；3—支承板

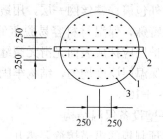

图 33-31　封头上保温钩钉及支承板的布置
1—封头；2—支承板；3—保温钩钉

5. 设备自锁垫圈结构保温

(1) 施工程序及方法与设备绑扎结构基本相同，所不同的是，绑扎结构用带钩的保温钉，是用镀锌铁丝绑扎。而自锁垫圈结构中用的保温钉是直的，利用自锁垫圈直接卡在保温钉上从而固定住保温材料。

（2）保温钉及自锁垫圈的制作

各种不同类型的保温钉分别用 φ6mm 的圆钢、尼龙、白铁皮制作。保温钉的直径应比自锁垫圈上的孔大 0.3mm。

自锁垫圈用 δ＝0.5mm 镀锌钢板制作，制作工艺如下：下料→冲孔→切开→压筋。用模具及冲床冲制。

用于温度不高的设备保温时，可购买塑料保温钉及自锁垫圈。也可单独购买自锁垫圈，然后自己制作保温钉来完成保温。

（3）施工方法

先将设备表面除锈，清扫干净，焊保温钉，涂刷防锈漆，保温钉的间距应按保温板材或棉毡的外形尺寸来确定，一般为 250mm 左右，但每块保温板不少于两个保温钉为宜。然后敷设保温板，卡在保温钉上，使保温钉露出头，再将镀锌铁丝网敷上，用自锁垫圈嵌入保温钉上，压紧铁丝网，嵌入后保温钉至少应露出 5～6mm。镀锌铁丝网必须平整并紧贴在保温材料上，外面作保护层。圆形设备、平壁设备施工作法相同，但底部封头施工比较麻烦，敷上保温材料就要嵌上自锁垫圈，然后再敷设镀锌铁丝网，在镀锌铁丝网外面再嵌一个自锁垫圈，这样做是防止底部或曲率过大部分的保温材料下沉或翘起，最后作保护层。

33.2.6 管 道 标 识

管道标识的主要作用是使复杂的机电管线通过各种管道上的标识进行系统的划分，使建筑物的管理者能够在很短的时间内进行相关的紧急抢修和合理的日常维护。

33.2.6.1 管道标识的基本方法

（1）在管道全长上标识。

（2）在管道上以宽为 150mm 的色环标识。

（3）在管道上以长方形的识别色标牌标识。

（4）在管道上以带箭头的长方形识别色标牌标识。

（5）在管道上以系挂的识别色标牌标识。

（6）管道标识可采用附有文字说明和不同颜色的自粘式胶带进行标识。

33.2.6.2 管道标识的设置部位

管道的起点、终点、交叉点、转弯处、阀门、穿墙孔两侧、技术层、吊顶内、管井内管道在检查口和检修口、走廊顶下明露管道、设备机房内的管道等的管道上和其他需要标识的部位。两个标识之间的最小间距应为 10m。竖向管道的粘贴高度应为 1.5m。

33.2.6.3 管道标识的施工操作

清洁管道表面，并在管道表面用标记笔标出粘贴位置，将标识自底纸撕下并贴于管道表面。粘贴标识的原则是：所有标识的部位，应以易于查看部位为宜，管井内管道文字标识应向管井门或与管井成 45° 为宜；天花内的管道宜标识在管道底部；上下布置的管道，上部的管线的标识应做在管道侧向为宜。

33.2.6.4 管道的标识色

管道标识以设计为准，表 33-51 仅为参考。

管道的标识色一览表 表 33-51

序号	管道名称	标识色	序号	管道名称	标识色
1	供水管	绿色	5	消火栓管道	红色
2	中水管道	浅绿色	6	自动喷水管	大黄
3	雨水管	蓝绿色	7	气体消防管道	红色
4	排水管	黑色			

33.3 室内消防系统安装

33.3.1 室内消火栓安装

建筑物室内消火栓系统组成：水枪、水龙带、消火栓、消防水喉、消防管道、水箱、消防水泵接合器、增压设备等。

33.3.1.1 安装准备

1. 技术准备

（1）认真熟悉图纸，根据施工方案，安全技术交底的具体措施选用材料，测量尺寸，绘制草图，预制加工。

（2）核对有关专业图纸，核对消火栓设置方式、箱体外框规格尺寸和栓阀单栓或双栓情况，查看各种管道的坐标、标高是否有交叉或排列位置不当，及时与设计人员研究解决，办理洽商手续。

（3）检查预理件和预留洞是否准确。对于暗装或半暗装消火栓，在土建主体施工过程中，要配合土建做好消火栓的预留洞工作。留洞的位置和标高应符合设计要求，留洞的大小不仅要满足箱体的外框尺寸，还要留出从消火栓箱侧面或底部连接支管所需要的安装尺寸。

（4）要安排合理的施工顺序，避免工种交叉作业干扰，影响施工。

2. 作业条件

（1）主体结构已验收，现场已清理干净。施工现场及施工用的水、电、气应满足施工要求，并能保证连续施工。

（2）管道安装所需要的基准线应测定并标明，如吊顶标高、地面标高、内隔墙位置线等。安装管道所需要的操作架应由专业人员搭设完毕。

（3）设备平面布置图、系统图、安装图等施工图及有关技术文件应齐全。

（4）设计单位应向施工单位进行技术交底。

（5）系统组件、管件及其他设备、材料，应能保证正常施工。

（6）检查管道支架、预留孔洞的位置、尺寸是否正确。

33.3.1.2 消火栓安装要点

1. 消火栓箱安装

（1）消火栓箱体要符合设计要求（其材质有木、铁和铝合金等），栓阀有单出口和双出口等。产品均应有消防部门的制造许可证、合格证及 3C 认证报告方可使用。

（2）安装消火栓支管，以栓阀的坐标、标高定位，甩口。核定后稳固消火栓箱。对于暗装的消火栓箱应先核实预留洞口的位置、尺寸大小，不适合的应进行修正，然后把消火栓箱预放入孔洞内，无误后用专用机具在消火栓箱上管道穿越的地方开孔，如箱体预留有穿越孔则把该孔内铁片敲落，开孔大小合适，且应保证管道居中穿越。位置确定无误后进行稳装。安装好消火栓支管后协调土建填实封闭孔洞。

（3）对于明装的消火栓箱，先在箱体背面四角适当位置用专用工具开螺栓孔，大小适宜。然后用专用机具在消火栓箱上管道穿越地方开孔，如箱体预留有穿越孔则将铁片敲掉，开孔大小合适。确定消火栓箱位置，保证安装后箱体平正牢固，穿越管道居中。在墙体或支架的对应位置上安装固定螺栓，位置正确、牢固。稳装消火栓箱，消火栓箱体安装在轻质隔墙上时，应有加固措施。

（4）对于暗装的消火栓箱应先核实预留洞口的位置、尺寸大小，不合适的应进行修正；然后把消火栓箱预放入孔洞内，无误后用专用机具在消火栓箱上管道穿越的地方开孔，如箱体预留有穿越孔则把该孔内铁片敲落，开孔大小合适，且应保证管道居中穿越；确定位置无误后，进行稳装，先用砖石固定消火栓箱，位置准确、箱体平整牢固，安装好消火栓支管后协调土建填实封闭孔洞。

（5）封堵消火栓箱支管穿越箱体处孔洞，与箱体吻合无明显缝隙，平滑、色泽与箱体一致。工程竣工前安装消火栓箱柜、箱门，并安放消火栓配件。箱门开闭灵活，门框接触紧密无明显缝隙，平正牢固。

（6）对单出口的消火栓、水平支管，应从箱的端部经箱底由下而上引入，其安装位置尺寸如图 33-32，消火栓中心距地 1.1m，栓口朝外。

（7）对双出口的消火栓，其水平支管可从箱底的中部，经箱底由下而上引入，其双栓出口方向与墙角成 45°角，如图 33-33 所示。

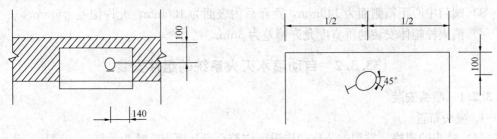

图 33-32　单出口消火栓　　　　　　　　图 33-33　双出口消火栓

（8）消火栓安装完毕，应清除箱内杂物，箱体内外有损伤部位局部刷漆，暗装在墙内的消火栓箱体周围不应有空鼓现象，管道穿过箱体空隙应用水泥砂浆、密封膏、或密封盖板（圈）封严。

2. 消火栓配件安装

（1）在交工前进行，消防水龙带应折好放在挂架、托盘、支架上或采用双头盘带的方式卷实，盘紧放在箱内。

（2）安装消火栓水龙带，水龙带与水枪和快速接头绑扎好后，应根据箱内构造将水龙带挂放在箱内的挂钉、托盘或支架上。消防水龙带与水枪的连接，一般采用卡箍，并在里侧绑扎两道 14# 铁丝。消防水枪要竖放在箱体内侧，自救式水枪和软管应放在挂卡上或放在箱底部。

（3）设有电控按钮时，应注意与电气专业配合施工。

33.3.1.3 消火栓试射试验

（1）消火栓系统干、立、支管道的水压试验按设计要求进行。当设计无要求时，消火栓系统试验宜符合试验压力，稳压 2h 管道及各节点无渗漏的要求。

（2）将屋顶检查试验用消火栓箱打开，取下消防水龙带接好栓口和水枪，打开消火栓阀门，拉到平屋顶上，按下消防泵启动按钮，水平向上倾角 30°～45°试射，测量射出的密集水柱长度并做好记录；在首层（按同样步骤）将两支水枪拉到要测试的房间或部位，按水平向上倾角试射。观察其能否两股水栓（密集、不散花）同时到达，并做好记录。

（3）消火栓（箱）位置设置应符合消防验收要求，标志明显，消火栓水带取用方便，消火栓开启灵活无渗漏。开启消火栓系统最高与最低点消火栓，进行消火栓试验，当消火栓栓口喷水时，信号能及时传送到消防中心并启动系统水泵，消火栓栓口压力不大于 0.5MPa，水枪的充实水柱应符合设计及验收规范要求。且按下消防按钮后消防水泵准确动作。

33.3.1.4 消火栓安装质量标准

（1）室内消火栓系统安装完成后应取屋顶层（或水箱间内）试验消火栓和首层取二处消火栓做试射试验，达到设计要求为合格。

（2）安装消火栓水龙带，水龙带与水枪和快速接头绑扎好后，应根据箱内构造将水龙带挂放在箱内的挂钉、托盘或支架上。

（3）箱式消火栓的安装应符合下列规定：

1）栓口应朝外，并不应安装在门轴侧。

2）栓口中心距地面为 1.1m，允许偏差 ±20mm。

3）阀门中心距箱侧面为 140mm，距箱后内表面为 100mm，允许偏差 ±5mm。

4）消火栓箱体安装的垂直度允许偏差为 3mm。

33.3.2 自动喷水灭火系统的组件安装

33.3.2.1 喷头安装

1. 喷头布置

（1）喷头的规格、类型、公称动作温度应符合设计要求；喷头的商标、型号、动作温度、制造厂及生产年、月等标志齐全；外观无加工缺陷和机械损伤，感温包无破碎和松动，易熔片无脱落和松动；螺纹密封面应无伤痕、毛刺、缺丝或断丝等现象。

（2）喷头溅水盘与吊顶、楼板、屋面板的距离：除吊顶型喷头及吊顶下安装的喷头外，直立型、下垂型标准喷头，其溅水盘与顶板的距离，不应小于 75mm，且不应大于 150mm。

（3）喷头与隔断的距离：直立型、下垂型喷头与不到顶隔墙的水平距离，不得大于喷头溅水盘与不到顶隔墙顶面垂直距离的 2 倍。

（4）闭式系统的喷头，其公称动作温度宜高于环境最高温度 30℃。

（5）湿式系统的喷头选型应符合下列规定：

1）不作吊顶的场所，当配水支管布置在梁下时，应采用直立型喷头。

2）吊顶下布置的喷头，应采用下垂型喷头或吊顶型喷头。

3）顶板为水平面的轻危险级、中危险级、居室和办公室，可采用边墙型喷头。

4）自动喷水-泡沫联用系统应采用洒水喷头。

5）易受碰撞的部位，应采用带保护罩的喷头或吊顶型喷头。

（6）干式系统、预作用系统应采用直立型喷头或干式下垂型喷头。

（7）水幕系统的喷头选型应符合下列规定：

1）防火分隔水幕应采用开式洒水喷头或水幕喷头。

2）防护冷却水幕应采用水幕喷头。

（8）下列场所宜采用快速响应喷头：

1）公共娱乐场所、中庭环廊。

2）医院、疗养院的病房及治疗区域，老年、少儿、残疾人的集体活动场所。

3）超出水泵接合器供水高度的楼层。

4）地下商业及仓储用房。

（9）同一隔间内应采用相同热敏性能的喷头。

（10）雨淋系统的防护区内应采用相同的喷头。

（11）自动喷水灭火系统应有备用喷头，其数量不应少于喷头总数的1％，且每种型号均不得少于10只。

2. 喷头的安装

（1）喷头安装应在管道系统试压合格并冲洗干净后进行，安装前已按建筑装修图确定位置，吊顶龙骨安装完毕按吊顶材料厚度确定喷头的标高。封吊顶时按喷头预留口位置在吊顶板上开孔。喷头安装在系统管网试压、冲洗合格，油漆管道完后进行。核查各甩口位置准确，甩口中心成排成线。安装在易受机械损伤处的喷头，应加设喷头防护罩。

（2）喷头管径一律为25mm，末端用25mm×15mm的异径管箍联结喷头，管箍口应与吊顶装修平齐，可采用拉网格线的方式下料、安装。支管末端的弯头处100mm以内应加卡件固定，防止喷头与吊顶接触不牢，上下错动。支管安装完毕，管箍口须用丝堵拧紧封堵严密，准备系统试压。

（3）安装喷头使用专用扳手（灯叉形）安装喷头，严禁使喷头的框架和溅水盘受力。安装中发现框架或溅水盘变形的喷头应立即用相同喷头更换。喷头安装时，不能对喷头进行拆装、改动，严禁给喷头加任何装饰性涂层。填料宜采用聚四氟乙烯生料带，喷头的两翼方向应成排统一安装，走廊单排的喷头两翼应横向安装。护口盘要贴紧吊顶，人员能触及的部位应安装喷头防护罩。

（4）吊顶上的喷头须在顶棚安装前安装，并做好隐蔽记录，特别是装修时要做好成品保护。吊顶下喷头须等顶棚施工完毕后方可安装，安装时注意型号使用正确。

（5）吊顶下的喷头须配有可调式镀铬黄铜盖板，安装高度低于2.1m时，加保护套。当有的框架、溅水盘产生变形，应采用规格、型号相同的喷头更换。

（6）支吊架的位置以不妨碍喷头喷洒效果为原则。一般吊架距喷头应大于300mm，对圆钢吊架可以小到70mm，与末端喷头之间的距离不大于750mm。

（7）为防止喷头喷水时管道产生大幅度晃动，干管、立管、支管末端均应加防晃固定支架。干管或分层干管可设在直管段中间，距主管及末端不宜超过12m。管道改变方向时，应增设防晃支架。防晃支架应能承受管道、零件、阀门及管内水的总量和50%水平

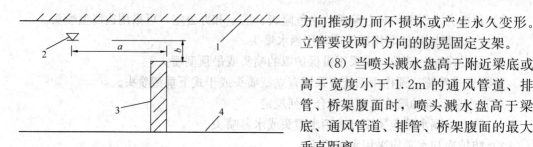

图 33-34 喷头与隔断障碍物的距离
1—顶棚或屋顶；2—喷头；3—障碍物；4—地

方向推动力而不损坏或产生永久变形。立管要设两个方向的防晃固定支架。

（8）当喷头溅水盘高于附近梁底或高于宽度小于 1.2m 的通风管道、排管、桥架腹面时，喷头溅水盘高于梁底、通风管道、排管、桥架腹面的最大垂直距离。

（9）当梁、通风管道、排管、桥架宽度大于 1.2m 时，增设的喷头应安装在其腹面以下部位。当喷头安装在不到顶的隔断附近时，喷头与隔断的水平距离和最小垂直距离应符合表 33-52、表 33-53 的规定（见图 33-34）。

喷头与隔断的水平距离和最小垂直距离（直立与下垂喷头） 表 33-52

喷头与隔断的水平距离 a (mm)	喷头与隔断的最小垂直距离 b (mm)	喷头与隔断的水平距离 a (mm)	喷头与隔断的最小垂直距离 b (mm)
$a<150$	80	$450\leqslant a<600$	320
$150\leqslant a<300$	150	$600\leqslant a<750$	390
$300\leqslant a<450$	240	$a\geqslant750$	460

喷头与隔断的水平距离和最小垂直距离（大水滴喷头） 表 33-53

喷头与隔断的水平距离 a (mm)	喷头与隔断的最小垂直距离 b (mm)	喷头与隔断的水平距离 a (mm)	喷头与隔断的最小垂直距离 b (mm)
$a<150$	40	$450\leqslant a<600$	130
$150\leqslant a<300$	80	$600\leqslant a<750$	140
$300\leqslant a<450$	100	$750\leqslant a<900$	150

33.3.2.2 组件安装

1. 报警阀组安装

（1）报警阀应有商标、规格、型号及永久性标志，水力警铃的铃锤转动灵活，无阻滞现象。

（2）报警阀处地面应有排水措施，环境温度不应低于 5℃。报警阀组应设在明显、易于操作的位置，距地高度宜为 1m 左右。

（3）报警阀组应按产品说明书和设计要求安装，控制阀应有启闭指示装置，阀门处于常开状态。

（4）报警阀组安装前应逐个进行渗漏试验，试验压力为工作压力的 2 倍，试验时间 5min，阀瓣处应无渗漏。报警阀组的安装应先安装水源控制阀、报警阀，然后再进行报警阀组辅助管道的连接。

（5）水源控制阀、报警阀与配水干管的连接，应使水流方向一致。

（6）水力警铃应安装在相对空旷的地方。报警阀、水力警铃排水应按照设计要求排放到指定地点。

2. 水流指示器安装

（1）水流指示器应有清晰的铭牌、安全操作指示标志和产品说明书；还应有水流方向的永久性标志。除报警阀组控制的喷头只保护不超过防火分区面积的同层场所外，每个防火分区、每个楼层均应设水流指示器。仓库内顶板下喷头与货架内喷头应分别设置水流指示器。

（2）水流指示器一般安在每层的水平分支干管或某区域的分支干管上。水流指示器应安装在水平管道上侧，其动作方向应和水流方向一致；安装后的水流指示器桨片、膜片应动作灵活，不应与管壁发生碰擦。

（3）水流指示器的规格、型号应符号设计要求，应在系统试压、冲洗合格后进行安装。

（4）水流指示器前后应保持有五倍安装管径的直线段，安装时注意水流方向与指示器的箭头一致。

（5）国内产品可直接安装在丝扣三通上，进口产品可在干管开口，用定型卡箍紧固。水流指示器适用于 50～150mm 的管道安装。

3. 节流装置安装

（1）在高层消防系统中，为防止低层的喷头和消火栓流量过大，可采用减压孔板或节流管等装置均衡。

（2）减压孔板应设置在直径不小于 50mm 的水平管段上，孔口直径不应小于安装管端直径的 50%，孔板应安装在水流转弯处下游一侧的直管段上。

（3）与弯管的距离不应小于设置管段直径的两倍，采用节流管时，其长度不宜小于1m。节流管直径选择按表 33-54 选用。

节流管直径（mm） 表 33-54

管段直径	50	70	80	100	125	150	200
节流直径	25	32	40	50	80	80	100

4. 水泵接合器安装

（1）水泵接合器规格应根据设计选定，其安装位置应有明显的标志，阀门位置应便于操作，接合器附近不得有障碍物。

（2）安全阀应按系统工作压力定压，防止消防车加压过高破坏室内管网及部件，接合器应安装泄水阀。

5. 报警阀配件安装

（1）报警阀配件交工前进行安装，延迟器安装在闭式喷头自动喷水灭火系统上，是防止误报警的设施。可按说明书及组装图安装，应装在报警阀与水力警铃之间的信号管上。与报警阀连接的管道应采用镀锌钢管。

（2）排气阀的安装应在管网系统试压、冲洗合格后进行，排气阀应安装在配水干管顶部、配水管的末端，且应确保无渗漏。

（3）信号阀应安装在水流指示器前的管道上，与水流指示器之间的距离不应少于300mm。末端试水装置安装在系统管网末端或分区管网末端。

（4）水力警铃应安装在公共通道或值班室的外墙上。水力警铃与报警阀的连接应采用镀锌管；管经为 15mm 时，其长度不应大于 6m，管经为 20mm 时，其长度不应大于 20m。

6. 信号阀安装

信号阀应安装在水流指示器前的管道上，与水流指示器之间的距离不应小于 300mm。

7. 末端试水装置

（1）每个报警阀组控制的最不利点喷头处，应设末端试水装置，其他防火分区、楼层的最不利点喷头处，均应设直径为 25mm 的试水阀。

（2）末端试水装置应由试水阀、压力表以及试水接头组成。试水接头出水口的流量系数，应等同于同楼层或防火分区内的最小流量系数喷头。末端试水装置出水，应采取孔口出流的方式排入排水管道。

33. 3. 2. 3　通水调试

管道系统强度及严密性试验可分层、分区、分段进行。埋地、吊顶内、保温等暗装管道在隐蔽前应做好单项水压试验。管道系统安装完后进行综合水压试验。

1. 系统试压和冲洗

管网安装完毕后，对其进行强度试验、严密性试验和冲洗。强度试验和严密性试验用水进行。试压用的压力表不少于二只，精度不低于 1.5 级，量程为试验压力值的 1.5～2 倍。对不能参与试压的设备、仪表、阀门及附件加以隔离或拆除；加设的临时盲板要具有突出于法兰的边牙，且作明显标志。系统试压过程中出现泄漏时，要停止试压，并放空管网中的试验介质，消除缺陷后再试。

2. 系统调试

（1）准备工作

系统调试应在其施工完成后进行，且具备下列条件：消防水池、消防水箱已储备设计要求的水量；系统供电正常；气压给水设备的水位、气压符合设计要求；灭火系统管网内已充满水；阀门均无泄漏；配套的火灾自动报警系统处于正常工作状态。

（2）调试内容包括：水源测试，消防水泵调试，稳压泵调试，报警阀调试等，排水装置设计和联动试验。

（3）调试要求：

1）水源测试：按设计要求核实消防水箱的容积、设置高度及消防储水不作他用的技术措施；按设计要求核实水泵接合器的数量和供水能力。

2）消防水泵调试要求：以自动或手动方式启动消防水泵时，消防水泵应在 5min 内投入正常运行；备用电源切换时，消防水泵应在 1.5min 内投入正常运行；稳压泵调试时，模拟设计压力时，稳压泵应自动停止运行。

3）报警阀调试：

① 湿式报警阀调试：在其试水装置处放水，报警阀及时动作，当延时不超过 90s 后，水力警铃应发出报警信号，水流指示器应输出报警电信号，压力开关接通电路报警，及时反映在消防控制室，并立即启动相应消防水泵。

② 干式报警阀调试：开启系统试验阀门，检查并核实报警阀的启动时间、启动压力、水流到试验装置出口所需时间均应满足设计要求。当管网空气压力下降至供水压力的 12.5% 以下时，试水装置连续出水，水力警铃发出报警信号。

4）排水装置调试：开启排水装置的主排水阀，应按系统最大设计灭火水量作排水试验，并使压力达到时稳定。

5）启动最不利点的一只喷头以 0.94～1.5L/s 的流量从末端试水装置处放水，水流指示器、压力开关和消防水泵应及时动作，并发现准确的信号。

33.3.3 气体灭火系统安装

33.3.3.1 安装准备

1. 施工前的准备

为确保气体灭火系统的施工质量,使气体灭火系统能够安装正确,运行可靠的必要条件是设计正确、施工合理、产品质量合格,因此施工前应具备如下的技术资料。

(1) 经公安消防监督机构审核的施工图,设计说明书,系统及组件的使用、维护保养说明书。

(2) 灭火剂储存容器,选择阀、单项阀、集流管、启动装置、喷嘴、安全阀等重要组件,应具有国家质量检测部门的检测、检验报告和出厂产品的合格证。灭火剂输送管道及管道组件的质量保证书和合格证。

(3) 系统中采用的不能复验复检的组配件,如膜片必须具有生产厂批量生产的产品检验报告和产品合格证。

2. 材料要求

(1) 气体灭火设备、管材、管件、各类阀门及附属制品配件等,出厂质量合格证明文件及检测报告齐全、有效。进入现场后,安装使用前检查、验证工作。必须符合国家有关规范、部颁标准及消防监督部门的规定要求。对于有特殊要求的材料宜抽样送试验室检测。

(2) 管材一般采用镀锌钢管、镀锌无缝钢管、加厚镀锌钢管及管件。管壁内外镀锌均匀,无锈蚀、内壁无卡筋,管壁厚度符合设计要求。选择管材时,内部经受压力应满足设计要求。

(3) 管件:管件应采用锻压钢件内外镀锌。镀锌层表面均匀、无锈蚀、无偏扣、乱扣、方扣、丝扣不全、角度不准等现象。特别是法兰盘要内外镀锌,镀锌层完整,水线均匀,不得有断裂、粘着污物等现象。

(4) 有色金属管道及管件:管壁厚度内外均匀,管皮内表面光滑平整,管件不得有角度不准等现象。

(5) 施工前系统组件的外观检查:

1) 系统组件无碰撞变形及机械性损伤。

2) 组件外露非机械加工表面保护涂层完好。

3) 组件所有外露接口设有防护装置且封闭良好,接口螺纹和法兰密封面无损伤。

4) 铭牌清晰,其内容应符合国家要求且必须有效。

5) 保护同一防护区的灭火剂贮存容器规格应一致,其高度差不宜超过 20mm。

6) 气动驱动装置的气体贮存容器规格应一致,其高度差不宜超过 10mm。

(6) 施工前应检查灭火剂贮存容器内的充装量与充装压力:

1) 灭火剂贮存容器的充装量不应小于设计充装量,且不应超过设计充装量的 1.5%。

2) IG-541 和七氟丙烷灭火系统应检查灭火剂贮存容器内的贮存压力,灭火剂贮存容器内的实际压力不应低于相应温度下的贮存压力,且不应超过该贮存压力的 5%;三氟甲烷灭火系统应进行称重检漏检查,其损失不应超过 10%。

(7) 气体钢瓶、启动装置箱及箱内附属设备及零配件的规格、型号、尺寸、质量必须符合设计要求。设备的零配件应齐全，表面外观规整，无损伤。搬运时带上瓶盖，不能倒置、冲击，慎重操作，不允许放在日光直射及高温、附近有危险物等场所。

3. 作业条件

（1）保护区和灭火剂储存室（点）土建工程施工全部完成，设置安装条件与设计要求符合。

（2）系统组件及主要材料齐全，品种、规格、型号和质量符合设计要求。

（3）系统所需的预埋件和孔洞符合设计要求。

（4）管网安装所需基准线应测定并标明，吊顶内管道应在封吊顶前完成。

（5）设备安装应在设备间完成粗装修进行。

（6）干管安装：位于各段顶层干管，在各段结构封顶后安装；位于楼板下的干管，应在结构进入上一层且模板已经拆除并清理干净后进行；位于吊顶内的干管，必须在吊顶安装前安装完毕。

（7）立管安装：应在抹好地面后进行，如需在抹地面前安装时，必须保证水平线和地表面标高准确。

（8）支管安装：必须在抹完墙面后进行安装。墙面不做抹灰时，支管应在刮腻子后再进行安装。

33.3.3.2　气体灭火系统安装要点

1. 气体灭火管道系统组成

管道一般包括主干管、支干管、支立管、分支管；集合管、导向管安装。安装时由主管道开始，其他分支可依次进行。

2. 灭火剂输送管道的安装

（1）灭火剂输送管道连接应符合下列规定

1）采用螺纹连接时，管材宜采用机械气割；螺纹不得有缺纹、断纹等现象；螺纹连接的密封材料应均匀附着在管道的螺纹部分，拧紧螺纹时，不得将填料挤入管道内；安装后的螺纹根部应有2～3丝外露螺纹；连接后，应将连接处外部清理干净并做防腐处理。填料应用封闭性能好的聚四氟乙烯生料带，不能用麻丝做填料。

2）采用法兰连接时，衬垫不得凸入管内，其外边缘宜接近螺栓，不得放双垫或偏垫。连接法兰的螺栓，直径和长度应符合标准，拧紧后，凸出螺母的长度不应大于螺杆直径的1/2且保证有不少于2丝外露螺纹。法兰垫料应用耐热石棉，切忌采用高压橡胶垫，因为橡胶垫容易膨胀，导致漏气。

3）已经防腐处理的无缝钢管不宜采用焊接连接，与选择阀等个别连接部位需采用法兰焊接连接时，应对被焊接损坏的防腐层进行二次防腐处理。

4）焊接后的管道应进行二次镀锌处理。管道预排列时应充分考虑到管道进行二次镀锌的拆卸，在合适的位置上设置可拆卸的连接方式。管道焊接完后，对管道按照连接顺序进行编号，并在管道的确定位置上打上永久标识，按顺序拆卸后进行二次镀锌处理，然后按编号进行二次安装，安装位置与一次安装位置一致。

5）铜管道连接采用扩口接头，把扩口螺母带入铜管，然后用胀管工具扩管，应用指定的胀管工具扩管，不能用其他方法扩管。使用专用扳手把扩口螺母拧紧，不能采用活动扳手等。

6）三通的水平分流，由于灭火剂喷放时，在管网中呈气液两相流动，且压力越低流体中含气率越大，为较准确地控制流量分配，管道三通管接头分流出口应水平安装。

（2）管道穿过墙壁、楼板处应安装套管。套管公称直径比管道公称直径至少应大2级，穿墙套管长度应与墙厚相等，穿楼板套管长度应高出地板50mm。管道与套管间的空隙应采用防火封堵材料填塞密实。当管道穿越建筑物的变形缝时，应设置柔性管段。

（3）管道支、吊架的安装应符合下列规定：

1）管道应固定牢靠，管道支、吊架的最大间距应符合表33-55的规定。

支、吊架之间最大间距 表 33-55

DN（mm）	15	20	25	32	40	50	65	80	100	150
最大间距（m）	1.5	1.8	2.1	2.4	2.7	3.0	3.4	3.7	4.3	5.2

2）管道末端应采用防晃支架固定，支架与末端喷嘴间的距离不应大于500mm。

3）公称直径大于或等于50mm的主干管道，垂直方向和水平方向至少应各安装1个防晃支架，当穿过建筑物楼层时，每层应设1个防晃支架。当水平管道改变方向时，应增设防晃支架。

4）埋设在混凝土墙内的管道，必须根据设计要求施工，须在埋设部位卷上聚乙烯胶带或同类产品。在防火区域内，管道所穿过的间隙应填上不燃性材料，并考虑必要的伸缩，充分填实。

（4）灭火剂输送管道安装完毕后，应进行强度试验和气压严密性试验，并合格。

（5）灭火剂输送管道的外表面宜涂红色油漆。

3. 设备支架安装

（1）按照设计图纸要求，进行设备支架组装，组装时注意按照图纸顺序编号进行安装，安装后再进行矫正。

（2）各部件的组装应使用配套附件螺栓、螺母、垫圈、U形卡等，注意不要组装错位。外露螺栓长度为直径的1/2为宜。

（3）贮藏容器支架组装完成，经复核符合设计图纸要求后，用四根膨胀螺栓固定在贮藏容器室的地面上。

4. 灭火剂储存装置的安装

（1）储存装置的安装位置应符合设计文件的要求。

（2）灭火剂储存装置安装后，泄压装置的泄压方向不应朝向操作面。低压二氧化碳灭火系统的安装阀应通过专用的泄压阀接到室外。

（3）储存装置上压力计、液位计、称重显示装置的安装位置应便于人员观察和操作。

（4）储存容器的支、框架应固定牢靠，并应做防腐处理。

（5）储存容器宜涂红色油漆，正面应标明设计规定的灭火剂名称和储存容器的编号。

（6）安装集流管前应检查内腔，确保清洁。

（7）集流管上的泄压装置的泄压方向不应朝向操作面。

（8）连接储存容器与集流管间的单向阀的流向指示箭头应指向介质流动方向。

5. 集流管的制作安装

（1）集流管汇集各个贮存容器中施放的灭火剂，向指定的防护区域输送，它的出口通过短管与选择阀连接，入口通过高压软管与贮存容器的容器阀连接。集流管采用高压管道焊接而成，进出口采用机械钻孔，不允许气割，以保证设计所需通径。焊接并检验合格后进行内外镀锌。

（2）集流管安装前应对内腔清理干净并封闭出口，支、框架固定牢固，并作防腐处理。

（3）集流管外面涂红色油漆。装有泄压装置的集流管泄压方向不应朝向操作面，泄压时不致伤人。

（4）同一瓶站的多根集流管采用法兰连接，以保证集流管容器接口安装角度一致。

（5）当钢瓶架高度超过 1.5m 时，集流管应适当降低标高，以使选择阀安装高度（手柄高度）1.7m。

（6）安全阀应安装在避开操作面的方向。

6. 选择阀及信号反馈装置的安装

（1）选择阀操作手柄应安装在操作面一侧，当安装高度超过 1.7m 时应采取便于操作的措施。

（2）采用螺纹连接的选择阀，其与管网连接处宜采用活接。

（3）选择阀的流向指示箭头应指向介质流动方向。

（4）选择阀上应设置标明防护区或保护对象名称或编号的永久性标志牌，并应便于观察。

（5）信号反馈装置的安装应符合设计要求。

（6）在组合分配系统中，集流管上要安装多个选择阀，与多组管道相连。选择阀操作手柄均布置在操作面一侧，安装高度超过 1.7m 时，应设置登梯或操作平台，以便操作。采用螺纹连接的选择阀，与管道连接处要采用活接头。为便于人员辨别选择阀所控制的防护区，要在选择阀上标明防护区名称或编号。

7. 阀驱动的安装

（1）电磁驱动装置的安装要求

1）安装前检查：电磁驱动装置的电源电压应符合系统设计要求。通过检查电磁铁芯，其行程应能满足系统启动要求，且动作灵活无卡阻现象；气动驱动装置贮存容器内气体压力不应低于设计压力，且不得超过设计压力的 5%；气动驱动装置中的单向阀芯应启闭灵活，无卡阻现象。

2）安装过程：电气连接线应沿固定灭火剂贮存容器的支、框架或墙面固定。拉索式的手动驱动装置的安装应符合下列规定：拉索除必须外露部分外，采用经内外防腐处理的钢管防护；拉索转弯处应采用专用导向滑轮；拉索末端拉手应设在专用的保护盒内；拉索套管和保护盒必须固定牢靠。

（2）气动驱动装置的气瓶支、框架或箱体应固定牢靠，且应做防腐处理，并标明驱动介质的名称和对应防护区名称编号。气动管道用铜管。由于管子长且根数多，应布置成横平竖直，管子交叉要尽量少，管子采用管夹固定，管夹的间距不宜大于 0.6m，转弯处应增设一个管夹。

（3）安装后应进行气密性试验：气动驱动装置的管道，试验介质采用氮气或空气，试验压力不低于驱动气体贮存压力，试验时为隔断气体进入灭火剂贮存容器的容器阀内，可拆下这一端，加上一个气体单向阀。试验时，压力升至试验压力后关闭加压气源，5min 内压力不变化为合格。

8. 喷嘴的安装

（1）喷嘴与连接管的连接，采用聚四氟乙烯缠绕丝牙部分或密封胶密封，安装时不得将密封材料挤入管内和喷嘴内。

（2）安装在吊顶下的下带装饰圈罩的喷嘴，其连接管丝牙部分不应露出吊顶，安装带装饰圈罩的喷嘴时，其装饰圈罩应紧贴吊顶。

（3）喷嘴安装位置应根据设计图安装，并逐个核对其型号、规格、喷孔方向，使之符合设计要求。

（4）安装喷嘴保护罩，次罩一般采用小喇叭形状，作用是防止喷嘴孔口堵塞。

9. 控制组件的安装

（1）灭火控制装置的安装应符合设计要求，防护区内火灾探测器的安装应符合现行国家标准《火灾自动报警系统施工及验收规范》GB 50166 的规定。

（2）设置在防护区处的手动、自动转换开关应安装在防护区入口便于操作的部位，安装高度为中心点距地（楼）面 1.5m。

（3）手动启动、停止按钮应安装在防护区入口便于操作的部位，安装高度为中心点距地（楼）面 1.5m；防护区的声光报警装置安装应符合设计要求，并应安装牢固，不得倾斜。

（4）气体喷放指示灯宜安装在防护区入口的正上方。

33.3.3.3 气体灭火系统的试验

1. 水压试验

（1）水压强度试验压力按下列数值取值：

1）对高压二氧化碳系统取 1.5MPa；对低压二氧化碳系统取 0.4MPa。

2）对 IG541 混合气体灭火系统应取 13.0MPa。

3）对卤代烷 1301 和七氟丙烷灭火系统，应取 1.5 倍系统工作最大压力。系统最大工作压力见表 33-56。

系统储存压力、最大工作压力   表 33-56

系统类别	最大充装密度（kg/m³）	储存压力（MPa）	最大工作压力（MPa）（50℃）
混合气体（IG541）灭火系统	—	15.0	17.2
	—	20.0	23.2
卤代烷 1301 灭火系统	1125	2.50	3.93
		4.20	5.80
七氟丙烷灭火系统	1150	2.5	4.2
	1120	4.2	6.7
	1000	5.6	7.2

（2）进行水压试验时，以不大于 0.5m/s 的升压速率缓慢升压至试验压力，保压 5min，检查管道各处无渗漏、无变形为合格。

（3）当水压强度试验条件不具备时，可采用气压强度试验代替。气压强度试验压力取值：二氧化碳灭火系统取 80％水压强度试验压力；IG541 混合气体灭火系统取 10.5MPa；卤代烷 1301 灭火系统和七氟丙烷灭火系统取 1.15 倍最大工作压力。气压预实验压力 0.2MPa，试验时缓慢增加压力，压力升至 50％时，如未发现异状或泄漏，继续按试验压力的 10％逐级升压，每级稳压 3min，直至试验压力。保压检查管道无变形，无渗漏为合格。

（4）气密试验：气密试验压力应按下列规定取值。对灭火剂输送管道，应取水压强度试验压力的 2/3；对气动管道，应取驱动气体储存压力。进行气密试验时，应以不大于 0.5MPa/s 的升压速率缓慢升压至试验压力，关断试验气源 3min 内压力降不超过试验压力的 10％为合格。气压试验必须采取有效的安全措施，加压介质可采用空气或氮气。

（5）吹扫管道可采用压缩空气或氮气，吹扫时，管道末端的气体流速不应小于 20m/s，采用白布检查，直至无铁锈、尘土、水渍及其他异物。

2．系统调试

（1）一般规定

1）气体灭火系统的调试应在系统安装完毕，并宜在相关的火灾报警系统和开口自动关闭装置、通风机械和防火阀等联动设备的调试完成后进行。

2）调试前应检查系统组件和材料的型号、规格、数量以及系统安装质量，并应及时处理所发现的问题。

3）进行调试试验时，应采取可靠措施，确保人员和财产安全。

4）调试项目应包括模拟启动试验、模拟喷气试验和模拟切换操作试验。调试完成后应将系统各部件及联动设备恢复正常状态。

（2）系统调试

1）模拟启动试验方法

系统调试采用手动和自动两种操作的模拟试验，因此调试工作不仅在自身系统安装完毕，而且有关的火灾自动报警系统和开口自动关闭装置、通风机械和防火阀等联动设备安装完毕并经调试后才能进行。进行调试试验时，应采取可靠的安全措施，确保人员安全和避免灭火剂的误喷射。试验要求见表 33-57。

模拟启动试验方法   表 33-57

试验内容	试 验 要 求
手动模拟试验	按下手动启动按钮，观察相关动作信号及联动设备动作是否正常（如发出声、光报警，启动输出端的负载响应，关闭通风空调、防火阀等）。人工使压力信号反馈装置动作，观察相关防护区门外的气体喷放指示灯是否正常
自动模拟启动试验	人工模拟火警使该防护区内任意一个火灾探测器动作，观察单一火警信号输出后，相关报警设备动作是否正常。 人工模拟火警使该防护区内另一个火灾探测器动作，观察复合火警信号输出后，相关动作信号及联动设备动作是否正常
模拟启动试验结果	延迟时间与设定时间相符，响应时间满足要求。 有关声、光报警信号正确。 联动设备动作正确。 驱动装置动作可靠

2）模拟喷气试验方法

① IG541 混合气体灭火系统及高压二氧化碳灭火系统应采用其充装的灭火剂进行喷气模拟试验。试验采用的存储容器应采用其充装的灭火剂进行模拟喷气试验。试验采用的容器数应为选定试验的防护区域或保护对象设计用量所需容器总数的 5%，且不少于 1 个。

② 低压二氧化碳灭火系统应采用二氧化碳灭火剂进行模拟喷气试验。试验应选定输送管道最长的防护区或保护对象进行，喷放量不应小于设计用量的 10%。

③ 卤代烷灭火系统模拟喷气试验不应采用卤代烷灭火剂，宜采用氮气，也可采用压缩空气。氮气或压缩空气储存容器与被试验的防护区或保护对象用的灭火剂储存容器的结构、型号、规格应相同。连接与控制方式应一致，氮气或压缩空气的充装压力按设计要求执行。氮气或压缩空气储存容器数不少于灭火剂储存容器的 20%，且不得少于一个。

④ 模拟喷气试验宜采用自动启动方式。

3）模拟喷气试验结果应符合下列规定：

① 延迟时间与设定时间相符，响应时间满足要求。

② 有关声、光报警信号正确。

③ 有关控制阀门工作正常。

④ 信号反馈装置动作后，气体防护区门外的气体喷放指示灯应正常工作。

⑤ 储存容器间内设备和对应防护区域或保护对象的灭火剂输送管道无明显晃动和机械损坏。

⑥ 试验气体能喷入被试防护区内或保护对象上，且应能从每个喷嘴喷出。

33.3.3.4　气体灭火系统质量标准

1. 防护区或保护对象与储存装置间验收

防护区或保护对象的位置、用途、划分、几何尺寸、开口、通风、环境温度、可燃物的种类、防护区围护结构的耐压、耐火极限及门、窗可自行关闭装置应符合设计要求。

2. 防护区安全设施的设置要求

（1）防护区的疏散通道、疏散指示标志和应急照明装置。

（2）防护区内和入口处的声光报警装置、气体喷放指示灯、入口处的安全标志。

（3）无窗或固定窗扇的地上防护区和地下防护区的排气装置。

（4）门窗设有密封条的防护区的泄压装置。

（5）专用的空气呼吸器或氧气呼吸器。

3. 储存装置间的位置

（1）储存装置间的位置、通道、耐火等级、应急照明装置、火灾报警控制装置及地下储存装置间机械排风装置应符合设计要求。

（2）火灾报警控制装置及联动设备应符合设计要求。

4. 设备和灭火剂输送管道验收

（1）灭火剂储存容器的数量、型号和规格，位置与固定方式，油漆和标志，以及灭火剂储存容器的安装质量应符合设计要求。

（2）储存容器内的灭火剂充装量和储存压力应符合设计要求。

（3）集流管的材料、规格、连接方式、布置及其泄压装置的泄压方向符合设计要求和规范规定。

（4）选择阀及信号反馈装置的数量、型号、规格、位置、标志及其安装质量应符合设计要求和规范规定。

（5）阀驱动装置的数量、型号、规格和标志，安装位置，气动驱动装置中驱动气瓶的介质名称和充装压力，以及气动驱动装置管道的规格、布置和连接方式应符合设计要求和规范规定。

（6）驱动气瓶和选择阀的机械应急手动操作处，均应有标明对应防护区或保护对象名称的永久标志。驱动气瓶的机械应急操作装置均应设安全销并加铅封，现场手动启动按钮应有防护罩。

（7）灭火剂输送管道的布置与连接方式、支架和吊架的位置及间距、穿过建筑构件及其变形缝的处理、各管段和附件的型号规格以及防腐处理和涂刷油漆颜色，应符合设计要求规范规定。

（8）喷嘴的数量、型号、规格、安装位置和方向，应符合设计要求规范规定。

5. 系统功能验收

（1）系统功能验收时，应进行模拟启动试验，并合格。

检查数量：按防护区或保护对象总数（不足 5 个按 5 个计）的 20％检查。

（2）系统功能验收时，应进行模拟喷气试验，并合格。

检查数量：组合分配系统应不少于 1 个防护区或保护对象，柜式气体灭火装置、热气溶胶灭火装置等预制灭火系统应各取 1 套。

（3）系统功能验收时，应对设有灭火剂备用量的系统进行模拟切换操作试验，并合格。

（4）系统功能验收时，应对主、备用电源进行切换试验，并合格。

33. 3. 4 细水喷雾灭火系统安装

33. 3. 4. 1 安装准备

1. 施工前的准备

（1）为了确保细水喷雾灭火系统的施工质量，使细水喷雾灭火系统能够安装正确，运行可靠的必要条件是设计正确、施工合理、产品质量合格，因此施工前应具备如下的技术资料。

（2）细水喷雾灭火系统的施工图设计文件必须经过当地的消防监督机构进行审核，审核批准后方可施工。有重大设计变更的图纸应重新报原审核机关进行审核，审核批准后方可进行施工。

2. 材料要求

（1）细水喷雾灭火系统管材、管件、各类阀门及附属制品配件等，出厂质量合格证明文件及检测报告齐全、有效。必须符合国家有关规范、部颁标准及消防监督部门的规定要求。系统选用的各种组件和材料，尤其是系统的主要组件，除公安消防监督机构在审核、验收时应认真审查，看其是否选用符合市场准入原则的消防产品外，产品到达施工现场后，施工单位和建设单位还应主动认真地进行检查。必要时请公安消防监督机构和建设单位主管部门共同对产品质量做现场检查，把隐患消灭在安装前，这样做，对确保系统功能是非常重要的。

（2）细水雾喷头、雨淋阀组等必须采用经国家消防产品质量监督检测中心检测，并符合现行的有关国家标准的产品。水雾喷头的选型应符合下列要求：扑救电气火灾应选用离心雾化型水雾喷头；腐蚀性环境应选用防腐型水雾喷头；粉尘场所设置的水雾喷头应有防尘罩。雨淋阀组的功能应符合下列要求：接通或关断水喷雾灭火系统的供水；接收电控信号可电动开启雨淋阀，接收传动管信号可液动或气动开启雨淋阀；具有手动应急操作阀；显示雨淋阀启、闭状态；驱动水力警铃；监测供水压力；电磁阀前应设过滤器。

（3）控制阀、储水容器、储气容器、集流管等细水喷雾灭火系统的关键部件不但要操作灵活，而且应具有一定耐压强度和严密性能，特别是对于组合分配系统尤为重要。因此在安装前应对这些部件逐一进行试验。

33.3.4.2 细水喷雾灭火系统安装要点

1. 喷头布置

（1）水雾喷头与保护对象之间的距离不得大于水雾喷头的有效射程。

（2）水雾喷头的平面布置方式可为矩形或菱形。当按矩形布置时，水雾喷头之间的距离不应大于 1.4 倍水雾喷头的水雾锥底圆半径；当按菱形布置时，水雾喷头之间的距离不应大于 1.7 倍水雾喷头的水雾锥底圆半径。

（3）当保护对象为油浸式电力变压器时，水雾喷头布置应符合下列规定：

1）水雾喷头应布置在变压器的周围，不宜布置在变压器顶部。

2）保护变压器顶部的水雾不应直接喷向高压套管。

3）水雾喷头之间的水平距离与垂直距离应满足水雾锥相交的要求。

4）油枕、冷却器、集油坑应设水雾喷头保护。

（4）当保护对象为可燃气体和甲、乙、丙类液体储罐时，水雾喷头与储罐外壁之间的距离不应大于 0.7m。

（5）当保护对象为球罐时，水雾喷头布置尚应符合下列规定：

1）水雾喷头的喷口应面向球心。

2）水雾锥沿纬线方向应相交，沿经线方向应相接。

3）当球罐的容积等于或大于 $1000m^3$ 时，水雾锥沿纬线方向应相交，沿经线方向宜相接，但赤道以上环管之间的距离不应大于 3.6m。

4）无防护层的球罐钢支柱和罐体液位计、阀门等处应设水雾喷头保护。

（6）当保护对象为电缆时，喷雾应完全包围电缆。

（7）当保护对象为输送机皮带时，喷雾应完全包围输送机的机头、机尾和上、下行皮带。

2. 管道安装

（1）管道连接后不应减少过水横断面面积。热镀锌钢管安装采用螺纹、沟槽式管件连接或法兰连接。当使用铜管、不锈钢管等其他管材时，应符合相应技术要求。

（2）管网连接前应校直管道，并清除管道内部的杂物，在具有腐蚀性场所，安装前应校直管道，并按设计要求对管道、管件等进行防腐处理，安装时应随时清除管道内部杂物。

（3）沟槽式管件连接应符合下列要求：

1）沟槽式管件连接时，其管道连接沟槽和开孔应用专用滚槽机和开孔机加工，并应做防腐处理。连接前应检查沟槽和孔洞尺寸，加工质量应符合技术要求，沟槽、孔洞不得有毛刺、破损性裂纹和脏物。

2）橡胶密封圈应无破损和变形。沟槽式管件的凸边应卡进沟槽后再紧固螺栓，两边应同时紧固，紧固时发现橡胶圈起皱应及时更换新橡胶圈。

3）机械三通连接时，应检查机械三通与孔洞的间隙，各部位应均匀，然后再紧固到位。机械三通开孔间距不应小于 1000mm，机械三通、机械四通连接时支管口径应满足表33-58 的要求。

采用支管接头（机械三通、机械四通）时的支管最大允许管径（mm）　　表 33-58

主管直径 DN		50	65	80	100	125	150	200	250
支管直径	机械三通	25	40	40	65	80	100	100	100
	机械四通	—	32	40	50	65	80	100	100

4）配水干管（立管）与配水管（水平管）连接，应采用沟槽式管件，不应采用机械三通。

（4）螺纹连接应符合下列要求：

1）管道宜采用机械切割，切割面不得有飞边、毛刺，管道螺纹密封面应符合现行国家标准《普通螺纹　基本尺寸》GB/T 196、《普通螺纹　公差》GB/T 197、《普通螺纹　管路系列》GB/T 1414 的有关规定。

2）当管道变径，宜采用异径接头，在管道弯头处不宜采用补芯，当需要采用补芯时，三通上可用一个，四通上不超过两个，公称直径大于 50mm 的管道不宜采用活接头。

3）螺纹连接的密封填料应均匀附着在管道的螺纹部分，拧紧螺纹时，不得将填料挤入管道内，连接后，应将连接处外部清理干净。

（5）法兰连接可采用焊接法兰或螺纹法兰。焊接法兰处应做防腐处理，并宜重新镀锌后再连接。

（6）细水雾灭火系统的取水设施应采取防止被杂物堵塞的措施，严寒和寒冷地区的细水喷雾灭火系统的给水设施应采取防冻措施。

（7）管道减压措施

管道采用减压孔板时宜采用圆缺型孔板。减压孔板的圆缺孔应位于管道底部，减压孔板前水平直管段的长度不应小于该段管道公称直径的 2 倍。

（8）管道采用节流时，节流管内水的流速不应大于 20m/s，长度不宜小于 1.0m。其公称直径宜按表33-59 要求选取。

（9）给水管道应符合下列要求：

1）过滤器后的管道，应采用内外镀锌钢管，且宜采用丝扣连接。

2）雨淋阀后的管道上不应设置其他用水设施。

3）应设泄水阀、排污口。

节流管公称直径（mm）　　　表 33-59

管道	50	65	80	100	125	150	200	250
节流管	40	50	65	80	100	125	150	200
	32	40	50	65	80	100	125	150
	25	32	40	50	65	80	100	125

3. 系统组件要求

（1）水雾喷头、雨淋阀组等必须采用经国家消防产品质量监督检测中心检测，并符合现行的有关国家标准的产品。

（2）水雾喷头的选型应符合下列要求：

1）扑救电气火灾应选用离心雾化型水雾喷头。

2）腐蚀性环境应选用防腐型水雾喷头。

3）粉尘场所设置的水雾喷头应有防尘罩。

（3）雨淋阀组的功能应符合下列要求：

1）接通或关断水喷雾灭火系统的供水。

2）接收电控信号可电动开启雨淋阀，接收传动管信号可液动或气动开启雨淋阀。

3）具有手动应急操作阀。

4）显示雨淋阀启、闭状态。

5）驱动水力警铃。

6）监测供水压力。

7）电磁阀前应设过滤器。

（4）雨淋阀组应设在环境温度不低于 4℃、并有排水设施的室内，其安装位置宜在靠近保护对象并便于操作的地点。

（5）雨淋阀前的管道应设置过滤器，当水雾喷头无滤网时，雨淋阀后的管道亦应设过滤器。

4. 给水

（1）细水喷雾灭火系统的用水可由给水管网、工厂消防给水管网、消防水池或天然水源供给，并确保用水量。

（2）细水喷雾灭火系统的取水设施应采取防止被杂物堵塞的措施，寒冷地区的水喷雾灭火系统的给水设施应采取防冻措施。

5. 操作和控制

（1）细水喷雾灭火系统应设有自动控制、手动控制和应急操作三种控制方式。当响应时间大于 60s 时，可采用手动控制和应急操作两种控制方式。

（2）火灾探测器可采用缆式线型定温火灾探测器、空气管式感温火灾探测器或闭式喷头。当采用闭式喷头时，应采用传动管传输火灾信号。

（3）传动管的长度不宜大于 300m，公称直径宜为 15～25mm。传动管上闭式喷头之间的距离不宜大于 2.5m。

（4）当保护对象的保护面积较大或保护对象的数量较多时，水喷雾灭火系统宜设置多台雨淋阀，并利用雨淋阀控制同时喷雾的水雾喷头数量。

（5）保护液化气储罐的水喷雾灭火系统的控制，除应能启动直接受火罐的雨淋阀外，尚应能启动距离直接受火罐 1.5 倍罐径范围内邻近罐的雨淋阀。

（6）分段保护皮带输送机的水喷雾灭火系统，除应能启动起火区段的雨淋阀外，尚应能启动起火区段下游相邻区段的雨淋阀，并应能同时切断皮带输送机的电源。

33.3.4.3　细水喷雾灭火系统安装质量标准

质量验收是系统竣工后，检验工程情况和测试系统运行的最终环节，因此，质量验收所包含的内容是比较全面的，而且还应该能够把握住系统的关键点。质量验收应该包括设计资料、施工记录以及各种系统测试，以确保在系统质量验收合格后，能够立刻投入运行。

（1）雨淋阀组的安装

1）雨淋阀组可采用电动开启、传动管开启或手动开启，开启控制装置的安装应安全可靠。水传动管的安装应符合湿式系统有关要求。

2）预作用系统雨淋阀组后的管道若需充气，其安装应按干式报警阀组有关要求进行。

3）雨淋阀组的观测仪表和操作阀门的安装位置应符合设计要求，并便于观测和操作。

4）雨淋阀组手动开启装置的安装位置应符合设计要求，且在发生火灾时应能安全开启和便于观察。

5）压力表应安装在雨淋阀的水源一侧。

（2）雨淋阀调试宜利用检测、试验管道进行。自动和手动方式启动雨淋阀，应在 15s 之内启动。公称直径大于 200mm 的雨淋阀调试时，应在 60s 内启动。雨淋阀调试时，当报警水压为 0.05MPa，水力警铃应发出报警铃声。

（3）预作用系统、雨淋系统、水幕系统的联动试验，可采用专用测试仪表或其他方式，对火灾自动报警系统的各种探测器输入模拟火灾信号，火灾自动报警控制器应发出声光报警信号并启动自动喷水灭火系统。采用传动器启动的雨淋系统、水幕系统联动试验时，启动一只喷头，雨淋阀打开，压力开关动作，水泵启动。

33.3.5　大空间智能型主动喷水灭火系统安装

33.3.5.1　安装准备

1. 施工前的准备

为确保大空间智能型主动喷水灭火系统的施工质量，使大空间智能型主动喷水灭火系统能够安装正确，运行可靠的必要条件是设计正确、施工合理、产品质量合格，因此施工前应具备经公安消防监督机构审核的施工图，设计说明书，系统及组件的使用、维护保养说明书等技术资料。

2. 材料要求

（1）大空间智能型主动喷水灭火系统管材、管件、各类阀门及附属制品配件等，出厂质量合格证明文件及检测报告齐全、有效。进入现场后，安装使用前检查、验证工作。必须符合国家有关规范、部颁标准及消防监督部门的规定要求。对于有特殊要求的材料宜抽样送试验室检测。

（2）室内管道应采用内外壁热镀锌钢管、不锈钢内衬热镀锌钢管、涂塑钢管，不得采用普通焊接钢管、铸铁管及各种塑料管。管壁内外镀锌均匀，无锈蚀、内壁无卡筋，管壁厚度符合设计要求。选择管材时，内部经受压力应满足设计要求。

33.3.5.2 大空间智能型主动喷水灭火系统安装要点

1. 消防水炮安装方式及要求

设置大空间智能型主动喷水灭火系统的场所，当喷头或高空水炮为边墙式或悬空式安装，且喷头及高空水炮以上空间无可燃物时，设置场所的净空高度可不受限制。各种喷头和高空水炮应下垂式安装。同一个隔间内宜采用同一种喷头或高空水炮，如要混合采用多种喷头或高空水炮，且合用一组供水设施时，应在供水管路的水流指示器前，将供水管道分开设置，并根据不同喷头的工作压力要求、安装高度及管道水头损失来考虑是否设置减压装置。

2. 水炮配管形式及安装主要要求

（1）在系统管网最不利点处设置模拟末端试水装置，出口接 DN100 的排水管。

（2）水箱与自动喷水灭火系统和消火栓系统的水箱共用，出水管单独接出，设置止回阀及检修阀。

（3）所选用的智能灭火系统是由智能灭火装置中的红外探测组件直接通过电气启动水泵进行喷水灭火。

（4）系统中电磁阀的安装位置靠近灭火装置安装。

（5）联动控制柜安装于最底层楼面处，其中心线距楼面高度为 1.5m，且应周围无明显的障碍物，以便现场控制。

3. 智能型红外探测组件设置

（1）智能型红外探测组件应平行或低于吊顶、梁底、屋架底和风管底设置大空间智能灭火装置的智能型红外探测组件安装要求：安装高度应与喷头安装高度相同；一个智能型红外探测组件最多可覆盖 4 个喷头（喷头为矩形布置时）的保护区；设在舞台上方时每个智能型红外探测组件控制 1 个喷头；设在其他场所时一个智能型红外探测组件可控制 1～4 个喷头；一个智能型红外探测组件控制 1 个喷头时，智能型红外探测组件与喷头的水平安装距离不应大于 600mm；一个智能型红外探测组件控制 2～4 个喷头时，智能型红外探测组件距各喷头布置平面的中心位置的水平安装距离不应大于 600mm。

（2）自动扫描射水灭火装置和自动扫描射水高空水炮灭火装置的智能型红外探测组件与扫描射水喷头（高空水炮）为一体设置，智能型红外探测组件的安装符合以下规定：安装高度与喷头（高空水炮）安装高度相同；一个智能型红外探测组件的探测区域应覆盖一个喷头（高空水炮）的保护区域；一个智能型红外探测组件只控制 1 个喷头（高空水炮）。

4. 电磁阀

（1）大空间智能型主动喷水灭火系统灭火装置配套的电磁阀，阀体及内件应采用不锈钢或铜质材料；电磁阀在不通电条件下应处于关闭状态；电磁阀的开启压力不应大于 0.04MPa；电磁阀的公称压力不应小于 1.6MPa。

（2）电磁阀的安装要求：电磁阀宜靠近智能型灭火装置设置，若电磁阀设置在吊顶内，吊顶在电磁阀的位置应预留检修孔洞。

（3）电磁阀的控制方式：由红外探测组件自动控制；消防控制室手动强制控制并设有防误操作设施；现场人工控制（严禁误喷场所）。

5. 水流指示器

（1）水流指示器的性能应符合国家标准《自动喷水灭火系统　第7部分：水流指示器》GB 5135.7的要求。

（2）每个防火分区或每个楼层均应设置水流指示器。

（3）大空间智能型主动喷水灭火系统与其他自动喷水灭火系统合用一套供水系统时，应独立设置水流指示器，且应在其他自动喷水灭火系统湿式报警阀或雨淋阀前将管道分开。

（4）水流指示器应安装在配水管上、信号阀出口之后。

（5）水流指示器公称压力不应小于系统的工作压力。

（6）水流指示器应安装在便于检修的位置，如安装在吊顶内，吊顶应预留检修孔洞。

6. 信号阀

（1）每个防火分区或每个楼层均应设置信号阀。

（2）信号阀应安装在配水管上。

（3）信号阀正常情况下应处于开启位置。

（4）信号阀的公称压力应大于或等于系统工作压力。

（5）信号阀应安装在便于检修的位置，如安装在吊顶内，吊顶应预留有检修孔洞。

（6）信号阀应安装在水流指示器前。

（7）信号阀的公称直径应与配水管管径相同。

7. 管道安装

（1）配水管的工作压力不应大于1.2MPa，并不应设置其他用水设施。

（2）室内管道应采用内外壁热镀锌钢管、不锈钢内衬热镀锌钢管、涂塑钢管，不得采用普通焊接钢管、铸铁管及各种塑料管。

（3）室外埋地管道应采用内外壁热镀锌钢管、不锈钢内衬热镀锌钢管、涂塑钢管、塑料管和塑料复合管，不得采用普通焊接钢管、铸铁管。

（4）室内管道的直径不宜大于200mm，大于200mm宜采用环状管双向供水。

（5）室内外系统金属管道、金属复合管的连接，应采用沟槽式连接件（卡箍），或丝扣、法兰连接。室外埋地塑料管道应采用承插、法兰、热熔或胶粘方式连接。

（6）系统中室内外直径等于或大于100mm的架空安装的管道，应分段采用法兰或沟槽式连接件（卡箍）连接。水平管道上法兰（卡箍）间的管道长度不宜大于20m；立管上法兰（卡箍）间的距离，不应跨越3个及以上楼层。净空高度大于8m的场所内，立管上应采用法兰或沟槽式连接。

（7）配水管水平管道入口处的压力超过限定值时，应设置减压装置，或采取其他减压措施。

（8）水平安装的管道宜有坡度，并应坡向泄水阀，管道的坡度不宜小于2‰。

（9）当管道穿越建筑变形缝时，应采取吸收变形的补偿措施。

（10）室内管道应涂与其他管道区别的识别色及文字或符号。

（11）当管道穿越承重墙、地下室等时应设金属套管，并采取防水措施。

33.3.5.3 大空间智能型主动喷水灭火系统试验

（1）水炮系统管道压力下稳压30min，压力降不得大于0.05MPa，管网无变形，无渗漏。

（2）水压严密性试验在水压强度试验和管网冲洗合格后进行，试验压力为设计的工作压力，稳压24h，应无渗漏。

（3）管道在隐蔽前做好单项水压试验。系统安装完后进行综合水压试验。

（4）压力管道试压注水要从底部缓慢进行，等最高点放气阀出水，确认无空气时再打压，打至工作压力时检查管道以及各接口、阀门有无渗漏，如无渗透漏时再继续升压至试验压力，如有渗透漏时要及时修好，重新打压。如均无渗漏，持续规定时间内，观察其压力下降在允许范围内，通知有关人员验收，办理交接手续，然后把水泄尽。

（5）试压前要先封好盲板，认真检查管路是否连接正确，有无管内堵死现象；把不能参与试压的设备、阀门隔断封闭好，确保其安全。

（6）试压时要设多人进行巡回检查，严防跑水、冒水现象。

33.4 室内排水系统安装

33.4.1 室内排水系统的分类和组成

33.4.1.1 室内排水系统的分类

（1）生活污水系统：用于排除住宅、公共建筑和工厂各种卫生器具排出的污水，还可分为粪便污水和生活废水。

（2）雨水排水系统：排除屋面的雨水和融化的雪水。

（3）工业废水排水系统：排除工厂企业在生产过程中所产生的工业污水和工业废水。

33.4.1.2 建筑内排水系统的组成

建筑内排水系统的组成，见表33-60。

建筑内排水系统的组成 表33-60

名 称	组 成
受水器	受水器是接受污、废水并转向排水管道输送的设备，如各种卫生器具、地漏、排放工业污水或废水的设备、排除雨水的雨水斗等
存水弯	存水弯指的是在卫生器具内部或器具排水管段上设置的一种内有水封的配件。卫生器具本身带有存水弯的就不必再设存水弯
排水支管	排水支管为连接卫生器具和横支管之间的一段短管，除坐便器以外其间还包括水封装置
排水立管	接受来自各横支管的污水，然后再排至排出管
排水干管	排水干管是连接两根或两根以上排水立管的总横支管。在一般建筑中，排水干管埋地敷设，在高层多功能建筑中，排水干管往往设置在专门的管道转换层中
排出管	排出管是室内排水立管或干管与室外排水检查井之间的连接管段
通气管	通气管通常是指立管向上延伸出屋面的一段（称伸顶通气管）；当建筑物到达一定层数且排水支管连接卫生器具大于一定数量时，设有通气管

33.4.2 管道布置和安装技术要求

33.4.2.1 卫生器具的布置和敷设原则

(1) 卫生器具布置要根据卫生间和公共厕所的平面尺寸，选用适当的卫生器具类型和尺寸进行。

(2) 现在常用的卫生间排水管线方案主要有4种：穿板下排式、后排式、卫生间下沉式和卫生间垫高式。

33.4.2.2 室内排水立管的布置和敷设

(1) 排水立管可靠在厨卫间的墙边或墙角处明装，也可沿外墙室外明装或布置在管道井内暗装。

(2) 立管宜靠近杂质最多、最脏和排水量最大的卫生器具设置，应减少不必要的转折和弯曲，尽量做直线连接。

(3) 不得穿过卧室、病房等对卫生、安静要求较高的房间，也不宜靠近与卧室相邻的内墙；立管宜靠近外墙，以减少埋地管长度，便于清通和维修。

(4) 立管应设检查口，其间距不大于10m，但底层和最高层必须设置。

(5) 检查口中心距地面为1.0m，并高于该层最高卫生器具上边缘0.15m。

(6) 塑料立管明设且其管径不小于110mm时，在立管穿越楼层处应采取防止火灾贯穿的措施，设置防火套管或阻火圈。

33.4.2.3 室内排水横支管道的布置和敷设原则

(1) 排水横支管不宜太长，尽量少转弯，一根支管连接的卫生器具不宜太多。

(2) 横支管不得穿过沉降缝、伸缩缝、烟道、风道，必须穿过时采取相应的技术措施。

(3) 悬吊横支管不得布置在起居室、食堂及厨房的主副食操作和烹调处的上方，也不能布置在食品储藏间、大厅、图书馆和某些对卫生有特殊要求的车间或房间内，更不能布置在遇水会引起燃烧、爆炸或损坏原料、产品和设备的上方。

(4) 当横支管悬吊在楼板下，并接有2个及2个以上大便器或3个及3个以上卫生器具时，横支管顶端应升至地面设清扫口；排水管道的横管与横管、横管与立管的连接，宜采用45°斜三（四）通或90°斜三（四）通。

33.4.2.4 横干管及排出管的布置与敷设原则

(1) 横干管可敷设在设备层、吊顶层中，底层地坪下或地下室的顶棚下等地方，排出管一般敷设在底层地坪下或地下室的屋顶下。

(2) 为了保证水流畅通，排水横干管应尽量少转弯。

(3) 横干管与排出管之间，排出管与其同一检查井的室外排水管之间的水流方向的夹角不得小于90°。

(4) 当跌落差大于0.3m时，可不受角度的限制。

(5) 排出管与室外排水管连接时，其管顶标高不得低于室外排水管管顶标高。

(6) 排水管穿越承重墙或基础处应预留孔洞，且管顶上部净空高度不得小于房屋的沉降量，不小于0.15m。

(7) 排出管穿过地下室外墙或地下构筑物的墙壁时，应采取防水措施。

33.4.2.5 通气管系统的布置与敷设原则

(1) 生活污水管道或散发有害气体的生产污水管道，均应设置通气管。

(2) 通气立管不得接纳污水、废水和雨水，通气管不得与风道或烟道连接。

(3) 通气管应高出屋面 0.3m 以上且必须大于该地区最大降雪厚度。屋顶如有人停留，应大于 2.0m，并应根据防雷需求设置防雷装置。

(4) 通气管出口 4m 以内有门、窗时，通气管应高出门窗顶 0.6m 或引向无门窗的一侧；通气管顶端应设风帽或网罩。

(5) 对卫生、安静要求高的建筑物的生活污水管道宜设器具通气管，器具通气管应设在存水弯出口端。

(6) 环形通气管宜从两个卫生器具间接出并与排水立管呈垂直或 45° 上升连接。

(7) 在与通气立管相接时，应在卫生器具上边缘 0.15m 以上的地方连接，且应有 1% 的坡度坡向排水支管或存水弯。

33.4.3 排 水 管 道 安 装

33.4.3.1 一般规定

(1) 金属排水管道上的吊钩或卡箍应固定在承重结构上。固定件间距：横管不大于 2m；立管不大于 3m。楼层高度小于或等于 4m，立管可安装 1 个固定件。立管底部的弯管处应设支墩或采取固定措施。

(2) 用于室内排水的水平管道与水平管道、水平管道与立管的连接，应采用 45° 三通或 45° 四通和 90° 斜三通或 90° 斜四通。立管与排出管端部的连接，应采用两个 45° 弯头或曲率半径不小于 4 倍管径的 90° 弯头。

(3) 在生活污水管道上设置的检查口或清扫口，当设计无要求时应符合下列规定：

1) 在立管上每隔一层设置一个检查口，但在最底层和有卫生器具的最高层必须设置。如为两层建筑时，可仅在底层设置立管检查口；如有乙字弯管时，则在该层乙字弯管上部设置检查口。检查口中心高度距操作地面为 1m，允许偏差 ±20mm；检查口的朝向应便于检修。暗装立管，在检查口处应安装检修门。

2) 如排水支管设在吊顶内，应在每层立管上均装立管检查口，以便做灌水试验。

3) 在连接 2 个或 2 个以上大便器或 3 个及 3 个以上卫生器具的污水横管上应设置清扫口。当污水管在楼板下悬吊敷设时，可将清扫口设在上一层楼地面上，污水管起点的清扫口与管道相垂直的墙面距离不得小于 200mm；若污水管起点设置堵头代替清扫口时，与墙面距离不得小于 400mm。

4) 在转角小于 135° 的污水横管上，应设置检查口或清扫口。

5) 污水横管的直线管段，应按设计要求的距离设置检查口或清扫口。

6) 埋在地下或地板下的排水管道的检查口，应设在检查井内。井底表面标高与检查口的法兰相平，井底表面应有 5% 坡度，坡向检查口。

(4) 通向室外的排水管，穿过墙壁或基础必须下返时，应采用 45° 三通和 45° 弯头连接，并应在垂直管段顶部设置清扫口。

(5) 由室内通向室外排水检查井的排水管，井内引入管应高于排出管或两管顶相平，并有不小于 90° 的水流转角，如跌落差大于 300mm 可不受角度限制。

（6）安装未经消毒处理的医院含菌污水管道，不得与其他排水管道直接连接。

（7）饮食业工艺设备引出的排水管及饮用水水箱的溢流管，不得与污水管道直接连接，并应留出不小于 100mm 的隔断空间。

（8）钢支架螺纹孔径≤M12 支架，不得使用电气焊开孔、切割、扩孔，应使用台钻。螺纹孔径≥M12 管道支架，如需电气焊开孔、切割时应对开孔或切割处进行处理。支架孔眼及支架边缘应光滑平整，孔径不得超过穿孔螺栓或圆钢直径 5mm。

（9）穿墙套管的长度不得小于墙厚，穿楼板套管应高出楼板结构面 50mm。当设计无规定时，套管内径可采用比排水铸铁管外径大 50mm。铸铁管与套管间的空隙应采用填缝材料填实后封堵。穿内墙的管道和管道之间的空隙，宜采用沥青玛碲脂、橡胶类腻子等弹性材料填缝和封口。穿越防火墙时应采用防火材料填缝和封口；当外墙有防水要求时，应结合外墙防水层施工达到穿墙管处的密封要求。

（10）污水横管的直线管段较长时，为便于疏通防止堵塞，应按表 33-61 的规定设置检查口或清扫口。

污水横管上检查口或清扫口的最大间距　　　　　　表 33-61

管径 DN (mm)	生产废水	生活污水及与之类似的生产污水	含有较多悬浮物和沉淀物的生产污水	清扫设备种类
		最大间距（m）		
≤75	15	12	10	检查口
≤75	10	8	6	清扫口
100～150	15	10	8	清扫口
100～150	20	15	12	检查口
200	25	20	15	检查口

（11）地漏的作用是排除地面污水，因此地漏应设置在房间最低处，地漏篦子面应比地面低 5mm，安装地漏前，必须检查其水封深度不得低于 50mm，水封深度小于 50mm 的地漏不得使用。

（12）室内排水管道防结露隔热措施：为防止夏季排水管表面结露，设置在楼板下、吊顶内及管道结露影响使用要求的生活污水排水横管，应按设计要求做好防结露措施，保温材料和厚度应符合设计规定。

（13）隐蔽或埋地的排水管道在隐蔽前必须做灌水试验和通球试验。

33. 4. 3. 2　排水铸铁管道安装

1. 排水铸铁管石棉水泥连接

为了减少在安装中安装捻固定灰口，对部分管材与管件可预先按测绘的草图捻好灰口，并编号，码放在平坦的场地，管段下面用木方垫平垫实。捻好灰口的预制管段，对灰口进行养护，一般可采用湿麻绳缠绕灰口，浇水养护，保持润湿。冬季要采用防冻措施，一般常温 24～48h 后方能移动，运到现场安装具体方法同给水管道。

2. 柔性接口承插式铸铁管连接

（1）承插式柔性接口排水铸铁管宜在有下列情况时采用：

1）要求管道系统接口具有较大的轴向转角和伸缩变形能力；

2）对管道接口安装误差的要求相对较低时；

3）对管道的稳定性要求较高时。

（2）柔性接口铸铁管的紧固件材质应为热镀锌碳素钢。当埋地敷设时，其接口紧固件应为不锈钢材质或采取相应防腐措施。

（3）安装前应将铸铁直管及管件内外表面粘结的污垢、杂物和承口、插口、法兰压盖结合面上的泥沙等附着物清除干净。用手锤轻轻敲击管材，确认无裂缝后才可以使用，法兰密封圈质量合格。

（4）插入过程中，插入管的轴线与承口管的轴线应在同一直线上，在插口端先套法兰压盖，再套入橡胶密封圈，橡胶密封圈右侧边缘与安装线对齐。将法兰压盖套入插口端，再套入橡胶密封圈。

（5）将直管或管件插口端插入承口，并使插口端部与承口内底留有5mm的安装间隙。在插入过程中，应尽量保证插入管的轴线与承口管的轴线在同一直线上。

（6）校准直管或管件位置，使橡胶密封圈均匀紧贴在承口倒角上，用支（吊）架初步固定管道。

（7）将法兰压盖与承口法兰螺孔对正，紧固连接螺栓。紧固螺栓时应注意使橡胶密封圈均匀受力。三耳压盖螺栓应三个角同步进行，逐个逐次拧紧；四耳、六耳、八耳压盖螺栓应按对角线方向依次逐步拧紧。拧紧应分多次交替进行，使橡胶圈均匀受力，不得一次拧完。

（8）法兰连接螺栓长度合适，紧固后外露丝扣为螺栓直径的1/2。螺栓布置朝向一致，螺栓安装前要抹黄油。螺栓紧固时要用力均匀，防止密封垫偏斜或将螺栓紧裂。

（9）铸铁直管须切割时，其切口端面应与直管轴线相垂直，并将切口处打磨光滑。建筑排水柔性接口法兰承插式铸铁管与塑料管或钢管连接时，如两者外径相等，应采用柔性接口；如两者外径不等，可采用刚性接口。

3. 卡箍式铸铁管连接

（1）卡箍式柔性接口排水铸铁管宜在下列情况时采用：

1）安装要求的平面位置小，需设置在尺寸较小的管道井内或需紧贴墙面安装时；

2）需各层同步安装和快速施工时；

3）需分期修建或有改建、扩建要求的建筑。

（2）安装前，必须将管材、管件内部的砂泥杂物清除干净，并用手锤轻轻敲击管材，确认无裂缝后才可以使用。

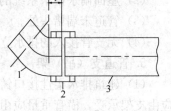

图 33-35 卡箍接口安装
1—管件；2—不锈钢卡箍；3—直管

（3）连接时，取出卡箍内橡胶密封套。卡箍为整圆不锈钢套环时，可将卡箍先套在接口一端的管材管件上。卡箍接口安装（图 33-35）和密封区长度（表 33-62 和表 33-63）。

密封区长度（mm）　　　　　　　　　　　　　　　　　　表 33-62

公称直径	密封区长度 l	公称直径	密封区长度 l
50	30	150	50
75	35	200	60
100	40	250	70
125	45	300	80

橡胶密封圈尺寸（mm）   表 33-63

公称直径 DN	橡胶密封圈内径 D_1	橡胶密封圈外径 D_2	F	E
50	60	80	24	4.0
75	85	105	24	4.0
100	110	130	24	4.0
125	135.5	159	28	4.5
150	160	184	28	4.5
200	212	244	34	4.6
250	263.5	310	38	9.0
300	297	317.5	38	12.0

（4）在接口相邻管端的一端套上橡胶密封圈封套，使管口达到并紧贴在橡胶密封圈套中间肋的侧边上。将橡胶密封套的另一端向外翻转。

（5）将连接管的管端固定，并紧贴在橡胶密封套中间肋的另侧边上，再将橡胶密封套翻回套在连接管的管端上。

（6）安装卡箍前应将橡胶密封套擦拭干净。当卡箍产品要求在橡胶密封套上涂抹润滑剂时，可按产品要求涂抹。润滑剂应由卡箍生产厂配套提供。

（7）在拧紧卡箍上的紧固螺栓前应分多次交替进行，使橡胶密封套均匀紧贴在管端外壁上。

4. 钢带型卡箍连接

钢带型卡箍可用在高、低层建筑物的平口铸铁管排水管道系统。管道系统下列部位和情况时宜采用加强型卡箍。

（1）生活排水管道系统立管管道的转弯处。

（2）屋面雨水排水系统的雨水接口处和管道转弯处。

（3）管道末端堵头处。

（4）无支管接入的排水立管和雨落管，且管道不允许出现偏转角时。

5. 管道支（吊）架

（1）建筑排水柔性接口铸铁管安装，其上部管道重量不应传递给下部管道。立管重量应由支架承受，横管重量应由支（吊）架承受。

（2）建筑排水柔性接口铸铁管立管应采用管卡在柱上或墙体等承重结构部位锚固。

（3）管道支（吊）架设置位置应正确，埋设应牢固。管卡或吊卡与管道接触应紧密，并不得损伤管道外表面。管道支吊架可按给水管道支架选用。其固定件间距：横管不大于2m，立管不大于3m（楼层高度小于等于4m时，立管可安装一个固定件）；立管底部的弯管处应设支墩或其他固定措施。对于高层建筑，排水铸铁管的立管应每隔一～二层设置落地式型钢卡架。

（4）管道支（吊）架应为金属件，并做防腐处理，有条件时宜由直管、管件生产厂配套供应。

（5）排水立管应每层设支架固定，支架间距不宜大于1.5m，但层高小于或等于3m时可只设一个立管支架。法兰承插式接口立管管卡应设在承口下方，且与接口间的净距不宜大于 300mm。

（6）排水横管每 3m 管长应设两个支（吊）架，支（吊）架应靠近接口部位设置（法兰承插式接口应设在承口一侧），且与接口间的净距不宜大于 300mm。排水横管支（吊）架与接入立管或水平管中心线的距离宜为 300~500mm。排水横管在平面转弯时，弯头处应增设支（吊）架。排水横管起端和终端应采用防晃支架或防晃吊架固定。当横干管长度较长时，为防止管道水平位移，横干管直线段防晃支架或防晃吊架的设置间距不应大于 12m。

6. 防渗漏填塞措施

建筑排水柔性接口铸铁管穿越楼板、屋面板预留孔洞缝隙处应严格采取下述其中一项措施。

（1）采用二次浇捣方法用 C20 细石混凝土将缝隙填实，楼板面层用沥青油膏或其他防水油膏嵌缝，屋面层可用水泥砂浆做防水台。

（2）先在排水铸铁管外壁位于楼板、屋面板中间位置套上橡胶密封圈，再采用上述第（1）项措施封堵孔洞缝隙。

33.4.3.3 硬聚乙烯排水管道安装

1. 建筑排水用硬聚氯乙烯排水安装要点

（1）硬聚氯乙烯排水管道安装前应对其管材、管件等材料进行检验。管材、管件应有产品合格证，管材应标有规格、生产厂名和执行的标准号；在管件上应有明显的商标和规格；包装上应标有批号、数量、生产日期和检验代号。胶粘剂应有生产厂名、生产日期和有效日期，并具有出厂合格证和说明书。

（2）生活污水塑料管道的坡度必须符合设计或国家规范的要求。坡度值见表 33-64。

生活污水塑料管道坡度值 表 33-64

项 次	管 径（mm）	标准坡度（‰）	最小坡度（‰）
1	50	25	12
2	75	15	8
3	110	12	6
4	125	10	5
5	160	7	4

（3）排水塑料管道支、吊架间距应符合表 33-65 的规定。

排水塑料管道支、吊架最大间距（m） 表 33-65

管径（mm）	50	75	110	125	160
立管	1.2	1.5	2.0	2.0	2.0
横管	0.5	0.75	1.10	1.30	1.60

（4）排水塑料管必须按设计要求及位置装设伸缩节，如设计无要求时，伸缩节的间距不得大于 4m。排水横管上的伸缩节位置必须装设固定支架。

（5）立管伸缩节设置位置应靠近水流汇合管件处，并应符合下列规定：

1）立管穿越楼层处为固定支承且排水支管在楼板之上接入时，伸缩节应设置于水流汇合管件之下。

2）立管穿越楼层处为固定支承且排水支管在楼板之下接入时，伸缩节应设置于水流汇合管件之上。

3）立管穿越楼层处为不固定支承时，伸缩节应设置于水流汇合管件之上或之下。

（6）排水立管仅设伸顶通气管时，最低横支管与立管连接处至排出管管底的垂直距离 h 不得小于表 33-66 的规定。

最低横支管与立管连接处至排出管管底的垂直距离 表 33-66

建筑层数	垂直距离 h（m）	建筑层数	垂直距离 h（m）
≤4	0.45	13～19	3.0
5～6	0.75	≥20	6.0
7～12	1.20		

注：1. 当立管底部、排出管管径放大一号时，可将表中垂直距离缩小一档；
2. 当立管底部不能满足本条要求时，最低排水横支管应单独排出。

（7）塑料排水（雨水）管道伸缩节应符合设计要求，设计无要求时应符合以下规定：

1）当层高小于或等于 4m 时，污水立管和通气管应每层设一个伸缩节。

2）污水横支管、横干管、通气管、环形通气管和汇合通气管上无汇合管件的直线管段大于 2m 时，应设伸缩节，伸缩节之间的最大距离不得大于 4m。高层建筑中明设排水塑料管应按设计要求设置阻火圈或防火套管。

3）伸缩节设置位置应靠近水流汇合管件。立管和横管应按设计要求设置伸缩节。横管伸缩节应采用弹性橡胶密封圈管件；当管径大于或等于 160mm 时，横干管宜采用弹性橡胶密封圈连接形式。当设计对伸缩量无规定时，管端插入伸缩节处预留的间隙应为：

夏季，5～10mm；冬季 15～20mm。

（8）结合通气管当采用 H 管时可隔层设置，H 管与通气立管的连接点应高出卫生器具上边缘 0.15m。当生活污水立管与生活废水立管合用一根通气立管，且采用 H 管为连接管件时，H 管可错层分别与生活污水立管和废水立管间隔连接，但最低生活污水横支管连接点以下应装设结合通气管。

（9）立管管件承口外侧与墙饰面的距离宜为 20～50mm。

（10）管道的配管及坡口应符合下列规定：

1）锯管长度应根据实测并结合各连接件的尺寸逐段确定。

2）锯管工具宜选用细齿锯、割管机等机具。端面应平整并垂直于轴线；应清除端面毛刺，管口端面处不得裂痕、凹陷。

3）插口处可用中号板锉锉成 15°～30° 坡口。坡口厚度宜为管壁厚度的 1/3～1/2。坡口完成后应将残屑清除干净。

（11）塑料管与铸铁管连接时，宜采用专用配件。当采用水泥捻口连接时，应先将塑料管插入承口部分的外侧，用砂纸打毛或涂刷胶粘剂后滚粘干燥的粗黄砂；插入后应用油麻丝填嵌均匀，用水泥捻口。塑料管与钢管、排水栓连接时应采用专用配件。

（12）管道穿越楼层处的施工应符合下列规定（图 33-36）：

1）管道穿越楼板处为固定支承点时，管道安装结束应配合土建进行支模，并应采用

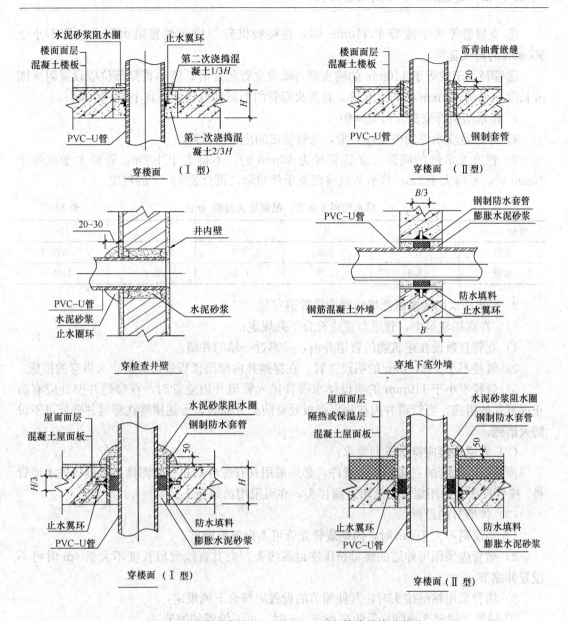

图 33-36 管道穿楼面、屋面、地下室外墙及检查井壁

说明:

1. 管道穿越楼、屋面板、地下室外墙及检查井壁处外表面用砂纸打毛,或刷胶粘剂后涂干燥黄砂一层;

2. 管道与检查井壁嵌接部位缝隙应用 M7.5 水泥砂浆分二次嵌实,不得留孔隙,第一次为井壁中心段,井内外壁各留 20~30mm,待第一次嵌缝的水泥砂浆初凝后,再进行第二次嵌实;

3. 上述步骤进行完毕,用水泥砂浆在检查井外壁周围抹起突起的止水圈环,圈环厚度为 20~30mm。

C20 细石混凝土分二次浇捣密实。浇筑结束后,结合找平层或面层施工,在管道周围应筑成厚度不小于 20mm,宽度不小于 30mm 的阻水圈。

2) 管道穿越楼板处为非固定支承时,应加装金属或塑料套管,套管内径可比穿越管外径大 10~20mm,套管高出地面不得小于 50mm。

3) 高层建筑内明敷管道,当设计要求采取防止火灾贯穿措施时,应符合下列规定:

① 立管管径大于或等于 110mm 时，在楼板贯穿部位应设置阻火圈或长度不小于 500mm 的防火套管。

②管径大于或等于 110mm 的横支管与暗设立管相连时，墙体贯穿部位应设置阻火圈或长度不小于 300mm 的防火套管，且防火套管的明露部分长度不宜小于 200mm。

2. 排水塑料管道支、吊架间距

1）非固定支承件的内壁应光滑，与管壁之间应留有微隙。

2）管道支承件的间距，立管管径为 50mm 的，不得大于 1.2m；管径大于或等于 75mm 的，不得大于 2m；横管直线管段支承件间距宜符合表 33-67 的规定。

排水塑料管道支、吊架最大间距（m）　　　　　表 33-67

管径（mm）	50	75	110	125	160
立管	1.2	1.5	2.0	2.0	2.0
横管	0.5	0.75	1.10	1.30	1.60

3. 建筑排水用硬聚氯乙烯内螺旋管管道安装

（1）在高层建筑中，管道布置应符合下列规定：

1）立管宜敷设在建筑物的管道井内，并靠近一端的井墙。

2）管径不小于 110mm 的明设立管，在穿越井内楼层楼板处应有防止火贯穿的措施。

3）管径不小于 110mm 的明设排水横管接入管道井内立管时，在穿越井壁处应有防止火贯穿的措施。当管道井内在每层楼板处有防火分隔时，上述横管在穿越井壁处可不设防火措施。

（2）管道连接应符合下列要求：

横管接入立管的三通和四通管件，必须采用具有螺母挤压密封圈接头的旋转进水型管件。横管接头宜采用螺母挤压密封圈接头，亦可采用粘结接头。

（3）伸缩节的设置：

1）当层高不大于 4m 时，内螺旋管立管可不设置伸缩节。

2）横管应采用可伸缩的螺母挤压密封圈接头。当其直线管段长度不大于 4m 时可不设置伸缩节。

3）横管采用粘结接头时，其伸缩节的设置应符合下列规定：

① 横管上固定支承到立管距离小于 4m 时，可不设置伸缩节。

② 横管上固定支承（或三通、弯头等连接管件）之间直线距离大于 2m 时应设置伸缩节，二个伸缩节之间的距离不宜大于 4m。

③ 横管上直线距离大于 4m 时，应根据管道设计伸缩量和伸缩节最大允许伸缩量，由计算确定。

④ 管道设计伸缩量不得大于伸缩节的允许伸缩量。横管伸缩节宜设在水流汇合管件上游端。

⑤ 埋地排出管上一般不设置伸缩节。

⑥ 埋设于混凝土墙或柱内的管道不应设置伸缩节。

（4）立管支座的设置应符合下列规定：

1）立管穿越楼板处应按固定支座设计。建筑物管道井内的立管固定支座，应设置在每层楼板位置井内的刚性平台或支架上。

2）当层高不大于 4m 时，立管在每层可设一个滑动支座；当层高大于 4m 时，滑动支座间距不宜大于 2m。

（5）横管支座的设置应符合下列规定：

1）管托的管卡或管箍的内壁应光滑。在活动支座处，管卡或管箍与管壁之间应留有微隙；在固定支座处，应箍紧管壁并保持符合要求的固定度。

2）固定支座的支架应采用型钢制作并锚固在墙或柱上；悬吊在楼板、梁或屋架下的横管的固定支座，其吊架应采用型钢制作并锚固在支承结构内。

3）悬吊于地下室的架空排出管，对立管底部管箍的吊架或托架，应考虑管内落水的冲击力。在高层建筑中，当 $d \leqslant 100mm$ 时，不宜小于 30kN；$d = 160mm$ 时，不宜小于 60kN。

（6）高层建筑内明设管道，当设计要求采取防止火贯穿措施时，应符合下列要求：

1）立管管径不小于 110mm 时，在楼板贯穿部位应设置防火套管或阻火圈。防火套管套在穿越楼板处上、下端的外壁，其长度不应小于 0.5m。阻火圈一般设在楼板穿越处板底部。

2）横管管径不小于 110mm 时，穿越管道井井墙的贯穿部位应设置防火套管或阻火圈。防火套管或阻火圈可设在墙的外侧，防火套管长度不应小于 0.3m。

3）横管穿越防火分区隔墙时，在管道穿越墙体处两侧均应设置防火套管或阻火圈。

（7）室内管道安装可按下列规定进行：

1）室内明设管道的安装宜在墙面粉饰完成后连续进行。安装前应复核预留孔洞的标高及位置；发现不符合要求时，应在安装前采取措施满足安装要求。

2）安装前应按实测尺寸绘制小样图，选定合格的管材和管件，进行配管和断管。预制管段配制完成后，应按小样图核对节点尺寸及管件接口朝向。

3）管道安装宜自下向上分层进行，先安装立管，后安装横管，连续施工，安装间断时，敞口处应临时封闭。

（8）立管安装可按下列规定进行：

1）应按设计要求设置固定支座和滑动支座后，进行立管吊装。

2）立管采用旋转进水型管件，连接管管端插入深度应按施工现场温度计算确定，亦可按规范采用。

3）安装时先将管段吊正，随即将立管固定在预设的支座上。立管管件螺丝帽外侧与饰面的距离不得小于 25mm，不宜大于 50mm。

4）立管安装完毕后，应按设计图纸将其穿板处的孔洞封严。

5）立管顶端伸出屋顶的通气管安装后，应立即安装通气帽。

（9）横管安装可按下列规定进行：

1）应先按设计要求设置固定支座和滑动支座。楼板下的悬吊管应设置固定吊架和吊杆。

2）先将配制好的管段用铁丝吊挂在预埋的支承件或临时设置的吊件上，查看无误后进行伸缩节安装及管段间的连接。

3）管道连接后应及时调整位置，其坡度不得小于设计规定值。当设计无规定时，坡度可采用 2%~2.5%。

4）采用粘结接头的管道可采取临时固定措施，待粘结固化后再紧固支座上的管卡，拆除铁丝。

（10）管道配管应符合下列规定：

1）锯管长度应根据实测并结合各连接管件的尺寸逐层确定。

2）锯管工具宜采用细齿锯、割刀或专用断管机具。

3）断口应平整并垂直于轴线，断面处不得有任何变形，并除去断口处的毛刺和毛边。

4）粘结连接的插口管端应削倒角，倒角宜为 15°，倒角坡口后管端厚度一般为 1/3~1/2 管壁厚。削角可用板锉，完成后应将残屑清除干净，不留毛刺。

5）应对承插口的配合程度进行检验，可进行试插。粘结连接的承口与插口的紧密程度应符合规定的公差要求。用力插入，试插深度宜为承口长度的 1/2~2/3，合格后做出标记，进行对号入座安装。

6）管道的螺纹胶圈滑动接头应符合下列规定：

① 应采用注塑螺纹管件，不得在管件上车制螺纹。

② 密封圈止水翼的位置应正确。

③ 应清除管子和管件上的油污杂物，接头应保持洁净，管端插入接头允许滑动部分的伸缩量应按闭合温差计算确定。

33.4.3.4 同层排水系统管道及附件安装要点

同层排水系统是排水支管不穿越本层楼板到下层空间与卫生器具同层敷设并接入排水立管的排水系统。

1. 一般规定

（1）同层排水系统卫生器具排水管和排水横支管应与卫生器具同层敷设，不得穿越楼板进入下层空间，排水立管可穿越楼板。

（2）同层排水系统适用于重力作用下的生活排水。

（3）同层排水系统宜采用污废水合流系统。

（4）同层排水系统在满足卫生和功能要求的前提下，应符合节能、节水和环保的要求。同层排水系统的卫生器具应符合国家要求的节水型产品。除卫生器具自带存水弯外，选用带存水弯的排水附件应具有安装和检修方便的特点。

（5）同层排水系统的底层排水支管宜单独排出。

（6）同层排水系统采用的管材、管件和配件应满足系统设计使用寿命。

（7）同层排水系统的设计不应产生不利影响，不应发生影响用户健康和安全的情况。

（8）同层排水系统的排水管道井（管窿）平面位置宜上、下楼层对准布置。

（9）当排水管道井（管窿）面积较小、难以设置专用通气立管时，宜采用特殊单立管排水系统。

（10）构造内无存水弯的卫生器具及地漏等配件，与生活排水管道或其他可能产生有害气体的排水管道连接时，必须在卫生器具及地漏的排水口下设存水弯。存水弯管径不应小于卫生器具排水管管径，并尽量缩短卫生器具与存水弯之间的管道长度。

（11）存水弯的水封深度不得小于 50mm，水封出水端的断面积不宜小于进水端的断面积。

（12）同层排水系统中不得采用存水弯串联设置。

（13）当给水管道利用同层排水系统暗敷区域敷设时，给水管道材质应耐腐蚀，具有足够的强度和刚度，接口应严格防渗。

2. 系统分类和选用

（1）同层排水系统按排水横管敷设方式可分为墙体敷设和地面敷设两种。

（2）地面敷设方式可采用降板和不降板（抬高面层）两种结构形式，降板可分为整体降板或局部降板。

（3）当卫生间净空高度要求较高时，宜采用同层排水墙体敷设方式；当卫生间净空高度足够时，宜采用同层排水系统地面敷设方式。

（4）根据管道井（管窿）位置和卫生器具布置，墙体敷设方式和地面敷设方式可在同一卫生间中结合使用。

3. 管道布置和敷设

（1）同层排水的塑料排水管敷设时应考虑因温度变化而引起的管道在长度方向的伸缩。立管的伸缩节设置应符合相关规范的要求，横管一般可采取以下方法：设置自由壁；设置伸缩节（敷设于管窿、附加夹墙或架空地面空间内的排水横管不宜采用伸缩节）；采用固定支架固定；敷设在地面混凝土等材质的回填层内。

（2）当排水横管敷设于内隔夹墙或架空地面的空间内时，应按下列要求设置固定支架：

1）建筑排水硬聚氯乙烯排水管和建筑排水高密度聚乙烯排水管横管的直线管段大于2m时，应按每2m设置一个固定支架。

2）建筑排水柔性接口铸铁管的横管，在承插口连接部位必须设置固定支架。

3）固定支架应固定在承重结构上，其支承力应大于管道因温度变化引起的膨胀力。

4. 墙体敷设方式

（1）一般规定：

1）墙体敷设方式的排水管道及其管件应敷设在非承重隔墙或内隔墙内，该墙体厚度应满足排水管道和附件的敷设要求。当采用隐蔽式水箱时，还应满足该水箱的敷设要求。

2）卫生器具的布置应有利于排水管道及其管件的敷设，排水管道不宜穿越承重墙体。

3）卫生器具宜布置在同一墙面或相邻墙面上。

4）大便器应靠近排水立管布置，地漏宜靠近排水立管布置。

（2）卫生器具和排水附件选用

1）大便器应采用壁挂式坐便器或后排式坐（蹲）便器。壁挂式坐便器宜采用隐蔽式冲洗水箱，冲洗水箱宜采用整体成型工艺。

2）净身盆和小便器应采用后排式，宜为壁挂式。

3）浴盆及淋浴房宜采用内置存水弯的排水附件。

4）地漏宜采用内置水封的直埋式地漏，水封深度不得小于50mm。

（3）卫生器具支架

1）墙体敷设方式的卫生器具应采用配套的支架，支架应有足够的强度、刚度及防腐措施。壁挂式卫生器具应固定在隐蔽式支架上。

2）隐蔽式支架应安装在非承重墙或内隔墙内，并固定牢固。

（4）管道布置和敷设

1）排水支管的高差不大于 1000mm 时，其展开长度不应大于表 33-68 的数值。当排水支管的高差大于 1000mm 或展开长度大于表内的数值时，应放大一级管径或设置器具通气管。

高差大于 1000mm 时排水支管的最大展开长度　　　　　　　　表 33-68

DN （mm）		排水支管的最大展开长度 （m）
50		3
75		5
100	大便器	5
	非大便器	10

2）地漏宜单独接入排水立管。

3）当排水横支管与立管的连接采用球形四通等特殊配件时，应由厂方提供配件产品的水力参数。

4）排水横支管始端宜设置清扫口。

5. 地面敷设方式

（1）一般规定

1）地面敷设方式宜采用降板结构形式。

2）地面敷设方式排水管的连接可采用排水管道通用配件或排水汇集器等。

3）卫生间应根据卫生器具的布置采用局部降板或整体降板，在保证管道敷设、施工维修等要求的前提下宜缩小降板的区域。降板区域的净高度应根据卫生器具的布置、接管要求、管道材质及降板方式等确定。采用排水管道通用配件时，住宅卫生间局部降板高度不宜小于 260mm，整体降板高度不宜小于 300mm；采用排水汇集器时，降板高度应根据产品的要求确定。

4）排水横管宜敷设在填充层内，当有特殊要求时也可敷设在架空层内。

（2）卫生器具和排水附件选用

1）大便器宜采用下排式坐便器或后排式蹲便器。当采用隐蔽式水箱时，可采用壁挂式坐便器。

2）排水汇集器应符合下列规定：

① 断面设计应保证汇集器内的水流不会回流到汇集器上游管道内。

② 材质和技术要求应符合现行的有关产品标准的规定和检测机构的认可。

③ 排水汇集器宜采用铸铁或硬聚氯乙烯等材质。当采用塑料材质时，应符合国家有关的消防规范、标准。

④ 排水汇集器应在生产工厂内组装成型，并通过产品标准规定的密封性试验。

⑤ 排水汇集器应有专用清扫口。

（3）管道布置和敷设

1）地漏接入排水横管时，接入位置沿水流方向应在大便器、浴盆排水管接入口的上游。

2）排水汇集器的管道连接应符合下列规定：

① 各卫生器具和地漏的排水管应单独与排水汇集器相连。

② 排水汇集器排出管的管径应经水力计算确定，但不应小于接入排水汇集器的最大横管的管径。

③ 排水汇集器的设置位置应便于清通。

3) 卫生间降板区域楼板面与完成地面层均应做有效的防水措施。

4) 在降板区域防水层施工完毕后方可进行排水管道的安装，排水管道的支架应有效、可靠，支架的固定不得破坏已做好的防水层。

33.4.4 卫 生 器 具 安 装

33.4.4.1 卫生器具分类

卫生器具是建筑内部给水排水系统的重要组成部分，是收集和排除生活及生产中产生的污、废水的设备。按其作用分为以下几类：

1. 便溺用卫生器具

(1) 厕所或卫生间中的便溺用卫生器具，主要作用是收集和排除粪便污水。

(2) 我国常用的大便器有坐式、蹲式和大便槽式三种类型。

(3) 大便器按其构造形式分盘形和漏斗形。按冲洗的水力原理，大便器分冲洗式和虹吸式两种。冲洗式大便器是利用冲洗设备具有的水头冲洗，而虹吸式大便器是借冲洗水头和虹吸作用冲洗。常见的坐便器有以下几种：

1) 冲落式坐便器。利用存水弯水面在冲洗时迅速升高水头来实现排污，所以水面窄，水在冲洗时发出较大的噪声。其优点是价格便宜和冲水量少。这种大便器一般用于要求不高的公共厕所。

2) 虹吸式坐便器。便器内的存水弯是一个较高的虹吸管。虹吸管的断面略小于盆内出水口断面，当便器内水位迅速升高到虹吸顶并充满虹吸管时，便产生虹吸作用，将污物吸走。这种便器的优点是噪声小，比较卫生、干净，缺点是用水量较大。这种便器一般用于普通住宅和建筑标准不高的旅馆等公共卫生间。

3) 喷射虹吸式大便器。它与虹吸式坐便器一样，利用存水弯建立的虹吸作用将污物吸走。便器底部正对排出口设有一个喷射孔，冲洗水不仅从便器的四周出水孔冲出，还从底部出水口喷出，直接推动污物，这样能更快更有力地产生虹吸作用，并有降低冲洗噪声作用。另一特点是便器的存水面大，干燥面小，是一种低噪声、最卫生的便器。这种便器一般用于高级住宅和建筑标准较高的卫生间里。

4) 旋涡虹吸式连体坐便器。特点是把水箱与便器结合成一体，并把水箱浅水口位置降到便器水封面以下，并借助右侧的水道使冲洗水进入便器时在水封面下成切线方向冲出，形成旋涡，有消除冲洗噪声和推动污物进入虹吸管的作用。水箱配件也采取稳压消声设计，所以进水噪声低，对进水压力适用范围大。另外由于水箱与便器连成一体，因此体型大，整体感强，造型新颖，是一种结构先进、功能好、款式新、噪声低的高档坐便器。

5) 喷出式坐便器。这是一种配用冲洗阀并具有虹吸作用的坐便器。在底部水封下部对着排污出口方向，设有喷水孔，靠强大快速的水流将污物冲走，因此污物不易堵塞，但噪声大，只适用在公共建筑的卫生间内。

(4) 小便器分为壁挂式、落地式和小便槽三种。

2. 盥洗、淋浴用卫生器具

（1）洗脸盆分为台上盆、台下盆、立柱盆、挂盆、碗盆等。

（2）盥洗槽设在公共建筑、集体宿舍、旅馆等的盥洗室里，有长条形和圆形两种。

（3）浴盆一般设在宾馆、高级住宅、医院的卫生间及公共浴室内。

（4）淋浴器有成品也有现场组装的。

3. 洗涤用卫生器具

如洗涤盆、化验盆、污水盆等。

4. 专用卫生器具

如医疗、科学研究实验室等特殊需要的卫生器具。

33.4.4.2　施工准备

（1）所有与卫生器具连接的管道强度严密性试验、排水管道灌水试验均已完毕，并已办好预检和隐检手续。墙地面装修、隔断均已基本完成，有防水要求的房间均已做好防水。

（2）卫生器具型号已确定，各管道甩口确认无误。根据设计要求和土建确定的基准线，确定好卫生器具的位置、标高。施工现场清理干净，无杂物，且已安好门窗，可以锁闭。

（3）浴盆的稳装应待土建做完防水层及保护层后配合土建进行施工。

（4）蹲式大便器应在其台阶砌筑前安装；坐式大便器应在其台阶地面完成后安装；台式洗脸盆应在台面安装完成，台面上各安装孔洞均已开好，外形规矩、坐标、标高、尺寸等经检查无误后安装。

（5）其他卫生器具安装应待室内装修基本完成后再进行稳装。

33.4.4.3　施工工艺

1. 材料要求

卫生器具在安装前应进行检查、验收、清洗。所有器具外表面应光滑，造型周正，边缘无棱角毛刺，无裂纹，色调一致；卫生器具的配件与卫生器具应配套，规格应标准，外表光滑，螺纹清晰，电镀均匀，锁母松紧适度，无砂眼裂纹等缺陷。部分卫生器具应进行预制再安装。

2. 卫生器具安装通用要求

（1）卫生器具的安装应采用预埋螺栓或膨胀螺栓安装固定。

（2）卫生器具安装高度如无设计要求应符合规定。

（3）卫生器具的支、托架必须防腐良好，安装平整、牢固，与器具接触紧密、平稳。

（4）卫生器具安装的允许偏差应符合表 33-69、表 33-70 的规定。

（5）卫生器具安装参照产品说明及相关图集。

（6）所有与卫生器具连接的给水管道强度试验、排水管道灌水试验均已完毕，办好预检或隐检手续。

3. 洗脸（手）盆安装

（1）PT 型支柱式洗脸盆安装：按照排水管口中心画出竖线，将支柱立好，将脸盆放在支柱上，使脸盆中心对准竖线，找平后画好脸盆固定孔眼位置。同时将支柱在地面位置作好印记。按墙上印记打出 $\phi10\times80$mm 的孔洞，栽好固定螺栓；将地面支柱印记内放好白灰膏，稳好支柱及脸盆，将固定螺栓加胶皮垫、眼圈、带上螺母拧至松紧适度；再次将脸盆面找平，支柱找直。将支柱与脸盆接触处及支柱与地面接触处用白水泥勾缝抹光。

卫生器具的安装高度　　　　　　　　　　　　　　　　　　　表33-69

项次	卫生器具名称		卫生器具安装高度（mm）		备　注
			居住和公共建筑	幼儿园	
1	污水盆（池）	架空式	800	800	
		落地式	500	500	
2	洗涤盆（池）		800	800	
3	洗脸盆、洗手盆（有塞、无塞）		800	500	自地面至器具上边缘
4	盥洗槽		800	500	
5	浴　盆		≯520		
6	蹲式大便器	高水箱	1800	1800	自台阶面至高水箱底
		低水箱	900	900	自台阶面至低水箱底
7	坐式大便器	高水箱	1800	1800	自地面至高水箱底
	低水箱	外露排水管式虹吸喷射式	510		自地面至低水箱底
			470	370	
8	小便器	挂式	600	450	自地面至下边缘
9	小便槽		200	150	自地面至台阶面
10	大便槽冲洗水箱		≮2000		自台阶面至水箱底
11	妇女卫生盆		360		自地面至器具上边缘
12	化验盆		800		自地面至器具上边缘

卫生器具安装的允许偏差和检验方法　　　　　　　　　　表33-70

项次	项　　目		允许偏差（mm）	检验方法
1	坐标	单独器具	10	拉线、吊线和尺量检查
		成排器具	5	
2	标高	单独器具	±15	
		成排器具	±10	
3	器具水平度		2	用水平尺和尺量检查
4	器具垂直度		3	吊线和尺量检查

（2）台上盆安装：将脸盆放置在依据脸盆尺寸预制的脸盆台面上，保证脸盆边缘能与台面严密接触，且接触部位能有效保证承受脸盆水满的重量。脸盆安装好后在脸盆边缘与上台面接触部位的接缝处使用防水性能较好的硅酸铜密封胶或玻璃胶进行抹缝处理，宽度均匀、光滑、严密连续，宜为白色或透明的，保证缝隙处理美观。

（3）台下盆安装：依据脸盆尺寸、台面高度及脸盆自带固定支架形式，使用膨胀螺栓固定住脸盆支架。在脸盆支架的高度微调螺栓与脸盆间垫入橡胶垫，利用微调螺栓调整脸盆高度，使脸盆上口与台面下平面严密接触。洗脸盆安装好后在脸盆边缘与台面下平面接触部位的内接缝处使用防水性能好的硅酸铜密封胶进行抹缝处理，宽度均匀、光滑、严密连续宜为白色或透明的，保证缝隙处理美观。脸盆不得采用胶粘方法和台石相接。

（4）常见洗脸盆安装见图33-37。

4. 净身盆安装

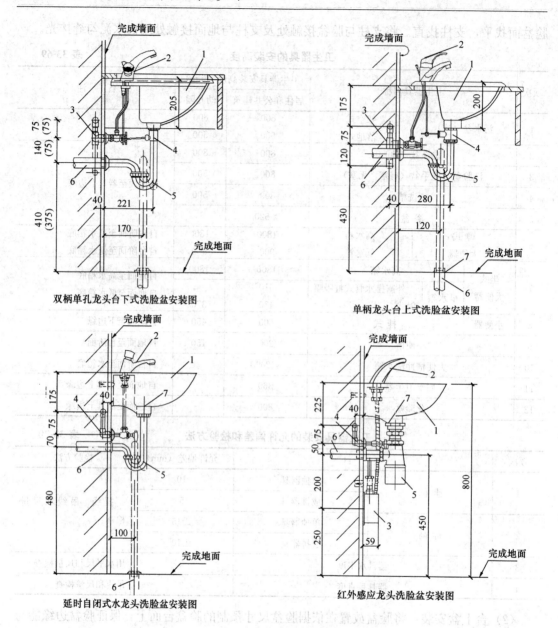

图 33-37　常见洗脸盆安装

1—洗脸盆；2—龙头；3—内螺纹弯头；4—提拉排水装置；

5—存水弯；6—排水管；7—罩盖

（1）净身盆配件安装完以后，应接通临时水试验无渗漏后方可进行稳装。

（2）将排水预留管口周围清理干净，将临时管堵取下，检查有无杂物。将净身盆排水三通下口管道装好。

（3）将净身盆排水管插入预留排水管口内，将净身盆稳平找正。净身盆尾部距墙尺寸一致。将净身盆固定螺栓孔及底座画好印记，移开净身盆。

（4）将固定螺栓孔印记画好十字线，剔成 $\phi20 \times 60$mm 孔眼，将螺栓插入洞内栽好，再将净身盆孔眼对准螺栓放好，与原印记吻合后再将净身盆下垫好白灰膏，排水管套上护口盘。净身盆稳牢、找平、找正。固定螺栓上加胶垫、眼圈，拧紧螺母。清除余灰，擦拭干净。将护口盘内加满油灰与地面按实。净身盆底座与地面有缝隙之处，嵌入白水泥浆补齐、抹光。

5. 蹲便器安装

(1) 首先，将胶皮碗套在蹲便器进水口上，要套正、套实，胶皮碗大小两头用成品喉箍紧固或用 14 号的铜丝分别绑两道，严禁压接在一条线上，铜丝拧紧要错位 90°左右。

(2) 将预留排水口周围清扫干净，把临时管堵取下，同时检查管内有无杂物。找出排水管口的中心线，并画在墙上，用水平尺（或线坠）找好竖线。

(3) 将下水管承口内抹上油灰，蹲便器位置下铺垫白灰膏，然后将蹲便器排水口插入排水管承口内稳好。同时用水平尺放在蹲便器上沿，纵横双向找平、找正。使蹲便器进水口对准墙上中心线，同时蹲便器两侧用砖砌好抹光，将蹲便器排水口与排水管承口接触处的油灰压实、抹光，最后将蹲便器的排水口用临时堵头封好。

(4) 稳装多联蹲便器时，应先检查排水管口的标高、甩口距墙的尺寸是否一致，找出标准地面标高，向上测量蹲便器需要的高度，用小线找平，找好墙面距离，然后按上述方法逐个进行稳装。

(5) 高水箱稳装：应在蹲便器稳装之后进行。首先检查蹲便器的中心与墙面中心线是否一致，如有错位应及时进行调整，以蹲便器不扭斜为准。确定水箱出水口的中心位置，向上测量出规定高度。同时结合高水箱固定孔与给水孔的距离找出固定螺栓高度位置，在墙上划好十字线，剔成 $\phi 30 \times 100$mm 深的孔眼，用水冲净孔眼内的杂物，将燕尾螺栓插入洞内用水泥捻牢。将装好配件的高水箱挂在固定螺栓上，加胶垫、眼圈，带好螺母拧至松紧适度。

(6) 多联高水箱应按上述做法先挂两端的水箱，然后拉线找平、找直，再稳装中间水箱。

(7) 远传脚踏式冲洗阀安装：将冲洗弯管固定在台钻卡盘上，在与蹲便器连接的直管上打 $D8$ 孔，孔应打在安装冲洗阀的一侧；将冲洗阀上的锁母和胶圈卸下，分别套在冲洗管直管段上，将弯管的下端插入胶皮碗内 20~50mm，用喉箍卡牢。再将上端插入冲洗阀内，推上胶圈，调直校正，将螺母拧至松紧适度。将 $D6$ 铜管两端分别与冲洗阀、控制器连接；将另一根一头带胶套的 $D6$ 的铜管其带螺纹锁母的一端与控制器连接，另一端插入冲洗管打好孔内，然后推上胶圈，插入深度控制在 5mm 左右。螺纹连接处应缠生料带，紧锁母时应先垫上棉布再用扳手紧固，以免损伤管子表面。脚踏钮控制器距后墙 500mm，距蹲便器排水管中 350mm。

(8) 延时自闭冲洗阀安装：根据冲洗阀至胶皮碗的距离，断好 90°弯的冲洗管，使两端合适。将冲洗阀锁母和胶圈卸下，分别套在冲洗管直管段上，将弯管的下端插入胶皮碗内 40~50mm，用喉箍卡牢。将上端插入冲洗阀内，推上胶圈，调直找正，将锁母拧至松紧适度。扳把式冲洗阀的扳手应朝向右侧，按钮式冲洗阀按钮应朝向正面。

(9) 蹲便器安装常见几种形式见图 33-38、图 33-39。

6. 坐便器安装

(1) 将坐便器预留排水管口周围清理干净，取下临时管堵，检查管内有无杂物。

(2) 将坐便器出水口对准预留排水口放平找正，在坐便器两侧固定螺栓眼处画好印记

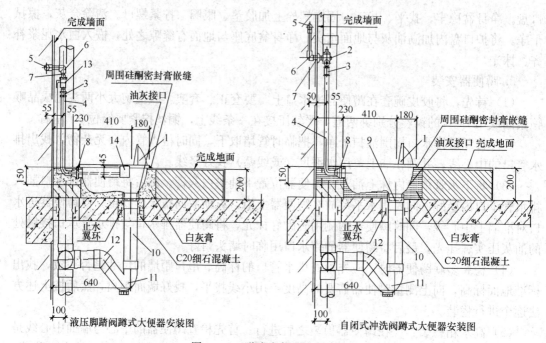

图 33-38 蹲式大便器安装（一）

1—蹲式大便器；2—自闭式冲洗阀；3—防污器；4—冲洗弯管；5—冷水管；

6—内螺纹弯头；7—外螺纹短管；8—胶皮碗；9—便器接头；10—排水管；

11—P 型存水弯；12—45°弯头；13—液压脚踏阀；14—脚踏控制器

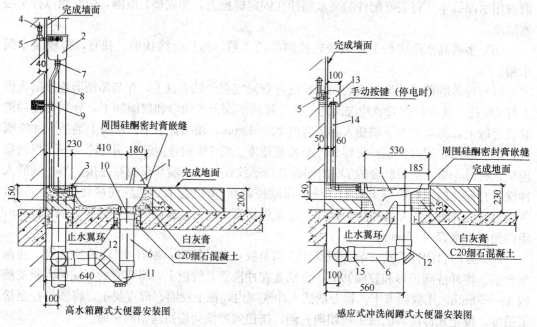

图 33-39 蹲式大便器安装（二）

1—蹲式大便器；2—高水箱；3—胶皮碗；4—冷水管；5—内螺纹弯头；

6—排水管；7—高水箱配件；8—高水箱冲洗阀；9—管卡；10—便器接头；

11—P 型存水弯；12—45°弯头；13—90°弯头；14—冲洗弯头；15—90°顺水三通

后，移开坐便器，将印记画好十字线。

（3）在十字线中心处剔 $\phi20\times60mm$ 的孔洞，把 $\phi10mm$ 螺栓插入孔洞内用水泥栽牢，将坐便器试稳装，使固定螺栓与坐便器吻合，移开坐便器。将坐便器排水口及排水管口周围抹上油灰后将坐便器对准螺栓放平、找正，螺栓上套好胶皮垫，带上眼圈、螺母拧至松紧适度。

（4）坐便器无进水螺母的可采用胶皮碗的连接方法。

（5）背水箱安装：对准坐便器尾部中心，在墙上画好垂直线和水平线。根据水箱背面固定孔眼的距离，在水平线上画好十字线剔 $\phi30\times70mm$ 深的孔洞，把带有燕尾的镀锌螺栓（规格 $\phi10\times100mm$）插入孔洞内，用水泥栽牢。将背水箱挂在螺栓上放平、找正。与坐便器中心对正，螺栓上套好胶皮垫，带上眼圈、螺母拧至松紧适度。

（6）坐便器安装常见几种形式见图 33-40、图 33-41。

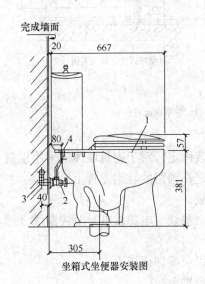

坐箱式坐便器安装图

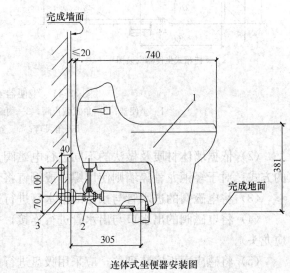

连体式坐便器安装图

图 33-40　坐便器安装（一）

1—坐便器；2—角式截止阀；3—内螺纹弯头；4—冲水阀配件

7. 小便器安装

（1）挂式小便器安装：首先，对准给水管中心画一条垂线，由地坪向上量出规定的高度画一水平线。根据产品规格尺寸，由中心向两侧固定孔眼的距离，在横线上画好十字线，再画出上、下孔眼的位置；将孔眼位置剔成 $\phi10\times60mm$ 的孔眼，栽入 $\phi6mm$ 螺栓。托起小便器挂在螺栓上。把胶垫、眼圈套入螺栓，将螺母拧至松紧适度。将小便器与墙面的缝隙嵌入白水泥浆补齐、抹光。

（2）立式小便器安装：立式小便器安装前应检查给、排水预留管口是否在一条垂线上，间距是否一致。符合要求后按照管口找出中心线；将下水管周围清理干净，取下临时管堵，抹好油灰，在立式小便器下铺垫水泥、白灰膏的混合灰（比例为 1：5）。将立式小便器稳装找平、找正。立式小便器与墙面、地面缝隙嵌入白水泥浆抹平、抹光。

8. 隐蔽式自动感应出水冲洗阀安装

（1）根据设计图纸及施工图集在所要设置的墙体上标出安装位置及盒体尺寸。

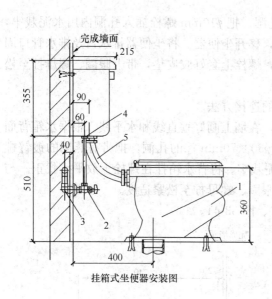

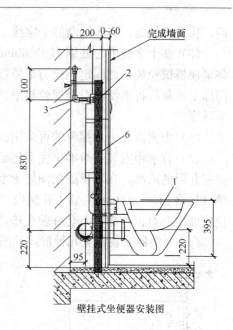

挂箱式坐便器安装图　　　　　壁挂式坐便器安装图

图 33-41　坐便器安装（二）

1—坐便器；2—角式截止阀；3—内螺纹弯头；4—冲水阀配件；

5—角尺弯；6—金属柜架

（2）依据墙体材质及做法的不同进行电磁阀盒的安装固定。对于砌筑墙体应采用剔凿的方式；对于轻钢龙骨隔墙则使用螺栓或铆钉将盒体固定在预留的轻钢龙骨上。

（3）将电磁阀的进水管与预留的给水管进行连接安装。

（4）将电磁阀的出水口与出水管进行连接，并连接电源线（电源供电）及控制线（感应龙头）。

（5）将感应面板安装到位，应采用吸盘进行操作，以免损坏面板。

（6）对于感应龙头将电磁阀控制线连接到龙头的感应器上。

（7）明装自动感应出水阀安装：将电磁阀与外保护盒盒体进行固定安装；用短管将给水管预留口与电磁阀进水口连接固定。安装后应保持盒体周正；用出水冲洗短管连接电磁阀出水口及卫生器具冲洗口，并连接电源线或者安放电池。

（8）小便器安装常见几种形式见图 33-42。

9. 浴盆安装

（1）浴盆稳装前应将浴盆内表面擦拭干净，同时检查瓷面是否完好。带腿的浴盆先将腿部的螺丝卸下，将销母插入浴盆底卧槽内，把腿扣在浴盆上带好螺母拧紧找平。浴盆如砌砖腿时，应配合土建施工把砖腿按标高砌好。将浴盆稳于砖台上，找平、找正。浴盆与砖腿缝隙处用 1：3 水泥砂浆填充抹平。

（2）有饰面的浴盆，应留有通向浴盆排水口的检修门。

浴盆排水安装：将浴盆排水三通套在排水横管上，缠好油盘根绳，插入三通中，拧紧锁母。三通下口装好铜管，插入排水预留管口内（铜管下端扳边）。将排水口圆盘下加胶垫、油灰，插入浴盆排水孔眼，外面再套胶垫、眼圈，丝扣处涂铅油、缠麻。将溢水立管下端套上锁母，缠上油盘根绳，插入三通上口对准浴盆溢水孔，带上锁母。溢水管弯头处

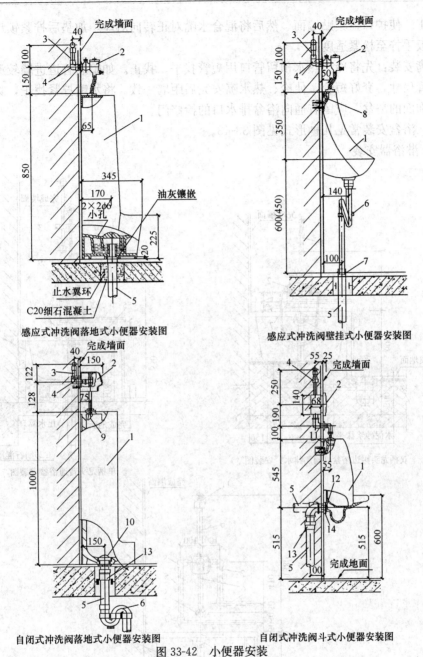

感应式冲洗阀落地式小便器安装图

感应式冲洗阀壁挂式小便器安装图

自闭式冲洗阀落地式小便器安装图

自闭式冲洗阀斗式小便器安装图

图 33-42 小便器安装

1—小便器；2—冲洗阀；3—冷水管；4—内螺纹弯头；5—排水管；
6—存水弯；7—罩盖；8—挂钩；9—喷水鸭嘴；10—花篮罩；11—挂钩；
12—橡胶止水环；13—转换弯头；14—排水法兰

加 1mm 厚的胶垫、油灰，将浴盆堵螺栓穿过溢水孔花盘，上入弯头"一"字丝扣上，无松动即可。再将三通上口锁母拧至松紧适度。浴盆排水三通出口和排水管接口处缠绕油盘根绳捻实，再用油灰封闭。

混合水嘴安装：将冷、热水管口找平、找正。把混合水嘴转向对丝抹铅油、缠麻丝，带好护口盘，用自制扳手插入转向对丝内，分别拧入冷、热水预留管口，校好尺寸，找平、找正。使护口盘紧贴墙面。然后将混合水嘴对正转向对丝，加垫后拧紧锁母找平、找正。用扳手拧至松紧适度。

水嘴安装：先将冷、热水预留管口用短管找平、找正。如暗装管道进墙较深者，应先量出短管尺寸，套好短管，使冷、热水嘴安完后距墙一致。将水嘴拧紧找正，除净外露麻丝。有饰面的浴盆，应留有通向浴盆排水口的检修门。

（3）浴盆安装常见几种形式见图33-43。

10. 淋浴器安装

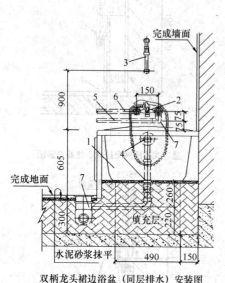

双柄龙头裙边浴盆（同层排水）安装图

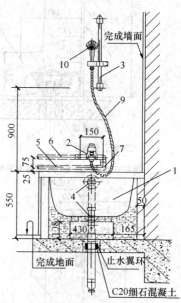

单柄龙头普通浴盆安装图

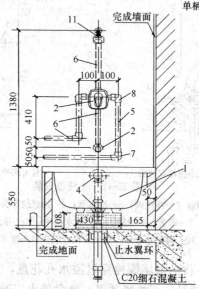

入墙式单柄龙头浴盆安装图

图 33-43　浴盆安装

1—浴盆；2—水龙头；3—滑竿；4—排水配件；5—冷水管；6—热水管；
7—90°弯头；8—内螺纹弯头；9—金属软管；10—手提式花洒；11—莲蓬头

（1）暗装管道先将冷、热水预留管口加试管找平、找正。量好短管尺寸，断管、套丝、涂铅油、缠麻，将弯头上好。明装管道按规定标高煨好"Ⅱ"弯（俗称元宝弯），上好管箍。

（2）淋浴器锁母外丝丝头处抹油、缠麻。用自制扳手卡住内筋，上入弯头或管箍内。再将淋浴器对准锁母外丝，将锁母拧紧。将固定圆盘上的孔眼找平、找正。画出标记，卸淋浴器，将印记剔成 $\phi10\times40$mm 孔眼，栽好铅皮卷。再将锁母外丝口加垫抹油，将淋浴器对准锁母外丝口，用扳手拧至松紧适度。再将固定圆盘与墙面靠严，孔眼平正，用木螺丝固定在墙上。

（3）将淋浴器上部铜管预装在三通口上，使立管垂直，固定圆盘与墙面贴实，孔眼平正，画出孔眼标记，栽入铅皮卷，锁母外加垫抹油，将锁母拧至松紧适度。将固定圆盘采用木螺丝固定在墙面上。

（4）浴盆软管淋浴器挂钩的安装高度，如设计无要求，应距地面 1.8m。

11. 小便槽安装

小便槽冲洗管应采用镀锌管或硬质塑料管。冲洗孔应斜向下方安装，冲洗水流同墙面成 $45°$ 角。镀锌钢管钻孔后应进行二次镀锌。

12. 排水栓和地漏的安装

排水栓和地漏安装应平正、牢固，低于排水表面，周边无渗漏。地漏水封高度不得小于 50mm。

13. 卫生器具交工前应做满水和通水试验，进行调试

（1）检查卫生器具的外观，如果被污染或损伤，应清理干净或重新安装，达到要求为止。

（2）卫生器具的满水试验可结合排水管道满水试验一同进行，也可单独将卫生器具的排水口堵住，盛满水进行检查，各连接件不渗不漏为合格。

（3）给卫生器具放水，检查水位超过溢流孔时，水流能否顺利溢出；当打开排水口，排水应该迅速排出。关闭水嘴后应能立即关住水流，龙头四周不得有水渗出。否则应拆下修理后再重新试验。

（4）检查冲洗器具时，先检查水箱浮球装置的灵敏度和可靠程度，应经多次试验无误后方可。检查冲洗阀冲洗水量是否合适，如果不合适，应调节螺钉位置达到要求为止。连体坐便水箱内的浮球容易脱落，造成关闭不严而长流水，调试时应缠好填料将浮球拧紧。冲洗阀内的虹吸小孔容易堵塞，从而造成冲洗后无法关闭，遇此情况，应拆下来进行清洗，达到合格为止。

（5）通水试验给、排水畅通为合格。

33.5 雨水系统安装

33.5.1 雨水系统的组成及分类

33.5.1.1 雨水系统组成

（1）雨水斗：一般有 65 型（铸铁）、79 型（钢焊制）两种。

布置：以伸缩缝或沉降缝为分水线，伸出屋面的防火墙可作为分水线，也可在伸缩缝、防火墙、沉降缝二侧各设雨水斗，悬吊管穿越伸缩缝时应作伸缩接头。

（2）悬吊管：当雨水斗不能直接接立管埋地时，用悬吊管在空中吊设，适当位置接立管。$i \nless 0.003$，端头及 $L > 15\text{m}$，设检查口，检查口间距 $\nleqslant 20\text{m}$。悬吊管铸铁安装固定在墙梁桁架上。

（3）立管：要求和悬吊管同径，且不宜大于 300mm，检查口距地面 1.0m。

（4）排出管：$DN \nleqslant$ 立管管径。

（5）埋地横管：$DN \geqslant 200$。

33.5.1.2　建筑雨水排水系统的分类

（1）屋面建筑雨水系统主要分类：屋面雨水系统主要分为重力流（87 型斗）雨水系统、压力流（虹吸式）雨水系统。

（2）屋面雨水系统按其他标准分类方式：

1）按管道的设置位置分为：内排水系统、外排水系统。

2）按屋面的排水条件分为：檐沟排水、天沟排水及无沟排水。

3）按出户横管（渠）在室内部分是否存在自由水面分：密闭系统和敞开系统。

33.5.2　雨水管道及配件安装

33.5.2.1　施工准备

（1）地下雨水管道的铺设必须在基础墙达到或接近 ±0 标高，土回填到管底或稍高的高度，土沿管线位置无堆积物，且管道穿过建筑基础处，已按设计要求预留管洞。

（2）楼层内雨水管道的安装，应于结构施工隔开 1～2 层，管道穿越结构部位的孔洞等均已预留完毕，室内模板或杂物清除后，室内弹出房间尺寸线及准确的水平线。

（3）应在屋面结构层施工验收完毕后方可进行雨水漏斗安装。

33.5.2.2　施工工艺

通用要求：

（1）雨水管道安装结合室内给水与排水管道安装相关章节。

（2）悬吊式雨水管道的敷设坡度不得小于 5‰；埋地雨水管道的最小坡度，应符合表 33-71 的规定。

（3）雨水斗管的连接应固定在屋面承重结构上。雨水斗边缘与屋面相连处应严密不漏。连接管管径应符合设计的要求，当设计无要求时，不得小于 100mm。

地下埋设雨水排水管道的最小坡度

表 33-71

项次	管径（mm）	最小坡度（‰）	项次	管径（mm）	最小坡度（‰）
1	50	20	4	125	6
2	75	15	5	150	5
3	100	8	6	200～400	4

（4）悬吊式雨水管道的检查口或带法兰堵口的三通的间距不得大于表 33-72 的规定。

悬吊管检查口间距 　　　　　　　　　　　　　表 33-72

项次	悬吊管直径（mm）	检查口间距（m）	项次	悬吊管直径（mm）	检查口间距（m）
1	≤150	≥15	2	≥200	≥20

（5）雨水管道如采用塑料管，其伸缩节应符合设计要求。

（6）雨水管道不得与生活污水管道相连接。

（7）为防止屋面雨水在施工期间进入建筑物内，室内雨水系统应在屋面结构层施工验收完毕后的最佳时间内完成。

（8）雨水管道不得与生活污水管相连接。雨水斗的连接应固定在屋面承重结构上。雨水斗边缘与屋面相连接处应严密不漏。连接管径当设计无要求时，不得小于 100mm。高层建筑的雨水立管应采用耐压排水塑料管或柔性接口机制排水铸铁管。

（9）雨水管道安装方法同室内排水管道安装章节。

33.5.3　质　量　标　准

（1）安装在室内的雨水管道安装后应做灌水试验，灌水高度必须到每根立管上部的雨水斗。灌水试验持续 1h，不渗不漏为合格。

（2）雨水管道如采用塑料管，其伸缩节安装应符合设计要求。

（3）悬吊式雨水管道的敷设坡度不得小于 5‰；埋地雨水管道的最小坡度，应符合规定。

（4）雨水管道不得与生活污水管道相连接。

（5）雨水斗管的连接应固定在屋面承重结构上。雨水斗边缘与屋面相连处应严密不漏。连接管管径当设计无要求时，不得小于 100mm。

33.5.4　虹吸排水施工技术

33.5.4.1　虹吸式雨水系统的组成

1. 虹吸雨水系统组成

由虹吸式雨水斗、尾管、连接管、悬吊管、立管、埋地管、检查口和固定及悬吊系统组成。虹吸式雨水斗一般由反旋涡顶盖、格栅片、底座和底座支管组成。

2. 管材和管件

用于虹吸式屋面雨水排水系统的管道，应采用铸铁管、钢管（镀锌钢管、涂塑钢管）、不锈钢管和高密度聚乙烯（HDPE）管等材料。用于同一系统的管材和管件以及与虹吸式雨水斗的连接管，宜采用相同的材质。这些管材除承受正压外，还应能承受负压。

3. 固定件

管道安装时应设置固定件。固定件必须能承受满流管道的重量和高速水流所产生的作用力。对高密度聚乙烯（HDPE）管道必须采用二次悬吊系统固定。

33.5.4.2　深化设计及水力计算

1. 系统深化设计一般规定

（1）虹吸雨水排水系统采用设计重现期，应根据建筑物的重要程度、水区域性质、气象特征等因素确定。对于一般建筑物屋面，其设计重现期不宜小于 2～5 年；对于重要的公共建筑屋面、生产工艺不允许渗漏的工业厂房屋面，其设计重现期应根据建筑的重要性和溢流造成的危害程度确定，不宜小于 10 年。

（2）虹吸式屋面雨水排水系统的雨水斗应采用经检测合格的虹吸雨水斗。

（3）对于水面积大于 5000m² 的大型屋面，宜设置不少于 2 组独立的虹吸屋面雨水排水系统。

（4）虹吸雨水系统应设溢流口或溢流系统。虹吸式屋面雨水排水系统和溢流系统的总排水能力，不宜小于设计重现期为 50 年、降雨历时 5min 的设计雨水流量。

（5）不同高度的屋面、不同结构形式的屋面汇集雨水，宜采用独立的系统单独排除。

（6）其他屋面雨水排水系统的管道接入虹吸式屋面雨水排水系统时，应有确保虹吸系统发挥正常功能的措施。

（7）与排出管连接的雨水检查井应能承受水流的冲击，应采用钢筋混凝土结构或消能井，并宜有排气措施。

2. 水力计算

虹吸式屋面雨水排水系统的水力计算，应包括对系统中每一管路水力工况的精确计算。

（1）虹吸式屋面雨水排水系统的水力计算应符合下列规定：

1）虹吸式雨水斗的设计流量应由雨水斗产品的水力测试确定。设计流量不得大于经水力测试的最大流量。

2）虹吸式屋面雨水排水管系中，雨水斗至过渡段的总水头损失（包括沿程水头损失和局部水头损失）与过渡段流速水头之和不得大于雨水斗至过渡段的几何高差。

（2）雨水斗顶面至过渡段的高差，在立管管径不大于 DN75 时，宜大于 3m；在立管管径不小于 DN90 时，宜大于 5m。

（3）悬吊管设计流速不宜小于 1.0m/s；立管设计流速不宜小于 2.2m/s，且不宜大于 10m/s。

（4）虹吸式屋面雨水排水管系过渡段下游的流速，不宜大于 2.5m/s；当流速大于 2.5m/s 时，应采取消能措施。

（5）立管管径应经计算确定，可小于上游悬吊管管径。虹吸雨水系统水力计算应参考相关资料。

33.5.4.3　管道的布置原则与敷设

1. 管道敷设原则

（1）悬吊管可无坡度敷设，但不得倒坡。

（2）管道不宜敷设在建筑的承重结构内。因条件限制管道必须敷设在建筑的承重结构内时，应采取措施避免对建筑的承重结构产生影响。

（3）管道不宜穿越建筑的沉降缝或伸缩缝。当受条件限制必须穿越时，应采取相应的技术措施。

（4）管道不宜穿越对安静有较高要求的房间。当受条件限制必须穿越时，应采取隔声措施。

（5）当管道表面可能结露时，应采取防结露措施。

（6）管道可采用铁管、不锈钢管、衬塑不锈钢管、衬塑钢管、涂塑钢管及 HDPE 管等。当采用 HDPE 等塑料材质时，应符合国家有关防火标准的规定，管材管件应采用不低于 PE80 等级的高密度聚乙烯原材料制作。管材纵向回缩率不应大于 3%。

（7）过渡段的设置位置应通过计算确定，宜设置在排出管上，并应充分利用系统的动能。

（8）过渡段下游管道应按重力流雨水系统设计，并符合现行国家标准《建筑给水排水设计规范》GB 50015 的规定。

（9）虹吸式屋面雨水排水系统的最小管径不应小于 DN40。

（10）溢流口或溢流系统应设置在溢流时雨水能通畅流达的场所。溢流口或溢流装置的设置高度应根据建筑屋面允许的最高溢流水位等因素确定。最高溢流水位应低于建筑屋面允许的最大积水水深。

2. 雨水管道敷设一般规定

（1）雨水立管应按设计要求设置检查口，检查口中心宜距地面 1.0m。当采用高密度 HDPE 管时，检查口最大间距不宜大于 30m。

（2）雨水管道按照设计规定的位置安装。

（3）连接管与悬吊管的连接宜采用 45°三通。

（4）悬吊管与立管、立管与排出管的连接应采用 2 个 45°弯头或 R 不小于 4D 的 90°弯头。

（5）高密度聚乙烯 HDPE 管道穿过墙壁、楼板或有防火要求的部位时，应按设计要求设置阻火圈、防火胶带或防火套管。

（6）雨水管穿过墙壁或楼板时，应设置金属或塑料套管。楼板内套管其顶部应高出装饰地面 20mm，底部与楼板底面齐平。墙壁内的套管，其两端应与饰面齐平。套管与管道之间的间隙应采用阻燃密实材料填实。在安装过程中，管道和雨水斗敞开口应采取临时封堵措施。

33.5.4.4 虹吸式雨水排放系统管道及附件的安装

1. 雨水斗的安装要求

（1）雨水斗的进水口应水平安装。

（2）雨水斗的进水口高度应保证天沟内的雨水能通过雨水斗排净。

（3）雨水斗应按产品说明书的要求和顺序进行安装。

（4）在屋面结构施工时，必须配合土建工程预留符合雨水斗安装需要的预留孔。

（5）安装在钢板或不锈钢天沟的（檐沟）内的雨水斗，可采用氩弧焊等与天沟（檐沟）焊接连接或其他能确保防水要求的连接方式。

（6）雨水斗安装时，应在屋面防水施工完成、确认雨水管道畅通、清除流入短管内的密封膏后，再安装整流器、导流罩等部件。

（7）雨水斗安装后，其边缘与屋面相连处应严密不漏。

2. 管道安装

（1）钢管安装应采用法兰连接或沟槽连接，内外表面镀锌。不锈钢管应采用焊接连接、法兰连接或沟槽连接。

（2）碳素钢管宜采用机械方法切割，当采用火焰切割时，应清除表面的氧化物。不锈钢管应采用机械或等离子方法切割。钢管切割后，切口应平整，并与管道的中轴线垂直。

（3）法兰连接时，法兰应垂直于管道中心线，两个法兰的表面应相互平行，紧固螺栓的方向一致，紧固后螺栓端部宜与螺母齐平。

（4）沟槽连接时，应检查沟槽加工的深度和宽度尺寸是否符合产品要求。安装橡胶密封圈时应检查是否有损伤，并涂抹润滑剂。卡箍紧固后其内缘应卡进沟槽里。

（5）螺纹连接时，对套丝扣时破坏的镀锌层表面外露螺纹部分应做防腐处理。管径大于100mm的镀锌钢管应采用法兰连接或卡套式专用管件连接，在镀锌钢管与法兰连接处应二次镀锌。

3. 铸铁管安装

（1）铸铁管件应采用机械式接口或卡箍式连接。

（2）铸铁管应采用机械方法切割，切口表面应平整无裂纹。

（3）铸铁管连接时，应先除去连接部位的沥青、砂、毛刺等物。

（4）机械式接口连接时，在插口端应先套入法兰压盖，再套入橡胶密封圈，然后应将插口端推入承口内，对称交叉地紧固法兰压盖上的螺栓。

（5）卡箍式连接时，应将管道或管件的端口插入橡胶套筒和不锈钢节套内，然后拧紧节套上的螺栓。

4. 高密度聚乙烯（HDPE）管安装

HDPE管的焊接方法主要分为热熔对焊和电熔连接法，具体如下：

（1）热熔对焊连接

电焊机由加热片、切割器以及钳夹器组成。电焊机可用于连接管径40～315mm的管件。把需要连接的两管件放置在钳夹器间，确保管道尾端与钳夹器之间的差距大约20mm。锁紧扣把手。将管件顶在切割盘上、切割管道直到两个被连接的管端都完全一样、平直以及无缝于管端合拢之间。把焊机的温度稳定在210℃。将两管件仔细地放置于电焊机熔焊片上，直到焊接表面的凸出达到相等于管壁厚1/3厚度为止。将两管按焊接所需要的压力仔细的拼拢。在焊接处完全冷却前，不要松开锁扣把手。要达到完好的焊接，两管件的焊接面需要有正确的切割角度。电焊机也必须维持在210±5℃的温度下。

（2）电熔连接法

当平焊连接无法进行时，电熔便是最好的连接法。它适用于现场焊接、改装、加补安装、修补。管箍在加热后的收缩效应提供了焊接所需的压力。管箍的加热和熔融区分开，其中央部分以及外表不会被熔融，据此提供安全的焊接。

管件端须磨砂纸或刮削器除去氧化表层。管箍内侧保持干净、无油脂。把管件嵌入管箍连接。接通电熔焊机（220V、50～60Hz），开始焊接直至红色显示灯停止亮起。电熔焊机会自动切断电源。电焊管箍不能连续使用两次。如想重复使用，必须等到整个管箍完全冷却为止。

（3）HDPE管与金属不锈钢管的连接方法

采用法兰连接，法兰通常采用后安装的方法，待管道安装好，导向支架与固定支架安装定位后，再安装法兰，以确保法兰的同心度不受影响。法兰密封面及密封垫片应进行外观检查，不得有影响密封性能的缺陷存在。法兰端面应保持平行，偏差应不大于法兰外径的1.5%，且不大于2mm。不得采用加偏垫、多层垫或强力拧紧法兰一侧螺栓的方法，消除法兰接口端面的缝隙。法兰连接应使用同一规格的螺栓、安装方向应一致，紧固螺栓时应对称、均匀地进行、松紧适度。紧固后丝扣外露长度应不超过 2～3 倍螺距，需要用垫圈调整时，每个螺栓只能用一个垫圈。

5. 固定件安装

（1）管道支架应固定在承重结构上，位置应正确，埋设应牢固。

（2）钢管的支吊架间距，横管不应大于表 33-73 的规定。

钢管管道支吊架最大间距（m）　　　　　　　　　　　表 33-73

公称直径（mm）	50	70（80）	100	125	200	250	300
保温管	4	4.2	4.5	6	7	8	8.5
不保温管	5	6	6.5	7	9.5	11	12

（3）铸铁管的支吊架间距，对横管不应大于 2m，对立管不应大于 3m。当楼层高度不大于 4m 时，立管可安装一个支架。

（4）钢管沟槽式接口，铸铁管机械接口和卡箍式接口的支、吊架位置应靠近接口，但不妨碍接口的拆装。卡箍式铸铁管在弯管处应按照拉杆装置进行固定。

（5）高密度聚乙烯 HDPE 管悬挂在建筑承重结构上，宜采用导向管卡和锚固管卡连接在方形钢导管上。

（6）高密度聚乙烯 HDPE 悬吊管的锚固管卡安装在管道的端部和末端，以及 Y 型支管的每个方向上，2 个锚固管卡间距不应大于 5m。当雨水斗与立管之间的悬吊长度超过 1m 时，应安装带有锚固管卡的固定件。当悬吊管的管径大于 200mm 时，在每个固定点上使用 2 个锚固管卡。立管锚固管卡间距不应大于 5m，导向管卡间距不应大于 15 倍管径。

（7）当虹吸雨水斗的下端与悬吊管的距离不小于 750mm 时，在方形钢导管上或悬吊管上应增加 2 个侧向管卡。在雨水立管底部弯管处应设支墩或采取牢固的固定措施。

33.5.4.5　虹吸式雨水排放系统试验与检验

1. 雨水排放试验

（1）试验所有工作都必须在监理和业主的统一领导、指挥下进行。并由他们确定时间、系统、上水设备和足够水量。

（2）安装单位应做好配合准备工作台，如安装蝶阀（或安装法兰和堵水封板）、清理管道、天沟、隔断天沟、配备人力、设备、工具和通信设备等。

（3）试验步骤：

1）消除天沟和管道内的杂物和垃圾，检查雨水斗及管道出水是否畅通无阻。

2）检查所有安装的虹吸系统的水平、垂直管道，以及各种接头、弯头，管件是否有焊接缺陷和渗漏水现象。

3）用水枪或接管不断地向天沟内放水（水量以系统最大设计排量；连续稳定供水达 5min）。观察虹吸的产生；观察天沟内最高水位；观察并记录天沟水平误差；观察各接口是否有渗漏；观察出水口排水顺畅。

4）以确定管道内无阻塞；接口无渗漏；在稳定最大设计排量下天沟不泛水为合格（注：流量法必须确保供水量得以证实）。

5）向系统内注水直到天沟内水位达到最高极限。测量天沟的水平误差，计算天沟的容积和系统容积，并做好记录。

6）打开放水蝶阀（或迅速抽出封板）立即开始计时。观察出水口虹吸现象的连续性；直到天沟水位降至空气挡板；空气开始进入系统停止计时。

2. 系统密封性能验收

（1）堵住所有雨水斗，向屋面或天沟灌水。水位淹没雨水斗，持续 1h 后，雨水斗周围屋面应无渗漏现象。

（2）安装在室内的雨水管道，应根据管材和建筑高度选择整段方式或分段方式进行灌水试验，灌水高度必须达到每根立管上部雨水斗口。灌水试验持续 1h 后，管道及其所有连接处应无渗漏现象。

33.6 建筑中水系统管道及辅助设备安装

33.6.1 一 般 规 定

中水给水管道管材及配件应采用耐腐蚀的给水管管材及附件。

33.6.2 中 水 处 理 流 程

建筑中水系统安装包括中水原水管道系统安装、水处理设备安装及中水供水系统安装。其安装工艺流程如图 33-44 所示。

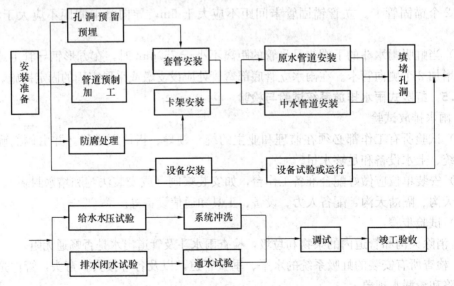

图 33-44 建筑中水系统安装工艺流程示意图

33.6.3 中 水 管 道 铺 设

33.6.3.1 中水原水管道系统安装要求

（1）中水原水管道系统宜采用分流集水系统，以便于选择污染较轻的原水，简化处理流程和设备，降低处理经费。

（2）便器与洗浴设备应分设或分侧布置，以便于单独设置支管、立管，有利于分流集水。

（3）污废水支管不宜交叉，以免横支管标高降低过多，影响室外管线及污水处理设备的标高。

（4）室内外原水管道及附属构筑物均应防渗漏，井盖应做"中"字标志。

（5）中水原水系统应设分流、溢流设施和跨越管，其标高及坡度应能满足排放要求。

33.6.3.2　中水供水系统

中水供水系统是给水供水系统的一个特殊部分，所以其供水方式与给水系统相同。主要依靠最后处理设备的余压供水系统、水泵加压供水系统和气压罐供水系统等。

（1）中水供水系统必须单独设置。中水供水管道严禁与生活饮用水给水管道连接，中水管道及设备、受水器等外壁应涂浅绿色标志。中水池（箱）、阀门、水表及给水栓均应有"中水"标志。

（2）中水管道不宜暗装于墙体和楼板内。如必须暗装于墙槽内时，必须在管道上有明显且不会脱落的标志。

（3）中水管道与生活饮用水管道、排水管道平行埋设时，其水平净距离不得小于0.5m，交叉埋设时，中水管道应位于生活饮用水管道下面，排水管道的上面，其净距离不应小于0.15m。

（4）中水给水管道不得装设取水水嘴。便器冲洗宜采用密闭型设备和器具。绿化、浇洒、汽车冲洗宜采用壁式或地下式的给水栓。

（5）中水高位水箱应与生活高位水箱分设在不同的房间内，如条件不允许只能设在同一房间时，与生活高位水箱的净距离应大于2m。止回阀安装位置和方向应正确，阀门启闭应灵活。

（6）中水供水系统的溢流管、泄水管均应采取间接排水方式排出，溢流管应设隔网。

（7）中水供水管道应考虑排空的可能性，以便维修。

（8）为确保中水系统的安全，试压验收要求不应低于生活饮用给水管道。

（9）原水处理设备安装后，应经试运行检测中水水质符合国家标准后，方可办理验收手续。

33.6.4　中水处理站设置要求

（1）中水处理站的位置应根据建筑的总体布局、中水原水的主要出口、中水的用水位置、环境卫生、便于隐藏隔离和管理维护等综合因素确定，注意充分利用建筑空间，少占地面。最好有方便的、单独的道路和进出口，便于进出设备、排出污物等。

（2）对于单栋建筑的中水处理站可设在地下室或建筑附近，对于建筑群的中水处理站应靠近主要集中和用水处。

（3）尽量利用中水原水出口高程，使处理过程在重力流动下进行。

（4）处理产生的污物必须合理处置，不允许随意堆放，并考虑预留发展空间。

（5）处理站除有安置处理设施的场所外，还应有值班室、化验室、储藏室、维修间及必要的生活设施等附属房间。处理间必须有必要的通风换气设施，有保障处理工艺的采暖、照明和给排水设施。

（6）设计处理站时要考虑工作人员的保健和安全问题，尽量提高处理系统的机械化、自动化程度。

（7）贮存消毒剂、化学药剂的房间宜与其他房间隔开，并有直接通向室外的门。

（8）对药剂产生的污染危害和二次危害，必须妥善处理。

33.6.5　中水管道及配件安装

（1）中水供水系统与给水供水系统相同，主要依靠最后处理设备的余压供水系统、水泵加压供水系统和气压罐供水系统等。

（2）中水管道不宜暗装在墙内或楼板内。如必须暗装于墙槽内，必须在管道上有明显且不易脱落的标志。

（3）中水管道与生活饮用水管道、排水管道平行埋设时，其水平距离不得小于0.5m，交叉埋设时，中水管道应位于生活饮用水管道下面，排水管道上面，其净距不应小于0.15m。

（4）中水供水管道应考虑排空的可能性，以便于维修。

33.6.6　中水供水系统安装质量标准

（1）中水高位水箱应与生活高位水箱分设在不同的房间内，如条件不允许只能设在同一房间时，与生活高位水箱的净距离应大于2m。止回阀安装位置和方向应正确，阀门启闭应灵活。

（2）中水给水管道不得装设取水水嘴。便器冲洗宜采用密闭型设备和器具。绿化、浇洒、汽车冲洗宜采用壁式或地下式的给水栓。

（3）中水供水管道严禁与生活饮用水给水管道连接，并应采取下列措施：

1）中水管道外壁应涂浅绿色标志。

2）中水池（箱）、阀门、水表及给水栓均应有"中水"标志。

3）中水给水管道管材及配件应采用耐腐蚀的给水管管材及附件。

33.7　管道直饮水系统

33.7.1　管道直饮水系统的定义和分类

（1）管道直饮水系统是指原水经过深度净化处理达到标准后，通过管道供给人们直接饮用的供水系统。这里所说的原水指的是未经深度净化处理的生活饮用水或任何与生活饮用水水质相近的水。

（2）管道直饮水按照水源和水处理工艺的不同，分为管道饮用净水、管道饮用纯净水和其他类型的管道直饮水。

1）管道饮用纯净水：是通过反渗透、蒸馏等净化处理方法（脱盐率>95%）制成的管道直饮水。

2）管道饮用净水：是通过微滤、超滤、纳滤等净化处理方法制成的管道直饮水。

（3）具体可依照《管道直饮水系统技术规程》CJJ110执行。

33.7.2　管道直饮水系统设置的一般规定

（1）通常做法就是在居住小区内设净水站，将自来水进一步深度处理、加工和净化，在原有的自来水管道系统上，再增设一条独立的优质供水管道，将水输送至用户，供居民直接饮用。

（2）管道直饮水系统采用的管材、管件、设备、辅助材料应符合国家现行有关标准，卫生性能应符合现行国家标准《生活饮用水输配水设备及防护材料的安全性评价标准》GB/T 17219 的规定。

（3）管材应选用不锈钢管、铜管或其他符合食品级要求的优质给水塑料管和优质钢塑复合管；室内分户计量水表应采用直饮水水表；采用直饮水专用水嘴；系统中宜采用与管道同种材质的管件及附配件。

（4）管道直饮水系统用户端的水质应符合国家现行标准《饮用净水水质标准》CJ94 和《生活饮用水水质卫生规范》的要求。

（5）管道直饮水系统应对原水进行深度净化处理。深度净化处理宜采用膜处理技术（包括微滤、超滤、纳滤和反渗透），膜处理应根据处理后的水质标准和原水水质进行选择。

（6）管道直饮水系统宜采用调速泵供水系统和处理设备置于屋顶的水箱重力式供水系统两种方式。管道直饮水系统必须是独立的系统。

（7）管道直饮水系统设计应设循环管道，供回水管网应设计为同程式。

（8）直饮水在供配水系统中的停留时间不应超过 12h。

（9）配水管网循环立管上端和下端应设阀门，供水管网应设检修阀门。在管网最低端应设排水阀，管道最高处应设排气阀。排气阀处应有滤菌、防尘装置。排水阀设置处不得有死水存留现象，排水口应有防污染措施。

（10）管道直饮水系统回水宜回流至净水箱或原水水箱。回流到净水箱时，应加强消毒。采用供水泵兼做循环泵使用的系统时，循环回水管上应设置循环回水流量控制阀。

（11）居住小区集中供水系统中每幢建筑的循环回水管接至室外回水管之前宜采用安装流量平衡阀等措施。

（12）各用户从立管上接出的支管不宜大于 3m。

（13）管道不应靠近热源。室内明装管道应做隔热保温处理。

33.7.3　管道直饮水系统的施工安装要点

33.7.3.1　一般规定

（1）同一工程应安装同类型的设施或管道配件，除有特殊要求外，应采用相同的安装方法。

（2）不同的管材、管件或阀门连接时，应使用专用转换连接件。不得在塑料管上套丝。

（3）管道安装前，管内外和接头处应清洁，受污染的管材和管件应清理干净；安装过程中严禁杂物及施工碎屑落入管内；施工后应及时对敞口管道采取临时封堵措施。

（4）钢塑复合管套丝时应采用水溶性润滑油。

(5) 丝扣连接时，宜采用聚四氟乙烯生料带等材料，不得使用厚白漆、麻丝等对水质可能产生污染的材料。

(6) 当采用钢塑复合管材连接时，直饮水与钢管不得直接接触。

(7) 系统控制阀门应安装在易于操作的明显部位，不得安装在住户内。

33.7.3.2 管道敷设

(1) 室外埋地管道的覆土深度，应根据各地区土壤冰冻深度、车辆荷载、管道材质及管道交叉等因素确定，管顶最小覆土深度不得小于土壤冰冻线以下 0.15m，行车道下的管顶覆土深度不宜小于 0.7m。

(2) 当室外埋地管道采用塑料管时，在穿越小区道路时应设钢套管保护。

(3) 室外埋地管道管沟的沟底应为原土层，或为夯实的回填土，沟底应平整，不得有突出的尖硬物体。沟底土壤的颗粒直径大于 12mm 时宜铺 100mm 厚的砂垫层。管周回填土不得夹杂硬物直接与管壁接触。应先用砂土或颗粒径不大于 12mm 的土壤回填至管顶上侧 300mm 处，经夯实后方可回填原土。

(4) 埋地金属管道应做防腐处理。

(5) 建筑物内埋地敷设的直饮水管道与排水管之间平行埋设时净距不应小于 0.5m；交叉埋设时净距不应小于 0.15m，且直饮水管应在排水管的上方。

(6) 建筑物内埋地敷设的直饮水管道埋深不宜小于 300mm。

(7) 室外明装管道应进行保温隔热处理。

(8) 室内明装管道宜在建筑装修完成后进行。

(9) 室内直饮水管道与热水管上下平行敷设时应在热水管下方。

(10) 直饮水管道不得敷设在烟道、风道、电梯井、排水沟、卫生间内。直饮水管道不宜穿越橱窗、壁柜。

(11) 塑料直埋暗管封闭后，应在墙面或地面标明暗管的位置和走向。

(12) 减压阀组的安装应符合下列规定：

1) 减压阀组应先组装、试压，在系统试压合格后安装到管道上。

2) 可调式减压阀组安装前应进行调压，并调至设计要求压力。

(13) 水表安装应符合现行国家标准《冷水水表第 2 部分安装要求》GB/T 718.2 的规定，外壳距墙壁净距不宜小于 10～30mm，距上方障碍物不宜小于 150mm。

33.7.3.3 设备安装

(1) 净水设备的安装必须按照工艺要求进行。在线仪表安装位置和方向应正确，不得少装、漏装。

(2) 筒体、水箱、滤器及膜的安装方向应正确，位置应合理，并应满足正常运行、换料、清洗和维修要求。

(3) 设备与管道的连接及可能需要拆换的部分应采用活接头连接方式。

(4) 设备排水应采取间接排水方式，不应与下水道直接连接，出口处应设防护网罩。

(5) 设备、水泵等应采取可靠的减振装置，其噪声应符合现行国家标准《民用建筑隔声设计规范》GB J118 的规定。

(6) 设备中的阀门、取样口等应排列整齐，间隔均匀，不得渗漏。

33.7.3.4　管道试压、清洗和消毒

1. 管道试压

（1）管道安装完成后，应分别对立管、连通管及室外管段进行水压试验。系统中不同材质的管道应分别试压。水压试验必须符合设计要求。不得使用气压试验代替水压试验。

（2）当设计未注明时，各种材质的管道系统试验压力应为管道工作压力的1.5倍，且不得小于0.6MPa。暗装管道必须在隐蔽前进行试压及验收。热熔连接管道，水压试验时间应在连接完成24h后进行。

（3）金属及复合管管道系统在试验压力下观察10min，压力降不应大于0.02MPa，然后降到工作压力进行检查，管道及各连接处不得渗漏。

（4）塑料管管道系统在试验压力下稳压1h，压力降不得大于0.05MPa，然后在工作压力的1.15倍状态下稳压2h，压力降不得大于0.03MPa，管道及各连接处不得渗漏。

（5）净水水罐（箱）应做满水试验。

2. 管道清洗和消毒

（1）管道直饮水系统试压合格后应对整个系统进行清洗和消毒。

（2）直饮水系统冲洗前，应对系统内的仪表、水嘴等加以保护，并将有碍冲洗工作的减压阀等部件拆除，用临时短管代替，待冲洗后复位。

（3）管道直饮水系统应采用自来水进行冲洗。冲洗水流速宜大于2m/s，冲洗时应保证系统中每个环节均能被冲洗到。系统最低点应设排水口，以保证系统中的冲洗水能完全排出。清洗标准为冲洗出口处（循环管出口）的水质与进水水质相同。

（4）直饮水系统较大时，应利用管网中设置的阀门分区、分幢、分单元进行冲洗。

（5）用户支管部分的管道使用前应再进行冲洗。

（6）在系统冲洗的过程中，应同时根据水质情况进行系统的调试。

（7）直饮水系统经冲洗后，采用消毒液对管网灌洗消毒。消毒液可采用含20～30mg/L的游离氯或过氧化氢溶液，或其他合适的消毒液。

（8）循环管出水口处的消毒液浓度应与进水口相同，消毒液在管网中应滞留24h以上。

（9）管网消毒后，应使用直饮水进行冲洗，直至各用水点出水水质与进水口相同为止。

（10）净水设备的调试应根据设计要求进行。石英砂、活性炭应经清洗后才能正式通水运行；连接管道等正式使用前应进行清洗消毒。

33.7.3.5　施工验收

（1）管道直饮水系统安装及调试完成后，应进行验收。系统验收应符合下列规定：

1）工程施工质量应按照现行国家标准《建筑给水排水及采暖工程施工质量验收规范》GB 50242及《建筑工程施工质量验收统一标准》GB 50300进行验收。

2）机电设备安装质量应按照国家现行标准《电气装置安装工程低压电器施工及验收规范》GB 50254和《建筑电气工程施工质量验收规范》GB 50303的规定进行验收。

3）水质验收应经卫生监督管理部门检验，水质应符合国家现行标准《饮用净水水质标准》CJ 94的规定。水质采样点应符合《管道直饮水系统技术规程》CJJ 110的规定。

（2）竣工验收还应包含以下内容：

1）系统通水能力检验。按设计要求同时开放的最大数量的配水点应全部达到额定流量；

2）循环系统的循环水应顺利回至机房水箱内，并达到设计循环流量；

3）系统各类阀门的启闭灵活性和仪表指示的灵敏性；

4）系统工作压力的正确性；

5）管道支、吊架安装位置和牢固性；

6）连接点或接口的整洁、牢固和密封性；

7）控制设备中各按钮的灵活性，显示屏显示字符清晰度；

8）净水设备的产水量应达到设计要求；

9）如采用臭氧消毒，净水机房内空气的臭氧浓度应符合现行国家标准《室内空气质量标准》GB/T 18883 的规定。

（3）系统竣工验收合格后施工单位应提供以下的文件资料：

1）施工图、竣工图及设计变更资料；

2）管材、管件及主要管道附件的产品质量保证书；

3）管材、管件及设备的省、直辖市级及以上卫生许可批件；

4）隐蔽工程验收和中间试验记录；

5）水压试验和通水能力检验记录；

6）管道清洗和消毒记录；

7）工程质量事故处理记录；

8）工程质量检验评定记录；

9）卫生监督部门出具的水质检验合格报告。

（4）验收合格后应将有关设计、施工及验收的文件立卷归档。

33.8 室内热水供应系统安装

33.8.1 热水供应系统组成与分类

33.8.1.1 热水供应系统的组成

热水供应系统主要由热源供应设备、换热设备、热水贮存设备、管道系统和其他设备组成。

（1）热源供应设备

热源供应设备主要是锅炉。当有条件时也可以利用工业余热、废热、地热、太阳能和电能为热源。

（2）换热设备和热水贮存设备

换热设备主要指加热水箱和换热器，它们用蒸汽或高温水把冷水加热成热水。热水贮存设备用于贮存热水，有热水箱和热水罐。

（3）管道系统

管道系统有冷水供应管道系统和热水供应管道系统。冷水供应管道系统主要是向锅炉、换热设备和热水贮存设备供应冷水；热水供应管道系统主要是向用水器具（如洗脸盆、洗涤池、浴盆、淋浴器等）供应热水。管道系统除管道外，还在管道上安装有阀门、补偿器、排气阀、泄水装置等附件。

(4) 其他设备

在全循环、半循环热水供应系统中，其循环管道上安装有循环水泵。为了控制加热水温，在换热设备的进热媒管道上安装有温度自控装置，在蒸汽管道末端安装疏水器。

33.8.1.2 热水供应系统的分类

(1) 按供水范围分类：局部热水供应系统、集中热水供应系统、区域热水供应系统。

(2) 按热水管网循环方式分类：无循环热水供应系统（布置方式见图33-45）、全循环热水供应系统（布置方式见图33-46）和半循环式热水供应系统。

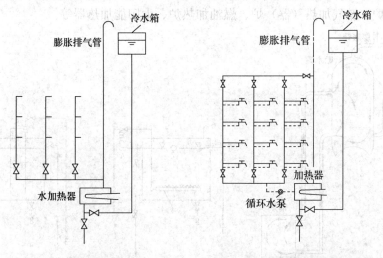

图 33-45　无循环热水供应系统　　　　图 33-46　全循环热水供应系统

半循环方式又分为干管循环和立管循环方式（布置方式见图33-47、图33-48）。

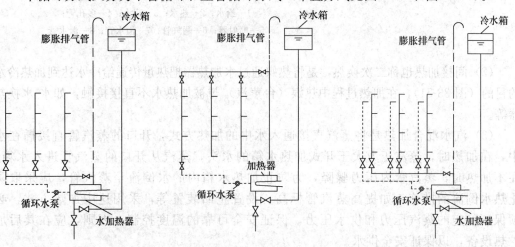

图 33-47　干管循环热水供应系统　　　　图 33-48　立管循环热水供应系统

（3）按热水管网运行方式分类：全天循环热水供应系统、定时循环热水供应系统。

（4）按热水管网循环动力分类：自然循环热水供应系统、机械循环热水供应系统。

（5）按热水管网的压力工况，可分为开式和闭式两类。

（6）按热水配水管网水平干管的位置不同，可分为下行上给供水方式和上行下给供水方式。

33.8.2 热水加热方式

生活热水系统常用的加热方式分为直接加热、间接加热、汽水混合加热等。

（1）直接加热也称一次换热，是用加热设备把冷水直接加热到所需温度，或者是将蒸汽或高温水通过穿孔管或喷射器直接通入冷水混合制备热水（图 33-49、图 33-50）。如电加热（器）炉、燃气加热（器）炉、燃油加热炉、太阳能加热器等。

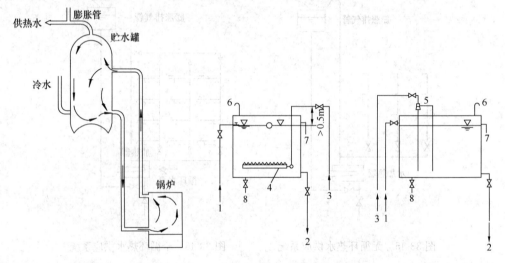

图 33-49　热水锅炉直接加热　　　　图 33-50　蒸汽多孔管和蒸汽混合喷射器直接加热

1—给水；2—热水；3—蒸汽；4—多孔管；

5—喷射器；6—通气管；7—溢水管；8—泄水管

（2）间接加热也称二次换热，是将热媒通过水加热器把热量传递给冷水达到加热冷水的目的（图 33-51），在加热过程中热媒（台蒸汽）与被加热水不直接接触，如水-水换热器等。

（3）汽水混合加热是将蒸汽直接通入水中的加热方式，开口的蒸汽管直接插在水中，在加热时，蒸汽压力大于开式加热水箱的水头，蒸汽从开口的蒸汽管进入水箱，在不加热时，蒸汽管内压力骤降，为防止加热水箱内的水倒流至蒸汽管，应采取防止热水倒流的措施，如提高蒸汽管标高、设置止回装置等，采用这中加热方式，必须保证稳定的蒸汽压力和供水压力，保证安全可靠的温度控制，否则，应在其后加贮热设备，以保证安全供水。

汽水混合加热会产生较高的噪声，影响人们的工作、生活和休息，应采用消声混合器，可降低加热时的噪声，将噪声控制在允许范围内。

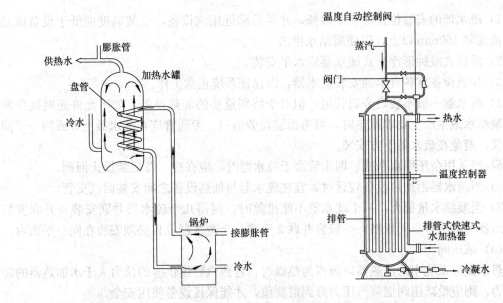

图 33-51 热水锅炉间接加热和蒸气—水加热器间接加热

33.8.3 热水管道及附件安装

33.8.3.1 热水系统管道和管件的要求

由于热水供应系统的使用温度高、温差大，所以系统使用的管材、管件除应满足室内给水系统的相关要求外，还应满足以下要求和规定：

（1）热水系统采用的管材和管件，应符合现行产品标准的要求。管道的工作压力和工作温度不得大于产品标准标定的允许工作压力和工作温度。

（2）热水管道应选用耐腐蚀和安装连接方便可靠的管材。一般可采用薄壁铜管、不锈钢管、塑料热水管、塑料和金属复合热水管等。

当采用塑料热水管或塑料和金属复合热水管材时应符合下列要求：

1）管道的工作压力应按相应温度下的允许工作压力选择；

2）管件宜采用和管道相同的材质；

3）定时供应热水不宜选用塑料热水管；

4）设备机房内的管道不宜采用塑料热水管。

33.8.3.2 热水供应系统的附件安装

（1）自动温度调节装置安装

热水供应系统中为实现节能节水、安全供水。在水加热设备的热媒管道上一般装设自动温度调节装置来控制出水温度。自动调温装置有直接式和电动式两种类型。自动温度调节装置安装位置要正确，接触紧密。

（2）疏水器

热水供应系统以蒸汽作热媒时，为保证凝结水及时排放，同时又防止蒸汽漏失，在用汽设备的凝结水回水管上应每台设备设疏水器，当水加热器的换热设备确保凝结水回水温度不大于80℃时，可不装疏水器。

疏水器的安装应符合下列要求：

1）疏水器的安装位置应便于检修，并尽量靠近用汽设备，安装高度应低于设备或蒸汽管道底部 150mm 以上，以便凝结水排出。

2）浮筒式或钟形浮子式疏水器应水平安装。

3）加热设备宜各自单独安装疏水器，以保证系统正常工作。

4）疏水器一般不装设旁通管道，但对于特别重要的加热设备，如不允许短时间中断排除凝结水或生产上要求速热时，可考虑装设旁通道。旁通管应在疏水器上方或同一平面上安装，避免在疏水器下方安装。

5）当采用余压回水系统、回水管高于疏水器时，应在疏水器后装设止回阀。

6）当疏水器距加热设备较远时，宜在疏水器与加热设备之间安装回汽支管。

7）当凝结水量很大，一个疏水器不能排除时，则需几个疏水器并联安装。并联安装的疏水器应同型号、同规格，一般宜并联 2 个或 3 个疏水器，且必须安装在同一平面内。

（3）减压阀

热水供应系统中的加热器以蒸汽为热媒时，若蒸汽管道供应的压力大于水加热器的需求压力，则应设减压阀把蒸汽压力降到需要值，才能保证设备使用安全。

减压阀是利用流体通过阀瓣产生阻力而减压并达到所求值的自动调节阀，其阀后压力可在一定范围内进行调整。减压阀按其结构形式可分为薄膜式、活塞式和波纹管式三类。

减压阀的安装要求：

1）减压阀应安装在水平管段上，阀体应保持垂直。

2）阀前、阀后均应安装闸阀和压力表，阀后应设安全阀，一般情况下还应设置旁路管。

（4）自动排气阀

为排除热水管道系统中热水气化产生的气体，以保证管内热水畅通，防止管道腐蚀，上行下给式系统的配水干管最高处应设自动排气阀。

（5）膨胀管、膨胀水罐和安全阀

在集中热水供应系统中，冷水被加热后，水的体积要膨胀，如果热水系统是密闭的，在卫生器具不用水时，必然会增加系统的压力，有胀裂管道的危险，因此需要设置膨胀管、安全阀或膨胀水罐。

1）膨胀管用于高位冷水箱向水加热器供应冷水的开式热水系统，膨胀管的设置应符合下列要求：

当热水系统由生活饮用高位冷水箱补水时，不得将膨胀管引至高位冷水箱上空，以防止热水系统中的水体升温膨胀时，将膨胀的水量返至生活用冷水箱，引起冷水箱内水体的热污染。通常可将膨胀管引入同一建筑物的中水供水箱、专用消防供水箱等非生活饮用水箱的上空。

膨胀管上严禁装设阀门，且应防冻，以确保热水供应系统的安全。

2）膨胀水罐

闭式热水供应系统的日用热水量＞10m³ 时，应设压力膨胀水罐（隔膜式或胶囊式）以吸收贮热设备及管道内水升温时的膨胀量，防止系统超压，保证系统安全运行。压力膨胀水罐宜设置在水加热器和止回阀之间的冷水进水管或热水回水管的分支管上。

3）安全阀

闭式热水供应系统的日用热水量≤10m³时，可采用设安全阀泄压的措施。承压热水锅炉应设安全阀，并由制造厂配套提供。开式热水供应系统的热水锅炉和水加热器可不装安全阀（劳动部门有要求者除外）。设置安全阀的具体要求如下：

水加热器采用微启式弹簧安全阀，安全阀应设防止随意调整螺丝的装置。

安全阀的开启压力，一般取热水系统工作压力的1.1倍，但不得大于水加热器本体的设计压力。

安全阀应直立安装在水加热器的顶部。

安全阀装设位置应便于检修。其排出口应设导管将排泄的热水引至安全地点。

安全阀与设备之间，不得装设取水管、引气管或阀门。

（6）自然补偿管道和伸缩器

热水供应系统中管道因受热膨胀而伸长，为保证管网使用安全，在热水管网上应采取补偿管道温度伸缩的措施，以避免管道因为承受了超过自身所许可的内应力而导致弯曲甚至破裂。

补偿管道热伸长技术措施有两种，即自然补偿和设置伸缩器补偿。自然补偿即利用管道敷设自然形成的L形或Z型弯曲管段，来补偿管道的温度变形。通常的做法是在转弯前后的直线段上设置固定支架，让其伸缩在弯头处补偿。弯曲两侧管段的长度不宜超过表33-74中数值。

不同管材弯曲两侧管段允许的长度　　　　　　　　　　　　表 33-74

管材	薄壁铜管	薄壁不锈钢管	衬塑钢管	PP-R	PEX	PB	铝塑管
长度（m）	10.0	10.0	8.0	1.5	1.5	2.0	3.0

当直线管段较长，不能依靠管路弯曲的自然补偿作用时，每隔一定的距离应设置不锈钢波纹管、多球橡胶软管等伸缩器来补偿管道伸缩量。

热水管道系统中使用最方便、效果最佳的是波形伸缩器，即由不锈钢制成的波纹管，用法兰或螺纹连接，具有安装方便、节省面积、外形美观及耐高温、耐腐蚀、寿命长等优点。

另外，近年来也有在热水管中采用可曲挠橡胶接头代替伸缩器的做法，但必须注意采用耐热橡胶。

33.8.3.3　热水系统管道和管件安装

热水系统管道和管件安装参见"33.2室内给水系统安装"的相应要求

33.8.4　附属设备安装

附属设备主要有换热器、热水器、水箱、水泵等，热水器指住宅等民用建筑中局部热水供应的燃气热水器、电热水器和太阳热水器。

33.8.4.1　换热器安装

1. 设备基础验收及处理

（1）设备安装前，应对基础进行检查，混凝土基础的外形尺寸、坐标位置及预埋件，应符合设备图纸的要求。

（2）预埋地脚螺栓的螺纹，应无损坏、锈蚀，且有保护措施。

(3) 滑动端预埋板上表面的标高、纵横向中心线及外形尺寸、地脚螺栓，应符合设计图纸的要求。

(4) 预埋板表面应光滑平整，不得有挂渣、飞溅及油污。

(5) 在基础验收合格后，在放置垫铁的位置处凿出麻面。

2. 垫铁的选用及安装要求

(1) 设备每个地脚螺栓近旁放置一组垫铁，垫铁组尽量靠近地脚螺栓。

(2) 垫铁组放置尽量放在设备底座的加强筋下，相邻两垫铁组的距离宜为 500m。

(3) 每一组垫铁组的高度一般为 30～70mm，且不超过 5 块，设备安装后垫铁露出设备支板边缘 10～20mm。斜垫铁成对使用，斜面要相向使用，搭接长度不小于全长的 3/4，偏斜角度不超过 3°。

3. 设备及其附件检查

(1) 设备及其附件进场后应进行检验，并需提供出厂合格证及安装说明书。

(2) 设备开箱应有施工方、生产厂家和建设单位（监理单位）几方共同参加，按照装箱清单，逐一核实设备及零部件的名称、型号和规格。

(3) 检查设备和零部件的外观和包装情况，如有缺陷损坏和锈蚀，应做出记录，并报建设单位进行处理。

(4) 开箱检查完好的设备如不能马上就位，必须对设备及其零、部件和专用工具妥善保管，不得使其变形、损坏、锈蚀、错乱或丢失。

(5) 设备和备件、附件及技术文件等验收后，应清点登记，并妥善保管，形成验收记录。

(6) 换热设备存放地点，应设在地势较高，易排水，道路通畅的场所。在露天存放的换热设备，应用不透明的覆盖物遮盖，所有管口必须封闭。

(7) 不锈钢换热设备的壳体、管束及板片等不得与碳钢设备及碳钢材料接触混放。

4. 换热设备安装

(1) 换热设备安装前，设备上的油污、泥土等杂物均应清除干净。

(2) 根据设计图纸核对设备的管口方位、中心线和重心位置，确认无误后方可就位。设备的找正与找平应按基础上的安装基准线（中心标记、水平标记）对应设备上的基准测点进行调整和测量。设备各支承的底面标高应以基础上的标高基准线为基准。

(3) 整体换热器安装：根据现场条件采用叉车、滚杠等将换热器运到安装部位；采用汽车吊、拔杆、悬吊式滑轮组等设备机具将换热器吊到预先准备好的支架或支座上，同时进行设备定位复核（许多整体换热器都带有支座，直接吊装到位即可）。

(4) 设备找平，应采用垫铁或其他调整件进行，严禁采用改变地脚螺栓紧固程度的方法。

(5) 换热设备安装的允许偏差，应符合规范要求。

(6) 卧式换热设备的安装坡度，应按设计图样或技术文件的要求确定。

(7) 滑动支座上的开孔位置、形状尺寸、应符合设计图样要求。

(8) 地脚螺栓与相应的长圆孔两端的间距，应符合设计图样或技术文件的要求。不符合要求时，允许扩孔修理。

(9) 换热器设备安装合格后应及时紧固地脚螺栓。

（10）换热设备的配管完成后，应松动滑动端支座螺母，使其与支座板面间留出 1～3mm 的间隙，然后再安装一个锁紧螺母。

（11）换热器重叠安装时，应按制造厂的施工图样进行组装。重叠支座间的调整垫板，应在试压合格后焊在下层换热设备的支座上。

（12）对热交换器以最大工作压力的 1.5 倍做水压试验，蒸汽部分应不低于蒸汽供汽压力加 0.3MPa；热水部分应不低于 0.4MPa。在试验压力下，保持 10min 压力不降为合格。

（13）壳管式热交换器的安装，如设计无要求时，其封头与墙壁或屋顶的距离不得小于换热管的长度。

（14）管道连接和仪表安装：各种控制阀门应布置在便于操作和维修的部位。仪表安装位置应便于观察和更换。交换器蒸汽入口处应按要求装设减压装置。交换器上应装压力表和安全阀。回水入口应设置温度计，热水出口设温度计和放气阀。

（15）换热器安装完毕进行保温施工。

33.8.4.2 太阳能热水器安装

太阳能热水器由集热器储热水箱管道控制器、支架及其他部件等组成。太阳能热水器按运行方式分为自然循环和强制循环；按集热器的形式分为平板型、全玻璃真空管型和热管真空管型。

（1）安装准备，根据设计要求开箱核对热水器的规格型号是否正确，配件是否齐全，清理现场，画线定位。

（2）支座制作安装，应根据设计详图配制，一般为成品现场组装。其支座架地脚盘安装应符合设计要求。

（3）热水器设备组装：

1）在安装太阳能集热器玻璃前，应对集热排管和上、下集热管作水压试验，试验压力为工作压力的 1.5 倍。试验压力下 10min 内压力不降，不渗不漏为合格。

2）制作吸热钢板凹槽时，其圆度应准确，间距应一致。安装集热排管时，应用卡箍和钢丝紧固在钢板凹槽内。

3）安装固定式太阳能热水器朝向应正南，如受条件限制时，其偏移角不得大于 15°。集热器的倾角，对于春、夏、秋三个季节使用的，应采用当地纬度为倾角；若以夏季为主，可比当地纬度减少 10°。

4）太阳能热水器的最低处应安装泄水装置。

5）太阳能热水器安装的允许偏差应符合表 33-75 的规定。

太阳能热水器安装的允许偏差和检验方法　　　　　　　　　　表 33-75

项　　目			允许偏差	检验方法
板式直管太阳能热水器	标　高	中心线距地面（mm）	±20	尺量
	固定安装朝向	最大偏移角	不大于 15°	分度仪检查

（4）直接加热的贮热水箱制作安装：

1）给水应引至水箱底部，可采用补给水箱或漏斗配水方式。

2）热水应从水箱上部流出，接管高度一般比上循环管进口低 50～100mm，为保证水箱内的水能全部使用，应从水箱底部接出管与上部热水管并联。

3）上循环管接自水箱上部，一般比水箱顶低 200mm 左右，并要保证正常循环时淹没在水面以下，并使浮球阀安装后工作正常。

4）下循环管接自水箱下部，为防止水箱沉积物进入集热器，出水口宜高出水箱底 50mm 以上。

5）由集热器上、下集管接往热水箱的循环管道，应有不小于 0.5‰ 的坡度。

6）水箱应设有泄水管、透水管、溢流管和需要的仪表装置。

7）自然循环的热水箱底部与集热器上集管之间的距离为 0.3～1.0m，上下集管设在集热器以外时应高出 600mm 以上。

（5）自然循环系统管道安装：

1）为减少循环水头损失，应尽力缩短上、下循环管道的长度和减少弯头数量，应采用大于 4 倍曲率半径、内壁光滑的弯头和顺流三通。

2）管路上不宜设置阀门。

3）在设置几台集热器时，集热器可以并联、串联或混联，循环管路应对称安装，各回路的循环水头损失平衡。

4）循环管路（包括上下集管）安装应有不小于 1‰ 的坡度，以便于排气。管路最高点应设通气管或自动排气阀。

5）循环管路系统最低点应加泄水阀，使系统存水能全部泄净。每台集热器出口应加温度计。

6）机械循环系统适合大型热水器设备使用。安装要求与自然循环系统基本相同，还应注意以下几点：

水泵安装应能满足系统 100℃ 高温下正常运行。

间接加热系统高点应设膨胀管或膨胀水箱。

7）热水器系统安装完毕，在交工前按设计要求安装温控仪表。

8）凡以水作介质的太阳能热水器，在 0℃ 以下地区使用，应采取防冻措施。热水箱及上、下集管等循环管道均应保温。

9）太阳能热水器系统交工前进行调试运行。系统上满水，排除空气，检查循环管路有无气阻和滞流，机械循环系统应检查水泵运行情况及各回路温升是否均衡，做好温升记录，水通过集热器一般应升温 3～5℃。符合要求后办理交工验收手续。

33.8.4.3 电热水器安装

电热水器分为贮水式和快热式两种：

（1）电热水器不应安装在易燃物堆放或对燃气管、表或电气设备产生影响及有腐蚀性气体和灰尘多的地方。

（2）电热水器必须带有接地等保证使用安全的装置。

（3）不同容量壁挂式电热水器的湿重范围为 50～160kg，通过支架悬挂在墙上，应按不同的墙体承载能力确定安装方法。对承重墙用膨胀螺钉固定支架；对轻质隔墙及墙厚小于 120mm 的砌体应采用穿透螺栓固定支架；对加气混凝土等非承重砌块用膨胀螺钉固定支架，并加托架支撑热水器本体。

（4）落地贮水式电热器应放在室内平整的地面或者高度 50mm 以上的基座上。

（5）热水器的安装位置宜尽量靠近热水使用点，并留有足够空间进行操作维修或更换零件。

（6）贮水式电热水器，给水管道上应设置止回阀；当给水压力超过热水器铭牌上规定的最大压力值时，应在止回阀前设减压阀。

33.8.4.4　燃气热水器安装

燃气热水器按给排气方式及安装位置分为烟道式、强制排气式、平衡式、室外式和强制给排气式；按构造分为容积式和快通式。

（1）燃气热水器不应安装在易燃物堆放或对燃气管、表或电气设备产生影响及有腐蚀性气体和灰尘多的地方。

（2）燃气热水器必须带有保证使用安全的装置。严禁在浴室内安装直接排气式燃气热水器等在使用空间内积聚有害气体的加热设备。

（3）对燃气容积式热水器，给水管道上应设置止回阀；当给水压力超过热水器铭牌上规定的最大压力值时，应在止回阀前设减压阀。

（4）燃气热水器应安装在不可燃材料建造的墙面上。当安装部位是可燃材料或难燃材料时，应采用金属防热板隔热，隔热板与墙面距离应大于10mm。排气管、给排气管穿墙部分可采用设预制带洞混凝土块或预埋钢管留洞方式。

（5）燃气热水器所配备的排气管或给排气管应采用不锈钢或钢板双面搪瓷处理（厚度不小于0.3mm），或同等级耐腐、耐温及耐燃的其他材料。其密封件应采用耐腐蚀的性材料。

（6）热水器本体与可燃材料、难燃材料装修的建筑物部位的间隔距离应大于表33-76的数值。

热水器与可燃材料、难燃材料装修的建筑物部位的最小距离（mm）　　　表33-76

型　式			间　隔　距　离			
			上方	侧方	后方	前方
室内式	烟道式强制排气式	热负荷11.6kW以下	—	45	45	45
		热负荷11.6~69.8kW	—	150 (45)	150 (45)	150
	平衡式强制给排气式	快速式	45	45	45	45
		容积式	45	45	45	45
室外式	自然排气式	无烟罩	600 (300)	150 (45)	150 (45)	150
		有烟罩	150 (100)	150 (45)	150 (45)	150
	强制排气式		150 (45)	150 (45)	150 (45)	150 (45)

注：（　）内表示安装隔热板时的最小间距。

（7）热水器的排气筒、给排气筒与可燃材料、难燃材料装修的建筑物间的相隔距离应符合下表33-77要求。

（8）排气筒、给排气筒风帽与周围建筑物的相隔距离。

烟道式热水器的排气筒风帽伸出屋顶的垂直高度必须大于600mm，并高出相邻1000

mm 建筑物屋檐 600 mm 以上，以避开正压区，防止倒烟。

强制排气式、平衡式、强制给排气式风帽排气出口与可燃材料、难燃材料装修的建筑物的距离，以及室外式的排气出口与周围的距离应符合有关规定。

排气筒、给排气筒与可燃材料、难燃材料装修的建筑物间距离（mm）　　　表 33-77

烟气温度		260℃及以上	260℃以下	
部位		排气筒		给排气筒
开放部位	无隔热层	150 以上	D/2 以上	0 以上
	有隔热层	隔热层厚度 100 以上时，0 以上	隔热层厚度 20 以上时，0 以上	—
隐蔽部位		隔热层厚度 100 以上时，0 以上	隔热层厚度 20 以上时，0 以上	20 以上
贯通部位措施		应有下列措施之一 （1）150 以上的空间 （2）钢制保护板：150 以上 （3）混凝土保护板：100 以上	应有下列措施之一 （1）D/2 以上的空间 （2）钢制保护板：D/2 以上 （3）非金属不燃材料卷制或缠绕：20 以上	0 以上

注：D 为排气筒直径。

33.8.4.5　水泵安装

水泵安装参见室内给水系统。

33.8.4.6　水箱安装

水箱安装参见室内给水系统。

33.8.5　系统试验与调试

33.8.5.1　系统试验

（1）热水供应系统安装完毕，管道保温之前应进行水压试验

1）试验压力应符合设计要求。当设计未注明时，热水供应系统水压试验压力应为系统顶点的工作压力加 0.1MPa，同时在系统顶点的试验压力不小于 0.3MPa。

2）钢管或复合管道系统试验压力下 10min 内压力降不大于 0.02MPa，然后降至工作压力检查，压力应不降，且不渗不漏；塑料管道系统在试验压力下稳压 1h，压力降不得超过 0.05MPa，然后在工作压力 1.15 倍状态下稳压 2h，压力降不得超过 0.03MPa，连接处不得渗漏。

3）热水供应系统调试前，必须对热水供水、回水及凝结水进行冲洗，以清除管道内的焊渣、锈屑等杂物，一般在管道压力试验合格后进行。对于管道内杂质较多的管道系统，可在压力试验合格前进行。冲洗前，应将阻碍水流流通的调节阀、减压阀及其他可能损坏的温度计等仪表拆除，待冲洗合格后重新装上。如管道分支较多、末端截面较小时，可将干管中的阀门拆掉 1～2 个，分段进行清洗；如分支管道不多，排水管可以从管道末端接出，排水管截面积不应小于被冲洗管道截面积的 60%。排水管应接至排水井或排水沟，并应保证排泄和安全。冲洗时，以系统可能达到的最大压力和流量进行，同时开启设计要求同时开放的最大数量的配水点，直至所有配水点均放出洁净水为合格。

（2）辅助设备要进行单机调试

水箱试水合格，水泵应进行 2h 的单机试运转合格，热水锅炉、热水器要调试合格。

33.8.5.2 系统调试

（1）系统按照设计要求全部安装完毕、工序检验合格后，开始进行全面、有效地各项调试工作。

（2）制订调试人员分工处理紧急情况的各项措施，备好修理、排水、通讯及照明等器具。

（3）调试人员按责任分工，分别检查采暖系统中的泄水阀门是否关闭，立、支管上阀门是否打开。

（4）向系统内充入热水，打开系统最高点的放气阀门，同时应反复开闭系统的最高点放气阀，直至系统中冷空气排净为止。充水前应先关闭用户入口内的总供水阀门，开启循环管和总回水管的阀门，由回水总干管送热水，以利系统排除空气。待系统的最高点充满水后再打开总供水阀，关闭循环管阀门，使系统正常循环。

（5）在巡查中如发现问题，先查明原因在最小的范围内关闭供、回水阀门。及时处理和返修，修好后随即开启阀门。

（6）系统正常运行后，如发现热水不均，应调整各个分路、立管和支管上的阀门，使其基本达到平衡。

33.9 特殊建筑给水排水系统安装

33.9.1 游泳池水系统

33.9.1.1 水循环系统的安装

（1）游泳池应设置循环净化水系统。

（2）池水的循环应保证被净化过的水能均匀到达游泳池的各个部位；应保证池水能均匀、有效排除，并回到池水净化处理系统进行处理。

（3）不同使用要求的游泳池应分别设置各自独立的池水循环净化过滤系统。对符合第四条规定的水上游乐池，多座水上游乐池可共用一套池水循环净化过滤系统。

（4）水上游乐池采用多座不连通的池子共用一套池水循环净化系统式应符合下列规定：

1）净化后的池水应经过分水器分别接至不同用途的游乐池；

2）应有确保每个池子的循环水流量、水温的措施。

（5）水上游乐设施功能性循环给水系统的设置，应符合下列规定：

1）滑道润滑水和环流河的水推流系统应采用独立的循环给排水系统；

2）瀑布和喷泉宜采用独立的循环给水系统；

3）根据数量、水量、水压和分布地点等因素，一般水景宜组合成若干组循环给水系统。

（6）儿童戏水池设置的水滑梯的润滑水供应，应符合下列规定：

1）儿童戏水池补充水利用城市自来水直接供应时。供水管应设倒流防止器；

2）从池水循环水净化系统单独接出管道供水时，供水管应设控制阀门；

3）润滑水供水量和供水管径可根据供应商产品要求确定，但设计时应进行核算。

33.9.1.2　水的净化

1. 一般规定

（1）池水净化工艺及设备配置应保证出水水质符合本规程要求。

（2）池水净化工艺应保证各工序环节工作运行可靠，且符合安全运行要求。配置的设备应有适量的备用余量。

（3）池水净化工艺的主要设备宜设置运行参数检测和动态监测控制的仪表。

（4）过滤器（机组）的设置应符合下列规定：

1）数量应根据循环水量、出水水质、运行时间和维护条件等，经技术经济比较确定，过滤器可不设备用。但每座游泳池不宜少于 2 台；

2）过滤器宜按 24h 连续运行设计；

3）不同用途的游泳池的过滤器应分开设置；

4）压力过滤器宜采用立式，当石英砂压力过滤器直径大于 2.6m 时应采用卧式；单个石英砂过滤器的过滤面积不宜大于 10.0m²；

5）重力式过滤器应采取应对因突然停电池水溢流事故的措施。

2. 净化工艺

（1）池水循环运行工艺流程应根据游泳池的用途、水质要求、游泳池负荷、消毒方式等因素确定。

（2）采用石英砂过滤器时，宜采用如下池水净化工艺流程：

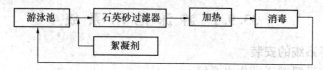

（3）采用硅藻土过滤器时，宜采用如下净化工艺流程：

（4）如采用臭氧消毒时，按池水消毒相关规定执行。

3. 预净化设备

（1）使用过的池水在进行过滤净化之前，应先经过毛发聚集器对池水进行预净化。

（2）毛发聚集器的设置应符合下列规定：

1）应装设在循环水泵的吸水管上；

2）过滤筒（网）应可清洗或更换；

3）当为两台循环水泵时，应交替运行。

（3）毛发聚集器的构造应符合下列规定：

1）外壳耐压不应小于 0.4MPa，且构造应简单，方便拆卸；

2）外壳应为耐腐蚀的材料，如为碳钢或铸钢材质时，应进行防锈处理；

3）过滤芯为过滤筒时，孔眼的总面积不应小于连接管道截面面积的 2.0 倍，过滤筒的孔眼直径宜采用 3～4mm；

4）过滤芯为过滤网时，过滤网眼宜采用 10～15 目；

5）过滤筒（网）应采用耐腐蚀的铜、不锈钢或高密度塑料等材料制造。

4. 石英砂过滤器

（1）石英砂过滤器内的滤料应符合下列规定：

1）比表面积大、孔隙率高、截污能力强、使用周期长；

2）不含杂物和污泥，不含危害游泳者健康的有毒、有害物质；

3）化学性能稳定，不恶化水质；

4）机械强度高，耐磨损，抗压性能好。

（2）石英砂压力过滤器的过滤速度宜按下列规定选用：

1）竞赛池、公共池、专用池、休闲游乐池等，宜采用 15～25m/h 中速过滤；

2）私人池、放松池等，可采用超过本规程规定的过滤速度。

（3）压力过滤器的滤料组成、过滤速度和滤料层厚度，应经试验后确定。当试验有困难时，可按表 33-78 选用。

压力过滤器的滤料组成、过滤速度和滤料层厚度选用表　　　　表 33-78

滤料种类		滤料组成粒径（mm）			过滤速度（m/h）
		粒径（mm）	不均匀系数（$K80$）	厚度（mm）	
单层滤料	级配石英砂	$D_{min}=0.50$ $D_{max}=1.00$	<2.0	≤700	15～25
	均匀石英砂	$D_{min}=0.60$ $D_{max}=0.80$ $D_{min}=0.50$ $D_{max}=0.70$	<1.40	≥700	15～25
双层滤料	无烟煤	$D_{min}=0.85$ $D_{max}=1.60$	<2.0	300～400	14～18
	石英砂	$D_{min}=0.50$ $D_{max}=1.00$		300～400	
多层滤料	沸石	$D_{min}=0.75$ $D_{max}=1.20$	<1.70	350	20～30
	活性炭	$D_{min}=1.20$ $D_{max}=2.00$	<1.70	600	
	石英砂	$D_{min}=0.80$ $D_{max}=1.20$	<1.70	400	

注：1. 其他滤料如纤维球、树脂、纸芯等，可按生产厂商提供并经有关部门认证的数据选用；

　　2. 滤料的相对密度：石英砂 2.5～2.7、无烟煤 1.4～1.6、重质矿石 4.4～5.2；

　　3. 压力过滤器的承托厚度和卵石粒径，可根据配水形式按生产厂提供并经有关部门认证的资料确定。

（4）石英砂压力过滤器应符合下列规定：

1）应设置保证布水均匀的布水装置；

2）集水、配水装置下面的死水区宜采用混凝土填充；

3）应设置检修孔、进水管、出水管、泄水管、自动排气机、人工排气管、取样管、观察窗、卸料口、各类阀件和各种仪表；

4）必要时，还应设置空气反冲洗或表面冲洗装置；

5）反冲洗排水管应设可观察冲洗排水清澈度的透明管段或装置。

（5）压力过滤器采用石英砂或石英砂-无烟煤作为滤料时，承托的组成和厚度应根据配水形式经试验确定；有困难时，可按下列规定确定：

1）采用大阻力配水系统时，可按表 33-79 采用；

大阻力配水系统滤料选用表（mm）　　　　表 33-79

层次（自上面下）	材料	粒径	厚度
1	卵石	2.0～4.0	100
2	卵石	4.0～8.0	100
3	卵石	8.0～16.0	100
4	卵石	16.0～32.0	100（从配水系统管顶算起）

2）采用中阻力配水系统或小阻力配水系统时，承托层应由粒径为 $1\sim2mm$ 的粗砂层组成，其厚度应高出配水系统管顶或滤头帽顶不小于 100mm。

5. 硅藻土过滤器

（1）硅藻土过滤器的选用宜符合下列规定：

1）宜采用牌号为 700 号硅藻土助滤剂；

2）单位过滤面积的硅藻土用量宜为 $0.5\sim1.0kg/m^2$；

3）硅藻土预涂膜厚度不应小于 2mm，且厚度应均匀一致；

4）根据所用硅藻土特性和出水水质要求，过滤速度应经试验确定。

（2）硅藻土过滤器外壳及附件的材质质量应符合下列规定：

1）板框式硅藻土过滤器的板框应用高强度、耐压、耐腐蚀、不变形和不污染水质的工程塑料；

2）烛式压力硅藻土过滤器外壳的材质应符合规定；

3）硅藻土过滤器滤元的材质不应变形，并耐腐蚀；

4）滤布（网）应纺织密度均匀、伸缩性小、捕捉性能强。

（3）采用硅藻土过滤机时不应少于 2 台。

6. 过滤器反冲洗

（1）过滤器应采用水进行反冲洗。有条件时，石英砂过滤器宜采用气、水组合进行冲洗。

（2）过滤器宜采用池水进行反冲洗，如采用城市生活饮用水反冲洗时，应设隔断水箱。

（3）重力式过滤器的反冲洗，应按有关标准和设备制造厂商提供的产品要求确定。

（4）压力过滤器采用水反冲洗时的反冲强度和反冲时间，可按表 33-80 执行。

反冲强度和反冲时间要求表　　　　表 33-80

滤料类型		反冲洗强度（L/(s·m²)）	膨胀率（%）	冲洗持续时间（min）
单层石英砂		12～15	45	10～8
双层滤料		13～16	50	10～8
三层滤料		16～17	55	7～5
硅藻土	板框式	1.4		1～2
	烛式	3.0		1～2

（5）过滤器的反冲洗应符合下列规定：

1）利用城市生活饮用水时，水质应符合现行国家标准《生活饮用水水质标准》GB 5749 的要求；

2）利用游泳池水时，反冲洗应在游泳池每日停止使用后进行。

(6) 压力过滤器采用气、水组合反冲洗时，应符合下列规定：

1）气源应洁净、不含杂质、无油污；

2）应先气冲洗，后水冲洗；

3）气水冲洗强度及冲洗持续时间，可按表 33-81 采用。

气水冲洗强度及冲洗持续时间选用表　　　　　　　表 33-81

滤料类别	先气冲洗		后水冲洗	
	强度[L/(s·m²)]	持续时间(min)	强度[L/(s·m²)]	持续时间(min)
单层级配砂滤料	15～20	3～1	8～10	7～5
双层煤、砂级配滤料	15～20	3～1	6.5～10	6～5

(7) 压力过滤器的反冲洗排水管不得直接与其他排水管连接。当有困难时，应设置防止污水或雨水倒流的装置。

33.9.1.3　游泳池其他附属设施安装要求

(1) 游泳池的给水口、回水口、泄水口应采用耐腐蚀的铜、不锈钢、塑料等材料制造。溢流槽、格栅应为耐腐蚀材料制造，并为组装型。安装时其外表面应与池壁或池底面相平。

检验方法：观察检查。

(2) 游泳池的毛发聚集器应采用铜或不锈钢等耐腐蚀材料制造，过滤筒（网）的孔径应不大于 3mm，其面积应为连接管截面积的 1.5～2 倍。

检验方法：观察和尺量计算方法。

(3) 游泳池地面，应采取有效措施防止冲洗排水流入池内。

检验方法：观察检查。

(4) 游泳池循环水系统加药（混凝剂）的药品溶解池、溶液池及定量投加设备应采用耐腐蚀材料制作。输送溶液的管道应采用塑料管、胶管或铜管。

检验方法：观察检查。

(5) 游泳池的浸脚、浸腰消毒池的给水管、投药管、溢流管、循环管和泄空管应采用耐腐蚀材料制成。

33.9.1.4　系统试验与调试

1. 管道检测和试验

(1) 施工安装单位应由质检人员对施工安装质量进行检验并应做好文字记录。

(2) 建设单位和施工监理部门应委派质检人员对工程质量进行全程监督和检查。

(3) 质检人员应按设计文件和产品说明书对管道进行如下内容的外观检查：

1）管道规格、位置、标高；阀门、各种仪表及支承件数量；

2）管道连接处表面洁净度。

(4) 各种承压管道系统和设备，均应做水压试验；非承压管道系统和设备应做灌水试验。

(5) 管道水压试验前具备的条件应符合下列规定：

1) 塑料管道系统应安装完毕并在常温下养护 24h，且经外观检查合格后，方可进行水压试验；

2) 应关闭所有设备与管道连接的隔断阀门、封堵管道甩口，并打开管道系统上的管道阀门；

3) 试验压力表应经过校验，精度不得低于 1.5 级，表盘面压力刻度值应为试验压力的 2 倍，表的数量不得少于 2 块；压力表应安装在系统的最低部位，试验加压泵设在试验压力表附近；

4) 试验用水应符合现行国家标准《生活饮用水卫生标准》GB 5749 要求。水压试验时的环境温度不得低于 5℃；冬季水压试验时应采取有效防冻措施，并应在试验后立即泄空管内试验用水；

5) 水压试验应进行 1h 的强度试验和 2h 的严密性试验，并应按相关规定做好实验记录。

(6) 强度试验压力应为 1.5 倍的设计压力，但不应小于 0.60MPa 的水压进行试验，并应按下列规定进行：

1) 应向管内缓慢充满试验用水，并彻底排除管内空气；

2) 用加压泵缓慢补水将压力升高至试验压力后，升压时间不得少于 10min；

3) 管道加压到规定的实验压力后，应停止加压并稳压 1h，如压力降不超过 0.05MPa，可判定为强度试验合格。

(7) 严密性试验应在强度试压合格后立即连续进行，并应将强度试验压力降低至管道设计工作压力的 1.15 倍的水压状态下稳压 2h；如压力降不超过 0.03MPa，同时管道所有连接部位无渗漏，可判定为严密试验合格。

(8) 非压力流管道应按现行国家标准《建筑给水排水及采暖工程施工质量验收规范》GB 50242 中的规定进行闭水试验。

(9) 埋入混凝土垫层内的管道，应在水压试验合格后，进行后续土建施工，并应有确保土建施工不损坏管道的措施。

2. 设备检测和测试

(1) 单机水泵的检测和实验内容及要求应符合现行国家标准《压缩机、风机、泵安装工程施工及验收规范》GB 50275 的有关规定。

(2) 所有设备应有生产厂按国家现行有关标准进行检测和试验，并应出具产品合格证。

(3) 各类水池（箱）根据材质，应分别按现行国家标准《给水排水构筑物工程施工及验收规范》GB 50141 及《建筑给水排水采暖工程施工质量验收规范》GB 50242 有关规定进行检测试验。

(4) 净化水系统的功能试验应符合下列规定：

1) 系统功能检测试验应在各单项设备、设施、管道、阀门、附件及电气设备检测试验合格后进行；

2) 系统功能试验应在设计满负荷工况下进行，全系统联合运行时间不得少于 72h；

3) 设备及装置检测试验时，还应有当地质量监督部门、卫生监督部门及环境部门等有关部门的代表参加和确认。

（5）系统功能检测和试验过程中，应对所有设备、配套装置、仪表及控制设备的数据进行记录，记录内容包括：

1）循环流量、过滤速率、循环周期、反冲洗强度；

2）各种化学药剂溶液浓度、投加量；

3）过滤设备过滤效果：进水浑浊度、出水浑浊度，吸附过滤器吸附效果：进水口氧化还原电位、出水口氧化还原电位；

4）各类仪表读数；

5）控制设备及水质监测系统工作状态；

6）转动设备的运行工况、轴承温度、填料密封、振动、噪声、电动机电流电压等与设计和产品标牌的对比；

7）臭氧发生器的工作参数：电压、电流、频率、气体通过能力、臭氧浓度；

8）水质。

（6）太阳能热水工程应符合现行国家标准《太阳能热水系统设计、安装及工程验收技术规范》GB/T 18713 的相关规定。

33.9.2 洗衣房水系统

洗衣房主要设备有：全自动干洗机（干洗机）、自动洗衣脱水机（水洗机）、烘干机（干衣机）、自动熨平机、自动折叠机、自动人像机、去渍机和熨烫设备等均为成套设备由设备供应商供应及安装，给排水专业要根据设备要求提供充足的水源和顺畅的排水设施，具体接入方式按设计要求进行。

33.9.3 公共浴室水系统

33.9.3.1 水质

（1）淋浴用水水质应符合现行《生活饮用水卫生标准》GB 5749 的要求。

（2）沐浴用水加热前水质是否进行软化处理，应根据水质、水量、水温等因素，经技术经济比较确定。按 50℃计算的热水，小时耗水量小于 15m³ 时，其原水可不进行软化处理。

（3）浴池池水的水质，应符合下列要求：

1）浑浊度不得大于 3°；

2）游离余氯宜保持在 0.4～0.6mg/L，化合性余氯应在 1.0mg/L 以下；

3）细菌总数不得超过 1000 个/mL，总大肠菌群不得超过 18 个/L，不得检出致病菌。

33.9.3.2 水温

（1）公共浴室各种沐浴用水水温，应按表 33-82 确定。

（2）热水供应系统配水点的水温不得高于 50℃，热水锅炉或水加热器的出水温度不宜高于 55℃。

（3）淋浴器的用水温度应根据当地气候条件、使用对象和使用习惯确定。对于幼儿园、托儿所和体育场（馆）的公共浴室，淋浴器用水温度可采用 35℃。

（4）冷水的计算温度，应以当地最冷月平均水温资料确定。当无水温资料时，可按表

33-83 采用。表中分区的划分，应按现行《室外给水设计规范》GB 50013 的规定确定。

沐浴用水水温表　　　　　　　表 33-82

序号	设备名称		水温（℃）
1	淋浴器		37～40
2	浴盆		40
3	洗脸盆		35
4	浴池	热水池	40～42
		温水池	35～37
		烫脚池	48～52

冷水计算温度表　　　　　　　表 33-83

分区	地面水水温（℃）	地下水水温（℃）
第1分区	5	10～20
第2分区	4	10～15
第3分区	4	6～15

33.9.3.3　用水定额

（1）公共浴室给水用水定额应根据当地气候条件、使用对象和使用习惯，按表 33-84 确定。

公共浴室给水用水定额小时变化系数表　　　　　　　表 33-84

序号	淋浴设备设置情况	单位	生活用水定额（最高日）(L)	小时变化系数
1	有淋浴器	每顾客每次	100～150	2.0～1.5
2	有淋浴器、浴池、浴盆及理发室	每顾客每次	80～170	2.0～1.5

（2）卫生器具一次和一小时热水用水定额及水温，应按表 33-85 确定。

卫生器具一次和一小时热水用水定额及水温表　　　　　　　表 33-85

序号	设备名称	一次用水量（L）	1h用水量（L）	水温（℃）
1	浴盆 带淋浴器 不带淋浴器	 200 125	 400 250	 40 40
2	淋浴器 单间 有隔断 通间 附设在浴池间	 100～150 80～130 70～130 45～54	 200～300 450～540 450～540 450～540	 37～40 37～40 37～40 37～40
3	洗脸盆	5	50～80	35

33.9.3.4　供水系统

（1）公共浴室的热源，应根据当地条件、耗热量大小等因素，按下列顺序选用：

1）工业余热、废热、地热和太阳能；

2）全年供热的城市热力管网；

3）区域性锅炉房或合用锅炉房；

4）专用锅炉房。

（2）利用废热（废汽、烟气、高温废液等）作为热源时，应采取下列措施：

1）加热设备应防腐，其构造应便于清除水垢和杂物；

2）防止热源管道渗漏而污染水质；

3）消除废汽压力波动；

4）废汽应除油。

（3）利用地热水作为热源或沐浴用水时，应视地热水的水温、水质、水量和水压状况，采取相应的技术措施，使处理后的地热水符合使用要求。

（4）利用太阳能作为热源时，应根据当地气候条件和使用要求，配置辅助加热装置。

（5）用热水锅炉直接制备热水的供水系统，应设置贮水罐，且冷水给水管应由贮水罐底部接入。

（6）采用蒸汽直接加热的加热方式，宜用于开式热水供应系统，蒸汽中应不含油质及有毒物质，并应采用消声措施，控制噪声不高于允许值。

（7）在设有高位热水箱的热水供应系统中，应设置冷水补给水箱。

（8）热水箱溢流管管底标高，高于冷水箱最高水位标高的高差，不应小于 0.1m。

（9）在设有热水贮水箱或容积式水加热器的开式热水供应系统中，应设膨胀管。膨胀管引至冷水箱。且其最高点标高应高于冷水箱溢流水位 0.30m。

（10）膨胀管上严禁装设阀门，当膨胀管有可能冻结时，应采取保温措施。膨胀管的最小管径，宜按表 33-86 确定。

膨胀管最小管径   表 33-86

锅炉或水加热器的传热面积（m^2）	<10	10~15	15~20	>20
膨胀管最小管径（mm）	25	32	40	50

（11）在闭式热水供应系统中，应设置安全阀或隔膜式压力膨胀罐。安全阀应装设在锅炉或加热设备的顶部。

（12）隔膜式压力膨胀罐应装设在加热设备与止回阀之间的冷水进水管或热水器回水管的分支管上。其调节容积应大于热水供应系统内水加热后的最大膨胀量。

（13）冷水箱有效容积应根据供水的保证程度确定，可采用 0.5~1.5h 的设计小时流量。

（14）公共浴室淋浴宜采用带脚踏开关的双管系统、单管热水供应系统或其他节水型热水供应系统。

（15）带脚踏开关双管淋浴系统的双管配水管网，最小管径不宜小于 32mm。

（16）公共浴室的热水管网，一般不设置循环管道，当热水干管长度大 60m 时，可对热水干管设置循环管道，并应用水泵强制循环。在循环回水干管接入加热设备或贮水罐前应装设止回阀。

（17）淋浴器或带淋浴器浴盆的出水水温应稳定且便于调节，宜采取下列措施：

1）宜采用开式热水供应系统；

2）淋浴器及带淋浴器浴盆的配水管网宜独立设置；

3）多于 3 个淋浴器的配水管道，宜布置成环形；

4）成组淋浴器配水支管的沿程水头损失：当淋浴器数量小于或等于 6 个时，可采用每米不大于 200Pa；当淋浴器数量大于 6 个时，可采用每米不大于 350Pa；

5）淋浴器配水支管的最小管径不得小于 25mm。

（18）向浴池供水的给水配水口高出浴池壁顶面的空气间隙，不得小于配水出口处给水管径的 2.5 倍。

（19）浴池池水用蒸汽直接加热时，应控制噪声不高于允许值，并应采取防止热水倒流入蒸汽管的措施，对蒸汽管道可能被浴者触及处，应采取安全防护措施。

（20）公共浴室不宜设置公共浴池。

（21）公共浴池应采用水质循环净化、消毒加热装置。

33.9.4 水景工程水系统

33.9.4.1 一般规定

（1）水景喷泉工程水系统的安装应编制施工组织设计，并应包括与土建施工、设备安装、装饰装修的协调配合方案和安装措施等内容。

（2）水景喷泉工程系统安装前应具备下列条件：

1）设计文件齐备，且通过审查。

2）施工组织设计和施工方案已经批准。

3）施工场地符合施工组织设计要求。

4）现场水、电、场地、道路等条件能满足正常施工需要。

5）预留基础、孔洞、预埋件等符合设计图纸要求，并已验收合格。

（3）水景喷泉工程系统所使用的主要材料、成品、半成品、配件和设备必须具有中文质量合格证明文件，规格、型号及性能检测报告应符合国家现行标准或设计要求。进口设备材料应有报关单，当需要时应有商检证。

（4）所有材料进场时应对品种、规格、型号、外观等进行验收、清点和分类。包装应完好，表面应无划痕和外力冲击破损，并经监理人员核查确认。在存放、搬运、吊装中不应碰撞和损坏。

（5）水景喷泉工程系统所采用的喷头、管材、水泵和设备的布置和安装应符合国家现行有关标准或满足工艺设计要求。修改工程设计必须经设计单位书面认可。

（6）主要设备必须有完整的安装使用说明书。

（7）凡利用现有建（构）筑物作为水景喷泉工程系统的建（构）筑物的，在施工、安装时不得损害其结构和防水功能等。

33.9.4.2 泵、阀、管道、喷头、水下动力设备

（1）水景喷泉工程系统的泵、阀、管道、喷头和水下动力设备等的安装应符合现行国家标准《建筑工程施工质量验收统一标准》GB 50300、《压缩机、风机、泵安装工程施工及验收规范》GB 50275 和《建筑给排水及采暖工程施工质量验收规范》GB 50242 的规定。

（2）水景喷泉水池土建主体应预埋各种预埋件，穿越池壁和池底的管道应采取防渗漏措施。

（3）管道安装应符合下列规定：

1）管道安装宜先安装主管，后安装支管，管道位置和标高应符合设计要求。

2）配水管网管道水平安装时，应有 2‰～5‰ 的坡度坡向泄水点。

3）管道下料时，管道切口应平整，并与管中心垂直。

4）各种材质的管材连接应保证不渗漏。

5）各种支吊架安装应符合现行国家标准《建筑给排水及采暖工程施工质量验收规范》GB 50242 的规定。

（4）潜水泵安装应符合下列规定：

1）潜水泵应采用法兰连接。

2）同组喷泉用的潜水水泵应安装在同一高程。

3）潜水泵淹没深度小于 500mm 时，在泵吸入口处应加装防护流防护网罩。

（5）水景喷泉的喷头安装应符合下列规定：

1）管网安装完成并进行冲洗后，方能安装喷头。

2）喷头前应有长度不小于 10 倍喷头公称尺寸的直线管道或设整流装置。

3）应根据溅水不得溅至水池外面的地面上或收水线以内的要求，确定喷头距水池边缘的距离。

4）同组喷泉用的喷头安装形式宜相同。

5）隐蔽安装的喷头，喷口出流方向水流轨迹上不应有障碍物。

（6）阀门安装前，应做强度和严密性试验。

（7）高压人工造雾装置的基础设施应满足荷载、防震、底部通风、排水等要求。

（8）高压人工造雾装置正面的操作空间宽度不宜小于 1.5m，特殊情况下不应小于 1.3m。

（9）高压人工造雾装置为落地式安装并有侧、后开门或有可卸下安装的面板时，高压人工造雾装置侧、后面的操作空间宽度不宜小于 1m，特殊情况下不应小于 0.8m。

（10）高压人工造雾装置的金属框架和基础型钢必须可靠接地（PE）或接零（PEN）；装有电器的可开启门，门和框架的接地端子间应用裸编制铜线连接，且有标识。接地连接线的最小截面积应符合现行国家标准《建筑电气工程施工质量验收规范》GB 50303 的规定。

（11）高压人工造雾配水管网中管材与管材、管件与管件、配件与喷头之间宜采用卡套式专用接头连接。连接应密封可靠，不漏水。

33.10　建筑室外给排水工程

33.10.1　建筑室外给水管网工程

33.10.1.1　安装前的准备工作

1. 管材及附件的现场检查

（1）管材的检查

1）管材、管件应符合设计要求和国家有关标准及规范，并有出厂合格证、检验报告。

2）管壁内外应光滑，厚度均匀。铸铁管不得有裂纹、砂眼、管口损伤等；衬塑钢管内衬层与钢管应连接紧密，不得脱层且冷热水管识别标志应明显。

3）采用橡胶圈接口的管子和管件工作面应光滑，不得有影响接口密封性能的缺陷。

4）管口端面应无变形，管子无弯曲。

5）管道端面应标注公称直径、产品批号、压力等级、制造厂名称等。

（2）阀门的检查

1）复核阀门的型号、规格、材质是否符合设计要求。

2）阀体有无裂纹、砂眼、沾砂等外观缺陷，阀门传动机构应该灵活可靠、无卡涩，阀板牢固，阀芯与阀座吻合，密封面有无缺陷。

3）到货阀门应从每批（同制造厂、同规格、同型号）中抽查 10％且不少于一个，进行壳体压力试验和密封试验，若有不合格再抽查 20％，如仍有不合格则应逐个试验。

2. 沟槽的开挖与验收

（1）测量放线

1）管线工程的施工定位应在放线与测量前完成定位和高程的测量布点工作，并对基准点采取保护措施。

2）施工测量应沿管道线路设置便于观测的临时水准点和管道轴线控制桩，当管道线路与原有地下管道、电缆及其他构筑物交叉时，应设置明显标志。

3）管道定位完成后，须对起点、终点、中间各转角点的中线桩进行加固，并绘制点位记录。

4）管道转角点须设置在附近永久性建筑物或构筑物上，以免因各种原因造成损坏而导致大量的重复测量工作。

5）具体测量放线仪器的使用和方法详见施工测量的有关内容。

（2）沟槽开挖

1）沟槽的常见端面形式有直槽、梯形槽、混合槽等，如图 33-52 所示。

根据管道埋设深度及现场土质情况合理选择所开挖沟槽的形式，沟槽形式的选择还应考虑管沟断面尺寸、水文地质条件、施工方法等因素。

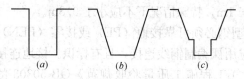

图 33-52 沟槽形式

(a) 直槽；(b) 梯形槽；(c) 混合槽

2）沟槽断面尺寸的确定

① 沟槽底部开挖宽度可按式（33-1）确定：

$$B = D_0 + 2(b_1 + b_2 + b_3) \tag{33-1}$$

式中 B——管道沟槽底部的开挖宽度（mm）；

D_0——管道结构的外缘宽度（mm）；

b_1——管道一侧的工作面宽度，可按表 33-87 选用（mm）；

b_2——有支撑要求时，管道一侧的支撑厚度，取 150～200mm；

b_3——现场浇筑混凝土或钢筋混凝土管渠一侧模板的厚度（mm）。

管道单侧的工作面宽度 表 33-87

管道结构的外缘宽度 D_o	管道单侧的工作面宽度 b_1		
	混凝土类管道		金属管道、化学建材管道
≤500	刚性接口	400	300
	柔性接口	300	
500<D_o≤1000	刚性接口	500	400
	柔性接口	400	
1000<D_o≤1500	刚性接口	600	500
	柔性接口	500	
1500<D_o≤3000	刚性接口	800~1000	700
	柔性接口	600	

②地质条件良好、土质均匀，地下水位低于沟底高程，且边坡不加支撑时，沟槽深度符合表 33-88 要求的，可不设边坡。

沟槽不设边坡的允许深度 表 33-88

土的类别	允许深度值（m）
密实、中密的砂土，碎石类土	1.00
硬塑、可塑的粉土、粉质黏土	1.25
硬塑、可塑的黏土	1.50
坚硬的黏土	2.00

沟槽深度超过表 33-88 数值，且槽深在 5m 以内，不加支撑的沟槽边坡坡度可参照表 33-89。

沟槽边坡坡度值 表 33-89

土的类别	边坡坡度（高：宽）		
	坡顶无载荷	坡顶有静载	坡顶有动载
中密的砂土	1：1.00	1：1.25	1：1.50
中密的碎石类土（充填物为砂土）	1：0.75	1：1.00	1：1.25
硬塑的粉土	1：0.67	1：0.75	1：1.00
中密的碎石类土（充填物为黏性土）	1：0.50	1：0.67	1：0.75
硬塑的粉质黏土、黏土	1：0.33	1：0.50	1：0.67
老黄土	1：0.10	1：0.25	1：0.33
软土（经井点降水后）	1：1.25		

③槽边临时堆土时，不得影响建筑物、原有管道和其他设施的安全。堆土的高度不超过 1.5m，距沟槽边缘不小于 0.8m，且堆土不得掩埋测量标志、原有消火栓及阀门井等设施。

④为有效控制槽底高程和坡度，控制点在管道直线段的间距保持在 20m 左右，在曲

线段上根据曲率半径应加密设置。

⑤采用机械开挖时，槽底应预留 200mm，由人工清理至设计标高。

⑥沟槽开挖前应与相关单位沟通，事先了解地下原有构筑物敷设情况，做好保护预案，严防对原有地下管道的破坏。

⑦沟槽开挖要严防超挖，做到不扰动天然地基。具体质量目标如下：

a. 沟壁应平整；

b. 边坡坡度符合规定；

c. 管道中心线每侧的净宽不小于规定尺寸；

d. 沟槽底面高程允许偏差：土壤底面 ± 20mm；岩石底面 $_{-200}^{0}$mm。

33.10.1.2　室外给水管道安装

1. 一般规定

(1) 本内容适用于民用、公用建筑群的场区室外给水管网安装工程。

(2) 严格根据设计要求选择管材。

(3) 架空或地沟内管道敷设时其管道安装要求执行室内给水管道的要求。塑料管道不得露天架空安装。

(4) 管道应敷设在当地冰冻线以下，如确实需要高于冰冻线敷设的，须有可靠的保温措施。绿化带人行道的管道埋深不低于 0.8m，道路范围内的管道埋深不低于 1.2m。管道穿越道路及墙体时须安装钢套管。

(5) 塑料管道上的阀门、水表等附件均应单独设置支墩。

(6) 管道不得直接敷设在冻土和未经处理的松土上。

(7) 当地下水位较高或雨季进行管道施工时，沟槽内应有可靠的降水、排水措施，防止因基层土的扰动而影响土的持力层。

2. 给水铸铁管安装

(1) 管道安装程序：安装准备→散管→下管→挖工作坑→对口、接口及养护→井室砌筑→管道试压→管道冲洗→回填土。

(2) 管道安装要点：

1) 确定施工方法和施工程序并进行施工前的安全检查。

2) 沟槽开挖后进行槽底处理时，即可将管道运至沟边，沿沟排管。布管不得影响机械的通行，当管道排布完成后再对管沟进行一次综合检查，当管道标高、槽底回填合格后方可进行下管工作。

3) 根据每节管道的重量及现场环境的影响，选择机械下管或人工下管。

① 人工下管：一般使用溜管法、压绳下管法、桅杆倒链施工法。常用的人工下管方法为压绳下管法，如图 33-53 所示。

压绳法的具体操作方法为：把绳索的一端系在距沟边较远的地锚上，绳索的另一端从管底穿过，在地锚上绕一圈后拉在手中，用撬杠把管子滚到沟边，使管子沿沟槽壁或斜方木滑滚到沟底。

② 机械下管：要注意采用两点起吊，钢丝绳不得从管心穿过吊装，下管应轻落，以免造成管材损坏，下管用的吊车应停放在坚实的地面上，若地面松软，要用方木、钢板等铺垫进行加固。下管时要有专人指挥。

4）管道下沟后开始对口工作，对口前应用钢丝刷、绵纱布等仔细将承口内腔和插口端外表面的泥沙及其他异物清理干净，不得含有泥沙、油污及其他异物。

5）管道对口完毕后即在承口下挖打口工作坑，如图 33-54 所示。工作坑以满足打口条件即可，亦可参照规范要求。

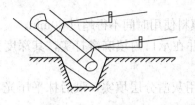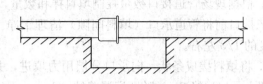

图 33-53　压绳下管法　　　　　　　图 33-54　工作坑形式

6）铸铁管承接口的对口间隙应小于 3mm，最大间隙需符合表 33-90 的要求。

铸铁管承插口的对口最大间隙（mm）　　表 33-90

管径	沿直线敷设	沿曲线敷设
75	4	5
100～250	5	7～13
300～500	6	14～22

铸铁管承插口的环形间隙应满足表 33-91 的要求。

铸铁管承插口的环形间隙（mm）　　表 33-91

管　径	环形间隙	允许偏差
80～200	10	+3 -2
250～450	11	+4 -2
500～900	12	

7）承插式铸铁管的接口形式分为刚性接口和柔性接口，如图 33-55、图 33-56 所示。

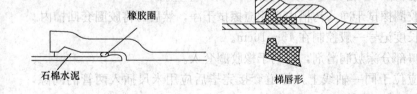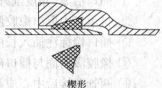

图 33-55　刚性接口形式　　　　　　图 33-56　柔性接口形式

刚性接口由嵌缝材料和密封材料两部分组成，柔性接口采用专用橡胶圈密封。

① 石棉水泥接口

a. 接口前应先在承插口内打上油麻，油麻辫比管口间隙大 1.5 倍，然后塞入管口依次打实，填麻深度应是承口深度的 1/3。

b. 上层填料采用 P·O 42.5 硅酸盐水泥，3～4 级石棉绒，重量比为水：石棉绒：水泥＝1：3：7。

c. 捻口操作：将灰填入管口逐层进行打实。当灰口凹入承口 2～3mm，深浅一致时即完成。

d. 捻口完成后，要对接口进行不少于 48h 的养护。

② 膨胀水泥接口

a. 采用成品膨胀水泥。

b. 根据现场管道接口数量控制填料拌和数量，填料使用时间不得超过 30min。

c. 抹口前将管道承口（填料间隙）清理干净。并在承口内填麻辫打实，其深度为承口深度的 1/3 左右。

d. 将填料搓成条状，向承口分层用力填进，并用灰凿分层填实，最后抹平压光，表面应凹入承口边缘 2mm 随即润湿养护。

③ 橡胶圈接口

a. 管道接口清理干净后，将随管配套的胶圈清理干净并捏成"8"字形安放在承口内。

b. 胶圈安放完毕后用肥皂水作润滑剂，将承口内胶圈和插口端充分湿润，起到润滑作用，安装时可减轻施工难度。

c. 铸铁管承插施工完后，管道承插头处及中部立即回填土，轻夯压实，避免铸铁管在施工时发生偏移。

3. 硬聚氯乙烯室外给水管安装

（1）管道安装一般规定

1）下管前，管沟应清理完毕且验收合格，设计或规范要求的砂石垫层施工完毕后方可下管。

2）下管前应检查管材、管件、胶圈是否有损伤，若有缺陷不得使用。

3）在管道安装期间，须防止石块或其他坚硬物体坠入管沟，以免管道受损。

4）管道在水平或垂直转弯，管道变径、三通、阀门等处均应设置支墩。

（2）管道接口形式及操作方法

1）橡胶圈接口

① 插口沿 20°角度削外角，预留尖端厚度约为 1/4～1/3 管壁厚。

② 自承口内取出橡胶圈擦拭干净，沟槽内也相应擦拭干净，然后再将胶圈套回槽内。

③ 插口端标注插入长度记号一般控制在 15～16cm。

④ 橡胶圈内面与插口部分涂敷润滑剂，以利于橡胶圈套入。

⑤ 两管套接后中心应位于同一轴线上，管道套接完毕后应用米尺插入两管的间隙，以测量胶圈位置，若位移须重新套接。

2）粘结接口

① 插口端沿 30°～45°角削外角，预留之尖端厚度为 1/3 壁厚。

② 承口内壁及管端外壁插入范围，先用干布擦拭干净，然后两管插入范围各涂上适量的配套胶水。

③ 待部分溶剂挥发而胶着性增强时，则将管道插接在一起，插入后管道可稍做转动，使胶水分布更为均匀。

④ 管道粘结后，应维持约 30s 方可移动。

4. 铝塑复合管

(1) 铝塑复合管的应用

铝塑复合管是集金属与塑料的优点于一体的管道，克服了以往许多管材的缺点，在很多领域可取代金属管并优于金属管。铝塑复合管具有连续敷设及自行弯曲的特点，这样可以减少接头和弯头。

(2) 管道施工方法

1) 管道调直：铝塑管 $DN \leqslant 32$ 时一般成卷供应，可用手粗略调直后靠在顺直的角钢内用橡胶锤锤打找直。

2) 管子切割：管道切割可采用专用剪刀，也可采用钢锯或盘锯，然后用整圆扩孔器将管口整圆。

3) 管道制弯：$DN \leqslant 32$ 的管道弯曲时先将弯管弹簧塞进管内到弯曲部位，然后均匀加力弯曲，弯曲成型后抽出弹簧。由于铝塑复合管中的铝管材质的最小延伸率为 20%，因此弯管半径不能小于所弯管段圆弧外径的 5 倍；$DN \geqslant 40$ 的管道弯曲时宜采用专用弯管器，否则容易使所弯管段圆弧外侧的外层和铝管出现过度的拉伸从而出现塑性拉伸裂纹，影响管子的使用性能。

4) 管道连接：

① 按所需长度截断管子，用整圆器将切口整圆，并将端头倒角。

② 将螺帽和 C 形环先套入管子端头。

③ 将管件本体内芯插入管内腔，应用力将内芯全长压入为止。

④ 拉回 C 形套环和螺帽，用扳手将螺帽拧固在管件本体的外螺纹上。

5. 聚乙烯管（PE 管）

(1) 管道安装规定

1) 管道的铺设应在沟底标高和管道基础质量检查合格后进行。

2) 管材在吊运及放入沟内时，应采用可靠的软带吊具，平稳下沟，不得与沟壁或沟底剧烈碰撞。

3) 施工完毕后及时封堵管口，防止被水浸泡。

4) 熔融、对接、加压、冷却等工序所需要的时间，必须按工艺规定，用秒表计时。

5) 在保压冷却期间不得移动连接件或在连接件上施加外力。

(2) 管道安装方法

1) 热熔连接

① 热熔对接施工要求：

a. 将待连接管材置于焊机夹具上并夹紧。

b. 清洁管材待连接端并铣削连接面。

c. 校直两对接件，使其错位量不大于壁厚的 10%。

d. 放入加热板加热，加热完毕，取出加热板。

e. 迅速接合两加热面，升压至熔接压力并保压冷却。

② 热熔对接施工步骤及方法：

a. 清理管端。

b. 将管子夹紧在熔焊设备上，使用双面修整机具修整两个焊接接头端面。

c. 取出修整机具,通过推进器使两管端相接触,检查两表面的一致性,严格保证管端正确对中。

图 33-57 管道对接

d. 在两端面之间插入 210℃ 的加热板,以指定压力推进管子,将管端压紧在加热板上,在两管端周围形成一致的熔化束。

e. 完成加热后迅速移出加热板,避免加热板与管子熔化端摩擦。

f. 以指定的连接压力将两管端推进至结合,形成一个双翻边的熔化束(两侧翻边、内外翻边的环状凸起),熔焊接头冷却至少 30min。施工效果见图 33-57。

加热板的温度由焊机自动控制在预先设定的范围内。如果控制设施失控,加热板温度过高,会造成溶化端面的 PE 材料失去活性,相互间不能熔合。

2)电熔焊接

① 清理管子接头内外表面及端面,清理长度要大于插入管件的长度。

② 管子接头外表面(熔合面)用专用工具刨掉薄薄的一层,保证接头外表面的老化层和污染层彻底被除去。

③ 将处理好的两个管接头插入管件。

④ 将焊接设备连到管件的电极上,启动焊接设备,输入焊接加热时间。开始焊接至焊机在设定时间停止加热。

⑤ 焊接接头冷却期间严禁移动管子。

6. 衬塑钢管

衬塑钢管继承了钢管和塑料管各自的优点,广泛应用于给水系统。连接方式有沟槽(卡箍)连接和丝扣连接,施工工艺类似钢管的沟槽连接与丝扣连接。

(1)管道沟槽连接

1)用切管机将钢管按需要的长度切割,用水平仪检查切口断面,确保切口断面与管道中轴线垂直。切口如果有毛刺,应用砂轮机打磨光滑。

2)将需要加工沟槽的钢管架设在滚槽机和滚槽机尾架上,用水平尺抄平,使管道处于水平位置。

3)将钢管加工端断面紧贴滚槽机,使钢管中轴线与滚轮面垂直。

4)缓缓压下千斤顶,使上压轮贴紧管材管道,开动滚槽机,徐徐压下千斤顶,使上压轮均匀滚压钢管至预定沟槽深度为止,压槽不得损坏管道内衬塑层。

5)停机后用游标卡尺检查沟槽深度和宽度,确认符合标准要求后,将千斤顶卸荷,取出钢管。

6)将橡胶密封圈套在一根钢管端部,将另一根端部周边已涂抹润滑剂(非油性)的钢管插入橡胶密封圈,转动橡胶密封圈,使其位于接口中间部位。

7)在橡胶密封圈外侧安装上下卡箍,并将卡箍凸边送进沟槽内,把紧螺栓即完成。

(2)螺纹连接方法参见本章钢塑复合管管道连接部分

33.10.1.3 管道附件安装及附属建筑物的施工

1. 管道附件的安装

（1）阀门安装

1）阀门在搬运和吊装时，不得使阀杆及法兰螺栓孔成为吊点，应将吊点放在阀体上。

2）室外埋地管道上的阀门应阀杆垂直向上的安装于阀门井内，以便于维修操作。

3）管道法兰与阀门法兰不得加力对正，阀门安装前应使管道上的两片法兰端面相互平行及同心。把紧螺栓时应十字交叉进行，以免加力不均导致密封不严。

4）安装止回阀、截止阀等阀门时须使水流方向与阀体上的箭头方向一致。

5）大口径阀门及阀门组须设置独立的支墩。

（2）室外水表安装

1）安装时进水方向必须与水表上的箭头方向一致。

2）为避免紊流现象影响水表的计量准确性，表前阀门与水表的安装距离应大于8～10倍管径。

3）大口径水表前后应设置伸缩节。

4）水表阀门组应设置单独的支墩见图33-58。

（3）室外消火栓安装

1）室外消火栓一般设在绿化带内，距人行道边1m左右，安装位置及布置一定要符合设计及规范要求。

2）室外地下式消火栓与主管连接的三通及弯头处应固定在混凝土支墩上，消火栓处应有明显标记。

3）室外地上式消火栓的安装一般高出地面640mm。

（4）消防水泵结合器安装

1）消防水泵结合器的安装位置必须符合设计要求，若设计没有要求时，其安装位置应为距人行道边1m处。

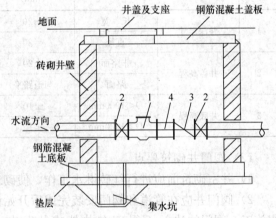

图 33-58　水表井示意图

1—水表；2—阀门；3—止回阀；4—伸缩接头

2）安装于消防水泵结合器上的止回阀、安全阀的位置及方向应正确。

3）地下式消防水泵结合器顶部进水口与井盖底面距离不大于400mm，以便于连接。

2. 附属构筑物的施工

给水管道附属构筑物包括阀门井、消火栓及消防水泵结合器井、水表井和支墩等构筑物。井室的砌筑应符合设计要求或设计指定的标准图集的施工要求。

（1）一般要求

1）各类井室的井底基础和管道基础应同时浇筑。

2）砌筑井室时，用水冲净、湿润基础后方可铺浆砌筑，砌筑砌块必须做到满铺满挤，上下搭砌，砌块间灰缝厚度为10mm左右。

3）砌筑圆筒形井室时，应随时检测直径尺寸，当需要收口时若四面收进，每次收进不得大于30mm，若三面收进，则每次收进不得大于50mm。

4）井室内壁应用原浆勾缝，有抹面要求时内壁抹面应分层压实，外壁用砂浆搓缝并应挤压密实。

5）各类井室的井盖须符合设计要求，有明显的标志，且各类井盖不得混用。

6）设在车行道下的井室必须使用重型井盖，人行道下的井室采用轻型井盖，井盖表面与道路相平；绿化带上的井盖可采用轻型井盖，井盖上表面高出地平 50mm，井口周围设置 2％的水泥砂浆护坡。

7）重型铸铁井盖不得直接安装在井室的砖墙上，应安装在厚度不小于 80mm 的混凝土垫圈上。

8）井室砌筑质量标准：

① 井室的勾缝抹面和防渗层应符合质量要求。

② 阀门的手柄应与井口对中。

③ 检查井允许偏差应符合表 33-92 的要求。

检查井尺寸允许偏差表

表 33-92

序号	项目		允许偏差（mm）	检验频率		检验方法
				范围	点数	
1	井深尺寸	长、宽	±20	每座	2	尺量
		直径	±20	每座	2	尺量
2	井盖高程	非路面	±20	每座	1	水准仪
		路面	与道路平	每座	1	水准仪
3	井底高程	$D<1000mm$	±10	每座	1	水准仪
		$D>1000mm$	±15	每座	1	水准仪

（2）阀门井砌筑要点

1）井室砌筑前应进行红砖淋水工作，使砌筑时红砖吸水率不小于 35％。

2）阀门井应在管道和阀门安装完成后开始砌筑，其尺寸应按照设计或设计指定的图集施工，阀门的法兰不得砌在井外或井壁内，为便于维修阀门的法兰外缘一般距井壁 250mm。

3）砌筑时应随时检测直径尺寸，注意井筒的表面平整。

4）井内爬梯应与井盖口边位置一致，铁爬梯安装后，在砌筑砂浆及混凝土未达到规定抗压强度前不得踩踏。

（3）支墩

由于给水管道的弯头、三通等处在水压作用下产生较大的推力，易致使承插口松动而漏水，因而当管道弯头、三通等部位应设置支墩防止管口松动。根据现场实际情况支墩一般采用砖砌或混凝土浇筑。

33.10.1.4　管沟回填

回填工作在管道安装完成，并经验收合格后进行，回填时管道接口处的前后端 200mm 范围内不得回填，以便在管道试水时观察接口是否存在漏水现象，且应保证回填土的厚度不应少于管顶 500mm，以防止试水时管道出现移位。试压合格后再进行大范围回填。

1. 沟槽回填要求

管沟回填应分为三部分进行，分别为管道两侧（Ⅰ），管顶以上 500mm 内（Ⅱ），管顶以上 500mm 外（Ⅲ），如图 33-59 所示。

（1）沟槽两侧回填压实度须人工夯实，压实度须达到 95%，管口操作坑必须仔细回填夯实。

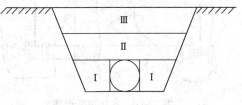

（2）管顶以上 500mm 以内采用人工夯实，打夯时不得损伤管道及管道防腐层，压实度不小于 85%。

图 33-59 回填土横断面

（3）管顶 500mm 以外可以采用机械回填，机械不得直接作用于管道上，回填土压实度不小于 95%。

（4）管沟回填宜在管道充满水的情况下进行，管道敷设后不宜长期处于空管状态。

2. 管沟回填方法

（1）先将沟内积水排除，以免形成夹水覆土，产生"弹性土"，造成以后路面沉陷。

（2）选用无腐蚀性、无砖瓦石块等硬物并且较干燥的土覆盖于管道的两侧与上方。

（3）当沟边土不符合要求时，可过筛再用或换合格的土壤。

（4）管道两侧及管顶以上 0.5m 内的回填土不得含有碎石、砖块、垃圾等杂物，不得用冻土回填。距离管顶 0.5m 以上的回填土内允许有少量直径不大于 100mm 的石块。

（5）回填土时应将管道两侧回填土同时夯实。

（6）沟槽应分层回填，分层夯实。一般情况下每层铺土厚度，人工木夯铺土 20～25cm，蛙式夯 25～30cm，压路机为 25～40cm。

（7）沟槽的支撑应在保证施工安全的情况下，按回填进度依次拆除。拆除竖板桩后，应以砂土填实缝隙。

（8）对石方段管沟，应用细土回填超挖的管沟，其厚度不得小于 300mm。严禁用片石或碎石回填。

（9）雨季回填时，应先测土壤含水量，对过湿的土壤应晒干或加白灰拌和后回填。沟内有水时，应先排除。应随填随夯，防止松土淋雨。

33.10.1.5 室外给水管道水压试验和冲洗

1. 管道水压试验方法

管道试压应符合设计要求和施工质量验收规范要求。

（1）管道试压前应具备以下条件：

1）水压试验前，管道节点、接口、支墩等及其他附属构筑物等已施工完毕并且符合设计要求。

2）落实管道的排气、排水装置已经准备到位。

3）试压应做后背，试压后背墙必须平直并与管道轴线垂直。

4）管道试验长度不超过 1km，一般以 500～600m 为宜。

5）水压试验装置如图 33-60 所示，管道试压前，向试压管道充水，充水时水自管道低端流入，并打开排气阀，当充水至排出的水流中不带气泡且水流连续时，关闭排气阀，停止充水。试压管道充水浸泡的时间一般是钢管不少于 24h，塑料管不少于 48h。

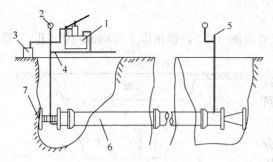

图 33-60　水压试验装置

1—手摇泵；2—压力泵；3—量水箱；
4—注水管；5—排水管；6—试验管
段；7—后背

（2）管道试压方法。管线试压是非常危险的，应做好各项安全技术措施。试验用的临时加固措施应经检查确认安全可靠，并做好标识。试验用压力表应在检定合格期内，精度不低于 1.5 级，量程是被测压力的 1.5～2 倍，试压系统中的压力表不得少于 2 块。管道试验压力为工作压力的 1.5 倍，但不得小于 0.6MPa。如遇泄漏，不得带压修理，缺陷消除后，应重新试压。

1）钢管、铸铁管试压，在试验压力下 10min 内压力降不得大于 0.05MPa，然后降至工作压力检查，压力保持不变，不渗漏为合格。

2）塑料管、铝塑符合管试压，在试验压力下稳压 1h，压力降不大于 0.05MPa，然后降至工作压力进行检查，压力降保持不变，不渗漏为合格。

3）PE 管道试压应分 2～3 次升至试验压力，然后每隔 3min 记录一次管道剩余压力，记录 30min，若 30min 内管道试验压力有上升趋势时则水压试验合格；如剩余压力没有上升趋势，则应当再持续观察 60min，在整个 90min 中压力降不大于 0.02MPa，则水压试验合格。

2. 管道冲洗方法

管道试压合格后应进行通水冲洗和消毒，以使管道输送的水质能够符合《生活饮用水的水质标准》的有关规定。

（1）管道冲洗

管道冲洗分为消毒前冲洗和消毒后冲洗。消毒前冲洗是对管道内的杂质进行清洗；消毒后清洗是对管道内的余氯进行清洗，使水中余氯能够达到卫生指标要求的规定值。

1）冲洗管道的水流速不小于 1.0m/s，冲洗应连续进行，直至出水洁净度与冲洗进水相同。

2）一次冲洗管道长度不宜超过 1000m，以防止冲洗前蓄积的杂物在管道内移动困难。

3）放水路线不得影响交通及附近建筑物的安全。

4）安装放水口的管上应装有阀门、排气管和放水取样龙头，放水管的截面不应小于进水管截面的 1/2。

5）冲洗时先打开出水阀门，再开来水阀门。注意冲洗管段，特别是出水口的工作情况，做好排气工作，并派专人监护放水路线，有问题及时处理。

（2）管道消毒

生活饮用水管道，冲洗完毕后，管内应存水 24h 以上再化验。如水质化验达不到要求标准，应用漂白粉溶液注入管道浸泡消毒，然后再冲洗，经水质部门检验合格后交付验收。

3. 管道水压试验和冲洗安全作业

（1）管道加压过程中要设专人观察压力表的变化，若发生压力急剧变化，应立即停止试压，检查原因。

（2）在升压过程中，定时对管道进行巡视，检查管端设施有无泄漏，与试压无关的人员严禁进入试压区域。

（3）不得随意延长试验压力的稳压时间，且不得超压。

（4）管道升压和泄压速度均不得过快，以防水击损伤管道。

（5）管道试压用水严禁随意排放，以防污染环境，排水应由专人负责，确保排水畅通。

33.10.1.6 室外给水管道安装质量常见问题与对策

（1）基坑下沉，造成管口开裂

原因分析：对开挖过程中遇到的不良地质没有进行地质加固措施，造成管基的下沉，导致管道接口的开裂等。

预防措施：1）确保地基夯实；2）严禁沟槽被水浸泡而导致的基坑下陷。

（2）管道铺设不顺直

原因分析：未复测或修整沟槽即开始铺管或铺管时中线桩、平桩布置间距过大。

预防措施：1）验槽合格后方可铺管；2）严格控制中线桩、平桩等的间距，以 10m 为宜。

（3）管道通水量不足或不通水

原因分析：1）管道堵塞；2）管道存在气阻。

预防措施：1）管道安装完毕后清理管道；2）在管道返弯处设置排气阀。

（4）管道在施工过程中或输水过程中发生断裂

原因分析：1）管材质量不合格；2）管道地基产生不均匀沉降。

预防措施：1）加强管材质量的检查验收工作；2）验槽合格后方可下管。

33.10.1.7 室外给水管网分部工程施工质量验收

1. 给水管道安装

铸铁管刚性接口：

1）打麻时须将油麻拧成麻花状，油麻填料必须清洁，打实的麻深度应是承口深度的 1/3，见表 33-93。

承插铸铁管填料深度表（mm）　　　　　　表 33-93

管径	接口间隙	承口总深	接口填料深度			
			石棉水泥接口		铅接口	
			麻	灰	麻	铅
75	10	90	33	57	40	50
100～125	10	95	33	62	45	50
150～200	10	100	33	67	50	50
250～300	11	105	35	70	55	50

2）捻口水泥标号为不小于 P.O42.5 硅酸盐水泥，接口水泥应饱满，接口水泥灰口凹入承口不大于 2～3mm。

3）主控项目：

① 铸铁管承插接口连接时，两管节中轴线应保持同心，承口、插口部位无破损、变

形、开裂，插口插入深度应符合要求。

检查方法：逐个观察，检查施工记录。

② 聚乙烯、聚丙烯管道接口焊缝应完整、无缺损变形、无气孔；对接错边量不大于管壁厚的 10%，且不大于 3mm。

检查方法：观察。

③ 管道敷设安装必须稳固，管道安装后应线形平直。

检查方法：观察，检查测量记录。

④ 管网必须进行水压试验，且管道试验压力不低于 0.6MPa。

检查方法：参照管道试压方法。

⑤ 钢管埋地防腐必须符合设计要求，卷才与管材间应粘贴牢固、无空鼓、滑移、接缝不严等。

检查方法：观察，切开防腐层检查。

4）一般项目：

① 管道和金属支架的涂漆应附着良好，无脱皮、起泡、流淌和漏涂等缺陷。

检验方法：现场观察检查。

② 管道连接应符合工艺要求，阀门、水表等安装位置应正确。

检验方法：现场观察检查。

③ 给水管道与污水管道在不同标高平行敷设时，其垂直间距在 500mm 以内，给水管管径小于或等于 200mm 的，管壁水平间距不得小于 1.5m；管径大于 200mm 的，不得小于 3m。

检验方法：观察和尺量检查。

2. 消防水泵结合器及室外消火栓安装

（1）消防水泵结合器及室外消火栓的安装位置应设置在便于消防车接近的人行道或非机动车道上。

（2）地下式消防水泵结合器和地下式消火栓的接口距离地面不得大于 0.4m。

（3）消防水泵结合器和室外消火栓应设有明显的区别标志。

（4）主控项目：

1）消防系统必须进行水压试验，试验压力为工作压力的 1.5 倍，但不得小于 0.6MPa。

检验方法：试验压力下，10min 内压力降不得大于 0.5MPa，然后降至工作压力进行检查，压力保持不变，不渗不漏为合格。

2）消防管道在竣工前，必须对管道进行冲洗。

检验方法：观察冲洗出水的浊度干净为合格。

3）消防水泵接器和消火栓的位置标志应明显。栓口的位置应方便操作。

检验方法：观察和尺量。

（5）一般项目：

1）泵接合器的安全阀及止回阀安装位置和方向应正确，阀门启闭应灵活。

检验方法：现场观察和手扳检查。

2）室外消火栓和消防水泵接合器的各项安装尺寸应符合设计要求，栓口安装高度允许偏差为±20mm。

检验方法：尺量检查。

3.管沟及井室

(1) 管沟与井室的挖方工程应符合现行《建筑地基基础工程施工质量验收规范》的有关规定。

(2) 管沟的沟底应是原土或夯实的回填土，沟底应平整，不得有尖锐的物体和块石。

(3) 管沟基为岩石，或沟底有不易消除的块石，或槽底为砾石层时，槽底应下挖100～200mm后铺细砂或石屑，夯实到沟底标高后方可进行管道施工。

(4) 管沟回填应分层夯实，机械夯实时每层回填厚度不得大于300mm，人工夯实时每层回填厚度不大于200mm。

(5) 井室的底板应与管道的基础同时浇筑。

(6) 在车行道下的井室井盖须采用重型井盖，重型井盖的井圈不得直接放在井室的砖墙上，应安装在厚度不小于80mm的C20混凝土井圈上。

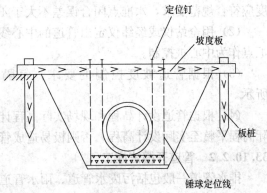

图 33-61 坡度板

(7) 主控项目：

1) 管沟或井室的原状土基不得受到扰动、水浸或冰冻，其基础必须符合设计要求。

2) 各类井室的标识应明显，不得混用。

3) 地基的压实度、厚度应符合要求，沟槽不得带水回填。

(8) 一般规定：

1) 沟槽的开挖允许偏差应符合表33-94的要求。

沟槽开挖允许偏差　　　　　表 33-94

序号	检查项目	允许偏差（mm）		检查范围		检查方法
				范围	点数	
1	槽底高程	土方	±20	两井之间	3	水准仪
		石方	+20，−200			
2	槽底中线每侧宽度	不小于规定		两井之间	6	尺量
3	沟槽边坡	不陡于规定		两井之间	6	尺量

2) 井室的规格、尺寸、位置、标高应符合设计要求，基础浇筑合格，井室抹灰严密不透水。

33.10.2 建筑小区室外排水管网

33.10.2.1 安装前的准备工作

1. 施工技术交底

施工技术交底是现场技术人员在熟悉设计文件和施工现场的情况下，为贯彻施工组织设计的意图，对施工班组交待施工工序、施工方法、质量要求和安全操作规程等的一项工作。

2. 确定施工方案

施工方案是在图纸会审后进行编制的，方案应符合工程施工组织设计对技术、质量、工期、环境保护等的要求，其编制内容根据工程的难易程度和规模而定。

3. 测量放线

为保证测量精确度及减少施工后的测量工作量，管线测量可按下列内容操作：

（1）为方便测量可从永久性水准点引临时水准点至管道沿线的各构筑物或桩点，其精度应符合规范要求，水准点闭合误差不大于 4mm/km；

（2）用全站仪或经纬仪定出管道的中心线位置，标注管线的起点、终点、转角点和交汇点作为中心桩控制。

（3）根据管道坡度控制的要求，每隔 20～30m 设置一块坡度板，如图 33-61 所示。

（4）根据管道设计高程和现场实际高程计算沟槽开挖深度，施工前宜将施工现场的实际高程平整至实际设计高程，否则极易造成管沟开挖超深，造成施工难度增加。

33.10.2.2   管道开槽法施工

排水管道一般包括污废水管道、雨水管道。管道所用材质、接口形式、基础类型、施工方法及验收标准均不相同。开槽法施工包括土方开挖、管沟排水、管道基础施工、管道施工、构筑物砌筑和土方回填等分项工程。

沟槽开挖及回填分别参照本节 33.10.1.2 和 33.10.1.5 的内容。

1. 施工排水

当管道雨季施工或管道敷设在地下水位以下时，沟槽应当采取有效的降低地下水位的方法，一般采用明沟排水和井点降水法。

明沟排水法适用于挖深浅、土质好和排出降雨等地面水的施工环境中；井点井水适用于地下水位比较高、挖深大、砂性土质的施工环境中。

（1）明沟排水

明沟排水包括地面截水和坑内排水。

1）地面截水

用于排除地表水和雨水，通常利用所挖沟槽土沿沟槽侧筑 0.5～0.8m 高的土堤，地面截水应尽量利用天然排水沟道，当需要挖排水沟排水时，应注意已有构筑物的安全。

2）坑内排水

当沟槽开挖过程中遇到地下水时，在沟底随同挖方一起设置积水坑，并沿沟底开挖排水沟，使水流入积水坑内，然后用水泵抽出坑外。详见图 33-62。

明沟排水一般先挖积水坑，再挖沟槽，以便干槽施工。

进入积水坑的排水沟尺寸一般不小于 0.3×0.3m，按 1‰～5‰ 的坡度坡向积水坑，积水坑应设在沟槽的同一侧。根据地下水量的大小和水泵的排水能力，一般每个 50～100m 设置一个。积水坑的直径（或边长）不小于 0.7m，积水坑底应低于槽底 1～2m。

坑壁应用木板、铁笼、混凝土滤水管等简易支撑加固。坑底应铺设 30cm 左右碎石或粗砂滤水层，以免抽水时将泥沙抽出，并防止坑底的土被搅动。

（2）井点降水

井点降水就是在沟槽开挖前预先埋设一定数量的滤水管，利用真空原理，不断抽出地下水，以达到降低水位的目的。在管道铺设完成前抽水工作不能间断，当管道铺设完成后再停止抽水拆除井点设备，恢复地貌。

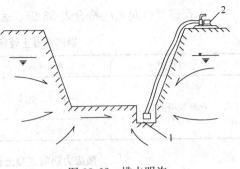

图 33-62　排水明沟
1—积水坑；2—排水泵

2. 排水管道基础

管道基础的作用是分散较为集中的管道荷载，减少管道对单位面积上地基的作用力，同时减少土方对管壁的作用力。

排水管道的基础包括平基和管座，管座包角度数一般分为三种，即 90°、120°、180° 管道基础。如图 33-63 所示。

管道基础的施工需符合设计或设计指定的标准图集的要求。

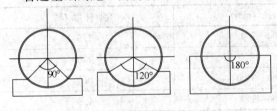

图 33-63　管道基础

3. 下管与稳管

（1）下管

为保证管道安装质量及施工安全，安装前应按规范要求对管道及管沟、基础、机械设备等做如下检查和准备。

1）需检查管子是否符合规范要求，塑料管材内壁应光滑，管身不得有裂缝，管口不得有破损、裂口、变形等缺陷；混凝土管内外表面应无空鼓、露筋、裂纹、缺边等缺陷。

2）管沟标高、坐标、中心线、坡度等符合图纸设计要求，检查井是否根据图纸要求与管沟一起开挖。

3）检查管道平基和检查井基础是否满足设计要求。

4）管道施工所需机械及临时设施是否完好，人员组织是否到位且有统一指挥。

5）采用沟边布管法，管道承口方向迎着水流方向排布，以减少沟内管道运输量，安装应由下游向上游进行。

6）根据所安装管道直径和工程量选择合适的下管方法。

（2）稳管

稳管是管道对中、对高程、对接口间隙和坡度等的操作。

1）管道接口、对中按下述程序进行：将管道用手扳葫芦吊起，一人使用撬棍将被吊起的管道与已安装的管道对接，当接口合拢时，管材两侧的手扳葫芦应同步落下，使管道就位。

2）为防止已经就位的管道轴线位移，需采用灌满黄沙的编织袋或砌块稳固在管道两侧。

3）管道对口间隙应符合表 33-95、表 33-96 的要求。

钢筋混凝土管管口间的纵向间隙（mm）　　　表 33-95

管材种类	接口形式	管内径	总线间隙
钢筋混凝土管	平口、企口	500～600	1.0～5.0
		≥700	7.0～15
	承插接口	600～3000	5.0～1.5

预应力钢筒混凝土管口间最大轴线间隙（mm）　　　表 33-96

管内径	内衬式管（衬筒管）		埋置式管（埋筒管）	
	单胶圈	双胶圈	单胶圈	双胶圈
600～1400	15	—	—	—
1200～1400	—	25	—	—
1200～4000	—	—	25	25

4）管道接口的允许转角应符合表 33-97、表 33-98、表 33-99 的要求。

预（自）应力混凝土管沿曲线安装接口允许转角　　　表 33-97

管材种类	管内径（mm）	允许转角（°）
预应力混凝土管	500～700	1.5
	800～1400	1.0
	1600～3000	0.5
自应力混凝土管	500～800	1.5

预应力钢筒混凝土管沿曲线安装接口的最大允许转角　　　表 33-98

管材种类	管内径（mm）	允许平面转角（°）
预应力钢筒混凝土管	600～1000	1.5
	1200～2000	1.0
	2200～4000	0.5

玻璃钢管沿曲线安装接口允许转角　　　表 33-99

管内径（mm）	允许转角（°）	
	承插式接口	套筒式接口
400～500	1.5	3.0
500～1000	1.0	2.0
1000～1800	1.0	1.0
1800 以上	0.5	0.5

4. 排水管道接口

排水管道种类较多，接口形式多样，应根据设计采用的管材和接口形式确定施工方法。接口形式大致分为刚性、柔性、粘结和电、热熔接口等形式。

（1）钢筋混凝土管

1）钢丝网水泥砂浆抹带接口形式如图 33-64 所示。

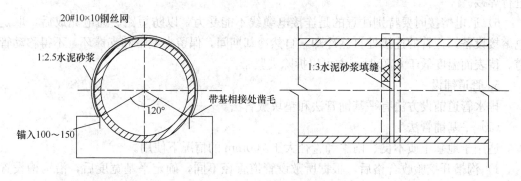

图 33-64　钢丝网水泥砂浆带接口

① 抹带前将管口凿毛，将宽度为 100mm 的铁丝网以管口为中线平分于管口两侧。

② 在浇筑管道混凝土基础时将铁丝网插入混凝土基础 100~150mm 深。

③ 按照图集要求抹带厚度分两次成型后养护。

2）橡胶圈接口形式如图 33-65 所示。

① 接口前先检查橡胶圈是否配套完好，确认橡胶圈安放深度符合要求。

② 接口时，先将承口的内壁清理干净，并在承口内壁及插口橡胶圈上涂润滑剂，然后将承插口端面的中心轴线对齐。

③ 接口合拢后，用倒链拉动管道，使橡胶密封圈正确就位，不扭曲、不脱落。

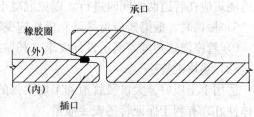

图 33-65　承插管橡胶接口

（2）UPVC 排水管粘结

接口形式见图 33-66。

1）粘结不宜在湿度较大和 5℃ 以下的环境中进行，操作环境应远离火源，防撞击。

2）粘结前应将接口打毛，并将管口清理干净，不得含有污渍。

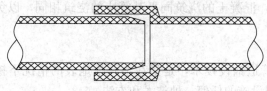

图 33-66　粘结接口

3）用毛刷涂胶粘剂，先涂抹承口后涂抹插口，随即用力垂直插入，插入胶粘时将插口稍作转动，以利于胶粘剂分布均匀。

4）约 30~60s 即可粘结牢固。粘结牢固后立即将溢出的胶粘剂擦拭干净。

（3）HDPE 排水管电熔连接

1）连接前将两根管调整一定的高度后保持一定的水平，顶着管子的两端，尽量使接口处接触严密。

2）用布擦净管道接口处的外侧的泥土、水等。

3）将电热熔焊接带的中心放在连接部位后包紧（有电源接头的在内层）。

4）用紧固带扣紧电热熔焊连接带，使之完全贴合，并用 100mm 宽的胶条填实。

5）连接电熔焊连接带两边的电源接头后，设定电熔机的加热电流与加热时间后即可进行焊接。

6）通电熔接时要特别注意的是连接电缆线不能受力，以防短路。通电完成后，取走电熔接设备，让管的连接处自然冷却。自然冷却期间，保留夹紧带和支撑环，不得移动管道。待表面温度低于60℃时，方可以拆除夹紧带。

5. 管道铺设

排水管道铺设方法有平基铺管法和垫块敷管法。

（1）平基铺管法

适用于地基土质不良、雨季和管径大于700mm的情况下使用。

1）沟槽开挖验收合格后，根据所敷设管道管径不同，确定平基宽度后，沿沟槽设置模板，所支设的模板应便于二次浇筑时的模板搭接。

2）管道平基浇筑的高程不得高于设计高程。

3）混凝土基础浇筑后应注意维护保养，在混凝土强度达到设计强度的50%或抗压强度不小于5MPa时方可下管。

4）下管前平基础表面应清洁，管道铺设后应立刻进行管座的混凝土浇筑工作，混凝土的浇筑应在管道两侧同时进行，以免混凝土将铺设的管道挤偏。

5）振捣时，振捣棒应沿平基和模板拖曳行走，不得碰触管身。

6）管座浇筑角度需满足设计要求，其振捣面应密实，不得有蜂窝、疏松等缺陷。

（2）垫块敷管法

适用于土质好、大口径管道和工期紧张的情况下使用，优点是平基与管座同时浇筑，整体性好，有利于保证管道安装质量。

1）预制与基础强度相同的混凝土垫块，垫块的长度和高度等于基础的宽度和高度。

2）为保证管道稳固，每节管道需要放置两块混凝土垫块。

3）根据每节管道的长度和井点间管道长度，计算并提前布置混凝土垫块的安放位置，管道直接放置与垫块上并对接完毕后应使用砌块等稳住管道，以免管道自垫块上滚落。

4）管道安装一定数量后开始支设模板，混凝土的浇筑同平基管座的浇筑相同，以免发生质量事故。

33.10.2.3　地下管道不开槽法施工

非开挖施工技术又称为水平定向钻进管道铺设技术，是指在不开挖地表的情况下探测、检查、修复、更换和铺设各种地下公用设施的任何一种技术和方法。

与传统的挖槽施工法相比，它不影响交通，不破坏周围环境；施工周期短，综合造价低。

1. 盾构顶管施工法

（1）施工准备工作

1）现场调研

① 掌握所埋设管道的管径、材质及接口形式。

② 勘探所埋设管道沿线5m范围内土质情况，地下水位情况及相关的资料。

③ 全面了解所穿越部位的原有管线情况，并有原有管线施工图纸，必要时探管

核查。

④ 研究现场情况确定顶进井和接收井的位置。

⑤ 制定符合现场实际情况的施工方案。

2）工作坑尺寸确定

工作坑尽量选在管道井室的位置，且便于排水、出土和运输；在地下水位以下顶进时，工作坑要设在管线下游，逆管道坡度方向顶进，有利于管道排水，工作坑宽度计算可按公式（33-2）计算。

$$B = D_1 + S \tag{33-2}$$

式中　B——矩形工作坑的底部宽度（m）；

　　D_1——管道外径（m）；

　　S——操作宽度，可取 2.4～3.2m。

工作坑底长计算可按公式（33-3）计算。

$$L = L_1 + L_2 + L_3 + L_4 + L_5 \tag{33-3}$$

式中　L——矩形工作坑的底部长度（m）；

　　L_1——顶管掘进机长度，当作为管道第一节作为顶管掘进机时，钢筋混凝土管不宜小于 0.3m，钢管不宜小于 0.6m；

　　L_2——管节长度（m）；

　　L_3——输土工作间长度（m）；

　　L_4——千斤顶长度（m）；

　　L_5——后座墙的厚度（m）。

3）后座墙施工

后座墙是顶进管道时为千斤顶提供反作用力的一种结构，也称为后背墙等。后座墙必须保持稳定，一旦后座墙遭到破坏，顶管施工就要停顿。

后座墙的结构形式一般可分为整体式和装配式两类。一般较常采用结构简单、拆装方便的装配式后座墙。

① 装配式后座墙宜采用方木、型钢或钢板等组装，组装后的后座墙应有足够的强度和刚度。

② 后座墙土体壁面应平整，并与管道顶进方向垂直。

③ 装配式后座墙的底端宜在工作坑底以下。

④ 后座墙土体壁面应与后座墙贴紧，有间隙时应采用砂石料填塞密实。

⑤ 组装后座墙的构件在同层内的规格应一致，各层之间的接触应紧贴，并层层固定。

⑥ 顶管工作坑及装配式后座墙的墙面应与管道轴线垂直，其施工允许偏差应符合表33-100规定。

4）导轨的施工

导轨是在基础上安装的轨道，管节在顶进前先安放在导轨上。在顶进管道入土前，导轨承担导向功能，以保证管节按设计高程和方向前进。

由于导轨面标高与管子底的标高是相等的，因此两轨道之间的宽度 B 可以根据公式（33-4）计算。

工作坑及装配式后座墙的允许偏差   表 **33-100**

项　　目		允　许　偏　差
工作坑每侧	宽度	不小于施工设计规定
	长度	
装配式后背墙	垂直度	$0.1\%H$
	水平扭转度	$0.1\%L$

注：1. H 为装配式后墙的高度（mm）；

　　2. L 为装配式后墙的长度（mm）。

$$B=\sqrt{D_0^2-D^2} \tag{33-4}$$

式中　B——基坑导轨两轨间的宽度（m）；

　　　D_0——顶进管道外径（mm）；

　　　D——顶进管道内径（mm）。

导轨形式如图 33-67 所示。

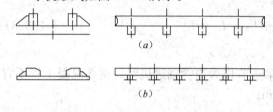

图 33-67　导轨形式

（a）普通导轨；（b）复合导轨

导轨安装应符合下列要求：

① 两导轨应顺直、平行、等高，其坡度应与管道设计坡度一致。当管道坡度＞1%时，导轨可按平坡铺设。

② 导轨安装的允许偏差应为：轴线位置 3mm；顶面高程 0～+3mm；两轨内距 ±2mm。

③ 安装后的导轨必须稳固，在顶进中承受各种负载时不产生位移、不沉降、不变形。

④ 导轨安放前，应先复核管道中心的位置，并应在施工中经常检查校核。

5）顶力计算

顶管施工必须有足够的顶进力才能克服土对顶进管道的摩擦力，为保证设备选型正确，顶进力可按式（33-5）计算。

$$P=f\times r\times D_1\times\left[2H+(2H+D_1)\times\tan^2\left[45°-\frac{g}{2}\right]+\frac{\omega}{r+D_1}\right]\times L+P_s \tag{33-5}$$

式中　P——计算的总顶力（kN）；

　　　r——管道所处顶土层的重力密度（kN/m³）；

　　　D_1——管道外径（mm）；

　　　H——管道顶部以上覆土深度（m）；

　　　g——管道所处土层的内摩擦角；

　　　ω——管道单位长度的自重；

　　　L——管道的计算顶进长度（m）；

　　　f——顶进时，管道表面与其周围土层之间的摩擦系数，见表 33-101；

　　　P_s——顶进时顶管掘进机的迎面阻力（kN）。

顶进管道与其周围土层的摩擦系数 表 33-101

土层类型	湿	干	土层类型	湿	干
黏土、亚黏土	0.2～0.3	0.4～0.5	砂土、亚砂土	0.3～0.4	0.5～0.6

6）顶管设备

顶进设备包括：顶管掘进机、主顶装置（主顶油缸、主顶油泵和操纵台及油管）及顶铁、输土装置、地面起吊设备、注浆系统等组成，如图 33-68 所示。

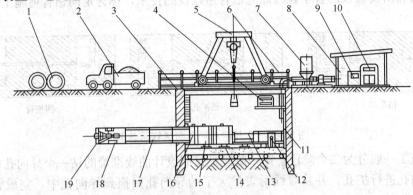

图 33-68　顶进施工示意

1—混凝土管；2—运输车；3—扶手；4—主顶油泵；5—行车；

6—安全扶手；7—润滑注浆系统；8—操纵房；9—配电系统；

10—操纵系统；11—后座；12—测量系统；13—主顶油缸；

14—导轨；15—弧形顶板；16—环形顶板；17—混凝土管；

18—运土车；19—机头

（2）掘土与顶进

1）工作原理

在正常作业前，泥水仓处于密闭状态，以延缓泥水压力泄漏。当泥水旁路切换为大循环时，泥水压力的波动对开挖面的扰动降到最小，待泥水仓中压力稳定后，启动中心轴动力泵站带动中心轴及刀架向前运动，使刀架与刀盘分离，在两者之间形成四条进土间隙，中心轴及刀架伸出带动刀盘的盘体运动，使之与壳体保持一定距离，此时机头即处于待工作状态，启动刀盘驱动电机，通过第一级减速，其输出轴上的小齿轮带动中心轴上的大齿轮最终带动刀盘及刀架，切削土体。

2）施工注意事项

① 在管道顶进的全部过程中，应控制顶管掘进机前进的方向，并应根据测量结果分析偏差产生的原因和发展趋势，确定纠偏的措施。

② 管道顶进过程中，顶管掘进机的中心和高程测量应每顶进 300mm，测量不应少于一次，管道进入土层后正常顶进时，每顶进 1000mm，测量不应少于一次，纠偏时应增加测量次数。

③顶管穿越铁路或公路时，除应遵守顶管施工规范外，还应符合铁路或公路有关技术安全规定。

④ 管道顶进应连续作业。

2. 直接顶进法

管道直接顶进法是将锥形头或管帽安装在管道端部，顶进时将锥形头顶入土内，在土中形成一个大于管径的孔洞，顶进的管道阻力和摩擦力主要来自锥形头，因而管道本身摩擦阻力并不大，此种方法适用于小口径短距离顶入的钢管或铸铁管，工作坑的长短由管道的长度决定，管子的中心位置和高程由管子的导向架控制。

3. 定向钻管道施工法

管道敷设前先顶入钻杆，当钻杆顶入另一端工作坑后，在钻杆上装上扩孔装置回拉扩孔，最后再将所要铺设的管子拉入而完成管道敷设的技术，称为定向钻管道施工法，如图33-69 所示。

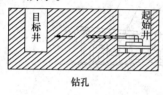 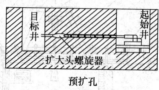 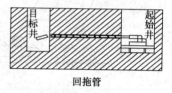

图 33-69 非开挖水平导向铺管示意图

管道施工一般分为二个阶段：第一阶段是按照设计曲线准确的钻一个导向孔；第二阶段是将导向孔进行扩孔，并将管线沿着扩大了的导向孔回拖到导向孔中，完成管线穿越工作。

操作施工注意事项：

（1）根据穿越部位的地质情况，选择合适的钻头和导向板。

（2）钻头在钻机的推力作用下由钻机驱动旋转切削地层，不断前进，每钻完一根钻杆要测量一次钻头的实际位置，以便及时调整钻头的钻进方向，保证所完成的导向孔曲线符合设计要求，如此反复，直到钻头在预定位置出土，完成整个导向孔的钻孔作业。

（3）由于钻出的孔往往小于回拖管线的直径，为了使钻出的孔径达到回拖管线直径的1.3～1.5 倍，需要用扩孔器从出土点拖回入土点，将导向孔扩大至要求的直径。

（4）经过预扩孔，达到了回拖要求之后，将钻杆、扩孔器、回拖活节和被安装管线依次连接好，从出土点开始，再将管线回拖至入土点，管道安装工作即完成，回拖活节详见图 33-70 所示。

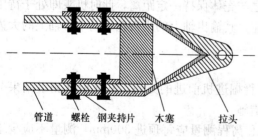

管道 螺栓 钢夹持片 木塞 拉头

图 33-70 回拖活节

33.10.2.4 附属构筑物的施工

1. 检查井、雨水口的砌筑

（1）常用检查井及雨水口

检查井分为圆形井、矩形井、扇形井、跌水井、闸槽井和沉泥井。

雨水口分为平箅式雨水口和立箅式雨水口两种。

圆形井适用于 $D200～1000mm$ 的雨污水管道，分为直筒井和收口井两种。

矩形井适用于 $D800～2000mm$ 的雨水管道，$D800～1500mm$ 的污水管道的三通井、四通井以及分直线井。

扇形井使用于上下游管道角度为 90°、120°、135°、150°的转弯井。

管道跌水水头大于 2m 的必须设置跌水井，跌水水头为 1～2m 的宜设跌水井，跌水井有竖管式、竖槽式和阶梯式三种，管道转弯处不宜设置跌水井。

雨水口井圈表面高程应比该处道路路面低 30mm（立箅式雨水口立算下沿高程应比该处道路路面低 50mm），并与附近路面接顺。当道路为土路时，应在雨水口四周浇筑混凝土路面。

雨水口管及雨水口连接管的敷设、接口、回填等应与雨水管相同，管口与井内墙平。

检查井及雨水口的施工需满足设计及设计指定图集的要求。

（2）井室砌筑要点

1）井底基础与管道基础应同时浇筑。

2）砖砌检查井应随砌随检查尺寸，收口时每次收进不大于 30mm，三面收进时每次不大于 50mm。

3）检查井的流槽宜在井壁砌至管顶以上时砌筑。污水管道流槽高度应与所安管道的管顶平，雨水管道流槽应达到所安管道管径的一半。

4）检查井预留支管应随砌随稳。

5）管道进入检查井的部位应砌拱砖。

6）检查井及雨水井砌筑完毕后应及时浇筑井圈，以便安装井盖。

7）井室内壁及导流槽应做抹面压光处理。

2. 化粪池的砌筑

化粪池的容积、结构尺寸、砌筑材料等均应符合设计或设计指定的图集的要求。

砌筑化粪池所用的材料应有产品的合格证书、产品性能检测报告。块材、水泥、钢筋、外加剂等应有材料主要性能的进场复验报告。

（1）砖砌式化粪池底均应采用厚度不小于 100mm，强度不低于 C25 的混凝土做底板，无地下水的使用素混凝土，有地下水的采用钢筋混凝土。

（2）砌筑用砖及嵌缝抹面砂浆须符合设计要求，严禁使用干砖或含水饱和的砖；抹面砂浆必须是防水砂浆，厚度不得低于 20mm，且应做压光处理。

（3）化粪池进出水口标高要符合设计要求，其允许偏差不得大于 ±15mm。

（4）大容积化粪池砌筑时在墙体中间部位应设置圈梁，以利于结构的稳定性。

（5）化粪池顶盖板应使用钢筋混凝土盖板。

33.10.2.5　管道交叉处理措施

管道施工交叉较为常见，因而后增加管道施工前必须及时了解原有地下管线埋设情况，并在管沟开挖前做好标记，否则若处理不当将会发生严重的事故，严重影响管道施工。

1. 在已建金属管下新建排水管

当新建管道沟槽开挖后遇原有管道后应按设计要求处理，并应通知相关单位确认，管道交叉一般按下列原则处理。

（1）当所交叉的钢管道或铸铁管道的管径不大于 400mm 时，宜在混凝土管道两侧砌筑砖墩支承，如图 33-71 所示。

（2）所挖沟槽较窄时，可用同级配砂石或灰土回填。

（3）砖砌支墩基础压力不应小于地基承载力。

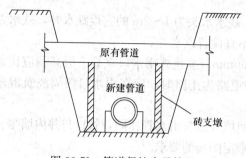

图 33-71　管道保护支承管墩

（4）沟槽回填土时，应分层回填、夯实，回填至已建管道下部时，应用木夯捣实。

2. 排水管道在上、金属管道在下，同期施工

当排水管道与金属管道同期施工，且在金属管道下方敷设时，安装于下方的管道需要加设套管或管廊，如图 33-72 所示。

（1）套管或管廊的净宽不小于管子外径加 300mm。

（2）套管或管廊的长度不宜小于上方排水管道基础宽度加管道交叉高差的 3 倍，且不宜小于基础宽度加 1m。

（3）套管及管廊两段应封堵严密。

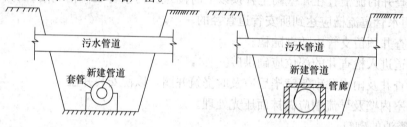

图 33-72　管道交叉保护

3. 在已建电缆管块下铺设排水管道

由于电缆管块每节长度较短，排水管道开挖遇到此管道时需采用吊架或托架及时支撑，以免电缆管块掉落，损伤电缆，如图 33-73 所示。

（1）排水管道施工到此部位时要加快施工进度，缩短管道外露时间。

（2）回填采用回填进行，当回填至电缆块下方 10cm 左右时，浇筑混凝土底板以支撑被扰动的电缆管块。

（3）当所浇筑混凝土强度达到 75%时，方可拆除支撑，回填此管段。

4. 管道敷设高程相同时的处理

施工前需认真熟悉图纸，发现问题提

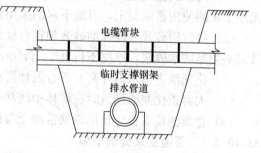

图 33-73　电缆管块保护

前协调修改，以免管道施工后因管线交叉而影响全部的管道安装方案。

若交叉冲突点位不多应参照下列原则施工：

（1）压力管道避让重力流管道。

（2）小口径管道避让大口径管道。

33.10.2.6　沟槽回填

1. 沟槽回填土的要求

（1）槽底至管顶以上 50cm 范围内，不得含有有机物、冻土以及粒径大于 50mm 的砖石等硬块；在抹带接口处，应采用细粒土回填。

（2）机械夯实每层虚土厚度应不大于 300mm，人工夯实每层虚土厚度应不大于 200mm。

（3）井室外围应围绕井室中心对称回填并分层夯实，不得漏夯。路面范围内的井室周围宜用石灰土、砂砾等材料回填并夯实。

（4）管顶敷土厚度小于 0.7m 时，不得采用大、中型机械设备压实，且不得有其他机械设备通行。

2. 回填土的施工要点

（1）采用明沟排水时，应保持排水沟畅通，沟槽内不得有积水；采用井点降低地下水位时，其动水位应保持在槽底以下不小于 0.5m。

（2）需要拌和的回填材料，应在运入槽内前拌和均匀，不得在槽内拌和。

（3）管道两侧和管顶以上 50cm 范围内的回填材料，应由沟槽两侧对称运入槽内，不得直接扔在管道上；回填其他部位时，应均匀运入槽内，不得集中推入。

（4）分段回填压实时，相邻段的接茬应呈阶梯形，且不得漏夯。

3. 沟槽回填土冬期施工

（1）土方必须在不冻的情况下进行回填夯实。

（2）若无未冻土方，管顶 200mm 内可以回填砂或石屑，200mm 以上可以均匀回填含有较小冻块的土方。

（3）土方回填每层的厚度可以小于其他季节。

（4）堆土上的结冰或积雪应在回填前清除，不得填入沟内。

33.10.2.7 室外排水管网分部工程施工质量验收

1. 排水管道安装

（1）管道基础厚度必须符合设计要求，混凝土基础不得出现蜂窝孔洞现象。

（2）管道安装不得进入检查井过长或缩进井壁。

（3）管道砂浆抹带接口不得出现空鼓或开裂，铁丝网搭接长度不得少于 100mm，钢丝网不得外露。

（4）承插口管安装应将插口顺水流方向，承口逆水流方向，由管道下游往上游安装。

（5）主控项目：

1）管道坡度必须符合设计及施工规范要求，严禁无坡或倒坡。

检验方法：水准仪、拉线尺量。

2）管道埋地前应做灌水试验和通水试验，排水应畅通无堵塞，管道接口无渗漏。

检验方法：排水检查井分段试验，试验水头应从试验段上游管顶加 1m，时间不少于 30min，逐段观察。

（6）一般项目：

管道轴线、高程必须敷设设计要求，其安装允许偏差应符合表 33-102 的规定。

2. 排水管沟和井池

（1）排水管沟及井池的土方工程、管沟处理、管道穿井壁处理、回填处理等均应符合规定执行。

（2）各种排水井、池应按设计指定的标注图集施工，其底板均应做混凝土底板，厚度不得小于 100mm。

（3）主控项目

1）沟基的处理和井池底板混凝土强度必须符合要求。

检验方法：查看夯实情况，检查混凝土强度报告。

表 33-102

管道敷设的允许偏差和检验方法

检 查 项 目		允许偏差（mm）		检查数量		检验方法
				范围	点数	
1	水平轴线	无压管道	15	每节管	1 点	经纬仪测量
		压力管道	30			
2	管底高程	$D \leqslant 1000$ 无压管道	±10			水准仪测量
		$D \leqslant 1000$ 压力管道	±30			
		$D > 1000$ 无压管道	±15			
		$D > 1000$ 压力管道	±30			

2）排水检查井、化粪池的底板及进水管的标高必须符合设计要求。

检验方法：水准仪及尺量。

（4）一般项目

1）井池的规格尺寸、位置应正确，砌筑和抹灰需符合要求。

检验方法：观察、尺量。

2）井盖应安装正确，标志明显，标高正确。

检验方法：观察、尺量。

33.11 建 筑 燃 气 系 统

33.11.1 建筑小区燃气管道安装

33.11.1.1 燃气的分类及性质

1. 燃气的分类

燃气是气体燃料的总称，它能燃烧而放出热量，供城市居民和工业企业使用。城镇燃气一般包括天然气、液化石油气和人工煤气。

（1）按工作压力分

城镇燃气管道按燃气设计压力分为 7 级，划分等级见表 33-103。

表 33-103

城镇燃气设计压力（表压）分级表

名称		压力（MPa）
高压燃气管道	A	$2.5 < P \leqslant 4.0$
	B	$1.6 < P \leqslant 2.5$
次高压燃气管道	A	$0.8 < P \leqslant 1.6$
	B	$0.4 < P \leqslant 0.8$
中压燃气管道	A	$0.2 < P \leqslant 0.4$
	B	$0.01 \leqslant P \leqslant 0.2$
低压燃气管道		$P < 0.01$

（2）按用途分

1）长距离输气管道。

2）城镇燃气管道：

① 城镇输气干管；② 用户引入管道；③ 室内燃气管道。

3）工业企业燃气管道。

（3）按敷设方式分

1）地下燃气管道。

2）架空燃气管道。

2. 燃气的性质

（1）易扩散性和易燃易爆。当容器或管道发生泄漏后，燃气会扩散到空气中，和空气混合达到燃爆极限浓度后，遇到明火会发生燃爆。

（2）毒性。燃气中含有一氧化碳、硫化氢等对人体有害的气体。

（3）腐蚀性。一些燃气中含有的杂质如硫化氢等对容器、管道有腐蚀性。

（4）含有水分。人工煤气含有水蒸气，当温度降低时会产生凝结水，使输气不畅，导致用户压力波动和燃烧不稳定。因此，人工煤气管道应设置排除凝水的装置。

33.11.1.2　燃气管道布置与敷设

1. 管道的布置

（1）布置原则

1）地下燃气管道不得从建筑物和大型构筑物的下面穿越（不包括架空的建筑物和大型构筑物）。

① 地下燃气管道与建筑物、构筑物或相邻管道之间的水平和垂直净距，不应小于表 33-104 和表 33-105 的规定。

地下燃气管道与建筑物、构筑物或相邻管道之间的水平净距（m）　　表 33-104

项　　目		地下燃气管道				
		低压	中压		高压	
			B	A	B	A
建筑物	基础	0.7	1.0	1.5	—	—
	外墙面（出地面处）	—	—	—	4.5	6.5
给水管		0.5	0.5	0.5	1.0	1.5
污水、雨水排水管		1.0	1.2	1.2	1.5	2.0
电力电缆（含电车电缆）	直埋	0.5	0.5	0.5	1.0	1.5
	在导管内	1.0	1.0	1.0	1.0	1.5
通信电缆	直埋	0.5	0.5	0.5	1.0	1.5
	在导管内	1.0	1.0	1.0	1.0	1.5
其他燃气管道	$D_n \leqslant 300mm$	0.4	0.4	0.4	0.4	0.4
	$D_n > 300mm$	0.5	0.5	0.5	0.5	0.5
热力管	直埋	1.0	1.0	1.0	1.5	2.0
	在管沟内（至外壁）	1.0	1.5	1.5	2.0	4.0
电杆（塔）的基础	≤35kV	1.0	1.0	1.0	1.0	1.0
	>35kV	2.0	2.0	2.0	5.0	5.0
通讯照明电杆（至电杆中心）		1.0	1.0	1.0	1.0	1.0
铁路路堤坡脚		5.0	5.0	5.0	5.0	5.0
有轨电车钢轨		2.0	2.0	2.0	2.0	2.0
街树（至树中心）		0.75	0.75	0.75	1.2	1.2

地下燃气管道与构筑物或相邻管道之间垂直净距（m）   表 33-105

项　目		地下燃气管道（当有套管时，以套管计）
给水管、排水管或其他燃气管道		0.15
热力管的管沟底（或顶）		0.15
电缆	直埋	0.50
	在导管内	0.15
铁路轨底		1.20
有轨电车轨底		1.00

注：1. 当次高压燃气管道压力与表中数不相同时，可采用直线方程内插法确定水平净距；
　　2. 如受地形限制不能满足时，经与有关部门协商，采取有效的安全防护措施后，表 33-94 和表 33-95 规定的净距，均可适当缩小，但低压管道不应影响建（构）筑物和相邻管道基础的稳固性，中压管道距建筑物基础不应小于 0.5m 且距建筑物外墙面不应小于 1m，次高压燃气管道距建筑物外墙面不应小于 3.0m。其中当对次高压 A 燃气管道采取有效的安全防护措施或当管道壁厚不小于 9.5mm 时，管道距建筑物外墙面不应小于 6.5m；当管壁厚度不小于 11.9mm 时，管道距建筑物外墙面不应小于 3.0m。

②表 33-104 和表 33-105 规定除地下燃气管道与热力管的净距不适于聚乙烯燃气管道和钢骨架聚乙烯塑料复合管外，其他规定均适用于聚乙烯燃气管道和钢骨架聚乙烯塑料复合管道。聚乙烯燃气管道与热力管道的净距应按国家现行标准《聚乙烯燃气管道工程技术规程》CJJ 63 执行。

③地下燃气管道与电杆（塔）基础之间的水平净距，还应满足表 33-106 地下燃气管道与交流电力线接地体的净距规定。

地下燃气管道与交流电力线接地体的净距（m）   表 33-106

电压等级（kV）	10	35	110	220
铁塔或电杆接地体	1	3	5	10
电站或变电所接地体	5	10	15	30

2）地下燃气管道的地基宜为原土层。凡可能引起管道不均匀沉降的地段，其地基应进行处理。

3）地下燃气管道不得在堆积易燃、易爆材料和具有腐蚀性液体的场地下面穿越，并不宜与其他管道或电缆同沟敷设。当需要同沟敷设时，必须采取防护措施。

（2）布置形式

燃气管道布置形式与城市给水管道布置形式相似，根据用气建筑的分布情况和用气特点，室外燃气管网的布置方式有：树枝式、双干线式、辐射式、环状式等形式。

以上四种布置形式都设有放散管，以便在初次通入燃气之前排除干管中的空气，或在修理管道之前排除剩余的燃气。

2. 管道的敷设

（1）地下燃气管道埋设的最小覆土厚度（路面至管顶）应符合下列要求：

1）埋设在车行道下时，不得小于 0.9m；

2）埋设在非车行道（含人行道）下时，不得小于 0.6m；

3）埋设在庭院（指绿化地及载货汽车不能进入之地）内时，不得小于 0.3m；

4）埋设在水田下时，不得小于 0.8m；

5）当采取行之有效的防护措施后，上述规定均可适当降低。

（2）输送湿燃气的燃气管道，应埋设在土壤冰冻线以下。输送湿燃气的管道应采取排水措施，在寒冷地区还应采取保温措施。燃气管道坡向凝水缸的坡度不宜小于 0.003。

（3）地下燃气管道穿过排水管、热力管沟、联合地沟、隧道及其他各种用途沟槽时应将燃气管道敷设于套管内。套管伸出构筑物外壁不应小于燃气管道与该构筑物的水平净距。套管两端应采用柔性的防腐、防水材料密封。

（4）燃气管道穿越铁路、高速公路、电车轨道和城镇主要干道时应符合下列要求：

1）穿越铁路和高速公路的燃气管道，其外应加套管。当燃气管道采用定向钻穿越并取得铁路或高速公路部门同意时，可不加套管；

2）穿越铁路的燃气管道的套管，应符合下列要求：

① 套管埋设深度：铁路轨底至套管顶不应小于 1.20m，并应符合铁路管理部门的要求；

② 套管宜采用钢管或钢筋混凝土管；

③ 套管内径比燃气管道外径大 100mm 以上；

④ 套管两端与燃气管的间隙应采用柔性的防腐、防水材料密封，其一端应装设检漏管；

⑤ 套管端部距路堤坡脚外距离不应小于 2.0m。

3）燃气管道穿越电车轨道和城镇主要干道时宜敷设在套管或地沟内；穿越高速公路燃气管道的套管，穿越电车轨道和城镇主要干道的燃气管道的套管或地沟，应符合下列要求：

① 套管内径应比燃气管道外径大 100mm 以上，套管或地沟两端应密封，在重要地段的套管或地沟端部宜安装检漏管；

② 套管端部距电车道边轨不应小于 2.0m，距道路边缘不应小于 1.0m。

4）燃气管道宜垂直穿越铁路、高速公路、电车轨道和城镇主要干道。

（5）燃气管道通过河流时，可采用穿越河底或采用管桥跨越的形式。当条件许可也可利用道路桥梁跨越河流。并应符合下列要求：

1）利用道路桥梁跨越河流的燃气管道，其管道的输送压力不应大于 0.4MPa；

2）当燃气管道随桥梁敷设或采用管桥跨越河流时，必须采取安全防护措施；

3）燃气管道随桥梁敷设，宜采取如下安全防护措施：

① 敷设于桥梁上的燃气管道应采用加厚的无缝钢管或焊接钢管，尽量减少焊缝，对焊缝进行 100% 无损探伤；

② 跨越通航河流的燃气管底标高，应符合通航净空的要求，管架外侧应设置护桩；

③ 在确定管道位置时，与随桥敷设的其他管道的间距应符合国家现行标准《工业企业煤气安全规程》GB 6222 支架敷管的有关规定；

④ 管道应设置必要的补偿和减震措施；

⑤ 对管道应作较高等级的防腐防护。对于采用阴极保护的埋地钢管与随桥管道之间应设置绝缘装置；

⑥ 跨越河流的燃气管道的支座（架）应采用不燃烧材料制作。

（6）燃气管道穿越河底时，应符合下列要求：

1）燃气管道宜采用钢管；

2）燃气管道至规划河底的覆土厚度，应根据水流冲刷条件确定，对不通航河流不应小于0.5m；对通航的河流不应小于1.0m，还应考虑疏浚和投锚深度；

3）稳管措施应根据计算确定；

4）在埋设燃气管道位置的河流两岸上、下游应设立标志。

（7）穿越或跨越重要河流的燃气管道，在河流两岸均应设置阀门。

（8）在次高压、中压燃气干管上，应设置分段阀门，并在阀门两侧设置放散管。在燃气支管的起点处，应设置阀门。

（9）室外架空的燃气管道，可沿建筑物外墙或支柱敷设。并应符合下列要求：

1）中压和低压燃气管道，可沿建筑耐火等级不低于二级的住宅或公共建筑的外墙敷设；次高压B、中压和低压燃气管道，可沿建筑耐火等级不低于二级的丁、戊类生产厂房的外墙敷设。

2）沿建筑物外墙的燃气管道距住宅或公共建筑物门、窗洞口的净距，中压管道不应小于0.5m，低压管道不应小于0.3m。燃气管道距生产厂房建筑物门、窗洞口的净距不限。

3）架空燃气管道与铁路、道路、其他管线交叉时的垂直净距不应小于表33-107的规定。

架空燃气管道与铁路、道路、其他管线交叉时的垂直净距（m）　　表33-107

建筑物和管线名称		最小垂直净距	
		燃气管道下	燃气管道上
铁路轨顶		6.0	—
城市道路路面		5.5	—
厂区道路路面		5.0	—
人行道路路面		2.2	—
架空电力线，电压	3kV以下	—	1.5
	3~10kV	—	3.0
	35~66 kV	—	4.0
其他管道，管径	≤300mm	同管道直径，但不小于0.10	同左
	>300mm	0.30	0.30

注：1. 厂区内部的燃气管道，在保证安全的情况下，管底至道路路面的垂直净距可取4.5m；管底至铁路轨顶的垂直净距，可取5.5m。在车辆和人行道以外的地区，可在从地面到管底高度不小于0.35m的低支柱上敷设燃气管道；

2. 电气机车铁路除外；

3. 架空电力线与燃气管道的交叉垂直净距尚应考虑导线的最大垂度。

（10）工业企业内燃气管道沿支柱敷设时，尚应符合现行的国家标准《工业企业煤气安全规程》GB 6222的规定。

33.11.1.3　常用管材及附件

1. 常用管材

（1）燃气管道常用的管材有钢管、铸铁管和塑料管等管材。

（2）中压和低压燃气管道宜采用聚乙烯管、机械接口球墨铸铁管、钢管或钢骨架聚乙烯塑料复合管。聚乙烯及其复合管严禁用于地上燃气管道和室外明设燃气管道。

（3）高压、次高压燃气管道应采用钢管。管道附件不得采用螺旋焊缝钢管制作，严禁采用铸铁制作。

2. 燃气管道的特有附件

除常见的阀门、法兰、波纹补偿器等以外，燃气管道还有以下附件：

（1）凝水缸

主要设置在人工煤气管道上。天然气管道因气质干燥，一般不设置凝水缸。用于：

1）收集管道中的冷凝水及冷凝物。

2）中压管道的凝水缸除了具有抽放水的功能外，还承担着初始运行时的放散置换和管道带气作业时的放散降压的作用。

（2）检漏管

检漏管是用来检查燃气管道可能出现的渗漏问题，通常安装在燃气管道检查段最高点。具体设置地点是：

1）重要地段的套管或地沟端部；

2）地质条件不良的地段；

3）不易检查的重要焊缝处。

（3）放散管

要排掉燃气管道内的空气及燃气与空气的混合气体；或者检修时排掉管内残留的燃气时，都要用到放散管，放散管应设置在管路最高点和每个阀门之前，当燃气管道正常运行时，须关闭放散管上的球阀。

（4）盲板、盲板环及盲板支承

盲板环、盲板和盲板支撑应设置在燃气管道的适当部位，以备在管道检修时使用。盲板环平时安装在运行状态的管道中间，而与其配套等厚的盲板平时备用放置在旁边，一旦需要完全切断燃气输送时，就松开螺栓将盲板环取出，并换装上盲板。盲板分承压盲板和不承压盲板，停用或停气检修时，用不承压盲板；在燃气管道运行状态下进行检修时，用承压盲板。盲板环、盲板的安装位置通常在两法兰之间或阀门后面（按气流方向）。盲板支撑是为了便于拆除盲板环和安装盲板时撑开法兰而设置的。

33.11.1.4 室外地下燃气管道安装

地下燃气管道安装方法与室外给水管道、室外热力管道基本相同，本节只阐述室外燃气管道安装特点。

1. 钢管燃气管道安装

（1）地下燃气钢管安装程序

测量放线→沟槽开挖→沟槽检查→管道外防腐→吊装下管→槽下稳管、修口挖工作坑→焊固定口→安装管件与附件→固定口包绝缘层→管道检查→吹扫→强度试验→气密性试验→固定焊口防腐→标志桩埋设→回填。

（2）地下燃气钢管安装要点

1）管道应在沟底标高和管基质量检查合格后，方可安装。

2）管道下沟前，应清除沟内的所有杂物，管沟内积水应抽净。

3）管道下沟宜使用吊装机具，严禁采用抛、滚、撬等破坏防腐层的做法。吊装时应保护管口不受损伤。

4）管道下沟前必须对防腐层进行100%的外观检查，回填前应进行1‰电火花检漏，回填后必须对防腐层完整性进行全线检查。不合格必须返工处理直至合格。

5）穿越铁路、公路、河流及城市道路时，应减少管道环向焊缝的数量。

2. 铸铁管燃气管道安装

输送中、低压燃气时可使用铸铁管，其安装工艺与室外给水铸铁管基本相同。

（1）一般规定

1）球墨铸铁管的安装应配备合适的工具、器械和设备。

2）应使用起重机或其他合适的工具和设备将管道放入沟渠中，不得损坏管材和保护性涂层。当起吊或放下管道的时候，应使用钢丝绳或尼龙吊具。当使用钢丝绳的时候，必须使用衬垫或橡胶套。

3）安装前应对球墨铸铁管及管件进行检查，并应符合下列要求：

① 管材及管件表面不得有裂纹及影响使用的凹凸不平等缺陷。

② 使用橡胶密封圈密封时，其性能必须符合燃气输送介质的使用要求。橡胶圈应光滑、轮廓清晰，不得有影响接口密封的缺陷。

③ 管材及管件的尺寸公差应符合现行国家标准《离心铸造球墨铸铁管》GB 13295 和《球墨铸铁管件》GB 13294 的规定。

（2）管道连接

1）管材连接前，将管材中的异物清理干净。

2）清除管道承、插口端面的铸瘤和多余的涂料等杂物，并整修光滑擦净。

3）在承口密封面、插口端和密封圈上应涂一层润滑剂，将压兰套在管道的插口端，使其延长部分唇缘面向插口端方向，然后将密封圈套在管道的插口端，使胶圈的密封斜面也面向管道的插口方向。

4）将管道的插口端插入到承口内，并紧密、均匀地将密封胶圈按进填密槽内，橡胶圈就位后不得扭曲。连接过程中的承插接口环形间隙应均匀，其值及允许偏差应符合表33-108 的规定。

承插接口环形间隙及允许偏差（mm）

表 33-108

管道公称直径	环 形 间 隙	允 许 偏 差
80~200	10	+3 −2
250~450	11	
500~900	12	+4 −2
1000~1200	13	

5）将压兰推向承口端，压兰的唇缘应靠在密封胶圈上，插入螺栓。

6）应使用扭力扳手拧紧螺栓。拧紧螺栓顺序：底部的螺栓—顶部的螺栓—两边的螺栓—其他对角线的螺栓。拧紧螺栓时应重复上述步骤分几次逐渐拧紧至其规定的扭矩。

7）螺栓宜采用可锻铸铁；当采用钢质螺栓时，必须采取防腐措施。

8）应使用扭力扳手来检查螺栓和螺母的紧固力矩。紧固扭矩符合表33-109 的规定。

（3）球墨铸铁管敷设

1）管道安装就位前，应采用测量工具检查管段的坡度，并应符合设计要求。

2) 管道或管件安装就位时，生产厂的标记宜朝上。

3) 管道最大允许借转角度及距离不应大于表 33-110 的规定。

螺栓和螺母的紧固扭矩　　　　　　　　　表 33-109

管道公称直径（mm）	螺栓规格	扭矩（kgf·mm）
80	M16	6
100～600	M20	10

管道最大允许借转角度及距离　　　　　　表 33-110

管道公称直径（mm）	80～100	150～200	250～300	350～600
平面借转角度（°）	3	2.5	2	1.5
竖直借转角度（°）	1.5	1.25	1	0.75
平面借转距离（mm）	310	260	210	160
竖向借转距离（mm）	150	130	100	80

注：本表适用 6m 长规格的球墨铸铁管，采用其他规格的球墨铸铁管时，可按产品说明书的要求执行。

4) 采用两根相同角度的弯管相接时，借转距离应符合表 33-111 的规定。

弯管借转距离　　　　　　　　　　　　表 33-111

管道公称直径（mm）	借转距离（mm）				
	90°	45°	22°30′	11°15′	1根乙字管
80	592	405	195	124	200
100	592	405	195	124	200
150	742	465	226	124	250
200	943	524	258	162	250
250	995	525	259	162	300
300	1297	585	311	162	300
400	1400	704	343	202	400
500	1604	822	418	242	400
600	1855	941	478	242	—
700	2057	1060	539	243	—

5) 管道敷设时，弯头、三通和固定盲板处均应砌筑永久性支墩。

6) 临时盲板应采用足够的支撑，除设置端墙外，应采用两倍于盲板承压的千斤顶支撑。

3. 聚乙烯燃气管道安装

（1）一般规定

1) 聚乙烯燃气管道不得从建筑物和大型构筑物的下面穿越（不包括架空的建筑物和立交桥等大型构筑物）；不得在堆积易燃、易爆材料和具有腐蚀性液体的场地下面穿越；不得与非燃气管道或电缆同沟敷设。

2) 聚乙烯燃气管道与热力管道之间垂直净距和水平净距不应小于表 33-112、表 33-113 的规定，且燃气管道周围土壤温度不大于 40℃。

聚乙烯燃气管道与热力管道的垂直净距　　　表 33-112

项　目		燃气管道（当有套管时，从套管外径计）（m）
热力管	燃气管在直埋管上方	0.5（加套管）
	燃气管在直埋管下方	1.0（加套管）
	燃气管在管沟上方	0.2（加套管）或 0.4
	燃气管在管沟下方	0.3（加套管）

聚乙烯燃气管道与热力管道的水平净距　　　表 33-113

项　目			地下燃气管道（m）			
			低压	中压		次高压
			B	A		B
热力管	直埋	热水	1.0	1.0	1.0	1.5
		蒸气	2.0	2.0	2.0	3.0
	在管沟内（至外壁）		1.0	1.5	1.5	2.0

3）聚乙烯燃气管道埋设的最小管顶覆土厚度应符合下列规定：

① 埋设在车行道下时，不得小于 0.9m。

② 埋设在非车行道下时，不得小于 0.6m。

③ 埋设在机动车不可能到达的地方时，不得小于 0.5m。

④ 埋设在水田下时，不得小于 0.8m。

4）聚乙烯燃气管道在输送含有冷凝液的燃气时，应埋设在土壤冰冻线以下，并设置凝水缸。管道坡向凝水缸的坡度不宜小于 0.003。

5）聚乙烯燃气管道作引入管，与建筑物外墙或内墙上安装的调压箱相连时，接管出地面，应采取保护和密封措施，不应裸露，且不宜直接引入建筑物内。

6）管道存放和搬运：

① 管材应存放在通风良好的库房或棚内，远离热源，并应有防晒、防雨淋措施。严禁与油类或化学品混合存放，库区应有防火措施。

② 管材应水平堆放在平整的支撑物或地面上。当直管采用分层货架存放时，每层货架高度不宜超过 1m，堆放总高度不宜超过 3m；采用其他方式堆放高度不宜超过 1.5m。

③ 管材搬运时，不得抛、摔、滚、拖；冬季搬运小心轻放。吊装和捆扎、固定都应采用非金属绳（带）。

（2）管道连接

1）当管材存放处与施工现场温差较大时，连接前应将管材在施工现场放置一定时间，使其温度接近施工现场温度。

2）聚乙烯管材的切割应采用专用割刀或切管工具，切割端面应平整、光滑、无毛刺，端面应垂直于管轴线。

3）聚乙烯燃气管材的连接，必须根据不同连接形式选用专用的连接机具，不得采用螺纹连接或粘结。连接时，严禁采用明火加热。

4）聚乙烯燃气管材的连接应采用热熔对接连接或电熔连接（电熔承插连接、电熔鞍形连接）；聚乙烯燃气管道与金属管道或金属附件连接，应采用法兰连接或钢塑转换接头连接；采用法兰连接时宜设置检查井。

5）管道热熔或电熔连接的环境温度宜在 −5～45℃ 范围内。在环境温度低于 −5℃ 或风力大于 5 级的条件下进行热熔或电熔连接操作时，应采取保温、防风措施，并应调整连接工艺；在炎热的夏季进行热熔或电熔连接操作时，应采取遮阳措施。

6）管道热熔或电熔连接时，在冷却期间不得移动连接件或在连接件上施加任何外力。

7）管道连接时，每次收工，管口应采取临时封堵措施。

8）热熔连接

① 根据管材规格，选用相应的夹具，将连接件的连接端伸出夹具，自由长度不应小于公称直径的 10%，移动夹具使连接件端面接触，并较直对应的待连接件，使其在同一轴线上，错边不应大于壁厚的 10%。

② 将聚乙烯管材的连接部位擦净，并铣削连接件端面，使其与轴线垂直。切削平均厚度不宜大于 0.2mm，切削后的熔接面应防止污染。

③连接件的端面应采用热熔对接连接设备加热。

④吸热时间达到工艺要求后，应迅速撤出加热板，检查连接件加热面熔化的均匀性，不得有损伤。在规定的时间内用均匀外力使连接面完全接触，并翻边形成均匀一致的对称凸缘。

9）电熔连接

① 将管材连接部位擦拭干净，测量管件承口长度，并在管材插入端标出插入长度和刮除插入长度加 10mm 的插入段表皮，刮削氧化皮厚度宜为 0.1～0.2mm。

② 钢骨架聚乙烯复合管道和公称直径小于 90mm 的聚乙烯管道，因管材不圆度影响安装时，应用整圆工具对插入端进行整圆。

③ 将管材插入端插入电熔承插管件承口内，至插入长度标记位置，并应检查配合尺寸。

④ 通电前，应较直两对应的连接件，使其在同一轴线上，并应采用专用夹具固定管材。

⑤ 电熔鞍形连接操作应符合下列规定：

a. 应采用机械装置固定干管连接部位的管段，使其保持直线度和圆度。

b. 应将管材连接部位擦拭干净，并宜采用刮刀刮除管材连接部位表皮。

c. 通电前，应将电熔鞍形连接管件用机械装置固定在管材连接部位。

10）法兰连接

① 聚乙烯管端的法兰盘连接应符合下列规定：

a. 应将法兰盘套入待连接的聚乙烯法兰连接件的端部。

b. 按热熔或电熔连接要求，将法兰连接件平口端与聚乙烯管道进行连接。

② 两法兰盘上螺孔应对中，法兰面相互平行，螺栓孔螺栓直径应配套，螺栓规格应一致，螺母应在同一侧；紧固法兰盘上的螺栓应按对称顺序分次均匀紧固，不应强力组装；螺栓拧紧后宜伸出螺母 1～3 丝扣。

③ 法兰密封面、密封件不得有影响密封性能的划痕、凹坑等缺陷，材质应符合输送城镇燃气的要求。

④ 法兰盘、紧固件应经防腐处理，并应符合设计要求。

11）钢塑转换接头连接

① 钢塑转换接头的聚乙烯管端与聚乙烯管道连接应符合上述热熔或电熔连接的规定。

② 钢塑转换接头钢管端与金属管道连接应符合相应的钢管焊接或法兰连接的规定。

③ 钢塑转换接头钢管端与钢管焊接时，在钢塑过渡段应采取降温措施。

④ 钢塑转换接头连接后应对接头进行防腐处理，防腐等级应符合设计要求。

（3）管道敷设

1）聚乙烯管道宜蜿蜒状敷设，并可随地形自然弯曲敷设，管道允许弯曲半径不应小于 25 倍公称直径；当弯曲管段上有承口管件时，管道允许弯曲半径不应小于 25 倍公称直径。

2）钢骨架聚乙烯复合管道宜自然直线敷设。钢丝网骨架聚乙烯复合管道允许弯曲半径应符合表 33-114 的规定，孔网钢带聚乙烯复合管道允许弯曲半径应符合表 33-115 的规定。

钢丝网骨架聚乙烯复合管道
允许弯曲半径（mm）   表 33-114

管道公称直径 DN	允许弯曲半径 R
50≤DN≤150	80DN
150<DN≤300	100DN
300<DN≤500	110DN

孔网钢带聚乙烯复合管
道允许弯曲半径（mm）   表 33-115

管道公称直径 DN	允许弯曲半径 R
50≤DN≤110	150DN
140<DN≤250	250DN
DN≥315	350DN

3）管道在地下水位较高的地区或雨季施工时，应采取降低水位或排水措施，及时清除沟内积水。管道在漂浮状态下严禁回填。

4）管道试压。聚乙烯燃气管道的强度试验压力应为设计压力的 1.5 倍，且最低试验压力应符合下列规定：

① SDR11 聚乙烯管道不应小于 0.40MPa；

② SDR17.6 聚乙烯管道不应小于 0.20MPa；

③ 钢骨架聚乙烯复合管道不应小于 0.40MPa。

试验时应缓慢升压，首先升至试验压力的 50%，进行初检，无泄漏和异常则继续升至试验压力后，稳压 1.0h，观察压力计不应小于 30min，无明显压力降为合格。

5）管道吹扫。

吹扫和试压的介质应采用压缩空气，其温度不宜高于 40℃；压缩机出口端应安装油水分离器和过滤器。

33.11.1.5　燃气管道的试压与吹扫

燃气管道应在系统安装完毕，外观检查合格后，依次进行管道强度试验、严密性试验和吹扫。

1. 管道的试压

（1）强度试验

1）管道进行压力试验前，应核算管道及其支撑结构的强度，必要时应临时加固。试压宜在环境温度 5℃以上进行，否则应采取防冻措施。

2）管道应分段进行压力试验，试验管道分段最大长度宜按表 33-116 执行。

3）强度试验压力和介质应符合表 33-117 的规定。

4）试验管段的焊缝应外露，不得有防腐层。

5）进行强度试验时，压力应逐步缓升，首先升至试验压力的 50%，应进行初检，如无泄漏、异常，继续升压至试验压力，然后稳压 1h 后，观察压力计不应少于 30min，无压力降为合格。可使用肥皂液涂抹焊口、法兰等部位的方法进行外观检查。

管道试压分段最大长度　　　　　　　　　　　表 33-116

设计压力 PN（MPa）	试验管段最大长度（m）	设计压力 PN（MPa）	试验管段最大长度（m）
$PN \leqslant 0.4$	1000	$1.6 < PN \leqslant 4.0$	10000
$0.4 < PN \leqslant 1.6$	5000		

强度试验压力和介质　　　　　　　　　　　表 33-117

管道类型	设计压力 PN（MPa）	试验介质	试验压力（MPa）
钢管	$PN > 0.8$	清洁水	$1.5PN$
	$PN \leqslant 0.8$		$1.5PN$ 且$\not< 0.4$
球墨铸铁管	PN		$1.5PN$ 且$\not< 0.4$
钢骨架聚乙烯复合管	PN	压缩空气	$1.5PN$ 且$\not< 0.4$
聚乙烯管	PN（SDR11）		$1.5PN$ 且$\not< 0.4$
	PN（SDR17.6）		$1.5PN$ 且$\not< 0.2$

6）试压时所发现的缺陷，必须待试验压力降至大气压时后进行处理，处理合格后应重新进行试验。

（2）严密性试验

1）严密性试验在强度试验合格后进行。

2）试验介质宜采用空气，试验压力应满足下列要求：

① 设计压力小于 5kPa 时，试验压力应为 20kPa。

② 设计压力大于或等于 5kPa 时，试验压力应为设计压力的 1.15 倍，且不得小于 0.1MPa。

3）严密性试验稳压的持续时间应为 24h，每小时记录不应少于 1 次，当修正压力降小于 133Pa 为合格。修正压力降应按式（33-6）确定：

$$\Delta P' = (H_1 + B_1) - (H_2 + B_2)(273 + t_1)/(273 + t_2) \tag{33-6}$$

式中　$\Delta P'$——修正压力降（Pa）；

H_1、H_2——试验开始和结束时的压力计读数（Pa）；

B_1、B_2——试验开始和结束时的气压计读数（Pa）；

t_1、t_2——试验开始和结束时的管内介质温度（℃）。

4）所有未参加严密性试验的设备、仪表、管件，应在严密性试验合格后进行复位，然后按设计压力对系统升压，应采用发泡剂检查设备、仪表、管件及其与管道的连接处，不漏为合格。

2. 管道的吹扫

（1）管道吹扫应按下列要求选择气体吹扫或清管球清扫：

1）球墨铸铁管道、聚乙烯管道、钢骨架聚乙烯复合管道和公称直径小于 100mm 或长度小于 100m 的钢质管道，可采用气体吹扫。

2）公称直径大于或等于 100mm 的钢质管道，宜采用清管球进行清扫。

（2）管道吹扫应符合下列要求：

1）吹扫范围内的管道安装工程除补口、涂漆外，已按设计图纸全部完成。

2）管道安装检验合格后，施工单位应在吹扫前编制吹扫方案。

3）应按主管、支管、庭院管的顺序进行吹扫，吹扫出的脏物不得进入已合格的管道。

4）吹扫管段内的调压器、阀门、孔板、过滤网、燃气表等设备不应参与吹扫，待吹扫合格后再安装复位。

5）吹扫口应设在开阔地段并加固，吹扫时应设安全区域，吹扫出口前严禁站人。

6）吹扫压力不得大于管道的设计压力，且不应大于 0.3MPa。

7）吹扫介质宜采用压缩空气，严禁采用氧气和可燃性气体。

8）吹扫合格设备复位后，不得再进行影响管内清洁的其他作业。

（3）气体吹扫应符合下列要求：

1）吹扫气体流速不宜小于 20m/s。

2）吹扫口与地面的夹角应在 30°～45°之间，吹扫口管段与被吹扫管段必须采取平缓过渡对焊，吹扫口直径应符合表 33-118 的规定。

<table>
<tr><td colspan="4" style="text-align:right">吹扫口直径（mm）　　　　　　　　　　　　　　　　表 33-118</td></tr>
<tr><td>末端管道公称直径 DN</td><td>DN<150</td><td>150≤DN≤300</td><td>DN≥350</td></tr>
<tr><td>吹扫口公称直径</td><td>与管道同径</td><td>150</td><td>250</td></tr>
</table>

3）每次吹扫管道的长度不宜超过 500m；当管道长度超过 500m 时，宜分段吹扫。

4）当管道长度在 200m 以上且无其他管段或储气容器可利用时，应在适当部位安装吹扫阀，采取分段储气，轮换吹扫；当管道长度不足 200m，可采用管道自身储气放散的方式吹扫，打压点与放散点应分别设在管道的两端。

5）当目测排气无烟尘时，应在排气口设置白布或涂白漆木靶板检验，5min 内靶上无铁锈、尘土等其他杂物为合格。

（4）清管球清扫应符合下列要求：

1）管道直径必须是同一规格，不同管径的管道应断开分别进行清扫。

2）对影响清管球通过的管件、设施，在清管前应采取必要措施。

3）清管球清扫完成后，用白布或涂白漆木靶板进行检验，如不合格可采用气体再清扫至合格。

3. 燃气管道置换

新建燃气管道投入使用时，往新建管道内输入燃气时将出现混合气体，所以应先进行燃气置换，且必须在严密的安全技术措施保证前提下才可进行置换工作。

（1）置换方法

1）间接置换法是用不活泼的气体（一般用氮气）先将管内空气置换，然后再输入燃气置换。此工艺在置换过程中安全可靠，缺点是费用高昂、顺序繁多，一般很少采用。

2）直接置换法。在新建管道与老管道连通后，即可利用老管道燃气的工作压力直接排放新建管道内的空气，当置换到管道内燃气含量达到合格标准（取样及格）后便可正式投产使用。该工艺操作简便、迅速，但由于在用燃气直接置换管道内空气的过程中，燃气与空气的混合气体随着燃气输入量的增加其浓度可达到爆炸极限，此时在常温及常压下遇到火种就会爆炸。所以从安全角度上严格来讲，新建燃气管道（特别是大口径管道）用燃气直接置换空气方法是不够安全的。但是鉴于施工现场条件限制和节约的原则，如果采取相应的安全措施，用燃气直接置换法是一种既经济又快速的换气工艺。长期实践证明，这种方法基本上属于安全的，目前在新建燃气管道的换气操作上被广泛采用。

（2）置换注意事项

1）在换气时间内杜绝火种，关闭门窗，建立放散点周围 20m 以上的安全区。放散点上空有架空电缆线部位时应将放散管延伸避让。组织消防队伍，确定消防器材现场设置点。

2）换气工作不宜选择在晚间和阴天进行。因阴雨天气压较低，置换过程中放散的燃气不易扩散，故一般选择在天气晴朗的上午为好。风量大的天气虽然能加速气体扩散，但应注意下风向处的安全措施。

3）在换气开始时，燃气的压力不能快速升高。特别对于大口径的中压管道，在开启阀门时应逐渐进行，边开启边观察压力变化情况。因为阀门快速开启容易在置换管道内产生涡流，出现燃气抢先至放散（取样）孔排出，会产生取样"合格"的假象。施工现场阀门启闭应由专人控制并听从指挥的命令。

4. 工程竣工验收资料

（1）工程竣工验收应以批准的设计文件、国家现行有关标准、施工承包合同、工程施工许可文件和本规范为依据。

（2）工程竣工验收的基本条件应符合下列要求：

1）完成工程设计和合同约定的各项内容。

2）施工单位在工程完工后对工程质量自检合格，并提出《工程竣工报告》。

3）工程资料齐全。

4）有施工单位签署的工程质量保修书。

5）监理单位对施工单位的工程质量自检结果予以确认并提出《工程质量评估报告》。

6）工程施工中，工程质量检验合格，检验记录完整。

（3）竣工资料的收集、整理工作应与工程建设过程同步，工程完工后应及时做好整理和移交工作。整体工程竣工资料宜包括下列内容：

1）工程依据文件

① 工程项目建议书、申请报告及审批文件、批准的设计任务书、初步设计、技术设计文件、施工图和其他建设文件；

② 工程项目建设合同文件、招投标文件、设计变更通知单、工程量清单等；

③ 建设工程规划许可证、施工许可证、质量监督注册文件、报建审核书、报建图、竣工测量验收合格证、工程质量评估报告。

2）交工技术文件

① 施工资质证书；

② 图纸会审记录、技术交底记录、工程变更单（图）、施工组织设计等；

③ 开工报告、工程竣工报告、工程保修书等；

④ 重大质量事故分析、处理报告；

⑤ 材料、设备、仪表等的出厂的合格证明，材质书或检验报告；

⑥ 施工记录：焊接记录、管道吹扫记录、强度和严密性试验记录、阀门试验记录、隐蔽工程记录、电气仪表工程的安装调试记录等；

⑦ 竣工图纸：竣工图应反映隐蔽工程、实际安装定位、设计中未包含的项目、燃气管道与其他市政设施特殊处理的位置等。

3）检验合格记录

① 测量记录；

② 隐蔽工程验收记录；

③ 沟槽及回填合格记录；

④ 防腐绝缘合格记录；

⑤ 焊接外观检查记录和无损探伤检查记录；

⑥ 管道吹扫合格记录；

⑦ 强度和严密性试验合格记录；

⑧ 设备安装合格记录；

⑨ 储配与调压各项工程的程序验收及整体验收合格记录；

⑩ 电气、仪表安装测试合格记录；

⑪ 在施工中受检的其他合格记录。

（4）工程竣工验收应由建设单位主持，可按下列程序进行：

1）工程完工后，施工单位按照要求完成验收准备工作后，向监理部门提出验收申请。

2）监理部门对施工单位提交的《工程竣工报告》、竣工资料及其他材料进行初审，合格后提出《工程质量评估报告》，并向建设单位提出验收申请。

3）建设单位组织勘察、设计、监理及施工单位对工程进行验收。

4）验收合格后，各部门签署验收纪要。建设单位及时将竣工资料、文件归档，然后办理工程移交手续。

5）验收不合格时应提出书面意见和整改内容，签发整改通知限期完成。整改完成后重新验收。整改书面意见、整改内容和整改通知编入竣工资料文件中。

（5）工程验收应符合下列要求：

1）审阅验收材料内容，应完整、准确、有效。

2）按照设计、竣工图纸对工程进行现场检查。竣工图真实、准确，路面标志符合要求。

3）工程量符合合同的规定。

4）设施和设备的安装符合设计的要求，无明显的外观质量缺陷，操作可靠，保养完善。

5）对工程质量有争议、投诉和检验多次才合格的项目，应重点验收，必要时可开挖检验、复查。

33.11.1.6　室内燃气管道及设备安装

燃气室内工程所用的管道组成件、设备及有关材料的规格、性能等应符合国家现行有关标准及设计文件的规定，并应有出厂合格文件；燃具、用气设备和计量装置等必须选用经国家主管部门认可的检测机构检测合格的产品，不合格者不得选用。

1. 室内燃气管道安装程序

（1）安装程序

安装准备→引入管安装→干管安装→立管安装→支管安装→气表安装→管道试压→管

道吹扫→防腐、刷油。

（2）作业条件

1）地下管道铺设必须在房心回填土夯实或挖到管底标高后进行，沿管线铺设位置清理干净，立管安装宜在主体结构完成后进行。

2）管道穿墙处已预留孔洞或套管，其洞口尺寸和套管规格符合要求，坐标、标高正确。

3）暗装管道应在管道井和吊顶未封闭前进行，支架安装完毕并符合要求；明装干管的托、吊卡件均已安装牢固，位置正确。

4）立管安装前每层均应有明确的标高线，暗装在竖井内的管道，应先把竖井内的模板及杂物清除干净。

5）支管安装应在墙体砌筑完毕，墙面未装修前进行。

2. 室内燃气管道安装

室内管道安装一般应先安装引入管，后安装干管、立管、水平管、支管等。室内水平管道遇到障碍物，直管不能通过时，可采取煨弯或使用管件绕过障碍物。当两层楼的墙面不在同一平面上时，应采用"来回弯"形式敷设。

（1）一般规定

1）在燃气管道安装过程中，未经原建筑设计单位的书面同意，不得在承重的梁、柱和结构缝上开孔，不得损坏建筑物的结构和防火性能。

2）当燃气管道穿越管沟、建筑物基础、墙和楼板时应符合下列要求：

① 燃气管道必须敷设于套管中，且宜与套管同轴；

② 套管内的燃气管道不得设有任何形式的连接接头（不含纵向或螺旋焊缝及经无损检测合格的焊接接头）；

③ 套管与燃气管道之间的间隙应采用密封性能良好的柔性防腐、防水材料填实，套管与建筑物之间的间隙应用防水材料填实。

3）燃气管道穿过建筑物基础、墙和楼板所设套管的管径不宜小于表 33-119 的规定，高层建筑引入管穿越建筑物基础时，其套管管径应符合设计文件的规定。

燃气管道的套管直径 表 33-119

燃气管直径 （mm）	DN10	DN15	DN20	DN25	DN32	DN40	DN50	DN65	DN80	DN100	DN150
套管直径 （mm）	DN25	DN32	DN40	DN50	DN65	DN65	DN80	DN100	DN125	DN150	DN200

4）燃气管道穿墙套管的两端应与墙面平齐；穿楼板套管的上端宜高于最终形成的地面 50mm，下端应与楼板底齐平。

5）管子的现场弯制除应符合国家现行标准《工业金属管道工程施工及验收规范》GB 50235 的有关规定外，还应符合下列规定：

① 弯制时应使用专用弯管设备或专用方法进行；

② 焊接钢管的纵向焊缝在弯制过程中应位于中性线位置处；

③ 管子外径的比率应符合表 33-120 的规定。

管子最小弯曲半径和最大直径、最小直径的差值与弯管前管子外径的比率 **表 33-120**

	钢管	铜管	不锈钢管	铝塑复合管
最小弯曲半径	$3.5D_0$	$3.5D_0$	$3.5D_0$	$5D_0$
弯管的最大直径与最小直径的差与弯管前管子外径之比率	8%	9%	—	—

注：D_0 为管子的外径。

6) 燃气管道选用：

① 当管子公称尺寸小于或等于 $DN50$，且管道设计压力为低压时，宜采用热镀锌钢管和镀锌管件；

② 当管子公称尺寸大于 $DN50$ 时，宜采用无缝钢管或焊接钢管；

③ 铜管宜采用牌号为 TP2 的铜管及铜管件；当采用暗埋形式敷设时，应采用塑覆铜管或包有绝缘保护材料的铜管；

④ 当采用薄壁不锈钢管时，其厚度不应小于 0.6mm；

⑤ 不锈钢波纹软管的管材及管件的材质应符合国家现行相关标准的规定；

⑥ 薄壁不锈钢管和不锈钢波纹软管用于暗埋形式敷设或穿墙时，应具有外包覆层；

⑦ 当工作压力小于 10kPa，且环境温度不高于 60℃时，可在户内计量装置后使用燃气用铝塑复合管及专用管件。

7) 燃气管道采用的支撑形式宜按表 33-121 选择，高层建筑室内燃气管道的支撑形式应符合设计文件的规定。

燃气管道采用支撑形式 **表 33-121**

公称尺寸	砖砌墙壁	混凝土制墙板	石膏空心墙板	木结构墙	楼板
$DN15\sim DN20$	管卡	管卡	管卡、夹壁管卡	管卡	吊架
$DN25\sim DN40$	管卡、托架	管卡、托架	夹壁管卡	管卡	吊架
$DN50\sim DN65$	管卡、托架	管卡、托架	夹壁托架	管卡、托架	吊架
$>DN65$	托架	托架	不得依敷	托架	吊架

8) 管道支架、托架、吊架、管卡（以下简称支架）的安装应符合下列要求：

① 管道的支架应安装稳定、牢固，支架位置不得影响管道的安装、检修与维护；

② 每个楼层的立管至少应设支架 1 处；

③ 当水平管道上设有阀门时，应在阀门的来气侧 1m 范围内设支架并尽量靠近阀门；

④ 与不锈钢波纹软管、铝塑复合管直接相连的阀门应设有固定底座或管卡；

⑤ 钢管支架的最大间距宜按表 33-122 选择；铜管支架的最大间距宜按表 33-123 选择；薄壁不锈钢管道支架的最大间距宜按表 33-124 选择；不锈钢波纹软管的支架最大间距不宜大于 1m；燃气用铝塑复合管支架的最大间距宜按表 33-125 选择；

⑥ 水平管道转弯处应在以下范围内设置固定托架或管卡座：

a. 钢质管道不应大于 1.0m；

b. 不锈钢波纹软管、铜管道、薄壁不锈钢管道每侧不应大于 0.5m；

c. 铝塑复合管每侧不应大于 0.3m。

⑦支架的结构形式应符合设计要求，排列整齐，支架与管道接触紧密，支架安装牢

固，固定支架应使用金属材料；

钢管支架最大间距 表 33-122

公称直径（mm）	最大间距（m）	公称直径（mm）	最大间距（m）
15	2.5	100	7.0
20	3.0	125	8.0
25	3.5	150	10.0
32	4.0	200	12.0
40	4.5	250	14.5
50	5.0	300	16.5
70	6.0	350	18.5
80	6.5	400	20.5

铜管支架最大间距 表 33-123

外径（mm）	15	18	22	28	35	42	54	67	85
垂直敷设（m）	1.8	1.8	2.4	2.4	3.0	3.0	3.0	3.5	3.5
水平敷设（m）	1.2	1.2	1.8	1.8	2.4	2.4	2.4	3.0	3.0

薄壁不锈钢管支架最大间距 表 33-124

外径（mm）	15	20	25	32	40	50	65	80	100
垂直敷设（m）	2.0	2.5	2.5	2.5	3.0	3.0	3.0	3.0	3.5
水平敷设（m）	1.8	2.0	2.5	2.5	3.0	3.0	3.0	3.0	3.5

燃气用铝塑复合管支架最大间距 表 33-125

外径（mm）	16	18	20	25
垂直敷设（m）	1.2	1.2	1.2	1.8
水平敷设（m）	1.5	1.5	1.5	2.5

⑧ 当管道与支架为不同种类的材质时，二者之间应采用绝缘性能良好的材料进行隔离或采用与管道材料相同的材料进行隔离；隔离薄壁不锈钢管道所使用的非金属材料，其氯离子含量不应大于 50×10^{-6}；

⑨ 支架的涂漆应符合设计要求。

9）室内、外燃气管道的防雷、防静电措施应按设计文件要求进行。室内燃气管道严禁作为接地导体或电极。

10）沿屋面或外墙明敷的室内燃气管道，不得布置在屋面上的檐角、屋檐、屋脊等易受雷击部位。当安装在建筑物的避雷保护范围内时，应每隔 25m 至少与避雷网采用直径不小于 8mm 镀锌圆钢进行连接，焊接部位应采取防腐措施，管道任何部位的接地电阻阻值不得大于 10Ω；当安装在建筑物的避雷保护范围外时，应符合设计文件的规定。

11）在建筑物外敷设燃气管道，当与其他金属管道平行敷设的净距小于 100mm 时，每 30m 之间至少应采用截面积不小于 $6mm^2$ 的铜绞线将燃气管道与平行的管道进行跨接。

12）当屋面管道采用法兰连接时，在连接部位的两端应采用截面积不小于 $6mm^2$ 的金属导线进行跨接；当采用螺纹连接时，应使用金属导线跨接。

13）当燃气管道与其他管道平行敷设时，应敷设在其他管道的外侧。

（2）引入管安装

1）引入管是指连接室内、外燃气管道的一段管道。一般可采用地下引入和地上引入两种方式引入室内。

① 地下引入法如图 33-74 所示。燃气管道由室外直接引入室内，管材采用无缝钢管煨弯，套管可用普通钢管，外墙至室内地面之间的管段采用加强防腐层。引入管室内竖管部分宜靠实体墙固定。

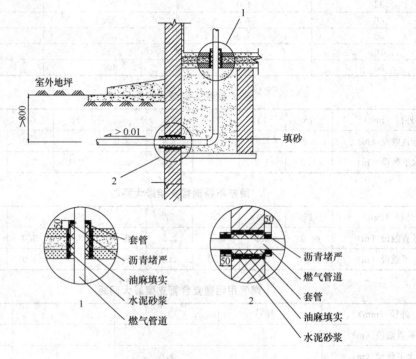

图 33-74　地下引入法

② 地上引入法如图 33-75 所示。适用于北方寒冷地区。管材采用镀锌钢管丝扣方式连接做特加强级防腐，以及填充膨胀珍珠岩保温，砖砌台保护。

a. 引入管升向地面的弯管应符合要求。

b. 引入管与建筑物外墙之间的净距应便于安装和维修，宜为 0.10～0.15m。

c. 引入管上端弯曲处设置的清扫口宜采用焊接连接。

d. 引入管保温层的材料、厚度及结构应符合设计文件的规定，保温层表面应平整，凹凸偏差不宜超过±2mm。

2）在地下室、半地下室、设备层和地上密闭房间及地下车库安装燃气引入管道时应符合设计文件的规定；当设计文件无明确要求时，应符合下列规定：

① 引入管道应使用钢号为 10、20 的无缝钢管或具有同等及同等以上性能的其他金属管材；管道的连接必须采用焊接连接。

② 管道的敷设位置应便于检修，不得影响车辆的正常通行，且应避免被碰撞。

3）输送湿燃气的引入管应坡向室外，其坡度宜大于或等于 0.01。

4）燃气引入管不得敷设在卧室、卫生间、易燃或易爆品的仓库、有腐蚀性介质的房间、发电间、配电间、变电室、不使用燃气的空调机房、通风机房、计算机房、电缆沟、

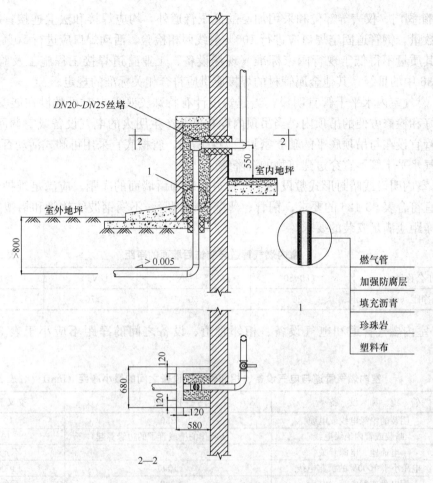

DN20~DN25丝堵

2 2

550

室内地坪

1

室外地坪

>800

> 0.005

燃气管

加强防腐层

填充沥青

珍珠岩

塑料布

1

120

680

120

120

580

2—2

图 33-75 地上引入法

暖气沟、烟道和进风道、垃圾道等地方。

5) 住宅燃气引入管宜设在厨房、走廊、与厨房相连的封闭阳台内（寒冷地区输送湿燃气时阳台应封闭）等便于检修的非居住房间内。当确有困难，可从楼梯间引入（高层建筑除外），但应采用金属管道且引入管阀门宜设在室外。

（3）干管安装

干管安装是从引入管之后或者分支路管开始。安装时，在实际安装的结构位置做标记，按标记分段量出实际安装的准确尺寸，绘制在施工草图上，再按草图进行管段的预制加工，按系统分组编号，码放整齐，准备安装。

1) 燃气水平干管和立管不得穿过易燃易爆品仓库、配电间、变电室、电缆沟、烟道、进风道和电梯井等。

2) 敷设在地下室、半地下室、设备层和地上密闭房间以及竖井、住宅汽车库（不使用燃气，并能设置钢套管的除外）的燃气管道时应符合下列要求：

① 管材、管件及阀门、阀件的公称压力应按提高一个压力等级进行设计；

② 管道宜采用钢号为 10 号、20 号的无缝钢管或具有同等及同等以上性能的其他金属管材；

③ 除阀门、仪表等部位和采用加厚的低压管道外，均应焊接和法兰连接；应尽量减少焊缝数量，钢管道固定焊口应进行100%射线照相检验，活动焊口应进行10%射线照相检验，其质量不得低于现行国家标准《现场设备、工业管道焊接工程施工及验收规范》GB 50236中的Ⅲ级；其他金属管材的焊接质量应符合相关标准的规定。

3）燃气室内水平干管宜明设，当建筑设计有特殊美观要求时可敷设在能安全操作、通风良好和检修方便的吊顶内；当吊顶内设有可能产生明火的电气设备或空调回风管时，燃气干管宜设在与吊顶底平的独立密封∩型管槽内，管槽底宜采用可卸式活动百叶或带孔板。燃气水平干管不宜穿过建筑物的沉降缝。

4）室内明设或暗封形式敷设的燃气管道与装饰后墙面的净距，应满足维护、检查的需要并宜符合表33-126的要求；铜管、薄壁不锈钢管、不锈钢波纹软管和铝塑复合管与墙之间净距应满足安装的要求。

室内燃气管道与装饰后墙面的净距   表 33-126

管子公称尺寸	<DN50	DN25～DN40	DN50	>DN50
与墙净距（mm）	≥30	≥50	≥70	≥90

5）室内燃气管道和电气设备、相邻管道、设备之间的净距不应小于表33-127的规定。

室内燃气管道与电气设备、相邻管道、设备之间的最小净距（mm）   表 33-127

管 道 和 设 备		平 行 敷 设	交 叉 敷 设
电气设备	明装的绝缘电线或电缆	250	100
	暗装或管内绝缘电线	5（从所作的槽或管子的边缘算起）	10
	电插座、电源开关	150	不允许
	电压小于1000V的裸露电线	1000	1000
	配电盘或配电箱、电表	300	不允许
相邻管道		应保证燃气管道、相邻管道的安装、检查和维修	2
燃具		主立管与燃具水平净距不应小于300mm；灶前管与燃具水平净距不得小于200mm；当燃气管道在燃具上方通过，应位于抽油烟机上方，且与燃具的垂直净距应大于1000mm	

注：1. 当明装电线加绝缘套管且套管的两端各伸出燃气管道1000mm时，套管与燃气管道的交叉净距可降至10mm；

2. 当布置确有困难时，采取有效措施后可适当减小净距；

3. 灶前管不含铝塑复合管。

（4）立管安装

1）立管安装应垂直，每层偏差不应大于3mm/m且全长不大于20mm。当因上层与下层墙壁壁厚不同而无法垂于一线时，宜做乙字弯进行安装。当燃气管道垂直交叉敷设时，大管宜置于小管外侧。

2）先核对各层预留孔洞位置是否垂直，吊线、剔眼、栽卡子。将预制好的管道按编号顺序运到安装地点。

3）安装前先卸下阀门盖，有钢套管的先穿到管上，按编号从第一节开始安装。涂铅油缠麻丝，将立管对准接口转动入口，拧到松紧适度，对准调直标记要求，丝扣外露2～

3 扣，预留口子正为止，并清净麻头。

4）检查立管的每个预留口标高、方向等是否准确、平整。将事先栽好的管卡子松开，把管放入卡内拧紧螺栓，用吊杆、线坠从第一节开始找好垂直度，扶正钢套管，最后配合土建填堵好孔洞，预留口必须加好临时丝堵。立管阀门安装朝向应便于操作和修理。

5）燃气管道穿越楼板的孔洞宜从最高层向下钻孔，逐层以重锤垂直确定下层孔洞位置；因上层与下层墙壁壁厚不同而无法垂于一线时，宜作乙字弯使之靠墙避免用管件转向。

6）燃气立管一般敷设在厨房内或楼梯间。当室内立管管径不大于 50mm 时，一般每隔一层楼装设一个活接头，位置距地面不小于 1.2m。遇有阀门时，必须装设活接头，活接头的位置应设在阀门后边。管径大于 50mm 的管道上可不设活接头。

7）燃气立管不得敷设在卧室或卫生间内。立管穿过通风不良的吊顶时应设在套管内。

8）室内立管宜明设，当设在便于安装和检修的管道竖井内时，应符合下列要求：

① 燃气立管可与空气、惰性气体、上下水、热力管道等设在一个公用竖井内，但不得与电线、电气设备或氧气管、进风管、回风管、排气管、排烟管、垃圾道等共用一个竖井；

② 竖井内的燃气管道尽量不设或少设阀门等附件。竖井内燃气管道的最高压力不得大于 0.2MPa；燃气管道应涂黄色防腐识别漆；

③ 竖井应每隔 2~3 层做相当于楼板耐火极限的不燃烧体进行防火分隔，且应设法保证平时竖井内自然通风和火灾时防止产生"烟囱"作用的措施；

④ 每隔 4~5 层设一燃气浓度检测报警器，上、下两个报警器的高度差不应大于 20m；

⑤ 管道竖井墙体为耐火极限不低于 1.0h 的不燃烧体，井壁上的检查门采用丙级防火门。

9）高层建筑的燃气立管应有承受自重和热伸缩推立的固定支架和活动支架。

（5）支管安装

1）检查煤气表安装位置及立管预留口是否准确。量出支管尺寸和灯叉弯的大小，管道与墙面的净距为 30~50mm，水平管应保持 0.1%~0.3% 的坡度，坡向燃具。

2）安装支管，按量出支管的尺寸，然后断管、套丝、煨弯和调直。将灯叉弯或短管两头缠聚四氟乙烯胶带，装好活接头，接煤气表。

3）用钢尺、水平尺、线坠校对支管的坡度和平行距墙尺寸，并复查立管及燃气表有无移动，合格后用支管替换下燃气表。按设计或规范规定压力进行系统试压及吹洗，吹洗合格后在交工前拆下连接管，安装燃气表。合格后办理验收手续。

（6）阀门安装

室内燃气管道宜采用球阀，在下列部位应设置阀门：

1）燃气引入管；

2）调压器前和燃气表前；

3）燃气用具前；

4）测压计前；

5）放散管起点。

（7）室内燃气管道试验

1）强度试验

① 试验范围：

a. 明管敷设时，居民用户应为引入管阀门至燃气计量表前阀门之间的管道；暗埋或暗封敷设时，居民用户应为引入管阀门至燃具接入管阀门（含阀门）之间的管道；

b. 工业企业和商业用户应为引入管阀门至燃具接入管阀门（含阀门）之间的管道（含暗埋或暗封的燃气管道）。

② 试验压力：试验压力应为设计压力的 1.5 倍且不得低于为 0.1MPa。试验介质应采用空气或氮气。

a. 在低压燃气管道系统达到试验压力时，稳压不少于 0.5h 后，用发泡剂检查所有接头，无渗漏、压力表无压力降为合格；

b. 在中压燃气管道系统达到试验压力时，稳压不少于 0.5h 后，用发泡剂检查所有接头，无渗漏、压力表无压力降为合格；或稳压不少于 1h，观察压力表，无压力降为合格；

c. 当中压以上燃气管道系统进行强度试验时，应在达到试验压力的 50% 时停止不少于 15min，用发泡剂检查所有接头，无渗漏后方可继续缓慢升压至试验压力并稳压不少于 1h 后，压力表无压力降为合格。

2）严密性试验

严密性试验范围为引入管阀门至燃具前阀门之间的管道。通气前要对燃具前阀门至燃具之间的管道进行检查。严密性试验应在强度试验合格之后进行。

① 低压管道试验压力应为设计压力且不得低于 5kPa。在试验压力下，居民用户稳压不少于 15min，商业和工业企业用户稳压不少于 30min，并用发泡剂检查全部连接点，无渗漏、压力表无压力降为合格。

当试验系统中有不锈钢波纹软管、覆塑铜管、铝塑复合管、耐油胶管时，在试验压力下的稳压时间不宜小于 1h，除对各密封点检查外，还应对外包覆层端面是否有渗漏现象进行检查。

② 中压以上管道的试验压力应为设计压力且不得低于 0.1MPa，在试验压力下稳压不得少于 2h，用发泡剂检查全部连接点，无渗漏、压力表无压力降为合格。

③ 低压燃气管道严密性试验应采用 U 形压力计。

3. 室内燃气设备安装

家用燃具安装应符合现行行业标准《家用燃气燃烧器具安装及验收规程》CJJ12 规定。

（1）燃气表安装

1）宜安装在不燃或难燃结构的室内通风良好和便于查表、检修的地方。

2）严禁安装在下列场所：

① 卧室、卫生间、更衣室内；

② 有电源、电器开关及其他电器设备的管道井内，或有可能滞留泄漏燃气的隐蔽场所；

③ 环境温度高于 45℃ 的地方；

④ 经常潮湿的地方；

⑤ 堆放易燃易爆、易腐蚀或有放射性物质等危险的地方；

⑥ 有变、配电等电器设备的地方；

⑦ 有明显振动影响的地方；

⑧ 高层建筑中的避难层及安全疏散楼梯间内。

3) 燃气计量表与燃具、电气设施的最小水平净距应符合表 33-128 的要求。

燃气计量表与燃具、电气设施之间的最小水平净距（mm）　　　　表 33-128

名称	与燃气计量表的最小水平净距
相邻管道、燃气管道	便于安装、检查及维修
家用燃气灶具	300（表高位安装时）
热水器	300
电压小于 1000V 的裸露电线	1000
配电盘或配电箱、电表	500
电源插座、电源开关	200
燃气计量表	便于安装、检查及维修

① 燃气计量表安装后应横平竖直，不得倾斜；

② 燃气计量表应使用专用的表连接件安装；

③ 燃气计量表宜加有效的固定支架。

4) 商业及工业企业燃气计量表安装应符合下列要求：

① 最大流量小于 65m³/h 的膜式燃气计量表，采用高位安装时，表后距墙净距不宜小于 30mm，并应加表托固定；采用低位安装时，应平稳地安装在高度不小于 200mm 的砖砌支墩或钢支架上，表后距墙净距不应小于 30mm。

② 最大流量大于或等于 65m³/h 的膜式燃气计量表，应平正地安装在高度不小于 200mm 的砖砌支墩或钢支架上，表后距墙净距不宜小于 150mm；腰轮表、涡轮表和旋进旋涡表的安装场所、位置、前后直管段及标高应符合设计文件的规定，并应按产品标识的指向安装。

(2) 燃气灶具安装

1) 燃气灶具与墙面的净距不得低于 100mm。当墙面为可燃或难燃材料时，应加防火隔热板。

2) 燃气灶具的灶面边缘和烤箱的侧壁距木质家具的净距不得小于 200mm，当达不到时，应加防火隔热板。

3) 放置燃气灶的灶台应采用不燃材料，当采用难燃材料时，应加防火隔热板。

4) 商业用气设备的安装应符合下列规定：

① 用气设备之间的净距应满足设计文件、操作和检修的要求；

② 用气设备前宜有宽度不小于 1.5m 的通道；

③ 用气设备与可燃的墙壁、地板和家具之间应按设计文件要求作耐火隔热层，当设计文件无规定时，其厚度不宜小于 1.5mm，隔热层与可燃的墙壁、地板和家具之间的间距宜大于 50mm。

(3) 燃气热水器安装

1) 燃气热水器应安装通风良好的非居住房间、过道或阳台内；

2) 有外墙的卫生间内，可安装密闭式热水器，但不得安装其他类型热水器；

3）装有半密闭式热水器的房间，房间门或墙的下部应设有效截面积不小于 0.02m²的格栅，或在门与地面之间留有不小于 30mm 的间隙；

4）房间净高宜大于 2.4m；

5）可燃或难燃的墙壁或地板上安装热水器时，应采取有效的防火隔热措施；

6）热水器的给排气筒宜采用金属管道连接。

7）商业用沸水器的安装应符合下列规定：

① 安装沸水器的房间应按设计文件检查通风系统；

② 沸水器应采用单独烟道；当使用公共烟囱时，应设防止串烟装置，烟囱应高出屋顶 1m 以上，并应安装防止倒风的装置，其结构应合理；

③ 沸水器与墙净距不宜小于 0.5m，沸水器顶部距屋顶的净距不应小于 0.6m；

④ 当安装两台或两台以上沸水器时，沸水器之间净距不宜小于 0.5m。

33.11.1.7 燃气分部工程施工质量验收

（1）施工单位在工程完工自检合格的基础上，监理单位应组织进行预验收。预验收合格后，施工单位应向建设单位提交竣工报告并申请进行竣工验收。建设单位应组织有关部门进行竣工验收。

（2）工程竣工验收应包括下列内容：

1）工程的各参建单位向验收组汇报工程实施的情况；

2）验收组应对工程实体质量（功能性试验）进行抽查；

3）对施工文件进行抽查；

4）签署工程质量验收文件。

（3）工程竣工验收前应具有下列文件：

1）设计文件；

2）设备、管道组成件、主要材料的合格证、检定证书或质量证明书；

3）施工安装技术文件记录、焊工资格备案、阀门试验记录、射线探伤检验报告、超声波试验报告、隐蔽工程记录、燃气管道安装工程检查记录、室内燃气系统压力试验记录；

4）质量事故处理记录；

5）城镇燃气工程质量验收记录；

6）其他相关记录。

33.11.2   管道防腐、保温与标识

33.11.2.1   管道防腐

1. 一般规定

（1）室内明设钢管、暗封形式敷设的钢管及其管道附件连接部位的涂漆，应在检查、试压合格后进行。

（2）非镀锌钢管、管件表面除锈应符合现行国家标准《涂装前钢材表面锈蚀等级和除锈等级》GB 8923 中规定的不低于 St2 级的要求。

（3）钢管及管道附件涂漆要求：

1）非镀锌钢管：应刷两道防锈底漆、两道面漆；

2）镀锌钢管：应刷两道面漆；

3）面漆颜色应符合设计的规定；当设计文件未明确规定时，燃气管道宜为黄色；

4）涂层厚度、颜色应均匀。

2. 室外地下燃气钢管的防腐

钢管在土壤中的腐蚀过程主要是电化学溶解过程，由于形成了腐蚀电池从而导致管道的锈蚀穿孔。燃气管道一旦蚀穿漏气会造成起火、爆炸，往往会导致重大人身伤亡和财产损失。因此，城镇燃气埋地钢质管道必须采用防腐层进行外保护。涂层保护埋地敷设的钢质燃气干管宜同时采用阴极保护。

（1）管道的防腐绝缘层的基本要求

1）与钢管的粘结性好，保持连续完整；

2）电绝缘性能好，对击穿电压有足够的耐压强度和足够的电阻率；

3）具有良好的防水性和化学稳定性；

4）能抗生物侵蚀，有足够的机械强度、韧性及塑性；

5）材料来源充足，价格低廉，便于机械化施工；

6）涂层易于修补。

（2）钢管防腐绝缘层种类

埋地钢管所采用的防腐绝缘层种类很多，有沥青绝缘层、煤焦油沥青绝缘层、聚氯乙烯包扎带、塑料薄膜涂层等等。沥青是以前应用最多和效果较好的防腐材料，但塑料绝缘层在强度、弹性、受撞击、粘结力、化学稳定性、防水性和电绝缘性等方面，均优于沥青绝缘体，所以目前在我国大量应用聚乙烯胶粘带防腐层、聚乙烯防腐层等进行防腐。

1）石油沥青防腐层

① 材料：

a. 沥青底漆。它的作用是增加沥青与钢管表面的粘结力。底漆用的石油沥青应与面漆用的石油沥青标号相同，底漆配制时石油沥青与汽油的体积比（汽油相对密度为 0.80～0.82）应为 1：2～3。

b. 石油沥青。在金属管道防腐方面，我国都采用石油建筑沥青 30 号甲、30 号乙和 10 号，或专用沥青 1 号、2 号和 3 号。其质量符合《建筑石油沥青》（GB494）的有关规定。

c. 玻璃布。为网状平纹布，是在绝缘之间起加强作用的包扎材料，以增强绝缘层的强度，起骨架的作用。其布纹两边宜为独边。

d. 外包保护层。通常采用聚氯乙烯工业膜，其耐寒性能要求在零下 30 度时不脆裂，耐热温度为 70 度时强度不会降低。厚度为 0.20mm，用于外包扎层，即可防腐，又可起保护沥青层的作用，使预制绝缘层的钢管在运输、入沟、安装和回填土时，其绝缘层免遭损坏。

② 石油沥青防腐层施工要点：

a. 石油沥青防腐层等级及结构应符合表 33-129 的要求。

b. 钢管除锈。清除钢管表面的焊渣、毛刺、油污和铁锈等附着物，露出金属本色。

c. 底漆涂刷。严禁用含铅汽油调制底漆，配制底漆用的汽油应沉淀脱水，底漆涂刷应均匀，不得漏涂，不得有凝块和流痕等缺陷，厚度应为 0.1～0.2mm。

石油沥青防腐层等级及结构   表 33-129

防腐等级	防腐层结构	总厚度（mm）	每层沥青厚度
普通级（三油三布）	底漆—石油沥青—玻璃布—石油沥青—玻璃布—石油沥青—外保护层	≥4.0	第一道石油沥青厚度≥1.5mm，其余每道宜在 1.0～1.5mm 之间
加强级（四油四布）	底漆—石油沥青—玻璃布—石油沥青—玻璃布—石油沥青—玻璃布—石油沥青—外保护层	≥5.5	
特加强级（五油五布）	底漆—石油沥青—玻璃布—石油沥青—玻璃布—石油沥青—玻璃布—石油沥青—玻璃布—石油沥青—外保护层	≥7.0	

d. 沥青熬制。熬制开始时缓慢加热，温度控制在 230℃左右，最高不超过 250℃。熬制中经常搅拌，清除表面上的漂浮物。熬制时间控制在 4～5h，确保脱水完全。

e. 沥青涂刷。底漆干后即可涂刷热沥青，涂刷时保持厚度均匀。管子两端应按管径大小预留出一段不涂石油沥青，管端预留段的长度为 150～200mm。

f. 玻璃布包扎。涂刷热沥青后立即缠绕玻璃布，玻璃布应干燥、清洁。缠绕时应紧密无褶皱，压边均匀，压边宽度为 20～30mm，搭接长度为 100～150mm，玻璃布的石油沥青浸透率应达到 95％以上，严禁出现大于 50mm×50mm 的空白。

g. 外包保护层。外保护层包扎应松紧适宜，无破损、皱褶、脱壳现象，压边宽度为20～30mm，搭接长度为 100～150mm。

③ 石油沥青防腐层的质量检查：

a. 外观。用目测法逐根检查防腐层的外观质量，表面应平整，无明显气泡、麻面、皱纹、凸痕等缺陷。

b. 厚度。用防腐层测厚仪检测，厚度符合表 33-129 的规定。

c. 粘结力。在防腐层上切一夹角为 45°～60°的切口，切口边长约为 40～50 mm，从角尖端撕开防腐层，撕开面积宜为 300～500mm²。防腐层应不易撕开，且撕开后粘附在钢管表面上的第一层石油沥青或底漆占撕开面积的 100％为合格。

d. 涂层连续完整性。按《管道防腐层检漏试验方法》SY0063 中方法 B 的规定，采用高压电火花检漏仪对防腐管逐根进行检查，其检漏电压应符合表 33-130 的规定。

检漏电压   表 33-130

防腐等级	普通级	加强级	特加强级
检漏电压（kV）	16	18	20

e. 补口与补伤。管道对接焊缝经外观检查、无损检测合格后，应进行补口。应使用与管本体相同的防腐材料、防腐等级及结构进行补口、补伤。玻璃布之间、外包保护层之间的搭接宽度应大于 50mm。当损伤面积小于 100mm² 时，可直接用石油沥青修补。

2）环氧煤沥青防腐层

环氧沥青防腐涂料由环氧树脂、煤焦油沥青、颜料、填料、溶剂及固化剂等组成，具有漆膜坚硬、耐磨、对底材有极好的附着力、耐水性好、抗微生物侵蚀性好等特点，并具有良好的耐化学药品性能以及一定的绝缘性能。可按设计配方由厂家配套供货。

① 材料：

a. 环氧煤沥青涂料。是甲、乙双组分涂料，由底漆的甲组分加乙组分（固化剂）、面漆的甲组分加乙组分（固化剂）组成，并和相应的稀释剂配套使用。

b. 玻璃布。采用玻璃布作防腐层加强基布时，宜选用经纬密度为（10×10）根/cm²、厚度为 0.10～0.12mm、中碱（碱量不超过 12%）、无捻、平纹、两边封边带芯轴的玻璃布卷。

c. 底漆、面漆、固化剂、稀释剂四种配套材料应由同一生产厂供应。

d. 四种配套材料应有厂名、出厂日期、存放期限等内容完整的商品标志、产品使用说明书及质量合格书，否则应拒收。

② 环氧煤沥青防腐层施工要点：

a. 环氧煤沥青防腐层等级及结构应符合表 33-131 的规定。

环氧煤沥青防腐层等级及结构   表 33-131

等级	结构	干膜厚度（mm）
普通级	底漆—面漆—面漆—面漆	≥0.30
加强级	底漆—面漆—面漆、玻璃布、面漆—面漆	≥0.40
特加强级	底漆—面漆—面漆、玻璃布、面漆—面漆、玻璃布、面漆—面漆	≥0.60

注："面漆、玻璃布、面漆"应连续涂敷，也可用一层浸满面漆的玻璃布代替。

b. 钢管除锈。钢管表面应干净无灰尘，无焊瘤、棱角及毛刺。

c. 涂料配制。由专人按产品使用说明书所规定的比例往漆料中加入固化剂，并搅拌均匀。使用前应静置熟化 15～30min，熟化时间视温度的高低而缩短或延长。

d. 底漆涂刷。钢管表面预处理合格后应尽快涂底漆。涂敷均匀无漏涂、无气泡和凝块。

e. 打腻子。在底漆表干后，对高于钢管表面 2mm 的焊缝两侧，应抹腻子使其形成平滑过渡面。腻子由配好固化剂的面漆加入滑石粉调匀制成，调制时不能加入稀释剂，调好的腻子宜在 4h 内用完。

f. 涂面漆和缠玻璃布。底漆或腻子表干后、固化前涂第一道面漆。涂刷均匀无漏涂。

每道面漆实干后、固化前涂下一道面漆，直至达到规定层数。加强级防腐层，第一道面漆实干后、固化前涂第二道面漆，随即缠绕玻璃布。玻璃布要拉紧、表面平整、无皱褶和鼓包，压边宽度为 20～25mm，布头搭接长度为 100～150mm。玻璃布缠绕后即涂第三道漆，要求漆量饱满，玻璃布所有网眼应灌满涂料。第三道面漆实干后，涂第四道面漆。

也可用浸满面漆的玻璃布进行缠绕，代替第二道面漆、玻璃布和第三道面漆，待其实干后，涂第四道面漆。

特加强级防腐层涂面漆和缠玻璃布依此类推。

g. 涂敷好的防腐层，宜静置自然固化。防腐层的干性检查：

表干——手指轻触防腐层不粘手或虽发黏，但无漆粘在手指上；

实干——手指用力推防腐层不移动；

固化——手指甲用力刻防腐层不留痕迹。

③ 环氧煤沥青防腐层的质量检查：

a. 外观。应逐根目测检查。无玻璃布的普通级防腐层，漆膜表面应平整、光滑，对缺陷处应在固化前补涂面漆至符合要求。有玻璃布的加强级和特加强级防腐层，要求表面平整、无空鼓和皱褶，压边和搭边粘结紧密。

b. 厚度。用磁性测厚仪抽查，对厚度不合格防腐管，应在涂层未固化前修补至合格。

c. 漏点检查。应采用电火花检漏仪对防腐管逐根进行漏点检查，以无漏点为合格。检漏电压为：普通级 2000V；加强级 2500V；特加强级 3000V。也可设定检漏探头发生的火花长度至少是防腐层设计厚度的 2 倍。在连续检测时，检漏电压或火花长度应每 4h 校正一次。检查时探头应接触防腐层表面，以约 0.2m/s 的速度移动。漏点应补涂，将漏点周围约 50mm 范围内的防腐层用砂轮或砂纸打毛，然后涂刷面漆至符合要求，固化后应再次进行漏点检查。

d. 粘结力检查：

(a) 普通级防腐层应符合下列规定：

用锋利刀刃垂直划透防腐层，形成边长约 40mm、夹角约 45°的 V 形切口，用刀尖从切割线交点挑剥切口内的防腐层，符合下列条件之一认为防腐层粘结力合格：

a) 实干后只能在刀尖作用处被局部挑起，其他部位的防腐层应和钢管粘结良好，不出现成片挑起或层间剥离的情况；

b) 固化后很难将防腐层挑起，挑起处的防腐层呈脆性点状断裂，不出现成片挑起或层间剥离的情况。

(b) 加强级和特加强级防腐层应符合下列规定：

用锋利刀刃垂直划透防腐层，形成边长约 100mm、夹角约 45°~60°的 V 形切口，从切口尖端撕开玻璃布，符合下列条件之一认为防腐层粘结力合格：

a) 实干后的防腐层，撕开面积约 500mm²，撕开处应不露铁，底漆与面漆普遍粘结；

b) 固化后的防腐层，只能撕裂，且破坏处不露铁，底漆与面漆普遍粘结。

粘结力不合格的防腐管，不允许补涂处理，应铲掉全部防腐层重新施工。

e. 补口与补伤。应使用与管本体相同的防腐材料、防腐等级及结构进行补口、补伤。

3) 聚乙烯防腐层

聚乙烯防腐层一般在工厂使用专用的塑料挤出机，将聚乙烯粒料加热熔融，然后挤向经过清除并被加热至 160~180℃的钢管表面，涂层冷却后聚乙烯膜牢固地粘附在管壁上。

① 材料：

挤压聚乙烯防腐层分二层结构和三层结构两种。二层结构的底层为胶粘剂，外层为聚乙烯；三层结构的底层为环氧粉末涂料，中间层为胶粘剂，外层为聚乙烯。

② 挤压聚乙烯防腐层质量检验：

a. 防腐层外观采用目测法逐根检查。聚乙烯层表面应平滑，无暗泡、麻点、皱折、裂纹，色泽应均匀。管端预留长度应为 100~150mm，且聚乙烯层端面应形成小于或等于30°的倒角。

b. 防腐层的漏点采用在线电火花检漏仪检查，检漏电压为 25kV，无漏点为合格。单管有两个或两个以下漏点时，可按规定进行修补；单管有两个以上漏点或单个漏点沿轴向尺寸大于 300mm 时，该管为不合格。

c. 采用磁性测厚仪测量钢管圆周方向均匀分布的四点的防腐层厚度，结果应符合表 33-132 的规定，每 4h 至少在两个温度下各抽测一次。

防腐层的厚度 表 33-132

钢管公称直径 DN（mm）	环氧粉末涂层（μm）	胶粘剂层（μm）	防腐层最小厚度（mm）	
DN≤100	≥80	170~250	1.8	2.5
100<DN≤250			2.0	2.7
250<DN<500			2.2	2.9
500≤DN<800			2.5	3.2
DN≥800			3.0	3.7

③ 挤压聚乙烯防腐管的存放：

a. 挤压聚乙烯防腐管的吊装应采用尼龙带或其他不损坏防腐层的吊具。

b. 堆放时，防腐管底部应采用两道或以上支垫垫起，支垫间距为 4~8m，支垫最小宽度为 100mm，防腐管离地面不得少于 100mm，支垫与防腐管及防腐管相互之间应垫上柔性隔离物。运输时，宜使用尼龙带等捆绑固定。装车过程中，应避免硬物混入管垛。

c. 挤压聚乙烯防腐管的允许堆放层数应符合表 33-133 的规定。

挤压聚乙烯防腐管的允许堆放层数 表 33-133

公称直径 DN（mm）	DN<200	200≤ DN<300	300≤ DN<400	400≤ DN<600	600≤ DN<800	DN≥800
堆放层数	≤10	≤8	≤6	≤5	≤4	≤3

d. 挤压聚乙烯防腐管露天存放时间不宜超过一年；若需存放一年以上时，应用不透明的遮盖物对防腐管加以保护。

4）聚乙烯胶粘带防腐层

聚乙烯胶粘带防腐层是一种在聚乙烯薄膜上涂以特殊的胶粘剂而制成的防腐材料。在常温下有压敏粘结性能，温度升高后能固化而与金属有很好的附着力。

① 材料：

a. 防腐层结构分为：

（a）由底漆、防腐胶粘带（内带）和保护胶粘带（外带）组成的复合结构；

（b）由底漆和防腐胶粘带组成的防腐层结构。

b. 防腐层等级。

根据管径、环境、防腐要求、施工条件的不同，防腐层结构和厚度可以改变，但总厚度不应低于表 33-134 的规定。埋地管道的聚乙烯胶粘带防腐层宜采用加强级和特加强级。

聚乙烯胶粘带防腐层的等级和厚度 表 33-134

防腐层等级	总厚度（mm）
普通级	≥0.7
加强级	≥1.0
特加强级	≥1.4

c. 露天铺设的管道应采用耐候专用保护带。

② 聚乙烯胶粘带防腐层质量检验：

a. 对防腐层进行 100% 目测检查。防腐层表面应平整、搭接均匀、无永久性气泡、无皱褶和破损。工厂预制聚乙烯胶粘带防腐层，管端应有 150 ± 10mm 的焊接预留段。

b. 每 20 根防腐管随机抽查一根，每根测三个部位，每个部位测量沿圆周方向均匀分布的四点的防腐层厚度。每个补口、补伤随机抽查一个部位。不合格时应加倍抽查，仍不合格时则判为不合格。不合格的部分应进行修复。

c. 工厂预制防腐层，应逐根进行电火花检漏；现场涂敷的防腐层应进行全线电火花检漏，补口、补伤逐个检查。发现漏点及时修补。检漏时，探头移动速度不大于 0.3m/s。

d. 剥离强度测试在缠好胶粘带 24h 后进行。测试时的温度宜为 20～30℃。

③ 聚乙烯胶粘带防腐管的存放：

a. 防腐管的吊装应采用宽尼龙带或专用吊具，轻吊轻放，严禁损伤防腐层。

b. 防腐管的堆放层数以不损伤防腐层为原则，不同类型的防腐管应分别堆放，并在防腐管层间及底部垫上软质垫层。

c. 埋地用聚乙烯胶粘带防腐管露天堆放时间不宜超过三个月。

5）交工资料

在一项工程的管道防腐完成后，应提交以下技术资料：

① 防腐管出厂合格证及质量证明书；

② 防腐材料合格证、各种化验及检查记录；

③ 补口记录；

④ 检漏补伤记录等。

（3）阴极保护（牺牲阳极）

阴极保护是通过降低腐蚀电位，使管道腐蚀速率显著减小而实现电化学保护的一种方法。牺牲阳极就是与被保护管道连接而形成电化学电池，并在其中呈低电位的阳极，通过阳极溶解释放负电流以对管道实现阴极保护的金属组元。牺牲阳极通常有镁、锌、铝三类。

1）一般规定

① 城镇燃气埋地钢质管道应设置绝缘装置，以形成相互独立、体系统一的阴极保护系统。管道阴极保护可采用强制电流法或牺牲阳极法。

② 采用涂层保护埋地敷设的钢质燃气干管宜同时采用阴极保护。

市区外埋地敷设的燃气干管，当采用阴极保护时，宜采用强制电流方式。

市区内埋地敷设的燃气干管，当采用阴极保护时，宜采用牺牲阳极法。

③ 管道阴极保护应避免对相邻埋地管道或构筑物造成干扰。

④ 市区或地下管道及构筑物拥挤的地区应采用牺牲阳极阴极保护。具备条件时，可采用柔性阳极阴极保护。

⑤ 在有条件实施区域性阴极保护的场合，可采用深井阳极地床的阴极保护。

⑥ 新建管道的阴极保护设计、施工应与管道的设计、施工同时进行，并同时投入使用。

⑦ 在役管道追加阴极保护时，应对防腐层绝缘电阻进行定量检测。

⑧ 对已实施阴极保护的在役管道进行接、切线作业时，对新接入的管道实施阴极

保护。

2) 牺牲阳极法

① 牺牲阳极埋设有立式和卧式两种，埋设位置分轴向和径向。阳极埋设位置一般距管道 3~5m，最小不宜小于 0.3m；埋设深度以阳极顶部距地面不小于 1m 为宜，必须埋设在土壤冰冻线以下，在地下水位低于 3m 的干燥地带，阳极应适当加深埋设；在河流中阳极应埋设在河床的安全地带，以防洪水冲刷和挖泥清淤时损坏。

② 注意阳极与管道之间不应有金属构筑物。成组布置时，阳极间距以 2~3m 为宜。

③ 立式阳极宜采用钻孔法施工，卧式阳极宜采用开槽法施工。

④ 牺牲阳极使用前应对表面进行处理，清除表面的氧化膜及油污，使其呈金属光泽。

⑤ 阳极连接电缆的埋设深度不应小于 0.7m，四周垫有 5~100mm 厚的细砂，砂的上部应覆盖水泥护板或红砖。敷设时，电缆长度要留有一定裕量。

⑥ 阳极电缆可以直接焊接到被保护管道上，也可通过测试桩中的连接片相连。与钢制管道相连接的电缆应采用铝热焊接技术相连。焊点应重新进行防腐绝缘处理，防腐材料和等级应和原有覆盖层相一致。

⑦ 电缆和阳极钢芯宜采用焊接连接，双边焊缝长度不得小于 50mm。电缆与阳极钢芯焊接后，应采取必要的保护措施，以防施工中连接部位断裂。

⑧ 阳极端面、电缆连接部位及钢芯均要防腐绝缘。

⑨ 为改善埋地阳极工作条件而填塞在阳极四周的导电性材料叫填包料。

填包料可在室内包装，也可在现场包装，其厚度不应小于 50mm。无论用什么方式，都应保证阳极四周的填包料厚度一致、密实。室内预包装的袋子必须采用天然纤维（棉布或麻袋）织品，严禁使用人造纤维织品。

填包料应调拌均匀，不得混入石块、泥土、杂草等。阳极埋地后充分灌水并达到饱和。

⑩ 阴极保护使用的电绝缘装置可包括绝缘法兰、绝缘接头和绝缘垫块等。

高压、次高压、中压管道宜使用整体埋地型绝缘接头。

⑪ 下列部位应安装绝缘接头或绝缘法兰：

a. 被保护管道的两端及保护与非保护管道的分界处；

b. 储配站、门站、调压站（箱）的进口与出口处；

c. 杂散电流干扰区的管道；

d. 大型穿跨越地区的管道两端；

e. 需要保护的引入管末端。

⑫ 阴极保护系统宜适量埋设检查片，且应符合下列规定：

a. 应选择不同类型的地段和土壤环境埋设；

b. 检查片的制作、埋设及测试方法应符合国家现行标准《埋地钢质检查片腐蚀速率测试方法》SY/T0029 的规定。

33.11.2.2 管道标识

(1) 燃气管道宜涂以黄色的防腐识别漆。

(2) 室内暗埋燃气管道的色标，应在埋设位置使用带色颜料作为永久色标。当设计无明确规定时，颜料宜为黄色。

（3）埋地燃气管道警示带和管道路面标志的设置要求应符合下列规定：

1）警示带敷设

① 埋设燃气管道的沿线应连续敷设警示带。警示带敷设前应将敷设面压实，并平整地敷设在管道的正上方，距管顶的距离宜为 0.3～0.5m，但不得敷设于路基和路面里。

② 警示带平面布置可按表 33-135 规定执行。

警示带平面布置　　　　　　　　　　　　　表 33-135

管道公称直径（mm）	≤400	>400	管道公称直径（mm）	≤400	>400
警示带数量（条）	1	2	警示带（间距）	—	150

③ 警示带宜采用黄色聚乙烯等不易分解的材料，并印有明显、牢固的警示语，字体不宜小于 100×100mm。

2）管道路面标志设置

① 当燃气管道设计压力大于或等于 0.8MPa 时，管道沿线宜设置路面标志。

对混凝土和沥青路面，宜使用铸铁标志；对人行道和土路，宜使用混凝土方砖标志；对绿化带、荒地和耕地，宜使用钢筋混凝土桩标志。

② 路面标志应设置在燃气管道的正上方，并能正确、明显地指示管道的走向和地下设施。设置位置应为管道转弯处、三通、四通处、管道末端等，直线管段路面标志的设置间隔不宜大于 200m。

③ 路面上已有能标明燃气管线位置的阀门井、凝水缸部件时，该部件可视为路面标志。

④ 路面标志上应标注"燃气"字样，可选择标注"管道标志"、"三通"及其他说明燃气设施的字样或符号和"不得移动、覆盖"等警示语。

⑤ 铸铁标志和混凝土方砖标志的强度和结构应考虑汽车的荷载，使用后不松动或脱落；钢筋混凝土桩标志的强度和结构应满足不被人力折断或拔出。标志上的字体应端正、清晰，并凹进表面。

⑥ 铸铁标志和混凝土方砖标志埋入后与路面平齐；钢筋混凝土桩标志埋入的深度，应使回填后不遮挡字体。混凝土方砖标志和钢筋混凝土桩标志埋入后，采用红漆将字体描红。

33.12　建　筑　采　暖　工　程

33.12.1　室内采暖系统安装

33.12.1.1　采暖管道及设备安装

1. 采暖管道安装

（1）管材及配件的选用及连接方式

1）碳钢类管材、管件：传统的室内采暖系统一般选用焊接钢管或镀锌钢管。

焊接钢管，管径小于或等于 DN32 的采用螺纹连接；管径大于 DN32 的采用焊接或法兰连接。

镀锌钢管，管径小于或等于100mm的镀锌钢管采用螺纹连接，套丝时破坏的镀锌层表面及外露螺纹部分做防腐处理；管径大于100mm的镀锌钢管采用法兰或卡套式专用管件连接，镀锌钢管与法兰的焊接处进行二次镀锌。

2）铝塑复合管材、管件：一般采用铜管件卡套式连接。

3）非金属管材、管件：包括交联聚乙烯（PE-X）管，聚丁烯（PB）管，无规共聚聚丙烯（PP-R）管，丙烯腈/丁二烯/苯乙烯共聚物（ABS）管等，采用热熔连接，与阀门连接时可使用丝接或法兰转换管件。

（2）施工工艺流程

（3）施工准备

1）经过设计交底和图纸会审，施工方案已编制并通过审批。

2）进行采暖管线深化设计，包括配合土建预留预埋图和经过管线综合平衡后的采暖管线平面图。

3）按图纸设计要求选用管材、管件和阀门等，物资供应部门根据物资需用量计划提出物资采购计划，经审批后进行采购，并按照计划要求进行供应。

4）主要施工机具准备齐备。

5）结构施工基本结束，具备室内采暖系统安装作业面，建筑已提供准确的各楼层地面标高线，主要作业条件满足施工要求。

（4）套管预埋

1）管道穿过墙壁和楼板应配合土建预埋套管或预留孔洞，如设计无要求，应符合表33-136的规定。

预留孔洞尺寸（mm）　　　　　　　　　　　　　　　表33-136

项次	管 道 名 称		明　　管	暗　　管
			孔洞尺寸长×宽	孔洞尺寸长×宽
1	采暖立管	（管径≤25）	100×100	130×130
		（管径32～50）	150×150	150×130
		（管径70～100）	200×200	200×200
2	两根采暖立管	（管径≤32）	150×100	200×130
3	采暖主立管	（管径≤80）	300×250	—
		（管径100～125）	350×300	—
4	散热器支管	（管径≤25）	100×100	60×60
		（管径32～40）	150×130	150×100

2）安装在楼板内的套管，其顶部应高出装饰地面20mm；安装在卫生间及厨房间的套管，其顶部高出装饰地面50mm，底部应于楼板底面相平；安装在墙壁内的套管其两端与饰面相平。穿过楼板的套管与管道之间缝隙，应用阻燃密实填塞，防水油膏封口，端面应光滑。

（5）管道支、吊、托架及管托安装

1）管道支架材料采用普通型钢或镀锌型钢加工而成，金属管道的管托及管卡采用金属制成品，铝塑复合管和非金属管道采用专用的非金属管卡。

2）支架形式、尺寸、规格要符合设计和现场实际要求，支架孔、眼一律使用电钻或冲床加工，其孔径应比管卡或吊杆直径大 1～2mm，管卡的尺寸与管子的配合要接触紧密。

3）管卡要安装于保温层外，管卡部位的保温层厚度与管道保温层厚度设计一致，选用中硬度的木材或硬质人造发泡绝热材料，使之具有足够的支撑强度，较好的绝热性能和一定的使用年限。

4）支、吊架的生根结构，特别是固定支架的生根部位，尽可能的选择梁、柱等建筑结构上，采用预埋钢板或者膨胀螺栓固定。

5）立管和支管的支架可能要设置到砖墙、空心砌块等轻质墙体上，根据实际情况，采取事先预留孔洞的办法，支架安装后，与土建专业密切配合，及时填塞 C20 细石混凝土，并捣固密实，当砌体达到强度的 75% 时，方可安装管道，否则不允许使用该支架固定管道。

6）安装滑动支架的管道支座和零件时，考虑到管道的热位移，要向管道膨胀的相反方向偏移该处全部热位移的 1/2 距离。滑动支架应灵活，滑托与滑槽两侧间应留有 3～5mm 的间隙，纵向移动量要符合设计要求。

7）选用吊架安装时，有热位移的管道吊杆要向管道膨胀的相反方向偏移该处全部热位移的 1/2 距离，注意双管吊架不能同时卧置热位移方向相反的任何两条管道。

8）固定支架与管道接触紧密，固定牢固，其设置数量和具体位置应根据图纸设计和现场实际情况进行布置。

9）立管管卡的安装按下列规定：楼层高度小于或等于 5m，每层必须安装一个；楼层高度大于 5m，每层不得小于 2 个；管卡安装高度距离地面为 1.5～1.8m，2 个以上管卡要匀称安装，同一单位工程中管卡要安装在同一高度上。

10）其他参照室内给水、热水管道支架安装要求。

(6) 干管安装

1）干管安装应从进户或分支路点开始，安装前检查管道内是否干净。

2）按设计要求确定的管道走向和轴线位置，在墙（柱）上弹画出管道安装的定位坡度线。

3）按经过深化设计后的施工图进行管段的加工预制，包括：断管、套螺纹、上零件、调直、核对好尺寸，按环路分组编号，码放整齐。

4）按设计要求或规范规定的间距进行支吊架安装，吊卡安装时，先把吊杆按坡向、顺序依次穿在型钢上，吊环按间距位置套在管上，再把管道抬起穿上螺栓拧上螺母，将管道固定。安装托架上的管道时，先把管道就位在托架上，把第一节管道装好 U 形卡，然后安装第二节管道，以后各节管道均照此进行，紧固好螺栓。

5）遇有伸缩器，应考虑预拉伸及固定支架的配合。干管转弯作为自然补偿时，应采用煨制弯头。

6）在管道干管上焊接垂直或水平分支管道时，干管开孔所产生的钢渣及管壁等废弃物不得残留管内，且分支管道在焊接时不得插入干管内。

7）在干管上变径时，采用偏心异径管，偏心位置应符合如下要求：

供汽管：汽、水同向流的应管底平，反向流的应管顶平。

供水管：水、气同向流的，应管顶平，反向流的应管底平。

回水管：水、气总是反向流的，应管顶平。

8）架空布置的采暖干管，一般沿墙敷设，遇到墙面有突出立柱的，管道可移至柱外直线敷设，支架的横梁加长，避免绕柱。

9）地面上沿墙敷设的，遇到墙面突出立柱时，管道应制成方型弯管绕柱敷设，方型弯管相当于方型补偿器，但弯管可采用冲压弯头或焊接弯头组成，也可采用曲率半径为2～2.5倍外管径的弯管组成。

10）地面上沿墙布置的水平管，在过门地沟处，最低处应安装放水丝堵，地沟上返高处应安装排气阀。

11）管道安装完毕，检查坐标、标高、预留口位置和管道变径等是否正确，然后找直，用水平尺等校对复核坡度、调整合格后，再调整吊卡螺栓、U形卡，使其松紧适度，平正一致，最后焊牢固定卡处的止动板。

12）摆正或安装好管道穿结构处的套管，填堵管洞口，预留口处应加好临时管堵。

（7）立、支管安装

1）核对各层预留孔位置是否垂直，吊线、剔眼、栽卡子，将预制好的管道按编号顺序运到安装地点。

2）安装前先卸下阀门盖，有钢套管的先穿到管上，按编号从第一节管开始安装。涂铅油缠麻，将立管对准接口转动入扣，一把管钳咬住管件，一把管钳拧管，拧到松紧适度，对准调直时的标记要求，螺纹外露2～3个螺距，预留口平正为止，清净麻头。

3）检查立管的每个预留口标高、方向、半圆弯等是否准确、平正。将事先安装好的支架卡子松开，把管放入卡内拧紧螺栓，用吊杆、线坠从第一节管开始找好垂直度，扶正钢套管，最后填堵孔洞，预留口必须加好临时丝堵。

4）立管遇支管垂直交叉时，支管应该设半圆形让弯绕过立管，如图33-76所示，让弯的尺寸见表33-137。

让弯尺寸表（mm）　　　　　　　　　　　　　　　　表33-137

DN	α (°)	α_1 (°)	R	L	H
15	94	47	50	146	32
20	82	41	65	170	35
25	72	36	85	198	38
32	72	36	105	244	42

5）室内干管与立管连接不应采用丁字连接，应煨乙字弯或用弯头连接形成自然补偿器，如图33-77所示。

（8）采暖管道的坡度要求

室内采暖管道安装要注意坡向、坡度，管路布置要平直、合理，不能出现水封和气塞。对于蒸汽采暖，管路布置要有利于排除凝结水；对于热水，管路布置要有利于排除系统内的空气，分别防止水击和气塞，保证系统正常运行。

管道的坡度大小应符合设计要求，当设计未注明时，应符合以下要求：

1）气、水同向流动的热水采暖管道和汽、水同向流动的蒸汽管道及凝结水管道，坡度应为 3‰，不得小于 2‰；

2）气、水逆向流动的热水采暖管道及汽、水逆向流动的蒸汽管道，坡度不小于 5‰；

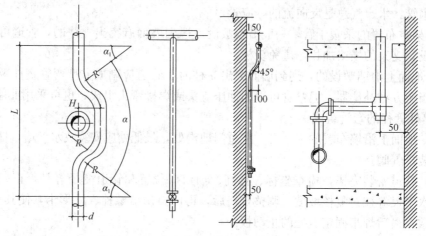

图 33-76　让管安装示意图　　　　图 33-77　干管与立管连接

3）散热器支管的坡度应为 1%，由供水管坡向散热器，回水支管坡向立管，下供下回式系统由顶层散热器放气阀排气时，该支管应坡向立管；

4）水平串联系统串联管应水平安装，每个立管应安装 1 个活接头，便于拆修。

（9）采暖管道安装的允许偏差应符合表 33-138 的规定。

采暖管道安装的允许偏差和检验方法　　　　表 33-138

项次	项　　目			允许偏差	检验方法
1	横管道纵、横方向弯曲（mm）	每 1m	管径≤100mm	1mm	用水平尺、直尺、拉线和尺量检查
			管径>100mm	1.5mm	
		全长（25m以上）	管径≤100mm	≯13mm	
			管径>100mm	≯25mm	
2	立管垂直度（mm）	每 1m		2mm	吊线和尺量检查
		全长（5m以上）		≯10mm	
3	弯管	椭圆率 $\dfrac{D_{max}-D_{min}}{D_{max}}$	管径≤100mm	10%	用外卡钳和尺量检查
			管径>100mm	8%	
		折皱不平度（mm）	管径≤100mm	4mm	
			管径>100mm	5mm	

注：D_{max}、D_{min} 分别为管子最大外径和最小外径。

2. 采暖设备安装

（1）膨胀水箱

膨胀水箱是用来贮存热水采暖系统加热的膨胀水量，在自然循环上供下回式系统中，还起着排气作用。膨胀水箱的另一个作用是恒定采暖系统的压力。

膨胀水箱一般采用碳钢板或不锈钢板制成，通常是圆形或者矩形。水箱上连有膨胀管、溢流管、信号管、排水管及循环管等管路。

1）膨胀水箱安装在系统最高点并高出集气罐顶 300mm 以上，安装时应平正，距离安装地面 250mm 以上。

2）在机械循环系统和自然循环系统中，循环管应接到系统定压点前的水平回水干管上（图 33-78），膨胀管与系统的连接点之间保持 1.5～3m 的距离，这样可让少量热水能缓慢地通过循环管和膨胀管流过水箱，以防水箱里的水冻结，同时膨胀水箱要考虑保温。

3）在膨胀管、循环管和溢流管上，严禁安装阀门，以防止系统超压、水箱水冻结或水从水箱内溢出。

4）溢水管的管径应大于水箱的补水管管径。

5）排污管安装在靠近水箱溢流管的底部，出水箱后与溢流管相连，经过排水漏斗后接入污水系统。

6）膨胀水箱安装完毕，进行灌水试验，检查其强度及是否渗漏。

7）采暖系统冲水时，水位到达信号管高度即可。

图 33-78　膨胀水箱连接管示意图
1—膨胀水箱；2—溢流管；3—排污管；
4—膨胀管；5—循环管；6—补水管

（2）集气罐

集气罐是由直径为 100～250mm 的短管制成，有立式、卧式之分，其构造如图 33-79 所示。集气罐顶部设有 DN15 的放气管，管端装有自动排气阀门，就近接到污水盆或其他卫生设备处。在系统工作期间，手动集气罐应定期打开阀门将积聚在罐内的空气排出系统。若安装集气罐的空间尺寸允许，应尽量采用容量较大的立式集气罐。集气罐的安装位置在上拱式系统中应为管网的最高点，为了利于排气，应使供水干管水流方向与空气气泡浮升方向相一致，这就要求管道坡度与水流方向相反，否则设计时应注意使管道的水流速度小于气泡浮升速度，以防气泡被水流卷走。

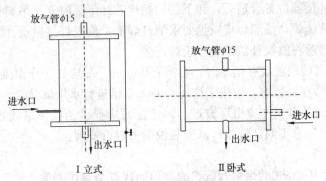

图 33-79　集气罐示意图

1）集气罐一般安装于采暖房间内，否则应采取防冻措施。

2）安装时应有牢固的支架支承，一般采用角钢栽埋于墙内作为横梁，再配以 $\phi12$ 的 U 形螺栓进行固定。

3）集气罐在系统中与管配件保持 5～6 倍直径的距离，以防涡流影响空气的分流。

4）排气管一般采用 DN15，其上应设截止阀，中心距地面 1.8m 为宜。

（3）补偿器

采暖系统的热补偿器有套管式、球形、波纹管及方形补偿器 4 大类。

1）套管式补偿器

① 套管式补偿器有单向和双向两种形式。

② 套管式补偿器安装前应按生产厂给定的试验压力试压。试压时，套管应处于最大伸长量，试验压力下 5~10min 内应不渗不漏。

③ 套管补偿器安装长度应考虑预拉伸伸出长度。双向套管补偿器安装于两固定支架中间，两侧管道最少应各安装两个导向支架。单向补偿器靠一端固定支架安装时，另一端应安装两个以上导向支架。

④ 套管补偿器安装时，应保证其中心线与管线中心线的一致，不可歪斜。

2）球形补偿器

① 用于有三向位移的管道，其折曲角一般不大于 30°。

② 球形补偿器不能单个使用，根据管路系统可由 2~4 个配套使用。

③ 球形补偿器两侧管支架，宜用滚动支架。

④ 用做采暖管道的球形补偿器安装时，需进行预压缩，其折曲角应向反方向偏转。

3）波纹补偿器

补偿器接口有法兰连接和焊口连接两种方式，安装方法一种是随着管道敷设同时安装补偿器；也可以先安装管道，系统试压冲洗后，再安装补偿器。视条件和需要确定。

① 先测量好波纹补偿器的长度，在管道波纹补偿器安装位置上画出切断线。

② 依线切断管道。

③ 先用临时支、吊架将补偿器支吊好，使两边的接口同时对好口，同时点焊。检查补偿器安装是否合适，合适后按顺序施焊。焊后拆除临时支吊架。

④ 法兰接口的补偿器：先将管道接口用的法兰、垫片临时安装到波纹补偿器的法兰盘上，用临时支、吊架将补偿器支撑就位，补偿器两端的接口要同时对好管口，同时将法兰盘点焊。检查补偿器位置合适后，卸下法兰螺栓，卸下临时支、吊架和补偿器。然后对管口法兰进行对称施焊，按照焊接质量要求清理焊渣，检查焊接质量，合格后对内外焊口进行防腐处理。最后将波纹补偿器进行正式连接。

⑤ 选用内衬套筒的波纹补偿器时，套筒有焊缝的一端应处于介质流向的上游。

⑥ 波纹补偿器在安装前，应按工作压力的 1.5 倍进行水压试验。

⑦ 波纹补偿器的预拉伸应由厂方进行，定货时应提供预拉伸量或必要的数据。波纹管补偿器由于生产厂家不同，应按厂家安装说明书进行安装。

4）方形补偿器

方形补偿器由 4 个 90°的煨弯弯管组成，他的优点是制作简单、便于安装、补偿量大、工作安全可靠；缺点是占地面积大、架空敷设不大美观等，因此凡有条件的情况下可选用。

① 方形补偿器尽量用一根管子煨制，若用多根管子煨制，其顶端（水平段）不得有焊口。焊口应放置在外伸臂的中点处。

② 方形补偿器组对时，应在平地上拼接，组对时尺寸要准确、两边应对称，其偏差不得大于 3mm/m，垂直臂长度偏不应大于 10mm，弯头必须是 90°。

③ 为了减少热应力和增大补偿量，方形补偿器安装前应进行预拉伸。

④ 作为采暖系统的补偿器，安装时应预拉伸。室内采暖系统推荐采用撑顶装置，拉伸长度应为该段最大膨胀变形量的 2/5。

⑤ 方形补偿器应安装在两固定支架中间，其顶部应设活动支架或吊架，安装后应将拉杆拆除。

（4）疏水器

疏水器用于蒸汽供暖系统中，其作用在于能自动而迅速地排出散热设备及管网中的凝结水和空气，同时可以阻止蒸汽的溢漏。

1）根据疏水器的作用原理不同，可分为机械型疏水器、热动力型疏水器、热静力型（恒温型）疏水器。

2）根据图纸的设计规格进行组配安装，组配时，其阀体应与水平回水干管相垂直，不得倾斜，以利于排水。

3）其介质流向与阀体标志应一致。

4）同时安排好旁通管、冲洗管、止回阀、过滤器等部件的位置，并设置必要的法兰、活接头等零件，以便于检修拆卸，蒸汽干管疏水器组安装如图 33-80 所示。

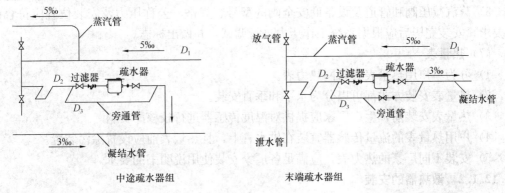

图 33-80　蒸汽干管疏水器组安装图

（5）除污器

1）除污器一般设置在供暖系统用户引入口供水总管上、循环水泵的吸入管段上、热交换设备进水管段等位置。除污器有立、卧式和角型三种。除污器安装如图 33-81 所示。

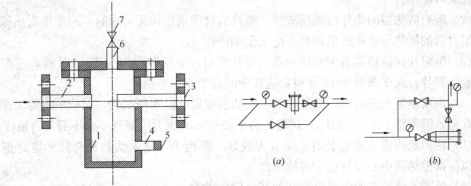

图 33-81　除污器安装

(a) 直通式；(b) 角通式

1—筒体；2—进水管；3—出水管；4—排污管；5—排污丝堵；6—放气管；7—截止阀

2）除污器在安装以前应进行水压试验，合格后经防腐处理后方可安装。

3）安装除污器时，须注意出入口方向，切勿装反。

4）单台设置的除污器前后应装设阀门，并设旁通管，以保证除污器排污、出现故障或清理污物时热水能从旁通管通过而连续供热。

5）除污器应设置单独的支架。

6）系统试压和冲洗完成后，应清洗除污器过滤网滤下的污物。

（6）减压阀和安全阀

1）减压阀是利用蒸汽通过断面收缩阀孔时因节流损失而降低压力的原理制成，它可以依靠启闭阀孔对蒸汽节流而达到减压的目的，且能够控制阀后压力。常用的减压阀有活塞式、波纹管式两种，分别适用于工作温度不高于 300℃ 和 200℃ 的蒸汽管路上。

2）安全阀是保证蒸汽供暖系统不超过允许压力范围的一种安全控制装置。一旦系统的压力超过设计规定的最高允许值，阀门自动开启放出蒸汽，直至压力回降到允许值才会自动关闭。有微启式、全启式和速启式三种类型，供暖系统中多用微启式安全阀。

3）蒸汽减压阀和管道及设备商安全阀的型号、规格、公称压力及安装位置应符合设计要求。安装完毕后应根据系统工作压力进行调试，并做出标志。

（7）热量表

1）分为单户用热量表和管网热力表。

2）热量表安装方式都可以分为水平和垂直安装。

3）热量表安装前，生产厂家应提供对温度传感器进行校核的资料。

4）户用热量表的流量传感器宜装在供水管上，且热量表前应设置除污装置。

5）安装不同厂家的热力表，应满足各厂家安装使用说明书的要求。

33.12.1.2 散热器的安装

1. 铸铁散热器安装

铸铁散热器可以现场组装，也可以由厂家按照订货要求直接组装，多用于民用建筑及公共场所等。

（1）按图纸设计要求分段分层分规格统计出散热器的组数、每组片数，列成表以便组对和安装时使用。

（2）组对散热器的垫片应使用成品，垫片的材质当设计无要求时，应采用耐热橡胶制品，组对后的散热器垫片露出颈部不应大于 1mm。

（3）组对片式散热器需用专用钥匙，逐片组对。一组散热器少于 14 片时，应在两端片上装带腿片；大于或等于 15 片时，应在中间再增组一带腿片。

（4）现场组装和整组出厂的散热器，安装前应做单组水压试验，试验压力为工作压力的 1.5 倍，但不得小于 0.6MPa，试验压力下 2～3min 压力不降且不渗不漏为合格。

（5）柱形散热器落地安装时，应首先栽好上部抱卡，根据偶数和奇数片定好抱卡位置，以保持散热器中心线与窗中心线一致。

（6）处于系统顶端的散热器宜在丝堵处设放风阀。

2. 钢制散热器安装

（1）根据外形分为光管型散热器、闭式钢串片散热器、钢制柱式散热器、板式散热器和扁管式散热器等。

（2）散热器厂家一般都配套专用支架，安装时先将支架用膨胀螺栓固定好，再将散热器挂上。

（3）散热器进出口应安装活接头，便于检修方便。

3. 铝制散热器安装

（1）铝制散热器主要有高压铸铝和拉伸铝合金焊接两种，从外形上可分为翼型和闭合式两种。

（2）铝制散热器不应与钢管直接相连接，应采用铜管件或塑料管件连接。

（3）铝制散热器进出口处应安装铜质阀门。

（4）其他安装要求同钢制散热器。

4. 双金属复合散热器安装

双金属复合散热器主要以铜铝复合或钢铝复合为主，铝合金作外界散热物质，钢（铜）作内管与水接触，辐射＋对流散热方式，适合高低温供水。适合温控和热计量技术要求，更加节能环保。与其他材质散热器相比，它散热均衡，散热效果也非常好，不受供暖系统限制。其安装方法基本与铝制散热器安装相同。

5. 散热器安装的有关标准

（1）铸铁或钢制散热器表面的防腐及面漆应附着良好、色泽均匀，无脱落、起泡、流淌和漏涂缺陷。

（2）散热器组对应平直紧密，组对后的平直度应符合表 33-139 规定。

柱形散热器规格表　　　　　　　　　　　　　　表 33-139

项次	散热器类型	片数（片）	允许偏差（mm）
1	长翼型	2～4	4
		5～7	6
2	铸铁片式	3～15	4
	钢制片式	16～25	6

（3）散热器支、托架安装，位置应正确，埋设应牢固。散热器支、托架数量应符合设计或产品说明书的要求。如设计未注时，则应符合表 33-140 的要求。

散热器支架、托架数量　　　　　　　　　　　　表 33-140

项次	散热器形式	安装方式	每组片数（片）	上部托钩或卡架数（个）	下部托钩或卡架数（个）
1	长翼型	挂墙	2～4	1	2
			5	2	2
			6	2	3
			7	2	4
2	柱型柱翼型	挂墙	3～8	1	2
			9～12	1	3
			13～16	2	4
			17～20	2	5
			21～25	2	6
3	柱型柱翼型	带足落地	3～8	1	—
			8～12	1	—
			13～16	2	—
			17～20	2	—
			21～25	2	—

（4）散热器背面与装饰后的墙内表面安装距离，应符合设计或产品说明书要求。如设计未注明，应为30mm。

（5）散热器安装高度应一致，底部距楼地面大于或等于150mm，当散热器下部有管道通过时，距楼地面高度可提高，但顶部必须低于窗台50mm。

（6）散热器安装允许偏差应符合表33-141的规定。

散热器安装允许偏差和检验方法　　　　表 33-141

项　次	项　目	允许偏差（mm）	检验方法
1	散热器背面与墙内表面距离	3	尺量
2	与窗中心线或设计定位尺寸	20	尺量
3	散热器垂直度	3	吊线和尺量

33.12.1.3　热力入口装置

1. 低温热水采暖系统热力入口

低温热水采暖系统热力管道一般通过暖沟的形式入户，如图33-82所示。

（1）热力入口处宜设计量表检查井，适合人员进出操作和检修；

（2）暖沟内设集水坑，设自动排水泵，防止暖沟内积水；

（3）室内暖沟标高要高于室外暖沟标高，防止出现积水倒灌的意外；

（4）热力入口处的阀门、附件等应适合拆卸利于检修；

（5）循环管的管径要比进出管小1～2号；

（6）采暖季节里，如果要停止供暖，可以关闭7、9号阀门，打开8号阀门，以防室外干管发生冻结，采暖季节结束，整个采暖系统不应防水。

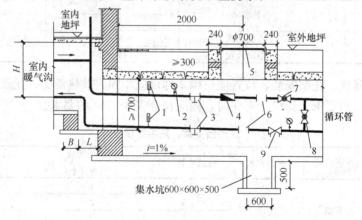

图 33-82　低温热水采暖入口图

1—温度计；2—压力表；3—泄水堵；4—热计量表；5—铸铁井盖；

6　过滤器；7—供水管闸阀；8—闸阀；9—自立式压差控制阀

2. 低压蒸汽采暖系统入口

低压蒸汽入户可通过暖沟形式，也可以直接由架空或直埋的方式入户，以后者方式入户时，控制阀组可设在室内。

3. 高压蒸汽采暖系统入口

高压蒸汽采暖系统入户时，应通过减压阀组进行减压后再接入蒸汽分汽缸供用户使用。减压阀组应包括安全阀、过滤器、截止阀、旁通阀、疏水器、压力表等。

（1）减压阀组设在离地面 1.2m 左右处，沿墙敷设，如设在离地面 3m 时，须设永久性操作平台。

（2）减压阀须安装在水平管道上，前后一律采用法兰截止阀。

（3）减压阀前后的压差不得大于 0.5MPa，否则应二次减压。

（4）减压阀有方向性，安装时切勿装反，并使其垂直的安装在水平管道上。对于带有均压管的减压阀，均压管应连接到低压管一边；使用波纹管式减压阀时，波纹管应朝下安装。

（5）减压阀安装完毕，应根据使用压力进行调试，并作出调试后的标志。

（6）减压阀组的安全阀应设定起跳压力为工作压力加 0.02MPa，安全阀在安装前需经当地技术质量监督部门校核、铅封。安全阀出口不得朝向设备、人员和其他建筑物。

33.12.1.4 地板辐射采暖系统安装

1. 管材及配件

（1）根据耐用年限要求、使用条件等级、热媒温度和工作压力、系统水质要求、材料供应条件、施工技术条件和投资费用等因素来选择采用管材，常用的管材有交联铝塑复合（XPAP）管、聚丁烯（PB）管、交联聚乙烯（PE-X）管、无规共聚聚丙烯（PP-R）管等，施工时严格按设计要求来选择管材。

（2）管材、管件和绝热材料，应有明显的标志，标明生产厂的名称、规格和主要技术特性，包装上应标有批号、数量、生产日期和检验代号。

（3）施工、安装的专用工具，必须标有生产厂的名称，并有出厂合格证和使用说明书。

（4）管材配件

1）连接件与螺纹连接部分配件的本体材料，应为锻造黄铜，使用 PP-R 管作为加热管时，与 PP-R 管直接接触的连接件表面应镀镍。

2）连接件外观应完整、无缺损、无变形、无开裂。

3）连接件的物理力学性能，应符合表 33-142 的要求。

连接件的物理力学性能 表 33-142

项　次	性　能	指　标
1	连接件耐水压（MPa）	常温：2.5，95℃：1.2，1h 无渗漏
2	工作压力（MPa）	95℃：1.0，1h 无渗漏
3	连接密封性压力（MPa）	95℃：3.5，1h 无渗漏
4	耐拔脱力（MPa）	95℃：3.0

4）连接件的螺纹，应符合国家标准《非螺纹密封的管螺纹》GB/T 7307 的规定。螺纹应完整，如有断丝或缺丝情况，不得大于螺纹全扣数的 10%。

（5）材料的外观质量、储运和检验

1）管材和管件的颜色应一致，色泽均匀，无分解变色。

2）管材的内外表面应当光滑、清洁，不允许有分层、针孔、裂纹、气泡、起皮、痕纹和夹杂，但允许有轻微的、局部的、不使外径和壁厚超出允许公差的划伤、凹坑、压入物和斑点等缺陷。轻微的矫直和车削痕迹、细划痕、氧化色、发暗、水迹和油迹，可不作为报废的依据。

3）管材和绝热板材在运输、装卸和搬运时，应小心轻放，不得受到剧烈碰撞和尖锐物体冲击，不得抛、摔、滚、拖，应避免接触油污。

4）管材和绝热板材应码放在平整的场地上，垫层高度要大于100mm，防止泥土和杂物进入管内。塑料类管材、铝塑复合管和绝热板材不得露天存放，应储存于温度不超过硬40℃、通风良好和干净的仓库中，要防火、避光，距热源不应小于1m。

5）材料的抽样检验方法，应符合国家标准《逐批检查计数抽样程序及抽样表》GB/T 2828的规定。

2. 支架制作安装

（1）管道支架应在管道安装前埋设，应根据不同管径和要求设置管卡和吊架，位置应准确，埋设要平整，管卡与管道接触应紧密，不得损伤管道表面。

（2）加热管的支架一般采用厂家配套的成品管卡，加热管的固定方式包括：

1）用固定卡将加热管直接固定在绝热板或设有复合面层的绝热板上；

2）用扎带将加热管固定在铺设于绝热层上的网格上；

3）直接卡在铺设于绝热层表面的专用管架或管卡上；

4）直接固定于绝热层表面凸起间形成的凹槽内。

（3）加热管安装时应防止管道扭曲，弯曲管道时，圆弧的顶部应加以限制，并用管卡进行固定。

（4）加热管弯头两端宜设固定卡；加热管固定点的间距，直管段固定点间距宜为0.5～0.7m，弯曲管段固定点间距宜为0.2～0.3m。

（5）分、集水器安装时应先设置固定支架。

3. 地板辐射采暖系统的安装

（1）一般规定

1）地板辐射采暖系统的安装，施工前应具备下列条件：

① 设计图纸及其他技术文件齐全；

② 经批准的施工方案或施工组织设计，已进行技术交底；

③ 施工力量和机具等齐备，能保证正常施工；

④ 施工现场、施工用水和用电、材料储放场地等临时设施，能满足施工需要。

2）地板辐射供暖的安装工程环境温度宜不低于5℃。

3）地板辐射供暖施工前，应了解建筑物的结构，熟悉设计图纸、施工方案及其他工种的配合措施。安装人员应熟悉管材的一般性能，掌握基本操作要点，严禁盲目施工。

4）加热管安装前，应对材料的外观和接头的配合公差进行仔细检查，并清除管道和管件内外的污垢和杂物。

5）安装过程中，应防止油漆、沥青或其他化学溶剂污染塑料类管道。

6）管道系统安装间断或完毕的敞口处，应随时封堵。

（2）加热管的敷设

1）按设计图纸的要求，进行放线并配管，同一通路的加热管应保持水平。如图33-83所示。

2）加热管的弯曲半径，PB管和PE-X管不宜小于5倍的管外径，其他管材不宜小于

6倍的管外径。

3）填充层内的加热管不应有接头。

4）采用专用工具断管，断口应平整，断口面应垂直于管轴线。

5）加热管应用固定卡子直接固定在敷有复合面层的绝热板上，用扎带将加热管绑扎在铺设于绝热层表面的钢丝网上，或将加热管卡在铺设于绝热层表面的专用管架或管卡上。

6）加热管固定点的间距，直管段不应大于700mm，弯曲管段不应大于350mm。

7）施工验收后，发现加热管损坏，需要增设接头时，应先报建设单位或监理工程师，提出书面补救方案，经批准后方可实施。增设接头时，应根据加热管的材质，采用热熔或电熔插接式连接，或卡套式、卡压式铜制管接头连接，并应做好密封。铜管宜采用机械连接或焊接连接。无论采用何种接头，均应在竣工图上清晰表示，并记录归档。

8）地热管弯头两端宜设固定卡；加热管固定点的间距，直管段固定点间距宜为0.5～0.7m，弯曲管段固定点间距宜为0.2～0.3m。

9）在分水器、集水器附近以及其他局部加热管排列比较密集的部位，当管间距小于100mm时，加热管外部应设置柔性套管等措施，如图33-84所示。

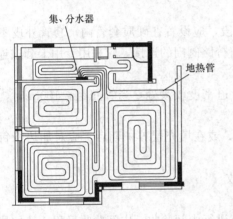

图 33-83　地热管路平面布置图

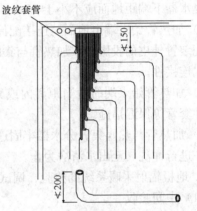

图 33-84　分、集水器附近接管做法

10）加热管出地面至分水器、集水器连接处，弯管部分不宜露出地面装饰层。加热管出地面至分水器、集水器下部球阀接口之间的明装管段，外部应加装塑料套管。套管应高出装饰面 150～200mm。

11）加热管与分水器、集水器连接，应采用卡套式、卡压式挤压夹紧连接；连接件材料宜为铜质；铜质连接件与PP-R或PP-B直接接触的表面必须镀镍。

12）加热管的环路布置不宜穿越填充层内的伸缩缝。必须穿越时，伸缩缝处应设长度不小于200mm的柔性套管，见图 33-85。

13）伸缩缝的设置应符合下列规定：

在与内外墙、柱等垂直构件交接处应留不间断的伸缩缝，伸缩缝填充材料应采用搭接方式连接，搭接宽度不应小于 10mm；伸缩缝填充材料与墙、柱应有可靠的固定措施，与地面绝热层连接应紧密，伸缩缝宽度不宜小于10mm。伸缩缝填充材料宜采用高发泡聚乙烯泡沫塑料。

当地面面积超过30m² 或边长超过6m时，应按不大于6m间距设置伸缩缝，伸缩缝宽度不应小于 8mm。伸缩缝宜采用高发泡聚乙烯泡沫塑料或内满填弹性膨胀膏。

伸缩缝应从绝热层的上边缘做到填充层的上边缘。

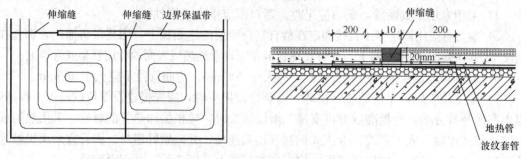

图 33-85　地热管穿伸缩缝处做法

（3）热媒集、分水器安装

1）热媒集、分水器应加以固定，当水平安装时，一般宜将分水器安装在上，集水器安装在下，中心距宜为 200mm，集水器中心距地面应不小于 300mm；当垂直安装时，分、集水器下端距地面应不小于 150mm。

2）加热管始末端出地面至连接配件的管段，应设置在硬质套管内，套管外皮不宜超出集配装置外皮的投影面。加热管与集配装置分路阀门的连接，应采用专用卡套式连件或插接式连接件。

3）加热管始末端的适当距离内或其他管道密度较大处，当管间距≤100m 时，应设置柔性套管等保温措施。

4）加热管与热媒集、分水器牢固连接后，或在填充层养护期后，应对加热管每一通路逐一进行冲洗，至出水清净为止。

4. 地板辐射采暖系统的检验、调试与验收

（1）中间验收

地板辐射采暖系统，应根据工程施工特点进行中间验收。中间验收过程，从加热管道敷设和热媒集、分水器安装完毕进行试压起，至混凝土填充层养护期满再次进行试压止，由施工单位会同监理单位进行。

（2）水压试验

浇捣混凝土填充层之前和混凝土填充层养护期满之后，应分别进行系统水压试验。水压试验应符合下列要求：

1）水压试验之前，应对试压管道和构件采取安全有效的固定和保护措施。

2）试验压力应为不小于系统静压加 0.3MPa，且不得低于 0.6MPa。

3）冬季进行水压试验时，应采取可靠的防冻措施，试验合格后，应将管线内的水吹净，以免冻结。

4）试验时首先经分水器缓慢注水，同时将管道内空气排出。

5）充满水后，进行水密性检查。

6）采用手动试压泵缓慢升压，升压时间不得少于 15min。

7）升压至规定试验压力后，停止加压，稳压 1h，观察有无漏水现象。

8）稳压 1h 后，补压至规定试验压力值，15min 内的压力降不超过 0.05MPa 无渗漏

为合格。

（3）调试

1）地板辐射供暖系统未经调试，严禁运行使用。

2）具备供热条件时，调试应在竣工验收阶段进行；不具备供热条件时，经与工程使用单位协商，可延期进行调试。

3）调试工作由施工单位在工程使用单位配合下进行。

4）调试时初次通暖应缓慢升温，先将水温控制在 25～30℃ 范围内运行 24h，以后每隔 24h 温升不超过 5℃，直至达到设计水温。

5）调试过程应持续在设计水温条件下连续供暖 24h，并调节每一环路水温达到正常范围。

（4）竣工验收

1）竣工验收时，应具备下列资料：施工图、竣工图和设计变更文件；主要材料、制品和零件的检验合格证和出厂合格证；中间验收记录；试压和冲洗记录；工程质量检查评定记录；调试记录。

2）竣工验收标准。低温热水地板辐射采暖系统安装的质量检验和验收可以参照表33-143 执行。

低温热水地板辐射采暖系统安装的质量检验和验收　　　　表 33-143

	序号	检 验 内 容	检 验 方 法
主控项目	1	地面下敷设的盘管埋地部分不应有接头	隐蔽前现场查看
	2	盘管隐蔽前必须进行水压试验，试验压力为工作压力的 1.5 倍，但不小于 0.6MPa	稳压 1h 内压力降不大于 0.05MPa
	3	加热盘管弯曲部分不得出现硬折弯现象，曲率半径应符合下列规定： （1）塑料管：不应小于管道外径的 8 倍 （2）复合管：不应小于管道外径的 8 倍	尺量检查
一般项目	1	分、集水器型号、规格、公称压力及安装位置、高度应符合设计要求	对照图纸及产品说明书
	2	加热盘管管径、间距和长度应符合设计要求，间距偏差不大于 ±10mm	拉线和尺量检查
	3	防潮层、防水层、隔热层及伸缩缝应符合设计要求	填充浇筑前观察检查
	4	填充层强度等级应符合设计要求	作试块抗压试验

33.12.1.5 电热膜采暖系统安装

1. 电热膜的结构组成

电热膜表层材料为特制的聚酯薄膜，膜片中间的墨线是可导电油墨，是电热膜核心部分，相当于很多并联的电阻，通电后可发热。电热膜两边的银色条是金属载流条，是用来连接油墨（电阻），作用相当于导线。金属载流条的主要材料为铜镀锡和银墨。

低温辐射电热膜是一种通电后能发热的半透明聚酯薄膜，由可导电的特制油墨、金属载流条经加工、热压在绝缘聚酯薄膜间制成。工作时以电热膜为发热体，将热量以辐射的形式送入空间，使人体和物体首先得到温暖，其综合效果优于传统的对流供暖方式。

2. 电热膜采暖系统的组成

低温辐射电热膜采暖系统由电源、温控器、连接件、绝缘层、电热膜及饰面层构成。电源经导线连通电热膜，将电能转化为热能。由于电热膜为纯电阻电路，故其转换效率高，除一小部分损失外，绝大部分被转化成热能。主要组成部分如下：

（1）电热膜

电热膜是整个系统的核心元件，是此系统的发热元件。它的基材为 PET 聚酯膜，发热体为导电油墨、附以银浆和导电的金属汇流条为导电引线，最后经热压下复合而成。电热膜的发热主要以辐射的方式散发热量，属低温辐射，它具有透射性，以红外线的形式向室内散热。

（2）连接导线、连接卡、绝缘罩

连接导线是对电热膜提供以电源，对整个电路构成回路；

连接卡是由特殊的合金材料制成，安装时用专用工具钳将连接卡的一端固定在电热膜的载流条上，然后将另一端压接在导线上；

绝缘罩是为了跟电热膜连接方便，保证安全，起绝缘和保护连接卡的作用。绝大多数情况下必须使用，但也可根据实际情况采用其他绝缘材料作绝缘处理。

（3）温控器

对整个电热膜采暖系统进行控制，保证室内温度的稳定性，根据实际需要，通过温控器的调节与设定，可以随时调节室内温度（5～30℃），起到节能作用并保持室温恒定。

3. 电热膜的规格

电热膜的规格型号见表 33-144 所示。

电 热 膜 规 格 型 号   表 33-144

规格型号	外形尺寸 （长×宽）mm	额定功率 （W/m²）	单片功率 （W）	应用场合	包装 片
C318-15	318×350	150	15	地面	
C360-20	360×350	169	20	地面	100
C650-20	650×240	175	20	地面	
C318-20	318×380	169	20	天棚、墙裙	
C318-25	318×380	205	25	天棚、墙裙	200
C360-25	360×380	175	25	天棚、墙裙	
C360-30	360×380	220	30	天棚、墙裙	300
C360-35	360×380	265	35	天棚、墙裙	
C650-50	650×240	450	50	室外	100

注：额定电压：220～240V；最高工作温度：80℃；长期工作温度：70℃以下。

4. 电热膜的发热量及表面温度

单片电热膜的发热量见表 33-145 所示。

单片电热膜发热量（W）   表 33-145

电热膜规格	18.3	20	30
单片发热量	16	17.5	25.8

在室内温 18℃情况下，未加装饰层的电热膜表面温度测试结果如表 33-146。

电热膜表面温度   表 33-146

电热膜规格	电热膜表面最高温度（℃）	
	无绝热层	单侧绝热（25mm 玻璃棉）
20W	31	37
30W	32	39
40W	34	41

5. 电热膜采暖系统安装

以顶棚式电热膜安装为例介绍，安装示意见图 33-86。

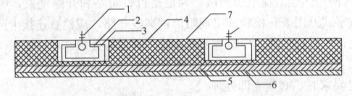

图 33-86 顶棚电热膜安装示意图

1—带尾孔的射钉；2—吊件；3—轻钢龙骨；4—隔热层；5—电热膜；
6—饰面板（石膏板等）；7—钢筋混凝土楼板

（1）电热膜的安装

1）剪切电热膜时必须沿电热膜的剪切线进行剪切。

2）电热膜末端用耐温 90℃的热熔胶贴塑料绝缘胶带。

3）电热膜敷设时必须满足电热膜与墙及其他设施的最小距离要求，电热膜载流条距金属龙骨边缘不应小于 10mm。

4）每组电热膜敷设在金属龙骨之间，用自攻钉沿膜两边将电热膜固定在纵向龙骨的边槽内，钉距 1000mm。

5）电热膜敷设时应平整，严禁有褶皱。

6）严禁在电热膜载流条 10mm 以内及发热区刺破电热膜。

7）电热膜接线端的载流条上装专用在导线连接卡，安装时必须用专用的压接工具，连接卡压接要对齐、牢固、如出现错位、活动必须更换连接卡。

（2）电热膜接线

1）电热膜接线用导线应分颜色使用：

相线——与本户电源颜色一致；

控制线——黑色绝缘导线；

N 线——蓝色绝缘导线；

PE 线——黄绿相间的绝缘导线。

2）电热膜组间接线用导线并接，接点在专用连接卡的筒形管中用专用的压接钳压紧，用拉拽电线的方法检查导线的连接性。连接卡用绝缘罩做绝缘，内充填热熔胶。

3）电热膜组间的连接导线应穿金属软管保护，其弯曲半径不应小于软管外径的 6 倍。金属软管两端应加装保护线的护口，并不应退绞、松散、中间接头。软管内导线严禁有接头。

（3）温控器的安装

1）土建及其他工程完工之后，按设计图纸确定的位置和高度安装温控器。

2）温控器安装在暗盒上，盒的四周不应有空隙，温控器安装应端正，其面板应紧贴墙面。

3）温控器应按说明书和设计的要求接线。

（4）检验和验收

1）电热膜安装应根据工程性质和特点进行中间检验和竣工验收。中间检验由施工单位会同建设单位进行；竣工验收应由建设单位组织施工、设计和有关单位进行。并应做好记录、签署文件、立卷归档。

2）进行每房间电热膜直流电阻测试，判定是否有短路和开路现象，所用的万用表宜采用 2.5 级的数字式万用表。检验如出现阻值过高或开路，应检查连接卡的压接，将有问题的连接卡更换；如出现短路，应检查所有接线，并进行处理。

3）用 500V 兆欧表测试电热膜回路与龙骨（地）之间的绝缘电阻，其值不能小于 $1M\Omega$，如不满足要求时，必须立即处理。

4）用非接触测温仪确认低温辐射电热膜供暖系统是否正常工作。确认正常工作后，应在电热膜配电装置上加贴警示性工作标志。

33.12.1.6　采暖系统的试验与调节

1. 采暖系统的水压试验

采暖系统安装完毕，管道保温之前应进行水压试验。

（1）试压程序

采暖系统在施工工程中的试压包括两方面，一是过程中所有需要隐蔽的管道和附件在隐蔽前必须进行水压试验的隐蔽性试验；二是系统安装完毕，系统的所有组成部分必须进行系统水压试验的最终试验。

室内采暖管道进行强度和严密性试验时，系统工作压力按循环水泵扬程确定，以不超过散热器承压能力为原则。系统试验压力由设计确定，设计未注明时应按表 33-147 中的规定。

室内采暖系统水压试验的试验压力　　　　　　　　表 33-147

管道类别	工作压力	试 验 压 力	
		强度试验 P_s（MPa）	严密性试验
蒸汽、热水采暖系统	P	顶点工作压力+0.1，顶点的试验压力不小于 0.3	P
高温热水采暖系统	P	顶点工作压力+0.4	P
使用塑料管和复合管的采暖系统	P	顶点工作压力+0.2，顶点的试验压力不小于 0.4	塑料管为 $1.15 \times P$ 复合管为 P

（2）检验方法

使用钢管及复合管的采暖系统应在试验压力下 10min 内压力降不大于 0.02MPa，降至工作压力后检查不渗不漏为合格；

使用塑料管的采暖系统应在试验压力下 1h 内压力降不大于 0.05MPa，然后降压至工作压力的 1.15 倍，稳压 2h，压力降不大于 0.03MPa，同时各连接处不渗不漏为合格。

（3）水压试验过程

1）根据现场实际和工程系统情况，编制并上报系统水压试验方案，经审批后严格执行。

2）检查全系统管路、设备、阀件、支架、套管等，必须安装无误，达到试验条件。

3）打开系统最高点处的排气阀，开始向采暖系统注水，待水灌满后，关闭排气阀和进水阀，停止注水。

4）注水应缓慢进行，并进行巡检，注意检查系统管路是否有渗漏情况。

5）使用电动或手动试压泵开始加压，压力值一般分 2～3 次升至试验压力，升压过程中注意观察压力值逐渐升高的情况及管路是否渗漏。

6）按照前述的检验方法进行检验，经监理工程师检查试验合格，作好水压试验记录。

7）在系统最低点卸掉管道内的所有存水，冬季时还应采用压缩空气进行管路吹扫，防止管路内存水冻坏管道和设备。

8）拆掉临时试压管路，将采暖系统恢复原位。

2. 采暖系统的冲洗

系统试验合格后，应对系统进行冲洗和清扫过滤器及除污器。

（1）冲洗前的准备工作

1）对照图纸，根据管道系统情况，确定管道分段冲洗方案，对暂不参与冲洗的管段通过分支管线阀门将之关闭。

2）不允许吹扫的附件，如孔板、调节阀、过滤器等，应暂时拆下以短管代替；对减压阀、疏水器等，应关闭进水阀，打开旁通阀，使其不参与冲洗，以防止堵塞。

3）不允许冲洗的设备和管道，应暂时用盲板隔开。

4）吹出口的设置：气体吹扫时，吹出口一般设置在阀门前，以保证污物不进入关闭的阀体内；用水冲洗时，清洗口设于系统各低点泄水阀处。

（2）冲洗方法

采暖系统冲洗的方法一般包括水冲洗和蒸汽吹洗。

1）水冲洗。采暖系统在使用前应进行水冲洗，冲洗水源可以采用自来水或工业纯净水。冲洗前按照前述的准备工作要求进行认真准备，冲洗时，冲洗水以不小于 1.5m/s 的流速进行冲洗，冲洗应连续进行，并保证管路畅通无堵塞现象，直到冲洗合格。

2）蒸汽吹洗。蒸汽采暖系统的吹洗以蒸汽吹扫为宜，也可以采用压缩空气进行。蒸汽吹扫时，应缓慢升温，以恒温 1h 左右进行吹扫为宜，然后降温到室温，再升温、暖管、恒温进行二次吹扫，直到吹扫合格。

（3）检验方法

1）系统水冲洗时，现场观察，直至排出水不含泥沙、铁屑等杂质且水色不浑浊为合格。

2）蒸汽吹洗时，在蒸汽排出口设置一块抛光的木板，上贴干净的白纸，检验时将白纸靠近蒸汽排出口，让排出的蒸汽吹到白纸上，检查白纸上无锈蚀物及脏物为合格。

3. 采暖系统的调试

采暖系统冲洗完毕应充水、加热，进行试运行和调试。

（1）先联系好热源，制定出通暖调试方案、人员分工和处理紧急情况的各项措施。备好修理、泄水等器具。

（2）参加调试的人员按分工各就各位，分别检查采暖系统中的泄水阀门是否关闭，干、立、支管上的阀门是否打开。

（3）向系统内充水（以软化水为宜），开始先打开系统最高点的排气阀，指定专人看管。慢慢打开系统回水干管的阀门，待最高点的排气阀见水后立即关闭；然后开启总进口供水管的阀门，最高点的排气阀须反复开闭数次，直至将系统中冷空气排净。

（4）在巡视检查中如发现隐患，应尽量关闭小范围内的供、回水阀门，及时处理和抢修。修好后随即开启阀门。

（5）全系统运行时，遇有不热处要先查明原因。如需冲洗检修，先关闭供、回水阀，泄水后再先后打开供、回水阀门，反复放水冲洗。冲洗完后再按上述程序通暖运行，直到运行正常为止。

（6）若发现热度不均，应调整各个分路、立管、支管上的阀门，使其基本达到平衡后，邀请各有关单位检查验收，并办理验收手续。

（7）高层建筑的采暖管道冲洗与通热，可按设计系统的特点进行划分，按区域、独立系统、分若干层等逐段进行。

（8）冬季通暖时，必须采取临时采暖措施。室温应连续 24h 保持在 5℃ 以上后，方可进行正常送暖：

1）充水前先关闭总供水阀门，开启外网循环管的阀门，使热力外网管道先预热循环。

2）分路或分立管通暖时，先从向阳面的末端立管开始，打开总进口阀门，通水后关闭外网循环管的阀门。

3）待已供热的立管上的散热器全部热后，再依次逐根、逐个分环路通热，直到全系统正常运行为止。

（9）通暖后调试的主要目的是使每个房间达到设计温度，对系统远近的各个环路应达到阻力平衡，即每个小环路冷热度均匀。在调试过程中，应测试热力入口处热媒的温度和压力是否符合设计要求。

33.12.2　室 外 供 热 管 网

33.12.2.1　一般规定

（1）本节内容适用于厂区及民用建筑群（住宅小区）的饱和蒸汽压力不大于 0.7MPa、热水温度不超过 130℃ 的室外供热管网安装工程的施工及质量检验和验收。具体规定依照《城市供热管网工程施工及验收规范》CJJ 28 执行。

（2）供热管网的管材应按设计要求。当设计未注明时，应符合下列规定：

1）管径小于或等于 40mm 时，应使用焊接钢管。

2）管径为 50～200mm 时，应使用焊接钢管或无缝钢管。

3）管径大于200mm时，应使用螺旋焊接钢管。

（3）室外供热管道连接均应采用焊接连接。

（4）各种阀类采用焊接法兰连接。

（5）平衡阀及调节阀型号、规格及公称压力应符合设计要求。安装后根据系统要求进行调试，并作出标志。

（6）直埋无补偿供热管道预热伸长及三通加固应符合设计要求。回填前应注意检查预制保温层外壳及接口的完好性。回填应按设计要求进行。

（7）补偿器的位置必须符合设计要求，并应按设计要求或产品说明书进行预拉伸。管道固定支架的位置和构造必须符合设计要求。

（8）检查井室、用户入口管道布置应便于操作及维修，支、吊、托架稳固，并满足设计要求。

（9）直埋管道的保温应符合设计要求，接口在现场发泡时，接头处厚度应与管道保温层厚度一致，接头处保护层必须与管道保护层成一体，符合防潮防水要求。

（10）管道水平敷设其坡度应符合设计要求。

（11）除污器构造应符合设计要求，安装位置和方向应正确。官网冲洗后应清除内部污物。

（12）供热管道的供水管或蒸汽管，如设计无规定时，应铺设在载热介质流向方向的右侧或上方。

（13）地沟内的管道安装位置，其净距（保温层外表面）应符合下列规定：

与沟壁　　　　　　　　　　100～150mm；

与沟底　　　　　　　　　　100～200mm；

与沟顶（不通行地沟）　　　50～100mm；

　　　（半通行和通行地沟）200～300mm。

（14）架空铺设的供热管道安装高度，如设计无规定时，应符合下列规定（以保温层外表面计算）：

1）人行地区，不小于2.5m；

2）通行车辆地区，不小于4.5m；

3）跨越铁路，距轨顶不小于6.0m。

（15）防锈漆的厚度应均匀，不得有脱皮、起泡、流淌和漏涂等缺陷。

33.12.2.2 室外热力管道支架制作与安装

1. 一般规定

（1）支架的类型、位置和间距应符合设计文件的规定；

（2）在波形补偿器和填料式补偿器两侧，应设置1～2个导向支架；

（3）在直管段上的两个补偿器之间，或无补偿器装置、有热位移的直管段上，只允许设置1个固定支架；

（4）安装滑动支架的管道支座和零件时，考虑到管道的热位移，要向管道膨胀的相反方向偏移该处全部热位移的1/2距离。滑动支架应灵活，滑托与滑槽两侧间应留有3～5mm的间隙，纵向移动量要符合设计要求；

（5）在同一管道上不宜连续使用过多吊架，在适当位置设型钢支架，防止管道摆动。

2. 室外热力管道支座

（1）滑动支座

1）弧形板滑动支座

如图33-87所示，其支座尺寸见表33-148，主要用于室外不保温管道，加弧形板的目的主要是防止管道直接与支撑结构摩擦而减薄管壁。

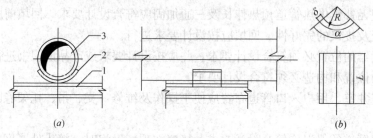

图 33-87 弧形板滑动支架

(a) 弧形板滑动支架；(b) 支架详图

1—支架；2—支座；3—管道

弧形滑板式滑动支座尺寸（mm）   表 33-148

公称直径 DN	L	R	α	δ	公称直径 DN	L	R	α	δ
25	200	17	30	2	100	300	54	70	2
32	200	21	30	2	125	300	67	70	3
40	200	24	30	2	150	300	80	100	3
50	250	30	50	2	200	300	110	100	3
70	250	38	50	2	250	350	137	150	3
80	250	45	50	2	300	350	163	150	3

2）丁字形滑动支座和曲面槽滑动支座

保温管道宜采用高位滑动支座，如图33-88丁字形滑动支座和图33-89曲面槽滑动支座所示。其管道与支座使用电焊焊牢，支座与支撑结构间能自由活动，支座的高度必须大于管道保温层厚度，才能确保保温材料不致因管道的位移而受到破坏，支座在加工时预先钻两个孔，为保温材料绑扎钢丝预留的通孔。表33-149为丁字形滑动支座尺寸，表33-150为曲面槽滑动支座尺寸。

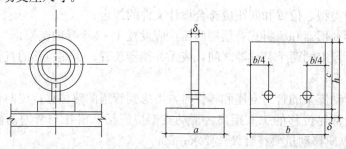

图 33-88 丁字形滑动支座

丁字形滑动支座尺寸（mm） 表 33-149

公称直径 DN	h	a	b	c	δ
25	100	50	200	96	4
32	100	50	200	96	4
40	100	60	200	96	4
50	100	60	250	96	4
70	120	80	250	114	6
80	120	80	250	114	6
100	120	80	250	114	6

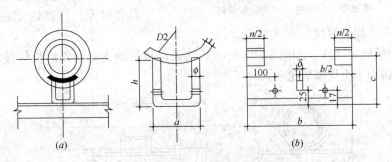

图 33-89　曲面槽滑动支座

(a) 曲面槽滑动支架；(b) 曲面槽滑动支座

曲面槽滑动支座尺寸（mm） 表 33-150

公称直径 DN	h	a	b	c	δ	f	n
125	120	100	250	125	5	—	50
150	150	100	300	160	5	—	50
200	150	120	300	160	5	—	50
250	150	160	300	160	6	80	60
300	150	160	300	160	6	80	60

(2) 导向支座

导向支座是为了使管道在支架上滑动时不致偏离管道轴线而设置的，通常做法是在滑动支架的滑托两侧各焊接一片短角钢，如图 33-90 和图 33-91 所示。

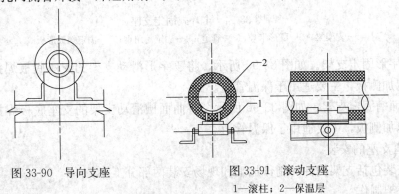

图 33-90　导向支座

图 33-91　滚动支座

1—滚柱；2—保温层

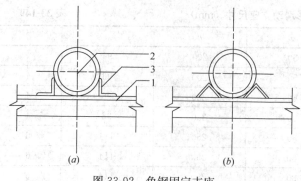

图 33-92   角钢固定支座

1—支架梁；2—管道；3—固定短角钢

（3）固定支架

固定支架的作用是使管道在该点卡死，不允许有任何方向的移动，固定点两边管道的热胀冷缩由伸缩器来吸收。固定支架在设计和安装中要考虑有足够的强度和刚度。

1）角钢固定支座。如图 33-92 所示，主要适用于不保温管道，固定短角钢的长度与支架横梁横断面宽度相等，待管道定位后再焊接，焊缝高度不小于焊件厚度。

2）弧形板固定支座。如图 33-93 所示，将弧形板滑动支架的弧形板焊接在支架梁上而成，主要适用于不保温管道。

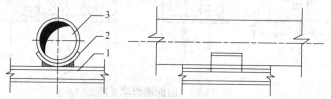

图 33-93   弧形板固定支座

1—支架梁；2—弧形板；3—管道

3）卡环式固定支座。如图 33-94 所示，主要适用于小管径的不保温管道，管道可水平或垂直安装，图（a）适用于 DN20～DN50 管道的固定，图（b）和图（c）为带挡板的固定支架，适用于 DN65～DN150 的管道固定。

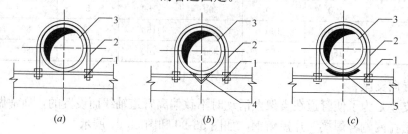

图 33-94   卡环式固定支座

1—支架梁；2—U 形卡环；3—管道；4—固定短角钢；5—固定短弧形板

4）丁字形固定支架。如图 33-95 所示，将丁字形滑动支架的支座底板焊接在支架横梁上，可以加侧板，主要适用于保温管道。

5）曲面槽固定支架。如图 33-96 所示，将曲面槽滑动支架的支座底板焊接在支架横梁上，可以加侧板，主要适用于保温管道。

3. 管道支座的安装

支座安装包括支架构件的制作加工和现场安装两部分工序。

（1）支架制作

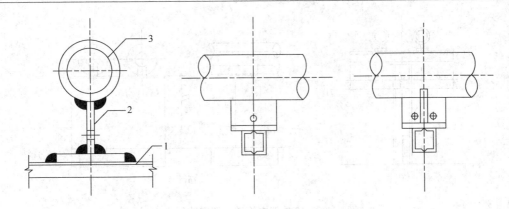

图 33-95　丁字形固定支架
1—支架梁；2—丁字形支座；3—管道

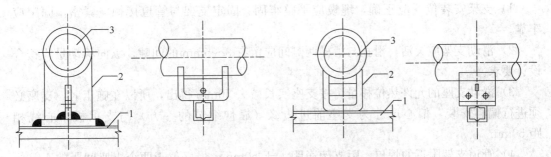

图 33-96　曲面槽固定支座
1—支架梁；2—曲面槽支座；3—管道

1) 管道支架的制作应在管道安装前采取工厂化集中预制，以提高效率。

2) 支架的形式和尺寸应符合施工图或设计文件指定的标准图集的要求，当标准图上的尺寸与现场实际情况不符合时，应按现场实际需要的尺寸进行调整。

3) 管道支架的材料，除设计文件另有规定外，一般采用 Q235 号普通碳素型钢。制作时的下料切割宜采用机械冲剪或锯割，边长大于 50mm 的型钢可用氧-乙炔焰切割，但应将切割后的熔渣及毛刺清除。

4) 支架上的孔应用电钻加工，不得用氧-乙炔焰割孔。钻孔的直径应比所穿管卡或螺栓的直径大 2mm 左右。

5) 管卡、吊架等部件上的螺纹宜用车床等机械加工，当数量少可用圆板牙进行手工扳丝，但加工出来的螺纹应光洁整齐、无短丝和毛刺等缺陷。

6) 支架的各部件应在组焊前校核尺寸，确认无误后再进行组对点焊，点焊成形后用角尺或标准样板校核组对角度，并在平台上矫形，最后完成所有焊缝的焊接。

7) 支架制作完毕，应按设计文件的规定及时做好防腐处理。当设计无规定时，可除锈后刷防锈底漆一遍，待管道完成以后再刷底漆一遍，面漆两遍。

8) 支架制作完成后应按照不同位置和尺寸进行编号和分类堆放。

(2) 支座安装

室外地沟内管道的支座与室内管道支座安装方法相同，室外架空管道的支座一般包括钢筋混凝土管架、钢管管架和钢结构管架等。如图 33-97 所示。

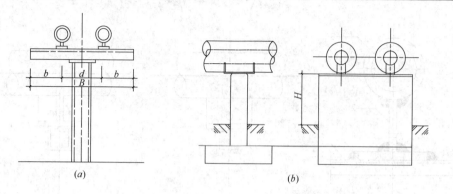

图 33-97　室外架空管道支架安装形式

(a) 钢管或钢结构 T 形管架；(b) 混凝土管架

1）支架安装位置应正确，埋设应平整牢固。固定支架与管道接触应紧密，固定应牢靠。

2）滑动支架应灵活，滑托与滑槽两侧间应留有 3～5mm 的间隙，纵向移动量应符合设计要求。

3）滑动支座的允许热位移量，按支座实长减去 50mm 得出，所以在施工时，支座必须进行偏心安装，偏心尺寸为支座前进边缘（靠伸缩节的一方）与支承板中心线相距 50mm。

4）管道支架附近的焊口，距支架净距大于 50mm，最好位于两个支座间距的 1/5 位置上。

5）固定在建筑结构上的管道支架不得影响结构的安全。

6）支架横梁、受力部件、螺栓等所用材料的规格及材质，支架的安装形式和方法等，应符合设计要求及规范规定。

7）大直径管道上的阀门应设专用支架支承，不得用管道承受阀体重量。

33.12.2.3　补偿器的安装

热力管道的特点就是安装施工温度与正常运行温度差别很大，管道系统投入运行后会产生明显的热膨胀，设计和施工中必须保证对这种热膨胀采取一定的技术措施进行补偿，避免使管道产生过大的应力，保证管道的安全运行。

补偿器及固定支架的正确安装，是供热管道解决伸缩补偿保证管道不出现破损所不可缺少的。补偿器的设置位置及形式必须符合设计要求。

1. 补偿器的类型

热力管道首先考虑利用管道本身结构上的弯曲部位的自然补偿作用，然后再考虑设置专用的补偿器。当热力管道有条件时，一般采用方形补偿器，当管道布置空间狭小，无条件布置方形补偿器时，应采用其他形式的补偿器，根据补偿器结构形式的不同，专门制作的补偿器有方形（弯管式）、填料套筒式、波纹管式和球形等多种，可根据使用条件选用。

（1）自然补偿

管道热膨胀的补偿适用于热力管道、低温管道或受气温变化较大的露天管道，凡是安装时的温度与日后运行出现的温度有较大差异且可能造成对管道安全运行造成影响的，都应考虑进行热补偿。

1) 固定支架的间距设置

对管道的热膨胀进行补偿，首先要合理地确定管道固定支架的位置，使管道在预定的区间或范围内进行有控制的伸缩，通过弯管本身的弹性或补偿器进行长度补偿。

固定支架的间距必须保证两个固定支架之间的管道热膨胀长度不超过补偿器的补偿能力，即使可以设置补偿能力较大的补偿器，固定支架的间距也不能过大，否则会使滑动支架的数量增加，使管道伸缩时的摩擦阻力增大，从而造成管道的纵向弯曲。

架空、地沟及埋地铺设的热力管道，其固定支架的间距见表 33-151。

热力管道固定支架的最大间距（m）　　　　　　表 33-151

补偿器形式	管道敷设形式	公称直径（mm）													
		32	40	50	65	80	100	125	150	200	250	300	350	400	450
方形补偿器	架空和地沟	35	45	50	55	60	65	70	80	90	100	115	130	130	130
	无沟	—	—	50	55	60	65	70	70	90	90	110	110	125	125
波纹管补偿器	轴向复式						50	50	50	50	70	70	70	—	—
	横向复式							60	75	90	110	120	110	100	
套筒补偿器	地沟			70	70	70	85	85	85	105	105	120	120	140	140
球形补偿器	架空						100	100	120	120	130	130	140	140	150
L 形自然补偿器	L 长边	18	20	24	24	30	30	30	30						
	L 短边	2.5	3.0	3.5	4.0	5.0	5.5	6.0	6.0						

固定支架的确定还应考虑与支管的关系，如果干管上有支管接出，干管上的固定支架应靠近支管，而不是把补偿器靠近支管，以便使干管的热膨胀尽可能少的传递给支管，同时也保证了支管的热膨胀不影响干管。

钢管固定支架至自由端（包括支管、立管）的最大允许长度见表 33-152。

热力管道固定支架至自由端的最大允许长度　　　　表 33-152

热媒	热水温度（℃）	60	70	80	90	95	100	110	120	130	151	145	170	175
	蒸汽（MPa）	—	—	—	—	—	0.05	0.1	0.18	0.27	0.4	0.7	0.8	
民用建筑（m）		55	45	40	35	33	32	30	26	25	22	22	—	—
工业建筑（m）		65	57	50	45	42	40	37	32	30	27	27	24	24

2) 管道的自然补偿

在热力管道安装施工时，设置固定支架或补偿器应首先考虑利用管道弯曲部分进行自然补偿。

①L 形补偿

当管道有 90°转弯时，可以在转角的两侧通过确定固定支架的位置来确定长臂 L 和短臂 l 的长度，可按公式（33-7）来计算，形成 L 形补偿器，如图 33-98。

$$l = 1.1\sqrt{\frac{\Delta L \cdot D_w}{300}} \tag{33-7}$$

式中　l——L 形补偿器短臂长度（m）；

D_w——管子外径（mm）；

ΔL——长臂的热伸缩量（mm），$\Delta L=\alpha \cdot \Delta t \cdot L$ 计算；

α——管材的线膨胀系数，碳钢 $\alpha=0.012mm/（m \cdot ℃）$；

Δt——管道所受温度差（℃）；

L——长臂长度（m）。

在 L 形补偿中长臂 L 与短臂 l 的长度越是接近，其弹性越差，补偿能力也越差，90°弯头处的应力也就越大。一般情况下，可将 L 长度取为 20～30m，再按上述公式计算出短臂 l 的长度。

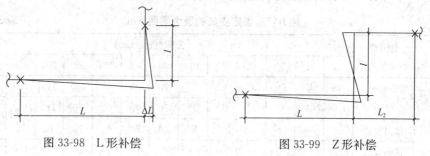

图 33-98 L 形补偿   图 33-99 Z 形补偿

②Z 形补偿

如图 33-99 所示的 Z 形自然补偿，对于垂直臂长 l 所承受的弯曲应力，可按公式（33-8）进行计算：

$$\sigma = \frac{6\Delta LED_w}{L^2(l+12K)} \tag{33-8}$$

式中 σ——管子弯曲许用应力，一般取 70MPa；

ΔL——热伸长量 $\Delta L = \Delta L_1 + \Delta L_2$（mm）；

E——材料的弹性模量，钢管取 2.1×10^5 MPa；

D_w——管子外径（mm）；

l——垂直臂长度（mm）；

K——短臂长度与垂直臂长度之比，$K=L_1/l$。

实际工程中，其垂直臂长 l 值，是由设计或根据实际情况确定，因此，当 l 已定，计算 K 值公式为：

$$K = \frac{\Delta LED_w}{2\sigma l^2} - \frac{1}{12} \tag{33-9}$$

计算时，先假设 L_1 和 L_2 之和，以便计算出其热膨胀量 ΔL，得出 K 值，再计算短边长度 $L_1=K_l$。从假定的 L_1 和 L_2 之和中减去 L_1 值，即得 L_2 值，这样即确定了两个固定支架的位置。

③T 形补偿

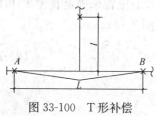

当支管与干管的连接点处于干管两固定支架间的中点时，如图 33-100 所示的支管 l 受热膨胀时在干管固定支架 A、B 两处产生的最大弯曲力为：

图 33-100 T 形补偿

$$\sigma_{max} = \frac{6\Delta lED_w}{L^2 \, 10^5} \tag{33-10}$$

式中　σ_{max}——最大弯曲应力（MPa），钢管一般取 70~80MPa；

　　　Δl——支管 l 段的热伸长量（mm）；

　　　E——管材的弹性模量，钢管取 2.1×10^5 MPa；

　　　D_w——管子外径（mm）；

　　　L——干管未固定段长度（mm）。

根据公式和许用弯曲应力，当已知支管长度 l，得出 ΔL 后，即可计算出干管未固定段 L 的最小长度；若 L 一定时，也可以求出 ΔL，再计算出支管 l 的最大长度。

（2）方形（弯管式）补偿器

与室内采暖管道的方形补偿器的区别在于室外热力管道直径都比较大，室外管道方形补偿器一般由 4 个 90° 的冲压弯头与短管焊接而成，视现场条件可设置成水平弯管方式或垂直形成龙门方式，一般跨越道路或其他障碍物时采取垂直龙门式。方形补偿器的设置数量以图纸设计为准。

（3）波纹管补偿器

波纹管补偿器又称膨胀节，伸缩节，是一种挠性、薄壁、有横向波纹的具有伸缩功能的器件，它由金属波纹管与构件组成。波纹管补偿器的工作原理主要是利用自身的弹性变形功能，补偿管道由于热变形、机械变形和各种机械振动而产生的轴向、角向、侧向及其组合位移，补偿的作用具有耐压、密封、耐腐蚀、耐温度、耐冲击、减振降噪的功能，起到降低管道变形和提高管道使用寿命的作用。

波纹管补偿器具有结构紧凑、体积小、承压能力高、工作性能好等优点，在室外热力管道工程中除了自然补偿和方形补偿器外使用最广泛的成品补偿器。

2. 补偿器的安装

（1）补偿器安装前应对补偿器的外观进行检查，按照设计图纸核对每个补偿器的型号、规格、技术参数和安装位置，检查产品安装长度应符合管网设计要求，检查接管尺寸应符合管网设计要求，校对产品合格证。

（2）需要进行预变形的补偿器预变形量应符合设计要求并记录补偿器的预变形量。

（3）先安装好固定支架、导向支架和管道后，再安装补偿器，操作时应防止各种不当的操作方式损伤补偿器。

（4）补偿器安装完毕后应按要求拆除运输固定装置并应按要求调整限位装置，施工单位应有补偿器的安装记录。

（5）补偿器宜进行防腐和保温处理，采用的防腐和保温材料不得影响补偿器的使用寿命。

（6）波纹管补偿器安装应与管道保持同轴，有流向标记箭头的补偿器安装时应使流向标记与管道介质流向一致。

（7）方形补偿器水平安装时垂直臂应水平放置平行臂应与管道坡度相同，垂直安装时不得在弯管上开孔安装放风管和排水管，滑托的预偏移量应符合设计要求，冷紧应在两端同时均匀对称地进行，冷紧值的允许误差为 10mm。安装就位时起吊点应为 3 个，以保持补偿器的平衡受力。

（8）自然补偿管段的冷紧应符合下列规定：

1）冷紧焊口位置应留在有利操作的地方，冷紧长度应符合设计规定；

2）冷紧段两端的固定支架应安装完毕并应达到设计强度，管道与固定支架已固定连接；

3）管段上的支吊架已安装完毕，冷紧焊口附近吊架的吊杆应预留足够的位移量；

4）管段上的其他焊口已全部焊完并经检验合格；

5）管段的倾斜方向及坡度应符合设计规定；

6）法兰仪表阀门的螺栓均已拧紧；

7）冷紧焊口焊接完毕并经检验合格后方可拆除冷紧卡具；

8）管道冷紧应填写记录。

33.12.2.4 碳素钢管的焊接

碳素钢管的焊接必须执行《工业金属管道工程施工及验收规范》GB 50235 和《现场设备、工业管道焊接工程施工及验收规范》GB 50236 的规定。

（1）焊接技术人员、无损探伤人员及焊工必须有相应的资质及证书。

（2）焊接材料应符合设计要求并必须有生产厂家的质量证明书，其质量不得低于国家现行标准。

（3）焊接施工单位首次使用钢材品种、焊接材料、焊接方法和焊接工艺时，应在实施焊接前进行焊接工艺试验。

（4）在实施焊接前应根据焊接工艺试验结果编写焊接工艺方案。

1. 手工电弧焊

（1）管道坡口加工

管道坡口的加工可选用机械坡口、氧-乙炔火焰切割、空气等离子切割等方法，采用热加工方法加工坡口后，应除去坡口表面的氧化皮、熔渣及影响接头质量的表面层，并应将凹凸不平处打磨平整。

坡口的形式和尺寸根据管材材质、壁厚等不同而选用不同，如设计文件无要求时，可按表 33-153 选用坡口形式。

焊接坡口形式及尺寸   表 33-153

| 序号 | 厚度 T (mm) | 坡口名称 | 坡口形式 | 坡 口 尺 寸 | | | 备 注 |
				间隙 C (mm)	钝边 P (mm)	坡口角度 α (°)	
1	1～3	I 型坡口		0～1.5	—	—	单面焊
	3～6			1～2.5			双面焊
2	3～9	V 型坡口		0～2	0～2	65～75	
	9～26			0～2	0～3	55～65	
3	6～9	带垫板 V 型坡口		3～5	0～2	45～55	
	9～26		$\delta=4～6$ $d=20～40$	4～6	0～2		

(2) 管道的施焊

1) 室外热力管道材质多为 Q235、10、20 号钢,手工电弧焊选用 E4303(对应牌号 J422)焊条。焊缝的焊接层数与选用焊条的直径、电流大小、管道壁厚、焊口位置、坡口形式有关。见表 33-154 所示。

焊接焊条、电流选用 表 33-154

序号	管壁厚度（mm）	焊接层数	焊条直径（mm）	焊接电流（A）
1	3～6	2	2～3.2	80～120
2	6～10	2～3	3.2	105～120
			4	160～200
3	10～13	3～4	3.2～4	105～180
			4	160～200
4	13～16	4～5	3.2～4	105～180
			4	160～200
5	16～22	5～6	3.2～4	105～180
			4～5	160～250

2) 焊条不得出现涂层剥离、污物、老化、受潮或者生锈迹象。焊条必须保存在专门的干燥的容器内。为减少焊缝处的内应力,施焊时应有防风、雨、雪措施,管道内还应防止穿堂风。

3) 管道对口采用支架或者吊架调整中心,在没有引起两管中心位移的情况下保留开口端空间,管道对口时必须外壁平齐,用钢直尺紧靠一侧管道外表面,在距焊口 200mm 另一侧管道外表面处测量,管道与管件之间的对口,也要做到外壁平齐。

4) 钢管对好口后进行点焊,点焊与第一层焊接厚度一致,但不超过管壁厚的 70%,其焊缝根部必须焊透,点焊位置均匀对称。

5) 与母材焊接的工卡具其材质宜与母材相同或同一类别号拆除工卡具时不应损伤母材,拆除后应将残留焊疤打磨修整至与母材表面齐平。严禁在坡口之外的母材表面引弧和试验电流并应防止电弧擦伤母材。

6) 焊接时应采取合理的施焊方法和施焊顺序,施焊过程中应保证起弧和收弧处的质量,收弧时应将弧坑填满,多层焊的层间接头应错开。

7) 采用多面焊时,在焊下一层之前,层间应用砂轮机、钢丝刷认真清除层间熔渣,并等管道自然冷却,然后进行下一层的焊接。各层引弧点和熄弧点均错开 20mm 或错开 30°角。如发现层间表面缺陷,及时修磨补焊。

8) 焊缝均满焊,焊接后立刻将焊缝上的焊渣、氧化物清除,每个焊缝在焊接完成后立即标记出焊工的标识。

9) 除工艺或检验要求需分次焊接外,每条焊缝宜一次连续焊完,当因故中断焊接时,应根据工艺要求采取保温缓冷或后热等防止产生裂纹的措施,再次焊接前应检查焊层表面,确认无裂纹后方可按原工艺要求继续施焊。

10) 需预拉伸或预压缩的管道焊缝组对时,所使用的工卡具应在整个焊缝焊接及热处理完毕并经检验合格后方可拆除。

11) 焊工的自检工作贯穿整个焊接过程,如打底、层间、盖面的检查。检查内容包括:焊缝表面是否有气孔、夹渣、裂纹、咬边、弧坑等缺陷,接头是否良好,填充金属与母材融合是否良好等。如有问题，采用机械加工法清除缺陷后，再进行补焊。焊工、班组长自检合格后，填写好检查记录交给质检员，质检员按照自检记录表格对焊口进行100%的外观检测，检测合格后由技术员填写无损检测委托单交于热处理及无损人员，自检记录要求书写工整、详细、真实，并使用碳素笔。

（3）焊缝质量控制

焊缝咬边深度不大于0.5mm，连续咬边长度不应大于100mm，且焊缝两侧咬边总长不大于该焊缝全长的10%。焊缝表面不得低于管道表面，焊缝余高 $\Delta h \leqslant 1 + 0.2 \times$ 组对后坡口的最大宽度，且不大于3mm。接头错边不应大于壁厚的10%，且不大于2mm。

2. 氩—电联焊

采用手工钨极氩弧焊打底、手工电弧焊盖面焊接工艺即我们通常所说的氩电联焊，对比采用手工电弧焊焊接工艺具有焊接质量好、射线探伤合格率高；效率高、速度快、易于掌握；工艺易于掌握、容易操作等特点，在室外热力管线工程施工中，氩电联焊工艺适用于低压蒸汽管线以及大口径的采暖管线。

氩电联焊焊缝坡口加工同手工电弧焊，焊丝选择 H08MnA，氩气保护。采用手工钨极氩弧焊打底焊时，钨极直径为2.5～4mm，氩气流量为6～10L/min，焊接电流为80～120A。钨极氩弧焊的操作技术包括引弧、填丝焊接、收弧等过程。

（1）引弧

短路引弧法（接触引弧法），即在钨极与焊件瞬间短路，立即稍稍提起，在焊件和钨极之间便产生了电弧；

高频引弧法，是利用高频引弧器把普通工频交流电（220V 或 380V，50Hz）转换成高频（150～260kHz）、高压（2000～3000V）电，把氩气击穿电离，从而引燃电弧。

（2）收弧

增加焊速法，即在焊接即将终止时，焊炬逐渐增加移动速度；

电流衰减法，焊接终止时，停止填丝使焊接电流逐渐减少，从而使熔池体积不断缩小，最后断电，焊枪或焊炬停止行走。

（3）填丝焊接

填丝时必须等母材熔化充分后才可填加，以免未熔合，填充位置一定要填到熔池前沿部位，并且焊丝收回时尽量不要马上脱离氩气保护区。

33.12.2.5　室外热力管道铺设

1. 地沟内管道铺设

地沟敷设方法分为通行地沟、半通行地沟和不通行地沟三种形式。

（1）通行地沟敷设

当管道通过不允许挖开的路面处时；热力管道数量多或管径较大，管道垂直排列高度大于或等于1.5m时，可以考虑采用通行地沟敷设。

在通行地沟内采用单侧布管和双侧布管两种方法见图33-101所示。自管子保温层外表面至沟壁的距离为120～150mm；至沟顶的距离为300～350mm；至沟底的距离为150～200mm。无论单排布管或双排布管，通道的宽度应不小于0.7m，通行地沟的净高不低于1.8m。通行地沟的弯角处和直线段每隔100m距离应设一个安装孔，安装孔的长度应能安下长度为12.5m的热轧钢管，一般为0.8×5m，以保证该线段最大一根管子或附件的装卸所必须的条件。在安装孔内，需设铁梯或扒钉，以供操作人员出入地沟之用。

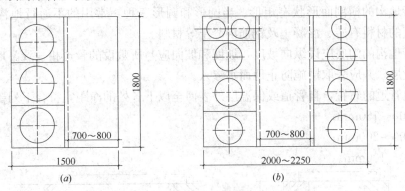

图 33-101　通行地沟
(a) 单排布置；(b) 双排布置

（2）半通行地沟敷设

当管道通过的地面不允许挖开，且采用架空敷设不合理时，或当管子数量较多，采用不通行地沟敷设由于管道单排水平布置地沟宽度受到限制时，需定期检修的管道（如热力、采暖管）可采用半通行地沟敷设，如图 33-102 所示。

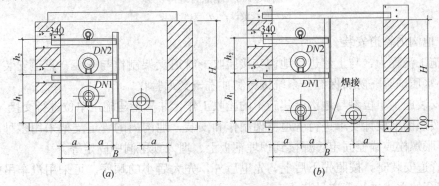

图 33-102　半通行地沟
(a) 安装滑动支架；(b) 安装固定支架

由于维护检修人员需进入半通行地沟内对热力管道进行检修，因此半通行地沟的高度一般为 1.2～1.4m。当采用单侧布置时，通道净宽不小于 0.5m，当采用双侧布置时，通道宽度不小于 0.7m。在直线长度超过 60m 时，应设置一个检修出入口（人孔），人孔应高出周围地面。

半通行地沟内管的布置，自管道或保温层外表面至以下各处的净距宜符合下列要求：沟壁 100～150mm；沟底 100～200mm；沟顶 200～300mm。

（3）不通行地沟敷设

不通行地沟是应用最广泛的一种敷设形式。它适用于下列情况：土壤干燥、地下水位低、管道根数不多且管径小、维修工作量不大。敷设在地下直接埋设热力管道时，在管道转弯及伸缩器处都应采用不通行地沟，如图 33-103 所示。

不通行地沟外形尺寸较小，占地面积小，并能保证管道在地沟内自由变形，同时地沟所耗费的材料较少。它的最大缺点是难于发现管道中的缺陷和事故，维护检修也不方便。

不通行地沟的横剖面形状有矩形、半圆形和圆形三种，常用的不通行地沟为矩形剖面。地沟壁的材料有砖、混凝土及钢筋混凝土等材料。

不通行地沟的沟底应设纵向坡度，坡度和坡向应与所敷设的管道相一致。地沟盖板上部应有覆土层，并应采取措施防止地面水渗入。

地沟内管道的布置，自管道或保温层外表面至以下各处的净距宜符合下列要求：

沟壁 100～150mm；

沟底 100～200mm；

沟顶 50～100mm。

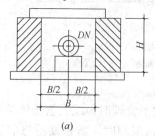 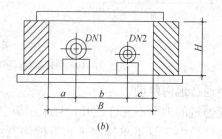

图 33-103 不通行地沟

(a) 单管敷设；(b) 双管敷设

（4）地沟内管道安装

1）施工流程为：与土建进行地沟交接验收→管道支架制作与安装→管道安装→补偿器安装→水压试验→防腐保温→系统试压和冲洗→交工验收。

2）安装施工单位参与地沟土建施工的验收工作，并与土建施工单位进行交接。

3）按照图纸设计要求进行管道支架制作和安装，地沟内的管道支架采用多种固定方式，如膨胀螺栓或锚栓固定、焊接到预埋钢板上、埋入预留洞中固定等。

4）管道安装时，按照先下后上，先里后外，先大后小的顺序。可采用汽车吊或龙门架进行配合的方式进行管道吊装。

5）管道安装固定后方可安装补偿器，补偿器应做好预拉伸，按图纸设计位置固定。

6）管道焊接时加大预制深度，尽量减少固定焊口数量。

2. 直埋管道铺设

直埋是各类管道最常见的敷设方式，室外热力管道一般采用高密度聚乙烯作保温外壳的"管中管"直埋技术。

（1）直埋保温管道和管件应采用工厂预制，并应分别符合国家现行标准《高密度聚乙烯外护管聚氨酯泡沫塑料预制直埋保温管》CJ/T 114，《高密度聚乙烯外护管聚氨酯泡沫塑料预制直埋保温管件》CJ/T 155、《玻璃纤维增强塑料外护管聚氨酯泡沫塑料预制直埋保温管》CJ/T 129 和《城镇直埋供热管道工程技术规程》CJJ/T 81 的规定。

（2）直埋管道施工流程：沟槽验收→管道敷设→阀门、附件安装→水压试验和冲洗→防腐保温→验收回填。

（3）直埋保温管道安装应按设计要求进行，管道安装坡度应与设计一致，在管道安装过程中出现折角时必须经设计确认。

（4）对于钢管必须做好防腐、绝缘，尤其在接口处，试压合格后必须补作保护层，保温层及保护层或绝缘层，其等级不低于母管。

（5）预制直埋保温管的现场切割应符合下列规定：

1）管道配管长度不宜小于 2m；

2）在切割时应采取措施防止外护管脆裂；

3）切割后的工作钢管裸露长度应与原成品管的工作钢管裸露长度一致；

4）切割后裸露的工作钢管外表面应清洁不得有泡沫残渣。

（6）直埋保温管接头的保温和密封应符合下列规定：

1）接头施工采取的工艺应有合格的检验报告；

2）接头的保温和密封应在接头焊口检验合格后进行；

3）接头处钢管表面应干净干燥；

4）当周围环境温度低于接头原料的工艺使用温度时应采取有效措施保证接头质量；

5）接头外观不应出现熔胶溢出、过烧、鼓包、翘边、褶皱或层间脱离等现象；

6）一级管网的现场安装的接头密封应进行 100% 的气密性检验，二级管网的现场安装的接头密封应进行不少于 20% 的气密性检验，气密性检验的压力为 0.02MPa，用肥皂水仔细检查密封处无气泡为合格。

（7）在雨雪天进行接头焊接和保温施工时应搭盖罩棚。

（8）预制直埋保温管道在运输现场存放安装过程中，应采取必要措施封闭端口，不得拖拽保温管，不得损坏端口和外护层。

（9）直埋保温管道安装质量的检验项目及检验方法应符合表 33-155 的规定。

直埋管道安装质量的检验项目及检验方法　　　　　表 33-155

序号	项　　目	质量标准			检验频率	检验方法
1	连接预警系统	满足产品预警系统的技术要求			100%	用仪表检查整体线路
2	△节点的保温和密封	外观检查		无缺陷	100%	目测
		气密性试验	一级管网	无气泡	100%	气密性试验
			二级管网	无气泡	20%	

注：△为主控项目，其余为一般项目。

3. 架空管道铺设

室外热力管道架空铺设在钢结构管廊、独立管架或钢筋混凝土支座上。

（1）架空管道施工流程为：测量定位→架空支架施工→安装支座→管道预制、吊装→管道连接→补偿器安装→水压试验→防腐保温。

（2）按设计文件进行管架的定位、施工，管中心距离支架横梁边缘的距离按表 33-156 计算。

管中心至支架横梁边缘最小距离表（mm）　　　　　表 33-156

DN	50	65	80	100	125	150	200	250	300
保温管	190	210	215	220	250	260	300	320	350
不保温管	130	135	145	155	165	180	210	235	265

（3）管道在地面上进行预制、组装和防腐，防腐时注意留出焊口部位。

（4）使用人工或机械进行吊装，吊装后及时进行固定，防止管道滚动。

（5）加大预制深度，尽量减少固定口的数量，架空管道的活动口和固定口的位置距离支架应大于 150mm 以上。

（6）管道安装后，用水平尺进行复查，找坡调直，安装允许误差符合规范规定。

（7）按设计要求的位置安装阀门、补偿器、疏水器等附属设备。

（8）经试压合格后进行管道防腐和保温。

33.12.2.6　管道防腐与绝热

1. 室外热力管道防腐

室外热力管道施工时，应按照设计要求进行防腐处理。防腐工作包括管道表面处理和管道外壁涂漆。

（1）管道表面处理

为了增加油漆的附着力和防腐效果，在涂刷底漆前，必须将管道或设备表面的锈渍和污物清除干净，并保持干燥。在室外热力工程施工中，碳钢管道表面处理方法包括手动工具除锈、电动工具除锈和喷砂或喷丸除锈。

（2）管道涂漆

1）管道防腐常用涂料及其选择

管道防腐常用涂料有红丹防锈漆、铁红防锈漆、铁红醇酸底漆、灰色防锈漆、锌黄防锈漆、环氧红丹漆、磷化底漆、厚漆、油性调和漆、生漆、过氯乙烯漆、耐酸水蛭磁漆、沥青漆等，如何正确的选择和使用涂料，对保证管道防腐的质量和应用效果都是十分重要的。一般讲，选择涂料时应注意以下因素：

①根据管道周围腐蚀介质的种类、性质、浓度和温度，选择相适应的涂料。如酸性介质可用酚醛树脂漆；碱性介质应采用环氧树脂漆。

②根据被涂物表面材质不同，选择相适应的涂料。如红丹防锈漆适用于钢铁表面，但不适于铝表面，铝表面应采用锌黄防锈漆。

③考虑施工条件的可能性。如对无高温处理条件的施工现场，不应采用烘干型的合成树脂材料，而应选用加有固化剂的合成树脂材料，以利于冷态下固化成膜。

④按管道内输送介质温度不同，选择相适应的涂料。

⑤涂料正确配套：底漆与面漆配套；涂料与稀释剂配套。

⑥考虑经济效果，在不降低质量标准的前提下，应尽可能选择价格低廉的涂料。

2）防腐施工要点

施工中防腐蚀涂料的种类、层数和厚度按设计文件执行，涂漆方法包括手工刷漆和压缩空气喷涂两种方式。

①根据漆料厂家说明书、设计要求和环境温度调配好漆料，漆料应在配置后 8h 内用完，当贮存的漆料出现沉淀时，使用前应搅匀。

②手工涂刷时，选择软硬适宜的毛刷进行涂刷，用力要均匀，涂刷的顺序：自上而下、从左到右、先里后外、先斜后直、先难后易、纵横交错进行。保持涂层的均匀，不得有漏涂现象。涂刷时，涂料不应有堆积和流淌以及漏刷现象。

③喷漆时，调整好涂料的黏度和压缩空气的压力，其所用的空气压力一般为 0.2～

0.4MPa，保持喷头与金属表面之间的距离，当表面是平面时，一般为 250～350mm；当表面是圆弧形时，一般为 400mm 左右为宜。压缩空气压力要稳定，操作时移动速度均匀，速度一般为 10～15m/min。喷枪喷射出的漆流应与喷漆面垂直，使管道表面形成均匀的漆膜。

④当要求涂刷两遍以上时，要等前一遍漆层干燥后再涂下一层。每遍涂层不宜太厚，以 0.3～0.4mm 为宜。

⑤当涂漆时的环境温度低于 5℃时，应采取防冻措施；若遇雨、雪、雾、大风天气时，不宜在室外进行涂刷防腐作业；空气湿度大于 75％时，不宜进行涂刷作业。

⑥管道涂层的补口和补伤的防腐蚀涂层材料要与原管道涂层相同，管道压力试验合格后，对焊口部位进行防锈处理并进行漆料的补涂。

⑦用涂料和玻璃纤维做加强防腐层时除遵守上述的有关规定外还应符合下列规定：

按设计规定涂刷的底漆应均匀完整无空白凝块和流痕；

玻璃纤维的厚度、密度、层数应符合设计要求，缠绕重叠部分宽度应大于布宽的1/2，压边量宜为 10～15mm，用机械缠绕时缠布机应稳定匀速前进，并与钢管旋转转速相配合；

玻璃纤维两面沾油应均匀，经刮板或挤压滚轮后布面无空白，不得淌油和滴油；

防腐层的厚度不得低于设计厚度。玻璃纤维与管壁应粘结牢固，缠绕紧密均匀。表面应光滑不得有气孔、针孔和裂纹。钢管两端应留 200～250mm 空白段。

⑧直埋管道的防腐材质和结构应符合设计要求和工程质量验收规范的规定。

2. 室外热力管道绝热

(1) 常用保温材料

常用的保温材料有粉状或颗粒状的珍珠岩、硅藻土、水泥蛭石等；棉状的保温材料有石棉绳、石棉板、岩棉、玻璃棉等制成的棉毡、管壳、板等；泡沫塑料的保温材料有聚苯乙烯泡沫塑料（保冷）、聚氨酯泡沫塑料（<120℃）、聚异氰脲酸酯泡沫塑料（<150℃）、聚氯乙烯泡沫塑料（分硬质和软质）等。

1) 保温材料应具有导热系数小。根据导热系数的大小可以划分为四级：一级 $\lambda<0.08W/(m·K)$；二级 $0.08<\lambda<0.116W/(m·K)$；三级 $0.116<\lambda<0.174W/(m·K)$；四级 $0.174<\lambda<0.209W/(m·K)$。

2) 不腐蚀金属、耐热范围大、热稳定性好。

3) 吸湿率低、抗水蒸气渗透性强，吸潮后不霉烂变质。

4) 密度小，一般在 450kg/m³ 以下、有一定机械强度（一般能承受 0.3MPa 以上的压力），经久耐用。

5) 无毒、无臭味、不燃、防火性能好。

6) 货源广、价格便宜、施工方便等。

(2) 保温层施工

保温层的施工方法取决于保温材料的形状和特性。

1) 涂抹法保温

涂抹法保温适用于膨胀珍珠岩、膨胀蛭石、石棉白云石粉、石棉纤维等不定形的散状材料。保温施工时，按一定比例用水调成胶泥状，加入胶粘剂，如水泥、水玻璃、耐火黏

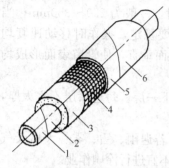

图 33-104　涂抹法保温结构

1—管道；2—防锈漆；3—保温层；
4—钢丝网；5—保护层；6—防腐漆

土等，再加入促凝剂，加水混拌均匀，成为塑性泥团，用手或工具分层涂抹，第一层用较稀的胶泥涂抹，其厚度为5mm，以增加胶泥与管壁的附着力，第二层用干一些的胶泥涂抹，厚度为 10～15mm，以后每层涂抹厚度为 15～25mm。每层涂抹均应在前一层干燥后进行，直到要求的厚度为止。其结构如图 33-104 所示。

涂抹法保温整体性好，保温层和保温面结合紧密，且不受保温物体形状的限制。多用于热力管道和设备的保温。

2）绑扎法保温

绑扎法保温适用于预制保温瓦或板块料，用镀锌钢丝将保温材料绑扎在管道的防锈层表面上。

保温施工时，先在保温材料块的内侧抹 5mm 的石棉粉或石棉硅藻土胶泥，以使保温材料与管壁能紧密结合，对于矿棉渣、玻璃棉、岩棉等矿纤材料预制品，因为他们的抗湿性能差，可不涂抹胶泥，然后将保温材料绑扎在管壁上。见图 33-105 所示。

3）粘贴法保温

粘贴法保温适用于各种加工成型的保温预制品，它用胶粘剂与保温物体表面固定，多用于空调和制冷系统的保温。见图 33-106 所示。选用胶粘剂时，对一般保温材料可用石油沥青玛琋酯做胶粘剂。对聚苯乙烯泡沫塑料保温材料制品，不能用热沥青或沥青玛琋酯做胶粘剂，而用聚氨酸预聚体（即 101 胶）或醋酸乙烯乳胶、酚醛树脂、环氧树脂等材料做胶粘剂。

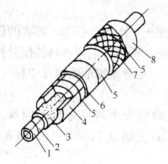

图 33-105　绑扎法保温结构

1—管道；2—防锈漆；3—胶泥；4—保温材料；5—镀锌钢丝；6—沥青油毡；7—玻璃丝布；8—防腐漆

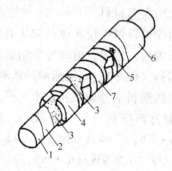

图 33-106　粘贴法保温结构

1—管道；2—防锈漆；3—胶粘剂；4—保温材料；5—玻璃丝布；6—防腐漆；7—聚乙烯薄膜

4）缠包法保温

缠包法保温适用于矿渣棉毡、玻璃棉毡等保温材料。保温施工时，先根据管径的大小将保温材料裁成适当宽度条带，以螺旋状包缠到管道的防锈层表面（图 33-107（a）），或者按管子的外圆周长加上搭接宽度，把保温材料剪成适当纵向长度的条块，将其平包到管道的防锈层表面（图 33-107（b）），缠包保温棉毡时，如棉毡的厚度达不到厚度要求时，可适当增加缠包层数，直至达到保温厚度要求为止。

（3）保护层施工

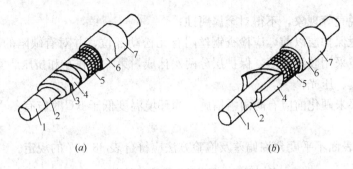

图 33-107　缠包法保温结构

(a) 方法一；(b) 方法二

1—管道；2—防锈漆；3—镀锌钢丝；4—保温毡；5—钢丝网；6—保护层；7—防腐漆

无论是保温结构还是保冷结构，都应设置保护层，常用保护层的材料有沥青油毡和玻璃丝布构成的保护层；单独用玻璃丝布缠包的保护层；石棉石膏、石棉水泥等保护层；金属薄板保护层。

1) 绝热层的保护层种类和施工要求应按设计文件执行。保护层应做在干燥、经检查合格的绝热层表面上，应确保各种保护层的严密性和牢固性。

2) 金属保护层施工应符合下列规定：

按设计要求选用镀锌钢板、铝板或不锈钢板等保护层；

安装前，金属板两边先压出两道半圆凸缘。对设备保温可在每张金属板对角线上压两条交叉筋线；

垂直方向的施工应将相邻两张金属板的半圆凸缘重叠搭接，自下而上顺序施工，上层板压下层板，搭接长度宜为 50mm；

水平管道的施工可直接将金属板卷合在保温层外，按管道坡向自下而上顺序施工，两板环向半圆凸缘重叠，纵向搭口向下，搭接处重叠宜为 50mm；

搭接处应采用铆钉固定，间距不得大于 200mm；

金属保护层应留出设备及管道运行受热膨胀量，在露天或潮湿环境中保温设备和管道的金属保护层，应按规定嵌填密封剂或在接缝处包缠密封带；

在已安装的金属保护层上，严禁踩踏或堆放物品。

3) 复合材料保护层施工应符合下列规定：

玻璃纤维以螺纹状紧缠在保温层外，前后均搭接 50mm，布带两端及每隔 300mm 用镀锌钢丝或钢带捆扎；

对复合铝箔，可直接敷在平整保温层表面上。接缝处用压敏胶带粘贴和铆钉固定，垂直管道及设备的敷设由下向上，成顺水接缝；

对玻璃钢材料，保护壳连接处用铆钉固定，纵向搭接尺寸宜为 50～60mm，环向搭接宜为 40～50mm，垂直管道及设备敷设由下向上成顺水接缝；

对铝塑复合板，可用于软质绝热材料的保护层施工中铝塑复合板正面应朝外，不得损伤其表面，轴向接缝用保温钉固定，间距宜为 60～80mm，环向搭接宜为 30～40mm，纵向搭接不得小于 10mm，垂直管道的敷设由下向上成顺水接缝；

抹面保护层的灰浆密度不得大于 $1000kg/m^2$，抗压强度不应小于 0.8MPa，干燥后不得产生裂缝、脱壳等现象，不得对金属腐蚀；

抹石棉水泥保护层以前，应检查钢丝网有无松动部位，并对有缺陷的部位进行修整，保温层的空隙应采用胶泥充填，保护层分两次抹成，第一层找平和挤压严实，第一层稍干后再加灰泥压实、压光；

抹面保护层未硬化前应有防雨雪措施，当环境温度低于5℃时应有冬季施工方案，采取防寒措施。

4）保护层表面不平度允许偏差及检验方法应符合表33-157的规定。

管道及设备保温的允许偏差和检验方法　　　表33-157

序号	项　目	允许偏差（mm）	检验频率	检验方法
1	涂抹保护层	<10	每隔20m取一点	外观
2	缠绕式保护层	<10	每隔20m取一点	外观
3	金属保护层	<5	每隔20m取一点	2m靠尺和塞尺检查
4	复合材料保护层	<5	每隔20m取一点	外观

33.12.2.7　管道系统的试压与吹洗

1. 一般规定

（1）室外热力管网安装完毕后，应进行强度试验和严密性试验。

（2）强度试验的试验压力为工作压力的1.5倍，但不得小于0.6MPa，在试验压力下10min内压力降不大于0.05MPa，然后降至工作压力下稳压30min检查，不渗不漏为合格。

（3）对于不能与管道系统一起进行试压的阀门、仪表等，应临时拆除，换上等长的短管。对管路上的波纹补偿器进行临时固定，以免在水压试验时受损。

（4）管道试压前所有接口处不进行防腐和保温，以便在管道试压中进行检查，管道与设备间应加盲板，待试压结束后拆除。

（5）管道试压时要缓慢升压，焊缝若有渗漏现象，应停止加压，泄水后进行修理，然后重新试压。

（6）试压时，应将阀门全部开启，管道系统的最高处应设排气阀，最低处设泄水阀。

（7）冬季施工时进行水压试验，要采取防冻措施，试验完毕将管线内水泄净，并采用压缩空气进行吹干，防止冻裂管道、管件和设备。

2. 室外热力管网水压试验

（1）室外热力管网水压试验时，将管路上的阀门开启，试验管道与非试验管道进行隔离，打开系统中的排气阀，往管路内开始注水，注水时安排人员对试验管段进行巡视，发现漏水时立即进行修复。

（2）注水完毕后开始进行强度试验，使用电动试压泵分阶段进行加压，先升压至试验压力的1/2。全面检查试验管段是否有渗漏现象，然后继续加压，一般分2～3次升压到试验压力，稳压10min压力降不大于0.05MPa，强度试验为合格。

（3）强度试验合格后，降压至工作压力进行严密性试验，稳压30min检查管道焊缝和法兰密封处，不渗不漏为合格。

3. 管道系统的吹洗

管道系统的压力试验合格后，应进行管道的吹洗。当管道内介质为热水、凝结水、补给水时，管道采用水冲洗；当管道内介质为蒸汽时，一般采用蒸汽吹洗。

（1）热水管道的水冲洗

1）吹洗的顺序应先主管再支管的顺序进行，吹出的脏物及时排除，不得进入设备或已吹洗后的管内。

2）吹洗压力一般不大于工作压力，且不小于工作压力的 25%，流速为 1~1.5m/s。

3）吹洗时间试实际情况而定，直至排出口的水色和透明度与入口处目测一致为合格，会同有关单位工程师共同检查，及时填写"管道系统吹洗记录"和签字认可。

（2）蒸汽管道的蒸汽吹扫

1）蒸汽管道试压后进行蒸汽吹扫，选择管线末端或管道垂直升高处设置吹扫口，吹扫口应不影响环境、设备和人员的安全，吹扫口处装设阀门，管道也要进行加固。

2）送蒸汽开始加热管路，要缓慢开启蒸汽阀门，逐渐增大蒸汽的流量，在加热过程中不断地检查管道的严密性以及补偿器、支架、疏水系统的工作状态，发现问题及时处理。

3）加热完毕后，即可开始吹扫。先将吹扫口阀门全部打开，逐渐开大总阀门，增加蒸汽流量，吹扫时间约 20~30min，当吹扫口排出的蒸汽清洁时停止吹扫，自然降温至环境温度，再加热吹扫，如此反复不小于 3 次。

4）使用刨光的木板置于吹扫口进行检查，板上无污物和变色为合格，蒸汽吹扫结束，拆除临时装置，将蒸汽管线复位。

（3）压缩空气吹扫

室外热力管道还可以采用压缩空气进行吹扫，一般压缩空气吹洗压力不得大于管道工作压力，流速不小于 20m/s。

4. 室外供热管网子分部工程施工质量验收

室外供热管道安装的允许偏差应符合表 33-158 的规定。

室外供热管道安装的允许偏差和检验方法　　　　　　　　　　表 33-158

项次	项　　目		允许偏差	检 验 方 法
1	坐标（mm）	敷设在沟槽内及架空	20	用水平尺、直尺、拉线和尺量检查
		埋地	50	
2	标高（mm）	敷设在沟槽内及架空	±10	尺量检查
		埋地	±15	
3	水平管道纵、横方向弯曲（mm）	每 1m　管径≤100mm	1	用水准仪（水平尺）、直尺、拉线和尺量检查
		每 1m　管径>100mm	1.5	
		全长（25m 以上）　管径≤100mm	≯13	
		全长（25m 以上）　管径>100mm	≯25	
4	弯管	椭圆率 $\dfrac{D_{max}-D_{min}}{D_{max}}$　管径≤100mm	8%	用外卡钳和尺量检查
		椭圆率 $\dfrac{D_{max}-D_{min}}{D_{max}}$　管径>100mm	5%	
		折皱不平度（mm）　管径≤100mm	4	
		折皱不平度（mm）　管径 125~200mm	5	
		折皱不平度（mm）　管径 200~400mm	7	

33.12.3　供热锅炉及辅助设备安装

本节适用于建筑供热和生活热水供应的额定压力不大于 1.25MPa、热水温度不超过130℃的整装蒸汽和热水锅炉及辅助设备安装工程的质量检验与验收。

33.12.3.1　常用法规、标准及规范

(1)《锅炉安装改造单位监督管理规则》

(2)《特种设备安全监察条例》

(3)《锅炉安装监督检验规则》

(4)《蒸汽锅炉安全技术监察规程》

(5)《热水锅炉安全技术监察规程》

(6)《特种设备质量监督与安全监察规定》

(7)《锅炉定期检验规则》

(8)《锅炉水处理监督管理规则》

(9)《锅炉压力容器压力管道特种设备事故处理规定》

(10)《有机热载体炉安全技术监察规程》

(11)《锅炉房设计规范》GB 50041

(12)《锅炉安装工程施工及验收规范》GB 50273

(13)《起重设备安装工程施工及验收规范》GB 50278

(14)《连续输送设备安装工程施工及验收规范》GB 50270

(15)《现场设备、工业管道焊接工程施工及验收规范》GB 50236

(16)《承压设备焊接工艺评定》JB 4708

(17)《工业设备及管道绝热工程施工及验收规范》GB 50126

(18)《低压锅炉水质标准》GB 1576

(19)《压缩机、风机、泵安装工程施工及验收规范》GB 50275

(20)《机械设备安装工程施工及验收通用规范》GB 50231

(21)《建筑给水排水及采暖工程施工质量验收规范》GB 50242

33.12.3.2　锅炉报装、施工监察与验收

各级质量技术监督局的锅炉压力容器安全监察机构，是专门从事锅炉、压力容器检验工作的政府监督机构，负责对锅炉、压力容器的生产、安装和使用实行监督检查。

1. 锅炉报装

锅炉安装前，锅炉安装单位应会同锅炉使用单位前往质量技术监督部门进行报装。报装时需携带以下资料：

(1) 资质文件：施工单位承担相应级别锅炉安装的"锅炉安装许可证"，参加安装施工的质量管理人员、专业技术人员和专业技术工人名单和持证人员的相关证件；

(2) 施工技术文件：施工单位的质量管理手册和相关的管理制度，编制的锅炉安装施工组织设计、施工方案及施工技术措施；

(3) 施工进度计划；

(4) 工程合同或协议；

(5) 锅炉出厂技术资料：包括锅炉产品质量证明书、产品安全性能监督检验证书（可

按部件、组件)、锅炉全套图纸、锅炉安装与使用说明书、锅炉强度计算书、安全阀排放量计算书、受压元件重大设计更改资料、焊接工艺规程与焊接工艺评定等，进口锅炉还应携带"进口锅炉产品安全质量监督检验证书"；

（6）锅炉房设计资料，包括锅炉房设计说明、锅炉房平面布置图、锅炉及附属设备平面布置图、立面图、工艺流程图、工艺管道安装图及标明与有关建筑距离的图纸；

（7）填写正确、齐全的《特种设备安装改造维修告知书》。

以上资料经当地技术质量监督部门核准、备案，并在特种设备安装改造维修告知书上签字盖章后，安装施工单位方可进行锅炉安装。

2. 锅炉安装施工监察

锅炉安装质量监督检验由质量技术监督部门授权的锅炉压力容器检验所进行。

（1）锅炉安装监督检验项目分 A 类和 B 类。在锅炉安装单位自检合格后，监检员应当根据《监检大纲》要求进行资料检查、现场监督或实物检查等监检工作，并在锅炉安装单位提供的见证文件（检查报告、记录表、卡等，下同）上签字确认。对 A 类项目，未经监检确认，不得流转至下一道工序。

（2）质量技术监督部门按照《监检大纲》和《监检项目表》所列项目和要求，按照锅炉安装的实际情况对锅炉安装过程进行监检。

（3）在监督检验过程中，监检人员应当如实做好记录，并根据记录填写《监检项目表》。监检机构或者监检人员在监检中发现安装单位违反有关规定，一般问题应当向安装单位发出《特种设备监督检验工作联络单》；严重问题应当向安装单位签发《特种设备监督检验意见通知书》。安装单位对监检员发出的《特种设备监督检验工作联络单》或监检机构发出的《特种设备监督检验意见通知书》应当在规定的期限内处理并书面回复。

3. 锅炉安装验收

锅炉安装工程竣工，施工单位经自检合格，出具"锅炉安装质量证明书"，锅炉检验所出具"锅炉安装质量监督检验报告书"后，可以进行锅炉总体验收，锅炉总体验收由锅炉使用单位组织。

（1）锅炉设备、管道安装完毕后，与特检所联系管道无损检测（规定的检测项目）及水压试验。

（2）水压试验合格后，锅炉试运行 48h，并与特检所联系锅炉总体验收。

（3）总体验收合格后，填写"锅炉安装质量证明书"，并由特检所签署意见、加盖公章。

33.12.3.3 整装锅炉安装

按照燃烧介质的不同分为燃煤、燃气和燃油锅炉。

1. 安装前的准备工作

（1）技术准备

1）建立完备的现场锅炉安装质量保证体系，参加安装施工的质量管理人员、专业技术人员和专业技术工人等持证上岗，各岗位职责分工明确，管理制度健全，编制的锅炉安装施工组织设计、施工方案及施工技术措施并报审；

2）认真熟悉图纸，掌握设计原理和思路，审查图纸设计是否满足现场实际需要，并通过图纸会审或设计交底解决存在的问题；

3）锅炉进场时核查随机资料是否齐备和符合要求，包括产品质量证明书、产品安全性能监督检验证书（可按部件、组件）、锅炉全套图纸、锅炉安装与使用说明书、锅炉强度计算书、安全阀排放量计算书、受压元件重大设计更改资料、焊接工艺规程与焊接工艺评定等，进口锅炉还应携带"进口锅炉产品安全质量监督检验证书"；

4）按当地质量技术监督局的要求准备好相关的资料办理锅炉安装前的告知手续；

5）对施工作业人员进行施工技术交底和安全技术交底，并形成书面交底记录。

（2）材料准备

各种辅助材料如钢板、型钢、法兰、机油、汽油、清油、铅油、电焊条、螺栓、螺母、垫铁、水泥、石棉绳、石棉橡胶垫、石棉填料盘根、聚四氟乙烯生料带、麻丝、粉笔、石笔、小线、等准备齐备。

（3）主要机具

1）机械：吊车、卷扬机、砂轮机、套丝机、砂轮锯、电焊机、试压泵等。

2）工具：手电钻、冲击钻、千斤顶、各种扳手、夹钳、手锯、手锤、大锤、剪子、人字桅杆、绞磨、滑轮、倒链、锚碇、道木、滚杠、撬杠、钢丝绳、大绳、索具、气焊工具、胀管机具、钢锯、螺丝刀等。

3）量具：钢板尺、法兰角尺、钢卷尺、卡钳、塞尺、水平仪、水平尺、游标卡尺、焊缝检测尺、温度计、压力表、线坠等。

（4）其他需要必备的作业条件

1）施工现场应具备满足施工的水源、电源、设备及大型机具运输车辆进出的道路，材料及机具存放场地和仓库等。

2）冬雨季施工时应有防寒、防雨雪施工措施及消防安全措施。

3）锅炉房主体结构、设备基础完工并达到安装强度。

4）参加土建锅炉房结构和设备基础的中间验收，对土建工程预留的孔洞、沟槽及各类预埋铁件的位置、尺寸、数量等进行验收和交接。

5）锅炉设备基础的混凝土强度必须达到设计要求，基础的坐标、标高、几何尺寸和螺栓孔位置应符合表 33-159 的规定。

锅炉及辅助设备基础的允许偏差和检验方法   表 33-159

项次	项目		允许偏差（mm）	检验方法
1	基础坐标位置		20	经纬仪、接线和尺量
2	基础各不同平面的标高		0，－20	水准仪、拉线尺量
3	基础平面外形尺寸		20	
4	凸台上平面尺寸		0，－20	尺量检查
5	凹穴尺寸		＋20，0	
6	基础上平面水平度	每米	5	水平仪（水平尺）和楔形塞尺检查
		全长	10	
7	竖向偏差	每米	5	经纬仪或吊线和尺量
		全高	10	
8	预埋地脚螺栓	标高（顶端）	＋20，0	水准仪、拉线和尺量
		中心距（根部）	2	

项次	项 目		允许偏差（mm）	检 验 方 法
9	预留地脚螺栓孔	中心位置	10	尺量
		深度	−20，0	
		孔壁垂直度	10	吊线和尺量
10	预埋活动地脚螺栓锚板	中心位置	5	拉线和尺量
		标高	+20，0	
		水平度（带槽锚板）	5	水平尺和楔形塞尺检查
		水平度（带螺纹孔锚板）	2	

6）混凝土基础外观不得有蜂窝、麻面、裂纹、孔洞、露筋等缺陷。

7）锅炉进场验收内容包括：

所有的随机技术资料满足前述的要求；

锅炉技术参数满足设计要求，锅炉铭牌上的名称、型号、出厂编号、主要技术参数应与质量证明书及实物相符；

锅炉设备外观检查应完好无损，炉墙、绝热层无空鼓、无脱落，炉拱无裂纹、无松动，受压组件可见部位无变形、无损坏，焊缝无缺陷，人孔、手孔、法兰结合面无凹陷、撞伤、径向沟痕等缺陷，且配件齐全完好；

锅炉配套附件和附属设备应齐全完好，规格、型号、数量应与图纸相符，阀门、安全阀、压力表有出厂合格证，设备开箱资料应逐份登记，妥善保管；

根据设备清单对所有设备及零部件进行清点验收，并办理移交手续。对于缺件、损坏件以及检查出来的设备缺陷，要作好详细记录，并协商好解决办法与解决时间。

2．锅炉安装流程

锅炉安装流程如下：

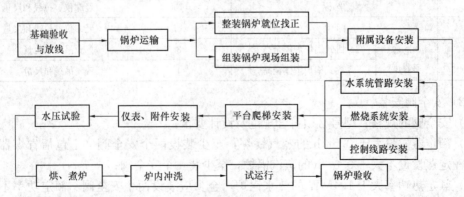

3．锅炉及附件安装

（1）锅炉本体安装

1）锅炉的运输

运输前应选好运输方法和运输路线，可以选择汽车吊进行垂直运输，卷扬机加滚杠道木进行水平运输的方式。

2）锅炉就位

①当锅炉运到基础上以后，不撤滚杠先进行找正，应达到下列要求：

锅炉炉排前轴中心线应与基础前轴中心基准线相吻合，允许误差±2mm；

锅炉纵向中心线与基础纵向中心基准线相吻合，或锅炉支架纵向中心线与条形基础纵向中心基准线相吻合，允许偏差±10mm。

②撤出滚杠使锅炉就位

撤滚杠时用道木或木方将锅炉一端垫好，用2个千斤顶将锅炉的另一端顶起，撤出滚杠，使锅炉的一端落在基础上。再用千斤顶将锅炉的另一端顶起，撤出剩余的滚杠和木方，落下千斤顶使锅炉全部落到基础上。如不能直接落到基础上，应再垫木方逐步使锅炉平稳地落到基础上。锅炉就位后应使用千斤顶进行校正。

3）锅炉找平、找正

①锅炉纵向找正

用水平尺放到炉排的纵排面上，检查炉排面的纵向水平度，检查点最小为炉排前后两处。要求炉排面纵向应水平或炉排面略坡向炉膛后部，最大倾斜度不大于10mm。

当锅炉纵向不平时，可用千斤顶将过低的一端顶起，在锅炉的支架下垫以适当厚度的钢板，使锅炉的水平度达到要求，垫铁的间距一般为500～1000mm。

②锅炉的横向找正

用水平尺放到炉排的横排面上，检查炉排面的横向水平度，检查点最小为炉排前后两处。炉排的横向倾斜度不得大于5mm（过大会导致炉排跑偏）。

当炉排横向不平时，解决做法同纵向找正。

③锅炉标高确定：在锅炉进行纵、横方向找平时同时兼顾标高的确定。

④锅炉安装的坐标、标高、中心线和垂直度的允许偏差应符合表33-160的规定。

锅炉安装的允许偏差和检验方法 表33-160

项次	项　目		允许偏差（mm）	检 验 方 法
1	坐标		10	经纬仪、拉线和尺量
2	标　高		±5	经纬仪、拉线和尺量
3	中心线 垂直度	卧式锅炉炉体全高	3	吊线和尺量
		立式锅炉炉体全高	4	吊线和尺量

（2）安全阀安装

1）安全阀的规格、型号必须符合规范及设计要求；

2）额定蒸发量大于0.5t/h的蒸汽锅炉，至少装设两个安全阀（不包括省煤器安全阀）。额定蒸发量不大于0.5t/h的蒸汽锅炉，至少装一个安全阀；

3）额定热功率大于1.4MW的热水锅炉，至少应装设两个安全阀。额定功率不大于1.4MW的热水锅炉至少应装设一个安全阀；

4）可分式省煤器出口处必须装设安全阀；

5）安全阀不应参加锅炉水压试验。水压试验时，可将安全阀管座用盲板法兰封闭，也可在已就位的安全阀与管座间加钢板垫死；

6）安全阀安装前必须到技术质量监督部门规定的检验所进行检测定压；

7）安全阀上必须有下列装置：

杠杆式安全阀要有防止重锤自行移动的装置和限制杠杆越出的导架；

弹簧式安全阀要有提升把手和防止随便拧动调整螺钉的装置。

8) 蒸汽锅炉的安全阀应装设排汽管，排汽管应直通朝天的安全地点，并有足够的截面积（不小于安全阀出口截面积），保证排汽畅通。安全阀排汽管底部应装有接到安全地点的疏水管。在排汽管和疏水管上都不允许装设阀门；

9) 热水锅炉的安全阀应装泄放管，泄放管上不允许装设阀门，泄放管应直通安全地点，并有足够的截面积和防冻措施，保证排泄畅通。如泄放管高于安全阀出口时，在泄放管的最低点处应装设疏水管，疏水管上不允许装设阀门；

10) 省煤器安全阀应装排水管，并通至安全地点，排水管上不允许装阀门。

(3) 测温仪表安装

锅炉系统的测温仪表包括测温取源部件、水银温度计、热电阻和热电偶温度计。

1) 在管道上采用机械加工或气割的方法开孔，孔口应磨圆锉光。设备上的开孔应在厂家出厂前预留好；

2) 测温取源部件的安装要求如下：

取源部件的开孔和焊接，必须在防腐和压力试验前进行；

测温元件应装在介质温度变化灵敏和具有代表性的地方，不应装在管道和设备的死角处；

温度计插座的材质应与主管道相同；

温度仪表外接线路的补偿电阻，应符合仪表的规定值，线路电阻值的允许偏差：热电偶为 $\pm 0.2\Omega$，热电阻为 $\pm 0.1\Omega$；

在易受被测介质强烈冲击的位置或水平安装时，插入深度大于 1m 以及被测温度高于 700℃时的测温元件，安装应采取防弯曲措施；

安装在管道拐弯处时，宜逆着介质流向，取源部件的轴线应与工艺管道轴线相重合；

与管道呈一定倾斜角度安装时，宜逆着介质流向，取源部件轴线应与工艺管道轴线相交；

与管道相互垂直安装时，取源部件轴线应与工艺管道轴线垂直相交。

3) 水压试验和水冲洗时，拆除测温仪表，防止损坏。

(4) 测压仪表安装

锅炉系统的测压仪表包括测压取源部件、就地压力表、远传压力表。

1) 开孔和焊接同测温元器件安装；

2) 压力测点应选择在管道的直线段上，即介质流束稳定的地方；

3) 检测带有灰尘、固体颗粒或沉淀物等混浊物料的压力时，在垂直和倾斜的设备和管道上，取源部件应倾斜向上安装，在水平管道上宜顺物料流束成锐角安装；

4) 压力取源部件安装在倾斜和水平的管段上时，取压点的设置应符合下列要求：

测量蒸汽时，取压点宜选在管道上半部以及下半部与管道水平中心线为 0°～45°夹角的范围内；

测量气体时，应选在管道上半部；

测量液体时，应在管道的下半部与管道水平中心线为 0°～45°夹角的范围内；

就地压力表所测介质温度高于 60℃时，二次门前应装 U 形或环型管；

就地压力表所测为波动剧烈的压力时，在二次门后应安装缓冲装置；

压力取源部件与温度取源部件安装在同一管段上时，压力取源部件应安装在温度取源部件的上游侧。

5）测量低压的压力表或变送器的安装高度宜与取压点的高度一致。测量高压的压力表安装在操作岗位附近时，宜距地面 1.8m 以上，或在仪表正面加护罩；

6）水压试验和水冲洗时，拆除测压仪表，防止损坏。

（5）流量仪表安装

1）流量装置安装应按设计文件规定，同时应符合随机技术文件的有关要求；

2）孔板、喷嘴和文丘里前后直段在规定的最小长度内，不应设取源部件或测温元件；

3）节流装置安装在水平和倾斜的管道上时，取压口的方位设置应符合下列要求：

①测量气体流量时，应在管道上半部；

②测量液体流量时，应在管道的下半部与管道的水平中心线为 0°～45°夹角的范围内；

③测量蒸汽流量时，应在管道的上半部与管道水平中心线为 0°～45°夹角的范围内；

④皮托管、文丘里式皮托管和均速管等流量检测元件的取源部件的轴线，必须与管道轴线垂直相交。

4）其他安装要求同测温仪表安装。

（6）分析仪表安装

1）设置位置应在流速、压力稳定并能准确反映被测介质真实成分变化的地方，不应设置在死角处。

2）在水平或倾斜管段上设置的分析取源部件，其安装位置应符合压力仪表的有关规定。

3）气体内含有固体或液体杂质时，取源部件的轴线与水平线之间仰角应大于 15°。

（7）液位仪表安装

1）安装位置应选在物位变化灵敏，且物料不会对检测元件造成冲击的地方。

2）每台锅炉至少应安装两个彼此独立的液位计，额定蒸发量不大于 0.2t/h 的锅炉可以安装 1 个液位计。

3）静压液位计取源部件的安装位置应远离液体进出口。

4）玻璃管（板）式水位表的标高与锅筒正常水位线允许偏差为 ±2mm；表上应标明"最高水位"、"最低水位"和"正常水位"标记。

5）内浮筒液位计和浮球液位计的导向管或其他导向装置必须垂直安装，并保证导向管内液体流畅，法兰短管连接应保证浮球能在全程范围内自由活动。

6）电接点水位表应垂直安装，其设计零点应与锅筒正常水位相重合。

7）锅筒水位平衡容器安装前，应核查制造尺寸和内部管道的严密性，应垂直安装，正、负压管应水平引出，并使平衡器的设计零位与正常水位线相重合。

（8）风压仪表安装

1）风压的取压孔径应与取压装置管径相符，且不应小于 12mm；

2）安装在炉墙和烟道上的取压装置应倾斜向上，并与水平线夹角宜大于 30°，在水平管道上宜顺物料流束成锐角安装，且不应伸入炉墙和烟道的内壁；

3）在风道上测风压时应逆着流束成锐角安装，与水平线夹角宜大于 30°。

（9）仪表安装的其他要求

1）热工仪表及控制装置安装前，应进行检查和校验，并应达到精度等级和符合现场使用条件。

2）仪表变差应符合该仪表的技术要求；指针在全行程中移动应平稳，无抖动、卡针或跳跃等异常现象，动圈式仪表指针的平衡应符合要求；电位器或调节螺丝等可调部件，应有调整余量；校验记录应完整，当有修改时应在记录中注明；校验合格后应铅封，需定期检验的仪表，还应注明下次校验的日期。

3）就地安装的仪表不应固定在有强烈振动的设备和管道上。

4）就地表应安装在便于观察和更换的位置。

5）仪表应在管路水压和吹洗完成后进行安装，流量仪表安装前应确认介质流动方向。

33.12.3.4 辅助设备及管道安装

1. 送、引风机安装

1）基础验收合格后进行交接，基础放线。

2）风机经过开箱验收以后，安装垫铁，将风机吊装就位，开始找正、找平。

3）经检查风机的坐标、标高、水平度、垂直度满足《压缩机、风机、泵安装工程施工及验收规范》GB 50275 的规定，进行地脚螺栓孔的灌浆，待混凝土强度达到 75% 时，复查风机的水平度，紧固好风机的地脚螺栓。

4）安装进出口风管（道）。通风管（道）安装时，其重量不可加在风机上，应设置支吊架进行支撑。并与基础或其他建筑物连接牢固。风管与风机连接时，如果错口不得强制对口勉强连接上，应重新调整合适后再连接。

5）风机试运转。试运行前先用手转动风机，检查是否灵活，接通电源，进行点试，检查风机转向是否正确，有无摩擦和振动。正式启动风机，连续运转 2h，检查风机的轴温和振动值是否正常，滑动轴承温升最高不得超过 60℃，滚动轴承温升最高不得超过 80℃（或高于室温 40℃），轴承径向单振幅应符合：风机转速小于 1000r/min 时，不应超过 0.10mm；风机转速为 1000～1450r/min 时，不应超过 0.08mm。同时做好试运转记录。

2. 除尘器安装

1）安装前首先核对除尘器的旋转方向与引风机的旋转方向是否一致，安装位置是否便于清灰、运灰。除尘器落灰口距地面高度一般为 0.6～1.0m。检查除尘器内壁耐磨涂料有无脱落。

2）安装除尘器支架：将地脚螺栓安装在支架上，然后把支架放在划好基准线的基础上。

3）安装除尘器：支架安装好后，吊装除尘器，紧好除尘器与支架连接的螺栓。吊装时根据情况（立式或卧式）可分段安装，也可整体安装。除尘器的蜗壳与锥形体连接的法兰要连接严密，用 ϕ10 石棉扭绳作垫料，垫料应加在连接螺栓的内侧。

4）烟道安装：先从省煤器的出口或锅炉后烟箱的出口安装烟道和除尘器的扩散管。烟道之间的法兰连接用 ϕ10 石棉扭绳作垫料，垫料应加在连接螺栓的内侧，连接要严密。烟道与引风机连接时应采用软接头，不得将烟道重量压在风机上。烟道安装后，检查扩散管的法兰与除尘器的进口法兰位置是否正确。

5）检查除尘器的垂直度和水平度：除尘器的垂直度和水平度允许偏差为 1/1000，找正后进行地脚螺栓孔灌浆，混凝土强度达到 75％以上时，将地脚螺栓拧紧。

6）锁气器安装：锁气器是除尘器的重要部件，是保证除尘器效果的关键部件之一，因此锁气器的连接处和舌形板接触要严密，配重或挂环要合适。

7）除尘器应按图纸位置安装，安装后再安装烟道。设计无要求时，弯头（虾米腰）的弯曲半径不应小于管径的 1.5 倍，扩散管渐扩角度不得大于 20°。

8）安装完毕后，整个引风除尘系统进行严密性风压试验，合格后可投入运行。

3. 贮罐类设备安装

1）按照规范和设计规定进行设备基础验收、基础放线和设备进场检查验收等工作。

2）利用设备本体上带有的吊耳或者直接采用钢丝绳捆绑式进行吊装就位，注意设备的各类进出口位置满足设计要求。

3）设备进行找正找平，允许偏差满足表 33-161 的规定。

表 33-161

贮罐类设备安装允许偏差

项　次	项　　　目	允许偏差（mm）	检　验　方　法
1	坐标	15	经纬仪、拉线或尺量
2	标高	±5	水准仪、拉线或尺量
3	卧式罐水平度	$2/1000\,L$	水平仪
4	立式罐垂直度	$2/1000\,H$ 但不大于 10mm	吊线和尺量

4）设备安装完毕后，敞口箱、罐应进行满水试验，满水后静置 24h 检查不渗不漏为合格，密闭箱、罐以工作压力的 1.5 倍作水压试验，但不得小于 0.4MPa，稳压 10min 内无压降，不渗不漏为合格。

5）地下直埋的油罐在埋地前应做气密性试验，试验压力降不应大于 0.03MPa，试验压力下观察 30min 不渗、不漏，无压降为合格。

4. 软化水装置安装

锅炉设备做到安全、经济运行，与锅炉水处理有直接关系。新安装的锅炉没有水处理措施不准投入运行。

（1）锅炉用水水质标准

热水锅炉水质标准如表 33-162 所示。

表 33-162

热水锅炉水质标准

水处理方式	水　样	项　　　目	标　准　值
锅内加药处理	给水	浊度，FTU	≤20.0
		总硬度（mmol/L）	≤6.0
		pH（25℃）	7.0～12.0
		含油量（mg/L）	≤2.0
	锅水	pH（25℃）	10.0～12.0
		亚硫酸根（mg/L）	10.0～50.0

水处理方式	水 样	项 目	标 准 值
锅外水处理	给水	浊度，FTU	≤5.0
		总硬度（mmol/L）	≤0.60
		pH（25℃）	7.0～12.0
		含油量（mg/L）	≤2.0
		溶解氧（mg/L）	≤0.10
		总铁（mg/L）	≤0.30
	锅水	pH（25℃）	10.0～12.0
		磷酸根（mg/L）	5.0～50.0
		亚硫酸根（mg/L）	10.0～50.0

注：1. 通过补加药剂使锅水 pH 控制在 10～12；

2. 额定功率大于等于 4.2MW 的承压热水锅炉给水应当除氧，额定功率小于 4.2MW 的承压热水锅炉和常压热水锅炉给水应当尽量除氧。

蒸汽锅炉水质标准如表 33-163 所示。

蒸汽锅炉水质标准　　　　　　　　　　　　　　　　　**表 33-163**

水样	项 目	标 准 值
给水	浊度，FTU	≤20.0
	硬度（mmol/L）	≤4.0
	pH（25℃）	7.0～12.0
	含油量（mg/L）	≤2.0
锅水	pH（25℃）	10.0～12.0
	全碱度（pH4.2）（mmol/L）	8.0～26.0
	酚酞碱度（pH8.3）（mmol/L）	6.0～18.0
	溶解固形物[①]（mg/L）	≤5.0×10^3
	磷酸根（mg/L）	10.0～50.0

① 对蒸汽质量要求不高的锅炉，在保证不发生汽水共腾的前提下，锅水溶解固形物上限值可适当放宽。

（2）软化水装置安装

对于各类型软化水装置的安装，可按设计规定和设备厂家说明书规定的安装方法进行安装，如无明确规定，可按下列要求进行安装：

1）安装前应根据设计规定对设备的规格、型号、长宽尺寸、制造材料以及随机附件进行核对检查，对设备的表面质量和内部的布水设施进行细致的检查，特别是有机玻璃和塑料制品，要严格检查，符合要求后方可安装；

2）对设备基础进行验收检查，应满足设备安装要求；

3）按设备出厂技术文件和技术要求对设备支架和设备进行找正找平，无基础及地脚螺栓的设备应采用膨胀螺栓的形式保证设备及支架的平稳和牢固；

4）设备安装完毕后进行设备配管，管道施工时不得以设备作为支撑，不得损坏设备；

5）安装完毕后应进行调试和试运行，检查设备本体、管路、阀门等是否满足使用要求。

5. 水泵安装

可以参照前面有关章节。

6. 油泵安装

(1) 油泵安装严格按照厂家说明书进行。

(2) 从锅炉房贮油罐输油到室内油箱的输油泵，不应少于 2 台，其中 1 台应为备用。输油泵的容量不应小于锅炉房小时最大计算耗油量的 110%。

(3) 在输油泵进口母管上应设置油过滤器 2 台，其中 1 台应为备用。油过滤器的滤网网孔宜为 8～12 目/cm，滤网流通截面积宜为其进口管截面积的 8～10 倍。

(4) 油泵房至贮油罐之间的管道宜采用地上敷设。当采用地沟敷设时，地沟与建筑物外墙连接处应填砂或用耐火材料隔断。

(5) 供油泵的扬程，不应小于下列各项的代数和：

1) 供油系统的压力降；

2) 供油系统的油位差；

3) 燃烧器前所需的油压；

4) 本款上述 3 项和的 10%～20% 富余量。

(6) 不带安全阀的窖积式供油泵，在其出口的阀门前靠近油泵处的管段上，必须装设安全阀。

(7) 燃油锅炉房室内油箱的总容量，重油不应超过 5m³，轻柴油不应超过 1m³。室内油箱应安装在单独的房间内。当锅炉房总蒸发量大于等于 30t/h，或总热功率大于等于 21MW 时，室内油箱应采用连续进油的自动控制装置。当锅炉房发生火灾事故时，室内油箱应自动停止进油。

(8) 设置在锅炉房外的中间油箱，其总容量不宜超过锅炉房 1d 的计算耗油量。

(9) 室内油箱应采用闭式油箱。油箱上应装设直通室外的通气管，通气管上应设置阻火器和防雨设施。油箱上不应采用玻璃管式油位表。

(10) 油箱的布置高度，宜使供油泵有足够的灌注头。

(11) 室内油箱应装设将油排放到室外贮油罐或事故贮油罐的紧急排放管。排放管上应并列装设手动和自动紧急排油阀。排放管上的阀门应装设在安全和便于操作的地点。对地下（室）锅炉房，室内油箱直接排油有困难时，应设事故排油泵。

7. 水管道安装

水管道安装参见室内给水、采暖管道安装等有关章节。

8. 蒸汽管道安装

蒸汽管道安装参见室内采暖管道安装等有关章节。

9. 燃油管道安装

(1) 锅炉房的供油管道宜采用单母管，常年不间断供热时，宜采用双母管，回油管道宜采用单母管。采用双母管时，每一母管的流量宜按锅炉房最大计算耗油量和回油量之和的 75% 计算。

(2) 重油供油系统，宜采用经锅炉燃烧器的单管循环系统。

(3) 重油供油管道应保温，当重油在输送过程中，由于温度降低不能满足生产要求时，应进行伴热。在重油回油管道可能引起烫伤人员或凝固的部位，应采取隔热或保温措施。

（4）油管道宜采用顺坡敷设，但接入燃烧器的重油管道不宜坡向燃烧器，轻柴油管道的坡度不应小于0.3％，重油管道的坡度不应小于0.4％。

（5）在重油供油系统的设备和管道上，应装吹扫口，吹扫口位置应能够吹净设备和管道内的重油。吹扫介质宜采用蒸汽，亦可采用轻油置换，吹扫用蒸汽压力宜为0.6～1MPa（表压）。

（6）固定连接的蒸汽吹扫口，应有防止重油倒灌的措施。

（7）每台锅炉的供油干管上，应装设关闭阀和快速切断阀。每个燃烧器前的燃油支管上，应装设关闭阀。当设置2台或2台以上锅炉时，应在每台锅炉的回油总管上装设止回阀。

（8）在供油泵进口母管上，应设置油过滤器2台，其中1台备用。滤网流通面积宜为其进口管截面积的8～10倍。油过滤器的滤网网孔，应符合下列要求：

1）离心泵、蒸汽往复泵为8～12目/cm；

2）螺杆泵、齿轮泵为16～32目/cm。

（9）采用机械雾化燃烧器（不包括转杯式）时，在油加热器和燃烧器之间的管段上，应设置油过滤器。油过滤器滤网的网孔，不宜小于20目/cm，滤网的流通面积不宜小于其进口管截面积的2倍。

（10）燃油管道应采用输送流体的无缝钢管，并应符合现行国家标准《流体输送用无缝钢管》GB/T 8163的有关规定；燃油管道除与设备、阀门附件等处可用法兰连接外，其余宜采用氩弧焊打底的焊接连接。

（11）室内油箱间至锅炉燃烧器的供油管和回油管宜采用地沟敷设，地沟内宜填砂，地沟上面应采用非燃材料封盖。

（12）燃油管道垂直穿越建筑物楼层时，应设置在管道井内，并宜靠外墙敷设。管道井的检查门应采用丙级防火门，燃油管道穿越每层楼板处，应设置相当于楼板耐火极限的防火隔断，管道井底部应设深度为300mm填砂集油坑。

（13）油箱（罐）的进油管和回油管，应从油箱（罐）体顶部插入，管口应位于油液面下，并应距离箱（罐）底200mm。

（14）当室内油箱与贮油罐的油位有高差时，应有防止虹吸的设施。

（15）燃油管道穿越楼板、隔墙时应敷设在套管内，套管的内径与油管的外径四周间隙不应小于20mm。套管内管段不得有接头，管道与套管之间的空隙应用麻丝填实，并应用不燃材料封口。管道穿越楼板的套管，上端应高出楼板60～80mm，套管下端与楼板底面（吊顶底面）平齐。

（16）燃油管道与蒸汽管道上下平行布置时，燃油管道应位于蒸汽管道的下方。

（17）燃油管道采用法兰连接时，宜设有防止漏油事故的集油措施。

（18）燃油系统附件严禁采用能被燃油腐蚀或溶解的材料。

（19）管道焊接和安装应符合《工业金属管道工程施工及验收规范》GB 50235和《现场设备、工业管道焊接工程施工及验收规范》GB 50236的规定。

10. 蒸汽和热水分水器安装

蒸汽分配器和热水分水器都为压力容器，一般可根据用户的要求和图纸尺寸在专业厂家加工制作。当现场制作时，必须持有有关部门颁发的压力容器制作加工证书，否则不允许自行加工制作。

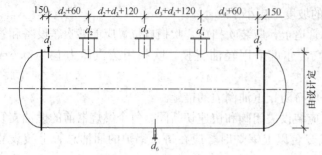

图 33-108 分配器接管间距尺寸

（1）现场制作必须采用冲压制的封头，无缝钢管直径一般是根据循环水量确定的，分水器长度根据接出管的数量及接出管管径而定。接出管间距应满足接出管上安装的阀门有足够的距离，一般接管间距如图 33-108 所示。

（2）在焊接短管法兰盘时，应保证安装阀门后，手轮操作朝向一致。两端封头部位不允许开洞接管。接出短管高度一致，不得低于保温层的厚度。接管还应考虑安装在分配器上压力表合温度计的位置。

（3）分配器一般靠墙安装，安装时可采用型钢支架，将分配器支起，用 U 形圆钢管卡将其固定在支架上，或者设备制作的时候直接增加设备支腿，设备支腿的高度按照设计要求或者安装高度来定，使用地脚螺栓或者膨胀螺栓进行分配器的固定。

33.12.3.5　烘炉与煮炉

1. 烘炉

（1）准备工作

1）锅炉本体和各类附属设备均已安装完毕，水压试验合格；

2）锅炉配管完毕，水压试验和水冲洗合格；

3）电气、仪表工程施工完毕并调试完成；

4）烘炉方案及烘炉温升曲线编制并审批完毕，准备好烘炉记录表格；

5）烘炉用的材料、工具、安全用品准备充分，参加烘炉的人员经过技术交底；

6）外部条件齐备，配电、给水、排水、通风、消防等满足要求。

（2）烘炉的方法和要求

烘炉可用火焰烘炉、热风烘炉、蒸汽烘炉等方法，其中火焰烘炉使用较多，要求如下：

锅炉必须由小火和较低的温度开始，慢慢加温。点火要先使用木材，不要距炉墙过近，靠自然通风燃烧，以后逐渐加煤，并开启引风机和鼓风机，风量不要太大。

1）木柴烘炉阶段

①关闭所有阀门，打开锅筒排气阀，并向锅炉内注入清水，使其达到锅炉运行的最低水位。

②加进木柴，将木柴集中在炉排中间，约占炉排 1/2 后点火。开始可以单靠自然通风，按温升情况控制火焰的大小。起始的 2～3h 内，烟道挡板开启约为烟道剖面 1/3，待温升后加大引力时，把烟道挡板关至紧留 1/6 为止。炉膛保持负压。

③最初 2 天，木柴燃烧须稳定均匀，不得在木柴已经熄火时再急增火力，直至第三昼夜，略填少量煤，开始向下个阶段过渡。

2) 煤炭烘炉阶段

①首先缓缓开动炉排及鼓、引风机，烟道挡板开到烟道面积 1/3～1/6 的位置上，不得让烟火从看火孔或其他地方冒出，注意打开上部检查门排除护墙气体。

②一般情况下烘炉不小于 4 天，燃烧均匀，升温缓慢，后期烟温不高于 160℃，且持续时间不应少于 24h。冬季烘炉要酌情将木柴烘炉时间延迟若干天。

③烘炉中水位下降时及时补充清水，保持正常水位。烘炉初期开启连续排污，到中期每隔 6～8h 进行一次排污，排污后注意及时补进软水，保持锅炉正常水位。

④烘炉期间，火焰应保持在炉膛中央，不应直接烧烤炉墙及炉拱，不得时旺时弱。烘炉时锅炉不升压。烘炉期少开检查门、看火门、人孔等，防止冷空气进入炉膛，严禁将冷水洒在炉墙上。

⑤链条炉排在烘炉过程中应定期转动。

⑥烘炉结束后炉墙经烘烤后没有变形、裂纹及塌落现象，炉墙砌筑砂浆含水率达到 7% 以下。

2. 煮炉

新装、移装或大修后的锅炉，受热面的内表面留有铁锈、油渍和水垢，为保证运行中的汽水品质，必须煮炉。煮炉在烘炉完毕后进行，方法是在锅炉内加碱水，使油垢脱离炉内金属壁面，在汽包下部沉淀，再经排污阀排出。

(1) 加药规定

1) 若设计无规定，按表 33-164 中规定的用量向锅炉内加药。

煮炉所用药品和数量　　　　　　　　　　　　　表 33-164

药品名称	加药量/（kg/m³ 水）		
	铁锈较轻	铁锈较重	迁装锅炉
氢氧化钠（NaOH）	2～3	3～4	5～6
磷酸三钠（Na₃PO₄·12H₂O）	2～3	2～3	5～6

2) 有加热器的锅炉，在最低水位加入药量，否则可以在上锅筒一次加入。

3) 当碱度低于 45mg 当量/L，应补充加药量。

4) 药品可按 100% 纯度计算，无磷酸三钠时，可用碳酸钠代替，数量为磷酸三钠的 1.5 倍。

5) 对于铁锈较薄的锅炉，也可以只用无水磷酸钠进行煮炉，其用量为 6kg/m³ 炉水。

6) 铁锈特别严重时，加药数量可按表 33-164 再增加 50%～100%。

(2) 煮炉的方法

1) 为了节约时间和燃料，在烘炉后期应开始煮炉，按设计及锅炉出厂说明书的规定进行加药。

2) 加强燃烧，使炉水缓慢沸腾，待产生蒸汽后由空气阀或安全阀排出，使锅炉不受压，维持 10～12h。

3) 减弱燃烧，将压力降到 0.1MPa，打开定期排污阀逐个排污一次，并补充给水或加入未加完的药溶液，维持水位。

4) 再加强燃烧，把压力升到工作压力的 75%～100% 范围内，运行 12～24h。

5）停炉冷却后排出炉水，并即使用清水（温水）将锅炉内部冲洗干净。

（3）注意事项

1）煮炉时间一般应为 2～3d，如蒸汽压力较低，可适当延长煮炉时间。非砌筑或浇筑保温材料保温的锅炉，安装后可直接进行煮炉。煮炉结束后，打开锅筒和集箱检查孔检查，锅筒和集箱内壁应无油垢，擦去附着物后金属表面应无锈斑。

2）煮炉期间，炉水水位控制在最高水位，水位降低时，及时补充给水。每隔 3～4h 由上、下锅筒及各集箱排污处进行炉水取样，当碱度低于 45mg 当量/L，应补充加药量。

3）需要排污时，应将压力降低后，前后左右对称排污，清洗干净后，打开人孔、手孔进行检查，清除沉淀物。

33.12.3.6　蒸汽严密性试验、安全阀调整与 48h 试运转

锅炉在烘炉、煮炉合格后，应进行 48h 的带负荷连续试运行，同时应进行安全阀的热状态定压检验和调整。

1. 锅炉蒸汽严密性试验

锅炉烘炉、煮炉合格后，进行蒸汽严密性试验，做法如下：

（1）升压至 0.3～0.4MPa，对锅炉的法兰、人孔、手孔和其他连接螺栓进行一次热态下的紧固。

（2）升压至工作压力，检查各人孔、手孔、阀门、法兰和填料等处是否有漏水、漏气现象，同时观察锅筒、集箱、管路和支架等各处的热膨胀情况是否正常。

（3）经检查合格后，详细记录并请监理单位认可。

2. 安全阀校验

蒸汽严密性试验合格后可升压进行安全阀调整，要求如下：

（1）为了防止锅炉上所有的安全阀同时工作，锅筒上的安全阀分为控制安全阀和工作安全阀两种。控制安全阀的开启压力低于工作安全阀的开启压力，安全阀开启压力按表 33-165 的规定，安全阀的定压必须由当地技术监督部门指定的专业检测单位进行校验，并出具检测报告和进行铅封。

安全阀定压规定　　　　　　　　表 33-165

项次	额定工作压力 P（MPa）	整定压力
1	$P \leqslant 0.8$	工作压力+0.03MPa
		工作压力+0.05MPa
2	$0.8 < P \leqslant 0.8$	1.04 倍工作压力
		1.06 倍工作压力
3	$P > 5.9$	1.05 倍工作压力
		1.08 倍工作压力

（2）一般锅炉装有 2 个安全阀的，一个按表中较高值调整，另一个按较低值调整。先调整锅筒上开启压力较高的安全阀，然后再调整开启压力较低的安全阀。

（3）安全阀的回座压差，一般应为起座压力的 4%～7%，最大不得超过起座压力的 10%。

（4）安全阀在运行压力下应具有良好密封性能。

（5）定压工作完成后，应做一次安全阀自动排汽试验，启动合格后应铅封，同时将始启压力、起座压力、回座压力记进行记录。

（6）安全阀定压调试记录应有甲乙双方、监理及锅检部门共同签字确认。

3. 锅炉 48h 试运行

安全阀调整后，应进行 48h 的带负荷连续试运行。锅炉试运行应按照设计、厂家安装

使用说明书的要求进行。

（1）48h 试运行前应具备下列条件：

1）锅炉 48h 试运行方案编制完毕并上报审批；

2）锅炉烘炉、煮炉、严密性试验合格，辅助设备及各附属系统如燃料、给水、除灰等系统分别试运行合格；

3）各项检查与试验工作均已完毕，前阶段发现的缺陷已处理完毕；

4）锅炉机组整套试运行需用的热工、电气仪表与控制装置及安全阀等已按设计安装并调试完毕，指示正确，动作良好；

5）化学监督工作能正常进行，化学制水已经试运行合格，试运行用的燃料已备齐；

6）使用单位已作好生产准备，操作人员已经过培训上岗，能满足试运行工作要求。

（2）操作要点如下：

1）打开进水阀，关闭蒸汽出口阀，启动给水泵向炉内注水（软化水），水位至水位计的最低水位处，检查水位是否稳定，如水位下降应检查排污阀是否关闭不严；

2）点火升温，初始升温升压需缓慢，一般从初始升压至工作压力的时间为 3～4h 为宜，这期间应进行一次水位计的冲洗，同时观测两侧压力表指示是否一致，检查人孔等处有无泄漏蒸汽处；

3）当蒸汽压力稳定后，如安全阀未预先进行调整开启动作压力时，可进行带压调整，但应注意严格控制炉内蒸汽压力。先调整开启压力高的一只，降压后再调整开启压力低的另一只。如多台锅炉应逐台进行单独调整；

4）在试运转过程中，应进行排水以检查排污阀启闭是否正常，并同时给锅炉上水保证低水位线；

5）上述均正常后逐渐打开蒸汽主阀进行暖管，一般可送至分汽缸内，再打开紧急放空阀向室外排放。此时应及时进行补水，观察水位变化，并保证炉内蒸汽压力，补水应按少补勤补的原则，避免一次补水量过大影响蒸汽压力。

（3）锅炉供汽（或供热水）带负荷后连续试运行 48h。在 48h 试运行期间，所有辅助设备应同时或陆续或轮换投入运行；锅炉本体、辅助机械和附属系统均应工作正常，其膨胀、严密性、轴承温度及振动等均应符合技术要求；锅炉蒸汽参数（或热水出水温度）、燃烧情况等均应基本达到设计要求。

（4）锅炉停启炉时操作如下：

1）正常停炉压火，应先停运鼓风机，再停运引风机，停止供煤或其他燃料，但循环水泵不能停运。当系统水温降至 50～60℃以下时再停循环水泵。

2）再次启炉时，应先开启循环水泵，使系统内的水达到正常循环后，开启引风机、鼓风机，启动炉排及上煤系统，逐渐恢复燃烧。

（5）锅炉机组 48h 试运行结束后，应办理整套试运行签证和设备验收移交工作。

33.12.3.7 供热锅炉工程竣工资料的编制

锅炉带负荷连续试运行合格后，方可办理工程总体验收手续。工程未经总体验收，严禁锅炉投入使用。工程验收应包括中间验收和总体验收。

供热锅炉安装工程的验收，应提交下列资料：

（1）开、竣工报告；

（2）施工组织设计、施工方案；

（3）技术交底记录；

（4）焊接工艺指导书及工艺评定报告；

（5）锅炉技术资料（包括设计修改的有关文件）；

（6）设备缺损件清单及修复记录；

（7）基础检查记录；

（8）锅炉本体安装记录；

（9）锅炉胀管记录；

（10）水泵安装记录；

（11）阀门水压试验记录；

（12）炉排冷态试运行记录；

（13）水压试验记录；

（14）水位表、压力表和安全阀安装记录；

（15）烘炉、煮炉记录；

（16）带负荷连续 4h～24h 试运行记录。

（17）隐蔽工程验收记录；

（18）锅炉压力容器安装质量证明书；

（19）管材、焊材质量证明书；

（20）阀门、弯头等管件合格证；

（21）主蒸汽管、主给水管焊接质量检查记录和无损检测报告；

（22）分部、分项、单位工程质量评定表。

33.12.4 热交换站内设备及管道安装

为保证热交换站内具有充足的设备、管道的检修空间和整体使用效果，应在站房设备安装前进行设备排布和管道布置进行深化设计。

33.12.4.1 换热器安装

1. 板式换热器

（1）板式换热器的安装

1）按照换交换站经过审批后的深化设计设备布置图进行换热器的安装。

2）板式换热器在出厂时在两块压紧板上设置 4 个吊耳，供起吊时使用，吊绳不得挂在法兰口接管、定位横梁或板片上。

3）换热器就位后进行找正、找平，经检查设备的坐标、标高、垂直度、水平度满足设计和规范要求后，开始地脚螺栓孔的灌浆，或者使用膨胀螺栓进行固定。

4）换热器周围要留有 1m 左右的空间，以便于检修。

5）冷热介质进出口接管之安装，应严格按照出厂铭牌所规定方向连接，否则，换热器性能将受到影响。

6）安装管路时，应按照设计要求在管路上配齐阀门、压力表、温度计，流量控制阀应装在换热器进口处，在出口处应装排气阀。

7）连接换热器的管线要进行冲洗、清理干净，防止砂石焊渣等杂物进入换热器，造成堵塞。

8）当使用介质不干净，有较大颗粒或长纤维时，进口处应装有过滤器。

（2）板式换热器的调试和使用

1）板式换热器使用前应进行水压试验，对热媒管路和使用管路分开进行，试验压力为工作压力的 1.5 倍，蒸汽部分应不低于蒸汽供汽压力加 0.3MPa，热水部分应不低于 0.4MPa，稳压 10min 压力不降为合格。

2）管路进行冲洗时，板式换热器进口处可加设过滤网或者不参与管线冲洗。

3）开始运行试运操作时，先打开使用端管路阀门，开始正常循环后，再缓慢打开热媒管路阀门，慢慢增加热媒介质流量，直至达到设计要求的温度和压力等参数。

4）停车运行时应缓慢切断热媒管路阀门，再切断使用端管路阀门，这样有助于加长换热器的使用寿命。

5）板式换热器如长时间的使用，板片会有一定的沉积物结垢而影响换热效果，因此须定期拆洗。拆洗时将换热器解体，用棕刷洗刷板片表面污垢，也可用无腐蚀性的化学清洗剂洗刷，注意不得用金属刷洗刷，以免损伤板片影响防腐能力。一般情况可不解体清洗，用水以与介质流动反方向冲洗，可冲出杂物，但压力不得高于工作压力，也可用对不锈钢无腐蚀性的化学清洗剂清洗。

2. 容积式换热器

（1）容积式换热器分为立式和卧式，在出厂前应设置吊装用的吊耳，安装时利用吊耳进行吊装就位。

（2）就位后换热器进行找正找平，其坐标、标高、垂直度和水平度满足设计和规范要求，采用地脚螺栓或者膨胀螺栓进行固定。

（3）按照图纸设计进行设备配管。

（4）换热器和站房内的管道试压和冲洗等参考板式换热器。

（5）为防止热损失，换热器在使用前对壳体外表面进行保温，保温层材料和保护壳等做法可按照设计文件执行。

（6）容积式换热器的使用操作方法同板式换热器。

（7）为确保运行安全，必须设置安全装置，可采用：在容积式换热器的顶部安装与设备最高工作压力相适应的安全阀；在容积式换热器的顶部装设与大气相通的引出管，管的内径应不小于 25mm；装设与容积式换热器相连通的膨胀水箱。

（8）容积式换热器每年至少进行一次外部检查；每三年至少进行一次内、外部检查，每六年至少进行一次全面检查。检查的内容与要求按《压力容器安全技术监察规程》执行。

3. 管壳式换热器

（1）设备安装前应对管程和壳程分别进行水压试验，如果发现压力异常，可进行抽芯检查。

（2）换热器安装时可利用吊耳或者使用钢丝绳绑扎式吊装就位。

（3）换热器找平找正后，使用地脚螺栓进行固定。换热器支座的地脚螺栓孔一端为固定孔，一端为滑动孔，滑动孔的地脚螺栓应采用双螺母，第一个螺母拧紧后倒退一圈，然后用第二个螺母锁紧，以便鞍座能在基础上自由滑动。

（4）根据换热器的类型不同，换热器的两端或一端应留有一定的空间，保证管箱可吊装及拆除，方便设备检修。

（5）换热器运行和停止使用与前述换热器一致。

（6）运行过程中发现有局部换热管渗漏时，允许将其两端堵死，但被堵的管子数量不得超过管子总数的 10%。

（7）对于介质易堵塞的换热器要定期检查，清理管中的污物及污垢等，以利热交换。对于运行年限较长的设备应每年检测设备的整体等受压元件的壁厚，看其是否满足最小厚度要求，并确定能否继续运行。

33.12.4.2 水泵安装及试运转

参见前文所述有关内容。

33.12.4.3 管道及附件安装

设备配管前，先进行站房管线布置的深化设计，使各系统管线层次分明，分布合理，保证站房内具有充足的设备、管道的检修空间和整体使用效果。

（1）站房内的设备配管应按照由上而下、由里而外、由大到小的顺序进行施工。

（2）配管时遵循小管让大管、有压让无压的原则进行。

（3）管道配管前应按照深化设计图纸，加大预制深度，较少固定口的焊接，提高焊缝的焊接质量。

（4）调节阀、疏水器、除污器、减压器、流量计及各类阀门等按照图纸设计和规范规定正确安装。

（5）水泵的进出口阀门应安装在距离地面 1.4～1.7m 的高度上，阀门手柄的方向应方便操作。

（6）成排安装的管道、阀门、管件等标高应一致，排列整齐。

（7）管道安装完毕进行水压试验和水冲洗，试验合格进行管道、设备的防腐和保温。

参 考 文 献

1. 中国安装协会组织编写. 管道施工实用手册. 北京：中国建筑工业出版社，1998.

2.《建筑施工手册》（第四版）编写组. 建筑施工手册（第四版）. 北京：中国建筑工业出版社，2003.

3. 本书编委会. 水暖施工员一本通. 北京：中国建材工业出版社，2009.

4. 王增长主编. 建筑给水排水工程（第五版）. 北京：中国建筑工业出版社，2004.

5. 宋波主编. 建筑给水排水及采暖工程施工质量问答. 中国建筑工业出版社，2004.

34 通风与空调工程

34.1 通风与空调工程设计中的有关规定

34.1.1 采暖通风与空气调节设计规定

（1）机械送风系统的进风口位置应符合：

1）应直接设在室外空气较清洁的地点；

2）应低于排风口；

3）进风口的下缘距室外地坪不宜小于 2m，当设在绿化带时，不宜小于 1m；

4）应避免进风、排风短路。

（2）机械送风系统（包括与热风采暖合用的系统）的送风方式，应符合下列要求：

1）放散热或同时放散热、湿和有害气体的工业建筑，当采用上部或下部同时全面排风时，宜送至作业地带；

2）放散粉尘或密度比空气大的气体和蒸汽，而不同时放散热的工业建筑，当从下部地区排风时，宜送至上部区域；

3）当固定工作地点靠近有害物质放散源，且不可能安装有效的局部排风装置时，应直接向工作地点送风；

（3）同时放散热、蒸汽和有害气体或仅放散密度比空气小的有害气体的工业建筑，除设局部排风外，宜从上部区域进行自然或机械的全面排风，其排风量应小于每小时 1 次换气；当房间高度大于 6m 时，排风量可按 $6m^3/（h \cdot m^2）$ 计算。

（4）当采用全面排风消除余热、余湿或其他有害物质时，应分别从建筑物内温度最高、含湿量或有害物质浓度最大的区域排风。全面排风量的分配应符合下列要求：

1）当放散气体的密度比室内空气轻，或虽比室内空气重但建筑内的显热全年均能形成稳定的上升气流时，宜从房间上部区域排出；

2）当放散气体的密度比空气重，建筑内放散的显热不足以形成稳定的上升气流而沉积在下部区域时，宜从下部区域排出总排风量的 2/3，上部区域排出总排风量的 1/3，且不应小于每小时 1 次换气；

3）当人员活动区有害气体与空气混合后的浓度未超过卫生标准，且混合后气体的密度与空气密度接近时，可只设上部或下部区域排风。

（5）建筑物全面排风系统吸风口的布置，应符合下列规定：

1）位于房间上部区域的吸风口，用于排除余热、余湿和有害气体时（含氢气时除外），吸风口上缘至顶棚平面或屋顶的距离不大于 0.4m；

2）用于排除氢气与空气混合物吸风口上缘至顶棚平面或屋顶的距离不大于 0.1m；

3）位于房间下部区域的吸风口，其下缘至地板间距不大于 0.3m；

4）因建筑结构造成有爆炸危险气体排出的死角处，应设置导流设施。

（6）含有剧毒物质或难闻气味的局部排风系统，或含有较高的爆炸危险物质的局部排风系统所排出的气体，应排至建筑物空气动力阴影区和正压区外。

（7）可能突然放散大量有害气体或有爆炸危险气体的建筑物，应设置事故通风装置：

1）事故通风量宜根据工艺设计要求通过计算确定，但换气不应小于每小时 12 次；

2）事故排风的吸风口，应设在有害气体或爆炸危险性物质放散量可能最大或聚集最多的地点，对事故排风的死角处，应采取导流措施；

3）事故排风的排风口应符合下列规定：

① 不应布置在人员经常停留或经常通行的地点；

② 排风口与机械送风系统的进风口的水平距离不应小于 20m；当水平距离不足 20m 时，排风口必须高出进风口，并不得小于 6m；

③ 当排气中含有可燃气体，事故通风系统排风口距可能火花溅落地点应大于 20m；

④ 排风口不得朝向室外空气动力阴影区和正压区。

（8）事故通风的通风机，应分别在室内、外便于操作的地点设置电器开关。

（9）通风、空气调节系统的风管，宜采用圆形或长、短边之比不大于 4 的矩形截面，其最大长、短边之比不应超过 10。风管的截面尺寸，宜按国家现行标准《通风与空调工程施工质量验收规范》GB 50243 中的规定执行，金属风管管径应为外径或外边长；非金属风管管径为内径或内边长。

（10）凡设有机械通风系统的房间，人员所需的最小新风量应满足国家现行有关卫生标准，工业建筑应保证每人不小于 30m³/h 的新风量，人员所在房间设有机械通风系统时，应有可开启外窗。

（11）可燃气体管道、可燃液体管道和电线、排水管道等，不得穿过风管的内腔，也不得沿风管的外壁敷设。可燃气体管道和可燃液体管道，不应穿过通风机室。

（12）在下列条件下，应采用防爆型设备：

1）直接布置在有甲、乙类物质场所中的通风、空气调节和热风采暖的设备；

2）排除有甲、乙类物质的通风设备；

3）排除含有燃烧或爆炸危险的粉尘、纤维等丙类物质，其含尘浓度高于和等于其爆炸下限的 25% 时的设备。

（13）用于甲、乙类的场所的通风、空气调节和热风采暖的送风设备，不应与排风设备布置在同一通风机房室内。用于排除甲、乙类物质的排风管，不应与其他系统的通风设备布置在同一通风机房内。

（14）空气的蒸发冷却采用江水、湖水、地下水等天然冷源时，应符合下列要求：

1）水质符合卫生要求；

2）水的温度、硬度等符合使用要求；

3）使用过后的回水应再利用；

4）地下水使用过后的回水全部回灌，并不得造成污染。

（15）送风口的出口风速应根据送风方式、送风口类型、安装高度、室内允许风速和噪声标准等因素确定，消声要求较高时，宜采用 2~5m/s，喷口送风可采用 4~10m/s。

（16）空气调节区的送风口选型应符合：侧送宜选用百叶风口或条缝型风口；有吊顶可利用时，可分别采用圆形、方形、条缝形散流器或孔板送风；空间较大的公共建筑和室温允许波动范围大于或等于±1.0℃的高大厂房，宜采用喷口送风、旋流风口送风或地板式送风。

（17）回风口的布置方式，应符合下列要求：

1）回风口不应设在射流区内和人员长时间停留的地点，采用侧送时，宜设在送风口的同侧下方；

2）条件允许时，宜采用集中回风或走廊回风，但走廊的横断面风速不宜过大且应保持走廊与非空调区之间的密封性。

（18）回风口的吸风速度，宜按表 34-1 选用。

回风口的吸风速度		表 34-1
回 风 口 的 位 置		最大吸风速度（m/s）
房 间 上 部		≤4.0
房间下部	不靠近人经常停留的地点时	≤3.0
	靠近人经常停留的地点时	≤1.5

（19）空气调节区内的空气压力应满足下列要求：

1）工艺性空气调节，按工艺要求；

2）舒适性空气调节，空气调节区与室外的压力差或空气调节区相互之间有压差要求时，其压差值宜取 5~10Pa，但不应大于 50Pa。

（20）属下列情况之一的空气调节区，宜分别或独立设置空气调节风系统：

1）使用时间不同的空气调节区；

2）温湿度基数和允许波动范围不同的空气调节区；

3）对空气的洁净要求不同的空气调节区；

4）有消声要求和产生噪声的空气调节区；

5）空气中含有易燃易爆物质的空气调节区；

6）在同一时间内须分别进行供热和供冷的空气调节区。

（21）空气调节系统风管内的风速，应符合表 34-2 规定。

空气调节系统风管内的风速		表 34-2
室内允许噪声级 dB（A）	主管风速（m/s）	支管风速（m/s）
25~35	3~4	≤2
35~50	4~7	2~3
50~65	6~9	3~5
65~85	8~12	5~8

注：通风机与消声装置之间的风管，其风速可采用 8~10m/s。

34.1.2　建筑设计防火相关规定

（1）通风、空气调节系统应采取防火安全措施。

（2）通风和空气调节系统的管道布置，横向宜按防火分区设置，竖向不宜超过五层，当管道设置防止回流设施或防火阀时，其管道布置可不受此限制，垂直风管应设置在管井内。

（3）有爆炸危险的厂房内的排风管道，严禁穿过防火墙和有爆炸危险的车间隔墙。

（4）甲、乙、丙类厂房中的送、排风管道宜分层设置，当水平或垂直送风管在进入生产车间处设置防火阀时，各层的水平或垂直送风管可合用一个送风系统。

（5）空气中含有易燃易爆危险物质的房间，其送、排风系统应采用防爆型的通风设备，当送风机设置在单独隔开的通风机房内且送风干管上设置了止回阀门时，可采用普通型的通风设备。

（6）下列情况之一的通风、空气调节系统的风管上应设置防火阀：

1）穿越防火分区处；

2）穿越通风、空气调节机房的房间隔墙和楼板处；

3）穿越重要的或火灾危险性大的房间隔墙和楼板处；

4）穿越防火分隔处的变形缝两侧；

5）垂直风管与每层水平风管交接处的水平管段上，但当建筑内每个防火分区的通风、空气调节系统均独立设置时，该防火分区内的水平风管与垂直总管的交接处可不设置防火阀。

（7）公共建筑的浴室、卫生间和厨房的垂直排风管，应采取防回流措施或在支管上设置防火阀，公共建筑的厨房的排油烟管道宜按防火分区设置，且在与垂直排风管连接的支管处应设置动作温度为150℃的防火阀。

（8）防火阀的设置应符合下列规定：

1）除消防规范另有规定以外，动作温度应为70℃；

2）防火阀宜靠近防火分隔处设置；

3）防火阀暗装时，应在安装部位设置方便检修的检修口；

4）在防火阀两侧各2.0m范围内的风管及其绝热材料应采用不燃材料；

5）防火阀应符合现行国家标准《建筑通风和排烟系统用防火阀门》GB 15930的有关规定。

（9）通风、空气调节系统的风管应采用不燃材料，但下列情况除外：

1）接触腐蚀介质的风管和柔性接头可采用难燃材料；

2）体育馆、展览馆、候机（车、船）楼（厅）等大空间建筑、办公楼和丙、丁、戊类厂房内的通风、空气调节系统，当风管按防火分区设置且设置了防烟防火阀时，可采用燃烧产物毒性较小且烟密度等级小于等于25的难燃材料。

（10）设备和风管的绝热材料、用于加湿器的加湿材料、消声材料及其胶粘剂，宜采用不燃材料；当确有困难时，可采用燃烧产物毒性较小且烟密度等级小于等于50的难燃材料；风管内设置电加热器时，电加热器的开关应与风机的启停连锁控制，电加热器前后各0.8m范围内的风管和通到容易起火房间的风管，均应采用不燃材料。

（11）燃油、燃气锅炉房应有良好的自然通风或机械通风设施。燃气锅炉房应选择用防爆型事故排风机，当设置机械通风设施时，该机械通风设施应设置导除静电的接地设置，通风量应符合下列规定：

1）燃油锅炉房的正常通风量按换气次数不小于 3 次/h 确定；

2）燃气锅炉房的正常通风量按换气次数不小于 6 次/h 确定；

3）燃气锅炉房的事故排风量按换气次数不小于 12 次/h 确定。

（12）民用建筑内空气中含有容易起火或爆炸危险物质的房间，应有良好的自然通风或独立的机械通风设施，且其空气不应循环使用。

（13）排除含有比空气轻的可燃气体与空气的混合物时，其排风水平管全长应顺气流方向向上坡度敷设。

（14）可燃气体管道和甲、乙、丙类液体管道不应穿过通风机房和通风管道，也不应紧贴通风管道的外壁敷设。

（15）防烟与排烟系统中的管道、风口及阀门等必须采用不燃材料制作，排烟管道应采取隔热防火措施或与可燃物不小于 150mm 的距离。排烟管的厚度应按现行国家标准《通风与空调工程施工质量验收规范》GB 50243 的有关规定执行。

（16）机械排烟系统中的排烟口、排烟阀和排烟防火阀的设置应符合下列规定：

1）排烟口或排烟阀应按防烟分区设置，排烟口或排烟阀应与排烟风机连锁，当任意排烟口或排烟阀开启时，排烟风机应能自动启动；

2）排烟口或排烟阀平时为关闭时，应设置手动和自动开启装置；

3）排烟口应设置在顶棚或靠近顶棚的墙面上，且与附近安全出口沿走道方向相邻边缘之间的最小水平距离不应小于 1.5m，设在顶棚上的排烟口，距可燃构件或可燃物的距离不应小于 1.0m；

4）设置机械排烟系统的地下、半地下场所，除歌舞娱乐放映游艺场所和建筑面积大于 50m² 的房间外，排烟口可设置在疏散走道；

5）防烟分区内的排烟口距最远点的水平距离不应超过 30m；排烟支管上应设置当烟气温度超过 280℃时能自行关闭的排烟防火阀；

6）排烟口的风速不宜大于 10m/s。

（17）机械加压送风管道、排烟管道和补风管道内的风速应符合下列规定：

1）采用金属风道时，不宜大于 20m/s；

2）采用非金属风道时，不宜大于 15m/s；

3）送风口的风速不宜大于 7m/s，排烟口的风速不宜大于 10m/s。

（18）机械加压送风应保持余压：

1）防烟楼梯间为 40~50Pa；

2）前室、合用前室、消防电梯间前室、封闭避难层（间）为 25~30Pa。

34.1.3 人防相关设计规定

（1）防空地下室的采暖通风与空气调节系统应分别与上部建筑的采暖通风与空气调节系统分开设置。

（2）采暖通风与空调系统的平战结合设计，应符合下列要求：

1）平战功能转换措施必须满足防空地下室战时的防护要求和使用要求；

2）在规定的临战转换时限内完成战时功能转换；

3）专供平时使用的进风口、排风口和排烟口，战时应采取的防护密闭措施。

（3）防空地下室两个以上防护单元平时合并设置一套通风系统时，应符合下列要求：

1）必须确保战时每个防护单元有独立的通风系统；

2）临战转换时应保证两个防护单元之间密闭隔墙上的平时通风管（孔）在规定时间实施封堵，并符合战时的防护要求。

（4）防空地下室战时的进（排）风口或竖井，宜结合平时的进（排）风口或竖井设置。平战结合的进风口宜选用门式防爆波活门。平时通过该活门的风量，宜按防爆波活门门扇全开时的风速不大于10m/s确定。

（5）防空地下室内的厕所、盥洗室、污水泵房等排风房间，宜按防护单元单独设置排风系统，且宜平战两用。

（6）防空地下室战时的通风管道及风口，应尽量利用平时的通风管道及风口，但应在接口处设置转换阀门。

（7）战时防护通风设计，必须有完整的施工设计图纸，标注相关预埋件、预留孔位置。

（8）柴油发电机房宜设置独立的进、排风系统。

（9）穿过防护密闭墙的通风管，应采取可靠的防护密闭措施，并应在土建施工时一次预埋到位。

34.2 通风空调工程相关机具设备

34.2.1 通风空调风管加工及安装的机具设备

34.2.1.1 板材的剪切机具设备

1. 龙门剪板机

图 34-1 龙门式剪板机

主要用于将各种板材加工、剪切成各种规格的材料，可完全替代火焰切割，降低加工成本。龙门剪板机剪切长度可达2000mm，剪切厚度为4mm以内。龙门剪板机（图34-1）由电动机通过皮带轮和齿轮减速，经离合器动作，由偏心杆带动滑动刀架的上刀片和固定在床身的下刀片进行剪切。当剪切大量规格相同的条形板材时，可以不用专门画线，只要把床身后面的可调挡板，调节到所需尺寸，把板材放在上下刀片之间并靠紧挡板，就能进行剪切。剪切时应注意以下各点：

（1）应根据剪板机的能力进行工作，不能超过规定的厚度，以防损坏机械。

（2）剪切整张钢板或大块板材时，需两人进行操作，这时要相互配合好，协调一致，由一人操作离合器脚踏装置，一人看线，当对准看线人准备完毕后，方可进行剪切，防止剪错线或把手指切伤等事故发生。

（3）材料要堆放整齐，剪下的边角料要及时清理，以免影响操作。

（4）剪板机要定期作检查和保养。

2. 手剪

也叫白铁剪，是最常用的剪切工具。手剪口为硬质合金，用于剪切薄钢板。分直线剪和弯曲剪两种。直线剪用于剪切直线和曲线的外圆；弯曲剪便于剪曲线的内圆。常用的规格有 300mm 和 450mm 两种。用手剪剪切时，剪刀刀刃相互紧靠，把剪刀的下部勾环靠住地面，用左手将板材上抬起，右脚踏住右半边，右手操作剪刀向前剪切。手剪的剪切厚度一般不超过 1.2mm，适合于剪切剪缝不长的工件。剪切时，手剪不能粘有油污；严禁剪切比刃口还要硬的金属和用手锤锤击剪刀背；保管过程中要防止损坏剪刀的刃口。

3. 手动辊轮剪

在铸钢机架的下面固定有下辊刀，机架的上部有上辊刀、棘轮和手柄。利用上下两部分互成角度的辊轮相切转动，将板材剪断。操作时，一手握住钢板，将钢板送入两辊刀之间，一手扳动手柄，使上下辊刀旋转把钢板切下。

4. 电动曲线锯及电动剪刀

风管制作工程中常用的 JIQz-3 型电动曲线锯，能在薄钢板、有色金属板及塑料板等板材上剪出曲率半径较小的几何形状。锯条分粗、中、细三种，根据板材的材质更换锯条。锯切钢板最大厚度为 3mm。电动剪刀适用于薄钢板、有色金属板及塑料板直线或曲线剪切。使用电动剪刀时必须按照不同型号的使用说明书，特别是剪切时必须符合说明书的要求。

5. 双轮直线剪板机

该机由电动机通过皮带轮和涡轮减速，由齿轮带动两根固定在机架上的轴相对旋转，利用两轴轴端装设的圆盘刀进行剪切。剪切直线时，可按所需的剪切宽度，将板材固定在装有直线滑道的小车上，小车与两圆盘同标高。用手推动小车，使板材和圆盘刀接触，由于板材和两圆盘刀之间的滚动摩擦使板材就能自动向前移动而剪切钢板。在剪切小料和曲线用手扶板材时，手和圆盘刀要保持一定距离，以防把手卷入的事故发生。这种剪板机适用于剪切板厚 2mm 以内的直线和曲率不大的曲线板材。

6. 风剪

风管制件工程中常用的 12 型风剪由剪体、减速器、风马达、节流阀等部件，及刀架、上下刀片外壳等零件组成。节流阀部件是由阀座、开关套、节流阀、阀壳、压缩空气管等组成，用来调节进气流量。当顺时针转动开关套时，通过圆柱销带动节流阀随之转动，使节流阀上的两个孔与阀座上的两个进气孔联通，压缩空气进入风马达，使之气路开启。反向（逆时针）转动开关套时，节流阀上的两个孔小阀座上的两个进气孔错位，气路切断而关闭。风马达是由气缸前盖、调整圈、转子、滑片、气缸、气缸后盖等组成。压缩空气通过气缸后盖及气缸上的进风孔，进入气缸内腔，作用在滑片的伸出部分上，推动滑片迫使转子转动。减速器是由曲轴、齿轮架、行星齿轮、内齿轮等组成。使转子的高转速以 8：1 的速比减速后带动曲轴旋转。剪体部件是由剪体、顶丝、挺杆等组成。曲轴的旋转带动挺杆做上下往复运动。刀架上装有下刀片和上刀片。上刀片固定在挺杆下端，随挺杆做上下往复运动，并与下刀片配合完成剪切功能。

34.2.1.2 板材的卷圆及折方设备

1. 卷板机也叫滚板机。它是通过旋转的上下辊产生弯曲变形的一种钢板卷圆或平直的机械。

（1）卷板机的种类

卷板机按轴辊的数量和相对位置，可分为对称三轴辊卷板机、三辊不对称卷板机和四轴辊卷板机，如图 34-2 所示。

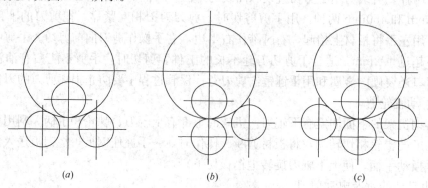

图 34-2　卷板机的种类
(a) 对称三轴辊卷板；(b) 三轴辊不对称卷；(c) 四轴辊卷板机

对称三轴辊卷板机结构简单，操作方便，但对卷板机端部弯曲有一定的局限性。铆工常用的是这种卷板机。

（2）卷板机的使用

1）卷钢板前，首先注油润滑卷板机并检查减速箱内的油面及清洁度；同时必须开空机检查传动部分是否正常，发现问题应及时检修。

2）卷板厚度不能超过卷板机允许最大板厚，决不能超载运转，以防损坏设备。

3）卷板操作者，在机械运转时不许站立在卷板上。

4）卷较大直径筒件时，必须有吊车等机具配合，以防钢板自重使卷过圆弧部分由于自身压力产生回直而反向变形，或发生质量缺陷。

5）卷成圆的大直径薄壁半成品圆筒，为防止变形，不能将圆筒卧放，要立放以减少变形。

6）卷圆工作结束后，要切断电源并清扫机械和场地。

2. 卷圆机

卷圆机结构原理是在焊接组成的机架上装有两根铸铁支柱，支柱间用拉杆连接。立柱轴承上配置三根滚轴，即下滚轴和两根侧滚轴。转动轴轴颈和可放倒的轴承是上滚轴的支柱。上滚轴和下滚轴是驱动轴，由电动机通过减速器及一副齿轮驱动。除了上下滚轴做旋转运动外，侧滚轴也可以移动，以便卷成所需直径的圆形卷筒。侧滚轴的移动由电动机通过传动链、涡轮减速器及螺杆传动使其驱动。卷成卷筒后，利用上轴端子上的汽缸将滚轴端的轴承打开并抬起后将其取出。卷圆机的机械操作由位于左立柱（从传动装置一侧看）的控制板控制。有两种工作制：一种是使机构做断续运转，另一种是连续运转。紧急踏杆配置在机械的底座上。

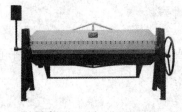

图 34-3　手动折方机

3. 折方机

折方机主要用于矩形通风管道的直边折方。现以手动型折方机（图 34-3）的使用为例，该机可以弯曲 0.3～1.2mm 厚的 2000mm 宽的薄钢板。调整下模可使钢板成形 45°、90°、120° 和 150° 的角度。其操作方法如下：

(1) 根据板材厚度和折角形状,调整下模。

(2) 调整上刀片:用随机带来的专用扳手,旋转上刀架两端的调整拉杆,使上刀片与下模间的间距适当,并使两端的距离误差不大于 0.5mm。逆时针旋转调整拉杆上的紧固螺母,使它与下轴瓦靠紧。

(3) 调整下刀架:调整下刀架与机架间连接螺杆,使上刀片中心线与下模的中心线重合。

(4) 调整靠尺:当进行批量折方时,可调整靠尺到需要的尺寸位置,并使靠尺的正面与上刀片平行,然后加以固定。

(5) 折方成形:当加工较薄或较窄的板材时,只需转动手轮,使上刀片向下滑动,并与下模将板材折弯。当加工较厚的板材时,可用加力杠杆插入棘轮作往复摇动,就可以将板材折弯。如果杠杆与手轮同时使用,转向应该相同。

(6) 每班在使用前应对各个油孔和上刀架的滑道加注润滑脂。

4. 塑料板电动折方机

(1) 塑料板电动折方机,用于塑料板厚度为 3~8mm、宽度 2m 以内的硬聚氯乙烯塑料板通风管道的折方工序。由滚道式上料台架、电动折方机、电加热器及电气控制柜等部分组成。该机除上料、夹紧由手工完成,其余动作均可根据需要,通过调节整定时间按预定程序完成。

(2) 折方的工作程序如下:

1) 手工上料,压紧装置压紧;

2) 打开电磁阀接通气源,动作气罐牵动连杆,电加热管移到板材弯线上下各 15mm 处;

3) 接通电源,电加热管升温至 150℃ 左右;

4) 电加热管复原;

5) 电动折方机缓慢转动将塑料板折成 90°,板材自然冷却,折方机复原;

6) 松开压紧装置取出折好的塑料板。塑料板的加热和冷却温度根据材质和厚度经实验决定。使用塑料折方机使塑料板折方,其角度准确,曲率半径小 ($R=3$mm),棱角光滑、挺直、美观,对原料无损伤,保证了塑料风管的质量。

34.2.1.3 金属板材的连接设备

1. 电动液压铆接钳

它是采用液压为动力,工作时无噪声。它用来铆接风管的法兰接口,比手工操作可提高工效 2~4 倍,铆接质量好。电动液压铆接钳的重量约 4kg,活塞推力为 30kN,工作行程 28mm。

2. 电动拉铆枪

电动拉铆枪是抽芯铆钉铆接的专用工具。其动力有电动和风动两种,但在通风空调工程中多用电动拉铆枪。

(1) 原理说明:主要由交直流两用单相电动机、传动装置和头部拉铆机构组成。电动以两级减速由离合器使拉铆杆作往复直线运动,头部拉铆机构和拉铆杆相连接,在拉铆杆往复运动中完成铆接动作。

(2) 操作注意事项:只要在铆接的位置钻好孔,放入抽芯铝铆钉,将拉铆枪头套住铆钉轴并顶紧铆钉头开启电源,将拉铆机构的外套往电动机方向拉动约 9mm,启动离合器,使拉铆杆动作后，放开外套，瞬间将铆钉轴拉断，铆接完。

34.2.1.4 法兰与无法兰连接件加工设备

1. 弯头咬口机

可以制作钢板弯头，在弯头及通风管上作加固筋及扩口，切割钢板及环圈的端头、弯头及环圈成形，以及在通风管端部做凸棱加工等。常用的弯头咬口机的技术性能见表34-3。

弯头咬口机的技术性能　　　　　　　　　　　　　　　表 34-3

	指　　　　标	数　　据
1	加工钢板的最大厚度（mm）	2
2	从板边到凸棱的最大距离（mm）	750
3	加工圆环和弯头的直径（mm）	315～1015
4	轧压速度（m/min）最大 最小	10 6.6
5	电动机　功率（kW） 转速（r/min）	1.1/1.6 960/1240
6	外形尺寸（mm）	1390×820×1700
7	重量（kg）	1100

2. 弯头咬口折边机

是将矩形弯头两片扇形管壁的板料滚轧成雄咬口，由直接咬口折边机将两侧管壁的板料滚轧成雌咬口，再根据管壁的厚度和尺寸的大小，由人工或卷板机弯曲成一定的曲率半径的弯度，经缝合后制成弯头。

3. 法兰弯曲机

法兰弯曲机有圆法兰弯曲机和矩形法兰弯曲机。弯制法兰的操作程序是把弯制法兰的扁钢或角钢放到转动弯曲轧辊的料槽内，随后通过 3 个弯曲轧辊，并受到压模外圆的弯曲，即形成法兰形状。常用的法兰弯曲机的技术性能见表34-4。

法兰弯曲机技术性能　　　　　　　　　　　　　　　表 34-4

	指　　　　标	数　　据
1	加工法兰用钢材（$\sigma_b \leqslant 450MPa$）的截面（mm）扁钢	25×4
	角钢	＜25×3～36×4
2	弯曲轧辊回转速度（r/min）	50.5
3	弯曲轧辊的圆周速度（m/min）	17.5
4	电动机　功率（kW）	3
	转速（r/min）	1450
5	外形尺寸（mm）	1520×630×1130
6	重量（kg）	1010

4. 风管法兰成形机

风管法兰成形机有双头风管法兰成形机和风管部件法兰成形机两种。

（1）双头风管法兰成形机：由机架、传动装置、固定工作头、行程螺杆及活动工作头等主要部件组成。机架上固定传动装置——电动机及减速器，两者通过皮带轮传动。减速器的终端轴通过联轴器与行程轴相连接。活动工作头可转动手轮借助滚轮在机架上移动。工作头在机架上的位置可利用制动器和两只偏心轮加以固定。

该机可以进行圆形及矩形风管的端口折弯。矩形风管端口折弯时要分 4 次进行（每边 1 次），并且边角处要预先切断，长为 15～20mm。双头风管法兰成形机加工成的风管法兰，其端口折边垂直于风管轴线，能保证安装时的装配质量要求。

（2）该机主要用于风管弯头、三通及十字管的法兰成形。也可以作为风管法兰成形机使用。

5. 矩形风管法兰折边机

矩形风管法兰折边机工作轴的支持轴承紧固到焊制机架上。由电动机通过涡轮减速机及凸轮联轴器使工作轴驱动，凸轮联轴器以手柄开动。工作轴上装有扇形轮。将矩形风管法兰折边部分装在梳形撑板上，然后开动工作轴使其旋转，轴上的扇形轮即将通风管的一边在法兰面上进行折边。轴每转一周就将法兰周长的一边折好。这样按次序转动风管，即可将风管法兰整个周边折好。

6. 咬口机：咬口机用机械咬口的方法把金属板制风管、管件端口逐次压成不同的咬口形状，使端口互相咬接形成风管（或管件）。该机在框式铸造的机架上，用螺栓紧固一排下凸轮传动装置。上凸轮传动装置与下凸轮装置相接触。在传动装置的铸成的机壳内装有齿轮，以驱动上转轴及下转轴。传动轴共有 9 对，其上套装锥状滚珠轴承，在轴颈外镶有咬口凸轮。整个机械用电动机驱动，电动机紧固在机架内的调节底板上，可以调节传动皮带的紧度。由电动机通过皮带轮减速器及齿轮带动上下转轴转动。咬口时，靠盘状弹簧使上下凸轮传动装置形成压力，并以螺母进行压力调节。在工作台上平放咬口的通风管板材。工作台的进料一侧装有两列平行导轨，可以将金属板材托平、顺直并送入凸轮内。在板材出料的一端也有两列导轨，用以防止在咬口过程中板材跑偏。机械的运转靠安装在下凸轮传动装置外壳上的按钮开关控制。咬口机可以轧制厚度为 1.5mm 以下的金属薄板咬口，这时，盘环状弹簧不能压紧到头，通常上下凸轮之间的空隙留有调节的余地。为确保凸轮的正常工作，凸轮端面要处于一个平面上。在使用过程中，要注意凸轮的润滑。

7. 压口机：压口机的结构原理是在焊制的钢架上装有上梁，上梁用两根对扣的槽钢制成。槽钢的下缘作为带电动装置的小轴架的导轨用。小轴架上装有压缝工作头及压缝凸轮，可沿着阴模底梁移动。阴模底梁的一端装有锁紧装置，并有汽缸用以控制阴模底梁自由端开闭装置。上梁装有终端开关，用以控制小轴架到达极限位置时自动停车。自行式工作头上备有气缸，用以将压缝工作轮压紧到阴模底梁上，工作头与供气系统和供电系统靠软管与电缆相连接。阴模底梁与上梁一样，用于承受压紧咬口缝时所产生的力。阴模底梁的自由端装有尾杆，在尾杆上套装上梁的锁紧器。阴模底梁是可换用的，当所压紧的咬口缝属另外一种类型时，可以换成适合的阴模底梁。压缝轮也是易于更换的。在开关箱内装有带开关的电气及气动设备。压口的过程如下：将咬好口的板件放到阴模底梁上，使咬口对正压轮，用汽缸将锁紧器关闭，落下压轮并且开动自行式工作头，使其沿着咬口缝运动进行压口。已压好咬口的通风管或板件必须先打开锁紧器才能从阴模底梁上取出。

34.2.1.5 风管加工的配套工具

（1）薄钢板点焊机（图 34-4）、缝焊机

图 34-4　点焊机

钢板风管的拼接缝和闭合缝在焊接时，先打开冷却水，接通电源，然后把要焊接的拼接缝放在钢棒焊头中间，用脚将踏板踩下，焊头就压紧钢板，同时接通电路。由于电流加热和触头的压力，使钢板接触处熔焊在一起。钢板搭接缝还可以用缝焊机来进行焊接。焊接时，先要打开冷却水，接通电源，然后把要焊接的搭接缝放在两个辊子之间，踩下踏板，辊子即压紧焊件，接通焊接电流，同时转动使焊件移动。接触处即被加热、挤压熔接在一起。使用点焊机和缝焊机，不但焊接效率高，而且焊件外表平整，焊缝比咬口牢固严密，凡是有条件的地方都可以采用。

（2）烙铁

烙铁是锡焊工具，有火烙铁和电烙铁两种，因紫铜容易加热并容易保存热量和加热焊锡表面，所以一般都用紫铜做成。电烙铁规格在 20～500W，工程使用的电烙铁一般都在 200W 以上。由于锡焊耐温低，强度差，所以一般只在通风、空调中用镀锌钢板制作风管时，配合咬口使用，使咬口更牢固，更严密。烙铁的大小和端部形状，根据焊件的大小和焊缝位置而定，一般以使用方便、焊接迅速为原则。烙铁使用前要先镀上锡。方法是把烙铁烧热，用锉刀把烙铁端部锉干净，不要有锐边和毛口。然后放在氯化锌溶液里浸一下，再与锡反复摩擦，使烙铁端部均匀地沾上一层焊锡。烙铁的温度应掌握好，一般把烙铁加热到冒烟时，就能使焊锡保持足够的流动性，温度就比较合适。温度太低，锡不易完全熔化，使焊接不牢固。如果温度太高，会把烙铁端部的锡烧掉，使端部氧化，就得重新修整端部镀锡。为了便于加热烙铁和避免烧坏端部，烧烙铁时，应把烙铁端部向上。每次加热以后，蘸焊锡前都要把端部浸一下药水。锡焊前，把焊缝附近的铁锈、污物彻底清除干净，然后涂上氯化锌溶液（镀锌钢板上涂 50％盐酸的水溶液），并用烙铁在焊缝两端和中间焊几点，固定好焊件位置，用小锤使焊缝密合，然后进行连续焊接。对于较长的焊件，烙铁端部要全部接触焊缝，以传递较多的热量。对于细小的焊件，只需用烙铁尖端接触即可。烙铁沿焊缝慢慢移动，使焊锡熔在焊缝中，焊锡只要填满焊缝就行了，堆集太多对焊缝没有好处。用火烙铁焊时，烙铁温度降低不能使焊锡具有足够的流动性时，就要换用烧好的烙铁，在续焊处附近涂上一些药水，续焊时要等续焊处的焊锡熔化，再移动烙铁。

（3）塑料电热焊工具

非金属风管制作工程中，塑料电热焊工具由以下部件组成：

1）电热焊枪：见图 34-5，由金属的管状外壳、带锥形的焊嘴和焊枪把手组成。管状外壳内装有带圆柱形孔道的瓷管，在孔道内装有螺旋状的 28♯电热丝（直径为 0.36mm），其功率为 415～500W。使用电压 36～45V。

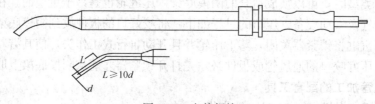

$L \geqslant 10d$

图 34-5　电热焊枪

2）调压变压器：将 220V 的外接电源降压调至 36～45V。

3）气流控制阀。

4）空气过滤器或油水分离器：因压缩机送出来的空气中混有油脂及水分，会降低焊缝强度及降低焊枪内电热器的使用寿命，所以要设置此设备。其送出的压力为 0.08～0.1MPa。

5）小型空压机：按供给焊枪的数量来选定。每个焊枪的耗气量为 2～3m³/h。塑料焊接装置的连接形式如图 34-6 所示。

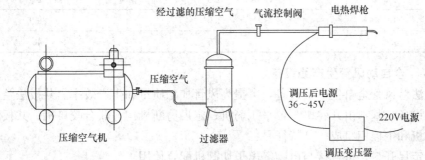

图 34-6　塑料焊接装置连接方式图

使用这套塑料焊接设备时应注意以下事项：

① 焊接时的最适宜室温为 10～25℃。

② 焊接时焊枪喷口出来的空气温度以 210～250℃最适宜。温度对焊接速度及焊缝强度都有影响，当使用焊条直径为 3mm，空气压力为 0.05～0.06MPa，焊枪喷口直径为 3mm 时，焊枪喷嘴温度用水银温度计在距焊嘴 5mm 处，沿平行气流方向经 15s 稳定后测定。其结果见表 34-5。

温度对焊接速度及焊缝强度的影响　　　　　　　　　　　　表 34-5

焊枪喷嘴温度 （℃）	单列焊缝的焊接速度 （m/min）	X 形焊缝的抗张拉强度 （MPa）	为材料强度的 （%）
200	0.11	27.5	55
210	0.14	33	60
220	0.15	33.5	67
230	0.16	32.5	65
240	0.17	29.5	59
260	0.18	25.5	51
280	0.21	23.5	47
300	0.22	20.4	40.7

③ 焊枪内的压缩空气压力，应保持在 0.05～0.1MPa 之间，压力过大会使焊缝表面粗糙，影响焊接区域外观。

④ 焊枪喷嘴直径一般以与焊条直径相同为宜。其对焊接强度的影响，当为 X 形焊缝，坡口张角为 90°，板厚为 5mm，焊接用的空气温度为 240℃（空气流量为 2～3m³/h），压力为 0.05～0.06MPa 时的影响见表 34-6。

⑤ 焊枪使用时，先通入压缩空气，然后接通电源。

⑥ 焊条直径的选用：当塑料板厚为 2~5mm 时，选用 2mm 直径的聚氯乙烯焊条；当板材厚度为 5.5~16mm 时，选用 3mm 直径的焊条；当板材厚度大于 16mm 时，选用 3.5mm 焊条。

焊条直径及焊枪喷嘴直径对塑料焊缝强度影响

表 34-6

焊条直径（mm）	焊枪喷嘴直径（mm）	焊缝的抗张拉强度（MPa）
2.6	3.5	31
3.2	3.5	39.6
3.4	3.5	40

34.2.1.6 全自动风管生产线设备

共板法兰风管全自生产线设备，可提高风管加工质量和生产效率。共板法兰风管全自动生产线设备，基本由开卷机、校平压筋机、定尺剪断机构、联合咬口机、共板法兰成型机、折方机和主控柜组成。其特征是：

（1）定尺开料，可直接与电脑等离子切割机配合使用。

（2）CS 插骨剪角，可与 C 骨法兰机和 S 插条法兰机配合使用。TDF 自成法兰的各种连接方法定位剪角，可与 TDF 自成法兰机，TDF 接边机配合使用。可剪角铁法兰或之字法兰使用的各种剪角。并能折出"└"、"∟"和"□"并能与联合合缝机配套使用而完成整套风管。

（3）可完成 TDC 剪切角并和插条法兰折弯，如生产"□"形风管。可与联合合缝机和插条法兰配合使用而成完整风管。

工作程序如图 34-7 所示。

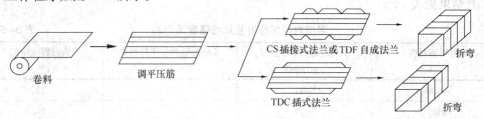

图 34-7　全自动风管生产设备的工作程序

34.2.1.7 全自动螺旋风管设备

全自动螺旋风管机采用电脑 PLC 控制，触摸屏操作系统，人性化操作界面，可根据具体需求调节风管直径，可对铝板、不锈钢板、镀锌板、彩钢板等材料进行加工。适用于现场施工快速生产不同管径的通风管道。全螺旋风管机被广泛地应用于通风管道行业。

全自动螺旋风管机的特点：

（1）专利模具，调节方便；

（2）高速同步切割系统；

（3）PLC 控制；

（4）可现场施工；

（5）可任意调节；

（6）系统可处理不锈钢，镀锌钢板，铝板和铜板；

（7）全自动卷出设备，全自动安装测量设备；

（8）自动数字系统可以生产多种不同的管子。

全自动螺旋风管机的技术参数如表 34-7 所示。

全自动螺旋风管机的技术参数   表 34-7

型号	全自动螺旋风管机 SRTF-1500	型号	全自动螺旋风管机 SRTF-1500
卷管直径	80～1500mm	卷管直径	100～1500mm
卷管长度	100～8000mm	卷管长度	100～8000mm
加工板厚	0.4～1.2mm	加工板厚	0.6～1.8mm
加工板宽	137mm	加工板宽	137mm
加工速度	1～38/min	加工速度	1～38/min
外形尺寸	2100×2000×2850mm	外形尺寸	2100×2000×2850mm
重 量	2500kg	重 量	2800kg
电控系统	电脑 PLC 控制、变频调速、触摸屏操作	电控系统	电脑 PLC 控制、变频调速、触摸屏操作
主机功率	5.5kW	主机功率	11kW
切割功率	4kW	切割功率	5.5kW
液压功率	0.5～0.7kW	液压功率	0.5～1.5kW

34.2.1.8 安装常用的电动工具

1. 型材切割机

是由电动机通过皮带轮来带动砂轮片以 3000r/min 左右的转速，专门用来切断金属型材的机械。砂轮片规格用外圆直径×厚度×内孔直径来表示，如 Φ300×3×25.4（mm），Φ400×3×32（mm）等。这是一种纤维增强砂轮片，它的厚度虽薄，但不容易断裂。使用这种型材切割机切割钢材，工效高，切口整齐光洁。使用时注意以下几点：

（1）型材必须用夹钳夹紧。

（2）切割时，操作者的位置在砂轮片的左侧，右手按动手柄上的开关，砂轮片就被启动。砂轮片的旋转方向，从操作者的位置观察，应该是顺时针方向。

（3）右手按住手柄上的开关不放松，将手柄压下与被切割的型材接触，切割开始。然后均匀而缓慢地压下手柄，直到型钢被切断。

（4）型钢被切断时，立即放松右手按住的开关，将手柄抬起，待砂轮片停止转动后，再松开夹钳，取出型材，继续下一次操作。

（5）型材切割机要可靠接地。发现砂轮片转速下降时，应移动电动机拉紧三角皮带。

2. 电动冲切机

该机可对 4～8mm 厚的钢板、铝板等板材进行切断下料或切裁成形。与气割工艺相比，具有切割速度快，切口平整、光洁，无氧化皮及工件不产生变形等优点。

某型电动冲切机的技术参数见表 34-8，其操作要点如下：

某型电动冲切机的性能

表 34-8

项　　目	技术参数	项　　目	技术参数
冲切厚度		额定电流	9.7A
低碳钢	4～6mm	电源频率	50Hz
不锈钢	4mm	冲击频率	480 次/min
切口宽度	7mm	理论最小冲切速度	≈1.4m/min
电机输入功率	2kW	工作方式	40%工作制
额定电压	AC220V	最小冲切半径	110mm

3. 电动钻孔机

电动钻孔机为单轴单速，用在钢材、木材、塑料、砖及混凝土上钻孔。电动钻孔机有两种类型：

直式——钻杆与电动机同轴或并轴；

角式——钻孔与电动机转轴成一角度。

电动钻孔机在长期存放期间，室内温度需在 5～25℃范围内，相对湿度不超过 70%；在第一次大修前的使用期限（按正常操作）不低于 1500h。

4. 手电钻

手电钻是由交直流两用电动机、减速箱、电源开关、三爪齿轮夹头和铝合金外壳等部分组成。与手枪式电钻相比，其钻孔直径较大，其特点是手提加压钻孔。

5. 手枪电钻

常用手枪电钻规格见表 34-9。

手枪电钻规格表

表 34-9

型　号	回 J1Z—6	回 J1Z—10	回 J1Z—13
钻头直径（mm）	0.5～6	0.8～10	1～13
额定电压（V）	220	220	220
额定功率（W）	150	210	250
额定转速（r/min）	1400	2300	2500
钻卡头形式	三爪齿轮夹头		

6. 冲击电钻

这是一种旋转并伴随冲击运动的特殊电钻。它除了可在金属上钻孔外，还能在混凝土、预制墙板、瓷砖及砖墙上钻孔，应用膨胀螺栓来固定风管支架。钻孔或冲钻，由冲击电钻上的变换调节块进行选择。冲钻时必须使用镶有硬质合金的钻头。

34.2.2　空调管道加工及安装的机具设备

34.2.2.1　管道切割机具设备

1. 等离子切割机

常用等离子切割机型号及主要技术数据见表 34-10。

等离子切割机的型号及主要技术数据　　表 34-10

型　号	LG—400-2	LHG—300
名称	等离子切割机	等离子焊接切割机
空载电压（V）	300（直流）	割 70～140 焊 140～280
工作电压（V）	100～150	割 25～40 焊 90～150
工作电流（A）	100～500	≤300
电极直径（mm）	5.5	—
自动切割速度（mm/min）	3～150	割 3～120 焊 15～240
切割厚度（mm）　钢、铝	80（最大 100）	焊（不锈钢）8
切割厚度（mm）　紫铜	50	切割（不锈钢、铝、碳钢）40
割圆直径（mm）	120 以上	—
切割气体流量（L/h）	3000	—
配用电源	ZXG2—400	ZXG—300

注：当切割时，电源用 ZXG—300 四台串联。

2. 电动切管机

电动切管机使用前先进行检查，在设备完好的情况下方可使用。工作时，将另一只刀架上离合器打开，避免两只刀同时进给。切管时，为了防止管子晃动使刀折断，采用三只中心滑轮挡牢。滑轮在管子最大外径处做微量接触，不宜过紧。两只刀架上分别装有割刀和坡口刀，两刀间中心偏距必须选择合理，否则影响割管后坡口操作的顺利进行，如图 34-8 所示。

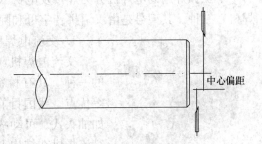

图 34-8　两刀间中心偏距选择

操作完毕，先将刀架外移，脱离切割的管端，然后取下管子，防止装卸管子时用力过猛，撞断刀架。冷却系统保持清洁，防止杂质、铁屑进入油路，阻塞管嘴。冷却剂一般使用乳化油。

3. 自爬式电动割管机

自爬式电动割管机是切割较大口径金属管材用的电动工具，也可用于钢管焊接及坡口加工。自爬式电动割管机由电动机、变速箱、爬行进给离合器、进刀机构、爬行夹紧机构及切割刀具等组成。

当割管机装在要切割的管子上后，通过夹紧机构把它紧夹在管体上。管子的切割分两部分来完成，一部分是由切割刀具对管子进行铣削，另一部分是由爬轮带动整个割管机沿管子爬行进给。刀具切入或退出由操纵人员通过进刀机构的摇动手柄来实现。这种割管机具有体积小、重量轻、切割效率高等优点。

4. 磁轮气割机

SAG—A 型磁轮气割机具有永磁性行走车轮，能直接吸附在钢管上自动完成低碳钢管道圆周方向的切断，切削管径≥08mm；切割表面粗糙度为 2.5。

使用时，将机体轻轻吸附在待切割的钢管上，使两对磁行走车轮同时接触管壁。接好电源，控制电线及电源，转动电位器旋钮，选择行走速度（即切割速度），并打开控制箱上电源开关，指示灯亮后根据割口的要求，调节割炬位置和角度，并依次拧紧锁紧用手柄，使割炬固定。点燃预热火焰，根据被割件的厚度，选择适宜的参数；当打开切割氧的旋钮，使被割件穿透后，立即打开行走开关，启动割机行车，自行切割。若改变气割机的行走方向，要先关闭行走开关，使之停车，随即扳动到顺开关，再打开行走开关，气割机向相反方向行走。

切割完毕要一手握机体手柄，一手抓住减速箱，强力扭动，把气割机从被割件上取下。

该机应经常维护保养，磁性轮上吸附的污物要随时清除干净，切勿碰伤磁性轮轮面，以免影响行走精度。如发现磁性减弱，要及时充磁。

减速箱内应定期补充二硫化钼润滑脂，其他转动部分的油孔，应经常注入 20 号机油，以使其润滑良好。工作结束，设备要置于干燥处保管，防止电气元件受潮或机件生锈，避免与异磁物接触，防止磁轮漏磁。

34.2.2.2　管道连接设备

手工弧焊用的电焊机分为焊接发电机（直流焊机）、焊接整流器和焊接变压器（交流焊机）三种。其型号是由汉语拼音字母和阿拉伯数字组成。

1. 交流电焊机

交流电焊机（即焊接变压器）是手工弧电源最简单而通用的一种，具有材料省、成本低、效率高、使用可靠、维修容易等优点。我国目前所使用的交流弧焊机（如图 34-9）类型很多，如抽头式、可动线圈式、可动铁芯式和综合式等。各种类型的交流焊机在结构上大同小异，工作原理基本相同。

交流弧焊机的使用注意事项：

图 34-9　交流电焊机

（1）按照焊机的额定焊接电流和负载率来使用，不要使焊机过载以免损坏。

（2）焊机不允许长时间短路，在非焊接时间内，不可使焊钳与焊件直接接触。

（3）调节焊接电流要在空载时进行。

（4）要经常检查接线柱上的螺帽，使导线接触良好；检查保险丝是否完好，机壳是否接地，调节机构是否良好。

（5）焊机放在干燥通风的地方，保持焊机整洁。露天使用时应罩好，防止灰尘或雨水侵入。

（6）焊机放置要保持平稳，转动时避免强烈振动。工作完毕或临时离开工作场地时，必须及时切断焊机的电源。

（7）焊机应定期检修。

2. 直流电焊机

这里指的是旋转直流焊机或直流弧焊机。由三相感应电动机、直流弧焊发电机、电流调节变阻器、滚轮、拉手和接线柱等部分组成。

(1) 三相感应电动机可以把三相电源的电网能量转换成动能，带动发电机旋转。

(2) 直流弧焊发电机可以产生焊接所需的电流（直流），并产生焊接所要求的外特性。

(3) 滚轮和拉手能够使焊机便于搬运。

(4) 接线柱可以将电网电源接入焊机并输出焊接电流或电压。

3. 电动钻孔套丝机

由于管道敷设工程，对已投入运行中的输水管道上接口，安装新的管线，可用电动钻孔套丝机来实现。电动钻孔套丝机主要由以下几部分组成：

(1) 机座及紧固机构：包括马鞍座、吊钩、链条。

(2) 驱动机构：包括电动机、大小皮带轮、蜗轮箱、转轴及驱动盘等。

(3) 进刀机构：包括龙门架、丝杆、手轮及攻丝套筒。

(4) 钻套及组合丝锥：包括钻套及 20～50mm 组合丝钻各一套。

本机适宜在输水管道上进行公称直径 $DN20～50mm$ 的钻孔及攻丝。

工艺程序如下：

(1) 打孔前的准备工作：

1) 认真检查施工现场土质、管道及障碍物情况，并采取相应措施以保证操作能顺利进行；

2) 清除打孔的管子表面脏物、泥土和保护涂层；

3) 检查电气线路是否有漏电及损坏情况，检查电源电压，注意套轴旋转方向，进行试转操作；

4) 操作人员必须戴防护眼镜，穿绝缘胶鞋。

(2) 操作顺序及注意事项：

1) 按照装配顺序，安放橡胶垫、机架，利用链条及紧固件将钻孔机固定于需钻孔的管段上，钻机安装必须牢固，保证转机工作时不摇动。装上电动机与皮带，并用斜楔块张紧皮带。

2) 将组合好的丝钻安装于钻套上，紧固后，穿入打机轴套内，套入驱动盘，用手把钻套拉上，启动电动机把钻套慢慢放下，再用手轮逐步进刀。

3) 在管道表面层钻孔，待孔将穿通时放慢进刀速度，不宜进刀太快，防止钻头刀片断裂。

4) 钻头穿孔后攻丝时，$DN25～50mm$ 可放下攻丝套筒能同步攻丝，$DN20mm$ 攻丝时用手动控制手轮给进量，尽量跟上螺纹进刀的速度，以免丝扣"烂牙"。

5) 攻丝完毕后立即停机。

6) 钻孔攻丝结束后，可取下钻机。

7) 钻孔操作时，发现异常现象应立即切断电源，并采取措施排除故障。

4. 液压弯管机

工程中使用较普遍的 WG—60 液压弯管机是一种能弯½″～2″（壁厚 1.6～4.5mm）各种不同管径的弯管机，部分材料采用铝合金，液压部分采用了快慢手摇泵，并装有三个行走小轮，具有重量轻、结构先进、体积小等特点。使用可靠，携带方便，最适于水、电及煤气管道的安装与维修。

（1）弯管能力（见表 34-11）。

弯 管 能 力　　　　　　　　　　　　　表 34-11

镀锌钢管	管子规格	$\frac{1}{2}''$	$\frac{3}{4}''$	$1''$	$1\frac{1}{4}''$	$1\frac{1}{2}''$	$2''$
	外径×壁厚（mm）	21.75×2.75	26.75×2.75	33.5×3.25	42.25×3.25	48×3.5	60×3.5
电线管（黑铁管）	管子规格	$\frac{5}{8}''$		$\frac{3}{4}''$		$1''$	$1\frac{1}{4}''$
	外径×壁厚（mm）	15.87×1.6		19.05×1.8		25.4×1.8	31.75×1.8
不锈钢管	管子公称直径(mm)	14，16，18，20，22，25，30，32，50					

（2）液压弯管机的使用方法：

1）将回油开关处于关闭位置。

2）根据所弯管径选择相应弯管模，并装到油缸活塞杆顶端，再将两个与支承轮相应的尺寸凹槽转向弯管模，且放在两翼板相应尺寸的孔内，用插销销住（也可先放管子，再放支承轮）。

3）把所弯管子插入槽中，先用快泵使弯管模压到管壁上，再用慢泵将管子弯到所需要的角度。当管子弯好后，打开回油开关，工作活塞将自动复位。

5．电动弯管机

电动弯管机的种类及结构形式也很多，使用较多的有 WA—27—60 型、WB—27—108 型和 WY27—159 型等几种，最大能煨制≤159mm 的弯管。这类弯管机是由电动机通过皮带、齿轮或蜗轮蜗杆带动主轴以及固定在主轴上的弯管模一起旋转运动，以完成弯管操作。用电动弯管机弯管时，先使管子在管模和压紧模之间压紧后再启动电动机，使弯管模和压紧模带着管子一起围绕弯管模旋转，直到旋转至需要的弯曲角度时停车。弯管时，使用的弯管模、导板和压紧模必须与被弯管子的外径相符，以免管子产生不允许的变形。

6．中频弯管机

采用中频电感应加热。将工件在局部加热，同时用机械拖动管子旋转，喷水冷却，使弯管工作连续不断地协调进行的情况下进行弯曲。与一般冷态弯管机相比，不仅不需要成套的专用胎具，而且机床体积也只占同样规格的冷态弯管机的 1/3 ～ 1/2。采用这种弯管机，可以弯制 ϕ325mm×10mm 的弯头。

34.2.2.3　管道安装常用的工具

1．射钉枪

图 34-10　射钉枪

射钉的直径有 ϕ6、ϕ8、ϕ10 等。射入砌体的一端为尖形，另一端有螺纹或带孔。使用射钉枪时，根据射钉的大小和固定射钉材料的类别来选择弹壳的装药量进行装药。新型射钉枪（图 34-10）的弹壳是封固的，以端部的不同颜色标记表示壳内装药量的多少。由于各种射钉枪构造、性能及所用炸药的类别不一样，所以在使用时必须严格按说明书的要求去操作。射钉时砌体背面的人员应该暂时离开。不宜太靠近柱边或墙角边射钉，以免柱边和墙角边裂口，射钉固定不牢。当射钉较多时，操作人员要注意保护耳膜，以免影响听觉。

2. 扳手

（1）活动扳手

活动扳手在通风工程施工中使用广泛，常用规格见表 34-12。

活动扳手规格表（mm）　　　　　　　　　　　　　表 34-12

长　度	100	150	200	250	300	375	450	600
最大开口宽度	13	18	24	30	36	46	55	65

（2）双头扳手

有单件双头扳手，也有 6 件、8 件、10 件的成套双头扳手。每件扳手由于两端开口宽度不同，每把扳手可适用两种规格的六角头或方头螺栓、螺母。

（3）套筒扳手

由各种套筒（头）、传动件和连接件组成，除具有一般扳手紧固或拆卸六角头螺栓、螺母的功能外，特别适用于工作空间狭小或深凹场合。一般以成套（盒）形式供应。有 6件至 32 件多种规格。

（4）梅花扳手

只适用于六角螺栓、螺母。承受扭矩大，使用安全，特别适用于场地狭小、位于凹处不能容纳双头扳手的工作场合。

（5）扳手使用要点

1）扳手扳口不得有油污、铁锈等杂物，以防工作时打滑。工作完毕应将扳手擦净保管。

2）使用活动扳手，一定要将活动扳扣调整到与螺栓、螺母的大小相适合。

3）使用扳手时，扳手要与螺栓、螺母的轴线相垂直。

3. 水平尺

在通风空调工程中，对支架、风管、设备等安装的水平度和垂直度都有一定的要求。水平尺和线坠就是用来检测安装水平度和垂直度的工具。通风与空调工程安装常用的是铁水平尺。由铸铁尺身和尺身上镶装的水平水准器和垂直水准器组成。铁水平尺的规格见表 34-13。

铁水平尺规格表　　　　　　　　　　　　　表 34-13

长度（mm）	150	200，250，300，350，400，450，500，550，600
主水准刻度值（mm/m）	0.5	2

4. 线坠

（1）线坠。有铜质和铁质（包括不锈钢）两种。其规格见表 34-14。

线坠规格表　　　　　　　　　　　　　表 34-14

材　料	重　量　（kg）
铜质	0.0125，0.025，0.05，0.1，0.15，0.2，0.25，0.3，0.4，0.5，0.6，0.75，1，1.5
铁质	0.1，0.15，0.2，0.25，0.3，0.4，0.5，0.75，1，1.5，2，2.5

（2）磁力线坠

磁力线坠适用于一般设备和管道安装的水平和垂直度测量。这种量具的外形与钢卷尺相似，由壳体、线坠、钢带、水泡、磁钢、线轮等零件组成。它可以牢固地吸附于被测的管道上，检测高度 2.5m。

其外形尺寸：长×宽×高＝85mm×67mm×25mm。

5. 氧、乙炔气焊工具

乙炔瓶是用以贮存乙炔和运输乙炔的容器。其外形似氧气瓶，瓶内装浸透丙酮的多孔性填料，利用乙炔能大量溶解于丙酮的特性，将乙炔稳定而又安全地贮存在瓶内。使用时，乙炔能从丙酮中分解出来。多孔性填料由活性炭、木屑、浮石及硅藻土合制而成。乙炔瓶的工作压力为 1.5MPa。

（1）乙炔瓶的压力，不应超过表 34-15 的规定。

（2）乙炔减压器：是用来把乙炔瓶内的高压乙炔气减压至焊枪所需要的压力并保持压力稳定。常用的 QD—20 单级乙炔减压器：进气口最高压力 2MPa，出口压力范围 0.01～0.15MPa；公称流量 9m³/h；进口连接螺纹为夹环连接；重量 2kg。

充装静置 8h 后压力　　　　　　　　　　　　　　表 34-15

环境温度（℃）	−20	−15	−10	−5	0	5	10	15	20	25	30	35	40
静置后压力（MPa）	0.5	0.6	0.7	0.8	0.9	1.05	1.2	1.4	1.6	1.8	2.0	2.25	2.5

（3）氧气瓶：氧气是助燃气体，由氧气厂（站）生产并充注到氧气瓶内运到现场使用。其规格为表 34-16 所列。

氧气瓶规格表　　　　　　　　　　　　　　表 34-16

工作压力（MPa）	容积（L）	瓶外径（mm）	高度（mm）	重量（kg）	水压试验压力（MPa）	与瓶阀连接螺纹
	33		1150±20	45±2		
15.0	40	φ219	1370±20	55±2	22.5	14 牙/英寸
	44		1490±20	57±2		

（4）氧气表：是把贮存在氧气瓶内的高压氧气减压至焊接所需的压力并保持压力稳定。其型号和规格列于表 34-17。

氧气减压器规格表　　　　　　　　　　　　　　表 34-17

型号	名称	进气口最高压力（MPa）	出口压力范围（MPa）	公称流量（m³/h）	进口连接螺纹	重量（kg）
QD—1			0.1～0.25	80		4
QD—2A	单级氧气减压器	15.0	0.1～1.0	40	C5/8″	2
QD—3A			0.01～0.2	10		2

（5）焊枪：是氧—乙炔气体混合并燃烧产生高温，用来进行焊接的工具。焊枪的规格一般分大、中、小型，每套焊枪都有七种焊嘴。通风工程中一般使用小型焊枪。小型焊枪

的七个焊嘴按每小时的耗气量分别为 50、75、100、150、225、350、500L。焊嘴的选择一般根据板厚来选用适当的焊嘴和焊丝，表 34-18 可供参考。

焊嘴、焊丝选用表　　　　　　　　　　　　　　表 34-18

板厚（mm）	1～2	3～4
焊嘴（L）	75～100	150～250
焊丝直径（mm）	1.5～2.0	2.5～3.0

（6）橡胶导管：用来连接焊枪与乙炔发生器和氧气瓶，向焊枪输送乙炔和氧气。一般分为氧气导管和乙炔导管两种，氧气管为红色，允许工作压力 1.5MPa；乙炔管为绿色，允许工作压力为 0.5～1.0MPa。

6. 经纬仪

经纬仪（图 34-11）是一种高精度的测量仪器，经纬仪一般由水平度盘、圆水准器、望远镜、光学对点器、读数显微镜、目镜、反光镜、瞄准器、复测器等组成。

经纬仪的使用方法如下：

（1）三脚架调成等长并适合操作者身高，将仪器固定在三脚架上，使仪器基座面与三脚架上顶面平行。

（2）将仪器摆放在测站上，目估大致对中后，踩稳一条架脚，调好光学对中器目镜（看清十字丝）与物镜（看清测站点），用双手各提 图 34-11　经纬仪 一条架脚前后、左右摆动，眼观对中器使十字丝交点与测站点重合，放稳并踩实架脚。

（3）伸缩三脚架腿长整平圆水准器。

（4）将水准管平行两定平螺旋，整平水准管。

（5）平转照准部 90°，用第三个螺旋整平水准管。

（6）检查光学对中，若有少量偏差，可打开连接螺旋平移基座，使其精确对中，旋紧连接螺旋，再检查水准气泡居中，测量垂直线和基础位置等。

7. 水准仪

水准仪（图 34-12）由长水准管、圆水准器、目镜、瞄准器、气泡观察孔、脚螺栓、调整螺栓等组成。

水准仪的使用方法：

用水准仪进行测量时，先把水准仪安装在三脚架上，用眼睛估计将三脚架的顶面大致放成水平的位置后，把三脚架的 3 个脚踏入土中（或放在混凝土平面上），然后转动脚螺栓使水

图 34-12　水准仪

准器圆气泡居中（可反复操作 2～3 次，就能使气泡居中）。根据设备安装的施工图纸，对设备基础的标高进行测定。如用前述方法安装三脚架、调整圆气泡于中间位置，望远镜的视线处于水平位置，扳松望远镜的制动扳手，使水准仪目镜能水平转动。在设备基础上（最好是立于垫铁位置）立放一根长标尺，用望远镜瞄准长标尺转动微倾螺栓，使观察孔中两个气泡的影像吻合，指挥立放长标尺的人在标尺心上用铅笔划一条与望远镜十字丝相重合的水平线。然后分别对基础上各点进行测定。

34.2.3 通风与空调设备材料吊装运输设备

1. 捯链和滑车

(1) 滑车又叫小滑车、小葫芦。滑车按直径分有：19、25、38、50、63、75mm 等规格。

(2) 开口吊钩型滑车规格见表 34-19。

起重滑车规格表   表 34-19

结构形式	形式代号（通用滑车）	额定起重重量（t）
滚针轴承	HQG2K1	0.32, 0.5, 1, 2, 3, 5, 8, 10
滑动轴承	HQGK1	0.32, 0.5, 1, 2, 3, 5, 8, 10, 16, 20

(3) 捯链的规格见表 34-20。

捯 链 规 格 表   表 34-20

型 号	HS0.5	HS1	HS1.5	HS2	HS2.5	HS3	HS5	HS10	HS20
起重量（t）	0.5	1	1.5	2	2.5	3	5	10	20
提升高度（m）	2.5	2.5	2.5	2.5	2.5	3	3	3	3
净重（kg）	8	10	15	14	28	24	36	68	155

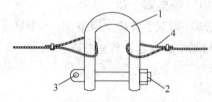

图 34-13 卡环示意图

1—卡环体；2—制动螺母；
3—挡销螺孔；4—钢丝绳扣

2. 卡环

卡环是在用钢丝绳吊装时连接钢丝绳、绳节的重要工具。使用卡环时，应按长度方向受力，不可在宽度方向受力（见图 34-13），以防受力时使卡环变形，损坏挡销的螺纹，发生事故。使用前应检查卡环及挡销是否存在裂纹等缺陷，如有缺陷则严禁使用。

3. 钢丝绳

风管安装中常用的 6×19 钢丝绳其安全系数见表 34-21。

钢丝绳的安全系数   表 34-21

钢丝绳的用途	安全系数	钢丝绳的用途	安全系数
缆风绳	3.5	作吊索无弯曲	6～7
缆索起重机承重绳	3.75	作捆绑吊索	8～10
手动起重设备	4.5	用于载人升降机	14
机动起重设备	5～6		

钢丝绳的使用注意事项：

(1) 钢丝绳必须经常检查其强度，一般应 6 个月做一次强度试验。

(2) 在捆绑或吊装时，钢丝绳不与风管或设备的尖棱、锐角相接触，应用木板、胶皮、旧布等衬垫保护，以免损伤钢丝绳、风管，避免风管变形。

(3) 钢丝绳穿绕过的各种滑车的边缘，不应有破裂等缺陷；同时钢丝绳与滑车直径配合使用时要符合下列要求：

$$D \leqslant d + (2 \sim 11)$$

式中 D——滑车槽底面圆弧直径（mm）；

d——钢丝绳直径（mm）。

（4）钢丝绳在高温条件下工作时，应采取隔热措施，以免钢丝绳受高温后退火而降低强度；在安装现场，钢丝绳与电焊机用的电缆线交叉时，应设垫、隔绝缘物，避免发生事故。

（5）钢丝绳在使用过程中，不可与盐酸、硫酸，泥砂，碱，油脂，水等物质接触。

（6）在吊装受力时，要注意检查钢丝绳的抗拉强度，当钢丝绳内的油被挤出来时，说明钢丝绳受力强度已达到极限，这时应特别注意吊装安全。

（7）钢丝绳用完后，应用钢丝刷清理绳表面污物，涂油后盘好，放置于干燥的库房内的垫空木板上保管。

34.3 风管的加工制作

34.3.1 一 般 要 求

通风空调工程设计时应按经济、节能、环保、标准化原则选用风管。风管应符合设计要求和国家标准，如果工程无特殊要求，风管规格应采用国家标准系列，利于实现标准化生产，减低生产成本，安装维修方便。同一种类、规格的风管、配件之间，应具有互换性。

34.3.1.1 风管系统分类和技术要求

1. 风管系统分类

（1）风管按横截面形状可分为：矩形风管、圆形风管。

（2）风管按风压力可以分为低压、中压、高压系统，工作压力和密封要求如表34-22所示。

风管系统类别划分 表 34-22

分 类	系统工作压力 P (Pa)	密 封 要 求
低压系统	$P \leqslant 500$	接缝和接管连接处严密
中压系统	$500 < P \leqslant 1500$	接缝和接管连接处增加密封措施
高压系统	$P > 1500$	所有的拼接缝和接管连接处，均应采取密封措施

（3）风管按材料可分为：

1）金属风管：普通钢风管、镀锌钢风管、不锈钢风管、铝板风管。

2）非金属风管：酚醛（聚氨酯）铝箔复合风管、玻璃纤维复合风管、无机（有机）玻璃钢风管、防火板风管、硬聚氯乙烯风管等。

3）柔性风管：铝箔聚酯膜复合风管、帆布树脂玻璃布、软橡胶板、增强石棉布等。

2. 风管制作技术质量要求

风管质量应在材质、规格、强度、严密性与成品外观质量等方面，符合设计和《通风与空调工程施工质量验收规范》GB 50243 要求。

(1) 金属板材应符合下列规定：

普通钢板材表面应平整、光滑、厚度均匀，允许有紧密的氧化铁薄膜；不得有裂纹、结疤等缺陷，材质应符合《优质碳素结构钢冷轧薄钢板和钢带》GB/T 13237、《优质碳素结构钢热轧薄钢板和钢带》GB/T 710—2008 的规定。镀锌钢板（带）镀锌层为 100 号以上（双面三点试验平均值应不小于 100g/m²）的材料，其材质应符合《连续热镀锌薄钢板及钢带》GB/T 2518 的规定。不锈钢板应符合《不锈钢冷轧钢板和钢带》GB/T 3280—2007 的规定。铝板应符合《一般工业用铝及铝合金板、带材第一部分：要求》GB/T 3880—2006 的规定。

(2) 金属型钢应符合下列规定：

材质应符合《热轧钢棒尺寸、外形、重量及允许偏差》GB/T 702—2008，《热轧型钢》GB/T 706—2008，《标准件用碳素钢热轧圆钢及盘条》YB/T 4155—2006。

(3) 非金属材料质量应符合下列规定：

1) 非金属风管的火性应符合《建筑材料燃烧性能分级方法》GB 8624 不燃或难燃 B1 级。

2) 铝箔复合材料的风管表层铝箔厚度应不小于 0.06mm，当铝箔层复合有增强材料时，其厚度应不小于 0.03mm，材质应符合《铝及铝合金箔》GB/T 3198—2003 的规定。

3) 复合板材复合面粘结应牢固，内部绝热材料不得裸露在外。板材外表面单面允许分层、塌凹等缺陷不得大于 6‰。

4) 铝箔热敏、压敏胶带和粘合剂应符合难燃 B1 级，粘合剂应与其风管材质相匹配，且符合环保要求。铝箔压敏、热敏胶带宽度应不小于 50mm，单边粘贴宽度应不小于 20mm。铝箔厚度应不小于 0.045mm，压敏胶带 180°剥离强度应不低于 13N/25mm，热敏胶带 180°剥离强度应不低于 17N/25mm，热敏胶带熨烫面应有 150℃变色感温色点。

5) 玻璃钢风管及配件内表面应平整光滑、整齐、美观、厚度均匀、边缘无毛刺，不得有气泡和分层现象，树脂固化度应达到 90% 以上。

6) 硬聚氯乙烯板不得出现气泡、分层、碳化、变形和裂纹等缺陷。

(4) 风管规格应符合下列规定：风管规格以外径或外边长为准，风道以内径或内边长为准。通风管道的规格宜按照表 34-23、表 34-24 的规定。圆形风管应优先采用基本系列。非规则椭圆型风管参照矩形风管，并以长径平面边长及短径尺寸为准。

圆形风管规格（mm）　　　　　　　　　　　　　　　　　　　　表 34-23

风管直径 D		风管直径 D	
基本系列	辅助系列	基本系列	辅助系列
100	80	200	190
	90	220	210
120	110	250	240
140	130	280	260
160	150	320	300
180	170	360	340

续表

风管直径 D		风管直径 D	
基本系列	辅助系列	基本系列	辅助系列
400	380	1000	950
450	420	1120	1060
500	480	1250	1180
560	530	1400	1320
630	600	1600	1500
700	670	1800	1700
800	750	2000	1900
900	850		

矩形风管规格（mm）　　　　　　　　表 34-24

风管边长				
120	320	800	2000	4000
160	400	1000	2500	—
200	500	1250	3000	—
250	630	1600	3500	—

（5）成品风管必须通过工艺性的检测或验证，其强度和严密性要求应符合设计或下列规定：

1）风管的强度应能满足在 1.5 倍工作压力下接缝处无开裂；

2）矩形风管的允许漏风量应符合以下规定：

低压系统风管：$Q_L \leqslant 0.1056 P^{0.65}$

中压系统风管：$Q_M \leqslant 0.0352 P^{0.65}$

高压系统风管：$Q_H \leqslant 0.0117 P^{0.65}$

式中　Q_L、Q_M、Q_H——系统风管在相应工作压力下，单位面积风管单位时间内的允许漏风量 $[\text{m}^3/(\text{h}\cdot\text{m}^2)]$；

　　　　P——指风管系统的工作压力（Pa）。

3）低压、中压圆形金属风管、复合材料风管以及采用非法兰形式的非金属风管的允许漏风量，应为矩形风管规定值的 50%。

4）砖、混凝土风道的允许漏风量不应大于矩形低压系统风管规定值的 1.5 倍。

（6）排烟、除尘、低温送风系统按中压系统风管的规定，1～5 级净化空调系统按高压系统风管的规定。

（7）展开下料时应检查板材的质量，合理利用板材，减少纵向拼接，拼接缝位置不应放在管道底部，宜放在顶部或两侧，以防风管内部积尘及积水。

（8）风管密封应以板材连接密封为主，可采用密封胶嵌缝和其他方法密封。密封胶性能应符合使用环境的要求，密封面宜设在风管的正压侧。

（9）风管的直径、管段长度或总表面积过大时，应采取加固措施。

（10）防火风管的本体、框架与固定材料、密封垫料必须为不燃材料，其耐火等级应符合设计的规定。

34.3.1.2　风管的板材厚度和连接方式

1. 风管板材厚度规定

（1）金属风管的材料品种、规格、性能与厚度等应符合设计要求和现行国家产品标准的规定。当设计无规定时，钢板的厚度不得小于表 34-25 的规定。不锈钢板的厚度不得小于表 34-26 的规定；铝板的厚度不得小于表 34-27 的规定。

钢板或镀锌钢板风管和配件板材厚度　　　　表 34-25

圆形风管直径或矩形风管大边长 A（mm）	圆形风管（mm）	矩形风管（mm）		除尘系统风管（mm）
		中、低压系统	高压系统	
$A \leqslant 320$	0.5	0.5	0.75	1.5
$320 < A \leqslant 450$	0.6	0.6	0.75	1.5
$450 < A \leqslant 630$	0.75	0.6	0.75	2.0
$630 < A \leqslant 1000$	0.75	0.75	1.0	2.0
$1000 < A \leqslant 1250$	1.0	1.	1.0	2.0
$1250 < A \leqslant 2000$	1.2	1.0	1.2	按设计
$2000 < A \leqslant 4000$	按设计	1.2	按设计	

注：1. 螺旋风管的钢板厚度可适当减小 10%～15%。

2. 排烟系统风管钢板厚度可按高压系统。

3. 特殊除尘系统风管钢板厚度应符合设计要求。

4. 不适用于地下人防与防火隔墙的预埋管。

高、中、低压不锈钢板风管和配件板材厚度　表 34-26

圆形风管直径或矩形风管大边长 A（mm）	不锈钢板厚度（mm）
100～500	0.5
560～1120	0.75
1250～2000	1.00
2500～4000	1.2

中、低压铝板风管和配件板材厚度　表 34-27

圆形风管直径或矩形风管大边长（mm）	铝板厚度（mm）
100～320	1.0
360～630	1.5
700～2000	2.0
2500～4000	2.5

（2）非金属风管的材料品种、规格、性能与厚度等应符合设计和现行国家产品标准的规定。当设计无规定时，硬聚氯乙烯风管的材料厚度，不得小于表 34-28 或表 34-29 的规定，板材应为 B1 级难燃材料，横向抗拉强度大于或等于 0.20MPa。

中、低压系统硬氯乙烯圆形风管板材厚度　表 34-28

风管直径 D（mm）	板材厚度（mm）
$D \leqslant 320$	3.0
$320 < D \leqslant 630$	4.0
$630 < D \leqslant 1000$	5.0
$1000 < D \leqslant 2000$	6.0

中、低压系统硬氯乙烯矩形风管板材厚度　表 34-29

风管长边尺寸 b（mm）	板材厚度（mm）
$b \leqslant 320$	3.0
$320 < b \leqslant 500$	4.0
$500 < b \leqslant 800$	5.0
$800 < b \leqslant 1250$	6.0
$1250 < b \leqslant 2000$	8.0

有机玻璃钢风管板材的厚度，不得小于表 34-30 的规定；无机玻璃钢风管板材的厚度，不得小于表 34-31，相应的玻璃布层数不应少于表 34-32 的规定。

中、低压系统有机玻璃钢
风管板材厚度（mm）　表 34-30

风管直径 D 或风管长边尺寸 b	壁厚
$D (b) \leqslant 200$	2.5
$200 < D (b) \leqslant 400$	3.2
$400 < D (b) \leqslant 630$	4.0
$630 < D (b) \leqslant 1000$	4.8
$1000 < D (b) \leqslant 2000$	6.2

中、低压系统无机玻璃钢
风管板材厚度（mm）　表 34-31

圆形风管直径 D 或风管长边尺寸 b	壁厚
$D (b) \leqslant 300$	2.5～3.5
$300 < D (b) \leqslant 500$	3.5～4.5
$500 < D (b) \leqslant 1000$	4.5～5.5
$1000 < D (b) \leqslant 1500$	5.5～6.5
$1500 < D (b) \leqslant 2000$	6.5～7.5
$D (b) > 2000$	7.5～8.5

中、低压系统无机玻璃钢风管玻璃纤维布厚度与层数（mm）　表 34-32

圆形风管直径 D 或风管长边尺寸 b	风管管体玻璃纤维布厚度		风管法兰玻璃纤维布厚度	
	0.3	0.4	0.3	0.4
	玻璃布层数			
$D (b) \leqslant 300$	5	4	8	7
$300 < D (b) \leqslant 500$	7	5	10	8
$500 < D (b) \leqslant 1000$	8	6	13	9
$1000 < D (b) \leqslant 1500$	9	7	14	10
$1500 < D (b) \leqslant 2000$	12	8	16	14
$D (b) > 2000$	14	9	20	16

复合材料风管板材厚度应不低于表 34-33 的规定。

铝箔复合保温板材技术参数　表 34-33

名　称	板材密度	板材厚度	导热系数（25℃）	弯曲强度	燃烧性能
聚氨酯类	40～50kg/m³	20±0.5mm	≤0.027W/m・K	≥1.05MPa	难燃 B1 级
酚醛类	40～70kg/m³	20±0.5mm	≤0.033W/m・K	≥1.02 MPa	难燃 B1 级
玻纤类	40～70kg/m³	25±0.5mm			难燃 B1 级

防火板板材厚度应不低于表 34-34 和表 34-35 的规定。

防火板技术参数　表 34-34

名称	板材密度	板材厚度	导热系数	抗压强度	燃烧性能
防火板	约 950kg/m³	D±0.5mm	0.23W/m・K	6.71N/mm²	A 级不燃

防火板厚度选择依据　表 34-35

耐火系统名称	板材厚度 D（mm）	耐火极限（min）
自撑式防火板风管	9	90
自撑式防火板风管	12	120

续表

耐火系统名称	板材厚度 D (mm)	耐火极限 (min)
自撑式防火板风管	15	180
金属风管防火包覆层	9	120
金属风管防火包覆层	12	180

2. 风管板材的连接方法

金属风管连接可采用咬口连接、铆钉连接、焊接等不同方法。应根据板材的厚度、材质和保证结构连接的强度、稳定性和施工的技术力量、加工设备等条件确定连接方式。风管板材拼接的咬口缝应错开，不得有十字形拼接缝。

镀锌钢板及各类含有复合保护层的钢板，应采用咬口连接或铆接，不得采用影响其保护层防腐性能的焊接连接方法。金属板材咬接或焊接界限见表 34-36 规定。

采用咬口连接，咬口宽度和留量根据板材厚度而定，应符合表 34-37 的要求。

金属风管的咬接或焊接界限 表 34-36

板 厚 (mm)	材 质		
	钢 板 (不包括镀锌钢板)	不锈钢板	铝 板
δ≤1.0	咬 接	咬 接	咬 接
1.0<δ≤1.2			
1.2<δ≤1.5	焊 接 (电焊)	焊 接 (氩弧焊及电焊)	焊 接 (气焊或氩弧焊)
δ>1.5			

咬 口 宽 度 (mm) 表 34-37

钢板厚度	平咬口宽	角咬口宽
0.7 以下	6~8	6~7
0.7~0.82	8~10	7~8
0.9~1.2	10~12	9~10

咬口连接根据使用范围选择咬口形式。适用范围见表 34-38。

常用咬口及其适用范围 表 34-38

名称	连 接 形 式	适 用 范 围
单咬口		板材的拼接和圆形风管的闭合咬口
立咬口		圆形弯管、来回弯及风管横向咬口
联合角咬口		矩形风管或配件四角咬接

续表

名　称	连接形式	适用范围
转角咬口		矩形风管或配件四角咬接
按扣式咬口		矩形风管或配件纵向缝及转角缝低压 圆形风管纵向缝

铆接是将板材搭接钻孔用铆钉固定，搭接量为板厚 6~8 倍，钻孔应于搭接量 1/2 处，孔距一般为 40~100mm，铆钉直径为 2 倍板厚，但不得小于 3mm，铆钉长度应根据板材厚度而定，铆接时铆钉应垂直板面，铆接后板材连接紧密，严密性要求高时，孔距应小一些，并做密封处理。

风管焊接有搭接焊和对接焊两种形式，见图 34-14。焊接前要对焊口部位除锈、除油。壁厚大于 1.2mm 的风管与法兰连接可采用焊接或翻边断续焊。风管壁与法兰内口应紧贴，风管端面焊缝不得凸出法兰端面，断续焊的焊缝长度宜在 30~50mm，间距不应于大 50mm，焊缝应融合良好，不应有夹渣或孔洞。焊缝应平整，焊接后应矫正板材变形，清除焊渣及飞溅物。

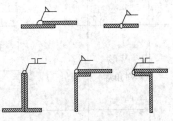

图 34-14　风管焊接焊口位置

硬聚氯乙烯风管板材焊接要求：

1）风管法兰的焊缝应熔合良好、饱满，无假焊和孔洞。

2）风管的两端面平行，无明显扭曲，外径或外边长的允许偏差为 2mm，表面平整、圆弧均匀，凹凸不应大于 5mm。

3）焊缝的坡口形式和角度应符合表 34-39 的规定。焊缝不得出现焦黄、断裂等缺陷；焊缝强度不得低于母材的 60%。

硬聚氯乙烯风管板材焊缝形式及坡口　　　　　　表 34-39

焊缝形式	焊缝名称	图形	焊缝高度 (mm)	板材厚度 (mm)	焊缝坡口张角 α(°)
对接焊缝	V形 单面焊		2~3	3~5	70~90
对接焊缝	V形 双面焊		2~3	5~8	70~90
	X形 双面焊		2~3	≥8	70~90

焊缝形式	焊缝名称	图　形	焊缝高度（mm）	板材厚度（mm）	焊缝坡口张角 α（°）
搭接焊缝	搭接焊		≥最小板厚	3～10	—
填角焊缝	填角焊无坡角		≥最小板厚	6～18	—
			≥最小板厚	≥3	—
对接焊缝	V形对角焊		≥最小板厚	5～8	70～90
	V形对角焊		≥最小板厚	6～18	70～90
	V形对角焊		≥最小板厚	6～15	70～90

　　硬聚氯乙烯风管焊接时，应注意焊接环境温度应在 5℃以上，如低于 5℃时，应对焊件预热或提高焊接环境温度。施焊时应在内径或悬空焊接部位及周围，设支撑设施，防止凹陷变形和焊缝开裂。焊缝剩余的焊条，应用加热的刃具切断，以防损伤焊缝，焊接完毕的焊缝应缓慢自然冷却，不得用冷水或压缩空气进行冷却，以防焊缝及其受热区域集中快速冷却收缩，造成焊件变形。

34.3.1.3　风管系统加工草图的绘制

　　风管系统加工草图是通风管道加工的基础，它以设计图纸为依据，以现场测量为根本，进一步确定通风管道各个部分的尺寸和数量，计算出通风管道材料品种数量，加工工时和工程进度，加工草图应内容详细，尺寸准确，数字清楚，见表 34-40。

　　绘制加工草图前要先认真进行前期的准备工作。

　　(1) 风管加工前首先必须认真核对图纸，了解风管标高、走向，风口布置位置、标高，土建层高、梁高，风管穿过房间的其他管线情况，尤其要注意有无交叉现象，复核图纸确定无误后方可进行下一步加工操作。

风管与配件加工草图 表 34-40

项目	内					容			备注

<table>
<tr><td rowspan="4">直风管</td><td rowspan="4"></td><td>编号</td><td colspan="2">断面尺寸</td><td colspan="2">长度</td><td>数量</td><td rowspan="4">材料：
0.5mm 厚镀锌板。
加工要求：
1. 咬口连接。
2. 法兰 L25×3</td></tr>
<tr><td>1</td><td colspan="2">D：500</td><td colspan="2">L：2000</td><td>5</td></tr>
<tr><td>2</td><td colspan="2">D：500</td><td colspan="2">L：1800</td><td>2</td></tr>
<tr><td>3</td><td colspan="2">D：400</td><td colspan="2">L：1500</td><td>2</td></tr>
<tr><td rowspan="2">弯头</td><td rowspan="2"></td><td>编号</td><td>断面尺寸</td><td colspan="2">R</td><td>角度</td><td>数量</td><td rowspan="2">材料：
0.5mm 厚镀锌板。
加工要求：
1. 咬口连接。
2. 法兰 L25×3</td></tr>
<tr><td>1</td><td>500</td><td colspan="2">500</td><td>90</td><td>2</td></tr>
</table>

三通		编号	D	D₁	d	角度	H	H₁	数量	材料：0.5mm 厚镀锌板。加工要求：1. 咬口连接。2. 法兰 L25×3
		1	500	400	360	30	780	640	2	

变径管		编号	D	A×B	C		H		数量	材料：0.5mm 厚镀锌板。加工要求：1. 咬口连接。2. 法兰 L25×3
		1	360	500×500	150		760		1	

来回弯		编号	D		L		e		数量	材料：0.5mm 厚镀锌板。加工要求：1. 咬口连接。2. 法兰 L25×3
		1	500		1650		440		1	

风口		编号		D					数量
		1		500					3

风阀		编号		D					数量
		1		500					3

其他		编号	伞形风帽			D			数量
		1				320			1

（2）土建施工时，风管安装人员要根据图纸，现场跟踪施工，保证所有土建预留洞口无遗漏，设计不清楚、不合理的地方要及时纠正。

（3）土建施工后，风管制作前应先认真复核建筑现场，实际测量包括柱子尺寸、柱子和隔墙间距、梁底面距地距离、土建墙上洞口尺寸和水平位置，并与图纸核对，要确保风管加工完敷设完毕后，能够满足建筑所要求的高度要求。

（4）要核对风管连接设备尺寸，接口位置、高度等数据。

（5）上述工作皆做完后，方可按如下步骤绘制风管加工草图

1）根据图纸确定风管标高尺寸，可根据实际复核情况进行更正、完善；

2）标明风管与墙、柱子等的间距，风管道要尽可能地靠近墙或柱子，有利于节省空间和支吊架的安装。确定风管与墙和柱子的间距，预留安装法兰、螺栓的操作空间；

3）按照《全国通用通风管道配件图表》和《通风与空调工程施工质量验收规范》GB 50243 要求以及具体安装位置确定弯管曲率半径、三通高度及夹角；

4）按照支管之间距离和三通高度、夹角或弯管的曲率半径，确定直风管的长度；

5）按照设计图纸确定空气分布器、排气罩等部件的标高，计算出支管长度；

6）按照《通风与空调工程施工质量验收规范》GB 50243 和设计要求及现场其他情况确定风管支架形式、间距和安装位置及安装方法；

7）根据图纸和实际情况确定风管道是否有高度变化，水平敷设方向是否有变化，尤其要综合其他管道的敷设情况，各专业如：消防、水暖、电器、装修等要由监理、建设单位安排统一排管，确定管道上下水平布置位置，风管道与其他水管道等交叉处，因为风管道相对较大，应尽可能按水管道让风管道的原则施工。上述问题确定之后方可统计出风管上的三通、四通、弯头等管件数量。

34.3.1.4　通风管道展开下料

通风管道展开下料是风管、配件及部件加工的第一步。通风管道展开是根据风管、配件及部件的几何形状，按照平面投影原理，求出一般位置直线的实长、平面的实形及两面的夹角。进而得出实物几何形状外表面展开形状。

展开下料可分为手工和计算机展开下料。手工展开下料操作方便，局限性小，可以现场加工操作；计算机展开下料效率高，准确性好，适合标准化生产。无论哪一种方法，都应该熟练掌握展开下料技术，以保证质量为前提，合理进行排料，提高材料利用率。

展开方法有平行线法、放射线法、三角形法及不可展开近似法。画线的基本线有：直角线、垂直平分线、平行线、角平分线、直线等分、圆等分。

操作时应熟练使用直尺、软尺、角规等工具，量取长度、角度。画线应根据板材材质和要求使用画线工具，对防腐性要求高的风管，不能使用划针画线。

展开下料前必须明确风管板材厚度，板材接缝方式，风管成型连接方式等，针对不同情况确定留出咬口、连接法兰的余量，采用对焊连接、焊接法兰可以不留余量。对于采用无法兰插条连接的风管，必须明确不同边长的插条插接法兰和共板法兰的形式所使用的加工设备，以便下料时留出加工余量。

34.3.2　金属风管的制作

金属风管包括普通钢板风管、镀锌钢板风管、不锈钢板风管和铝板风管。

普通薄钢板（即黑铁皮），易锈蚀，用时应做严格防腐处理，多用于排气、除尘系统管道，较少用于一般送风系统管道。

冷轧薄钢板表面平整光洁，容易受潮生锈，若及时涂刷，附着力较强的油漆，可延长使用寿命，多用于一般送风系统管道。

镀锌薄钢板，耐锈蚀性能较好，在送风、排气、空调和净化系统中大量使用，若系统中无腐蚀性气体或较多的水蒸气时使用寿命较长。

不锈钢板的表面光洁，不易锈蚀，使用寿命长，有耐腐蚀性的优点。主要用于食品、医药、化工、电子仪表专业的工业通风系统；有时也用于有较高净化要求的送风系统管道，但施工操作要求比较严格。

纯铝板或铝镁合金板质轻、表面光洁、不易锈蚀，铝具有较好的抗化学腐蚀性能，能抵抗硝酸腐蚀。铝板在相互碰撞时不易产生火花，因此常用于防爆通风系统的风管及部件以及排除含有大量水蒸气的排风或送风系统管道。

金属风管可以采用法兰连接或无法兰连接。无法兰连接可以节省角钢、螺栓、密封垫、铆钉材料和法兰制作工时，降低了风管制作安装成本，目前正在全国广泛的推广使用。

34.3.2.1 金属风管制作的要求

1. 金属风管系统加工制作工艺流程

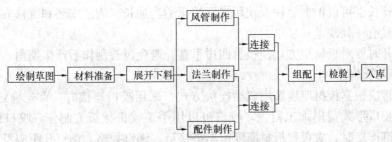

风管、配件、部件的连接，一般使用法兰连接，法兰连接使用方便，维修简便，法兰与风管一样分为矩形法兰、圆形法兰。采用无法兰连接的风管，可以省略法兰加工。

2. 风管制作的要求

(1) 风管制作材料的选材要严格认真，各项指标要符合设计施工和国标要求。

(2) 按设计要求和板材厚度，明确板材连接、法兰连接、风管连接方式。

(3) 根据板材情况和连接方式，准确展开、下料，留出加工余量。

(4) 合理安排加工工序，严格控制产品质量，产品偏差应符合《通风与空调工程施工质量验收规范》GB 50243 规定，风管外径或外边长的允许偏差：当管外径或外边长小于或等于 300mm 时，允许偏差为 2mm；当风管外径或外边长大于 300mm 时，为允许偏差 3mm。管口平面度的允许偏差为 2mm，矩形风管两条对角线长度之差不应大于 3mm。

(5) 科学合理管理加工现场，避免对产品造成损伤，要求如下：

1) 风管加工场地要平整、清洁，必要时局部可铺设木板等。

2) 加工过程注意不要划伤板材，保护材料表面光滑清洁，防腐层受损应及时补救。

3) 制作工艺复杂时，应先制作样板，后依照样本施工，不应直接在板材上画线。

4) 焊接风管和咬接风管的加工区域应各自独立。

5) 风管存放处应垫设木架，以免碰伤风管表面。

6) 加工现场要经常清理，加工的边角废料要及时运出现场。

34.3.2.2 钢板风管的制作

1. 材料准备

普通钢、镀锌钢风管的材料品种、规格、性能与厚度等应符合设计要求和国家标准的规定，材料外表应平整、光滑，不得有裂纹结疤等缺陷。

2. 展开下料

风管制作前应检查板材的品种、规格及厚度，其应符合设计和现行国家产品标准的规定，板材检验合格后可以展开下料。排板应合理紧凑，充分利用板材，避免浪费，应根据风管连接方式留出咬口、连接法兰的余量，采用对焊连接、焊接法兰可以不留余量。

矩形风管展开一般以板材宽度为风管周长 2（A+B），以板材长度为风管长度 L，风管长度一般为 1800~2000mm，如果使用卷材制作，风管长度可以根据运输及使用实际情况适当加长，为了安装和维修方便，风管长 3~4m 时应设有一处法兰。

板材宽度小于矩形风管周长加风管成型连接留量时，用 1 个角咬口连接；板宽小于周长而大于 1/2 周长时，可用 2 个角咬口；当风管周长较大时，用 4 个角咬口。矩形风管的纵向闭合缝，应设在风管边角上，以便增加风管机械强度。

圆形风管展开一般以板材宽度为风管周长 D，以板材长度为风管长度 L。使用卷材制作风管，风管长度可以根据运输及使用实际情况适当加长。为了安装和维修方便，风管长 3~4m 时应设有一处法兰。

风管展开时要对板材规方，使板材四边垂直，避免风管制作后产生翘角、扭曲现象。

3. 钢板风管制作

钢板风管应根据板材厚度选用成型连接方式。采用咬口连接时，首先确定咬口形式，下料时根据咬口形式留出加工留量，咬口可以用手工或机械折方制作，咬口缝应平齐严密。采用铆钉连接时，应根据板材厚度留出搭接量，铆钉规格、铆钉孔距应符合设计制作要求，铆钉应压紧且排列整齐，严密性要求高时，做密封处理。采用焊接时，焊缝应熔合良好，不应有夹渣或孔洞，焊接后应清理焊渣、焊药，并对工件检查矫正。

镀锌板或有保护层的钢板风管，因为焊接会破坏其保护层，不得使用焊接方法制作。

4. 金属风管加固

大截面的矩形风管或大直径圆形风管及配件，为防止因自重产生变形或运行时管壁产生振动、噪声，以及影响连接结构强度等缺陷，应采取加固措施，以增加结构的刚度及稳定性，《通风与空调工程施工质量验收规范》GB 50243 规定如下：

（1）金属风管有下列情况之一需要加固

1）圆形风管（不包括螺旋风管）直径大于等于 800mm，且其管段长度大于 1250mm 或总表面积大于 4m² 均应采取加固措施。

2）矩形风管边长大于 630mm、保温风管边长大于 800mm，管段长度大于 1250mm 或低压风管单边平面积大于 1.2m²，中、高压风管单边平面积大于 1.0m²，均应采取加固措施。

3）非规则椭圆风管的加固，应参照矩形风管执行。

（2）风管加固结构如以下所示

1）风管的加固可采用楞筋，立筋，角钢（内、外加固），扁钢，加固筋和管内支撑等形式，如图 34-15 所示。

2）楞筋或楞线的加固，排列应规则，间隔应均匀，板面不应有明显的变形。

3）角钢、加固筋的加固，应排列整齐、均匀对称，其高度应小于或等于风管的法兰

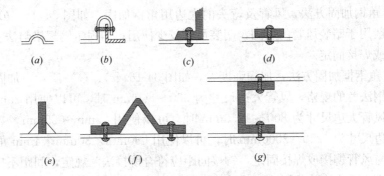

图 34-15 风管加固结点形式

(*a*) 楞筋;(*b*) 立筋;(*c*) 角钢加固;(*d*) 扁钢平加固;(*e*) 扁钢立加固;(*f*) 加固筋;(*g*) 管内支撑

宽度。角钢、加固筋与风管的铆接应牢固、间隔应均匀,不应大于 220mm;两相交处应连接成一体。

4) 管内支撑与风管的固定应牢固,各支撑点之间或与风管的边沿或法兰的间距应均匀,不应大于 950mm。

5) 中压和高压系统风管的管段,其长度大于 1250mm 时,还应有加固框补强。高压系统金属风管的单咬口缝,还应有防止咬口缝胀裂的加固或补强措施。

(3) 风管加固方式

1) 圆形风管由于形状的特点,风管刚度较大,一般不需加固。直径大于 500mm 的圆形风管,防止运输或安装过程在咬接处裂开,在纵向咬口缝两端应用铆钉或点焊予以固定。直径大于 700mm 的风管,在长度方向每隔 1500mm 应加设一扁钢圈进行加固,与风管铆接或焊接固定。

2) 矩形风管与圆形风管相比,结构不稳定,易变形,可采用以下方法加固如图 34-16 所示:

① 接头起高加固方法(即采用立咬口)可以节约制作法兰的角钢,但是加工工艺复杂,而且接头处容易漏风,目前很少采用此种加工方法,如图 34-16(*a*)所示。

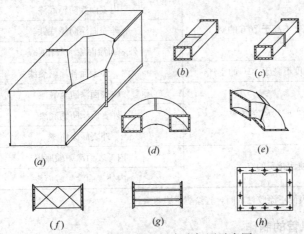

图 34-16 矩形风管及弯头加固示意图

(*a*) 接头起高加固;(*b*) 角钢加固;(*c*) 角钢框加固;(*d*) 角钢加固弯管;(*e*) 角钢加固弯管;
(*f*) 棱线加固;(*g*) 滚、压槽加固;(*h*) 内壁肋条加固

② 角钢加固方法，风管及弯头的大边用角钢加固，如图 34-16（b）、（d）所示，此方法一般用于暗装风管的加固，明装风管较少使用；加固角钢规格与法兰相同，角钢与风管铆接或焊接固定。

③ 角钢框加固方法，加固强度大，如图 34-16（c）、（e）所示，加固角钢的规格可略小于角钢法兰的规格，风管大边尺寸为 630～800mm 时，可以使用 25mm×4mm 扁钢框加固；风管大边尺寸为 800～1250mm 时，可以使用 25mm×25mm×4mm 角钢框加固；风管大边尺寸为 1250～2000mm 时，可以使用 L30mm×30mm×4mm 角钢框加固。加固框必须与风管铆接或焊接固定，铆接间距应符合铆接法兰规定，间距不应大于 220mm。

④ 滚槽、压槽加固方法，风管展开下料后，首先采用机械滚槽或压槽，其排列形式可平行或成棱形（其棱形加固除滚、压槽外，还可采用钢筋和扁钢条按棱形排列，并采用点焊加固），然后风管制作成型，如图 34-16（f）、（g）所示。由于使用专用机械加工，加工效率高，能节约工时和钢材。

净化系统风管采用滚、压槽加固时，应由外向内制槽，否则内壁的凹槽应采用填料填平处理。以避免凹槽内积存灰尘或冷凝水等杂物，影响净化系统质量、加快管道的腐蚀。

⑤ 风管内壁设置肋条加固，如图 34-16（h）所示。风管一般很少采用此方法加固，多应用于外观要求美观的明装风管，加固肋条用 1.0～1.5mm 的镀锌钢板制作，沿风管纵向用铆钉铆接在内管壁的表面上。铆接间距不应大于 950mm。

5. 普通金属风管防腐涂漆

普通钢板风管需要涂漆防腐，风管喷涂漆防腐不应在低于 5℃和相对湿度不大于 80% 的环境下进行，喷涂漆前应清除表面灰尘、污垢与锈斑并保持干燥。喷涂漆时应使漆膜均匀，不得有堆积、漏涂、皱纹、气泡及混色等缺陷。普通钢板在压口时必须先喷一道防锈漆，保证咬缝内不易生锈。薄钢板的防腐油漆如设计无要求，可参照表 34-41 的规定执行。

薄钢板防腐油漆喷涂要求   表 34-41

序号	风管所输送的气体介质	油 漆 类 别	油漆遍数
1	不含灰尘且温度不高于 70℃的空气	内表面涂防锈底漆	2
		外表面涂防锈底漆	1
		外表面涂面漆（调和漆等）	2
2	不含灰尘且温度不高于 70℃的空气	内、外表面各涂耐热漆	2
3	含有粉尘或粉屑空气	内表面涂防锈底漆	1
		外表面涂防锈底漆	1
		外表面涂面漆	2
4	含有腐蚀性介质的空气	内外表面涂耐酸底漆	≥2
		内外表面涂耐酸面漆	≥2

注：需保温的风管外表面不涂胶粘剂时，宜涂防锈漆两遍。

34.3.2.3 不锈钢风管的制作

不锈钢风管的制作工艺、方法与普通钢板风管基本相同，由于不锈钢材质的特性与普通钢板有区别，不锈钢风管加工也有一些特殊要求。

不锈钢按含有金属元素不同分为铬不锈钢、铬镍钛不锈钢和铬锰氮系列不锈钢。不锈钢具有良好的耐腐蚀性，主要是由于铬、镍、钛等元素更容易被氧化，在钢表面形成一层非常稳定的钝化保护膜，使内部与外界隔离，保护不锈钢不致深层氧化，因此加工、运输、安装过程要加以保护不锈钢表面的钝化层。

不锈钢板材因为晶体结构与普通钢板不同，不锈钢经过敲击打会引起内应力变化，造成不均匀的变形，板材变硬，防腐蚀性能也会降低，加工时应尽量减少敲击次数。

不锈钢与普通碳素钢接触，不锈钢表面的钝化层会产生局部腐蚀，影响不锈钢的防腐蚀性，在加工、存放时应避免与普通碳素钢接触。

1. 材料准备

不锈钢风管制作板材的品种、规格及厚度，其应符合设计要求和国家标准的规定，表面不能有划伤、腐蚀情况。不锈钢板材表面如果损伤严重可以用喷砂处理，喷砂可以去除受损表面，消除划痕、擦伤、锈迹等疵点，使表面生成新的钝化层，提高防腐性能。

2. 展开下料

不锈钢风管展开方法与钢板风管相同，为了保护不锈钢表面的钝化层，画线时应使用铅笔或色笔，不能用金属划针画线，形状复杂的配件时可先做好样板，用样板进行画线。

3. 风管制作

不锈钢风管制作工艺流程、制作要求与普通钢板风管制作工艺相同，在加工过程应保护不锈钢表面的钝化层，应做到以下要求：

（1）加工机械设备及环境应保持清洁，以免铁锈或氧化物落在表面上产生局部腐蚀。

（2）加工前调试好设备，加工做到一次成型，避免多次敲击降低耐腐蚀性能。

（3）优先使用机械加工，如果需用手工加工，应优先使用木槌、木方打板，铜锤、不锈钢锤等工具，尽量不用碳素钢制的工具。

（4）不锈钢风管及配件可采用电弧焊、氩弧焊，不得采用气焊；因在高温条件下氧气和乙炔对镍、铬有严重的腐蚀作用，从而破坏了不锈钢的耐腐蚀性能和板材局部变形。

（5）用电弧焊时应保护表面的防腐膜，可以在焊缝的两侧表面用石棉板压严或涂敷白垩粉，以免焊渣、飞溅物粘附在表面上。

（6）焊后应对焊缝及其附近表面进行清理，应先去除油污及焊渣，然后酸洗，再用热水冲洗干净，进行钝化处理，钝化后再冲洗。钝化处理，使不锈钢表面生成新的钝化层，酸洗、钝化液浓度，因不锈钢成分含量不同有所差异，钝化液应按板材出厂技术说明进行配置，否则影响处理质量。如果无说明时，可按表 34-42 配制。

不锈钢（耐酸）焊接酸洗、钝化液配方　　　　表 34-42

溶液	配　方　一					配　方　二				
	名称	浓度（%）	温度	浸洗时间（min）	后处理	名称	浓度（%）	温度	浸洗时间（min）	后处理
酸洗液	硝酸 r=1.42	20	常温	30～40	处理后流动水洗使之呈中性	硝酸	25	常温	20～25	处理后流动水洗使之呈中性
	氢氟酸	5				盐酸 r=1.19	1			
	水	75				水	74			

续表

溶液	配　方　一					配　方　二				
	名称	浓度（%）	温度	浸洗时间（min）	后处理	名称	浓度（%）	温度	浸洗时间（min）	后处理
钝化液	硝酸 r=1.42	5	常温	见钝化膜为止	—	硝酸	40～50	常温	15～30	—
	重铬酸钾	2								
	水	93				水	60～50			
酸洗钝化液	硝酸	20	常温	15～30	—	硝酸	10～15	常温	60～90	—
	氢氟酸	10								
	水	70				水	90～85			

注：表中 r 为溶液比重。

用于通风系统中的不锈钢焊缝可以不清理，但应做外观检查，并应符合下列规定：

1）焊缝表面的热影响区不得有裂纹、过烧现象。

2）焊缝表面不得有气孔、夹渣。

3）氩弧焊焊缝表面不应发黑、发黄、结渣或起花斑，且不得有飞溅物。

（7）不锈钢风管保管堆放时应避免或减少与碳素钢接触。

（8）不锈钢板风管应优先使用不锈钢法兰，通风系统在要求不高的情况下可以使用一般碳素钢法兰，并做防腐处理。

（9）使用铆接时，铆钉应采用与风管材质相同或不产生电化学腐蚀的材料。

4. 风管加固

不锈钢风管加固与普通钢风管加固相同。不锈钢风管使用角钢或内支撑加固时，应使用与风管相同材质材料，如果使用普通钢应根据设计要求做防腐处理。

34.3.2.4 铝板风管的制作

铝板材应具有良好的塑性、导电、导热性能及耐酸腐蚀性能，多用于防爆通风管道。制作风管的铝板材有纯铝和铝合金，铝化学性质活泼，容易被氧化，生成一层结构致密的氧化铝薄膜，可以保护内部材质，它能抵抗硝酸的腐蚀，但是氧化铝薄膜容易被盐酸和碱类破坏，铝对盐酸和碱不具备防腐性。纯铝制成的铝板强度较差，为了提高铝板的机械强度，在冶炼时加入铜、镁、锌等元素制成铝合金，铝合金的耐腐蚀性能不及纯铝。通风工程常用纯铝和经过退火处理的铝合金板材制作风管。

1. 材料准备

铝板风管制作板材的品种、规格及厚度，其应符合设计要求和国家标准规定，表面不能有划伤、防腐膜脱落情况。

2. 展开下料

铝板风管展开方法与钢板风管相同，为了保护铝板表面的氧化膜，画线时应使用铅笔或色笔，不能用金属划针，制作较复杂形状的配件时可先做好样板，用样板进行画线。

3. 风管制作

铝板风管制作工艺流程、制作要求与普通钢板风管制作工艺相同，在加工过程应保护铝板表面的氧化膜，应做到以下要求：

（1）加工机械设备及环境应保持清洁，以免铁锈或氧化物落在表面上产生局部腐蚀。

（2）铝风管材质比较软，采用咬口连接时，不应采用按扣式咬口。不宜采用 C、S 平插条形式的无法兰连接方法。

（3）铝板风管及配件的焊接时，可采用气焊或氩弧焊，氩弧焊的焊接质量好，应优先使用。焊前应严格清除工件焊口及焊丝表面的氧化膜和油污，焊后应用热水清洗焊缝及附近表面的焊渣和焊药的硬结块等。焊缝应饱满、牢固，不得有虚焊、焊瘤及穿孔等缺陷。

（4）铝板风管应优先使用铝法兰，若采用碳素钢法兰时，法兰应镀锌或是做防腐绝缘处理，铝风管铆接应用铝铆钉。

4. 风管加固

铝风管加固规定与普通钢风管加固相同，应使用与风管相同材质材料，如果使用角钢或内支撑加固时，根据设计要求做防腐处理。

34.3.3 非金属风管的制作

34.3.3.1 非金属风管的制作要求

1. 非金属风管分类及适应范围

非金属风管按材质可分为，酚醛或聚氨酯复合风管、玻璃纤维铝箔复合风管、有机玻璃钢风管、无机玻璃钢风管、防火板风管、硬聚氯乙烯风管等。

酚醛或聚氨酯铝箔复合板是酚醛或聚氨酯泡沫板与铝箔复合制成。具有防火、防腐、保温、抗老化、消声、质量轻及施工方便等优点。

玻璃纤维复合风管具有防火、防腐、抗老化、加工方便、弹性模量高等优点。

有机玻璃钢是一种轻质、高强度的复合材料，有较好的耐腐蚀性能（并具有成型工艺简单等优点）。有机玻璃钢是由玻璃纤维（或玻璃布）与合成树脂粘结组成的，它的机械性能主要取决于纤维含量及排列方式；它的化学性能（耐腐蚀性）则主要取决于树脂。树脂的种类很多，制作风管、配件及部件所选用的合成树脂应根据其耐酸、耐碱或自熄性能等按设计要求选用。

无机玻璃钢是由玻璃纤维网格布和以硫酸盐类为胶凝材料制成的水硬性无机玻璃钢，以及与改性氯氧镁水泥为胶凝材料制成的气硬性改性氯氧镁水泥。

防火板风管主要用于承受外压的排烟系统或排风兼排烟系统。

硬聚氯乙烯适用的温度范围为 $-10 \sim +60℃$，具有耐化学药品及其气体的侵蚀，并有良好的耐油性能。主要适用于排除具有酸、碱、盐和油类气体的通风系统管道。由于具有不生锈的优点，有时也用来制作净化系统的风管。

2. 非金属风管制作要求

非金属风管材质种类多，各种材质的性质差异比较大，具体制作要求应因材质而异。

复合材料风管的覆面材料必须为不燃材料，内部的绝热材料应为不燃或难燃 B1 级，且对人体无害的材料。

防火风管的本体、框架与固定材料、密封垫料必须为不燃材料，其耐火等级应符合设计的规定。

非金属风管制作应遵循金属风管的规格、偏差及外观规定，还应根据材质情况，在展开下料、连接方法方面符合国家标准规定。

非金属风管加固规定与金属风管相同，还应根据材质情况进行加固，具体要求见各类风管制作。

34.3.3.2 酚醛或聚氨酯铝箔复合风管的制作

酚醛或聚氨酯铝箔复合风管作为一种新型通风空调风管，以其施工简便、快捷、重量轻、隔热保温、消声降噪等诸多优点越来越多的用于大型建筑通风空调工程。

1. 材料准备

酚醛或聚氨酯铝箔复合材料应符合设计要求和国家标准，板材的铝箔复合面粘结应牢固，粘结表面单面凹陷、变形、起泡、分层、起泡等缺陷不得大于6‰，铝箔应无破损，法兰连接件及加固件等材料应不低于难燃 B1 级，粘结剂、铝箔胶带及密封胶应与其板材材质相匹配，并应符合环保要求。

2. 放样下料

酚醛或聚氨酯铝箔复合风管应根据设计要求和拼接方式进行放样，画出板材切断、V形槽线、45°斜坡线，见图 34-17。划线不得使用金属划针，以免坏铝箔表层。

3. 风管制作

（1）酚醛或聚氨酯铝箔复合风管的制作工艺流程

放样下料 → 切割、压弯 → 粘结成形 → 加固

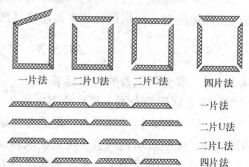

图 34-17   酚醛（聚氨酯）复合风管

一片法   二片U法   二片L法   四片法

一片法
二片U法
二片L法
四片法

（2）酚醛或聚氨酯铝箔复合风管的制作要求

1）切割前检查调整刀片伸出长度和角度，要求开槽不伤下层铝箔，槽口成两个 45°。

2）粘结前清洁板材，涂胶后折成直角粘结，定型后风管内接缝粘结压敏铝箔胶带，压敏铝箔胶带宽度不小于 50mm，风管内四角边，密封胶封堵，两对角线长度差不应大于 3mm。

3）风管以内边长为标注尺寸，边长宜为 $120 \leqslant L \leqslant 3000$，且长边与短边比不大于 4：1。

4）板材拼接宜采用专用的连接构件，连接后板面平面度的允许偏差为 5mm。

5）风管采用法兰连接时，其连接应牢固，法兰平面度的允许偏差为 2mm。

6）风管加固，应根据系统工作压力及产品技术标准的规定执行。

7）风管破损应修补，小孔洞用密封胶封堵，孔洞比较大时，将孔洞 45°切割方块后，再按相等的方块封堵，封堵后粘贴铝箔胶带。

4. 风管加固

酚醛或聚氨酯铝箔复合风管加固规定与金属风管相同，还应根据系统工作压力及产品技术标准的规定执行。

酚醛或聚氨酯铝箔复合风管的加固有两种方法，角加固和平面加固。矩形风管边长小于等于 400mm 时采用角加固，边长大于 400mm 时采用平面加固。

平面加固是风管内用 DN15 镀锌管支撑，风管外用螺钉固定，采用角钢法兰、外套槽形法兰时，法兰可作为一个纵（横）向加固点，如采用其余连接方式，当风管长边大于 1200mm 时，在纵向距法兰 250mm 内应设一个加固点，加固方法见图 34-18。边长大于

2000mm 时，需增加外加固，外加固采用大于 30mm×3mm 以上规格的角钢，制作成抱箍加固风管。酚醛或聚氨酯铝箔复合风管横向加固最少数量及纵向间距应符合表 34-43 的规定。

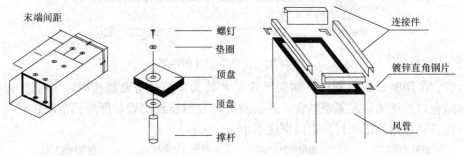

图 34-18　平面加固示意图　　　　　　图 34-19　角加固示意图

角加固是在矩形风管四角粘贴厚度大于 0.75mm 的镀锌直角钢片，直角钢片的宽度与风管板材厚度相等，边长不小于 55mm ，如图 34-19 所示。

酚醛或聚氨酯铝箔复合风管横向加固最少数量及纵向间距　　　　表 34-43

风管长边 b (mm)	压力（Pa）						
	＜300	310～500	510～750	760～1000	1100～1250	1260～1500	1510～2000
410＜b≤600	—	—	—	1	1	1	1
600＜b≤800	1	1	1	1	1	1	2
800＜b≤1000	1	1	1	1	1	2	2
1000＜b≤1200	1	1	1	1	1	2	2
1200＜b≤1500	1	1	1	2	2	2	2
1500＜b≤1700	2	2	2	2	2	2	2
1700＜b≤2000	2	2	2	2	2	2	3
聚氨酯类纵向加固间距 (mm)	1000	800	600				400
酚醛类纵向加固间距 (mm)	800		600				400

34.3.3.3　玻璃纤维铝箔复合风管的制作

1. 材料准备

玻璃纤维铝箔复合风管是用铝箔玻璃纤维复合制成，板材要求风管壁的内、外护层具有可靠的屏蔽纤维的能力，风管内壁涂料层不得露出纤维。

2. 放样下料

根据设计要求和成型方法正确画线，确定槽口位置。成型方法有一片法、二片法和四片法，如图 34-20、图 34-21 所示。其封闭口处应留有大于 35mm 的搭接边量。

一片法　　　二片U法　　　二片L法　　　四片法

图 34-20　玻璃纤维铝箔复合风管拼合

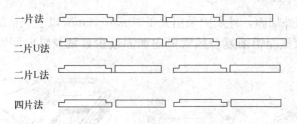

图 34-21　拼合方法开槽位置

风管宜采用整板材料制作。如果风管尺寸较大，板材需要拼接时，应按图 34-22 所示，在结合口处涂满胶并紧密粘合，外表面拼缝处刷胶封闭后，再用铝箔胶带粘贴密封。内表面接缝处可用铝箔粘封。铝箔宽度不小于 50mm。

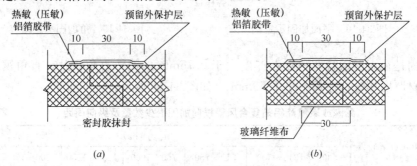

图 34-22　玻璃纤维铝箔复合板材拼装
(a) 密封胶抹封；(b) 粘封玻璃纤维布

3. 风管制作

(1) 玻璃纤维铝箔复合风管制作工艺流程

放样下料→板材开槽→风管成型→密封→加固

(2) 玻璃纤维铝箔复合风管制作

1) 风管的离心玻璃纤维板材应干燥、平整；板外表面的铝箔隔汽保护层应与内芯玻璃纤维材料粘结牢固；内表面应有防纤维脱落的保护层，并应对人体无危害。

2) 当风管连接采用插入接口形式时，接缝处的粘结应严密、牢固，外表面铝箔胶带密封的每一边粘贴宽度不应小于 25mm，并应有辅助的连接固定措施。当风管的连接采用法兰形式时，法兰与风管的连接应牢固，并应能防止板材纤维逸出和冷桥。

3) 风管表面应平整、两端面平行，无明显凹处、变形、起泡，铝箔无破损等。

4) 风管板槽口切割时，应选用专用刀具，不得破坏外表铝箔层。组合风管时，应清理粘合面，涂粘结剂应均匀饱满，接缝处不得有玻璃纤维外露。

4. 风管加固

玻璃纤维铝箔复合风管加固与金属风管相同，还应根据系统工作压力及产品技术标准的规定执行。玻璃纤维铝箔复合矩形风管内支撑及外加固应符合表 34-44 的规定。

34.3.3.4　无机或有机玻璃钢风管的制作

1. 材料准备

玻璃纤维布应符合按设计要求和国家标准，有机玻璃的合成树脂应根据按设计要求选用。无机玻璃钢风管应采用无碱玻璃纤维网格布、中碱玻璃纤维网格布、抗碱玻璃纤维网格布,并应分别符合《增强用玻璃纤维网布 第一部分:树脂砂轮用玻璃纤维网布》JC 561.1—2006、《玻璃纤维无捻粗纱布》GB/T 18370—2001 的规定。无机胶凝材料硬化体的 pH 值应小于 8.8,并不应对玻璃纤维有碱性腐蚀。氯氧镁水泥氧化镁的含量,应符合《镁质胶凝材料用原料》JC/T 449 规定。

玻璃纤维铝箔复合矩形风管内支撑及外加固框纵向加固间距 表 34-44

风管长边 b (mm)	压力(Pa)				
	0~100	101~250	251~500	501~750	750~1000
300<b≤400	—	—	—	—	1
400<b≤500	—	—	1	1	1
500<b≤600	—	1	1	1	1
600<b≤800	1	1	1	2	2
800<b≤1000	1	1	2	2	3
1000<b≤1200	1	2	2	3	3
1200<b≤1400	2	2	3	3	4
1400<b≤1600	2	3	3	4	5
1600<b≤1800	2	3	4	4	5
1800<b≤2000	3	3	4	5	6
槽钢纵向加固间距	600		400		350

应根据风管规格选用模具,风管与法兰一体制作。

2. 风管制作

(1)无机或有机玻璃钢风管的制作工艺流程

支模 → 成型(一层粘合剂一层玻纤布) → 检验 → 固化 → 钻孔 → 入库

(2)无机或有机玻璃钢风管的制作要求

1)无机或有机玻璃钢风管材质、规格、性能与风管厚度,应符合设计和国家标准。

2)有机玻璃钢风管外径或外边长的允许偏差为 3mm。管口平面度的允许偏差为 2mm,矩形风管两条对角线长度之差不应大于 3mm;圆形法兰任意正交两直径之差不应大于 5mm,矩形风管的两对角线之差不应大于 5mm。

3)无机或有机玻璃钢风管法兰规格应符合表 34-45 规定,法兰平面度的允许偏差为 2mm,管口平面度的允许偏差为 3mm;同一批量加工的相同规格法兰的螺孔排列应均匀,其螺栓孔的间距不得大于 120mm;矩形风管法兰的四角处,应设有螺孔;螺孔至管壁的距离应一致,允许偏差为 2mm 并具有互换性。

无机或有机玻璃钢风管法兰规格(mm) 表 34-45

风管直径 D 或风管边长 b	材料规格(宽×厚)	连接螺栓
D(b)≤400	30×4	M8
400<D(b)≤1000	40×6	
1000<D(b)≤2000	50×8	M10

4)有机玻璃钢风管不应有明显扭曲,内表面应平整光滑,外表面应整齐美观,厚度

应均匀，且边缘无毛刺，并无气泡及分层现象。法兰应与风管成一整体，应有过渡圆弧，并与风管轴线成直角。

5）有机玻璃钢矩形风管的边长大于 900mm，且管段长度大于 1250mm 时，应加固。加固筋的分布应均匀、整齐。无机玻璃钢风管边宽大于等于 2m，单节长度不超过 2m，中间增一道加强筋，加强筋材料可用 50×5mm 扁钢。

6）无机玻璃钢风管的外形尺寸允许偏差应符合表 34-46 的规定。

无机玻璃钢风管外形尺寸（mm）　　　　　　表 34-46

直径或大边长	矩形风管外表平面度	矩形风管管口对角线之差	法兰平面度	圆形风管两直径之差
≤300	≤3	≤3	≤3	≤3
301～500	≤3	≤4	≤2	≤3
501～1000	≤4	≤5	≤2	≤4
1001～1500	≤4	≤6	≤3	≤5
1501～2000	≤5	≤7	≤3	≤5
>2000	≤6	≤8	≤3	≤5

7）玻璃纤维网格布的长度、宽度不够时，可采用搭接方法连接，搭接长度应大于 50mm。相邻层之间的纵、横搭接缝距离应大于 300mm，同层搭接缝距离不得小于 500mm。

8）风管法兰的规定与有机玻璃钢法兰相同。

9）风管的表面应光洁、无裂纹、无明显泛霜和分层现象。

10）无机玻璃钢风管制作完毕，待胶凝材料固化后除去内模，并置于干燥、通风处养护 6 天以上，方可安装。

3. 风管加固

无机或有机玻璃钢风管加固规定与金属风管相同，还应符合无机或有机玻璃钢风管的边长大于 900mm，且管段长大于 1250mm 时，应加固，加固筋应为本体材料或防腐性能相同的材料，分布应均匀、整齐，与风管成一整体。

无机玻璃钢风管四角、边可采用角形金属型材加固，风管内支撑加固点个数及纵向外加固框间距应符合表 34-47、表 34-48 的规定。

整体成型无机玻璃钢风管内支持加固点个数及外加固框间距　　　　表 34-47

风管长边 b（mm）	压力（Pa）				
	500～630	630～820	820～1120	1120～1610	1610～2500
650<b≤1000	—	—	1	1	1
1000<b≤1500	1	1	1	1	2
1500<b≤2000	1	1	1	1	2
2000<b≤3100	1	1	1	2	2
3100<b≤4000	2	2	3	3	4
纵向加固间距	1420	1240	890	740	590

组合成型无机玻璃钢风管内支持加固点个数及外加固框间距   表 34-48

风管长边 b（mm）	压力（Pa）			
	500～700	700～900	900～1100	1100～1500
800＜b≤1250	1	1	1	1
1250＜b≤1500	1	1	1	1
1500＜b≤2300	1	2	2	2
2300＜b≤3000	2	2	3	3
3000＜b≤3800	3	3	4	4
纵向加固间距	980	860	780	700

34.3.3.5 防火板风管的制作

1. 材料准备

防火板风管板材、型材及其他成品材质，应符合设计及国家相关产品标准规定。板材正面光滑，背面打磨；厚度应满足防火极限要求及风管构造，法兰连接件及加固件等材料应为 A 级不燃材料。龙骨、自攻螺钉及密封胶，应与板材材质相匹配，并应符合环保要求。

2. 放样下料

防火板尺寸一般为 2440mm×1220mm，当风管长边尺寸小于等于 1220mm，可按板材宽度做成每节长度为 1220mm 的风管；当风管两边之和小于等于 1220mm 时，可按板材长度做成每节长度 2440mm 的风管，以减少管段接口。板材应按风管尺寸展开，展开后根据连接方法及板厚预留余量，进行下料。防火板应尽量避免拼接，如需拼接，应按图 34-23 所示拼接。

图 34-23 防火板材拼接

3. 风管制作

（1）防火板风管制作工艺流程

$$\boxed{放样下料} \rightarrow \boxed{风管成型} \rightarrow \boxed{密封} \rightarrow \boxed{加固}$$

（2）防火板制作要求

风管规格及偏差与金属风管相同。风管由侧壁及上下板用轻角钢龙骨连接成型，角钢龙骨宽度根据板厚而定，在板与板结合的缝隙处应涂抹防火密封胶，见图 34-24（a）。用 ST4.2 自攻螺钉（长度应比板厚长 1～2mm）固定角钢龙骨，自攻螺钉间距为 200mm，在弯管或拼接处，间距为 150mm。风管管段与管段的拼接，沿长度方向的断面如图 34-24（b）所示。自攻螺钉间距为 150mm。管段与管段的拼接处缝隙要求抹胶密封。

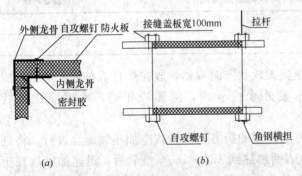

图 34-24 防火板风管连接
(a) 角钢龙骨连接；(b) 管段与管段拼接

4. 风管加固

防火板风管加固规定与金属风管相同。风管的加固可采用不燃管材、扁钢、防火板条（宽为 200mm）做内支撑加固，或用角钢、U 形轻钢龙骨做外加固。内支撑加固的规定与玻璃纤维铝箔复合风管相同。

34.3.3.6 硬聚氯乙烯风管的制作

1. 材料准备

硬聚氯乙烯风管的材料品种、规格、性能与厚度等应符合设计和现行国家产品标准的规定。硬聚氯乙烯板材不得出现气泡、分层、炭化、变形和裂纹等缺陷。

2. 放样下料

画线应用红铅笔，不要用划针或锯条，以免板材表面形成伤痕，发生折裂。硬聚氯乙烯板材在加热冷却时会出现膨胀和收缩的现象，所以在画线时，应适当地放出收缩余量。收缩余量随加热时间和工厂生产过程而异，应对每批材料先进行加热试验，以确定其收缩余量。画线时，应按图纸尺寸，根据板材规格和现有加热箱的大小等具体情况，合理安排每张板上的图形，尽量减少切割和焊缝，又要注意节省原材料。

3. 风管制作

（1）硬聚氯乙烯风管制作工艺流程

领料 → 放样划线 → 切割 → 下料 → 坡口 → 加热 → 焊接成形 → 检验 → 出厂

（2）硬聚氯乙烯风管制作要求

1）风管外径或外边长的允许偏差，为 2mm，管口平面度的允许偏差为 2mm，矩形风管两条对角线长度之差不应大于 3mm，圆形法兰任意正交两直径之差不应大于 2mm，表面平整，圆弧均匀，凸凹不应大于 5mm。

2）切割前检查板材质量，可使用剪床、电动锯切割板材。5mm 厚以下的板材可在常温下进行切割。5mm 厚以上板材应先加热到 30℃左右，再用切割，以免发生碎裂现象。

3）下料后的板材应按板材的厚度及焊缝的形式，用锉刀、木工刨床、普通木工刨或砂轮机、坡口机刨进行坡口。坡口的角度和尺寸应均匀一致，焊缝背面应留有 0.5～1.0mm 的间隙，以保证焊缝根部有良好的接合。

4）加热成型可用电加热、蒸汽加热和热空气加热等方法，加热时间见表 34-49。

硬聚氯乙烯板材加热时间   表 34-49

板材厚度（mm）	2～4	5～6	8～10	11～15
加热时间（min）	3～7	7～10	10～14	15～24

5）圆形风管加热成型：板材被加热到柔软状态时取出，放在垫有帆布的木模中卷成圆管，待完全冷却后，将管取出。木模外表应光滑，圆弧应正确，木模应比风管长 100mm。

6）矩形风管加热成型：风管折方可用普通的折方机和管式电加热器配合进行。将划线部位置于两根管式电加热器中间，板表面加热到 150～180℃变软后，迅速抽出放在折方机上折成 90°，待加热部位冷却后取出成型后的板材。

7）硬聚氯乙烯受热收缩产生应力变化，坡口焊接部位原板材断面积小，造成该部位抗弯力小，机械强度较低，因此矩形风管纵向缝应避免设置在角部，四角应加热折方成型。

4. 风管加固

硬聚氯乙烯风管加固应符合金属风管加固规定，还应符合硬聚氯乙烯风管的直径或边长大于 500mm 时，其风管与法兰的连接处应设加强板，且间距不得大于 450mm。采取加固圈（框）或加固筋等加固措施，以焊接固定，风管加固圈规格尺寸应符合表 34-50 的规定。

风管加固圈规格尺寸（mm）　　　　　　　　　　　　　表 34-50

圆　　　形				矩　　　形			
风管直径 D	管壁厚度	加固圈		风管大边长度 b	管壁厚度	加固圈	
		规格（宽×厚）	间距			规格（宽×厚）	间距
D≤320	3	—	—	b≤320	3	—	—
320<D≤500	4	—	—	320<b≤400	4	—	—
500<D≤630	4	40×8	800	400<b≤500	4	35×8	800
630<D≤800	5	40×8	800	500<b≤800	5	40×8	800
800<D≤1000	5	45×10	800	800<b≤1000	6	45×10	400
1000<D≤1400	6	45×10	800	1000<b≤1250	6	45×10	400
1400<D≤1600	6	50×12	400	1250<b≤1600	8	50×12	400
1600<D≤2000	6	60×12	400	1600<b≤2000	8	60×15	400

34.3.4　柔性风管的制作

柔性风管可以在一定方向弯曲或一定距离拉伸，常用于空调系统支风管末端与送风口的连接，常用的柔性风管分为金属柔性风管和非金属柔性风管，金属柔性风管采用镀锌薄钢带、薄不锈钢带、薄铝合金带，由机械螺旋缠绕咬口成型，非金属柔性风管采用聚氨酯铝箔复合材料用钢丝螺旋咬口缠绕成型，玻璃纤维布涂塑用钢丝螺旋咬口缠绕成型，还有具有隔热层和微穿孔消声器的特殊用途的柔性风管。柔性风管制作应选用防腐、不透气、不宜霉变的柔性材料，用于净化空调系统的还应是内壁光滑、不易产生灰尘的材料。用于空调系统的应采取防止结露的措施，外保温风管应包覆铝箔聚酯复合防潮层。

柔性风管制作要求如下：

(1) 风管直径小于等于 250mm 时，板材厚度应大于等于 0.09mm；直径在 250～500mm 时，板材厚度应大于等于 0.12mm；直径大于 500mm 时板材厚度应大于等于 0.2mm。

(2) 风管材料、粘结剂的燃烧性能应达到难燃 B1 级。粘合剂的化学性能应与所粘结材料一致，应在 -30～70℃ 环境中不开裂、不融化，有良好的粘结性，燃烧时，应不产生有毒气体。

(3) 聚酯膜铝箔复合柔性风管的钢丝，其表面应有防腐涂层，且符合《胎圈用钢丝》GB/T 14450 标准的规定，钢丝规格见表 34-51。

聚酯膜铝箔复合柔性风管钢丝规格（mm）   表 34-51

柔性风管直径 D	$D \leqslant 200$	$200 < D \leqslant 400$	$D > 400$
钢丝直径	0.96	1.2	1.42

（4）可伸缩的柔性风管安装后可充分伸展，伸展度宜为 $80\% \sim 95\%$。弯曲角度应不大于 $90°$。

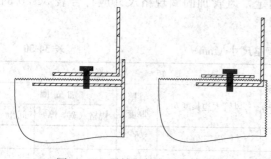

图 34-25　柔性风管角钢法兰连接

（5）圆形金属柔性风管直径小于等于 300mm 时，宜用不少于 3 个螺丝圆周上均匀紧固；直径大于 300mm 的风管宜用至不少于 5 个螺钉紧固。螺钉距离风管端部应大于 12mm。

（6）采用角钢法兰连接时，应采用厚度大于等于 0.5mm 的镀锌板与角钢法兰紧固，见图 34-25。

（7）圆形风管宜采用承插连接卡箍紧固，插接长度应大于 50mm。当连接套管直径大于 300mm 时，应在套管端面 $10 \sim 15$mm 处压制环形凸槽，安装卡箍应在套管环形凸槽后面。

34.3.5　洁净空调系统风管的制作

随着科学技术的发展，电子工业、机械工业、医药工业、食品工业、航空和航天工业等高精产品生产制造需要更加洁净的环境，生物、医疗对环境洁净的需求也越来越高。为了保证空气洁净，在空气输送的每一个环节，都要符合空气洁净的要求，洁净风管是重要的一个环节。

洁净空调系统风管材质应根据设计要求选用，可以采用镀锌钢板、不锈钢板和聚氯乙烯板材制作，对空气洁净要求高的可以使用不锈钢风管。

34.3.5.1　洁净空调系统风管材料准备

制作洁净风管、配件及部件使用板材及型材的品种、规格和厚度，其应符合设计要求和国家标准规定，要求材料表面耐腐蚀、不产尘、不积尘、不产生静电、无异味、无污染，厚度误差为 ± 0.025mm，非卷板对角线之差不大于 3 mm。风管制作前必须对板件、型材表面进行除锈、脱脂、清洗处理，使板材表面达到光滑清洁要求。

34.3.5.2　洁净空调系统风管制作

洁净空调系统风管可以采用镀锌钢板、不锈钢板和聚氯乙烯板材制作，其展开方法和制作工艺流程与非洁净风管相同，制作质量要求更加严格。洁净风管制作规定应根据使用材料情况，不但要符合金属风管或非金属风管制作规定，还应符合下列规定：

（1）矩形风管边长小于或等于 900mm 时，底面板不应有拼接缝；大于 900mm 时，不应有横向拼接缝；

（2）风管所用的螺栓、螺母、垫圈和铆钉均应采用与管材性能相匹配、不会产生电化学腐蚀的材料或采取镀锌或其他防腐措施，并不得采用抽芯铆钉；

（3）不应在风管内设加固框及加固筋，风管无法兰连接不得使用 S 形插条、直角形插条及立联合角形插条等形式；

（4）空气洁净度等级为 1～5 级的净化空调系统风管不得采用按扣式咬口；

（5）风管的清洗不得用对人体和材质有危害的清洁剂；

（6）镀锌钢板风管不得有镀锌层严重损坏的现象，如表层大面积白花、锌层粉化等；

（7）现场应保持清洁，存放时应避免积尘和受潮。风管的咬口缝、折边和铆接等处有损坏时，应做防腐处理；

（8）风管法兰铆钉孔的间距，当系统洁净度的等级为 1～5 级时，不应大于 65mm；为 6～9 级时，不应大于 100mm；

（9）静压箱本体、箱内固定高效过滤器的框架及固定件应做镀锌、镀镍等防腐处理；

（10）制作完成的风管、配件及部件，应进行第二次清洗，清洗完成经过检查，达到清洁要求后应及时封口，可用塑料薄膜封闭，并用胶带粘牢四边，避免粉尘进入。

34.3.5.3 洁净空调系统风管及配件连接

洁净空调系统风管之间、风管与配件或部件连接必须达到严密，避免漏风及灰尘进入。

（1）金属板材厚度小于等于 1.2mm 时，一般采用咬接。咬接宜选用转角咬口或联合角咬口，壁厚大于 1.2mm 宜采用焊接，以保证管缝成型良好。风管的咬口缝、翻边四角和铆钉缝等易漏风处，应经处理干净后再涂密封胶封闭严密。

（2）洁净系统风管法兰连接应使用镀锌螺栓、铆钉，连接螺栓孔径不大于 120mm。

（3）法兰、设备连接、清扫口、检视门等连接处，应选不漏气、弹性好、强度高的密封垫料，为了保证连接严密性，垫料中间尽量减少接头，其接头必须按阶梯形或榫形连接，并应涂胶粘牢。垫料尺寸、位置应正确；法兰均匀压紧后使衬垫宽度与法兰内壁达到平齐。

（4）柔性短管用材料，应选用不起毛、不起粉尘和内外光滑的人造革、涂胶帆布、软橡胶板和软塑料板等制作。

34.3.5.4 洁净空调系统风管及配件清洗与密封

清洗以脱脂、去尘为主要目的，采用半干丝绸布或丝光毛巾揩擦方式，清洗液一般采用三氯乙烯或工业酒精。三氯乙烯对人体有害，要采取严格的防护措施（防毒面具、防护眼镜、橡胶手套等），并应加强通风措施。清洗达到要求后应及时封口。

洁净风管内部咬缝、铆钉、法兰翻边的四角应密封，密封胶宜采用异丁基橡胶、氯丁橡胶、变性硅胶等。密封时应注意连续性、均匀性、压实，尤其是铆钉处应内外密封，密封胶不得出现断裂、漏涂、虚粘现象，周围多余的胶液要擦干净。

34.3.5.5 洁净空调系统风管加固

洁净空调系统风管加固规定与普通风管加固规定相同。为了保证净化系统的质量，洁净空调系统应采用风管外加固，以避免凹槽内积存灰尘或冷凝水等杂物。

34.3.6 风管配件的制作

风管配件包括变径管、弯头、三通、异径管及来回弯管等，配件的材质、规格应与风管相同，配件按材质分为金属配件（普通钢、镀锌钢、不锈钢和铝）及非金属配件（酚醛铝箔复合、聚氨酯铝箔复合、玻璃钢、防火板及硬聚氯乙烯），配件制作规定、连接方法及质量要求应与匹配的风管制作规定相同。无机或有机玻璃钢风管配件由玻璃钢风管厂商生产。

风管配件的几何形状和规格较多，应根据图纸及大样分别进行展开，展开方法宜采用平行线法、放射线法和三角线法，板材拼接方法及纵向拼接缝的设置与风管要求相同。

不锈钢、铝矩形配件加工过程应与风管加工要求相同，注意保护其防腐层。

风管配件的加固要求和方法与风管加固要求相同。

34.3.6.1　变径管的加工

变径管是用来连接不同断面的通风管，以及通风管尺寸变更的配件。如设计图纸无明确规定时，变径管的扩张角应在 $25°\sim30°$ 之间。按形状可分为矩形变径管、圆形变径管和矩形变圆形变径管（天方地圆）。

1. 金属变径管加工

（1）金属矩形变径管

矩形变径管用于连接两种不同规格的矩形风管，有正心矩形和偏心矩形变径管两种。金属矩形变径管可以用三角形法进行展开，根据板材厚度可以采用咬口或焊接成型，矩形变径管展开后，应根据连接形式，留出咬口留量、法兰留量及翻边留量。

1）正心矩形变径管

正心矩形变径管的展开，根据已知大口管边尺寸、小口管边尺寸和变径管高度尺寸，画出主视图和俯视图，求出侧面边线实长，再展开，如果变径管尺寸较小，可以连续展开，边线折方，如图 34-26 所示。

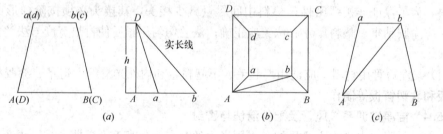

图 34-26　正心矩形变径管的展开
(a) 主视图；(b) 侧视图；(c) 展形图

2）偏心矩形变径管

偏心矩形变径管的展开方法与正心矩形变径管的展开相同，用三角形法求出实长，再展开，如图 34-27 所示。

金属矩形变径管的形式比较多，有两侧平直的偏心矩形变径管，上下口扭转不同角度

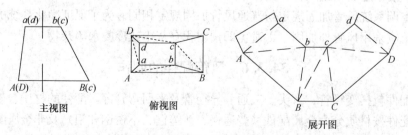

图 34-27　偏心矩形变径管的展开

偏心且不平行的变径管等，其展开方法与正心矩形变
径管相似，用三角形法展开。

（2）金属圆形变径管

圆形变径管用于连接两种不同管径圆形风管，可
以分为正心变径管和偏心变径管，正心变径管又分为
可以得到顶点的和不易得到顶点的两种。

圆形变径管的展开图绘制后，根据板材厚度可以
采用咬口或焊接成型，圆形变径管展开后，应根据连
接形式，留出咬口留量、法兰留量及翻边留量。

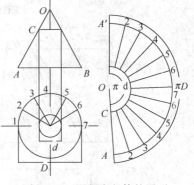

图 34-28　正心变径管的展开

1）易得到顶点正心变径管

可以得到顶点正心变径管的展开，可以用放射线法画出，画法如图 34-28 所示。

2）不易得到顶点正心变径管

不易得到顶点正心变径管大小口直径相差比较小，不能用放射线法展开，一般采用近
似画法展开，画法如图 34-29 所示。

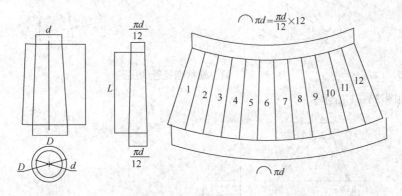

图 34-29　不易得到顶点的正心变径管的展开

3）偏心圆形变径管

偏心圆形变径管的展开可以用三角形法展开，其画法如图 34-30 所示。根据大口直径
D 和小口直径 d 及偏心距和高度 h，先画出主视图和俯视图，然后按三角形法进行展开。

对于管径较小的圆形变径管采用扁钢法兰时，因扁钢厚度一般在 4～5mm，对于组装
影响不大，下料时可以将小口稍缩小一些，将大口稍放大一些。法兰套入后，经翻遍敲
平，就能得到符合尺寸要求、表面平整的变径管。

（3）金属矩形变圆形变径管（天圆地方）

矩形变圆形变径管用于风管与通风机、空调机、空气加热器等设备的连接，以及矩形
圆形断面互换部位的连接。分为正心和偏心两种。

矩形变圆形变径管可以用多种方法展开，可以用三角形法，也可以用近似圆锥体法展
开。矩形变圆形变径管展开后，应根据连接形式，留出咬口留量、法兰留量及翻边留量。

1）正心矩形变圆形变径管

正心矩形变圆形变径管采用三角形法展开，根据已知的圆管直径 D，矩形风管边长
$A—B$、$B—C$ 和高度 h，画出主视图和俯视图，并将圆形管口等分编号，再用三角形法画

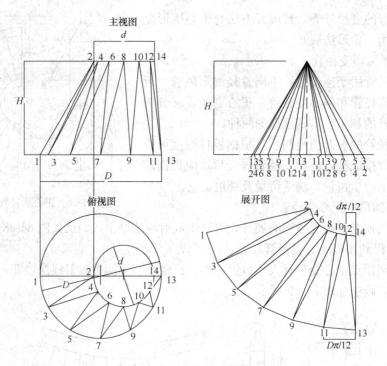

图 34-30 偏心圆形变径管的展开

展开图。如图 34-31 所示。

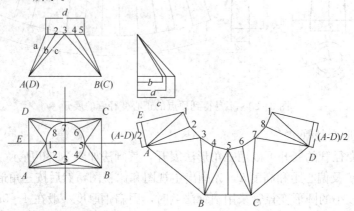

图 34-31 正心矩形变圆形变径管展开

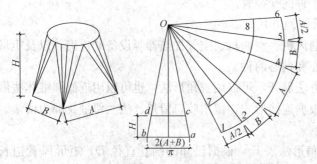

图 34-32 近似圆锥体法正心矩形变圆形变径管展开

正心矩形变圆形变径管采用近似圆锥体法展开，见图 34-32。此方法比较简便，圆口和方口尺寸正确，但是高度比规定高度稍小，加工制作时可以再加长法兰的短直管上进行修正。

2）偏心矩形变圆形变径管

偏心和偏心斜口矩形变圆形变

径管可采用三角形法展开，如图 34-33、图 34-34 所示。

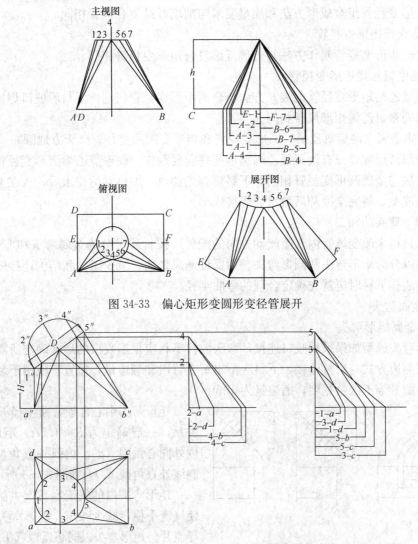

图 34-33　偏心矩形变圆形变径管展开

图 34-34　偏心斜口矩形变圆形变径管

2. 非金属变径管

（1）非金属矩形变径管

1）酚醛或聚氨酯铝箔复合板矩形变径管

　　酚醛或聚氨酯铝箔复合板矩形变径管由四块板组成，展开时应首先按设计尺寸，放样切割出侧板，然后量出侧板边长，侧板边长为盖板长边，画出切断线、45°斜坡线、压弯线和 V 形槽线，如图 34-35 所示。用专用切割刀切断、坡口、压弯线采用机械压弯，轧压深度不宜超过 5mm。粘结、质量规定与风管相同。

2）玻璃纤维复合板矩形变径管

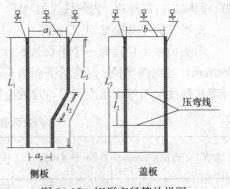

图 34-35　矩形变径管放样图

玻璃纤维复合矩形变径管展开方法与酚醛或聚氨酯铝箔复合矩形变径管相同，玻璃纤维复合矩形变径管组合成形方法和质量要求与玻璃纤维复合风管相同。

3）防火板矩形变径管

防火板矩形变径管制作方法与玻璃纤维复合矩形变径管相同。

4）硬聚氯乙烯矩形变径管

硬聚氯乙烯矩形变径管的展开方法与金属矩形变径管相同，下料后坡口焊接成形，质量要求与硬聚氯乙烯矩形风管相同。

（2）非金属（硬聚氯乙烯）圆形变径管和矩形变圆形变径管（天方地圆）

非金属圆形配件只有硬聚氯乙烯圆形配件需要制作。硬聚氯乙烯圆形变径管和天方地圆展开方法与金属圆形变径管相同，下料后首先加热，加热到达要求后，放在上下凸凹胎膜上压曲成型，待完全冷却后坡口、焊接成形。

34.3.6.2 弯头的加工

弯头是用来改变风管内气流流动方向的配件，按材质可分为金属弯头和非金属弯头，按截面可以分为矩形弯头和圆形弯头。为保证通风畅通、减少阻力和结构连接的强度及稳定，弯头放样下料时应首先确定合理的弯曲半径。

1. 金属弯头

（1）金属矩形弯头

矩形弯头成型如果采用咬口连接，弯头放样下料应根据咬口的形式确定所需的加工余量。采用翻边方式与法兰连接，下料应留出短直管段和翻边量，短直管段用于装配调节法兰角度，留量等于法兰宽度，翻边量为 10mm。

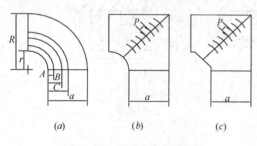

图 34-36 矩形弯头示意图

矩形弯头中心合理弯曲半径 R 与边长 A 关系，一般确定为 $R=1.5A$。矩形弯头有：内外同心弧型（a）、内弧外直角型（b）、内斜线外直角型（c），如图 34-36 所示。

矩形弯头内的气流容易产生湍流，为了使气流平稳，减少噪声，矩形弯头内应设置导流片。矩形弯头以同心弧型弯头风阻最小，宜优先采用。风阻与弯头的曲率半径成正比。

弯头内设置导流片的作用是细分弯管内的气流，减少涡流产生，导流片在内侧比外侧效果好，间隔应内密外疏。内斜线直角弯管，可用等圆弧导流片，导流片多时须等距离设置。

矩形弯头可以按图 34-37 展开。

弯头曲率半径宜为一个平面边长，圆弧应均匀。当内外弧型矩形弯头平面边长大于 500mm，且内弧半径 r 与弯管平面边长 a 之比（r/a）小于或等于 0.25 时应设置导流片。导流片弧度应与弯管角度相等，片数应按表 34-52 及图 34-38（a）的规定。

内外弧形矩形弯头导流片位置 表 34-52

弯管平面边长 a（mm）	导流片数	导流片位置		
		A	B	C
$500 < a \leqslant 1000$	1	$a/3$	—	—

续表

弯管平面边长 a（mm）	导流片数	导流片位置		
		A	B	C
1000＜a≤1500	2	a/4	a/2	—
a＞15000	3	a/8	a/3	a/2
a＞15000	3	a/8 .	a/3	a/2

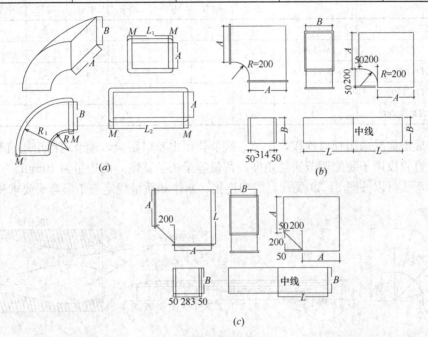

图 34-37　矩形弯头展开图

(a) 内外同心弧型弯头展开；(b) 内弧外直角型弯头展开；(c) 内斜线外直角型弯头展开

内弧外直角型、内斜线外直角形的边长大于 500mm，应设置圆弧导流片。按图 34-38 选用单弧形（a）或双弧形（b）。单弧形、双弧形导流片圆弧半径与间距宜按表 34-53 的规定。矩形弯头导流叶片的迎风侧边缘应圆滑，固定应牢固，导流叶片长度超过 1250mm 时，应有加强措施。

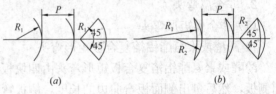

图 34-38　单弧形或双弧形导流片形

单弧形或双弧形导流片的圆弧半径及间距　　表 34-53

单圆弧导流片 （镀锌板厚度宜为 0.8mm）		双圆弧导流片 （镀锌板厚度宜为 0.6mm）	
$R_1=50$ $P=38$	$R_1=115$ $P=83$	$R_1=50$ $R_2=25$ $P=54$	$R_1=115$ $R_2=51$ $P=83$

（2）金属圆形弯头

金属圆形弯头根据弯曲角度，由若干个带有双斜口的中节和两个带有单斜口的端节组合而成。弯头角度有 90°、60°、45°、30°四种，弯头的节数根据管径确定，弯头曲率与弯头直径关系为半径 $R=1\sim1.5D$。弯头曲率半径（以中心线计）和最小分节数应符合表 34-54 的规定。弯头的弯曲角度允许偏差应不大于 3°。

圆形弯头曲率半径和最少节数　　　　　　　　　　　　表 34-54

弯头直径 D（mm）	曲率半径 R（mm）	弯头角度和最少节数							
		90°		60°		45°		30°	
		中节	端节	中节	端节	中节	端节	中节	端节
80<D≤220	≥1.5D	2	2	1	2	1	2	—	2
220<D≤4500	D~1.5D	3	2	2	2	2	2	1	2
450<D≤8000	D~1.5D	4	2	2	2	2	2	1	2
800<D≤1400	D	5	2	2	2	2	2	1	2
1400<D≤2000	D	8	2	5	2	2	2	2	2

弯头成型如果采用咬口连接，中节、端节要留出咬口留量，端节应留出短直管段和翻边量，短直管段用于装配调节法兰角度，留量等于法兰宽度，翻边量为 10mm。

圆形弯头可以按图 34-39 展开，成型连接、制作和质量规定与矩形弯头要求相同。

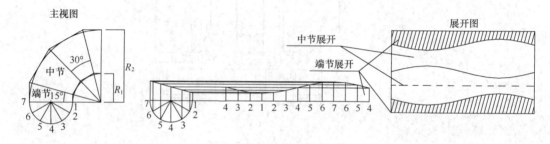

图 34-39　圆形弯头展开

2. 非金属弯头

（1）非金属矩形弯头

1）酚醛或聚氨酯铝箔复合板矩形弯头

酚醛或聚氨酯铝箔复合板矩形弯头由四块板组成。展开时应先按设计尺寸，放样切割出侧板，然后量出侧面板弯曲边的长度，侧板弯曲边长度为盖板长边，放样画出上下盖板的切断线、45°斜坡线和压弯区线。用专用切割刀切断，坡口，内外盖板弯曲面采用机械压弯成型，其曲率半径小于 150mm 时，轧压间距宜为 20～35mm；曲率半径 150～300mm 时，轧压间距宜在 35～50mm 之间；曲率半径大于 300mm 时，轧压间距宜在 50～70mm。轧压深度不宜超过 5mm。展开如图 34-40 所示。酚醛或聚氨酯复合弯头粘结质量、加固规定与风管相同。弯头导流片设置规定与金属弯头相同，导流片可采用 PVC 定型产品，也可由镀锌板弯压成圆弧，两端头翻边，铆到两块平行连接板上组成导流板组。在已下好料的弯头平面板上划出安装位置线，在组合弯头时将导流板组用粘结剂粘上。导流板组的高度宜大于弯头管口 2mm，以使其连接更紧密。

2）玻璃纤维复合板矩形弯头

玻璃纤维复合矩形弯头展开方法与酚醛或聚氨酯铝箔复合矩形弯头相同，玻璃纤维复

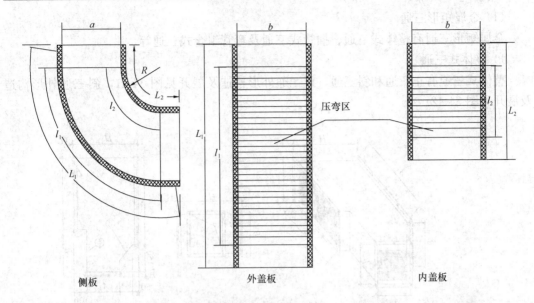

图 34-40 酚醛或聚氨酯复合矩形弯头展开

合矩形弯头组合成形方法和质量要求玻璃纤维复合风管要求相同。

3）防火板矩形弯头

防火板矩形弯头制作方法与玻璃纤维复合矩形弯头要求相同。

4）硬聚氯乙烯矩形弯头

硬聚氯乙烯矩形弯头由两块侧面弯板和上下盖板四块板构成，展开方法与金属矩形弯头相同，两侧弧形板的划线应精细，保证弯曲弧度，然后将上下盖板加热后贴在弧形胎模上成形。展开时应保留法兰留量。下料后，为保证表面焊接质量、结构强度和受力稳定性，应对焊接的板边进行坡口。焊接时应保证板材温度高于5℃。

（2）非金属（硬聚氯乙烯）圆形弯头

硬聚氯乙烯圆形弯头有两种制作方法，一种方法是用样板在板材上展开下料，加热后，放在胎膜上压曲成型，待完全冷却后坡口焊接成形。另一种方法是用样板紧贴在已经加工好的圆形直管上，展开划线，沿划线截成弯头的短节，坡口焊接成形。圆形弯头展开时应预留法兰留量。

34.3.6.3 三通的加工

三通是用于分流或汇集气流的配件，按截面形状可分为矩形和圆形三通，按干管与支管位置可分为正三通、斜三通、分叉三通及组合三通等。为了使制造三通标准化，应尽量采用《全国通用通风管道配件图表》中规定的各种三通。

三通干管与支管的交角 α 应根据三通断面大小来确定，一般在 15°～60° 之间。交角 α 较小时，三通的高度较大；反之高度则较小。在加工断面较大的三通，为不使三通高度过大，应采用较大的交角。保证通风畅通、减少阻力和结构连接的强度及稳定性，通风管道的三通或四通夹角多数采用 30°～45° 之间，角度偏差应小于 3°。

加工制作三通时要先划好展开图，根据连接方法预留出连接留量、法兰留量及翻边留量。主管与分支管边缘预留距离要恰当，能用来保证安装法兰，并便于维修。

1. 金属三通

（1）金属矩形三通

金属矩形三通有整体式三通、插管式三通及弯管组合式三通等。

1）整体式三通

整体式三通有正三通和斜三通，正三通外形构造及展开见图 34-41，斜三通外形构造及展开见图 34-42。

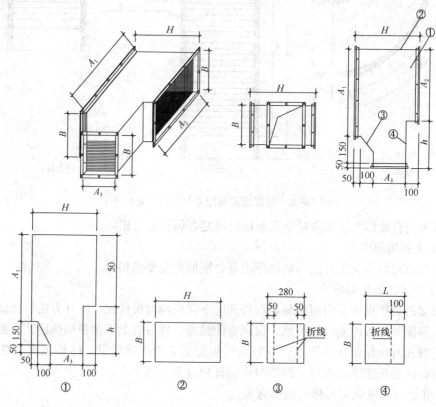

图 34-41   整体式正三通构造及展开图

为便于标准化生产，不同规格三通展开尺寸见《全国通用通风管道配件图表》。

2）插管式三通

插管式三通是在风管的直管段侧面连接一段分支管，其特点是灵活、方便，而且省工省料。风管直管段与分支管有两种连接方法，一种方法是咬口连接，如图 34-43 所示；另一种方法是连接板式插入连接。分支管连接板与风管接触部分，特别是分支管的四个角，应用密封材料进行处理，以减少连接处的漏风量。

3）弯头组合式三通

弯头组合式三通由弯头组合而成，其组合形式应根据管路不同的分支情况而定，如图 34-44 所示。其特点是气流分配均匀，制作工艺简单，可根据设计要求，先制成弯头，再连接组合，可以采用角钢法兰框架连接，也可以采用插条连接。采用法兰框连接时，连接部位应预留法兰及翻边留量，采用插条连接时，应预留连接留量，还必须做好插条缝隙的密封。

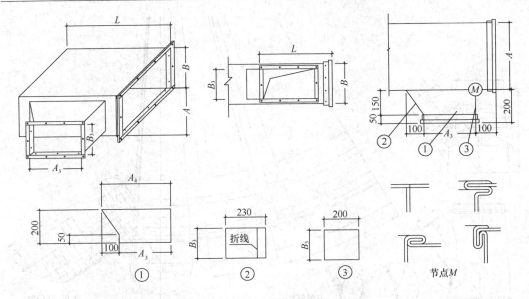

图 34-42 整体式斜三通构造及展开图

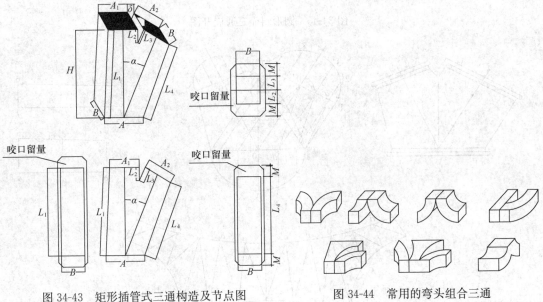

图 34-43 矩形插管式三通构造及节点图　　图 34-44 常用的弯头组合三通

（2）金属圆形三通

圆形三通分为斜式壶式三通及分叉三通。圆形壶式三通不同规格和展开尺寸见《全国通用通风管道配件图表》，展开见图 34-45，图 34-46。

圆形三通的成型连接形式，应根据板材的材质、板厚及密封要求情况而定，可采用咬接、铆接及焊接，根据连接形式预留留量，连接形式和规定与风管连接相同。

2. 非金属三通

（1）非金属矩形三通

1）酚醛或聚氨酯铝箔复合矩形三通

① 酚醛或聚氨酯铝箔复合矩形 T 形管

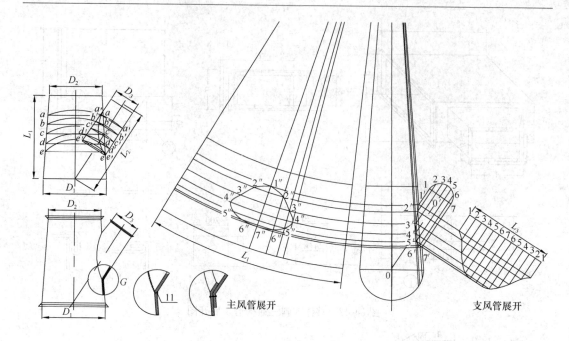

图 34-45　圆形斜壶三通展开图

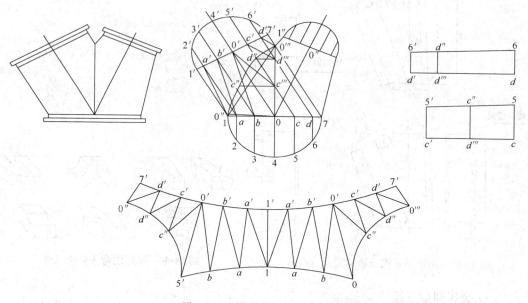

图 34-46　圆形分叉三通展开图

T 形矩形管由四块板组成。展开时应先按设计尺寸，放样切割出侧板，然后量出侧板边长，侧板边长为盖板长边，画出切断线、45°斜坡线、压弯线和 V 形槽线，用专用切割刀切断，坡口，压弯线采用机械压弯，要求与矩形弯管相同。粘结、质量规定与风管相同。如图 34-47 所示。

② 酚醛或聚氨酯铝箔复合矩形分叉管

矩形分叉管种类很多。现按 r 形分叉管说明放样方法。如图 34-48 所示。首先对风管上、下盖板放样，测量内、外弧线长度，作为内、外侧板长边，对侧板展开放样，画出切断线、45°斜坡线压弯线和 V 形槽线，用专用切割刀切断、坡口、压弯线采用机械压弯，要求与矩形弯管相同。粘结、质量规定与风管相同。

2）玻璃纤维复合板矩形三通

玻璃纤维复合矩形三通展开方法与酚醛或聚氨酯铝箔复合三通风相同，组合成型方法与玻璃纤维铝箔复合风管相同。

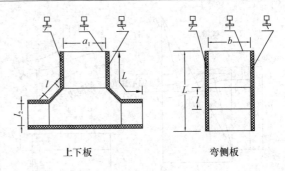

图 34-47 酚醛或聚氨酯矩形 T 形风管展开

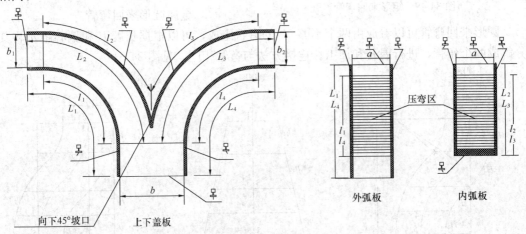

图 34-48 酚醛或聚氨酯矩形分叉管展开

3）防火板矩形三通

防火板矩形三通制作方法与玻璃纤维复合矩形三通相同。

4）硬聚氯乙烯矩形三通

硬聚氯乙烯矩形三通展开方法与金属矩形三通相同，展开时应保留法兰留量，下料后对焊接部位的板边进行坡口、组装焊接成型，纵向缝避免设置在角部，角部加热折方成型。

（2）非金属（硬聚氯乙烯）圆形三通

硬聚氯乙烯圆形三通可用金属三通下料法，先制出样板，贴在硬聚氯乙烯圆形风管上，画出干管与支管的结合线，然后按画线锯割出圆三通的干管和支管，坡口焊接组合成形。

34.3.6.4 来回弯的加工

来回弯管在通风、空调风管系统中，是用来跨越或躲避其他管道、设备及建筑物等的管件。由两个小于 90°的弯管连接形成，弯管角度由偏心距离 h 和来回弯的长度 L 决定。当 $L : D$（管宽或管径）大于等于 2 时，中间可以加接直管段。来回弯管使用时，为减少风阻，应尽量采用两弯管连接方法。

一般非金属风管不使用来回弯，而采用其他方法跨越或躲避其他管道及建筑物的管件。

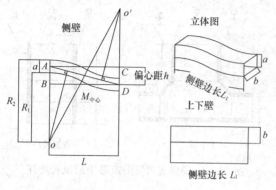

图 34-49   矩形来回弯管展开

1. 金属矩形来回弯管

矩形来回弯管是由两个相同的侧壁和相同上壁、下壁组成。侧壁按加工弯管方法展开，根据矩形来回弯管长度 L 和偏心距 h 分解成两个弯管展开画线，上下壁长度按侧壁边长量出。连接方法与弯管相同。矩形来回弯管和方变矩形来回弯管展开如图 34-49、图 34-50 所示。

2. 金属圆形来回弯管

圆形来回弯管可以看成由两个不够 90°的弯管组成，可以根据长度 L 和偏心距 h 将其分解成两个弯管，进行展开和加工。连接方法与弯管相同，见图 34-51。

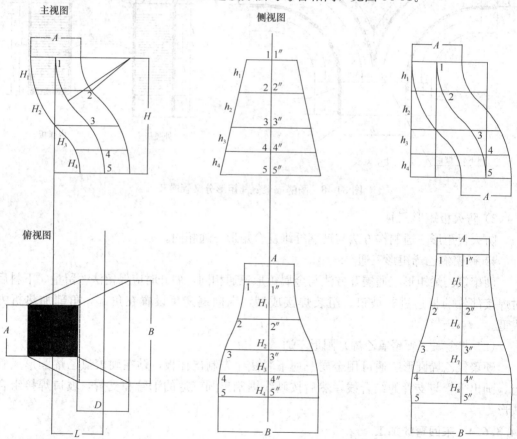

图 34-50   方变矩形来回弯管展开

34.3.6.5   风管法兰的加工

风管与风管、配件、部件的连接，一般使用法兰连接，法兰连接使用维修方便。法兰按照材质可分为金属法兰和非金属法兰，金属法兰包括角钢、扁钢、不锈钢及铝板材，非金属法兰是指硬聚氯乙烯法兰。法兰按截面形状分为矩形法兰、圆形法兰。法兰制作应符合国家标准关于法兰质量的规定，包括法兰材质、规格、尺寸、焊缝、平面度、铆螺孔位置、孔径、孔距、防腐处理方面。同一批法兰要具有互换性。

无法兰连接也称共板法兰连接，其具有连接接头严密、质量好，接头重量轻，省材料，施工工序简单，节省工时，易于实现全机械化、自动化施工、施工成本低等众多优点，因而得到广泛推广应用。

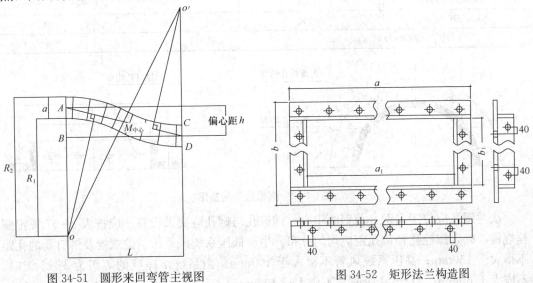

图 34-51　圆形来回弯管主视图　　　　　图 34-52　矩形法兰构造图

1. 金属矩形法兰

金属矩形法兰由四根角钢或扁钢焊接而成，下料时注意法兰内框尺寸不小于风管外边尺寸，应保证法兰尺寸偏差为正偏差，偏差值为＋2mm，对角线偏差＋3mm。法兰四角要焊牢，焊接后应调整找平、清理焊缝、钻孔。法兰螺孔、铆钉孔应位于角钢面中心，铆钉孔与螺孔应交叉均匀设置，中、低压系统风管法兰的螺栓及铆钉孔的孔距不得大于150mm；高压系统风管不得大于100mm。当系统洁净度的等级为1～5级时，不应大于65mm；为6～9级时，不应大于100mm。矩形风管法兰的四角部位应设有螺孔，法兰质量应统一，要具有互换性。矩形法兰的构造见图34-52，法兰材质及螺栓规格规定如表34-55所示。

金属矩形风管法兰及
螺栓规格（mm）　　表 34-55

风管长边尺寸 b	法兰材料规格（角钢）	螺栓规格
$b \leqslant 630$	25×3	M6
$630 < b \leqslant 1500$	30×3	M8
$1500 < b \leqslant 2500$	40×4	M8
$2500 < b \leqslant 4000$	50×5	M10

不锈钢矩形法兰制作，可将符合要求的不锈钢厚板材割成长条焊接而成，也可将不锈钢板材切割加工成角型，再焊接而成。铝法兰可用铝角型材或厚铝板制作。

2. 金属圆形法兰

金属圆形法兰可用角钢或扁钢卷圆后，切断、找平、焊接、钻孔制成，要求法兰任意两内径尺寸偏差不应大于2mm，平面度不应大于2mm。法兰材质规格及螺栓规格如表34-56所示。圆形法兰的构造如图34-53所示。

金属圆形法兰材料及螺栓规格（mm）　　　　表 34-56

风管直径 D	法兰材料规格		螺栓规格
	角　钢	扁　钢	
D≤140	—	20×4	M6
140<D≤280	—	25×4	
280<D≤630	25×3		
630<D≤1250	30×4		M8
1250<D≤2000	40×4	—	

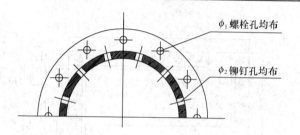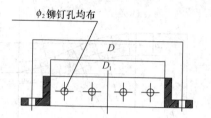

图 34-53　圆形法兰构造图

法兰螺孔应位于扁钢、角钢面中心，铆钉孔与螺孔应交叉设置。应按表 34-57 规定螺栓规格，确定螺栓孔径，孔距应均匀分布。中、低压系统风管法兰的螺栓及铆钉孔的孔距不得大于 150mm；高压系统风管不得大于 100mm。当系统洁净度的等级为 1～5 级时，不应大于 65mm；为 6～9 级时，不应大于 100mm。

不锈钢、铝圆形法兰直径小时，可从厚板上直接割出，用车床车制即可；法兰直径较大时，可将板材割成长条或用不锈扁钢煨制而成。

圆形法兰螺、铆尺寸表　　　　表 34-57

序号	风管直径 D（mm）	螺孔		铆孔		配用螺栓规格	配用铆钉规格
		ϕ_1（mm）	n_1（个）	ϕ_2（mm）	ϕ_2（个）		
1	80～90	7.5	4			M6×20	
2	100～140		6				
3	150～200		8				
4	210～280		8	4.5	8	M6×20	$\phi4×8$
5	300～360		10		10		
6	380～500		12		12		
7	530～600		14		14		
8	600～630		16		16		
9	670～700		18		18		
10	750～800	9.5	20	5.5	20	M8×25	$\phi5×10$
11	850～900		22		22		
12	950～1000		24		24		
13	1000～1120		26		26		
14	1180～1250		28		28		
15	1320～140		32		32		
16	1500～1600		36		36		
17	1700～1800		40		40		
18	1900～2000		44		44		

3. 硬聚氯乙烯法兰

硬聚氯乙烯法兰制作的允许偏差和金属法兰相同。焊接要求与风管焊接相同。

硬聚氯乙烯圆形法兰制作。将板材按表34-58规定锯成板条,开内圆坡口后加热;加热用胎具煨成圆形,待板材冷却定型后焊接、钻孔。直径较小的圆形法兰,可在车床上车制。硬聚氯乙烯矩形法兰制作,将板材按表34-59规定锯成条形,开好坡口组对焊接、钻孔。硬聚氯乙烯法兰螺栓孔的间距不得大于120mm;矩形风管法兰的四角处应设有螺孔;当系统洁净度的等级为1~5级时,不应大于65mm;为6~9级时,不应大于100mm。风管与法兰连接除焊接外,还应加焊加固三角支撑,三角支撑的间距为300~400mm。

硬聚氯乙烯圆形风管法兰规格(mm) 表 34-58

风管直径 D	材料规格(宽×厚)	连接螺栓	风管直径 D	材料规格(宽×厚)	连接螺栓
D≤180	35×6	M6	800<D≤1400	45×12	
180<D≤400	35×8		1400<D≤1600	50×15	M10
400<D≤500	35×10	M10	1600<D≤2000	60×15	
500<D≤800	40×10		D>2000	按设计	

硬聚氯乙烯矩形风管法兰规格(mm) 表 34-59

风管边长 b	材料规格(宽×厚)	连接螺栓	风管边长 b	材料规格(宽×厚)	连接螺栓
D≤160	35×6	M6	800<D≤1250	45×12	
160<D≤400	35×8	M8	1250<D≤1600	50×15	M10
400<D≤500	35×10		1600<D≤2000	60×18	
500<D≤800	40×10	10	D>2000	按设计	

4. 金属风管无法兰连接

无法兰连接是使用薄钢板制作的连接件(薄钢板法兰或共板法兰)连接。无法兰连接,风管制作要增加一道折边工艺,使用专用设备,在风管连接端按连接形式进行折边。

无法兰连接按结构形式,可分为承插、插条、咬合、混合式的连接方式。矩形风管无法兰连接及连接件应符合式表34-60要求,圆形风管无法兰连接及连接件应符合表34-61要求,圆形风管芯管连接应符合表34-62要求。

矩形风管无法兰连接形式 表 34-60

无法兰连接形式		附件板厚(mm)	使用范围
S形插条		≥0.7	低压风管,单独使用连接处必须有固定措施
C形插条		≥0.7	中、低压风管
立插条		≥0.7	中、低压风管

续表

无法兰连接形式		附件板厚 （mm）	使用范围
立咬口	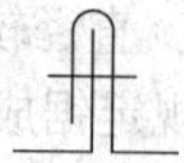	≥0.7	中、低压风管
包边立咬口		≥0.7	中、低压风管
薄钢板法兰插条		≥1.0	中、低压风管
薄钢板法兰弹簧夹		≥1.0	中、低压风管
直角形平插条	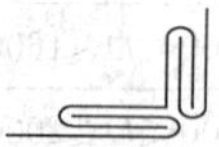	≥0.7	低压风管
立联合角形插条	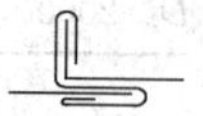	≥0.8	低压风管

注：薄钢板法兰风管也可采用铆接法兰条连接。

圆形风管与法兰连接形式　　　　表 34-61

无法兰连接形式		附件板厚 （mm）	接口要求	使用范围
承插连接	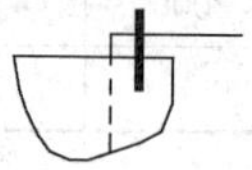	—	插入深度≥30mm， 有密封要求	低压风管， 直径＜700mm
带加强筋承插	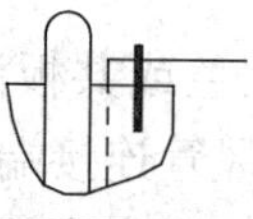	—	插入深度≥20mm， 有密封要求	中、低压风管
角钢加固承插	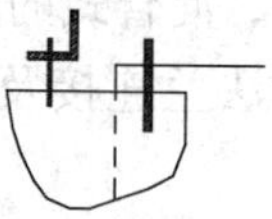	—	插入深度≥20mm， 有密封要求	中、低压风管
芯管连接	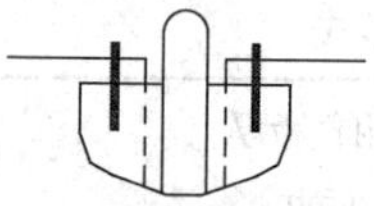	≥管板厚	插入深度≥20mm， 有密封要求	中、低压风管
立筋抱箍连接	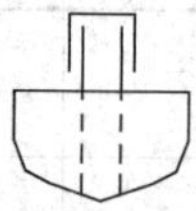	≥管板厚	翻边与棱筋匹配一致， 紧固严密	中、低压风管
抱箍连接	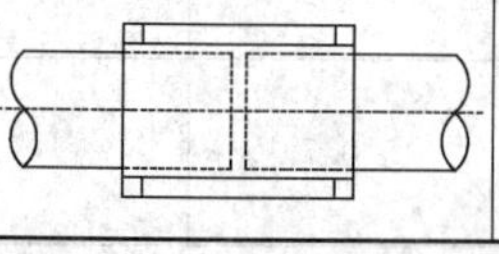	≥管板厚	对口尽量靠近不重叠， 抱箍应居中	中、低压风管， 宽度≥100mm

薄钢板法兰矩形风管的接口及附件，其尺寸应准确，形状应规则，接口处应严密。薄钢板法兰的折边（或法兰条）应平直，弯曲度不应大于 5/1000；弹性插条或弹簧夹应与薄钢板法兰相匹配；角件与风管薄钢板法兰四角接口的固定应稳固、紧贴，端面应平整、相连处不应有缝隙大于 2mm 的连续穿透缝。

圆形风管芯管连接

表 34-62

风管直径 D（mm）	芯管长度 L（mm）	螺钉或铆钉数量 （个）	外径允许偏差（mm）	
			圆管	圆管
120	120	3×2	−1～0	−3～−4
300	160	4×2		
400	200	4×2		
700	200	6×2	−2～0	−4～−5
900	200	8×2		
1000	200	8×2		

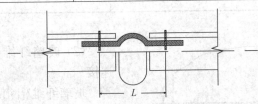

采用 C、S 形插条连接的矩形风管，其边长不应大于 630mm，插条与风管加工插口的宽度应匹配一致，允许偏差为 2mm，连接应平整、严密，插条两端压倒长度不应小于 20mm。

采用立咬口、包边立咬口连接的矩形风管，其立筋的高度应大于或等于同规格风管的角钢法兰宽度。同一规格风管的立咬口、包边立咬口的高度应一致，折角应倾角、平直度允许偏差为 5/1000，咬口连接铆钉的间距应均匀，间隔不应大于 150mm；立咬口四角连接处的铆固，应紧密、无孔洞。

风管无法兰连接适用于中、低压通风系统，风管直径或边长不大于 1000mm 风管连接，使用时应按照规范要求，严格控制每种无法兰接头使用范围，除铁皮法兰弹簧夹（包括铁皮法兰插条）在安装对接面加密封垫外，其他形式接缝外使用风管专用密封胶密封。

圆形风管采用芯管连接后铆钉孔或螺钉孔应使用风管专用密封胶密封。

铝板矩形风管的连接，不宜采用 C、S 平插条形式。

5. 非金属风管无法兰连接

非金属风管无法兰连接可以采用粘结、焊接、专用连接件、套管连接及承插连接方式。

（1）酚醛或聚氨酯铝箔复合风管无法兰连接

酚醛或聚氨酯铝箔复合风管连接可以采用 45°粘结、专用连接件连接。专用连接件形式多样，有硬聚氯乙烯和铝合金两种材质。专用连接件壁厚应大于等于 1.5mm，槽宽大于板材厚度 0.1～0.5mm，专用连接件使用胶粘剂与板材连接，接头处的内边应填密封胶。风管边长大于 630mm，应在风管四角粘贴镀锌板直角垫片加固。低压风管边长大于 2000mm、中高压风管边长大于 1500mm 时，连接件应采用铝合金材料。连接形式及适用范围见表 34-63。

专用连接形式及适用范围　　　　　　　　　　表 34-63

连接方式		附件材料	适用范围
45°角粘结		铝箔胶带	$b \leqslant 500mm$
槽形插件连接		PVC	低压风管 $b \leqslant 2000mm$ 中、高压风管 $b \leqslant 1500mm$
工形插件连接		PVC	低压风管 $b \leqslant 2000mm$ 中、高压风管 $b \leqslant 1500mm$
		铝合金	$b \leqslant 3000mm$
"H"连接法兰		PVC、铝合金	用于风管与阀部件、设备连接

注：b 为风管内边长。

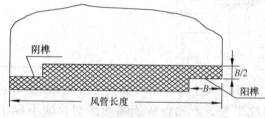

图 34-54　玻璃纤维复合风管阴、阳榫尺寸

（2）玻璃纤维铝箔复合风管无法兰连接

玻璃纤维铝箔复合风管与风管、风管与配件连接可以采用榫接，也可以采用法兰连接。采用榫接时风管的两端应用专用刀具开出阴榫与阳榫，如图 34-54 所示。

阴榫与阳榫涂满胶粘剂，内外表面处理与玻璃纤维铝箔板材拼接相同。采用 PVC 或铝合金法兰连接与酚醛、聚氨酯复合风管相同。连接形式及适用范围如表 34-64 所示。

连接形式及适用范围　　　　　　　　　　表 34-64

连接方式		附件材料	适用范围
榫接		—	$b \leqslant 2000mm$
外套角钢法兰		25×3	$b \leqslant 1250mm$
		30×3	$b \leqslant 1500mm$
		40×3	$b \leqslant 2000mm$
C形专用连接件		镀锌板 $\geqslant 1.2mm$	$b \leqslant 1500mm$
外套槽形连接件		镀锌板 $\geqslant 1.2mm$	玻纤维复合风管

注：b 为风管内边长。

（3）硬聚氯乙烯风管无法兰连接

硬聚氯乙烯圆形风管直径小于或等于200mm，也可采用套管连接、承插连接。采用套管连接时，套管长度宜为150～250mm，其厚度不应小于风管壁厚。采用承插连接时，插口深度宜为40～80mm。粘结处应严密和牢固。如图34-55所示。

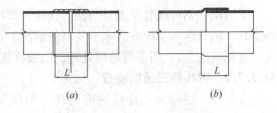

图 34-55　硬聚氯乙烯风管连接
(a) 套管连接；(b) 承插连接

（4）有机玻璃钢风管无法兰连接

有机玻璃钢风管可以采用套管连接，要求与硬聚氯乙烯风管套管连接相同。

34.3.7　风管的组配

加工制作好的风管、配件及部件，安装前应根据加工图纸的尺寸进行组配。检查各部分的规格、数量和质量。组配时按建筑物及通风系统进行编号，防止安装时出现混乱。

34.3.7.1　法兰和风管的连接

法兰与金属风管连接方式应根据风管的材质、板厚情况，可采用翻边、铆接或焊接方式。连接前，应检查风管和法兰的质量，质量合格后，方可进行连接。连接规定如下：

1）法兰与风管采用铆接连接时，铆接应牢固、不应有脱铆和漏铆；翻边应平整、紧贴法兰，其宽度应一致，且不应小于6mm，不得过大盖过法兰螺栓孔，应将咬口重叠突出部分铲平；咬缝与四角处不应有开裂与孔洞。

2）法兰与风管采用焊接连接时，焊缝应熔合良好、饱满。

3）无假焊和孔洞。风管端面不得高于法兰接口平面，端面距法兰接口平面不应小于5mm，法兰平面度的允许偏差为2mm。除尘系统的风管，宜采用内侧满焊、外侧间断焊形式。

4）法兰与风管采用点焊，间距不应大于100mm；法兰与风管应紧贴。法兰与风管连接时，在固定法兰前应检查调整法兰角度，使法兰与风管中心线垂直。检查、连接应在平台上操作，方便检查调整法兰角度，如图34-56所示。

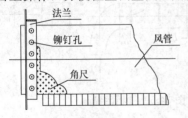

图 34-56　法兰角度检查

金属风管与扁钢法兰可采用翻边连接，套入法兰使风管端露出翻边量。在风管端先敲出几点固定法兰，然后检查法兰角度，使法兰平面与风管中心线垂直，如不垂直可用翻边量调整，合格后将翻边均匀打平，咬口重叠突出部分用錾子铲平。

金属风管与角钢法兰连接，风管壁厚小于或等于1.2mm时，可用铆钉将法兰固定再进行翻边。风管套入法兰，检查调整法兰，合格后用两个铆钉固定法兰，将风管翻转180°用同样方法固定法兰另一面。检查调整风管，矩形风管对角线应相等，然后铆好其余铆钉，法兰固定后翻边。金属风管壁厚大于1.2mm，风管与角钢法兰连接可采用焊接；为使法兰面平整，风管应缩进法兰4～5mm，同样可以先焊两点固定法兰，法兰检查调整合格后，再进行满焊。金属风管另一端法兰连接时，除检查调整法兰角度，还应用直尺检查两个法兰是否平行，合格后再固定法兰。

不锈钢、铝板风管及配件与法兰连接、焊接规定与风管制作相同，尽量不用碳素钢制的工具。风管通风系统在要求不甚高的情况下可以使用一般碳素钢法兰（扁钢法兰、角钢法兰或钢板法兰），但需做防腐处理。铝板风管及配件与法兰铆接应用铝铆钉。

34.3.7.2　弯头和三通的检查

弯头和三通与法兰连接时应对法兰角度检查，使法兰的平面与弯头或三通中心线垂直。

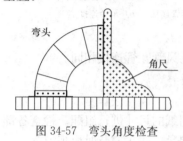

图 34-57　弯头角度检查

1. 弯头与法兰连接

弯头与法兰连接方式应根据弯头的材质、板厚情况而定，可采用翻边、铆接或焊接方式。连接前，应检查弯头和法兰的质量、口径尺寸，合格后方可进行组装连接。将弯头平放在平台上先安装固定一端法兰，方法与风管法兰连接的方法相同，然后如图 34-57 所示，将弯头立放在平台上，套入另一端法兰，用角尺或线锤检查弯头的角度；角度不正确时，可以用调整法兰位置对角度进行修正，然后固定法兰。连接法兰时还应按图纸要求将弯管方向找正，做好标记后再进行固定法兰，避免支管因角度不对而返工。

2. 三通与法兰连接

三通与法兰连接应根据三通的材质、板厚情况，可采用翻边、铆接或焊接方式连接。连接前，应检查三通和法兰的质量、口径尺寸，合格后方可进行组装连接。将三通立放在平台上，大口端在上边，套入法兰，用水平尺检查调整法兰，合格后做好法兰位置标记固定法兰，然后大口放在平板上，将成品弯管与三通小口法兰临时连接，用角尺或线锤检查弯管的角度，角度不正确时，调整小口法兰位置对角度进行修正，合格后做好标记，取下弯管将法兰固定。如图 34-58 所示。三通连接法兰时还应按图纸要求将三通支管方向找正，做好标记后再进行固定法兰，避免支管因角度不对而返工。

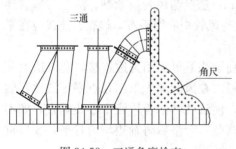

图 34-58　三通角度检查

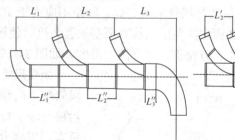

图 34-59　风管组配

34.3.7.3　直管的组配

风管与配件组配的目的是确定两配件之间直管段的长度。

风管、弯管、三通等配件与法兰连接后，按加工草图将一个系统相 邻的三通或弯管临时连接，量出两个三通中心实际距离 L_2' 与加工图要求距离 L_2 之差为直管长度 L_2''（$L_2'' = L_2 - L_2'$），如图 34-59 所示。同样求出 L_1'' 和 L_3''。得出直管长度后，应按长度加工或修改风管，使其符合要求。组配好的风管及配件按规定进行外部加固、编号，按设计要求安装测量孔。

34.4 风管安装

34.4.1 一般要求

一般风管系统的安装，要在建筑物围护结构施工完成，安装部位的障碍物已经清理，地面无杂物的条件下进行。对空气洁净系统的安装，要在建筑物内部安装部位的地面已做好，墙面已经抹灰完毕，室内没有灰尘飞扬或有防尘措施的条件下进行。一般除尘系统风管安装，要在厂房的工艺设备安装完或设备基础已经确定，设备的连接管、罩体方位已知的情况下进行。检查施工现场预留孔洞的位置、尺寸是否符合图纸的要求，有没有遗漏现象，预留的孔洞比风管实际截面每边尺寸大 100mm。作业地点要有相应的辅助设备，如梯子、架子以及电源和安全防护装置、消防器材等。

（1）穿过需要封闭的防火、防爆的墙体或楼板时，设置预埋管或防护套管，钢板厚度不小于 1.6mm。风管与防护套管之间，用不燃并且对人体无危害的柔性材料封堵。

（2）风管安装必须符合下列规定：

1）风管安装前，要清除内、外杂物，做好清洁和保护工作；风管内严禁其他管线穿越；

2）风管安装位置、标高、走向，符合设计要求。现场风管接口配置，不能缩小有效截面；

3）输送含有易燃、易爆环境的风管系统要有良好的接地，通过生活区或其他辅助生产房间时必须严密，并不能设置接口；

4）室外立管的固定拉索严禁拉在避雷针或避雷网上；

5）连接法兰的螺栓应均匀拧紧，螺母在同一侧；

6）不锈钢板、铝板风管与碳素钢支架的接触处，要有隔绝或防腐绝缘措施。

（3）风管的连接平直、不扭曲。明装风管水平安装，水平度的允许偏差为 3/1000，总偏差应不大于 20mm。明装风管垂直安装，垂直度的允许偏差为 2/1000，总偏差不大于 20mm。暗装风管的位置正确、无明显偏差。除尘系统的风管，垂直或倾斜敷设，与水平夹角大于或等于 45°，小坡度或水平管应尽量短。对含有凝结水或其他液体的风管，坡度符合设计要求，并在最低处设排液装置。

34.4.2 支、吊架的选择及安装

34.4.2.1 支吊架安装要求

（1）风管支架要根据现场支持构件的具体情况和风管重量，选用圆钢、扁钢、角钢等制作，大型风管构件也可以用槽钢制成。既要节约钢材，又要保证支架的强度，防止产生变形。

（2）风管吊架的吊杆露出部分不大于 30mm。保温风管和长边尺寸大于或等于 1250mm，要配带两只螺母。

（3）金属风管（含保温）水平安装时，吊架的最大间距要符合表 34-65 规定。水平安装非金属风管支吊架最大间距应符合表 34-66 规定。

金属风管吊架的最大间距（mm）　　　　表 34-65

风管边长或直径	矩形风管	圆形风管	
		纵向咬口风管	螺旋咬口风管
≤400	4000	4000	5000
>400	3000	3000	3750

注：薄钢板法兰，C形插条法兰，S形插条法兰风管的支、吊架间距不应大于 3000mm。

水平安装非金属风管支吊架最大间距（mm）　　　　表 34-66

风管类别	风管边长						
	≤400	≤450	≤800	≤1000	≤1500	≤1600	≤2000
	支吊架最大间距						
聚氨酯铝箔复合板风管	≤4000	≤3000					
酚醛铝箔复合板风管	≤2000				≤1500		≤1000
玻璃纤维复合板风管	≤2400		≤2200		≤1800		
无机玻璃钢风管	≤4000	≤3000			≤2500	≤2000	
硬聚氯乙烯风管	≤4000	≤3000					

（4）支吊架的预埋件位置正确、牢固可靠，埋入部分要除锈、除油污，并不能涂漆。支吊架外露部分做防腐处理。

（5）保温风管的支、托、吊架，放在保温层外部，但不能损坏保温层；保温风管不能直接与支托吊架接触，垫上坚固的隔热材料，厚度与保温层相同，防止产生"冷桥"。

（6）风管始端与通风机、空调器及其他振动设备连接的，风管与设备的接头处要增设支、吊架。干管上有较长的支管时，支管上必须设置支、吊、托架，以免干管承受支管的重量而造成破坏。

（7）风管转弯处两端加支架。风管穿楼板和穿屋面时，竖风管支架只起导向作用，所以穿楼板要加固定支架。

（8）靠墙、靠柱的水平风管支架用悬臂或有支撑的支架，否则采用托底吊架。直径或边长小于 400mm 的风管采用吊带或吊架。靠墙、柱安装的垂直风管用悬臂托架或有斜撑的支架。穿过楼板不靠墙、柱的风管用抱箍支架固定。室外立管用拉索固定。

34.4.2.2　常规支架的安装

1. 支吊架的制作

（1）支架的悬臂、吊架的吊铁采用角钢或槽钢制成；斜撑的材料为角钢；吊杆采用圆钢；扁钢用来制作抱箍。

（2）支、吊架在制作前，首先要对型钢进行矫正，矫正的方法分冷矫正和热矫正两种。小型钢材一般采用冷矫正。较大的型钢须加热到 900℃左右进行热矫正。矫正的顺序应该先矫正扭曲、后矫正弯曲。

（3）钢材切断和打孔，不要使用氧气—乙炔切割。抱箍的圆弧与风管圆弧一致。支架的焊缝必须饱满，以保证其具有足够的承载能力。

（4）吊杆圆钢根据风管安装标高适当截取。套丝不能过长，丝扣末端不超出托盘最低点。

(5) 用于不锈钢、铝板风管的支架，抱箍按设计要求做好防腐绝缘处理，防止电化学腐蚀。

(6) 支、吊架不设置在风口，阀门，检查门及自控机构处，离风口或插接管距离不小于 200mm。

2. 支吊架固定点的设置

(1) 预埋件。由专业人员将预埋件按图纸坐标，位置和支、吊架间距，牢固地固定在土建结构钢筋上。

(2) 墙上预留孔或凿孔。按风管安装标高计算出支架离地面标高（或土建相对地面标高线），找到正确的安装支架孔洞位置，配合土建砌筑时预留好孔洞，若事先未作预留，须用手锤和錾子凿出孔洞。

(3) 膨胀螺栓。采用胀锚螺栓固定支、吊架时，要符合胀锚螺栓使用技术条件的规定。胀锚螺栓安装于强度等级 C15 及其以上混凝土构件；螺栓至混凝土构件边缘的距离不小于螺栓直径的 8 倍；螺栓组合使用时，间距不小于螺栓直径的 10 倍。螺栓孔直径和钻孔深度符合表 34-67 规定，成孔后对钻孔直径和钻孔深度进行检查。

常用胀锚螺栓的型号、钻孔直径和钻孔深度（mm）　　　　表 34-67

胀锚螺栓种类	图　　示	规格	螺栓总长	钻孔直径	钻孔深度
内螺纹胀锚螺栓		M6	25	8	32～42
		M8	30	10	42～52
		M10	40	12	43～53
		M12	50	15	54～64
单胀管式胀锚螺栓		M8	95	10	65～75
		M10	110	12	75～85
		M12	125	18.5	80～90
双胀管式胀锚螺栓		M12	125	18.5	80～90
		M16	155	23	110～120

(4) 射钉仅用于小于 800mm 的支管上，特点同膨胀螺栓。

(5) 电锤透孔。在楼板上预留埋件时，在确定风管吊杆位置后，用电锤在楼板上打一个透孔，并在该孔上端剔一个长 300mm、深 20mm 的槽，将吊杆镶进槽中，再用水泥砂浆将槽填平。

3. 支架在砖墙上的敷设

在砖墙上敷设支架时，先按风管安装部位的轴线和标高，检查预留的孔洞。支架的外形如图 34-60 所示。

在支架安装时，要根据图纸确定支架安装的标高和位置。支架埋入墙内的深度不得小于 150mm，栽入墙内的那端要开脚，有预留孔洞的，将支架放入洞内，位置找正、标高找正后，用水冲洗墙洞。冲洗墙洞的目的有两个，其一，将墙洞内的尘砂冲洗干净；其二，将墙洞内润湿，便于水泥砂浆的充塞。墙洞冲洗完毕，即可用 1∶3 的水泥砂浆填塞，可适当填塞一些浸水的石块、碎砖，便于支架的固定，砂浆的填塞要饱满、密实，充填后

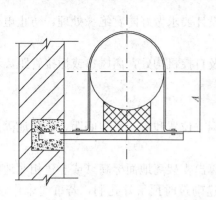
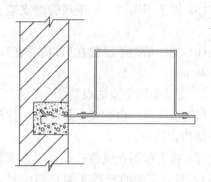

图 34-60 墙上托架

的洞口要凹进 3~5mm，以便于墙洞抹灰装修。

4. 支架在柱上敷设

柱面预埋有铁件时，可以将支架型钢焊接在铁件上面。如果是预埋螺栓，可以将支架型钢紧固在上面。也可以用抱箍将支架夹在柱子上，柱上支架的安装如图 34-61 所示。当风管比较长时，需要在一排柱子上安装支架，这时先把两端的支架安好，再以两端的支架标高为基准，在两个支架型钢的上表面拉一根钢丝，中间的支架高度按钢丝标高进行，以求安装的风管保持水平，钢丝一定要拉紧。当风管太长时，中间可适当地增加几个支架做基准面，避免铁丝下垂，造成太大的误差。圆形风管有变径时，为保持风管的水平度，要注意提高相应的变径尺寸。

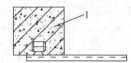
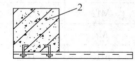
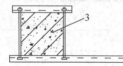
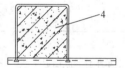

图 34-61 柱上支架安装
1—预埋件；2—预埋螺栓；3—带帽螺栓；4—抱箍

5. 吊架安装

管敷设在楼板、屋面、桁架及梁下面并且离墙较远时，一般都采用吊架来固定风管。

矩形风管的吊架由吊杆和托铁组成，圆形风管的吊架由吊杆和抱箍组成。见图 34-62。当吊杆（拉）杆较长时，中间加装花篮螺栓，以便调节各杆段长度，便于施工、套丝、紧固。圆形风管的抱箍可以按风管直径用扁钢制成。为了安装方便，抱箍做成两个半边。单吊杆长度较大时，为了避免风管摇晃，应该每隔两个单吊杆，中间加一个双吊杆。矩形风管的托铁一般用角钢制成，风管较重时也可以采用槽钢。铁托上穿吊杆的螺孔距离，应比风管宽 60mm，如果是保温风管时为 200mm，一般都使用双吊杆固定。为了便于调节风管的标高，吊杆可分节，并且在端部套有长 50~60mm 的丝扣，便于调节。

吊杆要根据建筑物的实际情况，电焊或螺栓连接固定于楼板、钢筋混凝土梁或钢梁上如图 34-63 所示。安装时，要根据风管的中心线找出吊杆的敷设位置，单吊杆就在风管的中心线上，双吊杆可按托盘的螺孔间距或风管的中心线对称安装。吊杆根据吊件形式可以焊在吊件上，也可以挂在吊件上。焊接后涂防锈漆。立管管卡安装时，先在管卡的半圆弧

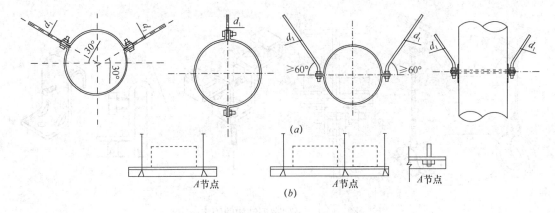

图 34-62 风管吊架图

(a) 圆形风管吊架；(b) 矩形风管吊架

的中点画好线，然后先把最上面的一个管件固定好，再用线坠在中心线处吊线，下面的管卡可按吊线进行固定。在楼板上固定吊杆时，应尽量放在楼板缝中，如果位置不合适，可用手锤和尖錾打洞。当洞快打穿时，不要再过大用力，以免楼板的下表面被打掉一大片而影响土建的施工质量。当风管较长时，需要安装一排吊架时，可以先把两端安装好，然后以两端的支架为基准，用拉线找出中间支架的标高进行安装。

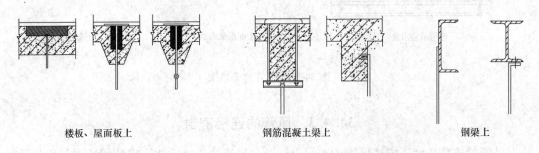

楼板、屋面板上　　　　　　钢筋混凝土梁上　　　　钢梁上

图 34-63 吊架的固定

(1) 采用打洞的方法将支架用 C10 混凝土填埋。所用固定风管的螺栓规格：如为圆形风管，$\phi \leqslant 800mm$ 时用 M8，$\phi > 800mm$ 时用 M10。风管下面的垫块，保温管垫泡沫或软木块；冷风管的垫块需采取防潮措施。

(2) 用穿心螺栓固定。墙厚度在 370mm 以下时，可以采用打孔后用穿心螺栓办法固定。

34.4.2.3 新型支架节点结构形式

新型支架节点结构是在施工现场应用的一种多用途的金属构架组合形式，这种管道支架采用的螺栓连接、膨胀螺栓和扣夹固定，工序简单，施工时不需要焊接和气割设备，出现偏差时可调节性很大，只需要螺丝刀、扳手等常规小型工具根据施工现场情况进行调整。尤其是在大量钢结构中，新型支吊架不需要在施工现场焊接、钻孔、除锈、刷油等工序，应用更加广泛，如图 34-64 所示。

机房内连接管道吊架通常使用减震弹簧吊架，弹簧吊架的选取依据管道重量、连接的机组振动频率选用。安装示意如图 34-65 所示。

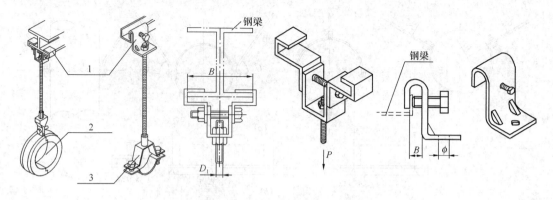

图 34-64   吊架在钢结构的固定
1—钢梁夹具；2—保管夹；3—查调性管夹

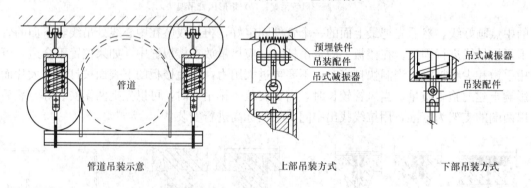

图 34-65   风管弹簧吊架

34.4.3   风管的连接密封

风管的连接长度，应按风管的壁厚、法兰与风管的连接方法、安装的结构部位和吊装的方法等因素依据施工方案决定。为了安装方便，在条件允许的情况下，尽量在地面上进行连接，一般可接到 10～12m 长左右。在风管连接时不允许将可拆卸的接口处，装设在墙或楼板内。

34.4.4   金属风管的安装

34.4.4.1   一般要求

（1）根据现场的实际情况，为了便于安装时上螺钉、装支架等工作，要根据现场情况和同管的安装高度，分别采用梯子、高凳或脚手架等方法进行安装。采用脚手架时，要搭设牢固，避免发生安装事故。

（2）风管内不能敷设电线、电缆以及输送有毒、易燃、易爆气体或液体的管道。

（3）可拆卸的风管或配件的接口不允许装在墙或楼板内。安装后水平风管的水平度允许偏差，每米不得大于 2mm，总偏差不能大于 20mm；风管垂直安装，垂直度的允许偏差，每米不大于 2mm，总偏差不能大于 20mm。

（4）输送产生凝结水或含湿空气的风管，要按设计要求的坡度进行安装。风管的纵向接缝不能朝下，否则应当做密封处理，可以用锡焊、涂抹腻子或密封膏。对于水平风管的底部接缝也要进行同样的处理。

（5）输送易燃、易爆气体的系统和处于易燃易爆介质环境的通风系统，都必须严密，并不能设置接口。易燃、易爆系统的风管生活间或辅助生产房间时，在这些房间内不能有接口。

（6）风管穿出屋面要设置防雨罩。防雨罩设置在建筑结构预制的井圈外侧，使雨水不能沿壁面渗漏到层内；穿出层面超出 1.5m 的立管要设拉索固定。拉索不能设在风管法兰上，严禁拉在避雷针上。

（7）钢制套管的内径尺寸，要以能穿过风管的法兰及保温层为准，其壁厚不能小于2mm。套管能牢固地预埋在墙、楼板（或地板）内。

34.4.4.2 风管的连接

1. 风管排列法兰连接

（1）垫料选用

1）风管连接的密封材料要满足系统功能技术条件、对风管的材质没有不良影响，并具有良好气密性。风管法兰垫料的燃烧性能和耐热性能应符合表 34-68 的规定。法兰拧紧螺栓后，周边间隙差不能超过 2mm，垫料与风管内表面相平。

风管法兰垫料的种类和特性 表 34-68

种类	燃烧性能	主要基材耐热性能
玻璃纤维类	不燃 A 级	300℃
氯丁橡胶类	难燃 B₁ 级	100℃
异丁基橡胶类	难燃 B₁ 级	80℃
丁腈橡胶类	难燃 B₁ 级	120℃
聚氯乙烯	难燃 B₁ 级	100℃

2）用法兰连接的通风空调系统，法兰垫料厚度 3~5mm，空气洁净系统的法兰垫料厚度不小于 5mm。注意垫料不能挤入风管内，以免增大空气流动的阻力，减少风管的有效面积，并形成涡流，增加风管内灰尘的集聚。连接法兰螺栓的螺母在同一侧，对法兰垫的选用如设计无明确规定时，可以按照下列要求选用：

① 输送空气温度低于 70℃ 的风管，用橡胶板、闭孔海绵橡胶板等；输送空气或烟气温度高于 70℃ 的风管，用石棉绳或石棉橡胶板等；

② 输送含有腐蚀性介质气体的风管，用耐酸橡胶板或软聚氯乙烯板等；

③ 输送产生凝结水或含有蒸汽的潮湿空气的风管，用橡胶板或闭孔海绵橡胶板；

④ 除尘系统的风管用橡胶板；

⑤ 输送洁净空气的风管，用橡胶板、闭孔海绵橡胶板。

3）使用垫料时，要了解各种垫料的使用范围，避免用错垫料；对于空气洁净系统，严禁使用厚纸板、石棉绳、铅油麻丝及油毛毡纸等易产生灰尘的材料。法兰垫料要尽量减少接头，接头必须采用楔形或榫形连接，并涂胶粘牢，垫料的连接形式如图 34-66 所示。法兰均匀压紧后的垫料宽度，与风管内壁齐平。

（2）法兰连接

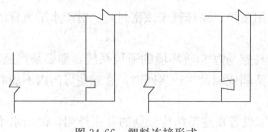

图 34-66 塑料连接形式

按设计要求确定装填垫料后，把两片法兰先对正，穿上几个螺栓并戴上螺母，暂时不要紧固。然后用尖头圆钢塞进已穿上螺栓的螺孔中，把两个螺孔撬正，直到所有螺栓都穿上后，再把螺栓拧紧。为了避免螺栓滑扣，紧固螺栓时应按十字交叉，对称均匀地拧紧。连接好的风管，应以两端法兰为准，拉线检查风管连接是否平直。

2. 风管无法兰连接

风管采用无法兰连接时，接口处要严密、牢固，矩形风管四角必须有定位及密封措施，风管连接的两平面平直，不能错位和扭曲。螺旋风管一般采用无法兰连接。

(1) 抱箍式：用于圆形风管的连接，将每一个管段的端部轧制凸棱，并且使一端缩为小口。安装时按气流方向把小口插入大口，外面用两片钢制抱箍将两个管道的凸棱抱紧连接。最后用螺栓穿在耳环中拧紧，做法如图 34-67 所示。

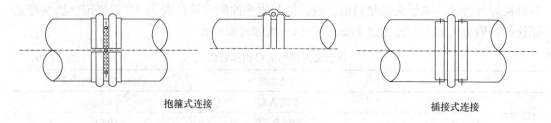

抱箍式连接 插接式连接

图 34-67 无法兰连接形

(2) 插接式连接：可用于圆形或矩形风管连接。先制作连接管，然后插入风管用自攻螺钉或拉铆钉固定。

(3) 插条式连接：适用于矩形风管连接。风管连接端部轧轧成平折咬口，将两端合拢，用插条插入，然后压实就行了。有折耳的插条在风管转角处把折耳拍弯，插入相邻的插条。当风管较长时，插条需要对接时，也可以将折耳插入另一根对接的插条中，如图 34-68 所示。

(4) 软管式连接：主要用于风管与部件（散流器、静压箱侧送风口等）的连接。安装

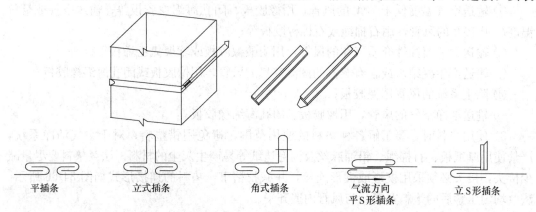

平插条　　　　立式插条　　　　角式插条　　　气流方向　　　立S形插条
　　　　　　　　　　　　　　　　　　　　　平S形插条

图 34-68 插条式连接

时，软管两端套在连接的管外，然后用特制软卡把软管箍紧。

34.4.4.3 风管系统的安装

（1）风管安装前，先对安装好的支、吊（托）架进一步检查位置是否正确，是否牢固可靠。根据施工方案确定的吊装方法（整体吊装或一节一节的吊装），按照先干管后支管的安装程序进行吊装。

（2）吊装前，应根据现场的具体情况，在梁、柱的节点上挂好滑车，穿上麻绳，牢固地捆扎好风管，然后就可以起吊。

（3）起吊时，先慢慢地拉紧系重绳，使绳子受力均衡保持正确的重心。当风管离地200~300mm时，应停止起吊，检查滑轮的受力点和所绑扎的麻绳、绳扣是否牢固，风管的重心是否正确。检查没有问题后，再继续起吊到安装高度，把风管放在支、吊架上，并加以稳固后，才可以解开绳扣。

（4）水平风管的安装，可能用吊架上的调节螺钉或在支架上用调整垫块的方法来找正水平。风管安装后，可用拉线、水平尺和吊线的方法来检查风管是否横平竖直。

（5）对于不便悬挂滑轮的风管，或因风管连接得较短，重量较轻，可以用麻绳把风管拉到脚手架上，然后再抬到支架上，分段进行安装。稳固一段后，再起吊另一段风管。

（6）垂直风管也一样，便于挂滑轮的可连接得长些，用滑轮进行吊装。风管较短，不便挂滑轮的，可以分段用人力抬起风管，对正法兰，逐根进行连接。

34.4.5 非金属风管的安装

34.4.5.1 风管的连接

（1）采用风管管口与法兰（或其他连接件）插接连接时，管板厚度与法兰（或其他连接件）槽宽度有 0.1~0.5mm 的过盈量，风管连接两法兰端面平行、严密，法兰螺栓两侧要加镀锌垫圈；法兰四角接头处平整，不平度为 1.5mm，接头处的内边填密封胶。

（2）非金属风管榫接接头处的四周缝隙一致，没有明显的弯曲或褶皱。内涂密封胶均匀，外粘的密封胶带要牢固和完整无缺损。

（3）适当增加支、吊架与水平风管的接触面积；风管垂直安装，支架间距不大于 3m。

（4）酚醛铝箔复合板风管与聚氨酯铝箔复合板风管安装还要符合下列规定：

1）采用插条法兰连接时，法兰条长度小于风管内边 1~2mm，在法兰槽内侧抹胶插入风管端口的四条法兰，不平面度小于或等于 2mm，胶干后可以进行风管吊装连接；

2）中、高压风管插接法兰间加密封垫或采取其他密封措施；

3）插接法兰四角的插条端头填抹密封胶后再插上护角；

4）垂直安装风管的支架间距不超过 2.4m，每根立管的支架不少于 2 个。

（5）玻璃纤维复合风管还要符合以下规定：

1）板材搬运中，避免破损铝箔外复面或树脂涂层；风管预制连接的长度不超过 2.8m；

2）垂直安装风管时的支架间距不要大于 1.2m。管段采用钢制槽型法兰或插条式构件连接时，风管要设角钢或槽形钢抱箍作为支撑，风管内壁衬镀锌金属内套，用镀锌螺栓穿过管壁把抱箍固定在风管外壁上，螺孔间距不大于 120mm，螺母位于风管外侧。螺栓穿过的管壁处进行密封处理。

（6）无机玻璃钢风管还要符合以下规定：

1）垂直安装风管支架间距应小于等于 3m，且单根直管有 2 个固定点；

2）风管长边尺寸（直径）大于 1250mm 处安装的弯管、三通、阀门、消声器、消声弯管、风机等单独设置支、吊架；

3）风管直径或长边大于 2000mm 的超宽、超高等特殊风管的支、吊架的规格及其间距应进行载荷计算；

4）长边（或直径）大于 1250mm 的风管吊装时不能超过 2 节；

5）法兰螺栓的两侧应加镀锌垫圈，并均匀拧紧；

6）组合型保温式无机玻璃钢风管保温隔热层的切割面，采用与风管材质相同的胶凝材料或树脂全部加以涂封。安装前擦拭附着在风管内外壁面的切割飞散物。

（7）硬聚氯乙烯风管还要符合以下规定：

圆形风管直径小于或等于 200mm，且采用承插连接时，插口深度为 40～80mm。粘结处严密而牢固。采用套管连接时，套管长度为 150～250mm，厚度不小于风管壁厚；连接形式见图 34-69。

1）法兰垫料采用 3～5mm 软聚氯乙烯板或耐酸橡胶板，连接法兰的螺栓加钢制垫圈；

2）风管穿墙或楼板处设金属防护套管材料；

3）风管上所用金属附件和部件，应按要求做防腐处理。

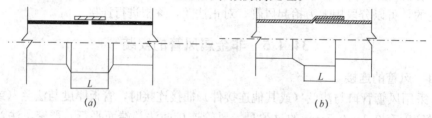

图 34-69　聚氯乙烯圆形风管的连接形式
(a) 套管连接；(b) 承插连接

34.4.5.2　非金属风管系统的安装

非金属风管基本与金属风管的安装方法相同，但还应该注意以下事项：

（1）风管穿过须密封的楼板或侧墙时，除无机玻璃钢风管外，均应采用金属短管或外包金属套管。套管板厚要符合金属风管板材厚度的规定，与电加热器、防火阀连接的风管材料必须采用不燃材料。

（2）塑料风管的安装要符合以下规定：

1）塑料风管多数沿墙壁、柱和在楼板下敷设，安装时一般以吊架为主，也可以用托架；但风管和吊架之间，要垫入厚度为 3～5mm 的塑料垫片，并用胶粘剂进行粘合。

2）由于塑料风管可能受到管内外温度的影响，使风管下垂，因此塑料风管的支架间距比金属风管要小，一般间距为 1.5～3m。另外又因为塑料风管比金属风管轻，支架所用的钢材比金属风管要小一号。

3）由于塑料风管的线膨胀系统大，所以支架的抱箍不能固定得太紧，风管和抱箍之间要有一定的空隙，以便于风管的伸缩；塑料风管的管段过长时，要每隔 15～20m 设置 1 个伸缩节，以便于补偿其伸缩量。

4）法兰连接时，可以用厚度为 3～6mm 的软聚氯乙烯塑料板做垫片，法兰螺栓处要加硬聚氯乙烯塑料制成的垫圈。拧紧螺栓时，要注意塑料的脆性，要十字交叉、均匀的上紧螺栓。

5) 安装的风管与辐射热较强的设备和热力管道之间，要留有足够的距离。防止风管受热变形；室外敷设的风管、风帽等部件，为了避免太阳的照射而加速老化，外表面应刷白色油漆或铝粉漆。

(3) 复合风管的安装要满足以下要求：

1) 明装的风管水平安装时，水平度每米不大于 3mm，总偏差不超过 20mm；垂直安装时，垂直度每米不大于 2mm，总偏差不超过 10mm。暗装风管位置要准确，没有明显的偏差。

2) 风管的三通、四通一般采用分隔式或分叉式；如果采用垂直连接时，迎风面要设置挡风板，挡风板要和支风管连接管等长，挡风管的挡风面投影面积要和未被挡除面积之比与支风管、直通风管面积相等。

34.4.6 洁净空调系统风管的安装

(1) 风管制作场所应相对封闭，制作场地宜铺设不易产生灰尘的软性材料。风管加工前要采用清洗液去除板材表面油污和灰尘，清洗液要采用对板材表面无损害、干燥后不产生粉尘，并且对人体无害的中性清洁剂。

(2) 风管的咬口缝、铆接缝以及法兰翻边四角缝隙处，要按设计及洁净等级要求，采用涂密封胶或其他密封措施堵严。密封材料要采用异丁基橡胶、氯丁橡胶、变性硅胶等为基材的材料。风管板材连接缝的密封面设在风管壁的正压侧。

(3) 彩色涂层钢板风管内壁光滑；板材加工时不能损坏涂层，被损坏的部位涂环氧树脂。

(4) 净化空调系统风管的法兰铆钉间距要小于 100mm，空气洁净等级为 1～5 级的风管法兰铆钉间距小于 65mm。风管连接螺栓、螺母、垫圈和铆钉要采用镀锌或其他防腐措施，不能使用抽芯铆钉。风管不能采用 S 形插条、C 形直角插条及立联合角插条的连接方式。空气洁净等级为 1～5 级的风管不能采用按扣式咬口。

(5) 风管制作完毕要使用清洗液清洗，然后用白绸布擦拭检查，达到要求后，及时封口。

34.4.7 柔性风管的安装

(1) 风管系统安装前，建筑结构、门窗和地面施工已经完成。

(2) 风管安装场地所用机具保持清洁、安装人员应穿戴清洁工作服、手套和工作鞋等。

(3) 经清洗干净包装密封的风管及其部件，在安装前不能拆卸。安装时拆开端口封膜后要随即连接，安装中途停顿，将端口重新封好。

(4) 风管与洁净室吊顶、隔墙等围护结构的接缝处要严密。

(5) 非金属柔性风管安装位置远离热源设备。

(6) 柔性风管安装后，能充分伸展，伸展度大于或等于 60%。风管转弯处截面不能缩小。

（7）金属圆形柔性风管采用抱箍将风管与法兰紧固，当直接采用螺钉紧固时，紧固螺钉距离风管端部大于 12mm，螺钉间距小于或等于 150mm。

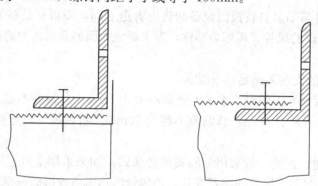

图 34-70　柔性风管与角钢法兰

（8）应用于支管安装的铝箔聚酯膜复合柔性风管长度应小于 5m。风管与角钢法兰连接，采用厚度大于等于 0.5mm 的镀锌板将风管与法兰紧固见图 34-70。圆形风管连接宜采用卡箍紧固，插接长度大于 50mm。当连接套管直径大于 300mm 时，在套管端面 10～15mm 处压制环形凸槽，安装时卡箍放置在套管的环形凸槽后面。

34.4.8　系统风管严密性检验

34.4.8.1　严密性检验要符合的规定

风管系统安装完毕后，按系统类别进行严密性检验，漏风量要符合设计规定。风管系统的严密性检验，要符合下列规定：

（1）低压风管的严密性检验采用抽检，抽检率为 5%，且不得少于 1 个系统。在加工工艺得到保证的前提下，采用漏光法检测。检测不合格时，按规定的抽检率做漏风量测试；中压系统风管的严密性检验，在漏光法检测合格后，对系统漏风量测试进行抽检，抽检率为 20%，且不得小于 1 个系统；高压系统风管的严密性检验，要全数进行漏风量测试。

（2）净化系统风管的严密性检验，排烟、除尘、低温送风系统按中压系统风管的规定；1～5 级的系统按高压系统风管的规定执行；6～9 级的系统风管必须通过工艺性的检测或验证，其强度和严密试验要符合设计或下列规定：

1）风管的强度要能满足在 1.5 倍工作压力下接缝处无开裂；

2）低压、中压圆形金属风管、复合材料风管采用非法兰形式的非金属风管的允许漏风量，应为矩形风管规定值的 50%；

3）砖、混凝土风道的允许漏风量不大于矩形低压系统风管规定值的 1.5 倍。

34.4.8.2　系统风管严密性检验的方法

1. 漏光检测方法

（1）漏光法检测是利用光线对小孔的强穿透力，对系统风管严密程度进行检测的方法。

（2）检测要采用具有一定强度的安全光源。手持移动光源可采用不低于 100W 带保护罩的低压照明灯，或其他低压光源。

（3）系统风管漏光检测时，光源可以置于风管内侧或外侧，但其相对侧应为暗黑环境。检测光源要沿着被检测接口部位与接缝做缓慢移动，在另一侧进行观察，当发现有光线射出，就说明查到明显漏风处，并做好记录。

（4）对系统风管的检测，要分段检测、汇总分析的方法。在对风管的制作与安装实施了严格的质量管理基础上，系统风管的检测以总管和干管为主。当采用漏光法检测系统的严密性时，低压系统风管以每 10m 接缝，漏光点不大于 2 处，且 100m 接缝平均不大于 16 处为合格；中压系统风管每 10m 接缝，漏光点不大于 1 处，且 100m 接缝平均不大于 8 处为合格。

（5）漏光检测中对发现的条缝形漏光，应做密封处理。

2. 漏风量测试方法

（1）漏风量测试装置应采用经检验合格的专用测量仪器。

（2）风管系统漏风量测试步骤应符合下列要求：

1）测试前，被测风管系统的所有开口处均应严密封闭，不得漏风。

2）将专用的漏风量测试装置用软管与被测风管系统连接。

3）开启漏风量测试装置的电源，调节变频器的频率，使风管系统内的静压达到设定值后，测出漏风量测试装置上流量节流器的压差值 ΔP。

4）测出流量节流器的压差值 ΔP 后，按公式 $Q = f(\Delta P)(m^3/h)$ 计算出流量值，流量值 $Q(m^3/h)$ 再除以被测风管系统的展开面积 $F(m^2)$，即为被测风管系统在实验压力下的漏风量 $QA[(m^3/h \cdot m^2)]$。

34.5 风管部件制作和安装

通风、空调系统风管的部件包括风阀、风口、排气罩、风帽、柔性短管及支、吊、托架等，这些部件都是保证安装后的通风、空调系统正常安全运行，并起到调节、控制和检测维修及使用的重要作用。风管部件的生产向专业化、标准化发展，大多数的部件由专业企业生产，只有少数部件由施工单位组织生产，风管部件制作的质量，应符合设计要求或施工规范、国家有关标准规定。

34.5.1 风管阀部件的制作

34.5.1.1 风阀的制作

通风、空调系统的风阀是用来调节风量，平衡各支管或送、回风口风量及启动风机等作用，在特殊情况下通过开启、关闭，达到防火、排烟的目的。风阀是风管系统大量使用的重要部件。

常用的风阀有蝶阀、多叶调节阀、插板阀、止回阀、三通调节阀、排烟防火阀等。

1. 风管阀制作的规定

（1）手动单叶片或多叶片调节风阀的手轮或扳手，应以顺时针方向转动为关闭，其调节范围及开启角度指示应与叶片开启角度相一致。用于除尘系统间歇工作点的风阀，关闭时应能密封。

手动单叶片或多叶片调节风阀应符合下列规定：

1）结构应牢固，启闭应灵活，法兰材质应与相应的风管相一致。

2）叶片的搭接应贴合一致，与阀体缝隙应小于2mm。

3）截面积大于1.2m² 的风阀应实施分组调节。

（2）电动、气动调节风阀的驱动装置，动作应可靠，在最大工作压力下工作正常。

（3）防火阀和排烟阀（排烟口）必须符合有关消防产品标准的规定，并具有相应的产品合格证明文件。

（4）防爆风阀的制作材料必须符合设计规定，不得自行替换。

（5）净化空调系统的风阀，其活动件、固定件以及紧固件均应采取镀锌或作其他防腐处理（如喷塑或烤漆）；阀体与外界相通的缝隙处，应有可靠的密封措施。

（6）工作压力大于1000Pa的调节风阀，生产厂应提供（在1.5倍工作压力下能自由开关）强度测试合格的证书（或试验报告）。

2. 风管阀制作工艺流程

3. 风管阀制作

（1）蝶阀

蝶阀一般用于风管分支管或分布器前，用于调节通风量。蝶阀由短管、阀板、调节装置构成，通过转动调节阀板角度来调节风量。蝶阀制作应符合以下规定：

1）组装时手柄、手轮应转动灵活，以顺时针方向转动为关闭；

2）调节范围及开启角度指示应与叶片开启角度相一致。

（2）多叶调节阀

多叶调节阀用于调整各支管或风口风量，多叶调节阀有对开式和顺开式。多叶调节阀可以通过手轮和蜗杆调节叶片角度，达到调节风量要求，各叶片一边应贴有闭孔海绵橡胶条，保证多叶调节阀关闭的严密性，多叶调节阀制作应符合以下规定：

1）多叶调节阀的结构应牢固，开启关闭灵活，法兰材质与风管相一致。

2）截面积大于1.2m² 多叶调节阀，应分组调节。

3）多叶调节阀的叶片闭合时应严密，叶片搭接量一致，与阀体间隙小于2mm。

4）多叶调节阀应装配叶片开启角度指示装置。

5）用于洁净空调系统的多叶调节阀，阀体的活动件、固定件、紧固件应采用镀锌、喷塑防腐处理，阀体与外界相通的缝隙处，应进行严格密封处理。

（3）插板阀

插板阀常用于通风、除尘系统中，用来调节各个支风管的通风量，插板阀制作应符合以下规定：

1）插板阀壳体应严密，内壁应作防腐处理。

2）插板应平整，开启关闭灵活，并有可靠的定位固定装置。

3）斜插板风阀的上下接管应成一直线，阀板必须为向上拉启；水平安装时，阀板还应为顺气流方向插入。

（4）止回阀

止回阀又称单向阀，在通风空调系统中，特别在空气洁净系统中，为防止通风机停止运作后气流倒流，常用止回阀。止回阀在通风机开机后，阀板在风压作用下打开，通风机停止运作后，阀板自动关闭，为使阀板开闭灵活，阀板应采用轻质材料。止回阀可分为水平式、垂直式，止回阀制作应符合以下规定：

1）止回阀的阀轴必须灵活，阀板关闭应达到严密。

2）铰链和转动轴应采用耐锈蚀的材料制作，组合装配后应在转动部位加涂润滑油。

3）阀片的强度应保证在最大负荷压力下不弯曲变形。

4）水平安装的止回风阀应有可靠的平衡调节机构。

5）止回风阀、自动排气活门的安装方向应正确。

（5）三通调节阀

三通调节阀用来调节通风空调系统总风管对支风管的通风量，改变三通调节阀阀板位置，实现支风管通风量的变化，调节阀阀板有手柄式和拉杆式，三通调节阀制作应符合以下规定：

1）三通调节阀阀板拉杆或手柄的转轴与风管的结合处应严密。

2）拉杆可在任意位置上固定，手柄开关应标明调节的角度。

3）阀板调节方便，并不与风管相碰擦。

34.5.1.2 排气罩的制作

排气罩是通风、空调系统中的局部排气部件，将有害物质、气体吸入，排出室外。排气罩的种类较多，按排气罩的结构分类，可分为密封罩和开口罩，按使用要求可分为，上、下吸式、槽边、条缝均流侧吸罩，可升降式、回转式排气罩等。

1. 排气罩制作工艺流程

$$\boxed{领料} \rightarrow \boxed{下料} \rightarrow \boxed{成型} \rightarrow \boxed{组装} \rightarrow \boxed{成品} \rightarrow \boxed{检验} \rightarrow \boxed{入库}$$

排气罩根据不同要求可选用普通钢板、镀锌钢板、不锈钢板及聚氯乙烯板等材料制作。

排气罩制作的展开下料方法与风管配件相同，可以按其几何形状，用平行线法、放射线法、三角形法展开。

成型组装应根据采用板材情况，可采用咬接、铆接及焊接方法，制作要求与风管相同。

2. 排气罩制作质量要求

排气罩制作质量要求应符合以下规定：

（1）制作时按用途及结构形式的不同要求，应符合设计或标准图的要求。做到尺寸准确，连接处牢固、可靠，外表面及边缘应光滑、规整，不应存在尖锐的棱角、毛刺和凸凹不平等缺陷。

（2）凡带有回转、升降式结构的排气罩，所有活动部位的零件应转动灵活，操作机构适用方便。

（3）槽边侧吸罩、条缝抽风罩尺寸应正确，转角处弧度均匀、形状规则，吸入口平整，罩口加强板分隔间距应一致。

（4）厨房锅灶排烟罩应采用不易锈蚀材料制作，其下部集水槽应严密不漏水，并坡向排放口，罩内油烟过滤器应便于拆卸和清洗。

（5）排气罩扩散角不应大于 60°，如有要求还应加有调节阀、自动报警、自动灭火、过滤、集油装置及设备。

34.5.1.3 风帽的制作

风帽是通风、空调系统向室外排放气体的出口，按形状可分为伞状风帽、锥形风帽和筒状风帽，如图 34-71 所示。伞状风帽适用于一般机械排风系统，锥形风帽适用于除尘系统，筒状风帽适用于自然排风系统。筒形风帽比伞形风帽多一个外圆筒，当风吹过时，风帽短管处形成空气负压区，促使空气从竖管排至室外，室外风速越快，排风效率越高。

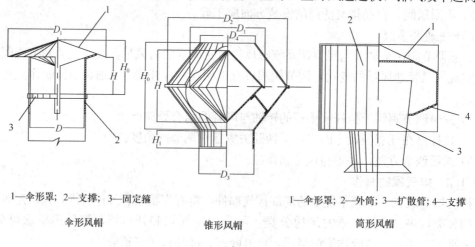

1—伞形罩；2—支撑；3—固定箍　　　　　　　　　　　　　　1—伞形罩；2—外筒；3—扩散管；4—支撑

伞形风帽　　　　　　　　　　锥形风帽　　　　　　　　　筒形风帽

图 34-71　风帽类型

1. 风帽制作工艺流程

领料 → 下料 → 成型 → 组装 → 成品 → 检验 → 入库

风帽可采用镀锌钢板、普通钢板及其他适宜的材料制作。

风帽的展开下料方法与风管配件相同，可以按其几何形状，用平行线法、放射线法、三角形法展开。

成型组装应根据采用板材情况，可采用咬接、铆接及焊接方法，制作要求与风管相同。

2. 风帽制作质量要求

风帽的制作应符合下列规定：

（1）风帽应结构牢靠，尺寸正确，风帽接管尺寸的允许偏差同风管的规定一致。

（2）伞形风帽伞盖的边缘应有加固措施，支撑高度尺寸应一致。

（3）锥形风帽内外锥体的中心应同心，锥体组合的连接缝应顺水，下部排水应畅通。

（4）筒形风帽的形状应规则、外筒体的上下沿口应加固，其不圆度不应大于直径的 2%。伞盖边缘与外筒体的距离应一致，挡风圈的位置应正确。

（5）三叉形风帽三个支管的夹角应一致，与主管的连接应严密。主管与支管的锥度应为 $3°\sim4°$。

（6）旋转风帽的结构重心应达到平衡，以保证转动灵活。转动试验时，叶轮应处于自由状态，停止时不允许停止在同一位置。

（7）风帽规格过大时应用扁钢或角钢做箍加固，加固规定与风管配件规定一致。

34.5.1.4　风口的制作

风口是通风空调系统用于向房间送入或排出房间空气的装置，风口有多种的形式，按用途可分为送风口、回风口及排风口，按使用对象可分为通风系统和空调系统风口。

通风系统常用圆形风管插板式送风口、旋转吹风口、单面或双面送吸风口、矩形空气分布器、塑料插板式侧面送风口等。

空调系统常用百叶送风口（单、双、三层等）、圆形或方形散流器、送吸式散流器、流线型散流器、孔板及网式送、回风口等。

风口一般明装于室内，风口制作除满足技术要求外，还应达到外形平整美观，制作时应使用机械模具生产。

1. 风口制作工艺流程

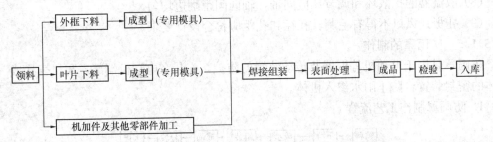

风口材质应符合设计要求，可采用普通钢板、不锈钢板、铝板材质制作。

风口的展开下料方法与风管配件相同，可以按其几何形状，用平行线法、放射线法、三角形法展开。

成型组装应根据采用板材情况，可采用咬接、铆接及焊接方法，制作要求与风管相同。

2. 风口制作质量要求

各类风口制作应符合下列要求：

（1）风口的外形尺寸，必须符合管道及设备接口配合的连接尺寸，其允许偏差不应大于 2mm。

（2）矩形风口应达到方正，四角应为直角，其允许偏差以对角线为准，其允许偏差不大于 3mm；圆形风口应达到标准圆度，不得出现椭圆形，其尺寸控制偏差以纵横两直径不大于 2mm。

（3）风口制作用金属材料的材质应按设计要求选用，制作组装后要求无变形，以避免叶片与外框相互擦碰，活动部分应保证便于调节、转动灵活。

（4）调节机构的连接处应松紧适度，为防止锈蚀，在装配前应除锈、涂漆，装配后应加注润滑油。

（5）风口规格以颈部外径与外边长为准，其尺寸的允许偏差值应符合表 34-69 的规定。

风口尺寸允许偏差（mm）   表 34-69

圆 形 风 口		
直径	≤250	>250
允许偏差	0～−2	0～−3
矩 形 风 口		
边长	<300	300～800	>800
允许偏差	0～−1	0～−2	0～−3
对角线长度	<300	300～500	>500
对角线长度之差	≤1	≤2	≤3

（6）风口的外表装饰面应平整、叶片或扩散环的分布应匀称、颜色应一致、无明显的划伤和压痕。

（7）风口的转动调节部分应灵活，叶片应平直，与边框不得刮碰。

百叶风口的叶片间距应均匀，两端轴中心应在同一直线上，风口叶片与边框铆接应松紧适度。如风口规格较大，应在适当部位叶片及外框采取加固措施。

（8）散流器的扩散环和调节环应同轴，轴向间距翻边均匀。

（9）孔板式风口不得有毛刺，孔径和孔距应符合设计要求。

34.5.1.5 防雨罩的制作

防雨罩是用于电动机等电器及传动装置的防护，安装在电动机端部、与机壳构成一个整体的密封装置，防止雨水渗入机体。

1. 防雨罩制作工艺流程

领料 → 下料 → 成型 → 组装 → 成品 → 检验 → 入库

防雨罩一般采用薄钢板制成，制作时根据设计和几何形状展开，根据板材情况采用咬接或焊接方法组装，制作要求与风管制作规定相同。

2. 防雨罩制作质量要求

（1）防雨罩结构牢固，连接固定牢固；

（2）防雨罩顶部不应有漏洞、积水、连接开缝等疵点。

34.5.2 风管阀部件的安装

通风、空调系统中的部件安装主要包括：各式调节阀、防火阀、各类风口、吸排气罩、风帽的安装。安装前应对部件的制作、组装质量进行检查，质量符合规定后才能安装。

34.5.2.1 一般风阀的安装

一般风阀包括蝶阀、多叶调节阀、插板阀、止回阀、三通调节阀等风阀，风阀安装前应检查框架结构是否牢固，调节、制动、定位装置是否灵活。风阀安装与安装风管相同。安装时要将风阀的法兰与风管或设备的法兰对正，加上密封垫，用螺栓连接固定。

风阀安装要求及质量，应符合下列规定：

（1）各类风阀应安装在便于操作及检修的部位，安装后的手动或电动操作装置应灵活、可靠，阀板关闭应保持严密。

（2）应注意风阀的气流方向与风阀标注一致。

（3）风阀的开闭方向、开启程度应在阀体上有明显、准确的标志。

（4）高处的风阀操纵装置应距地面或平台 1～1.5m，便于操纵风阀。

（5）除尘系统的风管，不应使用蝶阀，可采用密封式斜插板阀。为防止运行中积尘，安装位置应选在不易积尘的管段上。斜插板阀应顺气流方向与风管成 45°安装，垂直安装时阀板应向上拉启，水平安装时阀板应顺气流方向插入。

（6）分支管风量调节阀是用于平衡各送风口的风量，应注意其安装位置。

（7）余压阀是保证洁净室内静压维持恒定的部件。其安装于墙壁外侧下方，应保证阀体与墙体连接后的严密性。

34.5.2.2 风口的安装

各类风口安装前应检查风口质量，应达到结构牢固外框平直，表面平整，调节转动灵活。

1. 各类风口安装要求

（1）风口与风管的连接应严密、牢固，与装饰面紧贴；表面平整、不变形，调节灵活、可靠。条形风口的安装，接缝处应衔接自然，无明显缝隙。同一厅室、房间内的相同风口的安装高度应一致，排列应整齐，同一方向风口的调节装置则应在同一侧。

明装无吊顶的风口，安装位置和标高偏差不应大于 10mm。

风口水平安装，水平度偏差不应大于 3/1000。垂直安装，垂直度偏差不应大于 2/1000。

（2）吸顶风口或散流器的风口应与顶棚平齐，风板位置应对称，在室内的外露部分应与室内线条形成直线。

2. 常用风口的安装

（1）矩形联动可调百叶窗风口

矩形联动可调百叶窗风口的安装方法，可根据是否有风量调节阀来确定安装方法。

有风量调节阀风口安装时，应先安装调节阀框，后安装叶片框。风管与风口连接时风管应伸出风口调节阀外框 10mm 并剪除出连接榫头，调节阀外框安装上将榫头插入外框条状孔内，折弯榫头贴近固定外框，再安装叶片框，并与外框连接固定。也可以将风口直接固定在预留洞上，不与风管直接连接，将调节阀外框插入洞内，用螺钉将外框固定在预留的木榫或木框上，然后再安装叶片框。

无风量调节阀风口安装时，应在风管内或预留洞内木框上，采用铆接或角形卡子固定，然后再安装叶片框。

风口的风量调节，用螺丝刀由叶片间伸入，旋转调节螺钉，带动连杆，来调节叶板的开启度，达到调节风量的目的。

风口气流吹出角度，应根据气流组织情况，用不同角度的专业扳手调节，扳手卡住叶片旋转到接触相邻叶片为宜。

（2）散流器

散流器用直接固定在预留洞上的安装方法，可参照百叶窗风口安装方法。

（3）净化空调系统风口

风口安装前除检查质量外，还应清洁风口，安装后风口的边框与洁净室的顶棚或墙面之间的缝隙处，应用密封胶进行密封处理，不得漏风。高效过滤器送风口，还应用吊杆调节高度，以保证送风口的外壳边缘与顶棚紧密连接。

（4）管式条缝散流器

管式条缝散流器安装应先将内藏的圆管卸下，在风口外壳上安装旋转卡夹，将卡夹旋转调整，整体放入风管内，再将卡夹旋转 90°与风管连接，用螺栓固定，然后将内藏的圆管安放在风口壳内。

（5）FSQ 球形旋转风口

球形旋转风口与静压箱、顶棚连接时可采用自攻螺钉、拉铆钉、螺栓等，连接固定要牢固，球形旋转头应灵活。

34.5.2.3　局部排气部件的安装

局部排气系统的排气柜、排气罩、吸气罩及连接管应就位组装好后。再进行安装。安装位置应正确，不影响生产工艺设备操作，排列整齐，牢固可靠。

34.5.2.4　风帽的安装

风帽有两种安装方法，可穿过墙壁伸出室外，也可直穿屋顶伸出室外。

风帽安装必须牢固，穿越屋顶的风管，在穿越处不应有接头或破损，避免雨水漏入屋内，风管与墙面的交接处应密封，防止向屋内渗水。不连接风管的筒形风帽，可用法兰固定在屋顶混凝土或木底座上，当排放湿度较大的气体时，为防止冷凝水漏入屋内，风帽底部应设有滴水盘和排水装置。

风帽安装高度高于屋顶 1.5m 时，应用拉索固定，拉索不得少于三根，拉索固定应牢固，防止风帽被风吹倒。

为了防止雨水落入风管，风帽顶部应设有防雨帽。

34.5.3　消声器的制作和安装

34.5.3.1　消声器的种类

消声器的消声效果决定于消声器的种类及其制作质量和所用消声材料。将消声器安装在弯管内的弯管，称消声弯管，消声弯管的平面边长大于 800mm 时，应加设吸声导流片。

消声器内直接迎风面的布质覆面层应有保护措施；净化空调系统消声器内的覆面应为不易产尘的材料。

1. 消声器的分类

常用的消声器根据不同的消声原理可分为：阻性消声器、抗性消声器、共振性消声器和宽频带复合式消声器。

（1）阻性消声器

阻性消声器是利用吸声材料消耗声能、降低噪声，这种消声器是在管道内壁固定着多孔吸声材料，使入射的声能的一部分被吸收掉，以达到降低噪声的效果。这类消声器的结构形式有多种多样，如图 34-72 所示。

阻性消声器消声效果，除与制作结构、尺寸、外形、质量有关外，还与吸声材料的多孔性、松散性有重要关系。当声波进入材料的孔隙时，能引起孔隙中的空气和材料产生微

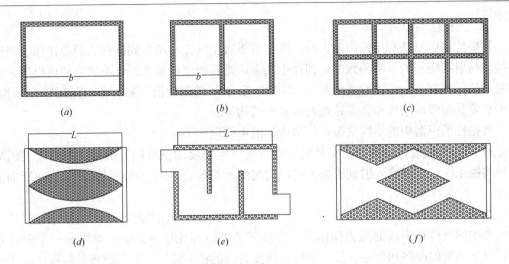

图 34-72 阻性消声器结构形式

(a) 管片；(b) 片式；(c) 蜂窝式；(d) 声流式；(e) 腔式或室式；(f) 折式

小的振动，由于摩擦和粘滞阻力作用将相当一部分声能化为热能而吸收掉。阻性消声器中的消声片厚度，一般在 25～120mm 范围内。材料越厚对低频率噪声降低效果越有效。

常用片式消声器在设计或制造、试验时，确定其消声量（ΔL）计算公式如下：

$$\Delta L = \varphi \, (a) \, \frac{2L}{b} \qquad\qquad (34\text{-}1)$$

式中　$\varphi \, (a)$——消声系数；

$\qquad$ L——消声器的（结构）有效长度（m）；

$\qquad$ b——气流通道的宽度（m）。

(2) 抗性消声器

抗性消声器又称膨胀式消声器。与上述的阻性消声器的消声原理不同，它主要是利用截面的突变，当声波通过突然变化和扩大的截面时，部分声波发生反射，使声能在腔室内来回反射时，即起到消声作用。抗性消声器对低频噪声有较好的消声效果。

抗性类消声器的结构如图 34-73（a）所示，其结构形式有单节、多节和外接式及内插式等。它的消声性能主要决定于膨胀比，$m = s_2 / s_1$，m（即膨胀室截面积 s_2 与原通截面积 s_2 之比）和膨胀室的长度 L 值。下式为最大消声量计算公式

$$\Delta l_{\mathrm{m}} = \log\left[1 + \frac{1}{4}\left(m - \frac{1}{m} \right)^2 \right] \text{（dB）}$$

$$(34\text{-}2)$$

它的最大消声量主要取决于 m 值。抗性消声器有良好的低频消声，在制作时应注意各膨胀室之间要密封，以保证所需的低频消声效果。抗性、共振性消声器结构见图 34-73。

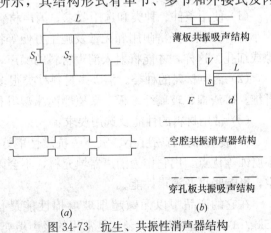

图 34-73　抗生、共振性消声器结构

(a) 抗性消声器；(b) 共振性消声器

（3）共振性消声器

共振性消声器是利用噪声射入时，激起薄板或空气振动所起到的耗能消声作用。当这种振动与射入噪声的频率一致时，即产生共振，则声能消耗最大。这类消声器可以用来消除噪声的低频部分。结构形式如图 34-73（b）所示。共振性消声器有薄板共振吸声结构、单个空腔共振吸声结构和微穿孔板共振吸声结构等。

共振性消声器中的不同共振消声结构、消声原理如下：

1）薄板共振吸声结构是在板材的后面设置一定厚度的空气层，由板材和空气层组成一种共振系统，当声波入射到薄板上时，激起薄板的振动，振动的能量又转化为热能而消耗掉。

2）单个空腔共振吸声结构，是由腔体和颈口组成的，当声波传到该共振结构时，小孔孔颈中的气体在声波的压力作用下，像弹簧活塞一样地往复运动，即组成一个弹性系统，由于颈壁的摩擦和阻尼，使一部分声能变为热能被消耗掉。它与薄板共振吸声结构一样，即当入射声波频率与共振频率一致时，就激起共振。这时空气柱的振动速度幅值最大，阻尼也最大，声能消耗最多。

3）穿微孔板共振吸声结构，实际就是单孔共振器并联组合起来的，它的消声原理与单孔共振结构相同。

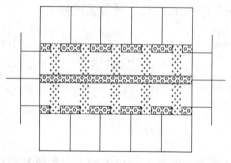

图 34-74　宽频带（阻抗）复合式消声器

（4）阻抗复合式消声器

阻抗复合式消声器又称宽频带复合式消声器，见图 34-74。其消声器是利用管道截面突变的抗性消声原理和腔面构成共振吸声，并利用多孔吸声材料的阻性消声原理，使这种消声器从低频到高频都有良好的消声效果。该消声器的消声频率范围宽，消声最大，在空调系统中使用比较广。

2. 消声材料

消声器的消声效果，主要取决于消声用材料的性能。因此，消声用材料的种类、性能，应按设计要求选用。

（1）使用条件、种类和选用要求。消声材料应具备防火、防潮、不霉变、耐腐蚀、密度小、有弹性、经济耐用和无毒及施工方便等特点，从内部结构应具有贯穿材料的许多间隙或细孔。这样，才能将射入消声材料的噪声，由声能转化为热能，达到消声效果。

（2）消声材料的种类。消吸声材料种类很多，常用于消声器的有超细玻璃棉、卡普隆纤维、矿渣棉、玻璃纤维板、聚氨酯泡沫塑料和工业毛毡等。

（3）常用材料的性能及选用要求：

1）玻璃棉具有密度小、吸声、抗震性能好，富有弹性，并具有不燃、不毒、不蛀和不腐蚀等优点。用它作为消声器填充料，不会因振动产生收缩、沉积和由上部往下滑、脱空，影响吸声及消声性能。

在它的产品中以无碱超细玻璃棉性能最佳，纤维直径 $<4\mu m$、质软，其密度为 $<15kg/m^3$，吸湿率为 0.2%，是常用的吸声填充材料。

2）矿渣棉是以矿渣或岩石为主要原料制成的一种棉状短纤维，以矿渣为主要原料的称矿渣棉，而矿棉则是两者的通称。矿棉质轻，不燃、不腐、吸声性能良好；但其整体性差、易沉积，并对人体皮肤有刺激性，可用于一般工业建筑消声用材料。

3）玻璃纤维板的吸声性能比超细玻璃棉差些，防潮性能好，但因施工操作时有刺手或皮肤感，一般不常采用。

4）聚氨酯泡沫塑料是以聚酯树脂为主要原料，经过催化剂、发泡剂和稳定剂等作用形成，按其软硬程度可分软质和硬质两种。

硬质聚氨酯泡沫塑料是闭孔结构，一般用于隔热。软质聚氨酯泡沫塑料是开孔结构，并富有弹性，是较理想的过滤、防振、吸声材料。在通风、空调工程中采用，应具备自熄安全性。自熄安全性是指加有阻燃剂，使其离开火源后 $1\sim2s$ 内能自行熄灭。一旦发生火灾时，具有阻燃自熄安全性，可防止火灾的发生或蔓延。

34.5.3.2 消声器的制作

1. 消声器制作工艺流程

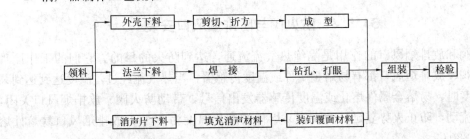

2. 消声器制作的结构质量要求

（1）消声器的框架结构应牢固、严密，与风管尺寸匹配。

（2）应根据板材材质确定消声器外框连接和法兰连接方式，工艺要求参照金属风管制作质量规定，镀锌板应采用咬接或铆接方式连接。

（3）阻性消声器内部尺寸不能随意改变。对于容积较大的吸声片，为了防止因消声器安装或移动而造成吸声材料下沉，可在容腔内装设适当的托挡板。

抗性消声器，不能任意改变膨胀室的尺寸。

共振性消声器不能任意改变关键部分的尺寸。穿孔板应平整，孔眼排列形式、尺寸应准确、均匀，不得有飞边、毛刺，穿孔板的孔径和穿孔率应符合设计要求。共振腔的隔板尺寸应正确，隔板与壁板连接处紧贴。应按设计要求严格制作，不能任意改变有关的结构尺寸及其零、部件的形状，以防改变和降低共振消声性能。

阻抗复合式消声器中的阻性吸声片是用木条制成木框，内填超细玻璃棉，外包玻璃布。填充的吸声材料应符合设计要求，并均匀铺设，覆面层不得破损。

（4）消声器、消声风管、消声弯管和消声静压箱内所衬的消声材料，应均匀密实、表面平整、紧贴和不得脱落。

（5）消声器的系统结构必须牢固，填充的消声材料应按规定的密度均匀铺设。

（6）对于松散的吸声材料，应按设计规定的覆面材料固定覆盖，防止吸声材料脱落、吹散和污染空调系统及其房间。

（7）钉覆面材料的泡钉应加垫片，以免覆面材料结构失稳、破裂，造成松散，以致污染等缺陷。

34.5.3.3　消声器的安装

（1）消声器安装前应进行质量检查，按设计要求和国家《通风与空调工程施工质量验收规范》GB 50243 规定，在规格、材质、外观、防火、防潮、防腐方面进行检查。技术质量符合要求后，方准进行安装。

（2）安装前，应对到达现场的成品消声器，加强管理和认真检查。在运输和安装过程中，不得损坏和受潮，充填的消声材料不应有明显下沉。

（3）消声器安装时，应严格注意方向，不得装反，安装后的方向应正确。

（4）片式消声器安装时，应控制消声片单体安装要求：其固定端不得松动，片距应均匀，否则影响消声效果。

（5）当空调系统为恒温，要求较高时，消声器外壳应与风管同样作保温处理。

（6）消声器安装用支架形式、安装位置和固定强度，必须符合设计或施工规范规定。消声器及消声弯管应单独设支架，其重量不得由风管承受。

34.5.4　防火阀与防排烟风口安装

防火阀和放排烟风口的作用是隔绝热气流流通，达到防火的目的。它们的工作原理是：防火阀、放排烟风口都有易熔金属件或温度传感器，当热气流经过，温度达到达到某一特定温度时，易熔金属件熔化或温度传感器发出信号，带动防火阀、放排烟风口关闭，隔绝气流流动，防止火势蔓延。防火阀易熔件的熔化温度为 70℃，放排烟风口易熔件熔化温度为 280℃。

34.5.4.1　防火阀和排烟口的种类

1. 防火阀的种类

防火阀是防火阀、防火调节阀、防烟防火阀、防火风口的总称，防火阀的种类很多，有多种分类方法，一般可以按照控制方式、阀门关闭驱动方式分类。

（1）按照控制方式分类，防火阀可分为热敏元件控制、感烟感温器控制及复合控制等。

1）热敏元件使用易熔金属制成，热气流温度达到其熔点时，易熔金属熔化，阀门在重力或弹力作用下关闭，实现隔阻气流流动的目的。热敏元件应严格按照国家标准生产，温度允许偏差为 $-2℃$（一般要求易熔件在温度升至 68℃时即熔断）。防火阀用的易熔金属合金配方，见表 34-70 所列成分及数值。

易熔金属的配方　　　　　　　　　　　　　　　　表 34-70

金属成分 熔点	铋		锑		铅		锡		锌		合计
	g	%	g	%	g	%	g	%	g	%	g
65	480	48	96	9.6	256.3	25.63	127.7	12.77	40	4	1000
72	500	50	126	12.5	256	25	126.6	12.5			1003.6
80	349	34.9	95	9.5	256	35.5	210	20.1			1000
90	516.5	51.65	81.5	8.15	402	40.2					1000

2）感烟感温器控制是通过感烟感温器发出信号，操纵电磁铁或电动机实现阀门关闭。

3）复合控制是将热敏元件控制与感烟感温器控制结合在一起，以热敏元件为保险，用感烟感温器发出信号，操纵电磁铁或电动机实现阀门关闭。

（2）按照防火阀关闭驱动方式分类，可分为重力式、弹力式、电磁式、电动式和气动式。

1）重力式防火阀是以阀门叶片的自重或叶片旋转轴的重力锤，实现阀门关闭。

2）弹力式防火阀是以弹簧的弹力实现阀门关闭。

3）电磁式防火阀是以电磁铁的磁力实现阀门关闭。

4）电动式防火阀是以电动机驱动阀门关闭。

5）气动式防火阀是以压缩空气通过气缸驱动阀门关闭。

2. 防火阀的制作及组装的质量要求

（1）防火阀外壳应用钢板厚度不小于 2mm 的材料制作，防止失火时受热变形，会影响阀板关闭。

（2）转动部件在任何情况下要求都能转动灵活，应采用黄铜、青铜、不锈钢和镀锌或电镀铁件等耐腐蚀的金属材料制作。

（3）易熔件应采用符合国家标准的产品，其熔点温度应符合设计要求。感烟感温器动作温度 280℃，温度允许偏差为 -2℃（一般要求易熔件在温度升至 68℃时即熔断）。

（4）防火阀关闭时必须严密，禁止气流通过。

（5）防火阀在阀体制作完成后要加装执行机构并逐台进行检验。

3. 排烟口的种类

平时排烟口在排烟系统中呈关闭状态，火灾发生时借助于感烟、感温器自动开启阀门，向室外排放烟气，降低室内有害气体浓度，保证室内撤离人员生命安全，如果火势加大，风管内气流温度升高至 280℃，热敏元件熔断或感温器启动关闭阀门，阻止火势沿风管蔓延。排烟口可以按照结构形式、控制方式分类和形状分类；

（1）按照结构形式分类，排烟口可分为装饰型排烟口（排烟阀）、翻板型排烟口（排烟阀）及排烟防火阀。

（2）按照控制方式分类，排烟口可分为电磁式排烟口和电动式排烟口。

（3）按照形状分类，排烟口可分为矩形排烟口和圆形排烟口，常用的矩形排烟口规格见表 34-71，常用的圆形排烟口规格见表 34-72。

矩形排烟口规格（mm）　　　　　　　　　表 34-71

A / B	250	320	400	500	630	800	1000	1250	1600	2000
250	△○□	△○□	△○□	△○□	△○□	△○□	△○			
320		△○□	△○□	△○□	△○	△○	△○	△○		
400			△○□	△○□	△○	△○	△○	△○	△○	
500				△○□	△○□	△○	△○	△○	△○	△○
630					△○□	△○□	△○	△○	△○	△○
800						△○□	△○	△○	△○	△○
1000							△○	△○	△○	△○
1250								△○		

注：表中△表示排烟防火阀，○表示带装饰型排烟阀，□表示翻板型排烟阀，A 为阀门宽度，B 为阀门高度。

圆形排烟口规格   表 34-72

阀直径 D	280	320	360	400	450
阀宽度 L	280	320	360	400	450

4. 排烟风口制作及组装的质量要求

(1) 排烟风口关闭时必须严密，禁止气流通过。

(2) 排烟系统柔性短管的制作材料必须为不燃材料。

(3) 易熔件应符合国家标准，熔点温度 280℃，感温器动作温度 280℃，温度允许偏差为 −2℃。

34.5.4.2 防火阀的安装

1. 防火阀安装规定

(1) 防火阀安装前应对防火阀的质量进行检查，按设计要求和国家标准，在规格、材质、外观、性能方面进行检查。技术质量符合要求后，才能进行安装。

(2) 根据设计要求在指定位置安装防火阀，不得改变、遗漏。

(3) 防火阀应安装在便于操作及检修的部位，防火分区隔墙两侧的防火阀，距墙表面不应大于 200mm。

(4) 防火阀直径或长边尺寸大于等于 630mm 时，应设有单独的支吊架等措施，防止风管变形影响防火阀关闭。

(5) 阀门的易熔件，必须按设计要求或施工规范规定采用正规产品，严禁用拷贝胶片、铅丝、尼龙线等非标准材料代替。

(6) 防火阀安装时应注意阀门的方向，易熔件应迎气流方向，禁止方向颠倒。

(7) 防火阀中的易熔件需在系统安装完成后再行安装；易熔（熔断器）件安装后，必须逐一进行检查，均使处于正常状态。

2. 防火阀安装

(1) 防火阀水平安装时，可以根据防火阀安装部位，采用支架或吊架固定防火阀，保证防火阀稳固。见图 34-75 (a) (b)。

风管穿越防火墙防火阀安装时，防火阀距离墙面不应大于 200mm，墙体预埋管壁厚度大于 1.6mm 的钢套管，套管与风管之间应有 5～10mm 间隙，套管长度应小于墙体厚度，防火阀安装后，墙洞与防火阀间应水泥砂浆密封。见图 34-75 (c)。

(2) 变形缝处防火阀安装时，应在变形缝两端分别按安装防火阀，穿墙套管与墙体之间留有 50mm 的缝隙，缝隙处用玻璃棉或矿棉材料填充，保证墙体沉降时风管正常工作，套管中间设挡板，防止填充材料外漏滑落，套管一端设有固定挡板。见图 34-75 (d)。

(3) 风管垂直穿越楼板时，风管、防火阀有固定支架固定，穿越楼板风管与楼板缝隙用玻璃棉或矿棉填充，楼板下面设挡板，防止填充物脱落，楼板上面设防护圈保护风管，防护圈高度 20～50mm，见图 34-75 (e)。

34.5.4.3 排烟口的安装

1. 排烟风口安装规定

(1) 防排烟风口安装前，应对防排烟风口的质量进行检查，按设计要求和国家标准，

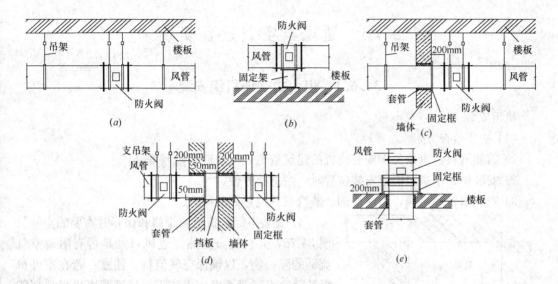

图 34-75　防火阀穿墙安装

(a) 防火阀水平吊架安装；(b) 防火阀水平固定架安装；(c) 穿越防火墙防火阀安装；
(d) 变形缝处防火阀安装；(e) 穿越楼板防火阀安装

在规格、材质、外观、性能方面进行检查，技术质量符合要求后，才能进行安装。

（2）放排烟风口应设在顶棚上或靠近顶棚的墙面上，且与附近安全出口沿走道方向邻近边缘之间的最小水平距离不应小于 1.5m。设在顶棚上的排烟口，距可燃物的距离不应小于 1.0m。排烟口平时关闭，并应设置有手动和自动开启装置。

（3）防烟分区的排烟口距最远点的水平距离不应超过 30m。在排烟支管上应设有当烟气超过 280℃时能自行关闭的排烟防火阀。

（4）排烟阀（排烟口）及手控装置（包括预埋套管）的位置应符合设计要求，预埋套管不得有死弯及瘪陷。

2. 排烟口的安装

（1）排烟口在通风竖井墙体水平安装前，应在墙体预埋角钢（L40×40×4），预留洞尺寸如表 34-73 所示。排烟口安装前应制作钢板安装框，安装框与预留角钢连接，然后将排烟口插入安装框固定。排烟口如果与风管连接，钢板安装框一侧应与风管法兰连接，再安装排烟口。

排烟口预留洞尺寸（mm）　　　　　　　　　　　　　　　　　　表 34-73

排烟口规格	500×500	630×630	700×700	800×630	1000×630	1250×630	800×800	1000×800	1000×1000	1250×1000	1600×1000
预留洞尺寸	765×515	895×645	965×715	1065×645	1265×645	1515×645	1065×815	1265×815	1265×1015	1515×1015	1865×1015

（2）排烟口垂直吊顶安装时应设置单独支架。

34.6   通风与空调设备安装

34.6.1   组合式空调机组安装

机组安装

（1）初步检查

1）需要资料：审核关于安装位置的建筑资料，机组能否顺利安装。

2）安装位置：确定机组安装位置时，注意要方便。

3）安装水管和接线，不受油烟、蒸汽或其他热源的影响。

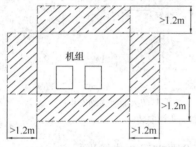

4）安装空间：机组在维修和保养时需要的空间见图 34-76，并且检查换热器进风口处是否有阻碍空气流动的障碍物，以确保空气流畅。注意：若在室外机组顶部宜设置遮棚以防雨防雪，且遮棚离机组顶部的间距须保证在 2m 以上，以保证接管方便。

特别说明：机组设检修门方向宽度至少要有 1m 以上，以方便维修与保养。

图 34-76   机组安装空间示意

5）安装基础：检查及保证机组安装在坚实、牢固且表面平坦的混凝土基础或金属钢架上。

6）组合式空气处理机组安装应根据图纸将所含段体按顺序放置于基础上，对防振要求较高场合，机组与基础间应放置减震垫，厚度为 10mm 以上的天然橡胶。

7）收货和检查：机组运抵合同规定的交货地点后，用户应组织人员进行开箱验收。

① 检查机组随机附件是否齐全。

a. 空气（组合式空气）处理机组安装、使用说明书；

b. 用户服务指南。

② 根据随机文件核对设备型号及规格。

③ 检查机组有无损坏，零部件是否齐全。

经过以上验收发现损坏或有疑问，请及时向供货商说明，以便进行妥善处理。

注意：设备开箱检查完毕后，要采取保护措施，不宜过早拆除包装，以免设备受损。

（2）搬运处理

1）机组和零件避免损伤，在搬运期间应小心处理。

2）正规搬运是用吊车或滚筒搬运，坚决不允许强行拖动机组。

3）随机的垫木不应该被去掉，直到机组被安装到位。

4）如果抬高机组请用起重设备。

5）必须采用衬垫以防止损伤。

6）若为散件进场，需考虑好是先撤箱或先吊至现场。

（3）位置与间隙

1）机组必须安装在水平的槽钢、混凝土基座（卧式或立式机组）或吊顶上（吊式机组），基座或吊顶必须能承受机组运行时重量。

2）机组不宜安装于潮湿、有腐蚀气体的环境，更不能被安装在低温、露天环境。

3）安装时应考虑排水、通风和适当的维修距离，以便拆移风机或换热器。

4）组合式空气处理机组段体连接时，段体间需用橡胶塑料（或其他可用于密封的材料）进行可靠的密封。

（4）安装

1）安装过程中，安装人员需注意机组型材与面板的承重。

2）大风量的空调机组应放置在专门的空调机房内。

3）安装时应使机组的接管与墙面或吊顶隔开。

4）外接风管应采取柔性材料连接，以避免振动传递及风管重量由机组承担。

5）应选用防腐、防潮、不透气、不易霉变的柔性材料。用于空调系统的应采取防止结露的措施；用于净化空调系统的还应是内壁光滑、不易产生灰尘的材料。

6）柔性短管的长度，一般宜为150～300mm，其连接处应严密、牢固可靠。

7）柔性短管不宜作为找正、找平的异径连接管。

8）风管的大小尺寸应以保证管内风速为基础（此风速值与风量大小不同选取的值有差异，风量越大风速相应较高），以避免风速过大造成噪音过大，甚至机组带水至管路系统。

9）外接进出水管时建议采用软接头，配接管时应平衡用力。

10）机组不论是吊装在房间顶上还是卧式安装在地面基础之上，必须保证机组水平，否则影响凝结水的排放和风机运行的动平衡。

11）若机组安装在地面基础之上，必须考虑疏水器水封高度差和排水管的设置。

12）组合式空气处理机组各功能段的组装，应符合设计规定的顺序和要求，各功能段之间的连接应严密，整体应平直。

13）机组盘管的进出水配管均按逆流方式接入（下进上出）。

14）组合式空气处理机组加热若采用蒸汽形式加热，进汽为"上进下出"，最高使用压力不宜超过 1.4MPa，凝结水管上应加装疏水器。

15）用户调试时特别注意机组只能在额定电流（额定风量）以下运行，以免造成机组损坏或过水。

16）凝结水管安装时必须保证一定的坡度，以便排水顺畅。

17）机组进出水管上必须配有水阀，防止机组不运行时冷冻水通过，造成机组内部大面积凝露。见图 34-77。

18）外接排水管应先接"U"形排水弯，以防止因机组内负压而导致凝结水排放困难。排水弯的水封高度差可参考机组内负压的两倍高度，基础和水封的设置。

19）在正式装机之前，请再次确认皮带的位置及皮带是否处于正确的松紧度。用一个手指压住皮带，变形约为20mm。见图 34-78。机组运行一个星期后，应重新调整皮带的张紧度至合适。以后每隔1～2个月进行一次例行的检查，并保证每次检查的结果都符合图中的数值范围，否则调整中心距。注意：皮带过松或过紧都会给系统造成损害并增加噪音。供水系统：冷热水供水应为清洁的软化水。使用环境：最好使用于相对湿度在80%以下，湿度较高时，请用户配置除湿设备。

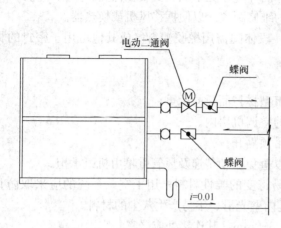

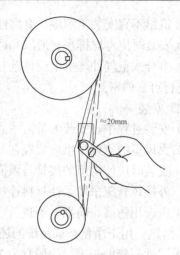

图 34-77   机组进出水管配置阀   图 34-78   V形皮带的松紧度调整

34.6.2   风 机 安 装

通风机应有装箱清单、设备说明书、产品质量合格证书和产品性能检测报告等随机文件，进口设备还应具有商检合格的证明文件。设备安装前，应进行开箱检查，并形成验收文字记录。参加人员为建设、监理、施工和厂商等方单位的代表。

通风机的型号、规格应符合设计规定，其出口方向应正确。

34.6.2.1   风机安装工艺流程

基础检查、验收→设备开箱检查→清洗处理→设备搬运就位→设备找正、找平和对准中心→一次灌浆→精确找平和对准中心→二次灌浆→试运转验收

34.6.2.2   离心式通风机安装

1. 通风机搬运和吊装的规定

（1）整体安装的风机，搬运和吊装的绳索不得捆绑在转子和机壳或轴盖的吊环上。必须符合产品说明书的有关规定，并应做好设备的保护工作，防止因搬运或吊装而造成设备损伤。

（2）现场组装的风机，绳索的捆绑不得损伤机件的表面，转子、轴径和轴封等处均不应成为捆绑部位。

（3）输送特殊介质的风机转子和机壳内如涂有保护层，应严加保护，不得损伤。

（4）不应将转子和齿轮直接放在地上滚动或移动。安装在减震基座上的风机吊装时，捆吊索应固定在减震基座上。

2. 通风机相关的附件设备安装要求

（1）风机的润滑油冷却和密封系统的管路，应清洗干净和畅通，其受压部分均应作强度试验，其试验压力如设备技术文件无规定时，水压试验压力应为最高工作压力的 1.25～1.5 倍；气压试验压力应为最高工作压力的 1.05 倍。现场配制的润滑油、密封管路应进行除锈、清洗处理。

（2）通风机的进气管、排气管、阀件、调节装置及气体加热和冷却装置的油路系统管路等均应有独立的支撑，并与基础或其他建筑物连接牢固；各管路与通风机连接时，法兰

面应对中贴平，不应硬拉和别劲。风机壳不应受到其他机件的重量，防止机壳变形。

（3）通风机附属的自控设备和观测仪器、仪表的安装，应按设备技术文件的规定执行。

（4）通风机连接的管路需要切割或焊接时，不应使机壳发生变形，一般宜在管路与机壳脱开后进行。

（5）通风机的传动装置外露部分应有防护罩；通风机的排气口或进气管路直通大气时，应加装保护网或其他安全设施。

3. 离心通风机安装

（1）离心通风机的拆卸、清洗和装配应符合下列要求：

1）对电动机非直连的风机，应将机壳和轴承箱卸下清洗；

2）轴承的冷却水管路应畅通，并应对整个系统试压；如果设备技术文件无规定时，试验压力一般不应低于 0.4MPa；

3）清洗和检查调节机构，其转动应灵活。

（2）整体机组的安装，应直接放置在基础上，用成对斜垫铁找平。

（3）现场组装的机组，底座上的切削加工面应妥善保护，不应有锈蚀或损伤。底座放置在基础上，用成对斜垫铁找平。

（4）如果底座安装在减振装置上，安装减震器时，除地面应平整外，还应注意各组减振器所承受的荷载应均匀；安装后应采取保护措施，防止损伤。

离心通风机如果直接安装在基础上，其基础各部位的尺寸应符合设计要求。设备就位前应对基础进行验收，合格后方能安装。预留孔灌浆前应清除杂物，将通风机用成对斜垫铁找平，最后用碎石混凝土灌浆。灌孔所用的混凝土强度等级应比基础高一级，并捣固密实，地脚螺栓不准歪斜。

离心通风机的地脚螺栓应带有防松动的垫圈和防松螺母。固定通风机的地脚螺栓应拧紧。

输送产生凝结水的潮湿空气通风机，机壳底部应安装一个直径为 12～20mm 的放水阀或水封管。

离心通风机的叶轮旋转后，每次都不应停留在原来位置上，并不得碰机壳。

（5）安装后的允许偏差见表 34-74。

风机安装允许偏差（mm） 表 34-74

项　　目		允许偏差	检　查　方　法
中心线的平面位移		10mm	经纬仪或拉线和尺量检查
标高		±10mm	水准仪或水平仪、直尺、拉线和尺量检查
皮带轮轮宽中心平面偏移		1mm	在主、从动皮带轮端面拉线和尺量检查
传动轴水平度		纵向 0.2/1000 横向 0.3/1000	在轴或皮带 0 和 180°的两个位置上，用水平仪检查
联轴器	两轴心径向位移	0.05mm	在联轴器互相垂直的四个位置上，用百分表检查
	两轴线倾斜	0.2/1000	

（6）电动机应水平安装在滑座或固定在基础上。其找平、找正应以装好的风机为准。用三角皮带传动时，电动机可在滑轨上进行调整，滑轨的位置应保证通风机和电动机的两个轴中心线互相平行，并水平地固定在基础上。滑轨的方向不能装反。用三角皮带传动的通风机和电动机的中心线间距和皮带的规格应符合设计要求。安装皮带时，应使电动机轴和通风机轴的中心线平行，皮带的拉紧程度应适当，一般以用手敲打皮带中间，稍有弹跳为准。

（7）轴瓦研刮前，应先将转子轴心线校正，同时调整叶轮与进气口间的间隙和主轴与机壳后侧轴孔间的间隙，使其符合设备技术文件规定。

（8）主轴和轴瓦组装时，应按设备技术文件的规定进行检查。轴承盖与轴瓦间应保持 0.03～0.07mm 的过盈（测量轴瓦的外径和轴承座的内径）。

（9）机壳组装时，应以转子轴心线为基准找正机壳的位置，并将叶轮进气口与机壳进气口间的轴向和径向间隙调整至设备技术文件规定的范围内，同时检查地脚螺栓是否紧固。其间隙值如设备技术文件无规定时，一般轴向间隙为叶轮外径的 1/100，径向间隙应均匀分布，其数值应为叶轮外径的 1.5/1000～3/1000（外径小者取大值）。调整时力求间隙小一些，以提高风机效率。

（10）离心风机找正时，风机轴与电机轴的不同轴度：径向位移不应超过 0.05mm；倾斜不应超过 0.2/1000。

（11）滚动轴承装配的风机，两轴承架上轴承的不同轴度，可待转子装好后，以转动灵活为准。

（12）风机传动装置的外露部位以及直通大气的进、出口，必须装设防护罩（网）或采取其他安全设施。

34.6.2.3　轴流式风机安装

（1）轴流通风机的拆卸、清洗和装配应符合下列要求：

1）检查叶片是否损坏，紧固螺母是否松动；

2）立式机组应清洗变速箱、齿轮组或蜗轮蜗杆。

（2）整体机组的安装应直接放置在基础上，用成对斜垫铁找平后灌浆。安装在无减振器的支架上，应垫上 4～5mm 厚的橡胶板，找平、找正后固定，并注意风机的气流方向。安装在墙洞内的风机，应配合土建预留墙洞，并预埋挡板框和支架。

（3）现场组装的机组，组装时应符合下列要求：

1）水平部分机组应将风筒上部和转子拆下，并将主体风筒下部、轴承座和底座等在基础上组装后，用成对垫铁找平。

2）垂直部分机组应将进气室安放在基础上，用成对垫铁找平，再安装轴承座，要求轴承座与底平面应均匀接触，两轴承孔对公共轴线的不同轴度不应超过 0.05mm；轴瓦研刮后，将主轴平放在轴瓦上，用划针固定在主轴轴头上，以进气室密封圈为基准，侧主轴和进气室的不同轴度不应超过 2mm；然后依次装上叶轮、机壳、静子和扩压器。

3）立式机组的水平度不应超过 0.2/1000，用水平仪在轮毂上测量；传动轴与电动机的不同轴度：径向位移不应超过 0.05mm，倾斜不应超过 0.2/1000。

4）水平剖分和垂直剖分机组的通风机轴与电动机的不同轴度：径向位移不应超过 0.05mm，倾斜不应超过 0.2/1000；机组的纵向不水平度不应超过 0.2/1000，横向不水平度不应超过 0.3/1000，用水平仪分别在主轴和轴承座的水平中分面上测量。

（4）叶轮校正时，应按照设备技术文件的规定校正各个叶片的角度，并锁紧固定叶片的螺母，如果需要将叶片自轮毂上卸下时，必须按打好的字头对号入座，应防止位置错乱，破坏转子的平衡。如果叶片损坏需要更换时，在叶片更换后，必须锁紧螺母并符合设备技术文件规定的要求。

（5）现场组装的轴流风机叶片安装角度应一致，达到在同一平面内运转，叶轮与筒体之间的间隙应均匀，水平度允许偏差为 1/1000。

（6）主轴和轴瓦组装时，应按照设备技术文件的规定进行检查。

（7）叶轮与主体风筒间的间隙应均匀分布并应符合设备技术文件的规定。

（8）主体风筒上部接缝或进气室与机壳、静子之间的连接法兰以及前后风筒和扩压器的连接法兰均应对中贴平，接合严密。前、后风箱和扩压器等应与基础连接牢固，其重量不得加在主体风筒上，防止机体变形。

34.6.2.4 屋顶风机安装

屋顶风机一般分为低噪声离心式屋顶风机、普通离心式屋顶风机、轴流式屋顶风机。

1. 低噪声离心式屋顶风机、普通离心式屋顶风机安装

低噪声离心式屋顶风机、普通离心式屋顶风机均适用于输送含尘量及其他固体杂质的含量≤150mg/m³、温度≤80℃的空气。风机安装于刚性屋顶板上的混凝土基础上，在基础上预埋地脚螺栓，垫 6mm 厚橡胶垫，在机座上边加平光垫圈，用螺母固定。风机必须垂直，不得倾斜。

2. 轴流式屋顶风机安装

风机安装于刚性屋顶板上的混凝土基础上，在基础上预埋地脚螺栓，垫 6mm 厚橡胶垫，在机座上边加平光垫圈，用螺母固定。风机必须垂直，不得倾斜。

3. 屋顶风机的其他安装形式

屋顶风机可以与钢板风管直接连接；屋顶风机也可以与土建竖风道直接连接；屋顶风机通过静压室与土建竖向风道连接；屋顶风机通过静压室与钢板风管连接等的安装形式。

34.6.2.5 诱导风机安装

（1）诱导通风原理

诱导通风是根据动量守恒原理，采用超薄型送风机及具有一定紊流系数的高速喷嘴于一体，由喷嘴射出定向高速气流，带动周围静止的空气形成满足一定风速要求的具有一定有效射程和覆盖宽度的"气墙"，从而诱导室外新鲜空气或经过处理的空气在传统风管的条件下按照一定的气流方向组织流场，并将废气送达人们所期待的区域。

（2）诱导通风系统组成

诱导通风系统通常由送风风机、数台诱导通风风机和排风风机组成一个通风系统，是目前国内用以替代传统风管通风系统的最新通风方式，常用于地下停车场的通风系统。

（3）集中控制器（FYK-1）的基本功能：显示系统的工作状态；设置工作模式；上传下载数据；对采集信号进行处理；屏蔽异常信号，提醒错误操作。集中控制器要求：电压 220V；功率 20W；通信接口 RS485。集中控制器自带一组无源触点信号。

（4）诱导风机与集中控制器相关说明

1) 每台诱导风机需提供常开电源,由诱导风机的电路控制器自行控制诱导风机的启停。

2) 所有诱导风机利用一根五类双绞线并联至本防火分区中的 FYA-1 型集中控制器上。

3) FYA-1 型集中控制器可接出一组无源触点信号,由此信号控制主排风风机及主送风风机的开关。

(5) 诱导通风使用场合:地下停车场、工厂车间、体育馆、仓库等。

(6) 诱导风机吊装应牢固。诱导风机喷嘴上沿标高等于或低于梁底标高;诱导风机喷嘴距离梁的水平距离≥2m。

34.6.2.6　暖风机安装

暖风机具有结构简单、体积小、重量轻、耗电低、噪声小等特点,一般常用的有热水和蒸汽两种类型。

1. LS 型热水暖风机

(1) LS 型热水暖风机是由轴流风机、加热器、机壳、百叶窗等组成。机体上部备有吊耳,下部有安装脚,通常安装或吊挂在建筑物墙体的支架上。

(2) LS 型热水暖风机的工作原理

LS 型热水暖风机配备的 SRL 形加热器,均为四排管,热媒由第一排管上部接管进入经第四排管下部的接管排出,热量是由管壁传至管表面的铝翅片上放散出来,叶轮由电机直接带动旋转,使空气流经加热器,空气被加热,温度升高到设计值,百叶是用来调节气流流向的。

(3) LS 型热水暖风机的安装

1) 暖风机吊装时,吊装支架和吊杆应牢固,安装脚与底架或基础应连接可靠。

2) 暖风机应配合相应的热媒管路系统,并应在暖风机的回水支管上装置截止阀,在整个管路系统上应设有放气装置。

3) 热媒管路系统内要清洗干净后,方可与暖风机连接,每台暖风机下应设有排水阀。

4) 暖风机使用热水温度应保持在 80～90℃以上,不得低于 75℃;其流通水量必须使散热排管中的水流速保持在 0.2m/s 以上。

5) 为便于管理,可在整个热媒系统总进水管道上装电接点温度计、继电器来集中控制暖风机开关,以避免吹冷风。

6) 暖风机使用 2～3 年后,应用化学方法除去排管内的水垢,为减少水垢,热水系统的补水应进行软化处理,停止供热季节,应使管路系统内充满水,以减少腐蚀。

2. 暖风机热风采暖

(1) 暖风机热风采暖时,暖风机设置的台数和位置应以设计图纸为依据。

(2) 室内空气的换气次数,宜大于或等于每小时 1.5 次。

(3) 热媒为蒸汽时,每台暖风机应单独设置阀门和疏水装置。

34.6.2.7　壁式风机安装

BDZ 系列壁式风机采用先进的工艺技术旋压加工制成,适合于各种建筑及仓储设施等场所的通风换气,具有安装维护方便,噪声低的环境优势。BDZ 系列壁式风机参数,见表 34-75。

BDZ系列壁式风机参数 表34-75

型号	转速 (r/min)	功率 (kW)	风量 (m³/h)	声级 [dB(A)]	重量 (kg)	A	B	C	D	E	F	G	φ
BDZ-4	1400	0.37	3600	55	16	470	400	450	380	255	65	55	420
BDZ-5	1400	0.55	5000	57	24	590	565	590	565	250	69	—	500
BDZ-6	900	1.1	8400	58	58	700	640	660	600	261	136	100	622

34.6.2.8 空气幕安装

1. SRM型热空气幕

(1) SRM型热空气幕是以热水为热媒的一种封门装置,分立式和卧式两种形式,适用于70~90℃或90℃以上热水使用。在寒冷或严寒地区的宾馆、餐厅、影剧院、商店、办公楼等建筑物大门处使用,隔断暖空气流出室外,防止冷空气侵入室内,从而达到节能的目的。

SRM型热空气幕是由低噪音外转子离心风机,空气加热器,上、下导流罩,出口罩等组成。空气加热器采用钢管缠绕铝翅片作为传热单元,热水单回转式循环,具有传热效率高、空气射流稳定等特点。

SRM型热空气幕立式和卧式的各种规格其出风口宽均为100mm、长度分别为800mm、1000mm、1200mm、1500mm。

根据现场的具体情况来选型。当门框至室内顶板距离大于650mm,小于1000mm时,应选用卧式SRM型热空气幕;当门框至室内顶板距离大于1200mm时,应选用立式SRM型热空气幕。规格应按门宽来选择。

(2) 安装和使用

1) 设备在安装前在门两侧墙上用槽钢或工字钢做预埋,安装时可选用合适的型钢做横梁,用螺栓将设备紧固在横梁架上。

2) 采用多台设备时,管路要用并联法。

3) 加热的热水补水应经过软化处理,防止结垢。

4) 设备安装好后,应首先进行试运行,检查风机、电机接线是否正确和可靠,以免发生断线,烧损电机,并注意叶轮旋转方向是否正确。

5) 正常使用机组时,要先开启风机,然后再供热,以保证风机的使用寿命。不允许只供热而不启动风机的做法。

6) 为美观或降低噪声,可用装饰板将设备暗装起来,要留进风口及设备检修口,并在装饰板内贴附吸声材料。

2. RML-D型热空气幕

(1) RML-D型热空气幕,与其他形式产品相比较,结构更紧凑。传热效率高。采用蒸汽作热媒时,最高使用压力不大于0.6MPa。

(2) 安装使用及维护

1) 门厅的安装空间必须有大于1000mm的高度,以满足设备对安装空间的要求。

2) 安装时设备必须牢固可靠,有一定强度保证,使设备运行时不颤抖,以免引起设备的损坏。

3) 电机接通线路后，应试运转，检查线路及接头是否牢固，以免发生烧毁电机等事故。要注意勿使电机反转，否则影响风机送风。

4) 采用蒸汽作为热媒时，接管为上进下出。管路应合理配置疏水器及调节阀。

5) 汽水系统应经常检查，防止漏气、漏水，如发现有渗漏现象，应及时采取相应措施。

6) 安装试运转情况良好后，可进行门厅装饰，但必须留有进风口及设备检修口。

3. DRM 型热空气幕

(1) DRM 型热空气幕，是由翅片电热管及低噪音离心风机组成，具有体积小、热量大、运行稳定性好等特点。

(2) 安装和使用

1) 电热空气幕必须安装在室内门的上方，如安装在室外门斗上方，将会影响使用效果。电路必须严格检查无误后方可送电试车，以免发生意外。

2) 如用户自备电控箱，电热管和风机一定要连锁，保证开机时风机先开；风机运行后，再开电热管。关机时电热管先关，风机延时运行后关闭。

3) 设备外壳需接地，确保使用安全。

4. ZC-RM 型轴流侧吹热空气幕

(1) ZC-RM 型轴流侧吹热空气幕，主要由轴流风机、静压箱、送风箱、扶梯、空气加热器、风幕底板、固定支架、检修平台等部件组成。适用于大型工矿企业厂房、车库、机车库、仓库、场馆、车站、商场等 2.4×2.4m 以上规格经常开启的大门。用于冬季阻止室外冷空气侵入，防止室内暖空气的外流，保持所需的环境温度。

(2) 安装使用与维护

1) 设备应安装在 5℃以上室内，以免冻坏空气加热器和损耗热能。空气幕可以直接用膨胀螺栓固定在地面上，检修平台可用角钢或槽钢做支架与墙壁固定。也可以预埋地脚螺栓。

2) 加热器使用压力不得超过 0.6MPa。

3) 采用热水作为热媒时，补水应进行软化处理，防止结垢。

4) 风机在接线前，检查各部位装置是否良好，叶轮有无刮碰现象，接线后应注意旋转方向与标识一致。

5) 停机时应先关热媒，后停风机。

6) 送汽（水）前应确认管路系统畅通，要先开风机，后开阀门送气（水），以确保风机不受高温影响；设备停止使用时，应先停气（水）后停风机。

7) 空气加热器使用 2～3 年后应使用化学方法清除水垢。

34.6.2.9 风机的防振

1. 风机减振的方法

(1) 概述

风机减振的方法是把风机安装在减振台座上，在台座与楼板或基础之间安装减振器或减振垫，从而起到减振的作用。

高层建筑及安装标准要求高的建筑，风机的安装大多置于基础上的减振台座上，减振台座由槽钢、角钢等型钢制作，通过各类减振器支承于混凝土基础上。

（2）常见的减振台座的形式

1）钢筋混凝土台座。是用型钢制作框架，并在框架内布置钢筋，再浇混凝土制成。这种台座的重量大、台座振动小，运行比较平稳，但制作不太方便。

2）型钢台座。多数是用槽钢焊接或螺栓连接制成的。型钢台座的重量较轻，制作安装方便，应用较普遍，但是台座的振动较大。

2. 常见的减振器及其安装

常见的减振器有橡胶减振器和弹簧减振器。安装减振器时，除了要求地面平整外，应按设计要求选择和布置减振器。各组减振器承受荷载后的压缩量应均匀，不得偏心。安装后如发现减振器的压缩量受力不均匀时，应根据实际情况移动和调整。

34.6.3　热回收装置安装

34.6.3.1　热回收器分类

热回收器按能量回收类型分为全热回收器和显热回收器。

（1）全热回收器主要是由专用纤维采用特殊工艺制成的纸张构成，这种材料具有透湿率高、气密性好、抗撕裂、耐老化的特点。适合于室内外温差小湿差大的地区。

（2）显热回收器一般用金属材料制成。寿命长而且温度传导率高。当室内外温差大湿差小时，显热回收器比较适用。

34.6.3.2　转轮式热回收器安装

转轮式热交换器主要应用于建筑物通风或空调设备的排风系统中，将排风中所蓄含的能量（冷量、热量）转化到新风之中。

1. 转轮热交换器的结构形式

转轮热交换器是由蓄热体与外壳组成。全热回收型转轮的蓄热体，是由铝箔材料制成，呈蜂窝状。蓄热轮体与壳体采用双重空气密封系统，密封材料柔软致密，摩擦阻力小，密封效果好。

为避免转轮旋转时将污风带入新风，热交换器在结构上设计了双清结扇面。当安装了清洁扇面后，一部分新风会把随蓄热体转过来的污风又吹回到了污风侧。为达到清洁效果，新风侧与排风侧至少有 200Pa 的压差。当满足压差条件时，清洁扇面保证了从污风到新风的泄漏率小于 0.3%。

2. 风机与转轮的位置安排

（1）送风机和排风机分置于转轮两侧，同时以负压的形式作用于转轮。当新风侧与排风侧压力差大于 200Pa 时，双清洁扇面能有效地阻止回风混入送风中。

（2）送风机和排风机分置于转轮同侧，新风以正压形式、排风以负压的形式作用于转轮。新风侧与排风侧压力差不得大于 600Pa。双清洁扇面角度应有所减小，避免过多的新风进入排风。

（3）送风机和排风机分置于转轮两侧，同时以正压的形式作用于转轮。当新风侧与排风侧压力差大于 200Pa 时，双清洁扇面能有效地阻止回风混入送风中。

（4）送风机和排风机分置于转轮同侧，新风以负压形式、排风以正压的形式作用于转轮。回风会不可避免地混入到送风之中。双清洁扇面起不到应有的阻止作用。

3. 驱动及运行控制

（1）驱动机构

转轮在驱动机构作用下，旋转工作。驱动机构主要有电机、蜗轮、蜗杆、减速机、皮带轮和 V 形皮带组成。

（2）控制方式

运行控制一般有两种方式，一种是转轮侧板处设有驱动电机接线盒，另配开关，根据需要进行启停控制。若没有其他调速装置，转轮转速为固定的速度。另一种方式为采用智能控制器，根据程序设定，自动地控制转轮的启停和旋转速度。

34.6.3.3 液体循环式热回收器安装

液体循环式热回收器，习惯上也称为中间热媒式热回收器或组合式热回收器，他是由装置在排风管和新风管内的两组"水－空气"热交换器（空气冷却器/加热器）通过管道的连接而组成的系统。为了让管道中的液体不停地循环流动，管路中装置有循环水泵。

在冬季，由于排风温度高于循环水的温度，空气与水之间存在温度差，当排风流过"水－空气"换热器时，排风中的显热向循环水传递，排风温度降低，水温升高；同时，由于循环水的温度高于新风的进风温度，水又将从排风中获得的热量传递给新风，新风获得热量温度升高。

在夏季，工艺流程相同，但热传递的方向相反，液体一般为水；在严寒和寒冷地区，为了防止结霜、结冰，宜采用乙烯乙二醇水溶液；并应根据当地室外温度的高低和乙烯乙二醇的凝固点，选择采用不同的浓度。

液体循环式热回收器的安装，根据系统不同部位，按照相应的安装要求进行。

34.6.3.4 板式显热回收器安装

板式显热交换器一般由金属材料制成，寿命长而且温度传导率高。当室内外温差大湿差小时，显热交换器比较适用。

为了易于布置机内的气流通道，以缩小整机体积，中、小型新风换气机，多采用了叉流静止、平板热交换器。即：冷、热气体的运动方向相互垂直。在热交换器内气流属于湍流边界层内的对流换热性质。因此它的热交换很充分，可以达到较高的热交换效率。

由板式显热回收器装配的新风换气机为系列产品，具有低噪音，高效能量回收的特点，可采用吊顶暗装或明装，小型的也可以采用窗式安装，较大型的多采用落地立柜式或组合式安装。可与组合式空调机组、柜式空调机组配合使用，对室外新风进行处理，节能效果明显。也可与空气净化设备配合使用。

34.6.4 风机盘管和诱导器安装

34.6.4.1 风机盘管机组安装

安装使用及维护

机组安装：机组应由支吊架固定，并便于拆卸和维修，注意保持机组外部完整无损，内部各转动部件不得相碰，安装时应防止杂物进入风机叶轮、电机和换热器，同时保证排水端较另一端至少低 3～5mm，以确保冷凝水顺利排出。在机组搬运和安装时，连接管两端不能作为手柄用，以防断裂。

风管连接：回风口应安装过滤器，以防止尘埃堵塞盘管翅片，确保换热器传热效果。

水管安装：空调冷冻水采用下进上回方式，水管与风机盘管连接应采用软管，进出水管应保温，螺纹连接处应采用聚四氟乙烯密封，防止渗漏，冷凝水管应保证足够的坡度，以保证冷凝水顺利排出。风机盘管应在管道清洗排污后连接，以免堵塞热交换器。风管和水管的重量不能由风机盘管来承受，应选用支、吊、托架固定，确保安装牢固。

机组试运转：清除机内可能有的异物，并检查电线、水管等均连接无误方可开机运行，使用三速开关调节，最好从高档启动再进行其他档次选择。

机组运行：正常运行前首先应打开出水管上的手动排气阀排尽盘管及水管中的空气，以后在正常运行期间应定期打开手动放气阀排气，机组夏季供冷水温不应低于5℃，夏季供热水温不应高于65℃，且要求水质清洁软化。

按风机盘管机组的安装示意图，确认室内机尺寸。

安装 $\phi 10$ 吊装螺栓（4根），吊装螺栓的间隔尺寸按机组尺寸确定。

顶棚的处理因建筑物而异，具体措施应同建筑装修工程人员协商。

顶棚的拆卸范围：应保持顶棚水平。对顶棚的梁桁进行加强，防止顶棚的振动。

把顶棚的梁桁切断。对顶棚的切断处进行加强，并对顶棚的梁桁进行加固。

在主体吊装好之后，要进行顶棚内的配管、配线作业，在选定好安装场所之后决定配管的引出方向。特别是在已有顶棚的场合，在吊挂机器前先将进出水管、排水管、室内外连接线、电控线拉至连接位置。

吊装螺栓的安装方法。木制构造：在梁上横跨放置方棒材，设置吊装螺栓。原有混凝土坯：可用嵌衬、埋入螺栓等设置；新设混凝土坯：使用埋入式螺栓、埋入式拉栓、埋入式塞柱，见图34-79；钢梁桁结构：设置并直接使用支持用角钢，见图34-80。

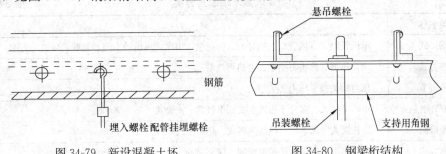

图 34-79 新设混凝土坯   图 34-80 钢梁桁结构

34.6.4.2 诱导器安装

1. 诱导器的结构及工作原理

（1）诱导器的结构：由外壳、热交换器、喷嘴、静压箱和一次风连接管组成。

（2）工作原理：经过集中处理的一次风首先进入诱导器的静压箱，然后以很高的速度从喷嘴喷出，在喷射气流的作用下，诱导器内部将形成负压，因而可将二次风诱导进来。再与一次风混合形成空调房间的送风。二次风经过盘管时可以被加热，也可以被冷却减湿。

2. 诱导器的安装

（1）诱导器安装必须逐台进行质量检查，具体内容如下：

1）各连接部分不能松动、变形和产生破裂；

2）喷嘴不能脱落、堵塞；

3）静压箱封头处的缝隙密封材料，不能有裂痕和脱落；

4）一次风调节阀必须灵活可靠，并调到全开位置，以便于安装后的系统调试。

（2）诱导器经检查符合质量要求后，就可以进行正式安装，安装的具体要求如下：

1）按设计要求的型号就位安装，并检查喷嘴的型号是否正确；

2）暗装卧式诱导器应由支、吊架固定，并便于拆卸和维修；

3）诱导器与一次风管连接处应密闭，防止漏风；

4）水管与诱导器连接宜采用软管，接管应平直，严禁渗漏；

5）诱导器水管接头方向和回风面朝向应符合设计要求，立式双面回风诱导器，应将靠墙一面留50mm以上的空间，以利于回风；卧式双回风诱导器，要保证靠楼板一面留有足够的空间；

6）诱导器与风管、回风室及风口的连接处应严密，诱导器的出风口或回风口的百叶格栅有效通风面积不能小于80%；

7）诱导器的进出水管接头和排水管接头不得漏水，连接支管上应装有阀门，便于调节和拆装。排水坡度应正确，凝结水应畅通地流到指定位置；

8）进出水管必须保温，防止产生凝结水。

34.6.5   VAV 变风量末端装置安装

34.6.5.1   VAV 变风量末端装置分类

VAV 变风量末端品种繁多，各具特色，分类举例，见表34-76。

变风量末端装置分类   表 34-76

分类名称	类 型
末端形式	单风管型、双风管型、诱导型、旁通型、串联式风机动力型、并联式风机动力型
再热方式	无再热型、热水再热型、电热再热型
风量调节	压力相关型、压力无关型
调节阀	单叶平板式、多叶平板式、文丘里管式、皮囊式
风量检测	毕托管式、风车式、热线热膜式、超声波式
控制方式	电气模拟控制、电子模拟控制、DDC 控制
箱体	圆形、矩形、风口型
保温消声	带/无保温型、带/无消声

34.6.5.2   VAV 变风量末端装置安装

1. 变风量系统概述

变风量系统是通过改变风量而不是改变送风温度来调节和控制某一区域温度的一种空调系统。变风量系统是通过变风量箱调节送入房间的风量或新风回风比，同时相应调节空调机组的风量或新风回风混合比来控制某一区域室内温度的一种空调系统。变风量空调系统可以根据空调负荷的变化及室内要求参数的改变，自动调节空调送风量，当达到最小送风量时，可以通过调节送风温度，以满足室内人员的舒适要求或其他工艺要求。同时根据送风量的变化自动调节送风机的转速，达到减少风机动力，少耗电实现节能。

2. 变风量系统的特点

（1）变风量装置

　　变风量空调系统的运行依靠一种称为 VAV 装置的设备来根据室内要求提供能量，并控制其送风量。同时向系统控制器 SC 传送自己的工作状况，经过 SC 分析计算后发出控制风机变频器信号。根据系统要求风量改变风机转数，节约送风动力。最常用的 VAV 末端装置原理如图 34-81 所示。VAV 装置主要由室内温度传感器、电动风扇、控制用 IC 板、风速传感器等部件构成。大部分采用可换式通用设备，控制系统多为各设备厂家自己研发。像风速传感器就有多种形式，如采用超声波涡旋法、叶轮转子法、皮托管法、半导体法、磁体法、热线法等技术的专利产品。如图 34-82 所示的 VAV 末端装置示意常被称为 BOX（Fan Powered Box），其特点是根据室内负荷由 VAV 装置调节一次送风量，同时与室内空气混合后经风机加压送入室内，或一次风不经过风机加压与加压室内空气并联送入室内，以保持室内换气次数不变。该方式加设了风机系统，成本提高，可靠性、噪声等性能指标有所下降。

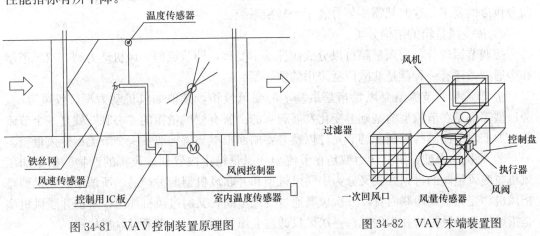

图 34-81　VAV 控制装置原理图　　　　　　图 34-82　VAV 末端装置图

　　（2）系统控制器
　　系统控制器 SC 的主要功能是根据系统中各 VAV 装置的动作状态或风管设定点的静态压值，分析计算系统的最佳控制量，指示变频器动作。在各种 VAV 空调系统的控制方法中，除 DDC 方法外，其他方法均设置独立式系统控制器。
　　（3）变频空调机风机
　　变风量空调系统常采用在送风机的输入电源线路上加装变频器的方法，根据 SC 的指示改变送风机的转数，满足空调系统的设计参数要求。
　　（4）变风量系统分类
　　1）变风量空调系统按周边供热方式和变风量箱的结构两种方式进行分类。
　　按照周边供热方式分类
　　内部区域单冷系统：在空调内区采用变风量空调形式，一般不带供热功能，下面几种均是采用内部区域单冷形式。
　　散热器周边系统：散热器设置在周边地板上，不用冷、热空气的混合来控制空气温度，一般采用热水散热器或电热散热器，具有防止气流下降、运行成本低、控制简单等优点。但需要避免冷热同时作用。
　　风机盘管周边系统：风机盘管可以是四管形式，也可采用冷热切换两管形式，或单供热两管形式。风机盘管采用吊顶暗装，同样具有运行成本低、控制简单的优点。由于吊顶内有冷水管和凝水盘，顶棚有发生水患的可能。

风量再热周边系统：在变风量末端装置中加再热盘管，一般采用热水、蒸汽或电加热盘管。

变温度定风量周边系统：该系统的特点是送风量恒定，通过改变一次风与回风的混合比例来调节房间温度。

双风管变风量周边系统：该系统的优点是能量效率高，当采用两个风机时，可利用灯光发热，在所有时间内，由于冷却和加热的交替功能，可以获得最小的送风量。但初投资较高，控制较复杂。

换变风量系统：加热和冷却均由一套风管系统转换承担。其温度控制不灵活，当建筑物有若干分区时，系统不能分区域来控制。不能同时满足一个区域需要加热而另一个区域需要供冷的要求，这时就需要划分若干个转换系统。

2）按变风量箱的结构分类

按调节原理分，变风量箱可以分成四种基本类型，即节流型、风机动力型、双风道型和旁通型，还有一种就是北欧广泛采用的诱导型。

① 节流型：节流型变风量箱是最基本的变风量箱，其他如风机动力型、双风道型、旁通型等都是在节流型的基础上变化发展起来的。所有变风量箱的"心脏"就是一个节流阀，加上对节流阀的控制和调节元件以及必要的面板框架就构成了一个节流型变风量箱。

② 风机动力型：风机动力型是在节流型变风量箱中内置加压风机的产物。根据加压风机与变风量阀的排列方式又分为串联风机型和并联风机型两种产品。所谓串联风机型是指风机和变风量阀串联内置，一次风既通过变风量阀，又通过风机加压；所谓并联风机型是指风机和变风量阀并联内置，一次风只通过变风量阀，而不需通过风机加压。

③ 双风道型：一般由冷热两个变风量箱组合而成，因其初投资高，控制较复杂而较少使用。

④ 旁通型：利用旁通风阀来改变房间送风量的系统。由于其并不具备变风量系统的全部优点，因而在一些文章中称其为"准"变风量系统。

以上四种系统中，目前设计使用较多的是风机动力型和节流型。串联风机型加上空调水系统大温差设计在北美地区应用较多。

⑤ 诱导型：诱导型 VAV 装置的原理是通过一次风（可以低温送风）诱导室内回风再送入房间。与 VAV 末端装置相比，节约了末端的风机能耗，但空调和风机动力增加，这种方式常用在医院病房等要求较高的场所。

3. 变风量系统的安装调试

（1）变风量箱选型不要太大，以免造成最大流量下变风量箱开度太小。

（2）变风量箱要有足够的检修位置；引入管要求有 2 倍管径长度的硬质直管段。

常见的变风量箱入口连接错误有：

1）引入管直接从主风管引入。

2）引入管的转弯半径太小。

3）供给风管的管径小于变风量箱的引入管径。

4）弯曲太多的软管。

（3）区域分隔与送风温差等问题

房间分隔太细引起冷热不均，内区太热；同一个变风量箱出口连接管道有的弯曲转弯半径太小或有的管道太长，造成助力不平衡；送风温差不能太大；严格控制管道和设备的漏风率；有些设备需要接地保护。

34.6.6　加湿和除湿设备安装

34.6.6.1　加湿设备安装

1. 加湿器的种类

空调系统应用的加湿器可分为：气化式加湿器：滴下浸透气化式、透湿膜式；蒸汽式加湿器：干蒸汽式、间接蒸汽式、电热式、PTC加热式、红外线式、电极式、环形加热式、水喷雾式加湿器：高压喷雾式、超声波式、双流体式、离心式。

2. 气化式加湿器

（1）气化式加湿器：通过给加湿材料均匀滴水，使加湿材料充分浸透水分或形成水膜表面，空气流过加湿材料表面时产生热交换，发生自然蒸发而实现加湿；加湿器加湿材质应为具备吸水性的材料。工作原理，见图34-83。

（2）安装位置：这种加湿器主要是和空调器配套的一种产品，由于工作时需要吸收一定的热量才能实现有效加湿，所以在空调器内一般在加热盘管二次侧（即出风面侧）安装，见图34-84。

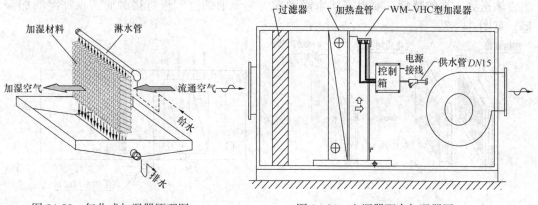

图 34-83　气化式加湿器原理图　　　　图 34-84　空调器配套加湿器图

气化式加湿器是根据空调器的截面尺寸非标定做的产品，在初期需要首先确定空调器加热盘管的具体尺寸，一般分为在空调器出厂前利用尺寸确认图来确定和空调设备到达现场后实际测量相关尺寸来确定加湿器尺寸两种方法。图34-85是常用的空调器加热盘管尺寸确认图。

一般空调器机组加湿段结构和相关尺寸确认后就可以制作对应的气化式加湿器设备。

（3）气化式加湿器的安装方法

1）加湿器主机的安装

将加湿器主机拆散（均为不锈钢螺钉组装部件），运进空调加湿段，再次组装后将加湿器安装边固定在加热盘管的法兰边上，可采用自攻螺钉进行安装固定，见图34-86。

2）给水控制箱的安装

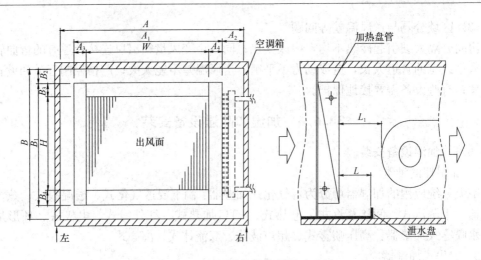

图 34-85   空调器加热盘管尺寸确认

气化式加湿器的控制部件主要是给水电磁阀，这些部件均组装在一个控制箱内，在安装时将其固定在空调器的外面侧板上，可以方便日常的维护和检修；给水部件还包括过滤器、减压阀和一些给水管。

3. 高压喷雾式加湿器

1) 加湿系统介绍：利用小型增压水泵将常压自来水增压到 $0.3 \sim 0.4 \mathrm{MPa}$，经过喷雾集管输送到末端的喷嘴，喷出雾状水滴颗粒，与流通的空气进行接触而实现加湿的加湿器。见图 34-87。

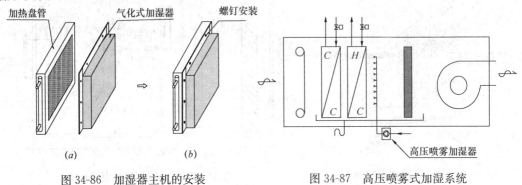

图 34-86   加湿器主机的安装   图 34-87   高压喷雾式加湿系统

(a) 安装固定步骤一；(b) 安装固定步骤二

2) 安装位置

加湿器系统主要由主机（水泵）、喷嘴系统和挡水板三部分组成；与气化式加湿器的加湿原理一样，高压喷雾式加湿器也要安装在加热盘管出风侧，即在冬季先加热再加湿；高压喷雾式加湿器需要增加挡水板来阻挡加湿器喷嘴喷出的水滴，防止过水。见图 34-88。

3) 加湿器的安装

加湿器主机安装在空调器加湿段的外壁板上，采用螺栓固定；而喷嘴系统则是根据空调器截面积大小和喷嘴数量均匀布置在加湿段内，需要设置安装支架，将喷嘴集管安装固定在支架上；最后将主机与喷嘴系统进行连接即可。

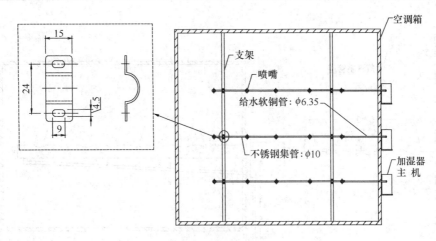

图 34-88 喷嘴系统和挡水板

4）集管的连接

加湿器主机与喷雾集管之间采用软铜管连接，在空调器加湿段的侧壁开孔并安装橡胶口，将软铜管插入，与集管接口利用锁母密封连接。

5）挡水板的安装距离

高压喷雾加湿器需要设置挡水板，挡水板与加湿器喷嘴的距离应大于 400mm；在喷嘴至挡水板范围内需要设置整体不锈钢泄水盘及排水口。

6）高压喷雾式加湿器使用条件

给水水质：符合国家水质标准的自来水、纯净水；要求给水压力范围：0.35～4.0kg/cm²；电源：AC220V、50/60Hz。

7）高压喷雾式加湿器运行、调试：检查各部分配管是否正确连接；进行供水管路的清洗、排污处理；检查供给电源电压数值；检查是否有水、有电；打开主机电源，检查恒湿器设定值是否合适；调整加湿器主机压力调整盖，将主机出口压力调整至 3～4kg/cm² 范围内；检查喷嘴喷雾状态是否正常，均匀喷雾。

4. 干蒸汽式加湿器

加湿系统介绍：将锅炉供给的饱和蒸汽通过加湿器进行减压干燥，处理成低压的干燥蒸汽通过喷雾管喷雾到空调箱中与流通的空气混合进行加湿。见图 34-89、图 34-90。

1）加湿器的安装

干蒸汽加湿器主机分为干燥室和喷雾管两大部分，根据空调器的实际截面尺寸，可以选择将主机整体安装在空调箱体内或者只是将喷雾管部分安装在空调箱体内；具体形式根据加湿器喷雾管尺寸与实际空调器截面尺寸的对比，原则上尽量均匀安装布置。这样可以节省空调器外面的空间，比较适合大风量的空调机组。

2）加湿器使用条件

加湿器入口蒸汽压力：1～2kg/cm²；加湿段内混合干球温度高于 18℃；加湿段长大于 800mm。

5. 间接蒸汽式加湿器

间接蒸汽加湿器适用于医院、工厂等供给蒸汽的空调设备使用的产品，它是利用由锅炉供给的蒸汽（一次蒸汽）来加热加湿器内加热罐内的水，使其间接的产生加湿用蒸汽

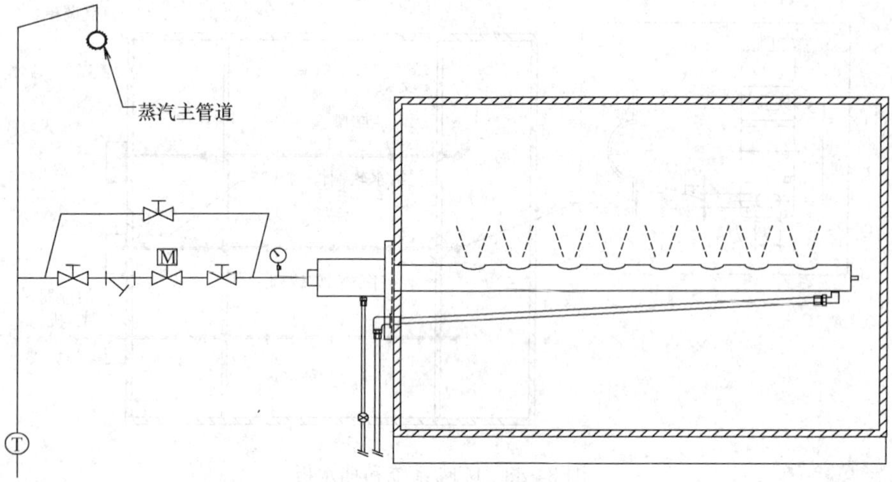

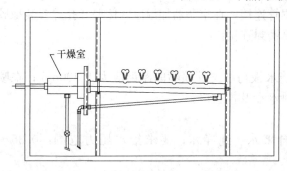

图 34-89　干蒸汽式加湿器（一）

图 34-90　干蒸汽式加湿器（二）

（二次蒸汽）。与通常干蒸汽加湿器不同的是，这种产品产生出来的蒸汽是不含有任何杂质的洁净蒸汽，适用于洁净要求较高的场所。

6. 电热式加湿器

电热式加湿器是用电加热棒加热罐中的水而产生蒸汽进行加湿的设备；此种加湿器控制性能良好，可以实现比例/开关两种控制模式；可以采用自来水、软化水、纯净水水质。安装位置：安装在加热盘管二次测（加热后），需要在加湿段设置泄水盘。

安装方式：加湿器主要由主机和喷雾管部分组成。加湿器主机需要安装在空调器加湿段外侧，将蒸汽软管连接到加湿段进行蒸汽输送至空调器内的喷雾管进行喷雾；加湿器主机需要配置给水管、排水管。

34.6.6.2　除湿设备安装

除湿机按工作原理不同，有冷冻式除湿机和吸收式除湿机两大类型。

1. 冷冻式除湿机

一般是由制冷压缩机、表面式蒸发器、风冷式冷凝器和通风机、空气过滤器等部件组成。这类除湿机大都做成整体立柜式机组，结构紧凑，操作简单，便于移动。整体立柜式除湿机均为顶部送风。

冷冻除湿机分为固定安放或往返移动设置。固定安装是将除湿机固定设置在土建台座上。往返移动除湿机机座下设有可转动车轮。

冷冻除湿机不论固定安放或往返移动停止使用时，应避免阳光直接照射，远离热源（如电炉、散热器等）。在冷冻除湿机四周，特别是进、出风口，不得有高大障碍物阻碍空气流通，影响除湿效果。除湿机放置处应设置排水设施，便于将机体内积水盘中的凝结水排出。

2. 吸收式转轮除湿机

氯化锂转轮除湿机主要有转轮系统和再生系统两大部分组成。氯化锂转轮除湿机除湿能力大，性能稳定，重量轻，操作维护方便，特别是用于低温低湿空气状态下的除湿效率高。此外，氯化锂有强烈的杀菌作用，处理后的空气对人体、医药、食品等有益无害。

除湿机广泛适用于潮湿场所，特别是地下建筑，洞库和室内冰场等。氯化锂转轮除湿机，还特别适用于有低温低湿要求的特殊工程，以及温度不高于45℃的干燥工艺中。

一般氯化锂转轮除湿机通过风道与系统相连接。氯化锂转轮除湿机可落地安装，也可架空安装。

34.6.7　油烟净化器安装

34.6.7.1　油烟处理设备分类

1. 水淋式油烟净化设备

水喷淋法治理油烟效率比较低：因为油不溶于水，仅靠水喷淋很难奏效。为了弥补不足，需要在水中加添加剂。但添加剂使用费较高，用户很难一贯维持使用。另外，添加剂也会污染食品，一般饭店对此非常忌讳。产生的污水属于二次污染，冬天也会冻坏设备。

2. 静电式油烟净化设备

静电式净化器是靠高压电在极板之间形成电场，当颗粒或液滴通过时被电离，使其带电而被极板吸附。由于极板一般采用直片式设计，清洗十分方便。清洗风干后，可以继续工作，维护成本较低。

3. 多段式油烟净化设备

这种设备就是在静电式油烟净化设备的基础上叠加上不同的功能段，如前置功能段（重油过滤器，防火阀，前置滤网等）和后置功能段（活性炭过滤器，紫外灯杀菌段等）。

不同的功能段可以拦截不同粒径的油雾、粉尘，使设备发挥其最佳工作效率。由于采用了分体式设计，设备在运输和搬运方面都很方便。同时，现场拼装也十分简便，只需连接各功能段的法兰盘，并做好密封即可。

由于多段式油烟净化设备可以囊括所有前面两种设备的安装，所以下文就主要讲述多段式油烟净化设备的安装。

34.6.7.2　油烟处理设备安装

1. 多段式油烟净化设备

多段式油烟净化设备一般包括3大部分：前置管路、净化设备主机、后置功能段。

（1）前置管路的安装

前置管路包括集烟罩和前置风管，根据不同的风量要求和均匀性要求，需要制作不同尺寸和厚度的风管。

1）风管截面尺寸的确定

从通风角度看，风管截面积越大，通风效果越好。但太大的风管不经济也占用空间。一般来说要求风管的截面积不应小于油烟机进风口的面积。

当风管与油烟机组连接时，进风管段应有2倍以上直径长度的直管段，以便在气流进入油烟机组前进入稳定的状态。否则会因气流紊乱降低风机工作能力，以及使风机产生较大噪声。若进口受空间限制，无法安装直管段，而不得已转弯后再接油烟机组，可以在机组进口处设置容积较大的静压箱体，使气流进入箱体后再平缓进入风机。

2）风管材料厚度的选择

油烟净化管道多采用镀锌板，角钢法兰，角钢的型号以 3.5 号以上为宜，10000m³/h 风量以下的中小型机组的风管可采用 0.75mm 厚度的镀锌板，15000～20000m³/h 采用 1.2mm 厚的镀锌板，20000m³/h 以上采用 1.5mm 厚度的镀锌板。

3）风管制作安装

① 风管的刚性避免气流扰动产生振动，采用的材料不应太薄，在较大平面上要加强刚性。

② 弯头要采用圆弧弯头，转弯的半径尽可能大。避免使用直角弯头，否则会在弯头处产生旋涡阻塞流道，影响风量。

③ 风管的咬口处和法兰处的制作要注意防止滴油。

④ 风管两法兰连接处要加耐油橡胶密封垫。

⑤ 管道的最低处应设置排油口。

（2）净化设备主机的安装

1）开箱检查

开箱检查应该在干净的场所进行，以免零部件被污染。检查设备外观是否完好，备件是否齐全。

2）电子净化设备主机的固定安装

① 为了减轻重量方便搬运，预先拆下预过滤器、后过滤器以及离子箱，并妥善放置于一旁。

② 固定安装主机机箱

主机机箱一般采用吊装或者台基支架安装，安装时应注意：为了方便离子箱和过滤器的拆卸，检修门前要留出足够的空间，一般至少要留出 55cm。

③ 安装步骤

根据产品的组合重量，计算和选用合适的吊装螺栓，螺钉。

根据现场情况将吊装螺栓（螺钉）固定在顶棚或者龙骨上。

制作吊架：根据产品叠加外形使用角钢制作吊架。

通过螺栓连接或者焊接的方式，用吊架把多台主机机箱连接起来。

将连接固定好的整体，安装到吊装螺栓（螺钉）上。

通过调整，使机体保持水平。

装入离子箱。

扣紧电控箱，如果是装在室外，请搭建雨篷等设施来保证电控箱部分无雨水进入。

（3）后置功能段的安装

后置功能段一般情况下为紫外灯功能段，活性炭功能段和其他种类的滤网。

使用螺栓将后置功能段通过自带的法兰与主机机箱连接起来。如果二者口径有大的差别，可采用一段变径的风管进行连接。在机箱与后置功能段的接触面上，需要采用海绵垫或者橡胶垫，以达到密封的目的。

（4）附件安装

1）清洗系统的安装（仅适用于带自动清洗功能的设备）。

① 清洗系统应当尽可能地靠近设备，不得超过 6m 的距离。

② 必须留出定期人工填充洗涤剂的空间，以及水泵和电机组装的通道。

③ 放置位置定下来以后，可通过预钻的孔用固定块固定，也可通过螺栓连接或焊接固定。

④ 清洗管路的连接：选用适合的水管，应该考虑实际工况（温度，清洗液特性，外部温度等）。根据产品说明书的要求，安装连接水过滤器，检修阀，电磁阀，压力表等相关部件。

⑤ 排水管的连接。

2）控制器的安装

① 控制器应当安装在适于眼睛看到的高度，大约为 0.6~1.7m。

② 控制器应当尽可能地靠近空气净化机主机位置。

③ 控制器应该安装在室内。一定要安装在室外时，必须配备防雨盒。

④ 应为检修门留出足够的空间，建议距离为 0.6m。

2. 多台设备叠加安装

根据不同的风量要求，很多时候需要选用多台净化器用于一个厨房项目，这时就涉及净化机的叠加安装。

（1）实施步骤

1）确定安装方式：台基安装或者吊架安装。

2）画出叠加方案草图，并在设备上做上编号标记。

3）依设计方案进行叠加，直至达到需要的叠加高度。

注意：对于带自动清洗功能的设备，存在主副机之分，副机无上层两块机箱板，叠加时需要拆掉所有最下层主机的机箱顶板，并作为盖板重新安装在最顶副机上。

4）叠加清洗装置的时候需要用砂轮等工具切除机箱上的顶面排水凸孔（最顶上一层除外）。以实现上下两层的排水通路相配。

5）在机箱之间安装附带的密封垫圈。

6）通过机箱内顶上的 M8 焊接螺母用内六角螺栓连接机箱。

7）所有叠加完成后，用电源导线将接线盒自顶向下一个个串接，这样的话一个控制器便能控制整个组合。电源线应当使用适当的导管保护。

（2）注意事项

1）一般同型号的设备可以叠加，不同型号的将无法实现叠加。

2）由主副机搭配的时候，主机需要放在最下层。

3）当使用台基安装的时候，保证设备离地不低于 500mm 以便于排水槽的安装。

4）安装平台和设备之间通过螺栓联轴节固定。

5）当安装的设备超过 3 层后，其重心会上移很多。不能单独使用机箱的法兰来做管道的支撑点。需要有额外的加强来保证支撑。

6）叠加后，设备的尺寸和重量都有所增加，不建议采用顶棚吊装。

7）如果一定要采用顶棚吊装的方式，需要设计一个安全可靠的吊架

34.6.8 过滤器安装

风机过滤单元（FFU），英文全称为 Fan Filter Unit。广泛应用于洁净室，洁净工作台，洁净生产线，组装式洁净室和局部百级等洁净工作场所。其工作原理为：风机由 FFU 顶部将空气吸入并经过滤器过滤，过滤后的洁净空气以 0.45m/s±20% 的风速经由出风面均匀送出。

34.6.8.1 过滤器的分类

1. 过滤器的分类

（1）按过滤效率大致可以分为初效过滤器、中效过滤器和高效过滤器 3 种。

1）初效空气过滤器

一般用于空调系统的初级过滤，洁净室回风过滤，局部高效过滤装置预过滤。主要有 G1～G4 无纺布初效过滤器，尼龙网初效过滤器，金属网初效过滤器和活性炭初效过滤器。

2）中效空气过滤器

可捕集 1～5um 尘埃粒子，广泛应用于中央空调通风系统中级过滤，以及制药、医院、电子、化妆品、精密机械、食品等行业中的空气过滤。

主要有袋式中效过滤器、板式中效过滤器。滤料一般为特殊无纺布或玻璃纤维。效率为 60%～95%@1～5um（比色法）。

3）高效空气过滤器

可捕集 0.1～0.5um 的细小微粒，适用于各种洁净室、洁净工作台、制药厂、生物厂、电子厂、食品加工厂及其他需要严格控制空气污染的地方。

滤料一般采用超细玻璃纤维纸，效率为 99.999%@0.3um（DOP 法）。

（2）按尺寸形式分：

大致可分为：2×2 英尺、2×3 英尺、2×4 英尺、4×4 英尺等。在国内占主要市场是 2×4 英尺和 4×4 英尺的 FFU。

1）4×4 英尺 FFU

由于尺寸比较大，一般均采用分体式设计：分为顶部风机组件和过滤器组件两部分。这两个部分可以独立包装，发运。安装人员在工作现场直接把这两部分拼装起来，靠风机组件的自重来保证两部分之间的配合。

2）2×4 英尺 FFU

多数厂家采用分体式设计，与 4×4 英尺的一致。也有少数厂家采用的是一体式设计：上下两部分在出厂前就组装铆接起来，有效地降低了机器的总体噪音和振动量，同时也减少了碰坏滤芯的几率。当然这样做也增加了少量成本。

FFU 是属于易于损坏的产品，所以在搬运、运输和安装等过程都应该严格遵循规范来进行操作。

34.6.8.2 过滤器的安装

1. 产品运输及存储操作要求

（1）顶部风机组件

1）在运输装箱及存储过程中，产品不许堆叠，表面不得堆放任何物品。

2）在运输、存储及搬运过程中，不得挤压产品、不得攀爬、不得踩踏。

3）产品的搬运必须使用叉车或其他专用的搬运设备，应安排专业的操作人员操作。

4）运输及存储过程中，应确保环境的干燥，禁止将产品安放在潮湿及开放的场所。

5）运输及存储过程中必须以包装上所指的方向向上放置，不得横放、倒放。

（2）过滤器组件

1）包装箱放置必须以箱上所示箭头朝上的方式放置，不得倒置或平躺放置。

2）包装箱堆置层数：规格 570mm 以下规格最多以 3 层为限；规格 570～760mm 规格以 2 层为限；规格 1170mm 及以上规格以 1 层为限。

3）严禁人员坐于或站于包装箱上，包装箱上不可摆置其他物品。

4）严禁倾倒、摔落，避免滤网碰触其他物品。

5）运输及存储过程中，应确保环境的干燥，禁止将产品安放在潮湿及开放的场所。

2. 产品拆箱说明

（1）顶部风机组件

1）开箱前请先检查包装纸箱是否完整，如有破损或受碰撞痕迹，请暂勿拆箱，请先拍照存证，并联络货运公司或供应商处理。

2）开箱工作至少需要四位工人同时进行，并严格遵守以下搬运说明及注意事项：

① 首先用剪刀剪断托包装的包扎带，然后依次将每一个包装箱搬到平整及洁净的地面上，注意必须缓慢、平稳且有专人保护，避免包装箱摔落及碰撞。

② 拆箱时请用美工刀片小心割开密封胶带。

③ 拆箱后把上部开口展开，并由两人慢慢地将箱体倒置过来；然后两人从两侧同时慢慢提起纸箱。

④ 小心剥去外面的塑料袋，动作不要过大，以免拉倒设备。

⑤ 如不能马上安装，请不要进行拆箱操作。

（2）过滤器组件

1）开箱前请先检查包装纸箱是否完整，如有破损或受碰撞痕迹，请暂勿拆箱，请先拍照存证，并联络货运公司或供应商处理。

2）开箱工作至少需要两位工人同时进行，并严格遵守以下搬运说明及注意事项：

① 拆箱时请用美工刀片小心割开密封胶带。勿伤及箱内物品。

② 拆箱后必须由两人合力各持过滤芯之一端型材，将过滤芯由箱内保护纸衬板中往上取出，动作须轻取轻放，避免滤网受碰撞或摔落。

③ 两人合力各持过滤芯之一端，将过滤芯之塑料袋取下，避免用力拉扯；如滤网之一面或双面没有装置保护网，应避免在取下塑料袋时伤及滤材。

④ 除抽验工作外，过滤芯在施工安装前请勿拆箱，避免拆箱后放置过久再施工安装。

注意：严禁把手或工具放于过滤器组件上。严禁将过滤器的过滤面平躺放置在其他表面上。应按照过滤器纸箱上所指示的方向放置以避免损伤。

3. 安装

（1）小心地把设备从运输包装中移出并仔细检查在运输途中是否对设备造成了伤害。

（2）取下设备外面的塑料袋并妥善移至所要安装该设备的洁净房间。

（3）设备需安装在具有比较牢固的顶棚龙骨上（通常宽度不小于 2 英寸的支撑杆）。使用起重设备将设备升高，穿过顶棚再降下，小心地放置到事先装好垫片的顶棚龙骨上。

L：FFU外框长度；W：FFU外框宽度

a：龙骨宽度常数（可在龙骨厂家产品选型手册上查得）

如此处：$L = 1214$mm，$W = 1214$mm，$a = 30$mm 则

$$L + a = 1214 + 30 = 1244\text{mm}$$

$$W + a = 1214 + 30 = 1244\text{mm}$$

施工人员可以直接依据此计算值进行施工。

（4）设备需安装在具有比较牢固的顶棚龙骨上（通常宽度不小于 51mm 的支撑杆）。使用起重设备将设备升高，穿过顶棚再降下，小心的放置到事先装好垫片的顶棚龙骨上。目前，国内生产龙骨的厂家多，规格也比较杂。选用时主要注意：承重能力和自身宽度。这两点定下来以后，就可以搭建龙骨了。

34.6.9 空气洁净设备安装

（1）空气净化设备和装置的安装适用于空气吹淋室、气闸室、传递余压阀、层流罩、洁净工作台、洁净烘箱、空气自净器、新风净化机组、净化空调器、生物安全柜等设备。未包括有特殊要求的设备，有特殊要求的设备安装施工及验收的技术要求，应按设备的技术文件（如说明书、装配图技术要求等）的规定执行。

（2）设备应按出厂时外包装标志的方向装车、放置，运输过程中防止剧烈振动和碰撞，对于风机底座与箱体软连接的设备，搬运时应将底座架起固定，就位后放下。

（3）设备运到现场开箱之前，应在较清洁的地方存放，并注意防潮。当现场一时不具备室内存放条件时，允许短时间在室外存放，但应有防雨、防潮措施。

（4）设备应有合格证，开箱应在较干净的环境下进行，开箱后应擦去设备内外表面尘土和油垢，设备开箱检查合格后应立即进行安装。

（5）设备应按装箱单进行检查，并应符合下列要求：

1）设备无缺件，表面无损坏和锈蚀等情况。

2）内部各部分连接牢固。

（6）设备安装一般情况下应在建筑内部装饰和净化空调系统施工安装完成，并进行全面清扫、擦拭干净之后进行。但与洁净室围护结构相连的设备（如新风净化机组、预压阀、传递窗、空气吹淋室、气闸室等）或其排风、排水（如排风洁净工作台、生物安全柜、洁净工作台和净化空调器的地漏等）管道在必须与围护结构同时施工安装时，与围护结构连接的缝隙应采取密封措施，做到严密而清洁；设备或其管道的送、回、排风（水）口应暂时关闭，每台设备安装完毕后，洁净室投入运行前，均应将设备的送、回、排风（水）口封闭。

（7）安装设备的地面应水平、平整，设备在安装就位后应保持纵轴垂直、横轴水平。

（8）带风机的气闸室或空气吹淋室与地面应垫隔振层。

（9）凡有机械连锁或电器连锁的设备（如传递窗、空气吹淋室、气闸室、排风洁净工作台、生物安全柜等），安装调试后应保证连锁处于正常状态。

（10）凡有风机的设备，安装调试后风机应进行调试运转，试运转时叶轮旋转方向必须正确；试运转时间按设备的技术文件要求确定；当无规定时，则不应少于 2h。

（11）设备的验收标准应符合该设备的技术文件要求。

（12）安装生物安全柜时应符合下列规定：

1）生物安全柜在安装搬运过程中，严禁将其横倒放置和拆卸，宜在搬入安装现场后拆开包装。

2）生物安全柜安装位置在设计未指明时应避开人流频繁处，并应避免房间气流对操作口空气幕的干扰。

3）安装的生物安全柜的背面、侧面距墙壁距离应保持在 80～300mm 之间。对于底面和底边紧贴地面的安全柜，所有沿地边缝应加以密封。

4）生物安全柜的排风管道的连接方式，必须以更换排风过滤器方便确定。

5）生物安全柜在每次安装、移动之后，必须进行现场试验，并符合设计要求；当设计无规定时，Ⅱ级生物安全柜的实验应符合下列规定：

① 压力渗漏试验，应确认所有接缝的气密性及整个设备没有漏气。

② 高效空气过滤器的渗漏试验，应确认高效空气过滤器本身及其安装接缝处没有渗漏。

③ 操作区气流速度试验，应确认整个操作区的气流速度均满足规定的要求。

④ 操作口气流速度试验，应确认整个操作口的气流速度均满足规定的要求。

⑤ 操作口负压试验，应确认整个操作口的气流流向均指向柜内。

⑥ 洗涤盆漏水程度试验，应确认盛满水的洗涤盆经过 1h 后无漏水现象。

⑦ 接地装置的接地线路电阻试验，应确认接地的分支线路在接线及插座处的电阻不超过规定值。

34.6.9.1 洁净室洁净度等级标准

（1）空气洁净度等级在洁净厂房设计规范中有明确规定，分为九个等级。洁净室空气洁净度等级检测应以动态条件下测定的尘粒数为依据。对于空气洁净度为 1 级～3 级的洁净室内，$\geqslant 5\mu m$ 尘粒的计数，应进行多次采样，当其多次出现时，方可认为该测试数据是可靠的。

（2）洁净室不但对洁净度等级有严格规定，而且对温度、湿度、正压值、新风量等参数都有具体规定。

34.6.9.2 洁净室的构成和分类

1. 洁净室的分类

洁净室按照净化形式可分为全面净化和局部净化，通过空气净化及其他综合处理措施，使室内整个工作区成为洁净空气环境的做法称为全面净化；仅使室内的局部工作区域特定的局部空间成为洁净空气环境的做法称为局部净化。局部净化可以用局部净化设备或净化系统局部送风的方式来实现。

洁净室按照气流组织形式可分为单向流洁净室和乱流洁净室。

洁净室按照构造可分为整体式（也称土建式）、装配式和局部净化式三类。

2. 洁净室的构成

1）整体式洁净室

采用土建围护结构，具有坚固的外墙和隔墙，根据工艺要求，构成一个或若干个房间，并进行适当的室内装饰。一般情况下采用洁净空气处理机组集中送风、全面净化或全面净化与局部净化相结合的洁净室。

2）装配式洁净室

采用风机和过滤器机组、洁净工作台、空气自净器、照明灯具等设备中的一部分或全部，与拼装式壁板、顶棚板、地面板等在工厂预制作，在现场进行拼装成型。并配置温度、湿度处理装置，便构成了装配式洁净室。

3）局部净化方式

只是在各局部空间保持所要求的洁净度。这种形式通常是在一般空调房间内，对个别房间或局部空间实现空气净化；或在低洁净度的洁净室内，对局部区域实现较高洁净度的空气净化，这种方式被称为局部净化与全面净化相结合方式。

实现局部净化方式，一般有三种做法：

① 根据工艺要求，在已有的建筑物内，用轻型结构围成一间或几间小室，然后设置一个或几个独立的净化系统，作为小室的送、回风。这类的空气处理设备可以集中设在机房内，也可以就地设置。

② 根据工艺需要，安装装配式洁净室。

③ 根据工艺需要，安装各种形式的局部净化设备。

34.6.9.3 高效过滤器的安装

1. 高效过滤器

高效过滤器是净化空调系统的终端过滤设备，它是净化设备的核心，是按照国家标准《高效空气过滤器性能试验方法 效率和阻力》GB/T 6165—2008 进行测定的效率不低于99.9%的空气过滤器。

2. 高效过滤器的安装

高效过滤器是空气洁净系统的最重要的净化设备，因此，其安装工作也作为整个系统安装工作的重点，成为质量检验评定的重点分项工程，对工程质量等级的最后评定起着决定性作用。同时，其安装质量也直接影响着高效过滤器最终的净化效率，必须引起足够的重视。高效过滤器除安装于净化工作台内做局部净化、安装于洁净室内做洁净系统的集中净化外，还可分散地安装于空气洁净系统的末端，作为各个送风口处的空气净化设备。个别产品还将过滤器和送风口连成一体，直接接于风管上。

3. 安装操作的技术要求

高效过滤器一般是安装于金属框架中的。在按照过滤器产品的外形尺寸现场制作好安装框架后，其安装工作只是如何保证过滤器与安装框架嵌接的严密性。

（1）应按亚高效、高效过滤器出厂标志竖向搬运和存放，以防止由超细玻璃棉制作的滤纸被过滤层隔板压折。

（2）必须在洁净室全部安装工程完毕，并全面清扫、吹洗和系统连续试车 12h 以上后，方能在现场开箱检查过滤器产品并进行安装。

（3）安装前需进行外观检查和仪器检漏。目测不得有变形、脱落、断裂等破损现象；仪器抽检检漏应符合产品质量文件的规定。合格后立即安装，其方向必须正确，安装后的高效过滤器四周及接口，应严密不漏；在调试前应进行扫描检漏。

（4）框架端面或刀口端面应平直，断面平整度的允许偏差每只不得大于1mm。安装时对过滤器的外框不得修改。

（5）过滤器与安装框架之间必须垫密封垫料（如闭孔海绵橡胶板、氯丁橡胶板），或涂抹硅橡胶。密封垫料厚度为 6~8mm，定位粘贴在过滤器边框上。安装后的垫料压缩率应大于 50%。

（6）采用硅橡胶作密封材料时，应先清扫过滤器表框上的杂物和油垢，挤抹硅橡胶应饱满、均匀、平整并应在常温下施工。

（7）安装时，过滤器外框上的箭头应与气流方向一致。用波纹板组合的过滤器在竖向安装时，波纹板（隔板）必须垂直于地面，不得反向。

（8）质量要求：高效过滤器的仪器抽检检漏数量按批抽 5%，不得少于 1 台。检查方法为观测检查、按规范规定扫描检测或查看检测记录。

4. 高效过滤器的安装应符合下列规定：

（1）高效过滤器采用机械密封时，须采用密封垫料，其厚度为 6~8mm，并定位贴在过滤器边框上，安装后垫料的压缩应均匀，压缩率 25%~50%。

（2）采用液槽密封时，槽架安装应水平，不得有渗漏现象，槽内无污物和水分，槽内密封液高度宜为 2/3 槽深。密封液的熔点宜高于 50℃。

（3）检查数量：按总数抽查 20%，且不得少于 5 个。检查方法：尺量、观测检查。

34.6.9.4　洁净工作台的安装

1. 洁净工作台构造原理和分类

新风或回风由新风口或台面回风口经预过滤器过滤吸入，空气由风机加压、经高效过滤器过滤的洁净空气送到操作区，然后排到室内或室外。一般可按如下分类：按气流分为非单向流（又称乱流）式和单向流（又称平行流）式。其中单向流式又可分为水平单向流式和垂直单向流式。

按系统分为直流式和循环式。介于二者之间的称为半直流式或半循环式。

按用途分为通用式和专用式。通用式台可装上各种工艺专用的装置后，成为专用洁净工作台。如在垂直单向流洁净工作台的操作区装上水龙头和带有下水管的水盆，即成为"清洗洁净工作台"；若在操作区的正面配有装扩散炉管的洞，即成为"扩散炉用洁净工作台"等。

按结构分为整体式和脱开式，即为了减少振动，使操作台面和箱体脱开。

此外，为了保证操作的洁净度，有些洁净工作台设置了空气幕。带有空气幕的洁净工作台操作区的风速可以适当降低。

2. 单向流洁净工作台要求具有如下性能：

（1）当洁净工作台设有空气幕时，空气幕出口风速一般为 1.5~2.0m/s，操作区初始平均风速为 0.3~0.4m/s。当无空气幕时，操作区初始平均风速为 0.4~0.5m/s。操作区断面风速波动范围要在断面平均风速的±20%之内；

（2）操作区气流要均匀，流线基本平行；

（3）操作区洁净度在一般室内环境下，可达到 3 级；

（4）噪声要求小于或等于 62dB（A 声级）。

此外，操作区照度，通用洁净工作台一般不小于 300lx，光线要柔和均匀，避免眩光；专用洁净工作台按工艺要求确定。

3. 选用原则

（1）工艺装备或器具在水平方向对气流阻挡最小时，选用水平单向流洁净工作台；在垂直方向对气流阻挡最小时，要选用垂直单向流洁净工作台；

（2）当工艺过程产生有害气体或粉尘时，选用排气式洁净工作台；反之，可选用非排气式洁净工作台；

（3）当工艺过程对防振要求较高时，可选用脱开式洁净工作台；

（4）水平单向流洁净工作台对放布置时，其净间距不小于 3m。

34.6.9.5　层流罩的安装

（1）设备的开箱应在清洁的环境下进行。开箱前应先检查有无合格证，并按设备装箱清单检查有无缺件，表面有无损坏和锈蚀，内部各部件连接的牢靠性。擦去设备内部、外表面尘垢，检查合格后即可进行安装。设备不得长时间暴露于不清洁的环境中。

（2）设备安装的时机。在建筑物内部装饰和净化空调系统施工完成，并进行全面清扫、擦拭干净后进行。设备与建筑构件连接的接缝应采取密封措施，保证严密。

（3）应设置独立的吊杆，并有防晃动的固定措施；设备安装就位后应保持纵向垂直，横向水平。层流罩安装的水平度允许偏差为 1/1000，高度的允许偏差为 ±1mm。

（4）有风机的层流罩应加装隔振垫层；风机应进行试运转，检查运转方向是否正确；有连锁要求时，安装调试后，应保持连锁处于正常状态。

（5）调试应全面检查，一切性能应符合设备的技术文件要求。

（6）层流罩安装在吊顶上，其四周与吊顶之间应设有密封及隔振措施。

34.6.9.6　风机过滤器单元

（1）风机过滤器单元是洁净室的配套设备，也可作为室内的自净器或局部净化设备。其工作原理是：通风机将经过中效过滤器的空气送入静压箱，再经过高效过滤器过滤，由均压孔板以单向流状态送到操作区。

（2）风机过滤器单元的安装应符合下列规定：

1）风机过滤器单元的高效过滤器安装前应按《洁净室施工及验收规范》GB 0591—2010 的规定进行检漏，合格后进行安装，方向必须正确；安装后风机过滤器单元应便于检修。

2）安装后的风机过滤器单元，应保持整体平整，与吊顶衔接完好，风机箱与过滤器、过滤器单元与吊顶框架间应有可靠的密封措施。

34.6.9.7　高效过滤器送风口

（1）净化空调系统风口一般为成品，包括铝合金板、不锈钢板、钢板喷塑或镀锌。安装前应检查风口表面是否损伤，涂层破坏必须修补好。然后，将风口清洗干净，其边框与建筑顶棚或墙面间的接缝处应加设密封垫料或密封胶，不得漏风。

（2）带高效过滤器的送风口，应采用可分别调节高度的吊杆。

（3）风口安装完毕后，再和风管连接好，将开口封好，防止灰尘进入。

34.6.9.8　吹淋室的安装

（1）吹淋室为洁净室或洁净厂房的配套设备，放于洁净室或洁净厂房的入口处。当工作人员进入洁净室之前，可以在吹淋室进行人身净化。同时，吹淋室还可以起到气闸的作用，以防止未被净化的空气进入室内。

（2）吹淋室的工作原理是：吹淋后的污染空气经过空气过滤器净化，或根据需要启动电加热器对空气加热后，经静压室，从吹淋室内上、左、右三个方向的喷嘴高速吹向人体各个部位。

34.6.9.9 生物安全柜的安装

安装生物安全柜时应符合下列规定：

（1）生物安全柜在安装搬运过程中，严禁将其横倒放置和拆卸，应在搬入安装现场拆开包装。

（2）生物安全柜安装在设计未指明时，应该避开人流频繁处，并应避免房间气流对操作口空气幕的干扰。

（3）安装的生物安全柜背面、侧面离开墙距离应保持在 80～300mm 之间。对于地面和底边紧贴地面的安全柜，所有沿地边缝应加以密封。

（4）生物安全柜的排风管道的连接方法，必须以更换排风过滤器方便确定。

（5）生物安全柜在每次安装、移动之后，必须进行现场试验，并符合设计要求；当无设计时，Ⅱ级生物安全柜的试验应符合下列规定：

1）压力渗漏试验，应确定所有接缝的气密性及整个设备没有漏气。

2）高效空气过滤器的渗漏试验，应确认高效过滤器本身及其安装接缝没有渗漏。

3）操作区气流速度试验，应确认整个操作区气流速度均满足规定的要求。

4）操作气流速度试验，应确认整个操作口的气流速度均满足规定的要求。

5）操作口负压试验，应确认整个操作口的气流流向均指向柜内。

6）洗涤盆漏水程度试验，应确认盛满水的洗涤盆经过 1h 后无渗漏现象。

7）接地装置的接地线路电阻试验，应确认接地分支线路在接线及插座的电阻不超过规定值。

34.6.9.10 装配式洁净室安装

1. 单向流装配式洁净室

单向流装配式洁净室是由送风、回风单元、风淋室、空调机组、围护结构、传递窗和电气控制等组合而成。其围护结构（壁板、顶棚、地格栅）及各种装配零件均是标准化和通用化。由于采用了标准构件、单元组合，可以灵活地拼装成多品种的不同使用面积的洁净室。单向流装配式洁净室，整个系列分为水平单向流装配式洁净室系列和垂直单向流装配式洁净室系列两大类。水平单向流装配式洁净室系列又有带空调机组和不带空调机组之分。整个系列有几十个品种，有效面积为 6.8～37.4m²。

（1）水平单向流装配式洁净室的气流为水平单向流。净化送风单元将洁净空气经均流板送出，经工作区，至洁净室另一端回风（排风）孔板流出。对于有空调设备的洁净室，从回风孔板流出的气流，通过顶板回风夹道回至机房，再经过空调设备对其进行温湿度处理，混入新风，之后经过净化单元中的中效、高效过滤器净化，由均流孔板送出。如此循环工作，以保证洁净室的洁净级别和所需要的温湿度参数；对于不配带空调设备的洁净室，从回风孔板流出的气流，直接排至洁净室外；由空调系统另行接管至送风单元的进风口，其中应有新风送入。

（2）垂直单向流装配式洁净室的气流为垂直单向流。净化送风单元将洁净空气经送风夹道送至顶棚，经过锦纶网板送至工作区；在下侧排出部分气流，大部分气流通过格栅地板流至回风道进入回风机，与新风混合后，经送风单元中的高效过滤器净化后送出，如此循环工作。由空调系统另行接管至送风单元的进风口，其中应有新风送入。

水平单向流装配式洁净室、垂直单向流装配式洁净室系列洁净室，当其安放在空调房间内，温湿度符合要求时，可不另行接风管。

水平单向流装配式洁净室、垂直单向流装配式洁净室系列的净化级别为 100 级时，其噪音小于 65dB。室内断面风速，水平单向流装配式洁净室为 0.35m/s，垂直单向流装配式洁净室 0.30m/s。室内新风量一般按送风量的 10% 考虑。

布置洁净室时，其周围应留有一定的操作距离。在有送风单元的一端，留出 1m 的操作距离；洁净室的正立面前，除应留出放置吹淋室的距离外，还要兼顾人员通行、门的开启、传递物品的方便；其他面的操作距离为 0.5m。

水平单向流装配式洁净室、垂直单向流装配式洁净室系列的电气控制箱，负担洁净室的整个电气控制，诸如送风单元中的风机、空调机、室内照明及一定数量的单相、三相插座。电气控制箱安装好后接通电源即可投入运行。电气控制箱的操作面，可根据需要，安放向内或向外。

安装装配式洁净室的地面应平整、干燥，平整度允许偏差为 1/1000。墙板的拼装必须根据结构形式按次序进行。装配后洁净室墙板间、墙板和顶棚、顶板间的拼缝，应平整严密。墙板的垂直允许偏差为 2/1000。洁净室的顶板和墙板均应为不燃材料。顶棚应平直拉紧，压条应全部贴紧。如果上、下为槽形板时，其接头应对齐，墙板转角应为直角。装配后，顶板水平度的允许偏差与每个单间的几何尺寸与设计要求的偏差不应大于 2/1000。

2. 净化空调器的安装

(1) 安装空调器时应对设备内部进行清洗、擦拭，除去尘土杂物和油污。

(2) 设备检查门的门框应该平整，密封垫选用弹性好、不透气、不产尘的材料，严禁采用乳胶、海绵、泡沫塑料、厚纸板、石棉绳、铅、油、麻、丝以及油毡纸等含开孔孔隙和易产尘的材料。密封垫厚度根据材料弹性大小决定，一般为 4~6mm，一对法兰的密封垫规格、性能及厚度应相同，严禁在密封垫上涂刷涂料。

(3) 法兰密封垫应尽量减少接头，接头采用阶梯形或企口形，并涂密封胶。密封垫应擦干净后，涂胶粘牢在法兰上，不得有隆起或虚脱现象。法兰均匀压紧后，密封垫内侧应与风管内壁相平。

(4) 净化空调系统的空调器接缝应做密封处理，安装后应进行空调器漏风率实验，进行检漏、堵漏、测量其漏风率。测量漏风率时空调器内静压保持 1000Pa，洁净度等于或高于 5 级的系统，空调器漏风率不大于 1%；洁净度低于 5 级的系统，空调器漏风率不大于 2%。

(5) 过滤器前后应当装压差计，压差测定管应畅通、严密、无变形和裂缝。

(6) 表冷器冷凝水排管上应设水封装置和阀门，在无冷凝水排出季节应关闭阀门，保证空调器密闭不漏风。

34.7　空调水管加工与安装

34.7.1　空调水管加工

34.7.1.1　空调水管的技术性能

空调水管施工常用的管道有无缝钢管、镀锌钢管、焊接钢管、PP-R 管，UPVC 管和玻璃钢管等，下面对常用的空调水管的主要技术性能做一个简单的介绍。

1. 无缝钢管

按制造方法分为热拔和冷拔（轧）管。冷拔（轧）管的最大公称直径为 200mm；热轧管的最大公称直径为 600mm。在工程中，管径超过 57mm 时，常常选用热轧管，管径在 ϕ57mm 以内时常用冷拔（轧）管。无缝钢管是按国家标准《输送流体用无缝钢管》GB/T 8163—2008 用普通碳素钢、优质碳素钢制造的，广泛用于中、低压工业管道工程中。无缝钢管按外径和壁厚供货，在同一外径下有多种壁厚，承受的压力范围较大。冷拔（轧）管外径 5～200mm，壁厚 0.25～75mm。热轧无缝钢管通常长度为 3～12.5m；冷拔管的通常长度为 1.5～9m。

2. 塑料管

（1）硬聚氯乙烯是硬聚乙烯塑料的简称。它是以聚氯乙烯树脂为主要原料，加入增塑剂、稳定剂、润滑剂、颜料和填料等，再经过捏合、混炼及加工成型等过程而制成。影响硬聚氯乙烯性能的因素很多，主要分为物理性能和机械性能，如表 34-77 所示：

表 34-77

硬聚氯乙烯物理机械性能

主要性能指标	计量单位	指标值	主要性能指标	计量单位	指标值
比重	g/cm³	1.3～1.4	弹性模数		40000
抗拉强度极限	MPa	40～60	耐热性	℃	65
抗压强度极限	MPa	80～100	热容量	kJ/(kg·K)	1.34～2.14
抗弯强度极限	MPa	90～120	导热系数	W/(m·K)	0.16～0.17
断裂伸长率	%	10～15	线膨胀系数 a		$(6～7)×10^{-5}$
冲击韧性	J/cm²	10～15	焊接温度	℃	200～240
布氏硬度（HB）		13～16	适用温度范围	℃	−10～+60

硬聚氯乙烯塑料管制作长度为 4m。管材在常温下的使用压力为：轻型管≤0.6MPa；重型管≤1MPa。

（2）聚丙烯管

聚丙烯管材具有环保节能、优异的耐热稳定性及优良的卫生性能等优点，在空调水管道应用广泛。PP-R 是由丙烯单体和少量的乙烯单体在加热、加压和催化剂作用下共聚得到的，乙烯单体无规、随机地分布到丙烯的长链中。乙烯的加入降低了聚合物的结晶度和熔点、改善了材料的冲击、长期耐静水压、长期耐热氧化及管材加工成型等方面的性能。PP-R 分子链结构、乙烯单体含量等指标对材料的长期热稳定性、力学性能及加工性能都有着直接的影响。聚丙烯的性能如表 34-78 所示。

表 34-78

聚丙烯管物理机械性能

主要性能指标	计量单位	指 标 值
比重	g/cm³	0.90～0.91
吸水率	%	0.03～0.04
抗拉强度极限	MPa	35～40
抗弯强度极限	MPa	42～56

主要性能指标	计量单位	指 标 值
冲击韧性（有缺口）	J/cm²	0.22～0.5
伸长率	%	200
线膨胀系数 a		10.8～11.2
导热系数	W/（m·K）	0.24
热变形温度（182.45N/cm²）	℃	55～65

34.7.1.2 管道支吊架加工

1. 支吊架的选用

（1）有较大位移的管段设置固定支架。固定支架要生根在厂房结构或专设的结构物上。

（2）在管道上无垂直位移或垂直位移很小的地方，可以装活动支架或刚性支架。活动支架的形式，要根据管道对摩擦作用的不同来选择：

1）由于摩擦而产生的作用力无严格限制时，可以采用滑动支架；

2）当要求减少管道轴向摩擦作用力时，可以采用滚柱支架；

3）当要减少管道水平位移的摩擦作用力时，可以采用滚珠支架。

（3）在水平管道上只允许管道单向水平位移的地方，在铸铁阀件的两侧，Ⅱ形补偿器的两侧适当距离的地方，装设导向支架。

（4）在管道具有垂直位移的地方，装设弹簧吊架，在不便装设弹簧吊架时，也可以采用弹簧支架，在同时具有水平位移时，采用滚珠弹簧支架。

2. 支、吊架的制作要求

（1）管道支、吊架的形式、材质、加工尺寸、精度及焊接等符合设计要求；

（2）支架底板及支、吊架弹簧盒的工作面要平整；

（3）管道支、吊架焊缝要进行外观检查，不能有漏焊、欠焊、皱纹、咬肉等缺陷。焊接变形应该矫正。

34.7.1.3 空调水管的加工

1. 管子的调直

（1）检查管道：

1）检查短管是将管子一端抬起，用一只眼睛从一端向另一端看。管子表面上多点都在一条线上的为直的；反之就是弯曲的。

2）检查长管是采用滚动法。将管子平躺放在两根平行的角钢上轻轻的滚动，当管子以均匀的速度滚动而无摆动，并能在任意位置停止时，称为直管。如果管子滚动有快有慢，而且来回摆动，并在停止时每次都是同一面向下，就说明管子有弯曲，凸面向下。

（2）小管径管道的调直：有冷调和热调两种方法。

1）冷调：弯曲确定后，用两把手锤，一把顶在管子弯里（凹面）的短端作为支点，另一把则敲打背面（凸面）高点。两把手锤不能对着打，应有一定的距离。长管调直时，把长管躺放在长木板上，一人在管子的一端观察管子的弯曲部位，另一人按观察者的指点，用锤在弯曲部位敲打，经几个翻转，管子就能调直。

2）热调：先将管子弯曲部分放在烘炉上加热到 600～800℃，然后平着抬放在用四根以上管子组成的滚动支承架上滚动，使火口处在中央，管子的重量分别支承在火口两端的管子上。由于管子组成的滚动支承是同一水平的，所以热状态的管子在其上面滚动，就可以利用重力弯曲变直。弯曲大者可以将弯背向上，轻轻向下压直再滚动；为加速冷却可以用废机油均匀地涂在火口上。

（3）硬聚氯乙烯管道产生弯曲，必须调直后才能使用。调直方法是把弯曲的管子放在平直的调直平台上，在管内通入蒸汽，使管子变软，以其本身自重调直。

2. 管子切断

（1）镀锌钢管和公称直径小于或等于 50mm 的中、低压碳素钢管，采用机械法切割；高压钢管或合金钢管用机械法切割；不锈钢和有色金属管用机械或等离子方法切割。不锈钢管用砂轮切割或修磨时，要用专用砂轮片；铸铁管用钢锯、钢铲或月牙挤刀切割，也可以用爆炸切断法切割；硬聚氯乙烯管用木工锯或粗齿钢锯切割，坡口使用木工锉加工成 45°坡口。

（2）管子切口质量要符合下列要求：

1）切口表面平整，不能有裂纹、重皮、毛刺、凸凹、缩口、熔渣、氧化铁、铁屑等。

2）切口平面倾斜偏差为管子直径的 1‰，但不能超过 3mm。

3）高压钢管或合金钢管切断后要及时标上原有标记。

（3）机械切割设备

管道加工厂内的机械切管设备有专用切管机、普通车床和锯床等。在安装现场的少量切割操作则使用便携式机具，也可以使用圆锯和无齿锯。使用专用切管机可以获得优质切割。切割面光滑平整，无须进一步加工。在切割时从管子割口去除外管端毛刺，并开好焊接坡口。

3. 管螺纹加工

（1）手工套丝：用套丝板在管端上铰出相应的螺纹。

（2）机械套丝：机械套丝常用的设备有车床和套丝机。套丝机有两种类型：一是管子固定起来，用电动机带动套丝板旋转；另一种是固定套丝板，用电机带动管子旋转。前种套丝机一般重量较轻，后种套丝机一般重量较沉，但大都带有割刀，可以进行切管。

（3）管螺纹加工长度：管螺纹加工长度就是螺纹工作长度加螺纹尾的长度。同时与管径有关。管螺纹加工长度如表 34-79 所示：

管螺纹加工长度表　　　　　　　　　　　　　　　　　　表 34-79

管径（in）	$\frac{1}{2}$	$\frac{3}{4}$	1	$1\frac{1}{4}$	$1\frac{1}{2}$	2	$2\frac{1}{2}$	3	4
螺纹长度（mm）	14	16	18	20	22	24	27	30	36
螺纹扣数（扣）	8	9	9	9	10	11	12	13	15

（4）螺纹加工要注意以下事项：

1）丝扣要完整，不完整会影响管螺纹连接的严密性和强度。如果不完整丝扣占全螺纹的 10% 以上时，就报废不能使用；

2）丝扣表面要光滑，丝扣表面不光滑，在进行安装时容易将缠上去的填料割断和降低严密性；

3）丝扣的松紧程度要适当。套好的丝扣上紧后，在管件外部要留3～4扣为宜。

4. 弯管制作

（1）一般规定

1）弯管的最小弯曲半径应符合表 34-80 的规定。

弯管的最小弯曲半径   表 34-80

管子类别	弯管制作方式	最小弯曲半径
中低压钢管	热弯	3.5DW
	冷弯	4.0DW
	褶皱弯	2.5DW
	压制	1.0DW
	热推弯	1.5DW
有色金属管	冷热弯	3.5DW

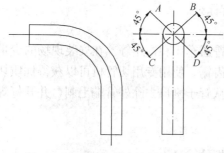

图 34-91 有缝钢管弯头焊缝的位置

2）管子采用热煨时，升温宜缓慢、均匀，保证管子热透，防止烧过和渗碳。

3）碳素钢、合金钢管在冷弯后按规定进行热处理。有应力腐蚀的弯管，不论管壁厚度大小均应做消除应力的热处理。

4）弯制焊接钢管时，其纵向焊缝应放在距中性线 45°的地方，如图 34-91 所示。图中 A、B、C、D 四个位置的任何一个都可以。制作折皱弯头时，焊缝应当放在非加热区的边缘。

（2）管子弯制后的质量要求

1）无裂纹、分层、过烧等缺陷。

2）壁厚减薄率要符合要求。弯管前壁厚-弯管后壁厚：中、低压管不超过 15%，且不小于设计计算壁厚。椭圆率：中、低压管不超过 8%。

3）中、低压弯管的弯曲角度 α 的偏差值 △ 如图 34-92 所示，机械弯管不超过 ±3mm/m，当直管长度大于 3m 时，总偏差不超过 ±10mm；地炉弯管不超过 ±5mm/m，当直管长度大于 3m 时，总偏差不超过 ±15mm。

（3）硬聚氯乙烯管道弯管制作

1）加热：硬聚氯乙烯管加热温度控制在 135～150℃，在此温度下，硬聚氯乙烯管的延伸率为 100%。加热方法为空气烘热（电炉或煤炉）和浸入甘油锅内加热。空气加热的温度为 135±5℃；甘油锅加热的温度为 140～150℃。

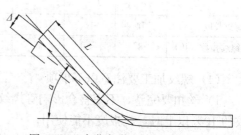

图 34-92 弯曲角度及管端轴线偏差

2）热弯：外径小于 40mm 的硬聚氯乙烯管热弯时可不灌砂，直接在电炉或煤炉上加热，加热长度为弯头的展开长度。当弯成所需角度后，立即用湿布擦拭，使之冷却定型。

5. 翻边

（1）金属管道翻边

1）管口翻边采用冲压成型的接头；

2）管口翻边后不能有裂纹、豁口及褶皱等缺陷，并应有良好的密封面；

3）翻边端面与管子中心线垂直，允许偏差小于或等于 1mm，厚度减薄率小于或等于 10%。

（2）聚氯乙烯管翻边

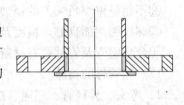

采用卷边活套法兰连接的聚氯乙烯管口必须翻出卷边肩，如图 34-93 所示。管口翻边时严格掌握温度。使用甘油加热锅时，锅底应垫一层砂，厚 30mm，以防止加热的管端与锅底接触。翻边的操作步骤：

图 34-93　卷边活套法兰

1）用木工锉在翻边的管口内锉成 15°～30°角，并留 1mm 钝边；用红色笔在管外壁作好翻边的长度标记；

2）在管端套入法兰后，倒插入热甘油锅内。甘油保持在 140～150℃左右，插入深度等于翻边宽度加 10mm。加热过程中，经常转动管子，以保持均匀受热，与此同时将翻边的内模加热到 80℃左右。加热至规定时间后，从甘油锅内迅速取出管端，放到翻边外模夹具内，再插入内模，旋转内模使翻边成形，直到管口翻边压平为止。缓慢浇水冷却，然后退模；

3）检查翻边质量，卷边处不得有裂缝及皱折等缺陷。

6. 法兰垫片加工

法兰垫片的材料应符合设计要求；法兰垫片的内径等于管子内径，允许偏差不超过 3mm。外径应与法兰的螺栓相接触。

法兰垫片的制作可以使用切割规，滚刀轮工具，专用的垫片切割机和振动剪等进行切割。

34.7.1.4　空调水管的存放

（1）中断施工时，管口一定要做好封闭工作。当复工后，在与原口相接以前应清除原口内异物。

（2）敷设在地沟内的管道，施工前要先清理管沟内的渣土、污物；已保温的管道不允许随意踩踏，并且要及时盖好地沟盖板。

（3）搬运阀门时，不允许随手抛掷；吊装时，绳索要拴在阀体与阀盖的法兰连接处，不得拴在手轮或阀杆上。

（4）加工好的管端密封面要沉入法兰内 3～5mm，并及时填写相应的记录备查。加工好的管子暂不安装时，要在加工面上涂油防锈并封闭管口，妥善保管。

（5）硬聚氯乙烯管强度较低，脆性高，为减少破损率，在同一安装部位要将其他材质管道安装完后再进行安装；硬聚氯乙烯管材堆放要平整，防止遭受日晒和冷冻。管子、管道附件及阀门等在施工过程中要妥善保管和维护，不能混淆堆放。

34.7.2　空 调 水 管 安 装

34.7.2.1　管材、管件、阀门等进场检验

1. 钢管、钢管件的检验

（1）一般规定

1）钢管、钢管件必须具有制造厂的合格证明书，否则应补作所缺项目的检验。

2）钢管、钢管件在使用前应按设计要求核对其规格、材质和型号。

3）钢管、钢管件在使用前进行外观检查，要求表面：

①无裂纹、缩孔、夹渣、折叠、重皮等缺陷；

②不超过壁厚负偏差的锈蚀或凹陷；

③螺纹密封面良好，精度及粗糙度达到设计要求或制造标准；

④合金钢管及管件要有材质标记。

（2）钢管件的检验

1）弯头、异径管、三通、法兰、盲板、补偿器及紧固件等须进行检查，其尺寸偏差符合国家标准。

2）法兰密封面平整光洁，不得有毛刺及径向沟槽。法兰螺纹部分完整、无损伤。

3）螺栓及螺母螺纹完整、无伤痕、毛刺等缺陷。螺栓与螺母配合良好，无松动或卡涩现象。

4）石棉橡胶、橡胶、塑料等非金属垫片质地柔韧，无老化变质分层现象。表面没有折损、皱纹等缺陷。

2. 阀门

（1）阀门安装前必须进行外观检查，必须先对阀门进行强度和严密性试验，不合格的不得进行安装。阀门试验的规定如下：

1）低压阀门应从每批中抽查 10%（至少一个），进行强度和严密性试验。若有不合格，再抽查 20%，如仍有不合格则需逐个检查。

2）高、中压阀门和输送有毒及甲、乙类火灾物质的阀门应逐个进行强度和严密性试验。

（2）阀门强度试验时，试验压力为公称压力的 1.5 倍，持续时间不少于 5min，阀门的壳体、填料无渗漏为合格。

（3）严密性试验时，试验压力为公称压力的 1.1 倍；试验压力在试验持续的时间内保持不变，以阀瓣密封面无渗漏为合格。

34.7.2.2　管道安装流程

34.7.2.3　套管的安装

（1）金属管道套管

1）管道穿越墙体或楼板处设置钢制套管，管道接口不能置于套管内，钢制套管应与墙体饰面或楼底部平齐，上部要高出楼层地面 20~50mm，并不得将套管作为管道支撑。

2）保温管道与套管四周间隙应使用不燃绝热材料填塞紧密。

（2）非金属管道套管

1）制作套管：套管可用板加热卷制，长度为主管公称直径的 2.2 倍，壁厚与主管壁相同或如表 34-81 所示。

对焊连接的套管规格　　　　　　　表 34-81

公称直径 DN（mm）	25	32	40	50	65	80	100	125	150	200
套管长度 B	56	72	94	124	146	172	220	270	330	436
套管壁厚 s		3			4		5		6	7

2）加装套管：先用酒精或丙酮将主管外壁和套内壁擦洗干净，并涂上 PVC 塑料胶，再将套管套在主管对接缝处，使套管两端与焊缝保持等距，套管与主管间隙不大于 0.3mm。

3）封口：封口采用热空气熔化焊接，先焊接套管纵缝，再完成套管两端主管的封口焊。

34.7.2.4 管道支吊架安装

（1）墙上有预留孔洞的，可将支架横梁埋入墙内，如图 34-94（a）所示。

（2）钢筋混凝土构件上的支架，浇筑时要在各支架的位置预埋钢板，然后将支架横梁焊接在预埋钢板上。如图 34-94（b）所示。

（3）在没有预留孔洞和预埋钢板的砖或混凝土构件上，可以用射钉或膨胀螺栓安装支架，但不要安装推力较大的固定支架。

（4）用射钉安装的支架如图 34-94（c）所示；用膨胀螺栓安装的支架如图 34-94（d）所示。

（5）非金属管道支吊架安装还应满足下列要求：

1）硬聚氯乙烯管道不能直接与金属支、吊架接触，在管道与支架之间要垫上软塑料垫；

2）由于硬聚氯乙烯强度低、刚度小，支撑管子的支、吊架间距要小。管径小，工作温度或大气温度较高时，应在管子全长上用角钢支托，以防止管子向下挠曲，并要注意防振。

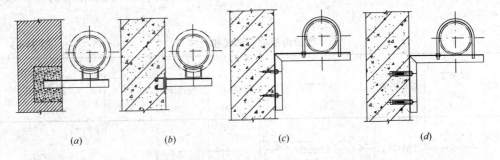

图 34-94　支架的安装形式

（a）埋入墙内支架；（b）焊接到预埋钢板上支架；（c）用射钉安装的支架；（d）用膨胀螺栓安装的支架

34.7.2.5 管道安装

1. 金属管道安装

（1）一般规定

1）钢制管道在安装前，将管道内、外壁的污物和锈蚀清除干净。当管道安装间断时，及时封闭敞开的管口。

2）冷凝水排水管坡度，要符合设计文件规定。当设计无规定时，其坡度大于或等于8‰；软管连接的长度，不大于150mm。

3）冷热水管道与支吊架之间有绝热衬垫，其厚度不小于绝热层厚度，宽度大于支吊架支撑面的宽度。衬垫的表面平整，衬垫结合面的空隙要填补。

4）管道安装的坐标、标高和纵、横向弯曲度要符合表34-82的规定。在吊顶内等暗装管道的位置要正确，无明显的偏差。

管道安装的允许偏差和检验方法　　　　　表 34-82

项目			允许偏差（mm）	检 查 方 法
坐 标	架空及地沟	室外	25	按系统检查管道的起点、终点、分支点和变向及各点之间的直管。
		室内	15	
	埋 地		60	
标 高	架空及地沟	室 外	±20	用经纬仪、水准仪、液体连通器、水平仪、拉线和尺量检查
		室 内	±15	
	埋 地		±25	
水平管道平直度	$DN \leqslant 100$		$2L‰$，最大 40	用直尺、拉线和尺量检查
	$DN > 100$		$3L‰$，最大 60	
立管垂直度			$5L‰$，最大 25	用直尺、线锤、拉线和尺量检查
成排管段间距			15	用直尺、尺量检查
成排管段或成排阀门在同一平面上			3	用直尺、拉线和尺量检查

（2）焊接连接

1）管道焊接材料的品种、规格、性能符合设计要求。管道对接焊口的组对和坡口形式等符合表34-83的规定；对口的平直度为1/100，全长不大于10mm。管道固定焊口要远离设备，且不要与设备接口中心线相重合。管道对接焊缝与支吊架的距离要大于50mm。

管道焊接坡口形式和尺寸　　　　　表 34-83

项次	厚度 T（mm）	坡口名称	坡口形式	坡口尺寸			备 注
				间隙 C（mm）	钝边 P（mm）	坡口角度 a	
1	1～3	I形坡口		0～1.5	—	—	内壁错边量≤0.1T 且 ≤ 2mm，外壁 ≤3mm
	3～6 双面焊			0～2.5			
2	6～9	V形坡口		0～2.0	0～2	65～75	
	9～26			0～3.0	0～3	55～65	

项次	厚度 T (mm)	坡口名称	坡口形式	坡口尺寸			备　注
				间隙 C (mm)	钝边 P (mm)	坡口角度 a	
3	2~30	T形坡口		0~2.0	—	—	

2）对口清理

①清除接口处的浮锈、污垢及油脂；

②钢管切割时，其割口断面与管子中心线垂直，以保证管子焊接完毕的同心度；

③坡口成形采用气割或使用坡口机加工，并应清除渣屑和氧化铁，用锉刀打磨直至露出金属光泽；

④直径相同的管子对焊时，两管壁厚度差不大于 3mm。

3）禁止用强力组对的方法来减少错边量或不同心度偏差；也不能用加热法来缩小对口间隙。

4）焊接操作：钢管焊接，一般是采用电焊和气焊，由于电焊比气焊的焊缝强度高，而且经济，因此钢管大多数采用电焊，只有当管壁厚度小于 4mm 时，才采用气焊连接。管道焊缝有加强高度和遮盖面宽度，如设计无要求，电焊应符合表 34-84 的规定。

电焊焊缝加强面高度和宽度（mm） 表 34-84

	厚　度	2~3	4~6	7~10
无坡口	焊缝加强高度	1~1.5	1.5~2	—
	焊缝宽度	5~6	7~9	—
有坡口	焊缝加强高度	—	1.5~2	2
	焊缝宽度	盖过每边坡口 2mm		

5）管道焊口尺寸的允许偏差应符合表 34-85 的规定。

焊口尺寸允许偏差 表 34-85

项　目		允　许　偏　差
焊口平直度	管壁厚度<10mm	管壁厚度的 1/4
焊缝加强面	高　度	+1
	宽　度	
	深　度	小于 0.5mm
咬边长度	连续长度	25mm
	总长度（两侧）	小于焊缝长度的 10%

（3）螺纹连接

1）在外螺纹的管头或管件上缠好麻丝或密封带，用于将其拧入带内螺纹的管件内

2～3扣。

2）活接头连接：活接头连接由三个单件组成的，即公口、母口和套母。连接时公口上加垫，属蒸汽管道的加石棉橡胶垫，属上水或冷冻水管道的加橡胶垫。套母要加在公口一端，并使套母挂内丝的一面向着母口，如果忘记装套母或将套母的方向搞颠倒了，常常需要将公口拆下来进行返工。套母在锁紧前，必须将公口和母口找正找平，否则容易出现渗漏。

3）用管钳拧转管子（或管件），直到拧紧为止。对三通、弯头类的管件，拧劲可大些，对阀门类的拧劲，可小些。

4）螺纹拧紧后，密封填料不能挤入管内，露出螺纹尾以1～2扣为宜，挤出的密封填料要清除干净。

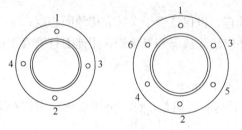

图 34-95　法兰螺栓拧紧顺序

（4）法兰连接

1）法兰螺孔应对正，螺孔与螺栓直径配套。法兰连接螺栓长短一致，螺母在同一侧，螺栓拧紧后要伸出螺母1～3扣。法兰的螺栓拧紧顺序如图 34-95 所示。

2）法兰接口不能埋入土中，而应该安装在检查井或地沟内，如果必须将其埋入土中时，要采取防腐措施。

3）平焊法兰焊接时，管子插入法兰厚度的 1/2～2/3，并在互为 90°的两个方向进行垂直检查；平焊法兰与管道装配时，管道外径与法兰内孔的间隙不大于 2mm。

4）法兰密封面与管道中心线垂直；管道中心线的垂直与法兰面、法兰外径的允许偏差为 $DN \leqslant 300mm$ 时，为 1mm；$DN > 300mm$ 时，为 2mm。

5）平焊法兰与管道装配时，管道外径与法兰内孔的间隙不超过 2mm。

2. 非金属管道安装

（1）一般规定

1）非金属管道应在下列条件已经满足的情况下才能进行安装：

①与管道有关的土建工程已经检查合格，满足了安装施工要求；

②所需图纸资料和技术文件等已齐备，并且已经通过图纸会审、设计交底；

③与管道连接的设备找正、校平合格，固定、二次灌浆工作已完毕；

④管子、管件及阀门均已验收合格，并且具备有关技术资料（如合格证等）。与设备校对无误，内部清洗干净，不存在杂物；

⑤必须在管道安装前完成的有关工序（如清洗、脱脂等）已进行完毕。

2）采用建筑用硬聚氯乙烯、聚丙烯与交联聚乙烯等管道时，管道与金属支吊架之间要有隔绝措施，不可以直接接触。当为热水管道时，还应该加宽接触面积。

3）管道与设备的连接，在设备安装完毕后进行，与水泵、制冷机组的接管必须为柔性接口。柔性接管不能强行对口连接，与其连接管道应设置独立支架。

4）冷热水及冷却水系统在系统冲洗、排污合格，再循环试运行 2h 以上，且水质正常后才能与制冷机组、空调设备相贯通。

（2）焊接连接

1) 对焊连接

焊接操作：焊接时的加热温度一般为 200～240℃，由于热空气到达焊接表面时，温度还要降低。所以从焊嘴喷出的热空气温度还要高些，一般为 230～270℃。在焊接过程中，向焊条施加压力要均匀；施力方向使焊条和焊件基本保持垂直。焊条切勿向后倾斜。虽然这样焊接又快又省力，但这样用力所产生的水平分力会使刚刚粘上去的焊条拉裂，在冷缩产生裂纹。反之，如果焊条向前倾斜，焊条受热变软的一段就太长，焊条会弯曲过早，使焊条和焊件粘不牢，水平分力还会把刚焊上的焊条挤出皱纹来。焊接喷嘴和焊件夹角一般保持 30°～45°。焊条粗、焊件薄的要多加热焊条，即夹角要小些；反之，则夹角应大些。为了使焊条加热均匀，焊枪要上下左右抖动。

2) 带套管对焊连接

①管子对焊连接后，将焊缝铲平，铲去主管外表面上对接焊缝的高出部分，使其与管外壁面齐平。

②制作套管：套管用板材加热卷制，长度为主管公称直径的 2.2 倍，壁厚与主管壁厚相同。

③加装套管：先用酒精或丙酮将主管外壁和套内壁擦洗干净，并涂上 PVC 塑料胶，再将套管套在主管对接缝处，使套管两端与焊缝保持等距，套管与主管间隙不大于 0.3mm。

④封口：封口采用热空气熔化焊接，先焊接套管纵缝，再完成套管两端主管的封口焊。

（3）硬聚氯乙烯承插连接直径小于 200mm 的挤压管多采用承插连接。如图 34-96 所示。

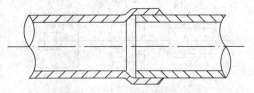

图 34-96 塑料管承插连接

①承口加工：首先将要扩胀为承口的管子端部加工成 45°外坡口。再将有内坡口端置于 140～150℃甘油内加热，并均匀地转动管子。取出后将有外坡口的管子插入已加热变软的管内，插入深度为管子外径的 1～1.5 倍，成型后取出插入的管子。

②接口清洗：用酒精或丙酮将承口内壁和插口外壁清洗干净。

③涂胶：在清洗干净的承口内壁和插口外壁涂上 PVC 塑料胶（601 胶），涂层均匀。

④插接：将插口插入承口内，一次性插足，承插间隙不大于 0.3mm。

⑤封口：承插口外部采用硬聚氯乙烯塑料焊条进行热空气熔化焊接封口。直径大于 100mm 的管子，可以用木制或钢制冲模在插口端部预先扩口，以便于容易承插接口。

3. 法兰连接

（1）焊环活套法兰连接

这种方法是在管端焊上一挡环，用钢法兰连接。具有施工方便，可以拆卸，适用较大的管径。但焊缝处易拉断。小直径管子用翻边活套法兰连接。法兰垫片用软聚氯乙烯塑料材质。

（2）扩口活套法兰连接

扩口方法与承插连接的承口加工方法相同。这种接口强度高，能承受一定压力，可用于直径在 20mm 以下的管道连接。法兰为钢制，尺寸同一般管道。但由于塑料管强度低，法兰厚度可以适当减薄。活套法兰密封面应该锉平。

（3）平焊塑料法兰连接

这种连接方法是用硬聚氯乙烯塑料板制作法兰，直接焊在管道上。连接简单，拆卸方便，适用于压力较低的管道。法兰尺寸和平焊钢法兰一致，但法兰厚度大些。垫片选用布满密封面的轻质宽垫片，否则拧紧螺栓时易损伤法兰。

4. 螺纹连接

对硬聚氯乙烯来说，螺纹连接一般只用于连接阀件、仪表或设备上。密封填料用聚四氟乙烯密封带，拧紧螺纹用力要适度。不能拧得过紧，螺纹加工由制作厂家完成，不能现场制作。

5. 聚丙烯管胎具加热

管端加工成约30°坡口，钝边为1/3～2/3壁厚，并将连接的管件和管道用棉纱擦拭干净，使之无油无尘。分别做出插入深度的标记并插入胎具中进行加热。加热时不断进行转动，当达到270～300℃时，管道和管件出现熔融状态时，即行脱模，将管道用力旋转插入管件，并保持30s后方能脱手。在接口周围有熔融的焊珠挤出时，说明连接情况良好。用外加热胎时，先将外加热胎具加热到预定温度后，再将管子和管件插入熔融，取下胎具进行连接。如图34-97所示。

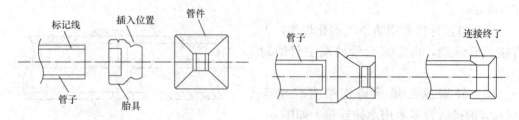

图34-97　聚丙烯管道连接操作过程

34.7.2.6　管道试压与冲洗

1. 管道试压

管道安装完毕，对管道系统进行压力试验。按试验的目的，可分为检查机械性能的强度试验和检查管道连接情况的严密性试验。按试验使用的介质，可分为用水作介质的水压试验和用气体作介质的气压试验。

（1）水压试验

试验过程

水压试验用清洁的水作介质。向管内灌水时，打开管道各高处的排气阀，待水灌满后，关闭排气阀和进气阀，用手摇式水泵或电动泵加压，压力逐渐升高，加压到一定数值时，要停下来对管道进行检查，无问题时再继续加压，一般分2～3次升至试验压力。当压力达到试验压力时，停止加压，管道在试验压力下保持5min。在试验压力下保持的时间内，如管道未发现异常现象，压力表指针不下降，即认为强度试验合格。然后把压力降至工作压力进行严密性试验。在工作压力下对管道进行全面检查，并用重量1.5kg以下圆头小锤在距焊缝10～20mm处沿焊缝方向轻轻敲击。到检查完毕，如压力表指针没有下降，管道焊缝及法兰连接处未发现渗漏现象，即可认为试验合格。蒸汽及热水管道系统在试验压力保持时间内，压力下降不超过0.02MPa，即认为合格，水压试验压力见表34-86。

水压试验压力 表 34-86

管道级别			设计压力 P	强度试验压力		严密性试验压力
真空			—	0.2		0.1
中低压	地上管道		—	1.25P		P
	埋地管道	钢	—	1.25P 且不小于 0.4	不大于系统阀门单体试验压力	P
		铸铁	≤5	2P		P
			>5	P+0.5		P
高压				1.5P		P

（2）气压试验

1）试验压力

气压强度试验压力为设计压力的 1.15 倍；真空管道为 0.2MPa。严密性试验压力按设计压力进行，但真空管道不小于 0.1MPa。

2）试验过程

气压试验一般为空气，可以用氮气或其他惰性气体进行。气压试验前，应对管道及管件的耐压强度进行验算，验算时采用的安全系数不小于 2.5。试验时，压力应逐渐升高，达到试验压力时停止升高。在焊缝和法兰连接处涂上肥皂水，检查是否有气体泄漏。如发现有泄漏的地方，要标出记号，卸压后进行修理。消除缺陷后再升压至试验压力，在试验压力下保持 30min，如压力不下降，即认为强度试验合格。强度试验合格后，降至设计压力，用涂肥皂水的方法检查，如无泄漏，稳压 30min，压力不下降，则严密性试验为合格。

2. 管道清洗

工作介质为液体的管道，一般进行水冲洗。如不能用水冲洗或不能满足清洁要求时，可以在压力试验前进行吹扫，但要采取措施。

清洗前，将管道系统内的流量孔板、滤网、温度计、调节阀阀芯、止回阀阀芯等拆除，待清洗合格后再重新装上。热水、供水、回水及凝结水管道系统用清水进行冲洗。如果管道分支较多，末端面积较小时，可以将干管中的阀门拆掉 1～2 个，分段进行冲洗。如果管道分支不多，排水管可以从管道末端接出。排水管截面各不小于被冲洗管截面积的 60%。排水管应接至排水沟并保证排泄安全。冲洗时，以系统内可能达到的最大压力和流量（不小于 1.5m/s）进行，直到出口处的水色和透明度与入口处目测一致为合格。管道冲洗后将水排尽，需要时可以用压缩空气吹干或采取其他保护措施。

34.8 制冷设备的安装

34.8.1 制冷设备安装工艺流程

制冷设备在安装时大体按照图 34-98 所示的流程逐步进行。各施工工序要严格按照相关标准和规范施工，并组织协调好各工序操作，以节省整体安装时间。

34.8.1.1 施工工具和材料的准备

1. 起重索具

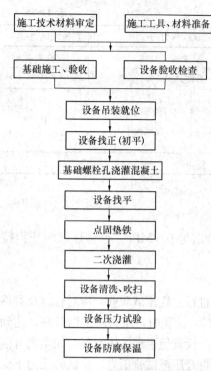

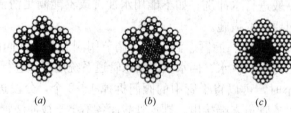 

图 34-98　制冷设备安装工艺流程图

绳索及附件在起重工作中是用来捆绑、搬运和提升设备的，统称为索具。常用的索具有钢丝绳和麻绳。

（1）钢丝绳

钢丝绳是由高强度碳素钢丝制成的，具有自重轻、强度高、耐磨损、断面相等、挠性好、弹性大能承受冲击荷载、破断前有断丝的预兆、工作可靠、在高速下运转平稳无噪声等优点。但由于刚性较大，不易弯曲、使用时要增大卷筒和滑轮的直径，因此相应的增加了卷筒和滑轮的尺寸和重量。

普通结构的钢丝绳是由强度为 1400～2000N/mm^2，直径 0.4～3mm 的高强度钢丝捻制成钢丝绳股，成为子绳，再由子绳绕浸油的植物纤维芯捻成钢丝绳。绳芯一般是由棉、麻、石棉等浸油纤维制成。图 34-99 便是不同类型钢丝绳的截面图。如以图 34-99（a）中 6×19S＋FC 型号为例，就表示该钢丝绳是由 6 股子绳，每股由 19 根高强度的钢丝组成，S 表示钢丝绳股结构类型为西鲁式平行捻，FC 代表该钢丝绳的绳芯是纤维芯；图 34-99（b）～图 34-99（d）中，W 表示股结构类型为瓦林吞式平行捻；IWR 表示金属丝绳芯。表 34-87 列举出了该系列常用钢丝绳的规格及性能参数。

图 34-99　不同类型钢丝绳的截面图

（a）6×19S－FC；（b）6×19S－IWR；（c）6×19W－FC；（d）6×19W－IWR

6×19S＋FC 钢丝绳主要性能参数　　　　　　表 34-87

钢丝绳公称直径	钢丝绳近似重量		钢丝绳公称抗拉强度（MPa）				
			1470	1570	1670	1770	1780
	天然纤维	合成纤维	钢丝绳最小破断拉力				
mm	kg/100m		kN				
9	29.9	29.1	39.3	42	44.6	47.3	50
10	36.9	36	48.5	51.8	55.1	58.4	61.7
11	44.6	43.5	58.7	62.7	66.6	70.7	74.7
12	53.1	51.8	69.9	74.6	79.4	84.1	88.9
13	62.3	60.8	82	87.6	93.1	98.7	104

续表

钢丝绳公称直径	钢丝绳近似重量		钢丝绳公称抗拉强度（MPa）				
			1470	1570	1670	1770	1780
	天然纤维	合成纤维	钢丝绳最小破断拉力				
mm	kg/100m		kN				
14	72.2	70.5	95.1	102	108	114	121
16	94.4	92.1	124	133	141	150	158
18	119	117	157	168	179	189	200
20	147	144	194	207	220	234	247
22	178	174	235	251	267	283	299
24	212	207	279	298	317	336	355
26	249	243	328	350	373	395	417
28	289	282	380	406	432	458	484
30	332	324	437	466	496	526	555
32	377	369	497	531	564	598	632
34	426	416	561	599	637	675	713
36	478	466	629	671	714	757	800
38	532	520	700	748	796	843	891
40	590	576	776	829	882	935	987
44	714	679	939	1000	1070	1130	1190
48	849	829	1120	1190	1270	1350	1420
52	997	973	1310	1400	1490	1580	1670
56	1160	1130	1520	1620	1730	1830	1940
60	1330	1300	1750	1870	1980	2100	2220
64	1510	1470	1990	2120	2260	2390	2530

钢丝绳的安全系数按表 34-88 选用。

钢丝绳的安全系数　　　　　　　　　　　表 34-88

用　途	安全系数	用　途	安全系数
作缆风	3.5	作吊索无弯曲时	6～7
用于手动起重设备	4.5	作捆绑吊索	8～10
用于机动起重设备	5～6	用于载人的升降机	14

（2）麻绳

麻绳由于具有轻便、柔软、易捆绑等优点，因此在起重作业中也是一种常用的一种绳索。但同时麻绳也具有强度较低，易磨损、易破断和易腐蚀的缺点。因此在起重作业中仅适用吊装小型设备及管道，或作为溜绳等辅助作业。

麻绳的种类较多，按使用原料的不同可分为：龙舌兰麻制成的白棕绳，大麻制成的线麻绳，龙舌兰麻和萱麻各半再掺入 10% 大麻制成的混合绳。

由于麻绳容易腐烂和磨损，在使用前必须认真检查，对表面磨损不大的可降级使用，局部损伤严重的可截取损伤部分，插接后继续使用，断丝的禁止使用。使用后的麻绳应妥善保存，防止潮湿和油污及化学药品的腐蚀。

2. 吊具

在起重作业中，为了便于物体的悬挂，需采用各种形式的吊具。常用的吊具一般有吊钩、卸扣、吊环等几种。由于吊环穿挂吊索不方便，因此普通作业中较少使用。

（1）吊钩

吊钩是起重机械上配置的一种吊挂工具，如图 34-100 所示，吊钩一般分单面钩和双面钩两种。单面钩是较为常用的一种吊钩，使用方便，双面钩则具有受力均匀，起重量大。钩体采用优质钢材锻造冲压而成，表面应光滑，无裂纹、刻痕、锐角、接缝等缺陷。使用前应进行严格检查，如发现缺陷或磨损超过 10% 时，必须停止使用或降低荷载使用。

（2）卸扣

又名卡环，其使用轻便、结构简单、扣卸方便、操作安全可靠，因此是起重吊装作业中较为常用的起重滑车、吊环或绳索的联结工具。例如利用卸扣把钢丝绳与起重机的缆风盘连接在一起，把钢丝绳与钢丝绳连接在一起，以及把钢丝绳与滑车连接在一起等。具体结构如图 34-101 所示。

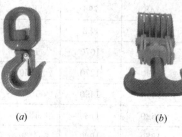

图 34-100　吊钩实物图
(a) 单钩；(b) 双钩

图 34-101　卸扣实物图

在卸扣使用过程中应注意采用正确的使用方法，以免影响其强度。卸扣的强度主要取决于弯环部分的直径，卸扣容许的使用荷载（单位：N）一般可按卸扣弯环直径（单位：mm）60 倍进行估算选择。

3. 吊装工具

（1）捯链

捯链又称链式起重机，捯链按动力来源分为电动捯链和手动捯链，其中手动捯链是制冷设备起重吊装作业中最为常用的一种轻便的起重吊装工具。具有结构紧凑、操作简单、体积小、重量轻、携带方便、用力小、效率高及用力平稳等特点，起重一般不超过 10t，最大的也可以达到 20t；起吊高度为 2.5～5m，特制的可达 12m，由 1～2 人操作，其提升速度将随着起重量的增加而相对减慢，既可垂直起吊又可水平或倾斜使用，一般可用来吊装轻型设备、构件、拉紧拔杆缆绳，以及拉紧捆绑构件的绳索等。表 34-89 列举了 HSZ 型捯链的主要技术性能。

型 号	HSZ-0.5	HSZ-1	HSZ-1.5	HSZ-2	HSZ-3	HSZ-5	HSZ-10	HSZ-20
起重量（t）	0.5	1	1.5	2	3	5	10	20
标准起重高度（m）	2.5	2.5	2.5	2.5	3	3	3	3
试验载荷（t）	0.75	1.5	2.25	3	4.5	7.5	12.5	25
满载手链拉力（N）	225	309	343	314	343	383	392	392
起重链行数	1	1	1	2	2	2	4	8
链条圆钢直径（mm）	6	6	8	6	8	10	10	10
净重（kg）	9.5	10	16	14	24	36	68	155

（2）千斤顶

千斤顶又称为顶重器或举重器，是常用的顶升工具，具有结构简单、携带方便、工作可靠，可用较小的力把较重的设备准确的提升和移动一定的距离。但同时千斤顶具有工作行程不大的缺点，因此在需要把物体提升到较高的高度时，常常需要分几次顶升才能完成。千斤顶有齿条式、螺旋式和液压千斤顶等几种形式，其中以后两种较为常用。表 34-90 和表 34-91 列举了几种常用规格的千斤顶的性能参数。

型 号	起重（t）	最低高度（mm）	最高高度（mm）	起升高度（mm）	调整高度（mm）	净重（kg）
QYL0201	1.6	158	308	90	60	3.2
QYL0301	3.2	195	380	125	60	3.5
QYL0501	5	200	405	125	80	4.6
QYL0801	8	236	475	160	80	6.9
QYL1001	10	240	480	160	80	7.3
QYL1201	12.5	245	485	160	80	9.3
QYL1601	16	250	490	160	80	11
QYL2001	20	280	460	180	80	15
QYL3201	32	285	465	180	80	23
QYL3202	32	255	405	150	80	20
QYL3203	32	255	375	120	80	14
QYL5001	50	300	480	180	80	33.5
QYL5002	50	270	420	150	60	31
QYL8001	80	300	480	180	80	50
QYL10001	100	335	515	180	80	78
QLL20001	200	370	570	200	80	138

螺旋千斤顶主要技术参数　　　　表 34-91

型　号	起重(t)	最低高度(mm)	起升高度(mm)	自重(kg)	外形尺寸宽度(mm)
QL3.2	3.2	200	110	7	160×130×200
QL5	5	250	130	8	178×150×250
QL8	8	260	140	9	184×160×260
QL10	10	280	150	11	194×170×280
QL16	16	320	180	16	229×182×320
QLD16	16	225	90	12	229×182×225
QL20	20	325	180	17	243×194×325
QLD25	25	262	125	20	252×200×262
QL32	32	395	200	30	263×223×395
QLD32	32	270	110	23	263×223×270
QL50	50	452	250	52	245×317×452
QLD50	50	330	150	48	245×317×330
QL100	100	452	200	78	280×320×452

（3）电动卷扬机

电动卷扬机具有结构简单、制造容易、使用方便、操作灵活等优点，一般用于机械设备的水平和垂直搬运。

电动卷扬机按卷筒数目分为单筒卷扬机和双筒卷扬机，按牵引速度可分为快速（30～130m/min）卷扬机和慢速（7～13m/min）卷扬机。在实际安装过程中常使用的是单筒慢速卷扬机。几种常用慢速卷扬机的型号和性能参数详见表 34-92。

JM 型慢速电动卷扬机主要性能参数表　　　　表 34-92

型　号	额定拉力(kN)	平均绳速(m/min)	容绳量(m)	钢丝绳直径(mm)	电机型号	电机功率 kW	整机重量 kg
JM1	10	15	80	$\phi 9$	Y112M-6	2.2	270
JM1.6	16	16	115	$\phi 12.5$	Y132M-6	5.5	500
JM2	20	16	100	$\phi 13$	Y160M-6	7.5	550
JM3.2	32	9.5	150	$\phi 15.5$	YZR160M-6	7.5	1100
JM5	50	9.5	190	$\phi 21.5$	YZR160L-6	11	1800
JM8	80	8	250	$\phi 26$	YZR180L-5	15	2900
JM10	100	8	200	$\phi 30$	YZR200L-6	22	3800
JM12.5	125	10	300	$\phi 34$	YZR225M-6	30	5000
JM16	160	10	500	$\phi 37$	YZR250M-8	37	8800
JM20	200	10	600	$\phi 43$	YZR280M-8	45	9900
JM25	250	9	700	$\phi 48$	YZR280M-8	55	13500
JM32	320	9	700	$\phi 52$	YZR315S-8	75	20000
JM50	500	8	800	$\phi 60$	YZR315M-8	90	38000
JM65	650	10	2400	$\phi 64$	LA8315-8AB	160	46000

4. 常用量具

制冷设备在安装过程中，除配备常用的卡钳、游标卡尺、塞尺外，应还准备测量精度较高的框式水平仪、千分表及平尺等。

（1）框式水平仪：这是机械设备安装中最常用的精密量具，用来测量制冷设备的水平度。其规格有 150、200、250mm，精度为（0.01～0.04）/1000。

（2）千分表：用来测量工件的平面、圆度、锥度及配合间隙的精密量具。同表架配合使用，其测量精度为 0.01mm。在联轴器找正时，使用两只千分表在固定架上检验其径向和轴向的同轴度。

（3）千分垫：用来测量较小间隙，或用来垫在平尺下找平高低不一的设备，还可以校验其他量具。

（4）平尺：用来检查机械设备平面直线度、平行度和框式水平仪配合使用来检查机械设备的水平度。平尺有矩形和桥形两种，设备安装常用的是矩形平尺。常用的平尺为500～3000mm。

5. 制冷剂

制冷剂又称制冷工质，它是在制冷系统中不断循环并通过其本身的状态变化以实现制冷的工作物质。制冷剂在蒸发器内吸收被冷却介质（水或空气等）的热量而汽化，在冷凝器中将热量传递给周围空气或水而冷凝。它的性质直接关系到制冷装置的制冷效果、经济性、安全性及运行管理，因而对制冷剂性质要求的了解是不容忽视的。常用制冷剂的主要物理性质如表 34-93 所示，其适用特性如表 34-94 所示。

常用制冷剂的主要物理性质　　　　　　　　　　　　　　表 34-93

代　号	名　称	化学分子式	分子质量	沸　点（℃）	凝固点（℃）	临界温度（℃）	临界压力（MPa）
R11	一氟三氯甲烷	CFC_{13}	137.38	23.82	−111	198	4.406
R12	二氟二氯甲烷	CF_2Cl_2	120.93	−29.79	−158	112	4.113
R13	三氟一氯甲烷	CF_3Cl	104.47	−81.4	−181	28.8	3.865
R21	一氟二氯甲烷	$CHFCl_2$	109.2	8.8	−135	178.5	5.168
R22	二氟一氯甲烷	CHF_2Cl	86.48	−40.76	−160	96	4.974
R23	三氟甲烷	CHF_3	70.02	−82.1	−155	25.6	4.833
R114	四氟二氯乙烷	$C_2F_4Cl_2$	170.94	3.8	−94	145.7	3.259
R115	五氟一氯乙烷	C_2F_5Cl	154.48	−39.1	−106	79.9	3.153
R501	R22/R12（84.5/15.5）	—	—	−41.5			
R502	R22/R115（48.8/51.2）	—	111.63	−45.4		82.2	4.072
R503	R23/R13（40.1/59.9）	—	87.5	−88.7		19.5	4.182
R717	氨	NH_3	17.03	−33.3	−77.7	133	11.417

续表

代号	名　称	化学分子式	分子质量	沸　点（℃）	凝固点（℃）	临界温度（℃）	临界压力（MPa）
R728	氮	N_2	28.013	−198.8	−210	−146.9	3.396
R744	二氧化碳	CO_2	44.01	−78.4	−56.6	31.1	7.372
R718	水	H_2O	18.02	100	0	374.2	22.103

常用制冷剂的适用特性　　　　　　　　　　　　　表 34-94

代号	适用范围			
	温度区间	制冷机形式	特　点	用　途
R11	−5～10	离心式	沸点高、无毒、不燃烧	大型空调及其他工业
R12	−60～10	活塞式、离心式、回转式	压力适中、压缩终温度、化学稳定、无毒	冷藏、空调、化学工业及其他工业，从家用空调到大型离心制冷机
R13	−60～−100	活塞式、离心式	沸点低、临界温度低、无毒、不燃烧	用低温研究和低温化学工业
R21	−20～10	活塞式、离心式、回转式	冷凝压力低	用于空调、化学工业小型制冷机，适用于高温车间及起重机控制室的风冷式降温设备
R22	0～−80	活塞式、离心式、回转式	压力适中、制冷能力比 R12 高、排气温度比 R12 低	用于冷藏、空调、化学工业及其他工业
R114	−20～10	活塞式、离心式、回转式	沸点比 R21 低，介于 R12 和 R11 之间	主要用于小型制冷机
R502	0～−80	活塞式、离心式	无毒、不燃烧，压力和制冷能力与 R22 近似	特别适用于全封闭式制冷压缩机
R717	−60～10	活塞式、离心式、回转式	压力适中、有毒	用于制冷、冷藏、化学工业及其他工业；不宜在人员密集的地方

6. 润滑油

润滑油在制冷设备安装和使用过程中起到的作用有润滑、密封（渗入各摩擦件密封面阻止制冷剂泄漏）、冷却（带走摩擦热，同时也可降低排气温度），在多缸压缩机中，润滑油还可用来控制卸载机构的作用等。目前，市面上润滑油的种类较多，而在制冷设备安装过程中，较常使用的是冷冻机油。常用冷冻机油规格及主要性能指标见表 34-95。

国产冷冻机油的规格及主要性能指标　　　　　　表 34-95

项　目	质　量　指　标				
黏度等级	N15	N22	N32	N46	N68
运动黏度（mm^2/s）	13.5～16.5	19.8～24.2	28.8～35.2	41.4～50.6	61.2～74.8
闪点（℃），不低于	150	160	160	170	180

续表

项　　目	质　量　指　标				
黏度等级	N15	N22	N32	N46	N68
凝点（℃），不高于	−40				−35
酸值（mgKOH/g），不大于	0.02			0.03	0.05
氧化后酸值，不大于	0.05	0.2	0.05	0.1	
氧化沉淀物，不大于	0.01%	0.02%	0.01%	0.02%	
水分	无				
机械杂质	无				

7. 清洗剂

在清洗制冷设备零部件时，为保证安装工程的质量，正确选择清洗剂是尤为重要的。清洗剂的种类较多，根据清洗的对象，可分别选用煤油、汽油、松节油、松香水及香蕉水等。煤油、汽油可用来清洗一般机械设备中的润滑油和润滑脂。使用汽油清洗时，其环境含量不能超过 0.3mg/L，防止发生危险，而且零部件清洗后要立即涂润滑油，否则表面会很快锈蚀。

松节油可用来清洗一般油基漆、醇酸树脂漆、天然树脂漆的漆膜。

松香水是辛烷、壬烷、本乙烷、二甲苯、三甲苯所调配而成的有机溶剂，可用来清洗油性调合漆、磁漆、醇酸漆、油性清漆及沥青等。

香蕉水又名天那水，是将乙酸乙酯、乙酸丁酯、苯、甲苯、丙酮、乙醇、丁醇按一定重量百分比组成配制成的混合溶剂，溶解力极强。可用来清洗机械设备表面的防锈漆。

8. 防冻剂

为防止制冷设备内结冰影响机组正常运行，经常要使用到防冻剂。目前较为常用的防冻剂溶液包括氯化钙、乙醇、乙二醇、甲醇、醋酸钾、丙二醇和氯化钠。

氯化钙防冻液含有的成分有氯化钙（77%～80%）、氯化钠（1%～2%）、氯化钾（2%～3%）、水（15%～20%）。在氯化钙使用过程中应特别注意其不相容性：氯化钙暴露于空气中，会腐蚀大多数的金属；会侵蚀铝（及其合金）及铜锌合金；与硫酸反应生成具有腐蚀性、刺激性及反应能力的氯化氢；能够与可和水发生反应的物质，如：钠，发生放热反应；与甲基、乙烯基醚发生失去控制的聚合反应；在溶解状态下，与锌（电镀后）发生反应，形成具有爆炸性的氢气。

乙醇防冻液主要成分有乙醇（89%～95%）、蔗糖八乙酸酯（98g/100L）、松油（0.25%）、无离子水（1.4%）、焦亚硫酸钠（0.06%）、苯甲酸盐改性剂（0.0005%）、异丙醇（9.2%）。乙醇气体对静电放电敏感，应采取措施避免乙醇溢出物（渗漏物）。同时，应备有适当的通风及保护装置，远离热源、火花或火焰。溢出物应在适当的容器内保存，或使用适当的有吸收能力的材料来吸收，以便进行适当的处理。

乙二醇溶液主要成分有乙二醇（＞95%）、磷酸氢二钠（＜3%）、水（＜3%）等组成。乙二醇存放处应与下水道、排雨管道、水面及土壤表面远离。此物质比水密度大，且与水极易相溶。对于乙二醇的少量溢出物，需用具有吸收能力的物质及收集器吸收入容器中。对于大量溢出物，应避免水路的污染。将其通过挖沟引入或用泵打入适当的容器中。用具有吸收能力的物质吸收残余物，并用水冲洗该处。

氯化钠防冻液主要成分为氯化钠（＞99％），对于氯化钠防冻液溢出物（渗漏物）所采取的措施：如果溢出量或渗漏量很少，应使用装备有特殊过滤器的有全方位的密闭头盔面罩的空气净化呼吸器。在任何情况下都要戴眼部保护装置。对于少量溢出物，应清扫及处理到规定的废物容器中。要将物质与下水道、排水道、水面及土壤远离。

34.8.1.2　施工技术材料的审定

空调制冷设备在安装前，必须对有关技术资料进行认真的审定，以保证施工顺利进行。一般对施工图纸进行会审，并对施工方案和技术措施进行认证及安排合理的施工进度计划。

1. 施工图纸会审

图纸会审的目的是为了解决疑点，消除隐患，从而减少施工图中的差错，使工程施工顺利进行，达到降低成本和保证施工质量的目的。

施工图纸会审前，应组织有关专业技术人员熟悉施工图纸，弄清设计意图，将图纸中的有关问题记录下来，在图纸会审中核对。会审后签发会审记录，作为施工的依据，与施工图纸具有同等的效力。

制冷设备安装的图纸会审，主要是核对设备与基础之间的配合尺寸，如平面布线的位置、标高、地脚螺栓尺寸；并审查设备与设备连接的管道流程，以及电气设备、自动调节设备的管线连接等。

会审时的主要内容如下：

（1）施工图纸是否符合国家颁布的有关技术、经济政策，是否符合经济合理、方便安装施工的原则。

（2）建筑结构与制冷设备安装有无矛盾。

（3）制冷工艺流程是否合理，各附属设备及管道的标高是否合理，管道有无反坡现象。

（4）电气控制及自动调节系统的部件、线路是否合理。

（5）设计中有无不保证安全施工的因素。

（6）设计中采用的特殊材料和新工艺，安装施工能否满足。

（7）图纸和说明书等技术文件是否齐全、清楚，各有关尺寸、坐标等有无差错。

2. 施工方案和技术措施

在施工安装过程中，有很多的施工方法可供选择。制定施工方案时，应根据工程特点、工期要求、施工条件等因素进行综合权衡，选择适用于本工程的最先进、最合理、最经济的施工方法，以达到保证工程质量、降低工程造价和提高劳动生产率的效果。因此，选择合理的施工方法是制定施工方案的关键。

施工方法的选择重点在于工程的主体施工过程。在制定施工方案时应注意突出重点。对于在施工过程中采用的新工艺、新技术或对工程施工质量影响较大的工序，应详细说明施工方法及采取的技术措施，同时还应提出施工的质量标准及安全措施等。

设备安装常用的几种方法及特点如表 34-96 所示。

几种常用的设备安装方法及特点 表 34-96

方 法	特 点
整体安装法	适合于整体式或模块式制冷机组
三点安装法	用于快速找平，所选的三点应保证设备中心在其范围内
无垫铁安装法	可以消除由于垫铁和基础表面的粗糙不平而造成的基础受力不均，提高设备安装精度
坐浆安装法	通过增加垫铁与混凝土基础的接触面积，并使新老混凝土粘结牢固，提高垫铁安装质量

对于其他制冷工艺流程步骤由于在不同设备安装施工中，具体操作方法不同，因此将在后面的具体设备安装中详细论述。

34.8.2 冷水机组的安装

冷水机组按驱动的动力可分为两大类：一类是电力驱动的冷水机组，主要包括活塞式冷水机组、涡旋式冷水机组、螺杆式冷水机组和离心式冷水机组；另一类是热力驱动的冷水机组，又称吸收式冷水机组，主要包括蒸汽或热水型吸收式冷水机组和直燃型吸收式冷水机组。

34.8.2.1 活塞式冷水机组的安装

活塞式冷水机组由压缩机、冷凝器、蒸发器、干燥过滤器等制冷部件组成，并设有超压、油压差过低、断水、过载、超低温自动保护装置，这些部件通常安装在同一底座上。

根据一台冷水机组中压缩机台数的不同，活塞式冷水机组可分为单机头（一台压缩机）和多机头（两台以上压缩机）两种。根据机组的组装形式又可分为整机型和模块化冷水机组。冷水机组的制冷系统根据制冷剂的不同还可以分为氨制冷系统和氟利昂制冷系统。

活塞式冷水机组的安装过程如下：

1. 放样划线

按平面设计图进行放样划线。首先确定冷水机组与墙体中心线的关系尺寸，在地面上划定设备安装的纵横基准线和设备的基础位置。完成后还必须认真校验。一般冷水机组中心与墙、柱中心间距的允许误差为 20mm，设备间的允许误差为 10mm。

2. 机组设备的开箱检查

设备开箱之前，首先应查明设备型号与箱号是否一致，确认无误后，方可进行开箱。开箱时建设单位与施工单位共同进行检查验收。

开箱时，先开启箱顶木板，再启开四周的箱板，并取出机件。要尽量减少箱板的损坏，不要用大锤进行敲打。

开箱后，根据设备装箱清单说明书、检验记录和必要的装配图及其他技术文件，核对设备的型号、规格以及全部零件、部件、附属材料和专用工具。检查设备主体、各部件等表面有无缺损和锈蚀等情况。设备充填的保护气体应无泄漏，油封应完好。开箱检查后，设备应采取保护措施，不宜过早或任意拆除，以免设备受损。

3. 基础施工

基础施工前，应对所安装的设备先进行开箱检查，核对设备基础施工图与设备底座及孔口实际尺寸是否相符。不同厂家的设备尺寸不尽相同，基础的尺寸应以实际尺寸为准。

混凝土基础应捣制在原状土壤上，如遇墓坑、井穴或其他不良土壤时，应对地基按土建要求进行妥善处理。基坑应挖至原状土壤以下 500mm，然后用好土分层回填夯实，每层厚度不大于 150mm，夯实的土层须密实，土壤的密度应大于或等于 1.6g/cm³。基础的耐力应在 7.84N/cm² 以上。如基础的耐力较差，应按计算结果加大基础面积。

基础应采用 C15 级混凝土捣制，且应一次捣筑完成，其间隔时间不超过 2h。按设备地脚孔位置及尺寸，预留地脚孔洞，并预埋电线管和上下水管道。混凝土浇筑后约 8h，应松动地脚孔的模板，以防混凝土凝固后脱模困难。捣制混凝土基础时，必须预留 10～20mm 的找平层，待设备上位后，再以 1：2 水泥砂浆进行抹面，压实、抹光。

基础浇筑 10d 以后，强度达 60% 以上时，方可安装设备。

对于大型的活塞式冷水机组，为吸收设备运行产生的振动，使其不对临近机组和建筑物造成不良影响，需要构筑防振缝，具体做法：在离基础 50～100mm 的四周砌一道 240mm 厚的砖墙，缝内填满干砂并用麻刀沥青封口，以防水流进防振缝。

混凝土设备基础的允许偏差

表 34-97

项　　目		允许偏差（mm）
坐标位置（纵横轴线）		±20
不同平面的标高		0
		−20
平面外形尺寸		±20
凸台上平面外形尺寸		0
		−20
凹穴尺寸		+20
		0
平面水平度（包括地坪上需安装设备的部分）		每米 5 且全长 10
垂直度		每米 5 且全长 10
预埋地脚螺栓	标高（顶端）	+20
		0
	中心距（在根部与顶部两处测量）	±2
预埋地脚螺栓孔	中心位置	10
	深　度	+20
		0
	孔壁铅垂度	10
预埋地脚螺栓锚板	标　高	+20
		0
	中心位置	5
预埋活动地脚螺栓锚板	带槽的锚板与混凝土面的平整度	5
	带螺纹孔的锚板与混凝土面的平整度	2

设备基础施工后，土建单位和安装单位应共同对其质量进行检查，主要检查内容包括：基础的外形尺寸、基础平面的水平度、中心线、标高、地脚螺栓孔的深度和间距、混凝土内的埋设件以及模板和木盒是否符合标准，积水是否清除干净等。核实基础的混凝土强度等级、外形尺寸、标高、坐标、预埋件、预留孔位置是否和设计要求一致，其允许偏差见表34-97。同时基础验收时认真填写"基础验收记录"。

在基础验收中如出现不合格，应及时处理：

(1) 基础平面过高可用凿子铲低。

(2) 中心偏移过大，可适当的改变地脚螺栓的位置。

(3) 如一次灌浆螺栓短了，可采用焊接接长的方法解决。

(4) 地脚螺栓孔过小，可扩大预留孔。

4. 设备上位

设备上位是将开箱后的设备由箱的底排搬到设备基础上。设备上位前混凝土应达到养护强度，应将基础表面及螺栓孔内的泥土、污物清理干净。设备上位的方法可根据施工现场的实际条件选用。若机房内已安装桥式起重机，可直接通过吊装上位；或者利用铲车或人字架将制冷设备运到基础上，对于含有底排的设备，可将人字架挂上捯链将设备吊起，抽出箱底排，再将设备安放到基础上。对于大型设备或者无铲车等设备时，也可以通过滑移上位。滑移上位时，先将设备运到基础旁，对好基础，卸下连接底排的螺栓，用撬杠撬起设备的一端，将几根滚杠放到设备与底排之间，分开设备与底排，然后再在基础和底排之间横跨几根滚杠，撬动设备，使滚杠滑动，从而将设备从底排滑到基础上，最后撬起设备将滚杠抽出，完成上位。

在设备上位时，应防止受力点低于设备重心而倾斜，设备应捆扎稳固，钢丝绳与机体的接触处，应垫软木板，对于有公共底座的机具，吊装受力点的位置要适当，不得使机座产生扭曲和变形，吊索与设备接触的部位要用软质材料衬垫，以防止设备机体、管路、仪表及其他附件受损或擦伤表面的油漆。

5. 设备找正

找正是将设备不偏不倚地放在规定位置上，使设备的纵横中心线与基础上的中心线对正，为此必须找出设备的中心线和中心点，即找出设备的定位基准，并进行设备的划线。设备的定位基准一般可以在设备说明书或安装说明上查得。设备就位正与不正，可以通过量具和线坠进行测量，如果不正，可用撬杠轻轻撬动设备进行调整，直到与基础的中心线对正为止。对于静止设备的找正，除了要使设备的中心线与基础中心线对准外，还要注意使设备上的管座方位与图纸设计要求相符。

6. 设备初平

设备初平是在设备上位和找正后，将设备的水平度调整到接近要求的程度。

根据设备本身的要求，易振动的设备一般底座上放置减震垫，减震垫的厚度要均匀。设备有支脚调平器时，先用支脚调平器调平。仍不平或者无支脚调平器时，安装垫铁把设备调平，此时需要确定垫铁的垫放位置。

垫铁材料通常是铸铁或钢板，厚垫铁多用铸铁制造，薄垫铁多采用钢板。其形状较多，有斜垫铁、平垫铁、开口垫铁、开孔垫铁、钩头成对垫铁等。

一般地，垫铁安放方式有2种，一是研垫铁方式，即在基础表面安放垫铁的位置先铲研基础表面，使基础表面平整，然后把垫铁放在研合好的基础表面与设备底座之间。采用这种垫铁安放方式时，基础表面与设备底座之间的距离为 50mm 左右，最低不得低于 30mm，最高不得高于 100mm；二是为砂墩垫铁安放方式，即在设备基础浇筑好后，在基础表面需要安放垫铁的位置放置铁盒，在铁盒内制作 1 个水泥砂墩，在砂墩上面安放垫铁，用水准仪等找平各个垫铁表面，然后把设备底座安放到垫铁上，再用 1 组斜垫铁调节设备的水平度。采用这种垫铁安放方式时，基础表面与设备底座之间的距离为 100～150mm 左右。

根据基础表面的标高与设计标高的偏差情况，来计算垫铁的总厚度及各个垫铁的厚度组合，每组垫铁的数量不应超过 4 块。在设备位置的粗平时，为了节省时间及调整方便，不要一次性把设备底座所需的全部垫铁组安放到位，只需在底座的 4 个角靠地脚螺栓的位置先安放 4 组垫铁，等初步找平后，再把其他垫铁组安放好。

地脚螺栓的基础预留孔不应放得过大，以使每组垫铁有足够的面积。但现场如果出现地脚螺栓的基础预留孔放得过大或土建做得过大，无法在靠近地脚螺栓的位置安放垫铁时，可在地脚螺栓附近先临时安放 1 到 2 组垫铁，等设备粗平，地脚螺栓浇筑并养护到期时，再在已浇筑好的地脚螺栓边按要求安放 1 到 2 组垫铁，临时安放的 1 到 2 组垫铁可根据与地脚螺栓的位置远近决定是拆掉或是保留。

垫铁的尺寸，一般能达到承受设备负荷的要求。精确计算时，垫铁的面积可按下式计算：

$$A = C \frac{100(G_1 + G_2)}{nR} \tag{34-3}$$

式中　A——一组垫铁的面积，mm^2；

　　　C——常数，一般取 2.3；

　　　G_1——设备满载时的总重量，N；

　　　G_2——全部地脚螺栓紧固后，作用在垫铁上的总压力，N；

　　　n——垫铁组的数量；

　　　R——基础或地坪混凝土的抗压强度，可以采用混凝土的设计强度等级，MPa。

其中，作用在垫铁上的总压力可由下式计算：

$$G_2 = \frac{\pi d_0^2}{4} [\sigma] n' \tag{34-4}$$

式中　d_0——地脚螺栓直径，cm；

　　　$[\sigma]$——地脚螺栓材料的许用应力，MPa；

　　　n'——地脚螺栓的数量。

成对的斜垫铁安放时，要保证斜垫铁与设备底座之间的接触面积，不要因平垫铁的尺寸足够，而斜垫铁与设备底座之间的接触面积不够造成整个垫铁组不能承受设备负荷的情况。

当设备粗平后，在地脚螺栓浇筑前，要把设备底座的地脚螺栓孔与地脚螺栓之间垫上薄铁皮等物，保证地脚螺栓在孔内对中，以便设备精平时还有调整的余地，在浇筑时，要注意地脚螺栓不要歪斜。

在设备位置初平后，2 次浇筑前，要把垫铁组点焊，有的则把设备底座与垫铁一起点焊，但有的设备则不允许把垫铁组与设备底座点焊，如高温风机的机壳支座，其支座孔与地脚螺栓的位置要考虑热膨胀量，同时，支座与下部安装的膨胀滑板不允许点焊，以方便机壳支座在热膨胀时能在滑板上自由伸展，在2次浇筑时，2次浇筑层高度也不能高出膨胀滑板的上表面。

设备初平的标准是机身纵、横向水平度允许偏差均不应大于1/1000，测量部位应在主轴外露部分或其他基准面上。对于有公共底座的冷水机组，应按主机结构选择适当位置作基准面。

7. 浇筑地脚螺栓

机组找平后，应及时在地脚螺栓孔、底盘与基础空隙之间灌浆。如超过48h，则须重新核实中心位置及水平度。

地脚螺栓的作用是将设备与基础牢固地连接起来，以免设备在工作时发生位移和倾覆。地脚螺栓主要包括死地脚螺栓、活地脚螺栓、锚固式地脚螺栓三类。死地脚螺栓通常用于固定在工作时无冲击和振动或振动很小的中小型设备；活地脚螺栓一般用来固定工作时有强烈振动和冲击的重型设备；锚固式地脚螺栓又称膨胀螺栓，主要用于无振动的轻（小）型设备。

地脚螺栓、螺母和垫圈，一般都是随设备带来，它应符合设计和设备安装技术文件的规定。如无规定则可参照下列原则选用：

(1) 地脚螺栓的直径应小于设备底座上地脚螺栓孔，其关系可按表34-98选用：

设备底座孔径与地脚螺栓直径的关系　　　　　　　表 34-98

底座孔径 (mm)	12～13	14～17	18～22	23～27	28～33	34～40	41～48	49～55	56～65
螺栓直径 (mm)	10	12	16	20	24	30	36	42	48

(2) 地脚螺栓的长度应按施工图纸的规定，如无规定，可按下式确定：

$$L = 15D + S + (5 \sim 10)\text{mm} \tag{34-5}$$

式中　L——地脚螺栓的长度（mm）；

D——地脚螺栓的直径（mm）；

S——垫铁高度、设备底座和螺母厚度以及预留余量的总和（mm）。

地脚螺栓安装时应垂直，无倾斜。地脚螺栓的不铅垂度不应超过10/1000。如果安装不垂直，必定会使螺栓的安装坐标产生误差，给安装造成一定的困难，如果螺栓孔的底座很厚时，甚至无法进行安装。

在施工过程中，经常碰到的是对死地脚螺栓的二次灌浆，即在浇筑基础时，预先在基础上留出地脚螺栓的预留孔洞，安装设备时穿上地脚螺栓，然后用混凝土或水泥砂浆把地脚螺栓浇筑死。

地脚螺栓在敷设前，应将地脚螺栓上的锈垢、油质等清除干净，但螺纹部分要涂上油脂，然后检查与螺母的配合是否良好，敷设地脚螺栓的过程中，应防止杂物掉入螺栓孔内，以保证灌浆的质量。在准备对弯钩式地脚螺栓进行二次浇筑时，应注意其下端弯钩不得碰到底部，至少要留出 100mm 的间隙，螺栓到孔壁各个侧面的距离不能少于 15mm。如间隙太小，灌浆时不易填满，混凝土内就会出现孔洞。如设备安装在地下室或基础上的混凝土楼板上时，则地脚螺栓弯钩端应钩在钢筋上；如无钢筋，则应用一圆钢横穿在弯钩上。地脚螺栓底端不应碰孔底。

浇筑前，须清除基础面和地脚孔中的尘土、油垢等，不允许有积水存在，并在基础周围钉好模板。注意地脚孔内不得存有积水，检查地脚螺栓的套穿情况，螺栓顶端一般要高出螺母 2～3 扣。浇筑用的水泥砂浆或细石混凝土的强度等级，应比基础强度等级高 1～2 级。

灌浆时，须从一侧灌入，为使砂浆浇筑密实，须随时搅动。砂浆必须灌满，灌浆高度须掌握在比机组底盘略低一些，但最低也须要把底盘的底面灌没，不能使底盘与基础之间留有空隙。灌浆工作要一次完成，不能间断。

浇筑后，要做好养护。混凝土的养护目的，一是创造各种条件使水泥充分水化，加速混凝土硬化；二是防止混凝土成型后暴晒、风吹、寒冷等条件而出现的不正常收缩、裂缝等破损现象。混凝土养护法分为自然养护和加热养护两种：现浇混凝土在正常条件下通常采用自然养护。自然养护基本要求：在浇筑完成后，12h 以内应进行养护；混凝土强度未达到 C12 以前，严禁任何人在上面行走、安装模板支架，更不得做冲击性或在上面做任何劈打的操作。

覆盖养护是最常用的保温保湿养护方法。应在初凝以后开始覆盖养护，在终凝后开始浇水（12h 后）覆盖麦秆、烂草席、竹帘、麻袋片、编织布等片状物。浇水工具可以采用水管、水桶等工具保证混凝土的湿润度。养护时间，与构件项目、水泥品种和有无掺外加剂有关，常用的水泥正温条件下应不少于 7d；掺有外加剂或有抗渗、抗冻要求的水泥，应不少于 14d。

冬期不浇水，由于铺设塑料薄膜，可以维持水分，使之不易挥发，同时也是为处于防冻考虑。理论上讲，日平均气温低于 5℃时，不得浇水养护，宜用塑料薄膜或麻袋、草袋覆盖保温。

夏季气温高、湿度低、干燥快，优先采用水养护方法连续养护。在混凝土浇筑后的前一两天，应保证混凝土处于充分湿润的状态。

在预留孔内混凝土达到其设计强度的 75％以上时，方可拧紧地脚螺栓，各螺栓的拧紧力应均匀；拧紧后，螺栓应露出螺母，其露出的长度宜为螺栓直径的 1/3～2/3。

8. 精平

精平方法应根据制冷设备的具体情况来确定。

对于有直立汽缸的机组（如立式及 W 型），可用水平尺在直立汽缸的端面或飞轮外缘上测量水平度，并以调整机座下垫铁高度的方法，使机组达到水平。如 W 型压缩机汽缸直径较大，也可在直立汽缸的内壁上用方水平尺测其水平。无论用一般水平尺或方水平尺测量，均须调换几个测量方位，并均须达到要求的水平度。

对压缩机与电动机已组装在公共底盘上的冷水机组，安装时，只在公共底盘上找水平即可。因这种机组制造厂已校好压缩机与底盘的水平。机组找平后，用手锤逐个敲击垫铁，检查是否均已压紧。

制冷设备及制冷附属设备安装位置、标高的允许偏差，应符合表 34-99 的规定。

制冷设备及制冷附属设备安装允许偏差和检验方法　　　　　表 34-99

项次	项目	允许偏差（mm）	检 验 方 法
1	平面位移	10	经纬仪或拉线和尺量检查
2	标高	±10	水准仪或经纬仪、拉线和尺量检查

9. 基础抹面

设备精平后，应用混凝土填满设备底座与基础间的空隙，并将垫铁埋在混凝土内，固定垫铁，从而将设备负荷传递到基础上。

先在基础边缘设外模板，然后灌注混凝土或砂浆。根据抹面砂浆功能的不同，一般可将抹面砂浆分为普通抹面砂浆、装饰砂浆、防水砂浆和具有某些特殊功能的抹面砂浆（如绝热、耐酸、防射线砂浆）等。灌浆层上表面应略有坡度，坡向朝外，便于排放液体。抹面砂浆应压密实，抹成圆棱，表面光滑。

10. 机组水系统接管的安装

按施工图进行冷媒水及冷却水接管的安装施工，在安装时应遵循以下原则：

（1）机组水系统接管在安装时，不能占用安装、维修及操作空间，并确保阀门、过滤器等水系统附件有足够的操作和维修空间。

（2）机组冷冻水进出口、冷却水进出水口必须设软接头（橡胶软接头、橡胶软管、金属软管均可）。

（3）管路设置应避免影响机组的正常运行和维修管理。

（4）机外管路的重力由支架或吊钩承受。注意不要将管路负荷作用在机组蒸发器和冷凝器上。

（5）机组各进出水管应设调节阀、温度计、压力表。

（6）冷冻水、冷却水进水管应加过滤器，冷冻水、冷却水出水管最高处加设放空管。

11. 机组电气控制设备的安装

机组安装就位、水管安装完成后，需对电气控制设备进行安装与接线。对于常规控制仪表的安装应进行下列工作：

（1）安装前应对单体调节设备进行调试工作，使其调节精度达到要求。

（2）就地安装的一次仪表，应安装在光线充足、测量操作和维修方便的部位。必须达到牢固、平正，不能敲击、振动。

（3）直接安装在冷却水和冷冻水管路上的仪表，应在管路吹扫后、试压前安装，保证接口的严密性。

（4）仪表与电气设备的接线应进行绞线并注明线号，与接线端子连接牢固可靠，排列整齐、美观。

模块式冷水机组的安装应符合下列规定：机组安装，应对机座进行找平，其纵、横向水平度允许偏差均不能大于 1/1000。多台模块式冷水机组单元并联组合，应牢固地固定在型钢基础上，连接后模块机组外壳应保持完好无损，表面平整，接口牢固。模块式冷水机组进、出水管连接位置应正确，严密不漏。

34.8.2.2　螺杆式冷水机组的安装

螺杆式制冷机组是一种新型制冷设备，其压缩机属于回转容积式压缩机，由一对啮合的转子在转动过程中产生周期性容积变化，实现吸气、压缩和排气单向进行的过程。螺杆式冷水机组的压缩机与电动机直联，装在同一机架上，机组下部设有油分离器、油冷却器、油泵及油过滤器等，机组旁设有安全保护装置，以保护机组安全运行。

螺杆式制冷机组在安装时同样要进行放样划线、开箱检查、基础施工、设备找平上位找正等步骤，其具体要求和方法均与活塞式冷水机组相同。

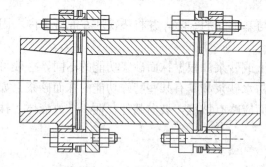

图 34-102　联轴器示意图

需要注意的是螺杆式冷水机组安装时，应特别注意联轴器的安装与校准，这会影响压缩机轴封与轴承的寿命以及电机轴承的寿命。联轴器的示意图如图 34-102 所示。一般机组出厂前已对联轴器做了平行偏差及角偏差的调整，但在机组的运输搬运过程中，可能发生变形移动，因此在现场安装后必须重新检测压缩机安装盘和电机安装盘之间的距离并重新找正。机组在启动之前必须作初次找正（冷状态下找正），并在热运行 4h 后重新检查（热状态下找正）。找正时可用指针百分表及连接工具来测量轴的角偏差与平行偏差。联轴器的调节就是交替测量角偏差和平行偏差并调整电机位置直到偏差值在规定的范围内。

电机和压缩机的冷状态下初次找正之前先要检测压缩机安装盘与电机安装盘之间的间距。其方法为拆下任意一个安装盘与间隔轴的连接螺栓及金属叠片，另一个安装盘与间隔轴仍保持连接，检查电机安装盘与压缩机安装盘是否处于正确的安装位置，然后测取它们的间距，在圆周方向取 3~4 个读数的平均值，并使此尺寸符合要求。若采用补偿，要考虑予补偿值来调两安装盘的间距。

冷状态下的初次找正分为三个步骤：

（1）检查角偏差；

（2）检查垂直方向平行偏差；

（3）检查水平平行偏差；

（4）在检查角偏差中，按图 34-103（a）所示安装好指针百分表（零点钟的位置），使百分表的触头与压缩机安装盘接触，方向指向电机。用两螺栓连接安装盘与间隔轴，旋转两个安装盘若干转，确保百分表的触头略微受力，并将百分表读数设为 0。将电机安装盘与压缩机安装盘同时旋转 180°至六点钟位置，这时百分表上的测量值为最大的角偏差值。当安装盘旋转时，可借助镜子观察百分表上的读数。

当角偏差不满足要求时，松开电机地脚螺栓，移动电机或调整电机脚板下的调整垫片以纠正角偏差。角偏差调整好后，重新拧紧电机地脚螺栓，并重复一次上述步骤，对所做的纠正进行检查，对角偏差做进一步调整和检查直到百分表读数在规定范围内。

检查垂直方向平行偏差时按图 34-103（b）所示安装好百分表，并将电机与压缩机安装盘同时旋转 180°至时钟六点钟位置，这时百分表的读数为垂直平行偏差的两倍。松开电机地脚螺栓，调整电机脚板下的调整垫片直到垂直平行偏差在电机地脚螺栓被旋紧时，不超过规定范围。需要注意的是，纠正平行偏差时应谨防轴向间距和角偏差值受到影响。垂直平行偏差调整好后，拧紧电机地脚螺栓，重复上述步骤，直到角偏差合乎要求。

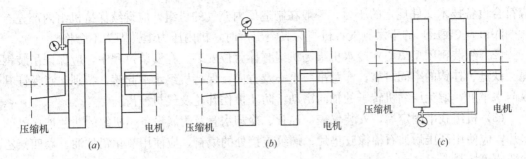

图 34-103　指针百分表的安装
(*a*) 检查角偏差；(*b*) 检查垂直方向平行偏差；(*c*) 检查水平平行偏差 (俯视)

检查水平平行偏差，先使百分表位于时钟三点钟位置，见图 34-103 (*c*)，后将电机与压缩机的安装盘同时旋转 180°至时钟九点钟位置，这时百分表的读数为水平平行偏差的两倍，利用电机脚板旁的调节螺钉调节水平平行偏差直到该值达到要求。

检查完三个偏差之后，应重新检查角偏差并根据需要重新加以调节。其方法为拧紧电机地脚螺栓并同时旋转两个联轴节，在 0～360°全程以 90°为一个增量对角偏差与平行偏差进行检查。如果测量值超过规定值，重新进行调节。当联轴器调整好后，记录平行偏差值及角偏差值，作为此后的热调节参考。并点动电机检查电机旋转方向是否正确，检查油泵转向是否与泵体上箭头方向一致。

冷状态下的初次找正之后，安装驱动隔离器及叠片组件。按标记将叠片组件、间隔轴放在两安装盘之间，并按标记对准。然后分别将两端的精密螺栓、衬套、自锁螺母对号装入，先紧固一端螺母，紧固时要尽量注意使螺栓不要转动，严格按拧紧力矩要求，用扭力扳手对角顺序分 3～5 次均匀拧紧，然后复测另一端安装盘与间隔轴之间的间距值，在圆周上测四个位置，其平均值应在片组实际厚度基础上再加以 0～+0.4mm 范围内，四个位置的数值相互差不允许大于 0.1，若不符合要求应重新调整，全部调整合格后才可按拧紧力矩要求均匀拧紧螺母。自锁螺母装配时，应涂少量中性润滑油。自锁螺母允许多次使用，但若用手能自由地将自锁螺母锁紧部位拧入螺栓或自锁螺母收口部位有裂纹等缺陷时应报废，严禁再使用。

此后进行热运行后的调节。在机组连续运行 4h 且所有部件都达到运行温度时，停机并迅速将百分表安装在联轴节上，检查平行偏差值及角偏差值，将它们与冷调节时的记录加以比较，并调整其偏差。初次调整完后重新启动机组并使其达到运行温度，停机并再次检查两个偏差值，重复上述步骤直到达到要求。

最后是最终热运行调节。机组运行约一周后，停机并立即重新检查同轴度（角偏差和平行偏差），若不正常，则重新调节直到满足要求。

34.8.2.3　离心式冷水机组的安装

离心式制冷机组在安装时同样要进行放样划线、开箱检查、基础施工、设备找平、上位找正等步骤，其具体要求和方法均与活塞式冷水机组相同。但以下几个方面需要特别注意：

(1) 在拆箱检查时，应按自上而下的顺序进行。拆箱时应注意保护机组的管路、仪表及电器设备不受损坏，拆箱后清点附件的数量及机组充气有无泄漏等现象。机组充气内压应符合设备技术文件规定的压力。一般在制造厂内充气的机组，应继续保持机组内部充有 30～50kPa（表压）的干燥氮气，机组为真空出厂时，机内压力上升即为不合格。

（2）组装密闭型离心式冷水机组为机组整体就位安装。在安装过程中，应保证吊装钢绳、铁链、挂钩的牢固可靠，注意吊装重心及方向，保持机组水平起落，特别注意保证其纵向水平度，避免压缩机转子的轴向窜动，防止擦伤叶轮及气封梳齿。

（3）机组找平固定后，安装仪表、油管、冷却水管及附属设备。机组的法兰连接处的垫片，应使用高压耐油石棉橡胶垫片；螺纹连接处的填料，应使用氧化铅甘油、聚四氟乙烯薄膜等填料。

34.8.2.4　溴化锂吸收式冷（热）水机组的安装

根据溴化锂吸收式冷水机组的动力来源不同，又可分为蒸汽或热水式溴化锂冷水机组和直燃式溴化锂冷水机组。两者安装方法略有不同。

1. 蒸汽或热水式溴化锂冷水机组

蒸汽或热水式吸收式制冷机组在安装时同样要进行放样划线、开箱检查、基础施工、设备找平、上位、找正等步骤，其具体要求和方法均与活塞式冷水机组相同。但以下几个方面需要特别注意：

（1）对于机组基础，溴化锂吸收式冷水机组运转较平稳，振动很轻，在基础的设计和施工中仅考虑机组的运转质量。国内溴化锂吸收式冷水机组生产的厂家较多，其基础的外形尺寸及形式应按厂家提供的技术文件进行施工。

如果在单层机房内安装溴化锂制冷机，应首先做好机房地面以下深度约为 1m 的地基，最好对机组纵向承重的基础座位置浇筑混凝土台座，至少要用三合土夯实，以防地面下沉。浇筑机房混凝土地面的同时，应做好电源与仪表线管以及冷冻水、冷却水、蒸汽凝结水管段的预埋，预埋管应尽可能离地面承重位置远些。承重位置的基础或基础台座的铺设要求水平，并用水平仪进行校核。有基础台座的基础分两次浇筑完成，第一次浇筑平台，完成后用水平仪进行校核，以保证机组纵向的水平；第二次浇筑基础台面，找平时再校核其平面，以保证机组的横向水平。机组安装就位后，如对台座有大的损坏，可进行局部修补。必须注意的是：浇筑基础的水泥强度等级不得太低，所有的预埋管口在浇筑完成后要封好，以防杂物进入。

（2）机组的水平度应按设备技术文件规定的基准面上测量，其纵横水平偏差不大于 1/1000。水平散装的大型制冷机组须在现场组装时，应先把下筒体运至基础上校准，然后依次安装上筒体、管道和部件。

（3）蒸汽式溴化锂冷水机组必须保持蒸汽压稳定和蒸汽凝结水的畅通，以保证机组的技术性能和使用寿命。供汽系统的配管工艺与一般蒸汽管道相同，但应注意如下事项：

1）为保证供汽压力稳定，蒸汽表压高于 0.8MPa 时，应在机组的蒸汽调节阀与过滤器之间安装减压阀，其位置应设在距机组 3m 之内。减压阀前后的压差 P_1-P_2 一般应大于 0.2MPa，压比 $\dfrac{P_1}{P_2} \leqslant 0.8$，才能起到有效的减压作用。蒸汽调节阀与温度传感器等组成自动调节系统，其调节阀应距离机组的蒸汽入口处 1.2m 为宜，以使蒸汽均匀分配至各传热管。

2）如蒸汽的干度低于 0.95 或蒸汽锅炉容量较小时，为保证发生器的传热效果，应在管路入口处装设水分离器。分离出的水通过疏水器流至锅炉房。

3）为观测运行中各部位蒸汽压力，应在减压阀两侧及蒸汽调节阀前后装设压力表。

4）减压阀和蒸汽调节阀处应安装截止阀的旁通管路，便于检修时可手动调节。

5）蒸汽凝结水管应使机组的背压保持在表压 0.05～0.25MPa 以内，为防止在低负荷或停运时凝结水反流回高压发生器管束。可在机组的蒸汽凝结水的出口处安装止回阀或排水阀。

6）在双效吸收式冷水机组中，为充分利用蒸汽和提高热效率，一般应装设凝结水回热器。经凝结水回热器的凝水温度一般为 90～95℃。

2. 直燃式溴化锂冷（热）水机组

直燃式溴化锂冷（热）水机组主要部件的安装方法与蒸汽或热水式溴化锂冷水机组大致相同，但同时也有一些不同之处值得注意，下面对燃油型直燃式溴化锂冷水机组和燃气型直燃式溴化锂冷水机组分别详细阐述。

（1）燃油型直燃式溴化锂冷水机组在安装时主要注意以下几点：

1）燃油型直燃式冷热水机组若是在高层建筑中使用时，应符合现行《高层民用建筑防火规范》GB 50045 的一些要求，如：储油罐总储量不应超过 15m³，当直埋于高层建筑或裙房附近，面向油罐一面 4m 范围内的建筑物外墙为防火墙时，其防火间距可不限；机房内的日用（中间）油箱的容积不应大于 1m³，并且应设在耐火等级不低于二级的单独房间内，其门应采用甲级防火门等。

2）燃油型直燃式冷热水机组在安装燃油管路系统时应注意以下事项：

①机房内油箱的容积不应大于 1m³，油位应高于燃烧器 0.10～0.15m 之间，油箱顶部应安装呼吸阀，油箱还应设油位指示器。

②为防止油箱中的杂质进入燃烧器、油泵及电磁阀等部件，影响正常运转和降低使用寿命，在燃油管路中没有过滤器。一般设在油箱的出口处。油箱的出口处应采用 60 目的过滤器，而燃烧器的入口处采用 140 目较细的过滤器。

③燃油管路应采用无缝钢管，焊接前应清除管内的铁锈和污物，焊接后经压力试验和渗漏试验。

④燃油管路的最低压力处应设排污阀，最高处应设排空阀。

⑤装有喷油泵回油管路时，回油管系统中应装有旋塞、阀门等部件，保证管路畅通无阻。

⑥在无日用油箱的供油系统，必须安装空气分离器。空气分离器安装在储油箱和燃烧器中间，并应靠近机组，其分离器的容量为机组 2h 消耗的燃油量。

（2）燃气型直燃式溴化锂冷水机组在安装时主要注意以下几点：

1）燃气型直燃式冷热水机组若是在高层建筑中使用时，应符合现行《高层民用建筑防火规范》GB 50045 的一些要求，如：机组不应布置在人员密集场所下一层或贴邻，机房的孔洞用防火材料严密封堵，并采用无门窗、洞口的耐火极限不低于 2h 的隔墙和 1.5h 的楼板与其他部位隔开，当必须开门时，应设甲级防火门等。

2）机组设在地下一层除应靠外墙和外围护墙部位外，人员疏散的安全出口不应少于两个。

3）利用吊装口进行泄压时，其位置应避开人员集中场所和主要交通道路，并宜靠近易发生爆炸部位，其泄压比值应按 $0.05\sim0.22\mathrm{m}^2/\mathrm{m}^3$ 计算。

4）吊装口应采用轻质材料作为泄压面积，不能采用普通玻璃作为泄压面积，应设防冰雪积聚措施，其质量不宜超过 $60\mathrm{kg/m}^2$。

5）机房内应设置火灾自动报警、灭火系统和天然气浓度检漏报警装置，并与消防控制系统联动。天然气浓度检漏报警装置检测点不少于两处，应布置在易泄漏的设备或部位的上方。当泄漏浓度达到爆炸下限 20％时，浓度及监控系统能及时准确报警，切断天然气总管的阀门及非消防电源，并自动启动事故送、排风系统。

6）机组设于高层建筑地下室内时主机房设置的送风、排风系统，不能出现负压，其排风系统的换气次数不小于 15 次/h，送风量不能小于燃烧所需要的空气量（$1.55\mathrm{m}^3/\mathrm{kW}$）和工作人员所需要的新风量之和，以保证天然气浓度低于爆炸下限值。

7）机房内的电气设备应按《爆炸和火灾危险环境电力装置设计规范》GB 50058 选型和按《电气装置安装工程爆炸和火灾危险环境电气装置施工及验收规范》GB 50257 施工。

8）燃气管路系统燃气的种类、供应压力等技术参数应与机组中燃烧器的技术要求相符合，在安装中应注意下列事项：

①管路应采用无缝钢管，并采用明敷设。特殊情况下采用暗敷设时，必须便于安装和检查。

②燃气管道不得敷设或穿越卧室、易燃易爆品仓库、配电间、变电室、电缆沟、烟道及进风等部位。

③燃气进入机组的压力高于使用范围，应装设减压装置。

④燃气管路进入机房后，应按设计要求配置球阀、压力表过滤器及流量计等。

⑤机房内的燃气管道应设置管径大于 20mm 的放散管，其管口应防雨并高出屋顶 1m 以上。

⑥燃气管道采用焊接连接，并进行气密性试验，确保无泄漏。

⑦燃气管道与设备供应的配件连接前，必须进行吹扫，其清洁度应达到现行《工业金属管道工程施工规范》GB 50235 的要求。

（3）烟道和烟囱的安装

直燃式溴化锂冷（热）水机组区别于其他机组的重要特点就是需要安装烟道和烟囱。在烟道和烟囱的安装过程中应注意如下事项：

1）烟囱的出口与冷却塔应有足够的距离、以免降低冷却塔的冷却能力。

2）烟囱的出口应距离民用住宅的门、窗及通风口等 3m 以上，以免废气混入新鲜空气中。

3）烟囱采用钢制时，其钢板厚度应大于或等于 4mm 为宜。

4）直燃机组可与同种燃料的锅炉共用烟囱、烟道，共用烟囱、烟道截面积应是两个支烟道面积之和的 1.2 倍。与非同种燃料的锅护等设备不能共用烟囱和烟道。

5）制作烟囱时，其焊接及法兰连接必须严密，法兰密封垫片应采用石棉板、石棉绳等耐热材料。烟道和烟囱所有的连接螺栓的丝扣部分应涂以石墨，便于检修时易于拆卸。

6）烟囱口应设设防风、防雨的风帽，并根据具体情况应设置避雷针。如采用烟囱为避雷体，除顶端焊接圆钢避雷针外，烟囱各连接部位用圆钢跨接（焊接）。

7）水平烟道应设置放水管，以排除烟道内的凝结水。

8）立式烟囱的底部应设置除尘检查门，水平烟道在适当的部位设置检查门和防爆门，防爆门不能朝向操作人员一侧。

9）水平烟道应向上倾斜，其倾斜度应根据机房的高度确定。

10）水平烟道安装时，应设单独支架，不能由其他支架承担。

11）钢制烟道应进行保温，保温材料应采用耐高温的玻璃纤维棉、矿棉等，其保温厚度为 50mm，外包玻璃丝布，外部保护壳可的用铝箔或镀锌钢板。

34.8.3 热泵机组的安装

热泵是一种利用高位能使热量从低位热源流向高位热源的节能装置。目前，在工程实际中较为常用的是空气源热泵机组、地源热泵机组和水环热泵空调系统，现分述如下。

34.8.3.1 空气源热泵机组

以空气为低位热源的空气/水热泵机组称为空气源热泵冷（热）水机组，该机组通常为整体组装式的制冷设备。

1. 安装场地的选择

空气源热泵冷（热）水机组根据制冷量和重量，可选择安装在阳台、屋顶、庭院的通风良好的场所，应注意避开季风方向。机组最好不要太阳直晒，以免影响换热器效率，可加防晒、防雨棚，距顶部主机出口不小于 1.5m。若机组安装在地面上，可根据系统运行重量加固地基，若安装在屋顶上，需要校核对屋面的承重能力。同时为保证热泵机组的正常运行和维修操作，机组四周必须留存足够的通风空间和维修操作空间，应按产品说明书的要求安置机组。图 34-104 所示为一台容量为 400kW 的空气源热泵冷（热）水机组的安装位置图。

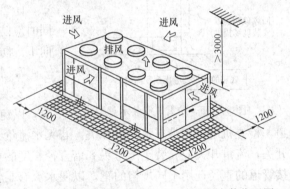

图 34-104　空气源热泵冷（热）水机组安装位置图

2. 机组搬运

对于安装在屋面的空气源热泵机组，吊装可以利用土建塔式起重机进行。为能安全、可靠地将机组安装于屋面，在机组吊装时应防止受力点低于设备重心而倾斜，设备要捆扎稳固，吊索与设备接触部位要用软质材料衬垫，防止设备机体、管路、仪表，特别是空气侧换热器的翅片不能与起吊设备相碰，以免损坏翅片。由于空气源热泵机组的外框基本为钣金结构，因此捆扎的受力变形，损坏冷凝器，必要时采用辅助措施。

3. 开箱检查

机组安装前应开箱检查。首先根据装箱清单检查设备规格数量，清点全部随机文件、质量检验合格证书，并做好开箱验收和交接记录。在开箱检查时，首先检查机组的外观是否有明显损伤，同时检查管道是否有裂缝，压力表是否指示正常，用以判断机组是否产生制冷剂泄漏。

4. 机组施工

机组安装时按样本注明的尺寸，预先完成底座的制作。底座可用钢筋水泥现场制作，也可用工字钢、槽钢等型材制作，并加减振橡胶垫。其目的是用于平稳安置机组，并使机组整体重量分散至建筑物承重结构，如主要承重梁、墙、柱等结构。基础制作时，其安装位置应充分考虑到四周的通风空间与检修空间。

空气源热泵机组的整体需要一定的隔振措施，当隔振要求不高、楼板荷载受到限制，一般可在机组下部四角处配制橡胶隔振垫，当隔振要求较高、机组设在低层或允许由楼板承载时，对大号机组可设钢弹簧基础，隔振材料的选择和隔振基础应通过计算确定。

设备安装前需要对制作好的机组进行验收和检查，符合要求后方可进行机组的就位安装。

5. 机组上位、找平、找正

机组上位、找平、找正方法大体与冷水机组大致相同，需要注意的是：在机组上位时要注意防止空气源热泵机组的变形与对翅片换热器的保护；机组设备的水平度的允许偏差为 0.02%。

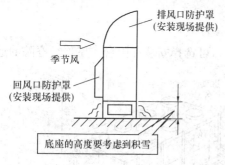

图 34-105　防雪罩安装示意图

6. 安装防雪罩

当空气源热泵机组安装在有雪地区时，机组露天安置又无遮挡时，应在进风和出风口设防雪罩，防雪罩开口面积应大于机组进出风口面积；同时应防止雪花吸入进风口；防雪罩的进风口可向下。防雪罩安装示意图如图 34-105 所示。

7. 水系统安装

安装机组凝结水、融霜水排水管道，并加保温，以免冻结；安装阀门、法兰，连接冷冻水管道，检查机组是否带有水流量开关。若无水流量开关，必须于管道的直管段处加设水流量开关，流量开关应安装于离弯头 8 倍直径长度的直管段处，一般选用靶式流量开关。按所接管道的直径选用不同规格的靶，以便水流有足够的冲击力，使流量开关处于开启位置。水路系统内应加设放空气阀，特别是在管道的弯管及管道最高处。

空气源热泵冷（热）水机组的水侧应充注满水，并放尽管内空气。用手动柱塞泵，对管内加压至 0.6MPa 左右，仔细检查有否渗漏处，在确信无渗漏后，即可保温水管。

8. 电气系统安装

按说明书的规定，将电线、电缆正确连接到位。在连接电源线时，应注意将压缩机曲轴箱底部安装的润滑油电加热器电源连接于压缩机主电源空气开关的上部，以免在机组停机时，操作人员将空气开关拉开后，同时将润滑油加热器切断。因为一般空气源热泵冷（热）水机组为防止停机时 R22 大量溶入润滑油而引起液击或润滑失效，在停机时要求将润滑油加热器处于开启状态。在长期停机后应加热 12～24h 才可开启压缩机（一般半封闭活塞式压缩机需预热 24h，全封闭活塞式压缩机需预热 12h 以上，螺杆式压缩机需预热 12h 以上），此时电路自动将加热器切断，以免润滑油温度过高。

34.8.3.2　地源热泵

地源热泵包括使用土壤、地下水和地表水作为低位热源的热泵空调系统，即土壤耦合热泵、地下水源热泵、地表水源热泵。地源热泵系统主要由三部分组成：室外换热器系统（井和盘管）、水源热泵机组和室内采暖、空调末端系统。

1. 土壤源热泵的安装

地源热泵机房内热泵机组的安装方法与普通冷水机组的安装大致相同，只是在地源热泵机组安装过程中，特别的要注意以下几点：

1）水平热泵机组应使用吊杆吊装，吊杆装有橡胶隔振衬套，按图纸要求定位。

2）立式热泵机组应安装在减振垫上，定位遵循设计图纸上的要求。

3）在机组和管线之间的连接水管以及热泵供回风口与风道之间的连接均应使用方便、灵活的软管。

4）分区内所有热泵的冷凝水收集和排放系统的安装要符合当地相关部门的要求。保证系统能有效收集冷凝水并有一定的坡度以考虑系统清洗。

5）热泵机组的定位和安装应注意消声问题。在关键位置可能需要安装压缩机护罩和管道消声器以降低热泵噪声。

6）在完成系统清污、冲洗、杂物清除、填充和充注防冻剂之前，闭式环路流体应通过旁通管绕过热泵机组。

7）设计要确定每个热泵的供热/供冷量，循环水流量、风量、外部压力、输入电功率和额定条件（即电压、风和水的温度），在建设施工期间不用热泵做临时供暖或供冷。

2. 土壤热交换器安装

根据布置形式的不同，地下埋管换热器可分为水平埋管与竖直埋管换热器两大类。图 34-106 为常见的水平地埋管换热器形式，图 34-107 为新近开发的水平地埋管换热器形式。

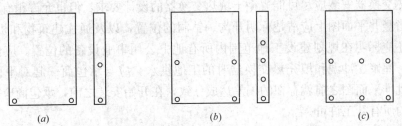

图 34-106　几种常见的水平地埋管换热器形式
(a) 单或双环路；(b) 双或四环路；(c) 三或六环路

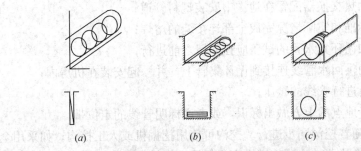

图 34-107　新近开发的水平地埋管换热器形式
(a) 垂直排圈式；(b) 水平排圈式；(c) 水平螺旋式

　　根据在竖直钻孔中布置的埋管形式的不同，竖直地埋管换热器又可分为图34-108所示的几种形式。套管式地埋管换热器在造价和施工方面都有一些弱点，在实际工程中较少采用。竖直U形埋管的换热器采用在钻孔中插入U形管的方法，一个钻孔中可设置一组或两组U形管。然后用封井材料把钻孔填实，以尽量减小钻孔中的热阻，并防止地面污水流入地下含水层，钻孔的深度一般为60～100m。钻孔之间的配置应考虑可利用的面积，两个钻孔之间的距离在4～6m之间，管间距离过小会影响换热器的效能。在没有合适的室外用地时，竖直地埋管换热器还可以利用建筑物的混凝土基桩埋设，即将U形管捆扎在基桩的钢筋网架上，然后浇筑混凝土，使U形管固定在基桩内。

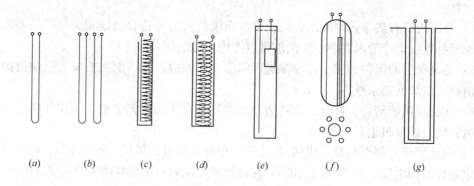

图34-108　竖直地埋管换热器形式

(a) 单U形管；(b) 双U形管；(c) 小直径螺旋盘管；(d) 大直径螺旋盘管

(e) 立柱状；(f) 蜘蛛状；(g) 套管式

　　土壤热交换器安装应尽可能遵循土壤热交换器的设计要求，但也允许稍有偏差。开挖地沟、钻凿竖井平面图上应清楚标明开沟、钻洞的位置，以及通往建筑物和机房的入口。平面图上还应标明在规划建设工地范围内所有地下公用事业设备的位置。应保证进行钻洞、筑洞、灌浆、冲洗和填充热交换器时的工地供水。应与承包商一起对平面图进行复审，并在批准平面图之前就存在的偏差达成一致，在开始安装之前，承包商应获得与工作项目有关的所有开工许可。

　　(1) 水平热交换器安装

　　水平热交换器安装要点包括：

　　1) 按平面图开挖地沟；

　　2) 按所提供的热交换器配置在地沟中安装塑料管道；

　　3) 应按工业标准和实际情况完成全部连接缝的熔焊；

　　4) 循环管道和循环集水管的试压应在回填之前进行；

　　5) 应将熔接的供回水管线连接到循环集管上，并一起安装在机房内；

　　6) 在回填之前进行管线的试压；

　　7) 在所有埋管地点的上方做出标识，或者说标明管线的定位带。

　　管道安装可伴随着挖沟同步进行。挖沟可使用挖掘机或人工挖沟。如采用全面敷设水平埋管的方式设置换热器，也可使用推土机等施工机械，挖掘埋管场地。管道安装的主要步骤：首先清理干净沟中的石块，然后在沟底铺设100～150mm厚的细土或砂子，用以支撑和覆盖保护管道。检查沟边的管道是否有切断、扭结等外伤；管道连接完成并试压后，再仔细地放入沟内。回填材料应采用网孔不大于 15mm×15mm 的筛进行过筛，保证回填材料不含有尖锐的岩石块和其他碎石。为保证回填均匀且回填材料与管道紧密接触，回填应在管道两侧同步进行，同一沟槽中有双排或多排管道时，管道之间的回填压实应与管道和槽壁之间的回填压实对称进行。各压实面的高差不宜超过 30cm。管腋部采用人工回填，确保塞严、捣实。分层管道回填时，应重点做好每一管道层上方 15cm 范围内的回填，而管道两侧和管顶以上 50cm 范围内，应采用轻夯实，严禁压实机具直接作用在管道上，使管道受损。若土是黏土且气候非常干燥时，宜在管道周围填充细砂，以便管道与细砂的紧密接触，或者在管道上方埋设地下滴水管，以确保管道与周围土层的良好换热条件。

（2）垂直热交换器安装

垂直热交换器安装要点包括：

1）按平面图钻凿出每个竖井，并立即把预备装填和压盖的 U 形管热交换器安装到竖井中，而且用导管从底部向顶部灌浆；

2）沿垂直竖井边布置的地沟需适应分隔开的被压盖的供回循环管线的要求；

3）将供回循环管熔接到循环集管上；

4）连接循环集管和管线，并在分隔开的供回循环管线地沟内将管线引入建筑物内；

5）管线和环路的长度应在彼此之间的 10% 以内；

6）在回填地沟之前，将管线和循环集管充水并试压；

7）在钻井时可能会产生大量水和泥渣，应设适宜的清理设施。

安装步骤如下：

1）放线、钻孔

将设计图上的钻孔排列、位置逐一落实到施工现场。钻孔孔径的大小以能够较容易地插入所设计的 U 形管及灌浆管为准。钻孔小需要的泥浆流量较小、钻头直径较小且便宜、泥浆池和泥浆泵较小、泥浆泵所受的磨损小，这会降低钻孔费用。最小钻孔孔径推荐值见表 34-100。

不同管径的最小钻孔孔径及竖井深度 表 34-100

管径（mm）	20	25	32	40
最小钻孔孔径（mm）	75	90	100	120
竖井深度（m）	30～60	45～90	75～150	90～180

U 形埋管外径为 25～40mm，目前工程上大多采用外径 32mm 的 U 形管。灌浆用管采用相同材料和规格。为确保 U 形管顺利、安全地插入孔底，孔径要适当。目前，工程上常用孔径在 150～200mm 范围，垂直钻孔的不垂直度应小于 2.5%。不同地层硬度下可采用不同的钻孔方法，见表 34-101。表 34-101 中所列情况中，中、软地层中回转钻孔速度可达 10m/h，硬度和高硬岩层用潜孔锤或钉锤钻孔，钻速也可能够达到 10m/h。潜孔锤钻孔更适用于硬岩：在相同的岩层中，采用轻型钻机钻一个 50m 深的孔，用凿岩球齿钻头，回转钻孔需 5d 时间，而采用潜孔锤的只需几小时。

钻 孔 方 法

表 34-101

地层类型	钻孔方法	备 注
第四纪土层或沙砾层	螺旋钻孔	有时需临时套管
	回转钻孔	需临时套管和泥浆添加剂
第四纪土层、泥土或黏土层	螺旋钻孔	多数情况下可采用此方法
	回转钻孔	需临时套管和泥浆添加剂
岩石或中硬地层	回转钻孔	牙轮钻头，有时需加入泥浆添加剂
	潜孔锤钻孔	需用大的压缩机
岩石，硬地层到高硬地层	回转钻孔	用凿岩钻头或硬合金球齿钻头，钻速较低
	潜孔锤钻孔	需用大的压缩机
	钉锤钻孔	深度约为70m，需要专门的配套工具
超负荷岩层	ODEX钻孔	配潜孔锤

在钻孔过程中，根据地下地质情况、地下管线敷设情况及现场土层热物性的测试结果，适当调整钻孔的深度、个数及位置，以满足设计要求，同时降低钻孔、下管及封井的难度，减少对已有地下工程的影响。在竖直埋管系统中安装一定长度的U形埋管是首要目的，而不是非要钻一定深度的孔，即总钻孔深度一定，可根据现场的地质条件决定钻孔的个数和经济合理的钻孔深度。如果局部遇到坚硬的岩石层，更换位置重新钻孔可能会更经济。一般情况下，钻浅孔比钻深孔更经济。由于靠近地表的土受气温影响温度波动较大，因此，对竖直埋管来说，钻孔深度不宜太浅，一般应超过30m。随着深度的增加，土湿度和温度稳定性增加。钻孔数量少意味着水平埋管的连接少，减少所需要的地表面积。

用于埋设U形管的钻孔与用来取水的钻井是两种完全不同的任务。钻孔安装埋管要简单得多。钻孔无须下护壁套管。但如果孔壁周围土不牢固或者有洞穴，造成下管困难或回填材料大量流失时，则需下套管或对孔壁进行固化。钻孔只是为了能够插放U形管。通过正确的控制和使用泥浆，大多数问题可以得到解决。

2）U形管现场组装、试压与清洗

竖直地埋管换热器的U形弯管接头，宜选用定型的U形弯头成品件，不宜采用直管道煨制弯头。PE管连接规定采用热熔的方法连接。PE管熔接技术要求，如插入深度、加热时间和保持时间，见表34-102。

PE管插入深度、加热时间和保持时间的要求

表 34-102

管子外径（mm）	32	40	50	63	75	90
插入深度（mm）	20	22	25	28	31	35
加热时间（s）	8	12	18	24	30	40
保持时间（s）	20	20	30	30	40	40

下管前应对U形管进行试压、冲洗。然后将U形管两个端口密封，以防杂物进入。冬期施工时，应将试压后U形管内的水及时放掉，以免冻裂管道。

3）下管与二次试压

下管前，应将U形管的两个支管固定分开，以免下管后两个支管贴靠在一起，导致热量回流。一种方法是利用专用的地热弹簧将两支管分开,同时使其与灌浆管牵连在一起:当灌浆管自下而上抽出时,地热弹簧将两个支管弹离分开(图34-109)。另一种方法是用塑料管卡或塑料短管等支撑物将两支管撑开,然后将支撑物绑缚在支管上。两支撑物竖向间距一般2~4m。U形管端部应设防护装置,以防止在下管过程中的损伤;U形管内充满水,增加自重,抵消一部分下管过程中的浮力,因为钻孔内一般情况下充满泥浆,浮力较大。钻孔完成后,应立即下管。因为钻好的孔搁置时

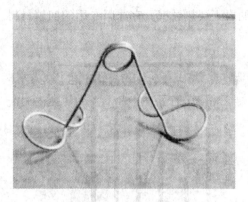

图34-109 地热弹簧

间过长,有可能出现钻孔局部堵塞或塌陷,这将导致下管的困难。下管是将三根聚乙烯管一起插入孔中,直至孔底。下管方法有人工下管和机械下管两种。当钻孔较浅或泥浆密度较小时,宜采用人工下管。反之,可采用机械下管。常用的机械下管方法是将U形管捆绑在钻头上,然后利用钻孔机的钻杆,将U形管送入钻孔深处。此时U形管端部的保护尤为重要。这种方法下管常常会导致U形管贴靠在钻孔内一侧,偏离钻孔中心,同时灌浆管也较难插入钻孔内,除非增大钻孔孔径。

U形管的长度应比孔深略长些,以使其能够露出地面。下管完成后,做第二次水压实验。确认U形管无渗漏后,方可封井。

4)回填封孔与土热物性测定

回填封孔是将回填材料自下而上灌入钻孔中。主要的回填方法是利用泥浆泵通过灌浆管将回填材料灌入孔中(参见图34-110)。回灌时,根据灌浆的快慢将灌浆管逐渐抽出,使回填材料自下而上注入封孔,确保钻孔回灌密实、无空腔。灌浆时应注意:

①监督检测灌浆的运行操作,以保证灌浆以正确的比例被充分混合,并有足够的黏性以便用泵将其充入竖井。

②灌浆承包商应有备用灌浆管、软管和在工地上能容易使用的设备。

③正位移泵(螺旋或活塞型)最适宜于将灌浆向下充入竖井。

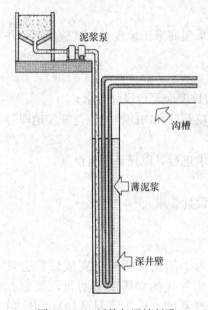

图34-110 下管与回填封孔

泥浆泵

沟槽

薄泥浆

深井壁

④内径3~4in的吸入管和内径1~2in的排放管即可满足要求。

根据钻孔现场的地质情况和选用的回填材料特性,在确保能够回填密实无空腔的条件下,有时也可采用人工的方法回填封孔。除了机械回填封孔的方法外,其他方法应慎用。封孔结束一段时间后,可利用土热物性测试仪进行现场U形地埋管传热性能测定,并根据测定结果对原有设计进行必要的修正。

对回填材料的选择取决于地埋管现场的地质条件。回填材料的热导率应不小于埋管处

的岩土层热导率。宜选用专用的回填材料。

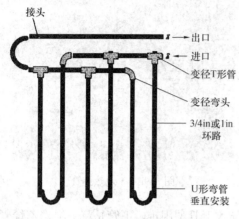

接头
出口
进口
变径T形管
变径弯头
3/4in或1in 环路
U形弯管垂直安装

图 34-111   水平集管连接示意图

⑤环路集管连接

将地下 U 形埋管与水平管的连接称为环路集管连接。为防止未来其他管线敷设对集管连接管的影响或破坏,水平管埋设深度一般可控制在 1.5~2.0m 之间。管道沟挖好后,沟底应夯实,填一层细砂或细土,并留有 0.003~0.005 的坡度。在管道弯头附近要人工回填以避免管道出现波浪弯。集管连接管在地上连接成若干个管段,再置于地沟与 U 形管相接,构成完整的闭式环路(见图 34-111)。在分、集水器的最高端或最低端宜设置排气装置或除污排水装置,并设检查井。管道沟回填时,应分层用木夯夯实。

水平集管连接的方式主要有两种。一种是沿钻孔的一侧或两排钻孔的中间铺设供水和回水集管。另一种是将供水和回水集管引至埋设地下 U 形管区域的中央位置。

(3)地埋管换热系统的检验与水压试验

1)地埋管换热系统的检验

应由一个最好是来自专业试验机构的独立的第三方承包商来工地现场做试验鉴定,并按如下内容提出报告。承包商应分别和业主签订合同:

①管材、管件等材料应符合国家现行标准的规定;

②全部竖直 U 形埋管的位置和深度以及热交换器的长度应符合设计要求;

③灌浆材料及其配比应符合设计要求。灌浆材料回填到钻孔内的检验应与安装地埋管换热器同步进行;

④监督循环管路、循环集管和管线的试压是否按要求进行,以保证没有泄漏;

⑤如果有必要,需监督不同管线的水力平衡情况;

⑥检验防冻液和化学防腐剂的特性及浓度是否符合设计要求;

⑦循环水流量及进出水温差均应符合设计要求。

2)地埋管水压试验

①水压试验的特点。聚乙烯管道的水压试验,是为了间接证明施工完成后管道系统的密闭的程度。但聚乙烯管道与金属管道不同,金属管线的水压试验期间,除非有漏失,其压力能保持恒定;而聚乙烯管线即使是密封严密的,由于管材的徐变特性和对温度的敏感性,也会导致试验压力随着时间的延续而降低,因此应全面的理解压力降的含义。国内地埋管换热系统应用时间不长,在水压试验方法上缺乏试验与实践数据。《埋地聚乙烯给水管道工程技术规程》CJJ 101 适用于埋地聚乙烯给水管道工程,但其水压试验方法与地埋管换热系统工程应用实践有较大差距,也不宜直接采用。水压试验方法是建立在加拿大标准基础上,在试验压力上考虑了与国内相关标准的一致性。

②试验压力的确定。当工作压力小于等于 1.0MPa 时,试验压力应为工作压力的 1.5

倍，且不应小于 0.6MPa；当工作压力大于 1.0MPa 时，试验压力应为工作压力加 0.5MPa。

3）水压试验步骤

按国家规范《地源热泵系统工程技术规范》GB 50366 中的规定进行：

①竖直地埋管换热器插入钻孔前，应做第一次水压试验。在试验压力下，稳压至少 15min，稳压后压力降不应大于 3%，且无泄漏现象；将其密封后，在有压状态下插入钻孔，完成灌浆之后保压 1h。

②竖直或水平地埋管换热器与环路集管装配完成后，回填前应进行第二次水压试验。在试验压力下，稳压至少 30min，稳压后压力降不应大于 3%，且无泄漏现象。

③环路集管与机房分、集水器连接完成后，回填前应进行第三次水压试验。在试验压力下，稳压至少 2h，且无泄漏现象。

④地埋管换热系统全部安装完毕，且冲洗、排气及回填完成后，应进行第四次水压试验。在试验压力下，稳压至少 12h，稳压后压力降不应大于 3%。

⑤水压试验方法

水压试验宜采用手动泵缓慢升压，升压过程中应随时观察与检查，不得有渗漏；不得以气压试验代替水压试验。

聚乙烯管道试压前应充水浸泡，时间不应小于 12h，彻底排净管道内空气，并进行水密性检查，检查管道接口及配件处，如有泄漏应采取相应措施进行排除。

3. 地表水源热泵的安装

地表水源热泵的机房内机组的安装与土源热泵的安装要求基本相同，可参考前面所述进行地表水机组的安装。现就地表水源热泵特殊设备的安装做以下详细论述。

（1）换热器安装与施工

1）熟悉设计图样：充分了解设计意图，编制合理的施工流程图。

2）选择合理的施工场地：选择近水旁作为盘管制作及熔接的加工场地。将盘管及附属的轮胎或水泥沉块运输到位。选择 PVC 管或柔韧的排水管，作为靠近水域的那段水平集管的保护套管。在靠近水岸处，水平集管的长度应预留一定余量。

3）混凝土沉块预制：根据换热器的形式，用 C20 混凝土制作不同形式的水泥沉块，要求水泥沉块高度不小于 250mm，在水泥沉块上预制钢质连接口，用于与 PE 管的绑扎。混凝土沉块的重量应通过计算确定，每个沉块的重量略大于盘管的浮力为宜，方便换热盘管检修围护时起浮。

4）地表水盘管换热器的预制：换热盘管管材及管件应符合设计要求，且具有质量检验报告和生产厂的合格证。换热盘管宜按照标准长度由厂家做成所需的预制件，且不应有扭曲。

5）按照设计图样将换热盘管集管装配完毕：根据技术部门的选型设计图样，对换热器进行制作。将 PE 管按照图样要求进行有效绑扎，绑扎用尼龙扎带、U-PVC 管等辅材，每个换热盘管绑扎完毕，应按照要求进行第一次水压试验。在试验压力下，稳压至少 15min，稳压后压力降不应大于 3%，且无泄漏现象为合格。

换热盘管安装有两种形式：松散捆卷盘管形式和伸展开盘管或"slinky"盘管形式（如图 34-112 所示）。两种形式都具有较好的换热性能，但松散捆卷盘管形式应用更为普遍，本节中所有地表水盘管即指这种松散捆卷盘管形式。

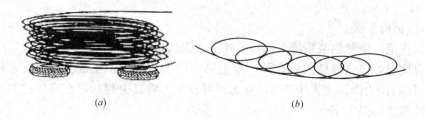

(a)　　　　　　　　　　　(b)

图 34-112　松散捆卷盘管形式环路布置示意图

(a) 松散捆卷盘管形式；(b) 伸展开盘管或"slinky"盘管形式

6）地表水换热器的就位安装：将装配好的集管和换热盘管转运至浅水区，先将换热盘管固定位置，利用船等工具搭建施工平台，进行换热盘管和集管装配连接。换热盘管安装前应排净水，保证施工时换热盘管利用自身的浮力浮在水面上。

闭式地表水换热系统宜为同程系统。每个环路集管内的换热环路数宜相同，且宜并联连接；环路集管布置应与水平形状相适应，供、回水管应分开布置。

地表水换热器装配完毕应进行第二次水压试验，在试验压力下，稳压至少 30min，稳压后压力降不应大于 3%，且无泄漏现象为合格。水压试验合格后，将地表水换热器运至指定区域。地表水换热器转运和下沉时应带压施工。

换热盘管固定在水体底部时，换热盘管下应安装衬垫物。安装时，将旧轮胎或混凝土石块捆绑在盘管下面，以起到支撑（防止水底淤泥淹没盘管）及帮助下沉（作为重物）的作用。加载配重块重量略大于地表水换热器为宜。换热盘管应牢固安装在水体底部，地表水的最低水位与换热盘管距离不应小于 1.5m。换热盘管设置处水体的静压应在换热盘管的承压范围内。

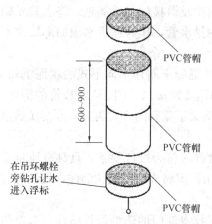

PVC管帽

600~900

PVC管帽

在吊环螺栓旁钻孔让水进入浮标

PVC管帽

图 34-113　用于标记盘管位置的浮标

安装完毕的地表水换热器，应注意确保水位下降时，水平集管不会暴露在空气中。在集管伸出管沟进入水体的部分，应当用保护套管将集管包围；在水平集管管沟回填前，应检查环路压力。

7）标记：换热器沉入湖底时，在湖面做好标记，方便使用过程检修和维护。供、回水管进入地表水源处应设明显标识，同样也应在盘管下沉地点的水面做好标记，可参照图 34-113 浮标做法。

8）水平汇总管连接：水平管沟的开挖应从建筑物向过渡点的顺序进行。过渡点处管沟开挖的扰动土应采用机械方式夯实，作为"堤坝"以防止地表水渗流到建筑物中。

管沟开挖完毕，铺上保护衬层（一般采用无尖锐的黄沙），然后进行环路集管与机房分集水器装配。装配完成后，应进行第三次水压试验。在试验压力下，稳压至少 12h，稳压后压力降不应大于 3%。

（2）换热器调试

1）系统冲洗。系统试压合格后，打开系统排污阀门，利用循环水泵，对地表水换热器分支路进行冲洗。冲洗标准按《给水排水管道工程施工及验收规范》GB 50268 的规定执行。

2）冲洗验收合格，充注防冻液和防腐剂。充注时应注意深度，同时应进行排气。

3）启动循环水泵，调节各地表水换热器流量。

（3）地表水换热系统检验与验收

地表水换热系统安装过程中，应进行现场检验，并提供检验报告。检验内容应符合以下规定：

1）管材、管件等材料应具有产品合格证和性能检验报告。

2）换热盘管的长度、布置方式及管沟设置应符合设计要求。

3）水压试验应合格。

4）各环路流量应平衡，且应满足设计要求。

5）防冻剂和防腐剂的特性及含量应符合设计要求。

6）循环水流量及进出口温差应符合设计要求。

34.8.3.3 水环热泵

水环热泵空调系统由四部分组成：室内水源热泵机组（水/空气热泵机组）；水循环环路；辅助设备（冷却塔、加热设备、蓄热装置等）；新风与排风系统。如图 34-114 所示。

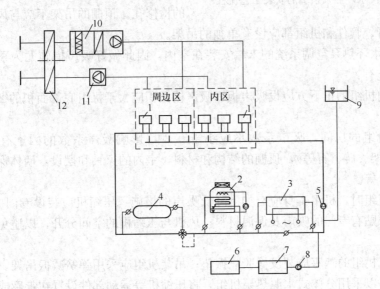

图 34-114 水环热泵空调系统原理图

1—水/空气热泵机组；2—闭式冷却塔；3—加热设备（如燃油、气、电锅炉）；

4—蓄热容器；5—水环路的循环水泵；6—水处理装置；7—补给水水箱；

8—补给水泵；9—定压装置；10—新风机组；11—排风机组；12—热回收装置

水环热泵空调系统的安装工艺流程如图 34-115 所示。

1. 室内机组的施工安装

室内机组的安装与风机盘管的安装工艺大致相同，但在室内机组的施工时要注意以下

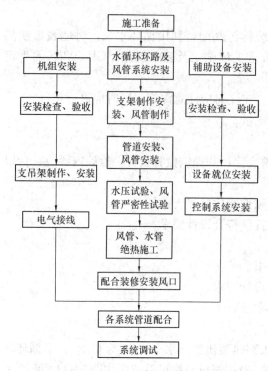

图 34-115 水环热泵系统的安装工艺流程

几个方面的问题：

1）施工前，应根据设计要求及现场的实际情况，采用管线布置综合技术确定室内的小型水/空气热泵机组的标高和位置。掌握好管道的坡度要求，既要避免交叉时产生冲突，同时还要配合并满足结构及装修的各个位置要求。

2）吊顶空间内的水环热泵机组避免安装在人员工作或生活区上部，要尽量放在过道、贮藏间、卫生间及其他不经常使用的房间的吊顶内。建筑各楼层的热泵机组尽量安装在相对应的位置，以便减少水管、电气导管和新风管道的安装费用，同时也便于检修。

3）机组安装时应留有一定的检修空间，以便接管、接线，检修空气过滤器、风机叶轮、盘管、电动机、压缩机，清洁集水盘等，并应在机组附近的吊顶上留有大小适当的检修孔。顶棚的吊架不应与风管接触。所有顶棚、风管、管件和机组都应设有单独的吊架。

4）由于水环热泵空调系统的末端安装在室内，因此做好吸声措施尤为重要。常用的吸声减震措施有：

①吊顶内机组的正下方应设吸声板，吸声板面积应大于机组底部面积的 2 倍，吸声板厚度 25mm。

②安装机组的房间，吸声系数不应小于 0.20。影响吸声系数的因素有：墙体材料（混凝土、钢架、砖、石等），顶棚的结构和材料，室内的家具和摆设，墙体保温材料，地板（或地毯）等。

③检查机组时，机组本身应有如下降低噪声的措施：压缩机应装设专门的减振弹簧；机箱内侧全部贴有专门的吸声及保温材料；风机与压缩机的空间分开，以避免压缩机噪声传至室内。

④落地式机组的基座应装设橡胶隔振垫；吊装机组应采用弹簧减振吊架。

另外还可以采用分体式水源热泵机组，将压缩机等运动部件设置在走廊或者卫生间等辅助房间内。

2. 风管、风口施工安装

水环热泵系统的风管与风口安装方法可参考普通风管和风口安装方法进行施工，需要注意的是水环热泵空调系统中的风管特别要做好以下消声措施：

1）机组进出口要装设一段内贴吸声材料的风管，不应在机组进出口直接安装风口，防止噪声反射到房间内。吸声材料一般采用超细玻璃棉，厚度 25mm，按消声器标准制作。

2）机组进出风口与风管之间采用软接头连接，防止机组振动直接传到风管上。

3）送风机出口要保持气流的畅通，避免阻力的增加和产生二次噪声。

4）送风口应避免直接开在主风管上，尤其是风管较短时。可接一个90°的弯头出风。

5）安装于小室内的机组，应防止噪声从回风口传至空调房间，应在回风口处装设吸声板。

6）弯头、三通和阀门等风管管件之间应有4～5倍风管直径或风管长边边长的距离，以使气流平稳。散流器、格栅和调节阀之间也应保持适当距离。

3．水管安装施工

水环热泵系统的水管安装方法可参考风机盘管系统水管安装方法进行施工，同时应注意连接机组的水管和电线导管要用软接头或软管，防止振动；机组集水盘的凝结水排水管应设50mm高的存水弯，如果热泵机组的凝水口在正压区则无需存水弯；安装水管和电线导管时，不要妨碍机组各部位的检修。

34.8.4　单元式空气调节机的安装

单元式空气调节机（简称空调机）由制冷设备、空气处理设备、风机及自动控制系统等部分组成，可以实现对空气的加热、冷却、加湿、去湿、净化等处理过程。单元式空调机组具备结构紧凑、占地省、安装使用方便等优点，因而在中小型空调系统中得到了广泛的应用，其性能应执行《单元式空气调节机》GB/T 17758，《单元式空气调节机　安全要求》GB 25130及其他相关的专业标准。

空调机的型号命名规则由形式、冷却方式、制热方式、名义制冷量、结构类型、设计序号及特殊功能代号等部分组成，具体表示方法如图34-116所示。例如，制冷量30kW，风冷冷风型分体式热泵可表示为：LF30W。

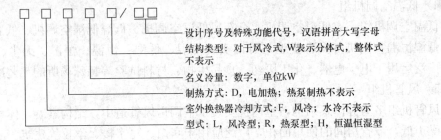

设计序号及特殊功能代号，汉语拼音大写字母

结构类型：对于风冷式，W表示分体式，整体式不表示

名义冷量：数字，单位kW

制热方式：D，电加热；热泵制热不表示

室外换热器冷却方式：F，风冷；水冷不表示

型式：L，风冷型；R，热泵型；H，恒温恒湿型

图34-116　单元式空调机组型号命名规则

34.8.4.1　空调机的分类

空调机分类标准很多，现列举几种常用的分类方法。

（1）按室外换热器的冷却方式分为

1）风冷式

2）水冷式

（2）按功能分为

1）单冷型

2）热泵型

3）恒温恒湿型

（3）按送风方式分为

1）直接吹出型

2）接风管型

3）两用型

（4）按结构形式分为

1）整体式：即窗式空调器，机组的各部件安装于同一机箱内。

2）分体式：室内设蒸发器、风机、干燥过滤器、膨胀阀等部件，室外设压缩机、风机。室内外机间距离一般不超过 10m，高差不超过 5m。

（5）按使用场合分为

1）屋顶式风冷空调（热泵）机组

风冷热泵型空调机适用环境温度范围为 $-7\sim43℃$；冷风型适用环境温度范围 $18\sim43℃$。屋顶式风冷空调机组应执行《屋顶式空气调节机组》GB/T 20738 等相关标准。

2）计算机和数据处理机房用单元式空气调节机，简称计算机房专用空调机

国家标准将计算机和数据处理机房用单元式空气调节机定义为一种向机房等提供诸如空气循环（大风量）、空气净化、冷却（全年提供）、再加热及湿度控制的单元式空气调节机。机房用空调机按冷凝器的冷却方式分为水冷式、风冷式、乙二醇（或水）冷却式和冷盘管式（无冷凝器）。

3）恒温恒湿空调机

恒温恒湿空调机当空调机温度设定在 $18\sim28℃$时，控制精度 $\pm1℃$；相对湿度设定在 $50\%\sim70\%$时，控制精度 $\pm10\%$。风冷型恒温恒湿型空调机适用环境温度范围为 $18\sim43℃$，水冷型恒温恒湿机制冷运行时冷凝器的进水温度不应超过 $33℃$。

4）低温空调机组

低温空调机组，有低温空调机、全新风低温空调机、低温低湿空调机、低温恒湿空调机、低湿恒温空调机等多种类型，可以实现低温、低湿、恒温、恒湿、无尘、无菌等功能，广泛运用于电子电器、化工医药、食品生物、材料试验等特殊场所的工艺冷却。

5）风管机组

风管机组多为分体式结构，室内机安装于空调送风管道中，结构紧凑，体积小，质量轻，噪声低，节省房间的使用面积，广泛应用于宾馆、写字楼、学校等建筑。

34.8.4.2 空调机的安装

（1）安装前应熟悉施工图纸、设备说明等相关资料，开箱检查，确认设备及附件齐全无误，且无机械损伤后方可施工操作。

（2）设备、配管、附件等应现场拆封后尽快进行安装，不应长时间搁置。

（3）空调机应按要求进行安装，整体水冷式空调机一般安装在室内；分体式风冷空调机应使室内机安装于空调房间内，室外机一般安装在屋顶、阳台等通风良好的场所；整体风冷式空调机应安装在墙的孔洞中。安装场所应能提供足够的安装和围护的空间，保证气流通常，避免空气发生短路，避免强季节风直吹，避免将室外机安装在有太阳光或热源直接辐射的地方。不可将室外机安装在有可燃气体泄漏的地方，机组噪声及冷热风不应影响周围环境。

（4）机组应安装在水平、平整的混凝土基础上或水平牢靠的支吊架上。安装场所的建筑结构应有足够的强度，并能提供足够的维修空间。

（5）设备与基础之间应加隔振层，隔振层应性能良好、耐久，并且无毒害、无异味、不吸潮。

（6）对于出厂时没有充注制冷剂，而是充注保护性气体的空调机，检测压力表，确保无泄漏情况，而后抽空保护性气体并按说明书要求充注相应种类和质量的制冷剂。

（7）对于分体式空调机，制冷剂管现场连接时应尽量缩短室内外机间的高差及管长，以保证设备性能。当有必要延长制冷剂管长度时，应根据机组容量及延长程度并根据产品要求适当增加制冷剂充注量。存油弯和液环的曲率半径须大于管道直径的 1.5 倍。压力表与空调机采用长度短、直径小的管子连接，压力表的安装位置应使读数不受管子中流体压力的影响。除了按规定的方法安装需要的试验装置和仪表之外，不得改装空调机。系统安装后，应检查管路连接是否准确无误，并进行多次试压，保证无泄漏后方可充注制冷剂。

（8）电器接线应牢靠，并符合当地要求和规定。机组应有可靠的接地。根据机组接线盒及管口位置合理选择便于接线接管的方向和位置。电器接线前应确认电源是规定的电压。每台机组应有独立电源，并应有独立切断和过流保护装置。

（9）控制器安装应牢靠，美观，不得出现歪斜松动现象。

（10）施工过程中，风管必须伸直，不得出现强扭、挤压、死弯等现象。

（11）冷凝水管出口处应设置存水弯，水封高度不小于 50mm，冷凝管道水平段应留有不小于 0.01 的坡度，竖直段应垂直，且应保温。安装后应进行排水试验，保证冷盘无过多积水，无渗漏。

（12）空调机在运输过程中应避免碰撞、倾斜、受潮。

34.8.5 VRV 变制冷剂流量多联机安装

多联式空调（热泵）机组是一台或数台室外机可连接数台不同或相同形式、容量的直接蒸发式室内机构成的单一制冷循环系统，它可以向一个或数个区域直接提供处理后的空气。变制冷剂流量多联机通过改变制冷剂的循环量来适应系统负荷的变化。

34.8.5.1 多联机系统的组成

VRV 变制冷剂流量多联机系统由室内机、室外机、制冷剂配管及辅件、自动控制器件及系统等部分组成。图 34-117 是变频控制 K 系列 VRV 系统。该系统又分为单冷、热泵、热回收三种机型。

超级 K 系列是在 K 系列基础上改进了的系统，如图 34-118 所示。超级 K 系列多联机的室外机由 2 台或 3 台标准型室外机组成，其中 1 台是变频型，与 K 系列相比增加了功能机。功能机的作用是将连接所有室内机的液体、气体总干管分别接到多台室外机上，并平衡各台压缩机的压力和润滑油量。

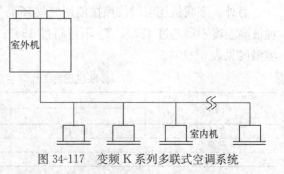

图 34-117 变频 K 系列多联式空调系统

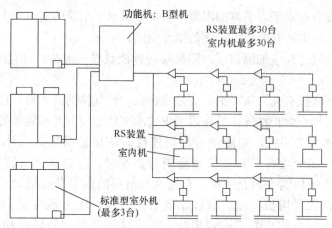

图 34-118   超级 K 系列热回收型多联式空调

34.8.5.2   多联机的分类及型号编制

（1）按室外机的冷却方式分为：

1）风冷式：不需要专门的机房，室外机可分散布置在阳台，也可集中不布置在屋顶、地面、设备层等通风良好的场所。

2）水冷式：布置则更为灵活，制冷剂管管径小，节省建筑层高，对空调房间室内空间几乎无影响。

（2）按实现变流量的原理分为

1）数码涡旋式，为定频变容。数码涡旋压缩机在设定的周期里，通过改变卸载状态和负载状态所占的时间比重来实现输出容量的调节。在运行过程中压缩机在满负荷与零负荷间转换，属于脉冲的工作状态。此类多联机除湿性能好，电磁干扰小，噪声低，系统润滑性能好，回油容易，温度响应速度快。

2）变频式，为变频变容。通过变频调速技术改变压缩机电机的转速，从而改变压缩机的输出能力。变频多联机的弊端是，防电磁干扰能力差，对室内的其他设备，尤其是高精度的家电可能有些影响，系统响应速度和除湿能力也不及数码涡旋式多联机。但变频多联机的容量变化平稳，是连续变化的过程，系统稳定性好。

（3）按功能分为

1）单冷型

2）热泵型

3）电热型，通过电加热器供热

另外，多联机还可以按照按使用气候环境分为 T_1、T_2、T_3 类。其中 T_1 类，气候环境最高温度不得超过 43℃；T_2 不得超过 35℃；T_3 类不得超过 52℃。机组的正常工作环境温度见表 34-103。

多联机正常工作环境温度（单位为℃）   表 34-103

机组形式	气候类型		
	T_1	T_2	T_3
单冷型	18～43	10～35	21～52
热泵型	-7～43	-7～35	-7～52
电热型	-43	-35	-52

多联机的型号编制方法如图 34-119 所示。

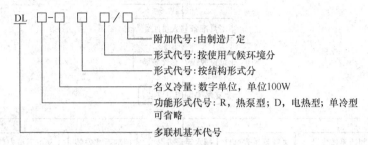

图 34-119 多联机型号编制

其中多联机的结构形式代号为：

4）室外机：代号 W

5）室内机的结构形式及代号

①吊顶式：代号 D

②壁挂式：代号 G

③落地式：代号 L

④嵌入式：代号 Q

⑤风管式：代号 F

⑥暗装式：代号 N

例如：适用于 T_1 气候类型，多联式机组室外机，热泵型，机组名义冷量 10000W，压缩机可变频，其型号可以表示为 DLR-100W/BP；壁挂式室内机，名义冷量 3000W，型号可表示为 DL-30G。

34.8.5.3 多联机的安装

多联机安装流程如图 34-120 所示。其中很多安装步骤，如支吊架制作、风管系统安装、配电系统安装等，已经在别的章节中有介绍，这里不再赘述。本节详细介绍多联机安装中自身的特殊问题。

1. 施工工具

多联机安装过程中常用的工具见表 34-104。

多联机安装常用工具表　　　　　　　　　　表 34-104

序号	名　　称	备　　注	序号	名　　称	备　　注
1	割管器	0～50mm	14	真空表	−75mmHg
2	弯管器	弹簧、机械	15	真空泵	4L/s 以上
3	胀管器	所需管径大小	16	电阻测试仪	
4	扩口器	所需管径大小	17	测电笔	
5	钢锯		18	万用表	
6	刮刀		19	切线钳	
7	锉刀		20	充注软管	0～3.5MPa，0～5.0MPa
8	钎焊工具	所需喷嘴大小	21	氮气减压阀	3.5MPa，5.0MPa
9	称重计	精确度 0.01kg	22	截止阀	
10	温度计	范围 −10～100℃	23	螺钉旋具	"＋" "—" 型
11	米尺		24	活动扳手	
12	压力表	4.0MPa，5.0MPa	25	内六角扳手	4～12mm
13	双头压力表	4.0MPa，5.4MPa	26	检漏仪	

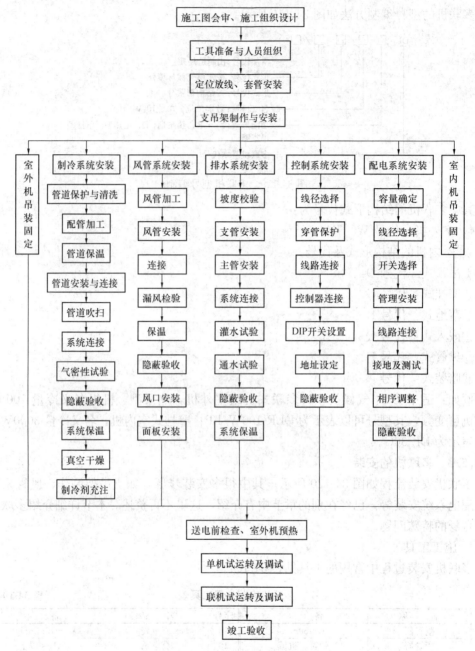

图 34-120   多联机安装流程图

2. 多联机的安装

（1）施工前的准备

仔细阅读施工图及设计说明，熟悉系统管路走向及设备间的相互连接关系。安装设备、附件就位，并妥善保存；所需安装工具准备齐全，保证工具满足功能，仪表能够达到要求的精度。设备运输、保存的过程中应防止机械损伤、受潮和人为破坏。

（2）室内机的安装

室内机的安装步骤很多与风机盘管类似，这里仅简要叙述安装过程和要点。

1）设备拆封后应尽快安装，避免拆封后长期搁置。

2）安装时应考虑室内机应距室内其他家电、电控箱等 3m 以上，以免造成电磁波干扰；当不能满足距离要求时，应采取安装铁管、铁盒等方法屏蔽电磁波。

3）不得将室内机安装于有油烟、易燃气体、腐蚀性气体的场所或有热源直射的场所。安装时应预留足够检修围护空间。

4）机组应由单独的支吊架固定，连接应牢靠，防止松动。

5）对于接风管的室内机，应合理安排机组、风管、风口的位置，保证合理的气流组织。机组与室内机用柔性短管（150～300mm）连接，以隔离噪声和振动。

6）安装步骤：确定安装位置→划线定位→打膨胀螺栓→吊装室内机。

（3）室外机的安装

1）检查设备齐全、无误、无损伤后方可开始安装。

2）防止机组在吊装时受损，吊装过程中应尽量保持机组垂直，轻起轻放，注意安全。

3）室外机须尽可能靠近室内机安装，选择通风良好且干燥的地方，一般布置在屋顶、阳台或地面上。在设计时须保证排气顺畅，防止机组排出的空气从进风口再度吸入，造成夏季冷凝压力不正常的升高或冬季蒸发温度不正常的降低。

4）避免腐蚀性气体对室外机的腐蚀，不得将室外机安装在油雾、盐或腐蚀性气体，如硫磺等物质含量很高的地方，不得将厨房的排烟口设置在室外机附近。避免阳光或高温热源直接辐射，避免强季节风直吹室外机换热器。

5）防止冬季产生的凝结水结冰后脱落伤人，确保周围环境中的灰尘或其他污染物不会堵塞室外机换热器。

6）电磁波会引起系统控制异常，不得将室外机安装在电磁波能够辐射到电器盒与交换器的地方；系统设备会引起无线电干扰，必要时用户应采取相应措施。

7）室外机的噪声及排风不可影响邻居或周围环境，室外机安装在各层时，避免上下层机组相互影响，造成夏季上层机组吸入空气温度过高，从而导致上层设备效率下降，甚至不能正常工作。

8）一些建筑物对建筑立面有特殊要求，室外机的安装，既要满足建筑立面的要求，又要确保空调效果。

9）室外机基础应至少高出周围地面 100mm，对于冬季有积雪的地区，可适当增加基础高度。基础应平整、水平，机组与基础间应根据需要安装隔振垫。

10）机组应有可靠接地，当安装在屋顶等高处时，应有防雷措施。

11）室外机安装地点的建筑结构应有足够的强度承载室外机，并应能提供足够的安装维修空间。室外机应牢靠的安装在基础上，避免松动歪斜。

12）适当选择室外换热器进、出风的朝向，以减小风压对换热器风量的影响和季节风对冬季除霜的影响。避免强季节风直吹，必要时可安装挡风墙。挡风墙不可影响换热器气流的通畅。

13）多台室外机集中设置时，应保证室外机间的操作距离，保证气流通畅，保证室外机顶部开放，防止气流短路。

14）水冷多联机可以重叠安装

（4）制冷剂管路安装

多联机制冷系统对制冷剂铜管系统内部的洁净性、干燥性、密封性有严格的要求，制冷管道的材料和施工工艺是多联机系统正常运行的关键所在。

1）制冷剂配管材料

制冷剂铜管采用空调用磷脱氧无缝拉制紫铜管。管道的内外表面应无针孔、裂纹、起皮、起泡、夹杂、铜粉、积炭层、绿锈、脏污和严重氧化膜，也不允许存在明显的划伤、凹坑、斑点等缺陷。铜管的规格及采用的铜管的管件是英制的。

2）铜管管道内壁清洗

如果购买的铜管未清洗过，则需在现场清洗铜管内壁。清洗时采用挥发性极强、溶解性极好的清洗剂。清洗方法如下：

①对于盘管，使用压力为 6kPa 的氮气或者洁净干燥的空气吹扫铜管内壁，吹出灰尘和异物，确保内部的洁净性。

②对于直管，可以采用纱布（或者绸子布）球拉洗法。用洁净的细钢丝缠上一块洁净纱布，纱布上滴一些三氯乙烯清洗剂，纱布球直径大于铜管直径 1cm 左右。使纱布从铜管的一端进入，然后从另一端拉出。每拉出一次，纱布都要用三氯乙烯浸洗，将纱布上灰尘和杂质洗掉。反复清洗直至管内无灰尘、杂质。清洗完毕，铜管管端应使用盖套或胶带及时封堵。在清洗过程中不允许纱布球掉丝屑。

3）制冷剂管道安装作业流程

制冷剂管道安装的一般顺序为：定位放线→支、吊、托架制作安装→铜管穿保温套管→管道清洗、吹扫→铜管按图纸要求和实际长度下料→管道加工→管道连接→管道校直→管道固定→室外机的连接→管道系统吹污→室内机的连接→气密性试验→管道保温。

4）安装要点

①按设计的走向、位置、标高、型号、尺寸及相互间连接安装制冷剂管道。

②室外机在室内机上方时，若立管为气管，每提升 10m，必须安装一个回油弯，回油弯高度为管道外径的 3～5 倍。

③管道穿越楼板、防火墙时应安装套管，套管管径应大于制冷剂管径 100mm，长度应伸出墙面 20mm，套管内用柔性阻燃材料填充，套管不可作为支撑。

④尽量缩短室内、外机间，各室内机间管长、高差，不可超出厂家规定的范围。多联机管路较长，防漏及保温十分必要。室外机到室内第一个分歧管间的距离不宜过大。

⑤气、液管平行铺设，管长、线路相同。

⑥制冷剂管道与其他管道之间应保持足够的安全距离。制冷剂管道应单独固定，不可与其他管道共用支撑。制冷剂管道的支、吊、托架之间的最小间距如表 34-105 所示。

制冷剂管道的支、吊、托架之间的最小间距　　　　　表 34-105

管道外径（mm）	横管间距（m）	立管间距（m）
≤20	1.0	1.5
20～40	1.5	2.0
≥40	2.0	2.5

5）分歧管安装

多联机系统配管的连接方式可以分为三类：配管接头连接，端管连接和混合式，如图

34-121 所示。其中分歧管是最常用的管路分支配件。

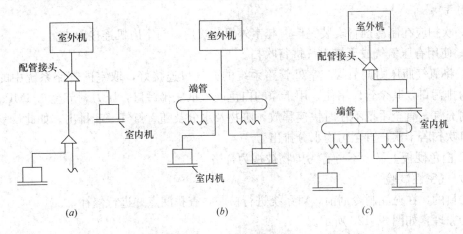

图 34-121 多联机系统配管的连接方式
(a) 管接头连接；(b) 端管连接；(c) 混合式连接

①分歧管的选用方法依据室内机的负荷大小，参照选用标准进行逆向推算，即从最末端的分歧管型号选定开始逐级向前推算，分歧管的型号依据它下游的所有室内机的负荷大小来确定。

②分歧管应尽量靠近室内机安装，室外机到室内第一个分歧管的距离及第一个分歧管到最不利室内机的距离均不可超出产品限定值。

③分歧管主管端口前应留有不小于 500mm 的直管段。

④分歧管的安装形式：水平安装和竖直安装。水平安装要求三个端口在同一个水平面上，不得改变分歧管的定型尺寸和装配角度。竖直安装时可以向上或者向下，保证三个端口的平面与水平面垂直，如图 34-122 所示。

6) 管道吹扫

①目的：除去焊接过程中氮气替换不足时产生的氧化物及管道封堵不严时进入管内的

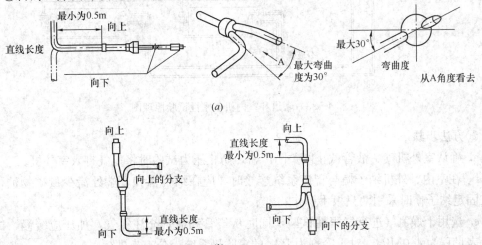

图 34-122 分歧管的安装形式
(a) 水平安装；(b) 垂直安装

杂质和水分。

②方法

a. 吹扫应在制冷剂管安装完毕、与室外机连接后，与室内机连接前进行。

b. 使用有压氮气或干燥空气进行吹扫。

c. 将氮气瓶压力调节阀与室外管路系统的充气口连接好，取室内管路系统中的一个管口为排污口，其余管口堵住，用干净的白色硬板抵住排污口，压力调节至 0.6MPa 左右向管内充气，直至手抵不住时快速释放，脏物及水分及随着氮气一起排出。如此反复对每个管口吹扫若干次，直至污物水分排出。

d. 白色硬板上显示不再有污染物被视为合格。

7）气密性试验

①目的：在充注制冷剂前，对系统进行检漏，查找漏点并进行修补。

②原理：如图 34-123 所示。

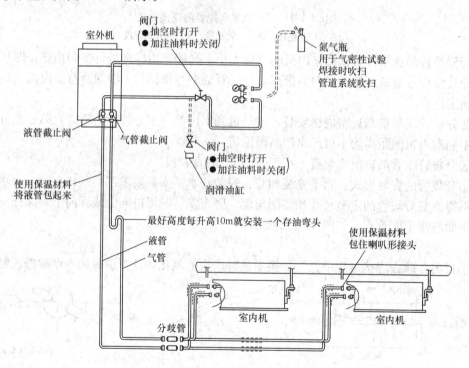

图 34-123　管道和室内机气密性试验原理图

③方法步骤

a. 确认室外机气、液管截止阀关闭严密，防止压力试验时将氮气打入室外机。

b. 在室内、外机纳子帽与管道系统连接时，应在纳子帽和管端处涂少量矿物油，并应在固定纳子帽时采用两只扳手操作。

c. 选用干燥氮气进行气密性试验，同时从气管和液管充注氮气，加压应缓慢，试压压力表量程为 4.0MPa。对于冷剂为 R22 的多联机系统，分三步进行：

（a）缓慢加压至 0.5MPa，加压过程应长于 5min，保压 5min 以上，进行泄漏检查，以发现大的渗漏。保压时间内压力维持不变为合格。

(b) 缓慢加压至 1.5MPa，加压过程应长于 5min，保压 5min 以上，进行气密性检查，以发现小的渗漏。保压时间内压力维持不变为合格。

(c) 缓慢加压至 3.0MPa，加压过程应长于 5min，进行强度气密性试验，以发现细微渗漏或砂眼。保压时间内压力维持不变为合格。

对于 R407C 制冷剂，则压力最高加至 3.3MPa。

检查有无泄漏可采用手感、听感、肥皂水检查，或在氮气试压完成后将氮气放至 0.3MPa 后加制冷剂，至压力为 0.5MPa 时用电子检漏仪检漏。

d. 同时记录压力表示数、环境温度及试压时间。

e. 按温度变化 1℃，压力相应变化 0.01MPa 进行压力修正。

长时间保压时，应将压力降至 1MPa 以下，以防高压导致焊接部位渗漏。

8）真空干燥

①目的：清除管道内的水分及不凝气体。

②原理：真空干燥与气密性试验相似，只需将气密性试验中的氮气瓶换成真空泵即可。对真空泵的要求为：

a. 真空泵的排气量要达到 4L/s；

b. 真空泵的精确度达到 0.02mmHg。

③方法

a. 抽真空前确认气、液管上的截止阀处于关闭状态。

b. 用充注导管把调节阀与真空泵连接到气阀和液阀的检测接头上。同时从气、液管抽真空 1.5～2.0h，至真空度达到 −756mmHg。如达不到要求的真空度，则说明有泄漏，应再次进行漏气检查。若无泄漏，应再抽 1.5～2.0h。在确保无泄漏的条件下，两次抽真空都不能保持真空度，则说明管内有水分。此时向管道内充入 0.05MPa 氮气和少量制冷剂破坏真空度，再次抽真空 2h，保真空 1h。如还达不到 −756mmHg，则重复操作，直至保真空 1h 压力不会升为止。

c. 停止抽真空时，先关闭阀门，再给真空泵断电。

对于 R407C 或 R410A 的系统，在直接接触制冷剂的地方，应使用专用工具和仪表。

9）制冷剂充注

①检查管径及附件型号、规格无误，管路连接正确后，先对制冷剂管路进行吹扫、气密性试验，对漏点进行不漏试压，满足要求后，对管路进行真空干燥，然后才能充注制冷剂。

②按现场的安装情况统计制冷剂管道型号、管长，按厂家所给公式计算制冷剂的充灌量，按需充注相应种类的制冷剂。

③制冷剂充灌应在未开机状态下从气、液管同时充注。如果制冷剂不能完全加入，可在开机时，从气管检测接口处充注气态制冷剂。

④制冷剂质量的计量应在允许误差范围内。

⑤充注的制冷剂量应作记录，以便日后维修保养。

（5）冷凝水管安装

多联机的冷凝水的排放方式分为自然排水和强制排水。自然排水的安装方式与风机盘管相同，其要点如下：

1）排水管管径应大于等于连接管管径。

2）冷凝水管应做保温以防止结露。

3）水平排水管坡度不小于 0.01。

4）排水软管悬挂支架间距为 1～1.5m 为宜。

5）集中排水管的管径应与室内机运行容量相匹配。图 34-124 为集中排水管安装示意图。

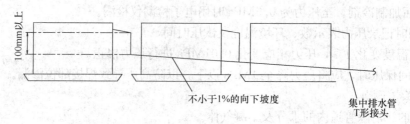

图 34-124　集中冷凝水管连接图

6）配管作业结束后应检查排水流向，确保排水顺利。

有些室内机内标准配置排水提升泵，属于强制排水。此时，排水升程管高度应小于 310mm，与室内机距离小于 300mm，并以适当拐角进入室内机，图 34-125 为某产品样本上给出的室内机冷凝水管安装图。若现场将自然排水改为强制排水时，需加装排水泵。安装排水泵时，应将原有排水口用橡胶塞封堵，并把水泵排水管引至室内机上侧备用排水口。

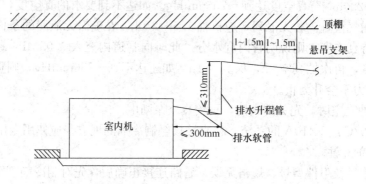

图 34-125　冷凝水管连接图

（6）电气系统安装

多联机系统电气系统的安装应注意：

1）每台室外机必须安装独立电源，并应满足产品要求的电压和电流。

2）电线、接线器、接线柱、电源开关、漏点开关等电器部件应符合国家标准，严格按照技术要求选择。

3）共用一台室外机的室内机的电源尽量在同一回路上。

4）电源电压应与设备额定电压相符，误差不超过 ±10%。配电系统应能满足设备对电压、电流和功率的要求。

5）机组外壳应有可靠的接地。

6）强电线缆不可和控制弱电接线共穿一根管。

7) 室内机的有线控制器应按用户要求安装在方便操作的地方，避开有油污、腐蚀性气体、灰尘产生的地方，避免将控制器安装在可能有易燃气体泄漏的地方，并应远离强电磁辐射源。

8) 对于同一室外机系统，室外机与室内机的通信线采用一对一连接，即把一个系统内的室外机和室内机通过通信线串联起来。

图 34-126 为某品牌设备控制线连接实例示意图。该控制系统采用屏蔽双绞线，线径不小于 0.75mm^2，所有室内机和室外机的通信线都是一对一连接，最多连接 16 台室外机，室内机最多为 128 台。这种连接通信线总长度明显减小，与中央控制器的线路连接简便，同时所有的室外机和室内机之间只需一根通信线。

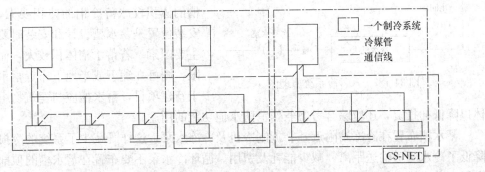

图 34-126　H-LINK 系统实例示意图

3. 系统调试

检查室内机配管无误后，应对室内机逐台试运转。制冷与制热模式应分别进行测试，以判断系统的稳定性及可靠性。

试运转时应检测的内容包括

(1) 检查设备等在安装过程中有无损坏。

(2) 对管道、设备、附件、配线的连接进行检查，确认无误。

(3) 系统运行时不应有异常振动和噪声。

(4) 系统正常运行无故障。压缩机的吸、排气温度，压力、排气过热度、室内温度、送风温度、气、液管温度、电子膨胀阀的开度等应在合理范围内。工作电流应在规定范围内；风机叶轮旋转方向应正确，运行应平稳；控制设备、安全装置应正常动作。

(5) 室内状态参数满足设计要求。

(6) 系统冷凝水排除顺畅，提升泵工作正常。

(7) 先对室内机进行逐一试运行，再对整个系统进行联合运行调试。

34.8.6　空调蓄冷设备安装

蓄冷空调具有减少机组装机容量和电力增容费用、平衡电力负荷、减少运行费用等优点。目前常用的蓄冷介质有水、冰及其他物质。应用最为普遍是冰蓄冷和水蓄冷。

34.8.6.1　水蓄冷设备的安装

水蓄冷设备以水作蓄冷介质，其蓄冷温度高于 0℃，按常规空调系统通常为 5~7℃，这与空调系统冷水机组蒸发器冷冻水的出水温度相近，使水蓄冷空调系统过程简单，操作

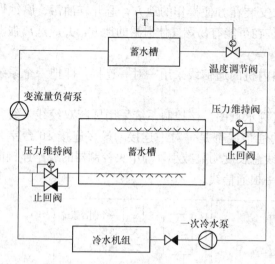

图 34-127   水蓄冷系统原理图

方便。水蓄冷的原理如图 34-127 所示。

1. 水蓄冷槽的形式

最适合自然分层的蓄水槽形状是直立平底圆柱体。

蓄水槽的高度与其直径之比一般通过技术经济比较来确定。斜温层的厚度与蓄水槽的尺寸无关。

2. 水蓄冷槽安装位置

由于水蓄冷采用的是显热储存,蓄水槽的体积较冰蓄冷梢的体积要大,因此,安装位置是蓄水槽设计和安装时要考虑的主要因素。若蓄水槽体积较大,而空间有限,则可在地下或半地下布置蓄水槽;对于新建项目,蓄水槽应与建筑物组合成一体以降低初投资,还应综合考虑兼作消防水他功能的用途。

蓄水槽布置在冷冻站附近,靠近制冷机及冷冻水泵,这样既减少了系统的冷损失;又降低了冷水管道输送距离,减少能耗及费用。循环冷水泵不要布置在蓄水槽的顶部,而应布置在蓄水槽水位以下的位置,以保证泵的吸入压力。

3. 水蓄冷槽的防水保温

对水蓄冷槽进行保温是提高其蓄冷能力的重要措施。在进行蓄水槽安装时要严格做好蓄冷槽底部、槽壁的绝热。

为避免保温材料由于吸水而影响保温材料的性能,并防止地下水渗入保温层,槽体的保温及防水必须结合在一起进行。

保温材料应具有防水、防潮、吸水率低、阻燃、不污染水质等特点。与混凝土防水材料结合性能强,且具有耐槽内水温及水压的能力,施工安全,耐用及易维修等特点。一般采用聚苯乙烯发泡体、无定形聚氨酯制品。

防水材料要具有防水防潮性能,对混凝土、保温材料粘结性能好,承受水温及水压能力强,其膨胀系数与保温材料相同,对水质不污染,施工方便,耐用易维护。通常采用如下防水材料:灰浆加有机系列防水剂(树脂)、沥青橡胶系列涂膜防水材料,还有环氧合成高分子系列板型防水材料。

常用的保温和防水材料的组合形式有如下几种:成型保温材料(聚苯乙烯发泡体)和灰浆防水材料、成型保温稠料(聚苯乙烯发泡体)和板型防水材料,以及现场发泡保温材料(硬质聚氨酯发泡体)和防水表面涂层(环氧树脂型防水)。

34.8.6.2   冰蓄冷设备的安装

冰蓄冷系统根据蓄冰和释冷方式的不同又可以分为以下几种形式:

1. 冰盘管式

该系统也称直接蒸发式蓄冷系统,其制冷系统的蒸发器直接放入蓄冷槽内,冰结在蒸发器盘管上。盘管为钢制,连续卷焊而成,外表面为热镀锌。管外径为 $1.05''$(26.67mm),冰层最大厚度为 $1.4''$(35.56mm),因此盘管换热表面积为 $0.137\text{m}^2/\text{kWh}$,

冰表面积为 $0.502m^2/kWh$，制冰率 IPF 约为 60%。

2. 完全冻结式

该系统是将冷水机组制出的低温乙二醇水溶液（二次制冷剂）送入蓄冰槽（桶）中的塑料管或金属管内，使管外的水结成冰。蓄冰槽可以将 90% 以上的水冻结成冰，融冰时从空调负荷端流回的温度较高的乙二醇水溶液进入蓄冰槽，流过塑料或金属盘管内，将管外的冰融化，乙二醇水溶液的温度下降，再被抽回到空调负荷端使用。这种蓄冰槽是内融冰式，盘管外可以均匀冻结和融冰，无冻坏的危险。这种方式的制冰率最高，可达 IPF= 90% 以上（指槽中水 90% 以上冻结成冰）。

3. 制冰滑落式

该系统的基本组成是以制冰机作为制冷设备，以保温的槽体作为蓄冷设备，制冰机安装在蓄冰槽的上方，在若干块平行板内通入制冷剂作为蒸发器。循环水泵不断将蓄冰槽中的水抽出至蒸发器的上方喷洒而下，在冰冷的板状蒸发器表面，结成一层薄冰，待冰达到一定厚度（一般在 3～6.5mm 之间）时，制冰设备中的四通阀切换，压缩机的排气直接进入蒸发器而加热板面，使冰脱落。"结冰"，"取冰"反复进行，蓄冰槽的蓄冰率为 40～50%。不适合于大、中型系统。

4. 冰球式

此种类型目前有多种形式，即冰球、冰板和冰球蕊心褶囊。冰球又分为圆形冰球，表面有多处凹涡冰球和齿形冰球。

（1）冰球式蓄冰球外壳由高密度聚合烯烃材料制成，内注具有高凝固—融化潜热的蓄能溶液。其相变温度为 0℃，分为直径 77mm（S 型）和 95mm（C 型）两种。以外径 95mm 冰球为例，其换热面积为 $0.75m^2/kWh$，每立方米空间可堆放 1300 个冰球；外径 77mm 冰球每立方米空间可堆放 2550 个冰球。

（2）表面存有多处凹涡的冰球当结冰体积膨胀时凹处外凸成平滑圆球形，使用时自然堆垒方式安装于一圆桶型密闭式压力钢桶槽内，以避免结冰后体积膨胀，比重降低而漂浮，以防止二次制冷剂形成短路。

（3）冰板式冰板的大小为 812mm×304mm×44.5mm，由高密度聚乙烯制成。板中注入去离子水。其换热表面积为 $0.66m^2/kWh$。

（4）冰球蕊心褶囊由高弹性、高强度聚乙烯制成，褶皱利于冻结和融冰时内部水体积变化而产生的膨胀和收缩，同时两侧设有中空金属蕊心。一方面增强热交换，另一方面起配重作用，在槽体内结冰后不会浮起。

（5）冰晶或冰泥。该系统是将低浓度卤水溶液（通常是水和乙二醇）经冷却至冻结点温度，产生千万个非常细小均匀的冰晶，其直径约为 $100\mu m$ 的冰粒与水的混合物，类似一种泥浆状的液冰，可以用泵输送。冰晶式蓄冷系统原理图如图 34-128 所示。

蓄冰系统中的机组和换热设备等的安装方法与前述冷水机组的安装方法大致相同，在冰蓄冷设备中需要注意的是冰蓄冷中特有的设备安装方法。

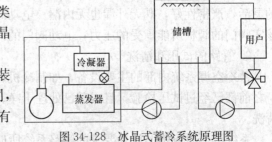

图 34-128 冰晶式蓄冷系统原理图

1. 冰槽安装

整体式冰槽和现场砌筑的混凝土槽体，都要求地面平整、水平度好。在冰槽下砌高

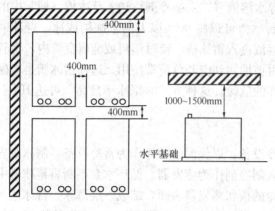

图 34-129　冰槽安装示意图

100mm 的水平基础，必须能承受槽体的运行重量，在槽基附近应有排水沟、上水管。槽间距及槽与墙的距离，不得小于 400mm。槽顶与天花板至少保持 1.0～1.5m 的距离，以满足接管与安装的要求；如果是混凝土槽，则要求槽上空间尺寸适当加大，以满足冰盘管的整体吊装，见图 34-129。若选用现场拼装式箱体，详细要求还需另行与厂家联系。

冰槽安装过程中还需要注意以下几方面的问题：

（1）冷冻站通常位于大厦的地下部分，而地下部分又往往是停车库、站房、办公集中的部位，使用面积非常紧张、造价昂贵，在蓄冰槽的设置及排布上应尽量使用可利用的空间位置。

（2）蓄冰槽容量如果过大会使蓄冰槽因自重变形，必须增加槽的壁厚以及进行加固。在蓄冰槽的扩散管的排布上，还会因扩散管的排布过密而浪费大量的空间，影响冻冰及融冰的效果。

（3）蓄冰槽无论是立槽还是卧槽在设计中必须考虑载冷剂（即 25% 的乙二醇溶液）的分配均匀性，宜在槽的入口和出口设均流管。

（4）封装式蓄冷设备安装的过程中，冰球装罐时应防止冰球与人孔、钢铁、混凝土等物体的互相撞击，同时安装时严禁杂物进入罐内。

（5）现场制作开式蓄冰槽时，其顶部应预留检修口；蓄冰槽应安装注水管；槽内宜做集水坑，便于进行冲洗、检修时排水；排水泵可采用固定安装或移动安装方式。

2. 配管安装

乙二醇水溶液流经的管道，安装前应进行清洗，安装过程中不得有焊渣等杂物进入，以免堵塞蓄冰盘管。各种型号蓄冰槽的配管均集中在槽体的一端，具体配管管径随冰槽容量不同而不同。各蓄冰槽之间应保持并联，蓄冰槽连接管进入蓄冰槽前应设旁通管，以备管路系统安装后的试压与清洗。凡管内要通过乙二醇水溶液的管线，不宜采用镀锌管及其管道配件。所配用的阀门不能发生内渗漏。

乙二醇系统阀门在安装时应注意管路系统中所有的手动和电动阀门，均应保证其动作的灵活，严密性好，既无外漏也无内漏；电动阀门应严格按照设计要求的压力来选择，并核实阀门的阀板所能承受的压力；电动阀门的两侧应设置检修阀，以便系统检修。

3. 管路的试压和清洗

蓄冷空调系统内部的主要设备，如制冷机、板式换热器和蓄冰槽内的蓄冰盘管，在出厂之前都已经过试压检验，且内部已处理干净。不能在系统安装后与管路一起进行试压和清洗。

系统试压时应按照设计要求的管路系统所应该承受的运行压力，依据有关规范进行水

压试验。同时对管路系统进行严格的清洗。清洗的具体方法：用清水在管路系统循环运行
1~2h，然后在最低位排空，再将浓度为10g/L的六偏磷酸钠溶液注入管路系统，在系统
内循环流动2h以上，然后排空，最后用清水注入系统多次清洗，直至管路状况令人满意
为止。

4. 蓄冰系统保温与灌液试运行

在整个管道系统完成试压和清洗后，即可以进行保温工作。

蓄冰空调系统的保温非常重要，除制冷机、板式换热器及成品蓄冰槽都有各自保温
外，现场安装的管道、阀门、泵体等均需加外保温层。保温材料不仅要满足防火要求，而
且要满足不吸水、不渗水等要求。严禁在管道与设备外表面出现结露甚至结冰等现象。

为了充注乙二醇溶液，应在其膨胀水箱旁另设容器，将溶液浓度预先调配好，用泵通
过膨胀水箱慢慢注入整个管路。在使用蓄冰系统之前，应保证系统空运行4h以上，以便
将系统内的空气完全排出，之后方可投入试运行。

在运行过程中，应检查所有仪表和传感器的信号是否正确，阀门的动作是否灵敏，全
系统中有无漏水和凝水的现象出现，自控系统的配合正常与否等，待一切工作完成之后，
方可运行，并投入正式运行。

34.8.7 冷 库 安 装

冷库又称冷藏库，它用于冻结和冷藏肉类、禽蛋、鱼虾、水果、蔬菜和冷饮等。

34.8.7.1 冷库的构成和分类

1. 冷库的分类

冷库的分类方法很多，目前，我国按冷库的使用性质和冷库的建设规模来分类；国外
有根据建筑特点，防火等级或库温高低来进行分类的。

（1）按使用性质分类

1）生产性冷库

生产性冷库主要建在食品产地附近、货源较集中的地区和渔业基地，通常是作为鱼类
加工厂、肉类联合加工厂、禽蛋加工厂、乳品加工厂、生产加工厂、各类食品加工厂等一
个重要组成部分。

2）分配性冷库

分配性冷库主要建在大中城市、人口较多的工矿区和水陆交通枢纽一带，专门储藏经
过冷加工的食品，以供调节淡旺季节，保证市场供应、提供外贸出口合作长期储备之用。

3）中转性冷库

这类冷库主要是指建在渔业基地的水产冷库，它能进行大批量的冷加工，并可在冷藏
车、船的配合下，起中转作用，向外地调拨或提供出口。

4）零售性冷库

这类冷库一般建在大中城市的工矿企业或城市的大型食品店、菜市场内，供临时储藏
零售食品之用。在库体结构上，大多采用装配式组合冷库。

5）综合性冷库

这类冷库有较大的库容量，有一定的冷却和冻结能力，它能起到生产性冷库和分配性
冷库的双重作用，是我国普遍应用的一种冷库类型。

（2）按冷库库容分类如表 34-106 所示。

冷库库容分类   表 34-106

名　　称	冷藏容量（t）	冻结能力（t/d）	
		生产型冷库	分配型冷库
大型冷库	≥10000	120～160	40～80
大中型冷库	5000～10000	80～120	40～60
中小型冷库	1000～5000	40～80	20～40
小型冷库	<1000	20～40	<20

（3）按结构形式分类

1）土建冷库

土建冷库是目前建造较多的一种冷库，可建成单层或多层。建筑物的主体结构（库房的支撑柱、梁、楼板、屋顶）和地下载荷结构都用钢筋混凝土，其围护结构的墙体都采用砖砌而成，老式冷库中其隔热材料以稻壳软木等土木结构为主。

2）装配式冷库

装配式冷库的主体结构（柱、梁、屋顶）都采用轻钢结构，其承重构件多采用薄壁型钢制作。

3）天然洞体冷库

这类冷库主要存于西北地区，以天然洞体为库房，以岩石、黄土作为天然隔热材料，因此具有因地制宜、就地取材、施工简单、造价低廉、坚固耐用等优点。

4）夹套式冷库

在常规冷库外围护结构内增加一个夹套结构，夹套内装设冷却设备。冷风在夹套内循环制冷，即构成夹套式冷库。

（4）按冷库制冷设备选用制冷剂分类

1）氨冷库：此类冷库制冷系统使用氨作为制冷剂。

2）氟利昂冷库：此类冷库制冷系统使用氟利昂作为制冷剂。

（5）按使用库温要求分类

1）高温冷库，又称冷却库，用于冷却物冷藏。库温为 $-2\sim+10℃$，储藏果蔬、蛋类、药材等。

2）低温冷库，又称冻结库，用于冻结物冷藏，库温为 $-10\sim-30℃$，储藏肉类、雪糕、冰淇淋、水产品及低温食品等。

3）超低温冷库：库温 $\leq-30℃$，主要用来速冻食品及工业试验、医疗等特殊用途。

2. 冷库的构成

冷库是一建筑群，它主要由冷库库房和冷库（冷冻厂）构成，如表 34-107 所示。

冷库的组成   表 34-107

冷库库房	冷加工间	冷却间、晾肉间、待冻间、冻结间、再冻间、包冰衣间、制冰间
	冷藏库	冻结物冷藏间、冷却物冷藏间
	冰库	—

续表

冷库 (冷冻厂)	库房辅助用房	办公、休息、更衣、烘衣、贮藏、厕所、楼梯、电梯间、穿堂、走道、过磅、站台、机器间、设备间
	动力用房	变配电间、锅炉房
	生产工艺用房	加工间、屠宰间、理鱼间、整理间、其他
	行政福利用房	办公楼、医务室、职工宿舍、俱乐部、托儿所、食堂
	其　他	危险品仓库、围墙、出入口、传达室

34.8.7.2　装配式冷库安装

1. 装配式冷库建筑特点

装配式冷库是由预制的库板拼装而成的冷库，又称组合式冷库。除地面以外所有构件是按统一标准在专业工厂预制，在工地现场组装。装配式冷库由保温库板、制冷系统、蒸发系统、控温电气系统等组成。具有结构简单、安装方便、施工期短、轻质高强度及造型美观等特点。其保温主要由隔热壁板（墙体）、顶板（天井板）、底板、门、支撑板及底座组成，它们是通过特殊结构的子母钩拼装、固定，以保证冷库良好的隔热、气密性。冷库门不但能灵活开启，而且还应关闭严密、使用可靠。

由复合隔热板拼装而成的装配式组合冷库，具有下列建筑特点：

(1) 抗振性能好。由于复合隔热板的抗弯强度高，弹性好，重量轻，所以由这种板构成的库体，使建筑物重量大大减轻，对基础的压力也大大减小，整体的抗振性能好。

(2) 库体组合灵活。由于整个冷库是由一块一块复合隔热板拼装而成，因此，可根据不同的安装场地拼装成不同的外形尺寸和高度，而且可以装在楼上、地下室、船上、试验室等各种不同要求的场地。

(3) 可拆装搬迁。这种冷库安装起来方便，拆除、搬迁、重新安装也很方便，拆迁时可做到不损坏或基本不损坏，并可根据安装场地重新组合。

(4) 可长途运输。由工厂预制的复合隔热板，可通过火车、汽车、轮船等交通工具运输。

(5) 施工方便、简捷。由工厂预制的复合隔热板，其安装只需要简易的设备和工具，一般小型冷库全部安装调试完毕只需 7d 左右时间，一般人员只需培训几天就可进行施工安装工作。

(6) 可成套供应。对于确定了型号、规格的装配式冷库可以像购买机器设备一样全套供应，其制冷设备、电控元件等都已设计配置完整，用户只要提供符合要求的电源和水源，便可使用。

2. 装配式冷库结构形式

(1) 根据安装场地不同

装配式冷库按安装场地的不同可分为室外装配式和室内装配式。

1) 室外装配式冷库

室外装配式冷库均为钢结构骨架，并辅以隔热墙体、顶盖和底架，其隔热、防潮、及降温等性能要求类同于土建式冷库。室外装配式冷库常建成独立建筑，应具有基础、地坪、站台、防雨棚、机房等辅助设施，库内的净高一般都在 3.5m 以上。室外装配式冷库由于容积较大，板缝的连接一般不采用偏心钩，而是采用其他方法。

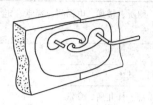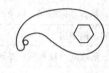

2）室内装配式冷库

又称活动装配冷库，主要由各种隔热板组即隔热壁板（墙体）、顶板（天井板）、底板、门、支撑板及底座等组成。它们是通过特殊结构的偏心钩拼接、固定，如图34-130所示，以保证冷库良好的

图34-130　偏心钩连接及钩子

隔热、气密。也有采用粘结装配的，但这种结构拆卸时比较困难。室内装配式冷库一般容量较小（2～20t），安装条件要求不高，地下室、底层、楼层都能安装，适用于宾馆、饭店、菜市场及商业食品流通领域内使用。

室内型又可分为标准型和非标准型。标准型是由装配式冷库制造厂根据复合隔热板的规格，按一定模数确定冷库的外形尺寸。非标准型可根据场地，使用要求的不同，进行较灵活的组装和布置。非标准型冷库中，大多数复合隔热板采用标准板，根据需要配置少量非标准板。非标准型组装时大多数采用粘结装配，这样有利于板缝密封的处理。

室内装配式冷库常用NZL表示（NZL-大写汉语拼音字母，分别表示室内装配式冷库），根据库内温度控制范围分为L级、D级和J级三种类型，其性能参数见表34-108。

室内装配式冷库主要性能参数　　　　　　　　　　表34-108

库　　级	L级	D级	J级
库温范围（℃）	5～－5	－10～－18	－20～－23
公称比容积（kg/m³）	160～250	160～200	25～35
进货温度（℃）	≤32	热货≤32；冻货≤－10	≤32
冻结时间（h）	18～24		
库外环境温度（℃）	≤32		
隔热材料的导热系数［W/（m·K）］	≤0.028		
制冷剂	R12，R22		
电流	三相交流，380±38V，50Hz		

如室内装配式冷库标记示例：NZL-20（D）表示库内公称容积20m³，库内温度为－10～－18℃的D级冷库。

L级保鲜库主要用于储藏果蔬、蛋类、药材、乳品、鲜肉保鲜干燥等，使食品保持较低的温度，而温度一般又不低于0℃。D级冷藏库主要用于把不同温度的冷却食品和冻结食品在不同温度的冷藏库内做短期或长期的储存，主要适用于肉类、水产等食品贮存。J级低温库主要用于储藏雪糕、冰淇淋、低温食品及医疗用品等。

（2）根据承重方式不同

根据结构承重方式不同可分为三种：内承重结构、外承重结构、自承重结构。内承重结构库内侧设钢柱、钢梁，利用库内的钢框架支撑隔热板、安装制冷设备，并支撑屋顶防雨棚；外承重结构库外设柱、梁；自承重结构利用隔热板自身良好的机械强度，构成无框架结构，库体隔热板既作为隔热，又作为结构承重。

自承重结构多用于室内型，而室外则大多用外承重结构。

3. 预制板的规格与形式

(1) 预制板的规格

厚度：40、60、80、100、120、160、(150)、200、250mm；

宽度：0.4、0.8、1.0、(0.98)、1.05、1.20m；

长度：1.98、2.00、2.40、3.00、6.00、8.00、12.00m。

(2) 预制板的形式

1) 平板（墙板）。平板的形式很多，主要是因为横断面接口形式而不同，最常用的见图 34-131 （*a*）～（*e*）。

2) 转角板。转角板的形式主要有三种，见图 34-131 （*f*）～（*h*），浇筑预制板采用前两种，粘贴预制板采用后一种。

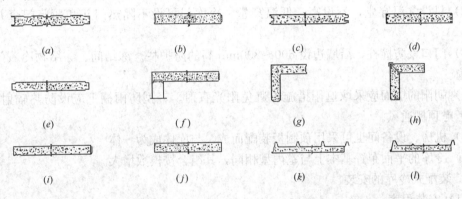

图 34-131　预制板接口形式

3) 顶底板。这里是指采用偏心钩（或螺钉）连接的顶底板。这种顶底板与墙板全部由模具浇筑发泡而成，不需要再进行制作，见图 34-131 （*i*）、（*j*）。

4) 瓦楞形顶板。主要用于瓦楞板与屋顶隔热板一体的冷库，见图 34-131 （*k*）、（*l*）。

4. 冷库布置

(1) 室内型装配式冷库的布置

1) 装配式冷库地坪应干燥、平整、硬实，地表一般为混凝土，也可用三合土。凹处用水泥砂浆找平。

2) 室内净高应高出库顶板上表面至少半米。若机组置于库顶，则房间净高应高出库顶板上表面 1.8m。

3) 预留合适的安装间隙，在需要进行安装操作的地方，冷库墙板外侧离墙的距离应≥400mm；不需要进行安装操作的地方，冷库墙板外侧离墙的距离应在 50～100mm，冷库地面隔热板底面应比室内地坪高 100～200mm；冷库顶面隔热板外侧离梁底须有≥400mm 的安装间隙；冷库门口侧离墙需有≥1200mm 的操作距离。

4) 具有良好的通风、采光条件，安装场地及附近场所应清洁，符合食品卫生要求。要远离易燃、易爆物品，避免异味气体进入库内。

5) 库门的布置应便于冷藏货物的进出，库内地面应放置垫仓板、货物堆放在垫仓板上。

6) 制冷设备的布置应考虑振动、噪声对周围场所的影响，也应考虑设备的操作维修、接管长度等。

7) 冷库的平面布置需根据预制板的宽度、高度模数，根据安装场地的实际允许，进行综合考虑。冷库制造厂有其标准的冷库组合表供设计和使用者选择。

8) 冷库的底部应有融霜水排泄系统，并附以防冻措施。

(2) 室外型冷库的布置

其布置时除了食品卫生要求、安全要求、制冷设备布置要求以及排水防冻等与室内型冷库相同外，尚有下列几点特别要求：

1) 须搭设雨棚，保证装配式冷库库体不受日晒雨淋。库门应背开风向，并远离污染源。地坪标高应高于周围地面，以防雨天库内进水。

2) 只设常温穿堂，不设高、低温穿堂。冷库门可设不隔热门斗和薄膜门帘并设空气幕。

3) 门口设防撞柱，沿墙边设 600～800mm 高的防护栏。冻结间、冻结物冷藏门应设平衡窗。

4) 朝阳的墙面应采取遮阳措施，避免阳光直射。轻型防雨棚下应设防热辐射措施，并应考虑顶棚通风。

5) 机房、设备间也可采用预制板装配而成，与库体成为一体。

6) 冷库的平面布置基本上与室内型相同，其组合按模数增大。

5. 装配式冷库的安装

(1) 安装程序

1) 室内型

采用偏心钩和螺栓连接的冷库，只要根据装配式冷库制造厂的安装说明书进行安装即可。安装程序为：

①先做好冷库的垫座地坪（要求用水平仪校平）。

②根据冷库外校尺寸，划好安装线，然后装配底板（底座和预制隔热板）。

③安装墙板时需先装好一个转角板，然后依次安装。

④安装顶板时，从一边依次安装。

⑤安装门和空气幕。

⑥安装制冷设备、照明灯、控制元件等。

2) 室外型

如果预制板是采用偏心钩和螺栓连接，其安装程序与室内型相同。如果预制板采用其他方法连接，其安装程序如下：

①先做好冷库的基础和地坪（隔热底板以下）。

②按冷库平面尺寸放线，做好外框架，做好隔热墙板的固定用撑板。

③安装墙板预制板。先安装一个转角板，然后依次进行。

④做好顶板吊架、安装顶板。

⑤用聚氨酯现场发泡，浇筑顶板的预留浇筑缝。

⑥安装地坪隔热板，用聚氨酯现场发泡浇筑底板的预留浇筑缝。

⑦安装隔墙板。

⑧用钢筋混凝土浇筑库内地坪（80mm）。

⑨安装冷库门框、门、空气幕。

⑩安装库内制冷设备、照明灯、控制元件等。

（2）**库体安装**

库体板涂层要均匀、光滑、色调一致、无流痕、无泡孔、无皱裂和剥落现象。库体要平整、接缝处板间错位不大于 2mm。板与板之间的接缝应均匀、严密、可靠。库体连接要牢固，连接机构不得有漏连、虚连现象，其拉力不得低于 1471.5N。其安装步骤为：

1）划定安装位置，将木垫板（30mm 厚，60mm 宽）沿库长方向在地面摆平，垫板按 500~200mm 间距布置，垫板与地面之间缝隙用垫片调平。

2）底板按顺序在木垫板上辅好，并旋紧挂钩，拧紧挂钩时，应缓慢均匀用力，拧至板缝合拢，不可用力过度，以免钩盒拔脱。板与板接缝应紧密贴合，所有底板应使用水平仪检测是否位于同一个平面，并用垫片找平。拼板时注意在库板的凸边上完整的粘贴海绵胶带，安装库板时，不要碰撞海绵胶带粘贴位置。

3）装墙板时，从一个角（通常从房间不便出入的那个墙角）的角板开始，依次向其他几面延伸（包括门框板）。隔墙板应用隔墙角钢固定。

4）顶板的安装顺序和底板一样。

5）安装装配式冷库的库门。

6）装配式冷库库板装完后，装上下饰板。最后撕掉库板内外表面的保护膜，清洁库体。

由于冷库的库板种类繁多，安装活动冷库时应参照"冷库的拼装示意图"。当装配式冷库库板长度或高度大于 4.2m 时，冷库需采取加强措施，使用加强角钢在库体中央加强冷库的整体结构。无底板装配式冷库安装时，应将墙板埋于水泥中，再采用固定角铁固定。有些操作间只有顶板时，此时在四周墙壁上安装角铁，库板固定于其上，并采用硅胶或发泡料密封。

库体装好后，检查各板缝贴合情况必要时，内外面均应充填硅胶封闭。管路及电气安装完成后，库板上所有管路穿孔，必须用防水硅胶密封。

（3）**库体节点处理**

库体节点处理是装配式冷库成功与否的关键，目前普遍采用的节点处理法有如下几种：

1）平板接缝节点处理：对不同形式的预制板，应采用不同的处理方法，如图 34-132 所示。

2）转角板的组装制作墙板与地坪、顶板的节点处理，如图 34-133 所示。

3）檐口节点的处理见图 34-134。

（4）**板缝密封**

板缝的密封材料应无毒、无臭、耐老化、耐低温、有良好的弹性和隔热、防潮性能。国内目前常用的密封材料有：聚氨酯软泡沫塑料、聚乙烯软泡沫塑料、硅橡胶、聚氨酯预聚体、丙烯酸密封胶。板缝密封如图 34-135 所示，为使绝缘性能达到最佳状态，每条接缝处的密封材料要打在正反面接缝的最外口，因为封得越靠近板材平面，就越能有效地控制冷热空气的对流。

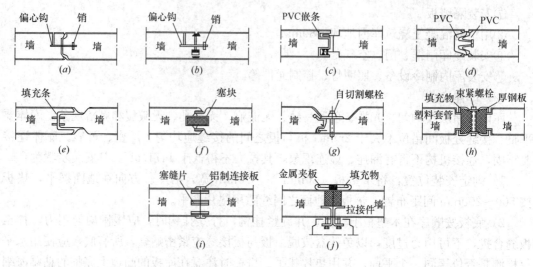

图 34-132   平板接缝

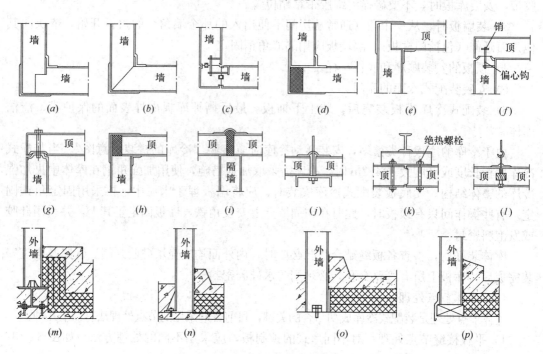

图 34-133   转角板的组装制作，墙板与地坪、顶板的节点处理

(a) ~ (f) 为转角板接缝；(g) ~ (l) 为顶板接缝；(m) ~ (p) 为地坪接缝

（5）现场接缝的浇筑

在垂直板缝的情况下，浇筑的接缝要受很大的压力，沿接缝增加浇筑孔可控制聚氨酯的浇筑，一般 1.2m 设置一个 ϕ10mm 浇筑孔，浇筑后用一个塑料塞塞住，加固件与预制板面的连接一般采用拉铆钉，中距为 200mm。

（6）管道设备隔热层的现场浇筑

制冷管道和设备的隔热大部分是用聚氨酯现场浇筑。管道隔热前先涂防锈漆，在铝合

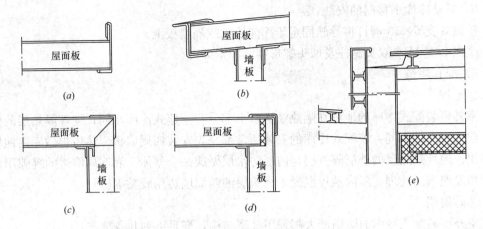

图 34-134 檐口节点

(a) ~ (d) 为内结构檐口及山墙构造节点；(e) 为外结构檐口及节点

金外壳与管子间放扇形聚氨酯隔热块以保持间距，在外壳上每隔一定距离留有浇筑孔，完毕后用塑料塞塞住。

(7) 库门及门框

冷库门要装锁和把手，同时要有安全脱锁装置；低温冷库门门框上要暗装电压24V以下的电加热器，以防止冷凝水和结露。

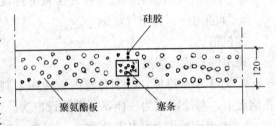

图 34-135 聚氨酯板的拼接

1) 拼装式门框板的安装：

①装配式冷库库体拼装完成后，将左右门框板上的竖凸条留出门上框板的高度，将多余部分锯掉。

②装配式冷库门上框板自下向上推入安装位置，将其上端的挂钩与顶板销盒相连固定。

③对隔墙的门上框板、将它由下向上推入安装位置，用角铁与顶板固定。

2) 整体式门框板的安装：

整体式门框板的安装同其他冷库库体墙板的安装一样，以挂钩、销盒与顶、底板、墙板相连。

3) 加热丝及门框包条的安装

活动冷库库体门加热丝沿开口外侧25mm四周布设，由铝箔胶带粘结于门框四周。门框包条以铆接于门框上，并将加热丝覆盖。

4) 冷库旋转门的安装：

①门体定位：将5mm×80mm×800mm及8mm×80mm×1600mm木垫板分别垫于门洞底部及铰链安装一侧，将门体定位。

②门板上已预制铰链及门锁的安装螺孔，将安装模板（MB1—左端铰链安装模板、MB2—右端铰链安装模板），按模板上定位孔在左右门框上钻孔攻丝。

③卸下安装模板。

5) 活动冷库平移门的安装：

①以 6 支 5×13 铆钉将导轨固定于库体墙板或隔墙板上。

②以 2 支 M10 双头螺柱及球头螺母穿墙固定即可。

6) 配套建筑

①地坪

室外型装配式冷库的地坪在隔热结构以下部分与土建式冷库相同，地坪隔热层的做法与土建式冷库的不同：装配式冷库的安装通常都是先安装四周墙板，然后再做库内地坪的隔热层。地坪隔热层的外层隔汽层与内层防水层做成一个整体。靠四周墙边的缝隙用聚氨酯现场发泡密封处理，库内地坪混凝土浇筑层的四周墙边用胶粘剂密封。

②防雨棚

室外型装配式冷库的防雨棚大都采用轻型结构，满足下列几条要求：

a. 不漏雨。

b. 为遮挡太阳辐射热通常在瓦楞板下再设一层反射系数很高的双层铝箔纸。

c. 顶棚内应保持空气流通。

③机房

机房的布置一般有三种形式：

a. 对于小型冷库，特别是室内型冷库，制冷机可以安装在冷库顶板上，也可以安装在墙板上，与冷库成为一体，不需要设机房。

b. 考虑到冷库整体构造的统一、美观，机房紧靠冷库，用预制板装配而成。

c. 在制冷压缩机台数较多的情况下，也可另外设置机房，把所有制冷设备（除蒸发器外）集中设置在机房，以便于维修管理。

(8) 注意事项

1) 室内装配式冷库所有焊接件、连接件必须牢固、防锈。

2) 冷库门内的木制件应经过干燥防腐处理。

3) 库内装防潮灯，测温元件置于库内均匀处，其温度显示器装在库体外墙板易观察位置。

4) 冷库底板除了应有足够的承受能力，大型的装配式冷库还应考虑装卸运载设备的进出作业。

34.9　空调水系统设备安装

34.9.1　水　泵　安　装

34.9.1.1　水泵的分类

水泵的种类比较多，按用途可分为供热用、空调用循环水泵、生活给水泵、工矿用水泵、化工用水泵、农业用水泵、污水处理用水泵等。按水泵的叶轮级数多少分为单级离心水泵和多级离心水泵。按水泵的安装形式分为立式离心水泵、卧式离心水泵、潜水水泵等。空调用水泵主要有立式离心水泵、卧式离心水泵。

34.9.1.2　水泵的安装工艺流程

基础检查验收→设备开箱检查→清洁基础→水泵找平→地脚螺栓、垫铁、灌浆→水泵配管→水泵试运转

34.9.1.3　卧式离心水泵安装

IS 型单级单吸离心泵

IS 型单级单吸清水离心泵，是根据国标标准 ISO2825 所规定的性能和尺寸设计的，本系列共 29 个品种。水泵由泵体、泵盖、叶轮、轴、轴套、密封环、悬架体、及滚动轴承等组成。适用于输送清水或物理、化学性质类似于清水的其他液体，其温度不高于 80℃。其性能范围：流量 Q：6.3～400m³/h；扬程 H：5～125m。

IS 型单级单吸离心泵安装前的拆洗和装配：将密封环、填料、填料环及填料压盖等依次装到泵盖内；将滚动轴承装到轴上，然后装到悬架内，合上压盖，压紧轴承，并套上挡水圈；将轴承装到轴上，再将泵盖装到悬架上，然后将叶轮、止动垫圈、叶轮螺母等装上，用套筒扳手拧紧；最后将转子组件装到泵体内，并拧紧泵体与泵盖的连接螺栓。

1）离心水泵机组的安装

①安装底座

a. 当基础的尺寸、位置、标高符合设计要求后，将底座至于基础上，套上地脚螺栓，调整底座的纵横中心位置与设计位置相一致。

b. 测定底座水平度：用水平仪（或水平尺）在底座的加工面上进行水平度的测量。其允许误差纵、横向均不大于 0.05/1000。底座安装时应用平垫铁片使其调成水平，并将地脚螺栓拧紧。

c. 地脚螺栓的安装要求：地脚螺栓的不垂直度不大于 10/1000；地脚螺栓距孔壁的距离不应小于 15mm，其底端不应碰预留孔底；安装前应将地脚螺栓上的油脂和污垢消除干净；螺栓与垫圈、垫圈与水泵底座接触面应平整，不得有毛刺、杂屑；地脚螺栓的紧固，应在混凝土达到规定强度的 75％后进行，拧紧螺母后，螺栓必须露出螺母的 1.5～5 个螺距。

d. 地脚螺栓拧紧后，用水泥砂浆将底座与基础之间的缝隙嵌填充实，再用混凝土将底座下的空间填满填实，以保证底座的稳定。

e. 平垫铁安装注意事项

（a）每个地脚螺栓近旁至少应有一组垫铁。

（b）垫铁组在能放稳和不影响灌浆的情况下，应尽量靠近地脚螺栓。

（c）每个垫铁组应尽量减少垫铁块数，不超过 3 块，并少用薄垫铁。放置平垫铁时，最厚的放在下面，最薄的放在中间，并将各垫铁相互焊接（铸铁垫铁可不焊）。

（d）每一组垫铁应放置平稳，接触紧密。设备找平后，每一垫铁组应被压紧，并可用 0.5kg 手锤轻击听音检查。

（e）设备找平后，垫铁应露出设备底座底面外缘，平垫铁应露出 10～30mm，斜垫铁应露出 10～50mm；垫铁组伸入设备底座底面的长度应超过设备地脚螺栓孔。

②水泵和电动机的吊装

吊装工具可用三脚架和捯链滑车。起吊时，钢丝绳应系在泵体和电机吊环上，不允许在轴承座或轴上，以免损伤轴承座和使轴弯曲。

③水泵找正

水泵找正的方法有：把水平尺放在水泵轴上测量轴向水平；或用垂线的方法，测量水泵进出口的法兰垂直面与垂线是否平行，若不平行，可调整泵座下垫的铁片。

水泵的找平应符合下列要求：

a. 整体安装的水泵，纵向安装水平偏差不应超过 0.1/1000，横向安装水平偏差不应超过 0.2/1000；解体安装的水泵，纵、横向安装水平偏差均应不超过 0.05/1000；测量时应以加工面为基准。

b. 水泵与电机采用联轴器连接时，安装联轴器两轴芯的允许偏差，轴向倾斜不应大于 0.2/1000，径向位移不应大于 0.05mm。

c. 小型整体安装的泵，不应有明显的偏斜。

④水泵找正

水泵找正的方法：在水泵外缘以纵横中心线位置立桩，并在空中拉相互交角 90°的中心线，在两根线上各挂垂线，使水泵的轴心和横向中心线的垂线相重合，使其进出口中心与纵向中心线相重合。泵的找正应符合下列要求：

a. 主动轴与从动轴以联轴节连接时，两轴的不同轴度、两半联轴节端面间的间隙应符合设备技术文件的规定。

b. 水泵轴不得有弯曲，电动机应与水泵轴向相符。

c. 电机与水泵连接前，应先单独试验电动机的转向确认无误后再连接。

d. 主动轴与从动轴找正、连接后，应盘车检查是否灵活。

e. 泵与管路连接后，应复校找正情况，由于与管路连接而不正常时，应调整管路。

⑤水泵安装应符合以下要求

a. 水泵的平面位置和标高允许偏差为±10mm，安装的地脚螺栓应垂直、拧紧，且与设备底座接触紧密。

b. 泵体必须放平找正，直接传动的水泵与电动机连接部位的中心必须对正，其允许偏差为 0.1mm，两个联轴器之间的间隙，以 2~3mm 为宜。

c. 用手转动联轴器，应轻便灵活，不得有卡紧或摩擦现象。

d. 与泵连接的管道，不得用泵体作为支撑，并应考虑维修时便于拆装。

e. 润滑部位加注油脂的规格和数量，应符合说明书的规定。

2) 水泵配管及附属设备安装

①管道安装要求

a. 管子内部和管端应清理干净，清除杂物；密封面与螺纹不应损坏。

b. 相互连接的法兰端面或螺纹轴心线应平行、对中，不应用法兰螺栓或管接头强行连接。

c. 管路与泵连接后，不应再在其上进行焊接和气割；如需焊接或气割时，应拆下管路或采取必要的措施，防止焊渣进入泵内和损坏泵的零件。

d. 与泵连接的管道，不得用泵体作为支撑，并应考虑维修时便于拆装。

②附属设备的安装

水泵进出口管道的附属设备包括压力表、真空表和各种阀门等，其安装应符合下列要求：

a. 管道上真空表、压力表等仪表节点的开孔和焊接应在管道安装前进行。

b. 就地安装的显示仪表应安装在手动操作阀门时便于观察仪表显示的位置；仪表安装前应外观完整、附件齐全，其型号、规格和材质应符合设计要求；仪表安装时不应敲击及振动，安装后应牢固、平整。

c. 各种阀门的位置应安装正确，动作灵活，严密不漏。

34.9.1.4 立式离心水泵安装

(1) 空调水系统用于冷媒循环系统、热媒循环系统及冷却水循环系统的单级立式离心水泵和单级立式屏蔽水泵的结构。

1) 单级立式离心水泵

①采用水泵与电机直接连接，电机的轴与水泵的轴同心，振动小，噪声低。

②水泵进口、出口直径相同，并在同一直线上，流体流动畅通，阻力损失小。

③水泵不加底板，可将水泵如同阀门一样安装在管路的任何位置。

④采用整轴和特殊结构配置的轴承、运行可靠。

⑤采用强制环流、不受转向限制的特殊配置的机械密封，改善其运行环境，延长使用寿命。

⑥占地面积小，无泄漏，水泵的制造费用低。

2) 单级立式屏蔽水泵

①全封闭式，只有静密封而无动密封的独特结构保证水泵不泄漏。

②密封的自循环结构可输送任何介质而保证不对环境造成污染。

③采用全新的低转速屏蔽电机及介质循环系统保证机组振动小、低噪音、低温升。

④泵体采用管道式结构，其进口、出口直径相同且位于同一直线上，如同阀门一样安装在管道的任何位置，方便、快捷、稳固。

⑤无轴封、无滚动轴承，运行可靠。

⑥使用隔振垫、隔振器及金属波纹管等隔振装置后其振动更小，噪声更低。

⑦独特的安装结构大大缩小了水泵占地面积，可节省投资。

3) 立式离心水泵安装见前面卧式离心泵安装。

34.9.1.5 管道泵安装

管道泵用于空调水系统上，具有体积小，重量轻，进出水均在同一直线上，将其直接安装在回水干管上，不需要设置混凝土基础，安装十分方便，占地少。采用机械密封，严密性好，不易泄漏。

管道泵的效率高，节能效果好，噪声相对比较低。管道泵非常适用于小型的空调水循环系统。管道泵直接安装在循环水管道上。

34.9.1.6 水泵的隔振

(1) 对于噪声要求较高的场所，不宜设置空调水泵。当在建筑物内设置空调水泵时，应当采用低噪声的屏蔽水泵，并应进行水泵隔振安装。

建筑物内安装的空调水泵，如果采用的是卧式水泵，应按照《卧式水泵隔振及其安装》98S102，在卧式水泵基础上安装橡胶隔振垫、橡胶隔振器、弹簧隔振器等设施；在水泵进出口及管道上安装可曲挠接头，弹簧支吊架等设施。如果采用的是立式水泵，应按照《立式水泵隔振及其安装》95SS103 安装隔振设施。

（2）空调水泵隔振原则

1）水泵基础隔振：在钢筋混凝土基础座或型钢基座下安装橡胶隔振器（垫）或弹簧隔振器。

2）管道隔振：在水泵进水管、出水管上安装可曲挠橡胶接头。

3）支吊架隔振：管道固定采用弹性吊架或弹性托架。

空调水泵隔振、管道隔振和支吊架隔振的隔振措施必须配套设置，同时采用，才能获得较好的隔振消声效果。

（3）空调水泵隔振元件选用

1）优先采用橡胶隔振器，也可采用弹簧隔振器和橡胶隔振垫。

2）当在与热源距离小于1m，或受阳光直射、紫外线照射、或环境温度较低时，应采用弹簧隔振器。

3）同一台水泵各个支承点的隔振元件，其型号、性能、块数、层数、面积、尺寸、硬度应完全一致，每个支承点的载荷应基本相等。当形心和重心不相重合，各个支承点的隔振元件载荷不相等而影响隔振元件静态压缩量不相等时，应将中间部位的隔振元件挪向载荷较大的一侧，使得载荷均衡，达到水泵在静态条件下处于水平位置。

4）管道隔振的隔振元件的型号应根据工作压力、真空度和介质使用温度选用，一般按下列顺序采用：

水泵进水管：可曲挠偏心异径橡胶接头；可曲挠橡胶接头。

水泵出水管：可曲挠同心异径橡胶接头；可曲挠橡胶弯头；可曲挠橡胶接头。

5）支吊架隔振元件按下列情况采用：

①管道距离顶棚较近时采用弹性吊架。

②管道距离地面或墙面较近时，采用弹性托架。

（4）基础

水泵机组的基础有钢筋混凝土基础和型钢基座两种，一般采用钢筋混凝土基座，在有下列情况时，也可采用型钢基座：

1）当楼板的载荷不允许采用钢筋混凝土基础时。

2）当施工进度不允许采用钢筋混凝土基础时。

（5）施工安装要求

①安装橡胶隔振器（垫）处的基础台面应平整，高出水泵房地面50mm，橡胶隔振器（垫）处不得被水浸泡。

②橡胶隔振器、弹簧隔振器和橡胶隔振垫直接放在钢筋混凝土基座或型钢基座下部。隔振器（垫）与地面均不粘结，无需固定。

③可曲挠橡胶接头（异径接头、弯头）宜处在自然状态下工作，不能在安装过程中就使可曲挠橡胶接头（异径接头、弯头）处于挠曲、位移的极限偏差状态。管道重量不应压在可曲挠橡胶接头（异径接头、弯头）上。

④安装可曲挠橡胶接头（异径接头、弯头）的法兰时，每一端面的螺栓，应按对角位置逐步均匀地加压拧紧，要求所有螺栓松紧程度应保持一致。在要求较高时，螺母处应添加弹簧垫圈，以防螺母松动。

⑤使用或储存橡胶制品，应避免高温，与热源的距离应在1m以外。还应避免臭氧、

油及强酸、强碱和放射线的辐射。在与油接触的场合，橡胶隔振器（垫）和可曲挠橡胶接头（异径接头、弯头）应采用耐油橡胶。

⑥橡胶制品外表面严禁油漆。

⑦在搬运和安装过程中，应注意隔振器（垫）、可曲挠橡胶接头（异径接头、弯头）的橡胶体不被锋利物体所损伤。

⑧橡胶制品应定期检查，如有严重损坏或超过老化时间应及时更换。

⑨为防止声桥的产生，保证隔振效果，在施工时必须避免以下情况：施工时，水泥砂浆漏入橡胶隔振器（垫）；金属切削物进入橡胶隔振器（垫）的橡胶体内；可曲挠橡胶接头（异径接头、弯头）缠包保温材料。

34.9.2 冷 却 塔 安 装

冷却塔是使空气和水接触而降低冷却水温度的设备。热水在塔体内从上向下喷淋成水滴或水膜，而空气在塔体内由下向上或由一侧进入塔体向上排出。水与空气的热交换越好，水温降低得就越多。

空调系统中制冷机组的循环冷却水系统常用机械通风式冷却塔。冷却塔的形式、多种多样，空调用常见的有机械通风逆流式、横流式及喷射式冷却塔。

34.9.2.1 冷却塔的分类

1. 机械通风冷却塔的分类

冷却塔是空调系统制冷机组的循环冷却水系统组成设备之一。

机械通风冷却塔：

鼓风式：点滴式、薄膜式、点滴薄膜式—逆流式

抽风式：点滴式、薄膜式—逆流式或横流式、点滴薄膜式—逆流式

2. 冷却塔的组成

采用较多的抽风式冷却塔分逆流式和横流式两种形式，因设计的需要，也可采用鼓风式逆流冷却塔。

冷却塔的组成及各个部分的作用，见表34-109。

冷却塔组成各个部分作用　　　　　　　　　　　　　　　　表 34-109

编号	名　称	作　用	备　注
1	淋水装置	将热水溅散成水滴或形成水膜，增加水与空气接触面积和时间，促进水与空气的热交换，使水冷却	分点滴式和薄膜式
2	配水装置	由管路和喷头组成，将热水均匀地分配到整个淋水装置上，分布是否均匀，直接冷却效果、飘水多少	分固定式、池式、旋转布水
3	通风设备	机械通风冷却塔由电机、传动轴、风机组成，产生设计要求的空气流量，达到要求的冷却效果	—
4	空气分配装置	由进风口、百叶窗、导风板等组成，引导空气均匀分布在冷却塔整个截面上	—
5	通风筒	创造良好的空气动力条件，减少通风阻力并把塔内的湿空气送往高空，减少湿热空气回流	机械通风冷却塔又称筒体

编号	名 称	作 用	备 注
6	除水器	把要排出去的湿热空气中的水滴与空气分离，减少逸出水量损失和对周围环境的影响	又称收水器
7	塔体	外部围护结构。机械通风与风筒式的塔体是封闭的，起支撑、围护和组合气流的功能	—
8	集水池	位于塔下部或另设汇集经淋水装置冷却的水，集水池还起调节流量作用，应有一定的储备容积	—
9	输水系统	进水管把热水送往配水系统，进水管上设阀门，调节进塔水量，出水管把冷水送往用水设备或循环水泵，必要时多塔之间可设置连通管	集水池设补充水管、排污管、放空管等
10	其他设施	检修门、检修梯、走道、照明灯、电气控制、避雷装置及测试需要的测试部件等	—

34.9.2.2 冷却塔的安装工艺流程

基础检验→设备开箱检查→设备搬运→冷却塔本体安装→冷却塔各个部件安装→配管安装→试运转、检查验收

34.9.2.3 冷却塔的安装

1. 机械通风冷却塔

机械通风冷却塔：分为逆流式和横流式，逆流式又有圆形和方形。逆流式和横流式的性能比较，见表34-110。选用时应该根据外形、环境条件、占地面积、管线布置、造价和噪声要求等因素，合理选用。

逆流式和横流式的性能比较   表 34-110

塔形	性 能 比 较
逆流式	1. 冷却水与空气逆流接触，热交换效率高，当循环水量和容积散质系数相同，填料容积比横流式要少约15%～20% 2. 循环水量和热工性能相同，造价比横流塔低约20%～30% 3. 成组布置时，湿热空气回流影响比横流塔小 4. 因淋水填料面积基本同塔体面积，故占地面积要比横流塔小约20%～30%
横流式	1. 塔内有进入空间，采用池式布水，维修比逆流塔方便 2. 高度比逆流塔低，结构稳定性好，并有利于建筑物立面布置和外观要求 3. 风阻比逆流塔小，风机节电约20%～30% 4. 配水系统需要水压比逆流塔低，循环水泵节电约15%～20% 5. 填料底部为塔底，滴水声小，同等条件下噪声值比逆流塔低3～4dB (A)

2. 冷却塔的布置

冷却塔的布置应按照设计单位的施工图纸确定。

(1) 冷却塔应布置在干燥、清洁和通风良好的地方，避免气流短路。

(2) 两台以上的冷却塔布置在一起时，两塔之间应保持一定的间距。

(3) 冷却塔宜放置在夏季主导风向上。

3. 玻璃钢冷却塔的安装

(1) 冷却塔安装应符合《通风与空调工程施工质量验收规范》GB 50243 的规定，并参照设备生产厂家的技术文件进行安装和组装。

1) 冷却塔的型号、规格及技术参数必须符合设计要求及规范的要求。

2) 对含有易燃材料冷却塔安装，必须严格执行施工防火安全的规定。

3) 基础坐标位置、几何尺寸及标高应符合设计规定，标高允许误差为±20mm。

4) 冷却塔地脚螺栓与预埋件的连接或固定应牢固，冷却塔地脚可与预埋钢板直接焊接定位。

5) 各连接部件应采用热镀锌或不锈钢螺栓，其紧固力应一致、均匀。

6) 塔体按编号顺序安装在冷却塔支架上，并与底座牢固连接，拼装应平整、紧固，无松动。

7) 冷却塔安装应水平，单台冷却塔安装水平度和垂直度允许误差不得大于 2/1000。

8) 同一冷却水系统的多台冷却塔安装时，各台冷却塔的水面高度应一致，高差不应大于 30mm。

9) 冷却塔的出水口及喷嘴的方向和位置应正确，积水盘应严密无渗漏，分水器布水均匀。

10) 带转动布水器的冷却塔，其转动部位应灵活，喷水出口按设计或产品要求，方向应一致。

11) 冷却塔风机叶片端部与四周的径向间隙应均匀，对于可调节角度的叶片，角度应一致，风机的电流不超过额定值。

12) 冷却塔淋水装置、布水装置及吸水器的安装应参照生产厂家的安装技术文件进行。

13) 在冷却塔水盘内直接吸水时，应安装自动给水管、急速给水管和排污管。

14) 电机的接线盒及导线要保证密封，绝缘可靠，防止水雾受潮引起短路。

15) 多台冷却塔并联运行，为防止管路阻力和水量分配不均，在各自的进水管上应安装调节阀门，各进、出支管宜成对称布置，并且在水盘之间安装均衡管。

16) 冷却塔安装结束后，应全面清理杂物，包括塔内、管道及水池等处的残渣杂物，避免管道及布水器堵塞。

(2) 为了充分发挥冷却塔的功能，应选择良好的安装场所：

1) 通风良好的干净场所。

2) 由冷却塔排出的气体不会因循环而被再吸入的场所。

3) 应避免在多灰尘，多亚硫酸气体场所使用，否则会导致热交换器以及配管的损伤。

4) 应避免在烟窗以及能受到热源辐射处使用。

5) 应避免在厨房、厕所、氨气复印机排气口附近使用。

6) 应在不会因回声而使声音放大的开放处使用。

7) 冷却塔的排气口和障碍物之间的距离应为 5m 以上。

8) 冷却塔的空气吸入口和墙壁等之间的距离：单槽型为 2m，双槽型为 2.5m，三槽型为 3.5m，四槽以上应为 5m 以上。墙壁高度应低于冷却塔整体高度。墙壁过高时，因风向会引起短路，导致影响冷却塔的功能。

(3) 管道配置要求

　　1）对制冷设备和冷却塔之间的管道配置一般按照配置图进行。同时也应参照制冷设备和其他机械的使用说明书。

　　2）除循环水输入口部分外，采用法兰进行管道的连接。

　　3）循环水泵吸入部分应设置在低于冷却塔水槽水面的位置。

　　4）应设置管道台架使冷却塔不直接承受管道的重量。

　　5）为减少返回水量，应在水泵出水口设置单向阀。

　　6）高于冷却塔水槽水面位置的管道，尤其是冷却塔上的横向设置管道应尽量做得短，并应尽量减少冷却塔停止时的返回水量。

　　7）散水槽有好几个时，在各自散水槽的输入口部设置水量调节阀。

　　8）在冷却塔的附近应设置供水管支撑台架。避免用浮球阀补水时管道产生振动。

　　9）为防止供水管道冻结，在供水连接口和供水阀之间的最下部应设置排水旋塞。

34.9.2.4　冷却塔防冻设施安装

　　北方地区冷却塔冬季运行时，应视具体情况，宜采取以下防冻措施：

　　（1）有多台冷却塔时，可将部分冷却塔停止运行，将热负荷集中到少数冷却塔上，或停运风机，提高冷却后水温防止结冰。

　　（2）设旁路水管：在冷却塔进水管上接旁路管通入集水池。旁路水量占冬季运行循环水量的大部或全部。

　　（3）冷却塔风机倒转：防止冷却塔的进风口结冰，风机倒转时间一次不超过30min，以防风机损坏和影响冷却。

　　（4）冬季使用的冷却塔，不宜将自来水直接向冷却塔补水，以免补水管冻结。

　　（5）冷却塔进水管、出水管和补水管上设置泄水管，以便冬季停运时将室外敷设的管道内水放空。

34.9.3　空调水处理设备的安装

34.9.3.1　水处理设备安装工艺流程

　　设备基础检查、放线→吊装就位→找平、调正→配管→试运转→化验、调控

34.9.3.2　软化水设备安装

　　DY型系列软水器

　　1.原理

　　DY型系列软水器是通过缸体中的交换树脂将水中钙离子、镁离子置换出来，处理的水除掉了钙镁离子，降低了水的硬度。只需定时或定期再生。

　　2.多路阀特点

　　多路阀是在同一阀体设计有多个通路的阀门。控制器根据预先设定的程序，向多阀器发出指令，多路阀自动完成各个阀门的开关，从而实现运行、反洗、再生、正洗等各个工艺过程。实现完全的自动化管理。

　　3.设备运行参数及技术说明

　　（1）工作压力：0.2～0.6MPa，最佳为0.3MPa。

　　（2）温度：5～50℃。

　　（3）原水硬度：≤8mmol/L（如原水硬度大于8mmol/L，需重新设计）。

(4) 出水硬度：≤0.03mmol/L。

(5) 电源：220V＼50Hz。

(6) 阀体材料：玻璃钢，碳钢内衬高分子聚乙烯（PE内胆）。

(7) 罐体耐压：≤0.8MPa。

(8) 控制方法：时间型或流量型。

(9) 软水器出口处应设计贮水箱。

贮水箱体积：软水器产水量×3h，并安装水位控制装置。

4. 安装要求

(1) 无须专做安装基础，基地水平即可。罐体垂直，设备附近应设有排水口。

(2) 入口压力如低于0.2MPa，须加装管道泵增压。

(3) 使用前需冲洗管道，避免杂质堵塞阀体，污染树脂。

(4) 不得加碘盐，加钙盐为再生剂。应定期向盐罐加盐，确保盐水浓度（应保证溶解时间不小于6h）。

(5) 装填树脂时，将树脂沿中心管上部倒入罐中，注意先将中心管孔盖住（如用硬纸或塑料布扎住）以防树脂进入出水管中。

34.9.3.3 电子水处理器安装

1. 结构特点

LF-H系列高频电磁场水处理器系统有主机和辅机两部分构成，它们之间用电缆连接。主机是高频振荡发生器，辅机由电机和筒体组成。筒体与进、出水口连接，并连通水管通道。对于大管径的管路，可选用多个辅机并联安装，并可根据用户需要采用立式（直角结构）或卧式（直通结构）安装。此外，针对国内部分地区电压不稳定，设计了电源稳压系统。为警示主机故障，设计了报警系统。根据用户不同水质及需要以便达到更高效果，选择不同的结构参数即Ⅰ、Ⅱ、Ⅲ型号。

2. LF-H系列高频电磁场水处理器直角安装结构及水处理器直通安装结构，见图34-136和图34-137。

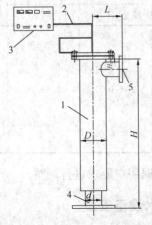
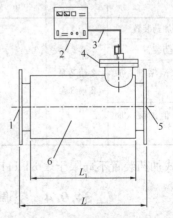

图 34-136 水处理器直角安装结构　　图 34-137 水处理器直通安装结构

1—辅机壳体；2—输出线；3—主机；　　　1—进水口；2—主机；3—输出线；4—清洗口；

4—进水口；5—出水管　　　　　　　　　5—出水口；6—辅机

34.9.3.4 全程水处理器安装

使用安装

（1）设备主体顶端防护罩及旁通管与构筑物间的距离应大于 400mm。

（2）主体最大外径距墙体距离应大于 400mm。

（3）禁止在无水状态下长时间开启设备。

（4）设备安装形式应为旁通式安装，以满足在不停机状态下检修设备及反冲洗复活滤体的需要。

34.9.3.5 加药泵安装

1. 一般加药泵安装在组合式加药装置内

组合式加药装置是将计量泵、溶药箱控制系统及管路阀门等所有的设备、组件安装在同一个底座平台上，实现溶配药液、计量投加功能单元的整体组合。广泛应用于各个行业的水处理工程的化学加药工艺和配比系统中。

2. 组合式加药装置性能特点

1）结构新颖：组合式加药装置施工安装简单、运行围护方便。

2）应用面广：组合式加药装置的溶液箱容积和计量泵工艺参数及数量可根据加药对象要求任意组合，能满足各行各业水处理工艺化学加药的要求。

3）安装、操作简单：施工安装时只需就位接通水源、电源即可交付调试运行；在运行中只要向装置提供药源，即可具备立即配置药液的条件，又能定时定量向目的地投加药液的基本功能。加药量可在 0～100% 范围内进行调整。

4）可靠性高：组合式加药装置即可采用手动调节，也可采用自动加药方式，运行稳定可靠。计量泵的加药量受控于在线仪表电流信号，从而达到自动管理加药量的自动调节。

3. 组合式加药装置组合类型，见表 34-111。

组合式加药装置组合类型　　　　　　　表 34-111

装置名称	组合形式	溶药箱容积 (m^3)	计量泵			控制方式
			形　式	流量（L/h）	压力（MPa）	
联胺除氧加药装置	1箱2泵 2箱2泵 2箱3泵 3箱3泵	1.0 1.5 2.0	机械隔膜式 液压隔膜式 柱塞式	10～1000	0.4～25	手动 自动
磷酸盐加药装置						
缓蚀剂（阻垢剂）加药装置						
调节 pH 值加酸（加碱）装置						

组合式加药装置不局限于表 34-111 类型，也可根据用户要求进行调整。

34.9.4 空调系统稳压补水设备安装

34.9.4.1 空调系统稳压补水方式

1. 采用补水泵定压时，补水泵的选择与设置，可以按照下列要求进行

各个循环水系统宜分别设置补水泵。补水泵的扬程应该比系统补水点的压力高 30～

50kPa；当补水管的长度比较长时，应该注意校核补水管的阻力。补水泵的小时流量，宜取系统水容量的 5%，不应大于系统水容量的 10%。空调水系统比较大时，补水泵宜设置两台，平时一用一备，水系统初次上水或事故补水时，两台水泵同时运行。冷水、热水合用的两管制系统，补水泵宜配置备用水泵。

2. 采用膨胀水箱定压时，空调水系统的定压与膨胀，可按照下列原则进行：系统的定压点，宜设置在循环水泵的入口侧。水温 $60℃<t≤90℃$ 的水系统，定压点的最低压力可以取系统最高点的压力比大气压力大 10kPa。水温 $t≤60℃$ 的水系统，定压点的最低压力可以取系统最高点的压力比大气压力大 5kPa。系统的膨胀水量应该回收。膨胀水箱的膨胀管上禁止设置阀门。膨胀管的公称直径，可按表 34-112 确定。

膨胀管的公称直径　　　　　　　　　　　　表 34-112

		<150	150~290	291~580	>580
膨胀水量（L）	空调冷水	<150	150~290	291~580	>580
	空调热水或供暖水	<600	600~3000	3001~5000	>5000
膨胀管的公称直径（mm）		25	40	50	70

膨胀水箱分为闭式膨胀水箱、开式膨胀水箱、有隔膜的膨胀水箱。国内应用比较广泛的是开式膨胀水箱与隔膜式膨胀水箱，国家建筑标准设计图集《采暖空调循环水系统定压》05K210 提供的选择应用方法：膨胀水箱定压。

开式膨胀水箱定压，不仅设备简单、控制方便，而且水力稳定性好，初投资低，因此，在空调水系统中应用比较普遍。开式膨胀水箱的有效容积 V（m^3）可按照下列公式计算：

$$V = V_t + V_p \tag{34-6}$$

式中　V_t——水箱的调节容积 m^3，一般不应小于 3min 平时运行的补水量，且保持水箱调节水位高差不小于 200mm；

V_p——系统最大膨胀水量 m^3；

　　供热时：$V_p = V_c \cdot (\rho_0/\rho_{m-1})$

　　供冷时：$V_p = V_c \cdot (1-\rho_0/\rho_m)$

V_c——系统水容量 m^3；

ρ_0——系统水的起始密度 kg/m^3；供热时可取水温 $t_0=5℃$ 时对应的密度值；供冷时可取 $t_0=35℃$ 时对应的密度值；

ρ_m——系统运行时水的平均密度 kg/m^3；按 $(\rho_s+\rho_r)/2$ 取值；

ρ_s——设计供水温度下水的密度 kg/m^3；

ρ_r——设计回水温度下水的密度 kg/m^3。

一般情况下，V_p/V_c 值可按表 34-113 取值。

V_p/V_c 的参考值　　　　　　　　　　　　表 34-113

系　　　统	空调冷水	热　　水	供　　暖	供　　暖
供/回水温度（℃）	7/12	60/50	85/60	95/70
水的起始温度（℃）	35	5	5	5
膨胀水量 V_p/V_c	0.0053	0.01451	0.02422	0.03066

膨胀水量 V_p（m^3），也可按下式估算：

$$V_p = \alpha \Delta t V_c = 0.0006 \times \Delta t V_c \qquad (34-7)$$

式中 α——水的体积膨胀系数，$\alpha = 0.00061/℃$；

Δt——最大的水温变化值，℃；

V_c——系统水容量 m^3；可近似按表 34-114 确定。

系统的水容量（L/m² 建筑面积）　　　　　表 34-114

运行制式	系统形式	
	全空气系统	空气-水系统
供　　冷	0.4～0.55	0.7～1.30
供暖（热水锅炉）	1.25～2.00	1.20～1.90
供暖（热交换器）	0.40～0.55	0.70～1.30

34.9.4.2 自动稳压补水设备安装

1. 膨胀水箱

膨胀水箱安装注意事项

开式膨胀水箱安装高度，应保持水箱中的最低水位高于水系统的最高点 1m 以上。

在机械循环空调水系统中，为了确保膨胀水箱和水系统的正常工作，膨胀水箱的膨胀管应连接在循环水泵的吸入口前。在重力循环系统中，膨胀管应该连接在供水总管的顶端两管制空调水系统，当冷水、热水共用一个膨胀水箱时，应按供热工况确定水箱的有效容积。

水箱高度 $H \geqslant 1500mm$ 时，应设置内、外人梯；$H \geqslant 1800mm$ 时，应设置两组玻璃管液位计。

膨胀水箱上必须配置供连接各种功能用管接口，见表 34-115。

膨胀水箱的配管　　　　　　　表 34-115

序号	名　称	功　能	说　明
1	膨胀管	膨胀水箱与水系统之间的连通管，通过它将系统中因膨胀而增加的水量导入水箱；在水冷却时，通过它将水箱中的水导入系统	接管入口应略高于水箱底面，防止沉积物流入系统。膨胀管上不应装置阀门
2	循环管	防止冬季水箱内的水结冻，使水箱内的存水在两接点压差的作用下能缓慢地流动。不可能结冻的系统可不设此管	循环管必须与膨胀管连接在同一条管道上，两条管道接口间的水平距离应保持 1.5～3.0m
3	溢流管	供出现故障时，让超过水箱容积的水，有组织地间接排至下水道	必须通过漏斗间接相连，防止产生虹吸现象
4	排污管	供定期清洗水箱时排出污水	应与下水连接
5	补水管	自动保持膨胀水箱的恒定水位	必须与给水系统相连；如采用软化水，则应与该系统相连
6	通气管	使水箱和大气保持相通，防止产生真空	—

膨胀水箱容积确定后，可从国家建筑标准设计图集《采暖空调循环水系统定压》

05K210 选择确定膨胀水箱的规格、型号及配管的直径。

2. 气压罐定压

气压罐定压适用于对水质净化要求高、对含氧量控制严格的空调循环水系统，气压罐定压的优点是易于实现自动补水、自动排气、自动泄水和自动过压保护，缺点是需设置闭式（补）水箱，所以初投资较高。

气压罐的实际容积 V（m³）确定：

$$V = V_{\min} = \beta \cdot V_t/(1-\alpha) \tag{34-8}$$
$$\alpha = (p_1 + 100)/(p_2 + 100) \tag{34-9}$$

式中　$V_{\min}$——气压罐的最小容积 m³；

　　　V_t——气压罐的调节容积 m³；

　　　β——容积附加系数，隔膜式气压罐一般取 $\beta=1.05$；

　p_1、p_2——补水泵的启、停压力，kPa；

　　　α——综合考虑气压罐容积和系统的最高运行工作压力等因素，宜取 $0.65\sim$ 0.85，必要时可取 $0.50\sim0.90$。

气压罐的工作压力；安全阀的开启压力 P_4；以确保系统的工作压力不超过系统内管网、阀门、设备等的承受能力为原则。

膨胀水量开始流回补水箱时电磁阀的开启压力 P_3，可取 $P_3=0.9P_4$。

补水泵的启动压力 P_1，在满足定压点最低要求的基础上，增加 10kPa 的余量。

补水泵的停泵压力 P_2，可取 $P_2=0.9P_3$。

3. 变频补水定压泵

变频补水泵定压方式适用于耗水量不确定的大规模空调水系统，不适用于中小规模的系统。

变频补水泵的选型。补水泵的总小时流量，可按系统水容量的 5% 采用；最大不应超过 10%。水泵宜设置两台，一用一备；初期充水或事故补水时，两台水泵同时运行。

补水泵的扬程，可按补水压力比系统补水点压力高 30~50Pa 确定。

34.9.5　板式换热器安装

1. 板式换热器的结构原理及特点

板式换热器是由传热板片、密封垫片、压紧板、上下导杆、支柱、夹紧螺栓等主要零件组成。传热板片四个角开有角孔并镶贴密封垫片，设备加紧时，密封垫片按流程组合形式将各个传热板片密封连接，角孔处互相连通，形成迷宫式的介质通道，使换热介质在相邻的通道内逆向流动，经强化热辐射、热对流、热传导进行充分的热交换。由于传热板片特殊的结构，装配后在较低的流速下（$Re=200$）就能激起强烈的湍流，因而加快了流体边界层的破坏，强化了传热过程。

板式换热器工作压力一般为 1.0~1.6MPa，工作温度一般低于 160℃。用于蒸汽加热水或蒸汽冷凝时，一般在板式换热器上附加减温管式换热器，用来降温以达到保护板式换热器的垫片，并且增加蒸汽处理量。传热板片的材质一般为不锈钢材料；密封垫片一般使用丁腈橡胶、三元乙丙橡胶、丁腈食品橡胶。传热板片和密封垫片可根据用户的不同需要选择其材料。

2. 板式换热器的主要技术特点：

传热效率高，传热板片波纹结构有利于强化传热，可以使在较低流速下形成激烈的湍流状态，结垢可能性降低，传热效率高。

耐压能力高，传热板片流道四周采用加强结构；波纹尺寸合理；使得各接触点分布均匀，耐压能力提高。

换热器阻力损失小，传热板片角孔处波纹方向科学，采用流线型，避免流动死区，流道当量直径大。

板式换热器密封垫片利用双道密封结构，在板片夹紧状态下变形小，回弹性好，组装及维修重新组装后垫片密封可靠。

板式换热器板间流道的横截面可以相等；如果两侧的流量相差很大时，板式换热器板间流道的横截面也可以是不同的，宽流道、窄流道的横截面积比可为 2:1。

流程组合，根据板间流速、温差条件和工艺条件，可将板式换热器组装成单流程或多流程。一般温差大于对数平均温差 1.8 倍的介质应采用多流程。板间流速的适合值为 0.3～0.5m/s；流速太低时应采用双流程或多流程。

3. 板式换热器安装

设备拆箱后，应该按照装箱单所列项目逐一进行检查，如果有不符合项目应立即通知制造商，及时得到解决。

设备上设有吊环供吊装使用，在起吊前根据铭牌上所标注的质量选择合适的起吊设备。

设备要水平安装，要装在没有管道或其他设备堵塞的地方，保证设备周围有 1m 左右的空间，以便围护、检修。

输送液体进入设备的水泵，应该安装节流阀；如果水泵的出口最高压力大于设备的最高压力时，应该安装安全减压阀。

如果装配截止阀、节流阀、减压阀、压力控制阀时，应该安装在设备的进入口，切勿安装在出口处。

安装前，设备的进出口管道里面要清理干净，防止砂石、油污、焊渣等杂物进入设备，以免造成内部堵塞或损伤板片。最好在设备入口前设置过滤器以防止各种杂质进入设备造成阻塞，对于水质较差的应在设备前设置除垢装置，以保证设备的传热效果，使设备处于最佳状态。

在管道法兰处应加密封垫，密封垫要准确地放在法兰的正中。

4. 板式换热机组流程原理

热源的高温水或蒸汽从机组的一侧供水口进入板式热交换器进行热交换后，变成高温水的回水或冷凝水返回热源处。二次侧回水经除污器除掉污垢后，通过二次循环水泵进入板式热交换器中进行热量交换，形成适用于采暖、空调或生活等不同水温的热水，以满足用户的需要。机组采用压力传感装置控制补水泵的启停。

板式换热机组温控原理

温控系统的控制策略为采用模拟人工运行经验的智能控制算法，根据负荷和热源的变化，自动控制、调节相关的水泵和阀门的工作状态，使供水温度、流量满足使用端的需要，具有保证用户工艺要求、节能、延长机组使用寿命等作用。

5. 板式换热机组安装过程

(1) 板式换热机组用吊车或捯链吊装到位，直接安装在基础上，比较方便。

(2) 混凝土支座施工可采用预留地脚螺栓孔二次浇筑法，也可以采用预埋地脚螺栓或钢板法。采用预埋地脚螺栓法施工，要根据热交换器本体固定孔的位置，使用定位模具，确保地脚螺栓准确定位。

(3) 热交换器的配管除遵照设备技术文件外还应注意下列问题：

1) 冷、热介质的流向。一般情况下，被加热介质由下至上，被冷却介质由上至下。

2) 热交换器的配管及阀门安装应考虑热交换器的维修空间。

3) 两台以上的热交换器并联安装时，出口和入口管道应对称布置以实现流量的等量分配，避免出现"短路"。

4) 出口、入口管道安装应考虑支架的伸缩，不得使热交换器管口受力而受到损伤。

(4) 板式换热机组安装注意事项

1) 机组可直接水平放置在室内混凝土基础上，基础距地面高度 100mm，必要时可在地脚处加地脚螺栓进行固定。

2) 机组放置位置一定要注意接管方向，机组前、后宜留有 1～2m 的空间，以便于安装、操作和维修。

3) 当两台或两台以上机组并联时，每台机组的出水管必须安装止回阀。

4) 与机组连接的管路系统的最高点应安装自动排气阀，最低点应安装泄水阀。

5) 当机组安装在楼板上时，需要核对楼板承载能力。

6) 全部管道系统必须进行严格清洗，确认无杂物、泥土、油垢后，方可依照有关管道安装规定进行连接。

7) 机组安装完毕后应进行耐压试验，并应认真详细记录试验过程数据。机组启用前，必须认真检查机组各个部分的部件是否完整。

板式换热机组运行和围护

8) 板式换热机组与其相连接的热源系统、室外热网、采暖系统、空调系统等管网必须经过吹净、冲洗、试压、验收合格后，机组方可启动运行。

9) 换热机组及其系统内应充满软化水。

10) 换热机组启动前各个阀门都应处于关闭状态。准备启动换热机组时，应先将二次管网上的进水阀门和一次管网上的回水阀门打开，循环水泵出口阀门微启。启动循环水泵，然后逐步开大循环水泵出口阀门。严禁断水运行。此时注意泵的启动电流是否超过额定值，并随时检查有无跑、冒、滴、漏现象，以及换热机组和系统中有无堵塞现象，若有这些现象应立即排除。

11) 当冷侧系统压力趋于稳定时，再缓慢开启一次管网上的所有阀门。当系统达到稳定后，定时记录各个点温度、压力及流量值。

12) 换热机组稳定工作后，应 2～6h 记录一次管网和二次管网的温度、压力和压差等数据，确保机组在正常范围内运行，做好围护保养和定期检修工作。

13) 冬季停运期间，应该放净系统内的存水，以防冻胀破坏管路和设备。采暖期结束换热机组停运期间，必须打开机组的排水阀门和除污器下部的排污阀门，将剩余的积水放掉，并关闭相应的接口阀门。板式热交换器应定期围护、清洗。

34.9.6　分水器、集水器安装

分水器、集水器是利用一定长度、直径较粗的短管，焊上多根并联接管而形成的并联接管设备。分水器、集水器的直径 D，应保持 $D \geqslant 2d_{max}$，前式中 d_{max} 为最大连接管的直径。通常可以按并联接管的总流量通过分水器或集水器断面时的平均流速 $V = 0.5 \sim 1.0\text{m/s}$ 来确定；流量特别大时，流速允许适当增大，但不应大于 $V = 4.0\text{m/s}$。

分水器、集水器按国家劳动部颁布的《固定式压力容器安全技术监察规程》TSGR 0004—2009 及《固定式压力容器》GB 150.1～GB 150.4—2010 进行制造、试验、检验及验收。分水器、集水器进入现场后，必须由监理、施工、供货单位共同进行验收，检查其产品质量合格证及焊缝无损伤检验报告、强度试验记录等，并对其进行外观检查，合格后方可安装。

支架安装应满足筒体热胀冷缩的要求，应一端固定另一端采用活动或滑动支架，确保筒体工作状态下的热胀冷缩。

分水器、集水器安装分落地式和挂墙悬臂式两种。支架安装高度由工程设计人员确定，但不得大于 1000mm，支架形式可按照国家建筑设计标准图集《分（集）水器分汽缸》05K232 选用。落地式安装：支架与地基水平面应垂直，不垂直度最大允许差为 3mm。支架在现场就位后，外表面按下列顺序涂漆：C06-1 铁红醇酸漆一层、C06-4 棕色过氯乙烯底漆一层；G52-1 灰色过氯乙烯磁漆二层；G52-2 过氯乙烯清漆二层。混凝土基础及钢板位置由工程设计确定。型钢立柱应现场焊接在预埋钢板上。整个支架固定好后，再由需要焊接肋板。挂墙悬臂式安装：角钢支架与墙面应垂直，垂直度最大允许差为 2mm。支架就位后，外表面按下列顺序涂漆：C06-1 铁红醇酸漆一层、C06-4 棕色过氯乙烯底漆一层；G52-1 灰色过氯乙烯磁漆二层；G52-2 过氯乙烯清漆二层。角钢立柱与混凝土基础的连接以及混凝土基础形式由工程设计人员确定，当设计没有规定时可按照国家建筑设计标准图集《分（集）水器分汽缸》05K232 选用。

压力表安装参照标准图集《压力表安装图》01R405，当工作压力大于等于 1.0MPa 时，应在分水器、集水器与压力表之间设置阀门。压力表及阀门的规格型号由工程设计根据工艺情况选择确定。

温度计安装参照国标图集《温度仪表安装图》01R406，温度计的规格型号由工程设计人员根据工艺情况选择确定。

分水器、集水器的保温、保冷厚度应按工程设计要求，如无要求，可按国家建设标准图集《管道及设备保温》98R418 及《管道及设备保冷》98R419 选用。

34.10　管道与设备的防腐与绝热

34.10.1　防　腐　工　程

34.10.1.1　防腐施工工艺流程

除锈→表面清理→刷底漆→面漆。

34.10.1.2　防腐施工的一般要求

（1）油漆施工前，应检查油漆表面处理工作是否符合要求。应清除油漆表面的铁锈、油污、灰尘、水分等杂物，并保持其清洁、干燥，不得因上述缺陷而影响油漆的附着力。

（2）油漆作业的方法应根据施工要求、涂料性能、施工条件和设备情况等因素进行选择。

（3）当介质温度低于 120℃时，设备和管道的表面应涂刷防锈漆。当介质温度高于 120℃时，设备和管道的表面宜涂刷高温防锈漆。

（4）普通薄钢板在制作风管前，宜预涂防锈漆一遍。采用薄铝板或镀锌薄钢板做保护层时，其表面可不刷油漆。支、吊架的防腐处理应与风管一致，其明装部分必须涂面漆。

（5）下道油漆的涂刷工作应在上道油漆表干后进行。已做好防腐层的管道及设备之间要隔开，不得粘连，以免破坏防腐层。

（6）油漆施工时不准吸烟，附近不得有电、气焊或气割作业，主要施工人员在进行施工之前要进行安全教育和职业培训；高空作业应执行相应安全标准要求。每天施工后，应及时对作业场所的废弃材料进行清理，避免污染环境。

（7）油漆施工时应采取防火、防冻和防雨等措施，并不应在低温或潮湿环境下作业。油漆不宜在环境温度低于 5℃，相对湿度大于 85% 的环境下施工。明装部分的最后一遍面漆，宜在安装完毕后进行。刷油前先清理好周围环境，保持清洁，如遇雨、雪不得露天作业。

（8）涂漆的管道、设备及容器，漆层在干燥过程中应防止冻结、撞击、振动和温度剧烈变化。在漆膜干燥之前，应防止灰尘、杂物污染漆膜。

34.10.1.3　防腐施工的作业条件

（1）现场土建结构已完工，金属管道和设备已安装完，无大量施工用水情况发生，具备防腐施工条件。管材、型材及板材按照使用要求已进行矫正调整处理。

（2）油漆按照产品说明书要求配制完毕，熟化时间达到油漆使用要求。为达到设计漆膜的厚度，根据油漆厂家说明书的内容，确定底漆和面漆所需要涂刷的遍数。

（3）油漆施工前，待防腐处理的构件表面应无灰尘、铁锈、油污等污物，并保持干燥。

（4）待涂刷的焊缝应检验（或检查）合格，焊渣、药皮、飞溅等已清理干净。

（5）场地应清洁干净，有良好的照明设施，冬、雨期施工应有防冻、防雨雪等措施。

（6）管道支吊架处的木衬垫缺损或漏装的应补齐，仪表接管部件等均已安装完毕。金属管道和设备已安装完，具备防腐条件。

（7）温度应符合所用涂料的温度限制。有的涂料需要低温固化，有的则需要高温固化。

（8）涂装作业时，周围环境对涂装质量起着很大的作用，特别是气候环境。涂装环境还应包括照明条件、通风、脚手架、风力等条件。相对湿度和露点：涂装时的相对湿度一般规定不能超过 85%；被涂物表面温度比露点高 3℃以上，可以进行涂装。

34.10.1.4　防腐材料的选用

（1）当底漆与面漆采用不同厂家的产品时，涂刷面漆前应做粘结力检验，合格后方可施工。防腐施工的方法、层次和防腐油漆的品种、规格必须符合设计要求。

（2）油漆施工前，应熟悉油漆的性能参数，包括油漆的表干时间、实干时间、理论用量以及按说明书施工情况下的漆膜厚度等。

（3）熟悉厂家说明书的内容，了解各油漆的组分和配合比。油漆种类和涂刷遍数符合设计要求，附着良好，无脱皮、起泡和漏涂，漆膜厚度均匀，色泽一致，无流坠及污染现象。

1）根据设计要求，按不同管道、设备，不同介质不同用途及不同材质选着择涂料。

2）将选择好的涂料桶开盖，根据涂料的稀稠程度加入适量稀释剂。涂料的调和程度要考虑涂刷方法，调和至适合手工刷涂或喷涂的稠度。喷涂时，稀释剂和涂料的比例可为1：1～2。搅拌均匀以可刷不流淌、不出刷纹为准，即可准备涂刷。

3）如所用涂料为双组分包装，施工时必须严格按油漆制造厂商的使用说明书中规定的配比进行配制。涂料配制时，应充分搅拌均匀，避免水和杂物混入，同时根据气温条件，在规定的范围内，适当调整各组分的加入量，调整涂料的粘度至适于施工。A、B两组分混合搅匀后应按规定放置一定时间，配制好的涂料应在规定时间内用完，以免胶化报废。

常用油漆及油漆的选用如表 34-116 和表 34-117 所示。

常 用 油 漆   表 34-116

序号	名　称	适用范围
1	锌黄防锈漆	金属表面底漆，防海洋性空气及海水腐蚀
2	铁红防锈漆	黑色金属表面底漆或面漆
3	混合红丹防锈漆	黑色金属底漆
4	铁红醇酸底漆	高温黑色金属
5	环氧铁红底漆	黑色金属表面漆，防锈耐水性好
6	铝粉漆	采暖系统，金属零件
7	耐酸漆	金属表面防酸腐蚀
8	耐碱漆	金属表面防碱腐蚀
9	耐热铝粉漆	300℃以下部件
10	耐热烟囱漆	≤300℃以下金属表面如烟囱系统
11	防锈富锌底漆	镀锌金属表面修补或高腐蚀环境

油 漆 选 用   表 34-117

管道种类	表面温度（℃）	序号	油 漆 种 类 底　漆	油 漆 种 类 面　漆
不保温管道	≤60	1	铝粉环氧防腐底漆	环氧防腐漆
		2	无机富锌底漆	环氧防腐漆
		3	环氧沥青底漆	环氧沥青防腐漆
		4	乙烯磷化底漆＋过氯乙烯底漆	过氯乙烯防腐漆
		5	铁红醇醛底漆	醇醛防腐漆
		6	红丹醇醛底漆	醇醛耐酸漆
		7	氯磺化聚乙烯底漆	氯磺化聚乙烯磁漆
	60～250	8	无机富锌底漆	环氧耐热磁漆、清漆
		9	环氧耐热底漆	环氧耐热磁漆、清漆
保温管道	保温	10	铁红酚醛防锈漆	
	保冷	11	石油沥青	
		12	沥青底漆	

34.10.1.5　防腐施工具体操作

1. 去污、除锈

风管刷油前，为了增强其表面油漆的附着力，保证油漆质量，必须将其表面的杂物、铁锈、油脂和氧化皮等处理干净，使表面呈现金属光泽。清除油污一般可采用碱性溶剂进行清洗。除锈方法有人工除锈和喷砂除锈。人工除锈就是用钢丝刷、钢丝布和砂布等擦拭，再用棉纱、破布等将表面擦干净。对于要求较严格的通风系统（包括制冷等管道），可采取喷砂除锈的方法，效果比较好。对于管道内表面除锈，可用圆形钢丝刷，两头绑上绳子来回拉擦，刮露出金属光泽为合格。

2. 涂刷油漆

（1）涂漆的方式主要有手工涂刷和机械喷涂。手工涂刷应分层涂刷，每层应往复进行，并保持涂层均匀，不得漏涂；快干漆不宜采用手工涂刷。机械喷涂采用的工具为喷枪，以压缩空气为动力。喷射的漆流应和喷漆面垂直，喷漆面为平面时，喷嘴与喷漆面应相距 250～350mm；喷漆面如为曲面时，喷嘴与喷漆面的距离应为 400mm 左右。喷涂施工时，喷嘴的移动应均匀，速度宜保持在 10～18m/min。喷漆使用的压缩空气压力为 0.3～0.4MPa。

（2）涂漆施工程序：涂漆施工程序是否合理，对漆膜的质量影响很大。

1）第一层底漆或防锈漆，直接涂在工件表面上，与工件表面紧密结合，起防锈、防腐、防水、层间结合的作用；第二层面漆涂刷应精细，使工件获得要求的色彩。

2）一般底漆或防锈漆应涂刷一道到两道；第二层的颜色最好与第一层颜色略有区别，以检查第二层是否有漏涂现象。每层涂刷不宜过厚，以免起皱和影响干燥。如发现不干、皱皮、流挂、露底时，须进行修补或重新涂刷。

3）表面涂刷调和漆或磁漆时，要尽量涂得薄而均匀。如果涂料的覆盖力较差，也不允许任意增加厚度，而应逐次分层涂刷覆盖。每涂一层漆后，应有一个充分干燥的时间，待前一层表干后才能涂下一层。每层漆膜的厚度应符合设计要求。

（3）涂刷施工要点

1）在底漆涂刷之前，应对结构转角处和焊缝表面凹凸不平处，用与涂料配套的腻子抹平整或圆滑过渡；必要时，应用细砂纸打磨腻子表面，以保证涂层的质量要求。涂料施工时，层间应纵横交错，每层宜往复进行（快干漆除外），均匀为止。

2）涂层数应符合设计要求，面层应顺介质流向涂刷。表面应平滑无痕，颜色一致，无针孔、气泡、流坠、粉化和破损等现象。喷、刷好的漆膜，不得有堆积、漏涂、起皱、产生气泡、掺杂和混色等缺陷。

3）涂层间隔时间一般为 24h（25℃）。如施工交叉不能及时进行下道涂层施工时，在施工下道涂层前应先用细砂布打毛并除灰后再涂。第一道涂层的表面如有损伤部分时，应先进行局部表面处理或砂纸打磨，再彻底清除灰土，补涂后进行涂漆，对漏涂或未达到涂膜厚度的涂面应加以补涂。涂漆时应特别注意边缘、角落、裂缝、铆钉、螺栓、螺母、焊缝和其他形状复杂的部位。当使用同一涂料进行多层涂刷时，宜采用同一品种不同颜色的涂料调配成颜色不同的涂料，以防止漏涂。

4）设备、管道和管件防腐蚀涂层的施工宜在设备、管道的强度试验和严密性试验合格后进行。如在试验前进行涂覆，应将全部焊缝留出，并将焊缝两侧的涂层做成阶梯接头，待试验合格后，按设备、管道的涂层要求补涂。

5）贮存油漆的房间应与存有其他易燃易爆品及有火源的房间隔开，不得在油漆房内安放火源和吸烟，同时还要有防火设施。

6）薄钢板风管的油漆如设计无规定时，可参照表34-118的规定选用。

薄钢板风管油漆   表 34-118

序号	风管内输送气体	油漆类别	油漆遍数
1	不含有灰尘且温度不高于70℃的空气	内表面涂防锈底漆	2
		外表面涂防锈底漆	1
		外表面涂面漆	2
2	不含有灰尘且温度高于70℃的空气	内外表面涂耐热漆	2
3	含有粉尘或粉屑的空气	内表面涂防锈底漆	1
		外表面涂防锈底漆	1
		外表面涂面漆	2
4	含腐蚀性介质的空气	内表面涂耐酸底漆	≥2
		外表面涂耐酸面漆	≥2

注：需保温的管外表面不涂粘结剂时，宜涂防锈漆两遍。

7）刷油漆时，要在周围温度5℃以上，相对湿度85%以下的条件下进行。防止温度过低出现厚薄不均，难以干燥；也要防止湿度过高而附着力差，出现气孔等。

8）刷第二遍油漆，要在底漆完全干燥后进行。刚刷好油漆的风管配件，不能曝晒、雨淋，以免影响油漆质量和观感。风管咬口前，应刷一遍防锈漆，以保证咬口处的防腐能力，延长使用寿命。室内风管、送风口、回风口等外表面的颜色漆，如设计无规定时，应与室内墙壁颜色相协调。

9）安装在室外的硬聚氯乙烯板风管，外表面宜涂铝粉漆两遍。空调制冷各系统管道的外表面，应按设计规定做色标。

10）油漆工程要与通风施工交叉进行。风管外表面最后一道面漆，应在风管安装完毕后进行涂刷。保温风管外表面的油漆，如保温层用热沥青粘于风管上，其底漆应该刷冷汽油沥青；如保温层无粘结料直接铺于风管上，应刷红丹防锈漆。

11）空气净化系统的油漆，如设计无具体规定时，要参照表34-119的规定进行。

空气净化系统的油漆   表 34-119

风管部位	油漆类别	油漆遍数	系 统 部 位
内表面	醇酸类底漆	2	1. 中效过滤器前的送风管及回风管
	醇酸类磁漆	2	
外表面（保温）	铁红底漆	2	2. 中效过滤器后和高效过滤器前的送风管
外表面（非保温）	铁红底漆	1	
	调和漆	2	

12）制冷系统管道的油漆，应符合设计要求。如无具体要求时，可按表34-120的要求进行涂漆。制冷系统的紫铜管，一般不涂漆。

制冷管道油漆　　　　　　　　　表 34-120

管道类别		油漆类别	油漆遍数
低压系统	保温层以沥青为粘结剂	沥青漆	2
	保温层不以沥青为粘结剂	防锈底漆	2
高压系统		防锈底漆	2
		色漆	2

34.10.2　绝　热　工　程

34.10.2.1　绝热主材的选择

绝热的主材必须是导热系数小的材料，宜采用成品。理想的绝热材料除导热系数小外，还应当具备质量轻、有一定机械强度、稀释率低、抗水蒸气渗透性强、耐热、不燃、无毒、无臭味、不腐蚀金属、能避免鼠咬虫蛀、不易霉烂、经久耐用、施工方便、价格低廉等特点。需要经常围护和操作的设备、管道及附件等应采用便于拆装的成型绝热材料。

1. 用于保温的绝热材料及其制品，其容重不得大于 $400kg/m^3$，但应具有一定的机械强度；用于保冷的绝热材料及其制品，其容重不得大于 $220kg/m^3$。

2. 绝热材料及其制品应具有耐燃性能、膨胀性能和防潮性能的数据或说明书，并应符合使用要求。绝热材料应有随温度变化的导热系数方程式或图表。

3. 绝热材料及其制品应具有稳定的化学性能，对金属不得有腐蚀作用。当用在奥氏体不锈钢设备或管道上时，其氯离子含量指标应符合要求。

4. 用于充填结构的散装绝热材料，不得混有杂物及尘土。纤维类绝热材料中大于或等于 0.5mm 的渣球含量应为：矿渣棉小于 10%，岩棉小于 6%，玻璃棉小于 0.4%。直径小于 0.3mm 的多孔性颗粒类绝热材料，不宜使用。

5. 用于保温的绝热材料及其制品，其允许使用温度应高于在正常操作情况下管道介质的最高温度，不腐蚀金属，易于施工，造价低廉，在高温条件下，经综合比较后，可选用复合材料；用于保冷的绝热材料及其制品，其允许使用温度应低于在正常操作情况下管道介质的最低温度，无毒、无味、不腐烂，在低温下能长期使用，吸水率及含水率低，其质量分数分别不大于 3.3% 和 1%。

6. 对于保冷材料而言，还需满足以下要求：保冷材料应是闭孔、憎水、不燃、难燃或阻燃材料，其氧指数不小于 30，室内使用时应不低于 32；应具有良好的化学稳定性，对设备和管道无腐蚀作用；当遭受火灾时，不会大量逸散有毒气体，应符合《建筑材料燃烧或分解的烟密度试验方法》GB/T 8627，烟密度等级（SDR）不大于的要求；材料的导热系数要小，常温下，泡沫塑料及其制品的导热系数应不大于 $0.0442W/（m·K）$；材料的密度低，泡沫塑料及其制品的密度不应大于 $60kg/m^3$，应具有一定的机械强度；有机硬质成型制品的抗压强度不应小于 0.15MPa，无机硬质成型制品的抗压强度不应小于 0.3MPa。在不稳定导热的情况下，材料仍能保持热物理与机械性能。

7. 风管和管道的绝热材料应采用不燃或难燃的材料，其材质、密度、规格及厚度应符合设计要求。如采用难燃材料，应对难燃材料进行检测，合格后方可使用。

8. 穿越防火隔墙两侧 2m 范围内的风管、管道和绝热层必须采用不燃材料，以防止风管或管道成为火灾传递的通道。

9. 洁净室内的风管的绝热，不易采用宜产尘的材料（如玻璃纤维、短纤维矿棉等）。

10. 用于冰蓄冷系统的保冷材料，应采用闭孔型材料和对异型部位保冷简便的材料。

11. 电加热器及其前后 800mm 处的保温应根据设计的要求选用保温材料，电加热器前后 800mm 风管的绝热必须选用不燃材料。

34.10.2.2 常用的绝热材料

空调系统工程中常用的绝热材料为柔性泡沫橡塑材料、绝热用玻璃棉和绝热用硬质聚氨酯。

1. 目前国内使用的柔性泡沫橡塑材料，按燃烧性能分为两类：Ⅰ类为燃烧性能等级为 B_1 级，即难燃级；Ⅱ类为燃烧性能等级为 B_2，即可燃级。空调工程中只能采用难燃级和不燃级，所以只能采用 B_1 类柔性泡沫橡塑。其主要性能如表 34-121 所示。

柔性泡沫橡塑材料性质   表 34-121

项　　目	单　　位	性 能 指 标			
		Ⅰ类		Ⅱ类	
		板	管	板	管
表观密度	kg/m³	40～95		40～110	
燃烧性能		B1		B2	
导热系数	W/ (m·K)				
平均温度℃					
−20		0.036		0.040	
0		0.038		0.042	
40		0.043		0.046	
透湿系数	kg/ (m·s·Pa)	4.4×10⁻¹⁰			
湿阻因子		4500			
真空吸水率	%	10			
抗老化性 150h		轻微起皱，无裂纹，无针孔，无变形			

注：表 34-121 中导热系数可以用计算公式：$0.038 + 0.0001 \times t_{m}$ 和 $0.042 + 0.0001 \times t_{m}$。

常用的泡沫塑料制品及其性能如表 34-122 所示。

泡沫塑料制性能   表 34-122

	名称	密度（kg/m³）	导热系数[W/ (m·K)]	可燃性	使用温度（℃）	备注
泡沫塑料制品	聚苯乙烯泡沫塑料板	30～50	≤0.035	自熄或普通	−80～75	
	硬质聚氯乙烯泡沫塑料板	40～50	0.043	自熄	35～80	
	软质聚氯乙烯泡沫塑料板	27	0.052	自熄	−60～60	
	聚乙烯泡沫塑料板	12～14	0.044	难燃	70～80	
	聚乙烯泡沫塑料管壳	29～31	0.047	难燃	80	
	橡塑海绵保温管	80～120	0.039	阻燃		

2. 设备和管道绝热用玻璃棉可以分为玻璃棉、玻璃棉板、玻璃棉带、玻璃棉毯、玻璃棉毡和玻璃棉管壳。通风空调系统主要采用玻璃棉板、玻璃棉管壳，其主要性能见表34-123。

3. 聚氨酯硬泡体材料是一种高分子合成材料，具有独特的不透水性和优良的保温、绝热性能，是一种集防水、保温于一身的理想材料。硬质聚氨酯的物理性质如表34-124所示。

设备和管道绝热用玻璃棉的技术性能　　　　　　　　　　　　表 34-123

名　　称			密度 （kg/m³）	导热系数 ［W/（m·K）］	可燃性	使用温度 （℃）	备　注
玻璃棉制品	短棉	沥青玻璃棉毡	≤80	0.041～0.047	不燃	≤250	
		醇醛玻璃棉毡	120～150	0.041～0.047		≤300	
	超细棉	醇醛超细玻璃棉毡	＜20	0.035～0.042		≤400	
		醇醛超细玻璃棉管壳	≤60	0.035～0.042		≤300	
		醇醛超细玻璃棉板	≤60	0.035～0.042		≤300	
		无碱超细玻璃棉板	≤60	0.033～0.040		≤600	
	中级纤维	中级玻璃纤维板	80	0.041～0.047		－25～300	
		中级玻璃纤维管壳	80	0.041～0.047		－25～300	

硬质聚氨酯的物理性质　　　　　　　　　　　　表 34-124

使用密度 （kg/m³）	使用温度 （℃）	推荐使用温度 （℃）	常温导热系数 λ_0（25℃）W/（m·K）	要　　求
30～60	－180～100	－65～80	0.0275	材料的燃烧性能应符合难燃性材料规定

34.10.2.3　绝热工程的施工条件

（1）现场土建结构已完工，无大量施工用水情况发生，通风及消防设施能满足规定要求。

（2）场地应清洁干净，有良好的照明设施，有满足要求的脚手架。冬、雨期施工时应有防冻、防雨雪等设施。管道及设备在绝热施工前，外表面应保持清洁、干燥。

（3）风管与部件及空调设备的绝热工程施工应在风管系统严密性检验合格后进行。

（4）空调工程的制冷系统和空调水系统绝热工程的施工，应在管路系统强度与严密性检验合格和防腐处理结束后进行。

（5）管道及设备的绝热应在防腐及水压试验合格后进行，如果先做绝热层，应将管道的接口及焊接处留出，待水压试验合格后再做接口处的绝热施工。建筑物的吊顶和管井内的管道的绝热施工，必须在防腐试压合格后进行，隐蔽验收检查合格后，土建才能最后封闭，严禁颠倒施工工序。风管与部件的安装质量应符合质量标准，需防腐部件已做好刷漆工作后。

（6）对有难燃要求的绝热材料，必须进行其耐燃性能的验证，合格后方能使用。易燃、易爆、有毒物品设危险品库存放，并有严格的管理制度和消防设施。

（7）管道支吊架处的木衬垫，缺损或漏装的应补齐。仪表接管部件等均已安装完毕。

（8）应有施工人员的书面技术、质量、安全交底，"限额领料记录"已经签发。保温前应进行隐检。绝热工程所采用的主要材料应有制造厂合格证明书或分析检验报告，其种类、规格、性能应符合设计要求。

（9）保温材料应放在干燥处妥善保管，露天堆放应有防潮、防雨、防雪措施，并与地面架空，防止挤压损伤变形。冬期施工时，湿作业的灰泥保护壳要有防冻措施。

（10）普通薄钢板在制作前，宜预涂防锈漆一遍。支吊架的防腐处理应与风管和管道相一致，其明装部分必须涂面漆。明装部分的最后一遍色漆的涂装，宜在安装完毕后进行（不应在低温或潮湿环境下作业）。

（11）玻璃丝布的径向和纬向密度应满足设计要求，玻璃丝布的宽度应符合实际施工的需要。保温钉、胶粘剂等附属材料均应符合防火及环保的相关要求。

（12）多层管道或施工地点狭窄时，应制定绝热施工的先后程序，加强对已完成品的保护。

（13）绝热施工前，应清除风管、水管及设备表面的杂物，及时修补破损的防腐层。

34.10.2.4　绝热工程的施工程序

绝热工程的施工应遵循先里后外，先上后下的原则，具体的施工程序如下：

隐蔽工程检查→绝热层（隔热层）→防潮层（隔汽层）（保冷必须设防潮层）→保护层→检验

绝热的工艺流程如下：

1. 一般材料保温

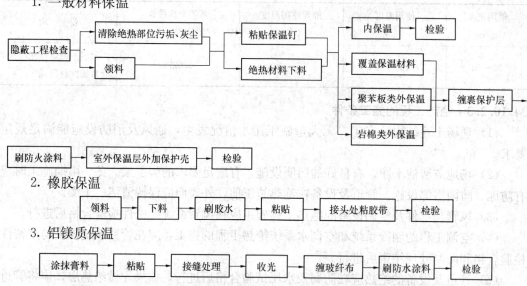

2. 橡胶保温

3. 铝镁质保温

34.10.2.5　绝热层（隔热层）工艺技术要求

（1）粘结保温钉前要将风管、水管和设备上的尘土、油污擦净，将粘结剂分别涂抹在管壁和保温钉的粘结面上，稍后再将其粘上。绝热材料与风管、水管道、部件和设备的表面要紧密接合。

（2）风、水管道穿室内隔墙时，绝热材料要连续通过。穿防火墙时，穿墙套管内要用不燃材料封堵严密。绝热层的材料接缝及端部要密封处理。绝热管道的施工，除伴热管道外，应单根进行。风管系统部件的绝热，不得影响其操作功能，风管绝热层采用保温钉连接固定。

（3）对于输送介质温度低于周围空气露点温度的管道，当采用非闭孔性绝热材料时，隔汽层（防潮层）必须完整，且封闭良好，其搭接缝应顺水流方向。

（4）绝热层结构中有防潮层时，在金属保护层施工过程中，不得刺破或损坏防潮层。

（5）绝热材料层应密实，无裂缝、空隙等缺陷。表面平整，当采用卷材或板材时，允许偏差为 5mm；采用涂抹或其他方式时，允许偏差为 10mm。

（6）绝热涂料作绝热层时，应分层涂抹，厚度均匀，不得有气泡和漏涂等缺陷，表面固化层应光滑，牢固无缝隙。管道阀门、过滤器及法兰部位的绝热结构应能单独拆卸。

（7）采用玻璃纤维布作绝热保护层时，搭接宽度应均匀，宜为 30～50mm，松紧适度。

（8）施工时要严格遵循先上后下、先里后外的原则，确保已经施工完的保温层不被损坏。

（9）带有防潮隔汽层绝热材料的拼接处，应用粘胶带封严。粘胶带的宽度不应小于 50mm，粘胶带应牢固地粘贴在防潮面层上，不得有胀裂和脱落。

（10）硬质或半硬质绝热管壳的拼接缝隙，保温时不应大于 5mm、保冷时不应大于 2mm，并用粘结材料勾缝填满；纵缝应错开，外层的水平接缝应设在侧下方。当绝热层的厚度大于 100mm 时，应分层铺设，层间应压缝。

（11）硬质或半硬质绝热管壳应用金属丝或难腐织带捆扎，其间距为 300～350mm，且每节至少捆扎 2 道。

（12）松散或软质绝热材料应按规定的密度压缩其体积，疏密应均匀。毡类材料在管道上包扎时，搭接处不应有空隙。

（13）绝热层的其他质量要求如表 34-125 所示。

绝热层的其他质量要求　　　　　　　　　　　　　　　表 34-125

检查项目		允许偏差	检查方法
表面平面度	涂抹层	<10mm	用 2m 靠尺和楔形塞尺检查
	金属保护层	<5mm	
	防潮层	<10mm	
厚度	预制块	<+5%	用针刺入绝热层和用尺检查
	毡、席材料	<+8%	
	填充品	<+10%	
宽度	膨胀缝	<5mm	用尺检查

34.10.2.6　风管绝热层的施工

（1）直管段立管应自下而上顺序进行，水平管应从一侧或弯头直管段处顺序进行。

（2）立管绝热层施工时，其层高小于或等于 5m，每层应设一个支撑托盘；层高大于 5m，每层应不少于 2 个。支撑托盘应焊在管壁上，其位置应在立管卡子上部 200mm 处，托盘直径不大于保温层的厚度。

（3）绝热材料下料要准确。切割端面要平直。绝热材料铺覆应使纵、横缝错开。小块

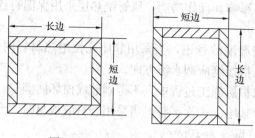

图 34-138 绝热材料纵横缝错开

绝热材料应尽量铺覆在风管上表面，见图 34-138。

（4）矩形风管或设备保温钉的分布应均匀，其数量为底面每平方米不应少于 16 个，侧面不应少于 10 个，顶面不应少于 8 个。首行保温钉至风管或保温材料边沿的距离应小于 120mm。粘贴保温钉前要将风管壁上的尘土、油污擦净，将胶粘剂分别涂抹在管壁和保温钉粘结面上，稍后再将其粘上。

（5）硬质绝热层管壳，可采用 16～18 号镀锌钢丝双股捆扎，捆扎的间距不应大于 400mm，并用粘结材料紧贴在管道上；管壳之间的缝隙不应大于 2mm，并用粘结材料勾缝添满，环缝应错开，错开距离不小于 75mm，管壳缝隙设在管道轴线的左右侧，当绝热层大于 80mm 时，绝热层应分层铺设，层间应压缝。

（6）半硬质及软质绝热制品的绝热层可采用包装钢带或 14～16 号镀锌钢丝进行捆扎，其捆扎间距，对半硬质绝缘热制品不应大于 300mm，对软质不大于 200mm。每块绝热制品上捆扎件不得少于两道，不得采用螺旋式缠绕捆扎。

（7）弯头处应采用定型的弯头管壳或用直管壳加工成虾米腰块，每个应不少于 3 块，确保管壳与管壁紧密结合，美观平滑。设备管道上的人孔、手孔、阀门、法兰及其他可拆卸部件端部应做成 45°斜坡；并应留出螺栓长度加 25mm 的空隙。管道的支架处应留膨胀伸缩缝。

（8）一般风管和设备保温层厚度如表 34-126 所示。

一般风管和设备保温层厚度   表 34-126

材料　　类别	室内平顶内风管（mm）	机房内风管（mm）	室外风管（mm）	风机及空气洗涤室（mm）
铝箔玻璃毡	25	50		50
石棉保温板	25	50		50
聚苯乙烯泡沫塑料	25	50	100	50
矿渣棉毡	25	50		50
软木		50	100	50

（9）各类绝热材料做法：

1）内绝热。绝热材料如采用岩棉类，铺覆后应在法兰处绝热材料断面上涂抹固定胶，防止纤维被吹起来，岩棉内表面应涂有固化涂层。

2）聚苯板类外绝热。聚苯板铺好后，在四角放上短包角，然后薄钢带做箍用打包钳卡紧，钢带箍每隔 500mm 打一道。

3）岩棉类外绝热。对明管绝热后在四角加长条铁皮包角，用玻璃丝布缠紧。

（10）缠绕玻璃丝布时应使其互相搭接，使绝热材料外表形成三层玻璃丝布缠绕。如图 34-139 所示。

（11）玻璃丝布外表要刷两道防火涂料，涂层应严密均匀。室外明露风管在绝热层外宜加上一层镀锌钢板或铝皮保护层。

（12）室外明露风管在绝热层外宜加上一层镀锌钢板或铝皮保护层。

（13）风管绝热层采用粘结方法固定时，施工应符合下列规定：粘结剂的性能应符合使用温度和环境卫生的要求，并与绝热材料相匹配；粘结材料宜均匀地涂在风管、部件或设备的外表面上，绝热材料与风管、部件

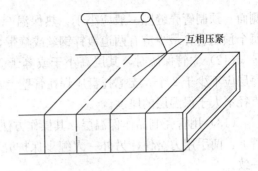

图 34-139 玻璃丝布互相搭接

及设备表面应紧密贴合，无空隙；绝热层纵、横向的连缝，应错开；绝热层粘贴后，如进行包扎或捆扎，包扎的搭连处应均匀、贴紧；捆扎应松紧适度，不得损坏绝热层。

34. 10. 2. 7　水管绝热层的施工

（1）垂直管道自下而上施工，其管壳纵向接缝要错开，水平管道绝热管壳应在侧面纵向接缝。垂直管道绝热时，为了防止材料下坠，应隔一定间距设置保温支撑环来支撑绝热材料。

（2）水管道采用玻璃棉、岩棉、聚氨酯、橡塑、聚乙烯等管壳做绝热层材料时，胶粘剂（绝热胶）要分别均匀地涂在管壁和管壳粘结面上，稍后再将其管壳覆盖。

（3）管道上的温度计插座宜高出所设计的保温层厚度，不保温的管道不要同保温管道敷设在一起，保温管道应与建筑物保持足够的距离。

（4）管道穿墙、穿楼板套管处的绝热，应用相近效果的软散材料填实。

（5）管道阀门、过滤器及法兰部位的绝热结构应能单独拆卸，便于维修和更换。

（6）遇到三通处应先做主干管，后分支管。凡穿过建筑物的保温管道套管与管子四周间隙应用保温材料填塞紧密。支托架处的保温层不得影响管道活动面的自由伸缩，与垫木支架接触紧密，管道托架内及套管内的保温，应充填饱满。

（7）管道交叉时，如果两根管道均需要绝热但距离又不够，这时应该先保证低温管道，后保证高温管道。低温管绝热，尤其是和高温管交叉的部位要用整节的管壳，纵向接缝要放在上面，管壳的纵横向接缝要用胶带密封，不得有间隙。高温管和低温管相接处的间隙用碎保温材料塞严，并用胶带密封。如果只有一根管道需要绝热时，应该将不需要绝热的管道在要绝热管道交叉处两侧各延伸 200～300mm 进行绝热处理，以防止冷桥产生。

（8）绝热产品的材质和规格，应符合设计要求，管壳的粘贴应牢固、铺设应平整；绑扎应紧密，无滑动、松弛与断裂现象。

（9）硬质或半硬质绝热管壳的拼接缝隙，保温时不应大于 5mm、保冷时不应大于 2mm，并用粘结材料勾缝填满；纵缝应错开，外层的水平接缝应设在侧下方。当绝热层的厚度大于 100mm 时，应分层铺设，层间应压缝。

（10）硬质或半硬质绝热管壳应用金属丝或难腐织带捆扎，其间距为 300～350mm，且每节至少捆扎两道。松散或软质绝热材料应按规定的密度压缩其体积，疏密应均匀。毡类材料在管道上包扎时，搭接处不应有空隙。

（11）热、冷绝热层，同层的预制管壳应错缝，内、外层应盖缝，外层的水平缝应在

侧面。预制管壳缝隙一般应小于：热保温 5mm，冷保温 2mm。缝隙应用胶泥填充密实。每个预制管壳最少应有两道镀锌钢丝或箍带，不得采用螺旋形捆扎。

（12）立管保温时，其层高小于或等于 5m，每层应设一个支撑托盘；层高大于 5m，每层应不少于 2 个。支撑托盘应焊在管壁上，其位置应在立管卡子上部 200mm 处，托盘直径不大于保温层的厚度。

（13）用管壳制作保温层，其操作方法一般由两个人配合，一人将壳缝剖开对包在管上，两手用力挤住，另外一人缠裹保护壳，缠裹时用力要均匀，压茬要平整，粗细要一致。

（14）管道绝热用薄钢板做保护层，其纵缝搭口应朝下，薄钢板的搭接长度一般为 30mm。

34.10.2.8　设备绝热层的施工

（1）设备绝热层的施工应在风管或水管系统严密性检验合格后进行。

（2）各种设备绝热材料的施工，不得遮盖铭牌标志和影响其正常功能使用。

（3）设备绝热材料采用板材时：下料时切割面要平整，尺寸要准确；保温时单层纵缝要错开，双层或多层的内层要错开，外层的纵、横缝要和内层缝错开并覆盖。绝热板按顺序铺覆，残缺部分要填满，不得留有空隙。

（4）设备绝热材料采用卷材时要按设备表面形状建材下料，不同形状部位不得连续铺覆。

（5）设备绝热材料采用成型硬质预制块时一般用预制块连接或砂浆砌筑，预制块的间隙要用导热系数相近的软质保温材料填充或勾缝。

（6）绝热材料的固定方法一般有：涂胶粘剂、粘胶钉或焊钩钉（采用焊接时可在设备封头处加支撑环）及根据需要加打抱箍带。

（7）阀门或法兰处的绝热施工，当有热紧或冷紧要求时，应在管道热、冷紧完毕后进行。绝热层结构应易于拆装，法兰一侧应留有螺栓长度加 25mm 的空隙。阀门的绝热层应不妨碍填料的更换。

（8）通风机保温使用材料及厚度见表 34-127。

保温使用材料及厚度　　　　　　　　　　　　表 34-127

材料名称	密度 （kg/m³）	热导率 （W/（m·K））	保温厚度		
			Ⅰ区	Ⅱ区	Ⅲ区
玻璃纤维板	90～120	0.035～0.047	25	35	55
软木板	200～240	0.058～0.07	30	55	75
水玻璃膨胀珍珠岩板	200～300	0.056～0.07	30	55	75
水泥膨胀珍珠岩板	250～250	0.07～0.08	35	60	—
聚苯乙烯泡沫塑料板	30～50	0.035～0.047	25	35	55

（9）风机保温前进行试运转，需确认连接处不漏风，运转平稳，将风机铭牌取下进行保温，保温做好后将铭牌钉上。

34.10.2.9　隔汽层（防潮层）的施工

（1）输送介质温度低于周围空气露点温度的管道，当采用非闭孔性绝热材料时，隔汽层（防潮层）必须完整，且封闭良好。防潮层施工前要检查基体（隔热层）有无损坏，材料接缝处是否处理严密、表面是否平整，如有上述情况需做处理后再做防潮层施工。

（2）立管的防潮层，应从管道的低端向高端敷设，环向搭接的缝口应朝向低端，纵向的搭接缝应位于管的侧面，并应顺水。

（3）防潮层应紧粘贴在绝热层上，封闭良好，厚度均匀，松紧适度，无气泡、折皱或裂缝等缺陷。

（4）冷保温管道或地沟内的热保温管道应有防潮层，防潮层的施工应在干燥的绝热层上。防潮层结构应易于拆装，法兰一侧应留有螺栓长度加 25mm 的空隙。阀门的绝热层应不妨碍填料的更换。

34.10.2.10 保护层工艺技术要求和施工

保温结构外必须设置保护层，一般采用玻璃丝布、塑料布、油毡包缠或采用金属保护壳。

（1）用玻璃丝布缠裹，对垂直管应自下而上，对水平管则应按从低向高的顺序进行，开始应缠裹两圈，然后再呈螺旋状缠裹，搭接宽度应为 1/2 布宽，起点和终点应用胶粘剂或镀锌钢丝捆扎。缠裹应严密，搭接宽度均匀一致，无松脱、翻边、皱折等现象，表面应平整。

（2）玻璃丝布刷涂料或油漆前应清除表面的尘土和油污。油刷上蘸的涂料不宜太多，以防滴落在地上或其他设备上。

（3）有防潮层时，保护层施工不得使用自攻螺栓，以免刺破防潮层，保护层端头应封闭。

（4）当采用玻璃纤维布作绝热保护层时。搭接的宽度应均匀，宜为 30～50mm。

（5）金属保护壳的材料，宜采用镀锌钢板或薄铝合金板。当采用普通钢板时，其内外表面必须涂敷防锈涂料。对立管应自下而上，对水平管应从低到高顺序进行，使横向搭接缝口朝顺坡方向。纵向搭缝应放在管子两侧，缝口朝下。如采用平搭缝，其搭缝宜为 30～40mm。

（6）金属保护壳的施工应紧贴绝热层，不得有脱壳、褶皱和强行接口等现象。接口的搭接应顺水，并有凸筋加强，搭接尺寸为 20～25mm。当采用自攻螺栓固定时，螺钉间距应匀称，并不得刺破防潮层。

（7）户外金属保护壳的纵、横向接缝，应顺水，其纵向接缝应位于管道的侧面。金属保护壳与外墙或屋顶的交接处应加设泛水。

（8）直管段金属保护壳的外圆周长下料，应比绝热层外圆周长加长 30～50mm。

（9）垂直管道或斜度大于 45°的斜立管道上的金属保护壳，应分段固定在支撑件上。

（10）管道金属保护层的接缝除环向活动缝外，应用抽芯铆钉固定。保温管道也可以用自攻螺钉固定。固定间距应为 200mm，但每道缝不得少于 4 个。

（11）金属保护层应压边、箍紧，不得有脱壳或凸凹不平，其环缝和纵缝应搭接，缝口应朝下，用自攻螺钉紧固时不得刺破防潮层。螺钉间距不应大于 20mm，保护层端头应封闭。

34.10.2.11 附属材料的选用

（1）保温附属材料：玻璃丝布、防火涂料，粘结胶、铁皮、保温钉，应符合设计要求及有关规定。

（2）胶粘剂的性能应满足使用温度和环境卫生的要求，并与绝热材料相匹配。

（3）玻璃丝布稀密选择要恰当，不能太稀松，径向和纬向密度（纱根数/cm）要满足设计要求。

（4）胶粘剂、防火涂料应具备产品合格证及性能检测报告或厂家的质量证明书，符合设计要求和规范要求，并且在有效期内。

34.10.2.12　材料进场检查及保管

（1）材料进场时，要严格检查，一定要具备出厂合格证或质量鉴定文件，材料的材质、规格及性能参数应符合设计要求和规范要求，并且在有效期内。

（2）现场应该对材料规格、厚度等项目按规定的数量进行观察抽检，对材料是否有可燃性进行点燃试验。

（3）对于自熄性聚苯乙烯保温材料，可以在现场进行试验。其方法为，将聚苯乙烯泡沫板放在火上燃烧，移开火源后1~2s内自行熄灭为合格。

（4）材料检验所采用的测试方法及仪器，应符合现行国家有关标准的规定。

（5）绝热材料应放在干燥处妥善保管，露天堆放应有防潮、防雨和防雪措施，尽可能存放于库房中或用防水材料遮盖并与地面架空。操作人员在施工中不得脚踏挤压或将工具放在已施工好的绝热层上，防止绝热材料挤压损伤变形。

（6）镀锌钢丝、玻璃丝布、保温钉及保温胶等材料应放在库房内保管。绝热材料应合理使用，收工时剩余的材料应及时带回保管或堆放在不影响施工的地方，防止丢失和损坏。

34.11　通风与空调系统调试

完成通风、空调工程的安装工作之后，下一步就应对通风、空调系统进行全面的系统调试检测。

按照国家有关规定，通风与空调系统调试检测工作是由施工单位负责进行。系统调试的具体实施可以是施工单位本身，或委托给具有进行系统调试能力的其他单位。施工监理部门进行监督。工程建设单位、设计单位及有关通风与空调设备生产厂家参与配合。已使通风与空调系统调试测定工作能够顺利地进行与完成。

系统调试测定工作结束后，施工单位必须提供完整的调试资料和调试报告。

34.11.1　试运转和调试的准备

为确保通风与空调系统的试运转和调试测试工作顺利进行，首先要制定试运转和调试的准备工作。其主要内容分为：调试内容的确定；调试标准的确定；调试人员的准备；调试仪器的准备；资料的准备及审核；调试方案制定。之后报送施工监理部门，经专业监理工程师审核批准后方可实施。

34.11.1.1　调试内容的确定

1. 主控项目

（1）设备单机试运转及调试

1）通风机、空调机组中的风机试运转及调试。

2）水泵试运转及调试。

3）冷却塔试运转及调试。

4）制冷机组、单元式空调机组试运转及调试。

5）电控防火阀、防排烟风阀、防排烟风口试运转及调试。

（2）系统无生产负荷的联合试运转及调试

1）通风、空调系统总风量调试测定。

2）空调冷冻水、冷却水总流量调试测定。

3）舒适性空调的温度、相对湿度调试测定。

4）恒温、恒湿房间室内空气温度、相对湿度及波动范围调试测定。

（3）防排烟系统联合试运行调试

1）风量调试测定。

2）正压调试测定。

（4）净化空调系统联合试运行与调试

除了要对（2）系统无生产负荷的联合试运转及调试中的内容进行工作之外，还应进行以下项目：

1）单向流洁净室系统的总风量调试测定。

2）系统新风量的调试测定。

3）单向流洁净室系统的室内截面平均风速调试测定。

4）洁净室室内各送风口风量调试测定。

5）相邻不同级别洁净室之间的静压差调试测定。

6）洁净室与非洁净室之间的静压差调试测定。

7）洁净室与室外的静压差调试测定。

8）洁净室室内空气洁净度等级的测定。

2．一般项目

（1）设备单机试运转及调试

1）水泵工作运行情况检查。

2）通风机、空调机组、风冷热泵等设备的工作运行噪声测定。

3）风机盘管的调速（三档）、温控开关动作及与机组运行状态对应性检查。

（2）通风工程系统无生产负荷的联合试运转及调试。

1）设备及主要部件的联动情况检查。

2）送风系统各送风口风量的调试测定。

3）排风系统各排风口（吸风罩）风量的调试测定。

4）湿式除尘器的供水与排水系统工作运行情况检查。

（3）空调工程系统无生产负荷的联合试运转及调试

除了要对（2）系统无生产负荷的联合试运转及调试中的内容进行工作之外，还应进行以下项目：

1）空调工程水系统的冲洗情况、空气排出情况、连续运行情况的检查。

2）水泵压力及水泵电机的电流波动情况的检查。

3）在空调工程风系统调试后，各空调机组的水流量的调试测定。

4）各种自动计量检测元件和执行机构的工作情况检查。

5）多台冷却塔并联运行时，各冷却塔的进、出水量的调试测定。

6）空调室内、洁净室内的噪声测定。

7）舒适性空调、工艺性空调的房间静压差调试测定。

8）有环境噪声要求的场所，制冷机组、空调机组的噪声测定。

（4）通风与空调工程的控制和监测设备的检查

1）与系统检测元件和执行机构的工作情况。

2）系统状态参数的测试检查。

3）设备连锁、自动调节、自动保护装置的检查。

34.11.1.2　调试标准的确定

1. 主控项目

（1）设备单机试运转及调试；

1）通风机、空调机组中的风机试运转及调试：叶轮旋转方向正确、运转平稳、无异常振动与声响，其电机运行功率应符合其设备技术文件的规定。在额定转数下连续工作运转 2h 后，滑动轴承外壳最高温度不得超过 70℃；滚动轴承外壳最高温度不得超过 80℃。

2）水泵试运转及调试：叶轮旋转方向正确、无异常振动与声响，紧固连接部位无松动，其电机运行功率应符合其设备技术文件的规定。在额定转数下连续工作运转 2h 后，滑动轴承外壳最高温度不得超过 70℃；滚动轴承外壳最高温度不得超过 75℃。

3）冷却塔试运转及调试：冷却塔本体应稳固、无异常振动，其噪声应符合设备技术文件的规定。风机试运转按"1）通风机、空调机组中的风机试运转及调试"中的规定要求。

4）制冷机组、单元式空调机组试运转及调试：应符合设备技术文件和现行国家标准《制冷设备、空气分离设备安装工程施工及验收规范》GB 50274—2010 的规定，正常运转不应少于 8h。

5）电控防火阀、防排烟风阀、防排烟风口试运转及调试：手动、电动操作应灵活、可靠，信号输出正确。

（2）系统无生产负荷的联合试运转及调试

1）通风、空调系统总风量调试测定：调试测定结果与设计风量的偏差不应大于 10%。

2）空调冷冻水、冷却水总流量调试测定：调试测定结果与设计流量的偏差不应大于 10%。

3）舒适性空调的温度、相对湿度调试测定：应符合设计的要求。

4）恒温、恒湿房间室内空气温度、相对湿度及波动范围调试测定：应符合设计的规定。

（3）防排烟系统联合试运行调试

1）风量调试测定：必须符合设计与消防的规定。

2）正压调试测定：必须符合设计与消防的规定。

（4）净化空调系统联合试运行与调试

除了要对（2）系统无生产负荷的联合试运转及调试中的内容进行工作之外，还应进行以下项目：

1）单向流洁净室系统的总风量调试测定：调试测定结果与设计风量的允许偏差为0～20％。

2）系统新风量的调试测定：调试测定结果与设计新风量的允许偏差为10％。

3）单向流洁净室系统的室内截面平均风速调试测定：平均风速的允许偏差为0～20％，而且截面风速不均匀度不应大于0.25。

4）洁净室室内各送风口风量调试测定：调试测定结果与设计送风量的允许偏差为15％。

5）相邻不同级别洁净室之间的静压差调试测定：静压差不应小于5Pa（高级别洁净室静压值大）。

6）洁净室与非洁净室之间的静压差调试测定：静压差不应小于5Pa（洁净室静压值大）。

7）洁净室与室外的静压差调试测定：静压差不应小于10Pa（洁净室静压值大）。

8）洁净室室内空气洁净度等级的测定：必须符合设计规定的等级或在商定验收状态下的等级要求。

2. 一般项目

（1）设备单机试运转及调试

1）水泵工作运行情况检查：不应有异常振动与声响、壳体密封处不得渗漏、紧固连接部位不应松动、轴封的温升应正常；在无特殊要求的情况下，普通填料泄漏量不应大于60mL/h，机械密封泄漏量不应大于5mL/h。

2）通风机、空调机组、风冷热泵等设备的工作运行噪声测定：产生的噪声不宜超过产品性能说明书的规定值。

3）风机盘管的调速（三档）、温控开关动作及与机组运行状态对应性检查：调速、温控开关动作应正确，并与机组运行状态一一对应。

（2）通风工程系统无生产负荷的联合试运转及调试

1）设备及主要部件的联动情况检查：必须符合设计要求，动作协调、正确，无异常现象。

2）送风系统各送风口风量的调试测定：各送风口测试风量与设计送风量的允许偏差不应大于15％。

3）排风系统各排风口（吸风罩）风量的调试测定：各排风口（吸风罩）测试风量与设计排风量的允许偏差不应大于15％。

4）湿式除尘器的供水与排水系统工作运行情况检查：运行应正常。

（3）空调工程系统无生产负荷的联合试运转及调试

除了要对（2）系统无生产负荷的联合试运转及调试中的内容进行工作之外，还应进行以下项目：

1）空调工程水系统的冲洗情况、空气排出情况、连续运行情况的检查：空调工程水系统应冲洗干净、不含杂物，并排除水管道系统中的空气；水系统连续运行应达到正常、平稳。

2）水泵压力及水泵电机的电流波动情况的检查：不应出现大幅波动。

3）在空调工程风系统调试后，各空调机组的水流量的调试测定：应符合设计要求，允许偏差为 20%。

4）各种自动计量检测元件和执行机构的工作情况检查：工作应正常，满足建筑设备自动化（BA、FA）系统对被测定参数进行检测和控制的要求。

5）多台冷却塔并联运行时，各冷却塔的进、出水量的调试测定：各冷却塔的进、出水量应达到均衡一致。

6）空调室内、洁净室内的噪声测定：应符合设计规定要求。

7）舒适性空调、工艺性空调的房间静压差调试测定：有压差要求的房间、厅堂与其他相邻。

8）房间之间的压差，舒适性空调正压为 0~25Pa；工艺性空调房间静压差应符合设计规定要求。

9）有环境噪声要求的场所，制冷机组、空调机组的噪声测定：按国家标准《采暖通风与空气调节设备噪声声功率级的测定　工程法》GB/T 9068 的规定进行测定。

（4）通风与空调工程的控制和监测设备的检查

1）与系统检测元件和执行机构的工作情况：能够正常沟通。

2）系统状态参数的测试检查：能够正确显示。

3）设备连锁、自动调节、自动保护装置的检查：能够正确动作。

34.11.1.3　调试人员的准备

施工单位在即将完成通风与空调工程的安装工作前，应根据施工项目的具体情况提前做好调试人员的准备工作。调试人员应由以下有关人员组成：

（1）施工单位工程部负责人

（2）施工单位项目经理

（3）设备运行调试人员若干（必要时由设备生产厂家派技术人员进行）

（4）通风与空调系统调试人员若干，要有调试工作经验的骨干技术人员

（5）电气调试人员若干

（6）参与施工安装的施工人员若干

此外，工程建设单位、设计单位相关人员要参与和配合调试工作。设备生产厂家可根据实际情况派有关技术人员参与调试工作。

34.11.1.4　调试仪器的准备

在对通风与空调系统进行调试的工作过程中，需要对设备的工作性能、系统流量及热工参数、室内空气的状态参数等进行大量的测定工作，将测试数据与设计值进行比较，作为通风与空调系统调试的依据。

通风与空调系统常用的测量仪器仪表有：

（1）温湿度计

1）玻璃管液体温度计：玻璃管内液体一般为水银、乙醇等液体。水银温度计用得较多，其构造简单，价格便宜，有足够的准确度，应用广泛。缺点为易损坏，灵敏度低。较适合用于测量冷热水温。

2）热电偶温度计：传感器为两种不同性质的金属导体组成，如铂铑铂热电偶、铜康铜热电偶温度计。

其中铜康铜热电偶温度计较为常用，其特点为价格便宜、灵敏度高、多点测量、布置测点方便、可远距离测量空气干球温度与湿球温度、与电脑构成一测量系统、数据处理方便快捷。多用于测量空调机组中热湿处理设备进出口断面空气干湿球温度。

3）通风式干湿球温度计：通过测量空气干球温度与湿球温度，可在相应的焓湿图上查出空气的相对湿度等热工参数。其特点为价格便宜，测量精度较高。要在湿球温度温包上包裹专用纱布，且在测量时对其加水以保持湿润。读值要求也较高。主要用于测量室内外空气状态参数。

4）自计式温湿度计：据双金属测温、毛发测相对湿度的原理制造的自动记录式测量仪表。可以方便地同时连续测量记录一段时间的空气温湿度变化情况。其温度测量精度一般为±1℃，不适用于高精度的恒温恒湿空调系统。毛发湿度计测量精度也不很高，需经常校验。毛发传感器不要用手触摸，在使用当中发现毛发不清洁后可用毛笔蘸蒸馏水轻轻洗刷干净。主要用来连续测量空气的温度及相对湿度变化情况。

5）便携式数字显示温湿度计：一般为电阻或半导体热敏电阻温度计、电容或半导体热敏电阻湿度计等测湿技术组成的便携式测量仪表。经过不断创新与发展，现在生产的数字显示温湿度计的测量范围较宽、测量精度高、反应速度快、抗污染能力和稳定性好。主要用来进行通风、空调系统调试测定时空气温湿度的测量。

6）便携式数字显示表面温度计：是专门用来测量设备、管路等表面温度的温度计。分接触式与非接触式。

（2）风速仪

1）热电风速仪：测量范围较大为 0～30m/s，灵敏度和测量精度高，反应速度快，最小可测 0.05m/s 的微风速，测头体积较小使用方便、可以测脉动风速，即瞬间风速。分为指针显示与数字显示两种。使用中应注意保护测头不被损坏，以及环境温度较高时对其工作的影响。主要用来测量空调送、回风口风速，恒温恒湿房间内的气流速度，以及在空调机组和风管内截面风速。

2）叶轮风速仪：测量范围为 0～10m/s，测头强度相对较高，不能测脉动风速，环境温度变化对其没有影响。测量使用时需秒表计时。主要用来测量通风（除尘）系统送风口及排风口（排风罩）风速，工业生产车间中温度较高的送风口与排风口风速，及矿井通风坑道内风速。

3）杯式风速仪：测量范围大 1～40m/s，测头强度高，不能测脉动风速，有计时装置，并带有风标及指南针可测量风向。主要用于测量室外气象条件参数。

4）毕托管（动压法）测风速：由毕托管与压差计及胶管组成的测试系统，可测风管内断面的全压、静压及动压（全压与静压差）。测量出动压，就可以算出相应的风速，一般是测量平均风速。

测量时要注意选择好测量断面，测量时操作毕托管要细心，避免出现毕托管角度误差、接口漏气、胶管堵塞等问题。主要用于测量通风系统送风、排风管内风速及风量；空调系统主干管内风速及风量。

如对通风除尘系统进行动态测试，则需要使用防止测孔堵塞的 S 形测压管。

另外，由毕托管与 U 形玻璃管压差计及胶管组成的测试系统，还可以测量水管路中的水流速及流量。U 形玻璃管使用四氯化碳作为工作液体（其密度值为 1.595g/mL，而水的密度值为 1.000g/mL)。

(3) 压力计

1) 液柱压力计

①U 形玻璃管液柱压力计:简单便宜,测量时需两次读值,测压差时接胶管随意。根据具体测量情况可使用水、水银、四氯化碳作为工作液体。可进行正压、负压及压差的测量。当测水管路压差时要在接胶管处安装三通管及排气阀。主要用于测量设备压力与阻力;水流量测量(测量管内水流动压)。

②单管液柱压力计:测量一次读值,测压差时接胶管不得随意。用水作为工作液体。现用之不多。

③倾斜式液柱压力计:提高了测量小压力压差的灵敏度与测量精度,测量一次读值,用乙醇作为工作液体。主要用于测量通风、空调系统中设备与风管的压力压差;风量测量(测量管内空气动压)。

2) 便携式数字显示压力计:测量范围大,使用携带非常方便,可进行正压、负压及压差的测量。主要用于测量通风、空调系统中设备与风管的压力压差;风量测量(测量管内空气动压)。

3) 真空膜大气压力计:携带方便,分为指针显示和自动记录两种,用于测量大气压力。

(4) 流量计

①速度法测量流量:根据所测得的平均速度与断面面积,计算出流量。工程中使用最多的方法。

②孔板流量计:事先在水平管路上安装标准孔板节流装置,通过测量流体流过孔板所产生的静压差,根据孔板流通面积及查得相应流量系数,用流量计算公式计算出流量数值。此方法由于结构简单,测量精度较高,使用较为广泛。主要用于水系统流量的测量。

③涡轮流量计:测量准确度较高,公称口径 $4 \sim 500$mm,可测流量范围 $0.01 \sim 7000$m³/h,为电测,可以远距离测量。需事先在水平管路上安装,在涡轮流量计前安装过滤器。主要用于水系统流量的测量。

④超声波流量计:因为是在管道外壁布置传感器,不需在管路上安装测量装置。故不增加系统阻力。

测量管径为 $25 \sim 250$mm 以上,要求传感器安装位置前 $10D$,后 $5D$ 以上直管段距离,且前 $30D$ 内不能安装水泵、阀门等扰动设备部件。超声波流量计测量操作方便,测量可靠,适用于水中无大量杂质和气泡,相对价格较贵。主要用于水系统流量的测量。

(5) 含尘浓度测定仪

1) 管内粉尘(烟尘)浓度测定仪:用于通风除尘系统中风管内粉尘、烟尘浓度的测定。

2) 其测量系统由尘样采取装置、捕尘装置、冷凝干燥装置、流量测量及状态参数测量、采样动力装置等组成。所测定的粉尘浓度为计重浓度,单位为:mg/m³(毫克/立方米)。主要用于除尘机组进口、出口粉尘浓度测定,进而可以测定除尘效率,以及有关排放浓度的测定。

3）粒子计数器：用于净化空调系统中洁净室内悬浮粒子含尘浓度（空气洁净度等级）的测定。粒子计数器采样流量有：1L/min、2.83L/min、28.3L/min 等几种。所测定的悬浮粒子含尘浓度为计数浓度，测量单位为：粒/升；粒/2.83 升；粒/28.3 升（粒/立方英尺）。

目前采样流量为 2.83L/min 的粒子计数器使用较多。

（6）噪声仪：一般常使用能测定 A 声级的噪声仪，如测定要求较高时要使用带多频程分析。

（7）其他测试仪表。转数表：测量通风机、电动机、及各种动力设备和机械设备的旋转速度。分接触式与非接触式。常用电工仪表：万用表、电压表、电流表、钳形电流表、功率表、单相调压器、标准电阻箱、微调电阻箱、惠斯登电桥和凯尔文电桥等。

施工单位可根据调试的通风与空调系统实际情况，准备必需的测试仪器仪表。

调试所使用的测试仪器和仪表，性能应稳定可靠，其精度等级及最小分度值应能满足测定的需要，并应符合国家有关计量法规及检定规程的规定。

34.11.1.5　资料的准备与审核

将要进行通风、空调系统调试的设计施工图纸、设计变更图纸以及有关设备使用操作说明书等准备齐全。具体内容为：

（1）通风、空调工程设计说明

1）工程项目名称；

2）工程建设地点位置；

3）房间设计参数：温湿度、压力、空气洁净度等级、噪声等级等。

（2）通风、空调工程设备、附件明细表。

（3）通风、空调系统的送风、回风、排风管路平面布置图。

（4）防排、烟系统的送风、排风管路平面布置图。

（5）通风、空调系统的送风、回风、排风系统图。

（6）防排、烟系统的送风、排风系统图。

（7）通风、空调系统设计风量数据：

1）系统的送风量、新风量、回风量、二次回风量、排风量；

2）送风系统各送风口风量；

3）局部排风系统排风量、各排风口风量。

（8）空调机组各功能段设计技术参数：

1）额定送风量、机外余压；

2）风机的风量、全压、转数、功率等性能参数；

3）初效、中效过滤器性能参数；

4）空气预热器、再热器的加热量及热媒参数；

5）空气表冷器制冷量、冷媒参数；

6）加湿方式及加湿量；

7）消声段消声量。

（9）有关设备使用操作说明书。

（10）所使用的测试仪器和仪表，在有效期间的检验标定证书。

施工单位工程部负责人要对以上技术资料的准备情况进行认真详细的审核。

34.11.1.6　调试方案编制

根据调试工程的实际情况编制调试方案。要对单体设备的试运转内容、运转方法及要达到有关标准的相应国家规范及行业规范制定出通风、空调系统联合试运转的程序以及系统调试的内容及方法。要制定出具体的调试时间计划，以形成一个完整的工程调试方案，指导设备试运转及工程调试工作能够顺利地进行。

调试方案的编制主要有以下内容：

1. 工程概况

（1）通风、空调工程情况介绍：调试工程当中所包括的通风系统、空调系统、净化空调系统、排风系统、除尘系统、防排一烟系统的数量；通风除尘、空调等有关设备的容量及数量。

（2）各系统工作范围：说明各个系统所在的平面位置，所负责的生产工艺名称及面积范围。

（3）通风空调工程设计要求：根据通风、空调工程的设计图纸可以详细的了解其中的设计技术要求。包括各个系统的设计形式；空调系统的风量、温湿度、压力、噪声等设计要求；净化空调系统的室内送风换气次数、空气洁净度等级、压力等设计要求。

（4）通风空调系统的工作运行控制：掌握不同系统中所设计的自动控制方式。如电动调节、气动调节及气-电动调节以及采用其他的运行控制方式。

2. 系统试运转及调试程序

（1）电气设备及控制的检查：检查各通风空调设备以及附属设备（例如风机、空调机组、冷水机组等）的电气设备、主回路及控制回路的性能，要达到有关规范要求，保证供电可靠、控制灵敏，为设备安全正常试运转做好准备。

（2）设备试运转：按照《通风与空调工程施工质量验收规范》GB 50243 及现行《机械设备安装工程施工及验收通用规范》GB 50231—2009 的要求，对通风空调设备进行检查、清洗、调整，并要连续一定时间进行试运转。在各项技术指标达到要求有关后，单体设备的试运转即可转入下一阶段的工作。要注意对于工作有关联的设备，需明确各单体设备试运转的先后程序。如在进行空调冷水机组试运转之前，必须要对冷却水及冷冻水系统水管道清洗。即要先对水泵进行单机试运转，待冷冻水和冷却水系统正常运转后，才能够对空调冷水机组进行试运转。

（3）通风空调系统的试运转

在各单体通风、空调设备及附属设备试运转并达到合格后，即可进行相应系统的试运转。

1）先调节通风空调系统的风管上的风阀全部处于开启状态，调节总送风阀的开度，使风机电机的运转电流在允许的范围之内。对于净化空调系统，必须将空调机组、风管清扫和擦拭干净，并将回风、新风的吸入口处和初、中效过滤器前设置临时过滤器（一般用无纺布）对系统保护后，才能开启风机；

2）运转冷冻水系统和冷却水系统，待正常后再投入运转冷水机组；

3）在空调系统的风系统、水系统及冷水机组运转正常之后，将冷、回水压差调节系统和空调控制系统投入试运行，以确定各类调节阀启闭方向的正确性，为空调系统的调试工作做好准备；

(4) 通风空调系统的调试：系统的测定调整是工程的最后的工序，是一个非常重要的综合技术工作。通过对通风空调系统的调试工作，对系统的各个环节进行试验测定，并经过反复调整后使各参数达到设计要求，以满足服务对象的需要。

调试的程序一般按照以下顺序进行：

1）风机、除尘机组、空调机组性能的测定和调整；

2）系统风量的测定和调整；

3）空调房间、洁净室内静压的测定和调整；

4）洁净室高效空气过滤器检漏测定；

5）洁净室的空气洁净度等级测定；

6）空调房间和洁净室温、湿度的测定和调整；

7）空调房间和洁净室的噪声测定；

8）空调房间和洁净室的气流组织的测定和调整；

9）自动调节和检测系统的检验和调整。

3. 通风、空调系统调试的主要项目

(1) 通风除尘系统的测定和调整

1）通风、除尘风机额定风量及全压值；

2）通风、除尘（排风）系统风量；

3）通风系统各送风口风量；

4）除尘（排风）系统各排风口风量；

5）除尘机组工作性能；

6）室内压力值。

(2) 防排一烟系统的测定和调整

1）正压送风、排烟风机额定风量及全压值；

2）正压送风系统各送风口风速、风量；

3）排烟系统各排风口风速、风量；

4）安全区压力值。

(3) 空调系统的测定和调整

1）空调机组性能；

2）系统风量（送风、新风、回风、排风）；

3）送风系统各送风口风量；

4）空调房间静压；

5）空调房间温、湿度；

6）空调房间噪声；

7）空调房间气流组织；

8）冷冻水、冷却水系统的水量；

9）自动调节和检测系统。

(4) 净化空调系统的测定和调整

1）空调机组性能；

2）系统风量（送风、新风、回风、排风）；

3）送风系统各送风口风量；

4）空调房间静压；

5）洁净室高效空气过滤器检漏测定；

6）空气洁净室内含尘浓度；

7）空调房间温、湿度；

8）空调房间噪声；

9）空调房间气流组织；

10）冷冻水、冷却水系统的水量；

11）自动调节和检测系统。

4. 调试报告的整理与分析

通风、空调系统调试工作结束之后，要将调试与测定的大量原始数据进行计算处理，并同设计数据和国家有关验收规范的要求进行比较，最后评价所调试测定的通风、空调系统是否达到设计要求。同时要针对调试过程中所发现的工程问题，提出合理改进建议与措施，使通风、空调系统达到合理设计要求和经济运行目的。

34.11.2　通风、空调设备和附属设备的试运转和单机测试

34.11.2.1　风机的试运转

通风、空调系统涉及风机，主要包括空调机组风机、新风机组风机、除尘机组风机、通（排）风机、防排烟风机等。按作用原理分为离心式、轴流式和贯流式风机。试运行前应调阅相关设计文件、设备文件等技术资料以备查验。备好调试所需的仪器仪表和必要工具。

1. 准备工作

风机的外观检查

1）核对通风机、电动机的型号、规格是否与设计相符；

2）检查地脚螺栓是否拧紧，减振台座是否平，皮带轮或联轴器是否找正。在找正风机皮带轮时，可以用一根细线，在一个皮带轮的远端压紧，慢慢将细线的另一端靠近另一皮带轮的远端。在此过程中，看皮带轮与细线之间产生的缝隙情况，来判断皮带轮的调整方向；

3）检查轴承处是否有足够的润滑油，加注润滑油的种类和数量应符合设备技术文件的要求；

4）检查电机及有接地要求的风机、风管接地线连接是否可靠；

5）检查风机调节阀门，开启应灵活，定位装置可靠，已定位在工作位置；

6）检查风机传动皮带的松紧程度，如果皮带松紧不合适，则应予以调整。皮带张力过大，会缩短皮带和轴承寿命，有时还会引发风机振动超常等异常现象。皮带张力过小时，则会引起皮带打滑、跳动，降低传递效率，导致皮带过快损坏；

7）盘车。看风机转动是否灵活，若盘车较紧时，有可能是管路施工过程中，风机内落入异物，应拆除附近的管件，检查并将异物取出；

8）检查风机进出端软连接是否严密；

9）风管系统的风阀、风口检查；

10）关闭机组的检查门和风管上的检查人孔门；

11）干管、支干管、支管风量调节阀全部开启，风管防火阀位于开启位置，三通调节阀处于中间位置，让风系统阻力处于最小状态；

12）机组的送风口调节阀、除尘（排烟）风机的调节阀开到最大位置；

13）组合式空调机组的新风阀门，一、二次回风调节阀门开启到最大位置，热交换器前的调节阀开到最大位置，热交换器的旁通阀应处于关闭状态。

2. 风机的启动和运行

（1）启动风机，达到额定转速后立即停止运行，观察风机转向，如不对应改变接线。利用风机滑转观察风机振动和声响。如有异常声响，极有可能是风机内部进入螺钉、石子或小工具等杂物，应及时停机并将其取出。

（2）风机启动时，用钳形电流表测量电动机的启动电流。应符合要求。风机点动滑转无异常后可进行试运行。

（3）运行风机，测量电动机的工作电流，防止超过额定值，超过时可减小阀门开度。直至达到或略小于额定电流。工作电流超过额定值，长时间工作会导致超载而将电动机烧坏。电动机的电压和电流各相之间应平衡。

（4）风机正常运行用转速表测定转速，转速应与设计和设备说明书一致，以保证风机的风压和风量满足设计要求。

（5）用温度计测量轴承处外壳温度，不应超过设备说明书的规定。如无具体规定时，一般滑动轴承温升不超过 35℃，温度不超过 70℃；滚动轴承温升不超过 40℃，最高温度不超过 80℃。运行中应监控温度变化，但结果以风机正常运行 2h 以后的测定值为准。

（6）对大型风机，建议先试电动机，电动机运转正常后再联动试机组。风机试运行时间不应少于 2h。如果运转正常，风机试运行可以结束。

3. 报告内容

试运行后应填写"风机试运行记录"，内容包括：

（1）风机的启动电流和运转电流；

（2）风机轴承温度；

（3）风机转速；

（4）风机试运行中的异常情况和处理结果。

4. 风机故障及原因

风机故障及原因主要见表 34-128。

风机故障及主要原因	表 34-128

风机故障	原　因
风机剧烈振动	1. 风机轴与电动机轴不同心，联轴器装歪 2. 机壳或进风口与叶轮摩擦 3. 定位接触面的刚度不够或不牢固 4. 叶轮铆钉松动或轮盘变形 5. 叶轮盘与轴松动，联轴器螺栓松动 6. 电动机与轴盘与轴承座与隔热方箱等连接螺栓松动 7. 风道表面长时间重压热变形，使风机不稳，产生共振 8. 叶片有积灰、污垢、叶片变形、叶轮变形、叶轮不平衡 9. 电动机转子不平衡

续表

风机故障	原　因
轴承温升过高	1. 轴承座振动剧烈 2. 润滑脂质量不良、变质或填充过多和含有灰尘、粘砂、污垢等杂质 3. 轴承盖连接螺栓的紧力过大或过小 4. 轴与滚动轴承安装歪斜，前后两轴承不同心 5. 滚动轴承损坏
电动机电流过大	1. 风机输送的气体密度过大，使压力过大 2. 气体温度超过风机规定的极限温升 3. 电动机输入电压低或电源单相断电 4. 联轴器连接不正，旋转不灵活 5. 受轴承座振动剧烈的影响 6. 受并联风机工作情况恶化或发生故障的影响

34. 11. 2. 2　水泵的试运转

1. 准备工作

水泵在检修安装完毕后，必须进行试运行。试运行的目的，一是使水泵各配合部分运转协调；二是检查及消除在检修安装过程中未被发现的缺陷。

水泵在试运转前必须进行下列项目的检查：

（1）地脚螺栓及水泵同机座连接螺栓的紧固情况；

（2）水泵、电机联轴器的连接情况；

（3）轴承内润滑油的油量是否足够，对于单独的润滑油系统，应全面检查油系统，确保无问题；

（4）轴封盘根是否压紧，通往轴封液压密封圈的水管是否接好通水；

（5）接好轴承水室的冷却水管。

2. 水泵的试运行

经上述检查合格后，按下列步骤进行试运：

（1）关闭出水管上的阀门；

（2）水泵内注满水，排除泵内空气；

（3）开动电机，当水泵达到正常转速后，打开出水管上的阀门，正式送水。

在试运过程中，要随时注意轴承的温升和振动，吸水压力和排出水压力的变化、电机电流的指示等。

在试运中，若发现轴承油温急剧升高，应检查轴承的接触和间隙是否符合要求，或油质是否良好。若吸水压力变化或泵内真空降低，则可能是由于进水管道、法兰或轴封等处连接不严，漏入空气所引起的。若出水压力下降，应检查密封环间隙是否增大或转子的轴向位置是否正确。如无上述缺陷水泵转动振动也很小，则可认为试运合格。

高压给水泵无论是在冷态启动或热态启动，均要求有足够的暖泵时间，合理地控制金属温升和温差，这是保证安全启动的重要条件。

泵体温度在 55℃ 以下为冷态，启动时暖泵时间为 1.5～2h，泵体温度在 90℃ 以上为热态，暖泵时间为 1～1.5h。暖泵结束时，吸入口温度跟泵体上任何一测点的最大温差应小于 25℃。暖泵时应特别注意，无论采用哪种暖泵方式，泵在升温过程中严禁盘车，以防转子咬合。

高压给水泵不允许水在不流动的情况下运行，所以在启动和停泵过程中都应开启给水再循环门。在运行中除按一般水泵的要求检查外，还应检查平衡水室压力及其与吸入口压差，正常情况下，平衡水室的压力应比入口压力高 0.05～0.2MPa 如发现此压差增大时，应停泵检查。

3. 水泵的常见故障及原因

（1）水泵不出水原因分析：进水管和泵体内有空气

1）水泵启动前未灌满足够水，看上去灌水已从放气孔溢出，但未转动泵轴交空气完全排出，致使少许空气残留进水管或泵体中；

2）与水泵接触进水管水平段逆水流方向应用 0.5% 以上下降坡度，连接水泵进口一端为最高，不要完全水平。向上翘起，进水管内会存留空气，降低了水管和水泵中真空度，影响吸水；

3）进水管弯管处出现裂痕，进水管与水泵连接处出现微小间隙，都有可能使空气进入到进水管。

（2）水泵转速低

1）人为因素。有部分用户因原电机损坏，就随意配上另一台电动机带动，结果造成了流量小、扬程低、不上水的后果；

2）水泵本身机械故障。叶轮与泵轴紧固螺母松脱或泵轴变形弯曲，造成叶轮偏移，直接与泵体摩擦，或轴承损坏，都有可能降低水泵转速；

3）动力机维修不灵。电动机因绕组烧毁而失磁，维修中绕组匝数、线径、接线方法改变或维修中故障未彻底排除也会使水泵转速改变。

（3）水泵吸程太大

有些水源较深，有些水源外围较平坦，而忽略了水泵容许吸程，产生了吸水少或根本吸不上水结果。要知道水泵吸水口处能建立真空度是有限的，绝对真空吸程约为 10m 水柱高，而水泵不可能建立绝对真空。真空度过大，易使泵内水汽化，对水泵工作不利。各离心泵都有其最大容许吸程，一般为 3～8.5m 之间。安装水泵时切不可只图方便简单。

（4）水流进出水管中阻力损失过大

有些用户测量，蓄水池或水塔到水源水面垂直距离还略小于水泵扬程，但提水量小或提不上水。其原因常是管道太长、水管弯道多，水流管道中阻力损失过大。一般情况下 90°弯管比 120°弯管阻力大，每 90°弯管扬程损失约 0.5～1m，每 20m 管道阻力可使扬程损失约 1m。此外，有部分用户还随意更改水泵进、出管管径，这些对扬程也有一定影响。

（5）其他因素影响

1）底阀打不开。通常是水泵搁置时间太长，底阀垫圈被粘死，无垫圈底阀可能会锈死；

2）底阀滤器网被堵塞或底阀潜水中污泥层中造成滤网堵塞；

3）叶轮磨损严重。叶轮叶片经长期使用而磨损，影响了水泵性能；

4）闸阀、可止回阀有故障或堵塞会造成流量减小，抽不上水；

5) 出口管道泄漏也会影响提水量。

4. 常用简易设备故障诊断方法

常用简易状态监测方法主要有听诊法、触测法和观察法等。

(1) 听诊法：设备正常运转时，伴随发出的声响总是具有一定音律和节奏。熟悉和掌握这些正常音律和节奏，人听觉功能就能对比此设备是否出现了重、杂、怪、乱异常噪声，判断设备内部出现松动、撞击、不平衡等隐患。用手锤敲打零件，听其是否发生破裂杂声，可判断有无裂纹产生。电子听诊器是一种振动加速度传感器。它将设备振动状况转换成电信号并进行放大，工人用耳机监听运行设备振动声响，以实现对声音定性测量。测量同一测点、不同时期、相同转速、相同工况下信号，并进行对比，来判断设备是否存故障。当耳机出现清脆尖细噪声时，说明振动频率较高，一般是尺寸相对较小、强度相对较高零件发生局部缺陷或微小裂纹。当耳机传出浑浊低沉噪声时，说明振动频率较低，一般是尺寸相对较大、强度相对较低零件发生较大裂纹或缺陷。当耳机传出噪声比平时增强时，说明故障正发展，声音越大，故障越严重。当耳机传出噪声是杂乱无规律、间歇出现时，说明有零件或部件发生了松动。

(2) 触测法：用人手触觉可以监测设备温度、振动及间隙变化情况。当机件温度 0℃左右时，手感冰凉，若触摸时间较长会产生刺骨痛感。10℃左右时，手感较凉，但一般能忍受。20℃左右时，手感稍凉，接触时间延长，手感渐温。30℃左右时，手感微温，有舒适感。40℃左右时，手感较热，有微烫感觉。50℃左右时，手感较烫，若用掌心按时间较长，会有汗感。60℃左右时，手感很烫，但一般可忍受 10s 长时间。70℃左右时，手感烫灼痛，一般只能忍受 3s 长时间，手触摸处会很快变红。触摸时，应试触后再细触，以估计机件温升情况。用手晃动机件可以感觉出 0.1~0.3mm 间隙大小。

(3) 观察法：人视觉可以观察设备上机件有无松动、裂纹及其他损伤等；可以检查润滑是否正常，有无干摩擦和跑、冒、滴、漏现象；可以查看油箱沉积物中金属磨粒多少、大小及特点，以判断相关零件磨损情况；可以监测设备运动是否正常，有无异常现象发生；可以观看设备上安装各种反映设备工作状态仪表，了解数据变化情况，可以测量工具和直接观察表面状况，检测产品质量，判断设备工作状况。把观察各种信息进行综合分析，就能对设备是否存故障、故障部位、故障程度及故障原因做出判断。

34.11.2.3 冷却塔的试运转

1. 准备工作

(1) 把冷却塔内清理干净，不得出现冷却水或冷凝器系统堵塞现象，同时要用水冲洗冷却塔内部和冷却塔水管路系统，不得有漏水情况存在。

(2) 冷却塔内的补给水和溢流水位应符合设备技术文件的规定；自动补水阀的动作应灵活，准确。

(3) 冷却塔的冷风机旋转方向要正确，电动机的接地要符合标准要求。

2. 冷却塔试运转

(1) 运转中应认真检查冷风机转动情况是否正常，循环水系统有无障碍和水流不畅等现象。

(2) 冷却塔喷水量和吸入水量是否基本平衡。补给水和积水池的水位是否正常。出、入口冷却水温度是否符合标准要求。

（3）电动机的启动和运转电流是否在标准允许的范围内，有无过载现象。

（4）冷风机轴承温度应不超过设备技术文件的规定。冷却塔有无振动和噪声等问题。

（5）冷却塔喷水时，有无出现偏流情况。

（6）正常运转后，运行应不小于 2h。

（7）试运转结束后，应及时清理从管道和空气中带入积水池内的泥砂和尘土。冷却塔试运行后，长时间不启动时，应将管路和积水池内的存水排净，以免冻坏设备和水管道。必须保证系统带空调冷负荷连续运转 8h 且间歇运转 72h 无故障。

34.11.2.4　水处理设备的试运转

空调系统中的水处理设备有化学处理法和物理处理法。化学处理法的水处理设备种类较多，其安装后应参照设备技术文件进行。物理法水处理设备即常用的电子水处理器或静电水处理器，安装后应在系统管道冲洗后，即可对其进行试运转。试运转时应注意下列事项：

（1）按照设备铭牌上的额定电压接通电源，指示灯应亮。

（2）在空调水循环系统中，如采用水泵运行控制的接点达到水处理设备自动投入或断开的目的，应在水泵运转前，对其控制系统进行检查，确认控制的动作必须正确。

（3）设备的主机出厂前已调试过，在运转中不能随意再行调整。

（4）设备安装在循环管道系统中或自动补水系统中，开机后自动运行，不需要任何操作。

（5）设备安装在手动补水系统中，应先开水处理设备，后补水。补水后先关补水阀.后关水处理设备。

（6）水系统运转一定时间后，应对水处理设备进行排污，以保证水处理的效果。其排污次数及排污量：

1）排污次数：

①新设备或已经除过垢的系统及已结垢的系统，每天排污 1 次；

②结垢严重的系统，每天排污 2～3 次。

2）排污量：

①新设备的排污量为总流量的 0.5%～1.0%；

②结垢设备的排污量，可根据具体状况酌情增加。

34.11.2.5　冷水机组的试运转

通风与空调工程中常用的冷水机组分为压缩式和吸收式两种。试运转和测试应执行国家标准《风机、压缩机、泵安装工程施工及验收规范》GB 50275—2010 和《制冷设备、空气分离设备安装工程施工及验收规范》GB 50274—2010 中的相关规定。

制冷系统的设备及管道安装完毕后，需要进行试运转。只有当试运转达到规定的要求后，方可交付验收和使用。制冷机的试运转应按一定的程序进行，且要区别开 3 种情况：

第一种情况，活塞式制冷机组。其试运转程序如下：

（1）系统气密性试验；

（2）系统真空试验；

（3）制冷剂检漏；

（4）充注制冷剂使之达到设计充注量；

（5）带负荷试运转；

（6）交付验收使用。

第二种情况，各设备分散安装，而且压缩机组是整体安装。这时，制冷系统的试运转程序如下：

（1）系统吹污；

（2）系统气密性试验；

（3）系统真空试验；

（4）系统制冷剂检漏；

（5）充注制冷剂使之达到设计充注量；

（6）带负荷试运转；

（7）交付验收使用。

第三种情况，各设备分散安装，而且压缩机是在现场拆开检查后安装的。这时，制冷系统的试运转程序如下：

（1）压缩机无负荷试运转；

（2）压缩机空气负荷试运转；

（3）系统吹污；

（4）系统气密性试验；

（5）系统真空试验；

（6）充制冷剂检漏；

（7）充注制冷剂使之达到设计充注量；

（8）带负荷试运转；

（9）交付验收使用。

1. 活塞式制冷压缩机的试运行

活塞式制冷压缩机的安装和试运行，应按现行国家标准《风机、压缩机、泵安装工程施工及验收规范》GB 50275—2010 的有关规定执行。开启式压缩机出厂试验记录中的无空负荷试运转、空气负荷试运转和抽真空试验，均应在试运转时进行。

活塞式制冷压缩机的试运行前应符合如下要求：

气缸盖、吸排气阀及曲轴箱盖等应拆下检查，其内部的清洁及固定情况应良好；气缸内壁面应加少量冷冻机油，再装上气缸盖等；盘动压缩机数转，各运动部件应转动灵活，无过紧及卡阻现象；

加入曲轴箱冷冻机油的规格及油面高度，应符合设备技术文件的规定；

冷却水、冷冻水系统供水应畅通；

安全阀应经校验、整定，其动作应灵敏可靠；

压力、温度、压差等继电器的整定值应符合设备技术文件的规定；

电动机的检查，其转向应正确，但半封闭压缩机可不检查此项。

（1）活塞式制冷压缩机的空负荷试运转应符合下列要求：

1）应先拆去气缸盖和吸、排气阀组并固定气缸套；

2）启动压缩机并应运转 10min，停车后检查各部位的润滑和温升，应无异常。而后应再继续运转 1h；

3）运转应平稳，无异常声响和剧烈振动；

4）主轴承外侧面和轴封外侧面的温度应正常；

5）油泵供油应正常；

6）油封处不应有油的滴漏现象；

7）停车后，检查气缸内壁面应无异常的磨损。

（2）活塞式制冷压缩机的空气负荷试运转应符合下列要求：

1）吸、排气阀组安装固定后，应调整活塞的止点间隙，并应符合设备技术文件的规定；

2）压缩机的吸气口应加装空气滤清器；

3）启动压缩机，当吸气压力为大气压力时，其排气压力，对于有水冷却的应为0.3MPa（绝对压力），对于无水冷却的应为0.2MPa（绝对压力），并应连续运转且不得少于1h；

4）油压调节阀的操作应灵活，调节的油压宜比吸气压力高0.15~0.3MPa；

5）能量调节装置的操作应灵活、正确；

6）压缩机各部位的允许温升应符合表34-129的规定；

压缩机各部位的允许温升值　　　　　　　　　　　　　　　表 34-129

检查部位	有水冷却（℃）	无水冷却（℃）
主轴承外侧量	≤40	≤60
轴封外侧量		
润滑油	≤40	≤50

7）气缸套的冷却水进口水温不应大于35℃，出口温度不应大于45℃；

8）运转应平稳，无异常声响和振动；

9）吸、排气阀的阀片跳动声响应正常；

10）各连接部位、轴封、填料、气缸盖和阀件应无漏气、漏油、漏水现象；

11）空气负荷试运转后，应拆洗空气滤清器和油过滤器，并更换润滑油。

（3）活塞式制冷压缩机的抽真空试验

压缩机的抽真空试验，是指压缩机本机的抽真空试验。抽真空试验为试运转应进行的工序。制冷系统的真空试验必须在气密性试验合格后，并将系统内压力排放完进行。氟利昂制冷系统真空试验要求剩余绝对压力不高于5.3kPa保持24h，其回升压力不应大于0.53kPa为合格。氨制冷系统真空试验要求剩余压力不高于6.5kPa保持24h，系统回升压力不应大于0.65kPa为合格。

采用真空泵抽真空时，有低压侧抽真空、双侧抽真空及复式抽真空等方法。

低压侧抽真空方式，是将压缩机低压吸气管道与真空泵连接后抽真空。其方法简单易行，低压侧真空度易达到要求，但高压侧真空度不易达到。

双侧抽真空方式，是从高、低压两侧同时抽真空，能克服低压侧毛细管流阻对高压侧真空度的不良影响，其系统的真空效果好。

复式抽真空方式，是系统真空试验合格后，再向系统中充入少量制冷剂，使系统的压力与环境压力平衡，然后系统再抽真空至要求的真空度，系统中残留空气极少。复式抽真空方式可使系统达到很高的真空度，通常用于排除系统中的水分。

（4）制冷系统的负荷运转

1）制冷系统的负荷运转前应做好下列准备工作：

①检查安全保护、压差继电器和压力继电器的整定值；

②核对油箱的油面高度是否合乎要求；

③开启压缩机上的排气阀和吸气阀；

④冷却水（或风冷的风机）和冷冻水系统正常运行，向冷却水套、冷凝器及蒸发器供水；

⑤直接蒸发式表面冷却器系统，送风机应开启；

⑥将能量调节装置调到最小负荷的位置；

⑦氟利昂制冷压缩机应按设备技术文件的要求将曲轴箱中的润滑油加热。

2）制冷压缩机启动的运转：制冷压缩机启动后，应立即检查油压，吸、排气压力，听机器运转的声响是否正常，如吸气压力降至 0.1MPa 以下时，要慢慢开启吸气阀，使压缩机进入正常运转状态。根据制冷系统运转情况，进一步调整供液阀、膨胀阀、回油阀的开度，使油压、吸气压力、排气压力达到设备技术文件要求的范围。

①压缩机的吸气温度最高不应超过 15℃；

②压缩机的最高排气温度应符合表 34-130 列的数值；

压缩机的最高排气温度　　　　　　　　　　　　　　　　　表 34-130

制冷剂	最高排气温度（℃）	制冷剂	最高排气温度（℃）
R717	150	R12	125
R22	145	R502	145

③油压应比吸气压力高 0.15～0.3MPa，运转中润滑油的油温，开启式压缩机不应大于 70℃，半封闭压缩机不应大于 80℃；

④压缩机运转应无任何敲击声；

⑤压缩机各部位的发热正常。

在试运转过程中，用调节冷凝器的冷却水量的大小，检查压力继电器高压整定值整定的是否正确；调节压缩机的吸气压力，来检查压力继电器的整定值。如不正确应进一步整定。对有自动能量调节装置的压缩机，手动试运转合格后，应转到自动位置上，使压缩机能量调节装置自动地运转。自动能量调节装置正常运转后，应连续运转 4h。制冷系统的负荷运转应连续运转 8～24h。

压缩机停止运转时，应先停压缩机，然后再停空调器的风机、水泵，最后关闭冷冻水和冷却水。如制冷系统暂时停用，压缩机停止运转前，应先关闭出液阀，将制冷剂回收到贮液器中，待压缩机停止运转后，再将吸、排气阀关闭，将冷凝器、蒸发器、气缸套等处的积水放净。

在压缩机停止运转时，应使吸气压力为零或稍高些，才能按停止按钮并切断电源，并且这时才能将高低压阀门关闭。如压力回升过快，则应继续启动压缩机，使吸气压力达到零或稍高些的状态。压缩机的高低压阀门关闭后，不得再启动压缩机，否则容易产生气缸爆炸事故。

制冷压缩机试运转工作结束后，应拆洗吸气过滤器和滤油器，并将曲轴箱内的冷冻润滑油放掉，更换新油。

（5）制冷系统残留空气的排除

空气是不凝性气体，制冷系统中混入了空气，将会使冷凝压力升高，影响制冷系统的正常运转。排放制冷系统中的空气，按下列方法进行：

1）先将贮液器的出液阀关闭；

2）开启压缩机，将系统中的制冷剂全部压入贮液器内；

3）低压被抽成稳定的真空压力后可停车；

4）开启排气阀多用通道，压缩机中高压气体从中排出，用手挡着排出的气体，如果排出的是空气，手感像吹风，无冷感觉，直到手感有油迹和冷感现象，此时说明系统中的空气基本排放干净。

（6）活塞式制冷机组试运转过程中出现的主要故障和产生的原因

活塞式制冷压缩机的故障现象见表34-131。

活塞式制冷压缩机的故障、主要原因　　　　　　　　表 34-131

故障名称	产 生 原 因
压缩机启动不了或启动后立即停车	空气开关脱扣后未曾复位； 温度继电器、压力继电器未调整好； 油压继电器的加热装置未冷却或复位按钮未曾复位； 冷凝器的冷却水未开或风冷式冷凝器风机未开； 压缩机的排气阀未开； 降压启动器降压太多； 压缩机内有故障，如卡住等
压缩机正常运转突然停车	吸气压力过低或排气压力过高，致使压力继电器的低压触点或高压触点断路； 油压与吸气压力差较低，致使无差继电器的触点断路； 压缩机的电机负荷过载，热继电器的热元件跳脱
压缩机有敲击声，声响从气缸发出	死隙太小，活塞撞击阀板； 活塞销与连杆小头衬套间隙因磨损增大； 阀片断裂落入气缸，或阀底螺钉松脱、断裂落入气缸； 压缩机奔油产生液击； 膨胀阀开度较大，液态制冷剂大量吸入压缩机产生液击
压缩机有敲击声，声响从曲轴箱发出	连杆大头瓦与曲轴颈的间隙磨损增大； 主轴承间隙因磨损增大； 连杆螺栓的螺母松脱
排气压力过高	系统中有空气； 冷凝器的冷却水水压太小，水量不足； 冷凝器的污垢较多； 制冷剂充灌得太多
排气压力过低	制冷剂充灌的不足； 排气阀片不严密； 冷凝器的冷却水水量过大或水温过低

续表

故障名称	产 生 原 因
吸气压力过高	膨胀阀开得过大； 吸气阀片断裂或有泄漏； 系统中有空气； 阀板的上下纸箔高低压间被打穿； 膨胀阀感温包未扎紧
吸气压力过低	膨胀阀感温包填充剂泄漏及膨胀阀开的过小或膨胀阀产生"冰塞"； 吸气阀未开足或吸气管路不畅通； 出液阀未开足或电磁阀未开启； 系统中制冷量不足
油泵没有压力	油压表损坏或油压表接管堵塞； 油泵吸入管堵塞或油泵内有空气； 油泵传动件损坏
油压压力过高	油压表损坏或失灵； 油泵接出管道堵塞； 油泵压力调节阀开度过小
油泵压力过低	曲轴箱中油量过少； 吸入管路受阻或油过滤器堵塞； 油泵压力调节阀开度过大； 曲轴箱油中混有氟利昂制冷剂

2. 螺杆式制冷压缩机组的试运行

螺杆式制冷压缩机的安装和试运行，应按现行国家标准《风机、压缩机、泵安装工程施工及验收规范》GB 50275—2010 的有关规定执行。

(1) 螺杆式制冷压缩机组试运行前应符合下列要求：

1）将电机与螺杆式制冷压缩机分开，并检查电动机的转向是否正确；

2）检查油泵转向是否正确；

3）检查吸气侧、排气侧压力继电器、过滤器用的压差继电器、油压与冷却水用的压力继电器和油压继电器的动作是否灵敏；

4）安装联轴节，并重新找正。压缩机轴线与电机轴线的不同轴度应符合有关设备技术文件的规定；

5）制冷机油加入油分离器或冷却器中，加油量应保持在视油镜的 1/2～3/4 处；

6）按规定向系统充灌制冷剂。

(2) 螺杆式制冷压缩机的启动运转应符合下列要求：

1）启动运转应按有关设备技术文件的程序进行；

2）润滑油的压力、温度和各部分的供油情况，应符合有关设备技术文件的规定；

3）油冷却器的水管供水应畅通；

4）应启动油泵，通过油压调节阀来调节油压，使之与排气压力差符合有关设备技术文件的规定；

5）应调节四通阀，使之处于减负荷或增负荷的位置，并检查滑阀移动是否正常；

6）应使压缩机作短时间的全速运转，并观察压力表的压力、电流表的电流，检查主机机体与轴承处的温度，听听有无异常声响。

7）试运转的操作程序为：

①启动油泵；

②油压上升；

③滑阀处于零位；

④开启供液阀；

⑤启动压缩机；

⑥正常运转后增能至 100%；

⑦调整膨胀阀。

8）试运行中的一些规定和注意事项

各运转的程序内容在运转过程中，应观察机组各部件的运行情况，并做好记录。

①运转中润滑参数应符合下列规定：

供油温度：35～55℃（最佳状态为 35～45℃）；

供油压力：排气压力+0.2～0.3MPa。

②运转中排气参数应符合下列规定：

排气压力：1.1～1.5MPa；

排气温度：45～90℃。

③机组设有手动能量调节阀和自动调节的电磁阀组，可进行手动和自动调节。试运转时，电磁阀组断电，用手动能量调节阀（又叫四通阀），进行增负荷或减负荷的调节，检查滑阀移动是否正常。当采用能量自动调节的电磁阀组时，手动能量调节阀应处于空位位置。

④压缩机运转一段时间后，应做短时间全负荷运转，对机组进行测定和观察各部位的压力、电机运转电流、主机机体与轴承处的温度，并倾听机组运转有无异常的杂声。

⑤制冷机组手动运转正常后，可投入自动运转，连续运转时间为 8～24h。

⑥停止运转，可分为正常停车和故障停车两种情况。

使用手动控制正常停车时，先调节能量调节阀使滑阀回到零的位置，再按压缩机停止按钮，油泵仍正常运转。待压缩机停稳后，关闭供液阀，可使油泵停车，但冷却水泵、冷冻水泵仍继续运转 0.5h 后再停车。

使用自动控制正常停车时，按下停止按钮，机组按控制程序自动停车，再关闭供液阀，但冷却水泵、冷冻水泵仍继续运转 0.5h 后再停车。

事故停车是指机组设有的自动保护元件，在排气压力过高、吸气压力过低、油压过低、油温过高、冷冻水温过低及精滤油器堵塞时，会造成机组自动停止运转。有的机组同时发出声光报警信号和显示故障的部位。故障停车后，应先按下解除按钮停止报警，然后再按复位按钮，排除故障后，再按照上述的启动步骤启动机组。

⑦长期停止运转，应在停车前关闭供液阀，使吸气压力降低为 0.1MPa 时，按上述正常停车方法停车。停车后，应关闭所有的阀门，拧紧封帽，可将制冷剂抽入钢瓶

内，润滑油抽出后并检查油质性能，关闭冷却水、冷冻水阀并将冷凝器和蒸发器内的水放净，防止冬季将设备冻裂。

（3）制冷系统的故障分析及排除

螺杆式制冷压缩机的故障现象及排除见表 34-132。

螺杆式制冷压缩机的故障、主要原因和处理

表 34-132

现　象	可能的原因	处　理
启动负荷过大或根本不能启动	1. 压缩机排气端压力过高 2. 滑阀未停在"0"位 3. 机体内充满润滑油或液体制冷剂 4. 运动部件严重磨损、烧伤 5. 电压不足	1. 通过旁通阀使高压气体流到低压系统 2. 将滑阀调至"0"位 3. 盘车排出积液和积油 4. 拆卸检修或更换零部件 5. 检修电网
机组发生不正常振动	1. 机组地脚螺栓未紧固 2. 管路振动引起机组振动加剧 3. 联轴器同心度不好 4. 吸入过多的油或制冷剂液体 5. 滑阀不能定位且振动 6. 吸气腔真空度过高	1. 旋紧地脚螺栓 2. 加支撑点或改变支撑点 3. 重新找正 4. 停机，盘车使液体排出压缩机 5. 检查卸载机构 6. 开吸气阀、检查吸气过滤器
压缩机运转后自动停机	1. 自动保护设定值不合适 2. 控制电路存在故障 3. 电机过载	1. 检查并适当调整设定值 2. 检查电路，消除故障
排气温度或油温下降	1. 吸入湿蒸气或液体制冷剂 2. 连续无负荷运转 3. 排气压力异常低	1. 减小供液量，降低负荷 2. 检查卸载机构 3. 减小供水量及冷凝器投入台数
压缩机制冷能力不足	1. 滑阀的位置不合适或其他故障 2. 吸气过滤器堵塞 3. 机器磨损严重，造成间隙过大 4. 吸气管路阻力损失过大 5. 高低压系统间泄漏 6. 喷油量不足，密封能力减弱 7. 排气压力远高于冷凝压力	1. 检查指示器或角位移传感器的位置，检修滑阀 2. 拆下吸气过滤网并清洗 3. 调整或更换零件 4. 检查吸气截止阀或止回阀 5. 检查旁通阀及回油阀 6. 检查油路系统 7. 检查排气管路及阀门，清除排气系统内阻力
运转时机器出现异常响声	1. 转子齿槽内有杂物 2. 止推轴承损坏 3. 主轴承磨损，转子与机体摩擦 4. 滑阀偏斜 5. 运动部件连接处松动	1. 检修转子及吸气过滤器 2. 更换止推轴承 3. 更换主轴承 4. 检修滑阀导向块及导向柱 5. 拆开机器检修，加强放松措施

续表

现　象	可能的原因	处　理
排气温度过高	1. 压缩比较大 2. 油温过高 3. 吸气严重过热，或旁通阀泄漏 4. 喷油量不足 5. 机器内部有不正常摩擦	1. 降低排压，减小负荷 2. 清洗油冷，降低水温或加大水量 3. 增加供液量，加强吸气保温，检查旁通管路 4. 检查油泵及供油管路 5. 拆检机器
滑阀动作太快	1. 手动阀开启度过大 2. 喷油压力过高	1. 关小进油截止阀 2. 调小喷油压力
滑阀动作不灵活或不动作	1. 电磁阀动作不灵活 2. 油管路有堵塞 3. 手动截止阀开度太小或关闭 4. 油活塞卡住或漏油 5. 滑阀或导向键卡住	1. 检修电磁阀 2. 检修油管路 3. 开大截止阀 4. 检修油活塞或更换密封圈 5. 检修滑阀或导向键
油分油面上升	1. 系统内的油回到压缩机 2. 过多的制冷剂进入油内 3. 立式油分液面计有凝液	1. 放油 2. 提高油温，加快蒸发 3. 计算实际高度
压缩机机体温度过高	1. 压缩比过大 2. 喷油量不足 3. 吸气严重过热，或旁通阀泄漏 4. 运动部件有不正常摩擦	同排气温度过高。最主要的原因是运动部件有不正常摩擦，检修压缩机或更换止推轴承
喷油压力过低	1. 油分内油量不足 2. 油中制冷剂含量过多 3. 油温度过高 4. 油泵磨损或油压调节阀故障 5. 油粗、精过滤器脏堵 6. 压缩机内部泄油量大	1. 加油或回油 2. 停机，进行油加热 3. 降低油温 4. 检修或更换或调整油压调节法 5. 清洗滤芯 6. 检修转子、滑阀、平衡活塞
压缩机耗油量增大	1. 油压过高或喷油量过多 2. 压缩机回液 3. 排气温度高，油分效率降低 4. 分油滤芯效率降低 5. 分油滤芯脱落或松动 6. 二级油分内油位过高 7. 回油管路堵塞	1. 调整油压或检修压缩机 2. 关小蒸发器及经济器节流阀 3. 参考排气温度过高 4. 更换滤芯 5. 紧固或更换胶圈 6. 放油或回油，降低油位 7. 清洗疏通油路
停机时反转	1. 吸、排气止回阀关闭不严 2. 防倒转的旁通管路失效	1. 检修，消除卡阻 2. 检查旁通管路及电磁阀

续表

现　象	可能的原因	处　理
吸气温度过高	1. 系统制冷剂不足，过热度增大 2. 供液阀开度小或管路堵塞 3. 旁通阀泄漏 4. 吸气管路保温不良	1. 检漏、充注制冷剂 2. 增加供液、检查管路 3. 检查 A、B 电磁阀及回油阀 4. 检修或更换绝热层
吸气温度过低	1. 蒸发器供液量过大 2. 蒸发器换热效果降低	1. 调整节流阀或热力膨胀阀 2. 清洗蒸发器或放油
吸气压力过低	1. 蒸发温度过低，换热温差大 2. 系统制冷剂不足 3. 供液阀开度小；回气管路阻力过大 4. 吸气截止阀开度小或故障 5. 吸气过滤器脏堵或冰堵	1. 检修蒸发器，增大载冷剂流量，减少压缩机负荷 2. 检漏、充注制冷剂 3. 增加供液、检查管路 4. 开大吸气阀门或检查阀头 5. 清洗过滤网、清除水分
冷凝压力过高	1. 冷却水温度高或水量（风量）不足 2. 对蒸发冷来说，空气湿度过大 3. 冷凝器结垢或有油污 4. 冷凝器积液过多 5. 不凝性气体过多	1. 降低水温或增大水量（风量） 2. 加大风量 3. 清洗污垢、放油 4. 及时排放过多凝液 5. 及时排放空气

3. 离心式冷水机组的试运行

离心式冷水机组目前在大型空调中已广泛采用，就国外生产的机组而言，有开利、特灵、约克及日立等产品，虽然基本的原理相同，但局部的结构和自动调节的方式不甚相同，这要求应根据厂家提供的安装使用说明进行试运转。离心式制冷压缩机的安装和试运行，应按现行国家标准《风机、压缩机、泵安装工程施工及验收规范》GB 50275 的有关规定执行。

（1）离心式制冷设备的安装，应符合下列要求：

1）安装前，机组的内压应符合有关设备技术文件技术文件规定的出厂压力；

2）制冷机组应在与压缩机底面平行的其他加工平面上找正水平，其纵向、横向不水平度均不应超过 0.1/1000；

3）离心式制冷压缩机应在主轴上找正纵向水平，其不水平度不应超过 0.03/1000；在机壳中、分面上找正横向水平，其不水平度不应超过 0.1/1000；

4）连接压缩机进气管前，应通过吸气口观察导向叶片和执行机构，有叶片开度和仪表指示位置，并应按有关设备技术文件的要求调整一致、定位，然后连接电动执行机构。

（2）离心式制冷机组试运转前应符合下列要求：

1）应按设备技术文件的规定冲洗润滑系统；

2）加入油箱的冷冻机油的规格及油面高度应符合技术文件的要求；

3）抽气回收装置中压缩机的油位应正常，转向应正确，运转应无异常现象；

4）各保护继电器的整定值应整定正确；

5）导叶实际开度和仪表指示值，应按设备技术文件的要求调整一致。

（3）离心式制冷机组试运转应包含下列内容：

1）润滑系统试验

油泵转向正确后，应开动油泵，使润滑油循环 8h 以上，然后拆洗滤油器，更换新油，重新进行运转。运转中的油温、油压、油面高度应符合设备技术文件的规定。

2）系统气密性试验

系统安装后，应将干燥空气或氮气充入系统，使其符合设备技术文件规定的试验压力，然后宜用发泡剂检查或在干燥空气中混入适量规定的制冷剂，用卤素检漏仪检查。所有设备、管道、法兰及其接头处，不得有渗漏现象。试验压力也可采用回收装置的小压缩机来产生，但必须严格按设备技术文件规定的要求进行。

3）无负荷运转

①应关闭压缩机吸气口的导向片进气阀。使压缩机排气口与大气相通；

②开动油泵，调节循环润滑系统，使其正常运转；

③瞬间启动压缩机，并观察转向是否正确以及有无卡住和碰撞等现象；

④再次启动压缩机，进行半小时无负荷运转试验，并观察油温、油压、摩擦部位的温升、机器的响声及振动是否正常。

4）抽真空试验

应将系统抽至剩余压力小于 5.332kPa，并保持 24h，系统升压不应超过 0.667kPa。抽真空时，应另备真空泵或用系统中回收装置的小压缩机来进行。达不到真空要求时，应再次进行气密性试验，查明泄漏处，方便修复，然后再次进行抽真空试验，直至合格。

5）系统充灌制冷剂

系统气密性试验和抽真空试验达到要求后，可利用系统的真空度进行充灌制冷剂，加入量应符合设备技术文件规定，如不足或过多都会对机组的正常使用产生不利影响。为防止水分带进系统，充液管应设干燥过滤器。系统充灌制冷剂时，应启动蒸发器冷冻水循环泵，使冷冻水流动，同时用卤素灯进行检漏。一般加入量达到 60% 以上时，由于蒸发器内压力升高和钢瓶的压差减小，制冷剂充灌速度将减慢，可启动主电机，利用压缩机正常工作而使系统蒸发压力下降，继续加液至规定的数量。

6）空气负荷试运转试验

①应关闭压缩机吸气口的导向叶片，拆除浮球室盖板和蒸发器上的视孔法兰，吸排气口应与大气相通；

②应按要求供给冷却水；

③启动油泵及调节润滑系统，其供油应正常；

④点动电动机的检查，转向应正确，其转动应无阻滞现象；

⑤启动压缩机，当机组的电机为通水冷却时，其连续运转时间不应小于 0.5h；当机组的电机为通氟冷却时，其连续运转时间不应大于 10min；同时检查油温、油压，轴承部位的温升，机器的声响和振动均应正常；

⑥导向叶片的开度应进行调节试验；导叶的启闭应灵活、可靠；当导叶开度大于 40% 时，试验运转时间宜缩短。

7）机组的负荷试运转应符合下列要求：

①接通油箱电加热器，将油加热至 50～55℃；

②按要求供给冷却水和载冷剂；

③启动油泵、调节润滑系统，其供油应正常；

④按设备技术文件的规定启动抽气回收装置，排除系统中的空气；

⑤启动压缩机应逐步开启导向叶片，并应快速通过喘振区，使压缩机正常工作；

⑥检查机组的声响、振动，轴承部位的温升应正常；当机器发生喘振时，应立即采取措施便消除故障或停机；

⑦油箱的油温宜为 50～65℃，油冷却器出口的油温宜为 35～55℃。滤油器和油箱内的油压差，制冷剂为 R11 的机组应大于 0.1MPa，R12 机组应大于 0.2MPa；

⑧能量调节机构的工作应正常；

⑨机组载冷剂出口处的温度及流量应符合设备技术文件的规定。

（4）运转过程中要检查和记录机组下列参数：

1）润滑油压力、温度及油箱中的油位高度；

2）蒸发器中制冷剂的液位高度；

3）电机温升；

4）冷却水、冷冻水的压力及温度；

5）冷凝压力、蒸发压力；

6）冷凝压力和蒸发压力的变化。

如运转正常，各项数据如符合设备技术文件要求，可连续运转 8～12h。为避免在负荷试运转过程中，由于主电机启动电流过大，对于容量较小的变配电系统，容易造成供电系统断路，使主电机和油泵电机同时断电，主机润滑系统与主电机同时停止运转，将使高速运转的主机产生不应有的损失。因此，在试运转过程中，油泵应另设一路电源更为妥当。

（5）试运转结束后应按下列程序停车：

1）切断主电机的电源后，当电机完全停止运转后，才能停止油泵的转动，保证润滑油系统畅通。

2）再停止冷却水和冷冻水水泵的运转，并关闭管网上的阀门。

3）如随后继续运转，应接通油箱上的电加热器，使其自动调节保证润滑油温度维持在给定的范围，为下次运转做准备。

（6）离心式制冷机组试运转过程中要检查和记录机组下列参数：

1）润滑油压力、温度及油箱中的油位高度；

2）蒸发器中制冷剂的液位高度；

3）电机温升；

4）冷却水、冷冻水的压力及温度；

5）冷凝压力、蒸发压力；

6）冷凝压力和蒸发压力的变化。

（7）离心式制冷机组试运转过程中出现的主要故障和产生的原因

离心式制冷压缩机的故障和主要原因见表 34-133。

离心式制冷压缩机的故障、主要原因 表 34-133

故障名称	产 生 原 因	故障名称	产 生 原 因
冷凝压力过高	冷凝器内混有空气； 冷却水量不足或冷却水温过高 浮球阀打不开； 制冷剂含有杂质	主电机超负荷	制冷量负荷过大； 压缩机吸入带液滴的气体
蒸发压力过低	制冷剂不足； 制冷剂含有杂质； 浮球阀开度太小	压缩机喘振	冷凝压力过高； 蒸发压力过低； 导向叶片开度太小； 空调冷负荷过低
蒸发压力过高	制冷剂不足； 制冷剂含有杂质； 浮球阀开度太小	运转中油压过低	油压调节阀调节的不当； 滤油器不清洁； 油面太低； 油管有漏油现象； 轴承间隙过大
冷凝压力过低	浮球阀液封末有形成； 冷却水量过多或水温过低		

4. 溴化锂吸收式制冷设备的试运转

（1）溴化锂吸收式制冷机组安装应符合下列要求：

1）设备的内压符合设备技术文件规定的出厂压力。

2）设备就位后，应按设备技术文件规定的基准面（如管板上的测量标记孔或其他加工面）找正水平，其纵向、横向不水平度均不应超过 0.5/1000。

3）双筒吸收式制冷机应分别找正上下筒的水平。

4）真空泵就位后，应找正水平，抽气连接管应采用金属管，其直径应与真空泵的进口直径相同；如必须采用橡胶管作吸气管时，应采用真空胶管，并对管接头处采取密封措施。

5）屏蔽泵应找下水平，电线接头处应防水密封。

6）蒸汽管和冷媒水管应隔热保温，保温层的厚度和材料应符合设计规定。

（2）制冷系统安装后应符合下列要求：

1）应对设备内部进行清洗。清洗时，将清洁水加入设备内，开动发生器泵，吸收器泵和蒸发器泵，使水在系统内循环，反复多次，并观察水的颜色直至设备内部清洁为止。

2）进行制冷系统气密性试验时，系统内应充入压力为 0.196MPa（2kg/cm²）的干燥空气中充灌适量规定的制冷剂，用卤素检漏仪检查设备及管道的密封性。

3）进行制冷设备真空泵试验时，应在真空泵吸入管道上装真空度测量仪，关闭真空泵与制冷系统连通的阀门，启动真空泵，抽至压力在 0.133kPa 以下时停泵，然后观察真空度测量仪，确定有无泄漏。

4）进行制冷系统抽真空试验时，应将系统压力抽至 0.267kPa，关闭真空泵上的抽气阀门，保持 24h，以使系统内压力上升不应超过 0.133kPa。

5）向制冷系统加入按设备技术文件规定配制的溴化锂溶液，应先在容器中进行沉淀，然后将系统抽真空至压力为 0.267kPa（2mm 汞柱）以下，再将与抽气连接的连接管一端连接于热交换器稀溶液加液阀门，并扎紧使其密封，并使连接管离桶底 100mm。溶液的加入量应符合设备技术文件的规定。

(3) 制冷系统的试运转

1) 启动运转应符合下列要求：

①应向冷却水系统供水和向蒸发器供冷媒水，水温均不应低于 20℃，水量应符合设备技术文件的规定。

②启动了发生器泵、吸收器泵及真空泵，使溶液循环，继续将系统内空气抽除，使真空度高于 0.133kPa（1mm 汞柱）。

③应逐渐开启蒸汽阀门，向发生器供汽，使机器先在较低蒸汽压力状态下运转，无异常现象后，再逐渐提高蒸汽压力至设备技术文件的规定值，并调节制冷机，使其正常运转。

2) 运转中应符合下列要求：

①稀溶液、浓溶液和混合溶液的浓度和温度应符合设备技术文件的规定；

②冷却水、冷媒水的水量、水温和进出口温度差应符合设备技术文件的规定；

③加热蒸汽的压力、温度和凝结水的温度、流量应符合设备技术文件的规定；

④冷剂水中溴化锂的比重不应超过 1.1；

⑤系统应保持规定的真空度；

⑥屏蔽泵的工作稳定，应无阻塞、过热、异常声响等现象；

⑦各种仪表指示应正常。

(4) 溴化锂吸收式制冷设备的主要故障和产生的原因及排除方法：

溴化锂吸收式制冷设备的主要故障和产生的原因及排除方法见表 34-134。

溴化锂吸收式制冷设备的主要故障和产生的原因及排除方法　　　　表 34-134

主要故障	产生原因	排除方法
冷水流量不足或断水	1. 水泵（或电动机）损坏 2. 补水不足 3. 过滤器堵塞 4. 吸入管漏气	1. 修理或启动备用泵 2. 及时补充水 3. 清理 4. 及时处理、排除
冷水出口温度过低	冷水量过小或冷负荷过小 冷却水水温低或量过大	降低蒸汽压力 调整冷却水水温或水量
发生器溶液温度过高	1. 蒸汽压力过高或冷负荷过小 2. 溶液循环量小 3. 有不凝性气体	1. 降低蒸汽压力 2. 加大溶液循环量 3. 抽真空
熔晶管高温（结晶）	1. 冷却水水温过低或量过大 2. 蒸汽压力过高 3. 蒸汽压力波动太大 4. 发生器循环量过小 5. 有不凝性气体 6. 溶液循环量过大	1. 调整冷却水水温（如关风机）或流量 2. 调整蒸汽压力 3. 稳定蒸汽压力 4. 加大发生器循环量 5. 抽真空 6. 减少循环量

续表

主要故障	产生原因	排除方法
冷凝器高温（冷却水断水）	1. 水泵（电动机）损坏 2. 补水不足 3. 过滤器堵塞 4. 吸入管漏气 5. 换热管太脏 6. 有不凝性气体	1. 修理或启动备用泵 2. 及时补水 3. 清理 4. 及时处理，排除 5. 清理 6. 抽真空，排除不凝性气体、检漏
冷却水低温	室外湿球温度低	关冷却塔风机
发生器高压	1. 蒸汽量太大 2. 溶液循环量小 3. 有不凝性气体	1. 降低蒸汽压力 2. 加大溶液供应量 3. 排除不凝性气体
屏蔽泵过流	1. 设定电流值过小 2. 负荷过大 3. 泵性能不良 4. 电源不正常 5. 结晶	1. 按额定电流设定 2. 适当调整流量寻找原因 3. 检修或更换屏蔽泵 4. 检查电源及是否缺相 5. 熔晶
蒸汽压力过高	供汽气压过高	降低蒸汽压力
制冷量低于设定值	1. 溶液循环量不当 2. 不凝性气体渗漏 3. 真空泵性能不良 4. 传热管污垢 5. 冷剂水被污染 6. 蒸汽压力过低 7. 溶液注入量不足 8. 屏蔽泵汽蚀 9. 冷却水流量过小 10. 冷却水温度过高 11. 辛醇添加量不足	1. 调整发生器液位 2. 正确使用自抽装置，开启真空泵抽真空，检漏 3. 排除真空泵故障 4. 清洗换热管 5. 冷剂水再生 6. 调高蒸汽压力 7. 适当补充溶液 8. 调整液位，补充溶液，更换屏蔽泵 9. 增大冷却水流量 10. 检查冷却水系统（冷却塔及其风机等） 11. 适量添加辛醇
冷剂水被污染	1. 发生器液位过高 2. 蒸汽压力过高 3. 冷却水温度低而且量大 4. 去低发稀溶液温度过高	1. 调低液位 2. 降低蒸汽压力 3. 适当调整 4. 降低凝水排水温度
抽气能力差	1. 真空泵油乳化 2. 溶液进真空泵 3. 溶液没过抽气管 4. 自抽引射器堵塞 5. 真空泵性能下降	1. 放水补油或更换 2. 彻底清洗 3. 降低吸收器液位 4. 清理 5. 进行检修

续表

主要故障	产　生　原　因	排　除　方　法
停车后结晶	1. 停车时冷剂水没有旁通 2. 稀释循环时间太短 3. 周围环境过低 4. 蒸汽阀门未关严	1. 周围环境温度<25℃时，应彻底旁通 2. 延长稀释时间 3. 核对结晶曲线，提高周围温度 4. 关严
停机时真空下降	机组泄漏	正压找漏

34.11.2.6　空调机组、新风机组单机的试运转

1. 空气机组、新风机组单机的试运转

空调机组、新风机组内的送风机（及空调机组内的回风机）必须进行试运转检查，对于空调机组中的大型通风机应单独试运转，要根据空调机组的设备结构和工作特点，按设备技术文件的要求进行试运转工作。

（1）空调机组、新风机组试运转前的准备工作

1）试运转之前要再次核对通风机和电动机的规格、型号，检查在基座上的安装及与风管连接的质量，并检查安装过程中的检验记录。存在的问题应全部解决，润滑良好，具备试运行条件。同时电工也要对电动机动力配线系统及绝缘和接地电阻进行检查和测定。

2）通风机传动装置的外露部位，以及直通大气的进、出口，必须装设防护罩（网）或安装其他安全设施。空调机组功能段内的风机需要打开面板，或由人直接进入功能段内才能操作，要注意保护段体设备并做好人员安全保护工作。

3）空调风管系统的新、回风口调节阀，干、支管风量调节阀全部开启；风管防火阀位于开启位置；三通调节阀处于中间位置；热交换器前的调节阀开到最大位置，让风系统阻力处于最小状态。风机启动阀或总管风量调节阀关闭，让风机在风量等于零的状态下启动。当空调机组配用轴流风机时则应调节开阀全开启动。

（2）空调机组、新风机组试运转与检测

1）用手转动风机，检查叶轮和机壳是否有摩擦和异物卡塞，转动是否正常。如果转动感到异常和吃力，则可能是联轴器不对中或轴承出现故障。对于皮带传动，皮带松紧应适度，新装三角皮带用手按中间位置，有一定力度回弹为好。试运行测出风机和电机的转速后，可以检查皮带传动系数。

2）点动风机。达到额定转速后立即停止运行，观察风机转向，如不对应改变接线。利用风机滑转观察风机振动和声响。启动时用钳形电流表测量电动机的启动电流应符合要求。风机点动滑转无异常后可以进行试运行。

3）运行风机。启动后缓慢打开启动阀或总管风量调节阀，同时测量电动机的工作电流，防止超过额定值，超过时可减小阀门开度。电动机的电压和电流各相之间应平衡。

4）风机正常运行中用转速表测定转速，转速应与设计和设备说明书一致，以保证风机的风压和风量满足设计要求。

5）用温度计测量轴承处外壳温度，不应超过设备说明书的规定。如无具体规定时，一般滑动轴承温升不超过35℃，温度不超过70℃；滚动轴承温升不超过40℃，最高温度不超过80℃。运行中应监控温度变化，但结果以风机正常运行2h以后的测定值为准。

对于大型空调机组，建议先试电机，电机运转正常后再联动试空调机组风机。风机试运行时间不应少于 2h。如果运转正常，风机试运行可以结束。试运行后应填写"风机试运转记录"，内容包括：风机的启动电流和工作电流、轴承温度、转速以及试运转中的异常情况和处理结果。

2. 空气洁净设备的试运行

(1) 空气吹淋室

1) 根据设备技术文件，对规定的各种动作进行试验调整，使其各项指标达到要求。如风机启动、电加热器的投入、两门的连锁及继电器的整定等。在各项检查合乎要求后，可进行试运转。

2) 为保证吹淋效果，必须调整喷嘴的角度，使喷射出的气流吹到被吹淋人员的全身。喷嘴角度一般为顶部向下 20°，两侧水平交错 10°为宜。

(2) 自净器：自净器在试运行前，洁净室的洁净空调系统应正常运转，洁净室的清洁卫生必须处于洁净条件，才能试运行。自净室的试运行时，应对风机电机的启动电流和运转电流进行测定，检查电流应在额定范围内，并检查无异常现象。

(3) 其他洁净设备：洁净设备除上述之外，还有风口机组、各类净化工作台、洁净棚（层流罩）及净化单元等。其构造和使用场合虽有不同，但是其部件大致相同，基本上由风机和空气过滤器组成。因此，这些设备的试运行和调整试验应具备的条件。

3. 空调机组的启动与运行管理

(1) 空调机组启动前的准备工作

1) 检查电机、风机、电加热器、水泵、表冷器或喷水室、供热设备及自动控制与调节系统等，确认其技术状态良好。

2) 检查各管路系统连接处的紧固、严密程度，不允许有松动、泄漏现象。管路支架稳固可靠。

3) 对空调系统中有关运转设备，应检查各轴承的供油情况。若发现缺油现象应及时加油。

4) 根据室外空气状态参数和室内空气状态参数的要求，调整好温度、湿度等自动控制与调节装置的设定值与幅差值。

5) 检查供配电系统，保证按设备要求正确供电。

6) 检查各种安全保护装置的工作设定值是否在规定的范围内。

(2) 空调机组的启动

空调机组的启动包括风系统，冷、热源系统和自动控制与调节系统等。首先要保证供配电网运行良好。然后按规定的程序启动各子系统设备。为防止风机启动时其电机超负荷，在启动风机前，最好先关闭风道总阀，待风机运行起来后再逐步开启到原位置。在启动过程中，只能在一台设备电机运行正常后才能再启动另一台，以防供电线路因启动电流太大而跳闸。风机启动的顺序是先开送风机，后开回风机，以防空调内出现负压。全部设备启动完毕后，应仔细巡视一次，观察各种设备运转是否正常。

(3) 空调机组的运行管理

1) 空调机组的运行巡视

空调机组进入正常运行状态后，应按时进行下列项目的巡视：

①动力设备的运行情况，包括风机、水泵、电动机的振动、润滑、传动、工作电流、转速、声响等。

②喷水室、加热器、表面式冷却器、蒸汽加湿器等设备的运行情况。

③空气过滤器的工作状态（是否过脏）。

④空调机组冷、热源的供应情况。

⑤制冷系统运行情况，包括制冷机、冷冻水泵、冷却水泵、冷却塔及油泵等运行情况，以及冷却及冷冻水温度等。

⑥空调机组运行中采用的运行调节方案是否合理，系统中各有关执行调节机构是否正常。

⑦使用电加热器的空调系统，应注意电气保护装置是否安全可靠，动作是否灵活。

⑧空调机组及风路系统是否有漏风现象。

⑨空调机组内部积水、排水情况，喷水室系统中是否有泄漏、不顺畅等现象。

对上述各项巡视内容，若发现异常应及时采取必要的措施进行处理，以保证空调系统正常工作。

2) 空调机组的运行调节

空调机组运行管理中很重要的一环就是运行调节。在空调机组运行中进行调节的主要内容有：

①采用手动控制的加热器，应根据被加热后空气温度与要求的偏差进行调节，使其达到设计参数要求。

②对于变风量空调系统，在冬、夏季运行方案变换时，应及时对末端装置和控制系统中的夏、冬季转换开关进行运行方式转换。

③采用露点温度控制的空调系统，应根据室内外空气条件，对所供水温、水压、水量、喷淋排数等进行调节。

④根据运行工况，结合空调房间室内外空气参数情况，应适当得进行运行工况的转换，同时确定出运行中供热、供冷的时间。

⑤对于既采用蒸汽（或热水）加热，又采用电加热器作为补充热源的空调系统，应尽量减少了电加热器的使用时间，多使用蒸汽和热水加热装置进行调节，这样，既降低了运行费用，又减少了由于电加热器长时间运行时引发事故的可能性。

⑥根据空调房间内空气参数的实际情况，在允许的情况下应尽量减少排风量，以减少空调系统的能量损失。

⑦在能满足空调房间内工艺条件的前提下，应尽量降低室内的正静压值，以减少室内空气向室外的渗透量，达到节省空调系统能耗的目的。

⑧空调机组在运行中，应尽可能地利用天然冷源，降低系统的运行成本。在冬季和夏季时可采用最小新风量运行方式。而在过渡季节中，当室外新风状态接近送风状态点时，应尽量使用最大新风量或全部采用新风的运行方式，减少运行费用。

(4) 空调机组的停机

空调机组的停机分为正常停机和事故停机两种情况。空调机组正常停机的操作要求是：接到停机指令或达到定时停机时间时，应首先停止制冷装置的运行或切断空调机组的冷、热源供应，然后再停空调机组的送、回、排风机。若空调房间内有正静压要求时，系统中风机的停机顺序为：排风机、回风机、送风机；若空调房间内有负静压要求时，则系统中风机的停机顺序为：送风机、回风机、排风机。待风机停止程序操作完毕之后，用手动或采用自动方式关闭系统中的风机负荷阀、新风阀、回风阀、一次和二次回风阀、排风阀、加热器和加湿器调节阀、冷冻水调节阀等阀门，最后切断空调机组的总电源。

在空调机组运行过程中若电力供应系统或控制系统突然发生故障，为保护整个系统的安全应做紧急停机处置，紧急停机又称为事故停机，其操作方法是：

1）供电系统发生故障时，应迅速切断冷、热源的供应，然后切断空调机组的电源开关。待电力系统故障排除并恢复正常供电后，再按正常停机程序关闭有关阀门，检查空调机组中有关设备及其控制系统，确认无异常后再按启动程序启动运行。

2）在空调机组运行过程中，若由于风机及其拖动电机发生故障；或由于加热器、表冷器，以及冷、热源输送管道突然发生破裂而产生大量蒸汽或水外漏；或由于控制系统中控制器或执行调节机构（如加湿器调节阀、加热器调节阀、表冷器冷冻水调节阀等）突然发生故障，不能关闭或关闭不严，或者无法打开；在系统无法正常工作或危及运行和空调房间安全时，应首先切断冷、热源的供应，然后按正常停机操作方法使系统停止运行。

3）若在空调机组运行过程中，报警装置发出火灾报警信号，值班人员应迅速判断出发生火情的部位，立即停止有关风机的运行，并向有关单位报警。为防止意外，在灭火过程中按正常停机操作方法，使空调机组停止工作。

34.11.2.7 风机盘管单机试运转

风机盘管安装前要对盘管进行水压试验；安装时控制凝水盘坡向并做排水试验，保证凝结水能顺畅流向凝水排出管；盘管与水系统管道连接多用金属或非金属柔性短管，水系统管道必须清洗排污后才能与盘管接通。在完成设备、管道和电气与控制系统安装后，风机盘管不供冷、热媒的第一次试运转主要检查风机的运行情况。

1. 风机盘管试运转前应完成包括固定、连接和电路在内的全部静态检查，并符合设计和安装的技术要求。用 500V 绝缘电阻仪和接地电阻仪测量，带电部分与非带电部分的绝缘电阻和对地绝缘电阻，以及接地电阻均应符合设备技术文件的规定。无规定时，绝缘电阻不得小于 2MΩ，接地电阻不得大于 4Ω。

2. 启动依照手动、点动、运行的步骤，要求风机与电机运行平稳，方向正确。目前风机普遍采用手动三挡变速，应在各转速挡（低速、中速、高速）上各启动 3 次，每次启动应在电动机停止转动后再进行，风机在各转速挡上均能正常运转。在高速挡运转应不少于 10min，然后停机检查零、部件之间有无松动。对于风机与电动水阀连锁方式，风机启动时电动水阀应及时打开。

3. 高静压大型风机盘管要将处理后的空气由风管送到几个风口，试运行合格后应对风口风量进行调整，使其达到设计要求。当风机盘管换挡运行时，各风口风量同时改变，但调定比例不会改变。

4. 风机盘管机组常见故障及处理方法

风机盘管机组在使用中要做好以下工作：

（1）空气过滤器的清洗和更换

空气过滤器的清洗或更换周期由机组所处的环境、每天的工作时间及使用条件决定。一般机组连续工作时，应每半个月清洗一次空气过滤器，一年更换一次空气过滤器。

（2）盘管换热器的围护

机组在使用时为防止盘管内结垢，应对冷冻水作软化处理。冬季运行时禁止使用高温热水或蒸汽作为热源，使用的热水温度不宜超过 60℃。如果机组在运行过程中供水温度及压力正常，而机组的进、出风温差过小，可推测是否由于盘管内水垢太厚所致，即应对盘管进行检查和清洗工作。夏季初次启动风机盘管机组时，应控制冷水温度，使其逐步降至设计水温，避免因立即通入温度较低的冷水而使机壳和进、出水口产生结露滴水现象。在运行过程中，若盘管与翅片之间积有明显灰尘，可使用压缩空气吹除，若发现盘管有冻裂或腐蚀造成泄漏时，应及时用气焊进行补漏。

（3）机组风机的围护

机组风机扇叶在长时间运行过程中会粘附上许多灰尘，以至影响风机的工作效率。因此，当风机扇叶上出现明显灰尘时，应及时用压缩空气给予清除干净。

（4）机组滴水盘的清洗

滴水盘一般应在每年夏季使用前清洗一次，机组连续制冷运行 3 个月后再清洗一次。

（5）机组的排污和管道保温

风机盘管机组若长时间停用，管道排空后会进入空气产生锈渣积存在管道中。开始送水后便会将其冲刷下来带至盘管入口和阀门处造成堵塞。因此，应在机组盘管的进、出水管上安装旁通管。在机组使用前，利用旁通管冲刷供、回水管路，将锈渣带到回水箱中，再清除。机组在运行过程中，要随时检查管道及阀门的保温情况，防止保温层出现断裂，造成管道或阀门凝水，污染顶棚或墙壁。

34.11.3   系统试验调整

在通风、空调系统的各个单体设备试运转和系统联合试运行之后，就要对在通风、空调系统进行较为重要的系统调试测定工作。要根据工程设计要求的参数进行系统调试，以使通风、空调系统的工作运行效果达到设计要求。

在对系统进行调试测定的过程当中，难免要发现一些在工程设计、设备质量、施工安装等所存在的问题。对于较为简单容易处理的问题，应在系统调试过程中及时处理解决。而对于较为严重的，已影响到系统调试工作的系统问题，施工方应及时与建设单位、设计单位、设备生产厂家等协商解决办法。待问题解决后，再进行系统调试测定工作。

34.11.3.1   单向流洁净室平均速度及速度不均匀度的测定

洁净室垂直单向流的风速测点，应选择在距墙或围护结构内表面 0.5m，离地面高度 0.5～1.5m 作为工作区。水平单向流以距送风墙或围护结构内表面 0.5m 的纵断面为第一工作区。

风速测定截面的测点数要大于 10 个，测点间距不大于 2m（一般为 0.3～0.6m）。使用热球风速仪测量。

在测定风速时应采用测定架固定风速仪，以避免受到测定人员的人体干扰。如不得不用手持风速仪测定时，则应做到手臂伸至最长位置，以尽量使测点人员远离风速测头位置。

风速的不均匀度可按下列公式计算：

$$\beta_v = \frac{\sqrt{\dfrac{\sum (v_i - \overline{v})^2}{n-1}}}{\overline{v}}$$

$$\tag{34-10}$$

式中　β_v——风速不均匀度；

　　　v_i——任一点实测风速（m/s）；

　　　$\bar{v}$——平均风速（m/s）；

　　　n——测点数。

34.11.3.2　水系统平衡调整

根据设计要求，按照流量等比分配法，对水系统中的冷冻水、冷却水、热水系统进行水流量测定与调整。

（1）水泵流量调整：使用流量计测量水流量，或根据水泵前后压力表查水泵性能曲线，调整水流量再设计参数。

（2）对各设备或各主要分支干管的水量进行测定调整。

（3）用铅封固定好各分支干管上的水阀门（选用带有指示开度的调节阀门较为方便）。

34.11.3.3　风系统平衡调整

通风、空调系统风量的测定与调整，是系统调试中非常重要的环节。系统风量的调试结果，直接影响到系统中其他参数的调试结果，如室内的风速、压力、温湿度、噪声、空气洁净度等参数。

系统风量测定与调整的内容，包括：系统总送风量、新风量、回风量，排风量；各送风口风量；各排风口风量等。

风量测定的方法为风管法、风口法。风量调整的方法为流量等比分配法、基准风口调整法。

1. 风量测定方法

（1）风管法

在风管截面测定风量：使用毕托管和压差计、热线风速仪、卷尺等。

1）测定截面位置的选择：测定截面的位置原则上应选择在气流比较均匀稳定的部位。即测定截面在管道中的局部阻力部件之前不少于 3 倍管径或 3 倍大边长度，在局部阻力部件之后不少于 5 倍管径或 5 倍大边长度。

2）测定截面内测点位置的确定：风管截面上的风速是不相同的，即要求对测定截面进行多点测定，计算出截面风速平均值。测定截面内测点的位置和数目，是按照按风管的形状和尺寸而定。

①对于矩形风管：将测定截面分成若干个相等的小截面，每个小截面尽可能接近正方形，边长最好不大于 200mm。测点设于各小截面的中心位置。矩形截面内的测点位置如图 34-140 所示。

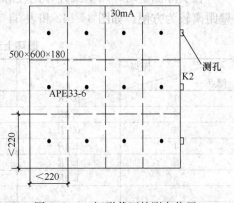

图 34-140　矩形截面的测点位置

②对于圆形风管：是按照等面积圆环法划分测定截面和确定测点数的。据管径的大小，将截面分成若干个面积相等的同心圆环，在每个圆环上对称地测量四个点。所划分的圆环数，可按表 34-135 选用。圆形截面内的测点位置如图 34-141 所示。

圆形风管划分圆环数表　　　　　　　　表 34-135

圆形风管直径（mm）	200 以下	200～400	400～700	700 以上
圆环数（个）	3	4	5	5～6

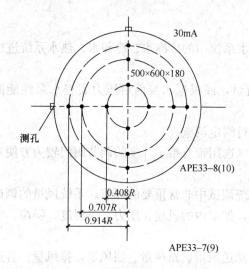

图 34-141　圆形截面内的测点位置　　　　　图 34-142　三个圆环的测点位置

各测点距风管中心的距离按下式计算：

$$R_n = R\sqrt{\frac{2n-1}{2m}}$$

（34-11）

式中　R——风管的半径（mm）；

　　　n——自风管中心算起测点的顺序（即圆环顺序）号；

　　　R_n——从风管中心到第 n 个测点的距离（mm）；

　　　m——风管划分的圆环数。

在实际测定时，用上式计算比较麻烦，可将各测点到风管中心距离，换算成测点至管壁距离较为方便。如图 34-142 和表 34-136 所示。

圆环上测点至测孔的距离表　　　　　　表 34-136

测点 \ 距离	3	4	5	6
1	0.1R	0.1R	0.05R	0.05R
2	0.3R	0.2R	0.2R	0.15R
3	0.6R	0.4R	0.3R	0.25R
4	1.4R	0.7R	0.5R	0.35R
5	1.7R	1.3R	0.7R	0.5R
6	1.9R	1.6R	1.3R	0.7R
7		1.8R	1.5R	1.3R
8		1.9R	1.7R	1.5R
9			1.8R	1.6R
10			1.95R	1.75R
11				1.85R
12				1.95R

3) 风量的测定及计算：通过风管截面积的风量可按下式计算：

$$L = 3600Av(\text{m}^3/\text{h}) \tag{34-12}$$

式中 A——风管截面积（m^2）；

v——测定截面内平均风速（m/s）。

①测定方法

采用毕托管——微压计或热球风速仪对各风速测点进行测定。在采用液体倾斜微压计测量动压、静压时，要注意小心操作，防止将酒精吸入或压出到橡皮管中。

②计算方法

当各测点的动压值相差不大时，其平均动压值可按测定值的算术平均计算：

$$P_{db} = \frac{P_{d1} + P_{d2} + P_{d3} + \cdots + P_{dn}}{n}(\text{Pa}) \tag{34-13}$$

如果各测点相差较大时，其平均动压值应按均方根计算：

$$P' = \frac{\sqrt{P_{d1}} + \sqrt{P_{d2}} + \cdots + \sqrt{P_{dn}}}{n}(\text{Pa}) \tag{34-14}$$

式中的 P_{d1}、P_{d2}、$\cdots P_{d3}$、P_{dn} 指测定截面上各测点的动压值。

平均风速可按下式计算：

$$v = \sqrt{\frac{2P_{db}}{\rho}}(\text{m/s}) \tag{34-15}$$

式中 P_{db}——平均动压（Pa）；

ρ——空气密度

（2）风口法

在送（回、排）风口测定风量：使用热线风速仪、叶轮风速仪、卷尺等。

1) 辅助风管法：当空气从带有格栅、网格、散流器、扩散孔板等形式的送风口送出，将出现网格的有效面积与外框面积相差很大或气流出现贴附等现象，很难测出准确的风量。对于要求较高的系统，为了测出风口的准确风速，可在风口的外框套上与风口截面相同的套管，使其风口出口风速均匀。辅助风管的长度等于 2 倍风口长边长的直管段。

2) 静压法：在净化空调系统中，洁净室中的送风口一般均采用同类的扩散孔板，送风量可以根据各规格扩散板的风量阻力曲线（出厂风量阻力曲线或在工程现场实测的风量阻力曲线）和实测的各送风扩散板阻力（孔板内静压与室内静压力之差），即可查出送风量。测定时采用微压计和较细的毕托管或用细橡胶管代替细毕托管，但都必须使静压测孔平面与气流方向平行。

2. 风量调整方法

通风、空调系统风量的调整，也就是通常所说的风量平衡，是通风、空调和净化空调系统调试的重要环节。经过空调机组处理后的空气，在进行了系统风量调整后，才能够按照设计要求经过主干管、支干管及支管和送风口输送到各个空调房间，为通风、空调房间、洁净室建立起所要求的温、湿度及洁净度提供了最重要的保证。

系统风量的测定和调整的顺序为：

1) 对各送风系统进行编号，对各送风口进行编号；

2) 按设计要求调整送风和回风各干、支风管，各送（回）风口的风量；

3）按设计要求调整空调机组的风量；

4）在系统风量经调整达到平衡之后，进一步调整通风机的风量，使之满足空调系统的要求；

5）经调整后在各部分、调节阀不变动的情况下，重新测定各处的风量作为最后的实测风量。

系统风量调整的方法，常用的有流量等比分配法和基准风口调整法。由于每种方法都有各自的适应性，在风量调整过程中可根据管网系统的具体情况，选用相应的方法。

（1）流量等比分配法

流量等比分配法的特点，是在系统风量调整时，一般应从系统最远管段也就是从最不利的风口开始，逐步地调向总风管。

为了提高调整速度，使用两套仪器分别测量两支管的风管，用调节阀调节，使两支管的实测风量比值与设计流量比值近似相等，即：

$$\frac{L_{2c}}{L_{1c}} = \frac{L_{2s}}{L_{1s}} \tag{34-16}$$

虽然两支风管的实测风量不一定能够马上调整到设计风量值，但只需要调整到使两支管的实测风量比值与设计风量比值相等为止。

用同样的方法各支管、支干管的风量，即：$\frac{L_{4c}}{L_{3c}} = \frac{L_{4s}}{L_{3s}}$，$\frac{L_{7c}}{L_{6c}} = \frac{L_{7s}}{L_{6s}}$……。然而实测风量不是设计风量。根据风量平衡原理，只要将风机出口总风量调整到设计风量，其他各支干管、支管的风量就会按各自的设计风量比值进行等比分配，也就会符合设计风量值。

（2）基准风口调整法

调整前先用风速仪将全部送风口的送风量初测一遍，并将计算出来的各个送风口的实测风量与设计风量的比值引入表中，从表中找出各支管最小比值的风口。然后选用各支管最小比值的风口为各自的基准风口，以此来对各支管的风口进行调整，使各比值近似相等。各支管风量的调整，用调节支管调节阀使相邻支管的基准风口的实测风量与设计风量比值近似相等，只要相邻两支管的基准风口调整后达到平衡，则说明两支管也达到平衡。最后调整总风量达到设计值，再测量一遍风口风量，即为风口的实际风量。

在进行风量调整的过程中，对于个别送风口的实测风量与设计风量的比值较低时，应立即对该送风口情况进行详细检查分析及处理解决，以避免系统风量调试工作进入"死胡同"。一般出现这种情况的原因为：

①风阀未全开启；

②风阀调节失灵；

③送风口软接头安装质量差即阻力增大；

④送风口连接处漏风严重；

⑤送风口连接软管被损坏；

⑥设计的送风管径偏小。

有经验的调试技术人员进行在系统风量调整工作中，首先是对系统中的各个送风口、回风口及排风口情况进行详细检查。检查小组分别在房间用试风杆检查风口风量情况，在技术夹层中检查相应阀门等情况，在通风空调设备机房控制运行之间用对讲机进行联系工作，发现问题后马上进行处理或与有关单位协商解决的办法。

34.11.3.4 防排烟系统的测定与调整

（1）正压送风、排烟风机额定风量及全压值的测定。

（2）正压送风系统各送风口风速、风量的测定调整。

（3）排烟系统各排风口风速、风量的测定调整。

（4）安全区正压的测定调整。

（5）模拟状态下安全区烟雾扩散试验。

34.11.3.5 系统温湿度试验

通常根据空调房间室温允许波动范围的大小和设计的特殊要求，具体地确定需要测定的内容。对于一般舒适性空调系统，测定的内容可简化。下面是以恒温恒湿空调系统为例的测定内容。

（1）为了考核空调设备的工作能力，并复核制冷系统和供热系统在综合效果测定期间所能提供的最大制冷量和供热量，需要测量空气处理过程中各环节的状态参数，以便做出空调工况分析，特别是要分析各工况点参数的变化对室内温、湿度的影响。

综合效果的测定应在夏季工况或冬季工况进行，也就是尽可能选择在新风参数达到或接近于夏、冬季设计参数的条件下进行较好，但一般空调系统难以做到。

（2）检验自动调节系统投入运行后，房间工作区域内温、湿的变化。

（3）自动调节系统和自动控制设备和元件，除经长时间的考核能安全可靠运行外，应在综合效果测定期间继续检查各环节工况的调节精度能否达到设计要求。如达不到要求，仍需做适当的调整。

温、湿度的测定，一般应采用足够精度的玻璃水银温度计、热电偶及电子温、湿度测定器，测定间隔不大于 30min。其测点的布置：

1）送、回风口处；

2）恒温工作区具有代表点的部位（如沿着工艺设备周围或等距离布置）；

3）恒温房间和洁净室中心；

4）测点一般应布置在距外墙表面大于 0.5m，离地面 0.8～1.2m 的同一高度的工作区；也可以根据恒温区大小和工艺的特殊要求，分别布置在离地不同高度的几个平面上。测点数应符合表 34-137 的规定。

温、湿度测点数   表 34-137

波动范围	室内面积≤50m²	每增加 20～50m²
±0.5～±2℃	5	增加 2～5
±5%～±10%RH		
$\Delta t \leqslant \pm 0.5℃$	点距不大于 2m，点数不应少于 5 个	
$\Delta RH \leqslant t \pm t \times 5\%RH$		

（4）空调房间的温、湿度的测定：对于舒适性空调系统，其空调房间的温度应稳定在设计的舒适性范围内；对于恒温恒湿空调系统，其室温波动范围按各自测点的各次温度中偏差控制点温度的最大值，占测点总数的百分比整理成累积统计曲线。如 90% 以上测点偏差在室温波动范围内，为符合设计要求。反之，为不合格。

恒温恒湿空调房间的区域温差，以各测点中最低的一次测试温度为基准，各测点平均温度与超偏差值的点数，占测点总数的百分比整理成累积统计曲线，90%以上测点所达到的偏差值为区域温差，应符合设计要求。

34.11.3.6　空气洁净度试验

空气洁净度等级的检测应在设计指定的占用状态（空态、静态、动态）下进行。一般情况下为空态或静态。洁净室含尘浓度测定应选用采样速率大于 1L/min 的光学粒子计数器（使用采样流量为 2.83L/min 的粒子计数器较多），应考虑粒径鉴别能力，粒子浓度适应范围。仪器应有有效的标定合格证书。

1. 采样点的规定

采样点应均匀分布于整个面积内，并位于工作区的高度（距地坪 0.8m 的平面）与设计或建设单位指定的位置。其最低限度的采样点数如表 34-138 所示。

最低限度的采样点数 N_L　　　　　　　　　表 34-138

测点数 N_L	2	3	4	5	6	7	8	9	10
洁净区面积 A （m²）	2.1～ 6.0	6.1～ 12.0	12.1～ 20.0	20.1～ 30.0	30.1～ 42.0	42.1～ 56.0	56.1～ 72.0	72.1～ 90.0	90.1～ 110.0

注：1. 在水平单向流时，面积 A 为与空气方向呈垂直的流动空气截面的面积；

　　2. 最低限度的采样点数 N_L 按公式 $N_L = A^{0.5}$ 计算（四舍五入取整数）。

2. 采样量的确定

测定时的采样量决定于洁净度的级别及粒径的大小，其最小采样量如表 34-139 所列。每个测点的最少采样时间为 1min。

每次采样最少采样量 V_S（L）表　　　　　　　表 34-139

洁净度等级	粒　径					
	0.1μm	0.2μm	0.3μm	0.5μm	1.0μm	5.0μm
1	2000	8400	—	—	—	—
2	200	840	1960	5680	—	—
3	200	84	196	568	2400	—
4 (10)	2	8	20	57	240	—
5 (100)	2	2	2	6	24	680
6 (1000)	2	2	2	2	2	68
7 (10000)	—	—	—	2	2	7
8	—	—	—	2	2	2
9	—	—	—	2	2	2

3. 空气含尘浓度的采样测定及相关要求

（1）对被测洁净室进行图纸编号，对已确定的采样点进行特定编号准备；

（2）采样时采样口处的气流速度，应尽可能接近室内的设计气流速度；

（3）对单向流洁净室的测定，采样口应朝向气流方向；对非单向流洁净室，采样口宜朝上；

（4）采样管必须干净，连接处无渗漏。采样管长度应符合仪器说明书的要求，如无规定时，不宜大于 1.5m；

（5）测定人员不能超过 3 名，而且必须穿洁净工作服，并应远离或位于采样点的下风侧静止不动或微动；

（6）室内洁净度等级必须符合设计规定的等级或在商定验收状态下的等级要求。在洁净度的测试中，必须计算每个测点的平均粒子浓度 C_i 值、全部采样的平均粒子浓度（N）及其标准差；

（7）洁净度高于或等于 5 级的单向流洁净室，要在门开启的状态下，在出入口的室内侧 0.6m 处不应测出超过室内洁净度等级上限的浓度数值；

（8）对各洁净室全部采样点位置，在图纸上进行特定编号标注及说明；

（9）标注测定日期与测定人员。

4. 测定数据的整理要求

在对空气洁净度的测试中，当全室（区）测点为 2～9 点时，必须计算每个采样点的平均粒子浓度值 C_i、全部采样点的平均粒子浓度值 N（算术平均值）及其标准误差，导出 95％置信上限值；采样点超过 10 点时，可采用算术平均值 N 作为置信上限值。

（1）每个测点的平均粒子浓度 C_i 应小于或等于表 34-140 的洁净度等级规定的限值。

洁净度等级及悬浮粒子浓度限值　　　　表 34-140

洁净度等级	大于或等于表于表中粒径（D）的最大浓度 C_n（PC/m³）					
	0.1μm	0.2μm	0.3μm	0.5μm	1.0μm	5.0μm
1	10	2	—	—	—	—
2	100	24	10	4	—	—
3	1000	237	102	35	8	—
4	10000	2370	1020	352	83	—
5	100000	23700	10200	3520	832	29
6	1000000	237000	102000	35200	8320	293
7				352000	83200	2930
8				3520000	832000	29300
9				352000000	8320000	293000

对于非整数洁净度等级，其对应于粒子粒径 D（μm）的最大浓度限值（C_n），应按下列公式求取：

$$C_n = 10^N \times \left(\frac{0.1}{D}\right)^{2.08} \tag{34-17}$$

洁净度等级定级粒径范围为 0.1～5.0μm，用于定级的粒径数不应大于 3 个，且其粒径的顺序差不应小于 1.5 倍。

（2）全部采样点的平均粒子浓度 N 的 95％置信上限值，应小于或等于洁净度等级规定的限值。即：

$$N + t \times S/\sqrt{n} \leqslant 级别规定的限值 \tag{34-18}$$

式中 N——室内各测点平均含尘浓度，$N = \Sigma C_i / n$；

n——测点数；

S——室内各测点平均含尘浓度 N 的标准差；$S = \sqrt{\dfrac{(C_i - N^2)}{n - 1}}$ (34 19)

t——置信度上限为 95% 时，单侧分布的系数，如表 34-141 所列。

| | | | | | | t 系 数 表 34-141 |

点数	2	3	4	5	6	7~9
T	6.3	2.9	2.4	2.1	2.0	1.9

（3）对异常测试值进行说明及数据处理。

34. 11. 3. 7   系统噪声试验

空调系统的噪声测定仪器，应采用带倍频程分析的声级计。一般仅测定 A 声级的噪声数值。必要时测倍频程声压级。

测量的对象是通风空调系统中的设备、空调房间及洁净室等。

1. 测点的选择

对通风空调设备噪声测量，测点位置应选择在距离设备 1m、高 1.5m 处；测定消声器性能要将测头插入其前后的风管内进行；测定空调房间、洁净室的噪声测点布置应按照面积均分，每 50m² 设置一点，测点位于其中心。房间面积在 15m² 以下时，可在室中心位置测量。测点高度距地面 1.1m。

2. 声级计的读数方法

在被测噪声很稳定时，声级计的测量指示值变化较小，可使用"快挡"功能。而当被测噪声不稳定时，声级计的测量指示值变化较大，这时应使用"慢档"功能。

3. 测量注意事项

（1）测量记录要标明测点位置及被测设备的工作状态。

（2）要测量本底噪声（即环境噪声）。根据具体情况对被测噪声进行修正。如声源噪声与本底噪声相差不到 10dB，则应扣除因本底噪声干扰的修正量。其扣除量为：当设置二者相差 6~9dB 时，从测量值中减去 1dB；当二者相差 4~5dB 时，从测量值中减去 2dB；当二者相差 3dB 时，从测量值中减去 3dB。

34. 11. 4   净化空调系统调试

首先进行系统风量（及单向流洁净室平均速度）调试；再进行洁净室压力调试；然后进行洁净度、噪声、温湿度等参数的测定调整。

34. 11. 4. 1   自动调节系统的试验调整

自动调节系统的试验调整工作有以下内容

1. 安装后的接线或接管检查

（1）核对传感器、调节器、检测仪表（二次仪表）、调节执行机构的型号规格，以及安装的部位是否与设计图纸上的要求相符；

（2）根据接线图对控制盘下端子的接线进行校对；

（3）根据控制原理图和盘内接线图，对控制盘内端子以上盘内接线进行校对。

2. 自动调节装置的性能检验

（1）传感器的性能试验；

（2）调节器和检测仪表的刻度校验及动作试验与调整；

（3）调节阀和其他执行机构的调节性能、全行程距离、全行程时间的试验与调整。

3. 系统联动试验

在对系统安装后的接线检查和自动调节装置性能检验之后，在自动调节系统未投入联动之前，应先进行模拟实验，以校验系统的动作是否达到设计要求。如无误时，才可进行自动调节系统联动，并检查合格后投入系统工作。

4. 调节系统性能试验与调整

空调自动调节系统投入运行后，应查明影响系统调节品质的因素，进行系统正常运行效果的分析，并判断能否达到预期的效果。

34.11.4.2　洁净室内高效过滤器的泄漏检测

高效过滤器的泄漏，是由于过滤器本身或过滤器与框架、框架与围护结构之间的泄漏。因此，过滤器安装在5级或高于5级的洁净室都必须检测。洁净室效果测定，其泄漏检测是基础。在被测对象确认无泄漏，其测定结果才有意义。

对于安装在送、排风末端的高效过滤器，应用扫描法对过滤器边框和全断面进行检测。扫描法包括检漏仪法（浊度计）和采样量大于 1L/min 的粒子计数器法两种。对于超级高效过滤器，扫描法有凝结核计数器法和激光计数器法两种。

（1）被检测过滤器已测定过风量，在设计风量的80%～120%之间。

（2）采用粒子计数器检测时，其上风侧应引入均匀浓度的大气尘或其他气溶胶空气。对大于等于 $0.5\mu m$ 尘粒，浓度应大于或等于 $3.5\times10^5 PC/m^3$ 或对大于等于 $0.1\mu m$ 尘粒，浓度应大于或等于 $3.5\times10^7 PC/m^3$；如检测超级高效过滤器，对大于等于 $0.1\mu m$ 粒，浓度应大于或等于 $3.5\times10^9 PC/m^3$。

（3）检测时将计数器的等动力采样头放在过滤器的下风侧，距离过滤器被检部位表面 20～30mm，以 5～20mm/s 的速度移动，沿其表面、边框和封头胶处扫描。在移动扫描中，应对计数突然递增的部位，应进行定点检测。

（4）将受检高效过滤器下风侧测得的泄漏浓度换算成透过率，高效过滤器不能大于出厂合格透过率的2倍；超级高效过滤器不能大于出厂合格透过率的3倍。

（5）在施工现场如发现有泄漏部位，可用 KS 系列密封胶、硅胶堵漏密封。

34.11.4.3　室内气流组织的测定

洁净室内气流组织测定是在空调系统风量调整后以及空调机组正常运转情况下进行的。

1. 测点布置

垂直单向流（层流）洁净室选择纵、横剖面各一个，以及距地面高度 0.8m、1.5m 的水平面各一个；水平单向流（层流）洁净室选择纵横剖面和工作区高度水平面各一个，以及距送、回风墙面 0.5m 和房间中心处等 3 个横剖面，所有面上的测点间距均为 0.2m～1m。

乱流洁净室选择通过代表性送风口中心的纵、横剖面和工作区高度的水平面各一个，剖面上测点间距为 0.2～0.5m，水平面上测点间距为 0.5～1m。两个风口之间的中线上应有测点。

2. 测定方法

用发烟器或悬挂单线丝线的方法逐点观察和记录气流流向，并在有测点布置的剖面图上标出流向。

（1）烟雾法

将蘸上发烟剂（如四氯化钛、四氯化锡）的棉球绑在测杆上，放在需要测定的位置上，观察气流流型。此方法经常在空态状态下作为粗测使用。

（2）逐点描绘法

将较细的纤维丝或点燃的香绑在测杆上，放在需要测定的位置上，观察丝线或烟的流动方向，在记录图上逐点描绘出气流流型。此方法在现场测试中广为采用。

34.11.5   通风、空调系统试验调整后的技术评价与分析总结

通风空调系统调试测定工作结束后，施工单位要提出较为完整的调试资料和调试报告。同时也对所调试测定的通风空调系统综合情况进行掌握。通过对调试测定后的通风空调系统的综合效果与设计要求相比较，与国家有关设计标准、施工要求相比较，可以对通风空调系统在设计方面、设备材料选用方面、施工安装方面以及可采取的节能措施等方面进行基本的技术评价与分析总结。

34.11.5.1   节能性能分析

（1）要对通风空调系统调试中所进行的风阀、水阀的开度指示标记重视，并加以保护。以保证系统的风量、水量不发生失调情况。

（2）在对系统进行预热或预冷时，宜关闭新风阀门；当采用室外空气进行预冷时，充分利用新风系统。

（3）对有必要增设热回收装置的通风空调系统，提出相应的解决方案。

（4）空气过滤器的前后压差应定期检查记录。

（5）对配备有变频器的风机、空调机组，说明系统调试最后的变频器工作频率数值。如，净化空调系统的空调机组变频器。

34.11.5.2   舒适度性能分析

（1）经过调试测定后，通风空调系统中各项技术参数是否达到了设计要求，是否达到国家有关验收标准与规定要求。

（2）指出工程设计当中所存在的技术问题，以及所采取的相应解决办法。

（3）对所选用的通风、空调设备工作性能进行评价，是否达到设计所要求的参数，能否满足工艺的要求。

（4）指出施工安装工作中所存在的问题，以及所采取的相应解决办法。

（5）对通风空调系统中应配备的温度、相对湿度、压力、流量、耗电量等计量监测仪表情况做一介绍。对系统出现了配备监测仪表不全或不合适等问题时，应提出相应合理的建议及解决办法。

（6）通风空调系统自动控制设备及自动控制系统情况。

参 考 文 献

1　建筑施工手册(第四版)编写组. 建筑施工手册(第四版). 北京：中国建筑工业出版社，2003.

2　徐荣晋. 暖通空调设备工程师实务手册[M]. 北京：机械工业出版社，2006.

3　翟义勇. 实用通风空调工程安装技术手册[M]. 北京：中国电力出版社，2006.

4　张学助. 通风空调工长手册[M]. 北京：中国建筑工业出版社，1998.

5　中华人民共和国国家标准. 采暖通风与空气调节设计规范(GB 50019—2003)[S]. 北京：中国计划出版社，2004.

6　中华人民共和国国家标准. 高层民用建筑防火设计规范(GB 50045—95)(2005 版)[S]北京：中国计划出版社，1995.

7　中华人民共和国国家标准. 建筑设计防火规范(GB 50016—2006)[S]. 北京：中国标准出版社，2006.

8　中华人民共和国国家标准. 洁净厂房设计规范(GB 50073—2001)[S]. 北京：中国计划出版社，2004.

9　中华人民共和国国家标准. 住宅设计规范(GB 50096—2011)[S]. 北京：中国建筑工业出版社，2011.

35　建筑电气安装工程

35.1　架空配电线路敷设

架空配电线路是电力工程的重要组成部分。架空配电线路由基础、电杆、导线、金具、绝缘子和拉线等组成。架空线路易于施工操作，维护检修方便，因此在电力电网及临时用电中广泛采用。

架空配电线路施工主要包括：线路测量定位、基坑施工、杆顶组装、电杆组立、拉线制作安装、导线架设、导线连接、杆上设备安装、接户线安装、架空线路调试等。

35.1.1　一　般　规　定

(1) 本节适用于 10kV 及以下架空线路及杆上电气设备安装工程的施工和调试运行及质量检验，按照电压等级分，1kV 及以下称为低压架空配电线路，1kV 以上称为高压架空配电线路。

(2) 架空配电线路的使用条件：配电线路的路径有足够的宽度，周围环境无严重和强腐蚀性气体；电气设备对防雷无特殊要求；地下管网不复杂，不影响电杆埋设。

(3) 架空配电线路在越过道路、树木、河流、田野、建筑物时必须保持一定的距离，架空配电线路对跨越物的最小距离见表 35-1。

架空配电线路对跨越物的最小距离　　　　　　　　表 35-1

跨越物名称	导线弧垂最低点至下列各处	最小距离(m)	
		1kV 以下	1~10kV
市区、厂区或乡镇	地　面	6.0	6.5
乡镇、村庄		5.0	5.5
居民密度小，田野和交通不便区域		4.0	4.5
铁路	轨道顶	6.0	7.0
公路	路面	7.5	7.5
建筑物	建筑物顶	2.5	3.0
架空管道	位于管道之上	1.5	不允许
	位于管道之下	3.0	3.0
能通航和浮运的河、湖	冬季至水面	5.0	5.0
不能通航和浮运的河、湖	至最高水位	1.0	3.0

(4) 架空线路尽量使线路路径最短、转角最少；线路尽量与道路并行敷设，以使运输、施工、运行、维护方便；尽量避免通过各种起重机械频繁活动的地方，并减少同其他设施的交叉和跨越建筑物；尽量避免通过各种露天堆放场，严禁从易燃、易爆、危险品堆放的场地通过。

(5) 架空线路路径的选择要点：

1) 架空线路的起点和终点之间的距离尽量短，转角要少且角度要小；

2) 尽量避免在交通困难的山区和沼泽、池塘、沙丘地段安装，在能满足与通信线路交叉或平行的条件下，最好靠近公路或其他能行车的道路；

3) 尽量避开居民区（低压配电线路除外）；

4) 尽量避开果园、森林等经济作物区；

5) 尽量避免与其他设施交叉，如必须交叉时应垂直交叉；

6) 避免与道路、河流多次交叉，河道应选在最狭窄处交叉跨越，道路应选在不繁华地段交叉跨越；

7) 电杆定位要避免选在河道边、公路边或土墩上，要了解当地的规划和治理情况；

8) 不允许线路通过易燃、易爆或危险品堆放区，应避开军事要塞、通信广播中心天线的区域。

(6) 架空线路可在同一根电杆上架设高压、低压、广播线、电话线路等多种线路，这些线路的排列和距离要符合要求。高低压同杆架设时，高压线在上，低压线在下；架设同一电压等级的不同回路导线时，应把弧垂较大的导线放置在下层。路灯照明回路应架设在最下层。高压线路的导线应采用三角排列或水平排列；双回路线路同杆架设时宜采用三角排列或垂直三角排列。低压线路的导线应水平排列。

(7) 架空配电线路排列相序，应符合表 35-2 的规定。

架空配电线路排列相序　　　　　　　　表 35-2

配电线路种类	线路排列相序	配电线路种类	线路排列相序
高压线路	面向负荷从左至右导线排列相序为 L_1、L_2、L_3	低压线路	面向负荷从左至右导线排列相序为： IT 系统 L_1、L_2、L_3 TT 系统 L_1、N、L_2、L_3 TN-S 或 TN-C-S 系统 L_1、N、L_2、L_3、PE

(8) 架空线路采用的设备、器材及材料应符合国家现行技术标准的规定，并应有合格证，生产商应有生产制造许可证，进入现场应进行验收。

架空导线的有关数据如表 35-3 所示。

架空导线允许载流量表　　　　　　　　表 35-3

导线截面(mm²)	铝绞线（A）	钢芯铝线（A）	导线截面(mm²)	铝绞线（A）	钢芯铝线（A）
16	105		95	325	335
25	135		120	375	380
35	170	170	150	440	445
50	215	220	185	500	515
70	265	275			

注：1. 导线允许载流量是按环境温度 +25℃时考虑的，否则应乘以表 35-4 中的"温度校正系数"。

2. 导线最高发热温度限值为 70℃时考虑的。

温度校正系数　　　　表 35-4

温度（℃）	+15	+20	+25	+30	+35	+40
系数	1.11	1.05	1.00	0.94	0.88	0.81

（9）架空配电线路导线截面控制见表 35-5。

架空配电线路导线截面控制　　　　表 35-5

导线种类	导线截面（mm²）	导线种类	导线截面（mm²）
低压架空线路：铝线、钢芯铝线	不得小于 16	高压架空线路：钢芯铝线	不得小于 25
高压架空线路：铝线	不得小于 35		

（10）架空配电线路的导线截面选择，应考虑线路末端电压降不得超过表 35-6 的规定。

配电线路末端电压降　　　　表 35-6

线路种类	架空配电线路末端电压降最大损失限值
低压线路	自变压器二次侧出口至低压进户线间的最大电压损失不得超过 3.5%
高压线路	自变电所二次出口至线路末端的杆上变压器一次侧或至用户变电所一次侧入口间的最大电压损失不得超过供电变电所二次侧出口标准电压（6kV、10kV）的 5%～8%

（11）架空配电线路与电力配电线路交叉接近时的最小允许间距符合表 35-7 的规定。

架空配电线路与电力配电线路交叉接近距离（m）　　　　表 35-7

线路电压（kV）	最小垂直距离	最小水平距离	线路电压（kV）	最小垂直距离	最小水平距离
1 以下	2		145	4	6
1～10	2.5	2.5	220	4	7
35～100	3	5			

（12）高、低压配电线路的档距，可参照表 35-8 的数据。耐张段的长度不宜大于 2km。

架空配电线路档距（m）　　　　表 35-8

地区＼电压	低压	高压	地区＼电压	低压	高压
城区	30～45	40～50	郊区	40～60	50～100
居民区	30～40	35～50			

35.1.2　基　坑

35.1.2.1　基坑施工工艺流程
基坑施工工艺流程：路径测量（复测）、分坑放样、挖坑、基础安装及浇筑。

35.1.2.2　路径测量
1. 直线的测量及定线
通常采用经纬仪进行直线的测量及定线。

2. 方位及水平角的测量

方位的测量应用带有罗盘的经纬仪。目镜、物镜所成直线即为线路的直线，其与南北连线的夹角即为线路的方位。

水平角的测量通过水平度盘和游标盘上的刻度来测量。为保证测量的准确性，一般采用复测法。重复测量三次，取三次的平均值即为所测水平角的角度。

3. 距离的测量

距离一般用经纬仪进行测量，如被测点间有障碍物时，可用仪器测量而计算出。

35.1.2.3 分坑放样

划线，也叫分坑：根据定位的中心桩位和规定的挖坑尺寸，用白灰在地面上标出挖坑的范围。

1. 单杆直线坑分坑

(1) 检查杆位标桩。在被检查的标桩中心上各立一根测杆，从一侧看过去，若3根测桩都在线路中心线上，示为被检查标桩位置准确，则在标桩前后沿线路中心线各钉立一辅助桩。

(2) 用直角尺找出线路中心线的垂直线，将直角尺放在标桩上，使直角尺中心 A 与标桩中心点重合，并使其垂边中心线 AB 与线路中心线重合，直角尺底边 CD 即为线路中心垂直线，在此垂直线上于标桩的左右侧各钉一辅助桩。

(3) 坑口划线。根据表35-9中公式计算坑口宽度及周长，用钢卷尺在标桩的左右侧沿线路中心线的垂直线各量出坑口宽度的一半，钉上木桩，再量取坑口周长的一半，折成半个坑口形状，将皮尺的两个端头放至坑宽的木桩上，拉紧两个折点，使两折点与木桩的连线平行于线路中心线，两折点与木桩和两折点间的连接线即为半个坑口尺寸，依次划线，划出另半个坑口尺寸，即完成坑口划线。如图35-1所示。

坑口尺寸计算公式表　　　　　　　　　　　　　表 35-9

土质情况	坑壁坡度	坑口尺寸(m)	图　　示
一般黏土、砂质黏土	10%	$B=b+0.4+0.1h\times2$	
沙砾、松土	30%	$B=b+0.4+0.3h\times2$	
需用挡土板的松土	—	$B=b+0.4+0.6$	
松石	15%	$B=b+0.4+0.15h\times2$	
坚石	—	$B=b+0.4$	

2. 单杆转角坑分坑

(1) 检查转角杆的标桩，在被检查的标桩前、后临近的四个标桩中心点上各立一根测杆，从两侧各看三根测杆，若转角杆标桩上的测杆正好位于所看二直线的交叉点上，意为该标桩位置准确，沿所看二直线上的标桩前后侧的相等距离处各钉立一辅助桩。

(2) 将直角尺底边中心点 A 与标桩中心点重合，并使直角尺底边与二辅助标桩连线平行，划出转角二等分线 *CD* 和转角二等分线的垂直线，在标桩的前后左右于转角等分线的垂直线和转角等分角线各钉一辅助桩。

（3）坑口划线。根据表 35-3 中公式计算坑口宽度及周长，用皮尺在转角等分线的垂直线上量取坑宽并划出个坑口尺寸。

（4）若为接腿杆时，则使杆坑中心线向转角内侧移出主杆与腿杆中心线间的距离。

如图 35-2 所示：

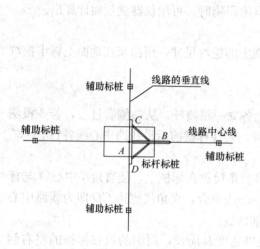

图 35-1 单杆直线坑分坑示意图

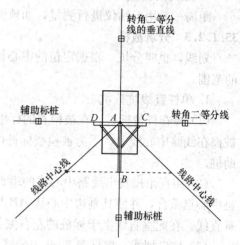

图 35-2 单杆转角坑分坑示意图

35.1.2.4 挖坑

（1）挖坑应在分坑后立即进行。

（2）挖坑应按要求（包括深度、宽度、长度、马道位置及尺寸、拉线低把位置、堆土位置及技术要求等）开挖，不得随意更改尺寸和位置，不得挪动木桩。

（3）直线杆坑顺线路方向的位移 10kV 及以下线路不超过设计档距的 3%，垂直线路方向不得超过 50mm，转角杆坑的位移不得超过 50mm。

（4）基坑开挖深度应符合设计规定，若设计无要求时，可按表 35-10 确定。基坑深度允许偏差为 +100mm，−50mm。

电杆埋设深度   表 35-10

电杆高度(m)	8.0	9.0	10.0	11.0	12.0	13.0	15.0	18.0
电杆埋设深度(m)	1.50	1.60	1.70	1.80	1.90	2.00	2.30	2.7

（5）拉线坑深度允许误差为 −50mm，正差不控制，如超深后对拉线盘的安装位置与方向有影响时，其超深部分应填土夯实处理。

（6）基坑超深应填土夯实处理，应用相同的土回填，10kV 及以下线路每层填土 500mm 并夯至原土密度，否则应铲去回填土，用铺石灌浆处理。回填土应在杆根培土，高度应高于地面 300mm，且大于坑口面积；对土质不好且难以支固杆体的沙丘泥塘中的基坑，用石料、水泥砂子加固处理。

（7）电杆坑形及几何尺寸。基坑的形式和尺寸见表 35-11。

基坑的形式和尺寸见图 表 35-11

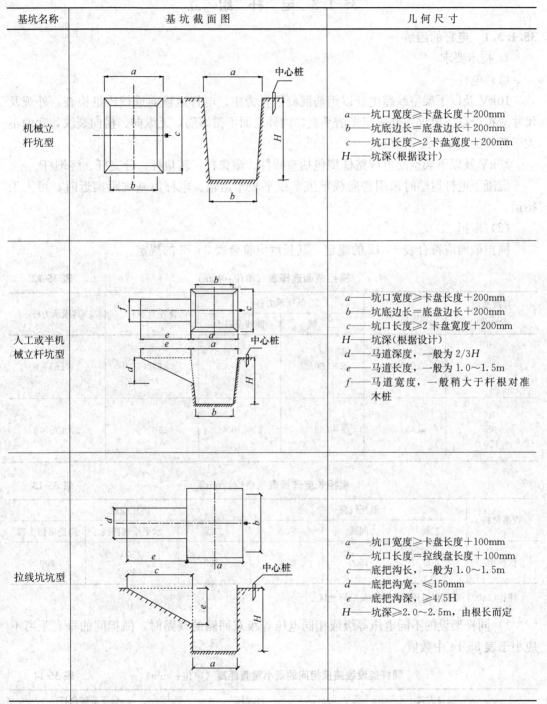

基坑名称	基 坑 截 面 图	几 何 尺 寸
机械立杆坑型		a——坑口宽度≥卡盘长度+200mm b——坑底边长=底盘边长+200mm c——坑口长度≥2卡盘宽度+200mm H——坑深(根据设计)
人工或半机械立杆坑型		a——坑口宽度≥卡盘长度+200mm b——坑底边长=底盘边长+200mm c——坑口长度≥2卡盘宽度+200mm H——坑深(根据设计) d——马道深度,一般为2/3H e——马道长度,一般为1.0~1.5m f——马道宽度,一般稍大于杆根对准木桩
拉线坑坑型		a——坑口宽度≥卡盘长度+100mm b——坑口长度=拉线盘长度+100mm c——底把沟长,一般为1.0~1.5m d——底把沟宽,≤150mm e——底把沟深,≥4/5H H——坑深≥2.0~2.5m,由根长而定

35.1.2.5 基础施工及浇筑

混凝土基础的施工执行现行国家标准《混凝土结构工程施工质量验收规范》GB 50204。现浇基础应注意:地脚螺栓及预埋件的安装应牢固、位置准确,安装前除去浮锈、螺纹部分涂裹黄油,并有防止碰撞螺纹的措施。

35.1.3 电杆组立

35.1.3.1 电杆的组装

1. 技术要求

(1) 电杆

10kV 及以下架空线路电杆以钢筋混凝土杆为主。电杆运输前进行质量检查，外观及尺寸应符合以下要求：外表应光洁平直，内外表面不得露筋，无纵向、横向裂纹，弯曲不大于杆长的 1/1000。

10kV 及以下架空配电线路杆型包括直线杆、耐张杆、转角杆、分支杆、终端杆。

混凝土电杆运输时采用普通载重汽车或平板车运输。电杆离基坑距离近时，可人工抬运。

(2) 横担

横担截面应符合表 35-12 的规定，其长度应符合表 35-13 的规定。

横担截面选择表（单位：mm）   表 35-12

导线截面 (mm²)	低压直线杆	低压承力杆		高压直线杆	高压承力杆
		二 线	四线及以上		
16 25 35 50	L50×5	2×L50×5	2×L63×5	L63×6	2×L63×6
70 95 120	L63×5	2×L63×5	2×L70×5	L70×6	2×L75×6

横担长度选择表（单位：mm）   表 35-13

线路材料	低压线路			高压线路		
	二线	四线	六线	二线	水平排列四线	陶瓷横担头部
铁横担	700	1500	2300	1500	2240 (2400)	800

注：(2400) 横担仅适用于大城市及沿海地区。

1) 同杆架设的不同电压等级或相同电压等级双回路的线路时，横担间的垂直距离不应小于表 35-14 中数值。

同杆架设线路横担间的最小垂直距离（单位：mm）   表 35-14

架设方式	直线杆	分支或转角杆
1~10kV 与 1~10kV	800	500
1~10kV 与 1kV 以下	1200	1000
1kV 以下	600	300
220/400V 与通信广播线路	1000	1000

2）同杆多层用途不同的横担排列时，自上而下的顺序是高压、低压动力、照明路灯、通信广播。

3）横担安装及允许偏差：直线单横担应安装于受电侧，90°转角杆或终端杆当采用单横担时，应安装于拉线侧，多层横担同上；双横担必须有拉板或穿钉连接，连接处个数应与导线根数相对应。

横担安装必须平正，从线路方向观察其端部上下歪斜不超过 20mm；从线路方向的两侧观察，横担端部左右歪斜不超过 20mm，双杆横杆与主电杆接触处的高差不应大于两杆距的 5‰，左右扭斜不大于横担总长的 5‰。

4）陶瓷横担安装时应在固定处垫橡胶垫，垂直安装时顶端顺线路歪斜不应大于 10mm；水平安装时，顶端应向上翘起 5°~15°，水平对称安装时，两端应一致，且上下歪斜或左右歪斜不应大于 20mm。

（3）紧固件

1）螺杆应与杆件面垂直，螺头平面与构件不应有间隙；

2）螺栓紧好后，螺杆丝扣单母时露出不应少于 2 扣，双母时可平扣；螺头侧应加镀锌平光垫，不得超过 2 个，螺母侧应加镀锌平光垫和镀锌弹簧垫各 1 个；

3）在立体结构中螺栓穿入的方向：水平穿入应由内向外，垂直穿入应由下向上；

4）在平面结构中螺栓穿入的方向：螺栓顺线路时，双面结构件由内向外，单面结构件由送受电侧均可，但必须统一；横线路方向（水平方向垂直线路）时，两侧由内向外，中间由左向右或方向统一；上下垂直线路时，由下向上；

5）组装时不要将紧固横担的螺栓拧得太紧，应留有调节的余量，待全部装好后，经调平找正后再全部拧紧。

（4）绝缘子

1）绝缘子表面应清洁无污；针式绝缘子由垂直横担，顶部的导线槽应顺线路方向，紧固应加镀锌的平垫弹垫；针式绝缘子不得平装或倒装；

2）悬式绝缘子使用的平行挂板、曲形拉板、直角挂环、单联碗头、球头挂环、二联板等连接金具必须外观无损、无伤、镀锌良好，机械强度符合设计要求，开口销子齐全；绝缘子与绝缘子连接成的绝缘子串应能活动，必要时做拉伸实验；所有螺栓均由下向上穿入；

3）外观检查合格后，应用 5000V 绝缘电阻表摇测每个绝缘子的绝缘电阻，阻值不得小于 500 MΩ，将绝缘子擦拭干净；绝缘子裙边与带电部位的间隙不应小于 50mm。

2. 地面组装

（1）直线电杆组装

先把杆移动到立杆时的位置，杆尾指向并移到基坑位置，有马道时应在马道侧，杆头指向线路方向，并将杆头部位用枕木支起 200mm 左右，将高压杆头（单瓶抱箍或双瓶抱箍）装在杆顶上，角钢立铁应位于杆的侧面（单瓶）或位于杆的左右侧面（双瓶），角钢立铁的中线应和杆的中心面重合；用钢卷尺量出横担的位置，把 U 形抱箍套入，将横担从杆的上面使 U 形抱箍穿入螺孔，双横担用穿孔紧固，横担上下各一根，将螺母加垫拧好，横担应和杆的中心线垂直，调整找正后把螺母紧死，最后把直瓶或悬垂装上，悬垂的连接必须用连接金具，组装后立杆应与悬垂绑扎。

多层横担应平行组装；轻承力杆、30°以下的转角杆、直角耐张杆、低压单杆或平行多层杆及非垂直交叉横担杆等安装方法同上。

（2）单杆转角或分支杆组装

先把杆移到立杆时的位置，转角杆宜沿线路转角平分线方向排杆。把杆头抬起约1.5m的高度（大于横担长度的一半即可），并用木支架将其支好，支点不少于2处，将横担装好，上下横担交叉的角度必须与线路转角的角度相同。

3. 杆上组装

组装要求同上，要求登杆者注意安全。

4. 电杆焊接

（1）电杆焊接前钢圈焊口上的油脂、铁锈、泥垢等杂物清理干净；对坡口清理除锈，打磨出金属光泽。焊间隙为2~3mm；

（2）焊接应由经过焊接专业培训并经考试合格的焊工操作，每个焊口宜对称按照先点上下两点，后点左右两点的顺序均匀点焊4点。多层焊缝的接头应错开，收口时应将熔池填满；

（3）焊缝中严禁填塞焊条或其他金属；焊缝表面应呈平滑的细鳞形与基本金属平缓连接，无折皱、间断、漏焊及未焊满的陷槽，并不应有裂缝，基本金属咬边深度不应大于0.5mm，且不应超过圆周长的10%；焊完的电杆其分段或整根弯曲度不应超过对应长度的2‰；

（4）焊完后的电杆经自检合格后，在上部钢圈处打上焊工的代号钢印；

（5）电杆焊接后，应将表面铁锈和焊缝的焊渣及氧化层除净，并对钢圈进行刷油漆防腐处理。

35.1.3.2 立杆

立杆有多种方式。包括三脚架立杆法、架腿立杆法、人字拔杆立杆法、固定人字抱杆立杆法、起重机械立杆法等。

1. 立杆的技术要求

（1）直线杆的横向位移不应大于50mm，垂直度控制在1/1000；

（2）转角杆应向外角稍偏，紧线后不应向内角倾斜，向外角的倾斜不应使杆梢位移大于一个杆梢；转角杆的横向位移不应大于50mm；

（3）终端杆应向拉线侧稍偏，紧线后不应向拉线反方向倾斜，向拉线侧倾斜不应使杆梢位移大于一个杆梢；

（4）钢管杆必须用双螺母与基础螺栓紧固，紧固时应在螺纹上涂抹黄油防锈、防腐。

立杆施工工艺：清理杆坑、立杆、找正、回填土夯实、整杆及清理现场等。

2. 三脚架立杆法

三脚架立杆是一种较简易的立杆方法，它主要依靠装在三脚架上的小型卷扬机、上下两只滑轮和牵引钢丝绳吊立电杆。立杆时，将电杆移至坑边，立好三脚架，在电杆梢部系3根拉绳，在电杆杆身1/2处系起吊钢丝绳，挂在滑轮吊钩上，用卷扬机起吊，起吊过程中当杆梢离地500mm时对绳扣做安全检查，电杆竖起落于杆坑中后调整杆身，填土夯实。

3. 架腿立杆法

也叫撑式立杆，是利用撑杆来竖立电杆。此方法比较简单，劳动强度大。只适用于竖立木杆或9m以下混凝土电杆。

架腿立杆法：将杆根移至坑边，对正马道，坑壁边竖一块木滑板，电杆梢部系3根拉绳控制杆身，将电杆梢抬起，到适当高度时用撑杆交替进行，向坑心移动，电杆即逐渐竖起。

4. 人字拔杆立杆法

这也是一种简易立杆方法，它主要依靠装在人字拔杆顶部的滑轮组，通过钢丝绳穿绕拔杆底部的转向滑轮，引向绞磨或卷扬机来吊立电杆。

5. 起重机械立杆法

机械立杆一般用汽车吊。立杆的顺序通常从始端或终端开始，也可以某一耐张杆或转角杆开始。

（1）清理杆坑内的杂物，测量坑深，不符合要求的基坑进行修整，双杆的坑深要一致，找出基坑边的主桩和副桩，将坑底夯实夯平；

（2）将底盘放于坑底，底盘放入后应平整而不悬空，其中心应与木桩及线路方向对正，找正后将其四周用土填实；重量较小的底盘可四人用绳子送至坑下，也可在坑内斜放一滑板，用绳子拉住下滑；较重的用吊车吊至坑下；

（3）将杆顺线路方向摆好，使根部置于坑边，吊车停至坑口线路方向两侧的5m以外，将其支撑支稳；

（4）将钢丝绳系在杆高3/5处，并用吊钩吊好，使其撑紧，检查无误后起吊，当杆头升至1m高时，停吊检查，并在杆头系上四根大绳，每90°一根，按四个方向固定绑牢；

（5）慢速起吊，使杆的根部离开地面300mm，拉绳者使绳子放松，缓慢移动吊臂使杆根部对准基坑，将杆落于底盘的中心；

（6）用大绳调节电杆使杆身垂直；

（7）用经纬仪或肉眼观测，要求杆身与标杆重合，且与观测点为一条直线，再到杆的两侧观测杆身垂直度，用顺线路方向的大绳完全找正后即可填土；

（8）回填土应边填边夯实，一般每500mm夯实一次，并随时注意杆的倾斜；填至距地面650～700mm时装设卡盘，装卡盘前应测量杆的垂直度并调整好；卡盘用U形抱箍与杆身紧固好螺母，转角杆、分支杆、及有特殊要求的终端杆、跨越杆及耐张杆均有2块卡盘；填土最后应在杆根处堆起高300mm的土堆并夯实。如图35-3所示。

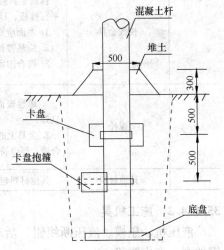

图35-3　杆立后基础示意图（单位：mm）

35.1.4 拉 线 安 装

35.1.4.1 拉线安装材料要求

架空线路拉线安装所需材料，应符合表35-15的规定。

拉线安装材料要求   表 35-15

序号	材料名称	质量要求
1	钢绞线	1. 不得有松股、缺股、断股、交叉、折叠、硬弯及锈蚀等缺陷。 2. 最小截面不应小于 25mm²。 3. 符合国家或部颁的现行技术标准，并有合格证件
2	镀锌钢线	1. 不应有死弯、断裂及破损等缺陷。 2. 镀锌良好，不应锈蚀。 3. 拉线主线用的镀锌铁线，直径不小于 4.0mm，缠绕用的镀锌铁线，直径不应小于 3.2mm。 4. 符合国家或部颁的现行技术标准，并有合格证件
3	拉线棒	1. 不应有死弯、断裂、砂眼、气泡等缺陷。 2. 镀锌良好，不应锈蚀。 3. 最小直径不应小于 16mm。 4. 符合国家或部颁的现行技术标准，并有合格证件
4	混凝土拉线盘	1. 预制混凝土拉线盘表面不应有蜂窝、漏筋、裂缝等缺陷，强度应满足设计要求。 2. 符合国家或部颁的现行技术标准，并有合格证件
5	拉线绝缘子	1. 瓷釉光滑，无裂纹、缺釉、斑点、烧痕、气泡或瓷釉烧坏等缺陷。 2. 高压绝缘子的交流耐压试验结果必须符合施工规范规定。 3. 符合国家或部颁的现行技术标准，并有合格证件
6	拉线金具	拉线金具包括：拉线抱箍、UT 形线夹、楔形线夹、花篮螺栓、双拉线联板、平行挂板、U 形挂板、心形环、钢线卡、钢套管等。 1. 表面应光洁、无裂纹、毛刺、飞边、砂浆眼、气泡等缺陷。 2. 应热镀锌，遇有局部锌皮脱落，除锈后涂刷红樟丹及油漆。 3. 符合国家或部颁的现行技术标准，并有合格证件
7	螺栓	1. 螺栓表面不应有裂纹、砂眼、锌皮脱落及锈蚀等现象，螺栓与螺母配合良好。 2. 金具上的各种连接螺栓应有防松装置，采用的防松装置应镀锌良好，弹力合适，厚度符合规定
8	其他材料	其他材料包括：竹套管、油漆、沥青、玻璃丝布等

35.1.4.2 施工机具

液压机、压模、液压断线钳、活动扳手、大剪刀、大锤、游标卡尺、钢卷尺、锉刀、钢丝刷、老虎钳等。

35.1.4.3 作业条件

电杆组立完毕，经验收应符合设计要求和验收规范有关条文的规定。

按已审批的施工组织设计，施工技术措施，已做好技术交底（工艺标准、操作方法、质量要求和安全措施等）。

拉线安装各种材料备齐，经验收符合设计要求。机具备齐。

35.1.4.4　工艺流程

安装顺序：抱箍、上把拉线、下把拉线、拉线盘、连接金具及绝缘子（设计需要时）、收紧拉线。

拉线的安装形式有普通拉线、V 形拉线、过道拉线、共用拉线、弓形拉线及撑顶杆。

35.1.4.5　拉线长度计算

拉线结构如图 35-4 所示。

在制作前必须实地测量及计算后方准下料。不管拉线有多少条，挂点有多少变化，都可以把拉线视作三角形的斜边，挂线孔与拉棒顶的垂直高差及相应的水平距离视作两个直角边，这样就可以利用勾股定理或三角函数正弦公式计算拉线长度。

因受地形或环境限制，不能装设拉线时，可用撑杆替代。撑顶杆埋设深度宜为 1m，杆的底部应垫底盘或石块，撑顶杆与电杆的夹角为 30°。

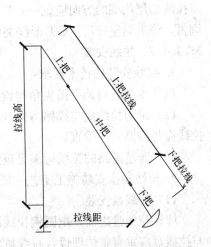

图 35-4　拉线的结构

35.1.4.6　拉线制作

拉线制作有束合法和绞合法两种。目前多采用束合法。

束合法就是将拉直的铁线按照需要的股数合在一起，用 $\phi1.6\sim\phi1.8$mm 镀锌铁线在适当位置拉紧缠绕 $3\sim4$ 圈，镀锌铁线两端头拧在一起成为拉线节，形成束合线。拉线节在距地面 2m 以内的部分间隔 600mm，在距地面 2m 以上的部分间隔 1.2m。

1. 拉线自缠法

对于柔软的镀锌铁线可采用自缠法，此方法比较牢固；对于硬性镀锌铁线因不易操作，常采用另缠法。

2. 镀锌钢绞线普通拉线制作

用镀锌钢绞线制作电杆拉线时，可采用另缠法进行绑扎固定，也可采用 UT 形线夹及楔形线夹或花篮螺栓固定。

（1）另缠法钢绞线绑扎固定

钢绞线拉线采用绑扎固定时，拉线的两端设置心形环，使用直径不小于 3.2mm 的镀锌铁线绑扎，绑扎要整齐、紧密。最小绑扎长度应符合表 35-16 所示。

最小绑扎长度　　　　　　　　　　　　　　　　　表 35-16

钢绞线截面面积	最小绑扎长度(mm)				
	上段	中段有绝缘子的两端	与拉棒连接处		
(mm²)			下端	花缠	上端
25	200	200	150	250	80
35	250	250	200	250	80
50	300	300	250	250	80

（2）钢绞线拉线采用线夹或花篮螺栓固定

钢绞线拉线采用 UT 形线夹及楔形线夹固定安装。

钢绞线拉线采用 UT 形线夹及楔形线夹固定安装时，在安装前在线夹螺纹上涂润滑剂；线夹舌板与拉线接触要紧密，受力后无滑动现象，线夹凸肚在线尾侧；拉线的弯曲部分不应有明显松股，线夹处露出的拉线尾线长度为 300～500mm；拉线端头处与拉线主线应固定牢靠，尾线回头处与本线应绑扎牢固。双钢绞线拉线使用双线夹并采用连接板时，双拉线的尾线端的方向应统一；UT 形线夹的螺杆应露出不小于 1/2 螺杆长度的螺纹以便调紧，线夹调整好后，UT 形线夹的双螺母应并紧。

35.1.4.7　拉线安装

1. 拉线安装的技术要求：

（1）安装后对地平面夹角与设计值的允许偏差不应大于 30°。

（2）承力拉线应与线路方向的中心线对正，分角拉线应与线路分角线方向对正；防风拉线应与线路方向垂直。

（3）跨越道路的拉线应满足设计要求，且对通车路面边缘的垂直距离不应小于 5m。

2. 拉线制作安装施工工艺一般为：拉线盘安装、做拉线上把、收紧拉线中把等。

（1）拉线盘安装

埋设拉线盘之前，把圆钢拉线棒穿过水泥拉线盘孔，放好垫圈，拧上双螺母，拉线棒与拉线盘应垂直整体埋设，拉线坑应有斜坡，并设防沉层，将拉线盘放正，下把拉线棒露出地面部分长度应为 500～700mm，然后就可分层填土夯实。

拉线棒地面上下 200～300mm 处涂沥青防腐，从拉线棒出土 150mm 处起至地面下 350mm 处用 80mm 宽麻带缠绕，并浸透沥青。

拉线盘的选择及埋设深度，参见表 35-17。

拉线盘的选择及埋设深度

表 35-17

拉线所受拉力 (kN)	选用拉线规格		拉线盘规格 (m)	拉线盘埋深 (m)
	φ4.0 镀锌铁线 (股数)	镀锌钢绞线 (mm)		
15 及以下	5 及以下	25	0.6×0.3	1.2
21	7	35	0.8×0.4	1.2
27	9	50	0.8×0.4	1.5
39	13	70	1.0×0.5	1.6
54	2×3	2×50	1.2×0.6	1.7
78	2×13	2×70	1.2×0.6	1.9

（2）做拉线上把

用螺栓将拉线抱箍抱在电杆上，将预制好的上把拉线环放入两片抱箍的螺孔间，穿入螺栓拧紧螺母固定。在人员较多的地方，拉线上应装设绝缘子。绝缘子安装位置应在拉线断线沿电杆垂下时，绝缘子距地面的高度不低于 2.5m。

（3）拉线底把及中把下端制作

拉线底把用合股镀锌铁线制作，一般适用木电杆拉线。钢筋混凝土电杆使用不同规格的镀锌圆钢做拉线棒，作为拉线的底把。拉线棒与拉线盘的拉环连接后，拉线棒的圆环开口处要用铁丝缠绕。拉线棒与拉线盘采用螺栓连接时，应使用双螺母。

（4）收紧拉线

收紧拉线可使用紧线钳。在收紧拉线前，将花篮螺栓的两端螺杆旋入螺母内，使它们之间保持最大距离，将紧线钳的钢丝绳伸开，一只紧线钳夹握在拉线高处，将拉线下端穿过花篮螺栓的拉环，放在三角圈操里，向上折回，用另一只紧线钳夹住，花篮螺栓的另一端套在拉线棒的拉环上，将拉线慢慢收紧，过程中检查杆身和拉线的部位，若无问题继续收紧，把电杆校正。对于终端杆和转角杆。拉线收紧后杆顶可向拉线侧倾斜电杆梢径的1/2。最后把花篮螺栓用镀锌铁丝紧固。

35.1.5 架空线路导线架设

35.1.5.1 架空配电线路的材料要求

架空线路导线一般采用铝绞线，当高压线路档距或交叉档距较长，杆位高差较大时，宜采用钢芯铝绞线。在沿海地区，宜采用防腐铝绞线、铜绞线。

常用架空线路导线型号和截面范围见表 35-18。

常用架空线路导线型号和截面范围 表 35-18

名　称	型　号	截面范围（mm²）
铝绞线	LJ	16～800
钢芯铝绞线	LGJ	10～800
防腐钢芯铝绞线	LGJF	10～800

铝绞线的规格结构及直流电阻、拉断力等见表 35-19。钢芯铝绞线的规格结构及直流电阻、拉断力等见表 35-20。

铝绞线（LJ）规格 表 35-19

标称截面 （mm²）	结构根数/直径 （根/mm）	计算截面 （mm²）	外径 （mm）	直流电阻 不大于 （Ω/km）	计算拉断力 （N）	计算质量 （kg/km）	交货长度 不小于 （m）
16	7/1.70	15.89	5.10	1.802	2840	43.5	4000
25	7/2.15	25.41	6.45	1.127	4355	69.6	3000
35	7/2.50	34.36	7.50	0.8332	5760	94.1	2000
50	7/3.00	49.48	9.00	0.5786	7930	135.3	1500
70	7/3.60	71.25	10.80	0.4018	10950	195.1	1250
95	7/4.16	95.14	12.48	0.3009	14450	260.5	1000
120	19/2.85	121.21	14.25	0.2373	19420	333.5	1500
150	19/3.15	148.07	15.75	0.1943	23310	407.4	1250
185	19/3.50	182.80	17.50	0.1574	28440	503.0	1000
210	19/3.75	209.85	18.75	0.1371	32260	577.4	1000
240	19/4.00	238.76	20.00	0.1205	36260	656.9	1000
300	37/3.20	297.57	22.40	0.09689	46850	820.4	1000
400	37/3.70	397.83	25.90	0.07247	61150	1097	1000
500	37/4.16	502.90	29.12	0.05733	6370	1387	1000
630	61/3.63	631.30	32.67	0.04577	91940	1744	800
800	61/4.10	805.36	36.90	0.03588	115900	2225	800

钢芯铝绞线（LGJ）规格   表35-20

标称截面铝/钢 (mm²)	结构根数/直径 (根/mm)		计算截面(mm²)			外径 (mm)	直流电阻 不大于 (Ω/km)	计算拉断力 (N)	计算质量 (kg/km)	交货长度 不小于 (m)
		钢	铝	钢	总计					
10/2	6/1.50	1/1.50	10.60	1.77	12.37	4.50	2.706	4120	42.9	3000
16/3	6/1.85	1/1.85	16.13	2.69	18.82	5.55	1.779	6130	65.2	3000
25/4	6/2.32	1/2.32	25.36	4.23	29.59	6.96	1.131	9290	102.6	3000
35/6	6/2.72	1/2.72	34.86	5.81	40.67	8.16	0.8230	12630	141.0	3000
50/8	6/3.20	1/3.20	48.25	8.04	56.29	9.60	0.5946	16820	195.1	2000
70/10	12/2.32	7/2.32	50.73	29.59	80.32	11.60	0.5692	432620	372.0	3000
50/30	6/3.80	1/3.80	68.05	11.34	79.39	11.40	0.4217	23390	275.2	2000
70/40	12/2.72	7/2.72	69.73	40.67	110.40	13.60	0.4141	58300	511.3	2000
95/15	26/2.15	7/1.67	94.39	15.33	109.72	13.16	0.3058	35000	380.3	2000
95/20	7/4.16	7/1.85	95.14	18.82	113.96	13.87	0.3019	37200	408.9	2000
95/55	12/3.20	7/3.20	96.51	56.30	152.81	16.00	0.2992	78110	707.7	2000
120/7	18/2.90	1/2.90	118.89	6.61	125.50	14.50	0.2422	27570	379.0	2000
120/20	26/2.38	7/1.85	115.67	18.82	134.49	15.07	0.2496	41000	466.8	2000
120/25	7/4.72	7/2.10	122.48	24.25	149.73	15.74	0.2345	47880	526.6	2000
120/70	12/3.60	7/3.60	122.15	71.25	193.40	18.00	0.2364	98370	895.6	2000
150/8	18/3.20	1/3.20	144.76	8.04	152.80	16.00	0.1989	32860	461.4	2000
150/20	24/2.78	7/1.85	145.68	18.82	164.50	16.67	0.1980	46630	549.4	2000
150/25	26/2.70	7/2.10	148.86	24.25	173.11	17.10	0.1939	54110	601.0	2000
150/35	30/2.50	7/2.50	147.26	34.36	181.62	17.50	0.1962	65020	676.2	2000
185/10	18/3.60	1/3.60	183.22	10.18	193.40	18.00	0.1572	40880	584.0	2000
185/25	24/3.15	7/2.10	187.01	24.25	211.29	18.90	0.1542	59420	706.1	2000
185/30	26/2.98	7/2.32	181.34	29.59	210.93	18.88	0.1592	64320	732.6	2000
185/45	30/2.80	7/2.80	184.73	43.10	227.83	19.60	0.1564	80190	848.2	2000
210/10	18/3.80	1/3.80	204.14	11.34	215.48	19.00	0.1411	45140	650.7	2000
210/25	24/3.33	7/2.22	209.02	27.10	236.12	19.98	0.1380	65990	789.1	2000
210/35	26/3.22	7/2.50	211.73	34.36	246.09	20.38	0.1363	74250	853.9	2000
210/50	30/2.98	7/2.98	209.24	48.82	258.06	20.86	0.1381	90830	960.8	2000
240/30	24/3.60	7/2.40	244.29	31.67	275.96	21.60	0.1181	75620	922.2	2000
240/40	26/3.41	7/2.66	238.85	38.90	277.75	21.66	0.1209	83370	964.3	2000
240/55	30/3.20	7/3.20	241.27	56.30	297.57	22.40	0.1198	102100	1108	2000
300/15	42/3.00	7/1.67	296.88	15.33	312.21	23.01	0.09724	68060	939.8	2000
300/20	45/2.93	7/1.95	303.42	20.91	324.33	23.43	0.09520	75680	1002	2000
300/25	48/2.85	7/2.22	360.21	27.10	333.31	23.76	0.09433	83410	1058	2000
300/40	24/3.99	7/2.66	300.09	38.90	338.99	23.94	0.09614	92220	1133	2000
300/50	26/3.83	7/2.98	299.54	48.82	348.36	24.26	0.09636	103400	1210	2000

外观质量应符合下列要求：

(1) 电线为同心式绞合，各相邻层的绞制方向相反，最外层的绞制方向为右向。

(2) 同一层的绞制节径必须均匀一致，相邻层的外层节径比应不大于内层。

(3) 电线应紧密整齐地绞合，不得有缺线、断线、跳线或松股现象。

(4) 电线中铝单股允许焊接，单股的焊接处应圆整。铝单股焊接区的抗拉强度应不低于75MPa，同一根单线两焊接处之间的距离应不小于15m。同一层非同一根单线焊接处之间的距离：内层应不小于5m，外层应不小于15m。

(5) 绞制过程中，单根或多根镀锌钢线或铝包钢线均不应有任何接头。

(6) 电线的制造长度，应不小于国标规定。当供需双方有协议时，允许按协议长度交货。

(7) 缠绕电线的线盘应牢固、完整、无损坏。固定线盘的铁钉不得挂磨电线。

35.1.5.2 施工机具

施工机具：牵引机、张力机、液压机、起重滑轮、钢丝绳、手扳葫芦、绝缘棒、验电笔、绝缘手套、绝缘靴等。

35.1.5.3 作业条件

线路走廊内的障碍物，如树木、房屋、架设的电力及通信线路要清除。

35.1.5.4 工艺流程

施工准备、放线、连接、挂线、紧线、导线与绝缘子绑扎固定等。

35.1.5.5 导线架设质量要求

(1) 金具的规格、型号、质量必须符合设计要求。高压绝缘子的交流耐压试验结果必须符合施工规范规定。

(2) 高压瓷件表面严禁有裂纹、缺损、瓷釉烧坏等缺陷。重点检查承力杆上的绝缘子。

(3) 导线连接必须紧密、牢固，连接处严禁有断股和损伤；导线的接续管在压接或校直后严禁有裂纹。

(4) 导线与绝缘子固定可靠，导线无断股、扭绞和死弯；超量磨损的线段和有其他缺陷的线段修复完好。

(5) 过引线、引下线导线间及导线对地间的最小安全距离符合要求；导线布置合理、整齐，线间连接的走向清楚，辨认方便。

(6) 线路的接地（接零）线敷设走向合理，连接紧密、牢固，导线截面选用正确，需防腐的部分涂漆均匀无遗漏。

35.1.5.6 放线

(1) 放线时将导线轴放置在线架上，用人力或机械牵引放线。

(2) 放线同时有导、地线时先放三相导线，后放两条地线。

(3) 当拖线每到一电杆时，导（地）线超过40～60m后停止拖动，将导（地）线拉回，使其与滑轮上的引绳一端连接后，拖动引绳另一端使导（地）线通过放线滑轮。导（地）线与引绳连接要牢固，绳端不得有散股，防止卡住滑轮。用滑轮提升至电杆横担上，分别摆放好，线路的相序排列要正确统一。

(4) 放线时注意保护导线不受损伤，检查导线有无断股、扭弯、磨伤、断头、损伤等。导线损伤情况及补修见表 35-21。

导线损伤情况及补修 表 35-21

导线类别	损 伤 情 况	处理方法
铝绞线	导线在同一处损伤程度已经超过规范的规定,但因损伤导致强度损伤不超过总拉断力的 5%	以缠绕或修补预绞丝修理
钢芯铝绞线	导线在同一处损伤程度已经超过规范的规定,但因损伤导致强度损伤不超过总拉断力的 5%,且截面积损伤又不超过导电部分总截面的 7%	以缠绕或修补预绞丝修理

作为避雷线的钢绞线,其损伤情况及补修标准见表 35-22。

钢绞线损伤情况及补修标准 表 35-22

钢绞线股数	用镀锌铁丝缠绕	用补修金具补修	断头后接头
7	不允许	断 1 股	断 2 股及以内
19	断 1 股	断 2 股	断 3 股及以内

35.1.5.7 紧线

(1) 紧线前要做好耐张杆、转角杆和中端杆的拉线。

(2) 紧线时按照先紧避雷线,后紧导线,先紧中相导线,后紧边相导线的顺序。

(3) 紧线时使用与导地线相同的卡线器夹入导线,拉紧拉环,使卡线部分自紧。首先用人力在地面收紧余线,待架空线离地面 2～3m 左右时套上紧线器,采用人推绞磨或牵引设备牵引紧线。当弧垂将要达到规定值时,放慢速度,先过紧导线,使观测档弧垂略小于规定值,然后放松导线,使观测档弧垂略大于规定值,反复 1～2 次,收紧导线,使弧垂稳定在规定值。并且导线的弧垂应一致。导线安装弧垂允许误差不能超过设计值的±5%,水平排列的同档导线间弧垂值偏差为±50mm。多条导线如截面、档距相同时,导线弧垂应一致。

架空线路最大弧垂与地面最小允许垂直距离,符合表 35-23 的规定。

架空线路最大弧垂的最低点至地面允许垂直距离(单位:m) 表 35-23

跨越对象	线路电压(kV)		跨越对象	线路电压(kV)	
	1 以下	1～10		1 以下	1～10
非居民区	5.0	5.5	铁路轨顶	7.5	7.5
居民区	6.0	6.5	有轨电车轨顶	8.0	9.0
交通要道	6.0	7.0	建筑物顶端	2.5	3.0

架空线路最大弧垂与通信线路最小垂直距离,符合表 35-24 的规定。

架空线路最大弧垂与通信线路最小垂直距离(单位:m) 表 35-24

最小垂直距离(m) 分类	电压(kV)		最小垂直距离(m) 分类	电压(kV)	
	1 以下	1～10		1 以下	1～10
架空线路有防雷保护	2	2	架空线路无防雷保护	4	4

35.1.5.8 过引线、引下线安装

(1) 在耐张杆、转角杆、分支杆、终端杆上搭接过引线或引下线。过引线应呈均匀弧度、无硬弯，必要时应加装绝缘子。搭接过引线、引下线、应与主导线连接，不得与绝缘子回头绑扎在一起。

(2) 铝导线间的连接一般应采用并沟线夹，但 70mm² 及以下的导线可以采用绑扎连接。铜、铝导线的连接应使用铜铝过渡线夹，或有可靠的过渡措施。

(3) 裸铝导线在线夹上固定时应缠包铝带，缠绕方向应与导线外层绞股方向一致，缠绕长度应超出接触部分 30mm。

35.1.5.9 架空导线固定

架空导线与绝缘子固定通常用绑扎法。因绝缘子形式和安装位置的不同，架空导线固定方法也不同，其绑扎固定方法见表 35-25。

架空导线固定方法 表 35-25

序号	工序名称	技 术 要 求
1	顶部绑扎法和侧绑法	顶绑法：适用于直线杆针式绝缘子上的绑扎。绑扎时，首先在导线绑扎处包铝带 150mm，然后用绑线绑扎，绑线材料应与导线材料相同，直径在 2.6～3mm 范围内。绑扎步骤如下： (1)把绑线绕成卷，留出 1 个长度 250mm 的短头，用短头在绝缘子左侧的导线上缠 3 圈，其方向为从导线外侧经导线上方，绕向内侧； (2)把绑线的长头从绝缘子颈部内侧绕到绝缘子的右侧的导线上绕 3 圈，其方向为从导线下方经外侧绕向上方； (3)继续将绑线长头从绝缘子颈部外侧绕到绝缘子左侧导线上再绕 3 圈； (4)再继续将绑线从绝缘子颈部内侧绕到绝缘子右侧导线上绕 3 圈； (5)再将绑线从绝缘子颈部外侧绕到绝缘子左侧导线下面，并从导线内侧上来，经过绝缘子顶部交叉压在导线上。然后从绝缘子右侧导线的外侧下去绕到绝缘子颈部内侧，并从绝缘子左侧导线的下方经导线外侧上来，经过绝缘子顶部交叉压在导线上，这样形成 1 个十字叉压住导线； (6)重复(5)的绑法，再绑 1 个十字叉。然后把绑线从绝缘子右侧导线内侧经过导线下方绕到绝缘子颈部外侧，与绑线另一端(短头)在绝缘子外侧中间扭绞 2～3 圈成麻花状。剪去余线，留下部分压平。 侧绑法：适用于转角杆针式绝缘子上的绑扎。绑扎时，导线应在绝缘子颈部外侧。导线在进行侧绑法绑扎前，在导线绑扎处同样绑扎一定长度的铝带，绑扎步骤与顶绑法类似
2	终端绑扎法	终端绑扎法：适用于终端杆蝶式绝缘子的绑扎。其步骤如下： (1)首先在与绝缘子接触部分的铝导线上绑一铝带，然后把绑线绕成卷，再绑线一端留出 1 个短头，长度约 200～250mm； (2)把绑线的短头夹在导线与折回导线之间，再用绑线在导线上绑扎。第一圈距蝶式绝缘子 80mm，绑扎到规定长度后与短头扭绞 2～3 圈，余线剪去压平。最后把折回导线向反方向弯曲
3	耐张线夹固定导线法	耐张线夹固定导线法：适用于在用耐张悬式绝缘子串的导线固定。其步骤如下： 先用铝包带包缠导线与线夹接触部分，然后卸下耐张线夹的全部 U 形螺栓，将导线放入线夹的线槽内，线槽应紧贴导线包缠部分，接着便装上全部 U 形螺栓及压板，并拧紧螺母

35.1.5.10 线路、电杆的防雷接地

（1）架空线路中装有避雷线的杆身、避雷线、杆上电气设备、低压线路的中性线和钢筋混凝土杆塔必须可靠接地；低压线路的中性线应做重复接地；

（2）钢筋混凝土电杆通常采用其内主筋作为接地引下线，引线在电杆上下端引出或加长，上端采用并沟线夹与架空地线或中性线连接；下端在引线上焊接有预留孔的镀锌扁钢，焊接处涂沥青漆防腐，用螺栓与接地体引来的连接线连接，螺栓须有平垫、弹簧垫；

（3）预应力电杆一般沿杆身另敷一接地引线，材料选用 $\phi 16 mm^2$ 镀锌圆钢或不小于 $50 mm^2$ 的镀锌钢绞线，沿杆身每隔 1.5m 用抱箍卡子固定；采用镀锌钢绞线时，由接地体引出的接地线应用 $\phi 16 mm^2$ 镀锌圆钢，与钢绞线用并沟线夹可靠连接；

（4）接地体及接地线的安装同正常人工接地体、接地线安装；

（5）低压架空线路的中性线每隔 5 档（或设计要求）接地一次，组成重复接地；

（6）接地电阻的要求：接地极安装好未与杆塔接地引线连接前测试其接地电阻，防雷接地电阻应小于 10Ω，中性线接地电阻应小于 4Ω，重复接地电阻应小于 10Ω；

（7）接地所采用材料必须镀锌；

（8）采用搭接焊时，搭接长度应符合下列规定：

镀锌扁钢不小于其宽度的 2 倍，且至少 3 边焊接；镀锌圆钢不小于其直径的 6 倍，并应双面焊接；圆钢与扁钢焊接时，长度不小于圆钢直径的 6 倍，双面焊接；焊接质量要求：焊缝应饱满并应有足够的机械强度，不得有夹渣、咬肉、裂纹、虚焊、气孔等缺陷，焊接处的药皮应清理干净，明装的刷银粉漆防腐，埋于地下的刷沥青漆防腐；

（9）在倾斜地形情况上敷设接地体及接地线时应沿等高线敷设；接地体不宜有明显的弯曲。

35.1.6 导 线 连 接

架空导线的连接通常采用钳压压接连接、液压对接连接、叉接绑扎等连接方法。各种连接方法适用范围见表 35-26。

导线连接方法 表 35-26

连 接 方 式	连 接 机 具	适 用 范 围
钳压压接连接	钳接管 机械压钳 液压钳	LGJ-16～LGJ-240 LJ-16～LJ-185 TJ-16～TJ-150
液压对接连接	接续管 导线压接机	GJ-35～GJ-100 LGJQ-300～LGJQ-500 LGJ-300～LGJ-400 LGJJ-185～LGJJ-400
叉接绑扎法	镀锌铁线、同质单股线	低压、档距不大或过引线 LJ-70 以下 TJ-70 以下

35.1.6.1 钳压压接连接法

铝绞线及钢芯铝绞线用连接管规格分别见表 35-27、表 35-28。

铝绞线用连接管规格 **表 35-27**

型　号	适用铝线		主要尺寸（mm）					质量（kg）
	截面（mm²）	外径（mm）	S	h	b		L	
QL-16	16	5.1	6.0	12.0	1.7		110	0.02
QL-25	25	6.4	7.2	14.0	1.7		120	0.03
QL-35	35	7.5	8.5	17.0	1.7		140	0.04
QL-50	50	9.0	10.0	20.0	1.7		190	0.05
QL-70	70	10.7	11.6	23.2	1.7		210	0.07
QL-95	95	12.4	13.4	26.8	1.7		280	0.10
QL-120	120	14.0	15.0	30.0	2.0		300	0.15
QL-150	150	15.8	17.0	34.0	2.0		320	0.16
QL-185	185	17.5	19.0	38.0	2.0		340	0.20

钢芯铝绞线用连接管规格 **表 35-28**

型号	适用铝线		连接管各部尺寸（mm）				衬垫尺寸（mm）		质量（kg）
	截面（mm²）	外径（mm）	S	h	b	L	b_1	L_1	
QL-35	35	8.4	9.0	19.0	2.1	340	8.0	350	0.174
QL-50	50	9.6	10.5	22.0	2.3	420	9.5	430	0.244
QL-70	70	11.4	12.6	26.0	2.6	500	11.5	510	0.280
QL-95	95	13.7	15.0	31.0	2.6	690	14.0	700	0.580
QL-120	120	15.2	17.0	35.0	3.1	910	15.0	920	1.02
QL-150	150	17.0	19.0	39.0	3.1	940	17.5	950	1.20
QL-185	185	19.0	21.0	43.0	3.4	1040	19.5	1060	1.62
QL-240	240	21.6	23.5	48.0	3.9	540	22.0	550	1.05

（1）切割导线，两线头分别用 $\phi1\sim2$ 的镀锌铁线绑扎 10mm，端头应齐整；

（2）将导线连接部分用钢丝刷刷去表面污垢，再用汽油擦洗干净，风干后涂抹一层导电脂（可用中性凡士林），并用钢丝刷在其表面轻轻擦刷；

（3）选择与导线规格相对应的连接管，其应无裂纹、无毛刺、平直，弯曲度不应超过 1%。钳压管的内壁和外壁用汽油清洗干净，并做好压接点的标记；

（4）清洗后的导线头从钳压管的两端相对插入，线端露出管外 15～20mm；对于钢芯铝线，管内两导线间必须加铝衬垫；两线头插入钳压管的方向必须正确，即线头端应与管口的第一个压模印记在同一侧；

（5）根据导线的规格型号选择合适的压模装在钳口上，将穿入导线的钳压管置于钢模之间，端平两侧导线，按顺序和印记压接，当钢模压下后，应停 20～30s，才能松去压力，转入下一模施压；铝绞线的压模应从一端开始，依次向另一端上下交错压接；

（6）钢芯铝绞线的压模应从钳压管的中间开始向两端进行压接，压完一端再压另一端，压接过程中，应随时检查钳压模数及其间距，不能多压或少压；压模后（D）值允许误差为：铝绞线钳压管±1.0mm；钢芯铝绞线及铜绞线为钳压管±0.5mm；压节后钳压管的弯曲度不得＞2%，如超过，用木槌敲打校直。

35.1.6.2 液压对接连接法

（1）将钢芯铝绞线两连接端各量出钢接管的一半长度加 10mm，并做标记；

（2）沿红线标记将铝线用钢锯全部锯断，但不得伤及钢芯；

（3）导线连接部分用钢丝刷刷去表面污垢，再用汽油擦洗干净，风干后涂抹一层导电脂（可用中性凡士林），并用钢丝刷在其表面轻轻擦刷，连接管的内壁和外壁用汽油清洗干净；

（4）将铝接管套入导线，并将其移至接头外 0.5m 处，将钢芯对接插入钢接管，两线端在钢管中心接触，将其放入压接机钢模上，先在钢接管的中心压第一模，按顺序压接；

（5）压接好钢接管后，将压接部分用汽油清洗干净风干，把铝接管移至接头处，使两管的中心重合，从铝线的端头压接，压完一端再压另一端，与钢管重叠部分不再压接。相邻两模应重叠 5~8mm；

（6）压接不应扭曲，并用防锈漆封住铝管接口。压后为正六边形的液压管，两平行边间距离为原管外径的 0.866 倍，允许偏差为：钢压接管－0.2~＋0.3mm，铝压接管－0.2~＋0.5mm。

35.1.7 杆上变压器及变压器台安装

35.1.7.1 安装所需的设备材料

变压器、横担、型钢、镀锌螺栓、跌开式熔断器、隔离开关、T 形线夹、绑扎线、铝包带、软母线、避雷器、接线端子、镀锌扁钢、飞保险、套管。

35.1.7.2 施工机具

开口滑轮、捯链、压线钳、钢锯、活动扳手、绝缘杆、手锤、安全带、梯子、安全帽、脚口、钢丝、大小尼龙绳、机动车等。

35.1.7.3 作业条件

（1）按已审批好施工组织设计、施工技术措施，做好技术交底。

（2）杆组立及拉线安装经验收，符合设计要求，达到合格标准。方可进行下道工序。

（3）变压器性能试验符合产品出厂合格证和技术文件规定的技术指标。

（4）附件、备件齐全。

35.1.7.4 工艺流程

杆上变压器台安装施工工艺主要有：立杆、吊装变压器、绝缘电阻的测试和接线、接地等。

35.1.7.5 变压器组装

1. 立杆

同电杆立杆。

2. 组装金具构架及电气元件

（1）变压器支架通常由槽钢制成，一般有斜支撑，用 U 形抱箍与电杆连接，支架安装要牢固，变压器安装于平台的横担上，使油枕侧稍高，约 1%~1.5% 的坡度。

（2）跌开式熔断器安装

跌开式熔断器安装于高压侧丁字形横担上，用针式绝缘子的螺杆固定连接，再把熔断器固定在连板上，其间隔不小于 500mm，熔管轴线与地面的垂线夹角为 15°～30°，排列整齐，高低一致；

（3）避雷器安装

避雷器通常安装于距变压器高压侧最近的横担上，可用直瓶螺钉或单独固定，其间隔不小于 350mm，轴线应与地面垂直，排列整齐，高低一致，安装牢固，抱箍处垫 2～3mm 厚绝缘耐压胶垫。

（4）低压隔离开关安装

要求瓷件良好，安装牢固，操动机构灵活无卡阻现象，隔离刀刃合闸后接触紧密，分闸时有足够的电气间隙，三相联动动作同步，动作灵活可靠。

35.1.7.6 变压器安装

1. 变压器的吊装

有条件时应用汽车吊进行吊装，无汽车吊或条件不具备时采用人字抱杆吊装。

2. 变压器的检查测试

变压器接线前进行检查和测试：

（1）外观应无损伤、产品零部件无损伤和位移、齐全，无漏油，油位正常；

（2）高低压套管无裂纹、无伤痕，螺栓紧固，油垫完好，分接开关正常；

（3）铭牌齐全，数据完整，接线图清晰；高压侧线电压与线路线电压相符；

（4）10kV 高压线圈用 1000V 绝缘电阻表测试绝缘电阻＞300MΩ；低压用 500V 绝缘电阻测试表测试绝缘电阻＞1.0MΩ；高压侧低压侧用 500V 绝缘电阻测试表测试绝缘电阻＞500MΩ。

3. 变压器接线

（1）变压器接线时必须紧密可靠，螺栓应有平垫和弹簧垫；变压器与跌开式熔断器、低压隔离开关的连接必须压接接线端子过渡连接，与母线的连接用 T 形线夹，与避雷器的连接可直接压接连接。与高压母线连接如采用绑扎法，其绑扎长度不应小于 200mm。

（2）变压器接线时应短而直，必须满足线间及对地的安全距离，跨接弓子线在最大风摆时满足安全距离。

（3）避雷器和接地的连接线通常使用绝缘铜线，连接线截面按表 35-29。

避雷器和接地的连接线 表 35-29

连接线绝缘线种类	连接线	导线截面（mm²）	连接线绝缘线种类	连接线	导线截面（mm²）
	避雷器上引线	16		避雷器上引线	25
铜 线	避雷器下引线	25	铝 线	避雷器下引线	35
	接地线	25		接地线	35

35.1.7.7 落地变压器台安装

落地变压器台是将变压器安装在地面上的混凝土台上，其标高大于 500mm，台上装有与主筋连接的角钢或槽钢轨道，油枕侧偏高。安装时上止轮器或去掉底轮，其他安装同杆上变压器。

安装好后，应在变压器周围装设防护遮栏，高度不低于 1.70m，与变压器的距离应不小于 2.0m。

35.1.7.8 箱式变电所的安装

1. 基础施工

基础施工时应按照图纸要求做好电缆的预留孔或预留管路，地面浇筑时将箱体的基础槽钢预埋好；作基础散水前将 4 根接地引线（－40mm×4mm 镀锌扁钢）埋入，箱体超过 6m 时增设 2 根，并与基础槽钢焊接牢固。

2. 接地装置施工

在基础边缘 1.5m 以外，将接地极打入－800mm 的地沟内，用－40mm×4mm 镀锌扁钢焊接连通，与接地引线焊接，敷设完毕，测试接地电阻应小于 4Ω。

3. 箱体组装

因墙体、门及门口、屋顶均为配套产品，用止口结合，并用胶圈密封。

4. 电气设备安装及实验、进出回路敷设见电气设备安装。

35.1.8 接户线安装

10kV 及以下高压接户线的安装同架空线路相同，但应遵守下列原则进行安装。

1. 不同规格、不同金属的接户线不应在档距内连接，跨越道路的接户线不应有接头；

2. 两端应设绝缘子固定，绝缘子安装应防止磁裙积水；

3. 采取绝缘线时，外露的部分应进行绝缘处理；

4. 进户端支持物应牢固；

5. 一根电杆上有 2 户及以上接户线时，各接户线的零线应直接接在线路的主干线的零线上；

6. 变压器主杆上不得有接户线。除专用变压器台架外，不得从变压器台架的副杆上引下接户线，当从变压器台架的副杆上引出接户线时，应采用截面不小于 16mm^2 的多股绝缘导线；

7. 10kV 接户线的线间距离不宜小于 0.45m；

8. 10kV 及以下由两个不同电源引入的接户线不宜同杆架设；

9. 当铜铝连接时，应设铜铝过渡线夹；

10. 10kV 及以下接户线固定端当采用绑扎固定时，其绑扎长度应符合表 35-30 的规定。

接户线固定线绑扎长度   表 35-30

导线截面(mm^2)	绑扎长度(mm)	导线截面(mm^2)	绑扎长度(mm)
10 及以下	≥50	25～50	≥120
16 及以下	≥80	70～120	≥200

35.1.8.1 安装所需的材料与配件

接户线、横担、支架、绝缘子、钢管、抱箍卡子。

35.1.8.2 施工机具

电焊机、台钳、楔子、手锤、钢锯、压线钳、活动扳手、米尺、钢板尺、方尺、水桶、灰桶、灰铲、登杆脚扣、安全带、安全帽、梯子等。

35.1.8.3 作业条件

1. 按已审批的施工组织设计或施工技术措施，做好技术交底。

2. 架空配电线路及建筑物的电源进户管线安装已完，经验收符合设计要求。

3. 接户线安装位置，施工脚手架已清除，保证了施工作业面。

35.1.8.4 工艺流程

接户线安装工艺流程：横担支架制作安装、接户线架设。

35.1.8.5 横担、支架制作、安装

墙上横担采用预埋或采用留洞混凝土浇筑的方法固定，横担的预埋件尾部做成鱼尾状；也可以采用在墙上凿孔，用过墙螺栓固定。

35.1.8.6 接户线架设

接线采用倒人字接头或直接接在架线上，相线上加装飞保险，接户线的其他安装同架空线路做法相同。

35.1.9 架空线路调试运行及验收

架空线路安装完成后进行送电前准备工作，主要有巡线检查、核对相序、测试、导线垂度、安全距离、电气间隙等，整理安装记录和技术资料。所有内容经检查合格后才允许申请冲击实验或试运行。

35.1.9.1 巡线检查

1. 巡线检查的人员

巡线检查一般分为几个小组，由总指挥分配任务：具体负责的杆位、杆位编号、线路名称及编号、相序的标注及其具体位置等。发现问题当即处理，不能当即处理的将杆位号、问题部位及内容记录好，再组织人员处理。要逐杆检查，每个电杆不得漏掉任何部位。

2. 巡线检查的人员的工器具及物品

电工工具、登杆脚扣、安全带、扳手、米尺、绑线、望远镜、铁榔头、接地电阻表、螺母、垫片、垂度尺、铝包带、防锈漆、黄绿红相色油漆、刷子、放大镜、棉线、图纸、记录纸及资料带等。

3. 巡线检查的内容

(1) 杆身、横担有无倾斜超差；杆上元件及金具的螺母是否松动、破损、缺螺母、缺垫片；金具有无开焊脱锌或锈蚀；绝缘子有无裂纹、松动、污渍；绑扎是否正确或松动；夹线元件安装是否正确牢固；铝包带绑扎长度及方法是否正确；杆上或导线上是否有杂物；防震锤安装部位是否正确，有无松动；杆上受力部件有无裂纹或变形。

(2) 观测焊接杆的焊缝有无砂眼、气泡、裂纹等缺陷。

(3) 相序是否正确；连接方法是否正确，连接有无松动或接触不良；导线及跨接线的安全距离是否符合要求，最大风摆时是否有短路的可能；同杆架设不同电压等级的线路时，横担的距离是否符合要求。

(4) 观测架空线有无断股、背花，接头是否符合要求；同一档距内是否超过一个接头；复核弧垂、间距、对地距离、交叉跨越及与建筑物的距离。

(5) 电杆基础有无变化、松动，位置偏差是否符合要求，杆身有无损坏。

(6) 拉线有无松动，螺栓有无生锈、松动、缺垫片，绑扎是否正确，有无松动散股；拉线方向及角度是否正确。

(7) 接地装置是否完整，连接是否牢固可靠，实测接地电阻是否符合要求。

35.1.9.2　绝缘电阻测试

(1) 根据架空线路的电压等级合适的绝缘电阻测试仪进行绝缘电阻测试。6～10kV选用1000～2500V绝缘电阻测试仪；低压选用500V绝缘电阻测试仪；

(2) 绝缘电阻测试时先将跌开式熔断器或隔离开关断开，低压线路须将用户的总开关断开。

6～10kV架空线路相与相、相与地的绝缘电阻应≥300MΩ；低压配电线路相与相、相与地、相与中性线的绝缘电阻应≥1.0MΩ。

35.1.9.3　合闸冲击实验

(1) 以上检查和测试完毕即可申请进行合闸实验。合闸前检查所有开关在断开位置并派人监护，并通知和检查人员是否远离电杆。

(2) 合闸实验时对空载线路冲击合闸三次，时间间隔≥30s，每次拉闸后，再合闸时间间隔应＜20s。

35.1.9.4　试运行

冲击合闸实验完成后，线路进行72h空载试运行。空载试运行期间，加强巡视，注意观察有无异常、闪络等，空载运行成功后即可交付使用。

35.2　电缆敷设

电缆是一种特殊的导线，它是将一根或数根绝缘导线组合成线芯，外面再包裹上包扎层而成。电缆按照用途主要分为电力电缆和控制电缆两大类。

电力电缆主要用于传输大功率电能，主要有聚乙烯电缆、交联聚乙烯电缆、橡套电缆、预分支电缆、矿物绝缘电缆等。

控制电缆主要用于连接电气仪表、传输操作电流、继电保护和自控回路以及测量等，一般运行电压在1kV以下，多芯且芯线截面面积小。

聚乙烯电缆性能较好，抗腐蚀，具有一定的机械强度，不延燃，制造加工简单，重量轻。

交联聚乙烯电缆具有泄露电流小、介质损耗小、耐热性能突出、重量轻等优点，且安装、运行、维护方便。钢带铠装型还能承受一定的机械力。

橡套电缆柔软，适合于移动频繁、敷设弯曲半径小的场合。

预分支电缆由主干电缆、分支线、起吊装置组成。具有供电安全可靠、安装简便、占建筑面积小、故障率低和免维护等优点，广泛应用于中高层、超高层建筑竖井供电。

矿物绝缘电缆是一种无机材料电缆，电缆外层为无缝铜护套，护套与金属线芯之间是一层经紧密压实的氧化镁绝缘层。具有耐火、防爆、防水、操作温度高、使用寿命长、外径小、载流量大、机械强度高以及耐腐蚀性高等优点。但矿物绝缘电缆造价较高。

35.2.1　一　般　规　定

35.2.1.1　适用范围

适用于 10kV 及其以下建筑电气电缆敷设。

35.2.1.2　常用技术数据

1. 电缆型号

电缆一般由线芯导体、绝缘层和保护层构成，电缆结构如图 35-5。线芯导体由多股铜或铝导线组成来输送电流；绝缘层用于线芯导体间和导体与保护层间的隔离；在绝缘层外包裹的覆盖层为保护层。电缆的保护层主要有金属护层、橡塑护层和组合护层三大类。

电缆型号由以下七部分组成：

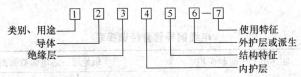

类别、用途——①
导体——②
绝缘层——③
内护层——④
结构特征——⑤
外护层或派生——⑥
使用特征——⑦

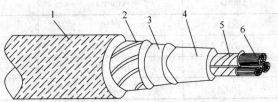

1~5 项和第 7 项用拼音字母表示，高分子材料用英文名的首位字母表示，每项可以是 1~2 个字母；第六项是 1~3 个数字。第 7 项是各种特殊使用场合或附加特殊使用要求的标记，在"一"后以拼音字母标记。有时为了突出该项，把此项写到最前面。如 ZR—（阻燃）、NH—（耐火）、WDZ—（低烟无卤）、TH—（湿热地区用）、FY—（防白蚁）等（表 35-31）。

图 35-5　电力电缆结构示意图
1—沥青麻护层；2—铠装；3—塑料护套；4—铝（铅）包护层；5—纸包绝缘；6—线芯导体

电缆型号字母含义　　　　　表 35-31

用　途	导线材料	绝　缘	内　护　层	结构特征	外护层或派生
K—控制电缆 Y—移动电缆 P—信号电缆 H—市内电话电缆	L—铝芯 T—铜芯	Z—纸绝缘 X—橡胶绝缘 V—聚氯乙烯 Y—聚乙烯 YJ—交联聚乙烯	Q—铅护套 L—铝护套 H—橡胶套 （H）F—非燃性橡套 V—聚氯乙烯护套 Y—聚乙烯护套	D—不滴流 F—分相铅包 P—贫油式 C—重型	1—麻皮 2—钢带铠装 20—裸钢带铠装 3—细钢丝铠装 30—裸细钢丝铠装 5—单层粗钢丝铠装 11—防腐护层 12—钢带铠装有防腐层 120—裸钢带铠装有防腐层

2. 导体选择的一般原则和规定

（1）导体材料选择：民用建筑宜采用铜芯电缆，下列场所应选用铜芯电缆。

1）易燃、易爆场所；

2）特别潮湿场所和对铝有腐蚀场所；

3）人员聚集较多的场所，如影剧院、商场、医院、娱乐场所等；

4）重要的资料室、计算机房、重要的库房；

5）移动设备或剧烈震动场所；

6）有特殊规定的其他场所；

7）控制电缆。

（2）除上述情况外，电缆导体可选用铜或铝导体。

3. 电缆线路附属设施的施工

（1）电缆导管

1）电缆管弯制后，不应有裂缝和显著的凹瘪现象，其弯扁程度不宜大于管子外径的 10%；

2）电缆管的内径与电缆外径之比不得小于 1.5，电缆钢导管的管径选择可参照表 35-32；

电缆钢导管管径选择表　　　　　　　　　　　　　　　　　　表 35-32

钢管直径 (mm)	四芯电力电缆截面积 (mm²)	纸绝缘三芯电缆截面面积(mm²)		
		1kV	6kV	10kV
50	≤50	≤70	≤25	—
70	70～120	95～150	35～70	≤60
80	150～185	185	95～150	70～120
100	240	240	185～240	150～240

3）每根电缆管的弯头不应超过 3 个，直角弯不应超过 2 个；

4）金属电缆管严禁对口熔焊连接，宜采用套管焊接的方式，连接时应两管口对准、连接牢固，密封良好；套接的短套管或带螺纹的管接头的长度，不应小于电缆管外径的 2.2 倍；镀锌和壁厚小于 2mm 的钢导管不得套管熔焊连接；

5）地下埋管距地面深度不宜小于 0.5m；与铁路交叉处距路基不宜小于 1.0m；距排水沟底不宜小于 0.3m；并列管间宜有不小于 20mm 的间隙。

（2）电缆支架及桥架

1）钢材应平直，无明显扭曲。下料误差应在 5mm 范围内，切口应无卷边、毛刺；

2）支架焊接应牢固，无显著变形。各横撑间的垂直净距与设计偏差不应大于 5mm；

3）电缆支架的层间允许最小距离，见表 35-33；层间净距不应小于 2 倍电缆外径加 10mm，35kV 及以上高压电缆不应小于 2 倍电缆外径加 50mm。

电缆支架的层间允许最小距离值（mm）　　　　　　　表 35-33

电缆类型和敷设特征		支（吊）架	桥 架
控制电缆明敷		120	200
电力电缆明敷	10kV 及以下（除 6～10kV 交联聚乙烯绝缘外）	150～200	250
	6～10kV 交联聚乙烯绝缘	200～250	300
	35kV 单芯	250	300
	35kV 三芯	300	350
电缆敷设于槽盒内		h+80	h+100

注：h 标识槽盒高度。

4）电缆支架安装牢固，横平竖直。各支架的同层横档应在同一水平面上，其高低偏差不大于 5mm，托架支吊架沿桥架走向左右的偏差不大于 10mm。电缆支架最上层及最下层至沟顶、楼板或沟底、地面的距离，见表 35-34。

电缆支架最上层及最下层至沟顶、楼板或沟底、地面的距离（mm） 表 35-34

敷设方式	电缆隧道及夹层	电缆沟	吊架	桥架
最上层至沟内或楼板	300~350	150~200	150~200	350~450
最下层至沟底或地面	100~150	50~100	—	100~150

5）电缆水平敷设需在电缆首末两端、转弯及接头的两端处固定；垂直敷设或超过 45°敷设时，在每个支架上均需固定。电缆各支持点的距离应符合设计规定，当设计无规定时，不应大于表 35-35 规定。

电缆各支持点间的距离（mm） 表 35-35

电缆种类		敷设方式	
		水平	垂直
电力电缆	全塑型	400	1000
	除全塑型外的中低压电缆	800	1500
	35kV 及以上高压电缆	1500	2000
控制电缆		800	1000

6）当直线段钢制桥架超过 30m、铝合金或玻璃钢制桥架超过 15m 时以及桥架过建筑物变形缝时，应留有不小于 20mm 的伸缩缝，其连接宜采用伸缩连接板。

4. 电缆敷设的最小弯曲半径，应符合表 35-36 规定。

电缆最小弯曲半径 表 35-36

电缆型式		多芯	单芯
控制电缆	非铠装型、屏蔽型软电缆	6D	—
	铠装型、铜屏蔽型	12D	
	其他	10D	
橡皮绝缘电力电缆	无铅包、钢铠护套	10D	
	裸铅包护套	15D	
	钢铠护套	20D	
塑料绝缘电缆	无铠装	15D	20D
	有铠装	12D	15D

注：表中 D 为电缆外径。

5. 电缆敷设的其他要求

（1）三相四线制系统中应采用四芯电力电缆，不得采用三芯另加一根单芯电缆或导线、电缆金属护套作中性线；三相五线制亦应采用五芯电缆；

（2）并联使用的电力电缆其长度、规格、型号应相同；

(3) 电缆进入电缆沟、隧道、竖井、建筑物、盘（柜）以及穿入管子时，出入口应封闭，管口应密封。

6. 电缆附件

(1) 室外制作 6kV 及以上电缆终端与接头时，空气相对湿度应在 70% 及以下；当湿度超过时，可提高环境温度或加热电缆；

(2) 电缆线芯连接金具，内径应与电缆线芯匹配，截面宜为线芯截面的 1.2～1.5 倍；

(3) 电缆接地线应采用铜绞线或镀锡铜编织线与电缆屏蔽层连接，其截面积不小于表 35-37 的规定。

电缆终端接地线截面（mm²）   表 35-37

电缆截面	接地线截面	电缆截面	接地线截面
16 及以下	接地线截面可与芯线截面相同	150 及以上	25
16 以上～120	16		

35.2.1.3 材料质量要求

(1) 电缆及附件的规格、型号、长度应符合设计及订货要求，符合国家现行标准及相关产品标准的规定，并应有产品标识及合格证；

(2) 产品的技术文件应齐全；

(3) 电缆盘上应标明型号、规格、电压等级、长度、生产厂家等；

(4) 电缆外观不应受损，不得有铠装压扁、电缆绞拧、护层折裂等机械损伤，电缆应绝缘良好、电缆封端应严密；

(5) 电缆终端头应是定型产品，附件齐全，套管应完好，并应有合格证和试验数据记录；

(6) 电缆及其附件安装用的钢制紧固件，除地脚螺栓外，应采用热镀锌或等同热镀锌性能的制品；

(7) 电缆在保管期间，电缆盘及包装应完好，标识应齐全，封端应严密。

35.2.1.4 施工质量要求

(1) 电缆敷设前应按设计和实际路径计算每根电缆的长度，合理安排每盘电缆，减少电缆接头；

(2) 电缆排列整齐，少交叉，坐标和标高正确，标志桩、标志牌设置正确；电缆的首末端、分支处、人孔及工作井处应设电缆标志牌，注明线路编号，或者电缆型号、规格及起讫点；并联使用的电缆应有顺序号。标志牌的字迹清晰不易脱落；

(3) 交流系统的单芯电缆或分相后的分相铅套电缆的固定夹具不应构成闭合磁路；三相或单相交流单芯电缆，不得单独穿入，应分别按其组合穿于同一导管内；

(4) 电缆耐压试验及绝缘电阻测试需符合设计及施工规范要求；

(5) 竖井内高压、低压和应急电源的电气线路，相互之间应保持 0.3m 及以上距离或采取隔离措施，并分别设有明显标志。

35.2.1.5 施工常用机具

钢卷尺、绝缘电阻表、电工刀、手用钢锯、直流高压试验器等。

35.2.1.6 作业条件

(1) 根据施工图纸进行技术复核，包括标高、走向、坐标等；

(2) 施工路线上的建筑物、构筑物均应验收合格；

(3) 电缆及其附件、配件均验收合格；

(4) 电缆线路支持件安装完成并通过验收。

35.2.2 直埋电缆敷设

直埋电缆敷设是将电缆线路直接埋设在地下 0.7～1.5m 间的土壤里的一种电缆敷设方式，具有投资小、散热好、施工周期短、经济便捷、不影响美观等优点。

35.2.2.1 材料要求

(1) 直埋电缆宜选用钢带铠装（有麻被层）电缆，在有腐蚀性土壤的地区，应选用有塑料外护层的铠装电缆。

(2) 电缆到场查验产品合格证，合格证有生产许可证编号，并应符合设计和规范要求。

(3) 除电缆外，查验各种电缆附件、电缆保护盖板、过路套管等主要材料，应有产品质量合格证明文件。

35.2.2.2 施工机具

(1) 挖掘机械、电缆倒运机械；

(2) 电缆牵引机械、滚轮、电缆敷设用支架等；

(3) 电工刀、喷灯、钢锯架、钢锯条、钢卷尺等；

(4) 兆欧表、直流高压试验器等。

35.2.2.3 工艺流程

测量放线→电缆沟开挖→电缆敷设→覆软土或细砂→盖电缆保护盖板→回填土→设电缆标志桩。

35.2.2.4 电缆沟开挖

(1) 开挖电缆沟时，应按复测确定的合理电缆线路走向，用白灰在地面上划出电缆走向的线路和电缆沟的宽度。拐弯处电缆沟的弯曲半径应满足电缆弯曲半径的要求。山坡上的电缆沟，应挖成蛇形曲线状，曲线的振幅为 1.5m。

(2) 电缆沟的开挖宽，一般可根据电缆在沟内平行敷设时电缆间最小净距加上电缆外径计算，在同沟敷设一根电缆时，沟宽度为 0.4～0.5m，敷设两根电缆时，沟宽度约为 0.6m，每增加一根电缆，沟宽加大 170～180mm。

(3) 电缆沟开挖深度一般不小于 850mm，同时还应满足与其他地下管线的距离要求。

(4) 各电压等级电缆同沟直埋敷设电缆沟如图 35-6 所示。

(5) 直埋敷设于非冻土地区时，电缆埋置深度应符合下列规定：

1) 电缆外皮至地下构筑物基础，不得小于 0.3m；

2) 电缆外皮至地面深度，不得小于 0.7m；当位于车行道或耕地下时，应适当加深，且不宜小于 1m。

(6) 直埋敷设于冻土地区时，宜埋入冻土层以下，当无法深埋时可在土壤排水性好的干燥冻土层或回填土中埋设，也可采取其他防止电缆受到损伤的措施。

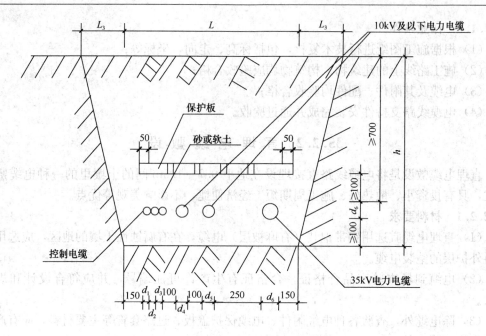

图 35-6   各电压等级电缆同沟直埋敷设

注：L 为电缆壕沟宽度，$d_1 \sim d_6$ 为电缆外径。

(7) 直埋敷设的电缆，严禁位于地下管道的正上方或下方。电缆与电缆或管道、道路、构筑物等相互间容许最小距离，应符合表 35-38 的规定：

电缆与电缆或管道、道路、构筑物等相互间容许最小距离（m）   表 35-38

电缆直埋敷设时的配置情况		平 行	交 叉
控制电缆之间		一	0.5*
电力电缆之间或与控制电缆之间	10kV 及以下动力电缆	0.1	0.5*
	10kV 以上动力电缆	0.25**	0.5*
不同部门使用的电缆		0.5**	0.5*
电缆与地下管沟	热力管沟	2***	0.5*
	油管或易燃气管道	1	0.5*
	其他管道	0.5	0.5*
电缆与铁路	非直流电气化铁路路轨	3	1.0
	直流电气化铁路路轨	10	1.0
电缆与建筑物基础		0.6***	—
电缆与公路边		1.0***	—
电缆与排水沟		1.0***	—
电缆与树木的主干		0.7	—
电缆与 1kV 以下架空线电杆		1.0***	—
电缆与 1kV 以上线塔基础		4.0***	—

注：* 用隔板分隔或电缆穿管时可为 0.25m；** 用隔板分隔或电缆穿管时可为 0.1m；*** 特殊情况可酌减且最多减少一半值。

（8）直埋电缆沟在转弯处应挖成圆弧形，以保证电缆的弯曲半径；电缆直埋转角段和分支段做法如图 35-7、图 35-8 所示：

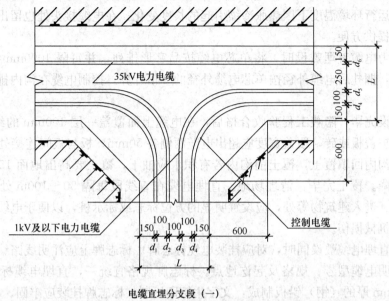

电缆直埋分支段（一）

图 35-7 直埋电缆转角段

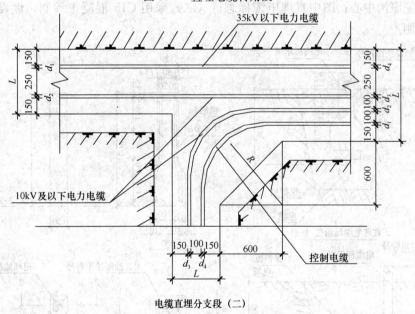

电缆直埋分支段（二）

图 35-8 直埋电缆分支段

电缆沟开挖全部完成后，应将沟底铲平夯实；再在铲平夯实的电缆沟铺上一层100mm 厚的细砂或软土，作为电缆的垫层。

35.2.2.5 电缆敷设

电缆沟内放置滚轮，其设置间距一般为 3～5m 一个，转弯处应加放一个，然后以人力牵引或机械牵引（大截面、重型电缆）的方式施放电缆。

电缆应松弛敷设在沟底，作蛇形或波浪形摆放，全长预留 1.0%～1.5% 的余量，以补偿在各种运行环境温度下因热胀冷缩引起的长度变化；在电缆接头处也留出裕量，为故障时的检修提供方便。

单芯电力电缆直埋敷设时，将单芯电缆按品字形排列，并每隔 1000mm 采用电缆卡带进行捆扎，捆扎后电缆外径按单芯电缆外径的 2 倍计算。控制电缆在沟内排列间距不作规定。

电缆敷设完毕，隐蔽工程验收合格后，在电缆上面覆盖一层 100mm 的细砂或软土，然后盖上保护盖板或砖，覆盖宽度应超出电缆两侧各 50mm，板与板间连接处应紧靠。然后再向电缆沟内回填覆土，覆土前沟内若有积水应抽干，覆土要高出地面 150～200mm，以备松土沉降。覆土完毕，清理场地。直埋电缆在直线段每隔 50～100m 处、电缆接头处、转弯处、进入建筑物等处，应设置明显的方位标志或标示桩，以便于电缆检修时查找和防止外来机械损伤。

在每根直埋电缆敷设同时，对应挂装电缆标志牌。标志牌上应注明线路编号，当无编号时，应写明电缆型号、规格及起讫地点。标志牌规格宜统一，直埋电缆标志牌应能防腐，宜用 2mm 厚的（钢）铅板制成，文字用钢印压制，标志牌挂装应牢固。

电缆标示桩，如图 35-9 所示。图中直埋电缆标志桩（一）采用 C15 钢筋混凝土预制，埋设于电缆壕沟中心；图中直埋电缆标志桩（二）采用 C15 混凝土预制，埋设于沿送电方向的右侧。

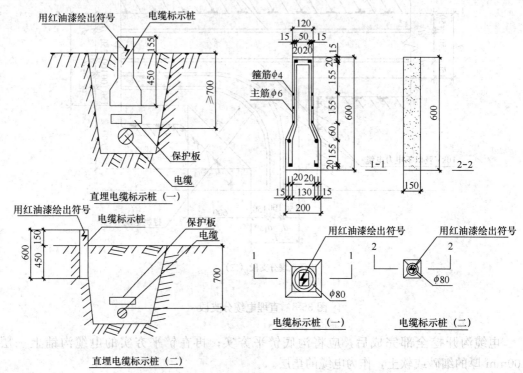

图 35-9　直埋电缆标示桩

直埋电缆由电缆沟内引入建筑物的敷设时，应穿电缆保护管防护，保护管两端应打磨成喇叭口，如图 35-10 所示，图中 R 为电缆弯曲半径。

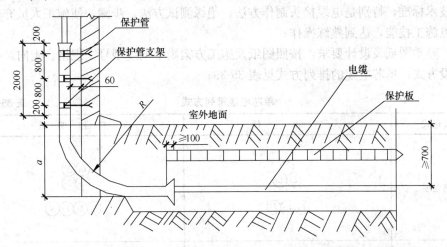

图 35-10　直埋电缆由电缆沟内引入建筑物的敷设

35.2.3　矿物绝缘电缆敷设

35.2.3.1　材料要求

（1）矿物绝缘电缆及其附件质量应符合《额定电压 750V 及以下矿物绝缘电缆及终端》GB/T 13033 规定；

（2）当有防腐或美观要求时，可挤制一层外套。外套颜色、材料应符合相关规定要求；

（3）当电缆在对铜护套有腐蚀作用的环境中敷设时、电缆最高温度超过 70℃ 但低于 90℃，同其他塑料护套电缆敷设在同一桥架、电缆沟、电缆隧道或人可能触及的场所、或在部分埋地或穿管敷设时，应采用有聚氯乙烯外套的电缆；

（4）电缆终端、中间连接器、敷设配件及施工专用工具由电缆生产厂家配套供应；

（5）应根据现场回路电缆长度合理装盘，减少中间接头。

35.2.3.2　施工机具

电工用具、扳手、钢卷尺、手用钢锯、开孔器、起吊装置、喷灯、铜皮剥切器、电缆弯曲扳手、封罐旋合器、罐盖压合器。

35.2.3.3　作业条件

（1）电缆敷设路径上的建筑物施工完成，并符合现行施工规范要求。

（2）敷设电缆的支架、桥架、钢索等按设计要求安装完毕，技术复核完成。

（3）电缆及其配套部件均已到场，电缆外观检查完好，绝缘电阻测试符合标准规定要求。

35.2.3.4　工艺流程

电缆支架、桥架等敷设→现场测量订货→到货验收→电缆敷设→中间、终端接头制作→绝缘复测→终端头接线→通电试运行。

35.2.3.5 施工准备

（1）组织施工人员进行技术培训和技术指导，使其充分了解矿物绝缘电缆特性、敷设要求、技术标准，特别是电缆接头制作方法、绝缘测试方法、步骤，使施工人员充分掌握关键节点施工技能，达到熟练操作；

（2）熟悉图纸及设计要求，按照图纸及施工方案确定电缆型号、规格、走向，排列方式及敷设方式；单芯电缆的排列方式见表 35-39；

单芯电缆排列方式   表 35-39

敷设形式	三 相 三 线	三 相 四 线
单路电缆	（图示：L₁ L₂ L₃ 排列）	（图示：L₁ N L₂ L₃ 排列）
两路平行电缆	（图示：d 2d d 间距排列）	（图示：d 2d 间距排列）
三路平行电缆	（图示：d 2d d 2d d 间距排列）	（图示：d 2d d 2d d 间距排列）

（3）复核电缆路径走向，路径应满足表 35-40 规定的电缆最小弯曲半径的要求；

电缆弯曲半径要求   表 35-40

电缆外径 D(mm)	$D<7$	$7 \leqslant D<12$	$12 \leqslant D<15$	$D \geqslant 15$
电缆内侧最小弯曲半径 R(mm)	2D	3D	4D	6D

（4）计算敷设电缆所需长度时，应考虑留有不少于 1% 的余量；

（5）电缆敷设前应矫直；

（6）电缆到场后应测试电缆的绝缘电阻，采用 1000V 兆欧表，测量铜芯间及铜芯和铜护套间绝缘电阻，其值应大于等于 200MΩ。

35.2.3.6 电缆敷设

1. 电缆敷设的一般要求

（1）矿物绝缘电缆、终端和中间联接器的安装，应严格按图集《矿物绝缘电缆敷设

99D101-6》或设计要求进行；

(2) 电缆在直线敷设的适当场合、过建筑物伸缩缝和沉降缝时，应设置电缆膨胀环，电缆弯曲半径应不小于电缆外径的6倍，见图35-11；

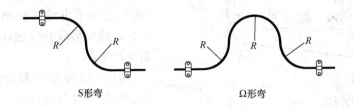

图 35-11　膨胀环

(3) 电缆在有振动源设备的布线，如电动机进线或发电机出线等，应将引至振动源设备接线盒处电缆弯成环形或"S"形，见图35-12；

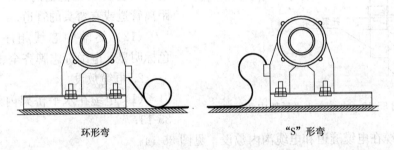

图 35-12　电缆防振措施

(4) 电缆敷设时，其固定点之间的间距，除支架敷设在支架处固定外，其余按表35-41规定固定。电缆弯曲时，在弯头两侧100mm处设置支架并用电缆卡子固定；

表 35-41

电缆固定点或支架间的最大距离（mm）

电缆外径(mm)		$D<9$	$9\leqslant D<15$	$15\leqslant D\leqslant20$	$D>20$
固定点间的 最大间距	水平	600	900	1500	2000
	垂直	800	1200	2000	2500

电缆倾斜敷设时，电缆与垂直方向成30°及以下时，按垂直间距固定；大于30°时，按水平间距固定；

(5) 施工中，电缆一旦锯开，应立即进行下道工序施工，若放置时间太长，应及时进行临时封堵。当有潮气侵入电缆端部，可用喷灯火焰直接对电缆受潮段进行加热驱潮，直到用1000V兆欧表测试电缆绝缘电阻达到200MΩ以上，才能进行中间联接器或终端安装；

(6) 在电缆终端和中间联接器安装过程中，要多次及时地测量电缆的绝缘电阻值。终端和中间联接器安装完成后，应经绝缘电阻测试达100MΩ以上才能使用；

(7) 电缆的终端应牢固可靠地固定在电缆和电气设备上，利用电缆铜护套作接地线

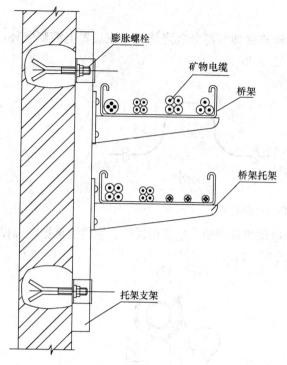

时，应接地可靠；

（8）电缆平行敷设时，如有多只中间联接器，其位置应相互错开；

（9）单芯矿物绝缘电缆进出柜（箱）及支承电缆的桥架、支架及固定卡具，均应采取分隔磁路的措施，防止涡流产生；

（10）电缆穿管敷设，管的内径应大于电缆外径（包括单芯成束的每路电缆）的1.5倍，单芯电缆成束后宜每一路穿一根管道；

（11）矿物绝缘电缆只能穿直通管道，长度在30m范围内，不宜穿于较长距离管道或有弯头的管道；

（12）终端的芯线相序连接正确，色标明显，电缆标志牌齐全、清晰。

2. 电缆敷设

（1）电缆在水平桥架内敷设，见图35-13；

图35-13　电缆在水平桥架内敷设

（2）电缆在电缆隧道和电缆沟内敷设，见图35-14；

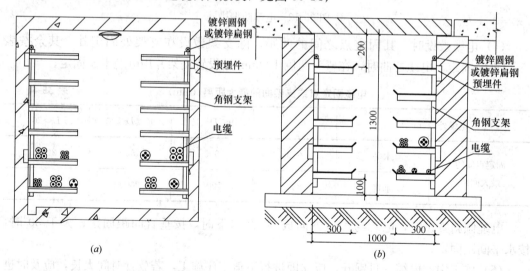

图35-14　电缆在电缆隧道或电缆沟内敷设

(a)电缆在电缆隧道内敷设；(b)电缆在电缆沟内敷设

（3）电缆沿支架敷设，见图35-15；

（4）电缆进配电箱、柜敷设，见图35-16；

（5）电缆接地敷设，见图35-17。

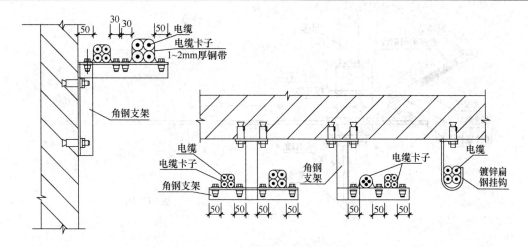

图 35-15　电缆沿支架敷设

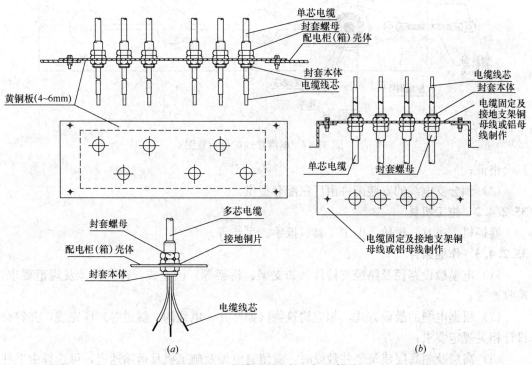

图 35-16　电缆进配电箱、柜的敷设

（a）矿物绝缘电缆从配电柜（箱）上进线或侧进线；（b）矿物绝缘电缆从配电柜（箱）下进线

35.2.4　预分支电缆敷设

35.2.4.1　材料要求

（1）预分支电缆的主干、分支电缆型号应一致，并经出厂检验合格，其性能符合国家标准要求；

（2）主、分电缆外径尺寸均匀，符合产品标准，表面标识清晰、耐擦、光洁、平整、色泽均匀、无划痕等与良好产品不相称的缺陷；

（3）预分支电缆及其附件规格、型号等应符合设计图纸要求，技术资料齐全，并有出

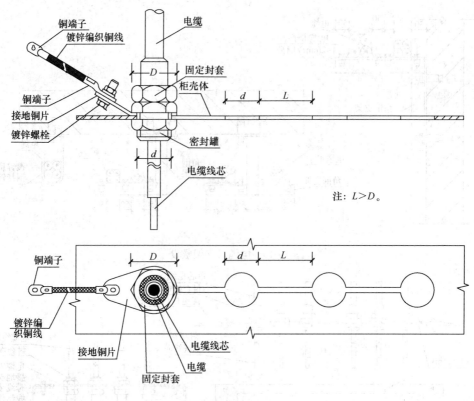

注: $L>D$。

图 35-17 电缆接地敷设示意图

厂合格证；

(4) 预分支电缆的安装配件由厂家配套提供。

35.2.4.2 施工机具

卷扬机、吊具、滑轮、电工工具、扳手、吊钩等。

35.2.4.3 作业条件

(1) 电缆敷设路径及路径支持件（如支架、桥架等）已完成，符合设计及规范要求，验收通过；

(2) 根据电缆的敷设方式，相应构筑物（如竖井、电缆沟、隧道等）应完成，并符合设计相关规定要求；

(3) 高层及超高层建筑竖井敷设时，应留有电缆及施工机具运输通道，可选择由上往下敷设或由下往上敷设；

(4) 应根据高层及超高层建筑吊运工具尺寸、规格要求，合理装盘。

35.2.4.4 工艺流程

电缆支吊架或桥架安装→电缆长度测量→主干电缆敷设固定→分支电缆敷设固定→电缆接线测试→通电试运行。

35.2.4.5 施工准备

(1) 电气竖井预留洞大小和位置经过技术复核，符合设计要求；

(2) 根据电缆的敷设方式，完成电缆支持件（如支架、桥架等）的施工，并通过验收；

(3) 预分支电缆订货选型时，向生产厂家提出主干电缆和各分支电缆的规格与长度、建筑

物楼层层高剖面图、分支接头距离楼层地坪高度以及分支电缆进楼层配电箱的进线方式;

(4) 卷扬机、滑轮等施工机具按施工方案布置完毕。

35.2.4.6 电缆敷设

1. 一般要求

(1) 预分支电缆若为单芯电缆时,应考虑防止涡流效应,禁止使用封闭导磁金具夹具;

(2) 预制分支电缆布线,分支电缆的长度不应大于 3m,如不能满足要求应在不超过 3m 处装设过电流保护装置;

(3) 预分支电缆敷设穿越不同防火分区时,应采取相应的防火封堵措施,并符合设计要求;

(4) 电缆敷设完成后,在首末端、分支处挂上电缆标牌;

(5) 电缆敷设时,待主干电缆安装固定后,再将分支电缆绑扎解开,安装时不应过分强拉分支电缆。

2. 敷设方法

(1) 分支电缆吊装方法,见图 35-18。

(2) 预分支电缆在竖井内安装:

1) 支架敷设,见图 35-19;

2) 竖井桥架内敷设,见图 35-20。

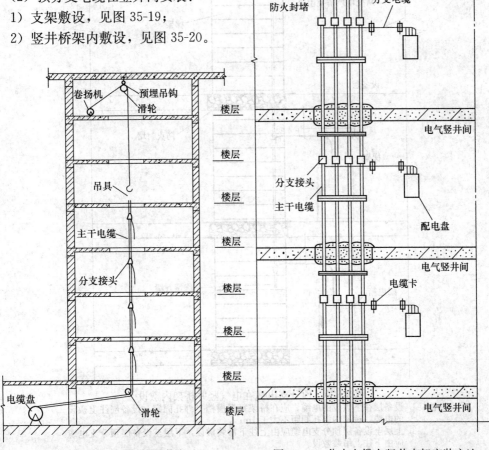

图 35-18 分支电缆吊装方法　　　　图 35-19 分支电缆在竖井支架安装方法

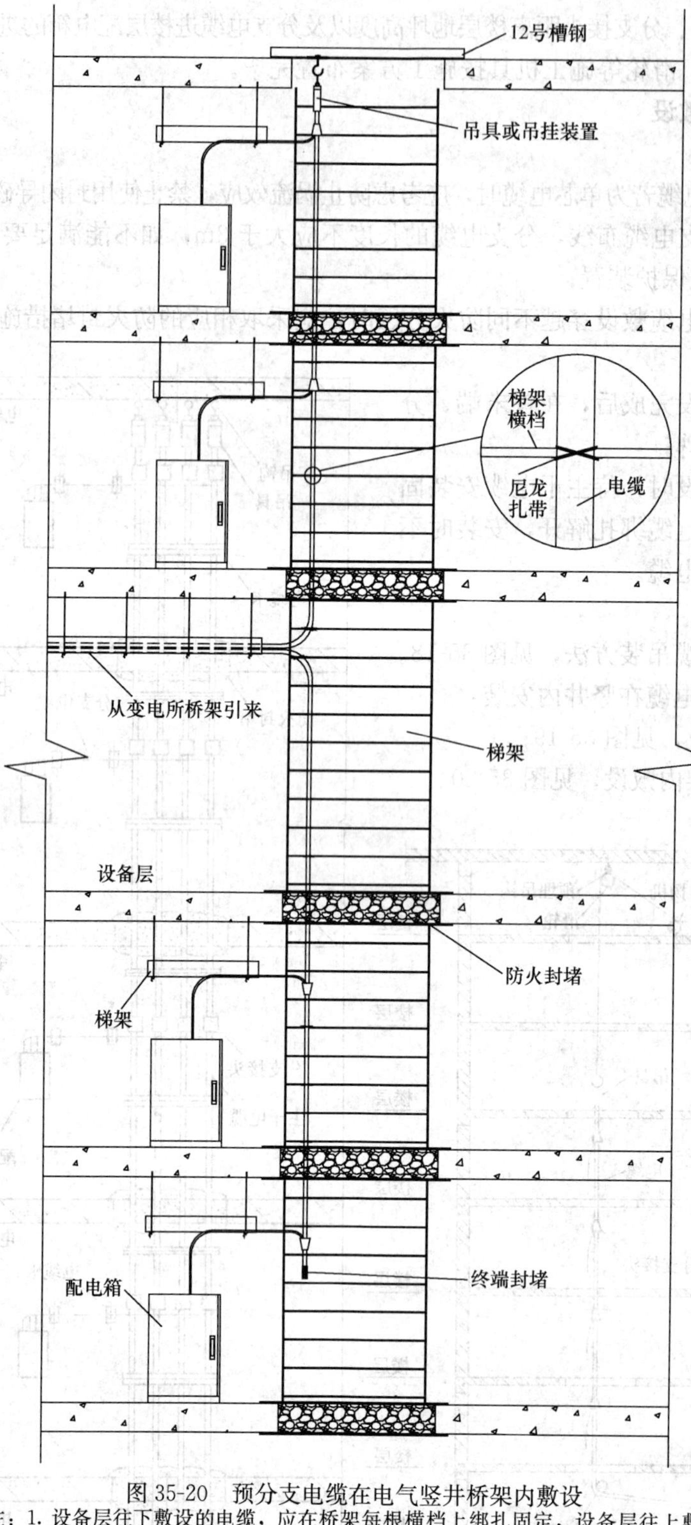

图 35-20 预分支电缆在电气竖井桥架内敷设

注：1. 设备层往下敷设的电缆，应在桥架每根横档上绑扎固定，设备层往上敷设的电缆，桥架内绑扎间距不大于1m；

2. 上层至设备层预分支电缆应由上往下吊装敷设，下层至设备层预分支电缆应由下往上吊装敷设。

35.2.5 超高层建筑垂直电缆敷设

超高层建筑垂直电缆敷设根据不同电缆结构会有不同的施工方法，本节根据上海环球金融中心（地下3层，地上101层）工程的应用实例介绍。

35.2.5.1 材料要求

（1）电缆由超高层水平段、垂直竖井段、下水平段组成。其结构为：电缆在垂直敷设段带有3根钢丝绳，并配吊装圆盘，钢丝绳用扇形塑料包覆，并与三根电缆芯绞合，水平敷设段电缆不带钢丝绳。吊装圆盘为整个吊装电缆的核心部件，由吊环、吊具本体、连接螺栓（钢丝绳拉索锚具）和钢板卡具组成，其作用是在电缆敷设时承担吊具的功能并在电缆敷设到位后承载垂直段电缆的全部重量，电缆承重钢丝绳与吊具连接采用锌铜合金浇铸工艺。

1）电缆结构示意图及样品图见图35-21。

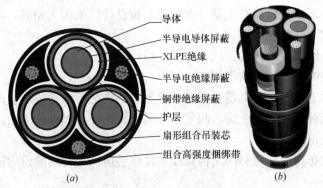

图 35-21 电缆结构和样品图
(*a*) 电缆结构示意图；(*b*) 电缆样品图

2）电缆吊装圆盘样品图，见图35-22。

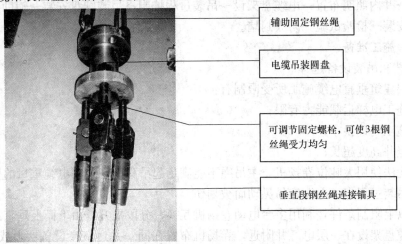

图 35-22 电缆吊装圆盘样品图

（2）电缆及吊具需符合设计及国家规范等规定，质量、技术资料齐全。

（3）电缆芯线标识清楚，耐擦。符合《电线电缆识别标志方法》GB/T 6995规定。

（4）为保证电缆吊装安全，电缆中选用的任意钢丝绳两根的最小破断拉力总和大于 4 倍电缆垂吊部分的重力。

（5）电缆长度宜会同生产厂家现场测量，尤其是垂直段长度；电缆盘上除按规定标注外，还应注明电缆敷设编号。

（6）依据由下往上吊装方式，电缆装盘时，上水平段应在盘外侧。

（7）钢丝绳、吊具应有破断、拉力等试验，并符合设计要求。

35.2.5.2　施工机具

吊车、放线架、卷扬机、手拉葫芦、放线滚轴（托滚）、钢丝绳、滑轮、滑轮组、吊带、卸扣、扳手、电话、对讲机、电缆穿井梭头、防晃滚轮、塑铸滚轮、电缆金属网套、电工工具等。

35.2.5.3　作业条件

（1）电缆上、下水平段路径支架（或桥架）按设计图纸施工完成，弯曲半径应能满足电缆弯曲半径要求，并验收通过；

（2）电缆竖井建筑装饰施工完成，门能上锁；

（3）竖井有临时照明和通信措施；

（4）电缆运输通道畅通；电缆盘架设的地点应能满足下水平段电缆倒盘要求；

（5）各特殊工种均需持证上岗、起重指挥需有操作证。对操作工人进行安全及施工技术交底，形成交底记录；

（6）卷扬机的布置点，应利用结构梁或钢柱作卷扬机、导向滑轮的锚点，或者在结构阶段预埋圆钢锚环；

（7）吊装机具规格型号选择，应根据设计计算书而定。

35.2.5.4　工艺流程

井口测量→穿引梭头设计制作→吊装工艺选择→起重设备选择→起重设备布置→通信设备布置→井内照明布置→电缆盘架设→吊装过程控制→吊装圆盘安装→辅助吊具安装→辅助卡具安装→检验试验→防火封堵。

35.2.5.5　施工准备

1. 工艺和吊装设备选择

超高层建筑垂直电缆施工所受限制有：

（1）施工电梯运载能力有限；

（2）施工场地狭小；

（3）竖井高度超长；

（4）无法使用大吨位卷扬机，主吊绳不能满足起吊高度和起吊电缆重量的要求；

（5）吊装过程中，电缆容易晃动而被划伤。

针对以上限制条件，利用多台电动卷扬机互换、分段提升，由下而上垂直吊装敷设的方法。电缆盘架设在一层电气井附近，卷扬机布置在同一井道最高设备层上或以上楼层，按序吊运各竖井电缆。每根电缆分三段敷设，先进行设备层水平段和竖井垂直段电缆敷设，后进行下水平段电缆敷设。因上水平段不绞绕钢丝绳，不能受力，在吊装工艺选择上应侧重于上水平段的捆绑、吊运。

吊装高度较低的楼层，布置两台卷扬机，采用主吊绳水平跑绳，两台卷扬机互换提升的方法进行吊装，见图 35-23。

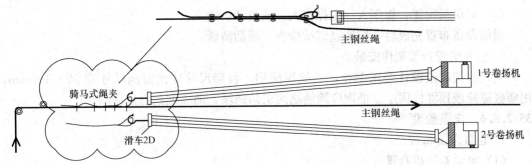

图 35-23 卷扬机互换提升示意

吊装高度较高的楼层上的卷扬机，两台卷扬机分段提升的方法，见图 35-24 先由 1 号主吊卷扬机采用主吊绳垂直跑绳，在电气竖井内通过吊绳换钩、绳索脱离分段吊装，完成大部分吊装后再由 2 号主吊卷扬采用水平跑绳，吊完剩余较短的部分。在 3 号卷扬机提起整个上水平段后，将上水平段电缆捆绑在主吊绳上，3 号卷扬机脱钩，由主吊卷扬机通过吊装圆盘吊运上水平段和垂直段的电缆，在吊装圆盘到达设备层的电气竖井口后，利用钢板卡具（吊装板）将吊装圆盘固定在槽钢台架上。

吊装设备的选择一般按照起重吨位、场地条件、搬入吊装设备的途径等方面选择。确定吊装设备后，选择跑绳数，最后经过计算选择钢丝绳规格。

2. 电气竖井留洞复核测量

电缆敷设前，应对竖井留洞尺寸及中心垂直偏差进行复核测量，方法为：

以每个电气竖井的最高层的留洞中心为测量基准点，采用吊线锤的测量方法，从上往下吊线锤，测量留洞中心垂直差，同时测量留洞尺寸，以图表形式作好测量记录。对不符合要求的留洞，通知建筑单位修整。

3. 竖井临时照明布置

采用 36V 安全电压，沿竖井布置，每层设置 60W 灯泡一只。

4. 竖井通信设备布置

以有线电话为主，无线电话为辅。

（1）架设专用通信线路，从设备层经电气竖井敷设至一层放盘区，电气竖井每层备一电话接口，便于竖井人员同指挥及卷扬机操作者联络。

（2）固定话机设置：每台卷扬机配备一部电话，卷扬机操作手须佩戴耳机，一层放盘区配置一部电话，一层井口配置一部电话，跑井人员每人一部随

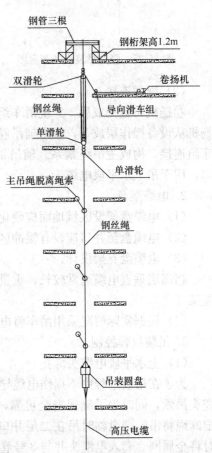

图 35-24 卷扬机分段提升示意

身电话。

（3）对讲机配置：指挥人、主操作人、放盘区负责人。

通信设备布置完成后，应经过调试检查、通话清晰。

5. 竖井电缆台架制作安装

电缆台架应按设计要求制作，一般用槽钢，台架尺寸应比留洞尺寸宽 50～100mm，用膨胀螺栓或预埋件固定。槽钢应除锈刷两道防锈漆，面漆颜色由设计确定。

35.2.5.6 电缆敷设

1. 起重设备布置

（1）电动卷扬机布置

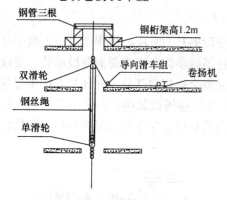

图 35-25 竖井吊装设备布置图

吊装设备布置在电气竖井的最高设备层或以上楼层，除能吊装最高设备层的电缆外，还能吊装同一井道内其他设备层的垂直电缆，见图 35-25。

1）卷扬机、导向滑轮的锚点可利用结构钢梁或钢柱，如没有现成的锚点，应预埋圆钢锚环。

2）卷扬机与导向滑轮之间的距离应大于卷筒长度的 15 倍，确保当钢丝绳在卷筒中心位置时，滑轮的位置与卷筒轴心垂直。

3）卷扬机为正反操作，安装时卷筒旋转方向应和操作开关的指示一致。

（2）绳索连接

卷扬机布置完成后，穿绕滑车组跑绳并将吊绳放置在电气井内，主吊绳可通过辅吊卷扬机从设备操作层放下，或由辅吊卷扬机从一层向上提升，到位后上端与主吊绳卷扬机滑车组连接，构成主吊绳索系。辅吊钢丝绳较细，可将辅吊卷扬机上的钢丝绳放至 2 层井口，用于吊上水平段电缆。

2. 电缆架盘

（1）电缆盘架设区域地面应硬化、平整，范围内无其他施工。

（2）电缆盘至井口应设有缓冲区和下水平段电缆脱盘后的摆放区。

（3）电缆盘支架设计：

超高层垂直电缆通常较长，重量较重，应设计一个承载大、稳定性好、方便拆卸的电缆架。

（4）根据实际情况采用吊车将电缆放置在电缆盘架上。

3. 吊装过程控制

（1）上水平段电缆头绑扎

为了在吊装过程中不损伤电缆导体，选用有垂直受力锁紧特性的活套型金属网套为电缆头吊索，同时为了确保安全可靠，设一根直径 12.5mm 柔性钢丝绳为保险附绳。用两根麻绳将吊装圆盘临时吊在二层井口，见图 35-25 将电缆穿入吊装圆盘并伸出 1.2m，此时将金属网套套入电缆头并与 3 号卷扬机吊绳连接后向上提升 1.5m 左右叫停，这时金属网套已受力，可进行保险绳的捆绑，要求捆绑不少于 3 节，见图 35-26、图 35-27。

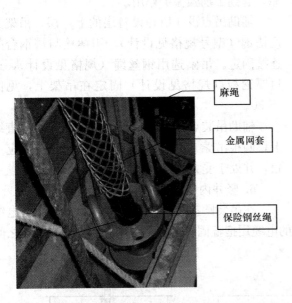

图 35-26 电缆头穿出吊装圆盘

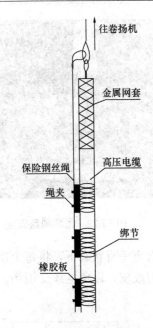

图 35-27 电缆头及保险绳捆绑

（2）吊装圆盘连接

当上水平段电缆全部吊起，垂直段电缆钢丝绳连接螺栓接近吊装圆盘时叫停，将主吊绳与吊装圆盘吊索（千斤绳）连接，同时将垂直段电缆钢丝绳连接螺栓与吊装圆盘连接。连接时应调整连接螺栓，使垂直段电缆内 3 根钢丝绳受力均匀。

（3）防摆定位装置安装

电缆在吊装过程中，由人力将电缆盘上的电缆经水平滚轮拖至一层井口，供卷扬机提升。电缆在卷扬机拉力和人力共同作用下产生摆动，电缆从地面向上方井口传递的弧度越大，在电气竖井内的摆动就越大。电缆摆动较大时，将会被井口刮伤，因而必须采取措施控制电缆摆动。

二层电气竖井井口为卷扬机摆动和人力结合部，在此处安装防摆动定位装置，可以有效地控制电缆摆动，同时起到了保持电缆垂直吊装的定位作用。防摆动定位装置由两个带轴承的滚轮，装在支架上组成，安装在二层电气井留洞槽钢台架上，见图 35-28。

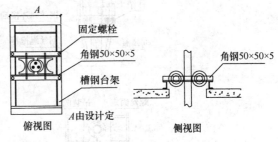

图 35-28 电缆防摆定位装置安装

4. 吊装圆盘固定

当吊装圆盘吊至所在设备层井口高出台架 70～80mm 时叫停，将吊装板卡进吊装圆盘上颈部。用螺栓将吊装圆盘固定在槽钢台架上，见图 35-29。卷扬机松绳、停止，至此电缆吊装过程完成。

5. 辅助吊绳安装

吊装圆盘在槽钢台架上固定后，还要对其辅助吊挂，目的是使电缆固定更为安全可

图 35-29　吊装圆盘固定

靠，起到了加强保护作用。

辅助吊点设在所在设备层的上一层，吊架选用槽钢（型号规格见设计），用螺栓与槽钢台架连接固定。吊索选用钢丝绳（规格见设计），通过厚钢板（规格见设计）固定在吊架上，见图35-30。

辅助吊装点与吊装圆盘中心应在同一垂直线上，两根吊索应带有紧线器，安装后长度应一致，并处于受力状态。

6. 竖井内电缆固定

在吊装圆盘及其辅助吊索安装完成后，电缆处于自重垂直状态下，将每个楼层井口的电缆用抱箍固定在槽钢台架上，电缆与抱箍之间应垫有胶皮，以免电缆受损伤。

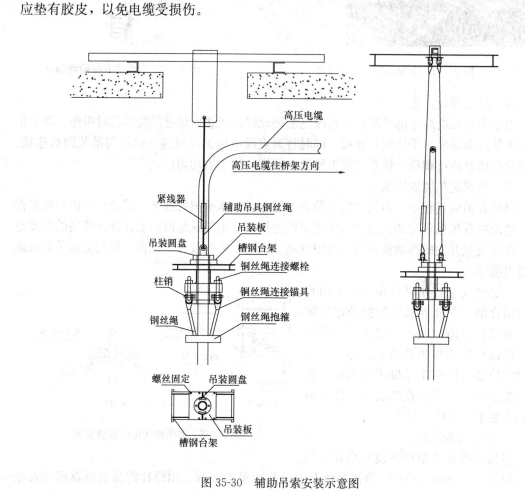

图 35-30　辅助吊索安装示意图

7. 水平段电缆敷设、电缆试验，竖井防火封堵

水平段电缆敷设、电缆试验和竖井防火封堵按照常规方法进行。

35.2.6　干包电缆头制作

35.2.6.1　材料和设备

干包电缆头是用聚氯乙烯手套、塑料乙烯带包缠而成，体积小、工艺简单、成本低，只适用于室内电缆终端。材料有：聚氯乙烯带、聚氯乙烯手套、塑料管、尼龙绳、铜接线鼻子、绝缘胶带等。

35.2.6.2　施工机具

锉刀、手用钢锯、电工刀、平口螺丝刀、喷灯、液压压线钳、老虎钳、电工工具等。

35.2.6.3　作业条件

（1）电缆敷设完成，并经绝缘测试合格；

（2）电缆头附件材料齐全无损伤，规格与电缆一致；

（3）施工机具齐全，便于操作，状况清洁；

（4）作业现场应保持清洁，空气干燥，光线充足，温度满足要求；

（5）绝缘材料不得受潮，密封材料不得失效。

35.2.6.4　技术要求

（1）电缆头制作，应由经过培训的熟悉工艺的操作人员进行；

（2）制作电缆头，从剥切电缆开始应连续操作直至完成，缩短绝缘暴露时间；

（3）剥切电缆时不应损伤线芯和保留的绝缘层；

（4）附加绝缘的包绕、装配、热缩等应清洁；

（5）三芯电缆接头两侧电缆的金属屏蔽层（或金属套）铠装层应分别连接良好，不得中断；

（6）电缆终端上应有明显的相色标识，且应与系统的相位一致；

（7）电缆手套吹气检查无泄露，表面平整、光洁，无皱纹、空洞和内部气隙。

35.2.6.5　电缆头制作工艺流程

施工准备→剥切外护层→清洁铅（铝）包→焊接地线→剥切电缆铅（铝）包→剥统包绝缘和分芯→包缠内包层→套手套、塑料软管→压线鼻子→包缠外包层→试验。

35.2.6.6　电缆头制作工艺

1. 施工准备

准备所需材料、施工机具，测试电缆是否受潮、测量绝缘电阻，检查相序以及施工现场必要的安全措施。

2. 剥切外护层

电缆头的剥切尺寸见图 35-31。

（1）确定钢带剥切点，把由此向下的一段 100mm 的钢带，用汽油擦拭干净，锉光滑，表面搪锡；

（2）装好接地铜线，固定电缆钢带卡子；

（3）用钢锯在卡子的外边缘沿电缆一圈锯一道浅痕，用平口螺丝刀逆着钢带绕向把它撕下，用同样方法剥掉第二层钢带，用锉刀锉掉切口毛刺。

3. 清洁铅（铝）包

可用喷灯稍稍给电缆加热，使沥青融化，逐层撕下沥青纸，再用带汽油或煤油的抹布

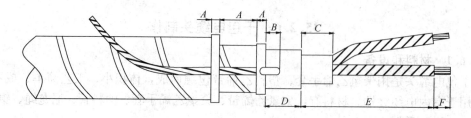

图 35-31　干包电缆头剥切尺寸

A——电缆卡子及卡子间尺寸，为钢带宽度或 50mm；B——接地线焊接尺寸，10～15mm；

C——预留统包尺寸，25、50mm；D——预留铅（铝）包，铅（铝）包外径＋60mm；

E——包扎长度，依安装位置确定；F——线芯剥切长度，线鼻子＋5mm

将铅（铝）包擦拭干净。

4. 焊接地线

接地线选用多股软铜线或铜编织带，焊点选在两道卡子间，焊接应牢固光滑，速度要快，时间不宜过长。

5. 剥切电缆铅（铝）包

先确定喇叭口位置，用电工刀先沿铅（铝）包周围切一圈深痕，再沿纵向在铅（铝）包上切割两道深痕，然后剥掉已切成两块的铅（铝）皮，用专用工具把铅（铝）包做成喇叭口状。

6. 剥统包绝缘和分芯

将电缆喇叭口向末端 25mm 段用塑料带顺统包绕向包绕几层做临时保护，然后撕掉保护带以上至电缆末端的统包绝缘纸，分开芯线，切割掉芯线之间的填充物。

7. 包缠内包层

从线芯的分叉根部开始，包缠 1～2 层塑料带，保护线芯绝缘，以防套管时受损。在芯线三叉口处填以环氧-聚酰胺腻子，压入第一个"风车"，"风车"也叫"三角带"，是用塑料带自作的，见图 35-32。第一个"风车"绝缘带不应太宽，否则会勒不紧，且在三叉口处容易形成空隙，"风车"必须紧紧地压入三叉口，放置平整。在内包层快完时，压入第二个"风车"，绝缘带的宽度可增至 15～20mm，向下勒紧，散带应均匀分开，摆放平整，再把内包层全部包完。内包层应包成橄榄形，中间大、两头小，最大直径在喇叭口处，为铅包外径加 10mm 左右，如图 35-33 所示。

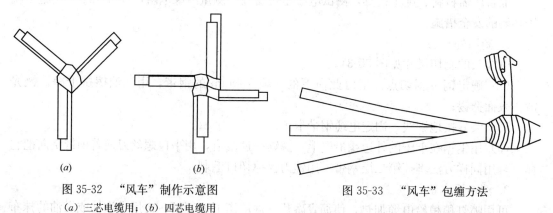

图 35-32　"风车"制作示意图　　　　图 35-33　"风车"包缠方法

(a) 三芯电缆用；(b) 四芯电缆用

8. 套手套、塑料软管

选用同芯线截面配套的软手套,用变压器油润滑后套上线芯。使手套的三叉口紧贴压芯"风车",四周紧贴内包层。然后自指根部开始,至高出手指 10～20mm 处用塑料粘胶带包缠,指根部缠四层,手指缠两层,形成近似锥体。

手指包缠好后,即可在线芯上套塑料软管,软管长度约为线芯长度加 90mm。将套入端剪成 45°斜口,用 80℃左右的变压器油注入管内预热,然后迅速套至手指根部,手套的手指与软管搭接部分用 1.5mm 的尼龙绳绑扎,长度不小于 30mm,其中越过搭接处 5mm。然后绑扎手套根部,绑扎时先从上到下排出手套内部空气,再在手套端部包缠一层塑料带,在其上绑扎 20～30mm 的尼龙绳,要保证其中 10mm 尼龙绳绑扎在手套与铅(铝)包的接触部位上。尼龙绳绑扎时要用力扎紧,每匝尼龙绳要紧密相靠,但不能叠加。

9. 压线鼻子

确定好线芯实际用长度,剥去线芯端部绝缘层,长度为线鼻子孔深加 5mm,然后压装线鼻子。用塑料带填实裸线芯部分,翻上塑料软管,盖住端子压坑,用尼龙绳绑扎软管与端子重叠部分,再在外面包缠分色塑料带,以区别相序。

10. 包缠外包层

从线芯三叉口起,在塑料软管外面用黄蜡带包两层,再用塑料带包两层,以区别相序。三叉口处用塑料带包缠,先后压入 2～3 个"风车",填实勒紧。外包层最大直径为铅(铝)包直径加 25mm。

11. 试验

电缆头完成后及时进行直流耐压试验和泄露电流测定,合格后就可接线。

35.2.7 热缩电缆头制作

35.2.7.1 材料和设备

热缩型电缆头分纸绝缘电缆型和交联电缆型两大类,前者适用于浸渍纸电缆,后者适用于交联和塑料电缆。

(1) 热缩型油浸纸绝缘电缆终端头主要材料表,见表 35-42。

热缩型油浸纸绝缘电缆终端头主要材料表　　　　　　表 35-42

序 号	材料名称	规格(mm)	数 量
1	三指套	$\phi50～\phi80$	1
2	绝缘管(户内)	$(\phi30～\phi40)\times450$	3
3	绝缘管(户外)	$(\phi30～\phi40)\times550$	3
4	应力管	$(\phi30～\phi40)\times150$	3
5	隔油管(户内)	$(\phi25～\phi35)\times450$	3
6	隔油管(户外)	$(\phi25～\phi35)\times550$	3
7	四氟带	100～400 圈	
8	耐油填充胶	210～310 克	
9	导电护套	$(\phi60～\phi100)\times250$	1
10	相色管	$(\phi30～\phi40)\times50$	3

序 号	材料名称	规格(mm)	数 量
11	密封管	($\phi30\sim\phi40$)×150	3
12	涂胶纱布带	3～5m	
13	单孔雨裙(户外)	$\phi30\sim\phi40$	6
14	三孔雨裙(户外)	$\phi30\sim\phi40$	1
15	接线端子	与电缆线芯相配，采用 DL 或 DT 系列	
16	接地线		

（2）热缩型交联聚乙烯绝缘电缆终端头头材料表，见表 35-43。

热缩型交联聚乙烯绝缘电缆终端头主要材料表（户内）　　　　表 35-43

序 号	材料名称	备 注
1	三指套	($\phi70\sim\phi110$)
2	绝缘管	($\phi30\sim\phi40$)×450
3	应力控制管	($\phi25\sim\phi35$)×150
4	绝缘副管	($\phi35\sim\phi40$)×100
5	相色管	($\phi35\sim\phi40$)×50
6	填充胶	
7	接地线	
8	接线端子	与电缆线芯相配，采用 DL 或 DT 系列
9	绑扎铜丝	1/$\phi2.1$mm
10	焊锡丝	

（3）热缩型塑料绝缘电缆终端头材料表，见表 35-44。

热缩型塑料绝缘电缆终端头主要材料表　　　　表 35-44

序 号	材 料 名 称	备 注
1	接线端子	与电缆线芯相配，采用 DL 或 DT 系列
2	三指套(或四指)	与电缆线芯截面相配
3	外绝缘管	($\phi10\sim\phi35$)×300
4	相色聚氯乙烯带	红、黄、绿、黑四色
5	接地线	
6	填充胶	
7	绑扎铜丝	1/$\phi2.1$mm
8	焊锡丝	

（4）热缩型塑料绝缘电缆接头材料表，见表 35-45。

0.6/1kV 塑料电缆头主要材料表 表 35-45

序 号	名 称	规格(mm)	长度(mm)	数 量
1	热缩绝缘管	$\phi10\sim\phi35$	400	3 或 4
2	热缩护套管	$\phi50\sim\phi100$	1000	1
3	填充胶			
4	接地铜线		1000	1
5	连接管			3 或 4
6	PVC 带	宽 25mm		

35.2.7.2 施工机具

液压压线钳、喷灯、刻刀、电工刀、分相塞尺、剥线刀、剖塑刀、割塑钳、克丝钳、钢卷尺、钢锯、电烙铁、剪刀、扳手、锉刀、电工工具、万用表、摇表等。

35.2.7.3 作业条件

(1) 电缆敷设完毕，电缆型号、规格、电压等级等核对无误，电缆绝缘电阻测试和耐压试验符合要求；

(2) 作业场所温度在+5℃以上，相对湿度在70%以下；

(3) 施工现场干净、光线充足；施工现场应备有220V交流电源；

(4) 电缆头施工，应由经过培训的熟练工人操作；

(5) 制作电缆头的材料、工具、附件等均准备齐全。

35.2.7.4 技术要求

(1) 喷灯宜是用丙烷喷灯，热缩温度在110～130℃之间；

(2) 加热收缩管件时火焰要缓慢接近热缩材料，并在周围沿圆周方向移动，待径向收缩均匀后再轴向延伸；

(3) 热缩管包覆密封金属部位时，金属部位应预热至60～70℃；

(4) 套装热缩管前应清洁包敷部位，热缩管收缩后必须清除火焰在其表面残留的碳迹；

(5) 热收缩完毕的热收缩管应光滑、无折皱、气泡，能比较清晰地看出其内部的结构轮廓，密封部位一般应有少量的密封胶溢出；

(6) 交联聚乙烯绝缘电缆终端头的钢带铠装和铜带屏蔽层，在电缆运行时应连接在一起并按供电系统的要求接地。

35.2.7.5 电缆头制作工艺流程

热缩型交联电缆终端头制作工艺流程：

剥切→安装接地线→填充胶、固定手套→剥离→固定应力管→压线鼻子→固定绝缘管、密封管。

35.2.7.6 电缆头制作工艺

热缩型交联绝缘终端头制作，见图 35-34。

(1) 剥切

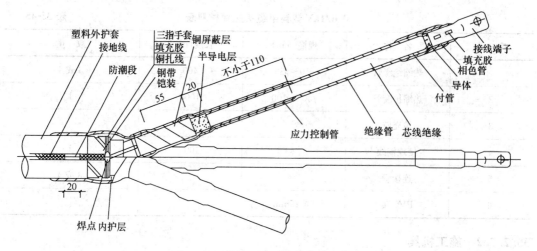

图 35-34　热缩型交联绝缘终端头制作

校直电缆后，按规定的尺寸剥切外护套，见图 35-35，从外护套切口处留 30mm 钢铠，去漆，用铜线绑扎后，锯除其余部分，在钢带切口处留 20mm 内衬层，除去填充物，分开线芯。

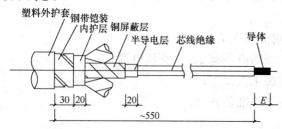

图 35-35　热缩型交联聚乙烯绝缘
电缆终端头剥切尺寸
注：E＝接线端子孔深＋5。

（2）安装接地线

用铜线将接地线紧紧地绑扎在去漆的钢铠上，用焊锡焊牢，扎丝不得少于 3 道焊点。

（3）填充胶、固定手套

用电缆填充胶填充三叉根部空隙，外形似橄榄状。钢铠向下擦净 60mm 外护套，绕包一层密封胶。将手套套入，从三叉根部加热收缩固定，加热时，从手套根部依次向两端收缩固定。

（4）剥离

从手指部向上保留 55mm 铜屏蔽层，整齐剥离其余，但半导电层保留 20mm，不要损伤主绝缘，然后用溶剂清洁芯线绝缘。

（5）固定应力管

套入应力管，与铜屏蔽搭接 20mm，加热收缩固定。

（6）压线鼻子

线芯端部剥除线鼻子孔深加 5mm 长度绝缘，再压上线鼻子并锉平毛刺，在端子和芯绝缘之间包绕密封胶并搭接端子 10mm。

（7）固定绝缘管、密封管

套入绝缘管至三叉手套根部，管上端超出填充胶 10mm，并由根部起均匀加热固定。然后预热线鼻子，在线鼻子接管部位套上密封管，由上端起加热固定。

将相色管套在密封管上，然后加热固定。

若是户外电缆头，最后还应将雨裙加热颈部固定。

35.2.8 冷缩电缆头制作

35.2.8.1 材料和设备

护套管、分支管、密封管、纱布、各式胶带、绝缘胶等。

35.2.8.2 施工机具

液压钳、电工刀、锉刀、万用表、摇表等。

35.2.8.3 作业条件

(1) 电缆冷缩终端头的制作环境应清洁；

(2) 制作电缆头的材料、工具、附件等均准备齐全；

(3) 电缆敷设完毕，电缆型号、规格、电压等级等核对无误，电缆绝缘电阻测试和耐压试验符合要求。

35.2.8.4 技术要求

(1) 电缆终端头从开始剥切到制作完成必须连续进行，一次完成，防止受潮；

(2) 剥切电缆时不得伤及线芯绝缘；

(3) 同一电缆线芯的两端，相色应一致，且与连接母线的相序相对应。

35.2.8.5 电缆头制作工艺流程

剥切外套→接地处理→缠填充胶→铜屏蔽地线固定→缠自粘带和 PVC 带→固定冷缩指套、冷缩管→压接线端子→绕半导电层→固定冷缩终端、密封管→密封冷缩指套→缠相色带。

35.2.8.6 电缆头制作工艺

1. 剥切外套

见图 35-36，将电缆校直、擦净，剥去从安装位置到接线端子的外护套、留钢铠 25mm、内护套 10mm，并用扎丝或 PVC 带缠绕钢铠以防松散。铜屏蔽端头用 PVC 带缠紧，防止松散脱落，铜屏蔽皱褶部位用 PVC 带缠绕，以防划伤冷缩管。

导体截面 （mm²）	绝缘外径 （mm）	A （mm）	B
25～70	14～22	560	
95～240	20～33	680	接线端子孔深＋5mm
300～500	28～46	680	

2. 接地处理

将三角垫锥用力塞入电缆分岔处，钢铠去漆，用恒力弹簧将钢铠地线固定在钢铠上。为了牢固，地线要留 10～20mm 的头，恒力弹簧将其绕一圈后，把露的头反折回来，再用恒力弹簧缠绕，如图 35-37 所示。

3. 缠填充胶

自断口以下 50mm 至整个恒力弹簧、钢铠及内护

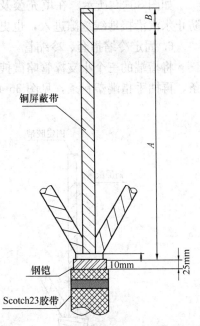

图 35-36 电缆头剥切尺寸

注：由于开关尺寸和安装方式的不同，A 尺寸供参考，具体的电缆外护套开剥长度应根据现场实际情况定。

层，用填充胶缠绕两层，三岔口处多缠一层。

4. 铜屏蔽地线固定

如图 35-38 所示。将一端分成三股的地线分别用三个小恒力弹簧固定在三相铜屏蔽带上，缠好后尽量把弹簧往里推，钢铠地线与铜屏蔽地线不能短接。

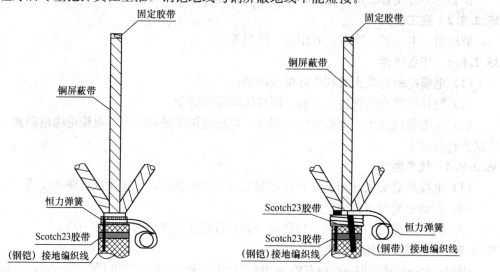

图 35-37　固定铠装接地　　　　　　　　图 35-38　固定铜屏蔽地线

5. 缠自粘带和 PVC 带

如图 35-39 所示。在填充胶及小恒力弹簧外缠一层黑色自粘带，再缠几层 PVC 带，防止水汽沿接地线缝隙进入，也更容易抽出冷缩指套内的塑料条。

6. 固定冷缩指套、冷缩管

将指端的三个小支撑管略微拽出一点，将指套套入尽量下压，逆时针先抽手套端塑料条，再抽手指端塑料条，见图 35-40。

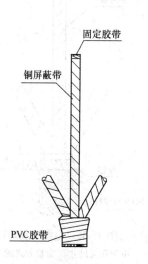

图 35-39　缠自粘带和 PVC 带

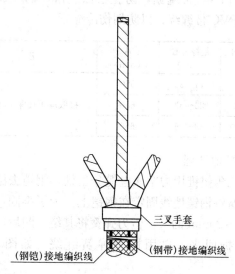

图 35-40　固定冷缩指套

套入冷缩套管，与分枝手套搭接 15mm（应以产品随带技术文件为准备），拉出芯绳，从下向上收缩。户外头需安装带裙边的绝缘管，与上一绝缘管搭接 10mm，从下向上收缩，见图 35-41。

7. 压接线端子

距冷缩管 30mm 剥去铜屏蔽，记住相色线。距铜屏蔽 10mm，剥去外半导层，按接线端子孔深剥除各相绝缘。将外半导电层及绝缘体末端用刀具倒角，按原相色缠绕相色条，压上端子。按照冷缩终端的长度绕安装限位线，见图 35-42。

8. 绕半导电层

从铜屏蔽上 10mm 处绕半导电带至主绝缘上 10mm 处一个来回，用砂纸打磨绝缘层表面，并用清洁纸清洁。清洁时，从线芯端头起，到外半导电层，切不可来回擦，并将硅脂涂在线芯表面（多涂），见图 35-43。

9. 固定冷缩终端、密封管

套入冷缩终端，慢慢拉动终端内的支撑条，直到和终端端口对齐。将终端穿进电缆线芯并和安装限位线对齐，轻轻拉动支撑条，使冷缩管收缩（如开始收缩时发现终端和限位线错位，可用手把它纠正过来）。

用填充胶将端子压接部位的间隙和压痕缠平，然后从绝缘管开始，半重叠绕包 Scotch70 绝缘带一个来回至接线端子上，如图 35-44。

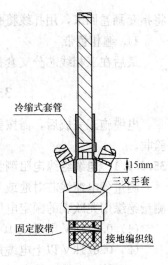

图 35-41　固定冷缩管

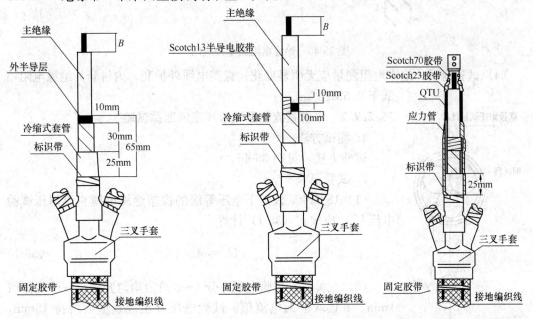

图 35-42　压接线端子　　　图 35-43　绕半导电层　　　图 35-44　固定冷缩终端、密封管

10. 密封冷缩指套

将指套大口端连地线一起翻卷过来，用密封胶将地线连同电缆外护套一起缠绕，然后

将指套翻卷回来,用扎线将指套外的地线绑牢。

11. 缠相色带

最后在三相线芯分支套指管外包绕相色标志带。

35.2.9 电缆敷设试运行及验收

电缆施工完成后,需按要求对电缆进行绝缘电阻、耐压等测试,合格后方可试运行和验收。

35.2.9.1 电缆绝缘电阻测量

测量各电缆线芯对地或对金属屏蔽层和各线芯间的绝缘电阻,测量方法见图 35-45。测量绝缘用兆欧表的额定电压,宜采用如下等级:

(1) 0.6/1kV 电缆用 1000V 兆欧表。

(2) 0.6/1kV 以上电缆用 2500V 兆欧表;6/6kV 及以上电缆也可用 5000V 兆欧表。

(3) 橡塑电缆外护套、内衬层的测量用 500V 兆欧表。

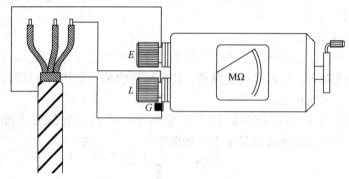

图 35-45   绝缘电阻测量接线图

(4) 试验前后,绝缘电阻测量应无明显变化。橡塑电缆外护套、内衬套的绝缘电阻不低于 0.5MΩ/km。

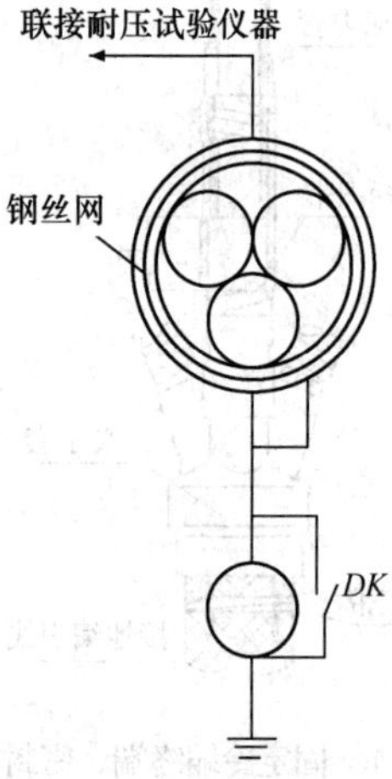

35.2.9.2 电缆直流耐压试验和直流泄露试验

1. 测试方法

试验方法,见图 35-46。

2. 试验要求

(1) 18/30kV 及以下电压等级的橡塑绝缘电缆直流耐压试验电压 U_t,应按式(35-1)计算:

$$U_t = 4 \times U_0 \tag{35-1}$$

(2) 试验时,试验电压可分 4~6 阶段均匀升压,每阶段停留 1min,并读取泄漏电流值。试验电压升至规定值后维持 15min,其间读取 1min 和 15min 时泄漏电流。测量时应消除杂散电流的影响。

联接耐压试验仪器

钢丝网

DK

图 35-46   电缆直流耐压和直流泄露试验接线示意

(3) 对额定电压为 0.6/1kV 的电缆线路应用 2500V 兆欧表测量导体对地绝缘电阻代替耐压试验,试验时间 1min。

35.2.9.3 电缆相位检查

对于新敷设的电缆或运行中重装接线盒或拆过接线头的电缆线路应检查电缆线路的相位，并且同电网相位一致。

1. 兆欧表法

利用兆欧表核对电缆线路相位，接线方法如图 35-47，当线路接通后表示同一相，否则换其他相试。每相都要试。

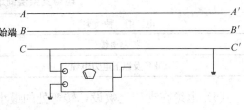

2. 指示灯法

将图 35-47 中的兆欧表换成干电池，并串入指示灯泡接地，在线路末端逐相接地测量，若灯亮，表示同一相。不亮换另一相再试。每相都要试。

图 35-47 兆欧表核对电缆相位接线方法

35.2.9.4 试运行

电缆线路经过测试符合规定要求，空载运行 24h，无异常现象，即可正式投入使用。

35.2.9.5 电缆敷设施工质量验收

1. 电缆桥架安装和桥架内电缆敷设

(1) 金属电缆桥架及其支架和引入或引出的金属电缆导管均必须接地（PE）或接零（PEN），并符合下列规定：

①金属电缆桥架及其支架全长应不少于两处与接地（PE）或接零（PEN）干线相连接；

②非镀锌的电缆桥架间的连接板的两端应跨接铜芯接地线，接地线最小允许截面应不小于 $4mm^2$；

③镀锌电缆桥架间的连接板两端可不跨接接地线，但连接板两边不应少于两个有防松螺帽或防松垫圈的连接固定螺栓。

(2) 电缆敷设严禁有绞拧、铠装压扁、护层断裂和表面严重划伤等缺陷。

(3) 大于 45°倾斜敷设的电缆每隔 2m 处固定。

(4) 电缆出入电缆沟、竖井、建筑物、柜（盘）、台处以及管子管口处等应做密封处理。

(5) 电缆敷设排列整齐，桥架或托盘内水平敷设的电缆，首尾两端、转弯两侧及每隔 5～10m 处设固定点；敷设与垂直桥架内的电缆固定点间距，不大于表 35-46 的规定。

电缆固定点的间距（mm） 表 35-46

电缆种类		固定点的间距
电力电缆	全塑型	1000
	除全塑型外的电缆	1500
控制电缆		1000

(6) 电缆的首端、末端和分支处应设标志牌。

2. 电缆沟内和竖井内电缆敷设

(1) 金属电缆支架、电缆导管均必须接地（PE）或接零（PEN）；

(2) 电缆敷设严禁有绞拧、铠装压扁、护层断裂和表面严重划伤等缺陷；

(3) 当设计无要求时，电缆支架最上层至竖井顶部或楼板的距离不小于 150～

200mm；电缆支架最下层至沟底或地面的距离不小于 50～100mm；

（4）当设计无要求时，电缆支架层间最小允许距离应符合表 35-47 的规定：

电缆支架层间最小允许距离（mm）   表 35-47

电 缆 种 类	支架层间最小距离
控制电缆	120
10kV 及以下电力电缆	150～200

（5）电缆在支架上敷设，转弯处的最小允许弯曲半径应符合表 35-5 的规定；

（6）电缆敷设固定应符合下列规定：

①垂直敷设或超过 45°倾斜敷设的电缆在每个支架上固定；

②交流单芯电缆或分相后的每相电缆固定用的夹具和支架，不形成闭合铁磁回路；

③电缆排列整齐，少交叉；当设计无要求时，电缆支持点间距，不大于表 35-45 的规定；

④敷设电缆的电缆沟和竖井，按设计要求位置，有防火封堵措施。

（7）电缆的首端、末端和分支处应设标志牌。

35.3 电气装置 1kV 以下配电线路

建筑电气配电线路中 1kV 以下是指建筑内的普通动力、普通照明、消防动力、消防照明的配电线路。配电线路按其布设方式可分为：暗敷设配电线路和明敷设配电线路。

明、暗敷设配电线路在现有民用建设上均采用穿管（金属管或塑料管）和线槽（金属线槽或塑料线槽）的方式。室内的配电线路的保护管和线路所用工艺和材料选择必须符合设计和国家规定要求，确保用户的使用安全和使用功能，避免因材料质量问题和施工质量引起的用电事故。

35.3.1 一 般 规 定

为保证建筑物内各用电设备的安全性能和使用功能以及以后的用户用电扩充或线路更换，建筑物内配电线路必须有经过专业设计的施工图纸为首要的施工依据，不能随意施工或变更设计图纸。

35.3.1.1 常用技术数据

1. 电线保护管的技术数据

（1）电线钢保护管一般采用厚壁钢管（热镀锌管和焊接钢管）和薄壁电工管，技术数据见表 35-48。

常用热镀锌钢管（焊接钢管）规格   表 35-48

公称口径 （mm）	外 径 （mm）	壁 厚 （mm）	镀锌管比黑铁管增加的重量系数	
			普通钢管	加厚钢管
15	21.3	3.15	1.047	1.039
20	26.8	3.40	1.046	1.039

续表

公称口径 (mm)	外径 (mm)	壁厚 (mm)	镀锌管比黑铁管增加的重量系数	
			普通钢管	加厚钢管
25	33.5	4.25	1.039	1.032
32	42.3	5.15	1.039	1.032
40	48.0	4.00	1.036	1.030
50	60.0	5.00	1.036	1.028
65	75.5	5.25	1.034	1.028
80	88.5	4.25	1.032	1.027
100	114.0	7.00	1.032	1.026
125	140.0	7.50	1.028	1.023
150	165.0	7.50	1.028	1.023

注：$W = C \times [0.02466 \times (D - S) \times S]$；

W——镀锌管每米重量，kg/m；

C——镀锌管比黑铁管增加的重量系数；

D——黑铁管的外径；

S——黑铁管的壁厚。

(2) 薄壁电工管（JDG/KBG）技术数据如表 35-49～表 35-52。

JDG/KBG 镀锌导管材质要求（单位：mm）　　　　表 35-49

规　格	$\phi16$	$\phi20$	$\phi25$	$\phi32$	$\phi40$	$\phi50$
外径	16	20	25	32	40	50
公差	−0.30	−0.30	−0.30	−0.40	−0.40	−0.40
壁厚 S	1.00	1.00	1.20	1.20	1.20	1.20
厚壁允许偏差	±0.10	±0.10	±0.10	±0.15	±0.15	±0.15
总长 L	4000	4000	4000	4000	4000	4000

JDG/KBG 镀锌导管直接头材质要求（单位：mm）　　　　表 35-50

规　格	$\phi16$	$\phi20$	$\phi25$	$\phi32$	$\phi40$	$\phi50$
内径 D	16	20	25	32	40	50
内径允许偏差	−0.30	−0.30	−0.30	−0.40	−0.30	−0.30
壁厚 S(mm)	1.00	1.00	1.20	1.20	1.20	1.20
厚壁允许偏差	±0.10	±0.10	±0.10	±0.10	±0.10	±0.10
总长 L(mm)	55	55	55	70	90	100

JDG/KBG 镀锌导管螺纹接头材质要求（单位：mm）　　　　表 35-51

规　格	$\phi16$	$\phi20$	$\phi25$	$\phi32$	$\phi40$	$\phi50$
内径 D	16	20	25	32	40	50
内径允许偏差	−0.30	−0.30	−0.30	−0.40	−0.30	−0.30
壁厚 S	1.00	1.00	1.20	1.20	1.20	1.20
厚壁允许偏差	±0.15	±0.15	±0.15	±0.15	±0.15	±0.15
总长 L	40	40	40	50	60	90

JDG/KBG 镀锌导管 900 弯头材质要求（单位：mm）　表 35-52

规　格	$\phi16$	$\phi20$	$\phi25$	$\phi32$	$\phi40$	$\phi50$
外径	16	20	25	32	40	50
公差	+0.30	+0.30	+0.30	+0.40	+0.40	+0.40
壁厚 S	1.00	1.00	1.20	1.20	1.20	1.20

（3）PVC 电线保护管技术数据如表 35-53。

埋地式普通电力电缆 PVC 套管材质要求　表 35-53

要求项目	颜色	外　观	平均外径（mm）	壁厚（mm）	环刚度（kPa）	维卡软化点（℃）	体积电阻率（Ω·cm）	落锤冲击力	阻燃性能	含氧指数（%）	纵向缩回率（%）
技术要求	一般为橘红色。也可由供需双方商定	套管内外壁应光滑平整，不允许有气泡、裂口和明显的纹痕、凹陷及分解变色线。套管截面应切割平整并与轴线垂直	$110 \begin{array}{c}+0.8\\-0.4\end{array}$	$5.0 \begin{array}{c}+0.7\\-0.2\end{array}$	≥8	≥83	≥1.0×1013	9/10	FV-0 级	≥38	≤5.0

（4）管路穿线缆的管径选择如表 35-54～表 35-57。

BV 电线穿管数量表　表 35-54

导线根数	2	3	4	5	6	7	2	3	4	5	6	7
截面（mm）	焊接钢管（镀锌管）内管径（mm）						JDG/KBG 管外管径（mm）					
2.5	15	15	15	20	20	25	16	20	20	25	25	25
4	15	15	20	20	25	25	16	20	25	25	25	32
6	20	20	20	25	25	25	16	20	25	25	25	32
10	25											

三芯、三芯＋N 及四芯等截面电力电缆穿管数量表（一）　表 35-55

电缆型号	电缆标称截面积（mm²）		10	16	25	35	50	70	95	120	150	185
VV VLV 0.6/1kV	焊接钢管或水煤气钢管		最小管径（mm）									
	电缆穿管长度在 30m 及以下	直线	25	32	40	50		70				80
		一个弯曲时		50		70		80		100		
		两个弯曲时	50		70		80			100		125
YJV YJLV 0.6/1kV	电缆标称截面积（mm²）		10	16	25	35	50	70	95	120	150	185
	焊接钢管或水煤气钢管		最小管径（mm）									
	电缆穿管长度在 30m 及以下	直线	20	25	40		80		150	150		200
		一个弯曲时		25		50		100		200		
		两个弯曲时	25		32	40	70		150	200		250

续表

电缆型号	电缆标称截面积(mm²)		10	16	25	35	50	70	95	120	150	185
ZQD ZLQD 0.6/1kV	电缆标称截面积(mm²)		16	25	35	50	70	95	120	150	185	240
	焊接钢管或水煤气钢管		最小管径(mm)									
	电缆穿管长度在30m及以下	直线	32		40	70	100		150		200	250
		一个弯曲时	40		80			150			200	250
		两个弯曲时	50			100			150		200	250

电缆型号	电缆标称截面积(mm²)		10	16	25	35	50	70	95	120
VV VLV 0.6/1kV	聚氯乙烯硬质电线管		最小管径(mm)							
	电缆穿管长度在30m及以下	直线	32			40			80	150
		一个弯曲时		50		70		80		100
		两个弯曲时		50		63			100	

电缆型号	电缆标称截面积(mm²)		10	16	25	35	50	70	95	120
YJV YJLV 0.6/1kV	聚氯乙烯硬质电线管		最小管径(mm)							
	电缆穿管长度在30m及以下	直线	25	32		40			80	150
		一个弯曲时	32		40		63		100	
		两个弯曲时	32		40	63			100	

电缆型号	电缆标称截面积(mm²)		16	25	35	50	70	95	120
ZQD ZLQD 0.6/1kV	聚氯乙烯硬质电线管		最小管径(mm)						
	电缆穿管长度在30m及以下	直线	32		40	70		100	150
		一个弯曲时	32	50		63	100		150
		两个弯曲时	40		63		150		200

三芯、三芯＋N 及四芯等截面电力电缆穿管数量表（二）　　表 35-56

电缆型号	电缆标称截面积(mm²)		10	16	25	35	50	70	95	120
VV* VLV* 0.6/1kV*	焊接钢管或水煤气钢管		最小管径(mm)							
	电缆穿管长度在30m及以下	一个弯曲时	32	40		50		80		150
		两个弯曲时	40	50			70		100	200

注：*：适用于 VV22、VV32、VV42、VLV22、VLV32、VLV42。

电缆型号	电缆标称截面积(mm²)		10	16	25	35	50	70	95	120	150	185
YJV* YJLV* 0.6/1kV*	焊接钢管或水煤气钢管		最小管径(mm)									
		一个弯曲时		32		40	70		150		200	
	电缆穿管长度在30m及以下	二个弯曲时	32	40		50		80		150		200
3.7/10kV*		一个弯曲时			80		100			200		
		两个弯曲时				100				200		

注：*：适用于 YJV22、YJV32、YJV42，YJLV22、YJLV32、YJLV42。

控制电缆电缆穿管数量表　　　　　　　　　表 35-57

电缆截面(mm²)	控制电缆芯数		2	4	5	6,7	8	10	12	14	16	19	24	30	37
0.7~1.0	焊接钢管或水煤气钢管						最小管径(mm)								
	电缆穿管长度在30m及以下	直通	15		20		25		32		40				
		一个弯曲时	20		25		32		40		50		70		
		两个弯曲时	25		32		40		50			70			
1.5~2.5	焊接钢管或水煤气钢管						最小管径(mm)								
	电缆穿管长度在30m及以下	直通		20			25		32		40		50		
		一个弯曲时	20	25			32		40		50			70	
		两个弯曲时	25	32		40			50		70		80		100
0.7~1.0	聚氯乙烯硬质电线管						最小管径(mm)								
	电缆穿管长度在30m及以下	直通		20		25		32		40		50			
		一个弯曲时	25	32			40			50		63			
		两个弯曲时		32		40			50		63				
1.5~2.5	聚氯乙烯硬质电线管						最小管径(mm)								
	电缆穿管长度在30m及以下	直通	25		32			40			50				
		一个弯曲时		32		40			50		63				
		两个弯曲时		32		40			50		63				

注：适用于 KVV、KXV、KYV 型控制电缆。

2. 电缆电线的技术数据（如表 35-58）

BV 型绝缘电线的绝缘层厚度表　　　　　　　表 35-58

序号	1	2	3	4	5	6	7	8	9	10	11	12	13	14	15	16	17
电线芯线标称截面积(mm²)	1.5	2.5	4	6	10	16	25	35	50	70	95	120	150	185	240	300	400
绝缘层厚度规定值(mm)	0.7	0.8	0.8	0.8	1.0	1.0	1.2	1.2	1.4	1.4	1.6	1.6	1.8	2.0	2.2	2.4	2.6

35.3.2　金 属 配 管 敷 设

35.3.2.1　材料要求

（1）所有管材必须证件（合格证、备案证）齐全，并要求是原件，不是原件的证件必须加盖供货单位公章，并注明原件存放地及经办人签字。

(2) 钢管壁厚均匀，无劈裂、砂眼、棱刺和凹扁现象；镀锌钢管镀锌层要完好无损，锌层厚度均匀一致，不得有剥落、气泡等现象；KBG 管的镀锌件，其镀锌层完整无劈裂，而端头光滑无毛刺。

(3) 管箍：大小要符合国家规范要求镀锌层均匀，无剥落、无劈裂，两端光滑无毛刺。锁紧螺母：尺寸符合国家标准要求，外层完好无损，丝扣清晰、均匀、不乱扣、镀锌层均匀。

(4) 盒、箱：铁制盒、箱的大小尺寸以及壁厚应符合设计及规范要求，无变形，敲落孔完整无损，面板的安装孔应齐全，丝扣清晰，面板、盖板应与盒、箱配套，外形完整无损且颜色均一，无锈蚀等现象。

35.3.2.2 施工机具

(1) 主要安装机具：压力案子、煨管器、液压煨管器、液压开孔器、套丝机、扣压器、砂轮锯、无齿锯、钢锯、刀锯、锉刀、活扳手、电焊机、粉线袋等。

(2) 主要检测机具：游标卡尺、卷尺、摇表等。

35.3.2.3 作业条件

(1) 暗配管中，现浇混凝土结构内配管，要在底部钢筋组装固定之后，根据施工图尺寸位置进行布线管固定牢固；明配管必须在土建抹灰刮完腻子后进行，按施工图进行测放线定位，坐标和标高、走向、确定接线盒的位置。

(2) 首先土建应弹出准确的结构 50 线，用以确定开关、插座等电器装置的位置，再根据抄测得标高及时配合土建专业把布线配管随墙预埋好。

35.3.2.4 厚壁金属电线管配管

1. 管子的下料

(1) 管路防腐

焊接钢管预埋在混凝土内必须进行内壁防腐处理。

(2) 管子切断

配管前根据现场的实际放线及管路走向把管子进行切割，切口应垂直、无毛刺，切口斜度不应大于 2°；切断完后，要用锉刀把管口的毛刺清理干净。

(3) 套丝

镀锌钢管进盒采用套丝，锁母连接。

(4) 煨管

煨管器的大小要根据管径的大小选择相适配的；管路的弯扁度要不大于管外径的 10%，弯曲角度不宜小于 90°，弯曲处不可有折皱、凹穴和裂缝等现象；暗配管时弯曲半径不应小于管外径的 10 倍。

2. 厚壁金属电线管暗敷

(1) 工艺流程

1) 镀锌钢管工艺流程

管子切断→套丝→煨弯→配管→管线补偿→跨接地线连接。

2) 焊接钢管暗敷设工艺流程

管线防腐→管子切断→煨弯→配管→管线补偿→管路焊接→跨接地线焊接。

(2) 管路连接

1）管进盒连接

①冷镀锌管进盒采用螺母连接，带上锁母的管端在盒内露出锁紧螺母的螺纹应为2～4扣，不能过长或过短，如采用金属护口，在盒内可不用锁紧螺母，但入盒的管端须加锁紧螺母。多根管线同时入箱时，其入箱部分的管端长度应一致，管口宜平齐。

②焊接钢管与盒、箱的连接采用焊接连接，盒内管露出2～3mm为宜。

2）管与管连接

镀锌管管与管的连接采用管箍丝接具体做法见图35-48：

焊接钢管，管与管连接采用套管焊接，具体做法见图35-49：

（3）管路敷设

1）现浇混凝土楼板中管路敷设需注意：其管径不能大于楼板混凝土厚度的1/2。要根据实际情况分层、分段进行。并行管子间距不小于25mm，使管子周围能够充满混凝土。注意避开土建所预留的洞。

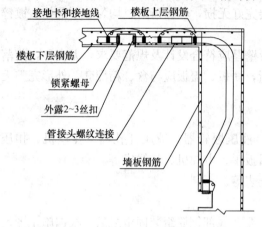

图 35-48 管箍丝接

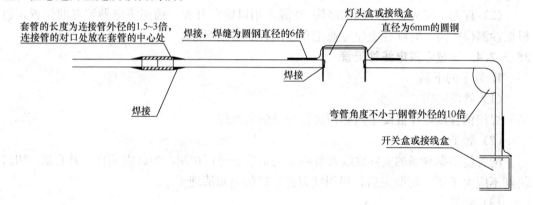

图 35-49 套管焊接

2）现浇混凝土墙、柱内管路敷设：在两层钢筋网中沿最近的路径敷设配管，沿钢筋内侧进行固定，固定间距小于1m。柱内管线须与主筋固定，伸出柱外的短管不要过长，管线并行时，注意其管间距不小于25mm。管线穿外墙必须加刚性防水套管保护。

3）梁内的管线敷设：管路的敷设要尽量避开梁。不可避免时，注意以下要求：竖向穿梁管线较多时，管间的间距不能小于25mm。横向穿时，管线距底箱上侧的距离不小于50mm。

4）垫层内管线敷设：管线固定牢固后再打垫层，敷设于楼板混凝土垫层内管线的保护层厚度不小于15mm，其跨接地线接头在其侧面。

5）多孔砖墙内的管线敷设：在砌筑墙体前，根据现场放线，确定盒、箱的位置及管线路径，进行预制加工、管线与盒、箱连接。管盒安装完成后，开始砌墙；在砌墙过程中，要调整盒、箱口与墙面的相对位置，使其符合设计及规范要求。管线经过部位要采用普通砖立砌；当多根管进箱时，用圆钢将管线固定好，管口宜平齐、入箱长度小于5mm。

（4）接地

焊接钢管与接线盒（过线盒）连接处采用圆钢焊接进行接地跨接，规格如表35-59；镀锌钢管连接处采用专用4mm² 黄绿双色多股软线进行跨接，用专用接地卡连接，严禁焊接。

跨接钢管规格表（mm） 表 35-59

管径(*DN*)	圆 钢	扁 钢	管径(*DN*)	圆 钢	扁 钢
15～25	$\phi5$		50～65	$\phi10$	25×3
32	$\phi6$		≥65	$\phi8\times2$	(25×3)×2
48	$\phi8$				

3. 厚壁金属电线明敷

厚壁金属电线管明敷设（吊顶内敷设）应采用镀锌钢管，其工艺与暗敷设工艺相同。

（1）施工工艺流程

预制支架、吊架→放线→盒、箱固定→管路敷设、连接→变形缝处理→地线跨接。

（2）定位放线

结合结构图、建筑图、精装修布置图与通风暖卫、消防、综合布线图及其他专业图纸，及时绘制综合布置图，使灯位与消防探头、自喷探头的分布合理，成排成线。

（3）支架、吊架加工安装

1）支架、吊架的规格设计无规定时，不小于以下要求：吊杆用 ϕ12mm 的圆钢或通丝，角钢支架 L40×4mm；采用膨胀螺栓或预埋件固定，埋注支架要有燕尾，埋注深度不小于120mm，做法见图 35-50～图 35-52。

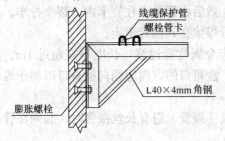

图 35-50 明配管沿墙平行敷设支架做法

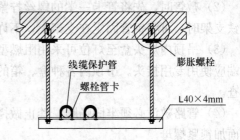

图 35-51 线缆保护管在楼板下敷设吊架做法

2）管路固定点（支吊架）的间距不得大于1000mm，固定点的距离应均匀。受力灯头盒应用吊杆固定，在管入盒处及弯曲部位两端 150～300mm 处加固定卡子（支吊架）固定。

3）盒、箱固定：由地面引出管路至明箱时，可直接固定在角钢支架

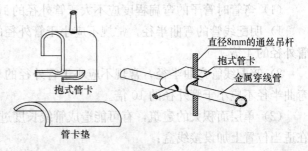

图 35-52 单个管路支吊架采用抱式管卡做法

上，采用定型盘、箱，需在盘、箱下侧 100～150mm 处加稳固支架，将管固定在支架上。盒、箱安装应牢固平整，开孔整齐与管径相吻合。要求一管一孔，不得开长孔。铁制盒、箱严禁用电气焊开孔（图 35-53）。

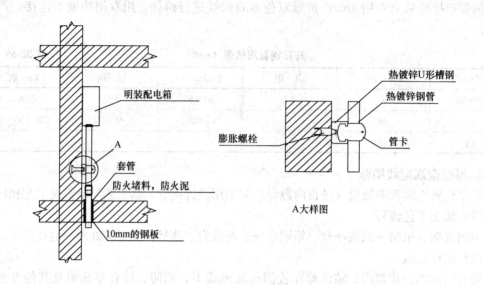

图 35-53　沿墙（柱）竖向敷设，进明箱做法

4. 管路敷设

（1）管路敷设：上人吊顶内、水平或垂直敷设明配管允许偏差值，管路在 2m 以内时，偏差为 3mm，全长不能超过管子内径的 1/2。

（2）敷管时，先将管卡一端的螺丝拧紧一半，然后将管敷设在管卡内，逐个拧牢。使用铁支架时，可将钢管固定在支架上，不许将钢管焊接在其他管道上。

（3）吊顶内灯头盒至灯位可采用阻燃型普利卡金属软管过渡，长度不宜超过 1m。其两端应使用专用接头。吊顶内各种盒、箱的安装，盒箱口的方向应朝向检查口以利于维修检查。

（4）管路敷设必须牢固畅顺，禁止做拦腰管或拌脚管。遇有长丝接管时，必须在管箍后面加锁紧螺母。

5. 注意事项

（1）弯管时管子的弯扁程度应不大于管外径的 10%，弯曲半径应符合以下要求：

1）明配线管的弯曲半径，常规不应小于管外径的 6 倍。如只有一个弯时，可不小于管外径的 4 倍。

2）暗配线管弯曲半径，常规不应小于管外径的 6 倍。埋入地下或混凝土结构内，其弯曲半径不应小于管外径的 10 倍。

（2）单层面积大的建筑，有可能造成管线长度过长，所以当管路超过以下长度时，要在适当位置上加设接线盒：

水平配线管路长度 30m，开始加弯接线盒；再超过 20m，再加 1 个弯接线盒；管还超过 15m，还加 1 个弯接线盒。

（3）垂直敷设管路加接线盒要求见表 35-60。

垂直敷设管路加接线盒要求　　　　　　表 35-60

管内导线截面(mm)	管线长度(m)	管内导线截面(mm)	管线长度(m)
S<50	<30	120<S<240	<18
70<S<95	<20		

（4）在住宅建筑中，电器与其他专业管道、门的距离要求，配管时必须考虑：

1）插座离暖气片水平最小的距离为 30mm；插座离煤气管道水平最小的距离为 15mm；

2）扳把开关距地面高度为 1.4m，距门口为 150～200mm；开关不得安于单扇门后；

3）成排安装的开关高度应一致，高低差不大于 0.5mm；

4）同一室内安装的插座高低差不应大于 5mm；成排安装的插座高低差不应大于 0.5mm；厨卫内的插座标高不得低于 1400mm。

（5）吊顶内配管与其他专业管道之间的距离详见表 35-61：

电气线路与管道间最小距离（mm）　　　　　表 35-61

管道名称	配线方式		穿管配线	绝缘导线明配线
蒸汽管	平行	管道上	1000	1000
		管道下	500	500
	交叉		300	300
暖气管、热水管	平行	管道上	300	300
		管道下	200	200
	交叉		100	100
通风、给水排水及压缩空气管	平行		100	200
	交叉		50	100

注：1. 对蒸汽管道，当在管外包隔热层后，上下平行距离可减至 200mm。

　　2. 暖气管、热水管应设隔热层。

35.3.2.5　薄壁金属电线管配管

薄壁金属电线管又分为"紧定式金属电线管"（JDG 管）和"扣压式金属电线管"（KBG）配管，用于主体预埋和明配管线。

1. 薄壁钢管暗管敷设工艺流程

弯管、箱、盒预制→测位→剔槽孔→爪型螺纹管接头与箱、盒紧固→箱、盒定向稳装→管路敷设→管路连接→压接接地→管路固定。

2. 薄壁钢管明管（吊顶内）敷设工艺流程

弯管、吊支架预制→测位→爪型螺纹管接头与箱、盒紧固→箱、盒定向稳装→管路敷设→管路连接→压接接地→管路固定。

3. 施工工艺

（1）JDG 管和 KBG 管的敷设除管路连接的施工工艺与厚壁金属管明配管不同外，其余均相同。

（2）JDG 管和 KBG 管的连接方式，具体做法见图 35-54、图 35-55。

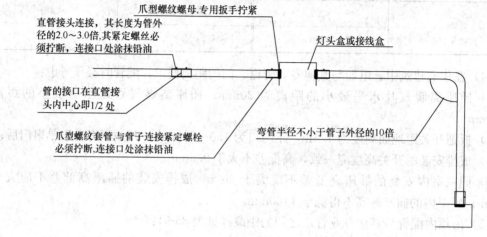

图 35-54　JDG 管的连接方法

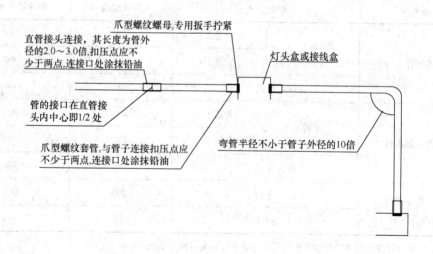

图 35-55　KBG 管的连接方法

4. 薄壁金属电线管配管敷设注意要点

（1）管入箱、盒要采用爪型螺纹管接头。使用专用扳子锁紧，爪型根母护口要良好使金属箱、盒达到导电接地的要求。箱、盒开孔应整齐，与管径相吻合，要求一管一孔，不得开长孔。铁制箱、盒严禁用电气焊开孔。两根以上管入箱、盒，要长短一致，间距均匀，排列整齐。

（2）管路固定：

1）钢筋混凝土墙及楼板内的管路，每个 1m 左右用铅丝绑扎在钢筋上。

2）砖墙或砌体墙剔槽敷设的管路，每个 1m 左右用铅丝、铁钉固定。

3）预制圆孔板上的管路，可利用板孔用铅丝绑扎固定。

35.3.3　塑料管配管敷设

根据现行国家标准要求：塑料电线管（PVC 电线管）必须为阻燃型塑料电线管，其优势在于降低造价、节约钢材、质量轻可减轻建筑主体结构负荷、便于施工、节省人工。

35.3.3.1　适用范围

随着国家建筑技术的进步和各专业标准的日益完善，根据对 PVC 管近几年在建筑上的使用情况，现行国家规范制定要求：适用于混凝土及墙内的非消防、非人防电气配线施工。

35.3.3.2　材料要求

（1）塑料电线管根据目前国家建筑市场中的型号可分为：轻型、中型、重型三种；在建筑施工中宜采用中型、重型。

（2）所有塑料电线管必须证件齐全（合格证、备案证、3C 认证书），必须提供原件（盖供货单位公章，注明原件存放处及经办人签字）。

（3）塑料管及其附件的选择：

1）所有塑料电线管必须经过阻燃防火工艺处理，其含氧指数要达到国家标准要求。

2）材料进场必须经过现场检验，其质量要求应具有阻燃、耐热、耐冲击的性能，其内外径应符合国家现行技术标准。

35.3.3.3　施工机具

（1）主要安装机具：弹簧煨管器、扳手、剪管器、钢锯、刀锯、锉刀、粉线袋等。

（2）主要检测机具：卷尺。

35.3.3.4　作业条件及要求

（1）按施工图进行测放线定位，坐标和标高、走向、确定接线盒的位置。

（2）暗配管中，现浇混凝土结构内配管，要在底部钢筋组装固定之后，根据施工图尺寸位置进行布线管固定牢固。

（3）砌体施工过程要及时准确地将布线配管随墙预埋好。

35.3.3.5　工艺流程

弹线定位→加工弯管→稳住盒箱→暗敷管路→扫管穿引线。

35.3.3.6　测量放线、定位

与金属管道要求一致。

35.3.3.7　下料与预制加工

1. 管子切断

配管前根据图纸要求的实际尺寸将管线切断，PVC 管用钢锯锯断，管材据断后，必须将管口锉平齐、光滑。

2. 煨弯

（1）管径在 25mm 及其以下使用冷煨法，将弹簧插入（PVC）管内需煨弯处，两手抓住弯簧两端头，膝盖顶在被弯处，用手扳逐步煨出所需弯度，考虑到管子的回弯，弯曲角度要稍大一些，然后抽出弯簧。

（2）当管径大时采用热煨法：用电炉子、热风机等加热均匀，烘烤管子煨弯处，待管

被加热到可随意弯曲时，立即将管子放在木板上，固定管子一头，逐步煨出所需管弯度，并用湿布抹擦使弯曲部位冷却定型，然后抽出弯簧。不得因为弯使管出现烤伤、变色、破裂等现象。

35.3.3.8 塑料管与盒（箱）的连接

管进盒、箱，一管一孔，先接端接头然后用内锁母固定在盒、箱上，在管孔上用顶帽型护口堵好管口，最后用纸或泡沫塑料块堵好盒子口（堵盒子口的材料可采用现场现有柔软物件，如水泥纸袋等）。

35.3.3.9 塑料管的连接方法

（1）管路连接应使用套箍连接（包括端接头接管）。用小刷子沾配套供应的塑料管胶粘剂，均匀涂抹在管外壁上，将管子插入套箍；管口应到位。粘结性能要求粘结后 1min 内不移位，黏性保持时间长，并具有防水性，具体做法见图 35-56。

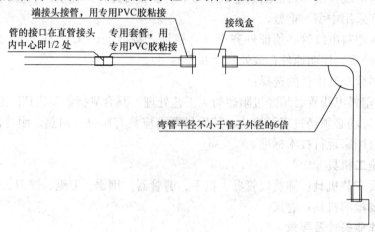

图 35-56 套箍连接

（2）管路垂直或水平敷设时，每隔 1m 距离应有一个固定点，在弯曲部位应以圆弧中心点为始点距两端 300~500mm 处各加一个固定点。

35.3.3.10 安装要求

（1）盒、箱固定应平整牢固、灰浆饱满，纵横坐标准确，符合设计和施工验收规范规定。

（2）管路暗敷设：

1）现浇混凝土墙板内管路暗敷设：管路应敷设在两层钢筋中间，管进盒、箱时应煨成等叉弯，管路每隔 1m 处用镀锌铁丝绑扎牢，弯曲部位按要求固定，往上引管不宜过长，以能煨弯为准，向墙外引管可使用"管帽"预留管口待拆模后取出"管帽"再接管。

2）现浇混凝土楼板管路暗敷设：根据已确定的灯头盒位置，将端接头、内锁母固定在盒子的管孔上，使用顶帽护口堵好管口，并堵好盒口，将固定好盒子，用机螺丝或短钢筋固定在底筋上。跟着敷管、管路应敷设在弓筋的下面，底筋的上面，管路每隔 1m 处用镀锌铁丝绑扎牢。引向隔断墙的管子、可使用"管帽"预留管口，拆模后取出管帽再接管。

3）灰土层内管路暗敷设：灰土层夯实后进行挖管路槽，接着敷设管路（防腐后的导管），然后在管路上面用混凝土砂浆埋护，厚度不宜小于 80mm。

35.3.3.11 施工过程质量控制要点

（1）阻燃塑料管敷设与煨弯对环境温度的要求如下：阻燃塑料管及其配件的敷设，安装和煨弯制作，均应在原材料规定的允许环境温度下进行，其温度不宜低于−15℃。

（2）要考虑插座开关距门边和其他专业管道的距离：与金属管道要求相同。

（3）现浇混凝土楼板上配管时，注意不要踩坏钢筋，土建浇筑混凝土时，应留专人看守，以免振捣时损坏配管及盒、箱移位。遇有管路损坏时，及时修复。

（4）管路敷设完毕后注意成品保护，特别是在现浇混凝土结构施工中，应派电工看护，以防管路移位或受机械损伤。在合模和拆模时，应注意保护管路不要移位、砸扁或踩坏等现象。

（5）对于现浇混凝土结构，如墙、楼板应及时进行扫管，即随拆模随扫管，这样能够及时发现堵管不通现象，便于在混凝土未终凝时，修补管路。对于砖混结构墙体，在抹灰前进行扫管，有问题时修改管路，便于土建修复。经过扫管后确认管路畅通，及时穿好带线，并将管口、盒口、箱口堵好，加强成品配管保护，防止出现二次堵塞管路现象。

35.3.3.12 装设补偿盒

1. 钢管过伸缩（沉降）缝明敷设

钢管明敷设过伸缩（沉降）缝，具体做法见图35-57：

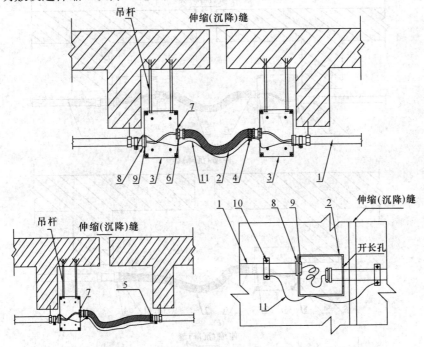

图 35-57　钢管过伸缩（沉降）缝明敷设

1—钢管；2—可挠金属电线保护管；3—接线盒；4—接地夹；5—KG混合连接器；6—BG
接线箱连接器；7—BP绝缘护套；8—锁母；9—护圈帽；10—管卡子；11—接地线

2. 钢管过伸缩（沉降）缝暗敷设

钢管过伸缩（沉降）缝暗敷设时，具体做法见图35-58：

3. 硬塑料管明敷过伸缩（沉降）缝安装

硬塑料管明敷过伸缩（沉降）缝安装方式有三种，具体做法见图35-59：

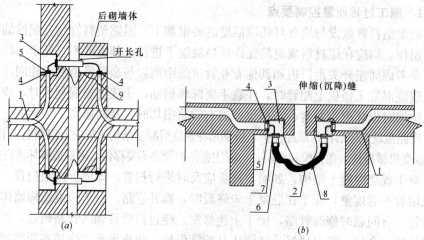

图 35-58   钢管过伸缩（沉降）缝暗敷设

（a）暗配管遇建筑伸缩（沉降）缝处一侧有墙时的做法；（b）沿楼板过伸缩（沉降）缝敷设

1—钢管；2—可挠金属电线保护管；3—接线盒；4—锁母；5—护圈帽；
6—BG接线箱连接器；7—BP绝缘护套；8—接地夹；9—接地线

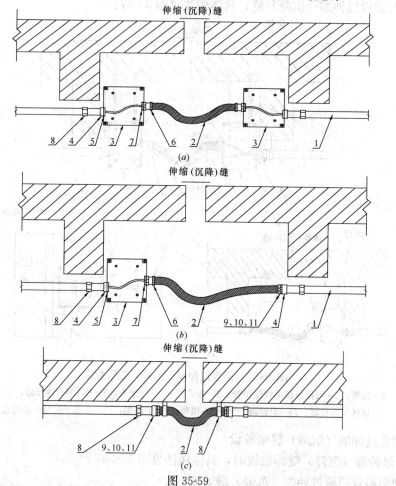

图 35-59

1—硬塑料管；2—PVC波纹管或金属软管；3—塑料接线盒；4—入盒接头；5—入盒锁扣；6—波纹管
入盒接头；7—波纹管入盒锁扣；8—管卡或管夹；9—卡口短接口；10—卡口螺帽；11—花瓣式垫圈

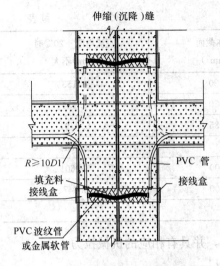

图 35-60 现浇楼板过伸缩缝安装

35.4 节。

4. 硬塑料管暗敷过伸缩沉降缝安装

硬塑料管暗敷过伸缩（沉降）缝具体做法见图 35-60、图 35-61：

35.3.4 管 内 穿 线

35.3.4.1 材料要求

（1）电线：导线的规格，型号必须符合设计要求，并有出厂合格证、备案证及 3C 认证书（所有资料必须原件或加盖厂家公章）。

（2）常用的 BV 型绝缘电线的绝缘层厚度应符合表 35-62 的规定。

（3）常用的 BV 型绝缘电线导线直流电阻见表 35-63 的规定。

（4）电缆的材料质量控制要求：参见本章第

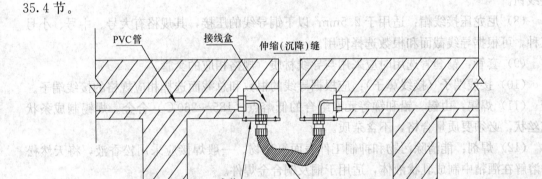

图 35-61 沿楼板过伸缩沉降缝安装

BV 型绝缘电线的绝缘层厚度　　　　　　　　表 35-62

序号	1	2	3	4	5	6	7	8	9	10	11	12	13	14	15	16	17
电线芯线标称截面积（mm²）	1.5	2.5	4	6	10	16	25	35	50	70	95	120	150	185	240	300	400
绝缘层厚度规定值（mm）	0.7	0.8	0.8	0.8	1.0	1.0	1.2	1.2	1.4	1.4	1.6	1.6	1.8	2.0	2.2	2.4	2.6

常用的 BV 型绝缘铜电线导线直流电阻参照表　　　　　　表 35-63

标称截面（mm²）	直流电阻＋20℃时（Ω/km）不大于	标称截面（mm²）	直流电阻＋20℃时（Ω/km）不大于
1.5	12.1	70	0.268
2.5	7.41	95	0.193

续表

标称截面(mm²)	直流电阻+20℃时 (Ω/km)不大于	标称截面 (mm²)	直流电阻+20℃时 (Ω/km)不大于
4.0	4.61	120	0.153
6.0	3.08	150	0.124
10	1.83	185	0.0791
16	1.15	240	0.0754
25	0.727	300	0.0601
35	0.524	400	0.047
50	0.387	—	—

（5）镀锌铁丝钢丝：应顺直无背扣、扭接等现象，并具有相应的机械拉力。

（6）护口：应根据管径的大小选择相应规格的护口。

（7）螺旋接线钮：应根据导线截面和导线的根数选择相应型号的加强型绝缘钢壳螺旋接线钮。

（8）尼龙压接线帽：适用于 2.5mm² 以下铜导线的压接，其规格有大号、中号、小号三种，可根据导线截面和根数选择使用。

（9）套管：铜套管选用时应采用与导线材质、规格相应的套管。

（10）接线端子（接线鼻子）：应根据导线的根数和总截面选择相应规格的接线端子。

（11）焊锡：由锡、铅和锑等元素组合的低熔点（185~260℃）合金。焊锡制成条状或丝状，必须要质量合格，不含杂质。

（12）焊剂：能清除污物和抑制工件表面氧化物。一般焊接应采用松香液，将天然松香溶解在酒精中制成乳状液体，适用于铜及铜合金焊件。

（13）辅助材料：橡胶（或粘塑料）绝缘带、黑胶布、防锈漆、滑石粉、布条等均符合要求并有产品合格证。

35.3.4.2　施工机具

（1）主要安装机具：克丝钳、尖嘴钳、剥线钳、压接钳、电炉、锡锅、锡勺、电烙铁、放线架、一（十）字槽螺钉旋具、电工刀、高凳等。

（2）主要检测机具：万用表、兆欧表、卷尺等。

35.3.4.3　作业条件

（1）土建专业抹灰、刮腻子等粗装修工程完成。

（2）管路或线槽安装完毕。箱、盒安装符合设计要求，并应完好无损无污染。

（3）线管内无积水及潮气浸入，如果有积水必须用皮老虎或空压泵吹出，并用带线带上布条拉擦干净。

35.3.4.4　工艺流程

配线（选择电线电缆）→穿带线扫管→放线及断线→电线、电缆与带线的绑扎→带护口→导线连接→导线焊接→导线包扎→线路检查绝缘测试。

35.3.4.5　配线

（1）应根据设计图要求选择导线。进（出）户的导线应使用橡胶绝缘导线，并不小于

$10mm^2$，严禁使用塑料绝缘导线。

（2）相线、中性线及保护地线的颜色应加以区分（应 $L1$ 为黄色、$L2$ 为绿色、$L3$ 为红色为宜），用黄绿色相间的导线做保护地线，淡蓝色导线做中性线。

35.3.4.6　穿带线

（1）带线一般均采用 $\phi1.2\sim2.0mm$ 的钢丝。先将钢丝的一端弯成不封口的圆圈，再利用穿线器将带线穿入管路内，在管路的两端均应留有 $10\sim15cm$ 的余量。

（2）在管路较长或转弯较多时，可以在敷设管路的同时将带线一并穿好。

（3）穿带线受阻时，应用两根钢丝同时搅动，使两根钢丝的端头互相钩绞在一起，然后将带线拉出。

（4）阻燃型塑料波纹管的管壁呈波纹状，带线的端头要弯成圆形。

35.3.4.7　清扫线管

将布条的两端牢固的绑扎在带线上，两人来回拉动带线，将管内的积水或潮气及杂物清净。

35.3.4.8　放线、断线和导线绝缘层剥切

1. 放线

（1）放线前应根据施工图和技术交底核对导线的规格、型号、相线的分色进行核对。

（2）放线时导线应理顺，不能搅乱和拧劲。

2. 断线

剪断导线时，导线的预留长度必须要按以下情况考虑：接线盒、开关盒、插销盒及灯头盒内导线的预留长度应为 15cm；配电箱内导线的预留长度应为配电箱体周长的 1/2；出户导线的预留长度应为 1.5m；公用导线在分支处，可不剪断导线而直接穿过。

3. 导线绝缘层剥切

（1）剥削绝缘使用工具：常用的工具有电工刀、克丝钳和剥线钳，可进行削、勒及剥削绝缘层。一般 $4mm^2$ 以下的导线原则上使用剥线钳，使用电工刀时，不允许采用刀在导线周围转圈剥削绝缘层的方法，以免破坏电线的线芯。

（2）剥削绝缘方法：

单层剥法：不允许采用电工刀转圈剥削绝缘层，必须使用剥线钳，具体做法见图 35-62。

分段剥法：一般适用于多层绝缘导线剥削，如编织橡皮绝缘导线，线芯长度随接线方法和要求的机械强度而定，具体做法见图 35-63。

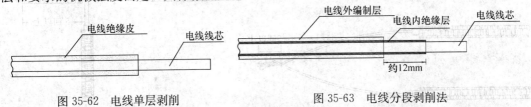

图 35-62　电线单层剥削　　　　　　图 35-63　电线分段剥削法

斜削法：用电工刀以 45°角倾斜切入绝缘层，当切近线芯时就应停止用力，接着应使刀面的倾斜角度改为 15°左右，沿着线芯表面向前头端部推出，然后把残存的绝缘层剥离线芯，用刀口插入背部以 45°角削断，具体做法见图 35-64。

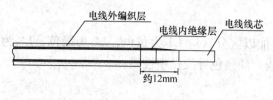

图 35-64　电线斜削法

35.3.4.9　管内穿线

（1）钢管（电线管）在穿线前，首先检查各个管口的护口是否齐整，如有遗漏和破损，均应补齐和更换。

（2）在穿线前往管内吹入适量的滑石粉，穿线时，应配合协调，一拉一送，要同时使劲，不能用蛮力强行拉扯电线。

（3）穿线时应注意下列问题：

1）同一交流回路的导线必须穿于同一管内。

2）不同回路、不同电压和交流与直流的导线，不得穿入同一管内，但以下几种情况除外：额定电压为 50V 以下的回路；同一设备或同一流水作业线设备的电力回路和无特殊防干扰要求的控制回路；同一花灯的几个回路；同类照明的几个回路，但管内的导线总数不应多于 8 根。

3）导线在变形缝处，补偿装置应活动自如。导线应留有一定的余度。

4）敷设于垂直管路中的导线，当超过下列长度时，应在管口处和接线盒中加以固定：截面积为 $50mm^2$ 及以下的导线为 30m；截面积为 $70\sim95mm^2$ 的导线为 20m；截面积在 $180\sim240mm^2$ 之间的导线为 18m。

35.3.4.10　导线连接

1. 配线导线与设备、器具的连接要求

（1）导线截面为 $10mm^2$ 及以下的单股铜芯线可直接与设备、器具的端子连接。

（2）导线截面为 $2.5mm^2$ 及以下的多股铜芯线的线芯应先拧紧搪锡或压接端子后再与设备、器具的端子连接。

（3）截面大于 $2.5mm^2$ 的多股铜芯线的终端，除设备自带插接式端子外，应先焊接或压接端子再与设备、器具的端子连接。

2. 单芯铜导线的直线（分支）连接

（1）绞接法：适用于 $4mm^2$ 以下的单芯线。用分支线路的导线往干线上交叉，先打好一个圈结以防止脱落，然后再密绕 5 圈。分线缠绕完后，剪去余线，具体做法见图 35-65。

（2）缠卷法：适用于 $6mm^2$ 及以上的单芯线的连接。将分支线折成 90°紧靠干线，其公卷的长度为导线直径的 10 倍，单卷缠绕 5 圈后剪断余下线头，具体做法见图 35-66。

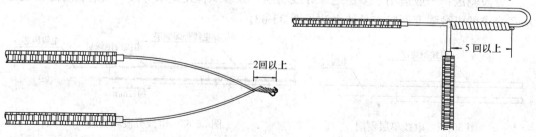

图 35-65　接线盒内普通绞接法　　　　图 35-66　接线盒内普通缠绕法

（3）十字分支连接做法：将两个分支线路的导线往干线上交叉，然后在密绕 10 圈。分线缠绕完后，剪去余线，具体做法见图 35-67。

3. 多芯铜线直线（分支）连接

多芯铜导线的连接共有三种方法，即单卷法、缠卷法和复卷法。首先用细砂布将线芯表面的氧化膜清去，将两线芯导线的结合处的中心线剪掉 2/3，将外侧线芯做伞状张开，相互交错成一体，并将已张开的线端合成一体，具体做法见图 35-68。

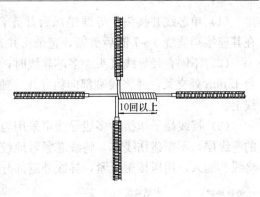

图 35-67　十字分支连接法

（1）缠卷法：将分支线折成 90°紧靠干线。在绑线端部适当处弯成半圆形，将绑线短端弯成与半圆形成 90°角，并与连接线靠紧，用较长的一端缠绕，其长度应为导线结合处直径 5 倍，再将绑线两端捻绞 2 圈，剪掉余线。

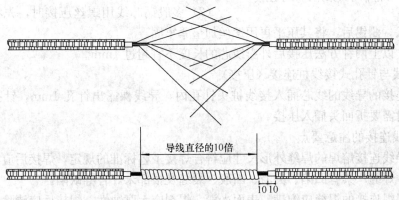

图 35-68　多芯铜导线直接连接法

（2）单卷法：将分支线破开（或劈开两半），根部折成 90°紧靠干线，用分支线其中的一根在干线上缠圈，缠绕 3～5 圈后剪断，再用另一根线芯继续缠绕 3～5 圈后剪断，按此方法直至连接到两边导线直径的 5 倍时为止，应保证各剪断处在同一直线上。

（3）复卷法：将分支线端破开劈成两半后与干线连接处中央相交叉，将分支线向干线两侧分别紧密缠绕后，余线按阶梯形剪断，长度为导线直径的 10 倍，具体做法见图 35-69：

4. 铜导线在接线盒内的连接

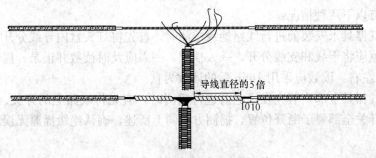

图 35-69　多芯铜导线分支复卷接

（1）单芯线并接头：导线绝缘台并齐合拢。在距绝缘台约 12mm 处用其中一根线芯在其连接端缠绕 5~7 圈后剪断，把余头并齐折回压在缠绕线上。

（2）不同直径导线接头：多芯软线时，先进行涮锡处理。再将细线在粗线上距离绝缘台 15mm 处交叉，并将线端部向粗导线（独根）端缠绕 5~7 圈，将粗导线端折回压在细线上。

（3）接线端子压接：多股导线可采用与导线同材质且规格相应的接线端子。削去导线的绝缘层，不要碰伤线芯，将线芯紧紧地绞在一起，清除套管、接线端子孔内的氧化膜，将线芯插入，用压接钳压紧，导线外露部分应小于 1mm，具体做法见图 35-70。

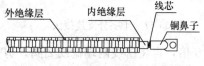

图 35-70 多芯铜导线采用铜鼻子压接

5. 导线与水平式接线柱连接

（1）单芯线连接：用一字或十字机螺丝压接时，导线要顺着螺钉旋进方向紧绕一圈后再紧固。不允许反圈压接，盘圈开口不宜大于 2mm。

（2）多股铜芯线用螺丝压接时，先将软线芯做成单眼圈状，涮锡后，将其压平再用螺丝加垫紧牢固。

注意：以上两种方法压接后外露线芯的长度不宜超过 1mm。

6. 导线与针孔式接线桩连接（压接）

把要连接的导线的线芯插入接线桩头针孔内，导线裸露出针孔 1mm，针孔大于导线直径 1 倍时需折回头插入压接。

7. 导线连接的注意要点

（1）导线连接熔焊的焊缝外形尺寸应符合焊接工艺标准的规定，焊接后应清除残余焊药和焊渣。焊缝严禁有凹陷、夹渣、断股、裂缝及根部未焊合等缺陷。

（2）锡焊连接的焊缝应饱满、表面光滑。焊剂应无腐蚀性，焊接后应清除焊区的残余焊剂。

（3）在配电配线的分支线连接处，干线不应受到支线的横向拉力。

35.3.4.11 线路检查和绝缘测试

1. 线路检查

接、焊、包全部完成后，要进行自检和互检；检查导线接、焊、包是否符合设计要求及有关施工验收规范及质量验评标准的规定。不符合规定时要立即纠正，检查无误后再进行绝缘摇测。

2. 绝缘摇测

照明线路的绝缘摇测一般选用 500V、量程为 0~500MΩ 的兆欧表。一般照明绝缘线路绝缘摇测有以下两种情况：

（1）电气器具未安装前进行线路绝缘摇测时，首先将灯头盒内导线分开，开关盒内导线连通。摇测应将干线和支线分开，一人摇测，一人应及时读数并记录。摇动速度应保持在 120r/min 左右，读数应采用 1min 后的读数为宜。

（2）电气器具全部安装完在送电前进行摇测时，应先将线路上的开关、刀闸、仪表、设备等用电开关全部置于断开位置，摇测方法同上所述，确认绝缘摇测无误后在进行送电试运行。

35.3.5 塑料护套线敷设

塑料护套线是具有双层塑料保护层的单芯或多芯构成的铜芯绝缘导线。具有防潮、防腐和耐酸的功能，可直接明敷设在建筑物内部或空心楼板内。

35.3.5.1 材料要求

（1）导线的规格型号必须符合设计和国家现行技术标准规范的要求，并具备产品质量合格证、备案证。

（2）工程上使用的塑料护套线必须保证最小芯线截面为 2.5mm²。塑料护套线采用明敷设时，导线截面积一般不宜大于 10mm²。

（3）要根据导线截面和导线的根数选择相应的型号旋接线钮。

（4）连接套管要和线芯同一材质，采用铜制套管。

（5）并根据导线的根数和总截面选择相匹配定型制品接线端子。

（6）辅助材料：接线盒、铝卡子、镀锌木螺丝、焊锡、焊剂、钉子、橡胶绝缘带、粘塑料绝缘带、黑胶布等。

35.3.5.2 施工机具

电工工具、万用表、兆欧表、划线笔、粉线、圆钢钉、手锤、錾子、手电钻、电锤、高凳等。

35.3.5.3 作业条件

建筑物内部装饰施工结束，配电箱箱体安装完毕。

35.3.5.4 工艺流程

放线定位→埋设件安装→配线→导线连接→线路检查及绝缘测试。

35.3.5.5 弹线定位

（1）根据施工图纸确定用电设备或器件（灯具、开关）的接线盒位置，从而确定线路走向。

（2）根据测量等方法并结合其他管线的位置用粉线、划线笔在线路上、埋设件位置做好标记。

35.3.5.6 埋设件安装

（1）根据施工图和现场实际情况在建筑结构施工中，将木砖和保护套管准确地埋设已确定位置上。预埋数量、位置要准确。

1）根据找准的水平线和垂直线严格控制木砖埋设的位置。梯形木砖较小的一面要与墙面找平，要考虑墙面抹灰厚度。

2）预埋保护套管的两端要突出墙面 5～10mm。

（2）按弹线定位的方法来确定塑料胀管固定的位置，根据塑料胀管的外径和长度选用匹配的钻头进行钻孔，孔深要大于胀管的长度，下胀管后要墙面平齐。

35.3.5.7 配线

（1）将铝卡片用钉子固定在木砖上，用木螺丝将各种盒固定在塑料胀管上。根据线路实际长度量出导线长度准确剪断。由线路一端开始逐段地敷设，随敷随固定。然后将导线理顺调直，确保整齐、美观。

（2）放线要确保布线时导线顺直，不能拉乱，或者导线产生扭曲现象。

（3）导线直敷设时必须横平竖直，具体做法为：一手持导线，另一手将导线固定在铝片卡上锁紧卡扣。如几根导线同时布线时可采取夹板将导线收紧临时固定，然后将导线逐根扭平、扎实，用铝片卡固定扣紧。竖向垂直布线时，应自上而下作业。

（4）布线必须转弯布线时，可在转弯处装设接线盒，以求得整齐、美观、装饰性强。如布线采取导线本身自然转弯时，必须保持相互垂直，弯曲角要均匀，弯曲半径不得小于塑料护套线宽度的3～6倍。

（5）布线的导线接头应甩入接线盒、开关盒、灯头盒和插座盒内。

（6）暗敷布线时：

1）如导线穿越墙壁和楼板时，要加保护管。

2）在空心楼板板孔内暗配敷设时，不得损伤护套线，并应便于更换导线。在板孔内不得有接头，板孔应洁净，无积水和无杂物。

（7）塑料护套线也可穿管敷设，操作技术要求和线管配线相同。

35.3.5.8　导线连接

（1）根据配电箱、接线盒的几何尺寸预留导线长度，削去绝缘层。按导线绝缘层颜色区分相线、中性线或保护地线，用万用表测试。操作技术要求和线管配线相同。

（2）导线连接方式：有螺旋接线钮连接、LC安全型压线帽连接、铜导线焊接等方法。操作技术要求和线管配线相同。

35.3.5.9　线路检查及绝缘测试

操作技术要求和线管配线相同，见35.3.4.11。

35.3.6　钢　索　配　线

钢索配线是由钢索承受配电线路全部荷载，是将绝缘导线及配件和灯具吊钩在钢索上形成一个完整的配电体系。适用于工业厂房和室外景观照明等场所使用，在潮湿、有腐蚀性介质及易积蓄纤维灰尘的场所，应采用带塑料护套的钢索。

35.3.6.1　材料要求

（1）钢索：采用钢铰线做为钢索，应采用镀锌钢索，不应采用含油芯的钢索。其截面积应根据实际跨距、荷重及机械强度选择，最小截面不小于$10mm^2$。且不得有背扣、松股、抽筋等现象。如果用镀锌圆钢作为钢索，其直径不应小于10mm。

（2）镀锌圆钢吊钩：圆钢的直径不应小于8mm。

（3）镀锌圆钢耳环：圆钢的直径不应小于10mm。耳环孔的直径不应小于30mm，接口处应焊死，尾端应弯成燕尾。

（4）镀锌铁丝：应顺直无背扣、扭接等现象，并具有规定的机械拉力。

（5）扁钢吊架：应采用镀锌扁钢，其厚度不应小于1.5mm，宽度不应小于20mm，镀锌层无脱落现象。

（6）导线的规格，型号必须符合设计要求，并有出厂合格证。

（7）选用时应采用与导线材质、规格相应的套管。

（8）要根据导线的根数和总截面选择相应规格的接线端子。

35.3.6.2　施工机具

（1）主要安装机具：电焊机、砂轮锯、套管机、铣刀、气焊工具、压力案子、煨管器、液压煨管器、滑轮、捯链、牙管、电炉、锡锅、锡勺、电烙铁、手锤、錾子、钢锯、锉、套丝板、常用电工工具等。

（2）主要检测机具：钢盘尺、水平尺、万用表、兆欧表等。

35.3.6.3 作业条件

拉环安装牢固，使其能承受钢索在全部荷载下的拉力。

钢索配管的预埋件及预留孔，应预埋、预留完成；装修工程除地面外基本结束。

35.3.6.4 工艺流程

预制加工工件→预埋铁件→弹线定位→固定支架→组装钢索→钢索吊金属（塑料）管→保护地线安装→钢索吊磁柱（珠）→钢索配线→线路检查绝缘测试→钢索吊护套线。

35.3.6.5 预制加工配（附）件

（1）加工预埋铁件：其尺寸不应小于 120mm×60mm×6mm；焊在铁件上的锚固钢筋其直径不应小于 8mm，其尾部要弯成燕尾状。

（2）根据设计图的要求尺寸加工好预留孔洞的框架；加工好抱箍、支架、吊架、吊钩、耳环、固定卡子等镀锌铁件。非镀锌铁件应先除锈再刷上防锈漆。

（3）钢管或电线管进行调直、切断、套丝、煨弯，为管路连接做好准备。

（4）塑料管进行煨管、断管，为管路连接做好准备。

（5）采用镀锌钢铰线或圆钢作为钢索时，应按实际所需长度剪断，擦去表面的油污，预先将其抻直，以减少其伸长率。

35.3.6.6 预埋件安装和预留孔洞

预埋铁件及预留孔洞：应根据设计图标注的尺寸位置，在土建结构施工的将预埋件固定好；并配合土建准确地将孔洞留好。

35.3.6.7 弹线定位

根据设计图确定出固定点的位置，弹出粉线，均匀分出档距，并用色漆做出明显标记。

35.3.6.8 固定支架

将已经加工好的抱箍支架固定在结构上，将心形环穿套在耳环和花篮螺栓上用于吊装钢索。固定好的支架可作为线路的始端、中间点和终端。

35.3.6.9 安装钢索

（1）将预先拉直的钢索一端穿入耳环，并折回穿入心形环，再用两只钢索卡固定二道。为了防止钢索尾端松散，可用铁丝将其绑紧。

（2）将花篮螺栓两端的螺杆均旋进螺母，使其保持最大距离，以备继续调整钢索的松紧度。

（3）将绑在钢索尾端的铁丝拆去，将钢索穿过花篮螺栓和耳环，折回后嵌进心形环，再用两只钢索卡固定两道。

（4）将钢索与花篮螺栓同时拉起，并钩住另一端的耳环，然后用大绳把钢索收紧，由中间开始，把钢索固定在吊钩上，调节花篮螺栓的螺杆使钢索的松紧度符合要求。

（5）钢索的长度在 50m 以内时，允许只在一端装设花篮螺栓；长度超过 50m 时，两端均应装设花篮螺栓；长度每增加 50m，就应加装一个中间花篮螺栓。

35.3.6.10　保护接地

钢索就位后，在钢索的一端必须装有明显的保护地线，每个花篮螺栓处均应做好跨接地线。

35.3.6.11　钢索配线

1. 钢索吊装金属管

（1）根据设计要求选择金属管、三通及五通专用明配接线盒，相应规格的吊卡。

（2）在吊装管路时，应按照先干线后支线的顺序进行，把加工好的管子从始端到终端按顺序连接起来，与接线盒连接的丝扣应该拧牢固，进盒的丝扣不得超过 2 扣。吊卡的间距应符合施工及验收规范要求。每个灯头盒均应用 2 个吊卡固定在钢索上。

（3）双管并行吊装时，可将两个吊卡对接起来的方式进行吊装，管与钢索应在同一平面内。

（4）吊装完毕后应做整体的接地保护，接线盒的两端应有跨接地线。

2. 钢索吊装塑料管

（1）根据设计要求选择塑料管、专用明配接线盒及灯头盒、管子接头及吊卡。

（2）管路的吊装方法同于金属管的吊装，管进入接线盒及灯头盒时，可以用管接头进行连接；两管对接可用管箍粘结法。

（3）吊卡应固定平整，吊卡间距应均匀。

3. 钢索吊瓷柱（珠）

（1）根据设计图，在钢索上准确地量出灯位、吊架的位置及固定卡子之间的间距，要用色漆做出明显标记。

（2）应对自制加工的二线式扁钢吊架和四线式扁钢吊架进行调平、找正、打孔，然后再将瓷柱（珠）找垂直平整，牢固的固定在吊架上。

（3）将上好瓷柱（珠）的吊架，按照已确定的位置用螺丝固定在钢索上。钢索上的吊架不应有歪斜和松动现象。

（4）终端吊架与固定卡子之间必须用镀锌拉线连接牢固。

（5）瓷柱（珠）及支架的安装规定

1）瓷柱（珠）用吊架或支架安装时，一般应使用不小于 30mm×30mm×3mm 的角钢或使用不小于 40mm×4mm 的扁钢。

2）瓷柱（珠）固定在望板上时，望板的厚度不应小于 20mm。

3）瓷柱（珠）配线时其支持点间距及导线的允许距离应符合表 35-64 的规定。

4）瓷柱（珠）配线时导线至建筑物的最小距离应符合表 35-65 的规定。

5）瓷柱（珠）配线时其绝缘导线距地面最低距离应符合表 35-66 的规定。

				支持点及线间允许距离	表 35-64

导线截面 （mm²）	瓷柱（珠） 型号	支持点间最 大允许距离 （mm）	线间最小允 许距离 （mm）	线路分支、转角处 至电门、灯具等处 支持点间距离 （mm）	导线边线对建筑物 最小水平距离 （mm）
1.5～4 6～10	G38 （296） G50 （294）	1500 2500	50 20	100 100	60 60

导线至建筑物最小距离 　　　　表 35-65

导线敷设方式	最小间距(mm)
水平敷设时的垂直距离，距阳台、平台上方，跨越屋顶	2500
在窗户上方	200
在窗户下方	800
垂直敷设时至阳台、窗户的水平间距	600
导线至墙壁、构架的间距(挑檐除外)	35

导线距地面的最小距离 　　　　表 35-66

导线敷设方式		最小距离(mm)
导线水平敷设	室内	2500
	室外	2700
导线垂直敷设	室内	1800
	室外	2700

4. 钢索吊护套线

(1) 根据设计图，在钢索上量出灯位及固定的位置。将护套线按段剪断，调直后放在放线架上。

(2) 敷设时应从钢索的一端开始，放线时应先将导线理顺，同时用铝卡子在标出固定点的位置上将护套线固定在钢索上，直至终端。

(3) 在接线盒两端 100～150mm 处应加卡子固定，盒内导线应留有适当余量。

(4) 灯具为吊装灯时，从接线盒至灯头的导线应依次编叉在吊链内，导线不应受力。吊链为瓜子链时，可用塑料线将导致垂直绑在吊链上。

35.4　电气装置10kV以下配电线路

电气装置10kV以下配电线路，包括10kV以下架空配电线路、10kV及以下电缆线路。

随着我国城市建设现代化的不断加快，同时为科学有效利用有限的城市地上空间，越来越多地将电力电缆工程建设于地下。由于电缆线路与架空线路相比，具有受外界气候干扰小、安全可靠、隐蔽、较少维护、经久耐用、占地少、可在各种场合下敷设等优点，近年来，电缆线路在工矿企业、城镇街道、高层建筑应用增长迅速，10kV及以下配电线路中，电缆线路应用日益广泛。

10kV以下架空配电线路具体内容参见本手册第35.1节"架空配电线路敷设"，在本节中不再赘述。

电缆线路施工按敷设方式又分为直埋敷设、电缆沟内敷设、隧道内敷设、沿电缆支架敷设、电缆桥架内敷设、穿电缆保护管（钢管、硬质聚氯乙烯管）敷设、排管（铸铁管、陶土管、混凝土管、石棉水泥管、硬质聚氯乙烯管）敷设、水底敷设、桥梁上敷设、钢索悬挂敷设等。其中，隧道内敷设、沿电缆支架敷设、排管（铸铁管、陶土管、混凝土管、石棉水泥管、硬质聚氯乙烯管）敷设、水底敷设、桥梁上敷设、钢索悬挂敷设等敷设方式多应用在市政室外供配电线路中，在建筑电气工程中应用较少，在本节中省略，不作阐述。

建筑电气工程 10kV 室外电缆线路敷设通常采用直埋地敷设、沿电缆沟敷设、穿套管敷设和电缆桥架内敷设。直埋地敷设的特点是散热好，施工简便，投资少，但检修不方便、易受腐蚀和外界机械损伤；电缆沟敷设虽然检修方便，但造价高；而采用套管敷设和电缆桥架内敷设，施工简单，投资省，检修方便，因此在目前的工程施工中较为普遍被采用。10kV 室内电缆线路则多采用沿电缆沟敷设、穿电缆保护管敷设和电缆桥架内敷设。

直埋电缆敷设详见 35.2.2 章节相关内容，在本节中不再赘述。

35.4.1 一 般 规 定

35.4.1.1 常用技术数据

（1）电气装置 10kV 及以下配电线路施工必须符合设计和国家现行规范的要求，确保配电线路运行的安全性和可靠性，并且其使用功能应满足设计要求。

（2）10kV 及以下配电线路工程所需的设备材料必须符合国家现行技术标准和施工规范的有关规定。

1）技术文件应齐全。

2）设备材料的型号规格及外观质量应符合设计要求、国家现行规范和技术标准的规定：

①按批查验合格证或出厂质量证明书；

②外观检查：包装完好，电缆绝缘层应完整无损；

③对产品质量有异议时，按批抽样送有资质的试验室检测。

3）10kV 及以下配电线路工程所用的主要设备、材料、成品和半成品的进场，必须对其进行验收。验收应经监理工程师认可，并形成相应的质量记录。确认设备、材料、成品和半成品的品种、规格和质量符合设计要求和国家现行标准的规定后，方可在施工中应用。当设计无要求时应符合国家现行标准的规定。对于国家明令淘汰的材料严禁使用。

4）常用电缆导体最高允许温度应符合表 35-67 规定。

常用电缆导体最高允许温度 表 35-67

电缆			最高允许温度（℃）	
绝缘类别	型式特征	电压（kV）	持续工作	短路暂态
聚氯乙烯	普通	≤6	70	160
交联聚乙烯	普通	≤500	90	250
自容式充油	普通牛皮纸	≤500	80	160
	半合成纸	≤500	85	160

5）电缆允许敷设的最低温度如表 35-68 所示。

电缆允许敷设最低温度 表 35-68

电缆类型	电缆结构	允许敷设最低温度（℃）
油浸纸绝缘电力电缆	充油电缆	−10
	其他油纸电缆	0

续表

电缆类型	电缆结构	允许敷设最低温度（℃）
橡皮绝缘电力电缆	橡皮或聚氯乙烯护套	−15
	裸铅套	−20
	铅护套钢带铠装	−7
塑料绝缘电力电缆		0
控制电缆	耐寒护套	−20
	橡皮绝缘聚氯乙烯护套	−15
	聚氯乙烯绝缘聚氯乙烯护套	−10

6）10kV 及以下常用电力电缆允许 100% 持续载流量如表 35-69～表 35-75 所示。

1～3kV 油纸、聚氯乙烯绝缘电缆空气中敷设时允许载流量（A） 表 35-69

绝缘类型	不滴流纸			聚氯乙烯		
护　套	有钢铠护套			无钢铠护套		
电缆导体最高工作温度（℃）	80			70		
电缆芯数	单芯	二芯	三芯或四芯	单芯	二芯	三芯或四芯
电缆导体截面（mm²） 2.5					18	15
4		30	26		24	21
6		40	35		31	27
10		52	44		44	38
16		69	59		60	52
25	116	93	79	95	79	69
35	142	111	98	115	95	82
50	174	138	116	147	121	104
70	218	174	151	179	147	129
95	267	214	182	221	181	155
120	312	245	214	257	211	181
150	356	280	250	294	242	211
185	414		285	340		246
240	495		338	410		294
300	570		383	473		328
环境温度（℃）	40					

注：1. 适用于铝芯电缆；铜芯电缆的允许持续载流量值可乘以 1.29。

　　2. 单芯只适用于直流。

1～3kV 油纸、聚氯乙烯绝缘电缆直埋敷设时允许载流量（A）　　表 35-70

绝缘类型	不滴流纸			聚氯乙烯					
护　套	有钢铠护套			无钢铠护套			有钢铠护套		
电缆导体最高工作温度（℃）	80			70					
电缆芯数	单芯	二芯	三芯或四芯	单芯	二芯	三芯或四芯	单芯	二芯	三芯或四芯
4		34	29	47	36	31		34	30
6		45	38	58	45	38		43	37
10		58	50	81	62	53		77	59	50
16		76	66	110	83	70		105	79	68
25	143	105	88	138	105	90	134	100	87
35	172	126	105	172	136	110	162	131	105
50	198	146	126	203	157	134	194	152	129
70	247	182	154	244	184	157	235	180	152
95	300	219	186	295	226	189	281	217	180
120	344	251	211	332	254	212	319	249	207
150	389	284	240	374	287	242	365	273	237
185	441		275	424		273	410		264
240	512		320	502		319	483		310
300	584		356	561		347	543		347
400	676			639			625		
500	776			729			715		
630	904			846			819		
800	1032			981			963		
土壤热阻系数（K·m/W）	1.5			1.2					
环境温度（℃）	25								

注：1. 适用于铝芯电缆；铜芯电缆的允许持续载流量值可乘以 1.29。

　　2. 单芯只适用于直流。

1～3kV 交联聚乙烯绝缘电缆空气中敷设时允许载流量（A）　　表 35-71

电缆芯数	三 芯		单 芯							
单芯电缆排列方式			品 字 形				水 平 形			
金属层接地点			单 侧		双 侧		单 侧		双 侧	
电缆导体材质	铝	铜	铝	铜	铝	铜	铝	铜	铝	铜
电缆导体截面（mm²） 25	91	118	100	132	100	132	114	150	114	150
35	114	150	127	164	127	164	146	182	141	178
50	146	182	155	196	155	196	173	228	168	209
70	178	228	196	255	196	251	228	292	214	264
95	214	273	241	310	241	305	278	356	260	310
120	246	314	283	360	278	351	319	410	292	351
150	278	360	328	419	319	401	365	479	337	392
185	319	410	372	479	365	461	424	546	369	438
240	378	483	442	565	424	546	502	643	424	502
300	419	552	506	643	493	611	588	738	479	552
400			611	771	579	716	707	908	546	625
500			712	885	661	803	830	1026	611	693
630			826	1008	734	894	963	1177	680	757
环境温度（℃）	40									
电缆导体最高工作温度（℃）	90									

注：1. 电缆导体工作温度大于 70℃ 的电缆，计算持续允许载流量时，应符合下列规定：

(1) 数量较多的该类电缆敷设于未装机械通风的隧道、竖井时，应计入对环境温升的影响。

(2) 电缆直埋敷设在干燥或潮湿土壤中，除实施换土处理等能避免水分迁移的情况外，土壤热阻系数取值不宜小于 2.0K·m/W。

2. 水平形排列电缆相互间中心距为电缆外径的 2 倍。

1～3kV 交联聚乙烯绝缘电缆直埋敷设时允许载流量（A）　　表 35-72

电缆芯数	三 芯		单 芯					
单芯电缆排列方式			品 字 形		水 平 形			
金属层接地点			单 侧		单 侧			
电缆导体材质	铝	铜	铝	铜	铝	铜		
电缆导体截面（mm²） 25	91	117	104	130	113	143		
35	113	143	117	169	134	169		
50	134	169	139	187	160	200		
70	165	208	174	226	195	247		
95	195	247	208	269	230	295		
120	221	282	239	300	261	334		
150	247	321	269	339	295	374		
185	278	356	300	382	330	426		
240	321	408	348	435	378	478		
300	365	469	391	495	430	543		
400			456	574	500	635		
500			517	635	565	713		
630			582	704	635	796		
温度（℃）	90							
土壤热阻系数（K·m/W）	2.0							
环境温度（℃）	25							

注：水平形排列电缆相互间中心距为电缆外径的 2 倍。

6kV 三芯电力电缆空气中敷设时允许载流量（A）　　　　表 35-73

绝缘类型	不滴流纸	聚氯乙烯		交联聚乙烯	
钢铠护套	有	无	有	无	有
电缆导体最高工作温度（℃）	80	70		90	
电缆导体截面（mm²）　10		40			
16	58	54			
25	79	71			
35	92	85		114	
50	116	108		141	
70	147	129		173	
95	183	160		209	
120	213	185		246	
150	245	212		277	
185	280	246		323	
240	334	293		378	
300	374	323		432	
400				505	
500				584	
环境温度（℃）	40				

注：1. 适用于铝芯电缆，铜芯电缆的允许持续载流量值可乘以 1.29。

　　2. 电缆导体工作温度大于 70℃ 的电缆，计算持续允许载流量时，应符合下列规定：

　　(1)数量较多的该类电缆敷设于未装机械通风的隧道、竖井时，应计入对环境温升的影响。

　　(2)电缆直埋敷设在干燥或潮湿土壤中，除实施换土处理等能避免水分迁移的情况外，土壤热阻系数取值不宜小于 2.0K·m/W。

6kV 三芯电力电缆直埋敷设时允许载流量（A）　　　　表 35-74

绝　缘　类　型	不滴流纸	聚氯乙烯		交联聚乙烯	
钢 铠 护 套	有	无	有	无	有
电缆导体最高工作温度（℃）	80	70		90	
电缆导体截面（mm²）　10		51	50		
16	63	67	65		
25	84	86	83	87	87
35	101	105	100	105	102
50	119	126	126	123	118
70	148	149	149	148	148
95	180	181	177	178	178
120	209	209	205	200	200
150	232	232	228	232	222
185	264	264	255	262	252
240	308	309	300	300	295
300	344	346	332	343	333
400				380	370
500				432	422
土壤热阻系数（K·m/W）	1.5	1.2		2.0	
环境温度（℃）	25				

注：适用于铝芯电缆，铜芯电缆的允许持续载流量值可乘以 1.29。

10kV 三芯电力电缆允许载流量（A）   表 35-75

绝缘类型		不滴流纸		交联聚乙烯			
钢铠护套				无		有	
电缆导体最高工作温度（℃）		65		90			
敷设方式		空气中	直埋	空气中	直埋	空气中	直埋
电缆导体截面（mm²）	16	47	59				
	25	63	79	100	90	100	90
	35	77	95	123	110	123	105
	50	92	111	146	125	141	120
	70	118	138	178	152	173	152
	95	143	169	219	182	214	182
	120	168	196	251	205	246	205
	150	189	220	283	223	278	219
	185	218	246	324	252	320	247
	240	261	290	378	292	373	292
	300	295	325	433	332	428	328
	400			506	378	501	374
	500			579	428	574	424
环境温度（℃）		40	25	40	25	40	25
土壤热阻系数（K·m/W）		1.2		2.0		2.0	

注：1. 适用于铝芯电缆，铜芯电缆的允许持续载流量值可乘以 1.29。

2. 电缆导体工作温度大于 70℃ 的电缆，计算持续允许载流量时，应符合下列规定：

(1)数量较多的该类电缆敷设于未装机械通风的隧道、竖井时，应计入对环境温升的影响。

(2)电缆直埋敷设在干燥或潮湿土壤中，除实施换土处理等能避免水分迁移的情况外，土壤热阻系数取值不宜小于 2.0K·m/W。

7）敷设条件不同时电缆允许持续载流量的校正系数

①35kV 及以下电缆在不同环境温度时的载流量校正系数见表 35-76。

35kV 及以下电缆在不同环境温度时的载流量校正系数   表 35-76

敷设位置		空 气 中				土 壤 中			
环境温度（℃）		30	35	40	45	20	25	30	35
电缆导体最高工作温度（℃）	60	1.22	1.11	1.0	0.86	1.07	1.0	0.93	0.85
	65	1.18	1.09	1.0	0.89	1.06	1.0	0.94	0.87
	70	1.15	1.08	1.0	0.91	1.05	1.0	0.94	0.88
	80	1.11	1.06	1.0	0.93	1.04	1.0	0.95	0.90
	90	1.09	1.05	1.0	0.94	1.04	1.0	0.96	0.92

②除表 35-76 以外的其他环境温度下载流量的校正系数 K 可按式（35-2）计算：

$$K = \sqrt{\frac{\theta_m - \theta_2}{\theta_m - \theta_1}} \tag{35-2}$$

式中　θ_m——电缆导体最高工作温度，℃；

θ_1——对应于额定载流量的基准环境温度,℃;

θ_2——实际环境温度,℃。

③不同土壤热阻系数时电缆载流量的校正系数见表 35-77。

不同土壤热阻系数时电缆载流量的校正系数　　　　　表 35-77

土壤热阻系数 (K・m/W)	分类特征(土壤特性和雨量)	校正系数
0.8	土壤很潮湿,经常下雨。如湿度大于 9% 的沙土;湿度大于 10%的沙-泥土等	1.05
1.2	土壤潮湿,规律性下雨。如湿度大于 7% 但小于 9% 的沙土;湿度为 12%~14% 的沙-泥土等	1.0
1.5	土壤较干燥,雨量不大。如湿度为 8%~12% 的沙-泥土等	0.93
2.0	土壤干燥,少雨。如湿度大于 4% 但小于 7% 的沙土;湿度为 4%~8% 的沙-泥土等	0.87
3.0	多石地层,非常干燥。如湿度小于 4% 的沙土等	0.75

注:1. 适用于缺乏实测土壤热阻系数时的粗略分类。
　　2. 校正系数适于第(6)条各表中采取土壤热阻系数为 1.2K・m/W 的情况,不适用于三相交流系统的高压单芯电缆。

④土中直埋多根并行敷设时电缆载流量的校正系数见表 35-78。

土中直埋多根并行敷设时电缆载流量的校正系数　　　　　表 35-78

并列根数		1	2	3	4	5	6
电缆之间净距 (mm)	100	1	0.9	0.85	0.80	0.78	0.75
	200	1	0.92	0.87	0.84	0.82	0.81
	300	1	0.93	0.90	0.97	0.86	0.85

注:不适用于三相交流系统单芯电缆。

⑤空气中单层多根并行敷设时电缆载流量的校正系数见表 35-79。

空气中单层多根并行敷设时电缆载流量的校正系数　　　　　表 35-79

并列根数		1	2	3	4	5	6
电缆中心距	$s=d$	1.00	0.90	0.85	0.82	0.81	0.80
	$s=2d$	1.00	1.00	0.98	0.95	0.93	0.90
	$s=3d$	1.00	1.00	1.00	0.98	0.97	0.96

注:1. s 为电缆中心间距,d 为电缆外径。
　　2. 按全部电缆具有相同外径条件制定,当并列敷设的电缆外径不同时,d 值可近似地取电缆外径的平均值。
　　3. 不适用于交流系统中使用的单芯电力电缆。

⑥电缆桥架上无间距配置多层并列电缆载流量的校正系数见表 35-80。

电缆桥架上无间隔配置多层并列电缆载流量的校正系数　　　　　表 35-80

叠置电缆层数		一	二	三	四
桥架类别	梯　架	0.8	0.65	0.55	0.5
	托　盘	0.7	0.55	0.5	0.45

注:呈水平状并列电缆数不少于 7 根。

⑦1~6kV 电缆户外明敷无遮阳时载流量的校正系数见表 35-81。

1～6kV电缆户外明敷无遮阳时载流量的校正系数　　　　表35-81

电缆截面（mm²）			35	50	70	95	120	150	185	240
电压（kV）	1	三				0.90	0.98	0.97	0.96	0.94
	6	芯数　三	0.96	0.95	0.94	0.93	0.92	0.91	0.90	0.88
		单				0.99	0.99	0.99	0.99	0.98

注：运用本表系数校正对应的载流量基础值，是采取户外环境温度的户内空气中电缆载流量。

⑧10kV及以下电缆敷设度量时的附加长度见表35-82。

10kV及以下电缆敷设度量时的附加长度　　　　表35-82

项　目　名　称		附加长度（m）
电缆终端的制作		0.5
电缆接头的制作		0.5
由地坪引至各设备的终端处	电动机（按接线盒对地坪的实际高度）	0.5～1
	配电屏	1
	车间动力箱	1.5
	控制屏或保护屏	2
	厂用变压器	3
	主变压器	5
	磁力启动器或事故按钮	1.5

注：对厂区引入建筑物，直埋电缆因地形及埋设的要求，电缆沟、隧道、吊架的上下引接，电缆终端、接头等所需的电缆预留量，可取图纸量出的电缆敷设路径长度的5%。

35.4.1.2　材料质量要求

（1）10kV及以下电气装置配电线路所需材料必须符合设计要求和规范规定。

（2）电缆及其附件的产品的技术文件应齐全，电缆型号、规格、长度应符合订货要求，附件应齐全。

（3）电缆外观完好无损，包装完好，无压扁、扭曲，铠装无松卷；耐热、阻燃的电缆外保护层有明显标识和制造厂标；橡套及塑料电缆外皮及绝缘层无老化及裂纹；绝缘材料的防潮包装及密封应良好。

（4）油浸电缆应密封良好，无漏油及渗油现象；电缆封端应严密。当外观检查有怀疑时，应进行受潮判断或试验。

（5）10kV及以下电缆终端与接头应符合下列要求：

1）型式、规格应与电缆类型如电压、芯数、截面、护层结构和环境要求一致。

2）结构应简单、紧凑，便于安装。

3）所用材料、部件应符合技术要求。

4）10kV及以下电缆终端与接头主要性能应符合《额定电压1kV（$U_m=1.2kV$）到35kV（$U_m=40.5kV$）挤包绝缘电力电缆及附件》GB/T 12706.1～12706.4及有关其他产品标准的规定。

（6）钢导管无压扁、内壁光滑。非镀锌钢导管无严重锈蚀，按制造标准油漆出厂的油漆完整；镀锌钢导管镀层覆盖完整、表面无锈斑；绝缘导管及配件不碎裂、表面有阻燃标记和制造厂标。

（7）各种规格电缆桥架的直线段、弯通、桥架附件及支、吊架等有产品合格证；桥架内外应光滑平整，无棱刺，不应有扭曲、翘边等变形现象。

（8）各种金属型钢不应有明显锈蚀，管内无毛刺；电缆及其附件安装用的钢制紧固件，除地脚螺栓外，应用热镀锌制品。

35.4.1.3　施工质量技术要求

（1）电缆规格应符合规定；电缆敷设排列整齐，无机械损伤；标志牌应装设齐全、正确、清晰。

（2）电缆的固定、弯曲半径、有关距离和单芯电力电缆的金属护层的接线、相序排列等应符合要求。

（3）电缆放线架应放置稳妥，钢轴的强度和长度应与电缆盘重量和宽度相配合。

（4）敷设前应按设计和实际路径计算每根电缆的长度，合理安排每盘电缆，减少电缆接头。

（5）油浸纸绝缘电缆切断后应将端头立即铅封；塑料电缆的封端则可以采用粘合法，一种是用聚氯乙烯胶粘带作为密封包绕层，另一种是用自粘性橡胶带包缠粘合密封。

（6）电缆终端、电缆接头应安装牢固。

（7）接地应良好。

（8）电缆终端的相色应正确，电缆支架等的金属部件防腐层应完好。

（9）电缆沟内应无杂物，盖板齐全，隧道内应无杂物，照明、通风、排水等设施应符合设计。

（10）直埋电缆路径标志，应与实际路径相符。路径标志应清晰、牢固，间距适当，且在直线段每隔 50～100m 处、电缆接头处、转弯处、进入建筑物等处，应设置明显的方位标志或标桩。

（11）水底电缆线路两岸，禁锚区内的标志和夜间照明装置应符合设计。

（12）防火措施应符合设计，且施工质量合格。

（13）电缆的最小弯曲半径应符合表 35-83 的规定。

电缆最小弯曲半径　　　　　　　　表 35-83

电 缆 型 式		多　芯	单　芯
控制电缆		10D	
橡皮绝缘电力电缆	无铅包、钢铠护套	10D	
	裸铅包护套	15D	
	钢铠护套	20D	
聚氯乙烯绝缘电力电缆		10D	
交联聚乙烯绝缘电力电缆		15D	20D

注：表中 D 为电缆外径。

（14）10kV 以下配电线路电缆敷设可采用人工敷设，也可采用机械牵引敷设。敷设方法参见 35.2 电缆敷设章节相关内容。

（15）10kV 以下配电线路电缆终端及接头制作参见 35.2 电缆敷设章节相关内容。电缆终端及接头的制作，应由经过培训的熟悉工艺的人员严格遵守制作工艺规程进行；在室外制作 6kV 及以上电缆终端与接头时，其空气相对湿度宜为 70% 及以下；当湿度大时，可提高环境温度或加热电缆。制作塑料绝缘电力电缆终端与接头时，应防止尘埃、杂物落入绝缘层内；严禁在雾或雨中施工。

35.4.1.4　施工常用机具

（1）电缆牵引机械、滚轮、电缆敷设用支架等；

（2）电工刀、喷灯、钢锯架、钢锯条、钢卷尺等；

（3）兆欧表、直流高压试验器等。

35.4.1.5　作业条件

（1）与电缆线路安装有关的建筑物、构筑物的土建工程质量应符合国家现行的建筑工程施工质量验收规范中的有关规定；

（2）预埋孔、洞和预埋件符合设计要求，预埋件埋置牢固；

（3）电缆沟、竖井、人孔等处的地坪及抹面工作结束；

（4）隧道、电缆沟等处的施工临时设施、模板及建筑废料应清理干净，盖板齐备，保持施工道路畅通；

（5）隧道和电缆沟已按设计和规范要求设置集水井，底部向集水井应有不小于 0.5% 的坡度，以防止积水，保持排水畅通；

（6）电缆线路敷设的施工方案、施工组织设计已经编制并已经过审批批准。

35.4.2　电缆沟内电缆敷设

电缆在电缆沟内敷设也是 10kV 及以下配电线路常用的一种敷设方式，广泛应用于地下水位较低且无化学腐蚀液体或高温熔化金属溢流的发电厂、变配电所、工厂厂区或城镇人行道，具有检修便捷、容纳电缆较多、可分期敷设的优点，但也具有沟内容易积水、积污、散热条件差等缺点。

电缆沟分为普通电缆沟和充砂电缆沟。根据电缆敷设数量的多少，普通电缆沟可在沟的单侧或双侧装设单层或多层电缆支架，电缆在支架上敷设并固定；在比较干燥或地下水位较低的地区，电缆敷设根数不多（一般不超过 5 根）时，可修建无支架电缆沟；充砂电缆沟内不设支架，主要用于爆炸和火灾危险场所的电缆敷设。

35.4.2.1　适用范围

（1）在厂区、建筑物内地下电缆数量较多但不需采用隧道时，城镇人行道开挖不便且电缆需分期敷设时，又不属于上述（1）、（2）项的情况下，宜用电缆沟。

（2）有防爆、防火要求的明敷电缆，应采用埋砂敷设的电缆沟。

（3）有化学腐蚀液体或高温熔化金属溢流的场所，或在载重车辆频繁经过的地段，不得用电缆沟。

（4）经常有工业水溢流、可燃粉尘弥漫的厂房内，不宜用电缆沟。

35.4.2.2　材料要求

（1）电缆应选用具有不延燃外护层或裸钢带铠装电缆，以满足防火要求；

（2）钢板、角钢、圆钢等各类型钢的外观检查：型钢表面**无**严重锈蚀，无过度扭曲、弯折变形；镀锌钢材的镀锌层覆盖完整、表面无锈斑；

（3）电焊条包装完整，拆包抽检，焊条尾部无锈斑。

35.4.2.3 施工机具

（1）电焊机、砂轮切割机、剪冲机、冲击电钻、手电钻；

（2）电缆倒运机械、电缆牵引机械、滚轮、电缆敷设用支架等；

（3）电工刀、喷灯、钢锯架、钢锯条、钢卷尺等；

（4）兆欧表、直流高压试验器等。

35.4.2.4 作业条件

（1）与电缆线路安装有关的建筑物、构筑物的建筑工程质量应符合国家现行建筑工程施工及验收规范中的有关规定；

（2）电缆沟及人孔的地坪及抹面工作结束，沟壁沟底已经土建防水处理；

（3）电缆沟内预埋件符合设计要求，并且埋置牢固；

（4）电缆沟已按设计要求沿排水方向适当距离设置集水井及其泄水系统，沟内排水畅通；

（5）电缆沟等处的建筑工程施工临时设施、模板及建筑废料已清理干净，道路畅通。

35.4.2.5 工艺流程

电缆沟验收→支架制作→支架安装→接地线安装→电缆敷设→盖电缆沟盖板。

35.4.2.6 电缆沟验收

电缆沟由土建专业负责按设计图纸施工，一般由砖砌筑而成，沟顶部可用强度较高的钢筋混凝土盖板或钢质盖板盖住。

室外电缆沟分无覆盖和有覆盖断面如图 35-71～图 35-72 所示，尺寸如表 35-84～

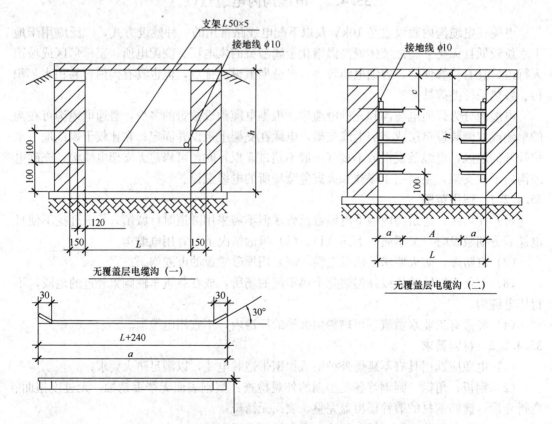

图 35-71　室外无覆盖电缆沟断面

表35-86所示。

室外无覆盖电缆沟

尺寸（一）　表35-84

沟宽（L）	沟深（h）
400	400
600	400

注：200/300表示单侧或双侧支架电缆沟中，层架长度分为200mm或300mm两种规格。

室外无覆盖电缆沟尺寸（二）（mm）

表35-85

沟宽(L)	层架(a)	通道(A)	沟深(h)
1000	$\dfrac{200}{300}$	500	700
1000	200	600	900
1200	300	600	1100
1200	$\dfrac{200}{300}$	700	1300

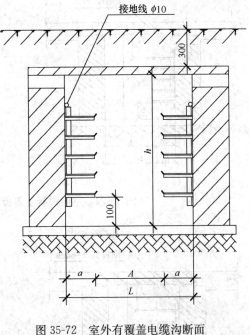

图35-72　室外有覆盖电缆沟断面

室外有覆盖电缆沟尺寸（mm）　表35-86

沟宽(L)	层架(a)	通道(A)	沟深(h)
1000	$\dfrac{200}{300}$	500	700
1000	200	600	900
1200	300	600	1100
1200	$\dfrac{200}{300}$	700	1300

注：200/300表示单侧或双侧支架电缆沟中，层架长度分为200mm或300mm两种规格。

　　室内无支架、单侧支架、双侧支架电缆沟断面如图35-73～图35-77所示，尺寸如表35-87～表35-89所示。

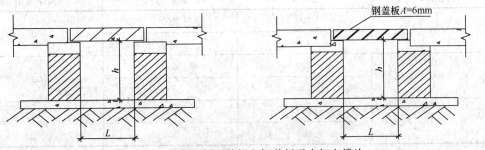

图35-73　室内混凝土盖板和钢盖板无支架电缆沟

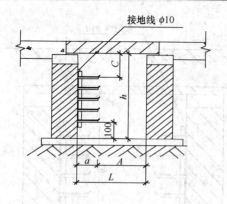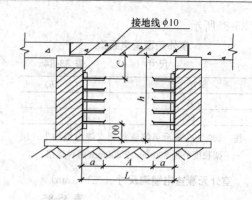

图 35-74　室内混凝土盖板单侧支架和双侧支架电缆沟

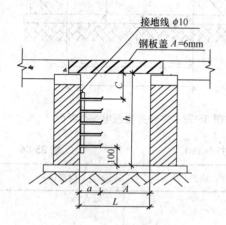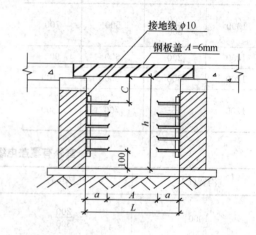

图 35-75　室内钢盖板单侧支架和双侧支架电缆沟

无支架电缆沟尺寸图（mm）　　　表 35-87

沟宽（L）	沟深（h）	沟宽（L）	沟深（h）
400	200	800	400
600	400		

单侧支架电缆沟尺寸图（mm）　　　表 35-88

沟宽（L）	层架（a）	通道（A）	沟深（h）
600	200	400	500
	300	300	
800	200	600	700
	300	500	
800	200	600	900
	300	500	

双侧支架电缆沟尺寸图（mm）　　　　　　表 35-89

沟宽（L）	层架（a）	通道（A）	沟深（h）
1000	$\frac{200}{300}$	500	700
1200	300	600	
1000	$\frac{200}{300}$	500	900
1000	200	600	
1200	300	600	
1000	200	600	1100
1000	$\frac{200}{300}$	500	
1200	300	600	

　　土建施工完成后，安装施工之前应办理交接验收，复核电缆沟施工质量应符合设计和规范要求：

　　（1）电缆沟应采取防水措施，底部设置排水沟，沟底向集水井排水坡度应不小于 0.5%；电缆沟采取分段排水方式，每隔 50m 设置一个集水井和排水管，积水可及时经集水井排出；

　　（2）电缆沟内设计有机械排水系统的，其使用应功能正常，与排水系统相连的，必须采取防止倒灌措施，保持排水畅通。

　　电缆沟集水坑（井）如图 35-76 所示，其中图 35-76（a）适用于地下水位低于电缆沟且周围土壤容易渗水的地区，但不适用于风化岩石及其他不渗水的黏土地区；图 35-76（b）适用于地下水位较高地区；图 35-76（c）适用于地下水位较低地区。

35.4.2.7　支架制作

　　电缆在电缆沟内使用支架固定，常用支架有角钢支架和装配式支架。

　　角钢支架由主架和层架（横撑）两部分组成，角钢式支架共有 7 种不同型式，如图 35-77 所示，主架固定在沟壁上可以采用膨胀螺栓固定，或用射钉枪将 M8×85 螺栓射入沟壁内固定，也可以与沟侧的预埋件焊接连接固定，焊接时，主架上的安装孔取消。支架钻孔严禁用电、气焊割孔。支架的选择由设计确定，电缆沟转角段、分支段、交叉段层架（横撑）长度为直线段层架（横撑）长度加 100mm。

　　在制作角钢支架时，首先根据设计图纸的要求，统计各种角钢的长度、主架的根数、层架（横撑）的根数，然后利用剪冲机或砂轮机进行切割，在剪冲主架角钢之前，应对角钢进行校直。将下好料的主架和层架放在装有样板的平台上进行焊接，焊接时应采用"先点后焊"的方法，以免变形。焊接完毕后将焊渣和焊药清除，并应再次对支架进行校正；最后除锈、刷防锈漆。

　　角钢支架的加工应符合下列要求：

　　（1）钢材应平直，无明显扭曲。下料误差应在 5mm 范围内，切口应无卷边、毛刺。

　　（2）支架应焊接牢固，无显著变形，焊后及时清除焊渣。各横撑间的垂直净距与设计偏差不应大于 5mm。

　　（3）金属电缆支架必须进行防腐处理，室外支架应为热镀锌材料，或采用刷磷化底漆

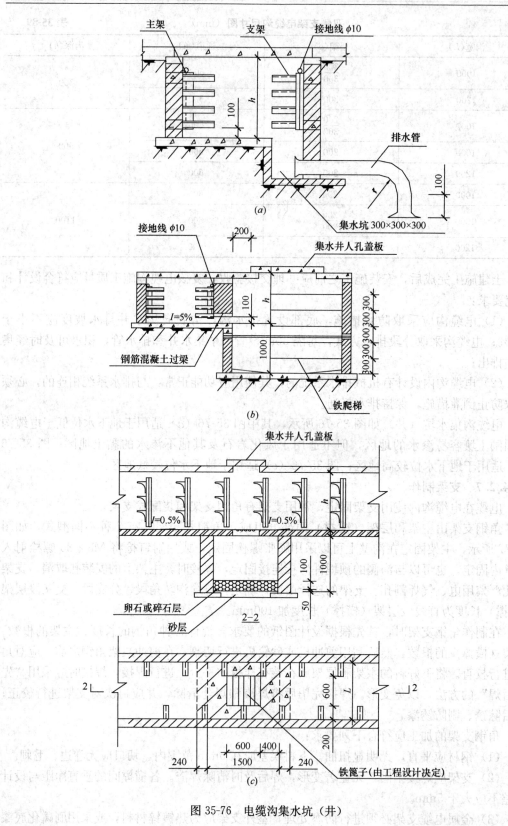

图 35-76 电缆沟集水坑（井）

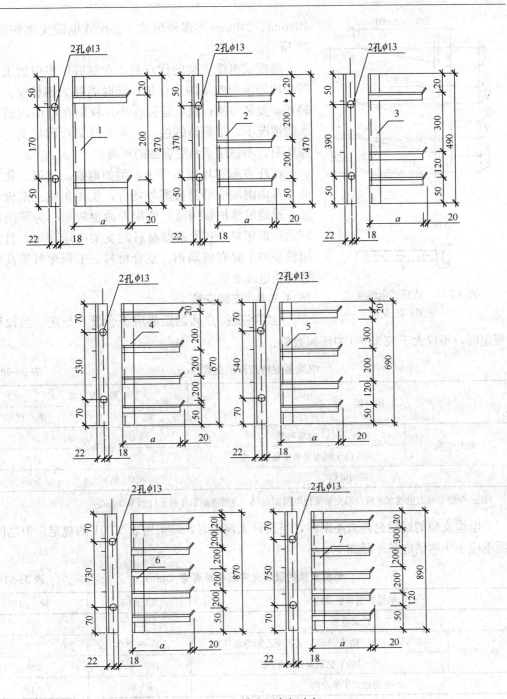

图 35-77 电缆沟用角钢支架

一道、过氯乙烯漆两道防腐。位于湿热、盐雾以及有化学腐蚀地区时,应根据设计作特殊的防腐处理。

装配式电缆支架的主架和层架(横撑)采用活连接,主架小型槽钢或钢板以 60mm 为模数冲孔;层架(横撑)采用钢板冲制而成,根部有弯脚。只要将层架弯脚插入主架的插孔后,就能钩住主架而不脱落,根据需要可将层架与主架装配成层间距为 120mm、

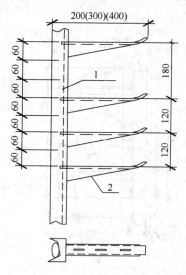

图 35-78　装配式电缆支架
1—主架；2—层架

180mm、240mm 等多种形式。装配式电缆支架如图 35-78 所示：

装配式电缆支架的优点是：在制造厂集中加工有效减少现场预制施工的工作量，同时消耗的钢材少，支架轻巧，安装方便；缺点是强度小，特别在电缆沟道有积水的情况下，很容易锈蚀，尤其是格架弯脚挂钩，易锈蚀断裂，不适用于易受腐蚀的环境。

在许多恶劣环境条件下，例如地铁、隧道、化工企业、多雨潮湿或沿海盐雾等场合，使用角铁支架极易锈蚀，设施的维护费用高，使用寿命也较短；为解决这个问题，近年来，各种新型材料的支架应运而生，目前应用较多的主要有玻璃钢、复合材料、工程塑料等几种新型材质电缆支架。

35.4.2.8　支架安装

电缆各支持点间的距离应符合设计规定。当设计无规定时，不应大于表 35-90 中所列数值。

电缆各支持点间的距离（mm）　　　　　　　　　　表 35-90

电缆种类		敷设方式	
		水平	垂直
电力电缆	全塑料型	400	1000
	除全塑型外的中低压电缆	800	1500
控制电缆		800	1000

注：全塑型电力电缆水平敷设沿支架能把电缆固定时，支持点间的距离允许为 800mm。

电缆支架的层间允许最小距离，当设计无规定时，可采用表 35-91 的规定。但层间净距不应小于两倍电缆外径加 10mm。

电缆支架的层间允许最小距离值（mm）　　　　　　表 35-91

电缆类型和敷设特征		支(吊)架	桥架
控制电缆		120	200
电力电缆	10kV 及以下(除 6～10kV 交联聚乙烯绝缘外)	150～200	250
	6～10kV 交联聚乙烯绝缘	200～250	300
电缆敷设于槽盒内		$h+80$	$h+100$

注：h 表示槽盒外壳高度。

电缆支架主架与层架（横撑）连接采用焊接，主架固定在沟壁上可以采用膨胀螺栓固定，也可以与沟侧的预埋件焊接连接固定，焊接时，主架上的安装孔取消。土建砌筑电缆沟时，应密切配合土建，将预埋件或预制混凝土砌块预埋件预埋在设计位置上。在安装支架时，应先找好直线段两端支架的准确位置，先安装固定好，然后拉通线再安装中间部位的支架，最后安装转角和分岔处的支架。

1. 支架与预埋件焊接固定

预埋件如图 35-79（a）所示，其预埋水平间距由设计确定，施工时，配合土建预埋，支架安装时，角钢主架与预埋件连接钢板可靠焊接，安装图如图 35-80（a）所示。

电缆沟上部有护边角钢时，支架的主架上部与护边角钢焊接，下部与预埋件钢板焊接，护边角钢预埋件如图 35-79（b）所示，支架安装图如图 35-80（b）所示。

2. 支架用预制混凝土砌块固定

砖墙壁电缆沟内支架固定可采用预制混凝土砌块。砌块内的预埋件预制如图 35-80（c）所示，预制完成后埋设在强度不小于 C15 的混凝土砌块内。在电缆沟墙体砌筑时，应密切配合土建将预制混凝土砌块砌筑在设计位置。角钢主架安装时，将主架与砌块预埋件的钢板牢固焊接。如图 35-80（c）所示。

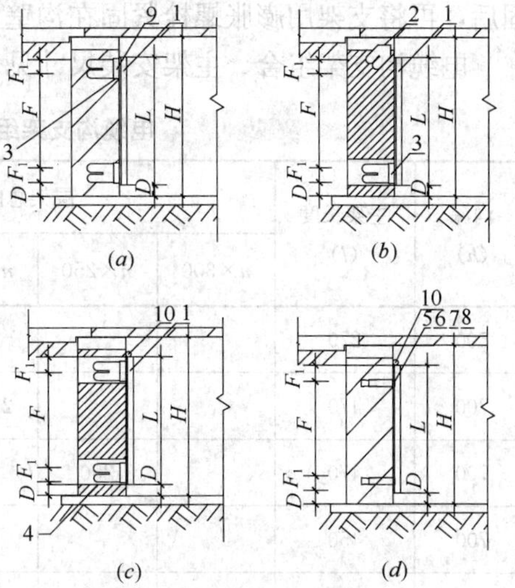

3. 用膨胀螺栓固定支架

当电缆沟壁采用 C15 及以上混凝土或钢筋混凝土或强度相当的砖墙时，可采用 M10×100 膨胀螺栓固定支架。施工时，先用冲击钻或电锤在电缆沟壁上设计位置打孔，孔洞大小与膨胀螺栓胀管相当，孔深略长于胀管。清扫孔洞后，将膨胀螺栓轻轻，确认牢

图 35-79　电缆沟主架安装

1—角钢主架；2—护边角钢预埋件；3—预埋件；
4—预制混凝土砌块；5—膨胀螺栓 M10×100；6—
套管；7—螺母 M10；8—垫圈；9—扁钢接地线—
50×6；10—圆钢接地线 φ10

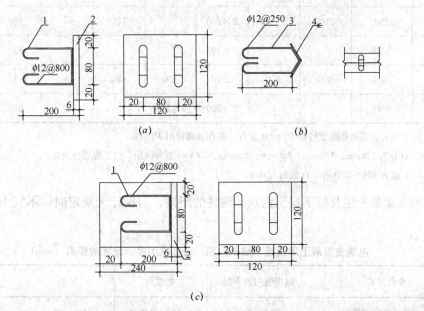

图 35-80　电缆沟主架安装预埋件

（a）预埋件；（b）护边角钢预埋件；（c）预制混凝土砌块
1—φ12 圆钢；2—δ=6mm 钢板；3—φ12 圆钢；4—护边角钢 50×5

固后，再将支架用膨胀螺栓紧固在沟壁上，安装图如图 35-79（d）所示。

电缆沟支架组合、主架安装尺寸见表 35-92：

电缆沟支架组合、主架安装尺寸（mm）　　　　　　表 35-92

沟深 (h)	主架长度 (l)	层架总间距(n×m)					层架 层数	安装间距(F)	
		n×300	n×250	n×200	n×150	n×120		膨胀螺栓	预埋件
500	270			200			2	170	150
700	470			2×200			3	370	350
700	470		250		150		3	370	350
700	450				2×150	120	4	390	370
700	450	300				120	3	390	370
900	670			3×200			4	530	550
900	670		250	200	150		4	530	550
900	670	300			2×150		4	530	550
900	650			200	2×150	120	5	550	570
1100	870			4×200			5	730	750
1100	870		250	2×200			5	730	750
1100	890	300		2×200		120	5	750	770
1300	1070			5×200			6	930	950
1300	1090	300	250	200	150	120	6	950	970
1300	1070	300		2×200	2×150		6	930	950

注：1. 主架安装采用膨胀螺栓时 $F_1=50$ 或 70，采用预埋件时 $F_1=60$；

　　2. m 分为 120mm、150mm、200mm、250mm、300mm 五种间距，由工程设计决定；

　　3. C 值为 150～200mm，D 值为 50mm。

电缆支架最上层及最下层至沟顶、沟底的距离，当设计无规定时，不宜小于表 35-93 的数值。

电缆支架最上层及最下层至沟顶、楼板或沟底、地面的距离（mm）　　　表 35-93

敷设方式	电缆隧道及夹层	电缆沟	吊架	桥架
最上层至沟顶或楼板	300～500	150～200	150～200	350～450
最下层至沟底或地面	100～150	50～100	—	100～150

层架（横撑）支架应安装牢固，横平竖直；各支架的同层横档应在同一水平面上，其高低偏差不应大于 5mm。电缆沟内安装的电缆支架，应有与电缆沟或建筑物相同的坡度。

电缆沟分支段和交叉段处常设置槽钢过梁，过梁尺寸由设计具体确定。支架在过梁处上端与槽钢过梁焊接，下端与预埋的长度为 180mm 的 L50×5 角钢焊接。过梁支架安装如图 35-81 所示。

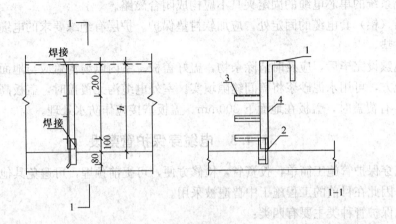

图 35-81　电缆沟过梁支架安装
1—过梁；2—预埋角钢（L50×5，1＝180）；3—层架；4—主架

为保障人身安全，电缆沟支架应可靠接地，全长敷设接地线，并应按设计多处接地。接地线可采用 $\phi10$ 圆钢沿支架全长敷设并与支架可靠焊接，如图 35-79（c）、（d）。也可利用电缆沟护边角钢或预埋扁钢作接地线，此时，则不再需要敷设专用的接地线，做法如见图 35-79（a）、（b）。

接地线的焊接应采用搭接焊，焊接必须牢固无虚焊，其搭接长度必须符合下列规定：

(1) 扁钢为其宽度的 2 倍（且至少 3 个棱边焊接）。

(2) 圆钢为其直径的 6 倍。

(3) 圆钢与扁钢连接时，其长度为圆钢直径的 6 倍。

(4) 扁钢与钢管、扁钢与角钢焊接时，为了连接可靠，除应在其接触部位两侧进行焊接外，并应焊以由钢带弯成的弧形（或直角形）卡子或直接由钢带本身弯成弧形（或直角形）与钢管（或角钢）焊接。

35.4.2.9　电缆敷设

电力电缆和控制电缆不应配置在同一层支架上。高低压电力电缆、强电、弱电控制电缆应按顺序分层配置，一般情况宜由上而下配置；但在含有 35kV 以上高压电缆引入柜盘时，为满足弯曲半径要求，可由下而上配置。

电缆在支架上水平敷设时，电力电缆间净距不应小于 35mm，且不应小于电缆外径。控制电缆间的净距不作规定。1kV 以下电力电缆和控制电缆可并列敷设，当双侧设有支架时，1kV 以下电力电缆和控制电缆，尽可能与 1kV 以上的电力电缆分别敷设于不同侧支架上，当并列明敷时，其净距不应小于 150mm。在电缆沟底敷设时，1kV 以上的电力电缆与控制电缆间净距不应小于 100mm。

交流单芯电力电缆，应布置在同侧支架上。当按紧贴的正三角形排列时，应每隔1m用绑带扎牢。

明敷在电缆沟内带有麻护层的电缆，应剥除麻护层，并对其铠装加以防腐。

电缆在支架上水平敷设时，在终端、转弯及接头两侧应加以固定，垂直敷设则在每一支持点处固定。当对电缆的间距有要求时，应每隔5~10m处进行固定。

交流系统的单芯电缆的固定夹具不应构成闭合磁路。

裸铅（铝）套电缆的固定处，应加软衬垫保护。护层有绝缘要求的电缆，在固定处应加绝缘衬垫。

电缆敷设完毕后，应及时清除杂物，盖好盖板。室内电缆沟盖应与地面平齐，对容易积水的地方，可用水泥砂浆将盖间缝隙填实。室外电缆沟无覆盖时，盖板高出地面不小于100mm；有覆盖时，盖板在地面下300mm。盖板搭接应作防水处理。

35.4.3 电缆穿保护管敷设

电缆穿保护管施工简单，投资省，检修方便，可提前预埋，可避免其他管线对电缆本身影响，因此在目前的工程施工中普遍被采用。

电缆保护管种类主要有四类：

（1）有机高分子材料电缆保护管，如碳素波纹管，PVC管等。

（2）金属材料类电缆保护管，如涂塑钢管、镀锌钢管等。

（3）树脂基纤维增强复合材料类电缆保护管，如玻璃钢管等。

（4）水泥基纤维增强复合材料类电缆保护管，如低摩擦纤维水泥管、维纶水泥管、海泡石电缆保护管等。

镀锌钢管刚性强度高，但重量大，且管内表面不够光滑，穿电缆时容易划伤，耐水性差、耐热差，同时它又是磁性材料，易产生涡流，因此，不适用于单芯电缆穿管敷设。

玻璃纤维增强塑料电缆保护管（玻璃钢管）具有重量轻、强度高、不变形、内表光滑、摩擦系数小、穿缆轻滑、耐水性好、防火性能优、安装连接方便等优点，且无电腐蚀、非磁性，适用于单芯电缆敷设，但玻璃钢管又有易产生污染、不利于人体健康、且易老化的缺点。

硬聚氯乙烯电缆保护管（PVC-U）管材结构上分为双壁波纹及普通管，硬聚氯乙烯管虽排除了镀锌钢管所存在的不足，但其刚性强度低，质地较脆，在敷设时的温度不宜低于0℃，最高使用温度不应超过50~60℃，且在易受机械碰撞的地方不宜使用。

氯化聚氯乙烯管（PVC-C）经过材料改性，产品环刚度、耐热、阻燃性能都较普通硬聚氯乙烯电缆保护管高，重量轻、强度高、施工方便、快捷。聚乙烯（PE）管强度较低，但其断裂伸长率却非常高，延伸性很强，当地面沉降或地壳有变动的情况下，PE管能够产生抗变形性而不断裂，但在40℃以上时力学性能大幅度下降，容易受外力而变形。

近年来出现的改性聚丙烯管（MPP）管，使用热熔焊接，焊接头强度高，可超长度高牵引力拖管，韧性好，具有优良的抗地层沉降、抗震性能；MPP管克服了PE管在40℃以上时力学性能大幅度下降而不能用于电缆排管的弊端，同时还克服了PVC-C

管抗地层沉降性能差以及不能高牵引力拖管的弊端，多应用在非开挖技术电力管线敷设上。

电缆保护管有钢筋混凝土包封、纯混凝土包封、直埋以及非开挖拖管敷设等多种使用方法，钢筋混凝土包封、纯混凝土包封多为排管敷设使用，直埋敷设时应充分考虑埋设深度和保护管外压荷载这两个参数之间的相关性。

35.4.3.1　适用范围

(1) 在有爆炸危险场所明敷的电缆，露出地坪上需加以保护的电缆，地下电缆与公路、铁道交叉时。

(2) 地下电缆通过房屋、广场的区段，电缆敷设在规划将作为道路的地段。

(3) 在地下管网较密的工厂区、城市道路狭窄且交通繁忙或道路挖掘困难的通道等电缆数量较多的情况下。

(4) 电缆进入建筑物、隧道、穿过楼板及墙壁处。

(5) 从沟道引至电杆、设备、墙外表面或屋内行人容易接近处，距地面高度 2m 以下的一段。

(6) 其他可能受到机械损伤的地方。

35.4.3.2　材料要求

(1) 电缆保护管不应有穿孔、裂缝和显著的凹凸不平，内壁应光滑，管子圆直。

(2) 金属电缆管不应有锈蚀、折扁和裂缝，管内应无铁屑及毛刺，切断口应平整，管口应光滑；镀锌管的镀锌层应完好无损，锌层厚度均匀一致，不得有剥落、气泡等现象。

(3) 玻璃纤维增强塑料电缆保护管外表色泽均匀，导管内外表面应无龟裂、分层、针孔、毛边、毛刺、杂质、贫胶区、气泡等缺陷。导管两端面应平齐、无毛边、毛刺；承口、插口两端内外侧边缘均应有倒角，以防止电缆在抽拉时受到损伤。

(4) 氯化聚氯乙烯与硬聚氯乙烯电缆导管颜色应均匀一致，内外壁不允许有气泡、裂口和明显痕纹、凹陷、杂质、分解变色线以及颜色不均等缺陷；导管端面应切割平整并与轴线垂直；插口端外壁加工时应有倒角，承口端加工时允许有不大于 1° 的脱模斜度，且不得有挠曲现象。氯化聚氯乙烯电缆导管的管材插入端应做出明显的插入深度标记。氯化聚氯乙烯与硬聚氯乙烯双壁波纹电缆导管的外壁波纹应规则、均匀、不应有凹陷，导管的内外壁应紧密熔合，不应出现脱开现象。

(5) 硬质塑料管不得用在温度过高或过低的场所。

(6) 在易受机械损伤的地方和在受力较大处直埋时，应采用足够强度的管材。

(7) 敷设于保护管中的电缆，应具有挤塑外套；油浸纸绝缘铅套电缆，尚宜含有钢铠层。

(8) 防火阻燃材料必须经过技术或产品鉴定。

35.4.3.3　施工机具

1. 保护管制安机具

煨管器、液压煨管器、砂轮锯、扁锉、半圆锉、圆锉、鱼尾钳、手电钻、电锤、台钻、电焊机、气焊工具、扳手等。

2. 电缆敷设机具

电缆倒运机械、电缆牵引机械、放线架、滚轮、电缆敷设用支架、吊链、滑轮、钢丝绳、无线对讲机、手持扩音喇叭、钢锯架、钢锯条、钢卷尺等。

3. 电缆头制安机具

电工刀、剪断钳、电缆剥削器、（液压）压接钳、喷灯等。

4. 检验试验机具

兆欧表、直流高压试验器等。

35.4.3.4 作业条件

（1）室外埋地保护管的路径、沟槽深度、宽度及垫层处理经检查确认。

（2）室内外沿构筑物明敷设的保护管，在砌体施工过程应及时准确地将保护管支持预埋件随土建工程正确预埋。

（3）进入建筑物、穿墙、穿楼板处已按设计要求正确预留孔洞。

（4）保护管敷设路径的部位障碍物已清除干净。

35.4.3.5 工艺流程

非开挖埋地管地下钻孔→保护管连接→牵引保护管穿孔洞

埋地管管沟开挖→保护管加工制作→保护管安装→电缆穿管敷设

明敷管预埋件预埋→保护管支架制作→支架安装──埋地管管沟回填土*

注*：非开挖埋地管不需回填土。

35.4.3.6 电缆保护管加工制作

承插式电缆保护管形状如图 35-82 所示，氯化聚氯乙烯与硬聚氯乙烯双壁波纹电缆导管结构如图 35-83 所示。

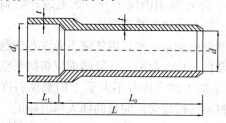

图 35-82　承插式电缆导管结构形状图
d—公称直径；d_1—承口内径；L_1—承口深度；
t—壁厚；L—总长；L_0—有效长度

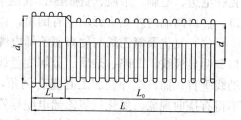

图 35-83　氯化聚氯乙烯与硬聚氯乙烯
双壁波纹电缆导管结构形状图
d—公称直径；d_1—承口内径；L_1—承口深度；
L—总长；L_0—有效长度

电缆管的加工应符合下列要求：

（1）管口应无毛刺和尖锐棱角，管口宜做成喇叭形，可以减小直埋管在沉陷时管口处对电缆的剪切力。

（2）电缆管在弯制后，不应有裂缝和显著的凹瘪现象，其弯扁程度不宜大于管子外径的 10%；电缆管的弯曲半径应不小于管外径的 10 倍且不应小于所穿入电缆的最小允许弯曲半径。每根电缆管的弯头不应超过 3 个，直角弯不应超过 2 个。

（3）金属电缆管应在外表涂防腐漆或涂沥青，镀锌管锌层剥落处也应涂以防腐漆。

35.4.3.7 电缆保护管连接安装

室外埋地敷设的电缆导管，埋深不应小于 700mm。壁厚小于等于 2mm 的钢电线导管不应埋设于室外土壤内。保护管伸出建筑物散水坡的长度不应小于 250mm。保护罩根部不应高出地面。

电缆管的连接应符合下列要求：

（1）金属电缆管连接应牢固，密封应良好，两管口应对准。套接的短套管或带螺纹的管接头的长度，不应小于电缆管外径的 2.2 倍。因金属电缆管直接对焊可能在接缝内部出现疤瘤，穿电缆时会损伤电缆，故金属电缆管不宜直接对焊。

（2）硬质塑料管在套接或插接时，其插入深度宜为管子内径的 1.1～1.8 倍。在插接面上应涂以胶粘剂粘牢密封；采用套接时，套管长度不小于管内径的 1.5～3 倍，套管两端应封焊。

插接连接时，先将两连接端部管口进行倒角，然后清洁两个端口接触部分的内外面，如有油污则用汽油等溶剂擦净。

敷设在混凝土内的电缆保护管在混凝土浇筑前应按实际安装位置量好尺寸，下料加工。管子敷设后应加以支撑和固定，以防止在浇筑混凝土时受震而移位。保护管敷设或弯制前应进行疏通和清扫，可用铁丝绑上棉纱或破布穿入管内清除污物，检查畅通情况，在保证管内光滑畅通后，将管子两端暂时封堵。

电缆保护管明敷时应符合下列要求：

（1）电缆保护管应安装牢固；电缆保护管支持点间的距离，当设计无规定时，不宜超过 3m。

（2）当塑料管的直线长度超过 30m 时，宜加装伸缩节。

（3）引至设备的电缆保护管管口位置，应便于与设备连接并不妨碍设备拆装和进出。并列敷设的电缆管应排列整齐。

敷设混凝土、陶土、石棉水泥等电缆管时，其地基应坚实、平整，不应有沉陷，且电缆保护管的敷设应符合下列要求：

（1）电缆保护管的埋设深度不应小于 0.7m；在人行道下面敷设时，不应小于 0.5m。

（2）电缆保护管应有不小于 0.1% 的排水坡度。

（3）电缆保护管连接时，管孔应对准，接缝应严密，不得有地下水和泥浆渗入。

纤维水泥电缆导管采用套管套接，其他承插式混凝土预制管、氯化聚氯乙烯及硬聚氯乙烯塑料（双壁波纹）管、玻璃纤维增强塑料导管均采用承插式连接，采用承插式或套管连接的导管，其接头均应用橡胶弹性密封圈密封连接。

氯化聚氯乙烯电缆保护管连接处承插口做法示意图如图 35-84 所示。

玻璃纤维增强塑料电缆保护管（玻璃钢电缆保护管）的连接采用承插式的连接方式，安装连接方便，接头处加橡胶密封圈，安装于承插口和插口之间，适应热胀冷缩，又可防止砂泥进入，如图 35-85 所示。

氯化聚氯乙烯管（PVC-C）在敷设完毕后，管材的外侧均无需用其他材料加固，而直接用砂和泥土回填即可。

利用电缆的保护钢管作接地线时，应先焊好接地线，避免在电缆敷设后焊接地线时烧坏电缆；钢管有螺纹的管接头处，应在接头两侧用跨接线焊接，用圆钢作跨接线时，其直

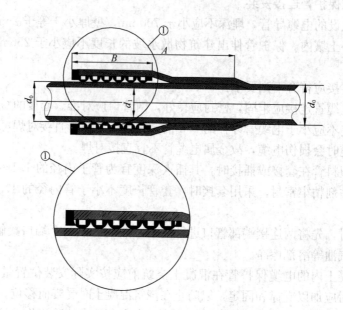

图 35-84　承插口做法示意图

A—承口长度；*B*—承口第一阶长度；d_1—承口第二阶内径；d_0—平均外径

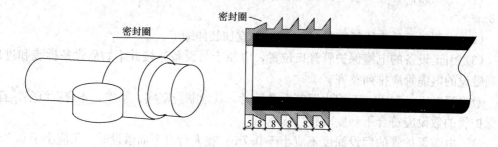

图 35-85　玻璃纤维增强塑料电缆保护管接头处设置橡胶密封圈

径不宜小于 12mm；用扁钢作跨接线时，扁钢厚度不应小于 4mm，截面积不应小于 100mm²；当电缆保护钢管采用套管焊接时，不需再焊接地。

35.4.3.8　电缆穿保护管敷设

电缆穿保护管敷设应符合下列规定：

（1）穿入管中电缆的数量应符合设计要求，交流单芯电缆不得单独穿入钢管内。

（2）敷设在混凝土管、陶土管、石棉水泥管内的电缆，宜穿塑料护套电缆。

（3）拐弯、分支处以及直线段每隔 50m 应设人孔检查井，井盖应高于地面，井内有集水坑且可排水。

（4）电缆管内径与电缆外径之比不得小于 1.5；混凝土管、陶土管、石棉水泥管除应满足本条要求外，其内径尚不宜小于 100mm。

（5）电缆穿保护管前，应先清理保护管，电缆保护管内部应无积水，且无杂物堵塞。

穿电缆时，可采用无腐蚀性的润滑剂（粉），如滑石粉或黄油等润滑物，以防损伤电缆护层。

直埋电缆进入建筑物内的保护管必须符合防水要求，并有适当的防水坡度，安装见图35-86，保护管伸出建筑物散水坡的长度不应小于 250mm，除注明外，保护管应伸出墙外1m。管口应无毛刺和尖锐棱角，宜做成喇叭形；非镀锌钢管外壁应刷两道沥青漆防腐。方式三中法兰盘（2）直径应等于电缆外径加 10mm，在两法兰盘之间的电缆上应缠绕油浸黄麻绳，法兰盘之间在紧固前应用沥青浇筑密封。紧固密封后法兰盘及螺母均刷沥青一道防腐。

电缆直埋引入建筑物时，应穿钢管保护，并做好防水处理，保护钢管内径不应小于电缆外径的 1.5 倍。穿墙钢管与钢板须事先焊好，并应配合土建墙体施工预埋。电缆自室外引入室内做法如图 35-87、图 35-88 所示，方案一适用于电缆自室外引入地下室，方案二适用于电缆自室外引入室内电缆沟，穿墙套管均应向外倾斜≤15°；方案三适用于单根电

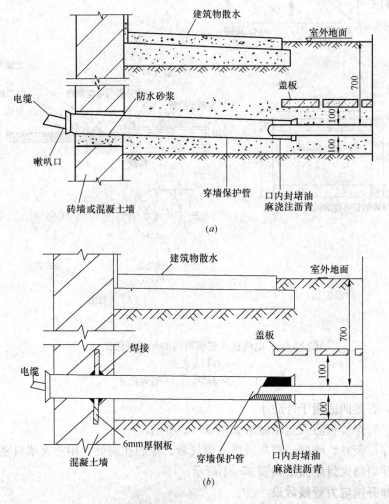

图 35-86　电缆进入建筑物内的保护管做法（一）

(a) 方式一；(b) 方式二

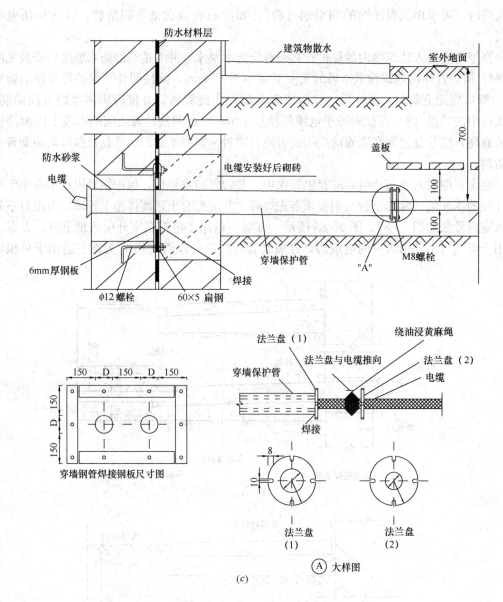

防水材料层
建筑物散水
室外地面
700
防水砂浆
电缆
电缆安装好后砌砖
盖板
100
穿墙保护管
100
6mm厚钢板
焊接
"A"
M8螺栓
φ12螺栓
60×5扁钢

法兰盘（1）
绕油浸黄麻绳
法兰盘与电缆推向
法兰盘（2）
穿墙保护管
电缆
150 D 150 D 150
150
D
150
焊接
8
10
穿墙钢管焊接钢板尺寸图
法兰盘
（1）
法兰盘
（2）
Ⓐ 大样图
(c)

图 35-86 电缆进入建筑物内的保护管做法（二）

(c) 方式三

注：D 为穿墙电缆保护管外径

缆引入室内，方案四适用于外防水。

电缆保护管穿楼板防火封堵做法如图 35-90 所示。

在电缆穿过竖井、墙壁、楼板或进入电气盘、柜的孔洞处，用防火堵料密实封堵，电缆穿保护管穿墙防火封堵做法如图 35-91 所示。

35.4.3.9 非开挖电力管线敷设

非开挖技术是指利用岩土钻掘、定向测控等技术手段，在地表不挖槽或以最小的地表开挖量进行各种地下管线探测、铺设、更换和修复的施工技术。

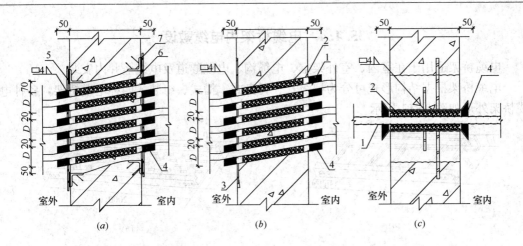

图 35-87　电缆自室外引入室内做法（一）～（三）

（a）方案一；（b）方案二；（c）方案三

1—电缆；2—穿墙套管；3—δ=6mm 钢板；4—嵌缝油膏；5—10mm 钢板；6—沥青麻丝；7—护边角钢 L50×5

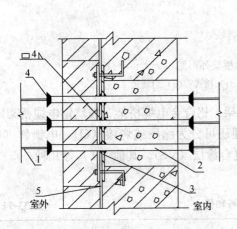

图 35-88　电缆自室外引入室内做法（四）

1—电缆；2—穿墙套管；3—δ=6mm 钢板；

4—嵌缝油膏；5—防水卷材（由土建设计）

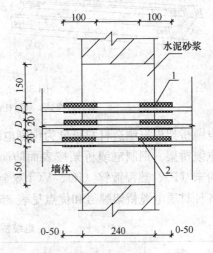

图 35-89　电缆保护管穿墙防火封堵

1—穿墙保护管；2—防火堵料；

D—电缆保护管直径

与传统的挖槽施工法相比，非开挖技术具有对交通、环境、周边建筑物基础的影响和破坏少、综合成本均低、可在不允许开挖施工的场合（如穿越河流、高速公路、铁路、机场跑道、广场、绿地等）进行地下管线施工等优点，尤其适合在繁华市区或管线埋深较深地带，在穿越公路、铁路、河流、建筑物等复杂情况下的电力管线敷设施工。

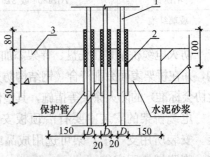

图 35-90　电缆保护管穿楼板防火封堵

1—电缆；2—防火堵料；3—楼板；

D—电缆保护管直径

35.4.4   电缆桥架内电缆敷设

电缆桥架适用于在室内、室外架空、电缆沟、电缆隧道及电缆竖井内安装。

电缆桥架根据结构形式可分为梯级式、托盘式、槽式、组装式四种电缆桥架，各种电缆桥架外形如图 35-91 所示。

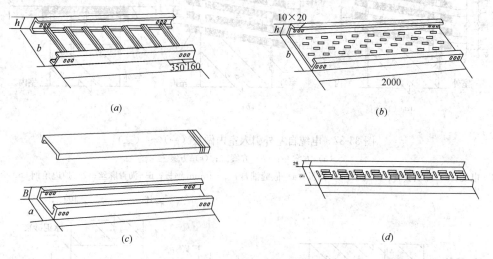

图 35-91   电缆桥架外形图

(*a*) 梯级式；(*b*) 托盘式；(*c*) 槽式；(*d*) 组装式

电缆桥架根据制造材料可分为钢制电缆桥架、铝合金电缆桥架、玻璃钢电缆桥架以及防火电缆桥架。钢制电缆桥架按表面防腐处理还可分为涂漆或烤漆（Q）、电镀锌（D）、喷涂粉末（P）、热浸镀锌（R）、VCI 双金属复合涂层（VS）、其他（T）等几种。

各种材质电缆桥架牌号和优点见表 35-94：

电缆桥架牌号和优点   表 35-94

材 料	规 格	优 点
钢	Q235 或 AISIA446	电气屏蔽、镀层可选择，热膨胀小
铝合金	6063-T6 和 5052-H32	防腐蚀，导电性能好，质轻，现场制作方便
不锈钢	AISI304 或 316	超防腐蚀，耐高温
玻璃纤维		自重轻，耐腐蚀，绝缘性能好

防火电缆桥架是在托盘、梯架添加具有耐火或难燃性的板、网材料构成封闭或半封闭式结构，并在桥架表面涂刷符合《钢结构防火涂料应用技术规范》CECS24：90（中国工程建设标准化协会标准）的防火涂层等措施，其整体耐火性还应符合国家有关规范或标准的要求。

电缆桥架的安装主要有沿顶板安装、沿墙水平和垂直安装、沿竖井安装、沿地面安装。安装所用支（吊）架可选用成品或自制，支（吊）架的固定方式主要有预埋铁件上焊接、膨胀螺栓固定等。

35.4.4.1   适用范围

（1）在地下水位较高的地方、化学腐蚀液体溢流的场所，厂房内可采用电缆桥架敷设。

（2）建筑物或厂区不适于地下敷设时，可用电缆桥架架空敷设。

（3）垂直走向的电缆，沿墙、柱敷设数量较多时，可采用电缆桥架敷设。

（4）电缆桥架形式选择应符合下列规定：

1）在有易燃粉尘场所，或需屏蔽外部的电气干扰，应采用无孔托盘。

2）高温、腐蚀性液体或油的溅落等需防护场所，宜用托盘。

3）需因地制宜组装时，可用组装式托盘。

4）除 1）～3）项外，宜用梯架。

（5）对耐腐蚀性能要求较高或要求洁净的场所，宜选用铝合金或不锈钢电缆桥架。

（6）要求防火的区域采用防火电缆桥架。

（7）在容易积聚粉尘的场所，桥架应选用盖板；在公共通道或室外跨越道路段，底层桥架上宜加垫板或使用无孔托盘式桥架。

35.4.4.2 材料要求

（1）桥架内外应光滑平整、无棱刺，不应有扭曲、翘边等变形现象；热镀锌桥架锌层表面应均匀、无毛刺、过烧、挂灰、伤痕、局部未镀锌（直径 2mm 以上）等缺陷，不得有影响安装的锌瘤。螺纹的镀层应光滑、螺栓连接件应能拧入；喷涂粉末防腐处理的电缆桥架喷涂外观均匀光滑、不起泡、无裂痕、色泽均匀一致；

（2）桥架螺栓孔径，在螺杆直径不大于 M16 时，可比螺杆直径大 2mm。同一组内相邻两孔间距误差±0.7mm；同一组内任意两孔间距误差±1mm；相邻两组的端孔间距误差±1.2mm。

（3）在室内采用电缆桥架敷设电缆时，其电缆不应有黄麻或其他易延燃材料外护层；在有腐蚀或特别潮湿的场所采用电缆桥架敷设电缆时，应根据腐蚀介质的不同采取相应的防护措施，并宜选用塑料护套电缆。

（4）各种金属型钢不应有明显锈蚀，管内无毛刺。所有紧固螺栓，均应采用镀锌件；膨胀螺栓应根据允许拉力和剪力进行选择。

35.4.4.3 施工机具

1. 主要安装机具

电锤、电钻、开孔机、活扳手、铅笔、粉线袋、卷尺、高凳等。

2. 主要检测机具

经纬仪、水平仪、兆欧表、万用表、绝缘电阻测试仪等。

35.4.4.4 作业条件

（1）配合土建的结构施工，预留孔洞、预埋铁和预埋件等全部完成。

（2）室外架空走廊结构、电缆沟、电缆隧道及电缆竖井完工，室内顶棚和墙面的喷浆、油漆全部完工后，方可进行桥架敷设。

（3）电缆耐压和电阻测试符合要求的相关技术标准的规定。

（4）线路上的障碍物已清除干净。

（5）电缆线路敷设所需的配件、附件匹配齐全。

35.4.4.5 工艺流程

弹线定位→预埋铁件或膨胀螺栓→支吊架安装→桥架安装→保护地线安装→电缆敷设。

35.4.4.6 桥架支吊架制作安装

电缆桥架支吊架包括托臂（卡接式、螺栓固定式）、立柱（工字钢、槽钢、角钢、异形钢立柱）、吊架（圆钢单、双杆式；角钢单、双杆式；工字钢单、双杆式；槽钢单、双杆式；异形钢单、双杆式），其他固定支架如垂直、斜面等固定用支架等。电缆桥架托臂和立柱如图 35-92 所示，常用槽钢双杆式和圆钢双杆式吊架如图 35-93 所示，桥架沿墙垂直安装使用门形支架固定，门形支架如图 35-94 所示。

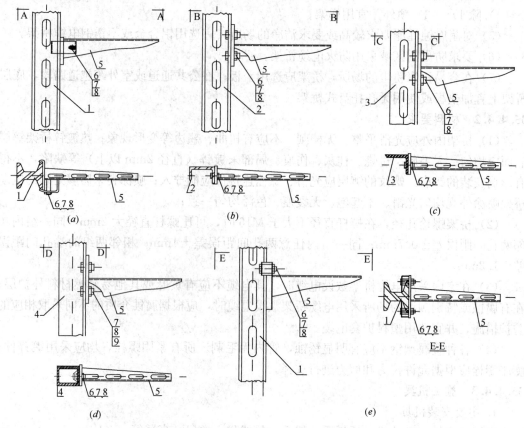

图 35-92 电缆桥架托臂和立柱

(*a*) 方案 1；(*b*) 方案 2；(*c*) 方案 3；(*d*) 方案 4；(*e*) 方案 5

1—工字钢支柱；2—槽钢形支柱；3—角钢形支柱；4—异形钢单支柱；5—托臂；

6—螺栓 M10×50；7—螺母 M10；8—垫圈；9—T 形螺栓 M10×30

1. 弹线定位

（1）根据图纸确定始端到终端，找好水平或垂直线，用粉线袋沿墙壁、顶棚和模板等处，在线路的中心线进行弹线。

（2）按设计图的要求，分匀档距并用笔标出具体位置。

2. 预埋铁件或膨胀螺栓

（1）预埋铁件的自制加工尺寸不应小于 120mm×60mm×6mm；其锚固圆钢的直径不应小于 8mm。预埋件大样图如图 35-95 所示 6 种形式。

（2）紧密配合土建结构的施工，将预埋铁件的平面放在钢筋网片下面，紧贴模板，可

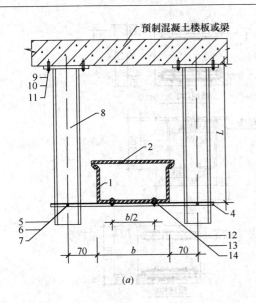
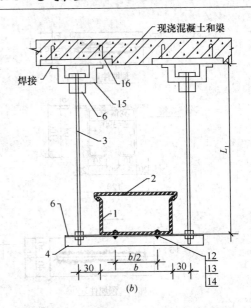

图 35-93　电缆桥架悬吊式支架（圆钢双杆式；槽钢双杆式）

(a) 方案 1；(b) 方案 2

1—电缆桥架；2—盖板；3—吊杆；4—横担；5—螺栓 M10×50；6—螺母 M10；7—垫圈 10；
8—悬吊式槽钢支柱；9—螺母 M12×105；10—螺母 M12；11—垫圈 12；12—螺栓 M8×30；
13—螺母 M8；14—垫圈 8；15—固定架—40×4；16—预埋件

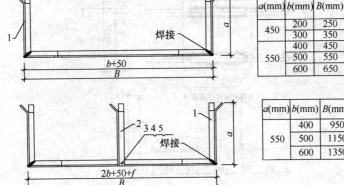

a(mm)	b(mm)	B(mm)	角钢 (mm)
450	200	250	∠30×3
	300	350	
550	400	450	∠40×4
	500	550	
	600	650	∠50×5

a(mm)	b(mm)	B(mm)	角钢 (mm)
550	400	950	∠40×4
	500	1150	
	600	1350	∠50×5

图 35-94　电缆桥架门形支架

1—角钢门形架；2—支架腿；3—半圆头方径螺栓 M8～10×30；4—螺母 M8～10；5—垫圈 8～10

注：f=100mm。

以采用绑扎或焊接的方法将锚固圆钢固定在钢筋网上。模板拆除后，预埋铁件的平面应明露，或吃进深度一般在 2～3cm，再将成品支架或角钢制成的支架、吊架焊在上面固定。

（3）根据支架承受的荷重，选择相应的膨胀螺栓及钻头；埋好螺栓后，可用螺母配上相应的垫圈将支架或吊架直接固定在金属膨胀螺栓上。

3. 支吊架安装

（1）支架与吊架所用钢材应平直，无显著扭曲。下料后长短偏差应在 5mm 范围内，切口处应无卷边、毛刺。

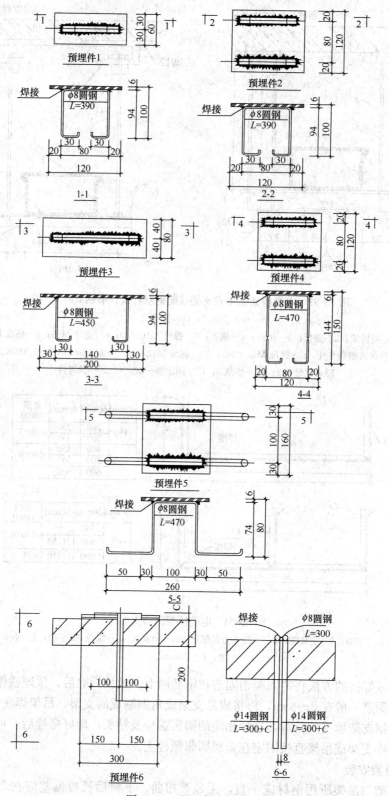

图 35-95　预埋件大样图

(2) 支架与预埋件焊接固定时，焊缝饱满；膨胀螺栓固定时，选用螺栓适配，连接紧固，防松零件齐全。钢支架与吊架应焊接牢固，无显著变形，焊缝均匀平整，焊缝长度应符合要求，不得出现裂纹、咬边、气孔、凹陷、漏焊等缺陷。

(3) 支架与吊架应安装牢固，保证横平竖直，在有坡度的建筑物上安装支架与吊架应与建筑物有相同坡度。

(4) 支架与吊架的规格一般不应小于扁钢 30mm×3mm、角钢 25mm×25mm×3mm。

(5) 严禁用电气焊切割钢结构或轻钢龙骨任何部位。

(6) 万能吊具应采用定型产品，并应有各自独立的吊装卡具或支撑系统。

(7) 电缆桥架水平安装时，宜按荷载曲线选取最佳跨距进行支撑，跨距一般为 1.5～3m。垂直敷设时，其固定点间距不宜大于 2m。在进出接线盒、箱、柜、转角、转弯和变形缝两端及丁字接头的三端 500mm 以内应设固定支持点。

(8) 严禁用木砖固定支架与吊架。

35.4.4.7　电缆桥架安装

(1) 电缆桥架水平敷设时，支撑跨距一般为 1.5～3m，电缆桥架垂直敷设时，固定点间距不大于 2m。桥架弯通弯曲半径不大于 300mm 时，应在距弯曲段与直线段结合处 300～600mm 的直线段侧设置一个支、吊架。当弯曲半径大于 300mm 时，还应在弯通中部增设一个支、吊架。电缆桥架转弯处的弯曲半径，不小于桥架内电缆最小允许弯曲半径。桥架与支架间螺栓、桥架连接板螺栓固定紧固无遗漏，螺母位于桥架外侧。

(2) 电缆桥架在电缆沟和电缆隧道内安装：

电缆桥架在电缆沟和电缆隧道内安装，应使用托臂固定在异形钢单立柱上，支持电缆桥架。电缆隧道内异形钢立柱与 120mm×120mm×240mm 预制混凝土砌块内与埋件焊接固定，焊脚高度为 3mm，电缆沟内异形钢立柱可以用固定板安装，也可以用膨胀螺栓固定，异形钢立柱固定板安装如图 35-96，异形钢立柱用膨胀螺栓固定安装如图 35-97。

(3) 电缆桥架安装应做到安装牢固，横平竖直，沿电缆桥架水平走向的支吊架左右偏

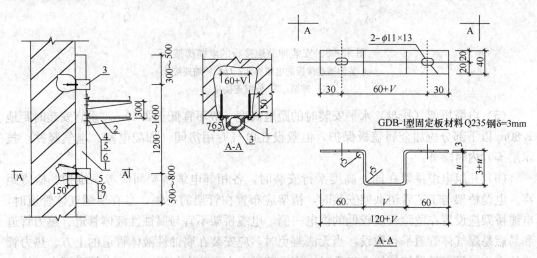

图 35-96　异形钢立柱固定板安装

1—异形钢单立柱；2—托臂；3—固定板 GCB-1；4—T 形螺栓 M10×36；

5—螺母 M10；6—垫圈 10；7—预埋螺栓 M10×200

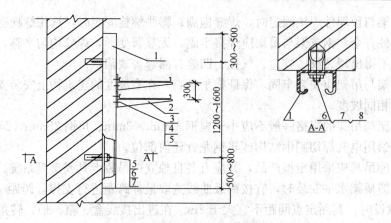

图 35-97　异形钢立柱用膨胀螺栓固定安装

1—异形钢单立柱；2—托臂；3—T 形螺栓 M10×30；4—螺母 M10；

5—垫圈 10；6—膨胀螺栓 M12×105；7—螺母 M12；8—垫圈 12

差应不大于 10mm，其高低偏差不大于 5mm。

（4）当钢制电缆桥架的直线段超过 30m，铝合金或玻璃钢制桥架超过 15m 时，或当桥架经过建筑伸缩（沉降）缝时，应留有不少于 20mm 的伸缩缝，其连接宜采用伸缩连接板。如图 35-98 所示。

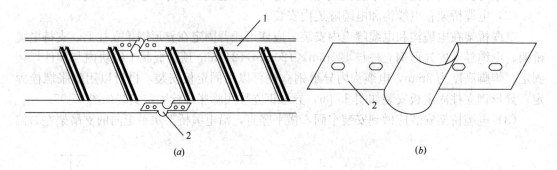

图 35-98　安装伸缩连接板的电缆梯架

（a）装伸缩连接板的电缆梯架；（b）伸缩连接片

1—梯架；2—伸缩连接片

（5）电缆桥架（托盘）水平安装时的距地高度一般不宜低于 2.50m，垂直安装时距地 1.80m 以下部分应加金属盖板保护，但敷设在电气专用房间（如配电室、电气竖井、技术层等）内时除外。

（6）几组电缆桥架在同一高度平行安装时，各相邻电缆桥架间应考虑维护、检修距离。电缆桥架与工艺管道共架安装时，桥架应布置在管架的一侧，当有易燃气体管道时，电缆桥架应设置在危险程度较低的供电一侧。电缆桥架不宜与腐蚀性液体管道、热力管道和易燃易爆气体管道平行敷设，当无法避免时，应安装在腐蚀性液体管道的上方、热力管道的下方，易燃易爆气体比空气重时，应在管道上方，比空气轻时，应在管道下方；或者采取防腐、隔热措施。电缆桥架与各种管道平行或交叉时，其最小净距应符合表 35-95 的规定。电缆桥架与工艺管道共架安装如图 35-99。

电缆桥架与各种管道的最小净距 表 35-95

管道类别		平行净距 (m)	交叉净距 (m)
一般工艺管道		0.4	0.3
具有腐蚀性液体 (或气体)管道		0.5	0.5
热力管道	有保温层	0.5	0.3
	无保温层	1.0	0.5

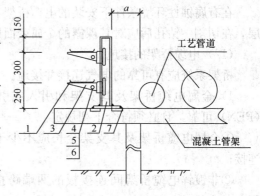

图 35-99　电缆桥架与工艺管道共架安装
1—大跨距电缆桥架；2—偏荷载支柱；3—托臂；4—螺栓 M10×50；5—螺母 M10；6—垫圈；7—预埋件
注：在混凝土管架上可以用膨胀螺栓固定，如在钢结构管架上可直接焊接固定。

（7）当设计无规定时，电缆桥架层间距离、桥架最上层至沟顶或楼板及最下层至沟底或地面距离不宜小于表 35-96 的规定。

电缆桥架层间最上或最下至沟顶或楼板及沟底或地坪距离（mm）　表 35-96

电 缆 桥 架		最小距离
电缆桥架层间距离	控制电缆明敷	200
	10kV 及以下，但 6～10kV 交朕聚乙烯电缆除外	250
	6～10kV 交朕聚乙烯	300
最上层电缆桥架距沟顶或楼板		350～450
最下层电缆桥架距沟底或地坪		100～150

（8）电缆桥架在下列情况之一者应加盖板或保护罩：

1）电缆桥架在铁箄子或类似带孔装置下安装时，最上层电缆桥架应加盖板或保护罩，如果在最上层电缆桥架宽度小于下层电缆桥架时，下层电缆桥架也应加盖板或保护罩。

2）电缆桥架安装在容易受到机械损伤的地方时应加保护罩。

（9）电缆桥架由室内穿墙至室外时，在墙的外侧应采取防雨措施。桥架由室外较高处引到室内时，应先向下倾斜，然后水平引到室内，当电缆桥架采用托盘时，宜在室外水平段改用一段电缆梯架，防止雨水顺电缆托盘流入室内。

（10）对于安装在钢制支吊架上或用钢制附件固定的铝合金钢制电缆桥架。当钢制件表面为热浸镀锌时，可以和铝合金桥架直接接触。当其表面为喷涂粉末涂层或涂漆时，则应在与铝合金桥架接触面之间用聚氯乙烯或氯丁橡胶衬垫隔离。

（11）电缆桥架安装的注意事项：

电缆桥架严禁作为人行通道、梯子或站人平台，其支吊架不得作为吊挂重物的支架使用，在钢制电缆桥架中敷设电缆时，严禁利用钢制电缆桥架的支吊架做固定起吊装置，做拖动装置及滑轮和支架。

在有腐蚀性环境条件下安装的电缆桥架，应采取措施防止损伤钢制电缆桥架表面保护层，在切割、钻孔后应对其裸露的金属表面用相应的防腐涂料或油漆修补。

（12）电缆桥架的接地：

桥架系统应有可靠的电气连接并接地。

1）金属电缆桥架及其支架和引入或引出的金属电缆导管必须接地（PE）或接零（PEN）可靠，且必须符合下列规定：

①金属电缆桥架及其支架全长应不少于 2 处与接地（PE）或接零（PEN）干线相连接；

②非镀锌电缆桥架间连接板的两端跨接铜芯接地线，接地线最小允许截面积不小于 $4mm^2$；

③镀锌电缆桥架间连接板的两端不跨接接地线，但连接板两端不少于 2 个有防松螺帽或防松垫圈的连接固定螺栓。

2）当允许利用桥架系统构成接地干线回路时，应符合下列要求：

①电缆桥架及其支吊架、连接板应能承受接地故障电流，当钢制电缆桥架表面有绝缘涂层时，应将接地点或需要电气连接处的绝缘涂层清除干净，测量托盘、梯架端部之间连接处的接触电阻值不得大于 0.00033Ω。

②在桥架全程各伸缩缝或连续铰连接板处应采用编织铜线跨接，保证桥架的电气通路的连续性。

3）位于振动场所的桥架包括接地部位的螺栓连接处，应装置弹簧垫圈。

4）使用玻璃钢桥架，应沿桥架全长另敷设专用接地线。

5）沿桥架全长另敷设接地干线时，接地线应沿桥架侧板敷设，每段（包括非直线段）托盘、梯架应至少有一点与接地干线可靠连接，转弯处应增加固定点；电缆桥架有数层时，接地线只架设在顶层电缆桥架侧板上安装，并每隔约 6m 与下面各层电缆桥架跨接一次。接地线沿桥架敷设做法如图 35-100 所示。

6）桥架在电缆沟和电缆隧道内敷设时，接地线在电缆敷设前与支柱焊接，所有零部件及焊缝要作防锈处理，涂红丹漆二度，灰漆二度。

35.4.4.8　桥架内电缆敷设

敷设方法可用人力或机械牵引。

（1）在钢制电缆桥架内敷设电缆时，在各种弯头处应加导板，防止电缆敷设时外皮损伤。

（2）电缆沿桥架敷设时，应单层敷设，排列整齐，不得有交叉、绞拧、铠装压扁、护层断裂和表面严重划伤等缺陷，拐弯处应以最大截面电缆允许弯曲半径为准。电力电缆在桥架内横断面的填充率不应大于 40%，控制电缆不应大于 50%。

（3）不同等级电压的电缆应分层敷设，如受条件限制需安装在同一层桥架上时，应用隔板隔开。高压电缆应敷设在上层。

（4）桥架内电缆敷设固定：

大于 45°倾斜敷设的电缆每隔 2m 处设固定点；水平敷设的电缆，首尾两端、转弯两侧及每隔 5～10m 处设固定点；敷设于垂直桥架内的电缆固定点间距，不大于表 35-97 的规定。

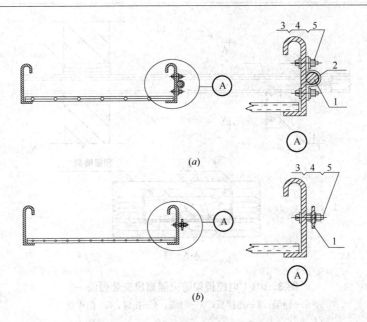

图 35-100　接地线沿桥架敷设做法

(a) 铜绞线接地线；(b) 矩形导体接地线

1—铜绞线或矩形导体接地线；2—卡子；3—螺栓 M5×20；

4—螺母 M5；5—垫圈 5（矩形导体加弹簧垫圈）

垂直桥架内电缆固定点的间距最大值　　　　　　　　　　表 35-97

电 缆 种 类		固定点的间距（mm）
电力电缆	全塑型	1000
	除全塑型外的电缆	1500
控制电缆		1000

（5）电缆敷设完毕，应挂标志牌：

1）标志牌规格应一致，并有防腐功能，挂装应牢固。

2）标志牌上应注明电缆编号、规格、型号及电压等级。

3）沿桥架敷设电缆在其两端、拐弯处、交叉处应挂标志牌，直线段应适当增设标志牌。

（6）电缆出入电缆沟、竖井、建筑物、柜（盘）、台处以及管子管口处等做密封处理。电缆桥架在穿过防火墙及防火楼板时，应采取防火隔离措施，用防火堵料严密封堵，防止火灾沿线路延燃。电缆防火隔离段四种做法如图 35-101～图 35-104 所示。

1）防火隔离段做法一

施工前要将封堵部位清理干净，防火枕按顺序摆放整齐，摆放厚度应不小于墙的厚度，防火枕与电缆之间空隙应不大于 1cm²，如图 35-101 所示。

2）防火隔离段做法二

施工时应配合土建施工预留洞口，在洞口处预埋好护边角钢。施工时根据电缆敷设的根数和层数用 L50×50×5 角钢制作固定框，同时将固定框焊在护边角钢上。电缆穿墙处，放一层电缆即堵一层速固防火堵料，然后用速固防火堵料把洞堵严，小洞再用电缆防火堵

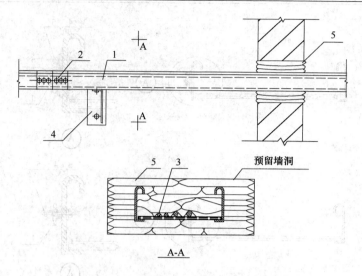

图 35-101 电缆桥架防火隔离段安装做法一
1—梯架；2—连接板；3—电缆；4—托臂；5—防火枕

料封堵。墙洞两侧应用隔板将速固防火堵料保护起来。在墙的两侧 1m 以内塑料、橡胶电缆上直接涂电缆防火涂料 3～5 次达到厚度 0.5～1mm，铠装油浸纸绝缘电缆先包一层玻璃丝布，再涂电缆防火涂料厚度 0.5～1mm 或直接涂电缆防火涂料 1～1.5mm，电缆过墙处应尽量水平敷设，若有困难时，弯曲部分应满足电缆弯曲半径的要求。如图 35-102 所示。

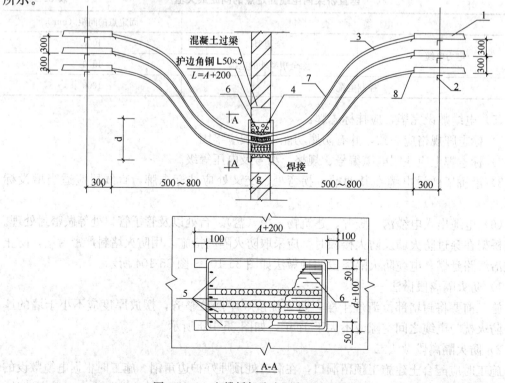

图 35-102 电缆桥架防火隔离段安装做法二
1—电缆桥架；2—托臂；3—电缆；4—固定框；5—隔板；6—速固防火堵料；7—电缆防火涂料；8—导板

3）防火隔离段做法三

电缆穿墙处，大面积的地方用速固防火堵料封堵，电缆四周小面积的地方用电缆防火堵料封堵。在墙的两侧1m以内电缆涂刷防火涂料处理同做法一，电缆过墙处应尽量水平敷设，若有困难时，弯曲部分应满足电缆弯曲半径的要求。如图35-103所示。

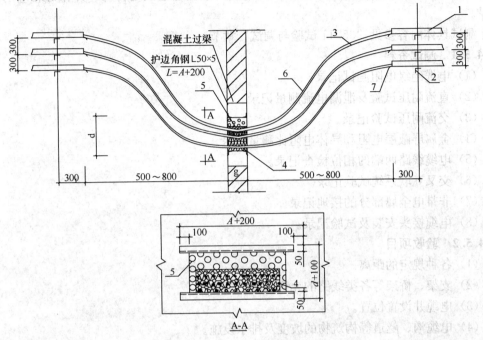

图 35-103　电缆桥架防火隔离段安装做法三

1—电缆桥架；2—托臂；3—电缆；4—电缆防火堵料；5—速固防火堵料；6—电缆防火涂料；7—导板

4）防火隔离段做法四

施工时应根据电缆根数预埋好钢管，钢管尺寸应根据电缆外径确定，并且预埋钢管外径尺寸应比正常时间外径尺寸大一级，防火枕按顺序摆放整齐，摆放厚度应不小于墙的厚度，防火枕与电缆之间空隙应不大于1cm²，在墙的两侧1m以内电缆涂刷防火涂料处理同做法一，电缆过墙处应尽量水平敷设，若有困难时，弯曲部分应满足电缆弯曲半径的要求。如图35-104所示。

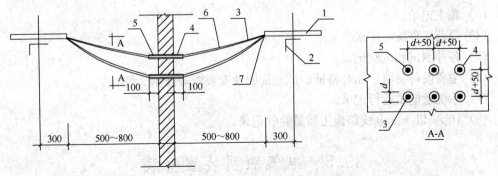

图 35-104　电缆桥架防火隔离段安装做法四

1—电缆桥架；2—托臂；3—电缆；4—钢管；5—电缆防火堵料；6—电缆防火涂料；7—导板

35.4.5   10kV 以下配电线路测试及验收

10kV 及以下配电线路安装竣工后，应进行系统测试。测试内容主要包括线路电缆的绝缘电阻测试、电缆交接试验、接地、配电线路系统通电试运行等，并作好相应的测试记录。

测试具体内容参见"35.11 试验与调试"章节。

35.4.5.1   测试资料

（1）电缆绝缘电阻测试记录。

（2）直流耐压试验及泄漏电流测量记录。

（3）交流耐压试验记录。

（4）金属屏蔽层电阻和导体电阻比测量记录。

（5）电缆线路两端的相位检查记录。

（6）交叉互联系统试验记录。

（7）非带电金属部分的接地记录。

（8）电缆接头安装及试验记录。

35.4.5.2   验收项目

（1）各种规定的距离。

（2）支架、桥架等各类线路的允许偏差。

（3）电缆井设置位置。

（4）电缆沟、隧道等构筑物的坡度及排水设施。

（5）各种支持件的固定。

（6）电缆弯曲半径。

（7）电缆保护管弯曲半径。

（8）金属支架附件的防腐处理。

（9）配电线路阻燃及防火封堵处理。

35.4.5.3   10kV 以下配电线路工程交接验收

10kV 以下配电线路工程工程交接验收时，应提交下列技术资料和文件：

（1）竣工图。

（2）设计变更文件。

（3）施工记录。

（4）隐蔽工程验收记录。

（5）各种测试和试验记录。

（6）主要设备材料产品合格证、试验证明及安装图等技术文件。

（7）系统通电试运行记录。

（8）10kV 以下配电线路施工质量验收记录。

35.5   电气照明装置安装

电气照明装置工程包括了建筑物内的灯具（普通、专用、重型）安装、室外灯具（路灯、航标灯）安装、艺术照明灯具（潜水灯、草坪灯、泛光、广告照明、景观照明等）安装，以及插座、开关、风扇（换气扇）安装工程。

35.5.1 一 般 规 定

（1）在建筑施工过程中，为保证施工的质量、对室内（外）环境的照度，必须严格按照国家现行的设计规范、施工技术标准及工程设计图纸进行灯具的选型和施工。

（2）所选用的灯具及控制器件（开关、插座）的各项指标必须满足现行的国家标准及国际标准，所有装置必须具有合格证、3C 认证及检测报告。

（3）专业灯具还必须具有其专业认可的资质证书（如消防用灯具必须具有消防认证书）。

35.5.1.1 技术要求

常用灯具的技术参数如下：

（1）常用低压钠灯参数如表 35-98，常用低压钠灯配套用镇流器的技术参数见表 35-99。

常用低压钠灯参数表　　　　　　　　　　　　　　　　　表 35-98

型号	功率（W）	启动电压（V）	灯电压（V）	灯电流（A）	光通量（lm）	外形尺寸（mm）		灯头型号
						最小尺寸	最大尺寸	
ND18	18	390	70	0.6	1800	54	311	BY22d
ND35	35	390	70	0.6	4800	54	311	BY22d
ND55	55	410	109	0.59	8000	54	425	BY22d
ND90	90	420	112	0.94	12500	68	528	BY22d
ND135	135	540	164	0.95	21500	68	775	BY22d
ND180	180	575	240	0.91	31500	68	1120	BY22d

注：1. 电源电压均为 220V。

　　2. 额定寿命均为 3000h。

常用低压钠灯配套用镇流器的技术参数　　　　　　　　　表 35-99

配用灯管的额定功率（W）	电源电压（V）	校准电流（A）	阻　抗（Ω）	功率因数
18	220	0.6	77	0.96
35	220	0.6	77	0.96
55	220	0.6	77	0.96
90	220	0.9	500	0.96
135	220	0.92	655	0.96
180	220	0.92	655	0.96

注：18W、90W、135W、180W 低压钠灯灯管配套用的技术数据，订货时由制造厂提供。

（2）常用日光灯管参数见表 35-100。

常用日光灯管参数表　　　　　　　　　表 35-100

T4

型号	功率(W)	电流(A)	功率因数	长度(mm)
T4-A8	8	0.054	0.92	328
T4-A12	12	0.07	0.92	429
T4-A16	16	0.07	0.92	474
T4-A20	20	0.09	0.92	519
T4-A22	22	0.1	0.92	723
T4-A24	24	0.11	0.92	859
T4-A26	26	0.12	0.92	1010
T4-A28	28	0.13	0.92	1159

T5

型号	功率(W)	电流(A)	功率因数	长度(mm)
T5-A8	8	0.04	0.92	298
T5-A14	14	0.06	0.92	559
T5-A21	21	0.09	0.92	859
T5-A28	28	0.13	0.92	1159

T8

型号	功率(W)	电流(A)	功率因数	长度(mm)
T8-YZ18 RR26	18	0.054	0.92	600
T8-YZ28 RR26	28	0.07	0.92	900
T8-YZ36 RR26	36	0.07	0.92	1200

注：灯管有红、黄、蓝、绿、白五种颜色。

（3）引向每个灯具的导线线芯最小截面积应符合表 35-101 的规定。

导线线芯最小截面积（mm²）　　　　　　　表 35-101

灯具安装的场所及用途		线芯最小截面积		
		铜芯软线	铜 线	铝 线
灯头线	民用建筑室内	0.5	0.5	2.5
	工业建筑室内	0.5	1.0	2.5
	室外	1.0	1.0	2.5

35.5.1.2　作业条件

（1）与土建工程作业工序应密切配合，做好预埋件预埋工作，以保证电气照明装置安装工程的质量。安装前，应先检查预埋件及预留孔洞的位置、几何尺寸，是否符合设计要求，并应将盒内杂物清理干净。

（2）预埋件固定应牢固、端正、合理和整齐；盒子口修好，木台、木板防火涂料已涂刷完。

（3）电气照明装置施工前，土建工程应全部结束，对电气施工无任何妨碍，带精装修工程的精装修全部施工完毕。

35.5.2　普通灯具安装

（1）灯具的固定应符合下列规定：

1）灯具重量大于 3kg 时，固定在螺栓预埋吊钩上；软线吊灯，灯具重量在 0.5kg 及以下时，采用软电线自身吊装；大于 0.5kg 的灯具采用吊链，且软电线编叉在吊链内，使电线不受力。

2）灯具固定牢固可靠，不使用木楔。每个灯具固定用螺钉或螺丝不少于 2 个；当绝缘台直径在 75mm 及以下时，采用 1 个螺钉或螺栓固定。

3）花灯吊钩圆钢直径不小于灯具挂销直径，且不小于 6mm。大型花灯的固定及悬吊装置，应按灯具重量的 3 倍做过载试验；当钢管做灯杆时，钢管内径不应小于 10mm，钢管厚度不应小于 1.5mm。

4）灯具带电部件的绝缘材料以及提供防触电保护的绝缘材料，应耐燃烧和防明火。

（2）当设计无要求时，灯具的安装高度和使用电压等级应符合下列规定：

一般敞开式灯具，灯头对地面距离不小于下列数值（采用安全电压时除外）：室外：2.5m（室外墙上安装）；厂房：2.5m；室内：2m；软吊线带升降器的灯具在吊线展开后：0.8m。危险性较大及特殊危险场所，当灯具距地面高度小于 2.4m 时：使用额定电压为 36V 及以下的照明灯具，或有专用保护措施；灯具的可接近裸露导体必须接地（PE）或接零（PEN）可靠，并应有专用接地螺栓，且有标识；装有白炽灯泡的吸顶灯具，灯泡不应紧贴灯罩；当灯泡与绝缘台间距离小于 5mm 时，灯泡与绝缘台间应采取隔热措施。

35.5.3　专用灯具安装

（1）游泳池和类似场所灯具（水下灯及防水灯具）的等电位联结应可靠，且有明显标识，其电源的专用漏电保护装置全部检测合格。自电源引入灯具的导管必须采用绝缘管。

（2）手术台无影灯安装应符合下列规定：

1）固定灯座的螺栓数量不少于灯具法兰底座上的固定孔数，且螺栓直径与底座孔径相适配；螺栓采用双螺母锁固；底座紧贴顶板，四周无缝隙；在混凝土结构上螺栓与主筋相焊接或将螺栓末端弯曲与主筋绑扎锚固。

2）配电箱内装有专用总开关及分路开关，电源分别接在两条专用的回路上，开关至灯具的电线采用额定电压不低于 750V 的铜芯多股绝缘电线。表面保持整洁、无污染，灯具镀、涂层完整无划伤。

（3）应急照明灯具安装应符合下列规定：

1）疏散照明采用荧光灯或白炽灯；安全照明采用卤钨灯或采用瞬时可靠点燃的荧光灯。

2）安全出口标志灯和疏散标志灯装有玻璃或非燃材料的保护罩，面板亮度均匀度为1∶10（最低∶最高），保护罩应完整、无裂纹。

3）应急照明灯的电源除正常电源外，另有一路电源供电；或者是独立于正常电源的柴油发电机组供电；或由蓄电池柜供电或选用自带电源型应急灯具。

4）应急照明在正常电源断电后，电源转换时间为：疏散照明≤15s；备用照明≤15s（金融商店交易所≤1.5s）；安全照明≤0.5s。

5）疏散照明由安全出口标志灯和疏散标志灯组成。安全出口标志灯距地高度不低于2m，且安装在疏散出口和楼梯口里侧的上方。

6）疏散标志灯安装在安全出口的顶部，楼梯间、疏散走道及其转角处应安装在1m以下的墙面上。不易安装的部位可安装在上部。疏散通道上的标志灯间距不大于20m（人防工程不大于10m）；不影响正常通行，且不在其周围设置容易混同疏散标志灯的其他标志牌等。

7）应急照明灯具、运行中温度大于60℃的灯具，当靠近可燃物时，采取隔热、散热等防火措施。当采用白炽灯，卤钨灯等光源时，不直接安装在可燃装修材料或可燃物件上；应急照明线路在每个防火分区有独立的应急照明回路，穿越不同防火分区的线路有防火隔堵措施。

8）疏散照明线路采用耐火电线、电缆，穿管明敷或在非燃烧体内穿钢性导管暗敷，暗敷保护层厚度不小于30mm。电线采用额定电压不低于750V的铜芯绝缘电线。

（4）防爆灯具安装应符合下列规定：

1）灯具开关的外壳完整，无损伤、无凹陷或沟槽，灯罩无裂纹，金属护网无扭曲变形，防爆标志清晰；防爆标志、外壳防护等级和温度组别与爆炸危险环境相适配。当设计无要求时，灯具种类和防爆结构的选型应符合表35-102的规定；

灯具种类和防爆结构的选型　　　　　　　　　　　　　表 35-102

爆炸危险区域防爆结构照明设备种类	Ⅰ 区		Ⅱ 区	
	隔爆型 d	增安型 e	隔爆型 d	增安型 e
固定式灯	○	×	○	○
移动式灯	△	—	○	○
携带式电池灯	○	—	○	—
镇流器	○	△	○	○

注：○为适用；△为慎用；×为不适用。

2）灯具配套齐全，不得用非防爆零件替代灯具配件（金属护网、灯罩、接线盒等）；灯具及开关的紧固螺栓无松动、锈蚀，密封垫圈完好；安装位置离开释放源，且不在各种

管道的泄压口及排放口上下方安装灯具;

3) 灯具开关安装高度 1.3m,牢固可靠,位置便于操作;灯具吊管及开关与接线盒螺纹啮合扣数不少于 5 扣,螺纹加工光滑、完整、无锈蚀,并在螺纹上涂以电力复合脂或导电性防锈脂。

(5) 36V 及以下行灯变压器和行灯安装应符合下列规定:

行灯变压器的固定支架牢固,油漆完整;携带式局部照明灯电线采用橡套软线。

35.5.3.1 工艺流程

灯具固定→组装灯具→灯具接线→灯具测试。

35.5.3.2 验收灯具及附件

(1) 查验合格证、3C 认证书及地方备案证明,新型气体放电灯具有随带技术文件。

(2) 型号、规格及外观质量应符合设计要求和国家标准的规定。防爆灯具铭牌上应有防爆标志和防爆合格证号,普通灯具应有安全认证标志,消防灯具要有消防认证标志。

(3) 电气照明装置的接线应牢固,灯内配线电压等级不应低于交流 500V,并且严禁外露,电气接触应良好;需接地或接零的灯具、开关、插座等非带电金属部分,有明显标志的专用接地螺钉。

(4) 对成套灯具的绝缘电阻、内部接线等性能进行现场抽样检测。灯具的绝缘电阻值不小于 2MΩ,内部接线为铜芯绝缘电线,芯线截面积不小于 $0.5mm^2$,橡胶或聚氯乙烯(PVC)绝缘电线的绝缘层厚度不小于 0.6mm。各种标志灯的指示方向正确无误;应急灯必须灵敏可靠;事故灯具应有特殊标志;供局部照明的变压器必须是双圈的,初次级均应装有熔断器。

(5) 携带式照明灯具用的导线,应采用橡胶套导线,接地或接零线应在同一护套内。

35.5.3.3 校验预埋件

安装灯具或大型灯具时,采用预埋件挂吊灯具,安装前必须先对其预埋件位置,承接拉力进行检测,如不能达到其安装要求必须另采取加固措施。

35.5.3.4 组装灯具

1. 组合式灯具的组装

(1) 首先将灯具的托板放平,如果托板为多块拼装而成,就要将所有的边框对齐,并用螺栓固定,将其连成一体,然后按照说明书及示意图把各个灯口装好。

(2) 确定出线的位置,将端子板(瓷接头)用机螺丝固定在托板上。根据已固定好的端子板(瓷接头)至各灯口的距离掐线,把掐好的导线剥出线芯,盘好圈后,进行涮锡。再压入各个灯口,理顺灯头的相线和零线,用线卡子分别固定,并按供电要求分别压入端子板。最后试验电路是否合格。

2. 吊灯花灯组装

首先将导线从各个灯口穿到灯具本身的接线盒里。一端盘圈,涮锡后压入各个灯口,理顺各个灯头的相线和零线,另一端涮锡后根据相序分别连接,包扎并甩出电源引入线,最后将电源引入线,从吊杆中穿出。组装好后检验电路是否合格。

35.5.3.5 灯具安装

1. 塑料台的安装

将接灯线从塑料台的出线孔中穿出,将塑料台紧贴住建筑物表面,塑料台的安装孔对准灯头盒螺孔，用机螺丝将塑料台固定牢固。把甩出的导线留出适当维修长度，削出线芯，然后推入灯头盒内，线芯应高出塑料台的台面，用软线在接灯线芯上缠绕5～7圈后，将灯线芯折回压紧，用黏塑料带和黑胶布分层包扎紧密，将包扎好的接头调顺，扣于法兰盘内，法兰盘吊盒、平灯口应与塑料台的中心找正，用长度小于20mm的木螺丝固定。

2. 日光灯安装

(1) 吸顶日光灯安装，根据设计图确定出日光灯的位置，将日光灯贴紧建筑物表面，日光灯的灯箱应完全遮盖住灯头盒，对着灯头盒的位置打好进线孔，将电源线甩入灯箱，在进线孔处应套上塑料管以保护导线。找好灯头盒螺孔的位置，在灯箱的底板上用电钻打好孔，用机螺丝拧牢固，在灯箱的另一端应使用胀管螺栓进行固定。如果日光灯是安装在吊顶上的，应该用自攻螺丝将灯箱固定在龙骨上。灯箱固定好后，将电源线压入灯箱内的端子板（瓷接头）上。把反光板固定在灯箱上，并将灯箱调整顺直，最后把日光灯管装好。

(2) 吊链日光灯安装：根据灯具的安装高度，将全部吊链编好后，把吊链挂在灯箱挂钩上，并且在建筑物顶棚上安装好塑料圆台，将导线依顺序编叉在吊链内，引入灯箱，在灯箱的进线处套上软塑料管以保护导线压入灯箱的端子板（磁接头）内。将灯具导线和灯头盒中甩出的电源线连接，并用黏塑料带和黑胶布分层包扎紧密。理顺接头扣于法兰盘内，法兰盘与塑料（木）台的中心对正，用木螺丝将其拧牢固。将灯具的反光板用机螺丝固定在灯箱上，调整好灯脚，最后将灯管装好。

3. 各型花灯安装

(1) 各型组合式吸顶花灯安装：根据预埋的螺栓和灯头盒位置，在灯具的托板上用电钻开好安装孔和出线孔，安装时将托板托起，将电源线和从灯具甩出的导线连接并包扎严密。应尽可能地把导线塞入灯头盒内，然后把托板的安装孔对准预埋螺栓，使托板四周和顶棚贴紧，用螺母将其拧紧，调整好各个灯口，悬挂好灯具的各种装饰物，并上好灯管和灯泡。

(2) 吊式花灯安装：将灯具托起，并把预埋好的吊杆插入灯具内，把吊挂销钉插入后将其尾部掰成燕尾状，并且将其压平。导线接好头，包扎严实。理顺后向上推起灯具上部的扣碗，将接头扣于其内，且将扣碗紧贴顶棚，拧紧固定螺栓。调整好各个灯口上好灯泡，最后配上灯罩。

4. 光带的安装

根据灯具的外形尺寸确定其支架的支撑点，再根据灯具的具体重量经过认真核算，选用型材制作支架，做好后，根据安装位置，用预埋件或用胀管螺栓把支架固定。轻型光带的支架可以直接固定在主龙骨上；大型光带必须先下好预埋件，将光带的支架用螺栓固定在预埋件上，固定好支架，将光带的灯箱用机螺栓固定在支架上，再将电源线引入灯箱与灯具的导线连接并包扎紧密。调整各个灯口和灯脚，装上灯泡和灯管，上好灯罩，最后调整灯具的边框应与顶棚面的装修直线平行。如果灯具对称安装，其纵向中心轴线应在同一直线上，偏斜不应大于5mm。

5. 壁灯的安装

先根据灯具的外形选择合适的木台（板）或灯具底托把灯具摆放在上面，四周留出的余量要对称，然后在木板上开出线孔和安装孔，在灯具的底板上也开好安装孔。将灯具的灯头线从木台（板）的出线孔甩出，在墙壁上的灯头盒内接头，并包扎严密，将接头塞入盒内。把木台或木板对正灯头盒、贴紧墙面，可用机螺栓将木台直接固定在盒子耳朵上，采用木板时应用胀管固定。调整木台（板）或灯具底托使其平正不歪斜，再用机螺栓将灯具拧在木台上（板）或灯具底托上，最后配好灯泡、灯管和灯罩，安装在室外的壁灯，其台板或灯具底托与墙面之间应加防水胶垫，并应打好泄水孔。

6. 防水灯的安装，应符合以下要求

（1）防水软线吊灯，常规有两种组合形式：一是带台吊线盒可以和胶木防水灯座组合；另一种是由瓷质吊线盒和瓷座防水软线灯座组合而成。

（2）普通的安装木（塑料）台时，与建筑物顶棚表面相接触部位应加设 2mm 厚的橡胶垫。

（3）安装瓷质吊线盒及防水软线灯时，先将吊线盒与灯座及木（塑料）台组装连接，并应严格控制灯位盒内开关线与工作零线的连接。

（4）安装胶木吊线盒时，应把吊线盒与木（塑料）台先固定在一起，把灯位盒内的电源线通过橡胶垫及木（塑料）台和吊线盒组装好以后固定在灯位盒上。

（5）防水软线灯做直线路连接时，两个接线头应上、下错开 30～40mm。开关线连接于与防水灯座中心触点相连接的软线上，工作零线连接于与防水软线灯座螺口相连接的软线上。

7. 灯具安装工艺的其他要求

（1）同一室内或场所成排安装的灯具，其中心线偏差不应大于 5mm。日光灯和高压汞灯及其附件应配套使用，安装位置应便于检查和维修。公共场所用的应急照明灯具和疏散指示灯，应有明显的标志。无专人管理的公共场所照明宜装设自动节能开关。

（2）矩形灯具的边框宜与顶棚面的装饰直线平行，其偏差不应大于 5mm。

（3）日光灯管组合的开启式灯具，灯管排列应整齐，其金属或塑料的间隔片不应有扭曲等缺陷。

（4）对装有白炽灯泡的吸顶灯具，灯泡不应紧贴灯罩；当灯泡与绝缘台之间的距离小于 5mm 时，灯泡与绝缘台之间应采取隔离措施；安装在重要场所的大型灯具的玻璃罩，应采取防止玻璃罩破裂后向下溅落的措施。一般可采用透明尼龙丝编织的保护网，网孔的规格应根据实际情况决定。

（5）安装在室外的壁灯应有泄水孔，绝缘台与墙面之间应有防水措施。

8. 灯具的接线

（1）穿入灯具的导线在分支连接处不得承受额外压力和磨损，多股软线的端头应挂锡，盘圈，并按顺时针方向弯钩，用灯具端子螺丝拧固在灯具的接线端子上。应绝缘良好，严禁有漏电现象，灯具配线不得外露，并保证灯具能承受一定的机械力和可靠地安全运行。

（2）螺口灯头接线时，相线应接在中心触点的端子上，零线应接在螺纹的端子上。

（3）荧光灯的接线应正确，电容器应并联在镇流器前侧的电路配线中，不应串联在电路内。

（4）灯具线在灯头、灯线盒等处应将软线端作保险扣，防止接线端子不能受力。

9. 灯具的接地

灯具距地面高度小于 2.4m 时，其可接近裸露导体必须接地（PEN）可靠，并有专用接地螺栓，有标识。

35.5.4 景观照明、航空障碍标志和庭院照明灯具安装

35.5.4.1 施工准备

1. 技术准备

根据施工图纸完成图纸会审，熟悉灯具厂家提供的各种灯具的安装的特殊技术要求；对灯具的各部件、配件及组装图纸进行熟悉；按现场的实际情况编写好施工方案及技术交底。

2. 材料准备

（1）景观照明灯、航空障碍标志灯和庭院灯等灯具及其附件，绝缘电线完备，外观无损坏。

（2）各种灯具有合格证、3C 认证及备案证等相关证明。

3. 主要机具

（1）安装机具：一字形和十字形螺丝刀、冲击电钻、组合木梯、常用电动工具、电笔、手电钻、线锤、锡锅、电焊机。

（2）检测机具：万用表、兆欧表。

4. 作业条件

详见 35.5.1.3。

35.5.4.2 材料控制

（1）灯具的型号、规格必须符合设计要求和国家现行技术标准的规定。灯具配件齐全，无机械损伤、变形、涂膜剥落，灯罩破裂，灯箱歪翘等现象。应有产品质量合格证。

（2）金属附件应为镀锌制品标准件，镀膜应完好无损。其型号、规格必须与灯具匹配。

（3）灯罩的型号、规格应符合设计要求，灯罩玻璃无破裂、几何形状正常。

（4）对成套灯具的绝缘电阻、内部接线等性能应进行现场抽样检测，绝缘电阻值应不小于 2MΩ；水下灯具按批进行见证取样，送有资质的试验单位进行检测。

（5）开关、控制器、漏电保护装置的型号、规格必须符合设计要求和国家现场技术标准的规定。实行安全认证制度的产品应有安全认证标志；接线盒盒体完整，无碎裂，零件齐全。

35.5.4.3 施工工艺

1. 景观照明灯安装

（1）工艺流程

组装灯具→安装灯具→调试→通电试运行。

（2）施工要点

1）组装灯具

首先，将灯具拼装成整体，并用螺栓固定连成一体，然后按设计要求把各个灯口装好。根据已确定的出线和走线的位置，将端子用螺栓固定牢固；根据已固定好的端子至各灯口的距离放线，把放好的导线削出线芯，进行涮锡，再压入各个灯口，理顺各灯头的相

线和零线,用线卡子分别固定,按供电相序要求压入端子进行连接紧固牢固。

2)安装灯具

①建筑物彩灯安装

彩灯安装一般位于建筑物的外部和顶部,彩灯灯具必须是具有防雨性能的专用灯具,安装时应将灯罩拧紧;配线管路应按明配管敷设,并具有防雨功能;垂直彩灯悬挂挑臂安装。挑臂的槽钢型号、规格及结构形式应符合设计要求,并应做好防腐处理,挑臂槽钢如是镀锌件应采用螺栓固定连接,严禁焊接。

吊挂钢索。常规应采用直径≥10mm的开口吊钩螺栓。地锚应为架空外线用拉线盘,埋置深度应大于1500mm。底把采用 ϕ16mm 圆钢或者采用镀锌花篮螺栓。垂直彩灯采用防水吊线灯头,下端灯头距离地面高于3000mm。

②景观照明灯具安装

a. 景观灯具安装。灯具落地式的基座的几何尺寸必须与灯箱匹配,其结构形式和材质必须符合设计要求。每套灯具安装的位置,应根据设计图纸而确定。投光的角度和照度应与景观协调一致。其导电部分对地绝缘电阻值必须大于 $2M\Omega$。

b. 景观落地式灯具安装在人员密集流动性大的场所时,应设置围栏防护。如条件不允许无围栏防护,安装高度应距地面 2500mm 以上。

c. 金属结构架和灯具及金属软管,应做保护接地线,连接牢固可靠,标识明显。

d. 埋地灯具体做法见图 35-105~图 35-106。

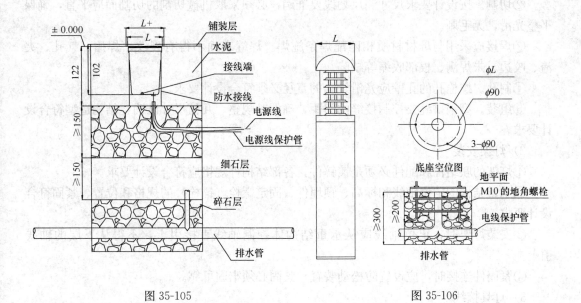

图 35-105   图 35-106

③水下照明灯具安装

a. 水下照明灯具及配件的型号、规格和防水性能,必须符合设计要求。

b. 水下照明设备安装。必须采用防水电缆或导线。压力泵的型号、规格符合设计要求。

c. 根据设计图纸的灯位,放线定位必须准确。确保投光的准确性。

d. 位于灯光喷水池或音乐灯光喷水池中的各种喷头的型号、规格，必须符合设计要求，并应有产品质量合格证。

e. 水下导线敷设应采用配管布线，严禁在水中有接头，导线必须甩在接线盒中。各灯具的引线应由水下接线盒引出，用软电缆相连。

f. 灯头应固定在设计指定的位置（是指已经完成管线及灯头盒安装的位置），灯头线不得有接头，在引入处不受机械力。安装时应将专用防水灯罩拧紧，灯罩应完好，无碎裂。

g. 喷头安装按设计要求，控制各个位置上喷头的型号和规格。安装时，必须采用与喷头相适应的管材，连接应严密，不得有渗漏现象。

h. 压力泵安装牢固，螺栓及防松动装置齐全。防水防潮电气设备的导线入口及接线盒盖等应作防水密闭处理。

2. 航空障碍标志灯和庭院灯安装

（1）工艺流程

灯架制作与组装→灯架安装→灯具接线→灯具安装。

（2）施工要点

1）灯架制作与组装

①钢材的品种、型号、规格、性能等，必须符合设计要求和国家现行技术标准的规定。

②切割。按设计要求尺寸测尺划线要准确，必须采取机械切割的切割面应平直，确保平整光滑，无毛刺。

③焊接应采用与母材材质相匹配焊条施焊。焊缝表面不得有裂纹、焊瘤、气孔、夹渣、咬边、未焊满、根部收缩等缺陷。

④制孔。螺栓孔的孔壁应光滑、孔的直径必须符合设计要求。

⑤组装。型钢拼缝要控制接缝的间距，确保其规整、几何尺寸准确，结构造型符合设计要求。

2）灯架安装

①灯架的联结件和配件必须是镀锌件，各部结构件规格应符合设计要求。

②承重结构的定位轴线和标高、预埋件、固定螺栓（锚栓）的规格和位置、紧固符合设计要求。

③安装灯架时，定位轴线应从承重结构体控制轴线直接引上，不得从下层的轴线引上。

④紧固件连接时，应设置防松动装置，紧固必须牢固可靠。

3）灯具接线

配电线路导线绝缘检验合格，才能与灯具连接；导线相位与灯具相位必须相符，灯具内预留余量应符合规范的规定；灯具线不许有接头，绝缘良好，严禁有漏电现象，灯具配线不得外露；穿入灯具的导线不得承受压力和磨损，导线与灯具的端子螺栓拧牢固。

4）灯具安装

①航空障碍标志灯安装

a. 航空障碍灯是一种特殊的预警灯具，用于高层建筑和构筑物。除应满足灯具安装的要求外，还有它特殊的工艺要求。安装方式有侧装式和底装式，通过联结件固定在支承结构件上，根据安装板上定位线，将灯具用 M12 螺栓固定牢靠；预埋钢板焊专用接地螺栓，并与接地干线可靠连接。

b. 接线方法。接线时采用专用三芯防水航空插头及插座，详见图 35-107 所示。其中的 1、2 端头接交流 220V 电源，3 端头接保护零线。

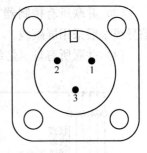

c. 障碍照明灯应属于一级负荷，应接入应急电源回路中。灯的启闭应采用露天安装光电自动控制器进行控制，以室外自然环境照度为参量来控制光电元件的导通以启闭障碍灯。采用时间程序来启闭障碍灯，为了有可靠的供电电源、两路电源的切换最好在障碍灯控制盘处进行。

图 35-107　PLZ 型航空灯插座接线图

②庭院灯（路灯）安装

每套庭院灯（路灯）应在相线上装设熔断器。由架空线引入路灯的导线，在灯具入口处应做防水弯；路灯照明器安装的高度和纵向间距是道路照明设计中需要确定的重要数据。参考数据见表 35-103 的规定。

路灯安装高度（m）　　　　　　　　　　表 35-103

灯　具	安装高度	灯　具	安装高度
125～250W 荧光高压汞灯	≥5	60～100W 白炽灯 或 50～80W 荧光 高压汞灯	≥4～6
250～400W 高压钠灯	≥6		

灯具的导线部分对地绝缘电阻值必须大于 2MΩ；接线盒或熔断器盒，其盒盖的防水密封垫应完整；金属结构支托架及立柱、灯具，均应做可靠保护接地线，连接牢固可靠。接地点应有标识。

灯具供电线路上的通、断电自控装置动作正确，熔断器盒内熔丝齐全，规格与灯具适配。

35.5.5　智能照明系统安装

智能照明调控系统是专门针对室内外大功率照明电路电耗高，灯具和附件损耗量大的普遍现象而开发的适合中国国情的节能产品，在同一场合，针对不同的时段和目的，用户对照明效果的不同要求，对照明负载的运行方式进行模糊控制和软启动软过渡技术，使电路光源的照度输出在极其自然和平稳的状态下始终与人的视觉需求保持高度一致。

35.5.5.1　智能照明系统灯具安装施工要求

其灯具安装要求和普通灯具的安装要求相同，详见 35.5 节。

35.5.5.2　智能照明系统灯具控制装置施工要求

以遥控装置为例进行说明：

1. 接线方法

（1）"N—零线输入（－）"口接入零线，"L—火线输入（＋）"口接入火线。

（2）"灯1"至"灯6"用火线分别接入所需要控制的灯。

（3）并联所有控制器"A—信号线"端口，再并联所有控制器"B—信号线"端口，信号线一般采用屏蔽线。

（4）并联所有灯（灯组）零线如图35-108。

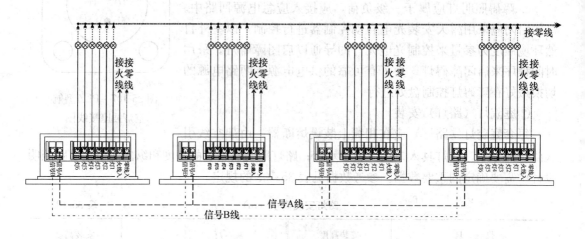

图 35-108　智能照明并联灯接线图

2. 操作设置

在所有照明控制器都分别安装好之后，对它们进行设置后才能操作使用，具体操作按以下步骤：

（1）初始定位

即安装好后，给每只控制器取名称。方法为：先按 ON/OFF 键打开电源，按房间键＋锁定键＋房间键，这时本房间的 LED 指示灯闪烁＋长响一声，表示控制器初始定位已完成（如主卧＋锁定＋主卧）。

（2）线路命名

即对接入控制器上的某条线路命名。

（3）打开/关闭电灯

控制房间灯时，直接按灯键（灯1～灯5/夜灯）；控制其他房间时，先按想控制的房间键，当房间键闪烁时，再按灯键，对应的房间键 LED 指示灯在闪烁（等待大约 3s）。

（4）静音键

按静音键可以提示打开/关闭按键操作是否到位所发出的声音。静音键打开时表示操作时无声音，静音键关闭时，表示操作时有声音。

（5）锁定键

按锁定键可以打开/关闭本房间控制器的联网功能，锁定键亮时，表示其他房间控制器对本房间无法进行操作，查看房间灯不受影响，但本房间可以操作和查看其他房间控制器。

（6）开关键

按键可一键打开/关闭本房间的全部电灯。

在关闭全部灯的情况下，按任意的灯键就能打开本房间控制器相对应的电灯，加房间键组合就能异地进行控制联网内的电灯。

（7）查看房间灯

在控制器上按要查看的房间键，指示灯亮代表房间灯已开启，指示灯灭代表房间灯已关闭。

（8）红外接收器

接收来自遥控器对各功能进行操作，操作距离≤8m。

（9）夜灯指示灯

在全部电灯关闭的情况下夜灯的 LED 指示灯微亮，方便晚上准确定位找开关，打开照明灯。

（10）提示

1）如果按某房间键时该房间 LED 指示灯只是闪一下就灭了，就是该房间还没有联网。

2）如果锁定键的指示灯不停在闪烁，可能联网内的某一个控制器的信号线有故障（接反、短路或断路）。

3）接反信号线的控制器不能和其他控制器进行联网操作，短路时全部联网内的控制器都不能进行联网操作，本房间操作功能不影响。

35.5.6　风能、太阳能灯具及 LED 光源的推广及应用

今天人们在原有能源的基础上努力扩展新能源和如何节约能源，我国随着新能源技术的提高和国家对节能减排的倡导，出现了很多新型节能和新能源灯具，其中以风能和太阳能灯具和 LED 新光源灯具最具有代表性和应用性。

35.5.6.1　风能和太阳能灯具的工作原理

1. 风能、太阳能灯具的电路组成

主要由：充电、双路过放电保护、定时照明控制、蓄电池电压声音提示、光控延时开启照明 5 部分电路组成。具体工作原理见图 35-109。

2. LED 新光源的推广使用

（1）LED 是冷光源，半导体照明自身对环境没有任何污染，与白炽灯、荧光灯相比，节电效率可以达到 90％以上。在同样亮度下，耗电量仅为普通白炽灯的 1/10，荧光灯管的 1/2。LED 灯直流驱动，没有频闪；没有红外和紫外的成分，没有辐射污染，显色性高并且具有很强的发光方向性；调光性能好，色温变化时不会产生视觉误差；冷光源发热量低，可以安全触摸；它既能提供令人舒适的光照空间，又能很好地满足人的生理健康需求，是保护视力并且环保的健康光源。

（2）三基色 LED 可以实现亮度、灰度、颜色的连续变换和选择，使照明从白光扩展为多种颜色的光，覆盖了整个可见光谱范围，且单色性好，色彩纯度高，红、绿、黄 LED 的组合使色彩及灰度（1670 万色）的选择具有大的灵活性，超越了所谓灯具形态的观念，以全新的角度去理解和表达光的主题，提高设计自由度来弱化灯具的照明功能，让

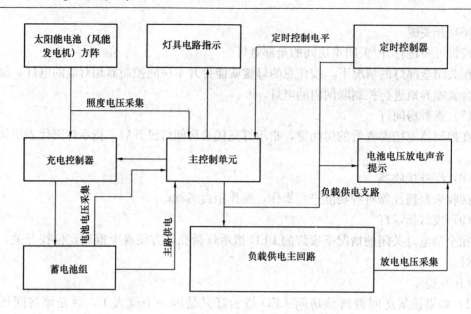

图 35-109   风力、太阳能灯具工作原理图

灯具成为一种视觉艺术，创造舒适优美的灯光艺术效果。

（3）LED 光源的技术数据如表 35-104，表 35-105。

白色 LED 灯光源类型及原理表   表 35-104

芯片	激发源	发光材料	发光原理
1	蓝色 LED	InGaN/YAG	用蓝色光激励 YAG 荧光粉发出黄光，从而混合成白光
	蓝色 LED	InGaN/荧光粉	InGaN 的蓝光激发红、绿、蓝三基色荧光粉发光
	蓝色 LED	ZnSe	由薄膜层发出蓝光和基板上激发的黄光混合成白光
	紫外 LED	InGaN/荧光粉	InGaN 的蓝光激发红、绿、蓝三基色荧光粉发光
2	蓝、黄绿 LED	InGaN、GaP	将具有补色关系的两种芯片封装在一起，发出白光
3	蓝、黄、绿 LED	InGaN、AlInGaP	将三原色的三种芯片封装在一起发出白光
4	多种光色的 LED	InGaN、AlInGaP、GaPPN	将遍布可见光区的多种色光芯片封装在一起，构成白色 LED

LED 灯与传统灯性能对比   表 35-105

名称	耗电量(W)	工作电压(V)	协调控制	发热量	可靠性	使用寿命(h)
钨丝灯	15～200	220	高	高	低	3000
节能灯	3～150	220	不易调光	低	低	5000
金属卤素灯	100	220	不易	极高	低	3000
霓虹灯	500	较高	高	高	宜室内	3000

续表

名　称	耗电量(W)	工作电压(V)	协调控制	发热量	可靠性	使用寿命(h)
镁氖灯	16W/m	220	较好	较高	较好	6000
日光灯	4~100	220	不易	较高	低	5000~8000
LED灯	极低	很低	多种形式	极低	极高	10000

35.5.7　插座、开关、吊扇、壁扇安装

35.5.7.1　施工准备

1. 技术准备

开关、插座、风扇施工前，应复核其安装地点及安装方式有无吊顶、有无其他专业相互交叉矛盾、是否符合设计要求，并现场确定安装实际高度。

2. 材料准备

开关、插座、风扇、塑料（台）板、辅助材料等。

材料质量控制内容如下：

1) 开关、插座、接线盒和风扇及其附件应符合下列规定：

①查验合格证，防爆产品防爆标志和防爆合格证；外观检查：开关、插座的面板及接线盒盒体完整、无碎裂、零件齐全，风扇无损坏，涂层完整，调速器等附件适配。

②开关、插座的电气和机械性能应进行现场抽样检测。检测规定如下：

不同极性带电部件的电气间隙和爬电距离不小于3mm；绝缘电阻值不小于5MΩ；用自攻锁紧螺钉或自切螺钉安装的，螺钉与软塑固定件旋合长度不小于8mm，软塑固定件在经受10次拧紧退出试验后，无松动或掉渣，螺钉及螺纹无损坏现象；金属间相旋合的螺钉螺母，拧紧后完全退出，反复5次仍能正常使用。

2) 辅助材料。附属配件其中金属铁件（膨胀螺栓、木螺栓、机螺栓等）均应是镀锌标准件。其规格、型号应符合设计要求，与组合件必须匹配。

3. 主要机具

安装机具：一字形和十字形螺丝刀、圆头锤、电工刀、钢锯、钢丝钳、剥线钳、压接钳、电笔、锡锅；测试工具：万用表。

35.5.7.2　施工工艺

1. 工艺流程

清理→接线→安装。

2. 施工要点

（1）清理

器具安装之前，将预埋盒子内残存的灰块、杂物剔掉清除干净，再用湿布将盒内灰尘擦净。若盒子有锈蚀，需除锈刷漆。

（2）接线

1) 单相双孔插座接线。应根据插座的类别和安装方式而确定接线方法：

横向安装时，面对插座的右极接线柱应接相线，左极接线柱应接中性线；竖向安装

时，面对插座的上极接线柱应接相线，下极接线柱应接中性线。

2）单相三孔及三相四孔插座接线时，应符合以下规定：

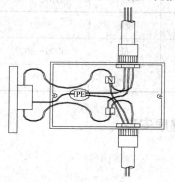

单相三孔插座接线时，面对插座上孔的接线柱应接保护接地线，面对插座的右极的接线柱应接相线，左极接线柱应接中性线；三相四孔插座接线时，面对插座上孔的接线柱应接保护地线，下孔极和左右两极接线柱分别接相线；接地或接零线在插座处不得串联连接；插座箱是由多个插座组成，众多插座导线连接时，应采用 LC 型压接帽压接总头后，然后再作分支线连接，详见图 35-110。

3）开关接线，应符合以下要求：

相线应经开关控制。接线时应仔细，识别导线的相线与零线，严格做到开关控制电源相线，应使开关断开后灯具上不带电。

图 35-110　五孔插座接线

扳把开关通常为两个静触点，分别由两个接线柱连接；连接时除应把相线接到开关上外，并应接成扳把向上为开灯，扳把向下为关灯。接线后将开关芯固定在开关盒上，将扳把上的白点（红点）标记朝下面安装。开关的扳把必须安正，不得卡在盖板上，盖板应紧贴建筑物表面。

双联及以上的暗扳把开关，每一联即为一只单独的开关，能分别控制一盏电灯。接线时，应将相线连接好，分别接到开关上与动触点连通的接线柱上，而将开关线接到开关静触点的接线柱上。

暗装的开关应采用专用盒。专用盒的四周不应有空隙，盖板应端正，并应紧贴墙面，具体做法见图35-111。

（3）吊扇组装要求

①不改变扇叶角度；扇叶的固定螺钉防松零件齐全。

②吊杆之间、吊杆与电机之间的螺纹连接，其啮合长度每端不小于 20mm，且防松零件齐全紧固。

③吊扇应接线正确，当运转时扇叶不应有明显颤动和异常声响。

④涂层完整，表面无划痕、无污染，吊杆上下扣碗安装牢固到位；同一室内并列安装的吊扇开关高度一致，且控制有序不错位。

（4）壁扇安装

①壁扇底座采用尼龙塞或膨胀螺栓固定；尼龙塞或膨胀螺栓的数量不应少于两个，且直径不应少于8mm。壁扇底座固定牢固可靠。

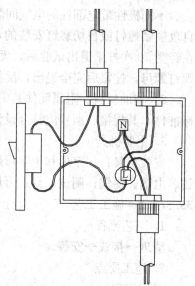

图 35-111　开关接线

②壁扇的安装，其下侧边缘距地面高度不宜小于 1.8m，且底座平面的垂直偏差不宜大于 2mm，涂层完整，表面无划痕、无污染，防护罩无变形。

③壁扇防护罩扣紧，固定可靠，当运行时扇叶和防护罩均无有明显的颤动和异常声响。

35.5.8　电气照明装置调试运行及验收

35.5.8.1　施工准备

1. 技术准备

试运行前编制照明通电试运行方案，并报相关主管部门审批。对调试人员进行技术交底及安全交底；检查巡视整个照明系统，全线无障碍，能够满足送电要求。

2. 主要机具

一字形和十字形螺丝刀、组合木梯、圆头锤、电工刀、扳手、钢丝钳、剥线钳、压接钳、铁水平尺、塞尺、电笔、摇表、万用表、兆欧表、交流钳形电流表。

35.5.8.2　作业条件

灯具、开关、插座的安装已按批准的设计进行施工完毕，并且安装质量已符合现行的施工及验收规范中的有关规定；照明配电箱的安装已按批准的设计进行施工完毕，并且安装质量已符合现行的施工及验收规范中的有关规定。

35.5.8.3　通电试运行技术要求

（1）每一回路的线路绝缘电阻不小于 $0.5M\Omega$，关闭该回路上的全部开关，测量调试电压值是否符合要求，符合要求后，选用经试验合格的 $5\sim6mA$ 漏电保护器接电逐一测试，通电后应仔细检查和巡视，检查灯具的控制是否灵活，准确；开关与灯具控制顺序相对应，电扇的转向及调速开关是否正常，如果发现问题必须先断电，然后查找原因进行修复，合格后，再接通正式电路试亮。

（2）全部回路灯具试验合格后开始照明系统通电试运行。

（3）照明系统通电试运行检验方法：

1）灯具、导线、电缆和继电保护系统的调整试验结果，查阅试验记录或试验时旁站。

2）空载试运行和负荷试运行结果，查阅试运行记录或试运行时旁站。

3）绝缘电阻和接地电阻的测试结果，查阅测试记录或测试时旁站或用适配仪表进行抽测。

4）漏电保护器动作数据值和插座接线位置准确性测定，查阅测试记录或用适配仪表进行抽测。

5）螺栓紧固程度用适配工具作拧动试验；有最终拧紧力矩要求的螺栓用扭力扳手抽测。

35.5.8.4　运行中的故障预防

（1）避免某一回路灯具线路发生短路故障，先测量其线路绝缘电阻；

（2）减少故障损坏范围，采用开关逐一打开的方法；

（3）降低故障损伤程度，灯具试验线路上采用小容量、灵敏度很高的漏电保护器；

（4）派专人时刻观察电压表和电流表的指示情况，发现问题及时处理，最大限度地减少损失；

（5）根据配电设置情况，安排专人反复观察小开关有无异常，测量 100A 以上的开关端子温度变化情况，如开关端子有异常立即关闭开关，及时处理。

35.6　电气设备安装

电气设备安装主要包括变压器、高低压成套配电柜、母线、配电箱、变配电监控系统、漏电火灾报警系统等的安装与调试。电气设备负责对整个建筑进行供配电，在整个建筑电气中处于核心地位。电气设备安装应在电气设计方案确定、施工方案已审批及建筑和其他专业具备安装条件的基础上进行，必须保证电气设备安装质量，确保今后运行的可靠，并注意安装完成后的成品保护。

35.6.1　施 工 准 备

35.6.1.1　常用器具

（1）安全防护用具。安全带、安全帽、安全网、高压验电器、高压绝缘靴、绝缘手套、编织接地线及干粉灭火器等。所有安全防护用品必须有合格证，有安全认证的必须符合认证要求。

（2）仪器仪表。万用表、钳流表、接地电阻测试仪、直流电桥、兆欧表、高低压试验仪器，以及水准仪、经纬仪、高压测试仪器等。安装和调试用的各类计量器具，应检定合格，使用时在有效期内。

（3）施工机具。运输工具、吊装工具、电（气）焊工具、气切工具、台钻、手电钻、电动砂轮机、电锤、活动扳手、电工常用工具、台虎钳、塞尺、锉刀、钢卷尺、水平尺、线坠、试电笔等。

35.6.1.2　作业条件

（1）施工所需要的图纸、技术资料齐全，其他有关部门规定的相关报审文件已审批完成。技术（安全）交底已做完，各项安全保障措施已到位。

（2）建筑工程全部结束，屋顶、楼板施工完毕，不得渗漏，门窗安装完毕，有可能损坏已安装设备或安装后不能再进行施工的装饰工作全部结束。设备基础的标高、尺寸、结构和埋件均应符合设计要求和施工质量验收规范的规定，已通过工序交接验收。

（3）施工现场具备作业面，设备及材料进场运输通道畅通。

（4）设备安装所需的配件、材料齐全，并运至施工现场。

35.6.1.3　一般规定

（1）除设计要求外，承力建筑钢结构构件上，不得采用熔焊连接固定电气线路、设备和器具的支架、螺栓等部件；且严禁热加工开孔。

（2）接地（PE）或接零（PEN）支线必须单独与接地（PE）或接零（PEN）干线相连接，不得串联连接。

（3）测量绝缘电阻时，采用兆欧表的电压等级，在未作特殊规定时，应按下列规定执行：

1）100V 以下的电气设备或回路，采用 250V 50MΩ 及以上兆欧表；

2）500V 以下至 100V 的电气设备或回路，采用 500V 100MΩ 及以上兆欧表；

3）3000V 以下至 500V 的电气设备或回路，采用 1000V 2000MΩ 及以上兆欧表；

4）10000V 以下至 3000V 的电气设备或回路，采用 2500V 10000MΩ 及以上兆欧表；

5）10000V 及以上的电气设备或回路，采用 2500V 或 5000V 10000MΩ 及以上兆欧表。

35.6.2　变压器安装

35.6.2.1　设备及材料进场验收

（1）变压器的容量、规格及型号，必须符合设计要求。附件、配件齐全。设备应有铭牌，见图 35-112 所示。

中华人民共和		电力变压器			标准代号	
××变压器总厂制造		型号S9-1000/10			JB　1300—74 产品许可证号	
3相50赫		油浸自冷户外式Y/yn0-12				
额定容量(kVA)	分接位置	高压		低压		阻抗电压(%)
		V	A	V	A	
1000	I	10500	57.5	400	1443	5.55
	II	10000				
	III	9500				
产品代号　254		器身重　1820kg			油重　525kg	
出厂代号　475		总　重　2910kg			××年×月制造	

图 35-112　变压器铭牌

铭牌及其意义：

S：三相（相数）

9：性能水平代号

1000：额定容量 1000kVA

10：电压等级 10kV

Y：一次侧星形接线（D：三角形接线）

yn：二次侧带中性线星形接法（d：三角形接线）

0：数字采用时钟表示法，用来表示一、二次侧线电压的相位关系，一次侧线电压相量作为分针，固定指在时钟 12 点的位置，二次侧的线电压相量作为时针。0 表示二次侧的线电压 Uab 与一次侧线电压 UAB 同相角。

电力变压器分类、型号及意义见表 35-106。

电力变压器分类和型号意义表　　　　表 35-106

序号	分类	类别	代表符号	
			新	旧
1	绕组形式	自耦	O	—
		双绕组	—	—
		三绕组	S	S

续表

序号	分类	类别	代表符号 新	代表符号 旧
2	相数	单相 三相	D S	D S
3	冷却方式	油浸自冷 干式空气自冷 干式浇筑绝缘 油浸风冷 油浸水冷	—（或J） G C F W（或S）	J — — F S
4	循环方式	强迫油循环风冷 强迫油循环水冷	FP SP	FP SP
5	线圈导线材质	铜 铝	— L	— L
6	调压方式	无励磁调压 有载调压	— Z	— Z
7	铁芯形式	芯式变压器 壳式变压器		

变压器相关参数如表 35-107～表 35-111：

10kV 级 S9 型变压器技术参数表　　　　表 35-107

型　号	额定容量（kVA）	损耗 空载（W）	损耗 负载（W）	阻抗电压（%）	空载电流（%）	重量（kg） 器身	重量（kg） 油重	重量（kg） 总重
S9-10/10	10	65	260		2.8	105	45	180
S9-20/10	20	100	480		2.4	140	55	230
S9-30/10	30	130	600		2.1	180	70	300
S9-50/10	50	170	870		2.0	245	80	390
S9-63/10	63	200	1040		1.9	275	90	440
S9-80/10	80	250	1250		1.8	325	100	500
S9-100/10	100	290	1500	4.0	1.6	360	110	560
S9-125/10	125	340	1800		1.5	415	120	650
S9-160/10	160	400	2200		1.4	490	135	740
S9-200/10	200	480	2600		1.3	570	160	880
S9-250/10	250	560	3050		1.2	705	190	1070
S9-315/10	315	670	3650		1.1	840	220	1250
S9-400/10	400	800	4300		1.0	975	290	1510
S9-500/10	500	960	5100		1.0	1140	335	1760
S9-630/10	630	1200	6200		0.6	1310	385	2030
S9-800/10	800	1400	7500		0.8	1665	450	2550
S9-1000/10	1000	1700	10300	4.5	0.7	1820	525	2910
S9-1250/10	1250	1950	12000		0.6	2160	605	3460
S9-1600/10	1600	2400	145000		0.6	2560	700	4060
S9-2000/10	2000	2800	17800		0.6	2840	760	4490

S9 系列 35kV 级电力变压器技术参数 表 35-108

型　号	容量 (kVA)	电压组合		损耗（W）		短路阻抗 (%)	空载电流 (%)	联结组标号	重量（kg）		
		高压 (kV)	低压 (kV)	空载	负载				器身	油重	总重
S9-50/35	50			210	1220		2.0		393	300	790
S9-100/35	100			290	2030		1.8		530	330	1000
S9-125/35	125			330	2380		1.75		680	500	1355
S9-160/35	160			370	2830		1.65		750	465	1410
S9-200/35	200			440	3330		1.55		830	530	1630
S9-250/35	250			510	3960		1.4		980	580	1980
S9-315/35	315	38.5 35 ±5 或 ±2×2.5%	0.4	610	4770	6.5	1.4	Yyn0	1260	610	2180
S9-400/35	400			730	5760		1.3		1285	645	2265
S9-500/35	500			860	6950		1.3		1530	720	2810
S9-630/35	630			1050	8300		1.25		1790	790	3020
S9-800/35	800			1230	9900		1.05		2070	925	3620
S9-1000/35	1000			1440	12150		1.0		2635	1215	4600
S9-1250/35	1250			1760	14650		0.85		2820	1280	5060
S9-1600/35	1600			2120	17550		0.75		3160	1370	5550
S9-2000/35	2000			2650	19500		0.7		3990	1430	6560
S9-800/35	800			1230	9900		1.05		2310	1121	4260
S9-1000/35	1000			1440	12200		1.0		2425	1250	4380
S9-1250/35	1250			1760	14650	6.5	0.9		2675	1315	4825
S9-1600/35	1600			2120	17550		0.85		3150	1370	5535
S9-2000/35	2000			2700	17800		0.75		3510	1350	5980
S9-2500/35	2500			3200	20700		0.75	Yd11	4295	1520	7005
S9-3150/35	3150			3800	24300		0.7		4900	1780	8190
S9-4000/35	4000	38.5 35 ±5 或 ±2×2.5%	11 10.5 10 6.3 6	4500	28800	7.0	0.7		5722	1922	9616
S9-5000/35	5000			5400	33000		0.6		6795	2095	10970
S9-6300/35	6300			6550	37000		0.6		8430	2800	14220
S9-8000/35	8000			9000	40500	7.5	0.55		10880	3900	18170
S9-10000/35	10000			10850	47500		0.55		11920	4960	21800
S9-12500/35	12500			12500	56500		0.5		13750	5630	23600
S9-16000/35	16000			15500	69500		0.5	YNd1	14100	5810	24100
S9-20000/35	20000			18000	83500	8.0	0.5		19320	6480	32100
S9-25000/35	25000			21500	99000		0.4		25410	7310	39850
S9-31500/35	31500			25000	119000		0.4		31100	8150	48930

35kV 级 SZ9 系列双绕组有载调压器技术参数表   表 35-109

额定容量 kVA	电压组合			连接组标号	空载损耗 (kW)	负载损耗 (kW)	空载电流 (%)	阻抗电压 (%)
	高压 (kV)	高压分接范围（%）	低压 (kV)					
2000	35				2.88	18.72	1.4	6.5
2500					3.40	21.74	1.4	
3150	35 38.5	±3×2.5%	6.3 10.5	Yd11	4.04	26.01	1.3	7.0
4000					4.84	30.69	1.3	
5000					5.80	36.00	1.2	
6300					7.04	38.70	1.2	
8000	35 38.5	±3×2.5%	6.3 6.6 10.5 11	YN, d11	9.84	42.75	1.1	7.5
10000					11.60	50.58	1.1	
12500					13.68	59.85	1.0	8.0

10kV 级 SG（B）干式变压器技术参数表   表 35-110

型 号	容量 (kVA)	空载损耗 (W)	负载损耗 (W)	空载电流 (%)	阻抗电压 (%)	重量 (kg)	尺寸（mm）		
							长	宽	高
SG10-30/10	30	225/280	820/959	3.1		250	820	480	900
SG10-50/10	50	290/360	1265/1480	2.7		400	870	480	950
SG10-80/10	80	370/460	1825/2098	2.5		480	950	480	1050
SG10-100/10	100	400/500	2165/2490	2.1		520	1000	630	1200
SG10-125/10	125	480/580	2590/2980	2.1		550	1050	630	1250
SG10-160/10	160	560/670	3100/3565	1.9	4	610	1100	630	1250
SG10-200/10	200	655/770	3980/4580	1.9		950	1200	740	1280
SG10-250/10	250	760/900	4675/5376	1.7		1020	1200	740	1290
SG10-315/10	315	880/1100	5610/6451	1.7		1200	1260	740	1300
SG10-400/10	400	1040/1210	6630/7624	1.65		1480	1400	740	1410
SG10-500/10	500	1200/1450	7950/9142	1.60		1650	1640	740	1430
SGB10-630/10	630	1400/1610	9260/10649	1.50		1820	1470	741	1470
SGB10-630/10	630	1340/1610	9770/11235	1.50		1850	1490	740	1520
SGB10-800/10	800	1690/1900	11560/13294	1.40		2300	1500	900	1600
SGB10-1000/10	1000	1980/2200	13340/15340	1.40		2650	1550	900	1670
SGB10-1250/10	1250	2380/2600	15640/17986	1.35	6	3000	1570	900	1790
SGB10-1600/10	1600	2730/3050	18100/20815	1.30		3800	1600	900	1950
SGB10-2000/10	2000	3320/4150	21250/24440	1.10		4600	1850	900	2050
SGB10-2500/10	2500	4000/5000	24730/28440	1.10		5200	2050	900	2050

SFZ9 系列 110kV 变压器技术参数表　　　　　　　　表 35-111

型　号	联结组标号	电压组合（kV）			空载损耗（kW）	负载损耗（kW）	空载电流（%）	短路阻抗（%）
		高压	高压分接范围	低压				
SFZ9-6300/110					10.4	36.9	0.98	
SFZ9-8000/110					12.4	45	0.98	
SFZ9-10000/110					14.9	53.1	0.91	
SFZ9-12500/110				6.3	17.3	63	0.91	
SFZ9-16000/110				6.6	20.9	77.4	0.84	
SFZ9-20000/110	YNd11	110	±8×1.25%	10.5	24.7	93.6	0.84	10.5
SFZ9-25000/110					28.8	110.7	0.77	
SFZ9-31500/110				11	34.8	133.2	0.77	
SFZ9-40000/110					41.7	156.6	0.70	
SFZ9-50000/110					49.3	194.4	0.70	
SFZ9-63000/110					58.7	234	0.63	

（2）查验合格证和随带技术文件，出厂试验记录。

（3）外观检查：有铭牌，附件齐全，绝缘件无缺损、裂纹，充油部分不渗漏，充气高压设备气压指示正常，涂层完整。

（4）干式变压器的技术要求，除应符合上述变压器要求外，还应符合以下要求：

1）变压器的接地装置应有防锈层及明显的接地标志。

2）防护罩与变压器的距离，应符合相关技术标准和产品技术手册规定的要求。

3）变压器有防止直接接触的保护标志。

4）干式变压器的局部放电试验 PC 值和噪声测试 dB（A）值，应符合设计要求及技术标准的规定。

（5）基础型钢。规格、型号必须符合设计及规范要求，并无明显锈蚀。

（6）紧固件。各种紧固件、配件均应采用镀锌制品标准件、平垫圈和弹簧垫齐全。

（7）其他材料。蛇皮管、吸湿硅胶、耐油塑料管、变压器油等符合设计及规范要求，并有产品合格证。

35.6.2.2　作业条件

（1）各种材料、设备已齐全，到位。

（2）施工技术准备充分。施工图详细，施工组织设计、施工方案已批准，技术交底已完成。

（3）变压器轨道安装完毕。经验收，其标高、中心距、平整度符合设计要求及产品技术要求。

（4）变压器安装所需场所的土建工程已完工，其标高、尺寸符合设计及规范要求，结构及预埋件、焊件强度均符合设计要求，达到承载力要求。安装变压器的室内严禁渗漏，门窗封闭完好，地面清理干净，具有足够的施工用场地，道路通畅，所有受电后无法进行的装饰工作及影响运行安全的工作施工完毕。

（5）安装干式变压器的场所应无灰尘，相对湿度宜保持在70％及产品技术要求以下。

（6）搬运吊装机具设备：汽车吊、汽车、卷扬机、千斤顶、捯链、道木、钢丝绳、钢丝绳轧头、钢丝绳套环、麻绳、滚杠均已准备好。

（7）安装机具设备：台钻、砂轮机、电焊机、气焊工具、电锤、冲击电钻、扳手、液压升降梯、套丝机等均已准备齐全。

（8）测试仪器：钢卷尺、钢板尺、水平仪、塞尺、磁力线坠、兆欧表、玻璃温度计、钳形电流表、万用表、电桥及试验仪器等已准备好。

35.6.2.3 安装前检查测试

变压器安装之前应进行各种外观及性能测试，必须保证各检测项目均合格之后再行安装。

35.6.2.4 工艺流程

变压器安装流程如下所示：

设备点件检查→变压器二次搬运→变压器就位→变压器附件安装→吊芯检查→交接试验→送电前检查→运行验收。

35.6.2.5 落地式变压器安装

1. 设备点件检查

（1）设备点件检查应由安装单位、供货单位、会同建设单位代表共同进行，并做好记录。

（2）按照设备清单，施工图纸及设备技术文件核对变压器本体及附件备件的规格型号是否符合设计图纸要求。是否齐全，有无丢失及损坏。

（3）变压器本体外观检查无损伤及变形，油漆完好无损伤。

（4）油箱封闭是否良好，有无漏油、渗油现象，油标处油面是否正常，发现问题应立即处理。

（5）绝缘瓷件及环氧树脂铸件有无损伤、缺陷及裂纹。

2. 变压器二次搬运

（1）变压器二次搬运应由起重工作业，电工配合。最好采用汽车吊装，也可采用捯链吊装，距离较长最好用汽车运输，运输时必须用钢丝绳固定牢固，并应行车平稳，尽量减少震动；距离较短且道路良好时，可用卷扬机、滚杠运输。产品在运输过程中，其倾斜度不得大于产品技术要求，如无要求不得大于30°。变压器吊装时，索具必须检查合格，钢丝绳必须挂在油箱的吊钩上，要用两根钢绳，同时着力四处如图35-113，并注意产品重心的位置，两根钢绳的起吊夹角不要大于60°。若因吊高限制不能符合条件，用横梁辅助提升。上盘的吊环仅作吊芯用，不得用此吊环吊装整台变压器。

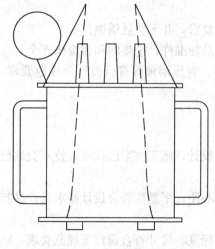

图35-113 变压器吊装

（2）变压器搬运时，应注意保护瓷瓶，最好用木箱或纸箱将高低压瓷瓶罩住，使其不受损伤。

（3）变压器搬运过程中，不应有冲击或严重振动情况，利用机械牵引时，牵引的着力点应在变压器重心以下，以防倾斜，运输倾斜角不得超过15°，防止内部结构变形。

（4）用千斤顶顶升大型变压器时，应将千斤顶放置在专设部位，以免变压器变形。

（5）大型变压器在搬运或装卸前，应核对高低压侧方向，以免安装时调换方向发生困难。

3. 变压器就位

（1）变压器、电抗器基础的轨道应水平，轨道与轮距应配合；核验变压器基础的强度和轨道安装的牢固性、可靠性。基础轨距应与变压器轮距相吻合。装有气体继电器的变压器，应使其顶盖沿气体继电器气流方向有 1%～1.5% 的升高坡度（制造厂规定不需安装坡度者除外）。

（2）变压器就位可用汽车吊直接甩进变压器室内，或用道木搭设临时轨道，用捯链吊至临时平台上，然后用倒链拉入室内合适位置。

变压器、电抗器基础的轨道应水平，轨道与轮距应配合；装有气体继电器的变压器、电抗器，应使其顶盖沿气体继电器气流方向有 1%～1.5% 的升高坡度（制造厂规定不需安装坡度者除外）。当与封闭母线连接时，其套管中心应与封闭母线中心线相符。装有滚轮的变压器、电抗器，其滚轮应能灵活转动，在设备就位后，应将滚轮用能拆卸的制动装置加以固定。

因变压器基础台面高于室外地坪，所以，在变压器就位时，应在室外搭设一个与室内基础台面等高的平台，平台必须牢固可靠，具有一定的刚度和强度，确保平台的稳定性，变压器就位之前，应将变压器平稳地吊到平台上，然后缓慢地将变压器推入室内至就位的位置。变压器宽面推进时，低压侧应向外；窄面推进时，油枕侧一般应向外。在装有开关的情况下，操作方向应留有 1200mm 以上的宽度。油浸变压器的安装，应考虑能在带电的情况下，便于检查油枕和套管中的油位、上层油温、瓦斯继电器等。变压器就位时，应注意其方位和距墙尺寸应与图纸相符，允许误差为±25mm，图纸无标注时，纵向按轨道定位，横向距离不得小于 800mm，距门不得小于 1000mm，并适当照顾屋内吊环的垂线位于变压器中心，以便于吊芯。

（3）变压器就位符合要求后，对于装有滚轮的变压器应将滚轮用可以拆卸的制动装置加以固定。

（4）在变压器的接地螺栓上均需可靠地接地。低压侧零线端子必须可靠接地。变压器基础轨道应和接地干线可靠连接，确保接地可靠性。

（5）变压器的安装应设置抗地震装置，如图 35-114 所示。

4. 附件安装

（1）气体继电器安装

1）气体继电器应作密封试验，轻瓦斯动作容积试验，重瓦斯动作流速试验，经检验鉴定合格后才能安装。

2）气体继电器安装应水平，观察窗安装方向便于检查，箭头指向储油箱（油枕），应与连通管连接密封良好，其内部应擦拭干净，截油阀位于油枕和气体继电器之间。

3）打开放气嘴，放出空气，直到有油溢出时将放气嘴关上，以免有空气使继电保护器误动作。

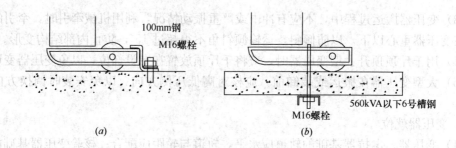

图 35-114　变压器抗震做法
(a) 安装在混凝土地坪上的变压器安装；(b) 有混凝土轨梁宽面推进的变压器安装

4) 当操作电源为直流时，必须将电源正极接到水银侧的接点上，以免接点断开时产生飞弧。

5) 事故喷油管的安装方位，应注意到事故排油时不致危及其他电器设备；喷油管口应换为割划有"十"字线的玻璃，以便发生故障时气流能顺利冲破玻璃。

(2) 冷却装置的安装。

1) 冷却装置在安装前应按制造厂规定的压力值用气压或油压进行密封试验，其中散热器、强迫油循环风冷却器，持续 30min 应无渗漏；强迫油循环水冷却器，持续 1h 应无渗漏，水、油系统应分别检查渗漏。

2) 冷却装置安装前应用合格的绝缘油经净油机循环冲洗干净，并将残油排尽。冷却装置安装完毕后应立即注满油。

3) 风扇电动机及叶片应安装牢固，并应转动灵活，无卡阻；试转时应无振动、过热；叶片应无扭曲变形或与风筒碰擦等情况，转向应正确；电动机的电源配线应采用具有耐油性能的绝缘导线。

4) 管路中的阀门应操作灵活，开闭位置应正确；阀门及法兰连接处应密封良好。

5) 外接油管路在安装前，应进行彻底除锈并清洗干净；管道安装后，油管应涂黄漆，水管应涂黑漆，并设有流向标志。

6) 油泵转向应正确，转动时应无异常噪声、振动或过热现象；其密封应良好，无渗油或进气现象。

7) 差压继电器、流速继电器应经校验合格，且密封良好，动作可靠。

8) 水冷却装置停用时，应将水放尽。

(3) 储油柜的安装

1) 储油柜安装前，应清洗干净。

2) 胶囊式储油柜中的胶囊或隔膜式储油柜中的隔膜应完整无破损；胶囊在缓慢充气胀开后检查应无漏气现象。

3) 胶囊沿长度方向应与储油柜的长轴保持平行，不应扭偏；胶囊口的密封应良好，呼吸应通畅。

4) 油位表动作应灵活，油位表或油标管的指示必须与储油柜的真实油位相符，不得出现假油位。油位表的信号接点应位置正确，绝缘良好。

5) 所有法兰连接处应用耐油密封垫（圈）密封；密封垫（圈）必须无扭曲、变形、裂纹和毛刺，密封垫（圈）应与法兰面的尺寸相配合。

法兰连接面应平整、整洁；密封垫应擦拭干净，安装位置应准确；其搭接处的厚度应与其原厚度相同，橡胶密封垫的压缩量不宜超过其厚度的 1/3。

(4) 防潮呼吸器的安装

1) 防潮呼吸器安装之前，应检查硅胶是否失效，如已失效，应在 115～120℃温度烘烤 8h 或按产品说明书规定执行，使其复原或更新。

2) 安装时，必须将呼吸器盖子上橡皮垫去掉，使其通畅，在隔离器具中装适量变压器油，以过滤灰尘。

(5) 温度计安装

变压器使用的温度计有玻璃液面温度计、压力式信号温度计、电阻温度计。温度计装在箱顶表座内，表座内注入变压器油（留空气层约 20mm）并密封。玻璃液面温度计应装在低压侧。压力式信号温度计安装前应经过准确度检验，并按运行部门的要求整定电接点，信号温度计的导管不应有压扁和死弯，弯曲半径不得小于 100mm。控制线应接线正确，绝缘良好。电阻式温度计主要是供远方监视变压器上层油温，与比率计配合使用。

(6) 电压切换装置安装

1) 变压器电压切换装置各分接点与线圈的联线压接应正确，并接触紧密牢固。转动点停留位置正确，并与指示位置一致。

2) 电压切换装置的小轴销子、分接头的凸轮、拉杆等应确保完好无损。转动盘应动作灵活，密封良好。

3) 有载调压切换装置的调换开关的触头及铜辫子软线应完整无损，触头间应有足够的压力（常规为 80～100N）。

4) 电压切换装置的传动装置的固定应牢固，传动机构的摩擦部分应有足够的润滑油。

5) 连锁安装。有载调压切换装置转动到极限位置时，应装有机械连锁与带有限位开关的电气连锁。

6) 有载调压切换装置的控制箱常规应安装在操作台上，联线应正确无误，并应调整好，手动、自动工作正常，档位指示正确。

7) 电压切换装置吊出检查调整时，暴露在空气中的时间应符合表 35-112 规定。

调压切换装置露空时间 表 35-112

环境温度（℃）	>0	>0	>0	<0
空气相对湿度（%）	65 以下	65～75	75～85	不控制
持续时间不大于（h）	24	16	10	8

5. 变压器连线

(1) 变压器外部引线的施工，不应使变压器的套管直接承受应力。

(2) 变压器中性点的接地回路中，靠近变压器处，应做一个可拆卸的连接点。

(3) 接地装置从地下引出的接地干线以最近的路径直接引至变压器，绝不允许经其他电气装置接地后串联连接起来。

(4) 变压器中性点接地线与工作零线应分别敷设。工作零线应用绝缘导线。

(5) 油浸变压器附件的控制导线，应采用具有耐油性能的绝缘导线。靠近箱壁的导线，应用金属软管保护，并排列整齐，接线盒应密封良好。

6. 吊芯检查

(1) 运输支撑和器身各部位应无移动现象，运输用的临时防护装置及临时支撑应予拆除，并经过清点做好记录以备查。

(2) 所有螺栓应紧固，并有防松措施；绝缘螺栓应无损坏，防松绑扎完好。

(3) 铁芯检查：

1) 铁芯应无变形，铁轭与夹件间的绝缘垫应良好；

2) 铁芯应无多点接地；

3) 铁芯外引接地的变压器，拆开接地线后铁芯对地绝缘应良好；

4) 打开夹件与铁轭接地片后，铁轭螺杆与铁芯、铁轭与夹件、螺杆与夹件间的绝缘应良好；

5) 当铁轭采用钢带绑扎时，钢带对铁轭的绝缘应良好；

6) 打开铁芯屏蔽接地引线，检查屏蔽绝缘应良好；

7) 打开夹件与线圈压板的连线，检查压钉绝缘应良好；

8) 铁芯拉板及铁轭拉带应紧固，绝缘良好。

(4) 绕组检查：

1) 绕组绝缘层应完整，无缺损、变位现象；

2) 各绕组应排列整齐，间隙均匀，油路无堵塞；

3) 绕组的压钉应紧固，防松螺母应锁紧。

(5) 绝缘围屏绑扎牢固，围屏上所有线圈引出处的封闭应良好。

(6) 引出线绝缘应包扎牢固，无破损、拧弯现象；引出线绝缘距离应合格，固定支架应紧固；引出线的裸露部分应无毛刺或尖角，其焊接应良好；引出线与套管的连接应牢靠，接线正确。

(7) 无励磁调压切换装置各分接头与线圈的连接应紧固正确；各分接头应清洁，且接触紧密，弹力良好；所有接触到的部分，用 0.05mm×10mm 塞尺检查，应塞不进去；转动接点应正确地停留在各个位置上，且与指示器所指位置一致；切换装置的拉杆、分接头凸轮、小轴、销子等应完整无损；转动盘应动作灵活，密封良好。

(8) 有载调压切换装置的选择开关、范围开关应接触良好，分接引线应连接正确、牢固，切换开关部分密封良好。必要时抽出切换开关芯子进行检查。

(9) 绝缘屏障应完好，且固定牢固，无松动现象。

(10) 检查油循环管路与下轭绝缘接口部位的密封情况。

(11) 检查各部位应无油泥、水滴和金属屑末等杂物。

注：①变压器有围屏者，可不必解除围屏，本条中由于围屏遮蔽而不能检查的项目，可不予检查。
　　②铁芯检查时，其中的 3、4、5、6、7 项无法拆开的可不测。

(12) 器身检查完毕后，必须用合格的变压器油进行冲洗，并清洗油箱底部，不得有遗留杂物。箱壁上的阀门应开闭灵活、指示正确。导向冷却的变压器尚应检查和清理进油管节头和联箱。吊芯过程中，芯子与箱壁不应碰撞。

(13) 吊芯检查后如无异常，应立即将芯子复位并注油至正常油位。吊芯、复位、注油必须在 16h 内完成。

（14）吊芯检查完成后，要对油系统密封进行全面仔细检查，不得有漏油渗油现象。

35.6.2.6 变压器交接试验

变压器的交接试验应由有资质的试验室进行。试验标准应符合规范、当地供电部门规定及产品技术资料的要求。

详见本章第 11 节及《电气装置安装工程　电气设备交接试验标准》GB 50150—2006。

35.6.2.7 变压器送电前的检查

（1）变压器试运行前应做全面检查，确认各项数据均符合试运行条件时方可投入运行。

（2）变压器试运行前，必须由质量监督部门检查合格。

（3）变压器试运行前，做好各种防护措施，并做好应急预案。

35.6.2.8 变压器送电试运行验收

1. 送电试运行

（1）变压器第一次投入时，可由高压侧投入全压冲击合闸。

（2）变压器第一次受电后，持续时间应大于 10min，无异常情况。

（3）变压器进行 3～5 次全压冲击合闸，应无异常情况，励磁涌流不应引起保护装置误动作。

（4）油浸变压器带电后，油系统不应有渗油现象。

（5）变压器试运行要注意冲击电流、空载电流、一次电压、二次电压、温度，并做好详细记录。

（6）变压器并联运行前，相位核对应正确。

（7）变压器空载运行 24h，无异常情况，方可投入负荷运行。

2. 验收

（1）变压器带电运行 24h 后无异常情况，应办理验收手续。

（2）验收时，应移交有关资料和文件。

35.6.3　箱式变电站安装

35.6.3.1 设备及材料进场验收要求

（1）查验箱式变电站合格证和随带技术文件，箱式变电站应有出厂试验记录。

（2）外观检查。箱体不应发生变形。有铭牌，箱门内侧应有主回路线路图、控制线路图、操作程序及使用说明。附件齐全、绝缘件无损伤、裂纹，箱内接线无脱落脱焊，箱体完好无损，表面涂膜应完整。箱壳应有防晒、防雨、防锈、防小动物进入等措施或装置。箱壳门应向外开，应有把手、暗闩和锁，暗闩和锁应防锈。箱体金属框架均应有良好的接地，有接地端子，并标明接地符号。

（3）安装时所选用的型钢和紧固件、导线的型号、规格应符合设计要求，其性能应符合相关技术标准的规定。紧固件应是镀锌制品标准件。

35.6.3.2 常用技术数据

（1）箱式变电所型号含义：

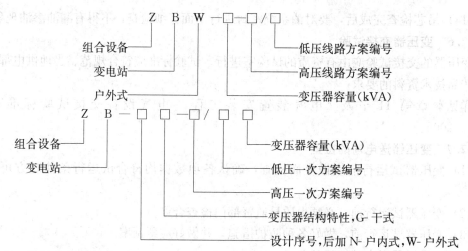

（2）按结构划分为以下几种：

1）拼装式：将高、低压成套装置及变压器装入金属箱体，高、低压配电装置间留有操作走廊。

2）组合装置型：这种型式的高、低压配电装置不使用现有的成套装置，而是将高、低压控制、保护电器设备直接装入箱内，使之成为一个整体。

3）一体型：是在简化高、低压控制、保护装置的基础上，将高、低压配电装置与变压器主体一齐装入变压器箱，使之成为一个整体。

（3）箱式变电所配备低损耗油浸变压器和环氧树脂浇筑干式变压器两种。低压配电装置侧一般不设隔离开关，回路出线不宜超过8路。中性母线截面应不小于主母线截面1/20 主母线截面在 50mm² 以下时，中性母线与主母线截面相同。

35.6.3.3　工艺流程

```
                        ┌──────────────┐
                        │  接地装置安装  │
                        └──────┬───────┘
                               │
┌────────┐  ┌────────┐  ┌────────┐  ┌────────┐  ┌──────┐  ┌──────┐  ┌──────┐
│测量定位│→│基础制安│→│箱变就位│→│安装固定│→│ 接线 │→│ 试验 │→│ 验收 │
└────────┘  └────────┘  └────────┘  └────────┘  └──────┘  └──────┘  └──────┘
```

35.6.3.4　箱式变电所安装

1. 测量定位

按设计施工图纸所标定位置及坐标方位尺寸、标高进行测量放线，确定箱式变电所安装位置及地脚螺栓的位置。箱式变电所的基础应高于室外地坪，周围排水通畅。

2. 基础型钢安装

（1）基础型钢的规格型号应符合设计要求，做好防锈处理。根据地脚螺栓位置及孔距尺寸制孔。

（2）按放线确定的位置、标高、中心轴线尺寸安好型钢架，找平、找正，用地脚螺栓连接牢固。

（3）从型钢结构基架的两端焊地线扁钢引进箱内，焊接处涂两遍防锈涂料。

（4）变压器的安装应采取抗震措施。

3. 箱式变电所就位与安装

（1）就位。就位前要确保作业场地清洁、通道畅通。吊装时，应严格按产品说明书要求的吊点吊装，确保箱体安全、平稳、准确的就位。

（2）按设计布局的顺序组合排列箱体，逐一吊装就位。调整箱体使其箱体正面垂直平顺，再将箱与箱用镀锌螺栓连接牢固，并有防松措施。

（3）接地。箱式变电所每箱单独与基础型钢连接接地，严禁进行串联。变电箱体、支架及外壳的接地用镀锌螺栓连接处应有防松装置，连接紧固可靠，紧固件齐全。

（4）箱式变电所，用地脚螺栓固定的弹垫、平垫、螺帽齐全，拧紧牢固，自由安放的应垫平放正。

（5）箱壳内的高、低压室均应装设照明灯具。

4. 接线

（1）接线的接触面应连接紧密，附件齐全，连接螺栓或压线螺丝紧固必须牢固。与母线连接时紧固螺栓时应采用力矩扳手紧固。

（2）相序排列符合设计及规范要求，排列整齐、平整、美观。按相位涂刷相色涂料。

（3）设备接线端，母线搭接或卡子、夹板处，明设地线的接线螺栓处等两侧 10～15mm 处均不得涂刷涂料。

35.6.3.5 试验及验收

1. 试验

（1）箱式变电所电气交接试验。变压器应按变压器相关规定进行试验。高低压开关及其母线等按相关规定进行试验。

（2）高压开关、熔断器等与变压器组合在同一个密闭油箱内箱式变电所，其高压电气交接试验必须按随带的技术文件执行。

（3）低压配电装置的电气交接试验：

1）对每路配电开关及保护装置核对规格、型号，必须符合设计要求。

2）测量线间和线对地间绝缘电阻值大于 0.5MΩ。当绝缘电阻值大于 10MΩ 时，用 2500V 兆欧表摇测 1min，无闪络击穿现象。当绝缘电阻值在 0.5～10MΩ 之间时，作 1000V 交流工频耐压试验，时间 1min，不击穿为合格。

2. 验收

（1）变压器带电运行 24h 后无异常情况，应办理验收手续。

（2）验收时，应移交有关资料和文件。

35.6.4 成套配电柜（盘）安装

35.6.4.1 设备及材料进场验收

（1）设备及材料的质量均应符合设计、国家现行技术标准及其他相关文件（如采购合同）的规定，并应有产品质量合格证和随带技术文件，实行生产许可证和安全认证制度的产品，有许可证编号和安全认证标志。

（2）外观检查：包装及密封应良好。开箱检查清点，型号、规格应符合设计要求，柜（盘）本体外观检查应无损伤及变形，油漆完整无损，有铭牌，柜内元器件无损坏丢失、无裂纹等缺陷。接线无脱落脱焊，充油、充气设备无泄漏，涂层完整，无明显碰撞凹陷，附件、备件齐全。装有电器的活动盘、柜门，应以裸铜软线与接地的金属构架可靠接地。

（3）柜、屏、台、箱、盘的金属框架及基础型钢必须接地（PE）或接零（PEN）可靠；装有电器的可开启门，门和框架的接地端子间应用裸编织铜线连接，且有标识。

（4）低压成套配电柜、控制柜（屏、台）和动力、照明配电箱（盘）应有可靠的电击保护。柜（屏、台、箱、盘）内保护导体应有裸露的连接外部保护导体的端子，当设计无要求时，柜（屏、台、箱、盘）内保护导体最小截面积 S_p 不应小于表 35-113 的规定。

保护导体的最小截面积　　　　　　　　表 35-113

相线的截面积 S （mm²）	相应保护导体的最小截面积 S_p （mm²）	相线的截面积 S （mm²）	相应保护导体的最小截面积 S_p （mm²）
$S \leqslant 16$ $16 < S \leqslant 35$ $35 < S \leqslant 400$	S 16 $S/2$	$400 < S \leqslant 800$ $S > 800$	200 $S/4$

注：S 指柜（屏、台、箱、盘）电源进线相线截面积，且两者（S、S_p）材质相同。

（5）基础型钢规格型号符合设计要求，并且无明显锈蚀。

（6）其他材料。涂料（面漆、相色、防锈）、焊条、绝缘胶垫、锯条等均应符合相关质量标准规定。

低压开关柜技术参数如表 35-114～表 35-120。

MNS 型低压抽出式开关柜技术参数表　　　　表 35-114

额定工作电压（V）		380，660
额定绝缘电压（V）		660
额定工作电流（A）	水平母线	630～5000
	垂直母线	800～2000
额定短时耐受电流有效值（1s）/峰值（kA）	水平母线	50～100/105～250
	垂直母线	60/130～150
外壳防护等级		IP30，IP40
外形尺寸（$W \times D \times H$）（mm）		2200×600（800，1000）×600（1000）

GGD 配电柜型技术参数表（1）　　　　　表 35-115

型　号	额定电压 （V）	额定电流 （A）		额定短路开断 电流（kA）	额定短时耐受电流 （I_S）（kA）	额定峰值耐受 电流（kA）
GGD1	380	A	1000	15	15	30
		B	600（630）			
		C	400			
GGD2	380	A	1500（1600）	30	30	63
		B	1000			
		C				
GGD3	380	A	3200	50	50	105
		B	2500			
		C	2000			

GGD 配电柜型技术参数表（2）　　　　表 35-116

项　目	数　值
额定工作电压（V）	400
额定绝缘电压（V）	690
额定冲击耐受电压（kV）	8
安装类别	Ⅲ、Ⅳ
水平母线额定电流（A）	3200
垂直母线额定电流（A）	1250
水平母线和垂直母线额定短时耐受电流（kA）	15、30、50
水平母线和垂直母线额定峰值耐受电流（kA）	30、63.105
外形尺寸（$W \times D \times H$）（mm）	600×600（800）×2200 800×600（800）×2200 1000×600（800）×2200 1200×800×2200

GCK、GCL 配电柜技术参数表　　　　表 35-117

主要电气特性		参　数
标　准	国际标准	IEC 439-1
	国家标准	GB 7251.1—2005　GB 4208—2008
	行业标准	JB/T
额定工作电压（VAC）		380
额定绝缘电压（VAC）		660
工作频率（Hz）		50/60
主母线额定工作电流（A）		3150、2500、2000、1600、1250、1000、800
主母线额定峰值耐受电流（kA）		105
主母线额定短时耐受电流（kA/1s）		50
外壳防护等级		IP30
柜体宽度（mm）		600×800×1000
柜体高度（mm）		2200
柜体深度（mm）		800～1000

MNS 配电柜技术参数表　　　　表 35-118

1	额定绝缘电压（V）	660
2	额定工作电压（V）	660
3	主母线最大工作电流	5500A（IP00） 4700A（IP30）
4	主母线短时（1s）耐受电流（kA）	100（有效值）
5	主母线短时峰值电流（kA）	250（最大值）
6	配电母线（垂直母线）最大工作电流（A）	1000A
7	配电母线（垂直母线）短时峰值电流（kA）	标准型　90（最大值） 加强型　130（最大值）

PGL 配电柜技术参数表   表 35-119

额定工作电压	AC380V	外形尺寸（mm）	高：2200
额定绝缘电压	500V		深：600
额定分断能力	PGL1：15kA PGL2：30kA （均为有效值）		宽：400、600、800、1000
辅助电路额定电压	AC220V、380V DC110V、220V		

GDL（UKK）配电柜技术参数表   表 35-120

额定频率(Hz)			50(60)
额定绝缘电压(V)			660、1000
额定工作电压(V)	主电路		400、690
	辅助电路	AC	380、220
		DC	220、110
额定工作电流(A)	水平母线		630、2500(4000)
	垂直母线		630、1600
额定短时耐受电流(1s)(kA)			65、80
额定峰值耐受电流(1s)(kA)			143、176
外壳防护等级			IP30、IP40、IP50
符合标准			GB-7251 IEC-439-1 ZBK-36001

35.6.4.2 施工工艺流程

基础测量放线→ 基础型钢制安

设备开箱验收→设备搬运→柜（盘、台）吊装就位→母带安装→二次回路检查接线→柜盘调整调试→送电验收。

35.6.4.3 柜（盘）安装

1. 基础测量放线

按施工图纸标定的坐标方位、尺寸进行测量放线，确定型钢基础安装的边界线和中心线。

2. 基础型钢制作安装

（1）基础型钢制作。将有弯的型钢先调直，再按施工图纸要求的尺寸下料，组焊基础型钢架。组焊时应注意槽钢口朝内，型钢架顶面要在一个平面上，焊接时要对称焊，避免扭曲变形，焊缝要满焊。按柜（盘）底脚固定孔的位置尺寸，在型钢架的顶面上打好安装孔，也可在组立柜（盘）时再打孔。在定孔位时，应使柜（盘）底面与型钢立面对齐，并应刷好防锈漆。

（2）基础型钢架安装。将已预制好的基础型钢架放在测量放线确定的位置的预埋铁件上，用水准仪或水平尺找平、找正，安装偏差如表 35-121。

基础型钢安装允许偏差   表 35-121

项　　目	允　许　偏　差	
	（mm/m）	（mm/全长）
不直度	1	5
水平度	1	5
不平行度	/	5

基础型钢上表面应处于同一水平面。找平过程中，用垫铁垫在型钢架与预埋件之间找平，但每组垫铁不得超过三块。然后，将基础型钢架、预埋件、垫铁用电焊焊牢。基础型钢架的顶部应高出地面 5~10mm（型钢是否需要高出地面，应根据设计及产品技术文件要求而定）。

（3）基础型钢架的接地。在型钢结构架的两端与引进室内的接地扁钢焊牢，焊接面为扁钢宽度的二倍，三面满焊，焊接处除去氧化铁，做好防腐处理。然后，将基础型钢架涂刷二道面漆。

3. 柜（盘、台）吊装就位

（1）运输。首先应确保运输通道平整畅通。根据设备重量、外形尺寸、距离长短可采用汽车、汽车吊配合运输、人力推车运输或卷扬机滚杠运输。汽车运输时，必须用麻绳将设备与车身固定牢，开车要平稳。盘、柜等在搬运和安装时应采取防震、防潮、防止框架变形和漆面受损等安全措施，必要时可将装置性设备和易损元件拆下单独包装运输。当产品有特殊要求时，尚应符合产品技术文件的规定。

（2）设备吊装。柜（盘）顶部有吊环时，吊点应为设备的吊环；无吊环时，应将吊索挂在四角的主要承重结构处（注意不得损坏箱体），不得将吊索吊在设备部件上，吊索的绳长应一致，以防柜体受力不均产生变形或损坏部件。

（3）柜（盘）安装。应按施工图纸依次将柜平稳、安全、准确就位在基础型钢架上。单独的柜（盘）只保证柜面和侧面的垂直度。成排柜（盘）就位之后，先找正两端的柜，再由距柜上下端 20cm 处绷上通线，逐台找正，以成排柜（盘）正面平顺为准。找正时采用 0.5mm 铁片进行调整，每组垫片不能超过三片，柜、屏、台、箱、盘安装垂直度允许偏差为 1.5‰，相互间接缝不应大于 2mm，成列盘面偏差不应大于 5mm。调整后及时做临时固定，根据柜的固定螺孔尺寸，用手电钻在基础型钢架上钻孔，分别用 M12 或 M16 镀锌螺栓固定。紧固时要避免局部受力过大，以免变形，受力要均匀，并应有防松措施。

（4）固定。柜（盘）就位，用水平尺或水平仪将柜找正、找平后，应将柜体与柜体、柜体与侧挡板均用镀锌螺丝连接为整体，且应有防松措施。

（5）接地。应以每台柜（盘）单独与基础型钢架连接，严禁串联连接接地。所有接地连接螺栓处应有防松装置。

4. 母带安装

（1）柜（盘）骨架上方的母带安装必须按设计施工，母带规格型号必须与设计相符，相序、间距与设计一致，绝缘达到设计及规范相关要求的规定。

（2）绝缘端子与接线端子间距合理，排列有序，安装牢固，规格与母带截面相匹配。所有连接螺栓应采用镀锌螺栓，并应有防松措施，连接牢固。

（3）母带应设有防止异物坠落其上而使母带短路的措施。

5. 二次回路检查结线

（1）按柜（盘）工作原理图及接线图逐台检查柜（盘），电器元件与设计是否相符，其额定电压和控制、操作电源电压必须一致，接线应正确，整齐美观，绝缘良好，连接牢固，且不得有中间接头。

（2）多油设备的二次接线不得采用橡皮线，应采用塑料绝缘线或其他耐油导线。

（3）接到活动门、板上的二次配线必须采用 2.5mm^2 以上的绝缘软线，并在转动轴线附近两端留出余量后卡固，结束处应有外套塑料管等加强绝缘层；与电器连接时，端部应绞紧，并应加终端附件或搪锡，不得松散、断股。

（4）在导线端部应套有号码管，号码与原理图一致，导线应顺时针方向弯成内径比端子接线螺钉外径大 0.5～1mm 的圆圈；多股导线应先拧紧、挂锡、煨圈，并卡入梅花垫，或采用压接线鼻子，禁止直接插入。

（5）控制线校线后，将每根芯线理顺直敷在线槽内，用镀锌螺丝、平垫圈、弹簧垫连接在每个端子板上，每侧一般一端子压一根线，最多不得超过两根，而且必须在两根线间应加垫圈。多股线应搪锡，严禁产生断股缺股现象。

（6）不应将导线绝缘层插入接线端子内，以免造成接触不良，也不应插入过少，以致掉落。

（7）强、弱电回路不应使用同一根电缆，并应分别成束分开排列。

35.6.4.4 调试

柜（盘）调试应符合以下规定：

（1）高压试验应由供电部门认定有资质的试验单位进行。高压试验结果必须符合国家现行技术标准的规定和柜（盘）的技术资料要求。

（2）手车、抽出式成套配电柜推拉应灵活，无卡阻碰撞现象。动触头与静触头的中心线应一致，且触头接触紧密，投入时，接地触头先于主触头接触；退出时，接地触头后于主触头脱开。

（3）高低压成套配电柜必须按规定做交接试验合格，且应符合下列规定：

1）继电保护元器件、逻辑元件、变送器和控制用计算机等单体校验合格，整组试验动作正确，整定参数符合设计要求；

2）凡经法定程序批准，进入市场投入使用的新高压电气设备和继电保护装置，按产品技术文件要求交接试验；

3）试验内容。高低压柜框架、高低压开关、母线、电压互感器、电流互感器、避雷器、电容器、高压瓷瓶等。详见本章第11节及《电气装置安装工程电气设备交接试验标准》GB 50150—2006。

35.6.4.5 送电试运行

1. 送电前准备工作

（1）设备和工作场所必须彻底清扫干净，所有电器、仪表元件清洁完成（清扫时注意不要用液体），不得有灰尘和杂物，尤其母线上和设备上不能留有工具、金属材料及其他物件，可再次对相间、相对地、相对零进行绝缘电阻测试，测试值必须符合要求。

（2）应备齐试验合格的绝缘防护用品（绝缘防护装备、胶垫，以及接地编织铜线）和应急物资（灭火器材），以及测试工具等，做好应急预案。

（3）试运行的组织工作。明确试运行指挥者、操作者和监护者。监护者必须由有经验的工程师担任。

（4）各试验项目全部合格，有试验报告单，并经监理工程师签字认可后，方可进行送电。

（5）各种保护装置（如继电保护）动作灵活可靠，控制、连锁（电气连锁、机械连锁）、信号等动作准确无误。

2. 送电规定

(1) 送电流程

送电准备完成→经供电部门检查合格→进线接通→相位测试符合→高压进线开关→高压电压检测→合变压器柜开关→合低压柜进线开关→低压电压检查→低压柜逐台送电

以上流程必须依次执行，每一步合格以后，才能进行下一步的操作。

(2) 同相校核

在开关断开状态下进行同相校核。用万用表或电压表电压档测量两路的同相，此时电压表无读数，表示两路电同相。

35.6.4.6 验收

(1) 送电运行 24h，配电柜运行正常，无异常现象，方可办理验收手续，交建设单位使用。

(2) 验收提交各种文件资料。

35.6.5 母 线 安 装

母线分为裸母线和封闭母线、插接母线。

35.6.5.1 材料进场验收

封闭母线、插接母线应符合下列规定：

(1) 查验合格证和随带安装技术文件。

(2) 外观检查：防潮密封良好，各段编号标志清晰，附件齐全，外壳不变形，母线螺栓搭接面平整、镀层覆盖完整、无起皮和麻面；插接母线上的静触头无缺损、表面光滑、镀层完整。

(3) 母线分段标志清晰齐全，绝缘电阻符合设计要求，每段大于 20MΩ。

(4) 根据母线排列图和装箱单，检查封闭插接母线、进线箱、插接开关箱及附件，其规格、数量应符合要求。

裸母线、裸导线应符合下列规定：

(1) 查验合格证；

(2) 外观检查：包装完好，裸母线平直，表面无明显划痕，测量厚度和宽度符合制造标准；裸导线表面无明显损伤，不松股、扭折和断股（线），测量线径符合制造标准。

35.6.5.2 母线常用参数

母线常用参数如表 35-122～表 35-125。

母线搭接螺栓的拧紧力矩值　　　　　　　　　表 35-122

序 号	螺栓规格	力矩值（N·m）	序 号	螺栓规格	力矩值（N·m）
1	M8	8.8～10.8	5	M16	78.5～98.1
2	M10	17.7～22.6	6	M18	98.0～127.4
3	M12	31.4～39.2	7	M20	156.9～196.2
4	M14	51.0～60.8	8	M24	274.6～343.2

母线螺栓搭接尺寸

表 35-123

搭接形式	类别	序号	连接尺寸（mm）			钻孔要求		螺栓规格
			b_1	b_2	a	ϕ（mm）	个数	
	直线连接	1	125	125	b_1或b_2	21	4	M20
		2	100	100	b_1或b_2	17	4	M16
		3	80	80	b_1或b_2	13	4	M12
		4	63	63	b_1或b_2	11	4	M10
		5	50	50	b_1或b_2	9	4	M8
		6	45	45	b_1或b_2	9	4	M8
	直线连接	7	40	40	80	13	2	M12
		8	31.5	31.5	63	11	2	M10
		9	25	25	50	9	2	M8
	垂直连接	10	125	125	—	21	4	M20
		11	125	100～80	—	17	4	M16
		12	125	63	—	13	4	M12
		13	100	100～80	—	17	4	M16
		14	80	80～63	—	13	4	M12
		15	63	63～50	—	11	4	M10
		16	50	50	—	9	4	M8
		17	45	45	—	9	4	M8
	垂直连接	18	125	50～40	—	17	2	M16
		19	100	63～40	—	17	2	M16
		20	80	63～40	—	15	2	M14
		21	63	50～40	—	13	2	M12
		22	50	45～40	—	11	2	M10
		23	63	31.5～25	—	11	2	M10
		24	50	31.5～25	—	9	2	M8
	垂直连接	25	125	31.5～25	60	11	2	M10
		26	100	31.5～25	50	9	2	M8
		27	80	31.5～25	50	9	2	M8
	垂直连接	28	40	40～31.5	—	13	1	M12
		29	40	25	—	11	1	M10
		30	31.5	31.5～25	—	11	1	M10
		31	25	22	—	9	1	M8

室内裸母线最小安全净距（mm）　　　　　表 35-124

符号	适 用 范 围	图 号	额定电压（kV）			
			0.4	1～3	6	10
A_1	1. 带电部分至接地部分之间 2. 网状和板状遮栏向上延伸线距地 2.3m 处与遮栏上方带电部分之间	图 35-115	20	75	100	125
A_2	1. 不同相的带电部分之间 2. 断路器和隔离开关的断口两侧带电部分之间	图 35-115	20	75	100	125
B_1	1. 栅状遮栏至带电部分之间 2. 交叉的不同时停电检修的无遮栏带电部分之间	图 35-115 图 35-116	800	825	850	875
B_2	网状遮栏至带电部分之间	图 35-115	100	175	200	225
C	无遮栏裸导体至地（楼）面之间	图 35-115	2300	2375	2400	2425
D	平行的不同时停电检修的无遮栏裸导体之间	图 35-115	1875	1875	1900	1925
E	通向室外的出线套管至室外通道的路面	图 35-116	3650	4000	4000	4000

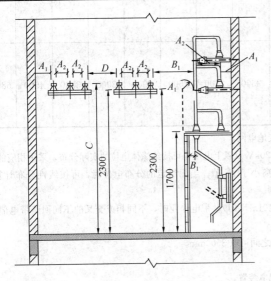

图 35-115　室内 A_1、A_2、B_1、B_2、C、D 值校验

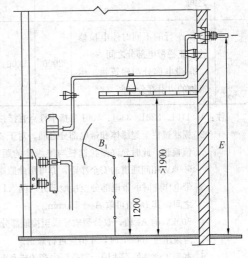

图 35-116　室内 B_1、E 值校验

室内配电装置的安全净距（mm）　　　　　表 35-125

符号	适 用 范 围	额定电压（kV）									
		0.4	1～10	15～20	35	60	110J	110	220J	330J	500J
A_1	1. 带电部分至接地部分之间 2. 网状遮栏向上延伸距地面 2.5m 处遮栏上方带电部分之间	75	200	300	400	650	900	1000	1800	2500	3800
A_2	1. 不同相的带电部分之间 2. 断路器和隔离开关的断口两侧引线带电部分之间	75	200	300	400	650	1000	1100	2000	2800	4300

续表

符号	适 用 范 围	额定电压（kV）									
		0.4	1～10	15～20	35	60	110J	110	220J	330J	500J
B_1	1. 设备运输时，其外廓至无遮栏带电部分之间 2. 交叉的不同时停电检修的无遮栏带电部分之间 3. 栅状遮栏至绝缘体和带电部分之间 4. 带电作业时的带电部分至接地部分之间	825	950	1050	1150	1400	1650	1750	2550	3250	4550
B_2	网状遮栏至带电部分之间	175	300	400	500	750	1000	1100	1900	2600	3900
C	1. 无遮栏裸导体至地面之间 2. 无遮栏裸导体至建筑物、构筑物、构筑物顶部之间	2500	2700	2800	2900	3100	3400	3500	4300	5000	7500
D	1. 平行的不同时停电检修的无遮栏带电部分之间 2. 带电部分与建筑物、构筑物的边沿部分之间	2000	2200	2300	2400	2600	2900	3000	3800	4500	5800

注：1. 110J、220J、330J、500J 系指中性点直接接地电网。

2. 栅状遮栏至绝缘体和带电部分之间，对于 220kV 及以上电压，可按绝缘体电位的实际分布，采用相应的 B 值检验，此时允许栅状遮栏与绝缘体的距离小于 B_1 值。当无给定的分布电位时，可按线性分布计算。500kV 相间通道的安全净距，亦可用此原则。

3. 带电作业时的带电部分至接地部分之间（110J～500J），带电作业时，不同相或交叉的不同回路带电部分之间，其 B_1 值可取 $A_2+750mm$。

4. 500kV 的 A_1 值，双分裂软导线至接地部分之间可取 3500mm。

5. 海拔超过 1000m 时，A 值应进行修正。

6. 本表所列各值不适用于制造厂生产的成套配电装置。

35.6.5.3 施工工艺流程

裸母线安装工艺流程如下所示：

　　　　　拉紧器制作
　　　　　　↓
测量定位→支架制作安装→绝缘子安装→母线加工→母线连接→母线安装→检查送电验收

封闭母线施工工艺流程如下所示：

设备开箱检查→支架制作安装→封闭母线安装→绝缘测试→送电

35.6.5.4 测量定位

（1）进入现场后首先依据图纸进行检查，根据母线沿墙、跨柱、沿梁、预留洞及屋架敷设的不同情况，核对是否与图纸相符。

（2）查看沿母线敷设全长方向有无障碍物，有无与建筑结构或设备管道、通风等安装部件交叉现象。

（3）检查预留孔洞、预埋铁件的尺寸、标高、方位，是否符合要求。

（4）配电柜内安装母线，测量与设备上其他部件安全距离是否符合要求。

（5）放线测量：放线测量出各段母线加工尺寸、支架尺寸，并划出支架安装距离及剔洞或固定件安装位置。

（6）检查安装支架平台是否符合安全及操作要求。

35.6.5.5 裸母线支架及拉紧装置制作安装

1. 支架制作要求

（1）材料下料一定采用机械切割，严禁气焊切割。

（2）支架焊接应满焊，焊接处焊渣清理干净，做好防腐处理。

（3）支架开孔应采用机械（台钻或手电钻）钻孔，严禁用气焊割孔，孔径不得大于固定螺栓直径 2mm。

2. 拉紧装置制作

制作时应采用机械切割和制孔，严禁电、气割开孔。钢夹板和钢连接板必须平整、接触面光滑洁净。接紧装置如图 35-117。

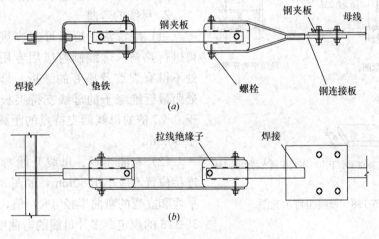

图 35-117 拉紧装置
(a) 立面；(b) 平面

3. 支架及绝缘子安装

（1）支架安装固定方式。支架可预埋在承重结构中；也可采用膨胀螺栓固定，或者用射钉法固定在混凝土结构上。母线的支架与铁件焊接连接时，焊缝应饱满；采用膨胀螺栓固定时，选用的螺栓应适配，连接牢固，并有防松措施。

（2）支架焊接处应做防腐处理，焊接处氧化物应清理彻底，涂刷防腐涂料应均匀，无漏刷，注意保护其他成品。

（3）绝缘子安装前要摇测绝缘，绝缘电阻值大于 1MΩ 为合格。检查绝缘子外观无裂纹、缺损现象，绝缘子灌注的螺栓、螺母牢固后方可使用。

（4）金具与绝缘子间的固定平整牢固，不使母线受额外应力。

（5）固定单相交流母线的金具构件及金具间或其他支持金具禁止形成闭合铁磁回路，以免产生环流，造成发热，避免引发故障或事故。

（6）绝缘子夹板、卡板的制作规格要与母线的规格相适应，绝缘子夹板，卡板的安装要牢固。

35.6.5.6   裸母线预制加工

1. 母线下料要求

（1）对弯曲不平的母线的矫直应采用母带调直器进行调直。人工作业时，先选一段表面平直、光滑、洁净的大型槽钢或工字钢，将母线放在钢面上用木制手锤进行击打平整顺直。严禁使用铁锤。如母线弯曲过大，在弯曲部位放上木板等垫板，然后敲打矫直。

（2）母线下料可用手锯或无齿砂轮切割机进行切割，严禁用电焊或气焊进行切割。

母线下料时应注意：

（1）根据母线来料长度合理切割，以免浪费。

（2）为便于日久检修拆卸，长母线应在适当的部位分段，并用螺栓连接，但接头不宜过多。

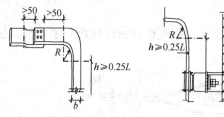

母线立弯示意图   母线平弯示意图

（3）下料时母线要留适当裕量，避免弯曲时产生误差，造成整根母线报废。

（4）下料时，母线的切断面应平整。

2. 母线的弯曲

（1）冷弯法。矩形母线应进行冷弯，不得进行热弯。母线制弯应用专用工具。弯曲处不得有裂纹及显著的皱折。母线开始弯曲处距最近绝缘子的母线支持夹板边缘不应大于 0.25 倍的母线两支持点的距离，但不得小于 50mm。

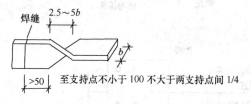

图 35-118   母线扭弯示意图

（2）弯曲半径。母线开始弯曲处距母线连接位置不应小于 50mm，如图 35-118。母线平弯和立弯的弯曲半径（R）值，不得小于表 35-126 的规定。多片母线的弯曲度应一致。

母线弯曲半径表   表 35-126

母线种类	弯曲方式	母线断面尺寸（mm）	最小弯曲半径（mm）		
			铜	铝	钢
矩形母线	平弯	50×5	$2h$	$2h$	$2h$
		125×10	$2h$	$2.5h$	$2h$
	立弯	50×5	$1b$	$1.5b$	$0.5b$
		125×10	$1.5b$	$2b$	$1b$
棒形母线		直径为 16 及其以下	50	70	50
		直径为 30 及其以下	150	150	150

（3）扭弯。母线扭转部分的长度不得小于母线宽度的 2.5～5 倍。

35.6.5.7   裸母线连接

硬母线的连接应采用焊接、贯穿螺栓连接或夹板及夹持螺栓搭接；管形和棒形母线应用专用线夹连接，严禁用内螺纹管接头或锡焊连接。

（1）母线与母线或母线与电器接线端子的螺栓搭接面的安装，应符合下列要求：

1）母线接触面加工后必须保持清洁，并涂以电力复合脂。

2）铜与铜：室外、高温且潮湿的室内，搭接面搪锡；干燥的室内，不搪锡。

3）铝与铝：搭接面不做涂层处理。

4）钢与钢：搭接面搪锡或镀锌。

5）铜与铝：在干燥的室内，铜导体搭接面搪锡；在潮湿场所，铜导体搭接面搪锡，且采用铜铝过渡板与铝导体连接。

6）钢与铜或铝：钢搭接面应采用热镀锌，铜搭接面必须搪锡。

7）母线钻孔尺寸及螺栓规格应符合相关规定。

8）母线平置时，贯穿螺栓应由下往上穿，其余螺母应置于维护侧，螺栓长度宜露出螺母2～3扣。

9）贯穿螺栓连接的母线两外侧均应有平垫圈，相邻螺栓垫圈间应有3mm以上的净距，螺母侧应装有弹簧垫圈或锁紧螺母。

10）螺栓受力应均匀，不应使电器的接线端子受到额外应力。

11）母线的接触面应连接紧密，连接螺栓应用力矩扳手紧固，其紧固力矩值应符合表35-122相关规定。

12）母线采用螺栓固定搭接时，上片母线端头与下片母线平弯开始处的距离不应小于50mm。

（2）焊接连接。焊缝距离弯曲点或支持绝缘子边缘不得小于100mm，同一相如有多片母线组成，其焊缝应相互错开不得小于50mm。

母线焊接技术要求。硬母线在正式焊接前，应首先进行焊接工艺试验，确认焊接接头性能符合相关要求。气孔、夹渣、裂纹、未熔合、未焊透缺陷会严重影响接头的强度和电阻值，故不允许存在。焊接前应用钢丝刷将母线坡口两侧表面各50mm范围内清刷干净，不得有氧化膜、水分和油污；坡口加工面应无毛刺和飞边，方可施焊。将母线用耐火砖等垫平对齐，对口应平直，其弯折偏移不应大于0.2%，中心线偏移不应大于0.5mm，防止错口。焊缝应凸起呈弧形，上部应有2～4mm加强高度，角焊缝加强高度为4mm。焊缝不得有裂纹、夹渣、未焊透及咬肉等缺陷，焊后应趁热用足够的清水清洗掉焊药。矩形母线对口焊接焊口尺寸如表35-127。焊接质量可采用X光探伤、液体渗透检测等方法检查。铝及铝合金焊接接头抗拉强度一般不应低于原材料抗接强度标准值的下限。

矩形母线对口焊接焊口尺寸（mm）　　　　　　　　表35-127

焊口形式	母线厚度 a	间隙 c	钝边厚度 b	坡口角度 σ（°）
	<5	<2		
	5	1～2	1.5	65～75
	6.3～12.5	2～4	1.5～2	65～75

（3）母线与螺杆形接线端子连接时，母线的孔径不应大于螺杆形接线端子直径 1mm。丝扣的氧化膜必须刷净，螺母接触面必须平整，螺母与母线间应加铜质搪锡平垫圈，并应有锁紧螺母，但不得加弹簧垫。

35.6.5.8 裸母线安装

裸母线安装，应按以下规定执行：

（1）由变压器引至高低压配电柜的母线必须在变压器、高低压成套柜、穿墙套管及支持绝缘子等全部安装就位，经检查合格后才能安装。

（2）母线安装。室内裸母线的最小安全距离应符合表 35-124 相关规定要求。母线支持点的间距，对低压母线不得大于 900mm，对高压母线不得大于 1200mm。母线支持点的误差，水平段，二支持点高度误差不大于 3mm，全长不大于 10mm，垂直段，二支持点垂直误差不大于 2mm，全长不大于 5mm。母线间距，平行部分间距应均匀一致，误差不大于 5mm。

（3）母线搭接连接，螺栓受力应均匀，不应使电器的接线端子受到额外应力。钢制螺栓应用力矩扳手拧紧。紧固拧紧力矩值，符合表 35-122 要求。

（4）除固定点外，当母线平置时，母线支持夹板的上部压板与母线间有 1～1.5mm 的间隙；当母线立置时，上部压板与母线间有 1.5～2mm 的间隙。

（5）母线的固定点，每段设置 1 个，设置于全长或两母线伸缩节的中点。

（6）母线过墙时采用穿墙隔板如图 35-119。

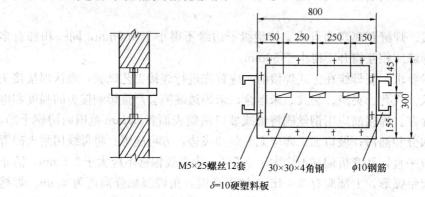

图 35-119 母线过墙隔板做法

母线采用螺栓搭接时，连接处距绝缘子的支持夹板边缘不小于 50mm。

（7）母线的相序排列必须符合设计要求，如设计无要求按表 35-128 排列。安装应平整、整齐、美观。

母线的相位排列顺序   表 35-128

母线的相位排列	三线时	四线时
水平（由盘后向盘面）	A—B—C	A—B—C—0
垂直（由上向下）	A—B—C	A—B—C—0
引下线（由左至右）	A—B—C	A—B—C—0

（8）母线安装完后按表 35-129 给母线涂色。

母线的涂色要求　　　　　　　　　　　　　　　　　　　表 35-129

母线相位	涂　色	母线相位	涂　色
A 相 B 相 C 相	黄 绿 红	中性（不接地） 中性（接地） 正极 负极	紫色 紫色带黑色条纹 赭色 蓝色

注：在连接处或支持件边缘两侧 10mm 以内不涂色。

35.6.5.9　封闭母线支吊架制作安装

若供应商未提供配套支架或配套支架不适合现场安装时，应根据设计和产品文件规定进行支架制作。具体要求如下：

（1）根据施工现场的结构类型，支吊架应采用角钢、槽钢或圆钢制作，可采用"一"、"L"、"T"、"⌣"等形式。

（2）支架应用切割机下料，加工尺寸最大误差为 5mm。用台钻、手电钻钻孔，严禁用气割开孔，孔径不得超过螺栓直径 2mm。

（3）吊杆螺纹应用套丝机或套丝扳加工，不得有断丝。

（4）支架及吊架制作完毕，应除去焊渣，并刷防锈漆和面漆。

支架安装：

（1）支架和吊架安装时必须拉线或吊线锤，以保证成排支架或吊架的横平竖直，并按规定间距设置支架和吊架。

（2）母线的拐弯处以及与配电箱，柜连接处必须安装支架，直线段支架间距不应大于 2m，支架和吊架必须安装牢固。

（3）母线垂直敷设支架：在每层楼板上，每条母线应安装 2 个槽钢支架，一端埋入墙内，另一端用膨胀螺栓固定于楼板上。当上下二层槽钢支架超过 2m 时，在墙上安装"一"字形角钢支架，角钢支架用膨胀螺栓固定于墙上。

（4）母线水平敷设支架：可采用"⌣"形吊架或"L"形支架，用膨胀螺栓固定在顶板上或墙板上。封闭母线在拐弯处应设支吊架，在楼板上的支架应用弹簧支架，弹簧数量必须符合产品技术要求。

（5）膨胀螺栓固定支架不少于两个螺栓。一个吊架应用两根吊杆，固定牢固，丝扣外露 2～4 扣，膨胀螺栓应加平垫和弹簧垫，吊架应用双螺母夹紧。

（6）支架及支架与埋件焊接处刷防腐漆应均匀，无漏刷，不污染建筑物。

35.6.5.10　封闭插接母线安装

封闭母线安装应按以下规定执行：

（1）封闭、插接式母线组对接续之前，应进行绝缘电阻测试，绝缘电阻值应大于 20MΩ，合格后，方可进行组对安装。

（2）按照母线排列图，将各节母线、插接开关箱、进线箱运至各安装地点。

（3）按母线排列图，从起始端（或电气竖井入口处）开始向上，向前安装。

（4）母线槽在插接母线组装中要根据其部位进行选择：L 形水平弯头应用于平卧、水平安装的转弯，也应用于垂直安装与侧卧水平安装的过渡；L 形垂直弯头应用于侧卧安装的转弯，也应用于垂直安装与平卧安装之间的过渡；T形垂直弯头应用于侧卧安装的转弯，也应用于垂直安装与平卧安装之间的过渡；Z形水平弯头应用于母线平卧安装的转弯。Z形垂直弯头应用于母线侧卧安装的转弯，变压器母线槽应用于大容量母线槽向小容量母线槽的过渡。

（5）母线垂直安装：

1）在穿越楼板预留洞处先测量好位置，用螺栓将两根角钢支架与母线连接好，再用供应商配套的螺栓套上防震弹簧、垫片，拧紧螺母固定在槽钢支架上（弹簧支架组数由供应商根据母线型式和容量规定）。

2）用水平压板以及螺栓、螺母、平垫片、弹簧垫圈将母线固定在"一"字形角钢支架上。然后逐节向上安装，要保证母线的垂直度（应用磁力线锤挂垂线），在终端处加盖板，用螺栓紧固。

（6）母线槽水平安装：

1）水平平卧安装用水平压板及螺栓、螺母、平垫片、弹簧垫圈将母线（平卧）固定于"⌣"形角钢吊支架上。

2）水平侧卧安装用侧装压板及螺栓、螺母、平垫片、弹簧垫圈将母线（侧卧）固定于"⌣"形角钢支架上。水平安装母线时要保证母线的水平度，在终端加终端盖并用螺栓紧固。

（7）母线的连接：

1）当段与段连接时，母线接触面保持清洁，涂电力复合脂，螺栓孔周边无毛刺。两相邻段母线及外壳对准，母线与外壳同心，允许偏差为±5mm，连接后不使母线及外壳受额外应力。连接时将母线的小头插入另一节母线的大头中去，在母线间及母线外侧垫上配套的绝缘板，再穿上绝缘螺栓加平垫片。弹簧垫圈，然后拧上螺母，用力矩扳手紧固。最后固定好上下盖板。

2）母线连接用绝缘螺栓连接。外壳与底座间、外壳各连接部位和母线的连接螺栓应按产品技术文件要求选择正确，连接紧固。

3）母线槽连接好后，外壳间应有跨接线，两端应设置可靠保护接地。将进线母线槽、分线开关线外壳上的接地螺栓与母线槽外壳之间用16mm² 软铜线连接好。

4）母线应按设计规定安装伸缩节。设计没规定时，铝母线宜每隔20～30m 设1个，铜母线宜每隔30～50m 设1个。母线穿过变形缝应采取相应的技术措施，确保变形缝的变形不损伤母线。

5）插接箱安装必须固定可靠，垂直安装时，标高应以插接箱底口为准。

35.6.5.11　接地

绝缘子的底座、套管的法兰、保护网（罩）、封闭、插接式母线的外壳及母线支架等可接近裸露导体应接地（PE）或接零（PEN）可靠，其接地电阻值应符合设计要求和规范的规定。不应作为接地（PE）或接零（PEN）的接续导体。

35.6.5.12　防火封堵

封闭母线在穿防火分区时必须对母线与建筑物之间的缝隙做防火处理，用防火堵料将母线与建筑物间的缝隙填满，防火堵料厚度不低于结构厚度，防火堵料必须符合设计及国家有关规定。防火封堵如图35-120。

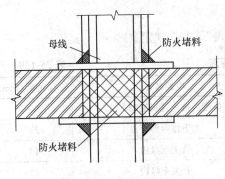

图 35-120 封闭母线防火封堵

35.6.5.13 试运行验收

（1）母线安装完后，要全面进行检查，清理工作现场的工具、杂物，并与有关单位人员协商好，请无关人员离开现场。

（2）母线进行绝缘电阻测试和交流工频耐压试验合格后，才能通电。

（3）封闭插接母线的接头必须连接紧密，相序正确，外壳接地良好。

（4）送电程序为先高压、后低压；先干线，后支线；先隔离开关、后负荷开关。停电时与上述顺序相反。

车间母线送电前应先挂好有电标志牌，并通知有关单位及人员，送电后应有指示灯。

（5）试运行。送电空载运行 24h，无异常现象为合格，方可办理验收手续。

（6）提交各种验收资料。

35.6.6 配电箱（盘）安装

35.6.6.1 配电箱（盘）进场验收要求

（1）配电箱（盘）体应有一定的机械强度，周边平整无损伤，油漆无脱落。材质应选择阻燃性材料。产品合格证和随带技术文件齐全，实行生产许可证和安全认证制度的产品，应有许可证编号和安全认证标志。其箱体应满足以下要求：

1）配电箱（盘）的选型配置必须符合设计及规范要求。

2）铁制配电箱（盘）：均需先刷一遍防锈漆，再刷面漆二道。预埋的各种铁件均应刷防锈漆，并做好明显可靠的接地。导线引出面板时，面板线孔应光滑无毛刺，金属面板应装设绝缘保护套。二层底板厚度不小于 1.5mm，箱内各种器具应安装牢固，导线排列整齐，压接牢固。

3）紧固件、配件和金具均应采用镀锌制品。

（2）箱、盘间配线：电流回路应采用额定电压不低于 750V、芯线截面积不小于 2.5mm² 的铜芯绝缘电线或电缆；除电子元件回路或类似回路外，其他回路的电线应采用额定电压不低于 750V、芯线截面不小于 1.5mm² 的铜芯绝缘电线或电缆。箱内绝缘导线的规格型号必须符合设计及规范要求。箱、盘间线路的线间和线对地间绝缘电阻值，馈电线路必须大于 0.5MΩ；二次回路必须大于 1MΩ。二次回路连线应成束绑扎，不同电压等级、交流、直流线路及计算机控制线路应分别绑扎，且有标识。箱、盘间二次回路交流工频耐压试验，当绝缘电阻值大于 10MΩ 时，用 2500V 兆欧表摇测 1min，应无闪络击穿现象；当绝缘电阻值在 1～10MΩ 时，做 1000V 交流工频耐压试验，时间 1min，应无闪络击穿现象。

（3）配电箱的配件齐全，箱中配专用保护接地端子排的应与箱体连通形成电气通路。工作零线设在明显处，工作零线的端子排应固定在绝缘子上，端子排交流耐压不低于 2500V。端子排应为铜制，用以紧固端子排的螺栓应不小于 M5。

（4）配电箱内的母线应套绝缘管，绝缘管宜用黄（L1）、绿（L2）、红（L3）、黑

（N）等颜色区分。

（5）箱内电器元件之间的安全距离，其净距见表 35-130 规定。

配电箱元件安全距离　　　　　　　　　　表 35-130

电器名称	最小净距（mm）	电器名称	最小净距（mm）
并列电度表	60	电度表接线管头至表下沿	60
并列开关或单极保险	30	上下排电器管头	25
进出线管头至开关上下沿 10～15A	30	管头至盘边	40
20～30A	50	开关至盘边	40
60A	80	电度表至盘边	60

（6）照明箱（盘）内，分别设置零线（N）和保护地线（PE 线）汇流排，零线和保护地线经汇流排配出。配电箱（盘）带有器具的铁制盘面和装有器具的门及电器的金属外壳均应有明显可靠的 PE 保护地线。

35.6.6.2　施工工艺流程

配电箱安装工艺流程如下所示：

配电箱（盘）进场验收→弹线定位→配电箱加工┬→明装配电箱安装┐→箱（盘）
　　　　　　　　　　　　　　　　　　　　　　└→暗装配电箱安装┘

固定→配电箱接线→绝缘摇测→验收

35.6.6.3　配电箱（盘）安装

1. 弹线定位

根据设计要求找出配电箱（盘）位置，并按照箱（盘）的外形尺寸进行弹线定位；配电箱应安装在易于操作维护的位置。

2. 配电箱（盘）的加工

盘面可采用厚塑料板、钢板。

盘面的组装配线如下：

（1）实物排列：将盘面板放平，再将全部电器元件、仪表置于其上，进行实物排列。对照设计图及电具、仪表的规格和数量，选择最佳位置使之符合间距要求，并保证操作维修方便及外形美观。

（2）加工：位置确定后，用方尺找正，画出水平线，分均孔距。然后撤去电器元件、仪表，进行钻孔（孔径应与绝缘嘴吻合）。钻孔后除锈，刷防锈漆及灰油漆。

（3）固定电器元件：油漆干后装上绝缘嘴，并将全部元器件固定在配电箱上，安装牢固。

（4）电盘配线：要求导线应排列整齐，绑扎成束。压头时，将导线留出适当余量，削出线芯，逐个压牢。但是多股线需用压线端子。如立式盘，开孔后应首先固定盘面板，然后再进行配线。

3. 配电箱（盘）安装

（1）铁架固定配电箱（盘）

将角钢调直，量好尺寸，锯断煨弯，钻孔位，焊接。煨弯时用方尺找正，将对口缝满焊牢固，并将埋注端做成燕尾，再除锈刷防锈漆。然后按照标高用水泥砂浆将铁架燕尾端埋注牢固，埋入时要注意铁架的平直程度和孔间距离，应用线坠和水平尺测量准确后再稳住铁架。待水泥砂浆凝固达到一定强度后方可进行配电箱（盘）的安装。

（2）金属膨胀螺栓固定配电箱（盘）

采用金属膨胀螺栓可在混凝土墙或砖墙上固定配电箱（盘）。先弹线定位，找出准确的固定点位置，用电钻或冲击钻在固定点位置钻孔，其孔径应与金属膨胀螺栓的胀管相配套，且孔洞应平直不得歪斜。

4. 配电箱（盘）的固定

（1）在混凝土墙或砖墙上固定明装配电箱（盘）时，采用暗配管及暗分线盒和明配管两种方式。如有分线盒，先将盒内杂物清理干净，然后将导线理顺，分清支路和相序，按支路绑扎成束。待箱（盘）找准位置后，将导线端头引至箱内或盘上，逐个剥削导线端头，再逐个压接在器具上，同时将 PE 保护地线压在明显的地方，并将箱（盘）调整平直后进行固定，其垂直偏差不应大于 3mm。在电具、仪表较多的盘面板安装完毕后，应先用仪表校对有无差错，调整无误后试送电，并将卡片框内的卡片填写好部位、编上号。

（2）在木结构或轻钢龙骨护板墙上进行固定配电箱（盘）时，应采用加固措施。如配管在护板墙内暗敷设，并有暗接线盒时，要求盒口应与墙面平齐，在木制护板墙处应做防火处理，可涂防火漆或加防火材料衬里进行防护。除以上要求外，有关固定方法同上所述。

（3）暗装配电箱的固定：箱体与建筑物、构筑物接触部位应涂防腐涂料，根据预留孔洞尺寸先将箱体找好标高及水平尺寸，并将箱体固定好，然后用水泥砂浆填实周边并抹平齐，待水泥砂浆凝固后再安装盘面。如箱底与外墙平齐时，应在外墙固定金属网后再做墙面抹灰。不得在箱底板上抹灰。安装盘面要求平整，周边间隙均匀对称，箱面平正，不歪斜，螺丝垂直受力均匀。

5. 配电箱导线与器具的连接

（1）配电箱导线与器具的连接，箱（盘）内配线整齐，无绞接现象。导线连接紧密，不伤芯线，不断股。垫圈下螺丝两侧压的导线截面积相同，同一端子上导线连接不多于 2根，防松垫圈等零件齐全；回路编号齐全，标识正确。

（2）接线桩头针孔直径较大时，将导线的芯线折成双股或在针孔内垫铜皮，如果是多股芯线上缠绕一层导线，以增大芯线直径使芯线与针孔直径相适应。导线与针孔或与接线桩头连接时，应拧紧接线桩上螺钉，顶压平稳牢固且不伤芯线。

35.6.6.4 绝缘测试

配电箱（盘）全部电器安装完毕后，用 500V 兆欧表对线路进行绝缘摇测。摇测项目包括相线与相线之间，相线与中性线之间，相线与保护地线之间，中性线与保护地线之间。两人进行摇测，同时做好记录，作为技术资料存档。

35.6.6.5 验收

（1）箱（盘）内配线整齐，无绞接现象。导线连接紧密，不伤芯线，不断股。垫圈下螺丝两侧不应压不同截面导线，同一端子上导线连接不应超过两根，防松垫圈等配件齐全；

（2）箱（盘）内开关动作应灵活可靠，带有漏电保护的回路，漏电保护装置动作电流和动作时间应分别不大于 30mA 和 0.1s；

（3）位置正确，部件齐全、箱体开孔与线管管径相适配，暗式配电箱箱盖紧贴墙面，箱（盘）涂层完整；

（4）箱（盘）内接线整齐，回路编号齐全，标识正确；

（5）照明配电箱（盘）不应采用可燃材料制作；

（6）箱（盘）应安装牢固，垂直度允许偏差为 1.5‰，底边距地面为 1.5m，照明配电板底边距地面不小于 1.8m；

（7）照明箱（盘）内，分别设置零线（N）和保护地线（PE线）汇流排，零线和保护地线经汇流排配出；

（8）箱、盘的金属框架及基础型钢必须接地（PE）或接零（PEN）可靠；装有电器的可开启门，门和框架的接地端子间应用裸编织铜线连接，且有标识。

35.6.7 漏电火灾监控报警系统安装

漏电火灾报警系统是基于防火漏电报警器（即现场监控设备）的报警、监视、控制、管理的运行于计算机的工业级软件/硬件系统，可以对配电主回路和用电设备的漏电、过电流、短路、过电压等状况进行实时监控和管理，减少这些故障所带来的危害，防止电气火灾的发生。

35.6.7.1 设备及材料进场验收要求

监控设备、探测器应符合下述要求：

（1）表面无腐蚀、涂覆层脱落和起泡现象，无明显划伤、裂痕、毛刺等机械损伤。

（2）紧固部位无松动。

（3）备件应齐全，其型号、规格必须符合设计要求，并应有产品质量合格证及随带技术文件。

（4）导线符合设计及规范要求。

35.6.7.2 工艺流程

工艺流程如下所示：

探测器安装→监探设备安装→接线→调试

35.6.7.3 设备安装

在主干线接线前，将单根电线穿入电流互感器内，将电缆、电线（相线和零线）穿入零序电流互感器内。将互感器固定好，注意应使电缆电线从互感器中心穿过，并与互感器垂直。将现场控制器安装在配电箱的背板或箱壁上或单独的箱体内，要求安装牢固，不得倾斜。用导线将互感器与现场控制器按设计要求进行连接。将通信线按设计要求敷好，连接至集中控制主机，接好线。为每个现场控制器设置 ID、参数等。

35.6.7.4 试验与检查

1. 调试准备

（1）确认现场监控探测器安装紧固，位置合适。

（2）确认电力线穿过现场探测器（电流互感器穿一根相线，漏电互感器穿 A、B、C、N 四根线），并且方向正确。

（3）确认探测器与监控器之间信号号的连接正确、紧固。

（4）确认有 AC220V 电源可正常供给监控探测器工作。

（5）确认总线绝缘良好，连接正确（区分极性）、紧固。

(6) 确认监控设备安装紧固，连线正确。

2. 调试步骤

(1) 检查总线，确认无断路和短路现象。

方法：

1) 总线一端开路，用万用表检查线路中无短路现象。

2) 总线一端闭路，用万用表检查线路中无断路现象。

3) 在每一条总线的分支处，重复 1)、2) 步骤，确认所有的总线均无断路和短路现象。

(2) 对每个互感器进行试验。

(3) 分别给每个监控探测器通电，使其正常工作。

正常工作的标志为：启动时各个指示灯亮一次，5s 后通信指示灯常亮，其他指示灯常亮或常灭，故障指示灯不能常亮，如故障指示灯常亮，则需重新上电启动。

启动监控设备，按以下步骤调试。

1) 界面应正常显示，如没有，则监控设备需要更换。

2) 在节点显示页面上应显示各个监控点的 ID 地址，如没有，先检查总线连接是否正确，再调节总线调节电位器（一边调，一边观察是否有 ID 上线），调节到所有的监控点 ID 均一次上线为止（不能是一个一个的上线）。

3) 进入功能界面，各个监控点的属性均能正常显示。

4) 为每个监控点人为制造一个报警，监控设备均能正常反应。

35.6.7.5 试运行与验收

(1) 正常运行 24h 后，应办理验收手续，移交甲方验收。

(2) 验收时应移交各种技术资料。

35.7 应急备用电源安装

建筑物的用电负荷可分为以下三类：

第一类为保安型负荷，即保证大楼内人身及设备安全和可靠运行的负荷，如消防水泵、消防电梯、防排烟设备、应急照明、通信设备、重要的计算机及相关设备等；

第二类为保障型负荷，即保障大楼运行的基本设备负荷，主要是工作区照明、部分电梯、通道照明；

第三类为一般负荷，即除了上述负荷以外的其他负荷，如空调、水泵及其他一般照明、动力设备。

在以上三类负荷中，第一类负荷必须保证用电，所以必须设置应急备用电源。

应急备用电源系统包括柴油发电机组系统和 EPS/UPS 系统，高层建筑中的应急备用电源，常采用柴油发电机组；应急照明负载及设备/动力负载，常采用 EPS 应急电源系统；计算机类负载（重要弱电机房），常采用 UPS 不间断电源系统。

35.7.1 柴油发电机组安装

35.7.1.1 一般规定

(1) 柴油发电机组安装时施工现场要满足一定的作业条件。安装前，机房内土建及粉刷工作应完成，照明设施施工完成，与相关单位办理交接手续后方可进行施工。

（2）柴油发电机组及元器件的型号、规格及性能、工作精度，必须符合设计要求和国家现行技术标准的规定。

（3）柴油发电机组应符合下列规定：

1）依据装箱单，核对主机、附件、专用工具、备品备件和随带技术文件，检查合格证和出厂试运行记录，发电机及其控制柜有出厂试验记录；

2）外观检查：有铭牌，机身无缺件，涂层完整。

（4）柴油发电机组安装应按以下程序进行：

1）基础验收合格，才能安装机组；

2）地脚螺栓固定的机组经初平、螺栓孔灌浆、精平、紧固地脚螺栓、二次灌浆等机械安装程序；安放式的机组将底部垫平、垫实；

3）油、气、水冷、风冷、烟气排放等系统和隔振防噪声设施安装完成；按设计要求配置的消防器材齐全到位；发电机静态试验、随机配电盘控制柜接线检查合格，才能空载试运行；

4）发电机空载试运行和试验调整合格，才能负荷试运行；

5）在规定时间内，连续无故障负荷试运行合格，才能投入备用状态。

（5）发电机组至低压配电柜馈电线路的相间，相对地间的绝缘电阻值应大于 0.5MΩ；塑料绝缘电缆馈电线路直流耐压试验为 2.4kV，时间 15min，泄漏电流稳定，无击穿现象。

（6）柴油发电机馈电线路连接后，两端的相序必须与原供电系统的相序一致。

（7）发电机中性线（工作零线）应与接地干线直接连接，螺栓防松零件齐全，且有标识。

（8）柴油发电机组空载试运行前，油、气、水冷、风冷、烟气排放等系统和隔振防噪声设施应安装完成，按设计要求配置的消防器材齐全到位，发电机静态试验完成，随机配电盘控制柜接线应检查合格。

35.7.1.2　柴油发电机组安装

1. 工艺流程

施工准备→基础验收→主机安装→排气、燃油、冷却系统安装→电气设备安装→地线安装→机组接线→机组调试→试运行验收

2. 主要施工方法及技术要求

（1）施工准备

1）技术准备

施工必须按施工图和已批准的施工组织设计及施工方案进行，明确施工工艺、操作方法、质量标准、防护安全技术措施等。

2）材料、设备准备

①柴油发电机规格、型号应符合设计要求。

②各种规格的型钢应符合设计要求，型钢无明显的锈蚀；并有材质证明。

③除发电机稳装用螺栓外，均应采用镀锌螺栓，并配相应的镀锌螺母平垫圈、弹簧垫。

④绝缘带、电焊条、防锈漆、调和漆、润滑脂等均应有产品合格证。

3）主要施工机具准备

①手动工具：电工工具、台虎钳、油压钳、板锉、榔头、圆钢套丝板、真空泵、千斤顶；

②电动工具：电焊机、卷扬机、台钻、砂轮机、手电钻、电锤；

③测量器具：水平尺、条式水平仪、水准仪、转速表、相序表、兆欧表、万用表、钳形电流表、试电笔、电子点温计、核相仪；

④其他工具：联轴节顶器、龙门架、汽车吊、液压叉车、捯链、钢丝绳等。

4）作业条件

①机房土建施工完毕，结构、预埋件及焊接强度符合设计要求，柴油发电机房的房门应满足机组运输与就位要求，作业现场的通道必须满足机组的运输与起吊就位。

②发电机安装场地应清理干净、道路畅通，门窗及玻璃安装完毕。

③发电机的基础、地脚螺栓孔、沟道、基础的强度、标高、中心线、几何尺寸，必须符合设计要求。

④供电线出入孔（预埋套管）、排气管预留孔（套管）的标高、几何尺寸等，必须符合设计要求。

5）技术准备

①柴油发电机施工图纸和技术资料齐全。

②施工方案编制完毕并经审批。

③施工前应组织施工人员熟悉图纸、方案，并进行安全技术交底。

（2）设备基础交接验收

柴油发电机、油罐、散热器混凝土基础标高、几何尺寸、强度等级必须符合设计要求，设备安装前，应对设备基础进行验收，验收遵循以下原则：

1）基础强度达到设计强度的 70% 以上；

2）基础标高符合设计图纸要求；

3）基础中心线定位尺寸符合设计要求；

4）预留螺栓孔（或预埋铁件）中心线定位尺寸符合设计要求；

5）所有标高线及中心线已做出标记；

6）设备基础表面平整度符合设计及设备安装手册要求；

7）对交接手续做出"工序交接验收记录"；

8）设备基础偏差表见表 35-131 的规定。

设备基础各部分的偏差（mm）　　　　　　　　表 35-131

序　号	项　目　名　称	偏　差
1	基础外形尺寸	±30
2	基础坐标位置（纵、横向中心线）	±20
3	基础上平面标高	0
4	中心线间的距离	1
5	基准点标高对零点标高	±3

续表

序　号	项　目　名　称		偏　差
6	地脚孔	相互中心位置	±10
		深度	+20
		垂直度	5/1000
7	预埋钢板	标高	+10
		中心标高	±5
		水平度	1/1000
		平行度	10/1000

（3）设备开箱检查

1）机组的搬运与存放

①机组及其他电气设备都有包装箱，搬运时注意将起吊的钢索结扎在机器的适当部位，轻吊轻放。

②机组运至目的地后，需存放在库房内。露天存放时，应将箱体垫高，防止雨水侵蚀，加盖防雨篷布。

2）开箱检查

①设备开箱检查由建设单位、监理工程师、施工单位和设备生产厂家共同进行，并做好检查记录。

②开箱之前将箱上的灰尘泥土扫除干净，并查看箱体有无损伤，核实箱号及数量。

③开箱时要注意切勿碰伤机件。

④按设备技术资料文件及装箱清单、施工图纸核对柴油发电机及附件、备件及专用工具是否齐全，并认真填写"设备开箱检查记录"。

a. 检查随机文件，如装箱清单、出厂合格证明书、安装说明书、安装图等。

b. 核实设备及附件的名称、规格、数量。并核实设备的方位、规格、各接口位置是否与图纸相符。

c. 进行外观质量检查，不得有破损、变形、锈蚀等缺陷。

d. 随机的专用工具是否齐全，设备开箱检验后，做好开箱检验记录，检验中发现的问题，与厂家协商解决。

e. 柴油发电机及其辅助设备的铭牌齐全，外观检查无损伤及变形。

f. 柴油发电机的容量、规格、型号必须符合设计要求，并具有出厂合格证和出厂技术文件。

⑤暂时不能安装的设备和零部件要放入临时库房并建档挂牌，零部件的表面要涂防锈剂和采取防潮措施。随机的电气仪表元件要放置在防潮防尘的库房内。

⑥机组在开箱后要注意保管，法兰及各种接口必须封盖、包扎，防止雨水及灰沙侵入。

（4）发电机设备就位、安装、固定、找平找正

1）划线定位

按照平面布置图所标注的各机组与墙或柱中心之间，机组与机组之间的关系尺寸，划

定机组安装地点的纵、横基准线。机组中心与墙、柱的允许偏差为 20mm，机组与机组之间的允许偏差为 10mm。

2）测量地基和机组的纵横中心线

在发电机组就位前，应依据事先设计好的图纸"放线"，找出地基和机组的纵、横中心线及减振器的定位线。对基础的施工质量和防振措施进行检查，保证满足设计要求。

3）吊装机组

①在机组安装前必须对现场进行详细的考察，并根据现场实际情况编制详细的运输、吊装及安装方案。

②根据机组安装位置、机组重量选用适当的起重设备和索具，将设备吊装就位，机组运输、吊装须由起重工操作，电工配合进行。

③吊装时要使用有足够强度的钢丝绳索套在机组的起吊部位，按机组吊装和安装的技术规程将机组吊起，对准基础中心线和机组的减振器，将机组吊放到规定的位置并垫平。

4）安装固定，找平找正

发电机就位后，进行机组固定，按照设备制造商技术要求，设备采用地脚螺栓固定。

①地脚螺栓预留孔按设计要求施工，发电机与基础中心线对正，然后将地脚螺栓置于孔内并与设备做无负荷连接，地脚螺栓上端露出螺母 2～3 丝，下端离孔底不小于 15mm。

②灌浆时必须保证地脚螺栓垂直，在操作中要把适量的浆料灌入孔中，多次灌捣，严禁一次性满料灌捣。

③待灌浆料强度达到 70% 以上后，才能进行设备精平，并进行基础抹面。

④机组找平：利用垫铁将机组调至水平。检查机组是否垫平的方法是：把发动机的汽缸盖打开，将水平仪放在汽缸上部端面（即加工基准面）上进行检查。也可以在柴油飞轮基准面或曲轴伸出端利用水平仪进行检查。其安装精度是纵向和横向水平偏差每米不超过 0.1mm。垫铁和机座底之间不能有间隔，以使其受力均匀。

⑤发电机设备基础图及安装效果图见图 35-121。

（5）电气系统安装

1）高、低压柜、控制盘安装

①发电机控制箱（屏）是发电机的配套设备，主要是控制发电机送电及调压。根据现场实际情况，小容量发电机的控制箱直接安装在机组上，大容量的发电机的控制屏则固定在机房的地面基础上，或安装在与机组隔离的控制室内，具体安装方法详见高、低压柜、控制箱（屏）安装相关章节内容。

②对于 500kW 以下的柴油发电机组，随机组配有配套的控制箱（屏）和励磁箱，对于 500kW 以上的机组，订货时可向机组生产商提出控制屏的订货要求。

2）桥架、线槽安装

详见桥架、现场编制相关章节内容。

3）电缆敷设、电缆头制作安装

详见电缆敷设、电缆头制作编制相关章节内容。

（6）蓄电池安装、设备接地系统安装

1）蓄电池安装

①蓄电池组提供直流电源供发电机设备启动控制用，同时也作为高压开关柜断路器操

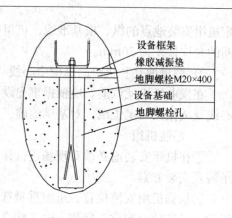

设备框架
橡胶减振垫
地脚螺栓M20×400
设备基础
地脚螺栓孔

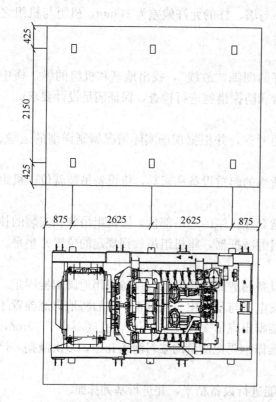

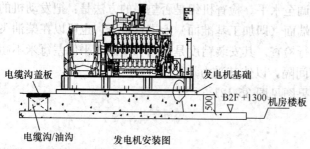

电缆沟盖板　　　　　　　　　　发电机基础
B2F +1300 机房楼板
电缆沟/油沟　　　发电机安装图

图 35-121　发电机设备基础图及安装效果图

作电源，随机器配套至现场，开箱检查应核对数量并检查电池外观有无破损，蓄电池存放及安装过程中不得接触水等导电介质。

②按照设备技术文件要求将蓄电池组安装在设备底座相应位置，核对电池数量是否符合设备技术文件要求。

③蓄电池连接采用多股软线，正极为棕色线，负极为蓝色线（或采用同色绝缘管），并联连接。导线截面积符合设备技术文件规定，线头压接线端子后搪锡处理，接线端子采用铜镀锡端子。

2）设备接地系统安装

①将发电机的中性线（工作零线）与接地母线用专用地线及螺母连接，螺栓防松装置齐全，并设置标识。

②将发电机本体和机械部分的可接近导体均应与保护接地（PE）或接地线（PEN）

进行可靠连接。

3）机组接线

①敷设电源回路、控制回路的电缆，并与设备进行连接。

②发电机及控制箱接线应正确可靠。馈电线两端的相序必须与原供电系统的相序一致。

③发电机随机的配电柜和控制柜接线应正确无误，所有紧固件应牢固，无遗漏脱落、开关、保护装置的型号、规格必须符合设计要求。

（7）电气交接试验

详见电气交接试验编制章节相关内容。

（8）燃油系统、冷却水系统、烟气系统安装

烟气系统的安装：柴油发电机组的排气系统由法兰连接的管道、支撑件、波纹管和消声器组成，在法兰连接处应加石棉垫圈，排气管管出口应经过打磨，消声器安装正确。机组与排烟管之间连接的波纹管不能受力，排烟管外侧宜包一层保温材料。

燃油、冷却、烟气排放系统的安装：主要包括蓄油罐、机油箱、冷却水箱、电加热器、泵、烟囱、仪表和管路的安装。

1）静设备、容器安装

柴油发电机系统工程中储油罐、日用油箱、板式热交换器属于静设备。

①储油罐安装固定：采用与油罐外径相符合的抱箍，抱箍采用－100×10扁钢制作（或按照设计要求），对应每个支墩一只抱箍固定（共四只），抱箍与支墩固定采用预埋地脚螺栓，地脚螺栓拧紧后，抱箍应与罐体贴合紧密，所有罐体人孔、仪表孔及管道接管法兰位置正确，法兰面保证水平或垂直方向。安装剖面见图35-122。

②设备灌水、基础抗压试验：罐体安装完毕后，将罐体下部法兰采用盲板封堵并预留一初排放阀门，由人孔向灌体内注满水，进行基础抗压试验，存水时间24h，以罐体不发生沉降变形为合格。灌水试验完毕，由预留排水阀门将

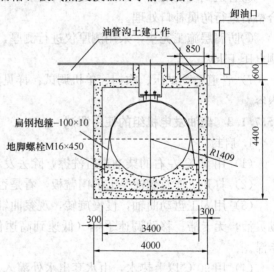

图35-122　储油罐安装剖面图

水排出，注意水应就近排至现场排水管网，不可随意排放。排放不净的存水可采用人工清理，待罐内自然干燥后封闭人孔待用。罐体进油前，采用人工除锈方式进行除锈清理。罐基础施工完毕，能达到防雨防水条件后方可进行填砂工作，要求使用普通干沙，在填充时要确保密实，填砂时间必须选在晴天，并要求一次填完。

③其余静设备安装：详见静设备安装编制相关章节。

2）动设备安装包括：燃油供油泵、回油泵、循环水泵等，详见动设备安装编制相关章节内容。

3）管道、阀门安装：详见管道、阀门安装编制相关章节内容。

4）管道静电接地：

柴油管道，法兰连接必须采用铜片进行静电接地跨接，在每只法兰上焊接 M8 螺栓作为接地连接端子，采用螺母将铜片压接跨接于每对法兰两侧，静电跨接完毕必须采用电桥测试跨接电阻，跨接电阻符合设计要求。

5）烟气管道保温：

①保温工作应在管道安装检查合格后进行，预制场地的管道可以先刷一道防腐漆，但必须留出焊缝部位及有关标记。

②垂直烟道的保温应自下而上进行，防潮层、保温层搭接时，其宽度应为30～50mm。

③阀门及法兰处的保温，应易于拆装，法兰一侧应留有螺栓长度加 25mm 的空隙，阀门的保温层应不妨碍填料的更换。

④金属保护壳应压边、箍紧，不得有凹凸不平，其环、纵缝应搭接，缝口朝下，自功螺钉间距不应大于 200mm，保护层端头封闭。

6）油罐及柴油管道防腐：

①采用环氧煤沥青及玻璃丝布作为防腐材料，工艺采用三布四油防腐。

②管道到现场后，手工除锈后进行防腐，管道两端预留 100mm 便于焊接操作，试压合格后进行防腐补口处理。

③防腐层施工完毕，采用测厚仪进行测厚，管道安装完毕采用电火花检漏仪检漏，检测电压 15kV。

7）管道系统试压、吹扫、单机调试：详见管道系统试压、吹扫、单机调试编制章节内容。

35.7.1.3　柴油发电机组的使用调试

1. 启封

（1）用 50℃ 左右的柴油进行洗擦，除去发动机外部的防锈油。

（2）打开机体及燃油泵上的门盖板，看是否有锈蚀或其他不正常的现象。

（3）用人工盘动曲轴，慢慢旋转，观察曲轴连杆和燃油泵凸轮轴以及柱塞的运动，运动灵活，无卡滞。移动调速手柄（低速到高速位置）数次，齿条与芯套的运动灵活，无卡滞。

（4）用 90℃ 以上热水，由水套出水处灌入，从汽缸体侧面的放水开关流出，连续进行 2～3h，不间断摇转曲轴，使活塞顶、汽缸套表面及其他各处的防锈油溶解流出。

（5）油底壳清洗后，按要求注入规定牌号的新机油。

（6）燃油供给与调速系统、冷却与润滑系统和启动充电系统等按说明书要求进行清洁检查，并加足规定牌号的柴油和清洁的冷却水。

（7）充足启动蓄电池，作好开机前的准备。

2. 启动前的检查

（1）柴油机的检查

1）机组表面清洗干净；检查地脚螺栓、飞轮螺钉等运动机件螺母紧固，无松动。

2）各进、排气门的间隙及减压机构间隙符合要求。

3）将各汽缸置于减压位置，转动曲轴检听各缸机件运转情况，曲轴转动情况。

4）将机油泵入各摩擦面，关上减压机构，摇动曲轴，检查汽缸是否漏气。

（2）燃油供给系统的检查

1）燃油箱盖上的通气孔畅通。柴油牌号符合要求，油量充足，已打开油路开关。

2）旋松柴油滤清器和喷油泵的放气螺钉，排除油路中的空气。打开减压机构摇转曲轴，汽缸内发出清脆的喷油声音，表示喷油良好。

3）油管及接头处无漏油现象。

4）喷油泵、调速器内机油至规定油平面。

（3）冷却系统的检查

1）水箱内的冷却水量充足。

2）水管及接头无漏水现象。

3）冷却水泵叶轮转动灵活，传动皮带松紧适度。

（4）润滑系统的检查

1）油管及管接头处无漏油现象。

2）黄油嘴处注入规定的润滑脂。

（5）电启动系统检查

1）启动蓄电池电量充足。

2）电路接线正确。

3）蓄电池接线柱干净，无积污或氧化现象。

4）启动电动机及电磁操纵机构等电气接触良好。

（6）交流发电机的安装检查

1）交流发电机与柴油机的耦合，联轴器的平行度和同心度均应小于0.05mm。

2）滑动轴承的发电机在耦合时，发电机中心高度要调整得比柴油机中心略低些，保证发电机轴承上不承受柴油机飞轮的重量。

3）发电机通风盖的百叶窗，窗口应朝下，以满足保护等级的要求。

4）单轴承发电机的机械耦合要特别注意定、转子之间的气隙要均匀。

3. 机组的调试

（1）将所有的接线端子螺丝再检查一次，用兆欧表测试发电机至配电柜的馈电线路以及相间、相对地间的绝缘电阻，其绝缘电阻值必须大于1MΩ。对1kV及以上的线路直流耐压试验为2.5kV，时间为15min，泄露电流稳定，无击穿现象。

（2）用机组的启动装置手动启动柴油发电机无负荷试车2h，检查机组的转向和机械转动有无异常，供油和机油压力是否正常，冷却水温是否过高，转速自动和手动控制是否符合要求；如发现问题，及时解决。

（3）柴油发电机无负荷试车合格后，再进行4h空载试验，检查机身和轴承的温升；只有机组空载试验合格，才能进行带负荷试验。

（4）检测自动化机组的冷却水、机油加热，接通电源，如水温低于15℃，加热器应自动启动加热，当温度达到30℃时加热器应自动停止加热。对机油加热器的要求与冷却水加热器的要求一致。

（5）检测机组的保护性能：采用仪器分别发出机油压力低、冷却水温高、过电压、缺相、过载、短路等信号，机组应立即启动保护功能，并进行报警。

（6）检测机组补给装置：将装置的手/自动开关切换到自动位置，人为放水/油至低液位，系统自动补给；当液面上升至高液位时，补给应自动停止。

（7）采用相序表对市电与发电机电源进行核相，相序应一致。

（8）与系统的联动调试：人为切断市电电源，主用机组应能在设计要求的时间内自动启动并向负载供电。恢复市电，备用机组自动停机。

（9）发电机的静态试验和运转试验详见本章第11节电气调试。

（10）试运行验收：对受电侧的开关设备、自动或手动切换装置和保护装置等进行试验，试验合格后，按设计的备用电源使用分配方案，进行负荷试验，机组和电气装置连续运行24h无故障，方可交接验收。

35.7.1.4　柴油发电机安装注意的要点

（1）柴油发电机安装地点需通风良好，发电机端应有足够的进风口，柴油机端应有良好的出风口。出风口面积应大于水箱面积1.5倍以上。

（2）柴油发电机安装地的周围应保持清洁，避免在附近放置能产生酸性、碱性等腐蚀性气体和蒸汽的物品。有条件的应配置灭火装置。

（3）在室内使用，必须将排烟管道通导室外，管径必须≥消音器的出烟管直径，所接之管路的弯头不宜超过3个，以保证排烟畅通，并应将管子向下倾斜5～10°，避免雨水注入；若排气管时垂直向上安装的，则必须加装防雨罩。

（4）柴油发电机基础采用混凝土时，在安装时须用水平尺测其水平度，使机组固定于水平的基础上。机组与基础之间应有专用防震垫或用底脚螺栓。

（5）机组外壳必须有可靠的保护接地，对需要有中性点直接接地的发电机，则必须由专业人员进行中性点接地，并配置防雷装置，严禁利用市电的接地装置进行中性点直接接地。

（6）柴油发电机与市电的双向开关必须十分可靠，以防倒送电。双向开关的接线可靠性需经过当地供电部门的检验认可。

35.7.1.5　安全、环保措施

1. 安全操作要求

（1）带电作业时，工作人员必须穿绝缘鞋，并且至少两人作业，其中一人操作，另一人监护。

（2）设备通电调试前，必须检查线路接线是否正确，保护措施是否齐全，确认无误后，方可通电调试。

2. 环保措施

（1）柴油在运输或储存过程中防止漏、洒，造成环境污染。

（2）施工场地应做到活完料净脚下清，现场垃圾应及时清运，收集后运至指定地点集中处理。

35.7.2　EPS/UPS 安装

35.7.2.1　一般规定

（1）盘、柜装置及二次回路结线的安装工程应按已批准的设计进行施工。

（2）蓄电池柜、不间断电源柜应符合下列规定：

1）查验合格证和随带技术文件，实行生产许可证和安全认证制度的产品，有许可证编号和安全认证标志。不间断电源柜有出厂试验记录；

2）外观检查：有铭牌，柜内元器件无损坏、接线无脱落脱焊，蓄电池柜内电池壳体无碎裂、漏夜，充油、充气设备无泄漏，涂层完整，无明显碰撞凹陷。

（3）设备安装用的紧固件，除地脚螺栓外，应用镀锌制品，并宜采用标准件。

（4）不间断电源应按产品技术要求试验调整，应检查确认，才能接至馈电网路。

（5）不间断电源安装时施工现场要满足一定的作业条件。

（6）蓄电池的安装及电池连线的安装应该同步进行。蓄电池安装之前，首先检查随机配套的电池规格和数量是否与蓄电池容量相匹配，然后检查随机配套的电池连接导线数量是否满足需要。

35.7.2.2 EPS/UPS 安装

1. 应急电源 EPS

为应急照明负载及设备/动力负载提供应急备用电源。

（1）施工方法

1）EPS 装置安装注意事项：

①15kW 以上（含 15kW）的 EPS 装置由主机柜和电池柜两部分组成，15kW 以下的 EPS 装置主机和电池安装在一个配电箱（柜）内。

②由于蓄电池较重，若为壁挂安装 EPS 箱，要求固定设备的墙面应有足够强度以承担设备的重量，因此在 0.5～2kW 的 EPS 装置既可壁挂安装也可落地安装，3kW 以上的 EPS 装置只能落地安装，落地安装的 EPS 装置应先安装槽钢底座。

2）EPS 具体安装方法详见高、低压柜、控制箱（屏）安装相关章节内容。

（2）EPS 装置蓄电池的安装及接线

1）准备

蓄电池的安装及电池连线的安装应该同步进行。蓄电池安装之前，首先检查随机配套的电池规格和数量是否与蓄电池容量相匹配，然后检查随机配套的电池连接导线数量是否满足需要。

随设备配套的电池连接线的配置按照类别一般均有标示，大致分为：红色导线为电池组正极连接导线；黑色或蓝色为电池组负极连接导线；同层电池连接导线；层间电池连接导线；保险丝连接导线。

2）蓄电池的安装

①将连接 1 号电池负极的导线（黑色或蓝色）一端做好绝缘处理（暂时自由端），另一端牢固压接在电池的负极端子上，然后将电池按照图示位置安装。

②将连接 2 号电池负极的导线一端做好绝缘处理（暂时自由端），另一端牢固压接在电池的负极端子上，然后将电池按照图示位置安装。

③将连接 2 号电池负极导线的暂时自由端除去绝缘保护，压在 1 号电池的正极端子上。

④以相同的方法将 3 号、4 号……电池安装完毕。层间蓄电池的连接导线（黄色长线）应从电池仓隔板两端的穿线孔中穿过。

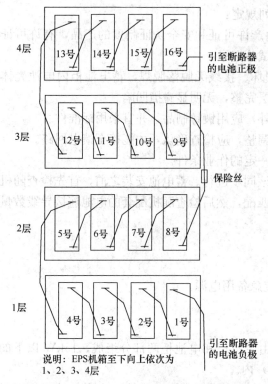

图 35-123　EPS 装置蓄电池摆放及接线示意图

⑤将连接最高位电池正极的导线（红色）的暂时自由端做好绝缘保护，另一端压接在该电池的"＋"极上。

现以 8kW 的 EPS 为例，介绍电池安装以及电池连接线的安装，EPS 装置蓄电池摆放及接线示意图见图 35-123。

⑥确认该 EPS 装置的电池断路器处于"关 OFF"状态，将电池组正极导线（红色）的暂时自由端除去保护，压接在 EPS 装置的断路器"电池＋"接线端子上。

⑦同时，将电池组负极导线（黑色或蓝色）的暂时自由端除去保护，压接在 EPS 装置的断路器"电池－"接线端子上。

⑧查各接线端子是否压接良好，有无短路危险，用直流电压表检查 EPS 装置"电池＋"和"电池－"端子电压是否正常。

⑨对电池组正负极导线作适当绑扎固定。

3）蓄电池电池检测线的连接

电池检测线和电池连线应该同时进行安装。在连接电池连线的同时，在每节电池的"＋"极均压接一根电池检测线；在电池组的总负极"－"引出端子处压接一根电池检测线。

将装置内已经准备好的电池检测线缆按照标号分别与相应的电池"＋"极和总"－"极连接。

（3）EPS 装置调试检测

1）EPS 装置控制及显示功能介绍

①设备操作开关及断路器包括电池断路器、市电输入断路器、输出支路断路器、强制运行开关、自动/手动开关、启动及停止按钮、消声按钮。

②在 EPS 装置箱体面板上的指示灯包括绿色市电指示灯、红色充电指示灯、红色应急指示灯、黄色故障指示灯、黄色过载指示灯。

2）调试检测方法及步骤

①检查 EPS 装置主机柜和电源柜之间的连接线缆，检查电池安装以及接线，确认正确无误；确认设备上所有断路器处于"关"状态；确认 EPS 装置负荷之路均可以送电。

②绝缘遥测完毕，确认无误。

③确认带 EPS 电源装置的配电箱（柜）内已经带电，然后将负责 EPS 装置送电的断路器（市电输入）闭合，用电压表检查 EPS 装置内的市电输入端子的电压，确认正常（此时，EPS 装置内的市电输入断路器处于开启状态）。

④将 EPS 装置"强制运行"开关置于"关"状态。

⑤闭合装置内的市电输入断路器，装置发出音响警报，按"消声按钮"消声，察看LCD应有显示，"主电"指示灯应点亮，闭合电池输入断路器，"充电"指示灯点亮。

⑥按动翻屏按键，察看各项显示内容是否正常。按动"电池查询"按钮查看电池电压，若电池为满量，则显示的电池组电压为充电器浮动电压，应为额定电池电压的115%左右，通过LCD查看每节电池的电压，有异常时会有报警。

⑦将"手动/自动"开关置于"手动"，在手动模式下，按下启动按钮约2s，可以启动逆变器，提供应急供电。此时，可听见风扇启动运转，表明逆变器已经启动，"应急"指示灯点亮，通过LCD查看工作状态以及输出电压是否正常；按下"停止"按钮约2s，逆变器停止运行，转化为市电工作状态。

⑧将"手动/自动"开关置于"自动"，断开市电输入断路器，逆变器立即自动启动；闭合市电输入断路器，约5s后，逆变器应自动关闭，表明自动功能正常。

⑨断开市电输入断路器及电池输入断路器，等待约10s后合上电池输入断路器，插入"强制运行"开关钥匙，旋至"开"，逆变器应启动，再旋至"关"，约5s后，逆变器应自动关闭。

⑩接通各支路负载，通过LCD查看负载电流，不应超过额定值。若超过额定电流值，必须调整负载使之在额定值内，否则会影响设备的正常工作，严重时会导致市电掉电时无法逆变。

以上试验完毕均正常，则说明设备已经正常安装，可投入运行。

3）投入运行注意事项

①日常运行时应将"强制运行"开关置于"关"状态。强制运行模式一般仅在紧急情况下由专业人员操作启用，否则将损坏电池。

②日常运行时，可选择"自动"、"手动"模式。为保证市电异常时EPS自动提供正常电源，一般应选择"自动模式"。

③投入运行时，市电输入断路器、电池充电断路器、需要送电的输出支路断路器均必须接通。

④若要停止设备运行，应将设备上各断路器均断开；如果需要人为为蓄电池充电，应闭合市电输入断路器和电池断路器，并选择"手动模式"；正常充电20h以上，即可保证标准的放电时间。

⑤设备安装后，除非操作需要，应将门锁关闭，以防非专业人员误操作。

(4) EPS装置安装质量控制措施

1）设备在无市电供应情况下停机存放3个月以上，需要接通市电，闭合市电输入断路器和电池断路器，将设备置于"手动"模式，充电20h以上，以保持电池电量，延长电池寿命。

2）设备超过3个月不发生停电，应人为切断设备市电供应，启动逆变器进行放电，以活化电池组极板，检验并确保电池组能可靠工作。放电时，应在接通负载的情况下进行，50%以上负载放电1h左右即可，放电后应及时恢复市电进行充电。不要采用"强制运行"模式放电，以防发生过放电，损坏电池。

3）设备出现任何故障报警后，均需要断开所有断路器并等待10s后重新开机，否则设备将一直处于故障保护状态而无法正常工作，严重时会导致市电掉电时设备无法自动逆转。

　　4) 蓄电池的正常使用应定期更换。更换蓄电池前必须先将设备上的各断路器全部断开。

　　2. 不间断电源 UPS

　　为计算机类负载（重要弱电机房）提供不间断、不受外部干扰的交流电连续供电电源。

　　(1) UPS 安装

　　1) 开箱检查

　　①UPS 电源设备完整无损，设备型号及种类与设计图纸、合同相符。

　　②按装箱清单逐项清查，设备附件及备件型号及数量与设计图纸、合同相符。随机专用工具齐全。

　　③随机资料齐全。（出厂检查合格证、产品性能说明书、出厂测试记录、产品安装说明书、保修卡等）

　　④蓄电池检查：

　　a. 外观完整无损。

　　b. 电解液无外渗现象。

　　c. 各接线柱和接线连线装置牢靠。

　　d. 单个蓄电池的空载电压和加负载电压符合蓄电池的技术性能要求。

　　e. 多组蓄电池的串并联接法符合要求。各组蓄电池的电压差在控制范围内。

　　2) UPS 安装

　　UPS 电源的主机柜和蓄电池柜安装详见高低压开关柜安装编制相关章节内容。

　　3) 电缆敷设与接线

　　详见电缆敷设与接线编制相关章节内容。

　　4) 蓄电池组安装、接线

　　详见 EPS 蓄电池组安装、接线编制相关章节内容。

　　(2) UPS 调试

　　1) 调试前的检查

　　①接线方式是否正确，接线端子是否紧固。

　　②UPS 电源主机和蓄电池柜接地线是否完善，可靠。柜内及周围地面无污物。

　　③蓄电池组的连接是否正确可靠，电池到电池开关、电池开关到主机的连接极性是否正确。

　　④各组件（充电器、逆变器等）外观情况，是否正常，接线及插头处紧固，可靠。

　　⑤放电时用的用电设备准备完毕。

　　2) 调试用仪器、仪表

　　①三用表、高阻表、示波器、频率表、相序表、交流电流测量仪表灯。

　　②放电时，用电设备负载要求：

　　a. 放电负载为阻性（电阻丝或水电阻），不使用容性负载。

　　b. 负载要有逐级增加的控制开关，避免大电流通断。

　　c. 负载要有良好的户外散热措施，不要将热量放在机房内。

d. 有效的安全防护措施。

3）UPS 调试

详见本章第 11 节电气调试。

35.8　电动机接线检查

35.8.1　电动机的分类

电动机分交流和直流两大类，其中交流电动机用得较多。在交流电动机中又分异步电动机和同步电动机两种，其中异步电动机用得较多。在交流异步电动机中又有鼠笼式和绕线式两种形式，其中鼠笼式异步电动机用得最多。另外，交流电动机中有三相和单相两类。本节主要阐述三相鼠笼式异步电动机。

1. 按机壳防护形式分类

电动机外壳防护形式分为两种类型：一种是防止人体触及和固体异物进入电动机内部的防护形式；一种防止水进入电动机内部的防护形式。两种防护形式各自进行分级，两者不能互相取代。前者防护等级分为 7 级（分级原则，是防护能力逐级加强），后者防护等级分为 9 级（防水能力也是逐级加强）。

防护等级的标志，采用国际通用的标志系统，由字母"IP"〔International Protection（国际防护）的缩写〕及两个阿拉伯数字组成。第一位数字代表第一种防护等级，第二位数字代表第二种防护等级。

标志方法举例见图 35-124。

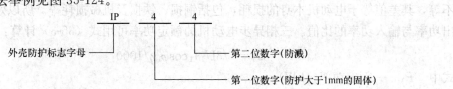

图 35-124　电动机防护等级标志方法

这样标志的电机即表明能防护大于 1mm 的固体异物进入壳内，同时能防溅。

2. 按照电机中心高或定子铁芯外径尺寸大小分类

小型电机，中心高为 80～315mm 或定子铁芯外径为 120～500mm 的电动机。

中型电机，中心高为 355～630mm 或定子铁芯外径为 500～990mm 的电动机。

大型电机，中心高为 630mm 以上或定子铁芯外径为 990mm 以上的电动机。

35.8.2　三相异步电动机的型号组成及主要技术数据

35.8.2.1　型号

产品型号采用汉语拼音大写字母，以及国际通用符号及阿拉伯数字组成。汉语拼音字母的选用系从全名称中选择出有代表意义的汉语拼音的第一音节第一字母，例如绕线立式三相异步电动机，产品代号为"YRL"其代号的汉字意义为"异绕立"。型号说明见图 35-125 和图 35-126 所示。

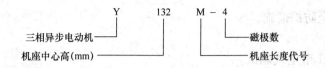

图 35-125　电动机产品型号示例 1

(S—短机座；M—中机座；L—长机座)

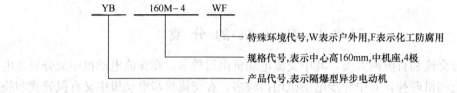

图 35-126　电动机产品型号示例 2

异步电动机的产品名称代号及其汉字意义摘录于表 35-132。

异步电动机产品名称代号

表 35-132

产品名称	代　号	产品名称	代　号
异步电动机	Y	防爆型异步电动机	YB
绕线式异步电动机	YR	高启动转矩异步电动机	YQ

35.8.2.2　主要技术数据

1. 额定功率

在额定运行情况下，电动机轴上输出的机械功率，单位是 kW。输出功率与输入功率不等，其差值等于电动机本身的损耗，包括铜损、铁损及机械损耗等。所以效率 η 就是输出功率与输入功率的比值。三相异步电动机的额定功率可用式（35-3）计算：

$$P_1 = \sqrt{3}U_1 I_1 \cos\varphi_1 \eta / 1000 \tag{35-3}$$

式中　P_1——额定功率（kW）；

$\quad\quad U_1$——额定电压（V）；

$\quad\quad I_1$——额定电流（A）；

$\cos\varphi_1$——额定功率因数；

$\quad\quad \eta$——额定运行情况下的效率。

2. 额定电压

在额定运行的情况下，定子绕组端所加的线电压值，用 V 或 kV 表示。通常在铭牌上标有两种电压值，这对应于定子绕组采用三角形或星形连接时应加的电压值。例如 220 / 380V，这表示电动机定子绕组采用三角形连接时需加 220V 的线电压，星形连接时则加 380V 的线电压。

当电压高于额定值时，磁通将增大。若所加电压较额定电压高出较多，这将使励磁电流大大增加，电流大于额定电流，使绕组过热。同时，由于磁通的增大，铁损也就增大，使定子铁芯过热。

但通常碰见的是电动机在低于额定电压值下运行，这时会引起转速下降，电流增加。如果电动机在满载或接近满载的情况下，电流的增加将超过额定值，使绕组过热。另外，在低于额定电压下运行时，和电压平方成正比的最大转矩会显著下降，这对电动机的运行也是不利的。所以一般规定电动机运行的电压不应高于或低于额定值的5%。

3. 额定电流

在额定频率、额定电压下电动机轴上输出为额定功率时，定子绕组的线电流值。有时在铭牌上标有两种额定电流值，这也是对应于定子绕组采用三角形或星形连接时的线电流值，单位A。当电动机空载时，转子转速接近于旋转磁场的转速，两者之间相对转速很小，所以转子电流近似为零。

4. 额定转速

在额定频率、额定电压和电动机轴上输出额定功率时电动机转子的转速，单位为r/min。通常电动机的转速不低于500r/min。因为当功率一定时，电动机的转速愈低，则其尺寸愈大，价格愈贵，而且效率也较低。如果生产机械对转速的要求是低于500r/min时，可选用一台高速的电动机，再另配一个减速器，这在经济上是合算的。

5. 额定功率因数

在额定功率、额定电压和电动机轴上输出额定功率时，定子相电流与相电压之间相位差的余弦，叫异步电动机的额定功率因数。异步电动机是一个电感性负载，功率因数较低，在额定负载时约为0.7～0.9，而在轻载和空载时更低，空载时只有0.2～0.3。因此，在选择电动机时，要根据生产机械的实际需要，正确选择电动机的容量，防止"大马拉小车"，这样可提高电动机的功率因数。

6. 绝缘等级

绝缘等级是按电动机绕组所用的绝缘材料在使用时允许的极限温度来分级的。所谓极限温度，是指电机绝缘结构中最热点的最高允许温度。技术数据见表35-133。

电动机的绝缘等级分类   表 35-133

绝缘等级	A	E	B	F	H
极限温度（℃）	105	120	130	155	180

35.8.3 电动机的接线

穿导线的钢管应在浇混凝土前预埋好，钢管管口离地不低于100mm，应靠近电动机的接线盒，用金属或塑料软管与电动机接线盒连接。如图35-127所示。

电动机及电动执行机构的可接近导体应严格做好接地（或接零），接地线应连接固定在电动机的接地螺栓上。电动机、控制设备和开关等不带电的金属外壳，应作良好的保护接地或接零，接地（或接零）严禁串联。电动机电缆金属保护管与软管连接时应做好跨接。电气设备安装应牢固，螺栓及防松零件齐全，不松动。防水防潮电气设备的接线入口及接线盒盖等应做密封处理。在电动机接线盒内裸露的不同相导线间和导线对地间最小距离应大于8mm，

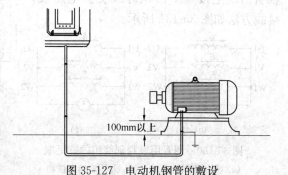

100mm以上

图 35-127 电动机钢管的敷设

否则应采用绝缘防护措施。

35.8.3.1   盒内的接线

电动机的定子绕组是异步电动机的电路部分，它由三相对称绕组组成并按一定的空间角度依次嵌放在定子槽内。三相绕组的首端分别用 U1、V1、W1 表示，尾端对应用 U2、V2、W2 表示。为了变换接法，三相绕组的六个线头都引到电动机的接线盒内。三相定子绕组按电源电压的不同和电动机铭牌上的要求，可接成星形（Y）或三角形（△）两种形式：

（1）星形连接。将三相绕组的尾端 U2、V2、W2 短接在一起，首端 U1、V1、W1 分别接三相电源。如图 35-128 所示。

（2）三角形连接。将第一相的尾端 U2 与第二相的首端 V1 短接，第二相的尾端 V2 与第三相的首端 W1 短接，第三相的尾端 W2 与第一相的首端 U1 短接；然后将三个接点分别接到三相电源上，如图 35-129 所示。不管星形接法还是三角形接法调换三相电源的任意两相即可得到方向相反的转向。

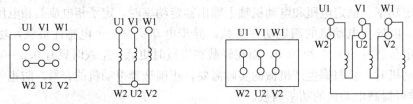

图 35-128   电动机星形连接   图 35-129   电动机三角形连接

35.8.3.2   定子绕组首尾端的判别

（1）用万用表判别首尾端

首先用万用表的电阻档判别出每相绕组的两个出线端，然后用万用表的直流 mA 档接到如图 35-130 所示的线路。用手转动电动机的转子，如果万用表指针不动，如图 35-130（a）所示，说明三相绕组首尾端的区分是正确的；如果指针动了，如图 35-130（b）所示，说明有一相绕组的首尾端接反了，应一相一相分别对调后重新试验，直到万用表指针不动为止。

（2）指示灯法判断首尾

先用万用表或兆欧表测出每相绕组的引出线端，再将任意两相绕组串联相接，另两端接于电压较低的单相交流电源，电压约为电动机额定电压的 40% 左右。另一相绕组的两根引出线上接一个白炽灯或交流电压表，接线方法如图 35-131 所示。

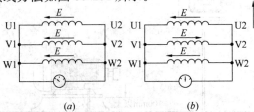

图 35-130   用万用表判别绕组的首尾端

（a）万用表指针不动；（b）万用表指针摆动

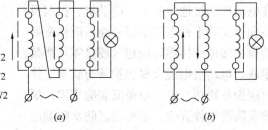

图 35-131   指示灯法判断三相绕组的首尾端

（a）第一相绕组的终端和第二相绕组的首端连接；

（b）第一相绕组的终端和第二相绕组的终端连接

通电后，若灯亮或电压表有指示，说明两相绕组电磁感应方向相同，即表示第一相绕组的尾端和第二相绕组的首端连接，见图 35-131（a）所示；若灯不亮或电压表无指示，说明两相绕组电磁感应方向相反，即表示第一相绕组的尾端和第二相绕组的尾端连接，见图 35-131（b）所示。然后，在第一相和第二相绕组的首端和尾端作好标志，再用同样方法找出第三相绕组的首端和尾端。

有固定转向的电动机，试车前必须检查电机与电源的相序应一致，以免反转时损坏电机或机械设备。

35.8.4　控制、保护和启动设备安装

（1）电机的控制和保护和启动设备安装前应检查是否与电机容量相符，安装应按设计要求进行，在安装地点应能够监视电动机的启动和传动机械的运行情况。

（2）电动机、控制设备与所拖动的动力设备编号应对应。进电动机接线盒的电缆易受机械损伤的部位应套保护管。

（3）各种操作开关，应安装在既便于操作又不易为人体和工件所触碰而产生误动作的部位。

（4）开关安装在墙上时，宜安装在电动机的右侧。安装高度距地面一般为 1.5m。

（5）若开关需要安在远离电动机的地方，则必须在电动机附近加装供紧急切断电源用的应急开关，同时还要加装在开关合闸前发出信号的预警装置，以便使处于电动机和所传动机械周围的人员事先得到警告。

（6）直流电动机、同步电动机与调节电阻回路及励磁回路应采用铜导线连接，导线不应有接头。调节电阻器接触良好，调节均匀。

（7）电动机应装设过流和短路保护装置，并应根据设备需要装设单相接地保护、差动保护和低电压保护装置。凡电动机有以下作业情况者应装设过载保护装置。

1）生产过程中可能发生过载的电动机。

2）启动频繁的电动机。

3）连续工作的电动机。

（8）电动机保护元件的选择：

1）采用热元件时按电动机额定电流的 1.1～1.25 倍来选。

2）采用熔丝（片）时按电动机额定电流的 1.5～2.5 倍来选。

35.8.5　三相异步电动机的控制

35.8.5.1　正反转控制

许多生产机械往往要求运动部件能向正反两个方向运动，如机床工作台的前进与后退；轴的正传与反转；升降器的上升与下降等等。这些生产机械现在一般都由电动机拖动，所以要求电动机能正、反转双向运动。常用的正反转控制电路如图 35-133 所示。

图中 SB1 是正转启动按钮，SB2 是反转启动按钮，SB3 是停止按钮。当电机要由正转变为反转时先按停止按钮 SB3，再按下反转按钮 SB2。当电路发生短路故障时，熔断器 FU 熔丝熔断，切断电源，电动机立即停止转动。当电动机发生较长时间的严重过负荷时，热继电器 FR 动作，切断电动机控制电路，使接触器 KM1 或 KM2 断电，电动机便停止转动，避免电动机过热损坏或影响使用寿命。

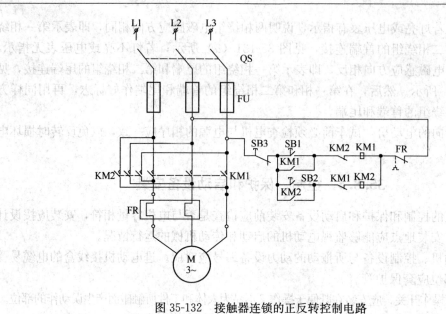

图 35-132   接触器连锁的正反转控制电路

图 35-133 所示为按钮、接触器双重连锁的正反转控制电路图。其正反转原理与图 35-132 接触器连锁正反转控制电路相同，只是在接触 KM1、KM2 线圈电路中增加了一对按钮互锁接点，这样可更可靠地保证 KM1 与 KM2 两只接触器不发生同时动作，避免发生短路事故。

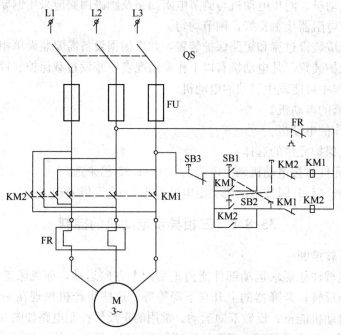

图 35-133   双重连锁的正反转控制电路

35.8.5.2   启动方式

1. 绕线式感应电动机的启动

绕线式感应电动机在启动时，为了减少启动电流和保证启动转矩，可通过转子串接电阻和频敏变阻器以减小定子电流的办法来进行。

2. 鼠笼式感应电动机的启动

（1）直接启动（全压启动）：它是在电网容量大、电动机的额定功率不太大的条件下采用。一般情况下，判断一台电动机能否直接启动可用下面经验公式（35-4）来决定：

$$\frac{I_Q}{I_N} \leqslant \frac{3}{4} + \frac{S_N}{4P_N} \tag{35-4}$$

式中　I_Q——电动机的启动电流（A）；

　　　I_N——电动机的额定电流（A）；

　　　S_N——供电给电动机的变压器容量（kVA）；

　　　P_N——电动机的额定功率（kW）。

如果计算结果不能满足式（35-4）时，应采用降压启动。

（2）降压启动：利用启动设备将电源电压适当降低后加到电动机定子绕组上启动，以限制电动机的启动电流，待电动机转速升高到接近额定转速时，再使电动机定子绕组上的电压恢复到额定值，这种启动过程称为降压启动。降压启动既要保证有足够的启动转矩，又要减小启动电流，还要避免启动时间过长。一般将启动电流限制在电动机额定电流的 2～2.5 倍范围内，启动时由于降低了电压，使转矩也大大降低了，因此降压启动往往是在电动机轻载状态下进行。降压启动通常有电阻或电抗器降压启动、星形/三角形降压启动、自耦变压器（启动补偿器）降压启动、延边三角形启动。

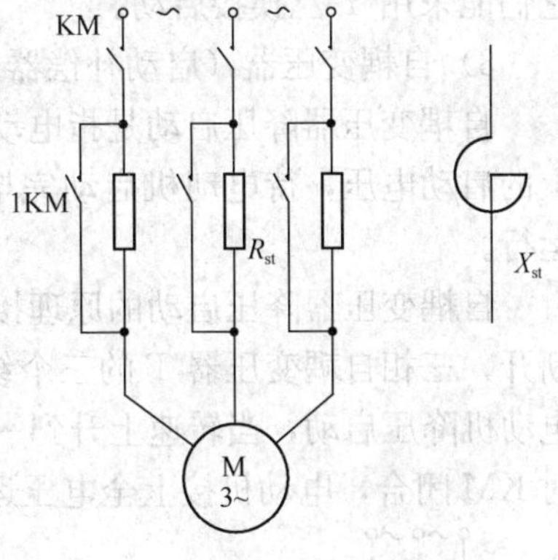

1）电阻或电抗器降压启动

定子绕组串接电阻（电抗）降压启动是指电动机启动时，把电阻（或电抗）串接在电动机定子绕组与电源之间，通过电阻（电抗）的分压作用，来降低加到定子绕组上的启动电压，待启动完毕后，再将电阻（电抗）短接，使电动机在额定电压下正常运行。

图 35-134　定子串电阻或电抗的降压启动

异步电动机采用定子串电阻或电抗器的降压启动原理接线图如图 35-134 所示。启动时，接触器 1KM 断开，KM 闭合，将启动电阻 R_{st} 串入定子电路，使启动电流减小；待转速上升到一定程度后再将 1KM 闭合，R_{st} 被短接，电动机接上全部电压而趋于稳定运行。这种启动方法的缺点是：启动转矩随定子电压的平方关系下降，故它只适用于空载或轻载启动的场合；不经济，在启动过程中，电阻器上消耗能量大，不适用于经常启动的电动机，若采用电抗器代替电阻器，则所需设备较贵，且体积大。

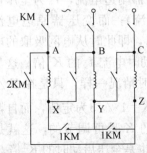

图 35-135　Y-△（星形——三角形）降压启动

2）Y-△（星形——三角形）降压启动

Y-△降压启动是指电动机启动时，把定子绕组接成星形，待电动机启动完毕后再将电动机定子绕组改接为三角形，使电动机在全压下运行。

Y-△降压启动的接线图如图 35-135 所示，启动时，接触器的触点 KM 和 1KM 闭合，2KM 断开，将定子绕组接成星形；待转速上升到一定程度后再将 1KM 断开，2KM 闭合，将定子绕组接成三角形，电动机启动过程完成而转入正常运行。这适用于电动机运行时定子绕组接成三角形的情况。设 U 为电源线电压，I_{stY} 及 $I_{st\triangle}$ 定子绕组分别接成星形及三角形的启动电流（线电流），Z 为电动机在启动时每相绕组的等效阻抗。则有 $I_{stY}=U / (\sqrt{3}Z)$，$I_{st\triangle}=\sqrt{3}U/Z$，所以 $I_{stY}=I_{st\triangle}/3$，即定子接成星形时的启动电流等于接成三角形时启动电流的 1/3；而接成星形时的启动转矩 $T_{stY} \propto (U / \sqrt{3})^2 =U^2/3$，接成三角形时的启动转矩 $T_{st\triangle} \propto U^2$，所以，$T_{stY}=T_{st\triangle}/3$，即星形连接降压启动时的转矩只有三角形连接直接启动时的 1/3。

Y-△换接启动除了可用接触器控制外，尚有一种专用的手操式 Y-△启动器，其特点是体积小、重量轻、价格便宜、不宜损坏、维修方便。

这种启动方法的优点是设备简单、经济、启动电流小；缺点是启动转矩小，且启动电压不能按实际需要调节，故只适用于空载或轻载启动的场合，并只适用于正常运行时定子绕组按三角形接线的异步电动机。由于这种方法应用广泛，我国规定 4kW 及以上的三相异步电动机，其定子额定电压为 380V，连接方法为三角形。当电源线电压为 380V 时，它们能采用 Y-△换接启动。

3）自耦变压器（启动补偿器）降压启动

自耦变压器降压启动是指电动机启动时，利用自耦变压器来降低加在电动机定子绕组上的启动电压，待电动机启动完毕后，再使电动机与自耦变压器脱离，在全电压下正常运行。

自耦变压器降压启动的原理接线图如图 35-136 所示。启动时 1KM、2KM 闭合，KM 断开，三相自耦变压器 T 的三个绕组连成星形接于三相电源，使接于自耦变压器副边的电动机降压启动，当转速上升到一定值后，1KM、2KM 断开，自耦变压器 T 被切除，同时 KM 闭合，电动机接上全电压运行。

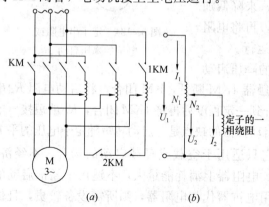

图 35-136　自耦变压器降压启动
(a) 原理接线图；(b) 一相电路

图 35-136 (b) 为自耦变压器启动时的一相电路，由变压器的工作原理知，此时，副边电压与原边电压之比为 $K=U_2/U_1=N_2/N_1<1$ 启动时加在电动机定子每相绕组的电压是全压启动的 K 倍，因而电流 I_2 也是全压启动时的 K 倍，即 $I_2=KI_{st}$（I_2 为变压器副边电流，I_{st} 为全压启动时的启动电流）；而变压器原边电流 $I_1=KI_2=K^2I_{st}$，即此时从电网吸取的电流 I_1 是直接启动时电流 I_{st} 的 K^2 倍。这与 Y-△降压启动时情况一样，只是在 Y-△降压启动时的 $K=1/\sqrt{3}$ 为定值，而自耦变压器启动时的 K 是可调节的，这就是此种启动方法优于 Y-△降压启动方法之处，当然它的启动转矩也是全压启动时的 K^2 倍。

自耦变压器降压启动方法的缺点是变压器的体积大、重量重、价格高、维修麻烦，且启动时自耦变压器处于过电流（超过额定电流）状态下运行。故不适于启动频繁的电动机。所以，它在启动不太频繁，要求启动转矩较大、容量较大的异步电动机上应用较为广泛。通常把自耦变压器的输出端做成固定抽头（一般 $K=80\%$、65% 和 50% 三种电压，可根据需要进行选择）、连同转换开关（图中的 KM、1KM 和 2KM）和保护用的继电器等组合成一个设备，称为启动补偿器。

为了便于根据实际情况选择合理的启动方法，将鼠笼式异步电动机几种常用启动方法的启动电压、电流和转矩的相对值列于表 35-134 中。

<table>
<tr><td colspan="4" align="center">鼠笼式异步电动机几种常用启动方法的比较　　　　　　　　表 35-134</td></tr>
<tr>
<td rowspan="2">启动方法</td>
<td>启动电压相对值
$K_u = U_{st}/U_N$</td>
<td>启动电流相对值
$K_I = I'_{st}/I_{st}$</td>
<td>启动转矩相对值
$K_T = T'_{st}/T_{st}$</td>
</tr>
<tr><td></td><td></td><td></td></tr>
<tr><td>直接启动</td><td>1</td><td>1</td><td>1</td></tr>
<tr><td rowspan="3">电阻或电抗器降压启动</td><td>0.8</td><td>0.8</td><td>0.64</td></tr>
<tr><td>0.65</td><td>0.65</td><td>0.42</td></tr>
<tr><td>0.5</td><td>0.5</td><td>0.25</td></tr>
<tr><td>Y-△降压启动</td><td>0.57</td><td>0.33</td><td>0.33</td></tr>
<tr><td rowspan="3">自耦变压器降压启动</td><td>0.8</td><td>0.64</td><td>0.64</td></tr>
<tr><td>0.65</td><td>0.42</td><td>0.42</td></tr>
<tr><td>0.5</td><td>0.25</td><td>0.25</td></tr>
</table>

4）延边三角形降压启动

延边三角形降压启动是指电动机启动时，把定子绕组的一部分接成三角形，另一部分接成星形，使整个绕组接成延边三角形，如图 35-137 所示。

电动机启动完毕后，再把定子绕组改接成三角形接线，使电动机全电压运转。

延边三角形降压启动是在 Y-△降压启动

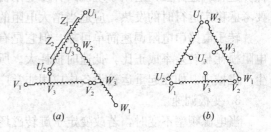

图 35-137　延边三角形启动时定子绕组的连接
(a) 启动时的连接；(b) 运行时的连接

方法的基础上加以改进而形成的一种启动方法。它把星形和三角形两种接法结合起来，使电动机每相定子绕组承受的电压小于三角形接线时的相电压，而大于星形接线时的相电压。每相绕组相电压的大小由星形部分绕组与三角形部分绕组匝数之比来确定，可随电动机绕组抽头位置的改变而调节。这样在一定程度上克服了 Y-△降压启动时启动电压偏低，启动转矩太小的缺点。由于这种启动方法对电动机定子绕组的出线有特殊要求，所以用的不是很多。

35.8.5.3　三相异步电动机的调速控制

电动机的启动、调速、制动性能好坏，是衡量电动机运行性能的重要指标。

鼠笼式异步电动机调速性能差，一般不能平滑调速。在需要平滑调速的场合，常采用绕线式异步电动机。绕线式异步电动机的优点是可以通过滑环将转子绕组引出串接可调节电阻，平滑调节电阻可平滑改变转子绕组感应电流的数值达到平滑调速目的；鼠笼式异步电动机转子绕组是鼠笼条，没有滑环引出，不能串接电阻和改变电阻，所以转子绕组内

（鼠笼条）内电流无法改变，一般用改变磁场极对数和改变电源频率调速。异步电动机转子转速的公式（35-5）：

$$n = (1-s)60f/p \tag{35-5}$$

式中 n——电动机转子转动速度；

s——转差率；

f——电源频率；

p——旋转磁场极对数。

根据上式，异步电动机调速可采用以下三种方法：改变转差率、电源频率或旋转磁场极对数。其中改变电动机的转差率可通过改变外加电源电压和改变转子电路电阻的方式来实现。

1. 调压调速

通过改变电源电压的方式来改变电动机运转速度，这种调速方法能够无级调速，但当降低电压时，转矩也按电压的平方比例减小，所以调速范围不大。在定子电路中串电阻（或电抗）和用晶闸管调压调速都是属于这种调速方法。适用于机械特性软的高转差率，电动机容量较小（10kW 以下）的鼠笼式异步电动机，而且限于带断续负载或风扇、泵等在减速时转矩也相应减小的持续负载的电动机。

2. 转子电路串电阻调速

通过转子电路串不同的电阻，来改变电动机的转速。外加电阻越大，电动机转速降低。这种调速方法只适用于绕线式异步电动机，其启动电阻可兼作调速电阻用，不过此时要考虑稳定运行时的发热，应适当增大电阻的容量。

转子电路串电阻调速简单可靠，但它是有级调速。随转速降低，特性变软。转子电路电阻损耗与转差率成正比，低速时损耗大。所以，这种调速方法大多用在重复短期运转的生产机械中，如在起重运输设备中应用非常广泛。

3. 变极调速

当电源频率不变时，若改变定子旋转磁场的极对数，电动机的转速跟着改变。例如磁极对数从一对改为两对，转速就下降一半。所以这种调速方法是有级调速，阶梯式的一级变一级调速，不能平滑调速，鼠笼式异步电动机常用这种调速方法。若在定子上装两套独立绕组，各自具有所需的极对数，两套独立绕组中每套又可以有不同的连接。这样就可以分别得到双速、三双或四速等电动机，通称为多速电动机。

多速电动机启动时宜先接成低速，然后再换接为高速，这样可获得较大的启动转矩。多速电动机虽体积稍大、价格稍高、只能有级调速，但结构简单、效率高、特性好，且调速时所需附加设备少。因此，广泛用于机电联合调速的场合，特别是中、小型机床上用得多。

4. 变频调速

从式（35-5）看到，异步电动机的转速正比于定子电源的频率 f，通过改变电源频率可达到改变电机转速的目的。

在实施变频调速时，为了保持主磁通不变，在改变电源频率 f 的同时，还必须改变电源电压 U 并保持 U/f 比值不变。变频调速用于一般鼠笼式异步电动机，采用一个频率可以变化的电源向异步电动机定子绕组供电，这种变频电源为晶闸管或晶体管变频装置。

变频调速的调速性能良好，具有较大的调速范围，而且调速平滑，但必须使用专用的电源调频设备。变频调速目前应用越来越多。

35.8.6　电动机的试验

（1）交流电动机的试验项目，应包括以下内容：

1）测量绕组的绝缘电阻和吸收比；

2）测量绕组的直流电阻；

3）定子绕组的直流耐压试验和泄漏电流测量；

4）定子绕组的交流耐压试验；

5）绕线式电动机转子绕组的交流耐压试验；

6）同步电动机转子绕组的交流耐压试验；

7）测量可变电阻器、启动电阻器、灭磁电阻器的绝缘电阻；

8）测量可变电阻器、启动电阻器、灭磁电阻器的直流电阻；

9）测量电动机轴承的绝缘电阻；

10）检查定子绕组极性及其连接的正确性；

11）电动机空载转动检查和空载电流测量。

（2）电压 1kW 以下，容量 100kW 以下的电动机试验项目：

1）测量绕组的绝缘电阻和吸收比；

2）测量可变电阻器、启动电阻器、灭磁电阻器的绝缘电阻；

3）检查定子绕组极性及其连接的正确性；

4）电动机空载转动检查和空载电流测量。

（3）测量绕组的绝缘电阻和吸收比，应符合下列规定：

1）额定电压为 1kW 以下的电动机使用 1kV 兆欧表测，常温下绝缘电阻值不应低于 $0.5M\Omega$；额定电压为 1000V 及以上的电动机使用 2.5kV 兆欧表测绝缘电阻，折算至运行温度时的绝缘电阻值，定子绕组不应低于 $1M\Omega/kV$，转子绕组不应低于 $0.5M\Omega/kV$。

2）1000V 及以上的电动机应测量吸收比。吸收比不应低于 1.2，中性点可拆开的应分相测量。电动机的吸收比测量应使用 60s 与 15s 绝缘电阻值的比值；极化指数应为 10min 与 1min 的绝缘电阻值的比值。吸收比的测量用秒表看时间，当摇表遥测到 15s 时，读取摇表的数值，继续遥测到 60s 时再读取一个数值，即可求出 R_{60}/R_{15} 的吸收比的数值。

3）凡吸收比小于 1.2 的电动机，都先干燥后再进行交流耐压试验。

电动机干燥时，周围环境应清洁，电动机内的灰尘、脏物可用干燥的压缩空气吹净。电动机外壳应接地，为防止干燥时的热损失，可采用保温措施，但应有通风口，以便排除电动机绝缘中的潮气。

①电机干燥烘干法。其烘干温度应缓慢上升，升温速率应按制造厂技术要求，一般可为每小时升 5～8℃；铁芯和绕组的最高允许温度，应根据绝缘等级确定，一般控制在 70～80℃的范围之内；带转子进行干燥的电机当温度达到 70℃以后，应至少每隔 2h 将转子转动 180°。在干燥过程中，应定时测量绝缘电阻值，当吸收比及绝缘电阻达到规定要求，并在同一温度下经过 5h 稳定不变时，干燥便可结束。在干燥过程中应特别注意安全，现场不得进行电气焊或其他明火发生，值班人员不得离开工作岗位，必须严密监视温度及

绝缘情况的变化，严防损坏电动机绕组和发生火灾。干燥现场应有防火措施及灭火器具。

②烘干工作应根据作业环境和电机受潮的程度而确定，选择干燥方法。可分别采用循环热风干燥、灯泡干燥、电流干燥等方法。

（4）测量绕组的直流电阻，应符合下述规定：

1000V以上或容量100kW以上的电动机各相绕组直流电阻值相互差别不应超过其最小值的2%，中性点未引出的电动机可测量线间直流电阻，其相互差别不应超过其最小值的1%。

（5）定子绕组直流耐压试验和泄漏电流测量，应符合下述规定：

1000V以上及100kW以上、中性点连线已引出至出线端子板的定子绕组应分相进行直流耐压试验。试验电压为定子绕组额定电压的3倍。在规定的试验电压下，各相泄漏电流的差值不应大于最小值的100%；当最大泄漏电流在20微安以下时，各相间应无明显差别。中性点连线未引出的不进行此项试验。

（6）电动机的交流耐压试验

交流耐压试验时加至试验标准电压后的持续时间，如无特殊说明，应为1min。

耐压试验电压值以额定电压的倍数计算时，电动机应按铭牌额定电压计算。

定子绕组的交流耐压试验电压，应符合表35-135的规定。

电动机定子绕组交流耐压试验电压　　　　　　　　　表35-135

额定电压（kV）	3	6	10
试验电压（kV）	5	10	16

绕线式电动机的转子绕组交流耐压试验电压，应符合表35-136的规定。

绕线式电动机转子绕组交流耐压试验电压表　　　　　表35-136

转子工况	试验电压（V）	转子工况	试验电压（V）
不可逆的	$1.5U_k+750$	可逆的	$3.0U_k+750$

注：U_k 为转子静止时，在定子绕组上施加额定电压，转子绕组开路时测得的电压。

（7）同步电动机转子绕组的交流耐压试验电压值为额定励磁电压的7.5倍，且不应低于1200V，但不应高于出厂试验电压值的75%。

（8）可变电阻器、启动电阻器、灭磁电阻器的绝缘电阻。当与回路一起测量时，绝缘电阻值不应低于0.5MΩ。

（9）测量可变电阻器、启动电阻器、灭磁电阻器的直流电阻值，与产品出厂数值比较，其差值不应超过10%；调节过程中应接地良好，无开路现象，电阻值的变化应有规律性。

（10）测量电动机轴承的绝缘电阻，当有油管路连接时，应在油管安装后，采用1000V兆欧表测量，绝缘电阻值不应低于0.5MΩ。

（11）检查定子绕组的极性及其连接应正确。中性点未引出者可不检查极性。

35.8.7　电动机的试运行及验收

1. 电动机启动前的检查

（1）电动机的铭牌所示电压、频率与使用的电源是否一致，接法是否正确，电源容量与电动机的容量及启动方法是否合适。

（2）使用的电线规格是否合适，电动机引出线与线路连接是否牢固，接线有无错误，端子有无松脱。

（3）开关和接触器的容量是否合适，触点的接触是否良好。

（4）熔断器和热继电器的额定电流与电动机容量是否匹配，热继电器是否复位。

（5）用手盘车应均匀、平稳、灵活，窜动不应超过规定值。

（6）传动带不得过紧或过松，连接要可靠，无裂伤迹象。联轴器螺钉及销子应完整、紧固，不得松动少缺。

（7）电动机外壳有无裂纹，接地要可靠，地脚螺栓、端盖螺母不得松动。

（8）对不可逆运转的电动机，应检查电动机的旋转方向与电动机所标出的箭头运动方向是否一致。

（9）电动机绕组相间和绕组对地绝缘是否良好，测量绝缘电阻应符合规定要求。

（10）电动机内部有无杂物，可用干燥、清洁的压缩空气或"皮老虎"吹净。保持电动机周围的清洁，不准堆放煤灰，不得有水汽、油污、金属导线、棉纱头等无关的物品，以免被卷入电动机内。

（11）要求电动机的定子绕组、绕线转子异步电动机的转子绕组的三相直流电阻偏差应小于2%。

2. 电动机的试运行

（1）交流电动机在空载状态下可启动次数及间隔时间应符合产品技术条件的要求；无要求时，连续启动2次的时间间隔不应小于5min，再次启动应在电动机冷却至常温下。空载状态运行，应记录电流、电压、温度、运行时间等有关数据，且应符合建筑设备或工艺装置的空载状态运行要求。

（2）电动机宜在空载情况下做第一次启动，空载运行时间宜为2h。当电动机与其机械部分的连接不易拆开时，可连在一起进行空载转动检查试验。如中途发现速度变化或声音不正常时，应立即断电找出原因。

（3）多台电动机试车，不能同时启动，应先启动大功率电动机，后启动小功率电动机。

（4）交流电动机的带负荷启动次数，应符合产品技术条件的规定；当产品技术条件无规定时，可符合下列规定：

1）在冷态时，可启动2次。每次间隔时间不得小于5min；

2）在热态时，可启动1次。当在处理事故以及电动机启动时间不超过2～3s时，可再启动1次。

（5）电动机试运行中的检查应符合下列要求：

1）电机的旋转方向符合要求，无异声；

2）换向器、集电环及电刷的工作情况正常；

3）检查电机各部温度，不应超过产品技术条件的规定；

4）滑动轴承温度不应超过80℃，滚动轴承温度不应超过95℃；

5）电机振动的双倍振幅值不应大于表35-137的规定。

电机振动的双倍振幅值最大值 表 35-137

同步转速 （r/min）	3000	1500	1000	750 及以下
双倍振幅值 （mm）	0.05	0.085	0.10	0.12

3. 电动机的验收

（1）建筑工程全部结束，现场清扫整理完毕。

（2）电动机本体安装检查结束，启动前应进行的试验项目已试验合格。

（3）冷却、调速、润滑、水、密封油等附属系统安装完毕，验收合格，水质、油质质量符合要求，分部试运行情况良好。

（4）电动机的保护、控制、测量、信号、励磁等回路调试完毕后，其动作正常。

（5）测量电动机定子绕组、转子及励磁等回路的绝缘电阻，应符合要求；有绝缘的轴承座的绝缘板、轴承座及台版的接触面应清洁干燥，使用 1000V 兆欧表测量，绝缘电阻值不得小于 0.5MΩ。

（6）电动机在验收时，应提交下列资料和文件：

1）设计变更的证明文件和竣工图资料；

2）制造厂提供的产品说明书、检查及试验记录、合格证件及安装使用图纸等技术文件；

3）安装验收技术记录、签证和电机抽芯检查及干燥记录等；

4）调整试验记录及报告；

5）设备空载及负载试运行记录；

6）分项工程施工质量验收记录。

35.9 建筑物的防雷与接地装置

现代防雷的技术原则是强调全方位防护，综合治理、多层设防，把防雷作为一个系统工程来设计。防雷接地按建筑物重要性、使用性质、发生雷电事故的可能性和后果，分为三类：

第一类防雷建筑物：

（1）凡制造、使用或贮存炸药、火药、起爆药、火工品等大量爆炸物质的建筑物，因电火花而引起爆炸，会造成巨大破坏和人身伤亡者。

（2）具有 0 区或 10 区爆炸危险环境的建筑物。

（3）具有 1 区爆炸危险环境的建筑物，因电火花而引起爆炸，会造成巨大破坏和人身伤亡者。

第二类防雷建筑物：

（1）国家级重点文物保护的建筑物。

（2）国家级的会堂、办公建筑物、大型展览和博览建筑物、大型火车站、国宾馆、国家级档案馆、大型城市的重要给水水泵房等特别重要的建筑物。

（3）国家级计算中心、国际通信枢纽等对国民经济有重要意义且装有大量电子设备的建筑物。

(4) 制造、使用或贮存爆炸物质的建筑物，且电火花不易引起爆炸或不致造成巨大破坏和人身伤亡者。

(5) 具有 1 区爆炸危险环境的建筑物，且电火花不易引起爆炸或不致造成巨大破坏和人身伤亡者。

(6) 具有 2 区或 11 区爆炸危险环境的建筑物。

(7) 工业企业内有爆炸危险的露天钢质封闭气罐。

(8) 预计雷击次数大于 0.06 次/a 的部级、省级办公建筑物及其他重要或人员密集的公共建筑物。

(9) 预计雷击次数大于 0.3 次/a 的住宅、办公楼等一般性民用建筑物。

第三类防雷建筑物：

(1) 省级重点文物保护的建筑物及省级档案馆。

(2) 预计雷击次数大于或等于 0.012 次/a，且小于或等于 0.06 次/a 的部、省级办公建筑物及其他重要或人员密集的公共建筑物。

(3) 预计雷击次数大于或等于 0.06 次/a，且小于或等于 0.3 次/a 的住宅、办公楼等一般性民用建筑物。

(4) 预计雷击次数大于或等于 0.06 次/a 的一般性工业建筑物。

(5) 根据雷击后对工业生产的影响及产生的后果，并结合当地气象、地形、地质及周围环境等因素，确定需要防雷的 21 区、22 区、23 区火灾危险环境。

(6) 在平均雷暴日大于 15d/a 的地区，高度在 15m 及以上的烟囱、水塔等孤立的高耸建筑物；在平均雷暴日小于或等于 15d/a 的地区，高度在 20m 及以上的烟囱、水塔等孤立的高耸建筑物。

35.9.1 一 般 规 定

35.9.1.1 技术要求

(1) 不同类防雷的技术措施：

1) 第一类防雷建筑物防直击雷的措施要求

①应装设独立避雷针或架空避雷线（网），使被保护的建筑物及风帽、放散管等突出屋面的物体均处于接闪器的保护范围内。架空避雷网的网格尺寸不应大于 5m×5m 或 6m×4m。

②排放爆炸危险气体、蒸气或粉尘的放散管、呼吸阀、排风管等的管口外的以下空间应处于接闪器的保护范围内，当有管帽时，应为管口上方半径 5m 的半球体。接闪器与雷闪的接触点应设在上述空间之外。

③排放爆炸危险气体、蒸气或粉尘的放散管、呼吸阀、排风管等，当其排放物达不到爆炸浓度、长期点火燃烧、一排放就点火燃烧时，及发生事故时排放物才达到爆炸浓度的通风管、安全阀，接闪器的保护范围可仅保护到管帽，无管帽时可仅保护到管口。

④独立避雷针的杆塔、架空避雷线的端部和架空避雷网的各支柱处应至少设一根引下线。对用金属制成或有焊接、绑扎连接钢筋网的杆塔、支柱，宜利用其作为引下线。

⑤低压线路宜全线采用电缆直接埋地敷设，在入户端应将电缆的金属外皮、钢管接到防雷电感应的接地装置上。当全线采用电缆有困难时，可采用钢筋混凝土杆和铁横担的架

空线，并应使用一段金属铠装电缆或护套电缆穿钢管直接埋地引入，其埋地长度应符合下列表达式的要求，但不应小于15m：

在电缆与架空线连接处，尚应装设避雷器。避雷器、电缆金属外皮、钢管和绝缘子铁脚、金具等应连在一起接地，其冲击接地电阻不应大于10Ω。

⑥架空金属管道，在进出建筑物处，应与防雷电感应的接地装置相连。距离建筑物100m内的管道，应每隔25m左右接地一次，其冲击接地电阻不应大于20Ω，并宜利用金属支架或钢筋混凝土支架的焊接、绑扎钢筋网作为引下线，其钢筋混凝土基础宜作为接地装置。

⑦埋地或地沟内的金属管道，在进出建筑物处亦应与防雷电感应的接地装置相连。

⑧当建筑物太高或其他原因难以装设独立避雷针、架空避雷线、避雷网时，可将避雷针或网格不大于5m×5m或6m×4m的避雷网或由其混合组成的接闪器直接装在建筑物上，避雷网应按本规范附录二的规定沿屋角、屋脊、屋檐和檐角等易受雷击的部位敷设。并必须符合下列要求：

a. 所有避雷针应采用避雷带互相连接。

b. 引下线不应少于两根，并应沿建筑物四周均匀或对称布置，其间距不应大于12m。

c. 排放爆炸危险气体、蒸气或粉尘的管道应装设独立避雷针和防雷引下线。

d. 建筑物应装设均压环，环间垂直距离不应大于12m，所有引下线、建筑物的金属结构和金属设备均应连到环上。均压环可利用电气设备的接地干线环路。

e. 防直击雷的接地装置应围绕建筑物敷设成环形接地体，每根引下线的冲击接地电阻不应大于10Ω，并应和电气设备接地装置及所有进入建筑物的金属管道相连，此接地装置可兼作防雷电感应之用。

f. 当建筑物高于30m时，尚应采取以下防侧击的措施：

（a）从30m起每隔不大于6m沿建筑物四周设水平避雷带并与引下线相连。

（b）30m及以上外墙上的栏杆、门窗等较大的金属物与防雷装置连接。

（c）在电源引入的总配电箱处宜装设过电压保护器。

⑨当树木高于建筑物且不在接闪器保护范围之内时，树木与建筑物之间的净距不应小于5m。

2）第二类防雷建筑物防直击雷的措施要求

①宜采用装设在建筑物上的避雷网（带）或避雷针或由其混合组成的接闪器。避雷网（带）应按规定沿屋角、屋脊、屋檐和檐角等易受雷击的部位敷设，并应在整个屋面组成不大于10m×10m或12m×8m的网格。所有避雷针应采用避雷带相互连接。

②排放爆炸危险气体、蒸气或粉尘的放散管、呼吸阀、排风管等管道应符合本书第35.9.1.1条一款的要求。

③排放无爆炸危险气体、蒸气或粉尘的放散管、烟囱，1区、11区和2区爆炸危险环境的自然通风管，装有阻火器的排放爆炸危险气体、蒸气或粉尘的放散管、呼吸阀、排风管，按设计规范所规定的管、阀及煤气放散管等，其防雷保护应符合下列要求：

a. 金属物体可不装接闪器，但应和屋面防雷装置相连；

b. 在屋面接闪器保护范围之外的非金属物体应装接闪器，并和屋面防雷装置相连。

④引下线不应少于两根，并应沿建筑物四周均匀或对称布置，其间距不应大于18m。

当仅利用建筑物四周的钢柱或柱子钢筋作为引下线时，可按跨度设引下线，但引下线的平均间距不应大于18m。

⑤每根引下线的冲击接地电阻不应大于10Ω。防直击雷接地宜和防雷电感应、电气设备、信息系统等接地共用同一接地装置，并宜与埋地金属管道相连；当不共用、不相连时，两者间在地中的距离应符合下列表达式的要求，但不应小于2m：

$$S_{ed} \geqslant 0.3 K_c R_i$$

S_{ed}：防雷接地网与各种接地网或埋地各种电缆和金属管道间的地下距离（m）；K_c：分流系数；R_i：防雷接地网的冲击接地电阻值（Ω）。

⑥利用建筑物的钢筋作为防雷装置时应符合下列规定：

a. 建筑物宜利用钢筋混凝土屋面、梁、柱、基础内的钢筋作为引下线。按设计规范所规定的建筑物尚宜利用其作为接闪器。

b. 当基础采用硅酸盐水泥和周围土壤的含水量不低于4%及基础的外表面无防腐层或有沥青质的防腐层时，宜利用基础内的钢筋作为接地装置。

c. 敷设在混凝土中作为防雷装置的钢筋或圆钢，当仅一根时，其直径不应小于10mm。被利用作为防雷装置的混凝土构件内有箍筋连接的钢筋，其截面积总和不应小于一根直径为10mm钢筋的截面积。

⑦利用基础内钢筋网作为接地体时，在周围地面以下距地面不小于0.5m，每根引下线所连接的钢筋表面积总和应符合设计的要求。

3）第三类防雷建筑物防直击雷的措施要求

①宜采用装设在建筑物上的避雷网（带）或避雷针或由这两种混合组成的接闪器。避雷网（带）应按国家防雷规定沿屋角、屋脊、屋檐和檐角等易受雷击的部位敷设。并应在整个屋面组成不大于20m×20m或24m×16m的网格。

②平屋面的建筑物，当其宽度不大于20m时，可仅沿网边敷设一圈避雷带。

③每根引下线的冲击接地电阻不宜大于30Ω。其接地装置宜与电气设备等接地装置共用。防雷的接地装置宜与埋地金属管道相连。当不共用、不相连时，两者间在地中的距离不应小于2m。在共用接地装置与埋地金属管道相连的情况下，接地装置宜围绕建筑物敷设成环形接地体。

④建筑物宜利用钢筋混凝土屋面板、梁、柱和基础的钢筋作为接闪器、引下线和接地装置，并应符合设计规定。

（2）接地装置安装工程应按已批准的设计进行施工，按照已批准的施工组织设计（施工方案）进行技术交底。

（3）电气装置的下列部位（金属），均应接地或接零。

1）屋内外配电装置的金属以及靠近带电部分的金属遮栏和金属门窗。

2）配电、控制、保护用的屏（柜、箱）及操作台、电机及其电器等的金属框架和底座。

3）电缆的接线盒、终端头和电缆的金属保护层、可触及的电缆金属保护管和穿线钢管。

4）电缆桥架、支架；封闭母线的外壳及其他裸露的金属部分。

5）电力线路杆塔；装在配电线路杆上的电力设备。

6）电热设备的金属外壳；封闭式组合电器和箱式变电站的金属箱体。

7）卫生间各个金属部件及金属管道等。

（4）在中性点直接接地的配电线路中，所有用电设备的金属外壳应作接地保护。

（5）保护接地及中性点直接接地装置的接地电阻不应大于 4Ω。但供给这些配电线路中的变压器或发电机的容量在 100kVA 及以下时，接地电阻可在 10Ω 以下。

（6）电力电源线（电缆）在引入建筑物处，中性线应重复接地（距接地点不超过 50m 者除外），室内的配电箱（屏）有接地装置，可将中性线直接连接到接地装置上。

（7）电气装置所设接地，每个接地部分应以单独的接地线与接地干线相连接；电气装置中有移动式或携带式电气用电设备的工作场所和住宅、托儿所、幼儿园、学校，应装有短路、过载功能的漏电保护装置；电气装置的接地系统分 TN、TT、IT 三种形式：

1）TN 系统又分为三种形式

①TN-S 系统

在全系统内 N 线和 PE 线是分开的，具体原理见图 35-138：

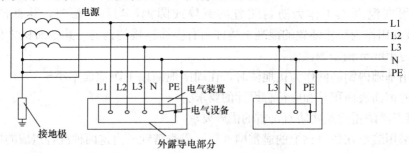

图 35-138   TN-S 系统

②TN-C 系统

在全系统内 N 线和 PE 线合为一根线（PEN 线），具体原理见图 35-139：

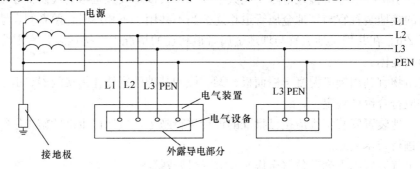

图 35-139   TN-C 系统

③TN-C-S 系统

在全系统内仅在前一部分 N 线和 PE 线合为一根线，具体原理见图 35-140：

2）TT 系统

电源端直接接地，外露导电部分直接接地，与电源的接地无关，具体原理图 35-141：

3）IT 系统

电源端不接地或一点经阻抗接地，外露导电部分直接接地，具体原理见图 35-142：

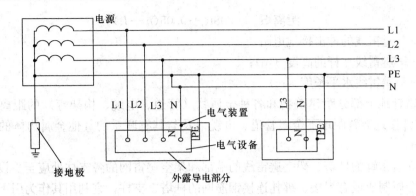

图 35-140　TN-C-S 系统

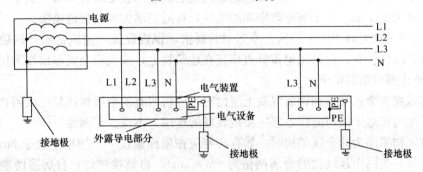

图 35-141　TT 系统

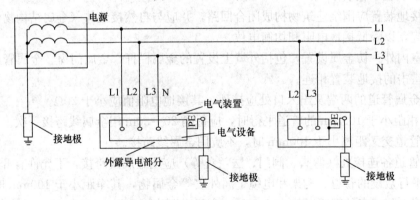

图 35-142　IT 系统

综上所述，电气系统的接地装置，按其作用不同分为工作接地、保护接地、重复接地和接零，以防止雷电的危害和静电的作用，确保人身安全和电气设备正常运行。

（8）防雷保护要求

1）防止直击雷的保护措施：

①应装设独立避雷针或架空避雷线（网），使被保护的建筑物及风帽、放散管等突出屋面的物体均处于接闪器的保护范围内。架空避雷网的网格尺寸不应大于 5m×5m 或 6m×4m。接地电阻应小于 10Ω。

②避雷线距离屋顶和各种突出屋面物体的距离不得小于 3m。同时还应满足公式（35-6）的规定：

$$距离\ S\geqslant 0.08R+0.05(h+L) \tag{35-6}$$

式中　R——避雷线的冲击接地电阻；

　　　　h——避雷线立杆的高度（m）；

　　　　L——避雷线水平长度（m）。

③避雷针地上部分距建筑物和各种金属物（管道、电缆、构架等）的距离不得小于 3m。避雷针接地装置距地下金属管道、电缆以及与其有联系的其他金属物体的距离均不得小于 3m。

④独立避雷针的杆塔、架空避雷线的端部和架空避雷网的各支柱处应至少设一根引下线。对用金属制成或有焊接、绑扎连接钢筋网的杆塔、支柱，宜利用其作为引下线。

⑤独立避雷针、架空避雷线或架空避雷网应有独立的接地装置，每一引下线的冲击接地电阻不宜大于 10Ω。在土壤电阻率高的地区，可适当增大冲击接地电阻。

2）当建筑物太高或由于建筑艺术造型的要求，很难设置与建筑物隔开的独立避雷针或架空避雷线保护时：允许将避雷针直接装在建筑物上，或利用金属屋顶作为接闪器。

3）防止感应雷的措施

①建筑物为金属结构和钢筋混凝土屋面时，应将所有的金属物体焊接成闭合回路后直接接地。屋内接地干线与防雷电感应接地装置的连接，不应少于两处。

②建筑物屋面为非金属结构时，如有必要应在屋面敷设一个网格不大于 8m×10m 的金属网格（一类民用建筑物的金属网格为 5m×5m），再直接接地；自房屋两端起，每隔 18～24m 设置一根引下线。

③接地装置应围绕建筑物构成闭合回路，并应与自然接地体（金属结构物体）全部连接在一起，以降低接地电阻和均衡电位。

④室内外一切金属设置，包括外墙上设置的金属栏杆、金属门窗、金属管道均应与防止感应雷击的接地装置相连。

a. 金属管道的两端及出入口处应接地，其接地电阻值应小于 20Ω。

b. 相距小于 100mm 的管道平行时，应每隔 20～30m 用金属线跨接一次。

c. 管道交叉距离小于 100mm 时，不应用金属线跨接。

d. 管道各连接处（弯头、阀门、法兰盘等）应用金属线跨接，不允许有开口环路。

⑤平行敷设的管道、构架和电缆金属外皮等金属物，其净距小于 100mm 时应采用金属线跨接，跨接点的间距不应大于 30m；交叉净距小于 100mm 时，其交叉处亦应跨接。

⑥感应雷击装置与独立避雷针或架空避雷线系统相互间不得用金属连接，其地下相互间的距离应尽量远，至少不得小于 3m。

4）为了防止架空线引入高电位，应采用电缆埋地进户。电缆两端钢铠和铅皮应接地。当难于全线采用电缆时，允许从架空线上转换一段铠装电缆埋地进户，但这一段电缆的长度不应小于 50～100m，且在换线杆处必须装设避雷针（器）。

35.9.1.2　材料要求

（1）主要材料：热镀锌的扁钢、角钢、圆钢、钢管等。

（2）常用辅材：

1）铅丝、紧固件（螺栓、垫片、弹簧垫圈、U 形螺栓、元宝螺栓等）和支架等，均应采用镀锌制品；

2）电焊条、氧气、乙炔、混凝土支承块、预埋铁件、水泥、砂子、塑料管、铜线等。

（3）避雷装置常用材料应符合以下要求：

1）避雷针（网）和接地装置，均应采用热镀锌钢管和圆钢、扁钢、角钢等制成，其型号、规格应符合设计要求。并有产品质量合格证和试验报告。

2）避雷针，一般采用圆钢或钢管制成，其针体直径应符合表 35-138 的规定。

针体直径规格　　　　　　　　表 35-138

针体长度（m）或应用位置	针体直径（mm）	
	热镀锌圆钢	热镀锌钢管
1m 以下	12	20
1～2m	16	25
烟囱上的避雷针	20	40

3）避雷网、避雷带及其引下线，常规为扁钢或圆钢，其规格应符合表 35-139 的规定。

避雷网（带）、引下线品种与规格　　　　　　表 35-139

项目或应用位置	材料品种与规格	
	热镀锌圆钢	热镀锌扁钢（截面×厚度）
避雷网（带）	Φ10	25mm×4mm
烟囱避雷环	Φ12	40mm×4mm
引下线	Φ10	25mm×4mm
烟囱引下线	Φ12	40mm×4mm

4）避雷线：一般采用截面积不小于 35mm² 的镀锌钢绞线。

5）防雷接地体：一般采用热镀锌角钢、钢管、圆钢等；水平埋设的接地体，一般采用热镀锌扁钢、圆钢等。其接地体的规格尺寸不小于表 35-140 的规定。

接地体材料品种与规格　　　　　　　表 35-140

材料品种	规　格	材料品种	规　格
热镀锌圆钢	Φ10mm	热镀锌角钢（厚度）	4mm
热镀锌扁钢（截面×厚度）	100mm²×4mm	热镀锌钢管（壁厚）	3.5mm

35.9.1.3　主要机具

（1）主要安装机具：手锤、电焊机、钢锯、气焊工具、压力案子、铁锹、铁镐、大锤、夯、捯链、紧线器、电锤、冲击钻、常用电工工具等。

（2）主要检测机具：线坠、卷尺、接地电阻测试仪等。

35.9.1.4　作业条件

施工图纸等资料应齐全，已按审批的施工组织设计或施工方案的要求，进行了技术交底。施工现场已清理干净，土建钢筋已绑扎验收完毕。

35.9.2 接地装置安装

35.9.2.1 接地装置的划分

接地装置一般分为建筑物基础接地体、人工接地体、接地模块等。

1. 建筑物基础接地体

底板钢筋与柱筋连接，桩基内钢筋与柱筋连接。

2. 人工接地体

按照设计图纸，进行放线，开挖接地体沟槽，开挖深度达到地表层以下，经检查确认后，打入接地体和敷设连接接地极的热镀锌扁钢。接地体宜埋设在土层电阻率较低和人们不常到达的地方。

3. 接地模块

按照设计图纸，进行放线，开挖接地模块坑槽，开挖深度达到地表层 0.7m 以下，经检查确认后，放置接地模块（一般已在现场预制完成）、敷设连接接地模块的热镀锌扁钢。

35.9.2.2 施工要求

防雷接地装置的位置与道路或建筑物的出入口等的距离不宜小于 3m；若小于 3m，为降低跨步电压应采取以下措施：

（1）水平接地体局部埋置深度不小于 1m，并在局部上部覆盖一层绝缘物（50～80mm 厚的沥青层）。

（2）采用沥青碎石地面或在接地装置上面敷设 50～80mm 厚的沥青层，其宽度应超过接地装置边 2m，敷设沥青层时，其基底须用碎石，夯实。

（3）接地体上部装设用圆钢或扁钢焊成的 500mm×500mm 的"栅格"，其边缘距接地体不得小于 2.5m。

（4）根据设计标高挖接地体沟，挖沟时如附近有建筑物或构筑物，沟的中心线与建筑物或构筑物的基础距离不宜小于 2m。

35.9.2.3 施工工艺

人工接地体施工工艺流程

定位放线→人工接地体制作→接地体敷设→接地干线敷设

引下线施工工艺流程

定位放线→引下线敷设→变配电室接地干线敷设→断接卡子制作安装

35.9.2.4 定位放线

接地装置的位置，与道路或建筑物的出入口等的距离应不小于 3m；当小于 3m 时，为降低跨步电压应采取以下措施：

（1）水平接地体局部埋置深度不应小于 1m，并应局部包以绝缘物（50～80mm 厚的沥青层）。

（2）采用沥青碎石地面或在接地装置上面敷设 50～80mm 厚的沥青层，其宽度应超过接地装置 2m。敷设沥青层时，其基底必须用碎石，夯实。

（3）接地体上部装设圆钢或扁钢焊成的 500mm×500mm 的网格，其边缘距接地体不小于 2.5m。

（4）采用"帽檐式"的压带做法。

35.9.2.5 人工接地体制作

（1）垂直接地体的加工制作：制作垂直接地体材料一般采用镀锌钢管 $DN50$、镀锌角钢 L50×50×5 或镀锌圆钢 $\phi20$，长度不应小于 2.5m，端部锯成斜口或锻造成锥形，角钢的一端应加工成尖头形状，尖点应保持在角钢的角脊线上并使斜边对称制成接地体。

（2）水平接地体的加工制作：一般使用－40mm×4mm 的镀锌扁钢。

（3）铜接地体常用 900mm×900mm×1.5mm 的铜板制作：

1）在铜接地板上打孔，用单股 $\phi1.3mm\sim\phi2.5mm$ 铜线将铜接地线（绞线）绑扎在铜板上，在铜绞线两侧用气焊焊接。

2）在铜接地板上打孔，将铜接地绞线分开拉直，搪锡后分四处用单股 $\phi1.3mm\sim\phi2.5mm$ 铜线绑扎在铜板上，用锡逐根与铜板焊好。

3）将铜接地线与接线端子连接，接线端部与铜端子的接触面处搪锡，用 $\phi5mm\times6mm$ 的铜铆钉将端子与铜板铆紧，在接线端子周围进行锡焊。铜端子规格为－30mm×1.5mm，长度为 750mm。

4）使用－25mm×1.5mm 的扁铜板与铜接地板进行铜焊固定。

35.9.2.6 自然接地体安装

1. 利用钢筋混凝土桩基基础做接地体

在作为防雷引下线的柱子或者剪力墙内钢筋做引下线位置处，将桩基础的抛头钢筋与承台梁主筋焊接，再与上面作为引下线的柱或剪力墙中钢筋焊接。

2. 利用钢筋混凝土板式基础做接地体

（1）利用无防水层底板的钢筋混凝土板式基础做接地时，将利用作为防雷引下线符合规定的柱主筋与底板的钢筋进行焊接连接。

（2）利用有防水层板式基础的钢筋做接地体时，将符合规格和数量的可以用来做防雷引下线的柱内钢筋，在室外自然地面以下的适当位置处，利用预埋连接板与外引的 $\varphi12mm$ 镀锌圆钢或－40mm×4mm 的镀锌扁钢相焊接做连接线。同有防水层的钢筋混凝土板式基础的接地装置连接。

3. 利用独立柱基础、箱形基础做接地体

（1）利用钢筋混凝土独立柱基础及箱形基础做接地体，将用作防雷引下线的现浇混凝土柱内符合要求的主筋，与基础底层钢筋网做焊接连接。

（2）钢筋混凝土独立柱基础如有防水层时，应将予埋的铁件和引下线连接应跨越防水层将柱内的引下线钢筋、垫层内的钢筋与接地线相焊接。

4. 利用钢柱钢筋混凝土基础作为接地体

（1）仅有水平钢筋网的钢柱钢筋混凝土基础做接地时，每个钢筋混凝土基础中有两个地脚螺栓通过连接导体（≥$\phi12mm$ 钢筋或圆钢）与水平钢筋网进行焊接连接。地脚螺栓与连接导体与水平钢筋网的搭接焊接长度不应小于 6 倍，并应在钢桩就位后，将地脚螺栓及螺母和钢柱焊为一体。

（2）有垂直和水平钢筋网的基础，垂直和水平钢筋网的连接，应将与地脚螺栓相连接两根垂直钢筋焊到水平钢筋网上，当不能焊接时，采用≥$\phi12mm$ 钢筋或圆钢跨接焊接。如果四根垂直主筋能接触到水平钢筋网时，将垂直的四根钢筋与水平钢筋网进行绑扎连接。

（3）当钢柱钢筋混凝土基础底部有柱基时，宜将每一桩基的两根主筋同承台钢筋焊接。

5. 钢筋混凝土杯型基础预制柱做接地体

（1）当仅有水平钢筋的杯型基础做接地体时，将连接导体（即连接基础内水平钢筋网与预制混凝土柱预埋连接板的钢筋或圆钢）引出位置是在杯口一角的附近，与预制混凝土柱上的预埋连接板位置相对应，连接导体与水平钢筋网采用焊接。

（2）当有垂直和水平钢筋网的杯型基础做接地体时，与连接导体相连接的垂直钢筋，应与水平钢筋相焊接。如不能焊接时，采用不小于 $\phi 10mm$ 的钢筋或圆钢跨接焊。如果四根垂直主筋都能接触到水平钢筋网时，应将其绑扎连接。

（3）连接导体外露部分应做水泥砂浆保护层，厚度 50mm。当杯形钢筋混凝土基础底下有桩基时，宜将每一根桩基的两根主筋同承台梁钢筋焊接。如不能直接焊接时，可用连接导体进行跨接。

35.9.2.7 人工接地体的安装

1. 垂直接地体的安装

（1）施工方法

安装时先将接地体放在沟内中心线上，用大锤将接地体垂直打入地中，然后将镀锌扁钢调直置入沟内，将扁钢与接地体焊接。扁钢应侧放而不可平放，扁钢与钢管连接的位置距接地体顶端 100mm，焊接时将扁钢拉直，焊好后清除药皮，刷沥青漆做防腐处理，将接地线引出至需要的位置。

（2）接地体安装要求

接地体顶端距自然地面的距离，须符合设计要求；当无具体规定时，不宜小于 600mm，防止接地体受机械损伤及受到腐蚀。接地体植入接地体沟时，两垂直接地体之间的间距不宜小于接地体长度的 2 倍。

2. 水平接地体的安装

水平接地体多用于绕建筑四周的联合接地。接地体一般采用—40mm×4mm 的热镀锌扁钢。水平接地体宜侧放敷设在地沟内（不应平放），获得较小的散流电阻。

（1）水平接地体的顶部埋设深度距地面不应小于 600mm。

（2）水平接地体之间的间距应符合设计要求；当设计无规定时，不宜小于 5m。

（3）水平接地体环绕建筑物设置，可设置在建筑物基础的底部，在基槽挖好后，将水平接地体置于地槽底边，同时按设计引下线的间距预留外引接地的接点。

（4）如基槽底有灰土层时，必须持水平接地体埋入素土内。

（5）在多岩石地区，接地体可以水平敷设，埋设深度通常不小于 600mm。在地下的接地体严禁涂刷防腐涂料。

3. 铜板接地体安装

铜板接地体应侧放安装，顶部距地面的距离不小于 0.6m，接地极间的距离不小于 5m。

35.9.2.8 引下线安装

引下线一般可分为明敷和暗敷两种。其材质要求可为热镀锌扁钢或圆钢（利用混凝土中钢筋作引下线除外）。其规格应不小于下列数值：热镀锌圆钢直径为 10mm；热镀锌扁钢截面为—25mm×4mm。

1. 防雷引下线明敷

(1) 引下线沿外墙面明敷时，首先将引下线调直，然后根据设计的位置定位，在墙表面进行弹线或吊铅垂线测量，根据测量的长度，上端为250～300mm，均分支架间距，并确保其垂直度。安装支持件（固定卡子），支持件（固定卡子）应随土建主体施工预埋。一般在距室外护坡2m高处，预埋第一个支持卡子，卡子间距1.5～2m，但必须均匀。卡子应突出墙装饰面15mm。将调直的引下线由上到下安装。用绳子提升到屋顶，将引下线固定到支持卡子上。上部与避雷带焊接，下部与接地体焊接，依次安装完毕。引下线的路径尽量短而直，不能直线引下时，应做成弯曲半径为圆钢直径10倍的圆弧。

(2) 引下线的连接应采用搭接焊接，其搭接长度须符合国家规范要求。引下线应沿最短路线引至接地体，拐弯处应制成大于90°的弧状。

(3) 固定引下线，一般采用扁钢支架，支持件用膨胀螺栓固定在墙面上，支架与引下线之间可采用焊接或套箍固定。引下线离墙面距离宜为15mm。

(4) 直接从基础接地体或人工接地体引出明敷的引下线，先埋设或安装支架，然后敷设引下线。

2. 引下线暗敷要求

(1) 引下线暗敷，一般利用混凝土柱内主钢筋作引下线或在引下线位置向上引两根至女儿墙上，钢筋在屋面与女儿墙上避雷带连接。利用建筑物主筋作暗敷引下线：当钢筋直径为16mm及以上时，应利用两根钢筋（绑扎或焊接）作为一组引下线，当钢筋直径为10mm及以上时，应利用四根钢筋（绑扎或焊接）作为一组引下线。引下线的上部与接闪器焊接，下部与接地体焊接。

(2) 利用建筑物柱内主筋作引下线，柱内主筋绑扎后，按设计要求施工，经检查确认，才能支模。

(3) 引下线沿墙或混凝土构造柱暗敷设：应使用不小于ϕ12mm镀锌圆钢或不小于—25mm×4mm的镀锌扁钢。施工时配合土建主体外墙（或构造柱）施工。将钢筋（或扁钢）调直后与接地体（或断接卡子）连接好，由下到上展放钢筋（或扁钢）并加以固定，敷设路径要尽量短而直，可直接通过挑檐或女儿墙与避雷带焊接。

(4) 直接从基础接地体或人工接地体暗敷埋入粉刷层内的引下线，经检查确认不外露，才能贴面砖或刷涂料等。

(5) 引下线的根数及断接卡（测试点）的位置、数量按设计要求安装。

3. 重复接地引下线安装

(1) 在低压TN系统中，架空线路干线和分支线的终端，其PEN或PE线应做重复接地。电缆线路和架空线路在每个建筑物的进线处均需做重复接地（如无特殊要求，对小型单层建筑，距接地点不超过50m可除外）。

(2) 低压架空线路进户线重复接地可在建筑物的进线处做引下线。引下线处可不设断接卡子，N线与PE线的连接可在重复接地节点处连接。需测试接地电阻时，打开节点处的连接板。架空线路除在建筑物外做重复接地外，还可利用总配电屏、箱的接地装置做PEN或PE线的重复接地。

(3) 电缆进户时，利用总配电箱进行N线与PE线的连接，重复接地线再与箱体连接。中间可不设断接卡，需测试接地电阻时，卸下端子，把仪表专用导线连接到仪表 E 的端钮上，另一端连到与箱体焊接为一体的接地端子板上测试。

（4）引下线各部位的连接：当引下线长度不足时，需要在中间做接头搭接焊。扁钢搭接长度不小于宽度的 2 倍，三个棱边都要焊接。圆钢引下线搭接长度不小于圆钢直径的 6 倍，两面焊接。

4. 断接卡（测试点）

接地装置由多个接地部分组成时，应按设计要求设置便于分开的断接卡子，自然接地体与人工接地连接处应有便于分开的断接卡。断接卡设置高度一般为 1.5～1.8m。

建筑物上的防雷设施采用多根引下线时，宜在各引下线处设断接卡并安装断接卡箱。在一个单位工程或一个小区内须统一高度。

断接卡有明装和暗装，断接卡可利用不小于—40mm×4mm 或—25mm×4mm 的镀锌扁钢制作。断接卡子应用两根镀锌螺栓拧紧，上下端至螺栓孔中心各为 20mm，两螺栓孔中心距离为 40mm，总长度为 80mm。搭接处固定螺栓应为镀锌件，钻孔为 11mm，螺栓规格为 M10×25，平垫片、弹簧垫片应齐全。固定时，螺栓应由里向外穿，螺母在外侧。断接卡的接地线至地下 0.3m 处须有钢管或角钢保护。保护管上下两端须有固定管卡，地面上保护管长度宜为 1.5m，地下不应小于 0.3m。高层建筑断接卡暗装时可按设计要求，从引下线上引出接地干线至接地电阻测试箱。

35.9.2.9 接地干线安装

接地干线（即接地母线），连接多个设备、器件与引下线、接地体与接地体之间、避雷针与引下线之间和连接垂直接地体之间的连接线。接地干线一般使用镀锌扁钢制作。接地干线分为室内和室外连接两种。具体的安装方法如下：

1. 室外接地干线敷设

（1）根据设计图纸要求进行定位放线，挖土。

（2）将接地干线进行调直、测位、煨弯，并将断接卡子及接线端子装好。然后将扁钢放入地沟内，扁钢应保持侧放，依次将扁钢在距接地体顶端大于 50mm 处与接地体用电焊焊接。焊接时应将扁钢拉直，将扁钢弯成弧形与接地钢管（或角钢）进行焊接。敷设完毕经隐蔽验收后，进行回填并夯实。

2. 室内接地干线敷设

（1）室内接地线是供室内的电气设备接地使用，多数是明敷设，但也可以埋设在混凝土内。明敷设的接地线大多数敷设在墙壁上，或敷设在母线架和电缆的构架上。

（2）保护套管埋设：在配合土建墙体及地面施工时，在设计要求的位置上，预埋保护套管或预留出接地干线保护套管孔。保护套管孔为方型，其规格应能保证接地干线顺利穿入。

（3）接地支持件固定：按照设计要求的位置进行定位放线，固定支持件无设计要求时，距地面 250～300mm 的高度处固定支持件。支持件的间距必须均匀，水平直线部分为 0.5～1.5m，垂直部分 1.5～2m，弯曲部分为 0.3～0.5m。固定支持件的方法有预埋固定钩或托板法、预留支架洞口后安装支架法、膨胀螺栓及射钉直接固定接地线法等。

（4）接地线的敷设：将接地扁钢事先调直、煨弯加工后，将扁钢沿墙吊起，在支持件一端将扁钢固定，接地线距墙面间隙应为 10～15mm，过墙时穿保护套管，钢制套管必须与接地线做电气连通，接地干线在连接处进行焊接，末端预留或连接应符合设计规定。

(5) 接地干线经过建筑物的伸缩（沉降）缝时，如采用焊接固定，应将接地干线在过伸缩（沉降）缝的一段做成弧形，或用 φ12mm 圆钢弯出弧形与扁钢焊接，也可以在接地线断开处用 50mm² 裸铜软绞线连接。

(6) 为了连接临时接地线，在接地干线上需安装一些临时接地线柱（也称接地端子），临时接地线柱的安装，应根据接地干线的敷设形式不同采用不同的安装形式。

(7) 配电室接地干线等明敷接地线的表面应涂以用 15~100mm 宽度相等的绿色和黄色相间的条纹。在每个接地导体的全部长度上或只在每个区间或每个可接触到的部位上宜作出标识。中性线宜涂淡蓝色标识，在接地线引向建筑物的入口处和在检修用临时接地点处，均应刷白色底漆并标以黑色接地标识。

(8) 室内接地干线与室外接地干线的连接应使用螺栓连接以便检测，接地干线穿过套管或洞口应用沥青丝麻或建筑密封膏封堵。

3. 接地线与电气设备的连接

电气设备的外壳上一般都有专用接地螺栓。将接地线与接地螺栓的接触面擦净至发出金属光泽，接地线端部挂上锡，并涂上中性凡士林油，然后穿入螺栓并将螺帽拧紧。在有振动的地方，所有接地螺栓都必须加垫弹簧垫圈。接地线如为扁钢，其孔眼必须用机械钻孔。

4. 接地体连接母线敷设

(1) 接地体连接母线（接地母线即连接垂直接地体之间的热镀锌扁钢），一般采用 —40mm×4mm 热镀锌扁钢，最小截面积不宜小于 100mm²、厚度不宜小于 4mm。

(2) 热镀锌扁钢敷设前，先调直，然后将扁钢垂直放置于地沟内，依次将扁钢在距接地体顶端大于 50mm 处，与接地体用电（气）焊焊接牢固。

(3) 为使接地扁钢与接地体接触连接严密，先按接地体外形制成弧形，用卡具将连接扁钢与接地体相互接触部位固定后，再焊接。

(4) 焊接的焊缝应饱满并有足够的机械强度，不得有夹渣、咬肉、裂纹、虚焊和气孔等缺陷。

35.9.2.10 需注意的其他问题

1. 成品保护

(1) 其他工种在挖土时，应注意保护接地体，不得损坏接地体。

(2) 不得破坏其他专业施工好的成品。

(3) 拆除脚手架或搬运物体时，不得碰坏接地干线。

(4) 变配电室安装设备时，不得碰坏接地干线。

2. 安全、环保措施

(1) 在室外作业时，如挖接地体地沟，接地体及接地干线的施工，要求操作人员必须戴安全帽，施工现场上空范围内要搭设防护板，以防建筑物上空坠落物体的打击。

(2) 刷油防腐现场严禁有火源、热源。操作时严禁吸烟等。熔化焊锡、锡块，工具要干燥，防止爆溅。

(3) 施工现场保持清洁，做到工完场清。施工中产生的垃圾、机械产生的油污应及时清理干净。

（4）使用电焊、气焊焊接时，应远离易燃易爆的物体。焊接时应用铁板遮挡焊星飞溅，防止烧坏建筑成品及机械设备并配备灭火器。

35.9.3 避雷网安装

35.9.3.1 弯件制作

当加工立弯时，严禁采用加热方法煨弯，应用手工冷弯或机械加工的方式进行，以免损伤镀锌层，且加工后扁钢的厚度应基本不变。

35.9.3.2 支持件安装

在避雷网（扁钢或圆钢）敷设前，应先测量弹线定位把支持件预埋、固定好。当扁钢为－25mm×4mm或圆钢为Φ12mm时，从转角中心至支持件的两端宜为250～300mm，且应对称设置，如扁钢为－40×4时，则距离可适当放大些。然后在每一直线段上从转角处的支持件开始进行测量并平均分配，相邻之间的支持件距离≤1m左右为宜。支持件的高度，在全国通用电气装置标准图集D562中要求为≥100mm，并且高度宜不小于支持件与女儿墙外墙边的距离为宜。

35.9.3.3 避雷网安装

1. 沿屋脊、屋檐、女儿墙明敷

扁钢或圆钢沿屋脊、屋檐或女儿墙明敷之前，支持件必须已按设计位置预埋，无松动现象。然后，进行校平校直。一般是利用一段约2m左右长度的10号槽钢将扁钢或圆钢放平在槽钢上，用木槌对不平直部位进行敲打校平直。

避雷网敷设安装的要求：

（1）扁钢与扁钢的焊接搭接长度不小于扁钢宽度的两倍，且焊接不少于三面。

（2）圆钢与圆钢的搭接长度不小于圆钢直径的6倍，且双面焊接。

（3）扁钢与支持件（扁钢）的焊接，扁钢宜高出支持件约5mm，这样焊接后上端可以平整。

（4）焊接处焊缝应平整，发现有夹渣、咬边、焊瘤现象，应返工重焊。焊接后应及时清除焊渣，并在焊接处刷防锈漆一遍，饰面漆两遍。

（5）高层建筑小屋面机房、设备房等墙面与女儿墙相连时，女儿墙上避雷网应与墙面明敷引下线连成一体；当引下线为主筋暗敷时，应从墙内主筋引下线焊接热镀锌钢筋引出与女儿墙扁钢（圆钢）搭接连成一体。

（6）避雷网的搭接焊焊缝应有加强高度。

（7）避雷网沿屋脊、屋檐、女儿墙应平直敷设，在转角处弯曲弧度宜统一。

（8）避雷网在女儿墙敷设时，一般宜敷设在女儿墙的中间，并且离女儿墙的外侧距离不小于避雷网的高度为宜；避雷网在经过沉降（伸缩）缝时须弯成较大弧状。

（9）对于镀锌层被破坏的部分如焊口处等须涂樟丹涂料一遍和银粉两遍。

2. 避雷网格的敷设

屋面网格应按照设计要求敷设，若设计未明确时，一般屋面上敷设网格应要求为：一类防雷建筑物：不大于100m²；二类防雷建筑物：不大于225m²；三类防雷建筑物：不大于400m²。

3. 避雷针

（1）避雷针针体按设计采用热镀锌圆钢或钢管制作。避雷针体顶端按设计或标准图制成尖状。采用钢管时管壁的厚度不得小于 3mm，避雷针尖除锈后涂锡，涂锡长度不得小于 200mm。

（2）避雷针安装必须垂直、牢固，其倾斜度不得大于 5‰。其各节的尺寸见表 35-141。

避雷针组装尺寸 表 35-141

避雷针高度（m）	1	2	3	4	5	6	7	8	9	10	11	12
第一节尺寸（m）Φ25（mm）	1	2	1.5	1	1.5	1.5	2	1	1.5	2	2	2
第二节尺寸（m）Φ40（mm）			1.5	1.5	1.5	2	2	1	1.5	2	2	2
第三节尺寸（m）Φ50（mm）				1.5	2	2.5	2	2	2	2	2	2
第四节尺寸（m）Φ100（mm）										4	4	4

注：避雷针高度多段组合时，直径小的在上部。

35.9.4 接　地

接地线和接地体连接为一体称为接地装置。安装的基本原则和要求：利用自然接地体为主，若自然接地体接地电阻值达不到设计要求时，增加安装人工接地装置，直至接地电阻值达到设计要求。

1. 接地线的截面要求

单独受电设备接地线截面一般不小于表 35-142 数值。

接地线的最小截面积 表 35-142

设备的相线截面（S）	接地线的最小截面（mm²）	设备的相线截面（S）	接地线的最小截面（mm²）
$S \leqslant 16$	S	$S > 35$	S/2
$16 < S \leqslant 35$	16		

注：低压电气设备与接地线的连接。采用多股铜芯软绞线，其铜芯线最小截面积不得小于 4mm²。

低压电气装置的配电线路上，严禁用铝线、铅皮、蛇皮管及保温管的金属网作接地体或接地线。

2. 接地线的安装要求

（1）接地线一般采用热镀锌扁钢或圆钢。其与接地体的连接采用搭接法焊接，其焊接长度为：

①圆钢接地线与接地体连接的焊接长度不小于圆钢直径的 6 倍，须双面焊接（d—圆钢直径），如图 35-143。

图 35-143　圆钢接地线与接地体连接的焊接长度

②扁钢接地线与钢管、角钢接地体的连接焊接，须将扁钢弯成弧形与钢管、角钢焊接，长度不小于扁钢宽度的 2 倍，并对接地体进行围焊，焊接三个棱边。

③圆钢与扁钢连接时，其焊接长度不小于圆钢直径的 6 倍，须两面焊接。

（2）接地线裸露部位应设置钢管、角钢等进行保护，以防止机械损伤。接地线穿越墙壁时应预埋钢管作保护套管。

（3）室内明敷设的接地线应用螺栓或卡子牢固地固定在支持件上。支持件的距离：水平敷设时为800～1000mm；垂直敷设时为1200～1500mm；转弯部分为500mm。

（4）明敷设的接地线按设计要求位置敷设，应装在便于检查的地方。

（5）在接地测试点箱盒上，需做接地标识。

3. 携带式和移动式电气设备的接地要求

（1）接地线应用截面不小于1.5mm²的铜绞线。

（2）应用专用的芯线进行接地，中性线和保护接地线应在同一点上与接地干线相连接。

4. 人工接地体安装

参见防雷接地装置人工接地体安装。

35.9.5　均压环安装

均压环是用扁钢或圆钢水平与接地引下线等连接，使各连接点处电位相同。高层建筑物应按设计要求装设均压环，自30m起，向上环间垂直距离不宜大于12m。

（1）在30m及以上的建筑物的外金属窗、金属栏杆处附近的均压环上，焊出接地干线到金属窗、金属栏杆端部。也可在金属窗、金属栏杆端部预留接地钢板。

（2）30m及以上的建筑物的外金属窗、金属栏杆须通过引出的接地干线电气连接而与避雷装置连接。在金属窗加工制作时应按规定的要求甩出300mm的—25mm×4mm扁钢2处，如框边长超过3m时，就需要做3处连接，以便于进行压接或焊接。甩出的扁钢等与均压环引出线连接一体。

（3）外金属窗、金属栏杆与接地干线或预留接地钢板连接可用螺栓连接或焊接，连接必须可靠。

35.9.6　烟囱的防雷装置

（1）烟囱的多支避雷针应连接在闭合环上。

（2）当非金属烟囱无法采用单支或双支避雷针保护时，应在烟囱口装设环形避雷带，并应对称布置三支高出烟囱口不低于0.5m的避雷针。

（3）烟囱避雷针的根数可按表35-143选取。

烟囱避雷针的根数表　　　　　　　　　　　　　　表35-143

烟囱尺寸	内径(m)	1	1	1.5	1.5	2	2	2.5	2.5	3
	高度(m)	15～30	31～50	15～45	46～80	15～30	31～100	15～30	31～100	15～100
避雷针根数		1	2	2	3	2	3	2	3	3
避雷针长度		1.5	1.5	1.5	1.5	1.5	1.5	1.5	1.5	1.5

（4）当两支或多支烟囱在一起时，即使按理论计算高烟囱的保护范围能够覆盖低烟囱

时，低烟囱仍然需要安装防直击雷的接闪器。

（5）钢筋混凝土烟囱的钢筋应在其顶部和底部与引下线和贯通连接的金属爬梯相连。

（6）高度不超过 40m 的烟囱，可只设一根引下线，超过 40m 时应设两根引下线。可利用螺栓连接或焊接的一座金属爬梯作为两根引下线用。但所有金属部件之间应连成电气通路。

（7）金属烟囱应作为接闪器和引下线。

（8）烟囱避雷针引下线截面，一般采用圆钢时，直径为 10mm；采用扁钢时，为 30mm×4mm。当烟囱低于 40m 时，可只装设一根引下线；高于 40m 时，则必须装设二根引下线。

（9）烟囱避雷针的接地电阻应小于 30Ω。

（10）烟囱顶上避雷针采用直径 25mm 镀锌圆钢或直径为 40mm 镀锌钢管。

（11）避雷环用直径 12mm 镀锌圆钢或截面为 100mm 镀锌扁钢，其厚度应为 4mm。

35.9.7 试 验 与 调 试

1. 接地电阻测试要求：

交流工作接地，接地电阻不应大于 4Ω；安全工作接地，接地电阻不应大于 4Ω；直流工作接地，接地电阻应按计算机系统具体要求确定；防雷保护地的接地电阻不应大于 10Ω（按设计要求）。

对于屏蔽系统如果采用联合接地时，接地电阻不应大于 1Ω。

2. 接地电阻测试仪：

接地电阻测试仪是检验测量接地电阻的常用仪表，比较常用的有 ZC 系列的摇表指针式，稳定性更高的数字接地电阻仪。法国 CA 公司 6412、6415 单钳口式地阻仪也是当前较为常用的一种地阻测试仪，国内生产同类产品的有 ET2000 型等。

（1）ZC-8 型接地电阻测试仪

使用与操作见图 35-144。

（2）MODEL4012 接地电阻测试仪

MODEL4012 是用来测定配电线，屋内配线，电机机电设备等接地阻抗测试仪。测量时，按下×1 档，接好线，不用把接地端子打入地下，只要把线路拉开到规定距离，在端子处倒两瓶水就可以了。一按按钮，测试值就显示，比较方便，尤其是高层建筑使用比较好。

MODEL4012 使用注意事项：

1）测试前请先确认量程选择开关已设定在适当档位。测试导线的连接插头已紧密插

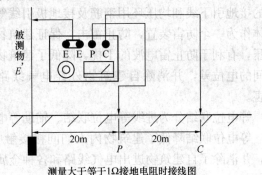

测量大于等于 1Ω 接地电阻时接线图

测量小于 1Ω 接地电阻时接线图

图 35-144　ZC-8 型接地电阻测试仪

入端子内。

2）主机潮湿状态下，请勿接线。各档位中，请勿加载超于该量程额定值的电量。

3）当与被测物在线连接时，请勿切换量程选择开关。测试端子间请勿加载超过200A的交流或直流电压。

4）请勿在易燃性场所测试，火花可能会引起爆炸。若仪器出现破损或测试导线发生龟裂而造成金属外露等异常情况时，请停止使用。

5）更换电池，请务必确定测试导线已从测试端子拆除。主机潮湿状态下请勿更换电池。

6）使用后请务必将量程选择开关切于 OFF 位置。

7）请勿于高温潮湿，有结露的场所及日光直射下长时间放置。

8）本测试器请勿存放于超过 60℃的场所。

9）长时间不使用，请取出电池后保存。

10）主机潮湿时，请干燥后保存。

35.10 等 电 位 联 结

等电位联结是将建筑钢结构、各种金属管道（给水金属管道、排水金属管道、热水金属管道、消防管道、燃气管道等）、金属构件、金属栏杆、金属门窗、天花金属龙骨、金属线槽、金属桥架、铠装电缆、设备外壳、混凝土结构的金属地板、金属墙体、混凝土结构的接地引下线和均压环用钢筋及接地极引线等互相按规范连接成一个完整的同电位体，整体作为一个防雷装置，防止雷击，保证建筑物内部不产生电击和危险的接触电压、跨步电压，有利于防止雷电波的干扰，降低了建筑物内间接接触电击的接触电压和不同金属部件间的电位差，并消除自建筑物外经电气线路和各种金属管道引入的危险故障电压的危害。

等电位联结分为进线等电位联结、辅助等电位和局部等电位联结。

等电位联结降低了建筑物内人们间接接触电击的接触电压和相邻金属部件间的电位差，并消除了自建筑物进出电气线路和各种金属管道传入的危险故障电压的危害。

35.10.1 进线等电位联结

一般通过建筑物进线配电室旁的总等电位联结端子板（与接地母排连接）将下列导电部分电气连通：建筑物防雷接地干线；进线配电柜 PEN 母排；附近的建筑物进出户的各种金属管道；（离总等电位端子板比较远的各种金属管道可以就近直接与接地干线联结）附近的建筑物金属结构；（离总等电位端子板比较远的各种金属结构可以就近直接与接地干线联结）附近的人工接地母线；建筑物每一处电源进线处都应做进线等电位联结，各个等电位联结端子板应互相电气连通。如图 35-145。

（1）端子板采用紫铜板，根据设计要求的规格尺寸加工。端子箱尺寸及箱顶、底板孔规格和孔距应符合设计要求。端子箱需用钥匙或工具方可打开。

（2）MEB 线截面应符合设计要求。相邻近管道及金属结构允许用一根 MEB 线连接。

（3）利用建筑物金属体做防雷及接地时，MEB 端子板宜直接与该建筑物用作防雷及

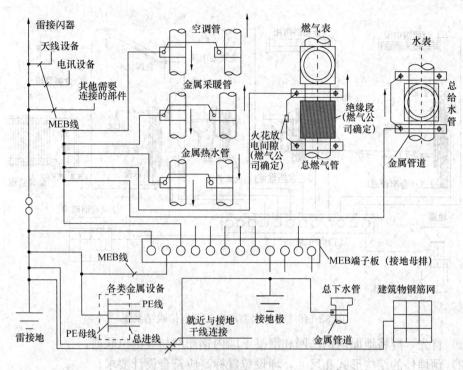

图 35-145　总等电位联结系统

接地的金属体连通。

35.10.2　辅助等电位联结

将两个导电部分用良导体直接作等电位联结，使故障接触电压降至接触电压限值以下，称作辅助等电位联结。

下列情况下须做辅助等电位联结：

（1）电源网络阻抗过大，使自动切断电源时间过长，不能满足防电击要求时；

（2）自 TN 系统同一配电箱供给固定式和移动式两种电气设备，而固定式设备保护电器切断电源时间不能满足移动式设备防电击要求时；

（3）为满足浴室、游泳池、医院手术室等场所对防电击的特殊要求时。

35.10.3　局部等电位联结

当需在一局部场所内作多个辅助等电位联结时，可通过局部等电位联结端子板将下列部分互相连通，实现该局部范围内的多个辅助等电位联结，被称作局部等电位联结。

浴室、游泳池等有水房间的等电位联结，以及医院手术室局部等电位联结，为防电击的特殊要求具有重要性。在游泳池边地面下无钢筋时，应敷设电位均衡导线，间距宜为 600mm，最少在两处作横向连接，且与等电位联结端子板连接，如在地面下敷设采暖管线，电位均衡导线应位于采暖管线的上方。电位均衡导线也可敷设为 500mm×150mm 的 φ3 铁丝网，相邻铁丝网之间应互相焊接。

35.10.3.1　卫生间、浴室等有防水要求的房间等电位联结系统工艺流程

系统如图 35-146。

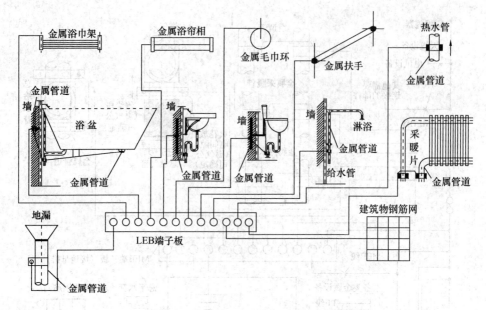

图 35-146　有防水要求房间等电位联结系统

（1）首先，应将地面内钢筋网和混凝土墙内钢筋网与等电位联通。

（2）预埋件的结构形式和尺寸，埋设位置标高应符合设计要求。

（3）等电位联结线与浴盆、地漏、下水管、卫生设备的连接，按系统图要求进行。

（4）等电位端子板安装位置应方便检测。端子箱和端子板组装应牢固可靠。

（5）LEB 线均采用 BV-4mm² 的铜线，应暗设于地面内或墙内穿入塑料管布线。

35.10.3.2　游泳池等电位联结

系统如图 35-147。

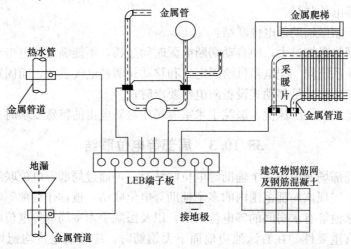

图 35-147　游泳池等电位联结系统图

（1）LEB 线可自 LEB 端子板引出，与其室内金属管道和金属导电部分相互连接。

（2）无筋地面应敷设等电位均衡导线，采用－25mm×4mm 扁钢或 φ10mm 圆钢在游泳池四周敷设三道，距游泳池 0.3m，每道间距宜为 0.6m，最少在两处作横向连接，且与等电位端子板连接。

(3) 等电位均衡导线也可敷设网格为 $50mm \times 150mm$ 的 $\phi3$ 的铁丝网，相邻网之间应互相焊接牢固。

35.10.3.3 医院手术室等电位联结

系统如图 35-148。

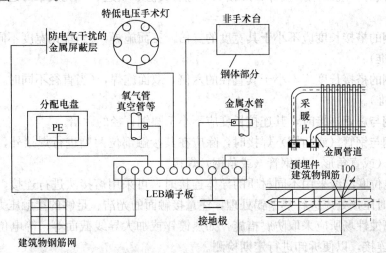

图 35-148 医院手术室等电位联结

(1) 等电位联结端子板与插座保护线端子或任一装置外导电部分间的连接线的电阻包括连接点的电阻应小于 0.2Ω。

(2) 不同截面导线每 10m 的电阻值供选择等电位联结线截面时参考值，详见表 35-144 所示。

等电位联结线截面   表 35-144

铜导线截面（mm²）	每 10m 的电阻值	铜导线截面（mm²）	每 10m 的电阻值
4	0.045	50	0.0038
6	0.03	150	0.0012
10	0.018	500	0.0004

(3) 预埋件型式、尺寸和安装的位置、标高，应符合设计要求。安装必须牢固可靠。

35.10.4 等电位联结的安装要求

(1) 金属管道的连接处一般不需要加接跨接线。

(2) 给水系统的水表需加接跨接线，保证水管的等电位联结和接地的有效；装有金属外壳排风机、空调器的金属门、窗框或靠近电源插座的金属门、窗框以及距外露可导电部分范围内的金属栏杆，天花龙骨等金属体需做等电位联结。

(3) 为避免用燃气管道作接地极，燃气管入户后应插入一绝缘段以与户外埋地的燃气管隔离，为防雷电流在煤气管道内产生电火花，在此绝缘段两端应跨接火花放电间隙，此项工作由燃气公司确定。

（4）一般场所离人站立处不超过 10m 的距离内，如有地下金属管道或结构即可认为满足地面等电位的要求，否则应在地下加埋等电位带，游泳池之类特殊电击危险场所需增大地下金属导体密度。

（5）等电位联结内各联结导体间的连接可采用焊接、螺栓连接或熔接；当等电位联结采用钢材焊接时，应采用搭接焊，焊接处不应有夹渣、咬边、气孔及未焊透情况，并满足如下要求：

1）扁钢的搭接长度应不小于其宽度的二倍，三面施焊，（当扁钢宽度不同时，搭接长度以宽的为准）。

2）圆钢的搭接长度应不小于其直径的六倍，双面施焊，（当直径不同时，搭接长度以直径大的为准）。

3）圆钢与扁钢连接时，其连接长度应不小于圆钢直径的六倍。

4）扁钢与钢管（或角钢）焊接时，除应在其接触部位两侧进行焊接外，并用扁钢弯成的弧形面（或直角形）与钢管（或角钢）焊接。

5）等电位联结线采用不同材质的导体连接时，可采用熔接法进行连接，也可采用压接法，压接时压接处应进行热搪锡处理，注意接触面的光洁、足够的接触压力和面积。

6）在腐蚀性场所应采取防腐措施，如热镀锌或加大导线截面等；等电位联结端子板应采取螺栓连接，以便拆卸进行定期检测。

7）建筑物等电位联结干线应从与接地装置有不少于 2 处直接连接的接地干线或总等电位箱引出，等电位联结干线或局部等电位箱间的连接线构成环形网络，环形网路应就近与等电位联结干线或局部等电位箱连接。支线间不应串联连接。

8）等电位联结，应符合以下要求：

①等电位联结线与金属管道的连接。应采用抱箍，与抱箍接触的管道表面须刮拭干净，安装完毕后刷防护涂料，抱箍内径略小于管道外径，其大小依管径大小而定。金属部件或零件，应有专用接线螺栓与等电位联结支线连接，连接处螺帽紧固、防松件齐全。

②等电位联结的可接近裸露导体或其他金属部件、构件与支线连接应可靠，熔焊、钎焊或机械紧固应导通正常。

③等电位联结经测试导电的连续性，导电不良的连接处需作跨接线。

④等电位联结端子板与插座保护线端子的连接线的电阻包括连接点的电阻不大于 0.2Ω。

⑤等电位联结线应有黄绿相间的色标，在等电位联结端子板上刷或喷黄色底漆，并做接地标识。

9）等电位联结的线路最小允许截面应符合表 35-145 的规定：

等电位联结线路最小允许截面　　　　　　　表 35-145

类别 取值	总等电位联结线	局部等电位联结线	辅助等电位联结线	
一般值	不小于进线 PE（PEN）线截面的 50%	不小于进线 PE 线截面的 50%[①]	两电气设备外露导电部分间	较小 PE 线截面
			电气设备与装置外可导电部分间	PE 线截面的 50%

类别 取值	总等电位联结线	局部等电位联结线		辅助等电位联结线
最小值	6mm² 铜线或相同电导值 导线②	有机械保护时	2.5mm²铜线	同左
		无机械保护时	4mm²铜线	
	热镀锌扁钢 25mm× 4mm, 圆钢 φ10mm			热镀锌圆钢 φ8mm, 扁钢 20mm×4mm
最大值	25mm² 铜线或相同电导 值导线②	—		—

① 局部场所内最大 PE 线截面;

② 禁止采用无机械保护的铝线。

等电位联结端子板截面不得小于所接等电位联结线截面。常规端子板的规格为: 260mm×100mm×4mm, 或者是 206mm×25mm×4mm。等电位联结端子板应采取螺栓连接, 以便于拆卸进行定期检测。

10) 对于暗敷的等电位联结线及其连接处, 电气施工员应做好隐蔽验收记录及检测报告, 隐蔽部分的等电位联结线及其连接处, 需在竣工图上注明其实际走向和部位。为保证等电位联结的施工顺利, 电气施工员应与土建、水暖等施工员密切配合。管道检修时, 在断开管道前敷设完检修管两端接地跨接线, 从而保证等电位联结的始终导通。

35.10.5 等电位联结的导通性测试

等电位联结安装完毕后应进行导通性测试, 测试用电源可采用空载电压为 4～24V 直流或交流电源, 测试电流不应小于 0.2A, 当测得等电位联结端子板与等电位联结范围内的金属管道等金属体末端之间的电阻不超过 3Ω 时, 可认为等电位联结是有效的。如发现导通不良的管道连接处, 应作跨接线, 在投入使用后应定期作导通性测试。

等电位联结进行导通性测试, 即是对等电位用的管夹、端子板、联结线、有关接头、截面和整个路径上的色标进行检验, 等电位联结的有效性必须通过测定来证实。测量等电位联结端子板与等电位联结范围内的金属管道末端之间的电阻, 有时是困难的, 若距离较远。可以进行分段测量, 然后电阻值相加。

35.11 试 验 与 调 试

建筑电气工程中, 所有安装完成的电气设备必须要经过试验调试合格后, 才能投入运行。一般建筑电气工程中所需调试的电气设备包括: 高压配电柜、高压开关、避雷器、电流互感器、电压互感器、各种测量及保护用仪表、电力变压器、封装母线、裸母线、绝缘子及套管、电抗器、电力电容器、电力电缆、接地装置、低压配电柜、各种继电器、继电保护系统、低压断路器及隔离器、接近开关、各种泵及风机、各种类型起重设备、各种电动机、各种变频器、各种型号 PLC、各种软启动器、各型开关、照明系统、接地系统等新建、改建工程中安装的电气设备。此类设备主要位于建筑高低压变配电所(室)和各类型的设备机房之中。

35.11.1　建筑电气试验项目与调试的系统

根据《电气装置安装工程电气设备交接试验标准》GB 50150—2006 中的规定，电气试验与调试的内容如下所示：

1. 基本试验项目

（1）绝缘电阻和吸收比测量；

（2）直流耐压试验和泄露电流测量；

（3）交流工频耐压试验；

（4）介质损失角测量；

（5）电容比测量；

（6）直流电阻测量；

（7）极性接线组别确定；

（8）变比测量。

2. 基本电气调试系统

（1）高压设备试验；

（2）高压配电系统调试；

（3）高压传动系统调试；

（4）低压配电系统调试；

（5）低压传动系统调试；

（6）计算机系统调试；

（7）单体调试；

（8）系统调试。

不同的建筑电气工程中所包含的试验项目和电气系统也不尽相同，随着电气科技的发展，电气设备和材料制作工艺的不断提高，以上一些试验项目在目前的电气工程中已很少见到。目前阶段，常见的建筑电气试验项目包括：绝缘电阻的测量、接地电阻的测量、大容量电气线路接点的温度测量、漏电断路器的漏电电流测量、电动机的轴承温升测量、有转速要求的电机转速测量、交流工频耐压试验、直流电阻的测量；常见的建筑电气调试系统主要有：高压设备试验、高压配电系统调试、高压传动系统调试、低压配电系统调试、低压系统传动调试、设备单体调试、系统联合调试。计算机系统调试请见本书智能建筑工程章节的内容。

35.11.2　准　备　工　作

35.11.2.1　技术准备工作

（1）学习和审查图纸资料，熟悉图纸中需要试验调试的设备类型、数量、位置、系统组成、一次和二次接线原理等内容；

（2）编制试验调试方案（包括安全措施）：方案的编制应具有针对性，不同的工程编制内容应符合工程本身的特点，方案在实施前必须经过主管部门和现场监理、业主的审核、批准；

（3）了解系统基本工艺：参加试验调试的工程师和所有操作人员，必须充分了解需要试验、调试的设备在整个工艺系统中的作用和功能，对于系统中的各个技术参数应熟悉。

35.11.2.2　仪器仪表与工机具的准备

电工仪器仪表是调试人员完成电气试验、调试、调整的主要工具。现场的仪器仪表应注意精心使用与保管，并应设专门人员进行保管、维护与检修，以保证仪器仪表经常处于完好状态，延长仪器仪表的使用寿命，减少误差，满足工程的需要。对于高压电气实验设备，为避免搬运频繁和保证现场系统的安全，应存放于现场，并设专人进行保管和维护。

1. 电气试验设备、仪器仪表、材料的一般要求

（1）电气试验设备、仪器仪表、材料进场检验结论应有记录，确认符合《电气装置安装工程电气设备交接试验标准》GB 50150—2006 和《建筑电气工程施工质量验收规范》GB 50303—2002 的规定，方可使用。

（2）依照法定程序批准进入市场的新设备、新仪器仪表、新材料进行验收时，除符合国家规范《建筑电气工程施工质量验收规范》GB 50303—2002 规定外，尚应提供安装、使用、维修和试验要求等技术文件。

（3）进口电气设备、仪器仪表和材料进场验收，除符合规范《建筑电气工程施工质量验收规范》GB 50303—2002 规定外，尚应提供商检证明文件和中文的质量合格证明文件、规格、型号、性能检测报告以及中文的安装、使用、维修和试验要求等技术文件。

（4）电气设备上计量仪表和与电气保护有关的仪表应检定合格，当投入试运行时应在有效期内。

（5）因有异议送有资质试验室进行抽样检测，试验室应出具检验报告，确认符合国家规范《建筑电气工程施工质量验收规范》GB 50303—2002 规定和相关技术标准规定，才能在工程中使用。

2. 建筑电气工程中经常使用的主要仪器仪表、工机具。

主要仪器仪表、工机具见表 35-146 和表 35-147。

低压电气设备交接试验常用的主要仪器一览表　　　　　　表 35-146

序号	名　称	型　号	级类	用　途
1	低压大电流变压器	DDG-10/0.5		供电流互感器特性试验，低压断路器脱扣试验及熔断器特性试验
2	多量程电流互感器	HL-25、HL-26	0.2	供电流互感器特性试验，检验电表，扩大量程用及检验继电器保护动作电流的试验
3	仪用电压互感器	HJ10 型	0.2	检验电表扩大量程用
4	双综双扫示波器	ST-22 型		测量电压、电流、频率，相位波形和各种参数用
5	交直流稳压器	613-4		做稳压电源用
6	携带式晶体管参数测试仪	JS-7A		测量晶体管参数用
7	数字式频率仪	PP4		测量频率用
8	钳形交流电流电压表	T-302	2.5	测量交流电源的电压和电流
9	单相相位表	D26-cosφ	1.0	测量单相交流电压与电流之间的相位角
10	三相相序表			测量三相相序用

续表

序号	名　称	型　号	级类	用　途
11	携带式直流双臂电桥	QJ28		测量开关接触电阻、发电机、变压器线圈等直流电阻
12	携带式直流单臂电桥	QJ23		测量1欧姆以上直流电阻
13	单相携带式电度表	DB1		检验电度表用
14	交直流电流表	D2/3-A、D26A	0.2、0.5	其中0.2级作为标准表校验0.5级电表用，0.5级作为校验1级以下电表用及电流测量
15	交直流电压表	D2-V、D8-V	0.2、0.5	其中0.2级作为标准表校验0.5级电表用，0.5级作为校验1级以下电表用及电压测量
16	电磁式电流表	T2-A	0.5	校验1级以下精确度电表及一般测量用
17	直流电压表	C59-V	0.5	用于一般直流电压用
18	直流电压表	C31-V	0.5	校验1级以下的电表及一般测量用
19	直流电流表	C31-A	0.5	用于一般直流电流测量
20	电磁式毫安表	T2-mA、T19-mA	0.5	用于一般直流电流测量及校验继电器用
21	交直流电子稳压电源	613A		作为交直流稳压电源用
22	接地电阻测定仪	ZC8、ZC29		测量各种接地装置的接地电阻用
23	兆欧表	ZC7、ZC11[①]		测量电气线路、设备的绝缘电阻
24	滑杆式电阻器	RXH		调节电压和电流
25	秒表			测量时间（s）
26	电秒表	407型		测量导体直流电阻和电缆的故障点
27	线路试验器	QF43型		测量导体直流电阻和电缆的故障点
28	自耦调压器	TDGC、TSGC（单、三相）		调节电压用
29	万用表	MF9、JSW		测量交、直流电压，直流电流和电阻
30	转速表			测量电机或其他设备的转速
31	半导体点温计			测量一个很小面积的温度，特别适宜测量触头、触点等部位的温度
32	红外线遥测温度仪			630A及以上导体或母线连接处的温度测量
33	低压验电笔			低压验电用

注：一般标准规格有500V，0～500MΩ；1000V，0～500MΩ；2500V，0～1000MΩ。

常用工机具一览表　　　　　　　　　　　　　　　表35-147

序号	名　称	规格型号	用　途
1	克丝钳	8寸	用于截断线径较大的导线或加紧线径较大的多股导线
2	尖嘴钳	8″、6″	用于截断线径较小的导线或操作单股导线的盘圈、多股软线加紧等
3	剥线钳	80B、7″	用于接线工序中剥除单股绝缘导线的外绝缘

序号	名　称	规格型号	用　途
4	组合螺丝刀	3~6mm	用于各种扁口、十字口的螺钉、螺栓的紧固
5	电工刀	大号	用于电缆头制作工序中剥除、切断电缆较大长度的内、外绝缘，或剥除绝缘导线较大长度的绝缘
6	活络扳手	8 号	用于紧固设备固定用螺栓
7	数显力矩扳手	17~340Nm	用于紧固有紧固力矩要求的接线端子螺栓
8	压线钳	7 号 A，0.5~6mm²	用于压接多股导线的 UT 型、OT 型接线端子
9	液压压线钳	10~300mm²	用于电缆头制作工序中导线与接线端子的压接

35.11.2.3　调试现场条件的准备

1. 电气系统的完善

（1）所要试验、调试的电气设备已安装完毕，整个电气系统继电保护、供电线路、负荷用电末端均已全部完善。

（2）外部电源已具备送电条件，随时可以供电。

（3）无法断开且不能空载运行的设备，负载端已具备条件。

2. 外部环境的准备

（1）高低压变配电室（所）、各配电间内部土建工作全部完成，门窗齐全，内部环境干净清洁，且环境湿度不大于 80%。

（2）高低压变配电室（所）、各配电间的附属设备已安装完毕，如通风机、消防灭火装置、电气照明、系统接地等。

35.11.3　建筑电气试验与调试一般要求

35.11.3.1　建筑电气试验的要求

（1）根据图纸检查设备、元件、各类接线的型号规格以及各元件的接点容量、接触情况。

（2）准确检查现场施工的各类线缆线路，所有线路的型号、规格、回路编号等必须符合图纸。

（3）所有控制设备的二次接线必须经过端子排。

（4）线路两端必须挂上线号、回路编号，要求号码清晰、准确。

（5）设备的各接线端子应压紧，一个接线端子上压线不得接 3 个及以上。

（6）电气试验用的仪表应符合规范、设计的要求，无要求时一般精度为 0.5 级以上。

（7）容易受外部磁场影响的仪器、仪表，应注意测量位置距离大电流的导线 1m 以外放置；在强磁场区域测量时，应对仪器仪表采取磁场隔离措施。

（8）测量参数与温度有关或测量数据受被测物温度影响的，应准确测量现场温度和被试物的温度。如果被试物温度不易被测量，可测周围环境温度代替被测物的温度。

（9）在进行设备和线路的绝缘测量试验时，应选择良好的天气。

（10）在进行耐压试验的项目，在耐压试验前后均应检查其被测设备、线路绝缘电阻，如无特殊说明，交流耐压试验持续时间规定为 1min。

（11）在测量变压器的介质损失角、电容比以及进行耐压试验的项目时，应将被试物线圈所有能连接的抽头都相互连接在一起。进行升压试验时应将未试的线圈全部接地（测介质损失角与电容时，对未试线圈不应接地）。

（12）对于在出厂资料中提出了特殊要求电气设备和元件，除按规定的项目进行试验外，还应按厂家规定的项目进行试验，试验数据应符合厂家的特殊要求。

（13）在绘制各种试验数据的特性曲线时，测定点数一般应描绘成平滑的曲线。

（14）对于试验测量数据不符合规范或设计要求的设备、线路、元件，在经过调整后仍达不到技术要求的，一律不得投入正常使用，必须进行更换。

（15）凡能分相进行试验测量的设备应分相进行试验测量，以便各相之间进行相互比较。

35.11.3.2　建筑电气系统调试的要求

（1）调试前，应检查所有回路和电气设备的绝缘情况，全部合格后方可进行调试的下道工序。

（2）调试前，全面检查整个电气系统的所有接点，清除各临时短接线和各种障碍物。

（3）恢复所有进行电气试验时被临时拆开的线头，对照图纸处于正常状态，并逐一检查有无松动或脱落现象。

（4）在各阶段的调试前，都必须对系统控制、保护与信号回路做重复检查，保证所有设备与元件的可动部分应动作灵活可靠。

（5）检查备用电源线路与备用系统设备及其自动装置，应处于良好状态。

（6）检查行程开关和极限开关的接点位置应正确，转动应灵活；打开元器件检修盖板，检查内部应无异物存在，并将其复位。

（7）在电机空载运行前应首先进行手动盘车，转动应灵活，并仔细检查内部是否有障碍物存在。

（8）通电试运行前必须确认被调试的设备周围工作人员处于安全区域，做到安全第一。

（9）在调试启动电流过大的电机时，如果启动电流对内部电网有较大影响，则在启动之前调整变电所下口的其他负荷，如果对外电网产生较大影响，则应通知上级变电所工作人员或相关供电部门。

（10）对大型变电所及大型电机在送电之前应制定送电调试方案（包括安全措施）。送电前应取得相关部门的批准。

（11）带机械试车时，均应听从机装指定的专人指挥。

（12）在送电时，正确的送电顺序是：先送主电源，再送操作电源，切断时相反。

（13）所调试的电机为驱动风机、水泵类的负载机械时，应关闭管道阀门启动。

（14）电气调试人员应进行分工，并配齐必须的安全用具。

（15）调试人员必须配备必要通信设备，确保调试过程中各个岗位联系畅通。

（16）调试过程中，各操作人员必须坚守岗位，准备随时紧急停车。

（17）电气调试过程中必须准确记录各项参数，做好调试记录。

35.11.4 建筑电气试验工序和调试工序

35.11.4.1 建筑电气试验的工序

建筑电气试验工作是在建筑施工的过程中随施工进度的进展依次完成的，它贯穿整个电气施工的全过程。一般建筑电气的各类试验项目的工序如下：

接地系统试验→低压设备及线路试验→成套高压设备及线路试验→变压器及附属设备试验→成套低压设备及线路试验→备用电源及线路试验

35.11.4.2 建筑电气调试的工序

建筑电气调试是整个建筑电气工程全部安装完成后，进入正式使用运行的最后一道工序，也是整个电气工程的关键工序。电气系统调试从整个供电系统环节上可分为三大部分：高低压配电室（所）的调试、低压分配电系统送电调试、负荷端用电设备运行调试；从工序时段上可分为三个阶段：单体调试、分系统调试、联动系统调试。

（1）建筑电气调试工序

各系统单体调试→各分系统联合调试→整个电气系统联动调试

（2）高压电气系统调试工序

高压设备的调试→高压系统传动的调试→高压配电系统的调试

（3）低压电气系统调试工序

低压系统传动调试→低压配电系统调试→备用电源系统调试→低压系统设备调试

35.11.5 建筑电气试验项目工作内容

35.11.5.1 接地系统的试验项目

电气工程的接地装置试验项目一般有两个：接地装置工频接地电阻的测量、接地装置土壤散流电阻的测量。工频接地电阻的测量一般用于发电厂、变电所、输电杆塔的工程中；接地装置土壤散流电阻的测量广泛应用于一般民用建筑和工厂电气工程中，即通常所说的"接地电阻的测量"。

1. 测量方法

（1）选择满足约为 40m 沿测试接地极向外放射的直线方向布置测试接地电极，在距离被测接地极 E' 被测接地极 E' 约为 20m 的位置将电压探测探针 P' 插入大地中，在距离被测接地极 E' 约为 40m 的位置将电流探测探针 C' 插入大地中，使得被测接地极 E'、电压探测探针 P' 和电流探测探针 C' 基本成一直线，并将接地测试仪表的 E、P、C 接线柱分别与被测接地极 E'、电压探测探针 P' 和电流探测探针 C' 采用仪表配备的专用线连接起来，如图 35-149 所示。

（2）将测试仪表放置水平，掀开仪表指示盘盖板，检查表针是否指于表盘

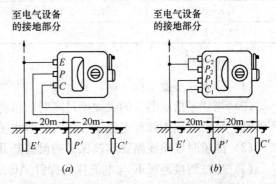

图 35-149　接地电阻测试仪表接线图

(a) 三端钮式接地摇表的测量接线；

(b) 四端钮式接地摇表的测量接线

正中间的零位刻度线,如不在零位,应旋转调零螺丝使表针指于零位;左右旋转可动刻度盘旋钮,检查是否转动灵活,并将旋转刻度盘的零位与仪表零刻度线对齐,同时将倍率旋钮置于"×1"档位。

(3) 轻摇仪表的手柄,观察表针的摆幅,如果表针摆幅很小,说明所选倍率旋钮档位较大,应改选"×0.1"档位;如果表针摆幅很大,说明所选倍率旋钮档位较小,应改选"×10"档位;若表针摆幅较大,说明所选倍率旋钮档正好合适。

(4) 摇动仪表发电机手柄,并使转速逐渐加快,同时左右旋转可动刻度盘的旋钮,使表针始终平衡指于仪表中心的零位刻度线上,稳定手柄转速在120转/min约1min后,此时的零位线所指示的旋转刻度盘的数值即为测量读数。

(5) 一般所得的测量读数不能直接作为接地极的接地电阻值,由于接地电阻值受测量季节、接地体型式和埋深的影响而有所不同,因此必须对测量读数进行修正,所得出的修正值可作为接地极的接地电阻值,如式(35-7)所示接地电阻修正值为:

$$R_{\mathrm{G}} = \alpha\beta R_{\mathrm{D}} \tag{35-7}$$

式中　R_{G}——接地电阻修正值;

R_{D}——仪表的测量度数;

α——季节系数;

β——人工接地体的型式系数。

α 的取值不同的地区其取值不太相同,一般都可到当地主管部门查到,在无据可查的情况下,可参考按表 35-148 选定:

接地电阻季节修正系数　　　　　　　　　　表 35-148

月份	2、3 月	4、9 月	5、6 月	7、8 月	10、11 月	1、12 月
季节系数	1.0	1.6	1.95	2.4	1.55	1.2

β 的取值可参考按表 35-149 选定:

人工接地体的型式修正系数　　　　　　　　表 35-149

埋深(m)	水平接地体	垂直接地体(长度为 2~3m)	备　注
0.5	1.4~1.8	1.2~1.4	
0.8~1.0	1.25~1.45	1.15~1.3	
2.5~3.0	1.0~1.1	1.0~1.1	

2. 注意事项

(1) 摇表线不能绞在一起,要分开。

(2) 当"零指示器"的灵敏度过高时,可将电压探针插入土壤中浅一些;若其灵敏度不够时,可沿电压探针和电流探针注入一些水使之湿润。

(3) 测量时接地线路要和被保护的设备断开,以便准确地得到测量数据。

(4) 当被测接地极 E′ 与电流探测探针 AC 之间的距离大于 20m,电压探测探针 P′ 插在距离被测接地极 E′ 几米以外时,此时的测量误差可以忽略;但当 E′ 与 C′ 之间的距离小于 20m 时,则必须将 P′ 插在 E′ 与 C′ 直线的中间。

(5) 要定期校验仪表准确度。

（6）当使用传统测量方法不便利的场所，可以使用无需探针线的数字式接地电阻测试仪，具体测量方法可见使用仪器的说明书。

35.11.5.2 低压设备及线路试验项目

一般建筑电气工程低压设备及线路系统中常见的试验项目包括：线路绝缘电阻的测量、线路漏电电流的测量、大容量电气线路接点的温度测量、交流电动机的试验项目等几种。

1. 绝缘电阻的测量

绝缘电阻的测量是建筑电气低压设备及线路系统中最常见的一种试验项目，需要进行绝缘电阻测量的设备及线路包括：低压动力及照明系统的电缆（母线）、导线，低压配电箱、柜内一、二次回路，电动机定子绕组等。测量所用的仪表为兆欧表，根据量程不同有多种类型。兆欧表有三个接线柱，上端两个较大的接线柱上分别标有"接地"（E）和"线路"（L），在下方较小的一个接线柱上标有"保护环"（或"屏蔽"）（G）。

（1）测量方法

1）测量导线线路的绝缘电阻

①将兆欧表的"接地"接线柱（即 E 接线柱）可靠地接地（一般接到某一接地体上），将"线路"接线柱（即 L 接线柱）接到被测线路上，如图 35-150（a）所示。连接好后，顺时针摇动兆欧表，转速逐渐加快，保持在约 120 转/min 后匀速摇动，当转速稳定，表的指针也稳定后，指针所指示的数值即为被测物的绝缘电阻值。

②实际使用中，E、L 两个接线柱也可以任意连接，即 E 可以与被测物相连接，L 可以与接地体连接（即接地），但 G 接线柱决不能接错。

2）测量电动机的绝缘电阻

将兆欧表 E 接线柱接机壳（即接地），L 接线柱接到电动机某一相的绕组上，如图 35-150（b）所示，测出的绝缘电阻值就是某一相的对地绝缘电阻值。

3）测量电缆（母线）线路的绝缘电阻

测量电缆的导电线芯与电缆外壳的绝缘电阻时，将接线柱 E 与电缆外壳相连接，接线柱 L 与线芯连接，同时将接线柱 G 与电缆壳、芯之间的绝缘层相连接，如图 35-150（c）所示。

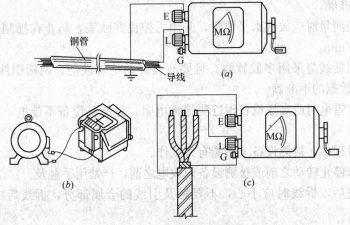

图 35-150　兆欧表接线图

（a）测量线路的绝缘电阻；（b）测量电动机绝缘电阻；（c）测量电缆绝缘电阻

（2）注意事项

1）设备线路的电压等级不同，所使用的兆欧表电压等级也不相同，除有特殊的要求之外，一般按照表 35-150 来选择兆欧表的电压等级。

建筑电气中兆欧表电压等级选用一览表   表 35-150

测试项目	额定电压等级	选用等级	遵照依据
电气设备或线路	$U_e<100V$	250V	《电气装置安装工程 电气设备交接试验标准》GB 50150—2006
电气设备或线路	$100\leqslant U_e<500V$	500V	《电气装置安装工程 电气设备交接试验标准》GB 50150—2006
电气设备或线路	$500\leqslant U_e<3000V$	1000V	《电气装置安装工程 电气设备交接试验标准》GB 50150—2006
电气设备或线路	$3000\leqslant U_e<10000V$	2500V	《电气装置安装工程 电气设备交接试验标准》GB 50150—2006
电气设备或线路	$10000\leqslant U_e$	2500V 或 5000V	《电气装置安装工程 电气设备交接试验标准》GB 50150—2006
动力、照明回路	450/750V	1000V	《建筑电气工程 施工质量验收规范》GB 50303—2002
电缆、母线	1000V	1000V	《建筑电气工程 施工质量验收规范》GB 50303—2002
电机转子绕组	≥200V/<200V	2500V/1000V	《电气装置安装工程 电气设备交接试验标准》GB 50150—2006

2）使用前应作开路和短路试验。使 L、E 两接线柱处在断开状态，摇动兆欧表，指针应指向"∞"；将 L 和 E 两个接线柱短接，慢慢地转动，指针应指向在"0"处。这两项都满足要求，说明兆欧表是好的。

3）测量电气设备的绝缘电阻时，必须先切断电源，然后将设备进行放电，以保证人身安全和测量准确。

4）兆欧表测量时应放在水平位置，并用力按住兆欧表，防止在摇测中晃动，摇动的转速为 120 转/min。

5）探针引接线应采用多股软线，且要有良好的绝缘性能，两根引线切忌绞在一起，以免造成测量数据的不准确。

6）禁止在雷电时或高压设备附近测绝缘电阻，只能在设备不带电，也没有感应电的情况下测量。

7）摇测过程中，被测设备上不能有人工作。

8）摇表未停止转动之前或被测设备未放电之前，严禁用手触及。

9）测量完后，拆线时应小心，不要触及引线的金属部分，拆线后应立即对被测物放电。

2. 漏电电流的测量

在建筑电气工程中，为保证用电安全，一般规定电气动力和照明回路中带有漏电保护装置的均要进行漏电开关模拟试验。漏电保护装置的电流试验采用漏电开关检测仪，一般目前市面常见的是数字式漏电开关检测仪，仪器的使用方法严格按照仪表使用说明书进行。试验所测数值，住宅工程的应符合《建筑电气工程施工质量验收规范》GB 50303—2002 中第 6.1.9 条第 2 款的数值要求，其他工程和设备的应符合《民用建筑电气设计规范》JGJ/T 16—2008 中第 7.7.10 条的数值要求，且动作时间不大于 0.1s。试验时应会同工程的业主、监理共同进行，并做好记录。

3. 大容量电气线路接点的温度测量

大容量线路接点是指电流在 630A 及以上的导线、母线连接处。在建筑电气工程中，一般大容量线路接点大多位于建筑配电室（所）的成套低压配电柜出线母排或接线端子处，所以常常把此项试验纳入高低压配电室（所）的试验内容里。大容量电气线路接点的温度测量一般采用远红外摇表测量仪测试，测量方法是将仪器的红外线测点对准需要测量的大容量线路接点处，稳定读数后，仪表显示的数值即为接点的温度。连接点的测温数据的温升值应稳定且不大于设计的要求值。如果设计未提供温升值，应参照的依据为：导线应符合《额定电压 450/750V 及以下聚氯乙烯绝缘电缆》GB 5023.1～5023.7 生产标准的设计温度；电缆应符合《电力工程电缆设计规范》GB 50217—2007 中附录 A 的设计温度。测试时，应会同工程业主、监理共同进行，并做好记录。

4. 交流电动机测量项目

（1）交流电动机的试验项目，应包括以下内容：

1）测量绕组的绝缘电阻和吸收比；

2）测量绕组的直流电阻；

3）定子绕组的直流耐压试验和泄漏电流测量；

4）定子绕组的交流耐压试验；

5）绕线式电动机转子绕组的交流耐压试验；

6）同步电动机转子绕组的交流耐压试验；

7）测量可变电阻器、启动电阻器、灭磁电阻器的绝缘电阻；

8）测量可变电阻器、启动电阻器、灭磁电阻器的直流电阻；

9）测量电动机轴承的绝缘电阻；

10）检查定子绕组极性及其连接的正确性；

11）电动机空载转动检查和空载电流测量。

（2）电压 1kW 以下，容量 100kW 以下的电动机试验项目：

1）测量绕组的绝缘电阻和吸收比；

2）测量可变电阻器、启动电阻器、灭磁电阻器的绝缘电阻；

3）检查定子绕组极性及其连接的正确性；

4）电动机空载转动检查和空载电流测量。

（3）测量绕组的绝缘电阻和吸收比，应符合下列规定：

1）额定电压为 1kW 以下的电动机使用 1kV 兆欧表测量，常温下绝缘电阻值不应低于 0.5MΩ；额定电压为 1000V 及以上的电动机使用 2.5kV 兆欧表测绝缘电阻，折算至运行温度时的绝缘电阻值，定子绕组不应低于 1MΩ/kV，转子绕组不应低于 0.5MΩ/kV。

2）1000V 及以上的电动机应测量吸收比。吸收比不应低于 1.2，中性点可拆开的应分相测量。电动机的吸收比测量应使用 60s 与 15s 绝缘电阻值的比值；极化指数应为 10min 与 1min 的绝缘电阻值的比值。吸收比的测量用秒表看时间，当摇表遥测到 15s 时，读取摇表的数值，继续遥测到 60s 时再读取一个数值，即可求出 R_{60}/R_{15} 的吸收比的数值。

(4) 测量绕组的直流电阻，应符合下述规定：

1000V 以上或容量 100kW 以上的电动机各相绕组直流电阻值相互差别不应超过其最小值的 2%，中性点未引出的电动机可测量线间直流电阻，其相互差别不应超过其最小值的 1%。

(5) 定子绕组直流耐压试验和泄漏电流测量，应符合下述规定：

1000V 以上及 100kW 以上、中性点连线已引出至出线端子板的定子绕组应分相进行直流耐压试验。试验电压为定子绕组额定电压的 3 倍。在规定的试验电压下，各相泄漏电流的差值不应大于最小值的 100%；当最大泄漏电流在 20μA 以下时，各相间应无明显差别。中性点连线未引出的不进行此项试验。

(6) 电动机的交流耐压试验

交流耐压试验时加至试验标准电压后的持续时间，如无特殊说明，应为 1min。耐压试验电压值以额定电压的倍数计算时，电动机应按铭牌额定电压计算。

定子绕组的交流耐压试验电压，应符合表 35-151 的规定。

电动机定子绕组交流耐压试验电压   表 35-151

额定电压（kV）	3	6	10
试验电压（kV）	5	10	16

绕线式电动机的转子绕组交流耐压试验电压，应符合表 35-152 的规定。

绕线式电动机转子绕组交流耐压试验电压表   表 35-152

转子工况	试验电压（V）	转子工况	试验电压（V）
不可逆的	$1.5U_k+750$	可逆的	$3.0U_k+750$

注：U_k 为转子静止时，在定子绕组上施加额定电压，转子绕组开路时测得的电压。

(7) 同步电动机转子绕组的交流耐压试验电压值为额定励磁电压的 7.5 倍，且不应低于 1200V，但不应高于出厂试验电压值的 75%。

(8) 可变电阻器、启动电阻器、灭磁电阻器的绝缘电阻。当与回路一起测量时，绝缘电阻值不应低于 0.5MΩ。

(9) 测量可变电阻器、启动电阻器、灭磁电阻器的直流电阻值，与产品出厂数值比较，其差值不应超过 10%；调节过程中应接地良好，无开路现象，电阻值的变化应有规律性。

(10) 测量电动机轴承的绝缘电阻，当有油管路连接时，应在油管安装后，采用 1000V 兆欧表测量，绝缘电阻值不应低于 0.5MΩ。

(11) 检查定子绕组的极性及其连接应正确。中性点未引出者可不检查极性。

35.11.5.3 高压成套设备及线路试验项目

(1) 高压试验应由当地供电部门许可的试验单位进行，试验标准应符合国家规范，当地供电部门的规定及产品技术资料的要求。

(2) 试验内容包括高压柜、母线、避雷器、高压瓷瓶，高压互感器、电流互感器、高压开关（一般 SF_6 的较多）等，一般供应厂家在高压设备生产完成后，依次对以上器件进行试验，试验合格后方可出厂，所以高压设备在货到现场后，一般不做试验项目，只做器件的检查，只有经检查怀疑存在问题时，才对被怀疑的器件委托当地供电部门许可的试验单位进行试验。

(3) 调整的内容包括过流继电器的调整、时间继电器的调整、信号继电器的调整和机械连锁的调整。试验数据应符合国家规范《电气装置安装工程 电气设备交接试验标准》GB 50150—2006 的要求。

(4) 二次控制线路的调整及模拟试验：

1) 成套高压设备安装完毕后，将所有的接线端子螺丝再做一次全面检查和紧固。

2) 用 500V 的摇表在端子板处测试每条回路的绝缘电阻，绝缘电阻的阻值必须大于 0.5MΩ。

3) 二次回路如有晶体管、集成电路、电子元件时，该部分回路不许采用摇表测试，应使用万用表测试回路是否接通。

4) 接通临时的控制电源和操作电源，将高压柜内的控制、操作电源回路熔断器上端的相线摘掉，接上临时电源。

5) 按照图纸要求，分别模拟试验控制、连锁、操作、继电保护和信号动作，模拟试验动作应准确无误，灵敏可靠。如发现试验存在故障，应仔细查找问题原因，排除故障，直至试验无误为止。

6) 拆除临时电源，复位拆下的电源相线。

(5) 高压线路的试验：

应按国家规范《电气装置安装工程 电气设备交接试验标准》GB 50150—2006 中的电力电缆、母线进行试验。

35.11.5.4 变压器及附属设备试验项目

(1) 变压器吊芯检查及试验项目，按照国家规范《电气装置安装工程 电气设备交接试验标准》GB 50150—2006 中的规定。

1) 测量绕组连同套管的直流电阻。

2) 检查所有分接头的电压比。

3) 检查变压器的三相接线组别和单相变压器引出线的极性。

4) 测量绕组连同套管的绝缘电阻、吸收比或极化指数。

5) 测量绕组连同套管的介质损耗角正切值 tgδ。

6) 测量绕组连同套管的直流泄漏电流。

7) 绕组连同套管的交流耐压试验。

8) 绕组连同套管的局部放电试验。

9) 测量与铁芯绝缘的各紧固件及铁芯接地引出套管对外壳的绝缘电阻。

10) 非纯瓷套管的试验。

①绝缘油试验。

②有载调压切换装置的检查和试验。

③额定电压下的冲击合闸试验。

④检查相位。

⑤检查噪声。

注：1600kVA以上的油浸式电力变压器的试验，按以上全部项目的规定进行；

1600kVA及以下的油浸式电力变压器的试验，可按以上项目中的第1）、2）、3）、4）、7）、9）、10）、11）、12）、14）项进行；

干式变压器的试验，可按以上项目中的第1）、2）、3）、4）、7）、9）、12）、13）、14）项进行；

变流、整流变压器的试验，可按以上项目中的第1）、2）、3）、4）、7）、9）、11）、12）、13）、14）项进行；

电炉变压器的试验，可按以上项目中的第1）、2）、3）、4）、7）、9）、10）、11）、12）、13）、14）项进行；

电压等级在35kV及以上变压器的试验，在交接时，应提交变压器及非纯瓷套管的出厂试验记录。

（2）变压器吊芯检查及试验项目，按照国家规范《电气装置安装工程　电气设备交接试验标准》GB 50150—2006中的规定。一般变压器的吊芯要求如下：

1）变压器安装前应做吊芯检查。制造厂规定不检查器身者可不做吊芯；就地生产仅做短途运输的变压器，且在运输过程中有效监督，无紧急制动、剧烈震动、冲撞或严重颠簸等异常情况者，可不做吊芯检查。

2）吊芯检查应在气温不低于0℃，器芯温度不低于周围空气温度，空气相对湿度不大于75%的条件下进行（器身暴露在空气中的时间不得超过16h）。

3）所有螺栓应紧固，并应有防松措施。铁芯无变形，表面漆层良好，铁芯接地良好。

4）线圈的绝缘层应完成，表面无变色、脆裂、击穿等缺陷。高低压线圈无移动发生位移改变情况。

5）线圈间、线圈与铁芯、铁芯与轭铁间的绝缘层应完整无松动。

6）引出线绝缘良好，包扎紧固无破裂情况，引出线固定应牢固可靠，应紧固，引出线与套管连接牢固，接触良好紧密，引出线接线正确。

7）测量可接触的穿芯螺栓、轭铁夹件及绑扎钢带对轭铁、铁芯、油箱及绕组压环的绝缘电阻。采用2500V兆欧表测量，持续时间为1min，应无闪络及击穿现象。

8）油路应畅通，油箱底部清洁无油垢杂物，油箱内壁无锈蚀。

9）器芯检查完毕后，应用合格的变压器油清洗，并从箱体油堵将油放掉。吊芯过程中，器芯与箱壁不应碰擦。

10）吊芯检查后如无异常，应立即将器芯复位并注油至正常油位。吊芯复位、注油必须在16h内完成。

11）吊芯检查完成后，要对油系统密封进行全面仔细检查，不得有漏油渗油现象。

（3）试验技术要求：

1）测量绕组连同套管的直流电阻时应符合以下要求

应在分接头的所有位置上进行测量。1600kVA及以下三相变压器，各相测得值的相互差值应小于平均值的4%，线间测得值的相互差值应小于平均值的2%；1600kVA以上三相变压器，各相测得值的相互差值应小于平均值的2%，线间测得值的相互差值应小于平均值的 1%。变压器的直流电阻，与同温度下产品出厂实测数值比较，相应变化不应大于 2%。由于变压器的结构原因，所测数值可能超过 1600kVA 及以下的相间 4%、线间 2% 或者 1600kVA 以上的相间 2%、线间 1% 的规定，这是允许的，但必须满足同温度下测得值与产品出厂实测数值比较，相应变化不应大于 2% 的规定。

2）检查所有分接头的变压比

所有变压比与制造厂铭牌数据应一致或相差不大，且应符合变压比的规律；电压等级在 220kV 及以上的电力变压器，其变压比的允许误差在额定分接头位置时为 +0.5%。

3）检查变压器的三相接线组别和单相变压器引出线的极性

变压器的三相接线组别和单相变压器引出线的极性必须与设计要求、铭牌上的标记和外壳上的符号相符。

4）测量绕组连同套管的绝缘电阻、吸收比或极化指数

绝缘电阻值不应低于产品出厂试验值的 70%。当测量温度与产品出厂试验时的温度不符合时，可按表 35-153 的系数乘以测量值，即换算为同温度下的数值进行比较。如果测量绝缘电阻的温度不是表中所列的数值时，其换算系数 A 可用内插法确定，也可以按公式（35-8）计算：

$$A = 1.5K/10 \tag{35-8}$$

变压器电压等级为 35kV 及以上，且容量在 4000kVA 及以上时，应测量吸收比，吸收比与产品出厂值相比应无明显的差别，在常温下不应小于 1.3。变压器电压等级为 220kV 及以上，且容量在 120MVA 及以上时，宜测量极化指数，吸收比与产品出厂值相比应无明显的差别。

油浸式电力变压器绝缘电阻的温度换算系数　　　　　　　　**表 35-153**

温度差 K	5	10	15	20	25	30	35	40	45	50	55	60
换算系数 A	1.2	1.5	1.8	2.3	2.8	3.4	4.1	5.1	6.2	7.5	9.2	11.2

5）测量绕组连同套管的介质损耗角正切值 tgδ

当变压器电压等级为 35kV 及以上，且容量在 8000kVA 及以上时，应测量介质损耗角正切值 tgδ。被侧绕组的 tgδ 值不应大于产品出厂试验值的 130%。当测量时的温度与产品出厂试验温度不符合时，可按表 35-154 的系数乘以测量值，即换算为同一温度下的数值进行比较。如果测量绝缘电阻的温度不是表中所列的数值时，其换算系数 A 可用内插法确定，也可以按公式（35-9）计算：

$$A = 1.3^{K/10} \tag{35-9}$$

介质损耗角正切值 tgδ（%）温度换算系数　　　　　　　　**表 35-154**

温度差 K	5	10	15	20	25	30	35	40	45	50
换算系数 A	1.15	1.3	1.5	1.7	1.9	2.2	2.5	2.9	3.3	3.7

6）测量绕组连同套管的直流泄漏电流

容量为 8000kVA 及以下、绕组额定电压在 110kV 以下的变压器，应根据表 35-155 的试验电压标准进行交流耐压试验。容量为 8000kVA 以上、绕组额定电压在 110kV 以下的变压器，在有试验设备条件时，可按表 35-155 的试验电压标准进行交流耐压试验。

电气设备绝缘的工频耐压试验电压标准　　　　　　　表 35-155

额定电压 (V)	最高工作电压 (kV)	1min 工频耐受电压 (kV) 有效值																	
		油浸电力变压器		并联电抗器		电压互感器		断路器、电流互感器		干式电抗器		穿墙套管				支柱绝缘子、隔离开关		干式电力变压器	
												纯瓷、纯瓷充油绝缘		固体有机绝缘					
		出厂	交接	出厂	交接	出厂	交接	出厂	交接	出厂	交接	出厂	交接	出厂	交接	出厂	交接	出厂	交接
3	3.5	18	15	18	15	18	16	18	16	18	8	18	8	18	16	25	25	10	8.5
6	6.9	25	21	25	21	25	21	25	21	25	21	23	25	23	21	32	32	20	17
10	11.5	35	30	35	30	30	27	30	27	35	30	30	35	30	27	42	42	28	24
15	17.5	45	38	45	38	45	38	40	36	45	45	40	45	40	36	57	57	38	32
20	23.0	55	47	55	47	50	45	50	45	50	55	50	55	50	45	68	68	50	43
35	40.5	85	72	85	72	80	72	80	72	80	80	80	80	80	72	100	100	70	60
63	69.0	140	120	140	120	140	126	140	126	140	140	140	140	140	126	165	165		
110	126.0	200	170	200	170	200	180	200	180	200	200	185	200	185	180	265	265		
220	252.0	395	335	395	335	395	356	395	356	395	395	360	395	360	356	450	450		
330	363.0	510	433	510	433	510	459	510	459	510	510	460	510	460	459				
500	550.0	680	578	680	578	680	612	680	612	680	680	630	680	630	612				

7) 绕组连同套管的局部放电试验

电压等级为 500kV 的变压器宜进行局部放电试验，实测放电量应符合下列规定：预加电压为 U_m；测量电压在 $1.3U_m/\sqrt{3}$ 下，时间为 30min，视在放电量不宜大于 300pC；测量电压在 $1.5U_m/\sqrt{3}$ 下，时间为 30min，视在放电量不宜大于 500pC；上述测量电压的选择，按合同规定（其中 U_m 均为设备的最高电压有效值）。电压等级为 220kV 及 330kV 的变压器，当有试验设备时宜进行局部放电试验。局部放电试验方法及在放电量超出上述规定的判断方法，均按现行国家标准《电力变压器》中的有关规定进行。

8) 测量与铁芯绝缘的各紧固件及铁芯接地引出套管对外壳的绝缘电阻

进行器身检查的变压器，应测量可接触到的穿芯螺栓、轭铁夹件及绑扎钢带对铁轭、铁芯、油箱及绕组压环的绝缘电阻。采用 2500V 兆欧表进行测量，持续时间为 1min，应无闪络击穿现象。当轭铁梁及穿芯螺栓一端与铁芯连接时，应将连接片断开后进行试验。铁芯必须为一点接地，对变压器上有专用的铁芯接地线引出套管时，应在注油前测量其对外壳的绝缘电阻。

9) 非纯瓷套管的试验和绝缘油的试验按规范和产品有关要求进行。

10) 有载调压切换装置的检查和试验

在切换开关取出检查时，测量限流电阻的电阻值，测得值与产品出厂值相比，应无明显差别。在切换开关取出检查时，检查切换开关切换触头的全部动作顺序，应符合产品技术条件的规定。检查切换开关装置在全部切换过程中，应无开路现象，电气和机械限位动作正确且符合产品要求，在操作电源电压为额定电压的 85% 及以上时，其全过程的切换中应可靠动作。在变压器无电压下操作 10 个循环，在空载下按产品技术条件的规定检查切换装置的调压情况，其三相切换同步性及电压变化范围和规律，与产品出厂数据比较，应无明显差别。绝缘油在注入切换开关油箱前，其电气强度应符合规范标准的规定。

11）额定电压下的冲击合闸试验

在额定电压下对变压器的冲击合闸试验应进行 5 次，每次间隔时间宜为 5min，无异常现象；冲击合闸宜在变压器高压侧进行，对中性点接地的电力系统，试验时变压器中性点必须接地；发电机变压器组中间连接无操作断开点的变压器，可不进行冲击合闸试验。

12）相位和噪声检查

变压器相位必须与电网的相位一致。电压等级为 500kV 的变压器噪声，应在额定电压及额定频率下测量，噪声值不大于 80dB（A），其测量方法和要求应按现行国家标准《电力变压器第 10 部分：声级测定》GB/T1094.10—2003 的规定进行。

35.11.5.5　低压成套设备及线路试验项目

（1）低压成套设备试验一般由生产供应厂家在厂内进行，对于不具备试验条件的设备供应厂家，应委托有试验资质的试验单位进行。试验标准应符合国家规范，当地供电部门的规定及产品技术资料的要求。一般低压成套设备分为两种，一种安装于配电室的成套设备，一般其试验项目并入变配电室（所）的试验内容；另一种是安装于各机房或分配电间的成套设备，其试验项目一般纳入低压系统试验内容。

（2）试验内容包括低压柜、母线、避雷器、电压互感器、电流互感器、断路器等。一般供应厂家在低压设备生产完成后，依次对以上器件进行试验，试验合格后方可出厂，所以低压设备在货到现场后，一般不做试验项目，只做器件的检查，只有经检查怀疑存在问题时，才对被怀疑的器件委托当地供电部门许可的试验单位进行试验。

（3）调整的内容包括过流继电器的调整、时间继电器的调整、信号继电器的调整和机械连锁的调整。试验数据应符合国家规范《电气装置安装工程　电气设备交接试验标准》GB 50150—2006 的要求。

（4）二次控制线路的调整及模拟试验：

1）成套低压设备安装完毕后，将所有的接线端子螺丝再做一次全面检查和紧固。

2）用 500V 的摇表在端子板处测试每条回路的绝缘电阻，绝缘电阻的阻值必须大于 0.5MΩ。

3）二次回路如有晶体管、集成电路、电子元件时，该部分回路不许采用摇表测试，应使用万用表测试回路是否接通。

4）接通临时的控制电源和操作电源，将低压柜内的控制、操作电源回路熔断器上端的相线摘掉，接上临时电源。

5）按照图纸要求，分别模拟试验控制、连锁、操作、继电保护和信号动作，模拟试验动作应准确无误，灵敏可靠。如发现试验存在故障，应仔细查找问题原因，排除故障，直至试验无误为止。

6）拆除临时电源，复位拆下的电源相线。

（5）低压线路的试验：

应按国家规范《电气装置安装工程　电气设备交接试验标准》GB 50150—2006 中的电力电缆、1kV 及以下的馈电线路中的要求进行试验。

（6）不间断电源柜及蓄电池组的试验：

不间断电源柜及蓄电池组的充放电指标应符合产品技术条件及国家相关规范的规定。电池组母线对地绝缘电阻应符合以下要求：110V 蓄电池不小于 0.1MΩ，220V 蓄电池不小于 0.2MΩ。

35.11.6　建筑电气系统调试工作内容

35.11.6.1　建筑电气系统调试基本内容和过程划分

1. 电气调试工作的基本内容

对全部电气设备（一次设备及二次回路）在安装过程中及安装结束后的调整试验，按照生产工艺的要求对电气设备进行空载和带负荷的调整试验。其目的是为了保证投入运行的设备在适应设计要求的同时，还要适应国家有关电力法规的规定，以确保设备可靠、安全地进行运行。

2. 建筑电气系统调试过程划分

建筑电气工程调试的全过程可分为以下三个阶段：

（1）单体调试

单体调试是电气调试的首要阶段，是指电气设备及元件的本体试验和调整。如变电器、电动机、开关装置、继电器、仪表、电缆、绝缘子等元件的本体绝缘、耐压和特性等试验和调校。

（2）分系统调试

单体调试合格后，可以进行分系统调试，是指可以独立运行的一个小电气系统的调试。如一台变压器的分系统调试包括该系统中的一次开关装置、变压器和二次开关装置等主回路调试以及它的控制保护回路的系统调试。

（3）整体调试

各分体系统调试全部完成合格后，可以进行整体调试，是指整个电气设备系统的整体启动运行调试。如一个变压所的整体调试；一套轧钢电机的整体调试或一条送电线路的整体调试等。

35.11.6.2　高低压变配电所（室）的调试

高低压变配电所（室）的调试应由当地供电部门许可的试验调试单位进行，试验标准应符合国家规范，当地供电部门的规定及产品技术资料的要求。

1. 调试前的检查

一般应首先对整个站二次综自系统设备进行全面的了解。包括综自装置的安装方式、控制保护屏、公用屏、电度表屏、交流屏、直流屏的数量和主要功能；了解一次主结线，各间隔实际位置及运行状态；进行二次设备外观检查，主要有装置外观是否损坏，屏内元件是否完好，接线有无折断、脱落等；检查各屏电源接法是否准确无误，无误后对装置逐一上电，注意观察装置反应是否正确，然后根据软件组态查看、设置装置地址；连好各设备之间通信线，调试至所有装置通信正常，在后台机可观察装置上述数据。

2. 调试阶段

这个阶段包括一次、二次系统的电缆连接、保护、监控等功能的全面校验和调试。首先检查调试一次、二次系统的电缆连接，主要有以下内容：

（1）开关控制回路的调试。

（2）断路器本身信号和操动机构信号在后台机上的反映。

（3）开关量状态在后台机上的反映。

（4）主变压器本体信号的检查。

（5）二次交流部分的检查。

（6）其他需要微机监控的量（如直流系统）遥信量及音响报警正确，遥测量显示正确。

（7）对整个综合自动化系统进行完善。

3. 试运行阶段

试运行阶段要详细观察系统的运行状态，以便及时发现存在的隐患。一般包括以下内容。

（1）差动保护极性校验。

（2）带方向保护的方向校验。

（3）后台机的显示调试。

4. 调试收尾阶段

试运行结束后，针对试运行期间反映出的问题进行消项处理。最后，做好计算机监控软件的数据备份和变电所资料的整理交接。

35.11.6.3 低压配电系统的调试

在一般建筑电气工程中，低压配电系统的调试是指供电末端的动力、照明配电设备以及供电线路的调试；对于大型的建筑工程或者有重要政治、经济、社会影响的工程中，低压配电系统的调试除上述调试外，还包括：层配电室间（分配电室）的调试、柴油发电机组的调试、备用不间断电源的调试等。

1. 动力、照明配电设备的调试

动力、照明配电设备的调试是指供电末端的动力、照明配电柜、箱、盘的调试，也包括供电线路中间的层配电间（分配电室）配电柜、箱、盘的调试。

（1）调试工艺流程

进出线路的接线检查→进出线路的绝缘摇测→柜、箱、盘内配线检查→柜、箱、盘内校验调整→柜、箱、盘通电试运行

（2）调试技术要求

1）进出线的线路绝缘电阻摇测合格，各压接端子固定牢固，柜、箱内的进出线排列整齐、顺畅，与箱、柜接触处无应力影响。

2）柜、箱、盘内的二次线路排列整齐，线路标记（线号）清晰齐全，绝缘摇测满足要求。

3）柜箱盘内的继电保护器件、逻辑控制单元、互感器、电压电流表、指示灯、漏电保护器等应单独进行校验调整合格。

4）各项检查无误后方可进行通电试运行，通电后，应检查个元器件的电压、电流，温度等指标，一般应空载运行 24h 视为合格。

5）设备的送电、断电必须按照程序由专人执行，以防止误操作造成安全事故。

2. 柴油发电机组的调试

一般建筑电气工程中的柴油发电机组系统作为正常市电的备用电源，一般并入建筑高低压变配电室（所），一般常用的柴油发电机组的功率为 100～1500kVA。

（1）调试工艺过程

供油系统、冷却系统、烟气排放系统检查→蓄电池性能检查、充电检查→柴油机检查

及空载试运行→发电机的静态试验、控制柜的接线检查→发电机的空载试运行及试验调整→发电机负荷试运行→联动备用状态切换

（2）调试技术要求

1）柴油发电机组的供油系统、冷却系统、烟气排放系统的安装及检查无异常情况。

2）按照产品技术文件的要求对蓄电池进行充液（免维护的蓄电池除外），按规定对蓄电池进行充电，测量蓄电池的电压并检验蓄电池的性能，应能满足技术文件的要求。

3）柴油机经检查无异常情况后，拆卸开与发电机的联轴器，启动进行空载试运行，检查有无漏油、漏水的情况；柴油机运行应稳定，无撞击声和异常噪声，转速自动或手动符合要求。

4）按照随机技术文件的要求对发电机进行静态检查与试验，试验项目包括机组定子回路、转子回路、励磁电路等，具体内容见表 35-156 所示。

发电机机组交接试验项目

表 35-156

序号	内容部位		试　验　内　容	试验标准与要求
1	发电机静态试验	定子电路	测量定子绕组的绝缘电阻和吸收比	绝缘电阻值应＞0.5MΩ，沥青浸胶绝缘及烘卷云母绝缘的吸收比应＞1.3，环氧粉云母绝缘的吸收比＞1.6
2			常温下，绕组表面温度与空气温度差在±3℃范围内测量各相直流电阻	各相直流电阻值相互间差值≯最小值的2%，与出厂值在同温度下比差值≯2%
3			交流工频耐压试验（1min）	试验电压为 $1.5U_n+750V$（其中 U_n 为发电机额定电压），无闪络击穿现象
4		转子电路	测量转子绝缘电阻（1000V 兆欧表）	绝缘电阻值应＞0.5MΩ
5			常温下，绕组表面温度与空气温度差在±3℃范围内测量各相直流电阻	数值与出厂值在同温度下比差值≯2%
6			交流工频耐压试验（1min）	采用 2500V 绝缘摇表摇测电阻，来确定转子电路的耐压试验效果
7		励磁电路	退出励磁电子电路元器件后，测量励磁电路的绝缘电阻	绝缘电阻值应＞0.5MΩ
8			退出励磁电子电路元器件后，进行交流工频耐压试验（1min）	试验电压 1000V，应无闪络击穿现象
9		其他	有绝缘轴承的，测量轴承绝缘电阻（1000V 兆欧表）	绝缘电阻值应＞0.5MΩ
10			测量检温计（埋入式）绝缘电阻，校验检温计精度	用 250V 兆欧表检测不短路，精度符合出厂规定
11			测量灭磁电阻，自同步电阻器的直流电阻	与机组铭牌进行比较，其差值为±10%
12	动态试验	运转试验	发电机空载特性试验	按设备说明书进行比对，符合要求
13			测量相序	用万用表测量同相无电压，相序与出线标示相符
14			测量空载和负荷后轴电压	按照设备说明书进行比对，符合要求

5) 根据柴油发电组厂家提供的随机资料，检查和校验控制柜内的接线是否与图纸一致。

6) 断开发电机负载端的断路器或 ATS，将机组控制柜的控制开关置于"手动"位置，按启动按钮启动发电机，检查机组电压、电池电压、频率是否在误差范围内，油压表是否正常，如有异常，应进行适当调整。检查一切正常后，可以进行正常停车或进行紧急停车试验。

7) 空载运行合格后，恢复负载端接线，断开市电电源，按"机组加载"按钮，进行假性负载试验运行。一切无误后，再由机组进行正常的负载供电，检查发电机组运行是否稳定，电压、电流、功率、频率是否正常。试验合格后，发电机停机，将控制屏的控制开关置于"自动"状态。

8) 单机试运转合格后的发电机组，可以进行联动试车。当市电两路电源同时中断时，作为备用的柴油发电组自动投入运行，一般在设计要求的时间内（多为 15s）投入到满负荷状态；当市电恢复供电时，所有发电机下的重压负荷将自动倒回市电供电系统，发电机组自动退出运行状态（按照产品的技术文件要求可以进行调整，一般为 300s 后退出运行）。

3. 不间断电源的调试

建筑电气工程中的不间断电源系统主要是指 EPS 蓄电池柜供电系统。其原理为在市电情况下，EPS 蓄电池柜通过整流电路对蓄电池进行充电，在市电掉电后，蓄电池在通过逆变回路转变为正常交流电回馈电网。

(1) 调试工艺过程

进出线路的接线检查，绝缘摇测→EPS 柜内电路检查，绝缘测试→柜内元器件校验调整→蓄电池的检查与试验→EPS 柜通电试运行

(2) 调试技术要求

1) 进出线的线路绝缘电阻摇测合格，各压接端子固定牢固，柜、箱内的进出线排列整齐、顺畅，与箱、柜接触处无应力影响。

2) 柜、箱、盘内的二次线路排列整齐，线路标记（线号）清晰齐全，绝缘摇测满足要求。

3) 柜箱盘内的继电保护器件、逻辑控制单元、整流逆变单元、互感器、电压电流表应单独进行校验调整合格。

4) 免维护的蓄电池按规定进行充电，测量蓄电池的电压并检验蓄电池的性能，应能满足规范设计的要求。

5) 不间断电源输出端的中性点（N 极），必须与由接地装置直接引来的接地干线相连接，并做重复接地。

6) 各项检查无误后方可对 EPS 柜进行通电调试。通电后，应检查柜体的散热风扇工作是否正常，注意一定要取掉风扇的保护薄膜，以免导致散热困难；在设备运转正常的情况下，对柜体元器件进行调整，使系统各项指标满足设计要求。

7) 不间断电源系统的设备首次运行使用应该按照设备使用说明书进行充电，在满足使用说明书的各种使用要求后，方可带负荷运行。

35.11.6.4　负荷端电气设备的调试

负荷端电气设备的调试泛指一切采用电能做为能源的各类用电负荷设备的调试。在建筑电气工程中，最常见的用电负荷设备是电动机、电动执行机构和电加热器，该部分调试的内容具体包括控制箱、柜的调试，电动机的空载试运转调试，电动执行机构的通电试运行，电加热器的通电试运行。

1. 调试工艺流程

控制箱、柜进出线的检查及绝缘测试→控制箱、柜内二次回路检查及绝缘测试→控制箱、柜内部元器件的校验与调整→电动机、执行机构、电加热器的通电检查→设备试运行

2. 调试技术要求

（1）控制箱、柜的进出线路绝缘电阻摇测合格，各压接端子固定牢固，柜、箱内的进出线排列整齐、顺畅，与箱、柜接触处无应力影响。

（2）柜、箱、盘内的二次线路排列整齐，线路标记（线号）清晰齐全，绝缘摇测满足要求。

（3）箱内的断路器、接触器、继电器、软启动器、自耦变压器、变频器等电器元件应单独进行校验和调整合格。

（4）电动机按规范试验项目试验合格，外表无损伤，盘动转子应轻快无卡阻，并无异常声响；电动执行机构本体完整无损伤；电加热器的电阻丝无断路和短路现象。

（5）各项检查无误后可对电动机、执行机构及电加热器等设备进行通电调试。通电后，电动机应检查转向是否正常，如转向不正确，调整任意两相的相序压接；执行机构的指示标尺应有动作，且动作顺畅无卡阻，输出端有信号输出；电加热器无异常，升温稳定。

（6）通电检查全部合格后，可以进行试运行。电动机能够空载运行的尽量空载运行，无法空载可带载联动。试运行时间在产品说明书中有要求的按要求时间，无时间要求的一般为 2h。测量运行的各项参数并做好记录。

3. 几种常见电动机启动调试

电动机的启动方式与电动机本身的容量、电源端变电器的容量以及所带负荷的性质、要求都有关系。可以直接启动的电动机的容量注意取决于电源端变压器的容量，可以根据设计要求或规范要求计算得出。对于建筑电气工程来说，如没有设计要求，一般常见容量在 10kW 以下的电动机可以直接启动，10kW 及以上的电动机需要降压启动。降压启动的目的主要是为了减少因电动机的启动电流过大造成对电网的冲击。常见的降压启动方式有四种，分别是：星-角启动、自耦变压器启动、软启动器启动、变频器启动（变频器一般不是专门作为启动器使用，而为了节能或系统控制的需要，但它具有降压启动的功能）。

（1）星-角启动方式的调试

星-角启动方式是建筑电气工程最常见的一种减压启动方式，它是通过接触器的开、闭，改变电动机绕组的星形接法和三角形接法来起到减压启动的目的。其原理如图 35-151 所示。

星-角启动是利用图中的三个接触器 KM1、KM2、KM3 的打开、闭合来改变电动机的星形和三角形接法。当电动机启动时，KM1、KM3 首先闭合，此时电动机为星形接法，电动机每个绕组的电压是线电压的 $1/\sqrt{3}$，此时电动机为星形降压启动状态，经过延

时继电器的延时，打开 KM3 的主触点，然后闭合 KM2 的主触点，此时电动机为三角形接法，电动机每个绕组的电压都是线电压，此时电动机为正常运行状态。

由此可见星-角减压启动的调试实际就是调试以接触器为主的二次回路。其调试的主要内容为：二次原理线路的接线检查试验、接触器的检查、接触器的动作试验、时间继电器的整定。

1）二次原理线路的接线检查试验

对照二次原理图检查二次接线的元器件是否正确、安装是否牢固，各接线端子压接是否牢固、线号是否清晰完整。然后测量二次线路的绝缘电阻，测量值应满足规范规定。

2）接触器的检查

①接触器的各部件应完整，衔铁等可动部件应动作灵活，不得有卡阻或闭合时存在迟滞现象。

②接触器开放或断电后，可动部分应完全回到原位，当动触点与静触点、可动铁芯与静铁芯相互接触（闭合）时，应相互吻合，不得偏斜。

③铁芯与衔铁的接触面应平整清洁，当接触面涂有防锈黄油时，应清理干净。

④接触器在分闸时，动、静触点间的空气距离，以及合闸时动触头的压力，触头压缩弹簧的压缩度和压缩后的剩余间隙，均应符合产品技术说明或国家规范的规定。

⑤采用万用表或电桥测量接触器线圈的电阻应与其铭牌上的电阻值相符。用绝缘摇表测量线圈及接点等导电部分对地之间的电阻应良好。

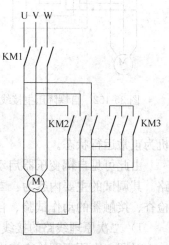

图 35-151　星-角主接线图

3）接触器的动作试验

①在接触器线圈两端接上可调电源，调升电压直到衔铁完全吸合时，所测的电压为接触器的吸合电压。其值一般不应低于 85％的线圈额定电压，最好不要高于该相数值。

②将可调电源的电压调降直到衔铁能完全释放，此时的电压为接触器的释放电压，一般接触器的释放电压约为线圈额定电压的 35％及以下，最好不超过 35％。

③调升调试电源电压直至线圈额定电压，测量线圈的电流，计算线圈在正常工作时所需的功率，并与铭牌数据比较，应相差不大。

④观察衔铁的吸合情况，此时不应产生强烈的振动和噪声。

4）时间继电器的整定

①将星-角启动控制柜与电动机连线接好，并使电动机处于额定负荷，将时间继电器调至最大时间值，并准备好秒表备用。

②检查无误后启动电动机，并同时按下秒表，观察电动机的启动状态，如发现异常情况，应立即停机进行检查，并排除故障。

③当电动机星形启动运行刚好到达平稳时，此时按下秒表，记录下时间，然后停机将时间继电器整定为记录下的时间值。

④再次启动电动机，观察启动情况，在到达时间继电器的整定值时，此时控制箱的接

触器应能够进行切换，由星形接法改为三角形接法，此时电动机的转速将进一步增加直至运行平稳。

⑤如发现在切换过程中出现异常或无法实现切换，应立即停机检查，排除故障后再进行调试直至试验合格。

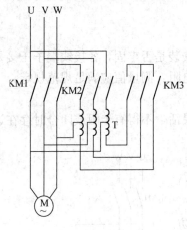

图 35-152　自耦降压主接线

（2）自耦变压器启动的调试

自耦变压器启动方式是在电动机主接线回路中串联一自耦变压器的减压启动方式，它是通过接触器的开、闭，串入或切除电动机主接线回路中的自耦变压器起到减压启动的目的。其原理如图 35-152 所示。

自耦变压器启动方式是利用图中的三个接触器 KM1、KM2、KM3 的打开、闭合，来切换电动机的主接线回路中的自耦变压器 T 的接法。当电动机启动时，KM2、KM3 首先闭合，此时电动机主接线回路中串入自耦变压器 T，电动机每个绕组的电压是 T 的中间抽头上的低电压，此时电动机为降压启动状态，经过延时继电器的延时，打开 KM2、KM3 的主触点，然后闭合 KM1 的主触点，此时电动机正常电压接法，此时电动机为正常运行状态。

由此可见自耦变压器启动的调试实际就是调试以接触器、自耦变压器为主的二次回路。其调试的主要内容为：二次原理线路的接线检查试验、接触器的检查、自耦变压器的检查、接触器的动作试验、自耦变压器的试验、时间继电器的整定。

1）二次原理线路的接线检查试验

对照二次原理图检查二次接线的元器件是否正确、安装是否牢固，各接线端子压接是否牢固、线号是否清晰完整。然后测量二次线路的绝缘电阻，测量值应满足规范规定。

2）接触器的检查和试验

同星-角启动方式的接触器检查和试验。

3）自耦变压器的检查

①自耦变压器外观完整无损伤，零部件齐全，有明显的标志符号：如铭牌、接地、接线图、接线柱符号等。

②所有的螺栓、螺母、垫圈安装配备齐全。

③各接头接线正确，压接牢固。

4）自耦变压器的电气性能试验

①用 500V 摇表测量线圈及外部可导电部分对地的绝缘电阻，所测数据应符合规范或产品技术说明的规定。

②进行自耦变压器的空载试验。方法是先拆除变压器的次级输出接至电动机的接线，初级输入端三相串接电流表，当接入电源后，将接触器 KM2、KM3 的可动部分推入，使接触器主触点闭合，此时所测的空载电流应不大于自耦变压器额定电流的 20%，用电压表测量次级抽头各档的输出电压比，其误差应不大于 ±3%。

5）时间继电器的整定

同星-角启动方式的时间继电器整定。

（3）软启动器启动的调试

电动机软启动器启动方式是对于启动要求比较高方式，它是通过在电动机主接线回路中串入软启动器起到平稳启动电动机的目的。其原理接线如图 35-153 所示。

一般在交流电动机的软启动器上有 6 个指示灯（L1～L6），用来反映软启动器的工作状态，以方便电动机的调试及运行监视。L1 指示灯为控制电源的指示，L2 指示灯为软启动器启动过程的指示，L3 指示灯为运行状态的指示，L4 指示灯为电源缺相或欠压的指示，L5 指示灯为晶闸管短路故障的指示，L6 指示灯为设备过热及外部故障的指示。其中，从控制电源指示灯 L1 的闪烁状态又能反映出软启动器的具体状态：如闪烁频率 0.5Hz 为电动机处于停产或故障状态；闪烁频率 1.0Hz 为电动机处于启动状态；闪烁频率

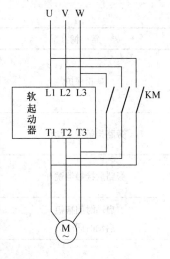

图 35-153 软启动器主接线

5.0Hz 为电动机处于运行状态；不闪烁为软启动器处于内部故障状态；指示灯未亮为控制电源未接入。

交流电动机软启动器的调试必须带负载进行。负载可用串联白炽灯组成的三相负荷代替，也可直接接电动机。

1）电位器的整定

软启动器具有两个电位器：一个是 SV，用来调节启动电压，启动电压 V_s 可以从 20%～70% 的额定电压范围调整；另一个是 ST，用来调节启动时间，启动时间 T_s 可以从 2～30s 范围内调整。其调整的变化及相互关系见表 35-157 所示。

电位器与电机负载的关系　　　　　　　　　表 35-157

电 位 器	减 小	增 大	最 佳 状 态
SV	启动力矩减小	启动力矩增大	启动时电动机刚好能够开始转动
ST	启动电流增大	启动电流减小	根据负载情况由用户自定

2）调试

根据电动机的启动状态调试软启动器的参数，具体调试方法和依据见表 35-158 所示。

电动机启动现象和软启动器的关系　　　　　　　表 35-158

电机启动现象	原　因	调　整
电机经过较长时间后才开始转动	启动力矩过小	增大 SV
启动时电机突然转动	启动力矩过大	减小 SV
启动时间短，启动电流大	启动时间过小	增大 ST
启动时间过长	启动时间过小	减小 ST

3）软启动器常见的问题处理

软启动器常出现的异常情况及问题处理方法见表 35-159 所示。

软启动器常见异常情况的处理   表 35-159

异常情况	产生原因	处理方法
缺相保护	控制电源零、相线接反	正确调整接线
	没有接通主回路电源	接通主回路电源
	主回路缺相	检查主回路电源
旁路接触器不动作	旁路接触器损坏	更换旁路接触器
	外围线路故障	检查线路
旁路后接触器跳开	旁路接触器不能自保	检查线路
	热继电器动作	检查保护动作原因
启动时间很短 启动时间<2s	V_s 设置过高	降低启动电压
	T_s 设置过短	增加启动时间
晶闸管短路保护动作	软启动器没有连接电动机	连接电动机
	晶闸管损坏	更换晶闸管
	旁路接触器触点短路	维修或更换接触器

（4）变频器的调试

1）调试前的准备

①掌握和熟悉变频器面板操作键和操作使用说明书

变频器都有操作面板，品牌不同，功能大同小异。举例变频器操作面板由四位 LED 数码管监视器、发光二极管指示灯、操作按键组成。在开始调试前，现场人员首先要结合操作手册，掌握和熟悉变频器操作面板各功能键的作用。

②通电前检查

变频器调试前首先要认真阅读产品技术手册，特别要看是否有新的内容增加和注意事项。

a. 对照技术手册，检查它的输入、输出端是否符合技术手册要求；

b. 检查接线是否正确和紧固，绝对不能接错与互相接反；

c. 屏蔽线的屏蔽部分是否按照技术手册规定正确连接。

③通电检查与调试

变频器在断电检查无误的基础上，确立变频器通电检查和调试的内容、步骤。应采取的基本步骤有：

a. 带电源空载测试；

b. 带电机空载运行；

c. 带负载试运行；

d. 与上位机联机统调等。

2）接通电源空载试运行

首先将电机电源线自变频器下口拆卸开，然后在主开关合闸接入三相交流电源后，先按变频器面板点动键试运行，再按运行键运行变频器 50hz，用万用表测量变频器的三相输出（u/t1、v/t2、w/t3），相电压应保持平衡（370~420V）；测量直流母线电压应在（500~600V）。然后按停止键（stop/reset），待频率降到 0Hz 时，再接上电机线。

3）带负载试运行

①设置电机的极数、额定功率、额定转速、额定电流，要综合考虑变频器的工作电流。

②选择参数自整定功能的执行方式：

a. 静止参数自整定，在电机不能脱开负载的情况下进行参数自整定；

b. 旋转参数自整定，在电机可脱开负载的情况下进行参数自整定。

注：启动参数自整定时，请确保电机处于静止状态，自整定过程中若出现过流过压故障，可适当延长加减速时间。

③设定变频器的上限输出频率、下限输出频率、基频、设置转矩特性。

④将变频器设置为自带的键盘操作模式，按手动键、运行键、停止键，观察电机是否反转，是否能正常地启动、停止。

⑤熟悉变频器发生故障时的保护代码，观察热保护继电器的出厂值，观察过载保护的设定值，需要时可以进行修改。

4）系统调试

①手动操作变频器面板的运行、停止键，观察电机运行、停止过程以及变频器的显示窗口，看是否有异常现象。如果有应相应的改变预定参数后再运行。

②如果启动、停止电机过程中变频器出现过流保护动作，应重新设定加速、减速时间。电机在加、减速时的加速度取决于加速转矩，而变频器在启、制动过程中的频率变化率是用户设定的。若电机转动惯量或电机负载变化，按预先设定的频率变化率升速或减速时，有可能出现加速转矩不够，从而造成电机失速，即电机转速与变频器输出频率不协调，从而造成过电流或过电压。因此，需要根据电机转动惯量和负载合理设定加、减速时间，使变频器的频率变化率能与电机转速变化率相协调。

检查此项设定是否合理的方法是先按经验选定加、减速时间进行设定，若在启动过程中出现过流，则可适当延长加速时间；若在制动过程中出现过流，则适当延长减速时间。另一方面，加、减速时间不宜设定太长，时间太长将影响生产效率，特别是频繁启动、制动的场合。

③如果变频器在限定的时间内仍然保护，应改变启动/停止的运行曲线，从直线改为 s 形、u 形线或反 s 形、反 u 形线。电机负载惯性较大时，应该采用更长的启动停止时间，并且根据其负载特性设置运行曲线类型。

④如果变频器仍然存在运行故障，应尝试增大电流限定的保护值，但是不能取消保护，应留有至少 5%～10% 的保护余量，此功能对速度或负载急剧变化的场合尤其适用。

⑤如果变频器带动电机在启动过程中达不到预设速度，可能有两种情况：

a. 系统发生机电共振，可以从电机运转的声音进行判断。采用设置频率跳跃值的方法，可以避开共振点。一般变频器能设定三级跳跃点。v/f 控制的变频器驱动异步电机时，在某些频率段，电机的电流、转速会发生振荡，严重时系统无法运行，甚至在加速过程中出现过电流保护使得电机不能正常启动，在电机轻载或转动惯量较小时更为严重。普通变频器均备有频率跨跳功能，用户可以根据系统出现振荡的频率点，在 v/f 曲线上设置跨跳点及跨跳宽度。当电机加速时可以自动跳过这些频率段，保证系统能够正常运行。

b. 电机的转矩输出能力不够，不同品牌的变频器出厂参数设置不同，在相同的条件下，带载能力不同，也可能因变频器控制方法不同，造成电机的带载能力不同；或因系统的输出效率不同，造成带载能力会有所差异。对于这种情况，可以增大转矩提升值。如果达不到，可用手动转矩提升功能，不要设定过大，电机这时的温升会增加。如果仍然不行，应改用新的控制方法，比如采用 v/f 比值恒定的方法，启动达不到要求时，改用无速度传感器矢量控制方法，它具有更大的转矩输出能力。对于风机和泵类负载，应减少转矩的曲线值。

5）变频器与上位机进行系统调试

在自动化系统中，变频器与上位机串行通信的应用越来越广泛，通过与远程控制系统的连接，可以实现：

①变频器控制参数的调整；

②变频器的控制及监控；

③变频器的故障管理及其故障后重新启动。

因而，许多用户在选择变频器时，对变频器的通信功能提出了更多严格的要求，需要变频器与上位机控制系统、PLC 控制器、文本显示器人机界面和触摸屏人机界面等设备实现快速准确的数据交换，以保证控制系统功能的完整。

6）进行系统调试的注意事项

①在手动的基本设定完成后，如果系统中有上位机，将变频器的控制线直接与上位机控制线相连，要考虑并将变频器的操作模式改为上位机运行命令给定。根据上位机系统的需要，调定变频器接收频率信号端子的量程 0~5V 或 0~10V，以及变频器对模拟频率信号采样的响应速度。如果需要另外的监视表头，应选择模拟输出的监视量，并调整变频器输出监视量端子的量程。

②变频器与上位机联机调试时可能会遇到的问题：

a. 上位机给出控制信号后，变频器不执行或不接收指令；

b. 上位机给出控制信号后，变频器能执行指令但有误差或不精确。

原因：有的上位机（如 PLC）一般输出的是 24V 的直流信号，而变频器的主控板端子只接收无源信号，如果直接从 PLC 端子放线到变频器的主控板端子，变频器是不会有动作的，这时应考虑外加 24V 直流继电器，输出一个开关信号到变频器的主控板端子，同时也能提高抗干扰能力。同时检查变频器的支持协议与接口方式是否正确。

c. 以上是变频器—交流电动机 v/f 控制模式的基本调试过程。系统能否安全可靠运行，变频器及带载的整个安装调试过程十分重要。这里要特别提醒的是，首先要认真阅读产品技术手册，对照手册一一检查变频器的硬结构，掌握其特点，然后按以上建议的步骤，分步调试。

35.11.7 试验与调试的安全、环保注意事项

由于电气调试工作大多在带电的情况下进行，因此，安全工作显得格外重要，它包括人身安全和设备安全两个方面。在实际的调试工作中，必须满足以下要求：

（1）电气调试人员应定期学习原国家能源部颁发的《电业安全工作规程》（1991 年），并进行考试合格。

（2）在现场每周应进行一次安全活动。

（3）电气调试人员要学会急救触电人员的方法，并能进行实际操作。

（4）现场工作要认真执行工作票制度。

（5）凡须通电进行的调试工作，必须有二人以上共同配合，才能开展工作。

（6）工作任务不明确、试验设备地点或周围环境不熟悉、试验项目和标准不清楚以及人员分工不明确的，都不得开展工作。

（7）调试人员使用的电工工具必须绝缘良好，金属裸露部分应尽可能短小，以免碰触接地或短路。

（8）任何电气设备、回路和装置，未经检查试验不得送电投运，第一次送电时，电气安装和机务人员要一起参加。

（9）与调试工作有关的设备、盘屏、线路等，应挂上警告指示牌，如"有电"、"有人工作、禁止合闸"、"高压危险"等。

（10）试验导线应绝缘良好，容量足够；试验电源不允许直接接在大容量母线上，并且要判明电压数值和相别。

（11）在已运行或已移交的电气设备区域内调试时，必须遵守运行单位的要求和规定，严防走错间隔或触及运行设备。

（12）试验设备的容量、仪表的量程必须在试验开始前考虑合适；仪表的转换开关、插头和调压器及滑杆电阻的转动方向，必须判明且正确无误。

（13）进行高压试验时，试验人员必须分工明确，听从指挥，试验期间要有专人监护。

（14）试验前，电源开关应断开，调压器置零位；试验过程中发生了问题或试验结束后，应立即将调压器退回零位，并拉开电源开关；若试验过程中发生了问题，须待问题查清后，方可继续进行试验。

（15）各种试验设备的接地必须完善，接地线的容量应足够；试验人员应有良好的绝缘保安措施，以防触电。

（16）高压试验结束后，应对设备进行放电，对电容量较大的设备如电力电缆等，更需进行较长时间的放电，放电时先经放电电阻，然后再直接接地。

（17）高压试验和较复杂回路的试验，接好线路后，应先经工作负责人复查，无误后方可进行试验，并应在接入被试物之前先进行一次空试。

（18）进行耐压试验时，必须从零开始均匀升压，禁止带电冲击或升压。

（19）进行调整试验时，被试物必须与其他设备隔开且保持一定的安全距离，或用绝缘物进行隔离；装设栅栏或悬挂警告牌时，应设专人看守。

（20）在电流互感器二次回路上带电工作时，应严防开路，短路时应用专用的短路端子或短路片，且必须绝对可靠；在电压互感器二次回路上带电工作时，应严防短路，电压二次回路须确证无短路故障时，才允许接入电压互感器二次侧。

35.11.8　质量验收移交与资料整理

35.11.8.1　质量验收移交

1. 主要控制项目

电气设备试验项目应符合国家规范《电气装置安装工程　电气设备交接试验标准》GB 50150—2006；设备试运行前，相关电气设备和线路应按《建筑电气工程质量验收规范》GB 50303—2002 的规定试验合格。

（1）电气装置的绝缘电阻应符合要求；

（2）动力配电装置的交流工频耐压试验应符合要求；

（3）配电装置内不同电源的馈线间或馈线两侧的相位应一致；

（4）各类开关和控制保护动作正确；

（5）各设备单体试验检测合格。

2．一般控制项目

（1）高低压变配电所内的设备试验运行应符合相关规范和当地供电部门的要求。

（2）各低压电气动力装置、设备的运行试验应符合要求，其试验要求见表 35-160 所示。

低压电气动力设备运行试验内容和标准　　　　　　　　　表 35-160

序号	运行试验项目	试验内容	试验标准或条件
1	成套配电（控制）柜、箱、台	运行电压、电流，各种仪表指示	检测有关仪表的指示，并做记录，对照电气设备的铭牌标示值是否有超标，以判断试运行的设备是否正常
2	电动机的空载试运行	检查转向和机械转动	应无异常情况。转向符合要求，换向器、集电环及电刷工作正常
		空载电流	第一次启动宜在空载状态下进行，空载运行时间不超过2h，并做好记录
		机身和轴承的温升	检查温升不超过产品技术条件的规定，一般滑动轴承不超过 80℃，滚动轴承不超过 95℃
		声响和异味	应无异声无异味。声音均匀，无撞击声或噪音过大；无焦糊味
		可启动次数及间隔时间	应符合产品技术条件的要求；如无要求时，连续第一、二次启动的间隔不小于 5min，第三次启动应在电动机冷却至常温时进行
		有关数据的记录	应记录电流、电压、温度、运行时间等数据
3	主回路导体连接质量的检查	大容量导线或母线连接处的温度抽测	在设计的计算负荷下，应做温度抽测记录，温升值稳定且不大于设计值
4	电动执行机构的检查	动作方向和指示	在手动或点动时确认与工艺装置要求一致；联动试运行时，仍需进行检查

35.11.8.2　资料整理

质量验收资料的整理如下：

（1）电气接地电阻测试记录。

（2）电气绝缘电阻测试记录。

（3）高压柜及系统试验记录。

（4）漏电开关模拟试验记录。

（5）电度表检定记录。

（6）大容量电气线路接点测温记录。

（7）交接检查记录。

（8）电气设备空载试运行记录。

参 考 文 献

1. 本社编．建筑施工手册（第四版），北京：中国建筑工业出版社，2003．

2. 戴瑜兴，黄铁兵，梁志超主编．民用建筑电气设计手册（第二版）．北京：中国建筑工业出版社，2007．

3. 计鹏编．工业电气安装工程实用技术手册．北京：中国电力出版社，2004．

4. 唐海主编．建筑电气设计与施工．北京：中国建筑工业出版社，2000．

5. 朱成主编．建筑电气工程施工质量验收规范应用图解．北京：机械工业出版社，2009．

6. 白玉岷主编．电气工程安装及调试技术手册，北京：机械工业出版社，2009．

7. 韩崇，吴安官，韩志军编．架空输电线路施工实用手册，北京：中国电力出版社，2008．

8. 吕光大主编．建筑电气安装工程图集．北京：中国电力出版社，1994．

9. 刘劲辉，刘劲松主编．建筑电气分项工程施工工艺标准手册．北京：中国建筑工业出版社，2003．

36 智能建筑工程

36.1 智能建筑工程施工规范与施工管理

36.1.1 智能建筑工程的工作内容

1. 智能建筑

使用电子信息技术，为现代建筑提供高度的自动控制功能、提供方便有效的现代通信与信息服务，使楼宇成为高效率运营并具有高度综合管理功能的大楼。所以现代建筑具有"智能建筑"的内涵，它具有多学科、多技术系统综合集成的特点，我们描述为：

智能建筑（Intelligent Buildings）是现代建筑技术与通信技术、计算机网络技术、信息处理技术、自动控制技术相结合的产物。它是以建筑物为平台，兼备信息设施系统、信息化应用系统、建筑设备管理系统、公共安全系统等，集结构、系统、服务、管理及其优化集成为一体，向人们提供安全、高效、便捷、节能、环保、健康的建筑环境。

建筑智能化工程就是为一个建筑配置"智能化"各个系统的工程。

2. 建筑智能化的内容

以办公类（商务办公、行政办公、金融办公）建筑智能化系统配置为例来介绍一下智能建筑配备的"智能化"的各个系统：

（1）智能化集成系统。将不同功能的建筑智能化系统，通过统一的信息平台实现集成，以形成具有信息汇集、资源共享及优化管理等综合功能的系统。由智能化集成系统的软件平台加上相应的硬件与通信接口构成，用于对整个智能化大楼的各个系统进行监察、管理，其系统包括：建筑设备管理系统、火灾自动报警系统、安全技术防范系统（含安全防范综合管理系统、入侵报警系统、视频安防监控系统、出入口控制系统、电子巡查管理系统、停车场（库）管理系统）、信息设施系统（含信息网络系统、公共广播系统、会议系统、信息导引及发布系统）、信息化应用系统等。

（2）建筑设备管理系统。一般包括：空调系统、给水排水系统、照明系统、电力监控系统、电梯检测系统等。

（3）信息设施系统。一般包括：通信接入系统、电话交换系统、信息网络系统、综合布线系统、室内移动通信覆盖系统、卫星通信系统、有线电视及卫星电视接收系统、广播系统、会议系统、信息导引及发布系统、时钟系统、其他相关的信息通信系统、信息化应用系统办公工作业务系统、物业运营管理系统、公共服务管理系统、公共信息服务系统、智能卡应用系统、信息网络安全管理系统、其他业务功能所需求的应用系统等。

（4）公共安全系统。一般包括：火灾自动报警系统、安全技术防范系统、安全防范综合管理系统、入侵报警系统、视频监控系统、出入口控制系统、电子巡查管理系统、汽车库（场）管理系统、其他特殊要求技术防范系统、应急指挥系统等。

（5）机房。一般包括：工程信息中心设备机房、程控电话交换机系统设备机房、通信系统总配线设备机房、智能化系统设备总控室、消防监控中心机房、安防监控中心机房、通信接入设备机房、有线电视前端设备机房、弱电间（电信间）、应急指挥中心机房、其他智能化系统设备机房。

建筑智能化工程的任务是：利用系统集成方法，将通信技术、计算机网络技术、信息技术与建筑艺术有机结合，通过对设备的自动监控、对信息资源的管理和对使用者的信息服务及其与建筑的优化组合，获得投资合理，适合信息社会需要并且具有安全、高效、舒适、便利和灵活特点的建筑物。

建筑智能化工程有时也称建筑物弱电系统工程，所谓弱电系统是相对于强电系统而言，它包括了除像电力那样的强电之外的所有电子系统。

智能建筑可分为两大类：一类是以公共建筑为主的智能建筑，如写字楼、综合楼、宾馆、饭店、医院、机场航站、城市轨道交通车站、体育场馆和电视台等；另一类就是住宅智能化小区，智能化住宅小区作为智能建筑的一个重要分支也得到了长足的发展。近年来，智能化已经从社区步入家庭，其代表是家庭网络技术。

36.1.2　智能建筑的有关标准与规范

从 1989 年以来，我国的智能建筑经历了一个从单独的安装所谓"3C/5A"子系统进步到智能化系统集成的成长过程，通过考察发达国家的智能建筑，结合我们自己的工程实践，对建筑智能化工程设计和系统集成实施了企业的认证和管理政策，相继颁布、实施了《智能建筑设计标准》、《智能建筑工程质量验收规范》和《智能建筑工程施工规范》等配套标准。

1. 关于设计的规范

国家技术监督局和建设部在 2000 年 7 月发布了《智能建筑设计标准》GB/T 50314—2000，该规范基本上总结了近十年智能建筑的建设经验，又由建设部、信息产业部及公安部三个部派出的专家审定。此标准于 2000 年 10 月实施，对统一技术要求起到指导作用。现在该标准已修编为《智能建筑设计标准》GB/T 50314—2006。

2. 关于施工的规范

为了加强和规范智能建筑工程施工过程的质量管理，保证智能建筑工程施工质量，住房和城乡建设部和国家质量监督检验检疫总局在 2010 年联合发布了《智能建筑工程施工规范》GB 50606—2010。该规范适用于新建、扩建和改建工程中的智能建筑工程施工过程，包括施工准备、工程实施、质量控制和系统自检自验。该规范已于 2011 年实施。

《智能建筑工程施工规范》GB 50606—2010 应与《智能建筑设计标准》GB/T 50314—2006、《智能建筑工程质量验收规范》GB 50339—2006 以及《建筑工程施工质量验收统一标准》GB 50300—2001 等国家标准、规范配套使用。在智能建筑工程的施工中，除应执行上述规范外，还应该符合国家现行有关标准、规范的规定。例如：智能建筑工程施工过程，应贯彻国家关于节能、环保和创建绿色建筑等方针政策。

3. 关于验收的规范

建设部和国家技术监督局在 2003 年 7 月发布了《智能建筑工程质量验收规范》GB/T 50339—2003。这部规范由北京多家单位根据十多年智能建筑的建设经验编写，又由建设部、信息产业部及公安部派出专家审定，作为国家标准于 2003 年 10 月实施。

本规范的编写过程中认真总结了近年来我国在智能建筑工程质量控制和质量验收方面的实践经验，部分汲取了有关国际标准，以《智能建筑设计标准》GB/T 50314 为依据，按照"验评分离、强化验收、完善手段、过程控制"的方针，遵照《建筑工程施工质量验收统一标准》GB 50300 的编写原则，经多次修改完成。

这些国家标准的陆续颁布，使得我国智能建筑行业从设计、安装和检测验收正在逐步走向规范化，逐步走向成熟。

36.1.3 智能建筑工程的施工准备

智能建筑工程施工过程包括深化设计、管线敷设、设备安装与调试以及各系统测试与试运行等内容。

智能建筑工程施工需要建筑、智能化各系统的配合。同时智能建筑是技术性要求高，设备、器材、施工工具、调试仪器仪表要求高，对于专业工程师、专业技工以及其间的配合要求高的行业，所以，智能建筑工程施工强调施工前的组织工作和施工前的准备工作要细致的落实。

施工准备的工作内容通常包括：技术准备、物资准备、劳动组织准备、施工现场准备和施工场外准备。为落实各项施工准备工作，加强检查和监督，应根据各项施工准备工作的内容、时间和人员，编制施工准备工作计划。

1. 技术准备工作

（1）施工前，应进行深化设计，并完成施工图，使深化设计在质量、功能、技术等方面均能适合建设单位的需求，适应当前技术与设备的发展水平，为施工扫除障碍。

（2）应审查施工图纸：是否完整、齐全，与其说明书在内容上是否一致，施工图纸及其各组成部分间有无矛盾和错误。

（3）施工图应经建设单位、设计单位、施工单位会审会签。

（4）施工单位应编制施工组织设计、编制专项施工方案，并应报监理工程师批准。

（5）施工人员应熟悉施工图、施工方案、施工流程、技术要求及有关资料，并进行培训及安全、技术交底。

（6）智能建筑工程施工必须按已审批的施工图、设计文件实施。

（7）应按照施工图纸所确定的工程量、施工组织设计拟定的施工方法、建筑工程预算定额和有关费用定额，编制施工预算。

熟悉和审查施工图纸主要是为编制施工组织设计、施工和结算提供各项依据。通常按图纸自审、会审和现场签证等三个阶段进行：图纸自审由施工单位主持，并写出图纸自审记录；图纸会审由建设单位主持，设计和施工单位共同参加，形成"图纸会审纪要"，由建设单位正式行文，三方共同会签并盖公章，作为指导施工和工程结算的依据；图纸现场签证是在工程施工中，遵循技术核定和设计变更签证制度，对所发现的问题进行现场签证，作为指导施工、竣工验收和结算的依据。

2. 物资与器材的准备

物资与器材准备工作程序是：编制各种物资需要量计划；签订物资供应合同；确定物资运输方案和计划；组织物资按计划进场和保管。

物资与材料设备准备应符合《智能建筑工程质量验收规范》GB 50339—2006 第 3.2 节、第 3.3.4 条、第 3.3.5 条的规定，并且还应符合下列要求：

（1）器材准备：根据施工计划，编制材料需求计划，为施工备料、确定仓库以及组织运输提供依据。

（2）配件和制品加工准备：根据施工计划对所需配件和制品加工要求，编制相应计划，为组织运输和确定堆场面积提供依据。

（3）材料、设备应附有产品合格证、质检报告，设备还应有安装及使用说明书等。如果是进口产品，则需提供原产地证明和商检证明，配套提供的质量合格证明，检测报告及安装、使用、维护说明书的中文文本。

（4）检查线缆和设备的品牌、产地、型号、规格、数量等主要技术参数、性能，应符合设计要求，线缆、设备外表有无变形、撞击等损伤痕迹等，填写进场检验记录，并封存相关线缆、器件样品。

（5）有源设备应通电检查，确定各项功能正常。

（6）对不具备现场检测条件的产品，可要求工厂出具检测报告。

（7）机具、仪器等施工机具准备：

1）根据施工方案和进度计划的要求，编制施工机具需要量计划。

2）安装工具齐备、完好，电动工具应进行绝缘检查。

3）施工过程中所使用的测量仪器和测量工具应根据国家相关法规进行标定。

（8）工程所要安装的设备和装置均应开箱检验，应检查设备和装置的外观、名称、品牌、型号和数量，附件、备件及技术档案应齐全，并应做检查记录。建设单位代表应参与检查。

（9）工程所用材料、设备和装置的装运方式及储存环境应符合产品说明书的规定。在现场对其应分类存放、进行标识，并应做记录。

3. 施工组织的准备

（1）建立施工项目领导机构：根据工程规模、结构特点和复杂程度，确定施工项目领导机构的人选和名额；遵循合理分工与密切协作、因事设职与因职选人的原则，建立有施工经验、有开拓精神和工作效率高的施工项目领导机构。

（2）施工人员须持证上岗，施工前应对施工人员做好技术交底，并有书面记录。

（3）建立精干的工作组：根据采用的施工组织方式，确定合理的劳动组织，建立相应的专业或混合工作队组。

（4）组织劳动力进场：按照开工日期和劳动力需要量计划，组织工人进场，安排好职工生活，并进行安全、防火和文明施工等教育。

（5）组织施工机具进场，按规定地点和方式存放，并进行相应的保养和试运转等项工作。

（6）根据施工器材需要量计划，组织其进场，按规定地点和方式储存或堆放。

（7）做好季节性施工准备：当有室外施工时，认真落实冬施、雨施和高温季节施工项目的施工设施和技术组织措施。

（8）材料加工和订货：根据各项资源需要量计划，同建材加工和设备制造部门或单位取得联系，签订供货合同，保证按时供应。

（9）施工机具租赁或订购：对于本单位缺少且需用的施工机具，应根据需要量计划，同有关单位签订租赁合同或订购合同。

（10）做好分包或劳务安排，保证合同实施。

（11）做好职工入场教育工作：为落实施工计划和技术责任制，应按管理系统逐级进行交底。交底内容，通常包括：工程施工进度计划和月、旬作业计划；各项安全技术措施、降低成本措施和质量保证措施；质量标准和验收规范要求；以及设计变更和技术核定事项等，都应详细交底。必要时进行现场示范，同时健全各项规章制度，加强遵纪守法教育。

4. 施工现场与场外协调的准备

（1）施工现场控制网测量：按照建筑总平面图要求，进行施工场地控制网测量。

（2）建造施工设施：按照施工平面图和施工设施需要量计划，为正式开工准备好用房。

（3）应做好智能建筑工程与建筑结构、建筑装饰装修、建筑给水排水及采暖、通风与空调，建筑电气和电梯等专业的工序交接和接口确认。

（4）施工现场具备满足正常施工所需的用水、用电条件。

（5）施工用电须有安全保护装置，接地可靠，符合安全用电接地标准。

（6）建筑物防雷与接地施工基本完成。

（7）打扫、规整施工现场，使施工现场整洁。

为落实以上各项施工准备工作，建立、健全施工准备工作责任和检查等制度，使其有领导、有组织和有计划地进行，必须编制相应施工准备工作计划。

36.1.4　智能建筑工程的施工管理

智能建筑工程施工需要通过严密的施工组织、正确的施工工艺、合理的工程质量控制实现工程的设计意图。智能建筑工程施工一般可划分为工程实施及质量控制、系统检测、竣工验收三个阶段，智能建筑的工程实施及质量控制必须符合《建设工程项目管理规范》GB/T 50326—2006等标准与规范的规定。智能建筑工程施工的系统检测、质量验收必须符合《智能建筑工程质量验收规范》GB 50339—2006等标准与规范的各项规定。

工程实施及质量控制应包括与前期相关工程的交接和工程实施条件的准备、现场设备和材料的进场验收、隐检和过程检查、工程安装质量检查，系统自检和试运行，竣工文档的编写等。

36.1.4.1　施工管理

智能建筑工程施工管理应具有以下主要内容：

（1）智能建筑工程施工管理，应纳入建筑工程施工管理范畴。

（2）智能建筑工程的施工必须由具有相应资质等级的施工单位承担。

（3）智能建筑工程的施工管理应依据《建设工程项目管理规范》GB/T 50326—2006、《建筑工程施工质量验收统一标准》GB 50300—2001、《建筑工程施工质量评价标准》GB/T 50375—2006、《建筑电气工程施工质量验收规范》GB 50303—2002、《施工现场临时用电安全技术规范》JGJ 46—2005 和《智能建筑工程质量验收规范》GB 50339—2003 等相关的国家标准与规范。

（4）智能建筑各系统的施工应具体参照相应的标准与规范相关章节执行。

（5）采用现场观察、抽查测试等方法，根据施工图对工程设备安装质量进行检查和观感质量验收。检验批要求按《建筑工程施工质量验收统一标准》GB50300－2001 第 4.0.5 和 5.0.5 条的规定进行。检验时应按附录中相应规定填写质量验收记录，并妥善保管。

（6）智能建筑工程各子系统工程的线槽及缆线敷设路径一致时，各子系统的线槽、缆线宜同步敷设，缆线应按规定留出余量，并对缆线末端作好密封防潮等保护措施。

智能建筑工程施工的现场管理应具有以下主要内容：

1. 施工现场管理要求

（1）各专业之间如有交叉作业，应进行协调配合，保证施工进度和质量。

（2）智能建筑工程的实施应全程接受专业监理工程师的监理。

（3）未经专业监理工程师确认同意，不得实施隐蔽工程作业。隐蔽工程的过程检查记录，应经专业监理工程师签字，并填写隐蔽工程验收表。

2. 施工技术管理要求

（1）在技术负责人的主持下，项目部应建立适应本工程的施工技术交底制度。

（2）技术交底必须在作业前进行。

（3）技术交底资料和记录应由交底人或资料员进行收集、整理并保存。

（4）当设计图纸不符合现场实际情况时，经业主、使用方、监理、设计协商确认，按要求填写设计变更审核表并经签认之后，方能实施。

3. 施工质量管理要求

（1）对每个项目应确定质量目标。

（2）应建立质量保证体系和质量控制程序。

（3）应对施工使用的器材、设备、安装、调试、检测、产品保护进行质量记录。

4. 施工安全管理要求

（1）应建立安全管理机构。

（2）应建立安全生产制度和安全操作规程。

（3）应符合国家及相关行业对安全生产的要求。

（4）作业前应对班组进行安全生产交底。

36.1.4.2 现场质量管理

智能建筑工程的现场质量管理应包括现场质量管理制度、施工安全技术措施、主要专业和工程技术人员的操作上岗证书、分包单位资质确认及管理制度、施工图审查报告、施工组织设计及施工方案审批、施工所采用的技术标准、工程质量检查制度、现场设备及材料的存放及管理、检测设备与计量仪表的检验与确认和已批准的开工报告等。

1. 材料、器具、设备进场质量检测要求

（1）需要进行质量检查的产品应包括智能建筑工程各系统中使用的材料、设备、软件产品和工程中应用的各种系统接口。列入《中华人民共和国实施强制性产品认证的产品目录》或实施生产许可证和上网许可证管理的产品必须进行产品质量检查，未列入的产品也应按规定程序通过产品质量检测后方可使用。

（2）材料及主要设备的检测应符合下列要求：

1）按照合同文件和工程设计文件进行进场验收，进场验收应有书面记录和参加人签字，并经专业监理工程师或建设单位验收人员确认；

2）对材料、设备的外观、规格、型号、数量及产地等进行检查复核；

3）主要设备、材料应有生产厂家的质量合格证明文件及性能的检测报告。

（3）设备及材料的质量检查应包括安全性、可靠性及电磁兼容性等项目，并由生产厂家出具相应检测报告。

2. 各系统安装质量要求

（1）各系统安装质量应符合《建筑工程施工质量验收统一标准》GB 50300—2001 第3.0.1条规定。

（2）作业人员应经培训合格并持有上岗证。

（3）调试人员应具有相应的专业资格或专项资格。

（4）仪器仪表及计量器具应具有在有效期内的检验、校验合格证。

3. 各系统安装质量的检测要求

（1）各子分部系统的安装质量检测应按国家现行标准和行业及地方的有关法规执行。

（2）施工单位在安装完成后，应对系统进行自检，自检时应对检测项目逐项检测并做好记录。

（3）采用现场观察、抽查测试等方法，根据施工图对工程设备安装质量进行检查和观感质量验收。检验批要求按《建筑工程施工质量验收统一标准》GB 50300—2001 第4.0.5和5.0.5条的规定进行。检验时应按规定填写质量验收记录。

4. 智能建筑系统的检测要求

（1）各系统的接口的质量应按下列要求检查：

1）所有接口必须由接口供应商提交接口规范和接口测试大纲。

2）接口规范和接口测试大纲宜在合同签订时由合同签订双方审定。

3）应由施工单位根据测试大纲予以实施，并保证系统接口的安装质量。

（2）施工单位应依据合同技术文件和设计文件，以及《智能建筑工程质量验收规范》GB50339－2006 的相应规定，制定系统检测方案。

（3）检测结论与处理方法应符合下列要求：

1）检测结论应分为合格和不合格。

2）主控项目有一项不合格，则系统检测不合格；一般项目两项或两项以上不合格，则系统检测不合格。

3）系统检测不合格应限期整改，然后重新检测，直至检测合格。重新检测时抽检数量应加倍；系统检测合格，但存在不合格项，应对不合格项进行整改，直到整改合格，并应在竣工验收时提交整改结果报告。

（4）检测记录应按《智能建筑工程施工规范》GB 50606—2010 附录 B 填写。

5. 软件产品质量检查要求

（1）应核查使用许可证及使用范围。

（2）对由系统承包商编制的用户应用软件、软件组态及接口软件等，应进行功能测试和系统测试。

（3）所有自编软件均应提供完整的文档（包括程序结构说明、安装调试说明、使用和维护说明书等）。

6. 施工现场质量管理中，对于关键环节、关键步骤，应留下相关的质量记录

（1）施工现场质量管理检查记录应填写《智能建筑工程质量验收规范》GB 50339—2006 附录 A 表 A.0.1。

（2）设备、材料进场检验记录应填写《智能建筑工程质量验收规范》GB 50339—2006 附录 B 表 B.0.1。

（3）隐蔽工程检查记录应填写《智能建筑工程质量验收规范》GB 50339—2006 附录 B 表 B.0.2。

（4）更改审核记录应填写《智能建筑工程质量验收规范》GB 50339—2006 附录 B 表 B.0.3。

（5）工程安装质量及观感质量验收记录应填写《智能建筑工程质量验收规范》GB 50339—2006 附录 B 表 B.0.4。

（6）设备开箱检验记录应填写《智能建筑工程施工规范》GB 50606—2010 附录 A 表 A.0.1。

（7）设计变更记录应填写《智能建筑工程施工规范》GB 50606—2010 附录 A 表 A.0.2。

（8）工程洽商记录应填写《智能建筑工程施工规范》GB 50606—2010 附录 A 表 A.0.3。

（9）图纸会审记录应填写《智能建筑工程施工规范》GB 50606—2010 附录 A 表 A.0.4。

（10）智能建筑工程分项工程质量检测记录应填写《智能建筑工程质量验收规范》GB 50339—2006 附录 C 表 C.0.1。

（11）子系统检测记录应填写《智能建筑工程质量验收规范》GB 50339—2006 附录 C 表 C.0.2。

（12）强制措施条文检测记录应填写《智能建筑工程质量验收规范》GB 50339—2006 附录 C 表 C.0.3。

（13）系统（分部）工程检测记录应填写《智能建筑工程质量验收规范》GB 50339—2006 附录 C 表 C.0.4。

（14）预检记录应填写《智能建筑工程施工规范》GB 50606—2010 附录 B 表 B.0.1。

（15）检验批质量验收记录应填写《智能建筑工程施工规范》GB 50606—2010 附录 B 表 B.0.2。

（16）系统调试记录应填写《智能建筑工程施工规范》GB 50606—2010 附录 B 表 B.0.3。

36.1.4.3 产品质量检查

（1）对智能建筑工程各智能化子系统中所使用的材料、硬件设备、软件产品和工程中应用的各种系统接口进行产品质量检测。

（2）产品质量检查应包括列入《中华人民共和国实施强制性产品认证的产品目录》或实施生产许可证和上网许可证管理的产品应按规定程序通过产品检测后方可使用。

（3）产品功能、性能等项目的检测应按相应的国家现行产品标准进行；供需双方有特殊要求的产品可按合同规定或设计要求来进行。

（4）对不具备现场检测条件的产品，可要求进行厂检测并出具检测报告。

（5）硬件设备及材料的质量检测可参考生产厂家出具的可靠性检测报告。

（6）软件产品质量应按下列内容检查：

1）商业化的软件如操作系统、数据库管理系统，应用系统软件、信息安全软件和网管软件等应做好使用许可证及使用范围的检查；

2）由系统集成商编制的用户应用软件，用户组合软件，接口软件等应用软件，除进行功能测试和系统测试之外，还应根据需要进行容量、可靠性、安全性、可恢复性、兼容性、自诊断等多项功能测试，并保证软件的可维护性；

3）所有自编软件应提供完整的文档（包括软件资料、程序结构说明、安装调试说明、使用和维护说明书等）；

（7）系统接口的质量应按下列要求检查：

1）系统承包商应提交接口规范，接口规范应在合同签订时由合同签订机构负责审定；

2）系统承包商应根据接口规范制定接口测试方案，接口测试方案经检测机构批准后实施，系统接口测试应保证接口性能符合设计要求，实现接口规范中规定的各项功能，不发生兼容性及通信瓶颈问题，并保证系统接口的制造和安装质量。

36.1.4.4 成品保护

成品保护是施工单位与建设单位为保护施工成果、保证施工质量而必须进行的工程管理工作，是保证如期交竣工、降低损耗、坚持文明施工、实现安全生产、实现合格工程的管理过程。

成品保护工作需要制定相关现场成品保护管理规定外，还要组织人力进行现场监控管理，要深入到每个智能化系统的细节并尽量采用技术手段用于成品保护工作。成品保护管理的基本原则如下所述：

（1）成品就位后，需移动、拆改、维护的，应持有关负责人的批条，交成保人员后方可施工。

（2）在施工和安装过程，谁施工、谁负责成品保护工作；成品保护员只负责监督、检查、管理并做好值班记录。

（3）成品保护队接收成品的程序是：坚持按施工工序完毕后，在甲方的监督下，由施工方向成品保护队分项书面交底，填好交接清单，经验收确认后，双方签字生效。

（4）坚持配合，协调原则：甲、乙双方加强配合协调意识，是搞好成品保护工作的重要原则。乙方现场负责人，应主动向甲方有关负责人汇报工作，互通情况统一认识，求得甲方支持。甲方应向乙方实行统一布置，统一指挥，共同朝着一个实施目标，工程进度一定能够顺利完成。

（5）应对成品保护人员进行岗前培训：既要有法规、职业道德、安全教育，也要有针对性的对进住工程的详细交底，使成品保护人员明确工作内容。

（6）应由专业队长带队组成的成品保护工作队，对成品和半成品的看护责任，并对文明施工、安全施工提供宣传监督的基础工作。

制定并明确成品保护的范围：如楼内的机械设备、水暖设备、通风系统、强弱电缆电线、墙壁、吊顶、地面等，以及灯具照明系统、电讯终端、消防配套产品及工程内应加以保护的成品。

制定并落实成品保护的内容，如成品保护工作的"六防一维护"。"六防"：防火、防水、防盗、防破坏、防自然灾害、防污染；"一维护"：维护好施工现场的环境卫生。"六防一维护"集中反映了成品保护工作的职责与任务。

制定并落实成品保护的措施：如勤巡视、勤观察、勤提示、勤汇报、勤记录，即腿勤、眼勤、嘴勤、手勤等"四勤"。

智能建筑各子系统的成品保护有其特点，必须注意以下几点：

1. 安装的器材、设备的成品保护

（1）应针对不同系统设备的特点，制定成品保护措施，并落实到位。

（2）对现场已安装的设备，应采取包裹、遮盖、隔离等必要的防护措施，避免碰撞及损坏。

（3）在施工现场存放的设备，应采取防水、防尘、防潮、防碰、防砸、防压及防盗等措施。

（4）在雷雨、阴雨潮湿天气或者长时间停用设备时，应关闭设备电源总闸。

（5）在施工过程中，应注意保护建筑、装修、暖通及电气等其他专业的成品。

2. 软件和系统配置的保护要求

（1）应制定信息网络系统管理制度，配置的更改必须符合管理制度。

（2）在调试过程中应每天对软件进行备份，备份内容应包括系统软件、数据库、配置参数、系统镜像。

（3）备份文件应保存在独立的存储设备上。

（4）系统设备的登录密码必须有专人管理，严禁泄露。

（5）计算机无人操作时应锁定。

其中，特别需要注意的是软件和系统配置的保护。

36.1.4.5　系统检测

智能建筑工程中各系统检测需要分两次来进行：应由施工单位先进行自检自验，再在竣工检测时由建设单位应组织有关人员依据合同技术文件和设计文件，以及《智能建筑工程质量验收规范》GB 50339—2006 规定的检测项目、检测数量和检测方法，制定系统检测方案并经检测机构批准实施。

1. 自检自验的工作要点

（1）自检自验是由施工单位自己组织技术队伍，按照《智能建筑工程质量验收规范》GB 50339—2006 中对各系统测试内容、测试条件、测试强度和检测方法的规定，对其施工的各智能建筑子系统，进行系统测试和试运行，并记录其测试过程与结果。施工单位也将根据测试结果进行改进、完善的工作，直至各系统可以达到竣工验收的状况。

（2）自检自验工作实际也是施工单位进行的系统联调、联检的工作。这一工作，将发现系统调试后还可能存在的问题，并且进行改进，这也为下一步的竣工验收做好了准备。

2. 竣工验收的系统检测工作要点

（1）系统检测时应具备的条件：

1）系统安装调试完成后，已进行了规定时间的试运行；

2）已提供了相应的技术文件和实施过程质量记录。

（2）建设单位应组织有关人员依据合同技术文件和设计文件，以及《智能建筑工程质量验收规范》GB 50339—2006 规定的检测项目、检测数量和检测方法，制定系统检测方案并经检测机构批准实施。

（3）检测机构应按系统检测方案所列检测项目进行检测。

（4）检测结论与处理：

1）检测结论分为合格与不合格。

2）主控项目有一项不合格，则系统检测不合格，一般项目两项或两项以上不合格，则系统检测不合格。

3）系统检测不合格应限期整改，然后重新检测，直至检测合格，重新检测时抽检数量应加倍；系统检测合格，但存在不合格项，应对不合格项进行整改，直到整改合格，并应在竣工验收时提交整改结果报告。

（5）检测机构应按照《智能建筑工程质量验收规范》GB 50339—2006 附录 C 中各表填写系统检测记录和系统检测汇总表。

（6）各系统安装、调试、测试、检验的记录表格，请参见本书所附的光盘"智能建筑工程质量管理表格"。

36.1.4.6 安全环保节能措施

智能建筑工程施工中，安全、环保、节能措施越来越受到重视，尤其是安全和节能，要求在提高，措施在加强。安全是施工中的第一个被反复强调的生产要素，节能是近期对智能建筑工程施工提出的新的要求。

降低能耗、文明施工、安全生产也是保证如期交竣工的管理过程。

节能、环保和构建绿色施工等方针应贯穿于智能建筑工程建设的全过程。

安全施工、文明施工工作需要制定相关现场管理规定，还要有持有上岗证的专业人员进行现场监控管理。

1. 安全措施的要求

（1）施工前及施工期间应进行安全交底。

（2）施工现场用电必须按照《施工现场临时用电安全技术规范》JGJ 46—2005 的规定执行。

（3）搬运设备、器材应保证人身及器材安全。

（4）采用光功率计测量光缆，不应用肉眼直接观测。

（5）登高作业，脚手架和梯子应安全可靠，梯子应有防滑措施，严禁两人同梯作业。

（6）风力大于四级或雷雨天气，不得进行高空或户外安装作业。

（7）进入施工现场，应戴安全帽。高空作业时，必须系好安全带或采取必要的安全措施。

（8）施工现场应注意防火，并配备有效的消防器材。

（9）在安装、清洁有源设备前，必须先将设备断电，不得用液体、潮湿的布料清洗或擦拭带电设备。

（10）设备必须放置稳固，并防止水或湿气进入有源硬件设备。

（11）确认工作电压同有源设备额定电压一致。

（12）硬件设备工作时不得打开外壳。

（13）在更换插接板时宜使用防静电手套。

（14）应避免践踏和拉拽电源线。

2. 环保措施的要求

（1）环保措施应按照《建筑施工现场环境与卫生标准》JGJ146—2004 的规定执行。

（2）现场垃圾和废料应堆放在指定地点，及时清运或回收，严禁随意抛撒。

（3）现场施工机具噪声应采取相应措施，最大限度降低噪声。

（4）应采取措施控制施工过程中的粉尘污染。

3. 节能措施的要求

（1）应节约用料，降低消耗，提高节能意识。

（2）应选用高效、节能型照明灯具，降低照明电耗，提高照明质量。

（3）应对施工用电动工具进行维护、检修、监测、保养及更新置换，并及时清除系统故障，降低能耗。

36.1.4.7 智能建筑各系统工程的竣工验收

智能建筑工程质量验收应贯彻"验评分离、强化验收、完善手段、过程控制"的方针，按"先产品，后系统和先子系统，后系统集成"的顺序进行，并根据验收项目的重要性划分为"主要项目"和"一般项目"，并符合《智能建筑工程质量验收规范》GB 50339—2006 和《建筑工程施工质量验收统一标准》GB 50300—2001 的有关规定。

在《建筑工程资料管理规程》JGJ/T 185—2009 中，"智能建筑"是作为整个建筑工程的一个分部，分部工程代号为 07，该分部中包含了 10 个子分部。比如"安全防范系统"（即经常称呼为"综合安防系统"）是"智能建筑"分部里的第 05 子分部，该子分部内又包括：电视监控系统、入侵报警系统、巡更系统、出入口控制（门禁）系统、停车管理系统等分项工程。

在填写各验收表格时，注意按照《建筑工程资料管理规程》JGJ/T 185—2009 的规定来填写。

下文中讲到的"系统"，在《建筑工程资料管理规程》中，可以是分部也时常是子分部。在实际的智能建筑工程中，时常出现智能建筑分部由几个施工单位分别实施的情况，也时常出现智能建筑分部中某一个"子分部"由几个施工单位分别实施的情况，以取各家专业之长，并加快施工进度。

智能建筑工程质量验收必须对验收工作有一个整体把握，注意《智能建筑工程质量验收规范》GB 50339—2006 中以下的规定：

（1）智能建筑工程质量验收应包括工程实施及质量控制、系统检测和竣工验收。

（2）智能建筑工程质量验收应按"先产品，后系统；先各系统，后系统集成"的顺序进行。

（3）智能建筑分部工程应包括智能化各子分部工程中的各分项工程（子系统）。

（4）智能建筑工程的现场质量管理应符合《智能建筑工程质量验收规范》GB 50339—2006 附录 A 中表 A.0.1 的要求。

（5）火灾自动报警及消防联动系统、安全防范系统、通信网络系统的检测验收应按相关国家现行标准和国家及地方的相关法律法规执行；其他系统的检测应由省市级以上的建设行政主管部门或质量技术监督部门认可的专业检测机构组织实施。

（6）在智能建筑分部工程质量验收时，主要原则必须遵循《建筑工程施工质量验收统一标准》GB 50300—2001 的规定。

在智能建筑的各子系统工程施工与检测、检验中，当遇到上述各种规范未包括的技术标准和技术要求时，可按有关设计文件的要求进行处理。由于智能建筑的各子系统所涉及的电子、光学等技术日新月异，技术规范内容经常在不断地修改和补充，因此在智能建筑的各子系统工程施工与检测、检验时，应注意使用最新的技术标准。

智能建筑工程质量验收必须完成以下的具体工作：

1. 各系统竣工验收应包括的内容

（1）工程实施及质量控制检查；

（2）系统检测合格；

（3）运行管理队伍组建完成，管理制度健全；

（4）运行管理人员已完成培训，并具备独立上岗能力；

（5）竣工验收文件资料完整；

（6）系统检测项目的抽检和复核应符合设计要求；

（7）观感质量验收应符合要求；

（8）根据《智能建筑设计标准》GB/T 50314—2006 的规定，智能建筑的等级符合设计的等级要求。

2. 竣工验收结论与处理

（1）竣工验收结论分合格和不合格；

（2）《智能建筑工程质量验收规范》GB50339—2006 第 3.5.1 条规定的各款全部符合要求，为各系统竣工验收合格，否则为不合格；

（3）各系统竣工验收合格，为智能建筑工程竣工验收合格；

（4）竣工验收发现不合格的系统或子系统时，建设单位应责成责任单位限期整改，直到重新验收合格；整改后仍无法满足安全使用要求的系统不得通过竣工验收。

3. 竣工验收结果填写

竣工验收时应按《智能建筑工程质量验收规范》GB 50339—2006 附录 D 中表 D.0.1 和表 D.0.2 的要求填写资料审查结果和验收结论。

36.1.5　智能建筑新的发展动态

（1）新的发展方向。智能建筑近年的国际动向，已向环境保护和节能技术方面发展。国际上已有"智能建筑与绿色建筑结合起来"的提法。这一发展动向极其值得我们重视，我国现在已有科技工作者介入这一方向的探讨，比如，有一些公共卫生方面的专业已与智能建筑专业合作。因此，智能建筑的内涵将来会随着科技的发展，还会扩大它的内涵范畴。

（2）向提供运行维护发展。智能建筑具有鲜明的设备系统的特色，它的生命周期比建筑物要短得多：建筑物生命周期为 50～70 年，机电设施的寿命为 15 年，而通信设施及系统的寿命只有 5～7 年。而且，设备和系统的管理远比建筑物管理要复杂得多。因此，对于智能化系统的建设来说，不能只考虑设备的"硬件"建设，忽视建设后的"管理和使用"。好的设备和系统，更需要高素质的人和必要的管理制度去进行系统的运行、维护和管理。为此，智能建筑的建设必须从工程立项需求定位开始就给予注意，直到工程建设结束之后的验收和运转。只有运行良好，效益明显的系统才是一个好的智能系统。智能建筑的建设不可只管设计与安装而忽视运行、维护和管理，而这一点正是当前注意不够的。

36.2　综　合　管　线

在本手册的第31章"机电工程施工通则"和第35章"建筑电气安装工程"中，对于"综合管线"已经有细致的讲述，所以，本节只针对建筑的智能化系统使用的管路（桥架、线管）、线缆的工程实施、质量控制和自检自验的要求做一个简要的说明。读者如果需要了解更多的内容，请参考本手册的相关章节。

在此强调以下两点：

（1）电力线缆和信号线缆严禁在同一线管路内敷设，这是为了防止电力线路与信号线路形成回路，危及人员或设备安全，以及避免电力线路的电磁场对信号线路的干扰，以保障信号线路正常工作。这一点，在自检自验和竣工验收时，也请特别注意。

（2）综合布线系统的线缆施工应参照本章第三节36.3"综合布线"的描述。

36.2.1　施　工　准　备

（1）施工前应将各系统的桥架、线管进行综合布置、安排，并应完成施工图设计。

（2）施工准备还应符合本章36.1.3节"智能建筑工程的施工准备"的要求，其中材料准备还应符合下列要求：

1）桥架、线管、线缆规格和型号应符合设计要求，并有产品合格证、检测报告。

2）桥架、线管部件应齐全，表面光滑、涂层完整、无锈蚀。

3）金属导管无裂纹、毛刺、飞边、沙眼、气泡等缺陷，壁厚均匀、管口平整。绝缘导管及配件完好，使用阻燃材料导管并且表面有阻燃标记。

4）线缆宜进行通、断及线间的绝缘检查。

36.2.2　综　合　管　线　安　装

综合管线安装的安装施工的技术要求、实施工艺请参考本手册的35章，本章节讲解从智能建筑工程施工或者说从"弱电"的角度看，综合管线安装应遵循的条例。

1. 桥架安装要求

（1）桥架切割和钻孔后创伤处，应采取防腐措施。

（2）桥架应平整，无扭曲变形，内壁无毛刺，各种附件应安装齐备，紧固件的螺母应在桥架外侧。桥架接口应平直、严密，盖板应齐全、平整。

（3）桥架经过建筑物的变形缝（包括沉降缝、伸缩缝、抗震缝等）处应设置补偿装置。保护地线和桥架内线缆应留补偿余量。

（4）桥架与盒、箱、柜等连接处应采用抱脚或翻边连接，并用螺丝固定，末端应封堵。

（5）水平桥架底部与地面距离不宜小于2.2m，顶部距楼板不宜小于0.3m，与梁的距离不宜小于 0.05m，桥架与电力电缆间距不应小于 0.5m。

（6）桥架与各种管道平行或交叉时，其最小净距应符合《建筑电气工程施工质量验收规范》GB 50303—2002 第 12.2.1 条中表 12.2.1-2 的规定。

（7）敷设在竖井内和穿越不同防火分区的桥架及管路孔洞，应有防火封堵。

（8）对于弯头、三通等配件，由于现场加工自制配件很难满足桥架安装质量要求，故宜采用桥架生产厂家制作的成品。

2. 支吊架安装要求

（1）支吊架安装直线段间距宜为 1.5～2m，同一直线段上的支吊架间距应均匀。

（2）在桥架端口、分支、转弯处不大于 0.5m 内，应安装支吊架。

（3）支吊架应平直，无明显扭曲，焊接牢固，无显著变形，焊缝均匀平整。切口处应无卷边、毛刺。

（4）支吊架采用膨胀螺栓连接，固定应紧固，须配装弹簧垫圈。

（5）支吊架应做防腐处理。

（6）采用圆钢作为吊架时，桥架转弯处及直线段每隔 30m 应安装防晃支架，以避免桥架晃动，消除不安全因素。

3. 线管安装要求

（1）导管敷设应保持管内清洁干燥，管口应有保护措施和进行封堵处理。

（2）明配线管应横平竖直、排列整齐。

（3）明配线管应设管卡固定，管卡应安装牢固。管卡设置应符合下列要求：

1）在终端、弯头中点处的 150～500mm 范围内应设管卡。

2）在距离盒、箱、柜等边缘的 150～500mm 范围内应设管卡。

3）在中间直线段应均匀设置管卡。管卡间的最大距离应符合《建筑电气工程施工质量验收规范》GB 50303—2002 第 14.2.6 条中表 14.2.6 的规定。

（4）线管转弯的弯曲半径应不小于所穿入线缆的最小允许弯曲半径，并且应不小于该管外径的 6 倍，暗管外径大于 50mm 时，应不小于 10 倍。

（5）砌体内暗敷线管埋深应不小于 15mm，现浇混凝土楼板内暗敷线管埋深应不小于 25mm，并列敷设的线管间距应不小于 25mm。

（6）线管与控制箱、接线箱、接线盒等连接时应采用锁母，并将管口固定牢固。

（7）线管穿过墙壁或楼板时应加装保护套管，穿墙套管应与墙面平齐，穿楼板套管上口宜高出楼面 10～30mm，套管下口应与楼面平齐。

（8）与设备连接的线管引出地面时，管口距地面不宜小于 200mm。当从地下引入落地式箱、柜时，宜高出箱、柜内底面 50mm。

（9）线管两端应设有标志，管内不应有阻碍，并穿带线。当线路较长或弯曲较多，应加装拉线盒（箱）或加大管径，便于线缆布放。

（10）吊顶内配管，宜使用单独的支吊架固定，支吊架不得架设在龙骨或其他管道上。

（11）配管通过建筑物的变形缝时，应设置补偿装置。

（12）镀锌钢管应采用螺纹连接，严禁熔焊，以免破坏镀锌层。镀锌钢管的连接处应采用专用接地线卡固定跨接线，跨接线截面不小于 $4mm^2$。

（13）非镀锌钢管严禁对口熔焊连接，应采套管焊接，套管长度应为管径的 1.5～

3倍。

(14) 焊接钢管不得在焊接处弯曲，弯曲处不得有折皱等现象，镀锌钢管不得加热弯曲。

(15) 套接紧定式钢管连接应符合下列要求：

1) 钢管外壁镀层完好，管口应平整、光滑、无变形。

2) 套接紧定式钢管连接处应采取密封措施。

3) 当套接紧定式钢管管径大于或等于32mm时，连接套管每端的紧定螺钉不应少于2个。

(16) 室外线管敷设应符合下列要求：

1) 室外埋地敷设的线管，埋深不宜小于0.7m，壁厚须大于等于2mm。埋设于硬质路面下时，应加钢套管，人手孔井应有排水措施。

2) 进出建筑物线管应做防水坡度，坡度不宜大于15‰。

3) 同一段线管短距离不宜有S弯。

4) 线管进入地下建筑物，应采用防水套管，并做密封防水处理。

4. 线盒安装要求

(1) 钢导管进入盒（箱）时应一孔一管，管与盒（箱）的连接应采用爪形螺纹接头管连接，且应锁紧，内壁光洁便于穿线。

(2) 由于智能建筑各系统使用的各种传输线比较脆弱，而其电气性能又要求严格，穿线施工中要避免线缆的损伤与用力过大，故线管路有下列情况之一者，中间应增设拉线盒或接线盒，其位置应便于穿线：

1) 管路长度每超过30m，无弯曲；

2) 管路长度每超过20m，有一个弯曲；

3) 管路长度每超过15m，有两个弯曲；

4) 管路长度每超过8m，有三个弯曲；

5) 线缆管路垂直敷设时管内绝缘线缆截面宜小于150mm²，长度每超过30m，应增设固定用拉线盒；

6) 一根线管一般配一个预埋盒。一根线管配2个预埋盒时，之间增设一个过线盒，由过线盒左右连接信息点预埋盒。信息点预埋盒不宜同时兼做过线盒。

5. 桥架、线管及接线盒安装要求

桥架、线管及接线盒应可靠接地，当采用联合接地时，接地电阻不应大于1Ω。

6. 线缆安装、敷设要求

(1) 线缆两端应有防水、耐摩擦的永久性标签，标签书写应清晰、准确。

(2) 管内线缆间不应拧绞，不得有接头。

(3) 线缆的最小允许弯曲半径应符合《建筑电气工程施工质量验收规范》GB 50303—2002第12.2.1条中表12.2.1-1的规定。

(4) 线管出线口与设备接线端子之间，必须采用金属软管连接的，金属软管长度不宜超过2m，不得将线裸露。

(5) 桥架内线缆应排列整齐，不拧绞。在线缆进出桥架部位、转弯处应绑扎固定。垂直桥架内线缆绑扎固定点间隔不宜大于1.5m。

（6）线缆穿越建筑物变形缝（包括沉降缝、伸缩缝、抗震缝等）时应留补偿余量。

（7）线缆敷设还应符合《有线电视系统工程技术规范》GB 50200—1994、《建筑电气工程施工质量验收规范》GB 50303—2002 和《安全防范工程技术规范》GB 50348—2004 的规定。

36.2.3 施 工 质 量 控 制

36.2.3.1 施工质量控制要点

1. 在施工质量方面需要着重的几个方面：

（1）敷设在竖井内和穿越不同防火分区的桥架及线管的孔洞，应有防火封堵。

（2）桥架、管道内线缆间不应拧绞，不得有接头。

（3）桥架、线管经过建筑物的变形缝处应设置补偿装置，线缆应留余量。

（4）线缆两端应有防水、耐摩擦的永久性标签，标签书写应清晰、准确。

（5）桥架、线管及接线盒应可靠接地，当采用联合接地时，接地电阻不应大于 1Ω。

2. 需要着重处理好的工艺细节

（1）桥架切割和钻孔后，应采取防腐措施，支吊架应做防腐处理。

（2）线管两端应设有标志，并穿带线。

（3）线管与控制箱、接线箱、拉线盒等连接时应采用锁母，并将管固定牢固。

（4）吊顶内配管，宜使用单独的支吊架固定，支吊架不得架设在龙骨或其他管道上。

（5）套接紧定式钢管连接处应采取密封措施。

（6）桥架应安装牢固、横平竖直，无扭曲变形。

3. 器材的质量检查控制

（1）缆线布放前应核对型号规格、程式、路由及位置与设计规定相符。

（2）施工使用的管槽、缆线等器材应按照本章 36.1.3 "智能建筑工程的施工准备"中要求的内容进行器材的质量检查。

4. 隐蔽工程施工质量检查

（1）隐蔽工程施工完毕，应填写《检查记录》。

（2）隐蔽工程验收合格后填写桥架、线管及线缆的《检验批质量验收记录表》。

（3）应检测桥架、线管的接地电阻，并填写《接地电阻测量记录》。

36.2.3.2 质量记录

1. 质量记录程序

综合管线系统质量记录应执行《智能建筑工程质量施工规范》GB 50339—2006 第 3.7 节的规定。

2. 质量记录表格

综合管线系统质量记录应符合《智能建筑工程质量验收规范》GB 50339—2006 的质量记录表格。

36.2.4 检 测 与 验 收

建筑的智能化系统使用的管路（桥架、线管）、线缆的检测验收应符合以下要求：

（1）桥架和线管应检查其规格、位置、弯扁度、弯曲半径、连接、跨接地线、防腐、管盒固定、管口处理、保护层、焊接质量等。弯曲的管材及连接附件弧度应呈均匀状，且不应有折皱、凹陷、裂缝、弯扁、死弯等缺陷，管材焊缝应处于外侧。

（2）应根据智能化系统的深化设计，检查线缆的规格型号、标识、可靠接续、跨接、开路、短路，为设备安装做好准备。

（3）隐蔽工程施工完毕，应填写《检查记录》。

（4）隐蔽工程验收合格后填写桥架、线管及线缆的《检验批质量验收记录表》。

（5）应检测桥架、线管的接地电阻，并填写《接地电阻测量记录》。

（6）隐蔽工程检查记录应填写《智能建筑工程质量验收规范》GB 50339—2006 附录 B 表 B. 0. 2。

36.3 综合布线系统

36.3.1 综合布线系统结构

36.3.1.1 系统组成

建筑物与建筑群综合布线系统（generic cabling system for building and campus，也称为 PDS：Premises Distribution System），是建筑物或建筑群内进行信号传输的线路网络。它包括建筑物或建筑群到外部电话网络与计算机网络的连接线路，包括建筑物或建筑群内通信机房直到工作区的电话和计算机网络终端之间的所有电缆、光缆及相关联的布线连接部件。该系统使话音和数据通信设备、交换设备和其他信息管理系统彼此相连，也使这些设备与外部通信网络相连接。

综合布线系统由 6 个相对独立的子系统所组成。这 6 个子系统是：

1. 工作区子系统（Work Location）

它是使信息设备终端（对于电话网络是电话机、传真机；对于计算机网络是计算机、打印机等）通过布线连接到信息网络的器材组成，这部分包括信息插座、插座盒与插座面板、连接软线（跳线）、适配器等。

2. 水平子系统（Horizontal）

它的功能是将干线子系统线路延伸到用户工作区。水平系统是布置在同一楼层上的，一端接在工作区信息插座上，另一端接在楼层配线间的跳线架上。水平子系统主要采用 4 对非屏蔽双绞线，它能支持大多数现代通信设备，在某些要求宽带传输时，可采用"光纤到桌面"的方案。当水平区面积相当大时，在这个区间内可能有多个接线间。

3. 干线子系统（Backbone）

通常它是由主设备间（如计算机房、程控电话交换机房）至各楼层配线间。它采用大对数的电缆馈线或光缆，两端分别接在设备间和配线间的跳线架上。

4. 管理子系统（Administration）

它是干线子系统和水平子系统的桥梁，同时又可为同层组网提供条件。其中包括双绞线跳线架、跳线（有快接式跳线和简易跳线）。在需要有光纤的布线系统中，还应有光纤跳线架和光纤跳线。当终端设备位置或局域网的结构变化时，只要改变跳线方式即可解决，而不需要重新布线。

5. 设备间子系统（Equipment）

它是由设备间的配线架、电缆、连接跳线及相关的支撑硬件、防雷电保护装置等构

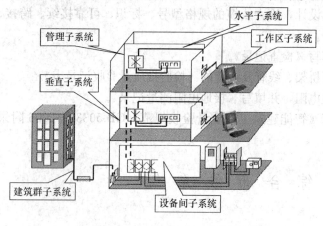

成。比较理想的设置是把计算机房、交换机房等设备间设计在同一楼层中，这样既便于管理、又节省投资。当然也可根据建筑物的具体情况设计多个设备间。

6. 建筑群子系统（Campus）

它是将多个建筑物的电话、数据通信连接一体的布线系统。它采用可架空安装或沿地下电缆管道（或直埋）敷设的铜缆和光缆，并配置入楼处的过流过压电气保护装置。

图 36-1 建筑群综合布线系统

这 6 个子系统采用星形结构，可使任何一个子系统独立地进入 PDS 系统中。如图 36-1所示：

36.3.1.2 系统的应用

布线系统使用的电缆传输介质为双绞线，双绞线是由 4 对绝缘保护层的铜导线组成。双绞线分为非屏蔽双绞线（UTP）、屏蔽双绞线（STP），而屏蔽双绞线又分为铝箔屏蔽双绞线（FTP）、独立屏蔽双绞线（STP）。

PDS 是一套综合式的系统，因此综合布线可以使用相同的电缆与配线端子板，以及相同的插头与模块化插孔以供话音与数据的传递，可不必顾虑各种设备的兼容性问题。

PDS 采用模块化设计，因而最易于配线上扩充和重新组合。采用星形拓扑结构，与电信方面以及 EIA/TIA－568 所遵循的建筑物配线方式相同。因为在星形结构中，工作站是由中心节点向外增设，而每条线路都与其他线路无关。因此，在更改和重新布置设备时，只是影响到与此相关的那条路线，而对其他所有线路毫无影响。另外这种结构会使系统中的故障分析工作变得非常容易。一旦系统发生故障，便可迅速地找到故障点，并加以排除。

从理论上综合布线系统可以为楼宇内部的所有弱电系统服务，通过综合布线系统使建筑设备监控系统，保安监控系统、背景音乐系统、有线电视系统、消防报警系统等采用统一的线缆材料和统一的 RJ45 接口。但是在实际应用中，大多数的智能建筑仅仅语音和计算机网络系统采用综合布线系统，其他系统各自独立，不和综合布线系统发生联系。这种情况是由于多种原因造成的，归纳起来主要有 3 种原因：

（1）成本原因：综合布线系统所采用的线缆造价高于各系统的专用线缆，而且目前各个系统的电气及物理接口和综合布线系统的接口进行连接时需要加接口转换器（也叫适配器），以便符合各系统的传输要求，而适配器需成对使用且价格较高，使得整个系统的造价增加。

（2）行业限制：由于消防报警系统行业规范中规定消防报警系统的布线必须独立于其他系统，使得它们无法采用综合布线系统来传输信号。

（3）多数弱电系统不需要很高的灵活性，不像电话或计算机那样可能会经常变换位置。

基于以上 3 个原因，在实际应用中，综合布线系统主要是针对计算机网络与电话通信的配线系统而设计与敷设的，它满足各种计算机网络与电话通信的要求。

有一些楼宇智能化系统，如：电视会议与安全监视系统的视频信号，建筑物的安全报警和空调控制系统的传感器信号等，既可以使用同轴电缆、普通信号线，也可以使用计算机网络系统进行传输，在使用计算机网络系统进行传输时，其布线纳入综合布线系统。

对建筑物进行配置综合布线系统有许多优越性，其主要表现在以下几个方面：

（1）兼容性：综合布线系统将话音信号、数据信号与监控信号的配线经过统一的规划和设计，采用相同的布线器材。这样与传统布线系统相比，可节约大量的物资、时间和空间。

（2）开放性：传统的布线方式，用户选定了某种设备，也就选定了与之相适应的布线方式和传输介质。如果更换另一种设备，原来的布线系统可能全部更换，增加了施工和投资。综合布线系统由于采用标准的、开放式的体系结构，对所有主要厂商、对几乎所有的通信协议也是开放的。

（3）灵活性：综合布线系统中，由于所有信息系统皆采用相同的传输介质、星形拓扑结构，因此所有的信息通道都是通用的。设备的开通及更改均不需改变系统布线，只需增减相应的网络设备以及进行必要的跳线管理即可。

（4）可靠性：综合布线系统采用高品质的材料和组合压接的方式构成一套高标准的信息通道。所有器件均通过 UL、CSA 及 ISO 认证，每条信息通道都采用物理星形拓扑结构，任何一条线路故障均不影响其他线路的运行。也为线路的运行维护及故障检修提供了极大的方便。

（5）先进性：综合布线系统采用光纤与双绞线混布方式，合理地构成一套完整的布线系统。所有布线均采用世界上最新通信标准，通过 5 类、6 类双绞线，数据最大速率可达 300Mbit/s，对于特殊用户需求可把光纤铺到桌面。线光缆可设计为 10G 带宽，物理星形的布线方式为交换式的网络奠定了基础。

36.3.2 综合布线系统的安装

36.3.2.1 施工准备

综合布线系统的施工准备工作，应符合本章 36.1.3 条的要求，还应符合下列要求：

（1）在建筑物建设施工时，应随时检查预埋管道的敷设情况：位置、尺寸是否符合设计要求，管道是否通畅、管道带线是否通顺等。

（2）在安装工程开始以前应对施工场地的建筑和环境条件进行检查，对不符合设计要求的部分进行相应的处理。主要包括以下各项：

1）房屋预留的地槽、暗管，孔洞的位置、尺寸应符合设计要求。

2）设备间、配线间、工作区土建工程已全部竣工。

3）设备间、配线间的面积、环境条件应符合《综合布线系统工程设计规范》GB/T 50311—2007、《电子信息系统机房设计规范》GB 50174—2008 的要求。

4）设备间、配线间应提供可靠的施工电源、工作电源、接地装置。

（3）应做好智能建筑工程与建筑结构、建筑装饰装修、建筑给水排水及采暖、通风与空调、建筑电气和电梯等专业的工序交接和接口确认。

（4）对综合布线的重要节点，如机房、设备间、配线间等，配备门锁和钥匙后再安装设备。

（5）综合布线系统工程中使用的器材进场时必须进行现场检测验收，在符合 36.1.3 的要求外，还应符合下列要求：

1）应抽检 5 类、6 类双绞线的电气性能指标，并记录：线缆的电气性能抽验应从批量电缆中的任意三盘中各截出 100m 长度，加上工程中所选用的接插件进行抽样测试。

2）应抽检光缆（可测试光纤衰减和光纤长度）的光纤性能指标，并记录，测试要求如下：

①衰减测试：宜采用光纤测试仪进行测试。测试结果如超出标准或与出厂测试数值相差太大，应用光功率计测试并进行比较，断定是测试误差还是光纤衰减过大；

②长度测试：要求对每根光纤进行测试，测试结果应一致，如果在同一盘光缆中，光纤长度差异较大，则应从另一端进行测试或通过检查以判定是否有断纤现象存在。

3）光纤接插软线（光跳线）检验应符合下列规定：

①光纤接插软线，两端的活动连接器（活接头）端面应装配有合适的保护盖帽。

②每根光纤接插软线中光纤的类型应有明显的标记，选用应符合设计要求。

4）接插件的检验验收要求如下：

①配线模块和信息插座及其他接插件的部件应完整，检查塑料材质是否满足设计要求；

②保安单元过压、过流保护各项指标应符合有关规定。

36.3.2.2 主干线缆的敷设

主干子系统的布线是把电缆、光缆从设备间敷设至竖井的各层配线间。

1. 建筑物内主干电缆布线

在一个建筑的竖井中敷设主干电缆有两种选择：向下垂放或向上牵引。通常向下垂放比向上牵引容易，但如果将线缆卷轴抬到高层上去很困难，则使用由下向上牵引。

（1）向下垂放线缆方法：首先把线缆卷轴放到顶层，在竖井楼板预留孔洞附近安装线缆卷轴，并从卷轴顶部馈线；视卷轴尺寸及线缆重量，相应安排所需要的布线施工人员，每层上要有一个工人以便引导下垂的线缆；开始旋转卷轴，将线缆从卷轴上拉出；将拉出的线缆引导进竖井中的孔洞，慢速地从卷轴上放缆并进入孔洞向下垂放；放线到下一层使布线工人能将线缆引到下一孔洞；按前面的步骤，继续慢速地放线，并将线缆引入各层的孔洞。

（2）向上牵引线缆方法：按照线缆的重量选定电动牵引绞车型号，并按照绞车制作厂家的说明书进行操作。首先往绞车中穿一条绳子，启动绞车并往下垂放拉绳直到安放线缆的楼层；将绳子连接到电缆拉眼上，再次启动绞车慢速地将线缆通过各层的孔向上牵引；当缆的末端到达顶层时停止绞车，用夹具将线缆固定；当所有的连接制作好之后，从绞车上释放线缆的末端。

2. 主干光缆的敷设

（1）光缆的主要技术参数（表 36-1）

光缆的主要技术参数 **表 36-1**

光纤类型	光纤直径（μm）	最小模式带宽（MHz·km）		
		过量发射带宽		有效光发射带宽
		波长		
		850nm	1300nm	850nm
OM1	50 或 62.5	200	500	—
OM2	50 或 62.5	500	500	—
OM3	50	1500	500	2000

（2）光缆敷设的技术要求

1）一条光缆里边有数芯或数百芯光纤，光纤只有 $50/62.5\mu m$（多模）；$9\mu m$（单模）直径，因此光缆的缆芯很脆弱，在敷设光缆时有特殊要求：弯曲光缆时不能超过最小的弯曲半径；敷设光缆的牵引力不要超过最大的敷设张力。

2）光纤连接必须使两个接触端完全地对准、良好接触，否则将会产生较大的损耗。因此，必须学会光纤接续的技巧以使光纤损耗为最小。

3）光缆传输系统中，多模光纤使用的是发光二极管，距离大于 15cm，可以用肉眼去观察无端接头或损坏的光纤，单模光纤使用的是激光，不能用肉眼去观察无端接头或损坏的光纤。绝不能用显微镜、放大镜等光学仪器去观察已通电的连接器或一根已损坏的光纤端口，否则对眼睛一定会造成伤害，可以通过光电转换器去观察光缆系统。

4）未经过严格培训的人员不能去操作已安装好的光缆传输系统，只有指定的受过严格培训的人员才允许去完成维修、维护和重建的工作；不要去检查或凝视已破裂、断开的或互联的光缆，只有在所有光源都处于断电的情况下，才能去查看光纤末端，并进行连接操作。

（3）建筑物内主干光缆的敷设方法

1）向下垂放光缆：在离竖井槽孔 1～2m 处安放光缆卷轴，放置卷轴时要使光缆的末端在其顶部，然后从卷轴顶部牵引光缆；使光缆卷轴开始转动，将光缆从其顶部牵出，牵引光缆时要保证不超过最小弯曲半径和最大张力的规定；引导光缆进入槽孔中。如果是一个小孔，则首先要安装一个塑料导向板，以防止光缆与混凝土边侧产生摩擦导致光缆的损坏，如果通过大的开孔下放光缆，则在孔的中心安装上一个滑轮，把光缆拉出绕到滑轮上去；慢慢地从光缆卷抽上牵引光缆，直到下一层楼上的人能将光缆引入下一个槽孔中去；在每一层楼要重复上述步骤，当光缆达到最底层时，要使光缆松弛地盘在这里。

2）利用绞车牵引光缆的步骤：将拉绳穿过去绞车，启动绞车上的发动机，通过楼层的开孔向下放绳子直到楼底；关掉绞车，将光缆连到拉绳的拉眼上去，慢慢地将光缆向上拉；当光缆末端牵引到顶层时，关掉牵引的机器；根据需要，利用分离缆夹或缆带来将光缆固定到顶部楼层和底部楼层；当所有的连接完成后，从绞车上释放光缆的末端。

3. 建筑群间线缆布线

建筑群间电缆布线是从主设备间或者电话主通信配线间敷设至其他各楼宇的分设备间或者竖井的各配线间。

建筑群间电缆布线：对于计算机网络或者电话通信网络，在逻辑上，建筑群之间的缆线布线，也是主干电缆的一部分。在建筑群间布线，一般有排管敷设和架空敷设等两类方法。

36.3.2.3 水平线缆的敷设

水平布线子系统是指从工作区子系统的信息点出发，连接管理子系统的通信中间交叉配线设备的线缆部分。水平布线子系统分布于智能建筑的各个角落，一般安装得十分隐蔽，该子系统更换和维护涉及布线管路与装修装饰，技术要求高。故电气工程师应掌握综合布线系统的基本知识，根据施工图并从实用角度出发为用户着想，减少日后用户对水平布线子系统的更改。

1. 水平布线子系统在施工前的准备

水平布线子系统的水平管路在综合布线系统中所占的比例最大，必须特别注意与其他专业管路的相互避让与配合。水平布线子系统的管路在预埋前，布线工程师应认真作好图纸会审工作，可利用CAD绘出三维大样图，在大样图上注明其他专业管路的走向、标高以及各种管路的规格型号，制定出最优敷设管路的施工方案，尽量避免与其他专业管路交叉重叠，使管线路由尽量短，便于安装，并向工人做好技术交底

2. 水平布线子系统的施工方法

建筑物内水平布线，可以通过吊顶、地板、墙及三种的组合来构成布线路由，其布线方法主要有三种：钢管暗敷设法；吊顶内走线槽、线槽至信息点之间采用钢管连接方法；地面线槽暗敷设法。其中地面线槽暗敷设法适用于有大开间办公室或大开间需要打隔断的智能建筑，它的投资比较大，工艺要求高。

3. 对地面金属线槽施工的要求

地面金属线槽布线是为了适应智能建筑弱电系统日趋复杂，出线口位置变化不定而推出的一种布线方式。地面金属线槽分为单槽、多槽等多种规格。地面金属线槽敷设时，电气专业应与土建专业密切配合，结合施工图出线口的位置，线槽的走向，确定分线盒的位置。线槽在交叉、转弯或分支处应设置分线盒，线槽的长度超过6m时，应加分线盒。设备间配线架、集线器、配电箱等设备引至线槽的线路，用终端变形连接器与线槽连接。线槽每隔2m处设置固定支架和调整支撑，并与钢筋连接防止移位。线槽的保护层应达到35mm以上，线槽连接完后应进行整体调整，由测量工用水准仪进行复核，严禁地面线槽超高。连接器、分线盒、线槽接口处应用密封条粘贴好，防止砂浆渗入腐蚀线槽内壁。在连接线槽过程中，出线口、分线盒应加防水保护盖，待底板的混凝土强度达到50%时，取下保护盖换上标识盖。施工中，工人应用钢锉对金属线槽的毛刺锉平，否则会划伤双绞线的外皮，使系统的抗干扰性、数据保密性、数据传输速度降低，甚至导致系统不能顺利开通。

4. 水平布线子系统对接地的要求

当水平布线采用屏蔽系统时，除了要达到上述要求外，还必须做到：综合布线系统所用屏蔽层必须保持连续性，并保证线缆的相对位置不变，屏蔽层的配线设备端应接地。各层配线架应单独布线到接地体，信息插座的接地利用电缆屏蔽层与各楼层配线架相连接，工作站弱电设备的金属外壳与专用接地体单独连接。综合布线系统有关的有源设备的正极或金属外壳，干线电缆屏蔽层均应接地。若同层内有均压环时，应与之连接，使整个建筑物的接地系统组成一个笼式均压网。良好的接地可以防止突变的电压冲击对弱电设备的破

坏，减少电磁干扰对通信传输速率的影响。

5. 水平布线子系统的长度限制

水平布线子系统要求在 90m 的长度范围内，这个长度范围是指从楼层接线间的配线架到工作区的信息点的实际长度，包括配线架上的跳线和工作区的连线总共不应超过 90m。一般配线架上的跳线长度小于 5m。

6. 双绞线缆的敷设

同一回路的所有双绞线缆可在同一线槽内敷设。强、弱电线缆应分槽敷设，两种线路交叉处应设置有屏蔽分线板的分线盒。线缆不得有接头，接头应在分线盒或线槽出线盒内处理。

良好的安装质量，可以使水平布线子系统在其工作周期内，始终保证良好工作状态和稳定的工作性能，尤其对于高性能的通信线缆和光纤，安装质量的好坏对系统的开通影响尤其显著，因此在安装线缆中，要严格遵守 EIA/TIA569 规范标准。

综合布线系统所选用的线缆、信息插座、跳线、连接线等部件，必须保持其选择的类型一致，如选用 5 类（6 类）标准，则线缆、信息插座、跳线、连接线等部件必须为 5 类（6 类）；否则不能保证 5 类（6 类）标准的测试指标。

7. 屏蔽双绞线的敷设

布线系统使用屏蔽双绞线有 2 种：铝箔屏蔽双绞线（FTP）、铜网屏蔽双绞线（STP）。

铜网屏蔽双绞线（STP）的价格高，抗干扰能力强，数据保密好，施工难度低于铝箔屏蔽双绞线（FTP），而且可靠性明显好于铝箔屏蔽双绞线。如果布线系统设计要求使用屏蔽双绞线时，宜采用之。考虑到施工现场的因素、维护的因素，其综合成本低于使用铝箔屏蔽双绞线。

如系统采用屏蔽措施，则系统选用的所有部件均为屏蔽部件，只有这样才能保证系统屏蔽效果，达到整个系统的设计性能指标。

屏蔽系统采用屏蔽双绞线，对屏蔽层的处理要求很高，除了要求链路的屏蔽层不能有断点外，还要求屏蔽通路必须是完整的全过程屏蔽。

36.3.2.4 工作区器材的安装与连接

这部分包括信息插座、插座盒与插座面板、连接软线（跳线）、适配器等。

一个独立的需要设置终端设备的区域宜划分为一个工作区，工作区子系统应由水平布线的信息插座延伸到工作站终端设备处的连接电缆及适配器组成，一个工作区的服务面积可按 5~10m² 估算，每个工作区设置一个电话机或计算机终端设备，或按用户要求设置。工作区的每一个信息插座均应支持电话机、数据终端、计算机、电视机监视器等终端设备的设置和安装。

在水平子系统中选用的介质不同于设备所需的介质时，根据工作区内不同的电信终端设备可配备相应的终端适配器。

1. 信息插座的安装：

（1）信息插座安装标高应符合设计要求。

（2）信息插座与电源插座安装的水平距离应符合国家标准《综合布线系统工程验收规范》GB 50312—2007 第 5.1.1 条的规定。

2. 对绞电缆终接应符合下列要求

(1) 端接时，每对对绞线应保持扭绞状态，扭绞松开长度对于 3 类电缆不应大于 75mm；对于 5 类电缆不应大于 13mm；对于 6 类电缆应尽量保持扭绞状态，减小扭绞松开长度。

(2) 对绞线与 8 位模块式通用插座相连时，必须按色标和线对顺序进行卡接。插座类型、色标和编号应符合图 36-2 的规定。两种连接方式均可采用，但在同一布线工程中两种连接方式不应混合使用。

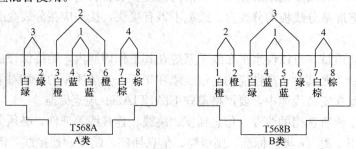

图 36-2　T568A 与 T568B 模块式插座连接图

(3) 7 类布线系统采用非 RJ45 方式终接时，连接图应符合相关标准规定。

(4) 屏蔽对绞电缆的屏蔽层与连接器件终接处屏蔽罩应通过紧固器件可靠接触，缆线屏蔽层应与连接器件屏蔽罩 360°圆周接触，接触长度不宜小于 10mm。屏蔽层不应用于受力的场合。

(5) 对不同的屏蔽对绞线或屏蔽电缆，屏蔽层应采用不同的端接方法。应对编织层或金属箔与汇流导线进行有效的端接。

(6) 每个 2 口 86 面板底盒宜终接 2 条对绞电缆或 1 根 2 芯/4 芯光缆，不宜兼做过路盒使用。

(7) 对绞线与模块接线图示如图 36-3。

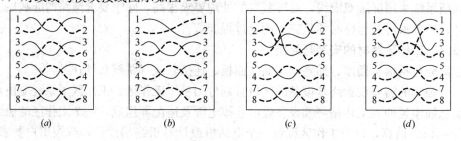

图 36-3　几种连线方式

(a) 正确连线；(b) 反向线对；(c) 交叉线对；(d) 串对

36.3.2.5　管理子系统的安装与端接

(1) 光缆终接与接续应采用下列方式：

1) 光纤与连接器件连接可采用尾纤熔接、现场研磨和机械连接方式。

2) 光纤与光纤接续可采用熔接和光连接子（机械）连接方式。

(2) 光缆芯线终接应符合下列要求：

1) 采用光纤连接盘对光纤进行连接、保护，在连接盘中光纤的弯曲半径应符合安装工艺要求。

2）光纤熔接处应加以保护和固定。

3）光纤连接盘面板应有标志。

4）光纤连接损耗值，应符合表 36-2 的规定：

光纤连接损耗值（dB） 表 36-2

连接类别	多 模		单 模	
	平均值	最大值	平均值	最大值
熔接	0.15	0.30	0.15	0.30
机械连接		0.30		0.30

（3）各类跳线的终接应符合下列规定：

1）各类跳线缆线和连接器件间接触应良好，接线无误，标志齐全。跳线选用类型应符合系统设计要求。

2）各类跳线长度应符合设计要求。

36.3.2.6 综合布线系统的施工要求

线缆敷设除应执行本章 36.2.2 的要求外，综合布线系统的施工还应符合下列要求：

（1）线缆布放应自然平直，不应受外力挤压和损伤，这是因为要保护 5 类线、6 类线等网络线不受到损伤，不影响其传输性能。

（2）线缆布放宜留不小于 15cm 余量，以便使线缆留有多次端接的长度。

（3）从配线间引向工作区各信息点双绞线的长度不应大于 90m。

（4）线缆敷设拉力及其他保护措施应符合产品厂家的施工要求。

（5）缆线弯曲半径宜符合下列规定：

1）非屏蔽 4 对双绞电缆弯曲半径宜不小于电缆外径 4 倍；

2）屏蔽 4 对双绞电缆弯曲半径宜不小于电缆外径 8 倍；

3）主干对绞电缆弯曲半径宜不小于电缆外径 10 倍；

4）光缆弯曲半径不宜小于光缆外径 10 倍。

（6）线缆间净距应符合现行国家标准《综合布线系统工程验收规范》GB 50312—2007 第 5.1.1 条的规定。

（7）室内光缆在桥架敷设时宜在绑扎固定处加装垫套。

（8）线缆敷设施工时，现场应安装较稳固的临时线号标签，线缆上配线架、打模块前应安装永久线号标签。

（9）线缆经过桥架、管线拐弯处，应保证线缆紧贴底部，且不应悬空，不受牵引力。在桥架的拐弯处应采取绑扎或其他形式固定。

（10）距信息点最近的一个过线盒穿线时应宜留有不小于 0.15m 的余量。

（11）机柜、机架安装要求如下：

1）机柜、机架安装位置应符合设计要求，安装完毕后，垂直偏差度应不大于 3mm。

2）机柜、机架上的各种零件不得脱落或碰坏，漆面如有脱落应予以补漆，各种标志应完整、清晰。

3）机柜、机架的安装应牢固，如有抗震要求时，应按施工图的抗震设计进行加固。

4）机柜不宜直接安装在活动地板上，宜接设备的底平面尺寸制作底座，底座直接与地面固定，机柜固定在底座上、底座高度应与活动地板高度相同，然后铺设活动地板。

5）安装机架面板，架前应预留 800mm 空间，机架背面离墙距离应大于 600mm，背板式配线架可直接由背板固定于墙面上。

6）壁挂式机柜底距地面不小于 300mm。

（12）配线设备的使用应符合下列要求：

1）光、电缆交接设备的形状、规格应符合设计要求；

2）光、电缆交接设备的编排及标志名称应与设计相符；各类标志名称应统一、标准位置正确、清晰。

（13）配线架的安装要求如下：

1）卡入配线架连接模块内的单根线缆色标应和线缆的色标相一致，大对数电缆按标准色谱的组合规定排序。

2）端接于 RJ45 口的配线架的线序及排列方式按有关国际标准规定的两种端接标准之一（T568A 或 T568B）进行端接，但必须与信息插座模块的线序排列使用同一种标准。

3）各直列垂直倾斜误差不应大于 3mm，底座水平误差每米不应大于 2mm。

4）接线端子各种标志应齐全。

5）背架式跳线架应经配套的金属背板及线管理架安装在可靠的墙壁上，金属背板与墙壁应紧固。

（14）信息插座安装标高应符合设计要求，其插座与电源插座安装的水平距离应符合现行国家标准《综合布线系统工程验收规范》GB 50312—2007 第 5.1.1 条的规定。当设计无标注要求时，其插座宜与电源插座安装标高相同。

（15）机柜内应设置专用的 PDU 电源插座，其插座板上的插座孔数应满足日后设备插座使用的需求，并应留有一定的余量。

（16）配线间内应设置局部等电位端子板，机柜应可靠接地。

（17）空间较小的配线间宜安装开放式机架。

（18）小区布线宜采用壁挂式配线箱，壁挂式配线箱的箱底高度不宜小于 1.2m。

（19）机柜内布线的整理：

1）机柜内线缆应分别绑扎在机柜两侧理线架上，排列整齐、美观，捆扎合理，配线架应固定牢固，每个配线架应配置一个理线器，配线架上的每个信息点位的标识应准确。

2）光纤配线架（盘）宜安装在机柜顶部，交换机宜安装在铜配线架和光纤配线架（盘）之间。在预计的电话数量和网络数量都很多时，预计的电话点和网络点宜分开机柜安装。

3）在完成线缆绑扎后，机柜应牢固固定在地面上，不能随意移动。

4）跳线应通过理线架与相关设备相连接，理线架内、外线缆宜整理整齐。

5）要求布放光缆的牵引力应不超过光缆允许张力的 80%，一般为 150～200kg，瞬时最大牵引力不得大于光缆允许张力，主要牵引力应加在光缆的加强构件上，光纤不应直接承受拉力。

36.3.3 施 工 质 量 控 制

综合布线的工程质量，需要在系统设计阶段就加以注意，要依据《综合布线系统工程设计规范》GB 50311—2007 进行设计，依据《综合布线系统工程验收规范》GB 50312—

2007 及相关标准，制定综合布线系统工程的质量管理计划。

在综合布线工程的施工阶段，一定要注意以下施工要点，以保证施工质量。

（1）综合布线系统中，施工中质量控制的重点（即：施工中质量控制中的主控项目）是：

1）对器材质量的控制：线缆、配线设备等产品有合格证和质量检验报告，且符合设计要求。

2）双绞线中间不得有接头，不得拧绞、打结。

3）线缆两端应有永久性标签，标签书写应清晰、准确。

（2）综合布线系统中，施工中质量控制还需要注意的是：

1）从配线间引向工作区各信息点双绞线的长度不应大于 90m。

2）线缆标识一致性，其终接处必须牢固且接触良好。

3）线管和桥架中线缆的占空比不宜大于 50%。

4）壁挂式配线箱的安装标高不应小于 1.2m。

5）屏蔽电缆的屏蔽层端到端应保持完好的导通性。

36.3.4 系统的检测与验收

综合布线系统的检测是综合布线工程的一部分，检验工程质量是施工单位向使用单位移交的必备工作，也是用户对工程的认可。

综合布线系统的检测主要是线缆的通道测试；线缆敷设、配线设备安装检验；接地的检验。

（1）须采用符合系统设计要求的合格的测试设备进行测试。

（2）电缆电气性能测试及光纤系统性能测试应符合布线信道或链路的设计等级和布线系统的类别要求。

（3）线缆永久链路的技术指标应符合《综合布线系统工程设计规范》GB 50311—2007 的规定。

（4）电缆电气性能测试及光纤系统性能测试应符合《综合布线系统工程验收规范》GB 50312—2007 的规定。

（5）线缆敷设、配线设备安装检验应包括表 36-3 的内容：

线缆敷设、配线设备检验项目及内容　　　　　　　　　　　　表 36-3

阶　段	检　验　项　目	检　验　内　容	检验方式
设备安装	配线间、设备机柜	1. 规格、外观； 2. 安装垂直、水平度； 3. 油漆不得脱落，标志完整齐全； 4. 各种螺丝必须紧固； 5. 抗震加固措施； 6. 接地措施； 7. 供电措施； 8. 散热措施； 9. 照明措施	随工检验

续表

阶段	检验项目	检验内容	检验方式
设备安装	配线设备	1. 规格、位置、质量； 2. 各种螺丝必须拧紧； 3. 标识齐全； 4. 安装符合工艺要求； 5. 屏蔽层可靠连接	随工检验
线缆布放（楼内）	缆线暗敷（包括暗管、线槽、地板等方式）	1. 缆线规格、路由、位置； 2. 符合布放缆线工艺要求； 3. 管槽安装符合工艺要求； 4. 接地措施	隐蔽工程签证
线缆布放（楼间）	管道线缆	1. 使用管孔孔位、孔径； 2. 线缆规格； 3. 线缆的安装位置、路由； 4. 线缆的防护设施	隐蔽工程签证
	隧道线缆	1. 线缆规格； 2. 线缆安装位置、路由； 3. 线缆安装固定方式	隐蔽工程签证
	其他	1. 线缆路由与其他专业管线的间距； 2. 设备间设备安装、施工质量	随工检验或隐蔽工程签证
缆线端接	信息插座	符合工艺要求	随工检验
	配线部件	符合工艺要求	
	光纤插座	符合工艺要求	
	各类跳线	符合工艺要求	

（6）综合布线系统测试应包括表 36-4 的内容：

系统测试项目及内容 表 36-4

检验项目	检验内容	检验方式
电缆基本电气性能测试	1. 连接图； 2. 长度； 3. 衰减； 4. 近端串扰（两端都应测试）； 5. 电缆屏蔽层连通情况； 6. 其他技术指标	自检
光纤特性测试	1. 衰减； 2. 长度	自检

（7）综合布线系统接地的结构及性能测试应符合《综合布线系统工程验收规范》GB 50312—2007 的规定。

（8）综合布线系统质量记录还应执行《综合布线系统工程验收规范》GB 50312—2007 的相关规定。

36.3.5 综合布线新技术介绍

36.3.5.1 电缆新技术介绍

目前，我们处理高速的数据传输通常是使用光缆，而新的研究证明，未来在一个房间或一栋大楼里，用铜缆来连接服务器进行 10G－100G 的高速数据传输是可能的。这一技术将利用铜缆双绞线（如 7 类线）加配套的收发器来实现，该配套的收发器将运用纠错和均衡补偿的方法来消减干扰，这个通信技术将比传统的技术更为优越。

美国宾夕法尼亚州立大学电子工程教授 MohsenKavehrad 带领的研究小组（该研究组曾经参与过 5 类电缆的类似研究工作）正在对 7 类铜缆进行研究，以支持高达 10～100Gbit/s 的数据传输速度，他们的研究可能使铜缆与光缆一样实现高速传输。他们认为"在 70m 内传输速率达到 100Gbit/s，现在的技术已证明是可行的，我们现在的努力是为了将这一距离延伸到 100m。不过，设计一个 100G 的调制解调器目前可能还无法实现，这是技术上的一个局限。

7 类电缆比 5 类电缆的线径要粗，由 4 对屏蔽绞合线组成，以减少信息串扰，其配套的收发器还使用均衡补偿的方法改善信号的质量。

该研究小组认为："铜缆将成为新一代以太网电缆，这是技术发展的未来趋势"。他们的研究结果提交给了"美国电气和电子工程师协会"于亚特兰大召开的 IEEE High Speed Study Group 会议。

已经有几个局域网设备厂商推出了万兆以太网产品，这是现有产品的新突破，也标志着局域网行业的未来发展。Chelsio 公司和 Tehuti 网络公司都宣布，他们拥有业界第一个基于 10G 以太网技术的服务器适配器，能够在 6 类或 7 类铜缆上以 10Gbit/s 的速度运行。刀片网络技术公司称，它已拥有业界首个用于刀片服务器机箱的万兆以太网交换模块。

新的 IEEE 802.3 标准对于 10G BASE-T 仍旧使用 IEEE 802.3 以太网帧（Frame）格式以及 CSMA/CD（载波监听/冲突检测）机制，向前兼容 10M/100M/1000M 以太网。10G BASE-T 将采用 PAM16（16 级脉冲调幅技术）以及"1A00DSQ（double square）"的组合编码方式。

36.3.5.2 配线管理新技术介绍

随着建筑中综合布线系统的点数增加、应用增多、使用中配线的更改也在增多，对于配线管理的要求大大提高；虽然配线管理 TIA－606 标准（《商业及建筑物电信基础结构的管理标准》），为综合布线系统提供了一套完整的综合布线色标管理方法，在该标准中对线缆、面板、路由、空间、配线等如何标示都进行了明确的描述，意在进行完整有效的标识。但是，在实际应用中，网络应用的变化会导致大量连接的移动、增加和变化，这时往往由于标示描述方式的限制或系统的庞大，使使用户维护困难。从发展的角度，TIA606 还需要结合更加先进的配线管理系统来加强布线系统的管理，高效的配线管理，将使用户节省大量维护费用和提高人员效率，尤其在当前综合布线系统越来越向高密度、集中化发展，布线的管理变得越来越重要。

早期的配线管理存档方法是网络管理员手写维护记录，之后则采用电子表格方式，再后来又产生了第一代由电子表格改进的布线管理软件，但还需要手工录入布线的更改信息。这样的管理模式在实践存在周期长、准确性差、人工量增加等问题。因此针对配线管理的关注点：如何保持及时、明确的管理数据文档？如何快速确定故障所在？如何进行快速、准确的网络连接？大型布线专业公司推出了新的、智能化配线管理系统，以提高了综合布线系统的维护管理的工作效率。包括：采用基于端口的实时监控技术，无需特殊跳线，采用软硬件结合方式，"可视、可听、可触、可读"四位一体的导航帮助，为网络管理员提供准确地从桌面到配线架，实时的、自动地记录和管理整个配线系统，称之"实时基础设施管理系统"。

以下简要介绍贝尔实验室研发、由康普公司推出的配线管理系统：iPatch 系统。

iPatch 系统采用了其自主研发的基于端口的专利技术，有以下功能：

（1）可视：基于端口的监控技术，在配线架的每个端口上都有按钮和 LED 红灯，使管理员通过可触、可视的方式，在现场可以快速、准确地追踪到当前跳线的连接情况，为管理员提供精确性和高效率。

（2）可听：在管理员配线管理时，系统提供四种不同的声音帮助，使管理员通过声音即可识别当前操作的正确情况。

（3）可读：在系统管理单元上配有 LCD 交互式显示屏，具有 6 个功能键，组合提供 15 个操作功能。LCD 屏幕提供的信息，使管理员可以了解当前各点位的布线连接情况，同时 LCD 可显示电子工单的提示信息，帮助管理员顺利、轻松、准确地完成每一次配线任务。

（4）可触：配线架、LCD 上均设有按钮，使现场操作方便，准确。

以上的配置可以由配线管理软件产生电子工单，电子工单将记录布线系统的更改结果：

（1）配线管理的每次操作（如改变一次跳线等），配线管理软件将生成一份工作单，该工单自动传送到需操作的管理单元的 LCD 屏幕上，通过四位一体的导航提示，在现场的人员可以简单、方便、快速、准确地完成这一次任务。

（2）配线管理软件同时也自动记录配线管理的每次操作，使管理系统随时可以回溯以往事件，并且可以对其恢复重建。这些功能对于企业的 IT 审计也同样有用，目前 IT 审计越来越重要，已经成为某些企业日常工作的一部分，尤其在金融与保险等行业，几乎每月都有各种审计，小到每一次跳线的变更，大到系统宕机，审计需要系统具备回溯能力，使每一次的问题都可以追溯。

实时基础设施管理 iPatch 系统能提供：

（1）通过电子工作指令对系统预先进行跳接，自动完成网络连接检测及配线资料整理；

（2）重新整理分配众多的会议安排，预先载入系统，建立日程安排，工作指令只在预定的时间被发送到 iPatch 设备上，工作人员按时快速、准确完成，无需加班准备；

（3）直观的图示和声音的提示，确保连接的准确性，方便快速查找系统连接故障点；

（4）现场直接跳线很简单，但难保每次都准确，一旦操作失误，对于连接可靠性要求高的场合，将造成损失。在该管理系统的配合下，消除了跳线的错误，提供工作效率与可靠性；

（5）实现了指令和处理过程的有条不紊，iPatch 的"报告"特点是可以根据 MAC 地址产生清单，实现电子记录，无需工作人员手工完成复杂的记录，极大提高了工作效率。

综上，iPatch 实时配线系统，降低了用户维护的代价，提高配线管理工作的效率，成为物理层的网络管理理想的解决方案。

还有其他的一些配线管理解决方案，如康普公司的 VisiPatch360 系统和 Insta-PATCH 系统。InstaPATCH 系统是为数据中心而量身定制的光缆配线管理解决方案。针对要达到四级的数据中心，即可靠性达到 99.995%。需要的投资是没有冗余的系统的 2 倍，作为数据中心信息交换的物理承载平台，综合布线只占到总投资的 5% 不到，而其重要性很高，据统计，数据中心故障有 70% 是人为失误造成，而其中大量原因是布线管理人为操作不当造成。因此数据中心需要一套专门为此具备如下特点的综合布线系统：高性能、高可靠性，快速安装，模块化系统，高密度，面向未来。因此，预连接光缆管理系统应是可选择的系统之一。

36.4 通信网络系统

36.4.1 通信系统组成与功能

36.4.1.1 通信系统组成

1. 程控交换机的基本构成

程控电话交换机的主要任务是实现用户间通话的转接。它有两大部分：话路设备和控制设备。话路设备包括各种接口电路（如用户线接口和中继线接口电路等）和交换设备；控制设备则为计算机及其接口、存储设备。程控交换机实质上是采用计算机进行"存储程序控制"的交换机，它将各种控制功能编成程序，存入存储器，对外部状态的巡检数据使用存储程序来控制、管理整个交换系统的工作。

（1）交换网络：交换网络的基本功能是根据用户的呼叫要求，通过控制部分的接续命令，建立主叫与被叫用户间的连接通路。在纵横制交换机中它采用各种机电式接线器（如纵横接线器，编码接线器，簧簧接线器等），在程控交换机中目前主要采用由电子开关阵列构成的空分交换网络和由存储器等电路构成的时分接续网络。

（2）用户电路：用户电路的作用是实现各种用户线与交换之间的连接，通常又称为用户线接口电路（SLIC，Subscriber Line Interface Circuit）。根据交换机制式和应用环境的不同，用户电路也有多种类型，对于程控数字交换机来说，目前主要有与模拟话机连接的模拟用户线电路（ALC）及与数字话机，数据终端（或终端适配器）连接的数字用户线电路（DLC）。

（3）出入中继器：出入中继器是中继线与交换网络间的接口电路，用于交换机中继线的连接。它的功能和电路与所用的交换系统的制式及局间中继线信号方式有密切的关系。对模拟中继接口单元（ATU），其作为是实现模拟中继线与交换网络的接口，基本功能一般有：发送与接收表示中继线状态（如示闲、占用、应答、释放等）的线路信号。转发与接收代表被叫号码的记发器信号。供给通话电源和信号音。向控制设备提供所接收的线路信号。

（4）控制设备：控制部分是程控交换机的核心，其主要任务是根据外部用户与内部维护管理的要求，执行存储程序和各种命令，以控制相应硬件实现交换及管理功能。程控交换机控制设备的主体是微处理器，通常按其配置与控制工作方式的不同，可分为集中控制和分散控制两类。为了更好地适应软硬件模块化的要求，提高处理能力及增强系统的灵活性与可靠性，目前程控交换系统的分散控制程度日趋提高，已广泛采用部分或完全分布式控制方式。

2. 接入系统

提供上级通信交换局到本地程控交换机的连接，此连接一般是以单模光缆实现。

36.4.1.2 通信系统功能

智能建筑的通信网络是以数字程控交换机为核心，以语音信号为主并兼有数据信号、传真、图像资料传输的图像网络。通常，应设置数字程控交换机系统、图文及传真系统、语音邮件系统、电缆电视系统、卫星通信系统、电视会议系统等。当然也包括已与通信技术充分融合的计算机局域网、广域网在内，以便满足智能建筑内部和国内外互通信息，资料查询，实现信息资源共享的需要。

通信网络系统大体包括：多媒体通信、计算机网络通信、个人通信、数字图像通信、移动卫星通信、程控交换以及信息高速公路、语言信箱、电子信箱、智能化建筑通信、互联网路通信、通信系统以数字化为基础，向多元化、综合化、宽带化、标准化，全球化发展。

通信网络系统是保证智能建筑的语音、数据、图像传输的基础，它同时与外部通信网（如公共电话网、数据通信网、计算机网络、卫星以及广电网等）相连，提供建筑物内外的有效信息服务。

目前所生产的中大容量的程控机全部为数字式的。我国自行研制的大中型容量的数字程控局用交换机具有国际先进水平，典型的如华为、大唐、中兴等等。

1. 程控交换机的特点

程控数字交换机是现代数字通信技术、计算机技术与大规模集成电路结合的产物。先进的硬件与日臻完美的软件综合于一体，赋予程控交换机以众多的功能和特点：

（1）体积小，重量轻，功耗低，节省费用。

（2）能灵活的向用户提供众多的新服务功能。可以通过软件方便的增加或修改交换机功能，向用户提供新型服务，如缩位拨号、呼叫等待、呼叫传递、呼叫转移、遇忙回叫、热线电话、会议电话，给用户带来很大的方便。系统还可方便地提供自动计费、话务量记录、服务质量自动监视、超负荷控制等功能。

（3）工作稳定可靠，维护方便，借助故障诊断程序对故障自动进行检测和定位，以及时地发现与排除故障。

（4）适于采用先进的 CCITT7 号信令方式，使信令传送容量大、效率高，并为实现综合业务网 ISDN 创造必要的条件。

（5）易于与数字终端，数字传输系统连接。

2. 程控交换机的类型

程控交换机从技术结构上划分为程控空分用户交换机和程控数字用户交换机两种。前者是对模拟话音信号进行交换。后者交换的是 PCM 数字话音信号，是数字交换机的一种类型。

程控交换机从使用方面进行分类，可分为通用型和专用型两类。通用型适用于一般企事业单位、学校等以话音业务为主的单位，容量一般在几百门以下，且其内部话务量所占比重较大。目前国内生产的 200 门以下的程控交换机均属此种类型，其特点是系统结构简单、使用方便、维护量少。专用型则根据各单位专门的需要提供各种特殊的功能。下面分别说明几种专用型程控用户交换机：

（1）宾馆型：宾馆型程控用户交换机出入局话务量大，不需要直接拨入功能，话务台功能强。为满足客人打长途电话的需要，具有计费功能。为满足宾馆客房管理需要，提供了以下功能：

1）房间控制：客人离店结账电话自动闭锁。

2）留言中心：对临时外出的客人的来话呼叫，提供留言服务。

3）客房状态：随时提供客房占用，空闲，是否打扫的情况。

4）自动叫醒：按客人需要，准时叫醒客人。

5）请勿打扰：为客人提供安静环境，客人在电话输入指令后，在一定时限内电话不能呼入。

6）综合话音和数据系统：办公人员可通过个人计算机从远处服务器取得资料。

（2）医院型：这是装有医院特点软件的专用程控交换机。软件功能中除具有宾馆功能外，还具有呼叫寄存，呼叫转移，病房紧急呼叫，热线电话及配合救护车的移动通信接口的功能。

（3）银行型：银行型专用软件包括总行和分行间的通信联络，呼叫代答，警卫线路，外线保留等。同时具备办公自动化 PABX 的功能。

（4）办公自动化型：需要快速话音通道程控交换机完成高质量话音通信。呼出要求快速自动直拨，即缩位拨号功能。呼入要求全自动呼入功能，避免话务员介入，提高效率。具有办公微机通过程控交换机使用内部的数据资源的功能，目前一般传输速率为 144kbit/s，先进的程控交换机可提供 2Mbit/s 的传输通路，还可开展宽带非话业务，传输动态图像和电视电话等。还具有话音邮递和电子邮箱等功能。

（5）专网型：具有组网汇接功能的程控用户交换机应具有多位号码存储，转发能力，直达优先路由选择，自动迂回，外线呼叫等级限制，等位拨号，功能透明，远端集中维护管理及话务台集中设置等。对专网型程控交换机应着重考虑其中继接口，信令方式与传输系统的配合能力。还可能要求具有汇接，长途甚至与农话业务配合功能。

随着技术的不断进步以及各单位业务增长的需要，还会出现更加新颖的机型。

3. 程控交换机的数字化技术

程控交换机普遍使用"话音信号数字化技术"传送和交换数字信息，与模拟交换系统相比，抗干扰性强，易于时分多路复用，便于加密，适于信号处理和控制。为了提高线路的传输能力。程控交换机还使用"时分多路复用技术"（multiplex）将若干路信息综合于同一信道进行传送。经过频分复用（FDM）与时分复用（TDM）技术处理，在一个信道中，可以传输 30 路话音编码信息，从而使信道利用率得到极大的提高。

36.4.2 通信网络系统的安装施工

通信系统的安装和施工的质量，直接影响到所选择的通信设备能否正常、安全、可靠地运行，以及通信设备能否充分地发挥各种功能。

36.4.2.1　通信网络系统的施工准备

施工单位应取得国家相关职能部门或本行业或本专业职能部门颁发的程控交换机安装工程施工资质。

（1）通信系统安装施工前的准备工作，应符合本章 36.1.3"智能建筑工程的施工准备"的要求。应进行相关的技术准备，设备与材料的检查，系统安装场地检查。

（2）施工单位应根据设计文件要求，完成各个系统的规划和配置方案，并经建设单位、使用单位会审批准。

（3）施工单位应对前序工作以及配电系统情况进行检查，并当其符合信息设施系统施工条件方可施工。

（4）通信网络系统的安装场地检查：程控交换设备安装前，应对机房的环境条件进行检查，机房的环境条件应满足《固定电话交换设备安装工程设计规范》（附条文说明）YD/T 5076—2005 中第 14 章中的相关规定。

36.4.2.2　通信网络系统的安装施工

1. 通信网络系统的交换机的安装工作

（1）交换机安装前的准备工作有：

1）布置工作场地：其中包括：测量定位，安排好放置机柜、机架的位置，安排放置工作台的位置以及放置工具的位置等；

2）相关工具的准备：安排好施工使用的工具；

3）安排好电缆走线孔、墙洞、门窗等土木施工；

4）处理机房地面。

（2）安装缆线机架。

（3）安装设备机架和操作台。

（4）安装相关的线缆。

（5）彻底清洁机房。

（6）安装已经检查完的设备。

2. 通信网络系统的交换机的安装要求

（1）电话交换设备安装前，应对机房的环境条件进行检查，机房的环境条件应满足《固定电话交换设备安装工程设计规范（附条文说明)》YD/T 5076—2005 中第 14 章中的相关规定。

（2）应按工程设计平面图安装交换机机柜，上下两端垂直偏差应不大于 3mm。

（3）交换机机柜内部接插件与机架应连接牢固。

（4）机柜大列主走道侧必须对齐成直线，每 5m 误差不得大于 5mm。

（5）机柜安装应位置正确、柜列安装整齐、相邻机柜紧密靠拢，柜面衔接处无明显高低不平。

（6）总配线架安装位置应符合设计要求。

（7）总配线架滑梯安装应牢固可靠，滑动平稳，滑梯轨道拼接平正，手闸灵敏。

（8）各种配线架各直列上下两端垂直偏差应不大于 3mm，底座水平误差每米不大于 2mm。

（9）配线架单列告警装置及总告警装置设备应安装齐全，告警标示清楚。

（10）各种文字和符号标志应正确、清晰、齐全。

（11）终端设备应配备完整，安装就位，标志齐全、正确。

（12）机架、列架、配线架必须按施工图的抗震要求进行加固。

（13）直流电源线连同所接的电源线，应使用 500V 兆欧表测试正负线间和负线对地间的绝缘电阻，均不得小于 $1M\Omega$。

（14）交换系统使用的交流电源线两端腾空时，应使用 500V 兆欧表测试芯线间和芯线对地的绝缘电阻，均不得小于 $1M\Omega$。

（15）交换系统用的交流电源线必须有接地保护线。

（16）交换机设备通电前，应对下列内容进行检查，并符合下列要求：

1）各种电路板数量、规格、接线及机架的安装位置应与施工图设计文件相符且标识齐全正确。

2）各机架所有的熔断器规格应符合设计要求，检查各功能单元电源开关应处于关闭状态。

3）设备的各种选择开关应置于初始位置。

4）设备的供电电源线，接地线规格应符合设计要求，并端接正确、牢固。

（17）应测量机房主电源输入电压，确定正常后，方可进行通电测试。

3. 通信网络系统的线缆与光缆的安装施工

通信网络系统的线缆与光缆的安装施工应符合本手册第 36 章 36.2 "综合管线" 和 36.3 节 "综合布线" 的要求。

4. 通信网络系统的电源、接地与防雷的安装施工

通信网络系统的支持电源的安装施工应符合本手册第 36 章 36.2 "综合管线" 和 36.17 节 "智能建筑电源、接地与防雷系统" 的要求。

36.4.3　通信网络系统的质量控制

通信网络系统的工程质量，需要在系统设计阶段就加以注意，要依据《固定电话交换设备安装工程设计规范（附条文说明）》YD/T 5076—2005 进行设计，依据《程控电话交换设备安装工程验收规范（附条文说明）》YD/T 5077—2005 及相关标准，制定通信网络系统工程的质量管理计划。

在通信网络系统工程的施工阶段，一定要注意以下的施工要点，以便保证施工质量。

（1）通信网络系统中，施工中质量控制的重点（即：施工中质量控制中的主控项目）是：

1）电话交换系统和通信接入系统的检测阶段、检测内容、检测方法及性能指标要求应符合《程控电话交换设备安装工程验收规范（附条文说明）》YD/T 5077—2005 等国家现行标准的要求。

2）通信系统连接公用通信网信道的传输率、信号方式、物理接口和接口协议应符合设计要求。

（2）通信网络系统中，施工中质量控制还需要注意的是：

1）设备、线缆标识应清晰、明确。

2）电话交换系统安装各种业务板及业务板电缆，信号线和电源应分别引入。

3）各设备、器件、盒、箱、线缆等的安装应符合设计要求，布局合理，排列整齐，牢固可靠，线缆连接正确，压接牢固。

4）馈线连接头应牢固安装，接触良好，并采取防雨、防腐措施。

36.4.4 通信网络系统的调试与测试

《程控电话交换设备安装工程验收规范（附条文说明）》YD/T 5077—2005 通信网络系统的检测验收见《智能建筑工程质量验收规范》GB 50339—2003 相关内容。

通信系统的硬件设备安装施工完毕后，综合布线系统施工完成。又经过了跳线，分机终端已经和系统连接完成，则应进行中继接入，即程控用户交换机作为公众电话网的终端设备应与公众电话网相连。

由于中继方式涉及有关端口局、站，故中继接入常应有关市话局人员参加，通常程控用户交换机生产单位也派人，用户单位负责人和操作维修人员参加，接通电源，则通信系统进入试运行。试运行时发生的问题，由双方现场协商解决，解决后通信系统正式投入运行。

36.4.4.1 通信网络系统调试

1. 通信网络系统调试准备的要求

（1）各系统调试前，施工单位应制定调试方案、测试计划，并经会审批准。

（2）设备规格、安装应符合设计要求，安装稳固，外壳无损伤。

（3）使用 500V 兆欧表对电源电缆进行测量，其线芯间，线芯与地线间的绝缘电阻不应小于 1MΩ。

（4）设备及线缆应标志齐全、准确，符合设计要求与本手册第 36 章 36.2 "综合管线" 和 36.3 节 "综合布线" 的要求。

（5）机柜、控制箱、支架、设备及需要接地的屏蔽线缆和同轴电缆应良好接地。

（6）各系统供配电的电压与功率应符合设计要求。

2. 通信网络系统的调试的要求

（1）系统的安装环境、设备安装应符合设计要求。

（2）逐级对设备进行加电，设备通电后，检查所有机架为设备供电的输出电压应符合设计要求。

（3）电话交换系统自检正常、时钟同步、时钟等级和性能参数应符合设计要求。

（4）安装电话交换机服务系统、联机计费系统、交换集中监控系统，对设备进行测试、调试应达到系统无故障，并提供相应的测试报告。

3. 通信网络系统的功能调试的要求

（1）各系统内的设备应能够对系统软件指令作出及时响应。

（2）系统调试中，应及时记录并检查软件的工作状态和运行日志，并修改错误。

（3）系统调试中，应及时记录并检查系统设备对系统软件指令的响应状态，并修改错误。

（4）应先进行功能测试，然后进行性能测试。

（5）调试过程中出现运行错误、系统功能或性能不能满足设计要求时，应填写系统调试问题报告表，并对问题进行处理、填写处理记录。

36.4.4.2　通信网络系统检测与检验

1. 系统检验的要求

（1）应对各系统进行检测，并填写检测记录和编制检测报告。

（2）设备及软件的配置参数和配置说明应文档齐全。

2. 电话交换系统的检验要求

（1）系统的交换功能应达到局内、局间、异地、国际间通话正常，并计费准确。

（2）系统的维护管理功能应达到系统提供的功能均可检测、可管理、可修复。

（3）系统的信号方式及网络网管功能应达到信令正确，网管功能符合设计要求。

（4）电话交换系统的检验应按《智能建筑工程施工规范》GB 50606—2010 的表 10.5.2 的内容进行。

3. 接入网系统的检验要求

（1）通信系统接入公用通信网信道的传输率、信号方式、物理接口和接口协议应符合设计要求。

（2）外线的呼入、呼出运行应正常。

（3）接入网系统的检验应按《智能建筑工程施工规范》GB 50606—2010 的表 10.5.3 的内容进行，检验结果应符合设计要求。

36.4.5　通信网络发展动向和趋势介绍

（1）研制新型专用大规模集成电路，提高硬件集成度和模块化水平，增强功能及提高可靠性。

（2）提高控制的分散，灵活程度和可靠性，逐步采用全分散方式。

（3）采用 CCITT 建议的高级语言，建立强大的软件生成系统，以便提高更多的服务功能。

（4）积极推行共路信号系统，在一条线路中，传输多路信号。

（5）提供非话业务，如数据，智能用户电报、图文传视、电子邮件等，构成综合信息交换系统。

（6）增强程控交换系统与其他类型通信网的接口，连接与组网能力。

（7）为适应高速信息业务的需求和光纤通信的发展，目前研究的重点之一为异步转移方式 ATM。

36.5　卫星电视及有线电视系统

36.5.1　卫星电视及有线电视系统结构

36.5.1.1　电视系统组成

卫星电视及有线电视系统简称"电视系统"，是由具有多频道、多功能、（单）双向传输等特征的多种相互联系的部件、设备组成的进行传输高质量的电视信号的系统。它由前端设备、干线传输和用户分配三部分组成。

卫星电视及有线电视系统的组成如图 36-4 所示。

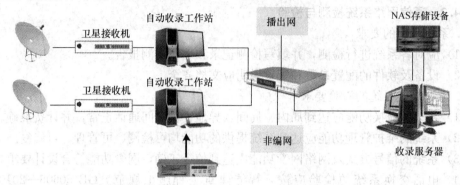

图 36-4 卫星电视及有线电视系统的组成

1. 电视系统的前端设备

前端设备是指用以处理卫星地面站以及由天线接收的各种无线广播信号和自办节目信号的设备，其施工内容则包括机房位置的确定、频道或节目的确定以及设备的选型和前端非线性指标的计算。

卫星电视接收的主要组成，包括接收天线、高频头、高频传输电缆、接收机以及电视调制器等部分，接收天线接收来自广播卫星的下行频率的微弱电波，由馈源到高频头，与高频的本振信号混频成第一中频（700~2150MHz）信号，在经馈线（即高频同轴电缆）送到接收机。

（1）天线系统：天线系统由抛物线反射面和馈源组成，根据不同的卫星转发器功率大小不同，地面采用的天线尺寸也不一样，天线反射面一般为铝合金、玻璃纤维增强型 SMC 材料的玻璃钢天线、玻璃纤维制成的 FRP 一体成型卫星天线，馈源采用后馈或前馈。

（2）高频头：高频头又称"低噪声降频器"或"低噪声下变频器"（LNB）。其内部电路包括低噪声变频器和下变频器，低噪声变频器将天线接收到的微弱的卫星信号进行放大和变频，既把馈源输出的 4GHz 信号放大，再降频为 950~2150MHz 中频信号。目前使用的有 C 频段和 Ku 频段两种。输出的中频信号（950~2150MHz）通过低损耗的高频电缆送给数字综合接收解码器 IRD。数字卫星信号采用 QRSK 调相方式传输，信号解调也是采用 QPSK 解调，如果 LNB 相位噪声超过，会使解调产生误差而导致误码率（BER）增加，故高频头要求相位噪声低，频率稳定度高。对用于数字卫星电视接收系统的 LNB，要求相位噪声小于 -65dB/1kHz，频率稳定度小于 ±500kHz。目前主要采用双极性高频头，以适应卫星在不同频道分别以水平和垂直极化下传的电磁波信号，有效接收这个这两种不同方向的电磁波。

（3）卫星电视接收机：高频头 LNB 输出的第一中频信号需要由卫星电视接收机接收并进行信号转换，变成一般电视机可接收的信号。现在使用的主要是数字卫星接收机，又称接收解码器（IRD），它主要由调谐器、QPSK 解调、去扰码、纠错、解复用、解码，再进行 PAL 编码，形成全电视信号输出。

2. 电视系统的干线传输

传输部分是一个传输网，其作用是把前端送出的（宽带复合）电视信号传输到用户分配系统。用户分配网络是整个系统的最后部分，它以广泛的分布把来自干线的信号，分配传送到千家万户的用户终端（电视机）。

电视系统的干线传输系统的设计与施工须按照《住宅区及住宅建筑有线广播电视设施管理规定》执行。干线传输主要由干线双向放大器、干线分配器、干线分支器、用户分支器、75Ω系列射频同轴电缆组成。

电缆的选择应该针对电缆的损耗量、频响曲线、温度系数、寿命长短等性能来选择。一般选国产优质屏蔽电缆：垂直主干线和水平干线采用 SYV75−9 国产优质屏蔽电缆；分支器到终端电视插座采用 SYV75-5 国产优质屏蔽电缆。主干线距离长，信号衰减大，则采用 500 号合金铝皮电缆来满足系统要求。

干线 SYV75-9 电缆沿弱电竖井的桥架敷设，支干线 SYV75−7 电缆沿走廊吊顶内槽道敷设，分支器到终端电视插座的支线 SYV75−5 电缆敷设在管内。在弱电竖井间安装分配放大器箱，放大器和分支分配器安装在铁箱内，铁箱要接地。放大器箱内配有 220V 电源插座。分支器安装在不小于 250mm×260mm×120mm 的铁箱内。有分支器铁箱的地方，吊顶要留检修孔，以便安装器件和维修。

传输网络包括用户分配系统和放大器，干线放大器采用全频道双向宽带放大器。为保证电视节目的正常传输，必须保证系统有 870MHz 的带宽。用户分配系统要设计合理，前端送来的信号电平按照规定的技术要求传输，并均匀地分配给用户，保证各电视机之间相互不干扰和不影响前端系统的正常工作。

3. 电视系统的用户分配

用户分配系统的设计包括进线口的设置、电缆分配网络的结构、分配放大器设计、供电电源、分配器，分支器的设计、用户终端的设计、同轴电缆选择及穿管管径、放大箱、分配箱、过路箱、终端盒的设计、器材选用。

电视系统的用户分配部分使用带反向平台、双向传输、870MHz 带宽的线路放大器、5~1000MHz 高隔离度分支分配器和 SYWV（Y）−75 系列优质物理发泡射频同轴电缆组成，以分支分配方式将电视信号送入各个用户终端。放大器采用就近供电的方式。

分支分配系统：有线电视信号放大后的 RF 信号，应高质量地传送到各用户终端、系统分支分配器、用户盒。应选用工作频率为 5～1000MHz 高隔离度产品，以免产品质量不好引入噪声，使系统性能指标降低，电视机图像出现各种干扰、噪声，甚至扭曲现象。特别是反向信号极易受到干扰的影响，性能明显变坏，这就是常见有的系统反向信号做不好的重要原因。卫星电视接收的分支分配器连接图见图 36-5。

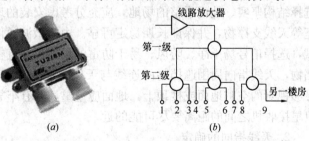

图 36-5 卫星电视接收的分支分配器连接图
（a）分支分配器；（b）分支分配连接

36.5.1.2 电视系统应用

卫星电视系统，通过卫星地面站可直接接收广播电视的卫星信号。

有线电视系统（CATV）也是智能建筑的基本系统之一。与传统 CATV 不同的是，现代智能建筑 CATV 要求电视图像信号双向传输，并为采用 HFC（光纤同轴电缆混合接入网）打下基础。

有线电视（含卫星电视系统）接收系统向用户提供多种电视节目源。采用电缆电视传输和分配的方式，对需提供上网和点播功能的有线电视系统可以采用双向传输系统。传输系统的规划应符合当地有线电视网络的要求。根据建筑物的功能需要，按照国家相关部门管理规定，配置卫星广播电视接收和传输系统，根据各类建筑内部的功能需要配置电视终端。

36.5.2　电视系统安装施工

36.5.2.1　电视系统的施工准备

卫星接收及有线电视系统工程施工前应进行如下的准备工作：

（1）工程施工前应具备相应的现场勘察、设计文件及图纸等资料，并应按照设计图纸施工。

（2）准备工作应符合本章 36.1.3 "智能建筑工程的施工准备" 的要求，尚应符合下列要求：

1）有源设备均应通电检查；

2）主要设备和器材，应选用具有国家广播电影电视总局或有资质检测机构颁发的有效认定标识的产品。

（3）建筑物内暗管设施应符合《有线电视分配网络工程安全技术规范（附条文说明）》GY 5078—2008 第 4.3 节的技术要求。

36.5.2.2　卫星天线的安装施工

安装天线的顺序为：场地选择，确定天线的仰角、方位角和高频头的极化角，安装天线，安装高频头，调整天线的仰角、方位角、固定天线，防雷接地，安装馈线。

1. 场地选择

天线安装场地的选择关系到信号质量、安装、调试、维护和安全。安装天线的场地应选择结构坚实、地面平整的场地，应充分考虑安装的地点要便于架设铁塔、钢架、水泥基座等天线支撑物，并保证长期稳定可靠。由于微波通信易受干扰，对天线场地需要进行测试，选择信号场干净、防风、易于防雷的场地，并且在天线指向卫星的方向上没有明显遮挡物，天线指向周围遮挡物的连线与天线指向卫星的连线之间的角度应大于 5°。要求有足够视野的空旷地面或楼顶上，地面应平整，并有牢靠的地基和可靠的接地装置。天线与卫星接收机之间的距离要尽可能的近。

2. 天线指向的确定

天线接收天线在实施安装之前，须根据卫星的经度和接收站的地理经纬度确定天线的仰角、方位角，以便使天线对准卫星。要计算接收天线的仰角与方位角，需知道卫星的定点位置、接收点的地理位置（经度和纬度）。仰角、方位角的计算公式如下（建议用第一个公式）：

方位角计算公式：$A_z = \text{arctg} \ (\text{tg} \varphi_{CH}/\sin\theta)$

或：$A_z = \text{arctg} \ [\text{tg} \ (\varphi_{卫} - \varphi_{地}) \ /\sin\theta]$

$A_z = \text{arctg} \ [\text{tg} \ (\varphi_w - \varphi_D) \ /\sin\theta]$

仰角计算公式：$EL = \mathrm{arctg}\dfrac{\cos\varphi_{CH}\cos\theta - 0.1512}{\sqrt{(1 - \cos\varphi_{CH}\cos^2\theta)}}$

或 $= \mathrm{arctg}\dfrac{\cos(\varphi_{卫} - \varphi_{地})\cos\theta - 0.1512}{\sqrt{(1 - \cos^2(\varphi_{卫} - \varphi_{地})\cos^2\theta)}}$

或 $= \mathrm{arctg}\dfrac{\cos(\varphi_{w} - \varphi_{D})\cos\theta - 0.1512}{\sqrt{(1 - \cos^2(\varphi_{w} - \varphi_{D})\cos^2\theta)}}$

其中：φ_{CH} 为卫星位置经度 φ_{w} 与地面接收天线位置经度 φ_{D} 之差，θ 为地面接收天线位置的纬度。

当 φ_{CH} 为正值时，高频头顺时针转 φ_{CH} 度，反之，则逆时针转。

根据算出的仰角和方位角进行天线方向的调试，使之对准所要接收的卫星的电视信号，这是粗调。然后进行细调，使所收的信号最佳。

在工程上常用指南针定向。由于磁南北极与地理南北极之间存在磁偏角，因此以磁南为 0° 时，上述求出的方位角必须用磁偏角修正后才是天线的方位角。在城市中由于各种建筑物中的钢筋的影响，使指南针的定向并不十分准确，只作为参考值。

实用计算天线参数的软件，只要输入当地地名或周边大城市的名称，即可计算出所有同步卫星的参数，实用方便。

3. 安装天线

天线组装后，安装前不要放在楼顶上，以防止雷击和大风的损坏。

如在屋顶上选择没有防水层的屋梁来固定天线，如果屋顶都是防水层，要在防水层上砌一个 1m 见方、高 25cm 左右的水泥平台，并用水平仪检查水平情况，在该平台上安装天线。

安装卫星天线，把卫星天线对准卫星：亚洲二号卫星，位于经度为 100.5° 的赤道上空。

卫星接收天线的安装最大的难点在于天线的方位、仰角和高频头的位置及极化角度的调整，需要一定的经验。

将天线连同支架安装在天线座架上，天线的方位通常有一定的调整范围，应保证在接收方向的左右有足够的调整余地。对于具有方位度盘和俯仰度盘的天线，应使方位度盘的 0° 与正北方向、俯仰度盘的 0° 与水平面保持一致。正北方向的确定，一般采用指北针测出地磁北极。再根据当地的磁偏角值进行修正，也可利用北极星或太阳确定。

较大的天线一般都采用分瓣包装运输，故在安装时，应将各部分重新组装起来。天线组装后，型面的误差、主面与副面之间的相对位置、馈源与副面的相对位置，均应用专用工具进行校验，保证误差在允许的范围内。校验完毕，应固紧螺栓。

天线馈源安装是否合理，对天线的增益影响极大。对于前馈天线，应使馈源的相位中心与抛物面焦点重合；对于后馈天线，应将馈源固定于抛物面顶部锥体的安装孔上，并调整副发射面的距离，使抛物面能聚焦于馈源相位中心上。天线的极化器安装于馈源之后。对于线极化（水平极化和垂直极化），应使馈源输出口的矩形波导窄边与极化方向平行；对于圆极化波（如左旋圆极化波），应使矩形导波口的两窄边垂直线与移相器内的螺钉或介质片所在平面相交成 45° 角的位置。

4. 高频头的安装与位置的调整：

当地面卫星接收天线安装完毕之后，就可着手安装高频头 LNBF，具体步骤如下：

（1）安装馈源并根据天线参数 F/D 值，将馈源盘凸缘端面对准 LNBF 侧面的 F/D 相应刻度上；

（2）使 LNBF 频端面上"0"刻度垂直水平面；

（3）紧固馈源等个安装件；

（4）把 LNBF 的 IF 输出电缆与接收机的 LNBF 输入端连接好。

当接收天线波束已调整对准某颗卫星后（天线调整方法请参阅 PBI 超级系列极轴卫星天线装配与校准手册），便可使用 SL-1000 卫星信号测试仪调整 LNBF 的位置，此时应将 LNBF 的输出电缆改接至 SL-1000 的输入端，其步骤如下：

（1）首先应检查馈源是否处于抛物面天线的中心，焦点是否正确，否则可以稍微调整馈源支撑杆；使之对准（以信号最大为准）。

（2）检查 LNBF 侧面的 F/D 刻度是否按天线所给参数 F/D 对准，为此可略微前后调整，使 SL-1000 信号显示最大。

（3）卫星发射的电视信号；只有在卫星所在经度的子午线上，其极化方向才完全是水平或垂直的，而在其他地区接收时，会略有偏差，在实际接收的情况下，应稍微旋转 LNBF 的方向，以使信号最大，这时 LNBF 顶端面上的刻度"0"可能不完全是垂直水平面。

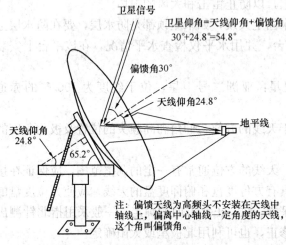

图 36-6 方位角和仰角的示意图

（4）按动卫星接收机 H/V 键，这时另一极化方向的信号亦应是最佳的。

5. 天线角度调整

在对准卫星的操作中，可以使用寻星仪。如果没有寻星仪，可以使用数字接收机，来对准电视卫星进行天线角度调整。方位角和仰角的示意图见图 36-6。

6. 避雷与接地

由于卫星接收天线架设在室外，因而避雷是十分重要的环节。将天线的支架与高楼或铁塔的接地线连接起来。应确定原接地线是否合理、可靠。否则应另埋设接地装置，然后根据接收天线附近的环境条件安装避雷针。

如果在天线附近已有较高的铁塔或已架设避雷针，则首先应判断这些已有的铁塔或避雷针是否能对天线起保护作用。

安装避雷针的另一重要环节就是埋设与避雷针体联结的接地体，避雷针的接地应单独走线，不能与设备接地线共用。接地结果，应使避雷针接地体的接地电阻值小于 4Ω。为了达到这一要求，应在避雷针周围（最远不超过 30m）寻找一处土质较好的地方，打入若干根长度为 2.5～3m 的镀锌角钢，每两根间的距离为 4～5m，再用镀锌角钢焊接起来；或者挖一个面积为 1m² 的坑，埋入一块相应大小的镀锌铁块。然后在埋设角钢或铁板的地上灌入食盐水或化学降阻剂，以进一步降低接地电阻，此外，为了防止雷电在输入电源线上感应产生的高压进入设备，应在电源入线安装市电防雷保安器。

7. 天线与卫星接收机之间的馈线

天线与卫星接收机之间的馈线要尽可能的短，应根据馈线的长度增加其线径，以便保证衰减不致太大。

36.5.2.3 电视系统布线与设备的安装

系统安装施工前，应进行现场情况调查，还应对系统使用的材料、部件进行检查。

1. 前端设备的安装

前端设备的安装主要是指接收机、工作站、调制器、放大器、混合器等部件的安装，对智能建筑电视系统是小型系统，前端设备不多，一般是和其他系统供用一个机房，但单独一个机柜。按照机房平面布置图进行设备机架与播控台定位，然后统一调整机架和播控台，达到竖直平稳，设备安装要牢固、整体美观。

射频信号的输入，输出电缆避免平行布线，射频电缆采用高屏蔽性、反射损耗小的电缆，以减少干扰和泄漏，尽量缩短信号连接电缆的长度。选择优质的连接头，并严格控制连接接头制作质量，在信号连接中，适当地留有备份，以使增容和维护。设备、连线设置标识，以方便测试和维修。

电源线、信号线要分开布置。连接线应有序排列并用扎带固定，保证可靠、增加美观，线两端应写好来源和去向的编号，做好永久性记号以方便调试与维修。

在接地线处理上，应注意到前端机房的地线直接从接地总汇集线上单独引入，距离不应太远，采用扁钢、铜线、机房内地线结构以一点接地，星形连接，连接到设备机架上的地线选用截面积 6mm² 以上的多股铜线，并保证接触良好。

2. 干线传输系统的安装

（1）光缆敷设请参见本章 36.2 节"综合管线"和 36.3 节"综合布线系统"描述和要求。

（2）大口径铜缆敷设请参见本章 36.2 节"综合管线"和 36.3 节"综合布线系统"描述和要求。

3. 分配网络的安装

（1）电视系统的分配网络安装中线缆敷设，请参见本章 36.2 节"综合管线"和 36.3 节"综合布线系统"的描述和要求。另外，还应注意以下各点：

1）架空电视电缆应用钢绳敷设，采用挂钩时，其间距应为 1m 左右。架空对中间不应有接头，不能打圈。跨越距离不大于 35m。

2）沿墙敷设电缆距地面应大于 2.5m，转弯处半径不得小于电缆外径的 6 倍。沿墙水平走向电缆线卡距离一般为 0.4～0.5m，竖直线的线卡距离一般为 0.5～0.6m。电缆的接头应严格按照步骤和要求进行安装，放大器与分支器、分配器的安装要有统一性、稳固、美观、便于调试，整个电缆敷设应做到横平竖直、间距均匀、牢固、美观、检修方便等。

（2）电视系统的分配网络安装中放大器、分配器和分支器的安装：在每栋楼房的进线处设一个放大器箱，箱内用来安装均衡器、衰减器、分配器、放大器等部件。各分支电缆通过安装的穿线管道向每个用户终端。

（3）用户终端盘的安装：用户终端盒通过电缆与有线电视网络终端机如电视机、机顶盒、PC 接收卡等的有线电视信号输入端相连。用户终端盒底座是标准件，一般预埋在墙体内，终端盒面板又分单孔、双孔和三孔等，面板接好分配电缆就可以安装在底盒上。

36.5.2.4　电视系统安装的施工要求

（1）卫星接收天线的安装应符合下列要求：

1）卫星天线基座的安装应根据设计图纸的位置、尺寸，在土建浇筑混凝土层面的同时进行基座制作，基座中的地脚螺栓应与楼房顶面钢筋焊接连接，并与地网连接。

2）在天线收视的前方应无遮挡。所需收视频率应无微波干扰。

3）接收天线确定好最优方位后，必须安装牢固。

4）天线调节机构应灵活、连续，锁定装置应方便牢固，并有防锈蚀措施和防灰沙的护套。

5）卫星接收天线应在避雷针保护范围内，避雷装置应有良好接地系统，天线底座接地电阻应小于 4Ω。

6）避雷装置的接地应独立走线，严禁将防雷接地与接收设备的室内接地线共用。

（2）接收机、工作站等前端设备的安装应符合下列要求：

1）前端设备应牢固安装在机房或设备间内的专用设备箱体内；

2）前端设备的供电装置应采用交流（220V）电源专线供电，供电装置应固定良好；

3）前端设备、设备箱体和供电装置按设计要求应良好接地，箱内应设有接地端子。

（3）放大器的安装应符合下列要求：

1）放大器应固定在设置于设备间或竖井内的放大器箱内，放大器箱室内安装高度不宜小于 1.2m，放大器箱应安装牢固。

2）放大箱及放大器等有源设备应做良好接地，箱内应设有接地端子。

3）干线放大器输入、输出的电缆，应留有不小于 1m 的余量。

4）在放大器不用的端口处，应接入一个 75Ω 终端电阻，并可靠连接。

（4）分支器、分配器安装应符合下列要求：

1）分支器、分配器的安装位置和型号应符合设计文件要求。

2）分支器、分配器应固定在分支分配箱体底板上。

3）电缆在分支器、分配器箱内应留有箱体半周长的余量。

4）分支器、分配器与同轴电缆相连，其连接器应与电缆型号相匹配，并连接可靠，防止松动、防止信号泄露。

5）系统所有支路的末端及分配器、分支器的空置输出均应接 75Ω 终端电阻。

（5）安装在设备间、竖井以外的放大箱、分支分配箱、过路箱和终端盒应采用墙壁嵌入式安装方式。每条缆线应连接可靠，并做好标识。

（6）缆线敷设请参见 36.2 "综合管线"，此外，施工中还应符合下列要求：

1）有线电视同轴电缆不得与电力系统电力线共穿于同一暗管内，暗管内孔截面积的利用率应不大于 40%。

2）暗管与其他管线的最小间距应符合《有线电视分配网络工程安全技术规范（附条文说明）》GY 5078—2008 表 4.3.8 的规定。

3）缆线弯曲度不应小于缆线规定的弯曲半径，在转弯处要留有余量。

4）缆线在布放前两端应贴有标签，以表明起始和终端位置，标签书写应清晰和正确。

5）在缆线整个铺设过程中，不应造成缆线挤压而引起变形、缆线撞击和猛拉、扭转或打结。

（7）同轴电缆连接器安装应符合《有线电视网络工程施工及验收规范》GY 5073—2005 第 6.1.6 条的规定。

（8）用户室内终端的安装应符合下列要求：

1）用于暗装的终端盒必须符合设计文件要求。

2）暗装的终端盒面板应紧贴墙面，四周无缝隙，安装应端正、牢固。

3）明装的终端盒和面板配件应齐全，与墙面的固定螺丝钉不得少于 2 个。

4）终端盒安装高度不小于 300mm。

（9）卫星接收及有线电视系统防雷、接地系统应符合《有线电视分配网络工程安全技术规范（附条文说明）》GY 5078—2008 和《建筑物电子信息系统防雷技术规范》GB 50343—2004 的规定。

36.5.3 施 工 质 量 控 制

电视系统的工程质量需要在系统设计与施工阶段就加以注意，要依据《有线电视系统工程技术规范》GB 50200—1994、《有线电视广播系统技术规范》GY/T 106—1999、《有线数字电视系统技术要求和测量方法》GY/T 221—2006、《有线电视网络工程施工及验收规范》GY 5073—2005 和《有线电视分配网络工程安全技术规范（附条文说明）》GY 5078—2008 及其他相关规范及相关标准，制定电视系统工程的质量管理计划。

在电视系统工程的施工阶段，一定要注意以下的施工要点，以便保证施工质量。这也是《智能建筑工程施工规范》GB 50606—2010 中"卫星电视及有线电视系统"中质量控制的主控项目。

（1）天线系统的接地与避雷系统的接地应分开，设备接地与防雷系统接地应分开。

（2）卫星天线馈电端、阻抗匹配器、天线避雷器、高频连接器和放大器应连接牢固，并采取防雨、防腐措施。

（3）卫星接收天线应在避雷针保护范围内，天线底座接地电阻应小于 4Ω。

（4）卫星接收天线应安装牢固。

电视系统中，施工中质量控制还需要注意的是：

（1）有线电视系统各设备、器件、盒、箱、电缆等的安装应符合设计要求，布局合理，排列整齐，牢固可靠，线缆连接正确，压接牢固。

（2）放大器箱体内门板内侧应贴箱内设备的接线图，并标明电缆的走向及信号输入、输出电平。

（3）暗装的用户盒面板应紧贴墙面，四周无缝隙，安装应端正、牢固。

（4）分支分配器与同轴电缆应连接可靠。

36.5.4 卫星电视有线电视调试与测试

36.5.4.1 卫星电视有线电视系统调试

（1）系统统调，就是在前端、干线系统、分配网络进行调试结束之后对系统全面进行调整，调整各部分的电平，也称系统总调试。调试的顺序是从前端开始，逐条干线、逐台放大器进行调试。统调是在短时间连续进行的,是温度大约一致的情况下进行的,所以统调能克服安装时进行的调试的不足,统调工作最好在 10～25℃的温度下进行,在统调时对每边调试工作记录,记录每个频道电平并要记准日期和温度,把记录资料存档。

(2) 对干线的调试:干线传输系统是由供电器、干线放大器、同轴电缆等器材组成。它的作用是将前端系统输出的各种信号,不失真,且稳定可靠地传输到分配系统,传输到各用户。

对干线调试的程序是:先调试供电系统,后调试放大器的电平。

(3) 调整供电系统的目的是保证对放大器正常供电,只有供电正常,放大器才能正常工作,所以不能忽视对供电系统的调整。

供电调试,先安装调整好供电器和电源插入器,特别要注意供电器功率,后调试每个放大器的本身供电部分。目前市面所使用放大器的供电电源有两种,一种是开关电源,一种是档位电源,对使用开关电源的放大器,不存在调整问题,对于档位电源的放大器必须对放大器的电源进行调整。用电缆传输距离越远,对放大器电源的调整工作越显得突出,越应仔细。对放大器的电源调试需有前提,那就是按设计一台供电器所供的放大器台数都安装完毕通电后,对每台放大器的供电部分进行调试。否则安装一台调试一台,调试的结果是不准确的,会使干线系统产生干扰。供电调试后,从前端出口第一台放大器开始逐级调试放大器的输入电平、输出电压和斜率。在调试过程中对输入、输出、斜率三个量掌握不好,会使系统指标劣化。因此,在调试干线放大器时一定要严格,认真按设计和放大器的标称额定输入、输出电平调试。各厂家给定的标称输入、输出电平值,是保证各厂放大器工作在最佳状态。

电视系统调试与测试可以按照如下的内容来进行。

1. 卫星接收天线及系统调试要求

(1) 应根据所接收的卫星参数调整卫星接收天线的方位角和仰角。

(2) 卫星接收机上的信号强度和信号质量应达到信号最强的位置。

(3) 应测试天线底座接地电阻值。

2. 前端系统调试要求

(1) 前端系统调试在机房接地系统、供电系统和防雷系统检测合格之后进行。

(2) 调制器的频道应避开电场强的开路信号频道。

(3) 应调整调制器的输出电平至该设备的标称电平值。

3. 电缆线路和分配网络系统调试要求

(1) 调试范围包括光工作站、各级放大器等有源设备和电缆、分支分配器直至用户终端盒等无源器材。整个调试应进行正向调试和反向调试。

(2) 正向调试测量有源设备(含干线放大器、分配器和放大器等)正向输入、输出技术指标以及输出斜率,并适当调整衰减、均衡器等部件使测量值与设计值一致。

(3) 反向调试按照《HFC网络上行传输物理通道技术规范》GY/T 180—2001 进行。测量有源设备反向输入、输出技术指标以及输出斜率,并适当调整衰减、均衡器等部件使测量值与设计值一致。检测指标结果应符合设计文件要求。

36.5.4.2　卫星电视有线电视检测与检验

(1) 卫星接收电视系统的检验应按照《卫星数字电视接收站测量方法—系统测量》

GY/T 149—2000 和《卫星数字电视接收站测量方法—室外单元测量》GY/T 151—2000
进行。检测指标结果应符合设计文件要求。

（2）系统质量的主观评价应符合现行国家标准《有线电视系统工程技术规范》
GB 50200—1994 第 4.2 节和《数字电视图像质量主观评价方法》GY/T 134—1998 的规定。

（3）有线数字电视系统下行测试应符合《有线广播电视系统技术规范》GY/T 106—
1999 和《有线数字电视系统技术要求和测量方法》GY/T 221—2006 的规定，主要技术要
求见表 36-5。

系统下行技术要求　　　　　　　　　　　　　　　　表 36-5

序号	测 试 内 容		技术要求
1	模拟频道输出口电平		60～80dBμv
2	数字频道输出口电平		50～75dBμv
3	频道间电平差	相邻频道电平差	≤3dB
		任意模拟/数字频道间	≤10dB
		模拟频道与数字频道间电平差	0～10dB
4	MER	64QAM，均衡关闭	≥24dB
5	BER	24h，Rs 解码后（短期测量可采 15min，应不出现误码）	≤1×10E-11
		参考 GY5075	≤1×10E-6
6	C/N（模拟频道）		≥43dB
7	载波交流声比（HUM）（模拟）		≤3%
8	数字射频信号与噪声功率比 SD, RF /N		≥24dB（64QAM）
9	载波复合二次差拍比（C/CSO）		≥54dB
10	载波复合三次差拍比（C/CTB）		≥54dB

（4）有线数字电视系统的上行测试应符合《HFC 网络上行传输物理通道技术规范》
GY/T 180—2001 的规定，主要技术要求见表 36-6。

系统上行技术要求　　　　　　　　　　　　　　　表 36-6

序号	测 试 内 容	技 术 要 求
1	上行通道频率范围	5～65MHz
2	标称上行端口输入电平	100dBμV
3	上行传输路由增益差	≤10dB
4	上行通道频率响应	≤10dB（7.4～61.8MHz）
		≤1.5dB（7.4～61.8MHz 任意 3.2MHz 范围内）
5	信号交流声调制比	≤7%
6	载波/汇集噪声	≥20dB（Ra 波段）
		≥26dB（Rb、Rc 波段）

（5）系统的工程施工质量应符合现行国家标准《有线电视系统工程技术规范》GB
50200—1994 第 4.4 节和《卫星广播电视地球站系统设备安装调试验收规范》GY 5040—
2009 第 2.2 节的规定，见表 36-7。

工程施工质量检查   表 36-7

项 目		质 量 检 查
卫星天线	天线	1. 天线支座和反射面安装牢固； 2. 天线支座的安装方位对着南方，天线方位角可调范围符合标准； 3. 天线调节机构应灵活、连续，锁定装置应方便牢固，有防锈蚀、灰沙措施； 4. 天线反射面应有防腐蚀措施
	馈源	1. 馈源的极化转换结构方便，转换时不影响性能； 2. 水平极化面相对地平面能微调±45°； 3. 馈源口有密封措施，防止雨水进入波导； 4. 法兰盘连接处和电缆插接处应有防水措施
	避雷针及接地	1. 避雷针安装高度正确； 2. 接地线符合要求； 3. 各部位电气连接良好； 4. 接地电阻不大于 4Ω
前端机房（含设备间的质量检查）		1. 机房通风、空调散热等设备应按照设计要求安装； 2. 机房应有避雷防护措施、接地措施； 3. 机房供电方式、供电路数； 4. 机房供电有备用电源（采用 UPS 电源），需测试电源备份切换，供电中断后能保证供电多长时间供电不间断； 5. 设备及部件安装地点正确； 6. 按设计留足预留长度光缆，按合适的曲率半径盘留； 7. 光缆终端盒安装应平稳，远离热源； 8. 从光缆终端盒引出单芯光缆或尾巴光缆所带的联结器，按设计要求插入 ODF/ODP 的插座。暂时不用的插头和插座均应盖上防尘防侵蚀的塑料帽； 9. 光纤在终端盒内的接头应稳妥固定，余纤在盒内盘绕的弯曲半径应大于规定值； 10. 连线正确、美观、整齐； 11. 进、出缆线符合要求，标识齐全、正确
传输设备		1. 所用设备（光工作站/放大器）型号与设计一致； 2. 各连接点正确、牢固、防水； 3. 空余端正确处理、外壳接地； 4. 有避雷防护措施（接地），并接地电阻不大于 4Ω； 5. 箱内缆线排列整齐，标识准确醒目
分支分配器		1. 分支分配器箱齐全，位置合理； 2. 分支分配器安装型号与设计型号相符； 3. 端口输入/输出连接正确； 4. 空余端口安装终接电阻； 5. 电缆长度预留适当，箱内电缆排列整齐
缆线及接插件		1. 缆线走向、布线和敷设合理、美观；标识齐全、正确； 2. 缆线弯曲、盘接符合要求； 3. 缆线与其他管线间距符合要求； 4. 电缆接头的规格、程式与电缆完全匹配； 5. 电缆接头与电缆的配合紧密（压线钳压接牢固程度），无脱落、松动等； 6. 电缆接头与分支分配器 F 座/设备接头配合紧密，无松动等； 7. 接头屏蔽良好，无屏蔽网外露，铝管电缆接头制作过程中无外屏蔽变型或折断； 8. 电缆接头制作完成后，电缆的芯线留驻长度应适当，其长度范围应该是高出接头端面 $0\sim2mm$； 9. 接插部件牢固、防水防腐蚀
供电器、电源线		符合设计、施工要求；有防雷措施
用户设备		1. 布线整齐、美观、牢固； 2. 用户盒安装位置正确、安装平整； 3. 用户接地盒、避雷器安装符合要求

36.6　公 共 广 播 系 统

36.6.1　公共广播系统结构

36.6.1.1　公共广播系统组成

智能建筑工程中的公共广播系统包括公共广播、背景音响和应急广播系统。

公共广播系统在智能建筑工程中是一个虽小但重要的系统,既是音响广播又是紧急消防广播,它平时进行背景音乐广播以掩盖噪声并创造一种轻松的气氛,火灾或紧急情况时可被切换为紧急广播,遇有重大事情可以通过电话接口自动转接电话会议。

一个公共广播系统通常划分成若干个区域,由管理人员决定哪些区域需要发布广播、哪些区域需要暂停广播、哪些区域需要插入紧急广播等等。系统常按每栋楼、每楼层分一个广播区,以便分区广播,这样有利于消防应急广播合用,节省费用。

分区方案应该取决于客户的需要。

智能建筑工程中的公共广播系统基本可分五个部分:节目设备(信号源)、智能广播控制设备、处理设备及信号放大、传输线路和扬声器系统。公共广播拓扑如图 36-7 所示。

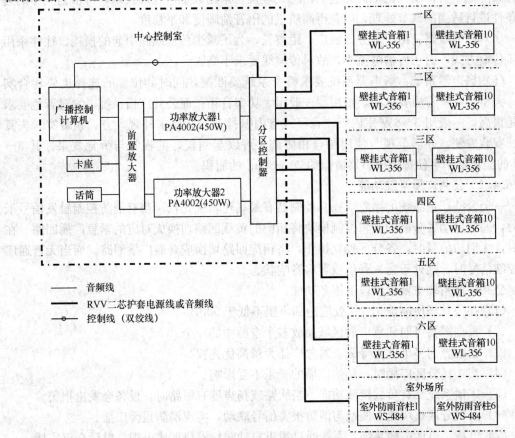

图 36-7　公共广播拓扑图

智能建筑工程中公共广播系统的选择主要有以下考虑因素:

(1) 信号源：由电脑、CD 唱机、调谐器、麦克风等组成。CD 唱机选有自动播放控制，超强纠错。调谐器具有存储功能，采用微处理器锁相环同步技术防止信号偏差，其接收频带有短波、中波、调频信号。

(2) 广播控制系统设计：主要包括智能广播系统主机（主控制器）、放大器、分区矩阵器、广播控制柜几部分；它利用电脑的多媒体技术，集播放、定时控制、电源控制自动开机关机、作息表管理和曲库管理于一体，自动化程度高，可以 24h 无人运行，是智能型的广播兼消防应急系统。这些设备组成广播控制中心，它用轨迹球操控，具有充足的音频输入通道，充足的分区输出通道，多个节目源可任意分配到各个区域，可进行异地分区寻呼。可编程的消防接口，能自动强切入紧急广播，市话接口能自动驳接来电，电话遥控举行电话会议，功放输出线路短路或开路损坏自动检测。

(3) 信号处理部分：由辅助输出模块、节目选择模块、放大模块、功放等组成，操作人员可根据需要选择采用不同的节目信号进行广播，并进行监听等。设备具有优先输入端，紧急广播的信号接入该端，在紧急事件时，紧急广播通过强插可将功放的输出强制转为事故广播。其中，功率放大部分采用为音乐广播系统和紧急广播系统而设计的功率放大器，采用分布式设计，即分楼层、功能区管理，采用多分区多功放体制，既提高系统的可靠性又降低了备份功放比例。先进的信息处理设备采用数字声处理技术，可根据具体的建设条件进行适当的调节处理，以获得高质量的语音清晰度和平稳度。

(4) 传输线路：由于服务区域广、距离长，为了减少传输线路引起的损耗，往往采用高压传输方式，由于传输电流小，故对传输线要求不高。

(5) 扬声器系统：扬声器系统要求整个系统要匹配，同时其位置的选择也要切合实际。大型会议室音质要求高，扬声器一般用大功率音箱；而公共广播系统，它对音色要求不是很高，一般用 3～6W 室内吸顶音箱或室内壁挂音箱，要求外观大方、频带宽、失真小、安装方便，外形美观与使用场合相协调，可以起到较好的视觉与听觉效果。其 3～6W 的额定功率可使每个扬声器覆盖约 $20～30m^2$ 的面积。

36.6.1.2 公共广播系统功能

一个公共广播系统的紧急广播总控制器有最高逻辑优先权。当有消防控制触发信号抵达时，通过启动各分区的逻辑控制模块将相应的负载回路切换成对应的紧急广播回路。在平时，无消防信号时，各分区独立操作，将相应回路切换成普通广播回路，而当无普通广播控制信号时，则处于背景音乐或客房音响状态。

公共广播系统主要提供以下服务功能：

(1) 在公共场所离地 1.5m 处能达到声压不低于 90dB。

(2) 根据需要可向任意广播区域播放多个音源中的一个。

(3) 系统分为多个优先等级，紧急广播为最高优先权。

(4) 当选择分区广播时，其他广播的音乐不受影响。

(5) 广播系统具有负载检测功能，当线路或扬声器有短路时，设备会发出报警。

(6) 系统分区模块能方便地与消防报警信号联动，实现消防报警广播。

(7) 电视、电话广播系统：系统通过视讯自动转接模块形成电视、电话会议广播。

(8) 紧急广播部分：一旦紧急事故发生时，可先进行确认，确定后立即进行大楼音乐广播与紧急广播的切换，采用话筒和报警信号发生器进行紧急广播。

(9) 消防联动：消防系统提供每个广播区回路的控制触点，当广播接收到来自消防系统的报警信号后，根据预先设定的联动程序，自动进行分区紧急广播。

(10) 后备保全措施：系统设计有后备功放，工作时一旦有某台功放故障，自动切换为备用功放；系统具备综合检查功能，可对扬声器回路进行各种功能的动作检测，每天24h不间断对设备及扬声器回路的状态检测，通过指示灯显示，同时中文屏幕上显示故障内容及设备。

36.6.2 公共广播系统的安装施工

项目设计、施工、验收均依照下列标准规范进行：《智能建筑设计标准》GB/T 50314—2006；《民用建筑电气设计规范》JGJ 16—2008；《火灾自动报警系统设计规范》GB 50116—1998；《火灾自动报警系统施工及验收规范》GB 50166—2007；《厅堂扩音系统声学特性指标》GYJ25—86；《有线广播录音、播音室声学设计规范和技术用房技术要求》GYJ 26—86；《厅堂扩声系统声学特性指标》GYJ 25—1986；《电气装置安装工程施工及验收规范》GB 50254～GB 50255—1996。

36.6.2.1 公共广播系统的施工准备

公共广播系统的施工准备的主要内容见本章36.1.3"智能建筑工程的施工准备"，此外还应符合下列要求：

(1) 设备规格、数量应符合设计要求，产品应有合格证及国家强制产品认证"CCC"标识。

(2) 有源部件均应通电检查，应确认其实际功能和技术指标与标称相符。

(3) 硬件设备及材料应重点检查安全性、可靠性及电磁兼容性等项目。

(4) 影响公共广播传输线缆及广播扬声器架设的障碍物应提前处理。

36.6.2.2 公共广播系统的安装施工

公共广播系统的安装施工应符合下列要求。

(1) 公共广播系统的线路施工的主要内容见36.2"综合管线"，此外广播系统使用的桥架、管线敷设还应符合下列要求：

1) 室外广播传输线缆应穿管埋地或在电缆沟内敷设，室内广播传输线缆应穿管或用线槽敷设。

2) 广播系统的功率传输线线缆应用专用线槽和线管敷设。

3) 当广播系统具备消防应急广播功能时，应采用阻燃线槽和阻燃线管敷设。

4) 广播传输线缆应尽量减少接驳。如要接驳，则接头应妥善包扎并放在检查盒内。

(2) 广播扬声器的安装应符合下列要求：

1) 根据声场设计及现场情况确定广播扬声器的高度及其水平指向和垂直指向，广播扬声器的声辐射应指向广播服务区；当周围有高大建筑物和高大地形地物时，应避免由于广播扬声器的安装不当而产生回声。

2) 广播扬声器与广播传输线路之间的接头必须接触良好，不同电位的接头应分别绝缘；接驳宜用压接套管和压接工具进行施工。冷热端有别的接头应正确予以区分。

3) 广播扬声器的安装固定必须安全可靠。安装广播扬声器的路杆、桁架、墙体、棚顶和紧固件必须具有足够的承载能力。

4）室外安装的广播扬声器应采取防潮、防雨和防霉措施，在有盐雾、硫化物等污染区安装时，还要采取防腐蚀措施。

（3）除广播扬声器外的其他设备宜安装在监控室（或机房）内的控制台、机柜或机架之上；如无监控室（或机房），则控制台、机柜或机架应安装在安全和便于操控的位置上。

（4）机柜、机架内设备的布置应使值班人员在值班座位上能看清大部分设备的正面，能方便迅速地对各设备进行操作和调节，监视各设备的运行显示信号。

（5）控制台与机架间应有较宽的通道，与落地式广播设备的净距不宜小于 1.5m，设备与设备并列布置时，间隔不宜小于 1m。

（6）设备的安装应平稳、牢固。

（7）广播设备安装在装修地板的室内时，设备应固定在预埋基础型钢上，并用螺栓紧固。线缆宜敷设在地板下的线槽中。

（8）控制台或机柜、机架应有良好的接地，接地线不应与供电系统的零线直接相接。

（9）设备的安装尚应符合《民用闭路监视电视系统工程技术规范》GB 50198—1994 的规定。

36.6.3 施工质量控制

为保证公共广播系统的工程质量，在系统详细设计与施工阶段要依据本节前面提到的相关规范标准及相关标准，制定广播系统工程的质量管理计划。

（1）在广播系统工程的施工阶段，一定要注意以下的施工要点，作为质量控制的重点：

1）扬声器、控制器、插座等设备安装应牢固可靠，导线连接排列整齐，线号正确清晰。

2）系统的输入、输出不平衡度，音频线的敷设，放声系统的分布、接地形式及安装质量均应符合设计要求，设备之间阻抗匹配合理。

3）最高输出电平、输出信噪比、声压级和频宽的技术指标应符合设计要求。

4）紧急广播与公共广播系统共用设备时，其紧急广播由消防分机控制，具有最高优先权，在火灾和突发事故发生时，应能强制切换为紧急广播并以最大音量播出。系统应能在手动或警报信号触发的 10s 内，向相关广播区播放警示信号（含警笛）、警报语声文件或实时指挥语声。以现场环境噪声为基准，紧急广播的信噪比不应小于 15 dB。

5）公共广播系统应按设计要求分区控制，分区的划分应与消防分区的划分一致。

（2）公共广播系统中，施工中质量控制还需要注意的是：

1）同一室内的吸顶扬声器应排列均匀。扬声器箱、控制器、插座等标高应一致，平整牢固。扬声器周围不应有破口现象，装饰罩不应有损伤，并且应平整。

2）各设备导线连接正确、可靠、牢固。箱内电缆（线）应排列整齐，线路编号正确清晰。线路较多时应绑扎成束，并在箱（盒）内留有适当空间。

36.6.4 公共广播系统的调试与测试

36.6.4.1 公共广播系统调试

1. 调试准备的要求

（1）公共广播系统设备与第三方联动系统设备接口已完成并符合设计要求。

（2）设备的各种选择开关应置于指定位置。

（3）设备通电前，检查所有供电电源变压器的输出电压，均应符合设备说明书的要求。

（4）各级硬件设备按设备说明书的操作程序，逐级通电，自检正常。

（5）调试资料齐全，应包括系统网络结构图、设备接线图和设备操作、安装、维护说明书等。

2. 设备调试的要求

（1）通电调试时，应先将所有设备的旋钮旋到最小位置，并且按由前级到后级的次序，逐级通电开机。

（2）将所有音源的输入都调节到适当的大小，并对各个广播分区进行音质试听，根据检查结果进行初步调试。

（3）广播扬声器安装完毕后，应逐个广播分区进行检测和试听。

（4）应对各个广播分区以及整个系统进行功能检查，并根据检查结果进行调整，使系统的应备功能符合设计要求。

（5）应有计划地反复模拟正常的运行操作，操作结果应符合设计要求。

（6）系统调试持续加电时间不应少于24h。

（7）应对系统电声性能指标进行测试，并在测试的基础上进行调整，系统电声性能指标符合设计要求。

（8）系统调试应做好记录。

36.6.4.2 公共广播系统的检测与检验

1. 传输线路检验的要求

（1）各路传输配线应正确，无短路、断路、混线等故障。

（2）接线端子编号应齐全、正确。

2. 绝缘电阻测定的要求

（1）将广播线的两头接线端子断开，测量线间和线与地间的绝缘电阻。

（2）应对每一回路的电阻进行分回路测量。

（3）绝缘电阻应不小于0.5MΩ。

3. 接地电阻测量的要求

（1）广播功率放大器、避雷器等的工频接地电阻不应大于1Ω。

（2）联合接地电阻不应大于1Ω，并应设置专用接地干线。

4. 电源试验的要求

（1）应在电源开关上做通断操作试验，检查电源显示信号。

（2）应对备用电源切换装置进行检查试验，检测蓄电池的输出电压。

（3）应对整流充电装置进行检查测量。

（4）应做模拟停电试验。

5. 质量记录

（1）公共广播系统工程电声性能测量记录应填写《智能建筑工程施工规范》GB 50606—2010附录B表B.0.11。

（2）除应填写（1）中所述的质量记录表外，还应填写 36.1.4.2 中的相关质量记录表。

36.7　信息网络系统

信息网络系统，是建立在计算机网络物理平台上，具有网络操作系统、网络管理系统、应用信息服务系统、网络安全系统各功能的完整的，由网络交换机等网络连接设备、布线系统连接用户计算机构成的计算机网络信息系统。

36.7.1　信息网络系统结构

36.7.1.1　计算机网络组成

1. 计算机网络

信息网络系统的基础是计算机网络，是指将处于不同地理位置的多台计算机及其计算机外部设备，通过网络路由器、交换机、通信线路连接起来，在网络操作系统、网络管理软件及网络通信协议的管理和协调下，实现信息传递和资源共享的计算机系统。计算机网络的连接可以通过专用电缆、电话线或无线通信构成的布线系统，将不同位置的计算机经过网络交换机互联起来的设备组合。

2. 计算机网络的种类

计算机网络的分类方式有多种，可以按地理范围、拓扑结构、传输速率和传输介质等分类。

（1）按地理范围分类

局域网（LAN，Local Area Network）：局域网地理范围一般数十米到数千米，是小范围内将计算机设备连接成一个网络的模式。如一个建筑物内、一个学校内网等。

城域网（MAN，Metropolitan Area Network）：城域网地理范围可从几千米到几十千米，覆盖一个城市或地区。

广域网（WAN，Wide Area Network）：广域网地理范围一般没有限制，是大范围联网。如几个城市或几个国家，如国际性的 Internet 网络。

（2）按网络传输速率分类

一般将传输速率在 kbit/s～Mbit/s 范围的网络称低速网，在 Mbit/s～Gbit/s 范围的网称高速网。也可以将 kbit/s 网称低速网，将 Mbit/s 网称中速网，将 Gbit/s 网称高速网。

（3）按传输介质分类

传输介质是指数据传输系统中发送装置和接收装置间的物理媒体。按物理形态划分为两类：一类是采用有线介质连接的有线网，常用的有线传输介质为双绞线和光缆，偶尔使用同轴电缆；另一类是采用无线介质连接的无线网，目前常用的无线技术为微波通信，远到利用地球同步卫星作中继站来转发微波信号，近到在一个房间内使用无线路由器以微波连接计算机网络。

（4）按拓扑结构分类

计算机网络的物理连接方式叫做网络的物理拓扑结构。连接在网络上的各种设备均可看做是网络上的一个节点，也称为工作站、网络单元。计算机网络中常用的网络拓扑结构以下几类：

1）总线拓扑结构：是一种共享通路的物理结构。其总线具有信息的双向传输功能，普遍用于局域网连接。该结构的优点是：安装容易，增删节点容易，节点故障不殃及系统。其缺点是：由于信道共享，连接的节点不宜过多，且总线自身的故障可以导致系统崩溃。

2）星型拓扑结构：是一种以中央节点为中心，把若干外围节点连接起来的辐射式互联结构。小型局域网常采用这种结构。其特点是：安装容易，结构简单，费用低，通常以网络交换机作为中央节点，便于维护和管理。中央节点的正常运行对网络系统来说是至关重要的。

3）环型拓扑结构：环型拓扑结构是将网络节点连接成闭合结构。其特点是：安装容易，费用较低，电缆故障容易查找和排除。其弱点是，当节点发生故障时，整个网络就不能正常工作。

4）树型拓扑结构：树型拓扑是一种分级的星型拓扑结构。这种结构的特点是扩充方便、灵活，成本低，易推广，适合于分主次或分等级的层次型管理系统。

5）网型拓扑结构：主要用于广域网，由于结点之间有多条线路相连，所以网络的可靠性较高。

6）混合型拓扑结构：混合型拓扑可以是不规则形的网络，也可以是点—点相连结构的网络。

7）蜂窝拓扑结构：这是无线局域网中常用的结构。它以无线传输介质（微波、卫星、红外等）点到点和多点传输为特征，是一种无线网，适用于城市网、校园网、企业网。

计算机网络技术是逐步发展起来的，其间曾经采用过很多种技术；我们在这里，主要讲述目前使用最多、技术最成熟的计算机网络形式。

3. 局域网

局域网是在某一区域内由多台计算机连接组成的计算机网络，可以由办公室内的几台计算机组成，也可以由一个单位、一个园区内的几千台计算机组成。局域网的用户可以彼此联系，实现各种网络功能服务。目前在局域网中最为常用的网络拓扑结构是星型结构或树型结构。它是因网络中的各工作站节点设备通过一个网络集中设备（如网络交换机）连接在一起，各节点呈星状分布而得名。大型的局域网其干线常使用光缆，而以 5 类、6 类双绞线连接网络终端单元。

这种拓扑结构网络的基本特点主要有如下几点：

（1）容易实现：它的传输介质一般是采用双绞线，少量使用光缆；传输介质价廉物美；

（2）节点扩展、移动方便：节点扩展时只需从交换机等集中设备中拉一条线即可，而移动一个节点只需把相应节点设备移到新节点即可；

（3）维护容易：一个节点出现故障不会影响其他节点的连接，可任意拆走故障节点；

（4）采用广播传送方式：任何一个节点的发送请求在整个网中的节点都可以收到；

（5）网络传输数据快：目前的设备已经达到 1000Mbit/s 到 100Gbit/s。

由 IEEE（国际电子电气工程师协会）制定了 IEEE 802 系列计算机网络技术标准。

这使得在建设局域网时可以选用不同厂家的设备，并能保证其兼容性。这一系列标准覆盖了双绞线、同轴电缆、光纤和无线等多种传输媒介和组网方式，并包括网络测试和管理的内容。

以太网（IEEE 802.3 标准）是最常用的局域网组网方式。最普及的以太网类型数据传输速率为 100Mbit/s，更新的标准则支持 1000Mbit/s 和 10Gbit/s 的速率。100Gbit/s 的标准正在讨论中，随着新技术的不断出现，这一系列标准仍在不断的更新变化之中。

近年来，随着 802.11 标准的制定，无线局域网的应用大为普及。这一标准采用 2.4GHz 和 5.8GHz 的频段，数据传输速度可以达到 11Mbit/s 和 54Mbit/s 或更快。

4. 互联网

局域网对于其外界的其他网络是封闭型的。由局域网（LAN）再延伸出去更大的范围，比如整个城市甚至整个国家，这样的网络我们称为广域网（WAN）。

我们常使用的互联网（Internet）则是由这些很多的 LAN 和 WAN 共同组成的。互联网仅是提供了它们之间的连接，但却没有专门的人进行管理（除了维护连接和制定使用标准外）。

5. 计算机网络为其接入的计算机提供的主要功能

（1）用户间信息交换：计算机网络为网络间各个计算机之间互相进行信息的传递；用户可以通过计算机网络传送电子邮件、发布新闻消息和进行电子商务活动。

（2）硬件资源共享：可以在全网范围内提供对处理资源、存储资源、输入输出资源等设备的共享，即是信息交换的基础，也便于集中管理和均衡分担负荷，也使用户节省投资。

（3）软件资源共享：允许互联网上的用户远程访问各类大型数据库，可以得到网络文件传送服务、远地进程管理服务和远程文件访问服务，从而避免软件研制上的重复劳动以及数据资源的重复存储，也便于集中管理。

（4）分布处理功能：通过网络可以把一件较大工作分配给网络上多台计算机去完成。目前，"网格计算"（Grid Computing）是互联网应用的新发展，又称为虚拟计算环境，让用户分享网上计算机的资源，感觉如同个人通过计算机网络在使用一台超级计算机一样。

36.7.1.2 网络设备和网络连接

计算机网络的连接需要使用专用的连接设备，常用的有：

1. 网关（Gateway）

网关又称为协议转换器，它是实现应用系统网络互联的设备，可以用于广域网—广域网、局域网—广域网、局域网—主机互联。网桥和路由器都是属于通信网范畴的网间互联设备，与应用系统无关。现有的应用系统并不都是基于 TCP/IP 协议，许多应用系统是基于专用网络协议的。在使用不同协议的系统之间进行通信时，必须进行协议转换，网关就是为解决这类问题而设计的。

2. 路由器（Router）

是网络层互联设备，主要用于局域网—广域网互联。路由器上有多个端口，每个路由器的端口可以分别连接到不同网段上，或者连接到另一台路由器。路由器中保存了一个可路由信息的路由表，路由器通过可传输的数据包中的逻辑地址（IP 地址）与路由器中路由表的地址信息决定传输数据包的最佳路径。

图 36-8 所示是华为公司的高端
路由器产品。它们是 SR8800 系列的
SR8802、8805、8808、8812 型，分
别具有 2、5、8、12 个插槽，可以
插入多种接口模块。

（1）路由器的作用

路由器将广播消息限制在各个子
网的内部，而不转发广播消息，这样
保持各个网络相对独立性，并且可以

图 36-8 华为公司的路由器

将各个网络互联。通过路由器连接的不同网络，当一个网络向其他网络发送数据包时，该数
据包首先被发送到路由器，然后路由器再将数据包转发到相应的网络上。

路由器互联的是多个不同的逻辑网（即子网，子网一般具有不同的 IP 地址）。每个逻
辑子网具有不同的网络地址。一个逻辑子网可以对应一个独立的物理网段，也可以不对应
（如虚拟网）。

路由器连接的物理网络可以是同类网络，也可以是异类网。多协议路由器能支持多种
不同的网络层协议（如 IP、IPX 和 DECNET 等），路由器能够很容易地实现 LAN-LAN、
LAN-WAN、WAN-WAN 等多种网络连接形式。Internet（因特网）就是使用路由器加
专线技术将分布在各个国家的几千万个计算机网络互联在一起的。图 36-9 表示了路由器
的工作原理。

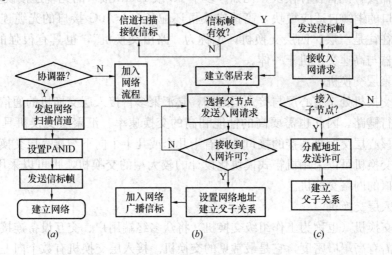

图 36-9 路由器工作原理示意图
（a）网络建立流程；（b）子节点入网流程；（c）父节点入网流程

（2）路由器的主要特点

由于路由器作用在网络层，因此它比网桥具有更强的异种网互联能力、更好的隔离能
力、更强的流量控制能力、更好的安全性和可管理维护性，其主要特点如下：

1）路由器有很强的异种网互联能力，可以互联不同的 MAC 协议、不同的传输介质、
不同的拓扑结构和不同的传输速率的网络。路由器也是用于广域网互联的存储转发设备，
它被广泛地应用于 LAN-WAN-LAN 的网络互联环境。

2）路由器工作在网络层，它与网络层协议有关。多协议路由器可以支持多种网络层协议（如 TCP/IP、IPX、DECNET 等），转发多种网络层协议的数据包。路由器检查网络层地址，转发网络层数据分组。因此路由器能够基于 IP 地址进行包过滤，具有包过滤（Packet Filter）的初期防火墙功能。路由器分析进入的每一个包，并与网络管理员制定的一些过滤政策进行比较，凡符合允许转发条件的包被正常转发，否则丢弃。为了网络的安全，防止黑客攻击，网络管理员经常利用这个功能，拒绝一些网络站点对某些子网或站点的访问。路由器还可以过滤应用层的信息，限制某些子网或站点访问某些信息服务，如不允许某个方向访问远程登录（Telnet）。

3）对大型网络进行微段化，将分段后的网段用路由器连接起来。这样也可以达到提高网络性能，提高网络带宽的目的，而且便于网络的管理和维护。这也是共享式网络为解决带宽问题所经常采用的方法。

3. 交换机（Switch）

以太网由于其灵活、易于实现等优点，已成为目前最重要的局域网组网技术，以太网交换机也就成为了最普及的交换机。下边讲的网络交换机，主要就是以太网交换机。

（1）核心层交换机

网络主干部分称为核心层，核心层的主要目的在于通过高速转发通信，提供优化，可靠的骨干传输结构，因此核心层交换机应具备更高的可靠性、极高的交换效率，还要具有多种接口能力。核心层交换机一般采用机箱式、模块化设计，具有多个插槽，每个插槽可以根据用户需要，配备各种模块，比如：多个 1G 或 100M 接口的光缆连接模块，多个 1G 或 100M 接口的铜缆自适应模块，高速交换机还配备多个 10G 接口的光缆连接模块。核心层交换机往往是三层、四层交换机，也称为"路由交换机"，也具有很强的路由功能，就像集路由器与高速交换机于一体。

（2）汇聚层交换机

汇聚层交换机处于核心层与接入层之间，它汇聚多台接入层交换机的通信量，提供到核心层的上行链路，因此也需要高的性能和高的交换速率。汇聚层交换机具有多种高速的、向上与核心层交换机连接的接口，具有十几个或几十个向下与接入层交换机连接的接口。汇聚层交换机可以采用机箱式模块化设计的较大型的交换机，也可以采用定制式的、具有固定接口的网络交换机。

（3）接入层交换机

接入层交换机（也称为工作组级交换机）将众多终端用户、交互设备连接到网络，接入层交换机需有高端口密度，它是最常见的交换机。接入层交换机有数个向上的连接汇聚层交换机的 1000M 光缆或铜缆接口，有数十个向下的连接终端用户的 10/100M 端口。

（4）交换机的性能规模

前边讲的核心交换机、汇聚层交换机、接入交换机，是按照使用位置与功能来讲的，从应用规模上又有企业级交换机、部门级交换机和工作组交换机等。一般来讲，企业级交换机都是机架式，部门级交换机可以是机架式，也可以是固定配置式，而工作组级交换机为固定配置式，功能较为简单。从应用的规模来看，支持 500 个信息点以上应用的交换机为企业级交换机，支持 300 个信息点以下的交换机为部门级交换机，支持 100 个信息点以内的为工作组级交换机。

（5）交换机的协议层次

按照 OSI 的七层网络模型，交换机又可以分为第二层、第三层、第四层交换机等，一直到第七层交换机。基于 MAC 地址工作的第二层交换机最为普遍，用于网络接入层和汇聚层。基于 IP 地址和协议进行交换的第三层交换机普遍应用于网络的核心层，也少量用于汇聚层。部分第三层交换机也同时具有第四层交换功能，可以根据数据帧的协议端口信息进行目标端口判断。第四层以上的交换机称之为内容型交换机，主要用于互联网数据中心。

（6）交换机的可管理性

按照交换机的可管理性，又可把交换机分为可管理型交换机和不可管理型交换机，它们的区别在于对 SNMP、RMON 等网管协议的支持。可管理型交换机便于网络监控、流量分析，但成本较高。大中型网络在汇聚层应该选择可管理型交换机，在接入层视应用需要而定，核心层交换机则全部是可管理型交换机。

（7）交换机与路由器的区别

路由器与交换机的主要区别体现在以下几个方面：

1）工作层次不同：多数的交换机是工作在 OSI 开放体系结构的数据链路层，即第二层；路由器一开始就设计工作在 OSI 模型的网络层，即第三层，因此容纳了更多的协议信息，可以做出更加智能的转发决策。

2）数据转发所依据的对象不同：交换机是利用物理地址或者说 MAC 地址来确定转发数据的目的地址。而路由器则是利用不同网络的 IP 地址来确定数据转发的地址。

3）传统的交换机只能分割冲突域，不能分割广播域；而路由器可以分割广播域：由交换机连接的网段仍属于同一个广播域，广播数据包会在交换机连接的所有网段上传播，在某些情况下会导致通信拥挤和安全漏洞。连接到路由器上的网段会被分配成不同的广播域，广播数据不会穿过路由器。第三层以上交换机具有 VLAN 功能，也可以分割广播域，但是各子广播域之间是不能通信交流的，它们之间的交流需要路由功能。

4）路由器提供了防火墙的服务：路由器仅仅转发特定地址的数据包，不传送不支持路由协议的数据包传送和未知目标网络数据包的传送，从而可以防止广播风暴。

4. 网络防火墙

防火墙是一个过滤器，它在网络通信之间执行安全控制策略的一种设备。在网络通信时，它是按照制定好的控制策略有选择的以做通过与隔离来进行访问控制，常用于在内部网和互联网之间建立起一个安全网关，保护内部网络资源不被外部非授权用户使用，防止内部受到外部非法用户的攻击。它可以允许或禁止某一类具体 IP 地址的访问。允许你"同意"的人和数据进入你的网络，同时将你"不同意"的人和数据拒之门外，尽可能阻止网络中的黑客进入你的网络。

防火墙的软件系统主要由服务访问规则、验证工具、包过滤和应用网关 4 个部分组成。

防火墙主要具有如下的功能：

（1）作为网络安全的屏障：它保护有明确边界的一个网络。所有进出该网络的信息，都必须经过防火墙，防火墙的屏障作用是双向地进行内外网络之间的访问控制，限制外界用户对内部网络的访问，同时也管理内部用户访问外界的权利。

（2）记录互联网上的活动：作为内外网访问的必经点，防火墙非常适合收集关于系统和网络使用、误用的信息，对网络存取和访问进行监控，监视网络的安全性并产生警报。

（3）防止攻击性故障蔓延和内部信息的泄露：防火墙能够隔开一个网络与另一个网络、因而能有效地防止攻击性故障蔓延和内部信息的泄露。

（4）防火墙具有一定的局限，不能防备全部的威胁，一旦防火墙被攻击者击穿或绕过，防火墙将丧失防卫能力。防火墙也不能防止数据驱动式的攻击。

5. 网络之间互联

（1）局域网与局域网互联

两个局域网互联采用什么方式，使用何种网络互联设备，主要取决于连接链路和互联网络之间的兼容程度。在两个局域网之间具有物理链路时，互联的可用的设备为网桥、路由器和交换机；一般，局域网交换机也是局域网的核心设备。在选择设备时，要注意设备的接口需要与其间的链路相匹配。

另一种局域网互联是通过与互联网连接后，通过相应设置实现其间的互联，这样的互联，请看下面的描述。

（2）局域网与广域网互联

由于网络的应用和网络上的内容迅速增加，人们希望将自己的局域网能够与广域网（互联网）互联或通过它和远距离的局域网互联。这时就需要使用路由器或路由交换机作为局域网与广域网互联的主要设备，它进行路由选择、流量控制、差错控制以及网络管理等工作。

（3）广域网与广域网互联

广域网与广域网互联时，由于各个网络可能具有不同的体系结构，并且对路由选择、流量控制的要求更高，所以广域网的互联是在网络层上进行的，使用的互联设备也主要是路由器或者路由交换机。很多广域网互联是通过"互联网"进行互联。要进行互联的网络首先与互联网连接，这样就可以在整个网络范围内使用一个统一的互联网协议，互联网协议完成转发和路由的选择。

6. 一个典型的一个以太网络实例

以一个典型以太网络的拓扑形式为例，来描述在网络拓扑、处于不同层次的网络交换机。图 36-10 是某校园网络拓扑图，图 36-11 是校园网中某一个园区的网络拓扑图。

按照典型的网络构成方式，网络交换机被划分为：核心层交换机、汇聚层交换机和接入层交换机。这是以交换机在网络中的位置来分类的。

（1）某学校园网络拓中的网络设备配置（图 36-10）

某大学有 7 个处于不同地点的校园园区，每个园区有 1～2 个学院。处于校园网中心位置的是以双机热备方式工作的两台核心路由（三层）交换机，以 1000M 的带宽光缆连接各园区的汇聚层交换机，汇聚层交换机使用的也是路由（三层）交换机。

核心路由交换机上联接有为整个学校提供服务的服务器群，其主服务器是两台小型机，其他服务器是微型服务器。

核心路由交换机通过防火墙与广域网连接，防火墙的中间端口（俗称"非军事区"）上连接有学校对外服务的各个服务器。

（2）校园网中某一个园区的网络设备配置（图 36-11）

各园区的网中心位置的是一台作为汇聚层交换机的路由交换机，以 1000M 的带宽光

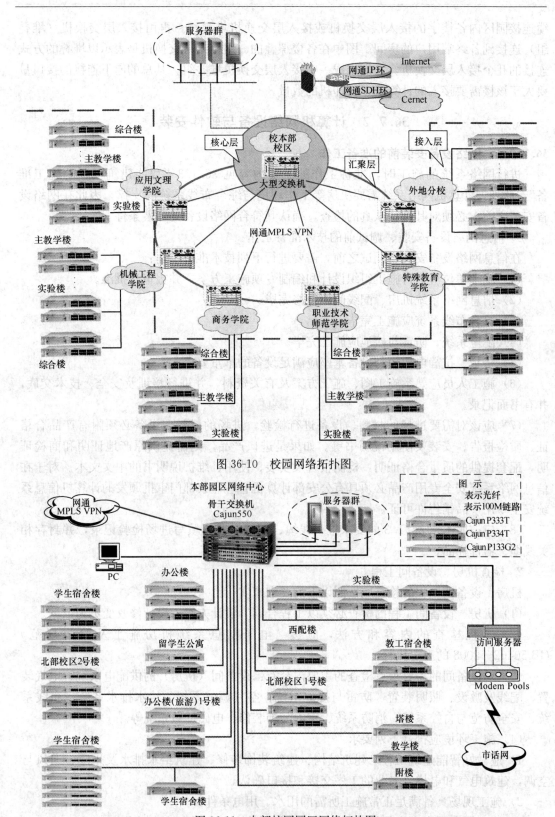

图 36-10 校园网络拓扑图

图 36-11 本部校园园区网络拓扑图

缆连接园区内各楼宇的接入层交换机或接入层交换机堆叠组，再由接入层交换机（堆叠组）连接到各终端用户的房间。图中在各楼摞叠的一组接入层交换机是表示以堆叠的方式连接的几个接入层交换机，它们组成一个接入层交换机堆叠组，其总的向下连接的接口量要大于该楼需要接入的计算机、打印机的数量。

36.7.2 计算机网络设备与软件安装

36.7.2.1 网络设备安装前的准备工作

进行网络系统的施工时，准备工作的主要内容见 36.1.3 "智能建筑工程的施工准备"，此外，计算机网络系统需要机房等工作环境与综合布线系统的支撑，因此在网络设备安装之前，必须对其进行认真的检查，确认其符合网络设备的安装条件。

1. 信息网络设备安装、调试前的技术准备工作

在信息网络设备安装、调试之前，需要进行下列技术准备工作：

（1）施工单位应进行施工组织设计和编制专项施工方案，并报审查批准。

（2）信息网络系统机房、配线间应装修完毕。

（3）综合布线系统应施工完毕。

（4）配电系统、防雷与接地应施工完毕。

（5）楼板、抗静电地板与设备基座应满足设备的承重要求。

（6）施工人员应熟悉施工图、施工方案及有关资料，并进行培训及安全、技术交底，并有书面记录。

（7）应该对需要进场的材料、设备进行检验，进场的材料、设备必须附有产品合格证、质检报告、安装及使用说明书等。如果是进口产品，则需提供原产地证明和商检证明，配套提供的质量合格证明，检测报告及安装、使用、维护说明书的中文文本。对于在信息网络系统安全专用产品必须具有公安部计算机管理监察部门审批颁发的计算机信息系统安全专用产品销售许可证。

（8）应按照本章 36.1.3 的要求检查线缆、配线设备，填写进场检验记录，并封存相关线缆、器件样品。

2. 检查机房、设备间工程

机房、设备间工程的检查应按照以下的要求来实行：

（1）机房、设备间工程的检查必须以工程合同、设计方案、设计修改变更为依据。

（2）工程检查的内容和方法，应按《电子信息系统机房施工及验收规范》GB 50462—2008 的规定执行。

（3）对设备间的需要重点检查的主要内容有：设备间（机房）的供配电系统、电气装置、配线及敷设、照明装置、防雷与接地系统、空气调节系统、给水排水系统、布线系统、安全防范与自控系统、消防系统、室内装饰装修、电磁屏蔽系统等。

（4）施工环境应符合下列要求：

1）应做好智能建筑工程与建筑结构、建筑装饰装修、建筑给水排水及采暖、通风与空调，建筑电气和电梯等专业的工序交接和接口确认。

2）施工现场具备满足正常施工所需的用水、用电条件。

3）施工用电须有安全保护装置，接地可靠，符合安全用电接地标准。

4）建筑物防雷与接地施工基本完成。

5）施工现场整洁。

3. 检查布线系统

综合布线系统工程的检查应按照以下的要求来实行：对于计算网络的综合布线系统工程，其验收内容可以参考 36.2.3 的描述，应按照《智能建筑工程验收规范》GB 50339－2006 和《综合布线工程验收规范》GB 50312－2007 来验收。

布线系统检查工作中，还一定要注意布线中的标识、接地与屏蔽的检查：

（1）综合布线系统工程中布线中的标识：按照标准，对于整个网络要考虑以下几种标识：电缆、光缆、配线设备、端接点、接地装置、敷设管线的标示。

1）机柜/机架标识：标识符的格式为：nnXXYY，nn＝楼层号，XX＝地板网格列号，YY＝地板网格行号。

2）线缆和跳线标识：连接的线缆上需要在两端都贴上标签标注其远端和近端的地址。线缆和跳线的管理标识：p1n/p2n；p1n＝近端机架或机柜、配线架次序和指定的端口；p2n＝远端机架或机柜、配线架次序和指定的端口。

3）配线架标识：格式：nnXXYY-A-mmm，nn＝楼层号，XX＝地板网格列号，YY＝地板网格行号，A＝配线架号（A－Z，从上至下),mmm＝线对/芯纤/端口号。

4）资产和设备标识：资产和设备标识，通过标签的方式来具体标明设备或资产的位置及负责人等。

5）对于大于 5000 点的网络建议使用必要的电子化的网络文档管理软件，它可以帮助客户更好地控制他们的网络，以便能够进行移动、添加、改变更快更容易；减少停机时间，增加信息存储，极大地缩短查找和解决问题所需的时间。

（2）综合布线系统接地的要求：综合布线系统的接地系统的好坏将直接影响到综合布线系统的运行质量，进而影响到计算机网络系统、程控电话系统的运行质量，故必须认真对待。根据上述规范：综合布线系统接地的结构包括接地线、接地母线（层接地端子）、接地干线、主接地母线（总接地端子）、接地引入线、接地体六部分，在进行系统接地的设计时，可按上述 6 个要素分层次地进行检验（详细要求请参见本章 36.3 "综合布线" 一节的相关内容）。

（3）综合布线系统采用屏蔽措施时，进行综合布线系统的接地设计与施工时，应注意所有屏蔽层应保持连续性，并应注意保证导线间相对位置不变。屏蔽层的配线设备（FD 或 BD）端应接地，用户终端视具体情况直接地，两端的接地应尽量连接至同一接地体。当接地系统中存在两个不同的接地体时，其接地电位差应不大于 1Vr·m·s（有效值）。

36.7.2.2　信息网络系统的设备与软件安装

我们这里讲述的信息网络设备，是计算机网络设备和寄生于计算机网络上、为网络提供信息服务的设备的总称。如计算机网络及其网络上的各种信息系统使用的各种网络交换机、路由器、防火墙、网桥、网络检测设备、存储设备、工作站、终端计算机、打印机等等，也就是说：是指在网络里的全部信息处理设备。

在信息网络设备的调试上，不同的设备其调试、涉及的内容、参数方式千差万别。但是，在设备安装这一层面上，他们的差别是不大的。在本小节中，我们描述的是信息设备的安装,除了具体说明外,讲的是它们的共性的东西。

1. 网络设备机柜的安装

计算机网络的主要设备、网络的布线系统的配线架均安装在网络设备机柜、综合布线机柜中,注意,机柜的质量、机柜安装的质量将直接影响到网络系统设备的工作条件。安装要点是固定牢固,空间安排合理、美观,便于操作和设备更换,满足通风换气要求,满足用电安全要求。

对于综合布线机柜安装以及机柜中连接线、跳线、理线器安装,请参见本手册36.3"综合布线"中的要求,对于网络设备机柜等工程施工,还要注意以下工作:

(1) 安装网络设备及布线器材的机柜安装位置应符合设计要求,安装应平稳牢固;

(2) 机柜前面和后面留足够的空间以便进行操作、维护;

(3) 机柜内应安装通风散热装置,保持机柜良好的通风、照明及温度环境;

(4) 按照国家相关标准安装电源插座,并固定在机柜内的合适位置,不影响其他设备的安装,连接电源线方便安全;

(5) 承重要求大于 $600kg/m^2$ 的设备应单独制作设备基座,不应直接安装在抗静电地板上。

2. 信息网络系统的设备与软件的安装

计算机网络设备的安装有别于通常的机电安装,计算机网络设备除了硬件设备的安装以外,还要安装软件,还要对于安装的软件进行各种参数设置,而且,软件安装还必须要有逻辑次序,这是因为这里边有一个系统服务功能的问题,还要一个网络安全的问题。

例如:安装、调试一个计算机网络,如果网络安全机制还没有建立起来的时候,就与互联网相连接,互联网络里的黑客软件、木马程序、后门程序、病毒程序就有可能乘虚而入跑到你的服务器里边定居——网络的安全受到严重的破坏;所以,"必须在网络安全检验后,服务器才可以在安全系统的保护下与互联网相连,并对操作系统、防病毒软件升级及更新相应的补丁程序";而绝不能贸然地将服务器先行联网,对操作系统、防病毒软件进行升级更新,再以这个可能受到"污染"的"不干净"的服务器对全网络进行"服务",这样,就有可能伤害到这个网络里边的任何计算机。

(1) 信息网络系统的设备安装要求

1) 对有序列号的设备必须登记设备的序列号。

2) 对有源设备开箱后,设备应通电进行自检,设备应工作正常。

3) 跳线连接牢固,走向清楚明确,线缆上应有正确的标签。

(2) 软件系统的安装要求

1) 应按设计文件为设备安装相应的软件系统,系统安装应完整。

2) 提供软件系统相关的技术手册(安装手册、使用手册及技术手册)。

3) 服务器不应安装与本系统无关的软件。

4) 操作系统、防病毒软件应设置为自动更新方式。

5) 软件系统安装后应能够正常启动、运行和退出。

6) 必须在网络安全检验后,服务器才可以在安全系统的保护下与互联网相连,并对操作系统、防病毒软件升级及更新相应的补丁程序。

7) 网络安全系统的安装应按这里描述的要求执行。

8）信息网络系统应安装防病毒系统，与互联网连接的网络安全系统必须安装防火墙和防病毒系统。

（3）软件安装的安全措施的要求

1）服务器和工作站上必须安装防病毒软件，应使其始终处于启用状态。

2）操作系统、数据库、应用软件的用户密码长度不应少于 8 位，密码宜为大写字母、小写字母、数字、标点符号的组合。

3）多台服务器与工作站之间或多个软件之间不得使用完全相同的用户名和密码组合。

4）应定期对服务器和工作站进行病毒查杀和恶意软件查杀操作。

3. 安装后检查工作的要求

（1）检查设备安装位置是否正确，安装是否平稳牢固，并便于操作维护。

（2）检查机柜内安装的设备的电源连接状况、通风散热状况、内部接插件安装是否牢固。

（3）检查、确认登记的设备序列号。

（4）检查软件系统是否在指定设备上安装完整，并能够正常工作。

（5）检查是否在指定设备上安装了防火墙和防病毒系统，并且操作系统、防病毒软件处于自动更新方式。

（6）对检查中遇到的问题及时处理，并进行复查。

（7）对检查结果进行记录。

（8）跳线连接牢固，走向清楚明确，线缆上应有正确的标签。

36.7.2.3　网络连接器材的安装

所有网络设备的每个接口均有明确的接口制式，网络连接就是按照网络连接图、接口配置，使用光纤跳线、铜缆跳线进行连接。在网络设备安装后，需要使用与彼此连接的设备接口箱匹配的光纤跳线或铜缆跳线进行连接。

1. 光纤跳线连接

网络设备中光纤接口需要按照各接口安装的光纤接口适配器，相匹配的使用多模光纤跳线或单模光纤跳线连接，并且要与设计图、配置表进行核对。

光纤跳线的接头常见的有三种模式：ST 头、SC 头、MT-RJ 头，小巧的 MT-RJ 光纤接口头常见于设备上，ST 头常用于光缆交接箱。使用的光纤跳线需要定制：约定光纤模式、长度、两边各自的接口模式。

2. 铜缆跳线连接

（1）当连接对象是 RJ 45 端口时，应使用工厂生产的制式跳线，以便保证端接可靠、理线方便且美观。此时需注意与设计图、配置表进行核对：是使用 5 类线还是 6 类线。

（2）如需要自制，则注意线序，符合 EIA/TIA568 标准。

（3）若要做交叉连接线（如交换机级连，或计算机对接），只要把第 2 对和第 3 对线互换位置，即白/线和白/绿线互换插孔即可，注意只要把网线一端的 RJ45 头互换即可。

3. 理线工作与理线器配备

机柜从侧面或后面留出线缆穿出位置，理线器或理线环一般从侧面穿线，也有从后面穿线的理线器，所订购的机柜侧面空间最好大些以便穿线。

可按照 24～48 个口交换机配备 1 个理线器并紧凑安装在该交换机下方。理线时，光纤跳线不能打折，多余部分应环盘起来，以免光纤折断；光纤跳线环盘时需按照该跳线的说明书要求的弯曲半径来做，一般半径为 7～8cm。理线应横平竖直圆滑过渡，并捆绑牢固。

4. 标示并记录跳线

必须对安装的跳线进行标示并记录跳线的种类、走向、路由、测试数据。对于小规模的网络，这部分工作可以以手工记录在纸上，对于大规模的网络，这部分工作应该由布线管理软件来进行。

36.7.3　网络设备与软件调试

36.7.3.1　网络调试的准备工作

计算机网络在调试前，施工单位应根据设计文件要求，对网络设计进行深化设计，并完成信息网络系统的规划和配置方案，并经设计单位、建设单位、使用单位会审批准。

信息网络系统调试准备应做如下的工作：

（1）应完成硬、软件的安装与连接工作的检查，并设备通电工作正常。

（2）应完成网络规划和配置方案，并经会审批准。

（3）应完成网络安全方案的制定，并经会审批准。

（4）应完成计算机网络系统、应用软件和信息安全系统的联调方案的制定，并经会审批准。

（5）系统调试前应准备好进行信息网络系统调试的有关数据、攻击性软件样本等的准备工作。

36.7.3.2　网络设备与软件的调试

（1）网络系统调试要求：

1）应在网络管理工作站安装网络管理系统软件，并配置最高管理权限。

2）应根据网络规划和配置方案划分各个网段与路由，对网络设备进行配置并连通。

3）应每天检查系统运行状态、运行效率和运行日志，并修改错误。

4）应检查各在网设备的地址，符合规范和配置方案。不宜由网管软件直接自动搜寻并建立地址。

5）每个智能化子系统宜独立分配一个网段。

6）应依据网络规划和配置方案进行检查，并符合设计要求。

（2）应用软件的调试和测试要求：

1）应按照配置计划、功能说明书、使用说明书进行应用软件参数配置，检测软件功能并记录。

2）应测试软件的可靠性、安全性、可恢复性及自检功能等内容，并记录。

3）应以系统使用的实际案例、实际数据进行调试，系统处理结果应正确。

4）应用软件系统测试时应符合下列要求，并记录测试结果：

①应进行功能性测试，包括：能否成功安装，使用实例逐项测试各使用功能；

②应进行性能测试，包括：响应时间，吞吐量，内存与辅助存储区，各应用功能的处理精度；

③应进行文档测试，包括检测用户文档的清晰性和准确性；

④应进行可靠性测试；

⑤应进行互联性测试，检验多个系统之间的互联性；

⑥软件修改后，应进行一致性测试，软件修改后应满足系统的设计要求。

5）应根据需要对应用软件进行操作界面、数据容量、可扩展性、可维护性测试，对测试过程与结果进行记录。

（3）网络安全系统调试和测试要求：

1）应检查网络安全系统的软件配置，并符合设计要求。

2）应依据网络安全方案进行攻击测试并记录。

3）应检查场地、配电、接地、布线、电磁泄漏、门禁管理等，要求符合系统设计规定。

4）网络层安全调试和测试要求：

①应对防火墙进行模拟攻击测试；

②应使用代理服务器进行互联网访问的管理与控制；

③应按设计配置网段并进行测试，达到设计要求的互联与隔离；

④应使用防病毒系统进行常驻检测，并使用流行的攻击技术模拟病毒传播，做到正确检测并执行杀毒操作为合格；

⑤使用入侵检测系统时，应以流行的攻击技术进行模拟攻击；入侵检测系统能发现并执行阻断为合格；

⑥使用内容过滤系统时，应做到对受限网址或内容的访问能阻断，而对未受限网址或内容的访问能正常进行。

5）系统层安全调试和测试要求

①操作系统、文件系统的配置应满足设计要求；

②应制定系统管理规定，严格执行并适时改进管理规定；

③服务器的配置应符合《智能建筑工程施工规范》GB 50606—2010 6.3.2 的规定；

④应使用审计系统记录侵入尝试，并适时检查审计日志的记录情况并及时处理。

6）应用层安全调试和测试要求：

①应制定符合网络安全方案要求的身份认证、口令传送的管理规定与技术细则；

②应在身份认证的基础上，制定并适时改进资源授权表；达到用户能正确访问具有授权的资源，不能访问未获授权的资源；

③应检查数据在存储、使用、传输中的完整性与保密性，并根据检测情况进行改进；

④对应用系统的访问应进行记录。

（4）信息网络系统调试过程中，应及时填写相应的记录，并符合下列要求：

1）每次重新配置或进行参数修改时，应填写变更计划。重新配置或进行参数修改后，应更新相应的记录；

2）设备、软件参数配置完毕并正常运行后，应按照功能计划、设计表格进行检查、修正与完善，达到设计要求。

（5）网络设备、服务器、软件系统参数配置完成后，应检查系统的联通状况、安全测试，并应符合下列要求：

1）操作系统、防病毒软件、防火墙软件等软件应设置为自动下载并安装更新的运行方式。

2）对网络路由、网段划分、网络地址应明确填写，应为测试用户配置适当权限。

3）对应用软件系统的配置、实现功能、运行状况必须明确填写，并为测试用户配置适当权限。

（6）信息网络系统安全的调试与检测要求：

1）在施工过程中，应每天对系统软件进行备份，备份文件应保存在独立的存储设备上。

2）非本系统配置人员，不得更改本系统的安装与配置。

36.7.4　计算机网络管理系统

36.7.4.1　网络管理系统的功能与模式

1. 网络管理系统的作用

网络管理系统（简称 NMS）用于配置、管理计算机网络，使网络据具有极好的监察、管理能力，达到可用性好、性能高和安全性好的目标。网络系统中的网络设备支持国际标准的 MIB（管理信息库）和 RMON、SMON（网络监测），网络管理系统通过 SNMP 协议获取这些信息，达到网络管理的能力。

2. 网络管理功能

国际标准化组织（ISO）定义了如下五种类型的网络管理功能，网络管理应全面采用：配置管理（Configuration Management）；故障管理（Fault Management）；性能管理（Performance Management）；安全管理（Security Management）；记账管理（Account Management）。

这些管理功能的组合使用，可以实现网络管理员对于网络管理的很多工作，具体内容参见本章 36.7.4.2、36.7.4.3 中，网络管理系统安装与调试的要求。

3. 网络管理模式

（1）集中式管理模式：所有管理资源都集中在一个中央网段上，适应于网段不多、被管理节点不多的本地网络。

（2）分布式管理模式：整个网络划分成若干个高度独立的管理域，难以对各个管理域进行统一、规范的管理。适应于网络各网段很分散、各网段之间没有固定互联关系的结构。

（3）分布—集中式管理模式：是一个树状层次结构，将它管理的网络分成若干个管理域，每个管理域对本域内的大部分事件自行处理，及时将问题解决在源头处。当本管理域内发生了自己不能处理的事件时，将事件情况向上报告，由上一层网络结构进行处理。该模式可以通过最高等级的管理域对全网络进行配置，保证管理的标准化、规范化。该管理模式特别适用于具有层次性管理体系的应用需求的大型计算机网络。

（4）采用主动网络管理：主动管理是指为了发现潜在的问题、优化性能、规划升级，在网络正常运行时就检查网络工作是否正常。采用主动管理要求网络管理员定期收集统计数据并进行测试，统计和测试结果可用来传达网络趋势和网络状态。

4. 估计由网络管理引起的网络通信

网络管理系统必然需要占用网络资源，特别是主动型网络管理需要随时占用网络资源，采用 SNMP 网络管理协议，它将从被管理设备获得网络管理系统（NMS）数据。

网络管理系统，特别是主动型网络管理需要占用多少网络资源呢？定量分析的公式：

［（管理特性数×被管理设备数）×分组长度］/轮询间隔

以一个网络为例，我们有 300 个被管理设备，每个被管理设备需监控 9 个特性，那么请求数是：300×9＝2700；响应数也是：300×9＝2700。如设定轮询间隔是 5s，每个请求和响应的平均分组长度为 64Bytes，那么由网络管理引起的网络通信量是：

（5400 个请求和响应）×64Bytes×8bit/Byte＝2764800bit/s，

2764800bits/5s＝54000bit/s＝0.548Mbit/s

可见，网络管理数据只占用了很小的网络带宽，是可接受的。

5. 网络管理结构（由三个主要部分组成）

（1）被管理设备是收集和存储管理信息的网络节点，可以是任何一个网络设备。

（2）代理是驻留在被管理设备上的网络管理软件，它跟踪本地管理信息，使用 SNMP 向 NMS 发送报文。

（3）网络管理系统（NMS）运行管理应用程序，显示管理数据，监控和控制管理设备，并与代理通信。一个 NMS 通常是一个具有高级图形、内存、外存和处理能力的工作站。

NMS 如图 36-12 所示：

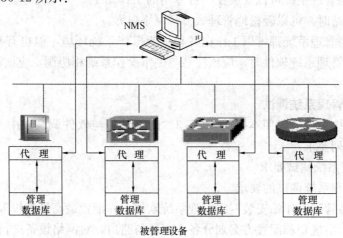

图 36-12　网络管理系统结构图

36.7.4.2　网络管理系统安装

我们以一个分布-集中式的校园网为例，描述对网络管理需要进行的工作。

1. 网管中心的覆盖目标

先确定总体目标：配合大学校园网的层次型拓扑结构模型，建立二级网络管理体系：分布-集中式模式。通过二级网管中心的分工协作，实现对整个校园网的配置、故障、性能、状态实现集中指导下的分级分布式管理，有效地管理网络资源，监控网络的相关操作，定位和解决网络故障，测定和跟踪网络数据流量的变化趋势。其中：

（1）校本部网管中心主要负责骨干网和核心服务器群的管理，并对校区级网管中心进行监督指导；

（2）校区级网管中心主要职能是确保辖区内的网络畅通和数据完整接收与上传，并具备对最终用户进行监督指导的技术手段，同时在网络管理上做承上启下的纽带；

2．网络管理系统软件安装

网络管理系统软件安装请参照本章第 36.7.2"信息网络系统的设备与软件安装"中的要求做。同时，还应符合下列要求：

（1）网络管理系统软件：网络管理软件经常采用与所使用的主要网络设备配套的办法来做，也可以使用比较通用的网络管理系统。

（2）网络管理系统的接入位置与安装环境：

1）集中式的网络管理系统或者分布—集中式的一级网络管理系统可以安装在一台专用的工作站上，该工作站视网络规模的大小来决定是一台小型服务器，还是一台高档的个人计算机。

2）该网络管理工作站的接入位置是直接连接在核心交换机上，这样可以有尽量小的网络资源耗费，便于将该网络管理工作站以最小的网络资源耗费设置成最高权限的网络终端。

3）分布—集中式的二级网管工作站的接入位置是直接连接在它所在网络的汇聚交换机上。

4）二级网络管理系统可以安装在一台专用的工作站上，一个高性能的个人计算机作为网络管理工作站时，可以轻松地管理数百台网络单元。

5）各种网络管理系统都可以工作在各种主流操作系统环境，但也有某些限制。在决定使用何种网络管理系统软件时，应该注意与网络操作系统相协调，应该注意与网络设备相协调。

36.7.4.3　网络管理系统调试

网络管理系统调试请参照本章第 36.7.3"网络设备与软件调试"中的要求来做。同时，还应符合下列要求：

1．网络管理系统调试要求

（1）网络管理系统调试的要求

1）应在网络管理工作站安装网络管理系统软件，并配置最高管理权限。

2）应根据网络规划和配置方案划分各个网段与路由，对网络设备进行配置并连通。

3）应每天检查系统运行状态、运行效率和运行日志，并修改错误。

4）应检查各在网设备的地址，符合规范和配置方案。不宜由自动搜寻建立地址。

5）每个智能化子系统宜独立分配一个网段。

6）应依据网络规划和配置方案进行检查，并符合设计要求。

（2）网络管理软件应实现的功能

各种网络管理系统都使用 WEB 界面模式，也不必对应不同的网络管理软件输入不同的指令以进行某项对网络单元的设置工作。这给使用网络管理系统进行网络配置、调试带来极大方便。不同的网络管理系统的使用界面并不相同，但是其针对的对象是一样的，因为都符合 SNMP 协议。所以，在此将主要描述必须要完成的网络管理功能的配置内容：指出需要设置的内容条目，描述该条设置要求达到的效果。根据项目建设目标及内容，网管系统应实现下列全部或部分功能：

1）配置管理功能：通过网络管理系统对各个网络设备进行各参数的配置，主要服务有：系统和网络配置的收集、监视和修改；建立名称和资源的映射；设置和修改系统的属性或常用参数；检测系统配置的变更情况；管理配置信息库；表达系统之间的各种关系，如直接关系、间接关系、同步关系等。配置管理实现了客体管理、状态管理和关系管理。

2）故障管理功能：告警管理、事件报告管理、登录控制、测试管理和可信度测试管理。主要提供以下服务：故障类型、故障原因、故障严重程度的报告；对事件报告初始化、终止、挂起、恢复、修改、检索等；修改登录规则，提供登录控制机制；进行内部资源、连接、数据完整性、协议完整性测试，实现对故障的快速处理。

3）性能管理功能：工作负荷测试、概要管理、软件管理、时间管理。主要提供以下服务：工作负荷过重告警；报告的扫描、统计、暂存、激活；本地时钟、时间服务等；软件的完整性检查、安装、删除、升级等。

4）安全管理功能：安全告警报告、安全审计跟踪、访问控制。主要提供以下服务：信息完整性、操作、物理资源、时间等违章告警；告警级别的制定；服务的请求、响应、拒绝、恢复等；访问控制规则制定，访问者身份确认，访问授权。

5）记账管理功能：主要提供一系列统计、计费参数调整、提供计费、账单等功能。

2. 网络管理系统技术策略配置

在此避免使用设置界面，而是描述必须要完成的网络管理功能的配置内容：指出需要设置的内容条目，描述该条设置要求达到的效果。

（1）管理平台配置

1）系统管理平台应具有优秀的集成性、扩展性和伸缩性；

2）系统管理平台应具有管理信息安全的保障机制，如管理员 ID 和口令的加密；

3）系统管理集成在统一的分布式管理平台上，管理平台应采用面向对象技术，为管理应用提供公共服务（如策略文件的分发）；

4）系统管理软件需要保证在被管理设备上不占用过多的系统资源（如硬盘空间、内存等）；

5）实现分层管理，努力减少网络带宽资源的占用；两级管理员完成授权的不同管理任务。

（2）网络管理功能配置

1）自动发现管理范围内的 IP 设备，能自动生成网络拓扑结构图，并按照地理位置进行显示；

2）添加、删除网络节点时，网络拓扑自动动态更新；

3）提供多种网络管理协议的支持（如 SNMP V1、SNMP V2 等）；

4）能对网络设备的运行状况进行实时监控；

5）具有网络流量监控与统计功能；

6）实现网络异常事件的报警与自动处理，可以通过规则灵活定制；

7）具有网管故障分析定位功能；

8）由于网络设备种类多、品牌不一，因此网管软件应能与第三方网络设备管理软件集成；

9）具有动态组合资源的能力，能够根据资源的一般特性，如资源类型，所在地进行组合。而且组合内的资源能够实时动态更新，以减少人为错误和过时信息；

10）具有安全功能，能够对网络管理员进行授权，认证，以保证网络管理本身的安全性；

11）网管软件具有互相备份的功能，以消除网络管理的单点失效；

12）网络管理数据的保存支持众多的关系型数据库；

13）提供 Web 界面显示网管的图形界面，能够控制网管管理区域；

14）网络管理软件应支持跨地域的各分支机构局域网内部 IP 地址重叠情况，能够实现重叠 IP 地址的转换。

（3）服务器系统监控管理

1）提供对被监控服务器的重要特定资源进行实时监控；

2）服务器系统资源监控的参数配置灵活、简便，并且能定制增加新的监控器；

3）可以根据不同情况设置不同报警级别、预警阈值，在系统出现临界状态，系统能自动报警、自动响应和根据设置自动处理；

4）系统监控应支持对历史数据的查看、分析和统计，并能生成性能监控历史分析图和预测分析；

5）提供集中式的基于策略的管理方式，在一台机器上就可以对整个网络中的所有服务器进行远程监控和设置，可以集中定义、控制监控内容的配置、下发；

6）支持对服务器的日志进行监控管理；

7）提供在线和非在线的监控系统运行性能。

（4）软件分发的功能配置

软件分发系统功能应可以使系统管理员集中控制本辖区 IT 环境中应用程序、数据文件的分发、安装、卸载和更新。其功能应包括：

1）提供软件分发管理，通过局域网或广域网，将应用软件分发到各个客户端；

2）集中管理与控制，提供自动打包工具；

3）可以进行定时控制和自动处理；

4）传输的软件数据支持自动压缩和断点续传；

5）要能提供特别针对广域网分发的机制和技术，对带宽进行管理，如：保证软件分发只占用 20％的带宽，从而保证正常业务的运行；

6）要能提供分发失败的多种处理机制；

7）提供对移动用户的支持；

8）支持并行分发；支持 Push、Pull 及广播分发等多种分发模式；

9）可以提交报表反映软件分发的详细报表。

（5）资产管理

1）能够自动扫描辖区内硬件，软件配置；

2）可以与其他系统管理应用集成，尤其为软件分发提供所需资源的信息；

3）扫描数据的保存支持众多的关系型数据库；

4）提供查询功能。

（6）备份管理

系统管理软件应可实时对服务器上的数据进行自动备份、恢复及灾难恢复，防止硬盘、数据和介质遭到灾难性的破坏。其功能应包括：

1) 在统一的主控台集中进行网络数据备份，备份操作可定时自动进行；

2) 支持多种备份方式，并且针对不同的备份方式提供不同的备份策略；

3) 提供灾难备份管理；能支持数据库的 Online 在线备份，如 Oracle，SQL 数据库；

4) 能提供对存储介质的管理，如支持电子标签等；

5) 支持磁带内部标签，杜绝因误操作而引起的数据丢失；

6) 能提供全面的报表以反映数据存储的情况。

（7）统一事件处理

1) 具有事件统一报警处理机制，完整的事件管理：捕捉各种管理模块产生的管理事件，并能捕获操作系统、数据库、应用程序产生的日志；

2) 具有事件分类、过滤功能、自动处理能力，需要提供多种报警机制；

3) 提供基于规则的分析能力，并提供使用简单的规则定制工具；

4) 具有分布式的智能处理能力；具有事件统计分析、报表功能；

5) 提供现成可用的处理规则，降低实施难度和工作量；

6) 支持对第三方管理平台的事件管理集成性；

7) 可以定义事件处理策略和规则，并能够进行事件自动化处理和相关性处理；

8) 必须能够集成所有管理应用的事件。

（8）远程控制管理

1) 为 Windows 平台提供远程控制的功能，能够进行远程节点屏幕、鼠标和键盘的接管；

2) 支持在一个控制台上同时控制多个节点；

3) 能够在局域网和广域网上实现远程控制；

4) 具有严格的管理员权限控制，防止非授权人员进行非法操作；

5) 提供集成的对话与文件传输功能，协助管理员进行技术支持服务。

（9）支持管理

1) 提供对网络管理、服务器管理、故障管理、资产管理、软件分发管理的统计分析，并自动根据新的数据生成报告；

2) 提供客户化支持，能够增加自定义的分析项目；

3) 分析结果以图表方式表现，并可以按照机器类型、地址、时间进行查询，对分析结果能够逐层深入；

4) 报表可以生成 HTML 文件，进行公布；为管理信息提供决策分析支持。

36.7.5　信息平台及办公自动化应用软件

信息平台及办公自动化应用软件系统是信息网络系统的一部分，主要由相关的服务器、操作系统、数据库管理系统及办公自动化应用软件构成。能够支持或者进行某一个方面应用的信息的交互系统，均可视为某一个方面的信息平台。

36.7.5.1　服务器与操作系统的安装调试

信息平台及办公自动化应用软件系统中的服务器与操作系统的安装与调试请参照本章

第36.7.2"计算机网络设备安装"和36.7.3"计算机网络设备调试"中的要求来做。同时，还应符合下列要求：

(1) 应按配置计划、功能说明书、使用说明书进行应用软件参数配置，检测软件功能并记录。

(2) 应测试软件的可靠性、安全性、可恢复性及自检功能等内容，并记录。

(3) 应以系统使用的实际案例、实际数据进行调试，系统处理结果应正确。

(4) 应用软件系统测试时应符合下列要求，并记录测试结果：

1) 应进行功能测试，包括：能否成功安装，使用实例逐项测试各使用功能；

2) 应进行性能测试，包括：响应时间、吞吐量、内存与辅助存储区、各应用功能的处理精度；

3) 应进行文档检查，包括：检查用户文档的清晰性和准确性；

4) 应对比软件测试报告中可靠性的评价与实际试运行中出现的问题，进行可靠性验证；

5) 应进行互联性测试：检验多个系统之间的互联性；

6) 软件修改后，应进行一致性测试，软件修改后应满足系统的设计要求。

(5) 应根据需要对应用软件进行操作界面、数据容量、可扩展性、可维护性测试，对测试过程与结果进行记录。

信息网络系统使用硬件设备实体的安装，直观，不难做好；在其上安装软件、对安装的软件进行各种参数设置，是需要认真、谨慎的，还需要在安装完成后，进行多次的核查与检验。

36.7.5.2 网络应用系统的安装调试

网络应用系统的安装与调试请参照本章第36.7.2"计算机网络设备安装"和36.7.3"计算机网络设备调试"中的要求来做。同时，还应符合下列要求：

1. 网络服务系统的安装调试

所谓网络服务是指支持 intranet 内联网和 internet 因特网运行的一些基本服务功能，包括动态地址分配（DHCP）、名字解析（DNS）、代理（Proxy）、文件传输（PTP）、主页服务（WEB）等。在以前，这些服务大多是独立应用程序，现在随着网络应用的日益深入和广泛，主流的操作系统都捆绑了这些服务程序。这样，在安装操作系统的时候，可以把这些网络服务的模块一起安装。

下面以 Windows2008 为例，讲解常用网络服务的配置方法：

进入 Window 2008 Server，"配置服务器"会自动运行，利用这个程序可以按照提示完成服务器管理任务的安装，包括活动目录设置、Web/媒体服务器、联网设置（DHCP、DNS、远程访问、路由）、应用服务器（组件服务、终端业务、数据库服务、电子邮件服务）等。

2. 网络办公自动化系统的安装调试

网络办公自动化应用软件系统中的服务器与操作系统的安装与调试请参照本章第36.7.2 中"计算机网络设备安装"和本章第36.7.3"计算机网络设备调试"中的要求来做。

36.7.6 信 息 安 全 系 统

36.7.6.1 信息安全系统内容

1. 计算机安全的基本概念

国际标准化组织 ISO 对计算机安全的定义是:计算机安全是指为了保护计算机数据处理系统而采用的各种技术和用于安全管理的措施,其目的是为了保护计算机硬件、软件和数据不会因为偶然或故意破坏等原因遭到破坏、更改和泄露。

计算机网络安全是指利用网络管理控制和技术措施,保证在一个网络环境里,数据的保密性、完整性及可使用性受到保护。计算机网络安全包括两个方面,即网络物理安全和逻辑安全。物理安全指系统设备及相关设施受到物理保护,免于破坏、丢失等。逻辑安全包括信息的完整性、保密性和可用性。

2. 计算机安全的主要内容

(1) 计算机硬件的安全性主要是确保计算机硬件环境的安全性。例如,确保计算机硬件设备、安装和配置,以及计算机房和电源等的安全性。

(2) 计算机软件的安全性主要是保护计算机系统软件、应用软件和开发工具的安全,使它们不被非法修改、复制和感染病毒等。

(3) 数据的安全性就是保护数据不被非法访问,并确保数据具有完整性、保密性和可用性。

(4) 计算机运行的安全性是指计算机在遇到突发事件时为了保护系统资源而采取的措施。例如计算机遇到停电时的安全处理等。

3. 破坏计算机安全的主要方式

(1) 窃取计算机用户的身份及密码。例如窃取计算机用户名称和口令,并非法登录计算机,进而通过网络非法访问数据。例如,非法复制、篡改软件和数据等。

(2) 传播计算机病毒。例如通过磁盘、网络等传输计算机病毒。

(3) 计算机数据的非法截取和破坏。例如通过截取计算机工作时产生的电磁波的辐射线,或通过通信线路破译计算机数据。

(4) 偷窃存储有重要数据的存储介质。例如光盘、磁带、硬盘和软盘等。

(5) "黑客"非法入侵。例如"黑客"通过非法途径入侵计算机系统。

4. 保护计算机安全的措施分类

(1) 物理措施包括计算机房的安全,严格的安全制度,采取防止窃听、防辐射等多种措施。

(2) 数据加密。对磁盘上的数据或通过网络传输的数据进行加密。

(3) 防止计算机病毒。计算机病毒会对计算机系统和资源造成极大的危害,因此,防止计算机病毒是非常重要的防范措施,其主要措施是加强计算机的使用管理,选择较好的防病毒软件。

(4) 采取安全访问措施。在各种计算机和网络操作系统中广泛采取了各种安全访问的控制措施,例如,使用身份认证和口令设置,以及数据或文件的访问权限的控制等。

(5) 采取其他安全访问措施。为确保数据完整性而采用的各种数据保护措施、制定安全制度和加强管理人员的安全意识等。例如,计算机的容错技术、数据备份和审计制度等。此外，还要加强安全教育，培养安全意识。

5. 安全管理

信息安全管理贯穿于上述各方面、各层次的安全管理，通过技术手段和行政管理手段，安全管理将涉及各系统单元在各个协议层次提供的各种安全服务。全面的安全管理是信息网络安全的一个基本保证，只有通过切实的安全管理，才能够保证各种安全技术能够真正起到其应用的作用。技术管理包括的范围很广，包括对人员的安全意识教育、安全技术培训，对各种网络设备、硬件设备、应用软件、存储介质等的安全管理，对各项管理制度的贯彻执行和保障的监督措施等。

安全管理是保证网络安全的基础，安全技术只是配合安全管理的辅助措施。

36.7.6.2　网络物理平台的安全

物理安全是保护网络中的各种硬件实体和通信链路免受环境事故，主要有：

人为破坏和搭线窃听攻击；验证用户的身份和使用权限、防止用户越权操作；确保网络设备有一个良好的电磁兼容工作环境；建立完备的机房安全管理制度妥善保管备份磁带和文档资料；防止非法人员进入机房进行偷窃和破坏活动，抑制和防止电磁泄露是物理安全的一个主要问题。目前主要防护措施有两类。一类是对传导发射的防护，主要采取对电源和信号线加装性能良好的滤波器，减少传输阻抗和导线间的交叉耦合。另一类是对辐射的防护，这类防护措施又可分为以下两种：一是采用各种电磁屏蔽措施，如对设备的金属屏蔽和各种接插件的屏蔽，同时对机房的下水管、暖气管和金属门窗进行屏蔽和隔离；二是干扰的防护措施，即在计算机系统工作的同时，利用干扰装置产生一种与计算机系统辐射相关的人为噪声向空间辐射来掩盖计算机系统的工作频率和信息特征，在物理安全方面，计算机网和传统电信网非常类似。

36.7.6.3　网络系统平台的安全

系统平台安全主要对各种网络设备、服务器、桌面主机等进行保护，保证操作系统和网络服务平台的安全，防范通过系统攻击对数据的破坏。

主机安全子系统的安全需求主要有三点：

（1）杜绝各种操作系统和网络服务平台的安全漏洞。通过对目前计算机网络上各种流行的网络攻击行为，攻击工具的分析，可以发现网络上绝大多数的攻击是利用各种操作系统（包括路由器、防火墙、服务器、桌面主机等的操作系统）和一些网络服务平台（如各种 WER 服务、FTP 服务、终端服务、数据库服务等）存在的一些已公开的安全漏洞发起，并进而取得系统的管理员权限或直接对系统数据进行破坏，我们称之为"系统攻击"。因此，杜绝各种操作系统和网络服务平台的已公开的安全漏洞，可以在很大程度上防范系统攻击的发生。

（2）加强对各种网络设备、服务器主机的系统资源的管理。每一个设备、服务器上都存在大量的系统资源，如针对 WWW 服务器，需要在服务器上配置 WWW 服务的管理员、WWW 应用的用户账号，同时需要设置对文件系统的访问权限等。大量存在的网络设备和服务器，如果不能进行集中统一的管理，势必会增加管理员的工作量，降低效率，更严重的是因为不正确、不合理的配置，将影响到网络的安全性。因此，有必要加强对各种主机系统资源的管理。

（3）要在整个网络系统内加强对病毒的控制，构建网络防病毒体系。Internet 是现在病毒传播内的一个最主要的路径，访问 Internet 网站可能会感染蠕虫病毒，从 Internet 下载软件和数据可能会同时把病毒、黑客程序都带进来，对外开放的 WEB 服务器也可能在接受来自 Internet 的访问时被感染上病毒。因此在 Internet 的接入口进行来自 Internet 的病毒的检测，过滤是最有效的一种方式。另外网络建设的目的是为了增强用户的信息交互能力，这也给病毒的传播提供了很好的路径，网络病毒传播速度之快，危害之大是令人吃惊的，特别是最近开始流行的一些蠕虫病毒防不胜防，因此只有配置专业的网络防病毒软件，才能够最大限度地减少病毒通过网络带来的危害，网络环境下的防病毒必须能够控制病毒传播的每一条途径。

网络平台安全主要是保证网络层上的安全，防范来自内、外部网络的安全威胁，尽早发现安全隐患和安全事件。

（1）实现对包括路由器、交换机等网络设备的安全配置。

（2）配置防火墙产品，隔离特种业务网和非特种业务网、隔离整个企业网和外部 LNTERNET 网络，实现网络层的访问控制，保证重要部门的信息安全。

（3）配置入侵检测产品、对重点网进行监视，保护重要服务器的安全，及时发现并阻断各种入侵企图。

36.7.6.4　网络应用系统的安全

1. 应用系统安全的风险

通过网络安全系统、主机安全子系统的配置，可以防范对网络的各种系统攻击，避免因为病毒传播给服务器造成的破坏，但是应用系统的统一的安全管理等需求并未得到满足，需要在应用安全系统中解决。

应用安全系统的安全风险主要有：

（1）用户身份假冒：非法用户假冒合法用户的身份访问应用资源，如攻击者通过各种手段取得应用系统的一个合法用户的账号访问应用资源，用户身份假冒的风险来源主要有两点：一是应用系统的身份认证机制比较薄弱，如把用户信息（用户名、口令）在网上明文传输，造成用户信息泄漏；二是用户自身安全意识不强，如使用简单的口令，或将口令记在计算机旁边。

（2）非授权访问：非法用户或者合法用户访问在其权限之外的系统资源。其风险来源于两点：一是应用系统没有正确设置访问权限；二是应用系统中存在一些后门、隐通道、陷阱等，使非法用户（特别是系统开发人员）可以通过非法的途径进入应用系统。

（3）数据窃取、篡改、重放攻击、抵赖。攻击者通过侦听网络上传输的数据，窃取网上的重要数据，或以此为基础实现进一步的攻击。包括：①攻击者利用网络窃听工具窃取经由网络传输的数据包，通过分析获得重要的信息；②用户通过网络侦听获取在网络上传输的用户账号，利用此账号访问应用资源；③攻击者篡改网络上传输的数据包，使信息的接收方接收到不正确的信息，影响正常的工作；④信息发送方或接收方抵赖曾经发送过或接收到信息。

2. 加强应用安全系统的解决办法

对于这些安全需求，应该从以下几个方面解决：

（1）加强应用系统自身的安全特性，如对应用系统的代码进行安全分析；

（2）采用应用安全平台技术，加强对各个应用系统的统一的安全管理；

（3）加强安全管理，特别是对应用系统的用户，要加强安全教育和培训。

3. 必须建立安全管理制度

安全管理对于整体安全目标的实现是最重要的，组织机构上、管理制度上都必须严格保证。但是因为各单位具体情况不同，机构设置上和具体制度的规定上又不尽相同，下面仅讲述一些基本的管理原则：

（1）安全管理制度的建立必须遵循以下基本原则：

1）分离与制约原则：内部人员与外部人员分离；用户与开发人员分离；用户机与开发机分离；密钥分离管理；权限分级管理；

2）有限授权原则；

3）预防为主原则；

4）可审计原则。

（2）安全管理制度的主要内容包括：

1）机构与人员安全管理；2）系统运行环境安全管理；3）硬件安全管理；4）软件安全管理；5）网络安全管理；6）数据安全管理；7）技术文档安全管理；8）应用系统运行安全管理；9）操作安全管理；10）应用系统开发安全管理；11）应急安全管理。

36.7.7　施工质量控制

1. 质量控制要点

为保证信息网络系统的工程质量，在系统详细设计与施工阶段要依据本节前面提到的相关规范及相关标准，制定信息网络系统工程的质量管理计划。

（1）在信息网络系统工程的施工阶段，一定要注意以下的施工要点，作为质量控制的重点：

1）计算机网络系统的检验应符合《智能建筑工程质量验收规范》GB 50339－2006 中第5.3.3、5.3.4 条的规定。

2）应用软件的检验应符合《智能建筑工程质量验收规范》GB 50339－2006 中第5.4.3、5.4.4 条的规定。

3）网络安全系统的检验应符合《智能建筑工程质量验收规范》GB 50339－2006 中第5.5.2 至5.5.6 条的规定。

4）系统测试、检验的样本数量应符合信息网络系统的设计要求。

5）系统配置应符合经审核批准的规划和配置方案，并完整记录。

（2）信息网络系统中，施工中质量控制还需要注意的是：

1）应使用网络管理软件配合人为设置的方式，对网络进行容错功能、自动恢复功能、故障隔离功能、自动切换功能和切换时间进行检验。

2）网络管理功能应符合下列要求：

① 应对网络进行远程配置并对网络进行性能分析；

②应对发生故障的网络设备或线路及时进行定位与报警；

③应对关键的部件进行冗余设置，并在出现故障时可自动切换。

3）应检验软件系统的操作界面，操作命令不得有二义性。

4）应检验软件系统的可扩展性、可容错性和可维护性。

5）应检验网络安全管理制度、机房的环境条件、防泄露与保密措施。

2. 质量记录

（1）网络设备配置表应填写《智能建筑工程施工规范》GB 50606—2010 附录 A 表 A.0.5。

（2）应用软件系统配置表应填写《智能建筑工程施工规范》GB 50606—2010 附录 A 表 A.0.6。

（3）网络系统调试记录应填写《智能建筑工程施工规范》GB 50606—2010 附录 B 表 B.0.4。

36.7.8 信息网络系统的检测

36.7.8.1 网络安全系统调试和测试

网络安全系统调试和测试时，应该按照网络的层次，先网络物理层，再网络层，再系统层，由低向上分层来进行：

1. 网络物理层调试和测试的要求

（1）应检查场地、配电、接地、布线、电磁泄漏、门禁管理等，要求符合系统设计规定。

（2）应检查网络安全系统的软件配置，并符合设计要求。

（3）应依据网络安全方案进行攻击测试并记录。

2. 网络层安全调试和测试的要求

（1）应对防火墙进行模拟攻击测试；

（2）应使用代理服务器进行互联网访问的管理与控制；

（3）应按设计配置网段并进行测试，达到设计要求的互联与隔离；

（4）应使用防病毒系统进行常驻检测，并使用流行的攻击技术模拟病毒传播，做到正确检测并执行杀毒操作为合格；

（5）使用入侵检测系统时，应以流行的攻击技术进行模拟攻击；入侵检测系统能发现并执行阻断为合格；

（6）使用内容过滤系统时，应做到对受限网址或内容的访问能阻断，而对未受限网址或内容的访问能正常进行。

3. 系统层安全调试和测试的要求

（1）操作系统、文件系统的配置应满足设计要求；

（2）应制定系统管理规定，严格执行并适时改进管理规定；

（3）服务器的配置和调试应符合 36.7.3.2 的要求；

（4）应使用审计系统记录侵入尝试，并适时检查审计日志的记录情况并及时处理。

36.7.8.2 网络信息系统调试和测试

1. 应用层安全调试和测试的要求

（1）应制定符合网络安全方案要求的身份认证、口令传送的管理规定与技术细则；

（2）应在身份认证的基础上，制定并适时改进资源授权表；达到用户能正确访问具有授权的资源，不能访问未获授权的资源；

（3）应检查数据在存储、使用、传输中的完整性与保密性，并根据检测情况进行改进；

（4）对应用系统的访问应进行记录。

2. 信息网络系统调试过程的要求

（1）系统调试过程中，应及时填写相应的记录；

（2）每次重新配置或进行参数修改时，应填写变更计划。重新配置或进行参数修改后，应更新相应的记录；

（3）设备、软件参数配置完毕并正常运行后，应按照功能计划、设计表格进行检查、修正与完善，达到设计要求。

3. 系统各种状态的检查

网络设备、服务器、软件系统参数配置完成后，应检查系统的联通状况、安全测试，并应符合下列要求：

（1）操作系统、防病毒软件、防火墙软件等软件应设置为自动下载并安装更新的运行方式。

（2）对网络路由、网段划分、网络地址应明确填写，应为测试用户配置适当权限。

（3）对应用软件系统的配置、实现功能、运行状况必须明确填写，并为测试用户配置适当权限。

4. 信息网络系统安全的调试与检测中的施工管理

信息网络系统安全的调试与检测的施工过程应进行细致认真的管理，并符合以下列要求：

（1）在施工过程中，应每天对系统软件进行备份，备份文件应保存在独立的存储设备上。

（2）非本系统配置人员，不得更改本系统的安装与配置。

（3）进行网络安全系统检测的攻击性软件及其载体必须妥善保管，不可随意放置，切勿丢失。

5. 应用层的安全的要求

（1）数据在存储、使用和网络传输过程中应保证完整性，不得被篡改和破坏。

（2）数据在存储、使用和网络传输过程中，不应被非法用户获得。

（3）对应用系统的访问应有必要的审计纪录。

36.7.8.3　建立网络安全系统管理文档

应该建立网络安全系统管理文档，主要有以下内容：

（1）网络系统的配置方案、网络元素参数配置、连接检验记录应文档齐全。

（2）应用软件的配置方案、配置说明、检验记录应文档齐全。

（3）安全系统的配置方案、攻击检测纪录、检验记录应文档齐全。

（4）进行网络安全系统检测的攻击性软件及其载体必须妥善保管。

36.8　视频会议系统

本节主要针对智能建筑中会议系统工程而编写，主要重点放在音视频范畴，以语言扩声为主的会场，对于专业性很强的演出系统未写入，未提及灯光系统设备的安装与调试。

参见《厅堂扩声系统设计规范》GB 50371—2006、《会议电视系统工程验收规范》YD/T 5033—2005 和《智能建筑工程质量验收规范》GB 50339—2003 等标准。

36.8.1 视频会议系统结构

视频会议系统，又称"电视会议系统"，也经常简称为"会议系统"。它是指两个或两个以上不同地方的人们，通过某种通信系统及多媒体设备，实时的将声音、影像及文件资料互传，实现即时且互动的沟通，以实现会议目的的系统设备。视频会议使得处于不同地点的人们像在一个会议室一样，不但能够通过语言即时交流，还能看到与你异地通话的人的表情和动作，可提高会议的效率、节省时间。

会议系统工程的施工范围包括管线、控制室设备、音频扩声设备、视频显示设备、视频会议设备的安装与调试。

1. 视频会议系统的组成

视频会议系统是集计算机网络、通信、图像处理技术、电视等技术于一体的会务自动化管理系统。系统将会议报到、发言、表决、翻译、摄像、音响、显示、网络接入等各自独立的子系统有机地连接成一体，由中央控制计算机根据会议议程协调各子系统工作，为各种远程会议等提供最准确、即时的信息和服务。

视频会议系统一般由网络子系统、投影显示设备、音响设备、监控子系统、会议发言子系统、灯光效果子系统和中央控制子系统等组成。所有系统以计算机网络为平台，共享数据和控制信息，分散操作，集中控制。使设备操控人员可方便、快捷的实现对所有设备的监视和控制（图 36-13）。

系统设备包括 MCU 多点控制器（视频会议服务器如图）、会议室终端、PC 桌面型终端、电话接入网关（PSTNGateway）、网闸（Gatekeeper）等几个部分。各种不同的终端都连入 MCU 进行集中交换，组成一个视频会议网络。此外，语音会议系统可以让所有桌面用户通过 PC 参与语音会议，这些是在视频会议基础上的衍生。

2. 视频会议系统设备及功能

（1）中央控制子系统：中央控制设备是整个视频会议系统的核心。通过它实现自动会议控制，也可以通过电脑操纵，实现更复杂的会议管理。中央控制设备主要对发言设备、同声传译、电子表决、视像跟踪、数字音视频通道及数据通道进行控制。其功能如下。

1）对发言设备的控制，包括主席机、代表机、译员台、双音频接口器、连接器等。

2）对代表和主席的扬声器进行自动音频均衡处理。

3）对话筒进行管理：发言请求自动登记，对正在运行的话筒授权或限制等。

4）提供会议表决功能，当大会主席发起对某一事项进行表决时，代表可用他面前的发言设备进行投票，经中央控制设备统计，传输至相关屏幕上进行显示。

5）提供对各种多媒体音视频设备的输入输出控制。

（2）发言及同声传译子系统：与会代表通过发言设备参与会议。发言设备通常包括有线话筒、投票按键、LED/LCD 状态显示器和会议音响。还有其他可供选择的设备，如多种话筒、语种通道选择器、代表身份卡读出器等。同声传译设备主要有译员台、译员耳机和内部通信电话。发言及同声传译子系统可实现会议的听/说请求、发言登记、接收屏幕

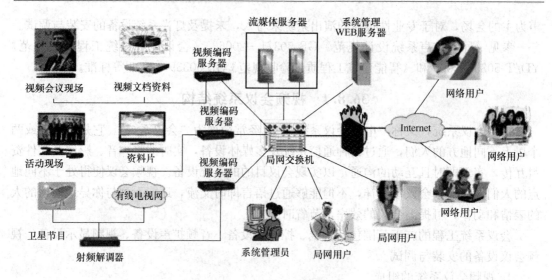

图 36-13 视频会议组成图

显示资料、电子表决、接收同声传译和通过内部通信系统与其他代表交谈等功能。与会代表身份不同，他们所获得的设备和分配到的权力也相应有所不同：会议主席所使用的发言设备可控制其他代表的发言过程，可选择允许发言、拒绝发言或终止发言。它还具有话筒优先功能，可使正在进行的代表发言暂时停止。

（3）多媒体显示子系统：包括电视接收机、液晶显示屏、LCD 液晶投影机和 DLP 数码投影机等。通过多媒体显示设备可更直观地向与会者提供各种文字和图像资料等，也可根据需要实时显示会议过程中的相关信息。信号源可以是录像带、电脑和影碟机信号，也可以是来自会场的摄像或硬盘录像机信号。这些信号通过中央控制设备的视频分配，进行切换输出显示。

（4）监控报警子系统：监控设备包括头端的摄像机、拾音设备和尾端的监视器、硬盘录像机或长时间录像机。它对会场进行音、视频的采集和录制，既可以监视会场内部情况以备后用，也可以把部分信号送到译音室，以提高译员翻译的准确性。摄像机应具有声像联动功能，可自动追踪会场内正在被使用的会议话筒，将发言者摄入画面，满足实况转播及同声传译的需求。

（5）网络接入子系统：网络接入子系统就是利用普通的通信网或计算机网络为运行环境，连接主会场和分会场的中央控制设备，实现局部和广域范围里的多点数字会议功能，从而可以在开会期间支持电子白板对话，支持语音、数据和图像文件传送。视讯网络接入方式不同，所采用的技术和传输速度也不相同。

还有一些辅助设备也能在数字会议中起到配合作用，如以下几种：

1）电子白板：像黑板一样使用，可即时把书写的内容通过白板自带的打印机打印出来。

2）电动屏幕：配合投影机使用，以便得到高质量的大幅面图像。

3）现场灯光：配合会议进行现场环境调控。

4）电动窗帘：配合会议进行现场环境调控。

（6）视像跟踪子系统，具有智能的麦克风、摄像机联动跟踪功能。

（7）操作维护子系统：操作维护子系统提供多种用户操作的界面。

36.8.2 视频会议系统的安装施工

36.8.2.1 视频会议系统安装施工准备

在会议系统施工前，需要做如下的准备工作。

（1）所需的会议室、控制室、传输室等相关房间的土建工程已经全部竣工，且符合视频会议系统的各项要求。

（2）电源、接地、照明、插座以及温、湿度等环境要求，已按设计文件的规定准备就绪，且验收合格。

（3）为会议系统各种缆线所需的预埋暗管、地槽预埋件完毕，孔洞等的数量、位置、尺寸均已按设计要求施工完毕且验收合格，并应由建设单位提供准确的相关图纸。

（4）检查会场建声装修，房间表面各部分装修材料应与装修设计一致，并符合会议系统声场技术指标要求。

（5）控制室地线应安装完毕，并引入接线端子上，检测接地电阻值。单独接地体电阻值不应大于 4Ω；联合接地体电阻值不应大于 1Ω。

（6）施工现场具备进场条件，应能保证施工安全和安全用电。

（7）施工准备除应满足上述要求外，还应符合本章 36.1.3 节的要求。

视频会议系统接线图如图 36-14 所示：

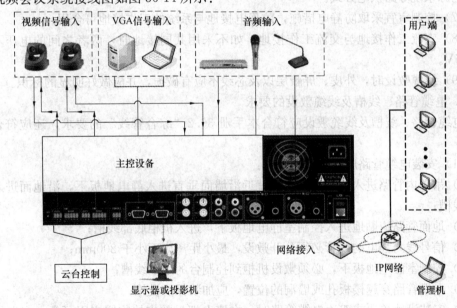

图 36-14　视频会议接线图

36.8.2.2 视频会议系统安装施工要求

1. 机柜的安装要求

（1）机柜安装的水平位置应符合施工图设计，其偏差不应大于 10mm，机柜的垂直偏差不应大于 3mm。机柜布置应保留适当的维护间距，机面与墙的净距不应小于 1.5m，机背和机侧（需维护时）与墙的净距不应小于 0.8m。当设备按列布置时，列间净距不应小于 1m。

(2) 机柜上各种组件应安装牢固，不得脱落或碰坏。漆面如有脱落应予以补漆；组件如有伤残应修复或更换。

(3) 机柜上应有明显的功能标志，标明设备名称或功能。标志应正确、清晰、齐全。

2. 设备的供电与接地要求

设备的供电与接地应符合相关的国家规范的规定（可参见本章 36.17 的简要描述），还应符合以下要求：

(1) 在会议室系统应设置专用分路配电盘，每路容量应根据实际情况确定，并预留余量。

(2) 会议室系统音视频设备（包括流动使用的摄像机、监视器等设备附近设置的专用电源插座等），并应采用同一相电源。

(3) 会议系统如采用单独接地，接地电阻应符合本节施工准备中的要求。

(4) 控制室内的所有设备的金属外壳、金属管道、金属线槽、建筑物金属结构等应进行等电位联结并接地。

(5) 保护地线必须与交流电源的零线必须严格分开，防止零线不平衡电流对会场系统产生严重的干扰影响。保护地线的杂音干扰电压不应大于 25mV。

(6) 会议室灯光照明设备（含调光设备）、会场音频和视频系统设备供电，宜采用不间断电源系统分路供电方式。

(7) 控制室宜采取防静电措施，防静电接地与系统的工作接地可合用。

(8) 直流工作接地与交流工作接地，如不采用共同接地时，两者之间的电压不应超过 0.5V。

(9) 线缆敷设时，外皮、屏蔽层以及芯线不应有破损，并应做好明显的标识。

3. 电缆管路、线槽及线缆敷设的要求

电缆管路、线槽及线缆敷设应符合本手册 36.2 "综合管线" 的要求，还应符合以下要求：

(1) 安装电缆管路应符合下列要求：

1) 吊顶内管路进入控制室后，应就近沿墙面垂直进入静电地板下，沿地面进入机柜底部线槽；

2) 地面管路应贴地进入控制室静电地板下，进入机柜底部线槽；

3) 信号线与强电的线管必须分开敷设，最小距离应不小于 200mm；

4) 控制室静电地板下，必须敷设机柜到控制台的地下线槽；

5) 电缆管路穿越楼板孔或墙洞的位置，应加装保护设施；

6) 安装沿墙单边或双边电缆管路时，在墙上埋设的支持物应牢固可靠，支点的间隔应均匀整齐一致。

(2) 线缆敷设应符合下列规定：

1) 音频线缆应满足连接设备的输入和输出参数指标；

2) 视频线缆应根据需要传输的内容格式和距离选择；

3) VGA 信号线缆的选择应根据传输信号的分辨率、最长传输距离进行选择。当信号源为视频或简单的文字内容时，插入损耗（即传输衰减）控制在 −6dB；当信号源是以精密图形文件时，插入损耗控制在－3dB 的范围；

4）在对信号质量要求比较高的设计中，应采用光纤系统实现信号的传输。

4. 会议发言系统的安装的要求

（1）本规范规定的会议发言系统包括以下四种会议系统的安装：

1）采用鹅颈会议传声器、自动混音调音台组成的会议发言系统。

2）采用有线传声器，或无线传声器与调音台组成的系统。

3）采用有线会议单元和无线会议单元与会议主机组成的会议讨论系统。

4）采用模拟传声器和数字会议传声系统与数字音频处理设备组成的系统。

（2）模拟系统传声器传输线应选用专用屏蔽线，宜单独敷设线管并远离强电管路。

（3）传声器线缆超过 50m，必须采用低阻抗平衡连接。

（4）嵌入式传声器安装不宜突出桌面，螺栓紧固到位。

（5）移动式传声器应做好线缆防护，防止线缆损伤，影响人员行走。

（6）无线式传声器传输距离较远时，应加装机外接收天线。安装在桌面时宜装备固定座托。

5. 扬声器的安装的要求

（1）扬声器安装应与设计一致，应满足全场覆盖及声场均匀度要求。

（2）扬声器布置宜根据会场平面尺寸，空间大小等具体条件选用集中式、分散式或集中分散相结合的安装方式。

（3）扬声器固定应安全可靠，安装高度和安装角度应符合声场设计的要求。

（4）扬声器明装时，利用建筑结构安装支架或吊杆等附件，需要在建筑上钻孔、点焊等，必须检查建筑结构的承重能力，并征得有关部门的同意后方可施工。

（5）扬声器暗装时，暗装空间尺寸应足够大（并作吸声处理），保证扬声器在其内能进行辐射角调整。扬声器面罩透声性要好，如面罩用格栅结构，其材料尺寸（宽度和深度）不宜大于 20mm。

（6）扬声器吸顶安装时，应选用灵敏度、额定功率、频率响应范围、指向性等性能指标合适的会议扩声的产品。扬声器布置应满足声场均匀度要求。

（7）扬声器系统应远离传声器，轴指向不应对准传声器，避免引起自激啸叫。

（8）扬声器系统必须采取可靠的安全保障措施，工作时不应产生机械噪声。

（9）应根据扬声器与功放连接在一起后的系统阻尼系数为依据来确定音频线的截面，线路功率损耗应小于扬声器系统功率的 10%。

（10）吊装扬声器箱及号筒扬声器时，应采用原装附带的吊挂安装件，保证安全可靠。如无原配件时，宜购专用扬声器箱吊挂安装件，选用钢丝绳或镀锌铁链做吊装。

（11）室外扬声器应具有防潮和防腐的特性，紧固件必须具有足够的承载能力。

（12）用于火灾隐患区的扬声器应由阻燃材料制成（或采用阻燃后罩）；同时，广播扬声器在短期喷淋的条件下应能工作。

（13）控制室应设置监听系统，包括监听扬声器及监听耳机。

6. 音频设备的安装要求

（1）设备安装顺序应与信号流程一致。

（2）机柜安装顺序应上轻下重，无线传声器接收机等设备安装于机柜上部，便于接收；功率放大器等较重设备安装于机柜下部，由导轨支撑。

（3）控制室与会议室之间宜设置双层单向透明玻璃观察窗。窗高宜为 0.8m；窗宽不宜小于 1.2m；窗底距地面宜为 0.9m。观察窗下摆放操作台，工作人员可以通视会议室情况。

（4）系统线缆均通过金属管、线槽引入控制室架空地板下，再引至机柜和控制台下方。

（5）控制室预留的电源箱内，应设有防电磁脉冲的措施，应配备带滤波的稳压电源装置，供电容量要满足系统设备全部开通时的容量。若系统具有火灾应急广播功能时，应按一级负荷供电，双电源末端互投，并配置不间断电源。

（6）调音台安装于操作台上，便于调音人员操作调节。节目源等需经常操作的设备安装于容易操作的位置。

（7）机柜安装应固定在预埋基础型钢上并用螺栓固定，安装完毕对其垂直度进行检查、调整。控制台要摆放整齐，与地面应固定牢固。

（8）机柜设备安装应该平稳、端正，面板排列整齐，拧紧面板螺钉，带轨道的设备应推拉灵活。内部线缆分类排列整齐。各设备之间留有充分的散热间隙，可安装通风面板或盲板。

（9）电缆两端的接插件必须筛选合格产品，采用专用工具制作，不得虚焊或假焊；接插件需要压接的部位，必须保证压接质量，不得松动脱落。制作完成后必须进行严格检测，合格后方可使用。平衡接线方式不易受外界电磁场干扰，音质好。

（10）电缆两端的接插件附近应有标识，标明端别和用途，不得错接和漏接。

（11）时序电源按照开机顺序依次连接，安装位置应兼顾所有设备电源线的长度。

（12）根据机柜内设备器材选择相应的避震器材。

7. 视频设备的安装要求

（1）显示系统可以根据会场平面尺寸，空间大小等具体条件选用发光二极管显示系统、投影显示系统、等离子显示系统和液晶显示系统、交互式电子显示白板显示系统。

（2）显示屏物理分辨率不应低于主流显示信号的显示分辨率，且宜具有 1080P 高清分辨率。

（3）应在房间安置窗帘遮挡室外光线，屏幕上方或近处光源应关闭或调暗，显示屏幕的屏前亮度宜比会场环境照度高 100~150lx（勒克斯）。

（4）显示器屏幕安装时应注意避免反射光，眩光等现象影响观看效果。墙壁、地板宜使用不易反光材料。

（5）传输电缆距离超过选用端口支持的标准长度时应使用信号放大设备、线路补偿设备，或选用光缆传输。

（6）显示设备的电源插座应单独提供，采用音视频系统同一相供电，宜使用电源滤波插座。

（7）显示器应安装牢固，固定设备的墙体、支架承重符合设计要求。选择合适的安装支撑架、吊架及固定件，螺栓必须紧固到位。

（8）投影屏幕宜采用电动升降幕，投影机宜采用吊挂方式安装，吊挂高度宜与屏幕匹配，投影机安装高度不宜超出投影幕外。大型会场系统宜采用二次升降系统，保持屏幕处于合适的观看位置。

（9）镶嵌在墙内的大屏幕显示器、墙挂式显示器等的安装位置应满足最佳观看视距的要求。

（10）镶嵌在桌子内的显示器应设置活门或电动升降系统。

8. 同声传译设备的安装要求

（1）同声传译的信号输出方式分为有线、无线或两者结合，具体选用宜符合下列规定：

1）设置固定座席并有保密要求的场所，宜采用有线式。在听众的坐席上应设置具有耳机插孔、音量调节和分路选择开关的收听装置；

2）不设固定座席的场所，宜采用无线式。采用无线系统时，应根据传译语种的数量、房间结构、座位排列，确定无线发射器的数量及安装位置；

3）特殊需要时，可采用有线和无线混合方式。

（2）同声传译宜设立专用的同声传译室并应符合下列规定：

1）同声传译室应靠近会议室，并进行吸声、隔声声学装修处理，本底噪声级不应大于 NR30。

2）同声传译室应设置隔声门，防止环境噪声进入室内，影响语言清晰度。

3）同声传译室宜设有隔声观察窗，译员从观察窗可通视到主席台。

4）同声传译室外应设译音工作指示灯或提示牌。

5）同声传译室应设空调和良好的通风系统设施，并做好消声处理。

6）同声传译室分为固定式和移动式。移动式同声传译室可临时拆卸组装。

9. 视频会议设备的安装要求

（1）视频会议系统包括视频会议多点控制单元、会议终端、接入网关、音频扩声及视频显示等部分。

（2）传声器布置应尽量避开扬声器的主辐射区。扬声器系统宜分散布置，并应达到声场均匀、自然清晰、声源感觉良好等要求。

（3）摄像机的布置应使被摄入物收入视角范围之内，并宜从多个方位摄取画面，方便地获得会场全景或局部特写镜头。

（4）监视器或大屏幕显示器的布置，应尽量使与会者处在较好的视距和视角范围之内。

（5）会场视频信号的采集区照明条件应满足下列要求：

1）光源色温 3200K；

2）主席区的平均照度宜为 500～800lx。一般区的平均照度宜为 500lx。投影电视屏幕区的平均照度宜小于 80lx。

（6）视频会议室应减少、控制和隔绝外界的噪声侵入，加强围护结构的隔音强度，消除和减少室内噪声。本底噪声级不应大于 NR30，隔音量不应低于 40dB。

36.8.3 施工质量控制

会议系统设备与大屏幕在安装、调试和检测时，需要特别注意以下的事项，以便保障对于该系统安装、调试的质量控制。

（1）应保证机柜内设备安装的水平度，严禁在有尘、不洁环境下施工。

（2）保证显示设备承重机构的承重能力，对轻质墙体、吊顶等须采取可靠的加固措施，安装完毕应及时检查安装的牢固度，严禁出现松动、坠落等倾向。

（3）信号电缆长度严禁超过设计要求。

（4）视频会议应具有较高的语言清晰度，适当的混响时间，当会场容积在 $200m^3$ 以下时，混响时间宜为 $0.4\sim0.6s$。当视频会议室还作为其他功能使用时混响时间不宜大于 $0.8s$。当会场容积在 $500m^3$ 以上时，按《剧场、电影院和多用途厅堂建筑声学技术规范》GB/T 50356—2005 标准执行。

（5）应检测会场建声指标，混响时间、隔声量、本底噪声应符合会议系统设计技术指标要求。

（6）电缆布放前应作整体通路检测，穿管过程中不得用力强拉，避免损伤和影响电气性能。

（7）设备安装位置与设计相符，扬声器的变更必须满足音响设计的要求并有变更洽商的手续。

36.8.4　会议系统的调试与测试

36.8.4.1　会议系统的调试

会议系统调试前应完成现场设备接线图、控制逻辑说明的制作。

1. 会议系统调试准备的要求

（1）应检查接地系统测试记录，如不符合设计要求严禁加电调试。

（2）技术人员应熟悉控制逻辑，准备好调试记录表。

（3）系统调试前应确认各个设备本身不存在质量问题，方可通电。

（4）各类设备的型号及安装位置应符合设计要求。

（5）各类设备标注的使用电源电压应与使用场地的电源电压相符合。

（6）应检查设备连线的线缆规格与型号，线缆连接应正确，无松动和虚焊现象。

（7）依据调试要求调整设备安装状态，扬声器定位后应固定，并加装保险装置。

（8）在通电以前，各设备的开关和旋钮应置于初始位置。

2. 音频设备调试的要求

（1）应按照会议系统不同功能开启相应设备电源，确认设备工作正常。

（2）应确认记录系统相关设备、数据库运行正常。

（3）应确认系统设备工作正常，调整设备参数。

（4）应确认系统运行正常，并根据设计功能要求进行细调，满足系统使用要求，达到最佳整体效果。

（5）系统指标应满足《厅堂扩声系统设计规范》GB 50371—2006 扩声系统声学特性指标要求。

（6）系统经调试后，应语言清晰、音乐丰满、声场均匀、定位准确。

3. 视频设备调试的要求

（1）打开视频设备电源，将视频信号、计算机信号分别接入显示设备，图像应清晰，无拖尾等失真现象。

（2）应按照幕布的位置调整投影机，调试到合适的位置后进行定位。调整投影的焦点、梯度等直至图像清晰、端正。

（3）会议摄像跟踪摄像机应自动跟踪发言者，并自动对焦放大，联动视频显示设备，显示发言者图像。

（4）会议信息处理系统通过矩阵可对多路视频信号、数据信号实现快速切换，图像应稳定可靠。

（5）会议记录系统应能将会场实况进行存储，并能随意调用播放。

（6）经调试后，系统的图像清晰度、图像连续性、图像色调及色饱和度应达到设计指标要求。

4. 会议单元调试的要求

（1）通电前应将各设备开关、旋钮置于规定位置。按设备要求完成软件的安装、参数设置及其调整。

（2）设备初次通电时应预热，并观察无异常现象后方可进行正常操作。

（3）应确认与主机通信良好，功能运行正常。每个会议单元语言扩声应清晰。

（4）按照设备使用说明书和设计文件验证会议单元的各项功能。

5. 视频会议系统调试的要求

（1）图像清晰度、图像帧速率应符合国家相关标准。

（2）声音应清晰、连续，无杂音和回音。

（3）图像、声音的延时应小于 0.6s。

（4）唇、音应同步。

（5）并发用户增加时效果应无明显失真。

（6）在带宽波动情况下，以上指标的表现效果应保持不变。

6. 同声传译系统调试的要求

（1）系统应具备自动转接现场语言功能。当现场发言与传译员为同一语言时，宜关闭传译器的传声器，传译控制主机自动将该传译通道自动切换到现场语言中。

（2）二次或接力传译功能，传译器应能接收到包括现场语、翻译后语言、多媒体信号源等所有的语音，当翻译员听不懂现场语种时，系统自动将设定的翻译后语种接入，供翻译员进行二次翻译。

（3）呼叫和技术支持功能，每个传译台都有呼叫主席和技术员的独立通道。

（4）系统传译通道应具有锁定功能，防止不同的翻译语种占用同一通道。

（5）独立语音监听功能，传译控制主机可以对各通道和现场语言进行监听，并带独立的音量控制功能。

7. 中控设备调试的要求

（1）应按照控制逻辑图编写控制软件，逐个测试设备控制的有效性。应能使用各种有线、无线触摸屏，实现远距离控制音频、视频、灯光、幕布，以及会场环境所有功能。并填写调试记录。

（2）调试后，中控系统应具有以下功能：

1）音量控制功能；

2）与会议讨论系统连接通信正常，应控制音视频自由切换和分配；

　　3）通过多路 RS-232 控制端口，应能够控制串口设备；

　　4）应通过红外线遥控控制 DVD、电视机等设备；

　　5）应通过多路数字 I/O 控制端口控制电动投影幕、电动窗帘、投影机升降等设备；

　　6）应能够扩展连接多台电源控制器、灯光控制器、无线收发器、挂墙面板等外围设备。

　　（3）系统应具有自定义场景存储及场景调用功能。

　　（4）通过中控系统实现对会场内系统的智能化管理和操作。

36.8.4.2　会议系统的检测与检验

　　1. 音频扩声、同声传译及表决记录功能检验的要求

　　（1）应配置多路音频信号，并应能播放、切换人声、音乐等各种信号。

　　（2）音乐播放声音应饱满、层次清晰、响度足够。

　　（3）有线传声器、会议传声器应正常使用。

　　（4）讲话主观试听时，语言扩声应清晰，声压级足够，无啸叫产生。

　　（5）人声演唱主观试听时，语言清晰，音乐丰满，声压级足够，声像一致，无啸叫产生。

　　（6）客观测量指标应达到语言清晰度 STPA 的要求和相应设计指标要求。

　　（7）在观众席位置应无明显可闻的本底噪声。

　　（8）表决记录正确率应达到 100%。

　　2. 视频、音频切换和显示系统检验的要求

　　（1）应能在各类显示设备上显示设计要求的不同种类的图像信号。

　　（2）图像信号应清晰稳定、无抖动、无闪烁。

　　3. 集中控制系统检验的要求

　　（1）应能控制不同种类图像信号在各类显示设备上的切换。

　　（2）应能控制音频信号切换。

　　（3）应能控制音量大小，多种工作模式的快捷变换。

　　（4）应能控制显示系统模式切换及多种图像调用。

　　（5）应能控制灯光系统调光和开关及模式选择。

　　（6）应能控制电动设备的开关及各项功能操作。

36.9　建筑设备监控系统

　　建筑设备监控系统也称为"楼宇自动控制系统"（简称 BAS），作为智能建筑系统重要的一部分，担负着对整座建筑内机电设备的集中检测、控制与管理，保证各子系统设备在协同一致和高效、有序的可控状态下运行。为用户提供一个安全、高效、节能、舒适的居住与工作的环境，并且降低建筑物的能耗、降低设备故障率，减少维护及营运等日常管理成本，还希望在建筑设备智能管理系统的支持下，提高智能建筑的现代化管理和服务。

　　建筑设备监控系统目前主要采用的是基于现代控制理论的集散型计算机控制系统，也称分布式控制系统（Distributed Control Systems，简称 DCS），更常见的叫法是"集散式控制系统"。它的特征是"集中管理分散控制"，即：在中央控制室以建筑设备监控系统服

务器或工作站作为集中管理控制中心，用分布在现场被控设备处的单片计算机控制装置——现场控制器（DDC控制器）完成被控设备的实时检测和控制任务，通过计算机网或者其他控制总线与接口器件连接系统服务器与各现场控制器。

36.9.1 建筑设备监控系统组成与结构

1. 建筑设备监控系统的组成

系统的组成包括中央控制设备（集中控制计算机、彩色监视器、键盘、打印机、通信接口等）、不间断电源、现场DDC控制器、通信网络以及相应的传感器、执行器、调节阀等设备与器材。

建筑设备监控系统目前主要采用分布式控制系统，即："集中管理，分散控制"。用于网络互联的通信接口设备，应根据各层不同情况，以ISO/OSI开放式系统互联模型为参照体系，合理选择路由器、交换机等互联通信接口设备。

建筑设备监控系统的组成见图36-15。

以下各小节将介绍其各组成部分。

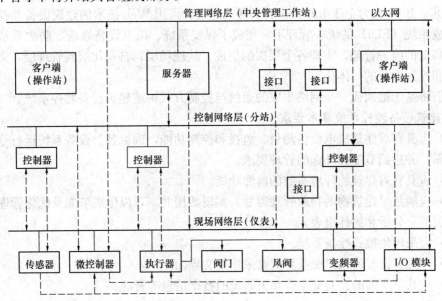

图 36-15　建筑设备监控系统的组成示意图

2. 建筑设备监控系统的结构

（1）建筑设备监控系统的工作形式：系统监控中心从现场控制器收到对于各个现场电气设备与现场环境的检测信息，对此信息进行与系统中存储的控制要求与控制策略进行分析，然后向现场控制器发出相应的控制指令，现场控制器根据此指令，控制现场电气设备进行相应的调整。

（2）建筑设备监控系统的布置形式：由于建筑物的机电设备多、分布广、监控要求复杂，通常都采用分散控制、集中管理的方式进行布置。

（3）建筑设备监控系统的监控目标：将建筑内各种机电设备的信息进行检测、分析、归类、处理、判断，采用最优化的控制手段，对各系统设备进行集中监控和管理。

3. 建筑设备监控系统的基本功能

(1) 自动监视并控制各种机电设备的启、停，显示或打印当前运转状态。

·(2) 自动检测、显示、打印各种机电设备的运行参数及其变化趋势或历史数据。

(3) 根据外界条件、环境因素、负载变化情况自动调节各设备，使之始终运行于最佳状态。

(4) 监测并及时处理各种意外、突发事件。

(5) 实现对大楼内各种机电设备的统一管理、协调控制。

(6) 能源管理：水、电、气等的计量收费，实现能源管理自动化。

(7) 设备管理：包括设备档案、设备运行报表和设备维修管理等。

4. 建筑设备监控系统的应用

建筑设备监控系统已经历了四代产品：第一代：中央监控系统（CCMS），楼宇自控从仪表系统发展成自动化系统。第二代：出现集散控制系统，集控分站智能化发展成直接数字控制器 DDC。第三代：开放式集散系统，使用 LonWorks 技术，形成管理层、自动化层和现场 3 层结构。第四代：网络集成系统，建筑设备监控系统采用计算机网络与 Web 技术，BAS 成为企业 Intranet 的子网。此时，采用 Web 技术的建筑设备监控系统在智能集成系统（EDI）的统一管理下，集成了保安系统、机电设备系统、防火系统、办公系统的高度的统一管理，实现各个层次的集成，从现场层、自动化层到管理层，完成了管理系统和控制系统的一体化。

我们将基于第四代——网络集成的通信与控制方式讲述建筑设备监控系统。

5. 建筑设备监控系统基本要求

(1) 应具有对建筑机电设备测量、监视和控制功能，确保各类设备系统运行稳定、安全和可靠，并达到节能和环保的管理要求。

(2) 应具有对建筑物环境参数的监测功能。

(3) 应满足对建筑物的物业管理需要，实现数据共享，以生成节能及优化管理所需的各种相关信息分析和统计报表。

(4) 宜采用集散式控制系统。

(5) 应具有良好的人机交互界面及采用中文界面。

(6) 应共享所需的公共安全等相关系统的数据信息等资源。

36.9.2 建筑设备监控系统主要感知装置

在建筑设备监控这个闭环系统中，由各现场控制器管理的检测传感器感知对于各个现场电气设备与现场环境的检测信号，再转换为一定形式的数据信息，上传到中央监控中枢以便中央监控系统进行控制。本小节描述经常使用的信号感知装置。

36.9.2.1 温度传感器与湿度传感器

1. 温度传感器的原理及应用

(1) 温度传感器也称为"温度变送器"，它主要用于测量室内、室外的环境温度和风道、水管内的介质温度，根据其应用不同可分为室内温度传感器、室外温度传感器、风道温度传感器、水管温度传感器等，根据其安装方式不同可分为壁挂式温度传感器、插入式温度传感器。室内温度传感器、室外温度传感器通常为壁挂式；风道温度传感器、水管温度传感器通常为插入式。

（2）温度传感器原理：

1）热电偶测温：测量精度高，测量范围广，常用的热电偶从－50～＋1600℃均可连续测量，构造简单，使用方便。

2）热电阻测温：热电阻是中低温区常用的一种温度检测器。它测量精度高，性能稳定。其中铂热电阻的测量精确度是最高的，它不仅广泛应用于工业测温，而且被制成标准的基准仪。

温度传感器通常用PT100、PT1000铂电阻、热敏电阻或热电偶作为传感元件，传感器将其电阻值或感应电动势随温度变化的信号，经电路转换、放大和线性化处理后，以0～10VDC、4～20mA的形式输出表征其测量对象的物理量。

3）IC集成温度传感器：数字化读取，须配合单片机使用，可以连接成网络使用，而且接线简单。这是现在最先进的温度传感器。

（3）温度传感器的接线：电压型输出的温度传感使用RVVP四芯软线：1对电源线和1对信号线，其电源地和信号地常共线使用。电阻型温度传感器则只是信号线，也称为一线制。

2. 湿度传感器的原理及应用

（1）湿度传感器也称为"湿度变送器"，它用于测量室内外环境和风道内空气介质的相对湿度，根据其应用不同可分为室内湿度传感器、室外湿度传感器、风道湿度传感器等，根据其安装方式不同可分为壁挂式湿度传感器、插入式湿度传感器等。室内湿度传感器、室外湿度传感器通常为壁挂式；风道湿度传感器通常为插入式。在建筑设备监控系统中使用的湿度传感器通常用高分子电容湿敏元件、氯化锂湿敏元件等作为传感元件，传感器将其电容值或频率伴随相对湿度变化的信号，经电路转换、放大和线性化处理后，以0～10VDC、2～10VDC电压、4～20mA电流的形式输出表征其测量对象的物理量。室内湿度传感器、室外湿度传感器、风道湿度传感器外形结构可分别参照室内温度传感器，室外温度传感器和风道温度传感器。

（2）电阻式、电容式湿度传感器原理：

1）湿敏电阻：湿敏电阻有多种，如金属氧化物湿敏电阻、硅湿敏电阻、陶瓷湿敏电阻等。湿敏电阻的优点是灵敏度高，主要缺点是线性度和产品的互换性差。

2）湿敏电容：湿敏电容的特点是灵敏度高、产品互换性好、响应速度快、湿度的滞后量小、容易实现小型化和集成化，其精度一般比湿敏电阻要低一些。

其测量范围是（1%～99%）RH，在55%RH时的电容量为180pF（典型值）。当相对湿度从0变化到100%时，电容量的变化范围是163～202pF。温度系数为0.04pF/℃，湿度滞后量为±1.5%，响应时间为5s。

此外，还有电解质离子型湿敏元件、重量型湿敏元件（利用感湿膜重量的变化来改变振荡频率）、光强型湿敏元件、声表面波湿敏元件等。

湿敏元件的线性度及抗污染性差，在检测环境湿度时，湿敏元件要长期暴露在待测环境中，很容易被污染而影响其测量精度及长期稳定性。

（3）湿度传感器的接线：湿度传感器使用RVVP四芯软线，即1对电源线和1对信号线，电源地和信号地常共线使用。

3. 集成式温度、湿度传感器

单片集成式智能化温度/湿度传感器是在 2002 年 Sensiron 公司在世界上率先研制成功，其外形尺寸仅为 8mm×5mm×3mm，出厂前，每只传感器均做过精密标定，标定系数被编成相应的程序存入校准存储器中，在测量过程中可对相对湿度进行自动校准。它们不仅能准确测量相对湿度，还能测量温度和露点。测量相对湿度的范围是 0～100%，分辨力达 0.03%RH，最高精度为 ±2%RH。测量温度的范围是 -40～+123.8℃，分辨力为 0.01℃。测量露点的精度 <±1℃。在测量湿度、温度时 A/D 转换器的位数分别可达 12 位、14 位。已经有上市的产品 SHT11/15：互换性好，响应速度快，抗干扰能力强，不需要外部元件，适配各种单片机，可广泛用于医疗设备及其他温度/湿度调节系统中。

此外常见的还有：（1）线性电压输出式集成湿度传感器：响应速度快，重复性好，抗污染能力强。（2）线性频率输出式集成湿度传感器：线性度好、抗干扰能力强、便于配数字电路。

集成湿度传感器典型产品的技术指标：测量范围一般可达到 0～100%。但有的厂家为保证精度指标而将测量范围限制为 10%～95%。设计 +3.3V 低压供电的湿度/温度测试系统时，可选用 SHT11、SHT15 传感器。这种传感器在测量阶段的工作电流为 550μA，平均工作电流为 28μA（12 位）或 2μA（8 位）。上电时默认为休眠模式（Sleep Mode），电源电流仅为 0.3μA（典型值）。测量完毕只要没有新的命令，就自动返回休眠模式，能使芯片功耗降至最低。此外，它们还具有低电压检测功能。当电源电压低于 +2.45±0.1V 时，状态寄存器的第 6 位立即更新，使芯片不工作，从而起到了保护作用。

温、湿度传感器外观结构示意参见图 36-16，接线见图 36-17。

(a)   *(b)*   *(c)*

图 36-16　温、湿度传感器外观结构图
(a) 壁挂式；*(b)* 风道式；*(c)* 三通（水管）式

4. 壁挂式室内、外温湿度传感器的安装

室内壁挂式温度传感器安装示意如图 36-18 所示。

5. 风道式温、湿度传感器的安装

风道式温度传感器安装示意见图 36-19。安装时，先在风管道上按要求尺寸开孔，然后将变速器用螺钉通过固定夹板安装在风管道上。

6. 水管温度传感器的安装

水管温度传感器安装示意图如图 36-20。其安装位置应选在介质温度变化具有代表性的地方，不宜安装在阻力件附近，也要注意避开水流流速死角、避开震动大的地方。

7. 更进一步的各传感器的安装要求

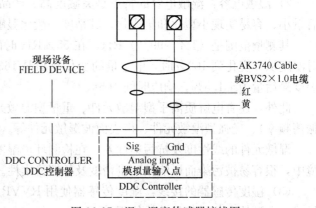

图 36-17　温、湿度传感器接线图

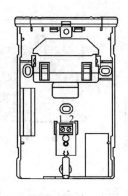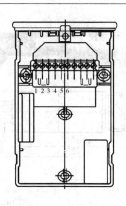

图 36-18　室内温度传感器安装示意图

请参见 36.9.12.3 相关各条的描述。

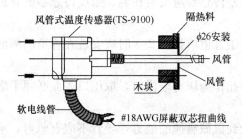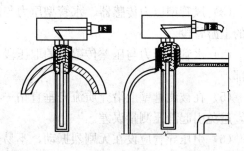

图 36-19　风道式温度传感器安装示意图　　　图 36-20　水管温度传感器安装示意图

36.9.2.2　压力与压差传感器

1. 压力、压差传感器的原理及应用

(1) 压力、压差传感器也称为"压力、压差变送器"，它是将空气压力和液体压力（或压差）信号转换为 0～10VDC 或 4～20mA 电信号的变换装置。

(2) 压力、压差传感器原理：压力传感器的种类繁多，如电阻应变片压力传感器、半导体应变片压力传感器、压阻式压力传感器、电感式压力传感器、电容式压力传感器、谐振式压力传感器及电容式加速度传感器等。但应用最为广泛的是压阻式压力传感器，它具有极低的价格和较高的精度以及较好的线性特性。压力、压差传感器外观结构图见图 36-21。

(3) 压力传感器的接线：对于电压型的压力传感器，使用 RVVP 四芯软线，即 1 对电源线和 1 对信号线，电源地和信号地可共线使用。电流型的压力传感器则是以 1 对信号线输出。

金属电阻应变片由基体材料、金属应变丝或应变箔、绝缘保护片和引出线等部分组成。根据不同的用途，电阻应变片的阻值可以由设计者设计，但压力、压差传感器的安装正确与否，将直接影响到测量精度的准确性和传感器的使用寿命。

2. 风管型、水管型压力传感器的安装要求

(1) 对于气体介质，传感器应装在管道的上部；对于蒸气，传感器应装在管道的两侧；对于液体，测点应在管道的下部；测量容器的压力时，压力测点应选择在介质平稳而无涡流的地方。

(2) 压力传感器安装点应选择在管道或风道的直管段上，应避开各种局部阻力，如阀门、弯头、分叉管和其他突出物（如温度传感器套管等）。

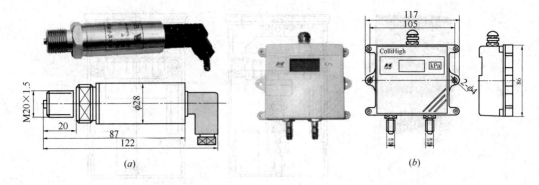

图 36-21   压力、压差传感器外观结构图

(a) 精巧型压力压变送器；(b) 微差压变送器

(3) 风管型压力传感器、水管型压力与压差传感器应安装在温、湿度传感器的管道位置的上游管段。

(4) 水管型压力与压差传感器的取压段小于管道口径的 2/3 时应安装在管道的侧面或底部。

(5) 在被测管壁上沿介质流向垂直钻一小孔作为压力取样口，取压口表面必须平滑无阻，避免引起静压测量误差。

(6) 引压导管应设在无剧烈振动、不易受到机械碰撞的地方，导管不应有急弯，水平方向应有一定坡度，以防管内积气或积液。按导管的环境温度考虑采取防冻或隔热措施。

1) 为了防止高温介质进入仪表，引压导管一般不能过短，测量蒸气压力时，一般导管应长于 3m。

2) 引压导管上部应装有隔离阀，测量液体或蒸气时最高处应有撩拨装置，测量气体时在最低处应有排水装置。

3) 测量低压或负压时，引压管路必须进行严密性试验。

(7) 压力、压差传感器安装注意事项：

1) 压力、压差传感器应安装在温、湿度传感器的上游侧。

2) 压力、压差传感器应安装在便于维修的位置。

3) 风道压力、压差传感器的安装应在风道保温层完成之后。

4) 风道压力、压差传感器应安装在风道的直管段，如不能安装在直管段，则应避开风道内通风死角的位置。

5) 水管压力压差传感器的安装应在工艺管道预制和安装的同时进行，其开孔和焊接工作必须在工艺管道的防腐，清扫和压力试验前进行。

6) 水管压力、压差传感器不宜安装在管道焊缝及其边缘上，水管压力、压差传感器安装后，不应在其边缘开孔和焊接。

7) 水管压力、压差传感器的直压段大于管道直径的 2/3 时可安装在管道的顶部，小于管道口径 2/3 时可安装在侧面或底部和水流流速稳定的位置，不宜选在阀门等阻力部件的附近、水流流束的死角和振动较大的位置。

水管式压力传感器安装示意见图 36-22。被测介质必须经过带缓冲环的引导管进入传感器，传感器进压口和闸阀等连接处必须用石棉垫紧固密封，不得泄露，禁止仅用麻丝或聚四氟乙烯带靠螺纹密封，管路敷设可选用 20mm 穿线管，并用金属软管与压力传感器连接。

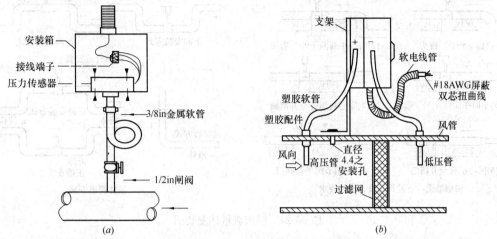

图 36-22　压力、压差传感器安装图
(a) 水管压力传感器安装示意图；(b) 风压差开关安装示意图

3. 风压压差开关安装要求

(1) 安装压差开关时，宜将受压薄膜处于垂直于平面的位置。

(2) 风压压差开关安装完毕后应做密闭处理。

(3) 风压压差开关安装离地高度不宜小于 0.5m（安装示意图见图 36-22）。

36.9.2.3　流量计

1. 流量计的原理及应用

(1) 流量计（flow meter）

流量计是用以测量管路中流体流量的仪表，其测量方法和仪表的种类很多。在建筑设备监控系统的供热和空调控制系统中，要测量各种液体、气体和蒸气的流量和计算介质总量，以达到控制、管理和节能的目的。流量测量是过程控制和经济核算的重要参数。

(2) 流量计的原理

按流量测量原理分有力学、热学、声学、电学、光学原理等，其传感器结构也不同，在供热和空调控制系统中使用较多的是涡街流量计、电磁流量计、差压式流量计、涡轮流量计及超声波流量计。

2. 涡街流量计

涡街流量计（也称旋涡流量计）：利用流体振荡原理，测量流体速度，进而确定流量。主要用于工业管道介质流体的流量测量，如气体、液体、蒸气等多种介质。其特点是压力损失小，量程范围大，精度高，在测量工况体积流量时几乎不受流体密度、压力、温度、黏度等参数的影响。在测量蒸气的流量时，过热蒸气温度不得超过 300℃。涡街流量计外观结构图和安装见图 36-23、图 36-24。

图 36-23　涡街流量计外观结构图

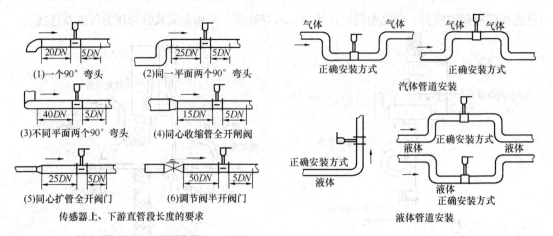

(1)一个90°弯头　　(2)同一平面两个90°弯头

(3)不同平面两个90°弯头　　(4)同心收缩管全开闸阀

(5)同心扩管全开阀门　　(6)调节阀半开阀门

传感器上、下游直管段长度的要求

正确安装方式　　正确安装方式

汽体管道安装

正确安装方式

液体

正确安装方式

液体

正确安装方式

液体

液体管道安装

图 36-24　涡街流量计安装图

　　涡街流量传感器是涡街流量计的一次仪表，旋涡频率转变成电脉冲信号，经前置放大器放大、滤波，形成方波脉冲信号送至二次仪表。由表头输送二次仪表的信号线及二次仪表边表头的工作电源线均采用橡胶密封圈进行密封。

　　3. 电磁流量计

　　电磁流量计是根据电磁感应原理制成的一种测量导电性液体的仪表。它基于导电流体在磁场中运动产生感应电动势的原理测量导电液体体积流量。电磁流量由传感器和转换器等部分组成，电磁流量传感器将测流体的流量转换为相应的感应电动势，测量管上下装有激磁线圈，通以电流即产生磁场穿过测量管，一对电极装在测量管内壁，与液体接触引出感应电动势，即流量信号送往转换器。转换器将传感器输出的感应电动势信号放大并转换成标准电流信号（0～10mA 或 4～20mA）或标准的电压信号输出。

　　电磁流量计有一系列优良特性，可以解决其他流量计不易应用的问题，如脏污流、腐蚀流的测量。近代电磁流量计在技术上有重大突破，使它在流量仪表中其使用量不断上升。

　　电磁流量计如图 36-25 所示：

图 36-25　电磁流量计外观结构图

　　4. 涡轮式流量计

　　涡轮式流量计是一种速度式流量测量仪表，它采用多叶片的转子（涡轮）被流体冲转，转子轴上装有永磁体，在一定的流量范围内，管道中流体的流量容积与涡轮转速成正比，涡轮的转速通过磁电转换装置转换成对应频率的电脉冲信号，测取了涡轮转速就可计算出流体的流量体积。涡轮式流量计外观结构图和安装如图 36-26、图 36-27 所示。

　　5. 流量计的安装的一般要求

　　（1）水流开关应垂直安装在水平管段上。水流开关上标识的箭头方向

图 36-26　涡轮式流量计外观结构图

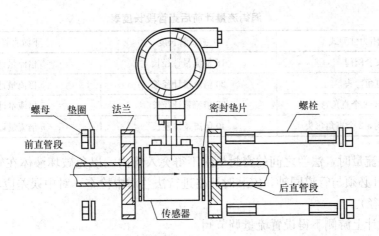

图 36-27 涡轮式流量计安装图

应与水流方向一致，水流叶片的长度应大于管径的 1/2。

（2）水流量传感器的安装应符合下列要求：

1）水管流量传感器的取样段小于管道口径的 1/2 时应安装在管道的侧面或底部。

2）水管流量传感器的安装位置距阀门、管道缩径、弯管距离应不小于 10 倍的管道内径。

3）水管流量传感器应安装在测压点上游并距测压点 3.5～5.5 倍管内径的位置。

4）水管流量传感器应安装在温度传感器测温点的上游，距温度传感器 6～8 倍管径的位置。

5）流量传感器信号的传输线宜采用屏蔽和带有绝缘护套的线缆，线缆的屏蔽层宜在现场控制器侧一点接地。

这是流量计安装的一般要求，对于不同类型的流量计，还要考虑到其特有的特点，细节在下面细致的讲解。

6. 涡街流量计的安装要求

（1）涡街流量计产品的外观要求

涡街流量计外壳上应有铭牌，并标明公称直径（传感器口径）；准确度等级；平均仪表流量系数 K 及供电电源等内容。对防爆型传感器，还应有防爆合格证书编号。在流量计外壳的明显部位应有流体流向的永久性标示。

（2）涡街流量计安装

1）涡街流量计产品种类繁多，新产品也不断涌现，故其安装、调整及使用应按照产品说明书的要求来进行。

2）流量计可安装在水平管道或垂直管道上，但必须保证流体在管道内是满管流动，因此在流体为气体或蒸气时，流量计应安装在垂直管道上，使流体自下而上流过流量计，流体的流向应与流量计标示的流向一致。

3）在安装流量计时，流量计前后应有足够的直管段长度，以保证产生稳定涡街所必需的流动条件，流量计前后直管段必须满足表 36-8 的要求。

涡街流量计前后直管段长度表 表 36-8

上游阻力件型式	上游直管长度	下游直管长度
安全阀门	15 倍流量计径长	5 倍流量计径长
直角弯头	20 倍流量计径长	5 倍流量计径长
同平面内，2 个直角弯头	25 倍流量计径长	5 倍流量计径长
不同平面内，2 个直角弯头	40 倍流量计径长	5 倍流量计径长

4）安装流量时，法兰之间的密封垫圈不得突入管内，以免破坏液体在管道内的流动状态，流量计必须与管道同轴，安装时严格进行法兰对中检查，对中误差应小于 $0.01DN$（DN 公称直径）。

5）流量计上游侧不得设置流量调节阀。

6）测量流体的温度传感器、压力传感器应安装在离涡街流量计出口端面 $5DN$ 以外。

7）流量计的安装地点应避免机械振动，尤其避免管道横向振动，在安装施工时，为防止管道振动，可在流量计下游 $2DN$ 处安装固定支撑点。

8）流量计安装地点应避免电磁场干扰，流量计与控制器之间的导线应为截面积 $0.5mm^2$ 的屏蔽导线，屏蔽导线应穿在金属管内，金属套管应接地。

9）为了便于流量计的维修，在拆下流量计后不影响对被测流体的正常输送，在安装传感器时，同时应安装旁路管，要求传感器的前后阀门和旁路管的截止阀门关闭后不得有泄露，以免产生附加测量误差或不便于维修。

（3）涡街流量计的现场调整

流量计的现场调整应与控制器（或二次仪表）配套进行，在仪表通电调试之前，应准备好调试仪器，如超低频示波器、数字频率计及数字万用表等，应打开旁路阀门，关闭流量计前后阀门，使流量计前后管道内充满静态介质。

调整可按下列步骤进行：

1）按通流量计工作电源，此时流量计内前管放大器应没有与脉冲信号输出，用示波器观察流量计的输出应为高电平或低电平不变，所接控制器（或二次仪表）流量值显示应为零，显示的累计流量值应不变。

2）如果流量计有脉冲信号输出，流量值显示不为零，应进行零位调整。首先应检查是否由管道振动引起的误触发脉冲信号，如果有这种现象，应按安装要求（1）的方法消除管道的振动问题，当管道无振动或振动消除后，流量计仍有脉冲输出，可适当调整前置放大器中的灵敏度调整电位器，直到调整到输出为零。

3）流量计稳定性的检查与调整：打开流量计上下游阀门，关闭旁路阀门，使流体流动，观察输出是否稳定，此时流量计有输出，用示波器观察输出信号，应是连续等幅并接近等宽的脉冲波，用电流表检查中流输出端，电流表指针应无跳动。

4）调整流量计上下游阀门开度，改变管道内流量，流量示值应有相应变化，流量计输出的脉冲仍是等幅连续的矩形波。

7. 电磁流量计安装

（1）电磁流量计安装材料要求：电磁流量传感器的测量导管采用高电阻率的非磁性金属材料制成，因此在磁场中，磁通量不会被导管分流。为了适应对腐蚀性流体介质的测量，在测量导管内表面与被测介质接触的地方以及导管与电极之间都会有绝缘衬里，衬里材料通常采用橡胶、搪瓷或化学聚合物。

电磁流量传感器的电极也必须是非导磁的导电材料，通常采用的是不锈钢。由于电极需直接与被测流体接触，考虑到被测介质的强腐蚀性，电极材料可选用耐腐蚀的合金材料。

电磁流量传感器的外壳与连接法兰材料，中小口径的宜选用不锈钢，大口径的可选用玻璃纤维增强塑料。在腐蚀性场合应将外壳表面涂耐腐蚀性材料或选用耐腐蚀性新塑料。

（2）电磁流量计安装位置与角度：是水平、垂直或倾斜可按实际情况选择。水平或倾斜安装时要使电极轴线平行于地平线，不要垂直于地平线位置。因为处于底部的电极易被沉积物覆盖，顶部电极易被液体中偶存气泡擦过遮住电极表面，使输出信号波动。

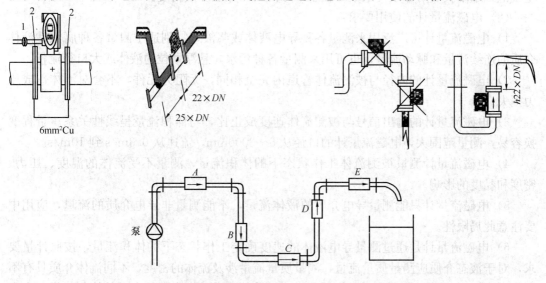

图 36-28 电磁流量计传感器安装图

图 36-28 所示管系中，C、D 为适宜位置，A、B、E 为不宜位置，A 处易积聚气体，B 处可能液体不充满，E 处传感器后管段也有可能不充满。

（3）前后置直管段要求：为获得标定时的测量精度，电磁流量计前也要有一定长度的前置直管段，但其长度与其他流量仪表相比要求较低。90°弯头、T 形管、圆锥角大于 15°的渐扩异径管、全开阀后只要求离电极中心线 5 倍直径长度的前置直管段，不同开度的各种阀则需按 10 倍直径。后置直管段长度为 4～5 倍管径，也有称无要求者，应防止蝶阀阀片伸入流量计测量管内。流量计前的渐缩异径管或四锥角小于 15°的渐扩异径管可视作直管。

（4）负压管系的安装：塑料衬里的流量计须谨慎地应用于负压管系，正压管系应防止产生负压。例如液体温度高于室温的管系。关闭流量计上下游截止阀停止运行后，流体冷却收缩会形成负压，应在流量计附近装负压防止阀。有制造厂限定 PIEF 和 PFA 塑料衬里应用于低压管系的压力，在 20℃、100℃、130℃ 时使用的绝对压力必须分别大于 27kPa、40kPa、50kPa。

（5）便于清洗的管道连接：流量计在检修和出现故障时，为便于工艺联系继续使用，应装旁路管，在需要清洗内壁附着物时，在不卸下流量计时就地清洗。

（6）电磁流量计工作环境：电磁流量计工作环境温度的范围取决于本身结构，转换器分离的电磁流量计，典型工作环境温度范围为$-10\sim+50℃$或$-25\sim+60℃$；一体型仪表在介质温度高于$60℃$时，则应在$-25\sim+40℃$内。

（7）电磁流量计的安装要求：

1）电磁流量计的安装应避免有较强的直流磁场或有剧烈振动的位置。

2）电磁流量计、被测介质及工艺管道二者之间应该连续成等电位，并应良好接地。

3）电磁流量计应安装在流量调节阀的上游。

4）在垂直管道安装时，流体流向自下而上，以保证管道内充满被测流体，不至于产生气泡，水平安装时必须使电极处在水平方向，以保证测量精度。

（8）电磁流量计的使用要求：

1）电磁流量计可广泛用来测量各种导电液体或浆液，特别适于测量各种腐蚀性液体介质的连续流量和脉动流量，也可用来测量各种污水，悬浮颗粒的液体或大口径流量。

2）电磁流量计的内径与被测流体管道内完全相同，无阻力元件，不会对流体造成压力损失。

3）电磁流量计的输出信号与被测流体速度成正比，与体积流量呈线性关系。量程变换容易，测量范围大，电磁流量计的口径从$6\sim3000mm$，流速从$0.3m/s$到$10m/s$。

4）电磁流量计测量被测流体工作状态下的体积流量，测量不受流体的温度、压力、密度和黏度的影响。

5）电磁流量计只能测量导电介质的液体流量，不能测量非导电介质的流量，应用中要注意此局限性。

6）电磁流量计是通过测量导电液体的速度确定工作状态下的体积流量，按照计量要求，对于液态介质应测量质量流量，测量质量流量涉及流体的密度，不同流体介质具有不同的密度，而且随温度变化而变化。电磁流量计的测量是在常温状态下的体积流量，应在计算机或控制器中增加运算功能，引入不同流体介质的密度参数并进行计算，得到质量流量。

7）电磁流量计的安装与调试要求严格：传感器和转换器必须配套使用，在安装流量计时，从安装地点的选择到具体的安装高度，必须严格按产品说明书要求进行；安装地点不能有振动，不能有强电磁场；在安装时必须使流量计和管道有良好的接触及良好的接地，流量计的电位以被测流体电位为基础，要求被测流体电位稳定，使流量计与被测流体等电位，使用时，必须排尽测量管中存留的气体，否则会造成测量误差。

8）电磁流量计用来测量带有污垢的黏性流体时，黏性物或沉淀物会附着在管内壁或电极上，使传感器输出电动势变化，带来测量误差，因此在使用中应注意对污垢物或沉淀物的定期冲洗，保持电极清洁，尽可能减少测量误差。

9）电磁流量计传感器的测量信号为毫伏级电动势信号，除流量信号外，还夹杂着一些与流量无关的信号，如同相电压、正交电压及共模电压等。为了准确地测量流量，必须消除各种干扰信号，有效地放大流量信号，提高转换器的性能，最好采用带有微处理机的转换器，用它来控制励磁电压，按被测流体性质选择励磁方式和频率，排除同相干扰和正交干扰。

8. 涡轮式流量计的安装

（1）涡轮式流量计应安装在便于调试和维修的位置。

（2）涡轮式流量计的安装应尽量避开管道振动、强磁场和热辐射的地方。

（3）涡轮式流量计安装时要注意水平安装，流体的流动方向必须与流量计壳体上所指示的流向标志一致。如果没有标志，可按下列所述判断流向，流体的进口端导流器中间有圆孔；流体的出口端导流器中间没有圆孔。

（4）当可能产生逆流时，在流量计后面安装逆止阀。

（5）涡轮式流量计应安装在压力传感器测压点的上游，距测压点 3.5～5.5 倍管径的位置，温度传感器应设置在其下游测，距涡轮式流量计 6～8 倍管径的位置。

（6）涡轮式流量计应安装在有一定长度的直管段上，以确保管道内流速平稳。涡轮式流量计的上游应留有 10 倍管径的直管，下游应留有 5 倍管径的直管。若流量计前后的管道中安装有阀门和管道缩径、弯管等影响流速平稳的设备，则直管段的长度还需相应增加。

（7）涡轮式流量计信号的传输线宜采用屏蔽和绝缘保护层的电缆，并宜在控制器一侧接地。

（8）为了避免流体中脏物堵塞涡轮叶片，应在流量计前的直管段（20DN）前部安装 20～60 目的过滤器，要求通径小的目数密，通径大的目数稀。过滤器在使用一段时间后应根据现场具体情况，定期清洗过滤器。

（9）对于新安装的流体管路系统，管道中不可避免地会有杂质或铁锈，为防止杂质或铁锈进入流量计（或堵塞过滤器），在安装管道时，先将一节管道代替涡轮流量计，等运行一段时间确认管道中无杂质或铁锈的情况下，再装上涡轮流量计。

（10）涡轮流量计在使用时，被测介质温度不应超过 120℃，周围环境空气相对湿度不得大于 80%。

36.9.2.4　电量传感器

1. 电量传感器的原理及应用

（1）电量传感器

也称为"电量变送器"，常用的电量传感器有电压、电流、频率、有功功率、功率因数和有功电度传感器等。

（2）电量传感器原理

1）电压值或电流值测量：被测正弦交流电压、电流经互感器变换到一定的量程范围内，经整流将交流信号转换为直流电压值或直流电流值，由读取该电压或电流值即可计算出被测交流电压、电流的有效值。当交流电含有谐波时，该测量方法的测量精度会下降。

2）功率测量：交流电压和电流信号经模拟乘法器相乘后即得瞬时功率信号，再经低通滤波器得出平均功率值。电量传感器的原理图见图 36-29，外观见图 36-30。

（3）电量传感器的信号线

这是一个直流信号，它代表被测电量的大小，将此直流电压值测量出即可求出被测电量率的数值：

1）电压传感器通常用电压互感器采集信号，然后将单项或者三相交流电压变换为 0～5V、0～10V 或 4～20mA 模拟量输出，如图 36-31 所示。

2）电流传感器通常通过电流互感器采集信号，然后将单相或者三相的电流信号变换成为 0～5V 电压或 0～20mA、4～20mA 电流输出，如图 36-32 所示。

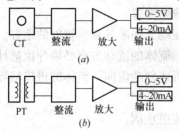

图 36-29　电量传感器原理图

(a) 交流电流信号产品原理框图；
(b) 交流电压信号产品原理框图

图 36-30　电量传感器外观

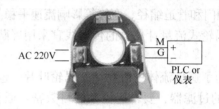

图 36-31　电压传感器图

图 36-32　电流传感器

3）其他频率、功率因数、有功功率、无功功率等传感器均将相关参数变换成为 0～5V 电压或 4～20mA 电流输出。

2. 电量传感器的安装

(1) 电量传感器通常安装在高低压开关柜内，或配置于独立的电量传感器柜内，然后将相应的检测设备的 CT、PT 输出端通过电缆接入电量传感器柜，并按设计和产品说明书提供的接线图接线，再将其对应的输出端接入 DDC 控制柜。

(2) 传感器接线时，严防其电压输入端短路和电流输入端开路。

(3) 必须注意传感器的输入、输出端的范围与设计和 DDC 控制柜所要求的信号相符。

36.9.2.5　风压差开关与水流开关

1. 风压差开关和水流开关的原理及应用

(1) 风压差开关是用于感应空气质量、空气压力或空气压差，当空气流量变化时，压差开关能够检测压差的变化（动压或通过固定节流圈的压降），主要用于检测空调机组过滤器的阻塞。

(2) 水流开关用于测量流经管道内液体流量的通断状态。

(3) 风压差开关和水流开关的输出均为开关量信号（外观见图 36-33）。

2. 风压差开关的安装

(1) 风压差开关安装离地高度不应小于 0.5m。

(2) 风压差开关的安装应在风道保温层完成之后。

(3) 风压差开关应安装在便于调试、维修的地方。

(4) 风压差开关不应影响空调机本体的密封性。

(5) 风压差开关的连接线应通过软管保护。风压差开关的安装示意见图 36-34（a），

WJ-A368

图 36-33 风压差开关和水流开关外观结构图

压差开关应垂直安装,使用"L"形托架进行安装,管路敷设可选用 20mm 穿线管,并用金属软管与压差开关连接。

风压差开关和水流开关的输出均为开关量信号。

3. 水流开关的安装

(1) 水流开关的安装,应在工艺管道预制、安装的同时进行。

(2) 水流开关的开孔与焊接工作,必须在工艺管道的防腐、清扫和压力试验前进行。

(3) 水流开关不宜安装在焊缝及其边缘上,避免安装在侧流孔、直角弯头或阀门附近。

(4) 水流开关应安装在水平管段上,不应安装在垂直管段上。

(5) 水流开关应安装在高度便于维修的地方。

(6) 水流开关叶片长度应与水管管径相匹配。

水流开关安装时要将水流开关旋紧定位,使叶片与水流方向成直角,水流开关上标注方向与水流方向相同。水流开关安装示意如图 36-34 (b) 所示。

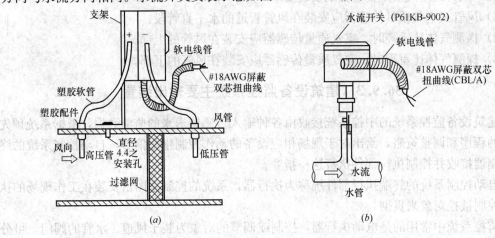

图 36-34 风压差开关和水流开关安装图
(a) 风压差开关安装示意图;(b) 水流开关安装示意图

36.9.2.6 空气质量传感器

1. 空气质量传感器的原理及应用

根据需要测量的气体的成分,空气质量传感器有多种针对类型,如测量一氧化碳,二氧化碳、可燃气体、酒精和毒物等。其测量部件是由对被测气体敏感的半导体材料制成,以电压变化值的形式给出测量到的变化，以 0～5V 信号输出。常用的有金属氧化物半导体式传感器、定电位电解式传感器、催化式传感器、离子化气体传感器等等。

空气质量变送器有壁挂、管道两种安装方式，其安装位置应选择能代表性的反映被检测空间的空气质量状况的地方。外观结构图和安装位置图见图 36-35 和图 36-36。

图 36-35 空气质量传感器外观结构图

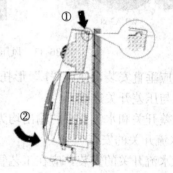

图 36-36 空气质量传感器安装图
①、②为外壳开启处

2. 空气质量传感器的安装

（1）室内空气质量传感器的安装要求

1）探测气体比重轻的空气质量传感器应安装在房间的上部，安装高度不宜小于 1.8m。

2）探测气体比重重的空气质量传感器应安装在房间的下部，安装高度不宜大于 1.2m。

（2）风管式空气质量传感器的安装要求

1）风管式空气质量传感器应安装在风管管道的水平直管段。

2）探测气体比重轻时，空气质量传感器应安装在风管的上部。

3）探测气体比重重时，空气质量传感器应安装在风管的下部。

36.9.3 建筑设备监控系统主要输出装置

建筑设备监控系统的中控系统接收由各种输入传感器送来的监测数据，根据系统预先设定的程序和调整策略，给出对于现场相应设备的动作控制指令信号，自动控制系统的终端控制器接收并控制执行部件执行这一指令。

自动控制系统的终端执行部件统称为执行器，系统的控制意图由安装在工作现场的执行器控制被控对象来贯彻。

监控系统中常用的是电动执行器，控制或调节的对象为装于风道、水管的阀门，可分为驱动与控制水管阀门的电磁阀，电动调节阀和驱动与控制风阀的风阀执行器。

由于长年与工作现场的介质直接接触，执行器选择不当或维护不善，会使整个控制系统工作不可靠，严重影响控制品质。

36.9.3.1 电磁阀

1. 电磁阀的原理及应用

（1）电磁阀是电动执行器中的一种，它利用电磁铁的吸合和释放对小口径阀门作通、断两种状态的控制。电磁阀无机械传动部件，故结构简单、可靠性高、可控范围大，便于维修和调试。电磁阀的型号可根据工艺要求选择，其通径可与工艺管路直径相同。

（2）电磁阀的作用原理、方式：电磁阀是利用线圈通电后，产生电磁引力拉动活动铁芯，带动阀芯运动，从而控制空调或制冷系统管路的气体或液体流量通断。电磁阀有直动式和先导式两种：

1）直动式电磁阀结构中，电磁阀的活动铁芯本身就是阀芯，通过电磁吸力开阀，失电后，由恢复弹簧闭阀。

2）先导式结构有导阀和主阀组成，通过导阀的先导作用促使主阀开阀，线圈通电后，电磁力吸引活铁芯上升，使排出孔开启。

各种电磁阀外观结构参见图 36-37 所示。

图 36-37　各种电磁阀外观结构图

2. 电磁阀的安装

（1）电磁阀上的箭头指向应与水流和气流的方向一致。

（2）空调机的电磁阀一般应装有旁通管路。

（3）电磁阀的口径与管道通径不一致时，应采用渐缩管件，同时电磁阀口径一般不应低于管道口径两个等级。

（4）有阀位指示装置的电动阀，阀位指示装置应面向便于观察的位置。

（5）电磁阀安装前应按照使用说明书的规定检查线圈与阀体间的电阻。

（6）如条件许可，电磁阀在安装前宜进行模拟动作和试压试验。

（7）电磁阀一般安装在回水管路上。

36.9.3.2　电动调节阀

1. 电动调节阀的原理及应用

（1）电动调节阀以电动机为动力，将控制器输出信号转换为阀门的开启度，它是一种连续动作的执行器，电动调节阀通常有阀体和阀门执行器组成，比传统的气动调节阀具有明显的优点：节能、安装快捷方便。

（2）电动调节阀的作用方式

电动执行机构的输出方式有直行程、角行程和多转式三种类型，分别同直线移动的调节阀、旋转的蝶阀、多转的感应调节器等配合工作，在结构上电动执行机构可与调节阀组装成整体执行器外，还常单独分装以适应各种需要，使用比较灵活。由电动执行机构和调节阀连接组合后经过机械连接装配、调试、安装构成电动调节阀。

通过接收控制系统的信号（如：4～20mA）来驱动阀门改变阀芯和阀座之间的截面积大小控制管道介质的流量、温度、压力等工艺参数。实现自动化调节功能。直行程电动调节阀的结构，阀杆的上端与执行机构相连接，当阀杆带动阀芯在阀体内上下移动时，改变阀芯与阀座之间的流通面积，即改变阀的阻力系数，其流过阀的流量就相应地改变，从而达到调节流量的目的。

电动调节阀一般用于自动控制系统，电动机通过减速变换转角控制阀杆行程来改变阀门的开度。因此将阀杆行程再经位置信号转换器反馈到伺服放大器的输入端与给定输入信号相比较，以确定对电动机的控制。在实际应用中，为了使系统简单，常使用两位式放大器和交流感应电动机。电动机在运行中，多处于频繁启动和制动中，为使电动机不致过热，常使用专门的异步电动机，用增大转子电阻的办法，以减小启动电流，增加启动力矩。

(a)　　　　　　　　*(b)*　　　　　　　　*(c)*

图 36-38　各种电动调节阀外观结构图

(a) EV 系列电动调节阀；*(b)* 动态平衡电动调节阀；*(c)* 电动蝶阀

2. 常见电动调节阀的种类

根据构造分为直通单座或双座调节阀、三通调节阀、蝶阀（翻板阀）等（外观图见图36-38）。

（1）直通单座调节阀（简称两通阀）：适用于低压差的场合，如普通的空调机组、风机盘管、热交换器等的控制。

（2）直通双座调节阀（简称平衡阀）：适用于控制压差较大，但对关闭严密性要求相对较低的场所，比较典型的应用如空调冷冻水供水与回水管上的压差控制阀。

双座调节阀有正装和反装两种。正装时，阀芯向下位移，阀芯与阀座间的流通面积减少；反装时，阀芯向下位移，阀芯与阀座的流通面积增大。

双座阀体有上、下两个阀芯，流体作用在上、下阀体的推力的方向相反而大小接近相等，所以双座阀的不平衡力很小，允许压差较大，流通能力比同口径的单座阀大。

（3）蝶阀：其特点是体积小、安装方便，并且开、关阀的允许压差较大，但是其调节特性和关阀密闭性都比较差，使其使用范围受到一定的限制。通常用于压差较大，对调节特性要求不高的场所。

3. 电动调节阀的安装

（1）电动阀在安装前应做的检查

1）电动阀的型号、材质必须符合设计要求，其阀体强度、阀芯泄漏经试验必须满足设计文件和产品说明书的有关规定。

2）应进行模拟动作和试压试验：电动阀门驱动器的行程、压力和最大关紧力（关阀的压力）必须满足设计和产品说明书的要求。

3）将电动执行器调节阀进行组装时，应保证执行器的行程和阀的行程大小一致。

4）选择合适的安装位置。

（2）电动调节阀的安装要求

1）电动阀阀体上箭头的指向应与水流或气流方向一致。

2）电动阀应垂直安装于水平管道上，尤其是大口径电动阀不能有倾斜。

3）电动阀的口径与管道通径不一致时，应采用渐缩管件，同时电动阀口径一般不低于管道口径两个等级。

4）阀门执行机构应安装牢固，传动应灵活，无松动或卡涩现象。阀门应处于便于操作的位置。

5）有阀位指示装置的电动阀，阀位指示装置应面向便于观察的位置。

6）电动阀一般安装在回水管道上。

7）空调机的电动阀一般应装有旁通管路。

（3）电动调节阀安装后的工作

1）安装于室外的电动阀应适当加防晒、防雨措施。

2）当调节阀安装在管道较长的地方时，应安装支架和采取避震措施。

3）电动阀在管道冲洗前，应完全打开，以便于清除污物。

4）检查电动调节阀的输入电压、输出信号和接线方式，应符合产品说明书的要求。

36.9.3.3　电动风阀

1. 电动风阀的原理及应用

（1）电动风阀执行器作为气体介质调节流量或切断的装置，用来调节控制风阀动作，以调节风道的风量和风压，用于冷风或热风管道中（见图 36-39）。

图 36-39　各种电动风阀外观结构图

（2）电动风阀的作用原理、方式：

1）电动风阀是一种非密闭型蝶阀，由电动机带动驱动执行机构，使蝶板在 90°范围内自由转动以达到启闭或调节气体流量。其结构采用中线式蝶板，结构紧凑、便于安装、流阻小、流通量大。因内部没有连杆，故工作可靠、使用寿命长。

2）使用不同的材料可适用于介质温度≤300℃，公称压力为 0.1～0.6MPa 的管道上。

3）执行器可选带电讯号反馈指示、电磁阀、定位器等各类附件以实现自动化操作。

2. 风阀执行器的安装

（1）电动风阀安装前应做的检查

1）电动风阀的型号、材质必须符合设计要求，应按安装说明书的规定检查线圈和阀体间的电阻、供电电压，应符合设计和产品说明书的要求。

2）应进行模拟动作试验：风阀执行器的输出力矩必须与风阀所需要的力矩相配，并符合设计要求。

（2）电动风阀的安装要求

1）风阀执行器上的开闭箭头的指向应与风门方向一致。

2）风阀执行器与风阀轴的连接应固定牢固。

3）风阀的机械机构开闭应灵活，无松动或卡涩现象。

4）风阀执行器不能直接与风门挡板轴相连接时，则可通过附件与挡板轴相连，但其附件装置必须保证风阀执行器旋转角度的调整范围。

5）风阀执行器的开闭指示位应与风阀实际状况一致，风阀执行器宜面向便于观察的位置。

6）风阀执行器应与风阀口轴垂直安装，垂直角度不小于8°。

（3）电动风阀安装后的工作

检查电动风阀的输入电压，输出信号和接线方式，应符合产品说明书的要求。

36.9.3.4　变频器

1. 变频器的原理及应用

（1）变频器（VFD）作用原理

变频器是利用电力半导体器件将工频电源变换为另一频率的电能的控制装置。在智能建筑中使用变频器，一是为延长设备使用寿命，二是节能（外观见图 36-40）。

图 36-40　各种变频器外观结构图

（2）变频器的应用方式

1）使电动机平滑启动：使用变频器改变频率的同时控制变频器输出电压，使异步电动机的磁通保持一定，可用小电流平滑启动电机（工频启动电流为额定电流 6～7 倍，变频启动仅为 1.25～2 倍）。变频启动减轻了对电网的冲击和对供电容量的要求，延长了电机设备和阀门的使用寿命，节省设备的维护费用。

2）功耗节能：主要表现在风机、水泵的应用上。当电机不能在满负荷下运行时，有效作功以外，多余的力矩增加了有功功率的消耗；而且，风机、泵类等设备传统的调速方法是通过调节出入口的挡板、阀门开度来调节给风量和给水量，大量的能源消耗在挡板、阀门的截流过程中。当使用变频调速时，如果流量要求减小，通过降低泵或风机的转速即可满足要求。

3）功率因数补偿节能：无功功率增加线损和设备的发热，更因功率因数的降低导致电网有功功率的降低，大量的无功电能消耗在线路当中，而变频器经内部滤波电容的作用，减少了无功损耗，增加了电网的有功功率。

2. 变频器的安装

（1）变频器的安装环境和使用条件

在建筑设备监控系统中对风机、水泵使用变频器控制时，电源侧和电动机侧电路中将同时产生高次谐波，对此高次谐波引起的电磁干扰，在变频器的安装上要作相应的考虑。

为了保证变频器稳定地工作，安装时对设置变频器场所的温度、湿度、灰尘和振动等环境条件也必须充分考虑，确保安装和使用环境能充分满足 IEC 标准和国标对变频器所规定环境的允许值。故对安装环境有如下要求：

1) 安装变频器的房间应避免潮湿、水浸，并且维修检查方便。

2) 无易燃易爆或腐蚀性气体、液体、粉尘。周围环境如有爆炸性或燃烧性气体存在，电路中产生火花的继电器和接触器，以及在高温下使用的电阻器等器件，可能引起火灾或爆炸。有腐蚀性气体时，金属部分产生腐蚀，不能长期保证变频器的性能，环境中粉尘和油雾多时，在变频器内附着、堆积，将导致绝缘能力降低，对于强迫冷却方式的变频器，由于过滤器堵塞将引起变频器内温度异常上升，导致变频器不能正常工作。

3) 应备有通风口或换气装置，以及时排除变频器产生的热量。

4) 变频器同易受高次谐波和无线电干扰影响的装置分开一定距离摆放。

5) 变频器宜在电机附近就近安装。

6) 环境温度：变频器运行的环境温度一般要求为 $-10\sim+40℃$，如散热条件好（如在配电柜加装排风扇或去掉外壳），则上限温度可提高到 $+50℃$。

7) 环境湿度：变频器环境相对湿度推荐为 $40\%\sim90\%RH$（无结露现象），周围环境湿度过高，有电气绝缘能力降低和金属部分的腐蚀问题，湿度显著降低则容易产生绝缘破坏。

8) 振动：变频器安装环境的振动加速度一般限制在 $(0.3\sim0.5)$ g 以下，振动超过容许值而加在变频器上，将产生结构件紧固部分的松动，接线材料机械疲劳引起疲劳，以及继电器、接触器等的器件误动作，导致变频器不能正常工作。

9) 高度：变频器工作环境的海拔高度规定在 1000m 以下，海拔高则气压下降，容易产生绝缘破坏，关于海拔高度在 1000m 以上的变频器绝缘没有直接规定，一般认为在 1500m 耐压降低 5%，3000m 耐压降低 20%。

（2）变频器的安装方法和要求

1) 壁挂式安装：由于变频器本身具有较好的外壳，一般情况下允许直接靠墙壁安装，称为壁挂式安装。如图 36-41 所示。

为了保持通风的良好，变频器与周围阻挡物的距离应符合两侧≥100mm，上下方≥150mm，为了改善冷却效果，所有变频器都应垂直安装，为了防止异物掉在变频器的出风口而阻塞风道，最好在变频器出风口的上方加装保护网罩。

2) 柜式安装：当周围的尘埃较多时，或和变频器配用的其他控制电器较多而需要和变频器安装在一起时，采用柜式安装。柜式安装时应注意设备发热和散热问题，变频器的最高允许温度为 50℃。一般情况下应考虑设置换气扇，采用强迫换气。当一个控制柜内装有两台或两台以上变频器时，应尽量并排安装（横向排列），如必须采用纵向排列时，则应在两台变频器之间加装横隔板，以避免下面变频器出来的热风进入到上面的变频器内。如图 36-41 所示。

（3）变频器的接线

1) 主（动力）电路的接线

①基本接线：主电路的基本接线如图 36-42 所示，图中 Q 是空气断路器，KM 是接触

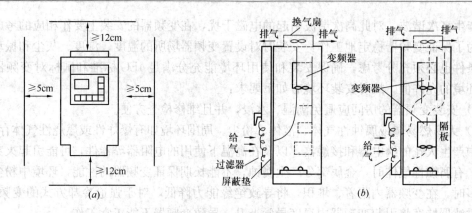

图 36-41 变频器的安装图

(*a*) 变频器壁挂式安装；(*b*) 变频器电气柜安装

器触点，FR 是热继电器。R、S、T 是变频器的输入端，U、V、W 是变频器的输出端，与电动机相连。

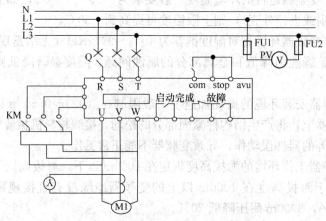

图 36-42 变频器主电路的基本接线图

②输入端与输出端接错的严重后果：变频器的输入端与输出端是绝对不允许接错的，万一将电源进线错误地接到了 U、V、W 端则不管哪个逆变管导通，都将引起短路而将逆变管迅速烧坏。

③与工频电源的切换电路：一般地说负载是不允许停机的，在变频器发生故障时，必须迅速将电动机切换到工频电源上，使电动机不停止工作，如图 36-43 所示，各接触器的控制动作必须满足以上关系：

2）控制电路的接线

①模拟量信号控制线：输入侧的给定信号线和反馈信号线；输出侧的频率信号线和电流信号线。

模拟量信号的抗干扰能力较低，因此必须使用屏蔽线，屏蔽层的靠近变频器的一端，应接控制电路的公共端（COM），但不要接到变频器的地端（E）或大地，屏蔽层的另一端可悬空。

模拟量信号线布线时还应该遵守：尽量远离主电路 100mm 以上，尽量不和主电路交

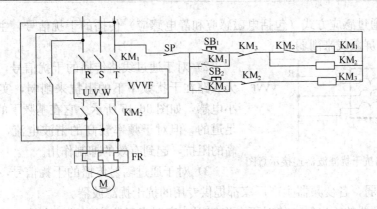

图 36-43 变频器与工频电源的切换电路原理图

叉，必须交叉时，应采取垂直交叉的方式。

②开关量控制线：包括启动、点动、多档转速控制等的控制线，一般来说模拟量控制线的接线原则也都适应开关量控制线，但开关量的抗干扰能力较强，故在距离不很远时，可不使用屏蔽线，但同一信号的两根线必须互相绞在一起。

③大电感线圈的浪涌电压吸收电路：接触器、电磁继电器的线圈和其他各类电磁铁的绕组，都具有很大的电感，在接触或断开的瞬间，由于电流的突变，它们会产生很高的感应电动势，因而在电路内会形成峰值很高的浪涌电压，导致内部控制电路的误动作，所以在所有电感线圈的两端，必须接入吸收电路。在大多数情况下可采用阻容吸收电路；在直流电路中的电感线圈，也可以只用一个二极管。

（4）变频器的接地

所有变频器都专门有一个接地端子"E"，用户应将此端子与大地相接。

当多台变频器或变频器和其他设备一起接地时，每台设备都必须分别和地线相接，不容许将一台设备的接地端和另一台的接地端相接后再接地。接地图见图 36-44。

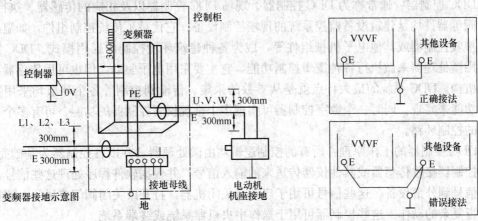

图 36-44 变频器接地图

（5）变频器的干扰传播及措施

变频器的输入和输出电流中，含有高次谐波成分，它们可能形成对其他设备的干扰信号。干扰信号的传播方式主要有：辐射和静电感应。相应的抗干扰措施是：

1）对于通过感应方式（包括电磁感应和静电感应）传播的干扰信号，主要通过正确地布线和采取屏蔽线来削弱。

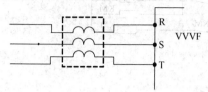

图 36-45　线路抗干扰滤波器连接示意图

2）对于通过线路传播的干扰信号，主要通过增大线路在干扰频率下的阻抗来削弱，实际上是串入小电感，如图 36-45 所示。它在基频下的阻抗是微不足道的，但对于频率较高的谐波电流，会表现出很高的阻抗，起到有效的抑制作用。

3）对于通过辐射传播的干扰信号，主要通过吸收的方法来削弱，各变频器生产厂家都提供专用的抗干扰滤波器。

4）在变频器的输出侧，绝对不允许使用电容器来吸收高次谐波电流。这是因为在逆变器导通瞬间，会出现峰值很大的电流，使逆变器损坏。

36.9.4　中控设备、传输网络和现场控制设备

36.9.4.1　中央控制设备

在中央控制室以建筑设备监控系统服务器（工作站）及相关的传输网络、接口设备、打印机构成集中管理控制中心：

（1）中控设备：服务器、工业控制机、打印机、UPS 电源、系统模拟显示屏等。

（2）传输网络：包括各类通信接口、网络控制器、网关、交换机、中继器等其他通信设备。

（3）现场控制设备：由各类控制器（如 DDC 控制器）、输入输出控制模块、电源、接线端子排及控制箱柜等组成。

对于中控设备、传输网络在此不做介绍，相关资料很多。主要对现场 DDC 控制器进行一下介绍：

DDC 控制器：通常称为 DDC 控制器。现场 DDC 控制器以及相应的传感器、执行器、调节阀等器件均是建筑设备监控系统的现场控制设备。它代替了传统控制组件，如温度开关、接收控制器或其他电子机械组件等，成为各种建筑环境控制的通用模式。DDC 系统是利用微处理器来做执行各种逻辑控制功能，它主要采用电子驱动，但也可用传感器连接气动机构。DDC 系统的最大特点就是从参数的采集、传输到控制等各个环节均采用数字控制功能来实现。同时一个数字控制器可实现多个常规仪表控制器的功能，可有多个不同对象的控制环路。

DDC 控制器的工作原理：所有的控制逻辑均由微处理器，并以各控制器为基础完成，这些控制器接收传感器或其他仪器传送来的输入信号，并根据软件程序处理这些信号，再输出信号到外部设备，这些信号可用于启动或关闭机器，打开或关闭阀门或风门，或按程序执行复杂的动作。这些控制器可用于操作中央机器系统或终端系统。

DDC 控制器是整个控制系统的核心。是系统实现控制功能的关键部件。它的工作过程是控制器通过模拟量输入通道（AI）和开关量输入通道（DI）采集实时数据，并将模拟量信号转变成计算机可接受的数字信号（A/D 转换），然后按照一定的控制规律进行运算，最后发出控制信号，并将数字量信号转变成模拟量信号（D/A 转换），通过模拟量输出通道（AO）和开关量输出通道（DO）直接控制设备的运行。

DDC 控制器的软件通常包括基础软件、自检软件和应用软件三大块。其中基础软件是作为固定程序固化在模块中的通用软件，通常由 DDC 生产厂家直接写在微处理芯片上，不需要也不可能由其他人员进行修改。各个厂家的基础软件基本上是没有多少差别的。设置自检软件和保证 DDC 控制器的正常运行，检测其运行故障，同时也可便于管理人员维修。应用软件是针对各个空调设备的控制内容而编写的，因此这部分软件可根据管理人员的需要进行一定程度的修改。它通常包括以下几个主要功能：

（1）控制功能：提供模拟 PD、PI、PID 的控制特性，有的还具备自动适应控制的功能。

（2）实时功能：即实时控制功能。指计算机能及时处理控制中的问题。

（3）管理功能：可对各个空调设备的控制参数以及运行状态进行再设定，同时还具备显示和监测功能，另外与集中控制电脑可进行各种相关的通信。

（4）报警与连锁功能：在接到报警信号后可根据已设置程序连锁有关设备的启停，同时向集中控制电脑发出警报。

（5）能量管理控制：它包括运行控制（自动或编程设定空调设备在工作日和节假日的启停时间和运行台数）、能耗记录（记录瞬时和累积能耗以及空调设备的运行时间）、焓值控制（比较室内外空气焓值来控制新回风比和进行工况转换）。

（6）评价一个 DDC 控制器的功能主要看其容量和配套的软件。

目前 DDC 控制系统常采用的网络结构有两种，即 BUS 总线结构和环流网络结构。其中 BUS 总线结构是所有 DDC 控制器均通过一条 BUS 总线与集中控制电脑相连，它的最大优点就是系统简单、通信速度较快，对一些中、小型工程较为适用，但在大型工程时就会导致布线复杂。为此目前有些公司又推出了支路 BUS 总线结构网络，它是通过一个通信处理设备（NCU）后产生支路 BUS 总线，这样各支路又可带数个现场 DDC 控制器，对一个大区域而言，只需几个 NCU 与系统 BUS 总线相连即可，这样可大大简化该系统。对于环流网络结构，它是利用两根总线形成一个环路，每一个环路可带数个 DDC 控制器，多个环路之间通过环路接口相连，因此这种系统最大优点就是扩充能力较强。

通信网络是用于完成集中控制电脑与现场 DDC 控制器以及现场设备之间的信息交换。其连接材料通常采用截面积为 $1.0mm^2$ 的 RVVP 聚氯乙烯绝缘、聚氯乙烯护套、铜芯电缆或采用专用通信电缆。现场 DDC 控制器与现场设备（如传感器、阀门等）之间的控制电缆一般采用 $1\sim1.5mm^2$ 聚氯乙烯绝缘、聚氯乙烯护套、铜芯电缆，是否需要采用屏蔽线应根据具体设备而定。

DDC 终端系统：一个终端系统是机械系统中用于服务一单独区域的组成部分，例如：一个单独的风机盘管控制器、VAV 控制器、热泵控制器等。DDC 终端是 DDC 的应用系统。这是应用于商业建筑的控制技术的新发展，它可提供整个建筑暖通空调系统的运行情况。

介绍一个 DDC 终端系统：CP-IPC，具有 24 个监控点（4DO、6DI、6AO、8AI），还可以依靠一条 RS-485 总线去连接最多 15 台输入输出扩展模块 CP-EXPIO（每个输入输出扩展模块有 24 个监控点，4DO、6DI、6AO、8AI），因此每个 CP-IPC 控制器的监控点最多能够扩展到 128 点。CP-IPC 网络控制器向上连接到以太网，与中央站 EBI-A 和 EBI-B 通信，CP-IPC 控制器之间也通过以太网通信。CP-IPC 控制器向下还可以连接 3 条独立的

图 36-46　CP-IPC 网络控制器
（通用控制器）

BACnet MSTP 现场总线，每条 BACnet MSTP 总线可以连接 30 台专用控制器 CP-VAV，即每个 CP-IPC 网络控制器总计支持 90 台 CP-VAV 控制器（本系统每条 BACnet MSTP 总线连接 20 台 CP-VAV 专用控制器，总计支持 60 台 CP-VAV 控制器）。CP-IPC 网络控制器外观见图 36-46。

36.9.4.2　中央控制设备安装

1. 安装前对环境、设备进行检查的要求

（1）中央控制室设备应在控制室的主建和装饰工程完工后安装。

（2）设备在安装前应作检查，检查内容参见 36.1.3，并应符合下列要求。

1）设备及各构件间应安装牢固、安装用的坚固件应有防锈处理。

2）控制台前应有 1.5m 的操作距离，控制台及显示大屏幕离墙布置时，其后应有大于 1m 的检修距离，并注意避免阳光直射。

2. 中央控制室环境、保障条件的安装要求

（1）当 BAS 中央控制室和其他系统控制室合用，控制台并列排放时，应在两端各留大于 1m 的通道。

（2）中央控制室宜采用抗静电架空活动地板，技术要求参见本章 36.16 节"机房工程"。

（3）有底座设备、较大型的设备安装的技术要求参见本章 36.16 节"机房工程"。

（4）中央控制室专用配电箱（盘）安装要符合本章 36.16 节"机房工程"的要求。

3. 控制中心设备的安装要求

（1）控制台安装位置应符合设计要求，安装应平稳牢固，便于操作维护。

（2）控制台内机架、配线、接地应符合设计要求。

（3）网络控制器宜安装在控制台内机架上，安装应牢固。

（4）线缆应进行校线，并按图纸要求编号。

（5）服务器、工作站、不间断电源、打印机等设备应按施工图纸要求进行排列，安装整齐、稳固，安装完成后要检查连接正确性，确认无误后再进行通电试验。

（6）服务器、工作站、不间断电源、打印机及网络控制器等设备的电源线缆、通信线缆及控制线缆的连接应符合设计要求，并理线整齐、避免交叉，做好标识。

4. 控制中心软件的安装

软件安装应按照本章第 36.7.3 小节的要求来进行。

36.9.4.3　传输网络的安装

（1）设备在安装前应作检查，检查内容参见本章第 36.1.3 小节的要求。

（2）如果建筑设备监控系统使用的传输网络是计算机网络（IP 网络），则传输网络的安装、检验等，应按照下列要求来进行：

1）应按照本章第 36.2 节"综合管线"的要求，来进行管线的施工、检验。

2）应按照本章第 36.3 节"综合布线"的要求，来进行网络线路的施工、检验。

3）网络设备的安装、调试、检验等，应按照本章第 36.7 节"信息网络系统"的要求进行。

（3）如果建筑设备监控系统使用的传输网络是楼宇自控设备的专用总线，则传输网络设备的安装、调试、检验等，应按照下列要求来进行：

1）应按照本章第 36.2 节"综合管线"的要求，来进行管线的施工、检验。

2）应按照本章第 36.5 节"卫星电视及有线电视系统"的要求，来进行传输线路的施工、检验。

3）传输接口设备的安装、调试、检验等，应按照该类设备的说明书的要求来进行。

36.9.4.4 现场控制器箱的安装

现场控制器箱（也常是落地式机柜），以下将统称为"现场控制箱"。

现场控制箱的安装应符合下列要求：

1. 现场控制箱在安装前的检查内容

检查内容参见本章第 36.1.3 小节的要求。

2. 现场控制箱安装的环境、条件要求

（1）现场控制箱的安装位置宜靠近被控设备电控箱。

（2）现场控制箱应安装牢固，不应倾斜；安装在轻质墙上时，应采取加固措施。

（3）现场控制箱的高度不大于 1m 时，宜采用壁挂安装，底边距地面的高度不应小于 1.4m。

（4）现场控制箱的高度大于 1m 时，宜采用落地式安装，并应制作底座。

（5）现场控制箱侧面与墙或其他设备的净距离不应小于 0.8m，正面操作距离不应小于 1m。

（6）现场控制箱的安装位置要远离输水、蒸汽管道，以免管道、阀门跑水，使控制柜受损；在潮湿、有蒸汽的场所，应采取防潮、防结露水的措施。

（7）现场控制箱要离电机、大电流缆线 1.5m 以上，以避免电磁干扰，在无法满足要求时，必须采取可靠的屏蔽和接地措施。

3. 现场控制箱的安装要求

（1）现场控制箱的安装位置准确、部件齐全，箱体开孔与导管管径适配。

（2）现场控制器接线应按照接线图和设备说明书进行，配线应整齐，不宜交叉，并固定牢靠，端部均应标明回路编号。

（3）现场控制箱内各回路编号必须齐全、标识正确，编号应清晰、工整、不易脱色，编号应与线号表一致。

（4）现场控制器箱体内门板内侧应贴箱内设备的接线图。

（5）现场控制箱的金属框架及基础型钢（落地柜式安装）必须接地（PE）或按零（PEN）可靠，装有电器的可开启门，门和框架的接地端子间应用裸编织铜质线连接，并有标识。

（6）现场控制箱与基础型钢使用镀锌螺栓连接，防松零件齐全。

（7）端子排安装可靠，端子有序号，强电、弱电端子隔离布置，端子规格与芯线截面积匹配。

（8）现场控制器安装后应做好保成工作，在调试前应妥善保管并采取防尘、防潮和防腐蚀措施。

36.9.5 空调与通风系统

空调与通风系统主要由新风机组、空调设备、各种电机、电动控制阀门等组成。自动控制的主要目的是设定出风温度、湿度，满足室内起居的要求，同时有系统节能的控制方法。

36.9.5.1 空调与通风系统的监测与控制内容

空调与通风系统有以下检测与控制内容：

（1）新风系统监测：对送回风温度、送回风湿度、电机、开关、控制阀以及各种工作状态与连锁状态。

（2）新风机组控制：送风温度与送风量控制、送风相对湿度控制、防冻控制以及各种连锁控制。

（3）空调系统监测：对送回风温度、送回风湿度、各个电机、开关、控制阀、变频器以及各种工作状态与连锁状态。

（4）空调系统控制：制冷系统控制，通风系统控制，电控系统以及各种连锁控制。

（5）送排风监控系统：送排风的状态。

当然，这些内容都在中央总控的监控、管理下工作。

36.9.5.2 空调与通风系统的控制

1. 新风机组的控制

（1）控制目标

设定出风温度、湿度，满足室内工作、居住的要求。不同的季节、天气，送风温度应有不同的控制值。

（2）系统监测、控制的控制点

1）监测风机手/自动转换状态，确认新风机组是否处于建筑设备监控系统控制之下，同时可减少故障报警的误报率；

2）监测风机出口空气温、湿度参数，以了解机组是否将新风处理到要求的状态；

3）监测热继电器状态，当风机供电主回路出现过流、过载等情况下进行报警；

4）监测初效过滤器淤塞报警状态，当堵塞严重时提示操作人员进行适时的维修，可极大地节省日常维护时间及人力；

5）测量盘管温度，当温度低于设定值（可调整）时触发报警并联动一系列的防冻保护动作，如关闭新风阀并打开水阀等；

6）送风温度监测（含防冻监测）；送风湿度监测；

7）当机组处于建筑设备监控系统控制时，检查新风阀况，以确定其是否打开或关闭，并实现对风机的启停控制，同时监测风机运行状态，确认风机是否正常开启；

8）通过测定送风温度与设定点间的差值，实时计算并确定送风温度的设定点，以满足空调空间负荷需求；

9）通过电动二通调节阀（控制冷热水调节阀）的自动调整，实现对送风温度设定点的控制，以使送风温度达到设定值，并保证新风机组供冷/热量与所需冷/热负荷相当，减少能源浪费；

10）通过测定送风湿度与设定点间的差值，控制新风机组加湿阀的开闭（使送风相对

湿度达到设定值);

11)通过对测量所得新/回风温湿度计算确定室内、外空气焓值;

12)风机与消防联动控制。

2.空调与通风系统的控制

(1)控制目标调节房间的温、湿度,并且既要房间的温湿度处于舒适范围,又要有系统节能的控制方法。

(2)定风量空调系统的监测与控制要点

定风量空调系统的特点是改变送风量的温度、湿度为满足室内冷(热)负荷的变化,维持室温不变。在该系统中,空调机接通电源后以恒转速运行,风量是恒定不变的。

1)监测风机手/自动转换状态,确认空调机组风机现是否处于建筑设备监控系统控制之下,同时可减少故障报警的误报率;

2)当机组处于建筑设备监控系统控制时,可实现对风机的启停控制,同时监测风机运行状态,确认风机是否正常开启;

3)监测热继电器状态,当风机供电主回路出现过流、过载等情况下进行报警,提示操作人员并自动停止风机;

4)监测初效过滤器淤塞报警状态,当堵塞严重的情况下可提示操作人员进行适时的维修,可极大地节省日常维护时间及人力;

5)测量盘管温度,当温度低于设定值(可调整)时触发报警并联动一系列的防冻保护动作,如关闭新风阀并打开水阀等;

6)空调机新风温、湿度监测;空调机回风温、湿度监测;

7)送机出口风温、湿度监测;

8)防冻报警;送风机、回风机状态显示及故障报警;电动调节水阀、加湿阀开度显示;

9)通过测定回风温度与设定点间的差值,实时计算并确定送风温度的设定点,以满足空调空间负荷需求;

10)通过对安装于水盘管回水侧电动二通调节阀的自动调整,实现对送风温度设定点(可调整)的控制,保证空调机组供冷/热量与所需冷/热负荷相当,减少能源浪费;

11)通过测定回风湿度与设定点间的差值,控制空调机组加湿阀的开闭;

12)通过对测量所得新/回风温湿度计算确定室内/外空气焓值;

13)控制新风风阀的开度,与新风风阀连锁控制回风风阀及排风风阀的开度。通过以上对风阀开度的控制,在过渡季节尽可能多的利用新风焓值,空调季节在保证满足空调空间新风量需求的前提下,最大限度的利用室内焓值,以达到充分节能的目的;

14)风机与消防联动控制:火灾时,由系统实施停机指令,统一停机;

15)空调机组启动顺序控制:送风机启动→新风阀开启→回风机启动→排风阀开启→调节水阀开启→加湿阀开启;

16)空调机组停机顺序控制:送风机停机→关加湿阀→关调节水阀→停回风机→新风阀、排风阀全关→回风阀全开。

(3)变风量空调系统的监测和控制

1)监测变频风机手/自动转换状态,确认空调机组风机现是否处于建筑设备监控系统控制之下，同时可减少故障报警的误报率；

2）当机组处于建筑设备监控系统控制时，可实现对风机的变频控制，同时监测风机运行状态和频率反馈，确认风机是否正常开启；

3）变频风机频率的监测；

4）变频风机故障的监测；

5）监测热继电器状态，当风机供电主回路出现过流、过载时，报警并自动停止风机；

6）监测初效及中效过滤器淤塞报警状态，当堵塞严重的情况下可提示操作人员进行适时的维修，可极大地节省日常维护时间及人力；

7）监测风道静压，静压参数可以反映空调系统末端负荷的大小，根据负荷的变化调节空调机组风机的频率；

8）测量盘管温度，当温度低于设定值（可调整）时触发报警并联动一系列的防冻保护动作，如关闭新风阀并打开水阀等；

9）送风压力监测；

10）回风温、湿度监测；送风温、湿度监测；

11）通过测定回风温度与设定点间的差值，实时计算并确定送风温度的设定点，以满足空调空间负荷需求；

12）通过对安装于水盘管回水侧电动二通调节阀的自动调整，实现对送风温度设定点（可调整）的控制，保证空调机组供冷/热量与所需冷/热负荷相当，减少能源浪费；

13）通过测定回风湿度与设定点间的差值，控制空调机组加湿阀的开闭；

14）通过对测量所得新/回风温湿度计算确定室内/外空气焓值；

15）通过测量新风管路的压力，综合新/送/回风温度，计算变频风机频率的调整；

16）控制新风风阀的开度，与新风风阀连锁控制回风风阀及排风风阀的开度。通过以上对风阀开度的控制，在过渡季节尽可能多的利用新风焓值，空调季节在保证满足空调空间新风量需求的前提下，最大限度的利用室内焓值，以达到充分节能的目的；

17）变风量空调系统的送风量是由空调室内负荷决定的，当室内负荷的减少时，送风量和新风量同时减少。为了保证房间最小新风量，采用对变风量末端风阀设置最小开度；

18）实现系统总新风量的控制，同时系统根据新风焓值控制新风阀开度，当室外新风的焓值，不适宜作为冷源时，新风阀回到最小开度。只要当室外新风的焓值低于室内值时，变风量系统就可以在经济循环模式下运行。即采用100%室外新风，充分利用室外新风作为冷源；

19）连锁控制：

①变风量空调系统的设备启、停顺序控制与定风量空调系统相同；

②新风阀、排风阀与风机连锁，风机开阀开，风机关阀关，以防冬季冷空气冻坏换热器盘管和停机时空气粉尘进入风道；

③当新风管道设有一次加热器时，风机停机连锁切断加热器电源；

④风机停机时切断加湿器电源；

⑤风机与消防联动控制：火灾时关停空调机电源。

3. 送排风监控系统

（1）本系统通风设备包括：排风机、送风机。

（2）监测、控制内容：

1）风机的启停控制，运行状态及故障报警监测；

2）风机手动/自动状态与风机启停控制；

3）按时间程序控制风机的启停；

4）系统正常运行所必需的其他监测和控制。

4. 中央管理站对系统实现的集中管理功能

（1）中央管理站监测、显示、控制系统各环节的运行状态，设置相关参数的设定值。

（2）提供系统运行统计报告，生成日、月报表、历史记录曲线，以供维护管理参考。

（3）定时将统计资料传至中央数据库，以便其他职能部门共享。

36.9.6　冷冻与冷却水系统

冷冻和冷却水系统的被控设备主要由冷水机组、冷却水泵、冷冻水泵、补水泵、软水箱、电动阀门和冷却塔组成，自动控制的主要目的是协调设备之间的连锁控制关系进行自动启/停，同时根据供回水温度、流量压力等参数计算系统冷量，控制机组运行以达到节能目的，实现控制中心的远程监控和管理。

36.9.6.1　冷冻与冷却水系统的控制内容

1. 一次泵冷冻水系统

（1）设备连锁：在启动或停止过程中，各关联设备必须按序启停，连锁启动程序为：水泵—电动阀门—冷水机组；停机时连锁程序相反。

（2）压差控制：必须对末端采用二通阀的空调水系统中，冷冻水供、回水总管之间的由旁通电动二通阀及压差传感器组成压差控制装置进行控制。

（3）设备运行控制：为各设备的保养需要，系统须有自动记录设备运行时间的功能。

（4）回水温度监测与控制：一般采用自动监测、人工干预起停的方式，以便防止冷水机组起停过于频繁。

（5）冷量控制：冷量控制是根据温度传感器和流量传感器测量供、回水温度（T_1、T_2）及冷冻水流（W），计算需冷量 $Q=W（T_2-T_1）$，由此可决定水机组的运行台数。

2. 二次泵冷冻水系统

（1）二次泵系统中，冷水机组、初级冷冻水泵、冷却泵、冷却塔及有关电动阀门的电气连锁启停程序与一次泵系统相同。

（2）冷水机组台数控制：二次泵系统冷水机组台数控制是采用冷量控制的方式。

（3）次级泵控制：次级泵控制方式分为台数控制、变速控制和联合控制三种。

1）台数控制：次级泵全部为定速泵，对压差进行监测，由压差决定开启台数，需设有压差旁通电动阀。

2）变速控制：控制参数既可是次级泵出口压力，又可是供、回水管的压差。通过测量被控参数并与给定值相比较，改变变频器输出频率，控制水泵转速。

3）联合控制：这时系统是采用一台变速泵与多台定速泵组合，其被控参数既可是压差，也可是压力。

36.9.6.2　冷冻与冷却水系统的监控

冷冻和冷却水系统的监测、控制包括冷冻机及各辅助系统的监测与控制。

（1）冷水机组的监控：机组运行状态、故障报警、手/自动状态、启停控制、冷冻水供水水流开关状态、冷冻水供水蝶阀开关状态、冷冻水供水蝶阀控制、冷却水供水水流开关状态、冷却水供水蝶阀开关状态、冷却水供水蝶阀控制。

（2）冷冻水泵的监控：变频器电源状态、变频器频率检测、变频器故障报警、变频器电源控制、变频器控制、运行状态、故障报警、手/自动状态、启停控制、冷冻水回水蝶阀控制、冷冻水回水蝶阀开关状态、冷冻水供回水总管温度、冷冻水供回水总管压力、冷冻水回水总管流量、冷冻水供回水总管压差、压差旁通阀开度、压差旁通阀调节。

（3）冷却水泵的监控：运行状态、故障报警、手/自动状态、启停控制、冷却水回水蝶阀控制、冷却水回水蝶阀开关状态、冷却水供回水总管温度、冷却水供回水总管压力、冷却水回水总管流量、冷却水供回水总管压差、冷却水温控旁通阀开度、冷却水温控旁通阀调节、机组蒸发器冷媒压力、机组蒸发器冷媒温度、机组蒸发器趋近温度、机组冷凝器冷媒压力、机组冷凝器冷媒温度、机组冷凝器趋近温度、油压差、油温、电动机运行电流百分比、压缩机排气温度、压缩机冷媒压力、压缩机三相运行电流、压缩机三相电压、机组运行电流限定、机组出水温度限定。

（4）冷冻水补水装置的监控：电源运行状态、电源故障报警、水箱液位。

（5）机房空调水补水装置的监控：电源运行状态、电源故障报警。

（6）真空抽气机的监控：运行状态、故障报警、手自动状态、启停控制、电动阀开度、电动阀调节。

（7）板翅式换热器的监控：冷冻水供水蝶阀控制、冷冻水供水蝶阀开关状态、冷冻水供水温度、冷却水供水三通阀调节、冷却水供水三通阀开度、冷却水供水温度、冷却水供水蝶阀控制、冷却水供水蝶阀开关状态。

（8）冷却塔的监控：监测冷却塔风机启停控制、运行状态、故障报警、手自动状态、供水回水蝶阀状态、供水回水蝶阀控制、水流开关状态、室外温湿度；冷却塔的控制是利用冷却水回水温度来控制相应的冷却塔风机（风机作台数控制或变速控制），与冷水机组运行状态无关。

36.9.7 热源与热交换系统

36.9.7.1 热源与热交换系统的监控对象

热源与热交换系统的监测控制对象分为燃烧系统（热水锅炉）和水流系统两部分，控制系统根据供热状况确定锅炉、循环泵的开启台数，设定供水温度及循环水流量。

热水锅炉采用计算机进行监控的主要目的：监测各运行参数，对燃烧过程和热水循环过程进行调控，提高锅炉效率，减少能耗和污染，提高系统的安全性。并记录运行状态，提高管理水平，保证系统良好运行。

链条式热水锅炉，燃烧过程控制主要是根据对产热量的要求控制链条速度及进煤挡板高度，根据炉膛内燃烧状况、排烟的含氧量及炉膛内的负压度控制鼓风机、引风机的风量，从而既根据供暖的要求产生热量，又获得较高的燃烧效率。

36.9.7.2 热源与热交换系统的控制

1. 供暖热水锅炉的监控与控制

（1）燃烧系统的监测参数

1) 监测排烟温度：采用热电偶，以电流信号表达量值；

2) 监测排烟含氧：采用氧化锆传感器，以电流信号表达量值；

3) 监测热风温度：采用铜电阻或热电偶传感器测量，对炉膛出口、受热面进出口、空气预热出口等烟气温度和热风温度进行测量，以电流信号表达量值；

4) 监测燃烧风压：采用微压差传感器，对炉膛、受热面进出口、空气预热器出口、除尘器出口烟气压力；风压、空气预热器前后压差进行测量，以电流信号表达量值；

(2) 燃烧系统的控制参数

1) 控制炉排速度：采用可控硅调压，改变直流电机转速；

2) 控制挡煤板高度：采用电动控制转向，提升或降低挡板高度，控制进煤量；

3) 控制鼓风机风量：采用变频器调整风机转速或调整鼓风机和风阀通量；

4) 控制引风相风量：采用变频器调整风机转速或调整引风机和风阀通量。

通过燃烧系统的控制参数的控制达到：正常的燃烧过程调节、启停过程控制、事故保护三部分的作用。

2. 电锅炉的监控与控制

(1) 电锅炉运行的监测参数

1) 监测锅炉出口热水温度、压力、流量：采用温度传感器、压力传感器和流量传感器，以电流信号表达量值；

2) 监测锅炉回水干管温度、压力：采用温度传感器、压力传感器，以电流信号表达量值；

3) 监测锅炉用电量计量：利用电源、电压传感器计量锅炉用电量；

4) 监测电锅炉、给水泵的工作状态、显示及故障报警；

5) 利用供、回水温差和热水流量测量值，计算锅炉供热量，用以考核锅炉的热效率；

6) 锅炉热量计算：监测电锅炉、给水泵的状态显示及故障报警。

(2) 电锅炉运行控制参数

1) 回水压力以及回水压力上下限设定值：依据压力传感器测量的锅炉回水压力以及回水压力上下限设定值，对锅炉补水泵进行自动控制：指令 DDC 现场控制器启动或停止补水泵给水，当工作泵出现故障，自动启用备用泵。

2) 锅炉供水系统的节能控制：锅炉供暖时，根据分水器、集水器的供、回水温度及回水干管的流量测量值，计算所需热负荷，按实际热负荷自动启停电锅炉及给水泵的台数。

3) 锅炉的连锁控制：启动顺序控制：给水泵→电锅炉；停机顺序控制：电锅炉→给水泵。

3. 热交换站的监控与控制

(1) 热交换站运行参数的监测

1) 一次网供水温度、一次网回水温度：供、回水温差间接反映了二次侧热负荷的需求情况，温差大则负荷大，温差小则负荷小；

2) 热交换器一次水出口温度；

3) 分水器供水温度；

4) 集水器回水温度：分水器供水温度与集水器回水温度之差直接反映了二次侧热负

荷的需求的情况；

5）二次网回水流量、二次网供、回水压差；

6）膨胀水箱液位：利用液位开关，测量膨胀水箱低位液位，用以控制补水泵；

7）电动调节阀的阀位显示；

8）二次水循环泵及补水泵运行状态显示及故障报警。

（2）热交换站运行参数的自动控制

1）热交换站一次网回水调节：根据热交换站二次网供水温度测量值与给定值的比较，调节一次网回水调节阀，使二次网供水温度保持在设计要求范围内。

2）二次网供、回水压差控制：压差超过限定值时，根据压差传感器测量值，调节二次网分水器与集水器之间连通管上的电动调节阀，部分水经旁通阀回集水器，减少系统的压差，使得压差恢复到设定值以下。

3）二次网补水泵的控制：利用液位开关测量膨胀水箱水位，当水位降到下限值时，低液位开关接点闭合，启动补水泵；当水箱水位回升至上限值时，高液位开关接点闭合，停止补水泵。

4）热交站节能控制：利用二次侧供、回水温度和回水流量测量值，实时计算二次侧热负荷，根据热负荷自动起、停热交换器及二次水循环泵的台数。

36.9.8　给水排水系统

36.9.8.1　给水排水系统的监测与控制对象

给水排水系统的控制是对各给水排水泵、中水泵、污水泵及饮用水泵运行状态的监视，对各种水箱、集水坑（池）的水位监视，给水系统压力监视以及根据据这些水位及压力状态，启停相应的水泵，自动切换备用水泵。根据监视和设备的启停状态非正常情况进行故障报警，并实现给水排水系统的节能控制运行。

36.9.8.2　给水排水系统的控制内容

1. 给水排水系统监测、控制的控制点

（1）生活水泵手/自动状态启停；

（2）生活水泵的运行状态、故障报警监测，并累计设备运行时间；

（3）按照溢流水位、最低水位、停泵水位和启泵水位启停生活水泵；

（4）中水变频泵组运行状态、故障报警监测；

（5）集水坑溢流报警液位监测；

（6）污水泵手/自动启停；

（7）污水泵运行状态、故障报警监测。

2. 中央管理站对系统的集中管理功能

（1）中央管理站监测、显示、控制系统各环节的运行状态，设置相关参数的设定值。

（2）提供系统运行统计报告，生成日、月报表、历史记录曲线，以供维护管理参考。

（3）定时将统计资料传至中央数据库，以便其他职能部门共享。

36.9.9　变配电系统

36.9.9.1　变配电系统的监测对象

对变配电系统的监督控制的关键是保证建筑物安全可靠的供电，为此最基本的是对各级开关设备的状态监测，主要回路的电流、电压及功率因数的监测。由于电力系统的状态变化和事故都是在瞬间发生，因此在监测时要求采样间隔非常小，并且应能自动连续记录各开关状态和各测量参数的连续变化过程，这样才能预测并防止事故的发生，或在事故发生后及时判断故障情况。

36.9.9.2　变配电系统的监测与控制内容

1. 变配电系统的监测与控制

（1）三相电量监测参数为：相电压，线电压，三相电流，频率，有功功率，无功功率，视在功率，功率因数，有功电度，无功电度等。当三相电断电或任一参数超出设定的高（低）限值时，系统通过报警画面、多媒体语音、电话、短信等方式报警，并为正常运行时计量管理、事故发生时故障原因分析提供数据。

（2）电气设备运行状态监测：包括高低压进线断路器、主线联络断路器等各种类型开关的当前合、分状态；提供电气主接线图开关状态画面；发现故障自动报警，并显示故障位置。变配电检测系统的监

图 36-47　变配电检测系统的监测与控制示意图

测与控制示意图见图 36-47。监测与控制逻辑图见图 36-48。

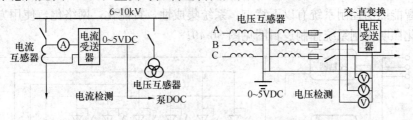

图 36-48　变配电检测系统的监测与控制逻辑图

（3）对所有用电设备的用电量进行统计及电费计算与管理；绘制用电负荷曲线。

（4）监测变压器温度。

（5）应急柴油发电机组监测内容应包括电压、电流等参数、机组运行状态、故障报警和油箱液位等。

（6）对蓄电池组的监测包括电后监视，过流过压保护及报警。

（7）低压线路（220V）的电压及电流监测：测量方法与高压线路基本相同，区别是电压及电流互感器的电压等级不同。

（8）支路电流监测：信息设备正常运行时，其电流值应相对稳定且在额定电流范围内。如出现电流值过大或突变，则电源或设备可能出现异常，故对重要的支路电源电流进行监测。

（9）开关通断状态监测：系统界面上能观地看到开关通/断状态，当状态发生变化时，系统按设定方式报警。

2. 电源防雷器监测

机房电源进线要求按国家标准采取防雷措施，安装电源防雷器可防雷击对电源造成破坏。防雷器损坏失效或发生其他故障，机房设备就会处于假保护状态，此时一旦发生雷击

必然损失严重，对机房电源防雷器工作状况的监测就很重要。对防雷器的监测，要求防雷器有开关量输出（遥信触点），通过开关量模块采集防雷器的输出信号，一旦防雷器处于非正常工作状态，系统会弹出报警画面，通过多媒体语音、电话、短信等方式报警。

36.9.10　公 共 照 明 系 统

36.9.10.1　公共照明系统的监控对象

智能照明控制系统的基本概念：

（1）对象：公共照明控制系统对建筑物的照明系统进行集中控制和管理，按需供电，节约能源。

（2）目的：照明控制系统智能化主要有两个目的：一是可以提高照明系统的控制和管理水平，减少照明系统的维护成本；二是可以节约能源，减少照明系统的运营成本。

（3）技术：计算机控制技术、新型通信技术的发展，产生新的照明控制技术，可以迅速完成开关控制不能做到的、复杂而丰富多彩的照明需求。

（4）效果：配置智能化控制，照明系统大约可节电30%。

（5）智能照明控制系统：根据环境变化、预设程序、用户需求等条件，采集照明系统中的状态信息，并对这些内容进行相应的分析、判断，然后，存储、显示分析结果，并将此结果形成控制指令，控制照明设备启停，以达到预期的控制效果。

（6）智能照明控制系统有以下特点：系统集成性，智能化，网络化，使用方便。

智能化照明控制系统控制逻辑图见图36-49。

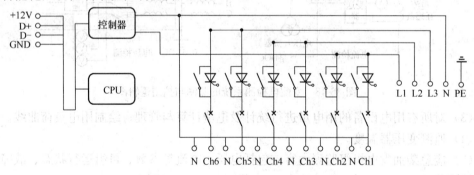

图36-49　智能化照明控制系统控制逻辑图

36.9.10.2　公共照明系统的控制

1. 照明控制系统的基本类型

（1）点（灯）控制型：直接对某盏灯进行控制，这种方式很简单，是照明控制系统的基本形式。

（2）区域控制型：是在某个区域范围内完成照明控制的照明控制系统。由于照明控制系统在设计时基本上是按回路容量进行的，即按照每回路进行分别控制的，所以又叫做路（线）控型照明控制系统。该类型控制系统由控制主机、控制信号输入单元、控制信号输出单元和通信控制单元等组成。主要用于道路、公共活动场所、大型建筑物等应用场合。

（3）网络控制型：是把各区组的照明设备联网，由控制中心通过计算机控制系统进行统一控制的照明控制系统，网络控制型照明系统一般由以下几部分组成：

1）控制系统中心：由服务器、网络交换设备、接口等硬件和由数据库、控制系统等软件两大部分组成照明控制中心。

2）控制信号传输系统：完成照明网络控制系统中有关控制信号和反馈信号的传输。

3）区域照明控制：是整个联网控制系统的一个子系统，它既可以作为一个独立的控制系统使用，也可以作为联网控制系统的终端设备使用。

4）灯控设备：通过整个照明控制系统要完成对每盏灯（每一线）的控制。

（4）节能控制型：

1）照明灯具的节能；

2）照明控制节能——按需供电；

3）营造良好的照明环境；

4）节约能源：照明在整个建筑能耗中所占的比例日益增加。据统计，在楼宇能量消耗中，仅照明就占 33%（空调占 50%，其他占 17%），照明节能日显重要。

2. 公共照明系统的控制

（1）划分照明区、组：将建筑物内外照明设备按位置、按需要分成若干区、组；每个区组接通一路控制开关。

（2）设定启停时间表：在管理系统（软件）为每一个区、组设定启停时间。

（3）设定启停策略表：在管理系统（软件）为每一个区、组设定程序（自动）管理的条件，指令每一个区组定启停控制的条件。

（4）各控制开关统一由公共照明控制系统（工作站上运行相应的控制管理软件系统），根据如下方式进行控制：

1）依照启停时间表，对各区组分别进行控制；

2）依照启停策略表，对各区组分别进行控制；

3）通过在计算机上设定启动时间表，以时间区域程序来设定开/关，也可以通过采用门锁、探测进行照明控制，即"按需分组、分区，按需照明、断电"，以达到节能效果。

4）当有突发事件发生时，照明设备组应作出相应的联动配合、如火警时，联动照明系统关闭，打开应急灯；当有保安报警时，相应区域的照明灯开启。

36.9.11 建筑设备智能管理系统

36.9.11.1 建筑设备智能管理系统的组成

建筑设备管理系统，也称楼宇自控中央管理系统，常简称为"楼宇自控管理系统"，它由服务器、接口等硬件和由数据库、控制系统等软件两部分组成。

楼宇自控管理系统是操作者对建筑设备进行表达、检测、控制、管理的工作手段，是人与自动化系统间的人—机界面。

楼宇自控管理系统系统结构示意图如图 36-50 所示。

由图 36-50 可见，EBI 系统是针对建筑智能化管理和控制而设计的，系统包括两个部分：现场监控部分（上图中下半部分）和信息应用管理部分（上图中上半部分），具备集成其他子系统的功能，包括安防系统、设备监控系统、消防系统以及其他第三方系统均可以集成在同一工作站的同一操作界面之中。

楼宇自控管理系统担负着集中控制、参数配置、策略配置等工作，还有数据采集、分析

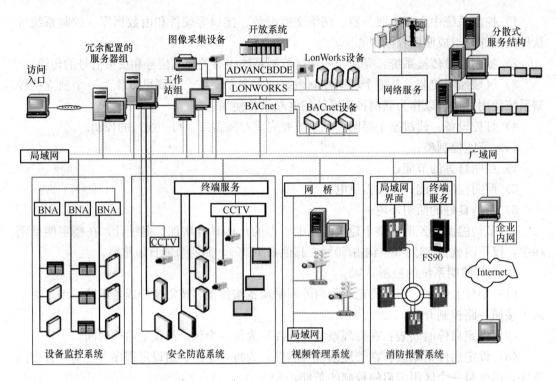

图 36-50 建筑设备智能管理系统的组成图

处理、指令各驱动控制单元间的控制动作等工作，它以文字、表格、图形、图像显示现行状况、运行，以多媒体的形式发出提示或报警；它还是办公管理的原始数据、资料的提供者。

36.9.11.2 建筑设备智能管理系统的基本功能

（1）显示功能：文字、图、表显示及环境控制功能。

（2）设备操作功能：制定或取消建筑设备监控系统的各项操作。

（3）统计分析功能：收集和分析历史记录。

（4）定义表达功能：可以定义与构造动态彩色图像显示。

（5）设备管理功能：可以上传以及下载所有现场控制器内所有数据。

（6）人机交互功能：全中文化操作界面，包括中文帮助菜单。

（7）设置保密机制：具有六级密码管理体系。不同的密码具有不同的使用权限。

（8）时间程序功能：系统可以根据不同设备的起停日程设置时间程序控制设备启停及运行参数。

（9）故障诊断功能：由检测发现故障、根据预设定值分析问题、进行报警。

36.9.12 设 备 安 装

36.9.12.1 施工准备

由于建筑设备监控系统使用的设备、器材繁多，涉及的施工面广，故施工前，需要做好充分的准备工作。准备工作的要求主要参见本章 36.1.3 节"智能建筑工程的施工准备"的要求，还应考虑到针对建筑设备监控系统的情况，还应符合以下要求：

（1）对于电动阀需要进行重点检查，其内容是：

1）电动阀的型号、材质必须符合设计要求，阀体强度、阀芯泄漏试验必须满足产品说明书的规定。

2）电动阀输入电压、输出信号和接线方式应符合设计要求和产品说明书的规定。

3）电动阀门驱动器行程、压力和最大关闭力应符合设计要求和产品说明书的规定。

（2）对于温度、压力、流量、电量等计量器具和传感器应按相关规定进行校验，必要时宜由第三方检测机构进行检测。

（3）对于相关环境进行检查：

1）建筑设备监控系统控制室、弱电间及相关设备机房土建装修完毕。机房已提供可靠的电源和接地端子排。

2）空调机组、新风机组、送排风机、冷水机组、冷却塔、换热器、水泵、管道及阀门等安装完毕。

3）变配电设备、高低压配电柜、动力配电箱、照明配电箱等安装完毕。

4）给水排水、消防水水泵、管道及阀门等安装完毕。

5）电梯及自动扶梯安装完毕。

36.9.12.2 建筑设备监控系统工程与其他工程的配合

1. 建筑设备监控系统与其他专业间的配合

必须明确建筑设备监控系统施工与其他工程（包括设备、电气、结构等）施工之间的施工界面，需要明确各阶段划分界面的原则，使施工界面规范化。

（1）工程的接口界面的定义和基本内容

建筑设备监控系统工程的接口界面就是各系统及设备之间的接口与界面的划分，是不同系统和设备之间的接口、通信、信息的规范化，在工程实施过程中应包括：工程各方职责和工作界面的确认，各子系统设备、材料、软件供应界面的确认，系统的技术接口界面的确认，系统的技术接口界面的确认，系统施工界面的确认。

（2）工程各方职责和工作界面的划分

在工程实施过程中，工程各方应明确各自的职责并确认工作界面的，工作界面包括（1）中描述的各个界面，并且以书面的形式予以明确。

2. 建筑设备监控系统的接口

必须明确建筑设备监控系统施工与其他工程（包括设备、电气、结构等）施工之间的施工界面，技术界面的确定贯彻于设备选型、系统设计、施工、系统调试、工程管理及系统维护的全过程，是确保工程顺利实施和工程质量的基本保证。

（1）工程接口界面应该做到技术界面标准化，施工界面规范化。

（2）系统的技术接口界面的确定：各子系统硬件接口，信息传输、通信类软件的确定。其中包括：计算机与带有通信接口设备之间数据通信协议；控制及监控信号及 AO、AI、DO、DI、脉冲等的类型、量程、接点容量方面的匹配。

36.9.12.3 建筑设备监控系统的安装

本小节的内容针对于建筑设备监控系统的控制台、网络控制器、服务器、工作站等控制中心设备；温度、湿度、压力、压差、流量、空气质量等各类传感器；电动风阀、电动水阀、电磁阀等执行器；现场控制器等设备的安装。

1. 控制中心设备的安装要求

（1）控制台安装位置应符合设计要求，安装应平稳牢固，便于操作维护。

（2）控制台内机架、配线、接地应符合设计要求。

（3）网络控制器宜安装在控制台内机架上，安装应牢固。

（4）线缆应进行校线，并按图纸要求编号。

（5）服务器、工作站、不间断电源、打印机等设备应按施工图纸要求进行排列，安装整齐、稳固。

（6）服务器、工作站、不间断电源、打印机及网络控制器等设备的电源线缆、通信线缆及控制线缆的连接应符合设计要求，并理线整齐、避免交叉、做好标识。

2. 控制中心软件的安装要求

软件的安装应符合本章 36.7.3 小节的要求。

3. 现场控制器箱的安装要求

（1）现场控制器箱的安装位置宜靠近被控设备电控箱。

（2）现场控制器箱应安装牢固，不应倾斜；安装在轻质墙上时，应采取加固措施。

（3）现场控制器箱的高度不大于 1m 时，宜采用壁挂安装，底边距地面的高度不应小于 1.4m。

（4）现场控制器箱的高度大于 1m 时，宜采用落地式安装，并应制作底座。

（5）现场控制器箱侧面与墙或其他设备的净距离不应小于 0.8m，正面操作距离不应小于 1m。

（6）现场控制器接线应按照接线图和设备说明书进行，配线应整齐，不宜交叉，并固定牢靠，端部均应标明编号。

（7）现场控制器箱体内门板内侧应贴箱内设备的接线图。

（8）现场控制器应在调试前安装，在调试前应妥善保管并采取防尘、防潮和防腐蚀措施。

4. 室内、外温湿度传感器的安装要求

（1）室内温湿度传感器的安装位置应尽可能远离窗、门和出风口。

（2）在同一区域内安装的室内温湿度传感器，距地高度应一致，高度差不应大于 10mm。

（3）温湿度传感器不应安装在阳光直射的位置，尽量远离有较强振动、较强电磁干扰的区域和潮湿的区域。

（4）室外温湿度传感器应有防风、防雨措施。

（5）传感器安装位置不应破坏建筑物外观的美观与完整性。

5. 风管型与风道型温湿度传感器的安装要求

（1）传感器应安装在便于调试和维修，并且风速平稳，能反映风温风湿的位置。

（2）传感器应安装在风速平稳的风道直管段，避开风道死角和冷热管的位置。

（3）风管型温湿度传感器应安装在应安装在管道的下半部。

（4）风管型温、湿度传感器应在风速平稳的直管段。

6. 水管温度传感器的安装要求

（1）水管温度传感器的安装位置应在介质温度变化具有代表性的地方，不宜选择在阀门、流量计等阻力件附近，应避开水流流速死角和振动较大的位置。

（2）安装水管温度传感器的开孔与焊接工作，必须在工艺管道的防腐、管内清扫和压力试验前进行。

（3）水管温度传感器的感温段大于管道口径的 1/2 时，可安装在管道的顶部，如感温段小于管道口径的 1/2 时，应安装在管道的侧面或底部。

（4）接线盒进线处应密封，避免进水或潮气侵入，以免损坏传感器电路。

（5）水管型温度传感器应与管道相互垂直安装，轴线应与管道轴线垂直相交。

（6）在系统需注水，而传感器安装滞后时，应将传感器底管先安装于水管上，传感器安装时，将传感器插入充满导湿介质的管中。

7. 风管型压力传感器的安装要求

（1）压力传感器安装点应选择在介质平稳而无涡流的直管段上，应避开各种局部阻力，如阀门、弯头、分叉管和其他突出物（如温度传感器套管等）。

（2）风管型压力传感器应装在管道的上半部；对于蒸气，传感器应装在管道的两侧。

（3）风管型压力传感器应安装在温、湿度传感器测温点的上游管段。

8. 水管型压力与压差传感器的安装要求

（1）压力测点应选择在介质平稳而无涡流的直管段上。

（2）水管型压力与压差传感器应安装在温、湿度传感器的管道位置的上游管段。

（3）水管型压力与压差传感器的取压段小于管道口径的 2/3 时应安装在管道的侧面或底部。

（4）水管型压力与压差传感器的取压段小于管道口径的 2/3 时应安装在管道的侧面或底部。

9. 风压压差开关安装要求

（1）安装压差开关时，宜将受压薄膜处于垂直于平面的位置。

（2）风压压差开关安装完毕后应做密闭处理。

（3）风压压差开关安装离地高度不宜小于 0.5m。

10. 水流开关的安装要求

水流开关应垂直安装在水平管段上。水流开关上标识的箭头方向应与水流方向一致，水流叶片的长度应大于管径的 1/2。

11. 水流量传感器的安装要求

（1）水管流量传感器的取样段小于管道口径的 1/2 时应安装在管道的侧面或底部。

（2）水管流量传感器的安装位置距阀门、管道缩径、弯管距离应不小于 10 倍的管道内径。

（3）水管流量传感器应安装在测压点上游并距测压点 3.5～5.5 倍管内径的位置。

（4）水管流量传感器应安装在温度传感器测温点的上游，距温度传感器 6～8 倍管径的位置。

（5）流量传感器信号的传输线宜采用屏蔽和带有绝缘护套的线缆，线缆的屏蔽层宜在现场控制器侧一点接地。

12. 室内空气质量传感器的安装要求

（1）探测气体比重轻的空气质量传感器应安装在房间的上部，安装高度不宜小于 1.8m。

（2）探测气体比重重的空气质量传感器应安装在房间的下部，安装高度不宜大于 1.2m。

13. 风管式空气质量传感器的安装要求

(1) 风管式空气质量传感器应安装在风管管道的水平直管段。

(2) 探测气体比重轻的空气质量传感器应安装在风管的上部。

(3) 探测气体比重重的空气质量传感器应安装在风管的下部。

14. 风阀执行器的安装要求

(1) 风阀执行器上的开闭箭头的指向应与风门方向一致。

(2) 风阀执行器与风阀轴的连接应固定牢固。

(3) 风阀的机械机构开闭应灵活,无松动或卡涩现象。

(4) 风阀执行器不能直接与风门挡板轴相连接时,则可通过附件与挡板轴相连,但其附件装置必须保证风阀执行器旋转角度的调整范围。

(5) 风阀执行器的输出力矩必须与风阀所需的力矩相匹配并符合设计要求。

(6) 风阀执行器的开闭指示位应与风阀实际状况一致,风阀执行器宜面向便于观察的位置。

15. 电动阀、电磁阀的安装要求

(1) 阀体上箭头的指向应与水流方向一致,并应垂直安装于水平管道上。

(2) 阀门执行机构应安装牢固,传动应灵活,无松动或卡涩现象。阀门应处于便于操作的位置。

(3) 有阀位指示装置的阀门,阀位指示装置面向便于观察的位置。

36.9.13 施工质量控制

建筑设备监控系统的工程质量,需要在系统设计与施工阶段都加以注意,要依据《智能建筑工程质量验收规范》GB 50339—2003、《建筑电气工程施工质量验收规范》GB 50303—2002 及其他相关规范及相关标准,制定建筑设备监控系统工程的质量管理计划。

(1) 在建筑设备监控系统工程的施工阶段,一定要注意以下的施工质量的主要控制项,以便保证施工质量。

建筑设备监控系统施工中质量控制的重点(即:施工中质量控制中的主控项目)是:

1) 传感器的安装需进行焊接时,应符合现行国家标准《现场设备、工业管道焊接工程施工及验收规范》GB 50236—1998 的规定。

2) 传感器、执行器应安装在方便操作的位置,并应与管道保持一定距离。避免安装在有振动、潮湿、易受机械损伤、有强电磁场干扰、高温的位置,避开阀门、法兰、过滤器等管道器件。

3) 传感器、执行器安装过程中不应敲击、振动,安装应牢固、平正。安装传感器、执行器的各种构件间应连接牢固,受力均匀,并作防锈处理。

4) 传感器、执行器接线盒的引入口不宜朝上,当不可避免时,应采取密封措施。

5) 传感器、执行器的安装应严格按照说明书的要求进行,接线应按照接线图和设备说明书进行,配线应整齐,不宜交叉,并固定牢靠,端部均应标明编号。

6) 水管型温度传感器、蒸汽压力传感器、水管压力传感器、水流开关、水管流量计应安装在水流平稳的直管段，避开水流流束死角，不宜安装在管道焊缝处。

7）风管型温、湿度传感器、室内温度传感器、压力传感器、空气质量传感器的应安装在风管的直管段且气流流束稳定的位置，避开风管内通风死角，应避开蒸汽放空口及出风口处。

8）水管温度传感器、水管型压力、压差传感器、蒸汽压力传感器不宜安装在阀门等阻力件附近和振动较大的位置。

9）流量传感器应安装在水流平稳的直管段，上游应留 10 倍管内径长度的直管段，下游应留 5 倍管内径长度的直管段，安装要水平，流体的流动方向必须与传感器壳体上所示的流向标志一致。

10）电动风门驱动器上的开闭箭头的指向应与风门开闭方向一致，与风阀门轴垂直安装。

11）电动阀阀体上箭头的指向应与水流方向一致。

（2）在建筑设备监控系统施工中，作为施工中质量控制中的一般控制项，还需要注意的是：

1）现场设备如传感器、执行器、控制箱柜的安装质量应符合设计要求。

2）控制器箱接线端子板的每个接线端，接线不得超过两根。

3）现场控制器箱至少应留有 10% 的卡件安装空间和 10% 的备用接线端子。

4）温湿度传感器的安装位置不应安装在阳光直射处，室外型温、湿度传感器有防风雨的防护罩，室内温湿度传感器的安装位置与门窗距离应大于 2m，与出风口位置距离应大于 2m。

5）压力、压差传感器应安装在温、湿度传感器的上游侧。测压段大于管道口径的 2/3 时，安装在管道顶部，测压段小于管道口径 2/3 时，应安装在管道的侧面或底部。

6）风管压力、温度、湿度、空气质量、空气速度等传感器和压差开关应在风管保温完成后安装。

7）水管型温度传感器、水管型压力传感器、蒸汽压力传感器、水流开关的安装宜与工艺管道安装同时进行。

8）水管型压力、压差、蒸汽压力传感器、水流开关、水管流量计的开孔与焊接，必须在工艺管道的防腐、衬里、吹扫和压力试验前进行。

9）风机盘管温控器与其他开关并列安装时，高度差应小于 1mm，在同一室内，其高度差应小于 5mm。

10）安装于室外的阀门及执行器应有防晒、防雨措施。

36.9.14　建筑设备监控系统调试

1. 调试准备的要求

（1）控制中心设备、软件应安装完毕，线缆敷设和接线应符合设计要求和产品说明书的规定。

（2）现场控制器应安装完毕，线缆敷设和接线应符合设计要求和产品说明书的规定。

（3）各种执行器、传感器等应安装完毕，线缆敷设和接线应符合设计要求和产品说明书的规定。

（4）建筑设备监控系统设备与子系统（设备）间的通信接口及线缆敷设应符合设计要求。

（5）受控设备及其自身的系统应安装完毕，且调试合格，并正常运行。

（6）建筑设备监控系统设备的供电与接地应符合设计要求。

（7）网络控制器与服务器、工作站应正常通信。网络控制器的电源应连接到不间断电源上，保证调试期间网络控制器电源正常供应。

（8）现场控制器程序应编写完毕，并符合设计要求。

2. 现场控制器的调试要求

（1）测量接地脚与全部 I/O 口接线端间的电阻，电阻应大于 10kΩ。

（2）应确认接地脚与全部 I/O 口接线端间无交流电压。

（3）调试仪器与现场控制器应能正常通信，并应能查看总线上其他现场控制器的各项参数。

（4）应采用手动方式对全部数字量输入点进行测试，并记录。

（5）应采用手动方式测试全部数字量输出点，受控设备应运行正常，并记录。

（6）模拟量输入、输出的类型、量程、设定值应符合设计要求和设备说明书的规定。

（7）应按不同信号的要求，用手动方式测试全部模拟量输入，并记录测试数值。

（8）应采用手动方式测试全部模拟量输出，受控设备应运行正常，并记录测试数值。

3. 冷热源系统的群控要求

（1）自动控制模式下，系统设备的启动、停止和自动退出顺序应符合设计和工艺要求。

（2）应能根据冷、热负荷的变化自动控制冷、热机组投入运行的数量。

（3）模拟一台机组或水泵故障，系统应能自动启动备用机组或水泵投入运行。

（4）应能根据冷却水温度变化自动控制冷却塔风机投入运行的数量及控制相关进水蝶阀的开关。

（5）应能根据供/回水的压差变化自动调节旁通阀。

（6）水流开关状态的显示应能判断水泵的运行状态。

（7）应能自动累计设备启动次数、运行时间，并自动定期提示检修设备。

（8）建筑设备监控系统应与冷水机组控制装置通信正常，冷水机组各种参数应能正常采集。

4. 空调机组的调试要求

（1）检测温、湿度，风压等模拟量输入值，数值应准确。风压开关和防冻开关等数字量输入的状态应正常，并记录。

（2）改变数字量输出参数，相关的风机、风门、阀门等设备的开、关动作应正常。改变模拟量输出参数，相关的风阀、电动调节阀的动作应正常及其位置调节应跟随变化，并记录。

（3）当过滤器压差超过设定值，压差开关应能报警。

（4）模拟防冻开关送出报警信号，风机和新风阀应能自动关闭，并记录。

（5）应能根据二氧化碳浓度的变化自动控制新风阀开度。

（6）新风阀与风机和水阀应能自动连锁控制。

（7）手动更改湿度设定值，系统应能自动控制加湿器的开关。

（8）系统应能根据季节转换自动调整控制程序。

5. 风机盘管的调试要求

（1）改变温度控制器的温度设定值和模式设定，风机及风机盘管的电动阀应正常工作。

（2）风机盘管控制器与现场控制器相连时，现场控制器应能修改温度定值、控制启停风机和监测运行参数等。

6. 送排风机的调试要求

（1）机组应能按控制时间表自动控制风机启停。

（2）应能根据一氧化碳、二氧化碳浓度及空气质量自动启停风机。

（3）排烟风机由消防系统和建筑设备监控系统同时控制时，应采用消防控制优先方式。

7. 给水排水系统的调试要求

（1）应对液位、压力等参数进行检测及水泵运行状态的监控和报警进行测试，并记录。

（2）应能根据水箱水位自动启停水泵。

8. 变配电系统的调试要求

（1）检查工作站读取的数据和现场测量的数据，对电压、电流、有功（无功）功率、功率因数、电量等各项参数的图形显示功能进行验证。

（2）检查工作站读取的数据，对变压器、发电机组及配电箱、柜等的报警信号进行验证。

9. 照明系统的调试要求

（1）通过工作站控制照明回路，每个照明回路的开关和状态应正常。

（2）应能根据时间表和室内外照度自动控制照明回路的开关。

10. 电梯监控系统的调试要求

电梯监控系统的调试应通过工作站对电梯的运行各项参数的图形显示功能进行验证。

11. 系统联调的要求

（1）控制中心服务器、工作站、打印机、网络控制器、通信接口（包括与其他子系统）、不间断电源等设备之间的连接和传输线型号规格应正确无误。

（2）通信接口的通信协议、数据传输格式、速率等应符合设计要求，并能正常通信。

（3）建筑设备监控系统服务器、工作站管理软件及数据库软件并配置正常，软件功能符合设计要求。

（4）建筑设备监控系统监控性能和联动功能应符合设计要求。

36.9.15　系统的检测与检验

1. 服务器、工作站的检验要求

（1）检查服务器、工作站、网络控制器及附属设备安装应符合设计图纸要求。

（2）在工作站上观察现场各项参数的变化，状态数据应不断被刷新。

（3）通过工作站控制模拟输出量或数字输出量，现场执行机构或受控对象应动作正确、有效。

（4）模拟现场控制器的输入侧故障时，在工作站应有报警故障数据登录，并发出声响提示。

（5）模拟服务器、工作站失电，重新恢复送电后，服务器、工作站应能自动恢复全部监控管理功能。

（6）服务器设置软件应对进行操作的人员赋予操作权限和角色。

（7）软件功能齐全，人机界面应汉化，操作应方便、直观。

（8）服务器应能以报表、图形及趋势图方式打印设备运行的时间、区域、编号和状态的信息。

2. 现场控制器的检验要求

（1）现场控制器箱安装应规范、合理，便于维护。

（2）人为制造服务器、工作站停机，现场控制器应能正常工作。

（3）改变被控设备的设定值，其相应执行机构动作的顺序/趋势应符合设计要求。

（4）人为制造现场控制器失电，重新恢复送电后，控制器应能自动恢复失电前设置的运行状态。

（5）人为制造现场控制器与服务器通信网络中断，现场设备应能保持正常的自动运行状态，且工作站应有控制器离线故障报警信号。

（6）启停被控设备，相关设备及执行机构动作的顺序应符合设计要求。

（7）现场控制器时钟应与服务器时钟保持同步。

3. 传感器、执行器的检验要求

（1）检查现场的传感器、执行器安装应规范、合理，便于维护。

（2）检测工作站所显示的数据、状态应与现场的读数和状态一致。

（3）检测执行机构的动作或动作顺序应与设计的工艺相符。

（4）执行机构的动作范围、动作顺序应与设计要求相符。

（5）当参数超过允许范围时，应产生报警信号。

（6）在工作站控制执行机构，应能正常动作。

4. 冷热源系统的群控检验要求

（1）冷热源系统应能实现负荷调节、预定时间表自动启停和节能优化控制。

（2）改变时间程序或通过工作站手动启停冷热源系统，机组应通按联动控制顺序正常运行。

（3）在不改变机组运行台数时，降低部分空调设备的负荷，系统应能通过调节旁通阀，保持集水器和分水器之间的压差稳定在设计允许范围内。

（4）在工作站上应能显示冷热源系统设备的运行参数，并自动记录。

5. 空调与通风系统的检验要求

（1）在工作站或现场检查温湿度测量值应与便携式温湿度仪测量值一致。

（2）检查风压差开关、防冻开关等参数的状态，手动改变设定值，核对报警信号的准确性。

（3）检查风机、水阀、风阀的工作状态、控制稳定性、响应时间、控制效果等。

（4）在站改变预定时间表，检测系统自动启停功能。

（5）在工作站改变温、湿度设定值，记录温度控制过程，检查联动控制程序的正确性、系统稳定性，系统响应时间以及控制效果，并检查系统运行的历史记录。

（6）人为设置故障，包括过滤器压差开关报警、风机故障报警、温度传感器超限报警，在工作站检测报警信号的正确性和反应时间。

（7）应对送、排风机的运行状态进行监测和控制，并可按空气环境参数要求自动控制启停。

6. 给水排水系统的检验要求

（1）通过工作站应能远程控制给水排水系统设备。

（2）人为提高水位或降低水位、液位开关正常动作，并能按照控制工艺联动水泵启动或停止。

（3）通过工作站应对给水排水系统的液位、运行状态与故障报警实行监测、记录。

7. 变配电系统的检验要求

（1）应对变配电系统电压、电流、有功（无功）功率、功率因数、电量等参数进行现场测量与工作站读取数据对比，进行准确性和真实性检查。

（2）应对高、低压开关柜、变压器、发电机组的工作状态和故障进行监测。

（3）工作站上各参数的动态图形应能比较准确的反应参数变化。

8. 公共照明系统的检验要求

（1）应以室外光照度、时间表等为控制依据，对照明设备进行监控，检测控制动作的正确性。

（2）检查通过工作站对所有照明回路的手动开关功能。

9. 电梯、自动扶梯系统的检验要求

（1）在工作站上应设置电梯动态模拟图，显示电梯当前所在位置、运行状态与故障报警。

（2）检查图形工作站监测电梯系统的运行参数，并与实际状态核实。

10. 系统实时性、可靠性检验要求

（1）使用秒表等检测仪器记录报警信号，检测系统采样速度和响应时间，应满足设计要求。

（2）使系统中的一个或多个现场控制器失电，工作站应输出正确的报警。

（3）切断系统电网电源，应自动转为不间断电源供电，系统运行不得中断。

（4）模拟服务器、工作站掉电，通信总线及现控制器应能正常工作，不得影响受控设备正常运行。

11. 质量记录

应执行《智能建筑工程施工规范》GB 50606—2010。

36.10 火灾自动报警及消防联动控制系统

36.10.1 火灾自动报警及消防联动控制系统结构

36.10.1.1 系统组成

消防工程范围包括：消防灭火剂瓶、消防管线、控制设备、消防泵、喷淋泵、正压风机、排烟风机、消防广播系统、火警对讲、报警系统及消防联动控制等设备的安装与调试。本节对于专业性很强的消防基础设施部分基本未写入，是其中的火灾自动报警系统及消防联动控制部分。

消防广播系统参见本章第 36.6 "公共广播系统" 一节。

消防工程相关内容请参见《火灾自动报警系统设计规范》GB 50116、《火灾自动报警系统施工及验收规范》GB 50166、《智能建筑工程质量验收规范》GB 50339 和《智能建筑设计标准》GB 50314 等标准。

36.10.1.2　火灾自动报警及消防联动控制

1. 火灾报警系统（FAS）的组成

按照我国现行的规范要求，火灾报警系统应自成一个独立的系统。它由感烟探测器、感温探测器、火焰探测器、手动报警按钮、消火栓手动报警按钮、报警电话、报警控制器、输入模块、输出模块、火警楼层显示器、中央主机组成。

各种探测器和报警按钮通过总线串联相接，再与控制主机相连，各种设备的地址和类型通过数据码分开。火灾报警系统的组成图、消防系统结构方框图见图 36-51。

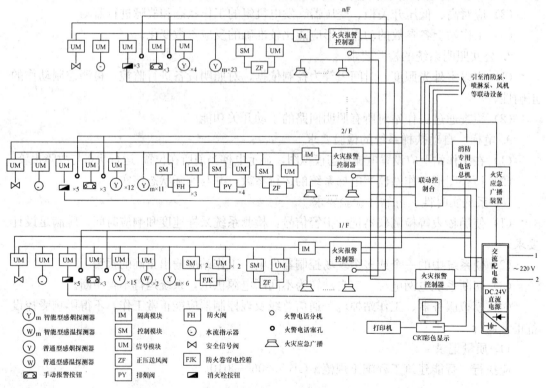

图 36-51　火灾报警系统的组成图、消防系统结构方框图

（1）感烟探测器（离子式、光电式）探测周围环境中的烟雾粒子浓度的大小，当烟粒子浓度过大时，产生报警信号，通过总线传给报警主机。

（2）感温探测器（定温式、差温式）探测周围环境中温度的变化，感温探测器产生的报警信号通过总线传给报警主机。

（3）手动报警按钮是当着火时，由工作人员按下手动报警按钮，产生报警信号，通过总线传给报警主机。

2. 消防联动

（1）消防系统与综合安防系统联动

根据综合安防系统各个分系统设备的特点，包括总系统传来的消防报警、楼宇控制系统等的联动要求，具体的联动包括以下各子系统之间的相互控制逻辑。

1）发生消防报警时，消防报警系统→保安监控系统：发生消防报警时，发生消防报警时，闭路电视监控子系统自动将火警相近区域的摄像机的摄像画面切向保安主监视屏（或消控中心显示器），并重点监录这些摄像机的摄像内容。

2）发生消防报警时，消防报警系统→出入口控制系统：确认发生消防报警时，出入口控制系统中与火警部位有关的各管制门（重要核心部位的管制门可单独设置）应自动处于开启状态，以便内部人员疏散撤出和消防人员进入。

3）发生消防报警时，消防报警系统→车库管理系统：确认消防报警发生于底层或地下层时，车库管理系统应将车库控制闸门置于开放状态，便于车库内车辆撤离火场（此时车库有关的摄像机应处于工作和录像状态）。

4）发生消防报警时，相关安装门禁区域将根据需要自动打开或关闭。

（2）消防系统与背景音乐及紧急广播系统联动

1）发生消防报警时，相应楼层的公共广播系统将被强行切换至消防紧急广播。

2）正常情况下，公共广播向公共场所提供背景音乐和语音广播，当发生火灾时，公共广播和客房音响可同时作为事故报警广播，引导疏散，指挥事故处理。

3）广播系统分区与消防系统分区一致，各分区、各楼层及宾馆客房分别设有分区音量控制器、客房控制器和紧急广播切换装置。

4）广播系统与火灾报警系统联动时，根据不同的报警区域，广播系统自动将该区域及相邻区域切换到紧急广播状态，同时向上述区域发出预录在数字语音合成器里的广播内容。

5）广播源有优先级之分，紧急广播具有最高优先权。

（3）消防系统与建筑设备监控系统联动

1）消防报警系统→建筑设备监控系统：当消防报警系统自动确认消防报警发生后，立即要求建筑设备监控系统，做出相应动作，同时向大楼主管部门报警。

2）建筑设备监控系统→保安监控系统：当建筑设备监控系统有异常报警或事故时，保安监控系统可自动将报警相近区域的摄像机的摄像画面切向保安中心主监视屏，并重点监录这些摄像机的摄像内容，以供事后分析事故原因等。

36.10.2　系统的安装施工

36.10.2.1　系统安装施工准备

（1）火灾自动报警系统的施工必须由具有相应资质等级的施工单位承担。

（2）在系统施工前，需要做如下的准备工作。

1）施工准备除应满足本章第36.1.3节"施工准备"的要求，还应符合本小节的针对性要求。

2）火灾自动报警系统与应急指挥系统和智能化集成系统进行集成时，应互相提供通信接口和通信协议。

3）材料与设备准备应符合下列要求：

①火灾自动报警系统的主要设备和材料选用应符合设计要求，并符合《火灾自动报警系统施工及验收规范》GB 50166—2007第2.2节的规定。

②消防应急广播与公共广播系统共用一套系统时，公共广播系统的设备应是通过国家认证或认可的产品。产品名称、型号、规格应与检验报告一致。

③桥架、线缆、钢管、金属软管、防火涂料以及安装附件等应符合防火设计要求。

④应根据《火灾自动报警系统设计规范》GB 50166—2007的规定，对线缆的种类、电压等级进行检查。

36.10.2.2　系统安装施工要求

火灾自动报警及消防联动控制系统安装施工应符合下列要求：

（1）桥架、管线、钢管等敷设施工除应执行《火灾自动报警系统施工及验收规范》GB 50166—2007第3.2节的规定和本第36.3节"综合管线"的要求外，还应符合下列要求：

1）火灾自动报警系统的线缆应使用桥架和专用线管敷设。

2）报警线缆连接应在端子箱或分支盒内进行，导线连接应采用可靠压接或焊接。

3）桥架、金属线管应作保护接地。

（2）线缆安装除应执行《火灾自动报警系统施工及验收规范》GB 50166—2007第3.3～3.10节的规定外，还应符合下列要求：

1）端子箱和模块箱宜设置在专用的竖井内，应根据设计高度固定在墙壁上，安装时应端正牢固。

2）控制中心引出的干线和火灾报警器及其他的控制线路应分别绑扎成束，汇集在端子板两侧，左侧为干线，右侧为控制线路。

3）报警系统传感器的安装施工应参照本章第36.9.4节"建筑设备监控系统主要输入装置"的要求实施。

4）报警系统扬声器的安装施工应参照本章第36.6节"广播系统"的要求实施。

5）火灾自动报警系统中控系统、联动接口、传输网络安装施工应参照本章第36.9.6节"中控设备、传输网络和现场控制设备"的要求实施。

（3）设备接地除应执行《火灾自动报警系统施工及验收规范》GB 50166—2007中有关规定外，还应符合下列要求：

1）工作接地线应采用铜芯绝缘导线或电缆，不得利用镀锌扁铁或金属软管。

2）消防控制设备的外壳及基础应可靠接地，接地线引入接地端子箱。

3）消防控制室应根据设计要求设置专用接地箱作为工作接地。当采用独立工作接地时接地电阻不应大于4Ω；当采用联合接地时，接地电阻不应大于1Ω。

4）保护接地线与工作接地线必须分开，不得利用金属软管作保护接地导体。

36.10.3　施 工 质 量 控 制

（1）火灾自动报警及消防联动控制系统设备、管线与监控屏幕在安装、调试和检测时，需要特别注意以下的事项，以便保障对于该系统安装、调试的质量控制。

1）设备与材料必须有质量合格证明和检验报告，不合格的不得进场。

2）探测器、模块、报警按钮等类别、型号、位置、数量、功能等应符合设计要求。

3）火灾报警电话及火警电话插孔型号、位置、数量、功能等应符合设计要求。

4）消防广播位置、数量、功能等应符合设计要求。应能在火灾发生时迅速切断背景音乐广播，播出火警广播。

5）火灾报警控制器功能、型号应符合设计要求，并符合《火灾自动报警系统施工及验收规范》GB 50166—2007 的有关规定。

6）火灾自动报警系统与消防设备的联动逻辑关系应符合设计要求。

7）火灾自动报警系统的施工过程质量控制应符合《火灾自动报警系统施工及验收规范》GB 50166—2007 中第 2.1.6 条规定。

（2）还应注意以下的事项：

1）探测器、模块、报警按钮等安装应牢固、配件齐全，无损伤变形和破损。

2）探测器、模块、报警按钮等导线连接应可靠压接或焊接，并应有标志，外接导线应留余量。

3）探测器安装位置应符合保护半径、保护面积要求。

36.10.4　火灾自动报警及消防联动控制系统的调试、测试与检验

1. 火灾自动报警及消防联动控制系统系统的调试

（1）火灾自动报警及消防联动控制系统系统的电气调试与本章 36.6 "广播系统"、36.9 "建筑设备监控系统" 相同。

（2）火灾自动报警及消防联动控制系统系统的功能调试应按《火灾自动报警系统施工及验收规范》GB 50166—2007 第 4 章的规定执行。

2. 火灾自动报警及消防联动控制系统系统的检测与检验

（1）系统自检自验准备的要求

1）应在建筑物内部装修和系统安装调试完成后进行。

2）各回路接线应正确，检查所有回路和电气设备绝缘情况，检查有无松动、虚焊、错线或脱落现象并处理，做记录。

3）系统自检自验应与相关专业配合进行，且相关专业设备已处于正常工作状态。

（2）系统自检自验的要求

1）应先分别对器件及设备逐个进行单机通电检查（包括报警控制器、联动控制盘、消防广播等），正常后方可进行系统检验。

2）火灾自动报警系统通电后，应按《消防联动控制系统》GB 16806—2006 的要求对设备进行功能检测。

3）单机检测和各子系统检测完毕，应进行系统联动检测。

4）消防应急广播与公共广播系统共用时，应能在火灾发生时迅速切换，播放火警广播。

（3）质量记录

火灾自动报警系统质量记录应执行《火灾自动报警系统施工及验收规范》GB 50166—2007 的相关规定。

36.11　安全防范管理系统

36.11.1　安全防范系统基本要求

1. 安全防范系统的主要内容

安全防范系统是多个相对独立的、涉及在建筑物内和周边通过采用各种技术防范设备和防护设施实现的对人员、建筑、设备提供安全防范的各（子）系统的统称。

安全防范系统包括如下各子系统：

（1）入侵报警系统：它通常包括周界防护、建设物内区域及空间防护和对实物目标的防护。

（2）视频监控系统：也称闭路电视监视和控制系统，是对建筑物内及周边的公共场所、通道和重要部位进行实时监视、录像、通常和入侵报警系统和出入口控制系统实现联动。

（3）出入口控制系统：也称门禁系统，它是指在建筑物内采用电子与信息技术，对人员的进、出实施放行、拒绝、记录和报警等操作的一种电子自动化系统。

（4）巡更管理系统：也称电子巡查系统，它通过预先编制的巡逻软件，对保安人员巡逻的运动状态（是否准时、遵守顺序等）进行记录、监督，并对意外情况及时报警。

（5）停车场（库）管理系统：对停车场（库）内车辆的通行实施出入控制、监视，以及行车指示、停车计费等的综合管理。

（6）安全防范综合管理系统：安全防范综合管理系统是对上述各个（子）系统进行统一汇总、查看、显示、设置的管理系统。该系统在网络与各种通信接口的支持下工作。

2. 安全防范系统设计、施工与验收的依据

安全防范系统设计、施工与验收的依据是：《智能建筑设计标准》GB/T 50314、《智能建筑工程质量验收规范》GB 50339、《安全防范工程技术规范》GB 50348、《入侵报警系统工程设计规范》GB 50394、《视频安防监控系统工程设计规范》GB 50395、《出入口控制系统工程设计规范》GB 50396 及《民用闭路监视电视系统工程技术规范》GB 50198 等相关国家标准与规范。

36.11.2　施　工　准　备

安全防范系统的施工准备材料设备准备的主要内容见本章第 1 节 36.1.3 智能建筑工程的施工准备，此外还应符合下列要求：

（1）在进行安全防范系统的施工前，需要对工程中使用的设备进行检验，诸如：矩阵切换控制器、数字矩阵、网络交换机、摄像机、控制器、报警探头、存储设备、显示设备等设备应有强制性产品认证证书和"CCC"标志，或入网许可证等文件资料。产品名称、型号、规格应与检验报告一致。

（2）进口设备应有国家商检部门的有关检验证明。一切随机的原始资料，自制设备的设计计算资料、图纸、测试记录、验收鉴定结论等应全部清点，整理归档。

（3）有源部件均应通电检查，应确认其实际功能和技术指标与标称相符。

（4）硬件设备及材料应重点检查安全性、可靠性及电磁兼容性等项目。

（5）施工对象已基本具备进场条件，如作业场地、安全用电等均符合施工要求。

（6）施工区域内建筑物的现场情况和预留管道、预留孔洞、地槽及预埋件等应符合设计要求。

（7）允许同杆架设的杆路及自立杆杆路的情况清楚，符合施工要求。

（8）敷设管道电缆和直埋电缆的路由状况清楚，并已对各管道标出路由标志。

（9）当施工现场有影响施工的各种障碍物时，宜提前清除。

36.11.3 入 侵 报 警 系 统

36.11.3.1 入侵报警系统组成

报警系统是通过分布于建筑物各种不同功能区域、针对不同防范需要而设置的各种探测器的自动监测管理，实现对不同性质的入侵行为的探测、识别、报警以及报警联动的系统。

1. 入侵报警系统的作用

报警系统的前端设备为安装在重点地区的各种类型的报警探测器；探测器的信号通过有线和无线传输方式传输；系统的末端是显示/控制/通信设备，或报警中心控制台，实现对设防区域的非法入侵进行实时、可靠和正确无误的报警和复核。系统应设置紧急报警装置和留有与 110 接警中心联网的接口。

2. 入侵报警系统的组成

根据其防范的目的、采用的探测器不同，报警系统通常包括入侵报警和对周围环境情况报警等两类。

入侵报警：有周界入侵报警和室内入侵报警。周界入侵报警除常用的主动红外探测器外，还有感应电缆和电子围栏（同时具有报警和阻挡功能）等；室内入侵报警通常包括被动红外探测器、双鉴（复合）探测器、振动探测器、玻璃破碎探器、门磁开关等。

周围环境情况报警：主要是指周围环境空气中的异常报警，通常有烟雾、超温、燃气泄漏以及 CO 等的超标报警。其中有些纳入火灾报警及消防联动控制系统，也有的纳入建筑的报警系统中进行管理。

报警系统中还包括一些人工报警装置，如报警按钮、脚挑开关等，其报警信号也接入报警系统。入侵报警系统的组成图见图 36-52。连接见图 36-53。

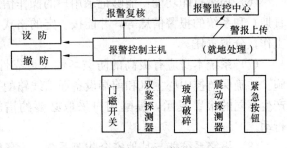

图 36-52 入侵报警系统的组成图

3. 入侵报警系统的功能

入侵报警系统应具备的功能有：

（1）具有全面的报警功能，系统应具有开关量输入、模拟量输入和开关量输出等接口，以便可接入各类探测器和发送报警信号，控制警号/警铃、布/撤防指示灯等报警输出设备。

（2）系统应能方便地按时间、区域部位实现对防区的布防和撤防，可自动（任意编

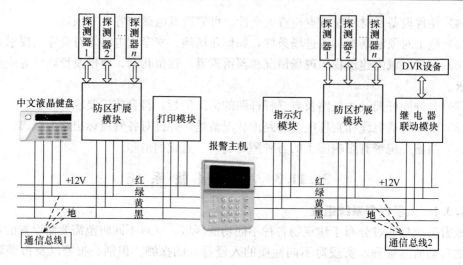

图 36-53 入侵报警系统的连接图

程）或人工、单个点或一组点进行布防、撤防及对各防区输入/输出功能进行编程等。

（3）整个系统应具有定时巡检、运行状态显示、实时控制功能。系统发生报警时除能直接进行联动控制外，还能提供对报警信号的联动处理信息，指导值班人员迅速采取正确的应对措施。

（4）报警系统的探测器应能抗光、热、无线电波、射频等干扰，防止误报警的发生；能消除对小动物的误报警，而同时又能保持对人体目标的良好探测功能。

（5）系统应具有可视化多媒体电子地图，多媒体电子地图使报警系统工作情况通过地图直观地表达。它将监控现场布防图作为电子地图的背景，采用分层式管理，每一层对应一个特定区域，图中还有一些关键图素，如环境图素和监控图素，可以进行标识并显示其状态。可在地图中对报警探头进行操作，比如进行布防和撤防；查询报警状态；报告报警时间列表等。

（6）报表打印功能：能够记录用户的操作信息（包括操作者姓名、登录及退出时间和日期）和系统的报警信息等，并能按一定的格式打印出来，便于以后查验，监督操作者的工作，分清责任。

（7）系统本身应有极高的防破坏性及可靠性，前端设备应有防拆、防断线等保护措施。并确保监控中心主机和前端设备通信线路的正常工作，一旦出现异常，监控主机就会产生不同的报警提示，提醒用户采取必要的措施，并能自动联动各种已设定好的报警行动。

（8）报警系统能与其他安全防范系统、设备管理系统等实现联网，以便实施集成化的集中管理、集中监控。

（9）报警系统的电源应保证系统在市电断电后能持续工作 8h 以上。

安防传感器的种类见图 36-54。

36.11.3.2 入侵报警系统的安装

1. 入侵报警系统设备安装的要求

入侵报警系统设备的安装除应执行《安全防范工程技术规范》GB 5034—2004 第 6.3.5 条和《民用建筑电气设计规范》JGJ 16—2008 第 14.2 节的规定外，还应符合下列

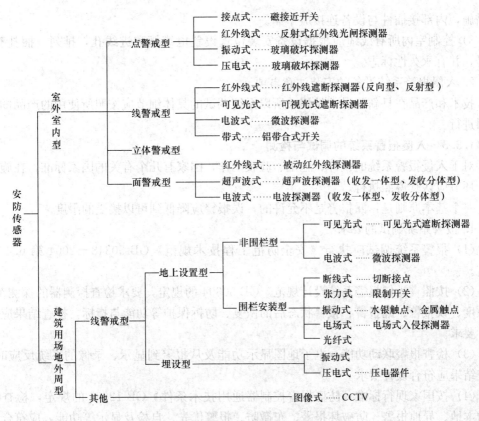

图 36-54 传感器的种类

要求:

(1) 探测器的安装应符合产品技术说明书的要求。

(2) 探测器应在坚固而不易振动的墙面上安装牢固。

(3) 探测器的探测范围内应无障碍物。

(4) 室外探测器的安装位置应在干燥、通风、不积水处,并应有防水、防潮措施。

(5) 磁控开关宜装在门或窗内,安装应牢固、整齐、美观。

(6) 振动探测器安装位置应远离电机、水泵和水箱等震动源。

(7) 玻璃破碎探测器安装位置应靠近保护目标。

(8) 紧急按钮安装位置应隐蔽,便于操作,安装牢固。

(9) 人脸识别、模式识别、行为分析等视频探测器及视频移动报警探测器的安装还必须遵循视频监控系统的安装要求。

(10) 红外对射探测器安装时接收端应避开太阳直射光,避开其他大功率灯光直射,应顺光方向安装。

(11) 系统控制设备的安装

1) 控制台、机柜(架)安装位置应符合设计要求,安装应平稳牢固、便于操作维护。机架背面和侧面与墙的净距离不应小于 0.8m。

2) 所有控制、显示、记录等终端设备的安装应平稳,便于操作。其中监视器应避免外来光直射,当不可避免时,应采取避光措施。在控制台、机柜内安装的设备应有通风散热措施，内部接插件与设备连接应牢靠。

3）控制室内所有线缆应根据设备安装位置设置电缆槽和进线孔，排列、捆扎整齐，编号，并有永久性标志。

2. 入侵报警系统设备的安装注意事项

技术和产品在日新月异的发展，所以系统调试的具体细节应按照所使用的产品的技术资料进行。

36.11.3.3 入侵报警系统的调试与检测

对于入侵报警系统的设计、施工、验收工作，国家有几个有关的国家标准，在施工的各个环节应认真遵照执行。

一个基本原则是：漏报警是不允许的，误报警应降低到可以接受的限度。

1. 报警系统调试的要求

（1）报警系统调试应执行《安全防范工程技术规范》GB 50348－2004 第 6.4 节的规定。

（2）按照《入侵报警系统设计规范》GB 50394 的规定，要求检查探测器的探测范围、灵敏度、误报警、漏报警、报警状态后的恢复、防拆保护等功能与指标，检查结果应符合设计要求。

（3）检查报警联动功能，电子地图显示功能及从报警到显示、录像的系统反应时间，检查结果应符合设计要求。

（4）按国家现行标准《防盗报警控制器通用技术条件》GB 12663 的规定，检查控制器的本地、异地报警、防破坏报警、布撤防、报警优先、自检及显示等功能，应符合设计要求。

（5）入侵报警系统的检验还应执行《智能建筑工程质量验收规范》GB 50339－2006 第 8.3.6 条的规定，并且，还应检验视频报警探测器的图像异动报警功能、背景变化报警功能、行为分析、模式识别报警功能等，功能应符合设计要求。

（6）检查紧急报警时系统的响应时间，应符合设计要求。

2. 入侵报警系统的检测内容

（1）系统电源的检测

按设计检测系统前端控制（驱动）器的直流电源以及所有探测器的电源；电源自带的充电器应能对蓄电池进行充电，并能达到蓄电池能支持工作 8h 以上。市电供电掉电、直流欠压时，能给系统发出警报。

（2）探测器和前端控制（驱动）器功能监测

1）探测器的有效区间的检测和防宠物功能检测。

2）探测器和前端控制（驱动）器的防破坏功能检测，包括：报警器的防拆卸功能；信号线断开、短路；剪断电源线等情况的报警。

3）探测器灵敏度检测。

4）探测器的输出信号是否为无压接点（平接点）开关信号。

（3）系统功能检测

1）系统控制功能检测，包括：系统的撤防、布防功能；系统后备电源投入功能等。见表 36-9。

入侵报警系统检测表 表 36-9

检测项目	检测内容	技术要求	检 测 记 录								
			1	2	3	4	5	6	7	8	…
报警管理检测	布防										
	撤防										
	防破坏报警										
	自检功能										
	巡检功能										
	报警延时										
	报警信息查询										
	手触/自动触发报警										
报警信息处理检测	报警信息存储与打印										
	声、光报警显示										
	电子地图/区域显示										
	接警时间	<4s									
	报警接通率	>98%									
	监听、对讲功能										
	报警确认时间										
	查询、统计、报表打印										

2）系统通信功能检测包括：报警信息的传输、报警响应功能的检测，参见表 36-9。

3）现场设备的接入率及完好率统计。

4）系统的联动功能检测，包括：控制（驱动）器的输出接点与当地输出的联动、入侵报警系统与视频监控系统、出入口管理系统等相关系统的联动功能的检测。检测内容包括：报警点相关电视监视画面的自动调入、开/关相关的出入口管理系统、事件录像联动等。

5）报警系统工作站应保存至少 1 个月（或按合同规定）的数据存储记录。

6）报警系统和城市报警联网功能的检测。

（4）系统软件功能检测

报警系统管理软件能提供：系统设置、组编制、系统地图和防区设置、时间表设置、布撤防设置显示等的可视化操作界面。

1）报警系统的登录和密码功能检测。

2）系统软件的参数设置、时间表编制、对报警输入/输出点的设定、编组，编制报警地图等功能的检测。

3）报警系统管理软件（含电子地图）功能检测。

①系统可接受 bmp\dwg 等文件。

②与开放数据库的连接。

③可按用户的需要随时进行布防图的配置和修改。

④可通过屏幕上的图标进行发送指令或对其进行设置。

⑤在布防图中报警点的相关数据和状态的显示。

4）软件对所定义的联动控制与联动效果的检测。

5）软件对所定义的报警输出和检测。

36.11.4 视频监控系统

36.11.4.1 视频监控系统组成

视频监控系统也称为"电视监视和控制系统"，或简称为"电视监控系统"、"视频监控系统"，它是对建筑物内重要公共场所、通道和重要部位，以及建筑物周边进行监视、录像的系统。它除具有实时监视功能外，还具有图像复核功能、与防盗报警系统和出入口控制系统等的联动功能。

1. 视频监控系统的作用

视频监控系统是安全技术防范体系中的一个重要组成部分。它通过摄像机及辅助设备（镜头、云台等）直接观看被监视场所的各种情况，可以把被监控场所的图像内容、声音内容同时传送到监控中心，使被监控场所的情况一目了然，且具备图像（及声音）的记录存储功能。同时，电视监控系统可以与防盗报警系统、报警中心等其他安全技术防范体系联动运行，使防范能力更加强大。

2. 视频监控系统的组成

电视监控系统的基本组成：电视监控系统由摄像部分（有时还有麦克风、监听器）、传输部分、控制部分以及显示和记录部分组成。

摄像部分是电视监控系统的前沿部分，是整个系统的"眼睛"，它把监视的内容变为图像信号，传送控制中心的监视器上，摄像部分的好坏及它产生的图像信号质量将影响整个系统的质量。

电视监控系统结构图见图 36-55。

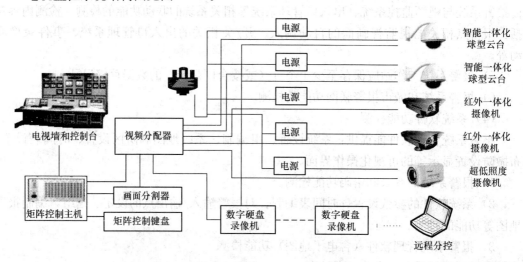

图 36-55 电视监控系统结构图

系统包括电视监控系统配合报警系统产生报警联动部分。

视频监控系统由摄像机、监视器、监控主机等组成。

报警系统由报警主机、多个 CK 双鉴式（红外与微波复合）入侵报警探头、警号等组成。

数字闭路电视监控系统是视频技术和计算机技术结合的产物。数字视频监控系统与传统的模拟视频监控系统不同之处在于图像记录设备和集中控制系统。模拟视频监控系统的图像记录设备一般采用时滞录像机，数字视频监控系统采用 MPEC 技术把视频信息压缩后存入硬盘。

现在的模拟方式数字存储录像方式再生画质再生时的画质低于录制的画面：由于录像带的老化再生画质下降、磁头磨损造成的画质下降以及录像再生时画质变化，现在已很少使用。

系统的前端设备是各种类型的摄像机（或视频报警器）及其附属设备；传输方式一般采用同轴电缆或光缆传输；系统的终端设备是显示/记录/控制设备，它一般设在安防监控中心。安防监控中心的视频监控控制台还对报警系统、出入口控制系统等进行集中管理和监控。

视频电视监控系统的分类如下：

视频电视监控系统随着技术的不断进步和发展，特别是计算机技术、网络通信技术、图像压缩技术和多媒体技术的发展，视频监控系统逐渐由模拟监控系统向数字监控系统发展。其名称也由早期的闭路电视监视系统或电视监控系统演变成视频监控系统。两类系统的区别主要在视频信号的处理和记录方式。

（1）模拟式视频监控系统为传统的电视监视系统，前端为 CCD 摄像机。图像信息以模拟信号传输、不压缩；采用视频矩阵、画面分割器等进行视频信号的切换处理，记录设备为录像机，显示设备为显示器/电视机。

（2）数字式视频监控系统，也称数字视频录像（DVR）系统。系统的前端设备可以是数字摄像机，但大多仍为一般 CCD 摄像机；摄像机信号经视频服务器进行处理后变成数字信号，数字图像信号以帧的格式存储下来，可由计算机进行各种处理；记录设备采用硬盘记录；显示设备可由 VGA 格式显示，或仍通过显示器/电视机显示，以适应操作者的习惯。

数字式视频监控系统利用计算机的高速处理能力实现图像的压缩/解压缩等处理，并可方便地实现多种功能，如通过视频切换技术实现多视窗、视频报警、视频捕捉、图像存盘，特别是视频信号的网络传输、远端监视和控制等功能使监视系统更直观，数字录像也极大地方便了对图像记录的检索。

在数字式监控系统中根据实现的方式不同通常又可分成两大类：一类是采用专用硬件实现的 DVR 系统；另一类是采用基于微机技术实现的 DVR 系统。数字式监控系统结构见图 36-56。

前者是采用嵌入式单片机或数字信号处理器（DSP），实时操作系统（RTOS）；后者则采用传统的微机（或工控机），加图像采集卡、Windows 操作系统构成 DVR 系统。嵌入式主机加实时操作系统构成的 DVR 系统高可靠、无死机；不会产生记录资料混乱的现象；采用硬件实现图像的压缩/解压缩；图像质量高且图像记录不能更改和编辑。由于有

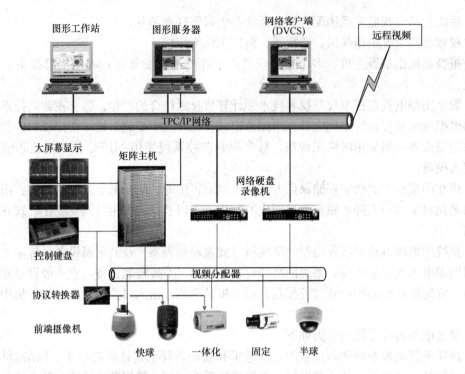

图 36-56　数字式监控系统结构图

这些优点而被金融、证券、银行、文博等高风险场所广泛采用。数字式监控系统采用的压缩/解压缩标准通常有 MPEG－1、MPEG－2、MJPEG、MPEG－4 等。

3. 电视监控系统的功能

（1）两类视频监控系统都应具有的功能

1）要求摄像机等前端设备具有防破坏功能。

2）画面上应有摄像机的编号、地址、时间、日期等信息显示，并能将现场画面自动切换到指定的监视器上显示。

3）对重要监视部位应能进行长时间录像。

4）能采用多媒体技术实现将音、视频信号的同步输入、切换和记录。

5）摄像机的云台能按设定的程序运动，也可在监控中心操作台通过操作键/杆、鼠标等对所选定摄像机的云台进行全方位控制。

6）可在监控中心操作台通过操作键/杆、鼠标等对所选定摄像机镜头的光圈、景深和焦距进行调节。

7）可在监控中心操作台操控启动灯光、雨刷、警号等远端外部设备。

8）监控系统可分别对系统管理员和操作员的操作权限进行设定。系统管理员可对系统各种硬件的配置情况和各种资料进行设定和控制，操作员只能进入系统操作主界面。

9）系统应能接受来自报警系统、出入口控制系统等的报警信号。报警发生时，系统应能对报警现场进行图像（和声音）的复核，并有报警信号输出装置，留有与110接警中心联网的通信接口。

（2）模拟式视频监控系统主要功能

1）监控主机可将视频画面任意进行分割，最多可分割 16 个画面，每一画面显示相应输入的视频图像，并可在画面上叠加摄像机的编号、地址、时间、日期等信息。画面显示应能任意编程、自动或手动切换，并能将现场画面自动切换到指定的监视器上显示。必要时可对所监视的视频图像进行冻结，并进行传输和存储。

2）电视监视系统的画面显示应能任意编程、自动或手动切换。

3）安防系统的监控中心应设有电视墙，可通过监控主机对电视墙显示的图像进行切换。可将任意一路或几路视频以各种分配形式输出到电视墙上，实现人工切换、自动切换、分组切换、关联切换等功能。

（3）数字式视频监控系统的主要功能

1）能在一台主机的视窗中可形成多个视窗，同时看到几个不同摄像机的影像。

2）图像信号的压缩比可设定。

3）图像的记录方式可以 25 帧/s 的速度实时记录，也可采用动态检测录像（即"动则录"），并可将音、视频信号同步输入和记录。

4）能实现视频报警技术，可在视频图像上进行区域布防，当布防的区域出现活动图像或静态物体发生位移时立即进行录像、存盘、发出报警提示和记下当时的时间和地点信息，并进行视频跟踪。

5）可分别根据时间、地点、摄像机号等进行检索，也可进行综合检索，并进行备份、打印等。

6）为便于集中管理，系统应具有远程监视功能、控制功能。可在远端通过内部网、电话网、专线和因特网等通道对异地的监控系统进行监视和控制。

36.11.4.2 视频监控系统的安装

视频监控系统的安装主要有以下的技术要求：

1. 金属线槽、钢管及线缆敷设的相关规定

除应符合本规范第 4 章规定及执行《民用闭路监控电视系统工程技术规范》GB 50198—1994 第 3.3 节规定。未作规定部分，应符合现行国家标准、规范的有关规定。

2. 视频监控系统的安装要求

（1）监控中心内设备安装和线缆敷设应执行《民用闭路监视电视系统工程技术规范》GB 50198—1994 第 3.4 节的规定。

（2）监控中心的强、弱电电缆不得交叉，并有明显的永久性标志。

（3）大型安防监控系统的控制室应铺设抗静电活动地板。

（4）大型显示设备的安装应按设计要求进行。

（5）摄像机、云台和解码器的安装除应执行《安全防范工程技术规范》GB 50348—2004 第 6.3.5 条、《民用闭路监视电视系统工程技术规范》GB 50198—1994 第 3.2 条和《民用建筑电气设计规范》JGJ16—2008 第 14.3.3 条的规定外，还应符合下列规定：

1）摄像机及镜头安装前应通电检测，工作应正常。

2）确定摄像机的安装位置时应考虑设备自身安全，其视场应不被遮挡。

3）架空线入云台时，应做滴水弯，其弯度不小于电（光）缆的最小弯曲半径。

4）安装室外摄像机、解码器应采取防雨、防腐、防雷措施。

（6）光端机、编码器和设备箱的安装应符合下列要求：

1）光端机或编码器应安装在摄像机附近的设备箱内。

2）设备箱应防尘、防水、防盗。

3）视频编码器安装前应加点测试，图像传输与数据通信正常后方可安装。

4）设备箱内设备排列应整齐、走线应有标识和线路图。

（7）应用软件安装应符合本章第 36.7.3 条和本章第 11.3 节的要求。

（8）服务器、存储设备及外部设备等安装应符合本章第 36.7 节的要求。

3. 视频监控系统的安装与调试的步骤

（1）前端设备安装前的检查

1）将摄像机逐一加电检查，并进行粗调，在摄像机工作正常时才能安装。

2）检查室外摄像机的防护罩套、雨刷等功能是否正常。

3）检查摄像机在护罩内紧固情况。

4）检查摄像机与支架、云台的安装孔径和位置。

5）在搬动、架设摄像机过程中，不应打开摄像机镜头盖。

（2）前端设备的安装

1）应安装在监视目标附近不易受外界损伤、无障碍遮挡的地方，安装位置不影响现场设备工作和人员的正常活动。

摄像机安装对环境的要求：

①在带电设备附近架设摄像机时，应保证足够的安全距离。

②摄像机镜头应从光源方向对准监视目标，应避免逆光安装，否则易造成图像模糊，或产生光晕；必须进行逆光安装时，应将监视区域的对比度压缩至最低限度。室内安装的摄像机不得安装在有可能淋雨或易沾湿的地方；室外使用的摄像机必须选用相应的型号。不要将摄像机安装在空调机的出风口附近或充满烟雾和灰尘的地方，易因湿度的变化而使镜头凝结水气，污染镜头。不要使摄像机长时间对准暴露在光源下的地方，如射灯等点光源。

③安装高度：室内以 2.5～5m 为宜；室外以 3.5～10m 为宜不得低于 3.5m。

④摄像机安装时露在护罩外的线缆要用软管包裹，不得用电缆插头去承受电缆自重。

2）护罩摄像机的安装：

摄像机的结构因品牌不同而各异，摄像机安装的注意事项有：

①一般在天花板上顶装，要求天花板的强度能承受摄像机的 4 倍重量。

②将摄像机接好视频输出线和电源线，并固定在防护罩内，再安装在护罩支架上。

③根据现场条件选择摄像机的出线方式，通常有从侧面引出。

3）云台摄像机的安装：

① 墙装时将云台支架固定于墙上；吊装时则将云台倒装在吊架上。

② 根据最佳视场角设定云台的限位位置。安装高度：室内以 2.5～5m 为宜；室外以 3.5～10m 为宜，不得低于 3.5m。

③ 根据云台的控制方式选用交流或直流驱动电源；一般转动速度固定的多采用交流驱动；转动速度可变的则采用直流驱动。

4）电梯轿厢内摄像机安装：

①应安装在电梯轿厢顶部、电梯操作盘的对角处，如可能，则隐蔽安装。

②摄像机的光轴与电梯的两面壁成 45°角，且与电梯天花板成 45°俯角为宜。

5）摄像机的连接线：

①云台摄像机的视频输出线、控制线应留有 1m 的余量，以保证云台正常工作。

②摄像机的视频输出线中间不得有接头，以防止松动和使图像信号衰减。

③摄像机的电源线应有足够的导线截面，防止长距离传输时产生电压损失而使工作不可靠。

④支架、球罩、云台的安装要可靠接地。

6）户外摄像机的安装：

户外安装的摄像机除按上述规定施工外，要特别注意避免摄像机镜头对着阳光和其他强光源方向安装；此外还要对视频信号线、控制线、电源线分别加装不同型号的避雷器。

（3）监控中心设备的安装

1）监控中心设备的安装原则参照《计算机场地通用规范》GB/T 2887—2011 执行。

2）监控中心设备的连接按设计的系统图连接。

36.11.4.3　系统的调试与检测

视频监控系统的调试分准备工作、单机调试和系统调试等步骤进行。

视频监控系统的调试流程见图 36-57。

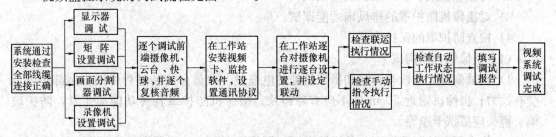

图 36-57　视频监控系统调试流程图

1. 调试准备工作

（1）电源检测：

1）监控台、电视柜总电源交流电压检测。

2）监控台、电视柜各分路交流电压检测。

3）摄像机用总电源和各分路电压检测。

4）有直流电源输出时，要检测输出极性。

（2）线路检查：

1）按施工图进行校线。

2）用 500V 兆欧表检查电源电缆的绝缘，其芯线与芯线、芯线与地线的绝缘电阻不应小于 0.5MΩ。

3）用 250V 兆欧表检查控制电缆的绝缘，其芯线与芯线、芯线与地线的绝缘电阻不应小于 0.5MΩ。

（3）接地电阻的测量：

1）系统中所有接地极的接地电阻均应测量，并做好记录。

2）系统接地电阻不大于 1Ω。

（4）监控中心视频矩阵切换系统，其中包括矩阵主机、控制键盘以及录像机等设备调试应工作正常。

2. 单机调试

应按摄像机产品说明书对摄像机进行设置和功能检查。下面以云台摄像机为例作一介绍，这些调试通常包括：

（1）摄像机的设置内容

1）对云台摄像机的位置设定；对镜头的变焦、聚焦的位置进行设置。

2）预置摄像机的 ID 码。

3）设定摄像机在每个机位上的停留时间。

（2）摄像机控制功能调试

1）调整控制器遥控旋钮，检查云台的摇动（水平旋转）、俯仰（垂直旋转）角度是否满足要求；旋转速度是否均匀；自、停控制是否灵敏；有无噪声等。

2）若旋转角度不能满足要求，可调整设置和云台的限位开关。

（3）摄像机防护罩功能调试

1）对摄像机防护罩的加热器功能调试。

2）对摄像机防护罩的雨刷功能调试。

3）对摄像机防护罩的排风扇功能调试。

4）检查防护罩的保护电路。

（4）摄像机功能调试

1）调试前首先应检查云台和摄像机处的电缆量，在云台旋转过程中插头尾部是否承受有拉力；摄像机附近 50cm 处不应有障碍物；摄像机防护罩各种功能应正常，防护玻璃、镜头应擦拭干净等。

2）依次开通控制器电源、监视器电源、摄像机电源、监视器应显示图像。

3）检查摄像机、镜头、监视器等设备，各设备的状态是否良好，摄像机图像是否清晰、监视器显示图像是否合格等。

4）图像清晰时，可遥控变焦、自动光圈、观察变焦过程中的图像清晰度；自动光圈能否随光线自动调节等，对异常情况做好记录。

5）遥控电动云台，带动摄像机旋转在静止和旋转过程中图像的清晰度应变化不大。云台应运转平稳、无噪声、不发热、速度均匀。

6）检查录像机是否可正常录像。

3. 系统调试

（1）开通总电源，分别在监控室和监视现场通过对讲机联络逐一开通摄像机回路，调整监视方向，使摄像机能准确对准监视目标或监视范围。

（2）遥控变焦、自动光圈、遥控云台旋转、观察监视范围的变化。

（3）操作控制器进行图像切换，并进行定时连续切换功能试验，再进行数字、年、月、日显示调整和进行录像试验。

（4）当图像发黑或发暗时，应对监视区域的照明灯具的方位进行调整，以提高图像质量。

（5）当摄像机调试时，如屏幕出现干扰杂波，应检查摄像机附近是否有强电磁场，并检查视频接头接触是否牢靠。

4. 数字式视频监控系统调试

数字式视频监系统的调试主要区别在视频服务器部分，可参照产品技术资料进行调试。

5. 视频监控系统的测试

视频监控系统的测试是检测各种不同类型的设备是否可达到设计说明指标，运行是否正常，为系统整体运行创造条件。

（1）检测内容：

1）系统功能检测：云台转动、镜头、光圈弧调节、调焦、变倍，图像切换、防护罩功能的检测。

2）图像质量检测：在摄像机的标准照度下进行，进行图像的清晰度及抗干扰能力等检测。

（2）检测方法：系统功能检测通常采用主观评价法检测。

1）主观评价法检测

检测结果按《彩色电视图像质量主观评价方法》GB/T 7401—1987 中的五级损伤制评定，见表 36-10，主观评价应不低于四级。

主观评价评分分级表
表 36-10

图像质量损伤主观评价	评分等级
未察觉图像有损伤或干扰	5
可察觉图像有损伤或干扰，但接受	4
图像有明显损伤或干扰，令人感到厌烦	3
图像有严重损伤或干扰，令人讨厌	2
图像有极严重损伤或干扰，不能观看	1

2）抗干扰检测

抗干扰能力测试按《视频安防监控系统技术要求》GA/T 367—2001 进行检测。

（3）系统整体功能检测：

根据系统设计方案进行功能检测。包括：视频监控系统的监控范围、现场设备的接入率及完好率；开通稳定运行时间；矩阵监控主机的切换、控制、编程、巡检、记录等功能；系统跟踪时的随动效果等。

对数字视频录像式监控系统还应检查主机死机的记录、图像显示和记录速度、图像质量、对前端设备的控制功能以及通信接口功能、远端联网功能等。

对数字硬盘录像监控系统除检测其记录速度外，还应检测记录的检索、查找等功能。

（4）系统联动功能检测：

对视频监控系统与安全防范系统其他子系统的联动功能进行检测，包括出入口管理系统、报警系统、巡更系统、停车场（库）管理系统等的联动控制功能。

（5）视频监控系统的图像记录保存时间应符合合同的规定。

36.11.5 出入口控制（门禁）系统

36.11.5.1 出入口控制（门禁）系统组成

出入口控制系统也称为"门禁控制系统"。

1. 出入口控制系统的作用

出入口控制系统对建筑物及建筑物内部的区域、房间的出入口，对发出通过请求的人员的进、出，实施放行、拒绝、记录和报警等操作的一种电子自动化系统。控制器能根据事先的登录情况对使用者的卡号作出判断，对有效卡放行，对无效卡拒绝并且同时向系统发出报警信号。

出入口控制（门禁）系统一般都与入侵报警系统、视频监控系统和消防系统等联动。通常入侵报警系统的报警信息传输给出入口控制（门禁）系统，并联动门禁；出入口控制（门禁）系统的报警信号应联动视频监控系统，对报警点进行监视和录像；消防系统的火警信号应联动出入口控制（门禁）系统，使发生火警相关区域出入口的门禁处于释放状态。

2. 出入口控制系统的组成

（1）出入口控制（门禁）系统由出入口目标识别系统、出入口信息管理系统、出入口控制执行机构等三部分组成。系统的组成如图 36-58 所示。

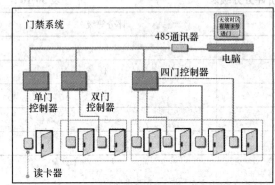
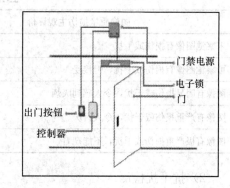
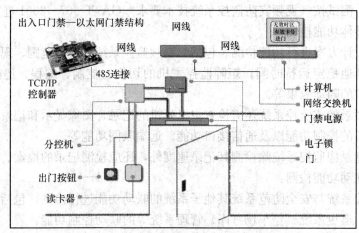

图 36-58 门禁系统结构图

（2）系统的前端设备为各种出入口目标的识别装置（如读卡机、指纹识别机等）和出入口控制执行机构（门锁启闭装置，如出门按钮、电锁等），如图 36-58 所示。信息传输一般采用专线或网络传输；系统的终端为显示/控制/通信设备。

（3）门禁系统前端设备组成：

出入口控制（门禁）系统的控制器有单门控制器（一个控制器控制一把锁）、双门控制器（一个控制器控制 2 把锁）、4、8 甚至 16 门控制器等；门禁控制器的工作方式可以是独立的控制器，也可以通过网络对各门禁控制器实施集中监控的联网式控制。

出入口控制（门禁）系统如对出门无限制时，可采用出门按钮开门；如对出门有限制要求时（如要求记录时间等），要在出门处安装出门读卡机，而不是安装出门按钮。

（4）出入口控制（门禁）系统的分类：

出入口控制（门禁）系统的区别主要在出入口目标识别系统所采用的技术。

目标识别系统可分为对物的识别和对人体生物特征的识别两大类。

对物的识别包括：由出入人员的通行密码（通过键盘输入）条码卡、磁卡、ID 卡、接触式 IC 卡、非接触式 IC 卡等，或其中的若干项结合使用。

对人体生物特征的识别是根据对人体生物特征的惟一性识别确定是否容许通行，它包括：指纹识别、掌纹识别、瞳孔识别、语音识别等。

在具体使用中也有将两类目标识别方法联合使用，如密码加指纹等。

出入口控制（门禁）系统还包括电梯通行控制系统，它是对工作人员设定其可通行的楼层，电梯系统只在其指定的楼层开放。

3. 出入口控制系统的功能

（1）现场设备功能

1）系统现场的出入口目标识别装置和控制执行机构应具有防破坏功能，包括：防拆卸、防撬功能；信号线断开、短路；剪断电源线等情况的报警。

2）读卡机的 LCD 液晶显示器应可同时显示相应的信息。如：有效、读错误、无效卡、无效时段等。

3）现场控制器可接入读卡机等读入设备，并指令电销执行规定的动作；应具有独立的存储和编程能力；多个辅助输入和输出；并能提供通信接口。当与系统控制器的通信中断或系统出现故障时，能保证所管理出入口门禁的正常开启不受影响，且仍能记录进出事件。

4）现场控制器应有充电电路和备用电池，出现供电故障时能保证系统正常工作 8 个小时。

（2）管理中心功能

1）门禁管理中心实现对门禁系统的工作模式设置、各种参数设置和人员身份等的管理：包括门禁系统工作模式、门禁授权人员信息的查询、门禁卡片的制作等。

2）门禁管理中心上要负责收集、分析、统计和查询各监控单元门禁监控实时数据、报警信息及历史数据，报警信息产生时系统会相应进行声、光报警，提请值班操作人员紧急处理。

3）门禁管理中心能实现门禁状态的实时监测，实时显示各门的开关状态，可实时显示当前开启的门号、通行人员的卡号及姓名刷卡时间和通行是否成功等信息，并可实现远程开门。

4）门禁管理中心可对现场的读卡器进行授权、取消授权、时间区设定、报警布防/撤防等操作。

5）可对员工所持的卡进行授权（通行时间、通行区域）、授权变更，如有卡片遗失监控中心可立即废除此卡的通行权利。

6）门禁系统能实现报警事件的联动响应。

7）门禁系统应有输出信号可控制室内灯光的开关，可实现持卡人对房间灯光的自动打开或关闭。

（3）管理软件的功能

1）门禁系统的软件功能应包括：报警（报警管理）、监控（系统监控）、报表（统计和打印有关设备数据）、查询（提供对设备和统计数据的查询）及自诊断（对系统自身运行状况监视）、及管理（对系统工作站、操作人员、设备、数据和其他配置等的管理）等功能。

2）可在电子地图显示门禁点的设置、状态等信息。

3）系统应能存储系统参数、员工个人资料及出入门数据等信息。

4）系统操作人员应有多级权限管理，防止越权操作。

5）系统数据库应为开放的数据库，符合 TCP/IP 通信协议，可与其他应用软件共享公共数据库；支持用户自定义报表；能支持持卡人员的照片图像，便于操作人员对在刷卡时自动弹出的持卡人照片进行比较鉴定。

36.11.5.2 出入口控制系统的安装

1. 出入口控制系统设备的安装要求

（1）识读设备的安装位置应避免强电磁辐射辐射源、潮湿、有腐蚀性等恶劣环境。

（2）一体型系统，识读设备的安装应保证使用的连贯性和畅通性，并应保证系统维修方便。

（3）控制器、读卡器不应与其他大电流设备共用电源插座。

（4）控制器宜安装在弱电井等便于维护的地点。

（5）设备安装完毕应加防护结构面，并能防御破坏性攻击和技术开启。

（6）门禁控制器与读卡机间的距离，不宜大于 50m。

（7）锁具安装应牢固，启闭应灵活。

（8）红外光电装置应安装牢固，收、发装置应相互对准，并应避免太阳光直射。

（9）信号灯控制系统安装时，警报灯与检测器的距离应为 10~15m。

2. 出入口控制系统设备的安装步骤：

（1）前端设备的安装

出入口控制（门禁）系统前端设备安装的示意图如图 36-59 所示：

本系统施工时对设备的安装、信号抗干扰能力等应给予充分重视，以确保数据传输的准确性和响应时间。

1）读卡器的安装

①读卡器的选择由设计确定。常用的读卡器有：

a. 磁卡读卡器：通过磁卡刷卡读入数据，通常配有键盘和显示屏。

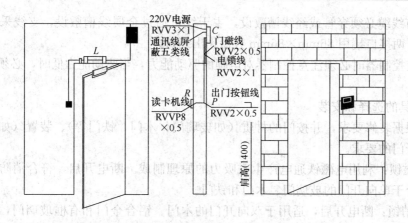

图 36-59　出入口控制（门禁）系统前端设备安装图

P：读卡机；*R*：出门按钮；*C*：门禁控制器；*L*：电锁

b. IC 卡读卡器：通过插卡读入数据，通常配有键盘和显示屏。

c. 感应卡读卡器：通过非接触式的读卡方式读入数据，可根据对读卡距离的要求选用不同的读卡器。

d. 指纹识别器：通过对通行人指纹的扫描读取指纹图像和特征数据。通常配有键盘和显示屏。适用于安全保密要求较高的场所。

e. 掌纹识别器：通过对通行人掌纹的扫描读取掌纹图像和特征数据，通常配有键盘和显示屏。适用于安全保密要求较高的场所。

②读卡器的安装应按产品说明书要求安装：

a. 读卡器应安装在靠门处，并有足够空间，且高低位置合适以方便人员刷卡。

b. 读卡器用螺钉固定在墙上。

c. 读卡器的安装还应使读卡器与控制器之间的电缆连接方便。

2）控制器的选择和安装

①控制器的选择由系统设计确定。

②控制器的安装应保证设备的正常工作以及可靠性、工艺性、实用性。

③门禁控制器安装在受控门内的上方或放在公众不易接近，而又易于工程技术人员维修的地方（如竖井内），与该控制器连接的读卡机安装在门外方便刷卡的地方。控制器用紧固件或螺钉固定在墙上。控制器旁应有交流电源插座。出门按钮安装在门内。

④控制器与各部件的连线：

a. 控制器与读卡机之间的信号线采用 0.5mm² 或以上规格的带护套的铜芯屏蔽导线连接，最长距离不应超过 100m。

b. 控制器与键盘间的信号线采用 0.5mm² 或以上规格的屏蔽导线连接，最长距离不应超过 100m。

c. 系统主控制器至各项场控制器之间、现场控制器至各读卡器之间应采用屏蔽双绞线缆。

d. 控制器至电动锁、出门按钮、门磁开关之间采用 2 芯双绞线缆。

e. 不应出现两条线缆焊接连通的情况，信号线如超过距离时必须通过转换器进行连接。

f. 所有线缆必须穿管或经线槽敷设，主干线可通过金属线槽敷设，支线采用金属管敷设到位，两接口端用 86mm×86mm 方盒作出线口。

⑤安装控制器时必须注意控制器对电锁的驱动能力，当驱动能力低时，必须选配辅助电源。

3）锁具的选择和安装

①应根据装修要求，并按门的材质（如玻璃门、木门、铁门等）、装置（如单门、或双门）和开门的要求。

a. 电磁锁：利用电磁铁通电产生磁吸力的原理制成。断电开启，符合消防对门锁的要求。适合于单向开门的玻璃门、木门和铁门。

b. 插销锁：断电开启，适用于双向开门的木门、铝合金门和有框玻璃门，特别适用于需 180°开启的门。使用插销锁时，要求插销总能对准门上的锁孔，安装精度要求较高。

c. 阴锁：通电开启。适用于单开门的木门上安装，是一种与传统锁具配套使用的新型电控制锁。在安装完传统锁具的锁头后把阴锁安装在原来要安装锁舌匣（或称锁扣）的地方。当阴锁被通电后，阴锁的翻板部分能因人力的推动而被翻开，使锁舌从锁舌匣中脱出从而打开门。

②锁具的安装应按产品说明书要求安装。

4）门磁开关的选择和安装

门磁开关是用于检测门的开关状态。

①门磁开关有暗埋式和明装式两种，应根据装修要求选用。

②门磁开关的安装应按产品说明书要求安装。

5）门禁系统前端设备安装检测门禁系统的前端设安装完成后，可参照表 36-11 进行检测：

门禁系统前端设备安装质量检测　　　　　　　　表 36-11

项目	内　容	抽查百分比（%）	检查记录					
			1	2	3	4	5	
读卡器	安装位置	30%						
	安装质量及外观							
出门按钮	安装位置	30%						
	安装质量及外观							
门禁控制器	安装位置	100%						
	电缆接线状况							
	接地状况							
电磁锁	安装位置	30%						
	安装质量及外观							
	开关性能							
电源	安装位置	30%						
	电缆接线状况							
	接地状况							

36.11.5.3 出入口控制系统的调试与检测

1. 出入口控制系统的调试

门禁系统的调试按门禁硬件调试和系统调试进行。

（1）硬件调试

门禁系统硬件调试流程如图 36-60 所示。

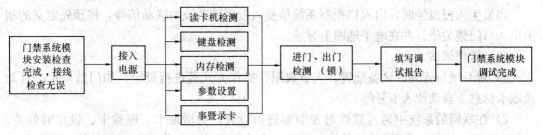

图 36-60　门禁系统硬件调试流程

门禁控制器调试：

1）连接控制器、读卡机、锁及附件。

2）对控制器进行寝初始化。

3）设置单元号。

4）登录/删除一张用户卡。

5）判别门禁工作是否正常。

（2）系统功能调试

门禁系统调试流程如图 36-61 所示。

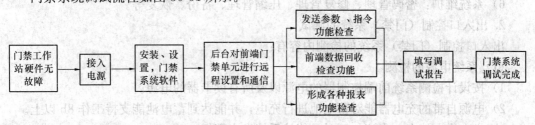

图 36-61　门禁系统调试流程

1）按系统设计功能对系统功能进行逐项调试。

2）控制器工作状态设置：

系统对控制器的工作状态进行多种设置，如：门状态、开门方式（读卡、或读卡＋密码等）等。通过系统操作直接发送指令开门。

3）联动功能调试：

门禁系统中每一道受控的门禁控制器均能接受系统软件的指令，无须读卡而可开锁或闭锁。

①与消防报警系统的联动

当火灾发生时，出入口控制系统能够在工作站的屏幕上显示该区的分区图及报警位置，按照预设程序来定义疏散线路，根据火灾发生的地理位置，将紧急疏散门打开或将防火隔离门关闭。

②与视频监控系统的联动

出入口控制系统发生报警时，向视频监控系统发出联动指令将位于报警点附近的摄像机、云台调整到预设的预置点位置，并将现场入侵者图像显示在特定的监视器上，并控制视频记录设备将现场情况进行记录。

③与入侵报警系统的联动

当发生入侵报警时，出入口控制系统接受入侵报警系统的联动信号，将预先定义的相关出入口门禁关闭。并在电子地图上显示。

（3）软件调试

1）对系统所管理的设备配置、人员权限、操作方式等进行设定。如门禁设定、自动读取卡信息、自动读入卡号等。

2）在联网的系统中通过软件对控制器进行设置，如增加卡、删除卡、设定时间差、级别、日期、时间、布/撤防等功能的设置；在控制器独立工作时，可通过控制器机板进行以上编程。

3）实时或定时读取存放于现场控制器中的事件数据。

4）按各种方式查询系统参数和事件记录，查询方式可按部门、日期、人员名称、门禁名称等查询。

5）可在电子地图上定义事件发生的地理位置，门、锁位置等。并在电子地图上点出各门禁设备的活动图标可以查看相应监测点的详细的信息，包括：门禁状态、报警信息、门号、通行人员的卡号及姓名、刷卡时间、通行是否成功等信息。并可对该点设备进行遥控操作。

6）系统维护：密码管理、修复管理、压缩管理、备份、恢复等。

2. 出入口控制（门禁）系统的测试

出入口控制（门禁）系统的检测内容有：

（1）系统电源的检测

1）按设计检测系统前端控制器的电源以及所有读卡器的电源。

2）电源自带的充电器能对蓄电池进行充电，并能达到蓄电池能支持工作 8h 以上。

3）市电供电掉电、直流欠压时，能给系统发出警报。

（2）读卡器和控制器功能监测

1）读卡器和控制器的防破坏功能检测，包括：防拆卸、防撬功能；信号线断开、短路；剪断电源线等情况的报警。

2）控制器的输出信号是否为无压接点（平接点）开关信号。

3）控制器前端响应时间（从接受到读卡信息到做出判断时间）<0.5s。确保门对有效卡可立即被打开。

4）非接触式感应读卡机读卡距离检测，应符合设计标准。

（3）系统功能的检测

1）系统主机在离线的情况下，出入口（门禁）控制器独立工作的准确性、实时性和储存信息的功能。

2）系统主机与出入口（门禁）控制器在线控制时，出入口（门禁）控制器工作的准确性、实时性和储存信息的功能。

3）系统主机与出入口（门禁）控制器在线控制时，系统主机和出入口（门禁）控制器之间的信息传输功能。

4）系统对控制器通信回路的自动检测。当通信线路故障时，系统给出报警信号。

5）通过系统主机、出入口（门禁）控制器及其他控制终端，实时监控出入控制点的人员情况，并防止"反折返"出入的功能及控制开闭的功能。

6）系统对非法强行入侵时的报警的能力。

7）检测本系统与其他系统的联动功能：如与消防系统报警时的联动功能等。

8）现场设备的接入率及完好率测试。

9）出入口管理系统应保存至少 1 个月（或按合同规定）的数据存储记录。

（4）系统的软件检测

1）演示软件的所有功能，以证明软件功能与任何书或合同书要求一致；

2）根据需求说明书中规定的性能要求，包括时间、适应性、稳定性、安全性以及图形化界面友好程序，对所验收的软件逐项进行测试，或检查已有的测试结果；

3）对软件系统操作的安全性进行测试，如：系统操作人员的分级授权、系统操作人员操作信息的存储记录等；

4）在软件测试的基础上，对被验收的软件进行综合评审，给出综合评价，包括：软件设计与需求的一致性、程序与软件设计的一致性、文档（含软件培训、教材和说明书）描述与程序的一致性、完整性、准确性和标准化程序等。

记录表格见表 36-12。

门禁系统的检测　　　　　　　　　　　　　　　　　　　　表 36-12

检 测 项 目		检查评定记录	备 注
1	控制器独立工作时	准确性		
		实时性		
		信息存储		
2	系统主机接入时	控制器工作情况		
		信息传输功能		
3	备用电源启动	准确性		
		实时性		
		信息的存储和恢复		
4	系统报警功能	非法强行入侵报警		
5	现场设备状态	接入率		
		完好率		
6	出入口管理系统	软件功能		
		数据存储记录		
7	系统性能要求	实时性		
		稳定性		
		图形化界面		
8	系统安全性	分级授权		
		操作信息记录		
9	软件综合评审	需求一致性		
		文档资料标准化		
10	联动功能	是否符合设计要求		

36.11.6 巡更 (电子巡查) 管理系统

巡更管理系统也称为电子巡查系统。巡更系统是为加强对巡更工作的管理,防止巡更的差错和保护巡更人员的安全,记录巡更过程的数字式的自动化系统。该系统可以设定多条巡更路线的功能,可对巡更路线和巡更时间进行预先编程。

36.11.6.1 巡更 (电子巡查) 系统组成

1. 巡更系统的作用

巡更管理系统可以对巡更结果进行自动化的处理,包括检查核对、结果存储、结果查询和打印报表等功能。巡更系统的工作目的是帮助各企业的领导或管理人员利用本系统来完成对巡更人员和巡更工作记录进行有效的监督和管理,同时系统还可以对一定时期的线路巡更工作情况做详细记录。

2. 巡更系统的组成

巡更系统通常分离线式巡更系统和在线式巡更系统两大类。

(1) 离线式巡更系统

特点是:增加巡更点方便,但当巡更中出现违反顺序、报到早或报到迟等现象时不能实时发出报警信号。

1) 接触式:采用巡更棒作巡更器,信息钮作为巡更点,巡更员携巡更棒按预先编制的巡更班次、时间间隔、路线巡视各巡更点读取各巡更点信息,返回管理中心后将巡更棒采集到的数据下载至电脑中,进行整理分析,可显示巡更人员正常、早到、迟到、漏检的情况。

2) 非接触式:采用 IC 卡读卡器作为巡更器,IC 卡作为巡更点巡更员携 IC 阅读器,按预先编制的巡更班次、时间间隔、路线,读取各巡更点信息,返回管理中心后将读卡器采集到的数据下载至电脑中,进行整理分析,可显示巡更人员正常、早到迟到、漏检的情况。

(2) 在线式巡更系统

在线式巡更系统有的在巡更点设置巡更开关或设置读卡器 (见图 36-62)。

采用 IC 卡作为巡更牌,在巡更点安装 IC 卡读卡器、巡更员持巡更牌,按预先编制的巡更班次、时间间隔、路线巡视各巡更点,通过读卡器将巡更牌的信息实时上传至管理中

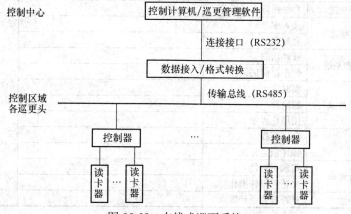

图 36-62 在线式巡更系统

心，在管理主机的电子地图上有相应显示和记录。在巡更中不按预定的路线和时间就发出报警。

在线式巡更系统应可设定多条巡更路线，这些路线能按设定的时间表自动启动或人工启动，被启动的巡更路线能人工暂停或中止。巡更中出现的违顺序、报到早或报到迟都会发生警报，能及时得到临近中心的帮助和支援，它保证及时巡更，并保障了巡更人员的安全。

3. 电子巡查系统的功能

（1）离线式和在线式巡更系统共同的功能

1）巡更系统的工作站，通常可与出入口管理（门禁）系统或入侵报警系统工作站合用，安装巡更管理模块。

2）系统具有巡更人员、巡更路线、巡更时间等记录的储存和打印输出等功能。

3）系统应具有防止已获得的巡更数据和信息被恶意破坏或修改的功能。

4）系统应具有按巡更员进行汇总、查询、分析失益、失职、打印等功能。

5）管理工作站的服务功能。

（2）离线式巡更系统

1）巡更器（棒）具有防水、防腐蚀、抗干扰等功能。

2）巡更棒应有较大的存储容量，容许在几个巡更周期后，再将巡更棒的信息下载到电脑。

（3）在线式巡更系统

1）现场的巡更点设备应具有防拆报警功能。

2）可在工作站上设置巡更路线和绘制巡视路线图，设置巡更人员从前一个巡更点到下一个巡更点所需的时间和误差（即最长及最短时间间隔）。系统能方便地对巡更路线和巡更时间间隔进行修改。

3）系统应可定义多条巡更路线，对每条路线又可设定多条路径，并可对选定的巡更路线自动启动，或人工启动。

4）管理工作站的服务功能。

36.11.6.2 巡更（电子巡查）系统的安装

巡更系统的设备安装要求：

（1）前端设备的安装

1）离线式巡更系统现场的信息钮、IC 卡安装在每个巡更点、离地面 1.4m 高处安装一个巡更信号器。详见产品安装技术资料。

2）巡更点的巡更钮、IC 卡等应埋入非金属物内，并固定安装在巡更点，安装应隐蔽安全、牢固，不易遭到破坏。

3）在线式巡更系统现场的读卡器的安装参见门禁系统。

（2）前端设备安装质量的检测见表 36-13。

（3）系统控制设备的安装

系统控制设备的安装可以参照 36.11.3.2 入侵报警系统的安装实施。

1）控制台、机柜（架）安装位置应符合设计要求，安装应平稳牢固、便于操作维护。机架背面和侧面与墙的净距离不应小于 0.8m。

		巡更系统前端设备安装质量检测表								表 36-13

类别	项目	内　容	抽查百分比（%）	检 查 记 录					
				1	2	3	4	5	
离线式巡更	巡更点	安装位置	100%						
		安装质量及外观							
	IC 卡	可靠性							
在线式巡更	读卡器	安装位置	100%						
		安装质量及外观							
电源	电源	安装位置	100%						
		电缆接线状况							
		接地状况							

2）所有控制、显示、记录等终端设备的安装应平稳，便于操作。其中监视器应避免外来光直射，当不可避免时，应采取避光措施。在控制台、机柜内安装的设备应有通风散热措施，内部接插件与设备连接应牢靠。

3）控制室内所有线缆应根据设备安装位置设置电缆槽和进线孔，排列、捆扎整齐，编号，并有永久性标志。

36.11.6.3　巡更系统的调试与检测

1. 巡更系统调试的流程

巡更系统调试的流程如图 36-63 所示。

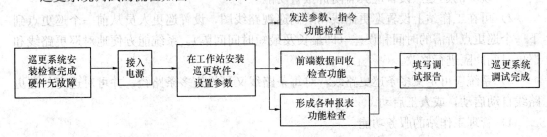

图 36-63　巡更系统调试流程

2. 巡更系统的调试

具体调试内容应参照产品技术资料，主要按系统的功能进行调试：

（1）系统设置功能的调试：包括日期、时间、巡更员、巡更路线、班次设置、状态设置等。

（2）系统数据采集功能的调试。

（3）系统查询打印功能的调试。

（4）系统维护功能的调试。

（5）在线式巡更系统应调试实时临近界面、电子地图的显示功能，以及事故报警的功能。

3. 巡更系统的测试

（1）按照巡更路线图检查系统的巡更终端、读卡器的响应功能。

（2）检查现场设备的完好率。

（3）检查巡更系统按巡更路线、巡更时间进行任意编程、修改的功能以及启动、中止的功能。

（4）检查系统的运行状态、信息传输、故障报警和指示故障位置的功能。

（5）检查巡更系统对巡更人员的监督和记录情况和对意外情况及时报警的功能。

（6）检查电子地图上的信息显示功能，故障时的报警信号等。

（7）检查巡更系统发出报警时，应能按定义的事件联动向视频监控系统、出入口管理（门禁）系统和火灾报警系统发出的联动信号。

4. 巡更系统功能检测

巡更系统功能检测内容见表 36-14。

巡更系统功能表   表 36-14

	检测项目		检查评定记录	备 注
1	系统设备功能	巡更终端		
		读卡器		
2	现场设备	接入率		
		完好率		
3	巡更管理系统	编程、修改功能		
		撤防、布防功能		
		系统运行状态		
		信息传输		
		故障报警及准确性		
		对巡更人员的监督和记录		
		安全保障措施		
		报警处理手段		
4	联网巡更管理系统	电子地图显示		
		报警信号指示		
5	联动功能			

36.11.7 停车场（库）管理系统

36.11.7.1 停车场（库）管理系统组成

1. 停车场（库）系统的作用

停车场（库）管理系统是利用计算机技术、自动控制技术、智能卡技术和传统的机械技术结合起来对出入停车场（库）车辆的通行实施管理监视以及行车指示、停车计费等综合管理。

2. 停车场系统的组成

系统通常由入口管理系统，出口管理系统的管理中心等部分组成。入口管理系统由读卡机、发卡机、控制器、车辆检测器、电动挡车器（自动栏杆、道闸）、满位指示器等组成；出口管理系统则由读卡机、控制器、车辆检测器、自动栏杆（挡车器、道闸）等组成；管理中心由管理工作站、管理软件、计费、显示、收费等部分组成。

典型的停车场管理系统如图 36-64 所示。

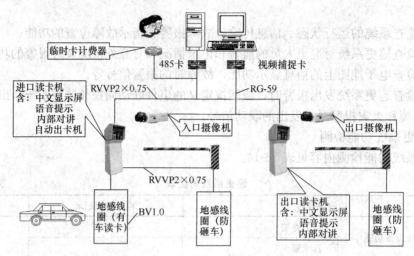

图 36-64　停车场（库）管理系统结构示意图

停车场（库）管理系统根据其工作的模式的区别，通常有以下几类：

（1）半自动停车场管理系统：由管理人员、自动栏杆组成。由人工确认是否对车辆放行。

（2）自动停车场管理系统：对进出的车辆实现自动出入管理，还会根据管理系统设定，确定是否对临时停车户实行计时收费管理。

（3）附加图像对比功能的停车场管理系统：在车辆入口处记录车辆的图像（车型、颜色、车牌），在车辆出库时，对比图像资料，一致时放行，防止发卡盗车事故。

（4）停车场管理系统所采用的通行卡可分：ID 卡、接触式 IC 卡、非接触式 IC 卡等。非接触式 IC 卡还按其识别距离分成近距离（20cm 左右）、中距离（30～50cm）和长距离（70cm 以上）。

3. 停车场系统的功能

停车场（库）管理系统的主要功能就是对进出停车场（库）的车辆（无论是固定用户还是临时停车户）进行身份识别和管理、收费。

（1）出/入口管理系统

1）出/入口读卡器应具有独立工作的功能，确保在管理系统发生故障时系统能正常工作。

2）对临时停车户收费的停车场（库）入口读卡器应具有临时卡发卡功能。

3）系统对持贵宾卡、固定用户卡（年租户、季租房、月租房等）的车辆对其卡的有效期核查，凡在有效期内的卡，被允许进出停车场。非有效期内的卡则发出报警信号。

4）系统对临时停车户自动发放时租卡，按照停车时间和单价计算停车费。

5）由出/入口管理系统控制的读卡、发卡、抬杆等动作的时间，在正常情况下时间应小于 1～2s，对具有图像对比功能的管理系统出/入时间一般在 5s 左右。

6）出/入口的挡车器（自动栏杆、道闸）应安装有防砸车检测装置，下落过程中如检测到栏杆下有车辆或其他障碍物时，能自动再次抬起，防止砸坏车辆等物体。

7）出/入口的挡车器（自动栏杆、道闸）除接受来自控制器的抬杆信号和车辆检测器的落杆信号外，还应能接收火灾报警信号。当有火灾报警信号时，栏杆自动抬起放行车辆，车辆通过后栏杆不放下，直至人工复位后才转向正常工作状态。

（2）管理中心

1）管理中心应具有自动计费、显示收费金额、语音提示、与出入口的对讲、自动储存进出车辆的记录等功能，并可提供各种报表和查询功能。

2）系统可与安全防范系统的数据库连接，从数据库中取得贵宾卡、固定用户的数据资料。

3）停车场（库）管理子系统应能接受其他类型的识别卡，与出入口（门禁）管理系统等组成"一卡通"管理系统。

4）具有图像对比功能的停车场（库）管理系统应将入口处的摄像机（彩色）摄下的车辆图像信息（包括车型、车颜色、车牌号）存入图像管理计算机。车辆在出场时，将出口处摄像机（彩色）取得的图像信息送到图像管理计算机。图像对比系统将自动调出入场时的图像，供管理员进行核查或自动核查。

5）系统的界面和提示信息应为中文或图彩显示，方便系统的设置和使用。

6）系统管理软件应提供丰富的查询功能，提供多种条件查询方式；并可生成常用报表。

36.11.7.2 停车场（库）管理系统的安装

（1）停车场管理系统安装应执行《安全防范工程技术规范》GB 50348—2004第6.3.5条的规定。

（2）停车场管理系统安装还应符合下列规定：

1）感应线圈埋设位置应居中，与读卡器、闸门机的中心间距宜0.9～1.2m。

2）挡车器应安装牢固、平整。安装在室外时，应采取防水、防撞措施。

3）车位状况信号指示器安装在车道出入口的明显位置，安装高度应为2.0～2.4m，室外安装时应采取防水、防撞措施；车位、车满显示器安装高度，室外应为2.0～2.4m、步行道应大于2.5m、车道口应大于4.5m；车位引导指示器安装在车道中央位置的上方，安装高度应为2.0～2.4m。

（3）停车场管理系统的安装步骤：

1）停车场管理系统的部件安装按制造厂家的技术资料安装。

2）对感应式读卡机要防止周围环境对读卡机的影响。

3）车辆检测器安装时，需要注意检查车辆检测器的感应线圈上是否有车辆通过的正确响应：当车辆通过感应线圈时，车辆检测器能发出车辆到达信号和车辆离开信号。

36.11.7.3 系统设备的调试与检测

1. 停车场管理系统的调试要求

（1）停车库管理系统调试应执行《安全防范工程技术规范》GB 50348—2004第6.4节的规定。

（2）停车库管理系统调试还应符合下列要求：

1）感应线圈的位置和响应速度应符合设计要求。

2）系统对车辆进出的信号指示、计费、保安等功能应符合设计要求。

3）出、入口车道上各设备应工作正常。IC 卡的读/写、显示、自动闸门机起落控制、出入口图像信息采集以及与收费主机的实时通信功能应符合设计要求。

4）收费管理系统的参数设置、IC 卡发售、挂失处理及数据收集、统计、汇总、报表打印等功能应符合设计要求。

2. 停车场管理系统的调试步骤

(1) 系统部件调试

1）读卡机的调试

①具体调试内容应参照所用设备的技术资料，应重点检查读卡功能，发卡功能；检查磁卡和读出显示是否相符，发卡是否准确等；对卡的有效性进行检查；挡车器抬起横杆是否准确等。

②出口读卡机调试：具体调试内容应参照产品技术资料，调试内容与入口读卡机基本相同。

2）控制器的调试

①控制器的电源调试。

②控制器各种控制模式调试。

对卡的有效性判断：当卡有效时，指令挡车器抬起横杆；当卡无效时，向系统发出报警。

③控制器接受指令功能的调试：接受来自计算机的指令，以及通过键盘进行就地操作，这些操作包括：系统设置为系统初始化设置主卡、设定地址、设置参数和时间设置等。

④对挡车器控制作出的调试。

3）电动挡车器的调试

①砸车系统调试，在横杆下落过程中检测器碰到阻碍时，能自动将横杆抬起，避免横杆砸坏车辆。

②火灾报警信号联动功能的调试，挡车器接到火灾报警信号后能立即将横杆抬起放行车辆；火灾警报解除后，经人工复位后，通过控制器控制，挡车器才能恢复正常工作状态。

挡车器调试应先调试挡车头的动作，先不安装横杠，待动作正常后再安装挡车横杆。

4）车辆检测器的调试：用一辆车或一根铁棍（$\phi 10 \times 200mm$ 左右）压在感应线圈上以检测感应线圈的反应。具体调试内容应参照产品技术资料，但应重点调试车辆检测器的灵敏度和工作频率，以取得较高的灵敏度，并适应现场的工作环境。

调试工作完成后将感应线圈槽用符合环保要求的环氧树脂、热沥青树脂或水泥等进行封闭。

5）满位显示器的调试：通过车辆检测器或红外对射检测器计数检查满位显示器显示的"剩余车位数"。

6）管理中心的具体调试内容应参照产品技术资料。

(2) 系统软件调试

1）对操作卡的发行功能以及对系统的查询、报表管理、备份数据等所有的操作；

2）在操作人员的权限内的操作卡功能；

3）系统的设置功能调试；

4）收费功能的调试：对临时停车户的计费、显示、收费、打印票据等功能调试；

5）车辆图像对比系统功能的调试：图像清晰度；出口车辆的图像信息与所持卡、调用的入口车辆的图像信息是否一致；图像一致时的放行功能；图像不一致时的报警功能；

6）系统查询、统计调试；

7）数据维护功能调试。

（3）管理中心系统调试

1）对系统的入口管理站、出口管理站和收费站管理功能的调试；

2）停车状况和收费等的日报、月报、年报表功能调试；

3）各种票卡的数据库，包括贵宾卡、首长卡、固定用户卡等持有人的个人资料的调试。

3. 停车场（库）管理系统的检测

停车场（库）管理系统功能检测应分别对入口管理系统、出口管理系统和管理中心的功能进行检测。

（1）出入口管理系统

1）车辆探测器对出入车辆的探测灵敏度检测、车辆检测信号的正确性和信号的响应时间。

2）挡车器升降功能检测，防砸车功能检测。

3）读卡机功能检测，对无效卡的识别功能；对非接触 IC 卡读卡机还应检测读卡距离和灵敏度是否与设计指标相符。

4）满位显示器功能是否正常。

5）出/入口管理工作站及与管理中心站的通信是否正常。

6）对具图像对比功能的停车库管理系统应分别检测出/入口车牌和车辆图像记录的清晰度、调用图像信息的符合情况，以及系统反应速度。

7）入口站的入库车辆数、临时停车卡发卡数、挡车器开启情况等；出口站的出库车辆数、临时停车卡回收数、挡车器开启情况等。

8）发卡（票）机功能检测，吐卡功能是否正常、入场日期、时间等记录是否正确。

（2）管理中心系统

1）管理中心的计费、显示、收费、统计、信息储存等功能的检测。

2）管理系统的其他功能，如"防折返"功能检测。

3）停车场（库）管理系统与入侵报警系统、火灾报警系统的联动控制功能检测。

4）管理中心工作站应保存至少 1 个月（或按合同规定）的车辆出入数据记录。

36.11.8 安全检测系统

36.11.8.1 安全检测系统组成

1. 安全检测系统的作用

它是对建筑物或建筑物内一些特定通道实现 X 射线、电磁等检查，以保障建筑物、公共活动场所的安全。

由于恐怖分子袭击事件的警示作用，在一些有政府首脑、贵宾参加的会议、大型公众集会场所，机场、车船码头，公共体育场馆等处都加强了入口安全检查，以确保公众的安全，这是安全防范系统在新形势下的新内容。

安全检测系统虽然也是出入口控制（门禁）系统，但它所采用的探测技术、控制作用与门禁系统不同，因此另作说明。

2. 安全检测系统的组成

（1）安全检测系统分类

根据安全检测系统的使用场合的不同，它通常可分成：

1）防爆安检系统：对进入待定场合的人员进行入口检查，防止携带枪支、刀具、爆炸物（包括隐藏在某些物体如半导体收音机、录音机等中的爆炸物）进入公共场所。它一般设在入口处。

2）防盗安全检测系统：这是对从博物馆、造币厂、首饰厂、计算机元器件厂、超市、商场、图书馆等出门的人员进行的一种检测，它既可以探测磁性材料，又可探测非铁磁性材料，以及稀有金属制品和计算机集成电路块等，以防止展品、货物、商品和图书的流失，它一般设在出口处。

（2）安全检测系统图（图36-65）

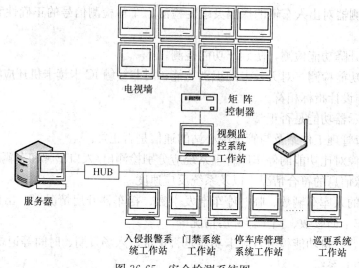

图36-65　安全检测系统图

3. 安全检测系统的功能

安全检测系统的设备应具有的功能：

（1）装置的探测分辨率高，探测能力强。

（2）装置应有多个灵敏度级别，灵敏度既可人工设置，也可自动搜索最佳灵敏度。

（3）装置的工作频率应能调节、选用，可使多台安检装置同时运行而互相不干扰。

（4）装置应具有极强的抗干扰能力，能抗高压电网和通信设施的干扰。

（5）装置应具有对各种磁性和非磁性金属材料的探测程序。

（6）装置的报警信号的音量、音调可任意调节，并具有报警部位指示。

（7）装置应具有密码保护，防止非专业人员使用。

（8）装置应具有故障自诊断和指示功能，可帮助迅速诊断和排除故障。

（9）装置的工作稳定，故障率低，误报率低，人员通过率快。

（10）装置应采用弱磁场发射技术，对人身（如孕妇、心脏起搏器携带者）和胶片，卷入磁记录材料无任何伤害。

（11）具有计算机联网控制功能。

36.11.8.2 安全检测系统的安装

因为安全检测系统是带有高压电与 X 射线的设备，其安装与检验时，必须遵守以下要求：

（1）只用经过适当培训的人才安装安检机。

（2）在任何时候都必须严格遵守辐射安全规则，避免辐射伤害。

（3）只有技术人员在维修时才能拆除盖板或者防护部件。

（4）不应在户外使用 X 射线安全检查设备。

（5）安检机使用前必须检查使用的电压，设备必须在规定的工作电压下工作。

（6）安检机必须有良好的接地。安装现场使用的设备插座必须有接地端子。

（7）如有电压波动超过规定的地区，建议使用交流稳压器。

（8）不要把任何不属于 X 射线安全检查设备的电子部件接到 X 射线安全检查设备的电源分配器上。

（9）任何不恰当的修改可能会损坏 X 射线安检设备，禁止用户对设备进行不恰当的改动。

（10）安检机只能用于检查物品，严禁用于检查人体或动物。

（11）超过 6 个月没有使用的设备请不要开机，必须由专业人员对射线发生器进行重新启动。

（12）严禁坐或站在传送带上，也不要接触输送带的边缘和滚筒。

（13）当设备运行时，身体的任何部分都不要进入检查通道。

（14）确保行李在检测通道内或出口端没有被堆叠，如果行李阻塞了检查通道，在清理之前应首先关机。

（15）设备不能在有损坏的铅门帘的情况下运行。

（16）防止各种液体流入设备，如发生这种情况，请立即关机。

36.11.8.3 安全检测系统的调试与检测

（1）安全检测系统的调试：

1）探测区灵敏度调整，使探测区的灵敏度分布均匀，且无盲区。

2）对环境干扰状况，所探测信号进行定性定量测定和显示。

3）调整每个探测区的灵敏度，并进行定性定量测定，和显示结果的一致性。

4）干扰抑制功能的调试。

5）报警功能调试：调节报警信号音量、音调；报警区域显示；远程报警显示等。

（2）安全检测系统的检测将测试主要根据产品的功能进行，包括：

1）检测有无探测盲区。

2）探测灵敏度的测试。

3）工作频率调节功能的测试。

4）抗外界干扰能力的模拟测试。

5）报警信号音量、音调调节功能的测试，以及报警部位的指示。

6）有自诊断功能的应在显示器上指示故障的代码。

7）通过检测人数和报警人数的统计功能。

8）软件功能测试（包括探测程序、界面、联网等功能）。

36.11.9 安全防范综合管理系统

36.11.9.1 安全防范综合管理系统的作用、组成与功能

1. 安全防范综合管理系统的作用

安全防范综合管理系统是指对建筑内或一个园区内（建筑群）的安全防范的各个子系统进行综合管理的系统，也称为"安全防范的集成管理系统"。它对安全防范系统的视频监控系统、报警系统、出入口管理系统、巡更系统、停车场（库）管理系统等进行管理，从而形成一个关于安全防范的综合管理系统。

安全防范综合管理系统的重点是各个子系统之间必要的联动以及与建筑物内（建筑群）的其他智能化系统，如火灾报警及消防联动控制系统的联动。

安全防范综合管理系统本身也是实现建筑智能化集成系统（BMS、IBMS）的基础。

2. 安全防范综合管理系统的组成

综合安全防范系统由专用的服务器、综合安全防范系统软件平台、软件平台与各个子系统之间的连接接口（这里的接口，主要是软件接口）连接在计算机网络系统上构成。

综合安全防范系统通常设在建筑物的中央监控中心，与建筑设备管理系统、火灾报警及消防联动控制系统，公共广播系统等的监控室放在一起，以便于管理，也便于系统间的联系和协调。

图 36-66 是一个典型的综合安全防范系统的结构图，系统的配置将取决工程的规模。

其中有些工作站可以独立，也可合并，系统还可扩展成与考勤消费等形成智能卡管理系统。

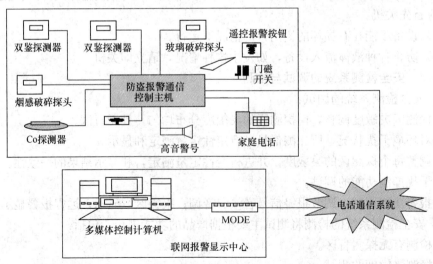

图 36-66 安全防范综合管理系统示意图

3. 安全防范综合管理系统的功能

（1）安全防范综合管理系统对各子系统的管理功能

1）视频（电视）监控系统

视频（电视）监控系统完成对设防区域的可视监控。

对系统的管理包括：可实现定时、巡回监视或按设定的预置点进行巡监；完成对前端摄像机的控制；监视安防中心显示屏的图像显示；24h同步录像等功能。

2）报警系统

报警系统完成对设防区域的防入侵监测。

对系统的管理包括：对防区的自动或人工设防、撤防；能对布防点进行成组管理；对联动输出点的设定，完成现场的联动输出。

要求系统中的报警信号从前端探测器传至计算机在系统设计要求的时间内完成。

3）出入口控制（门禁）系统

该系统要完成对门的开闭管理。

对系统的管理包括：系统参数设置；登录卡；删除卡；调整系统时间；接收和处理事件记录；接收和处理系统报警（包括通信失败、控制器未接通等）等。

4）巡更系统

巡更系统完成巡更路线的设定和巡更。

对系统的管理包括：巡更路线的编制；巡更路线的自动启动和人工启动；完成巡更全过程的监控；异常情况发出警报；人工停止巡更等。

5）停车场（库）管理系统

完成对停车场出/入口和管理中心的管理，确保停车场的出入畅通。

对系统的管理包括：停车库固定用户数据库的建立、修改和维护；对固定用户的通行记录；对临时用户的计时收费管理；有图像对比系统的车库还需对进出车辆的照片进行对照检查；对不符合放行条件的车辆进行特殊的处理等。

6）制卡

这是安全防范综合管理系统的一项附加任务，完成对系统使用的身份识别卡的打印制作任务，在系统数据库中登录持卡者卡号、有关信息（如姓名、性别、出生日期、身份证号、部门等）和权限等。

（2）综合管理系统对各系统的联动功能

各系统的报警信号均可被用作其他系统的联动信号，而使后者产生相应的联动动作。

1）与报警系统的联动

报警系统探测器发出的入侵警报信号传入报警系统主机，系统按编程的设定向门禁系统、视频监控系统、设备管理系统、电梯系统、公共广播等系统发出指令。

① 门禁子系统接获指令后，关闭可向其他地方逃窜的出入口，开启通向下层楼的门，引导入侵者向下层运动，以便保安人员从相应楼层的出入口外出；

② 设备管理系统接获指令后，打开报警点及附近的照明灯；

③ 公共广播系统接获指令后，利用广播系统对入侵者喊话；

④ 电梯系统接获指令后，停止电梯运行。

⑤ 视频监控系统接获指令后，开启或调用报警点附近及相邻地区的摄像机，同时将图像调至安全防范中心大监视器，并进行录像。随着入侵者的运动，可人工控制或切换摄

像机进行跟踪。

⑥ 照明灯、电梯系统和公共广播系统的联动通常由设备管理系统进行联动处理。

2）与门禁系统的联动

门禁系统发出的误闯信号，其处理同报警系统的入侵报警信号相同。

3）与消防系统的联动

安全防范综合管理系统只接受消防系统发来的火灾报警信号。火灾报警系统发出的火警信号传入综合管理系统主机，系统按编程的设定向门禁系统、视频监控系统、停车场（库）管理系统等系统发出指令。

① 门禁子系统接获指令后，开启用于疏散的安全门；取消对电梯使用权限的控制。

② 停车场（库）管理系统接获指令后，使电动挡车器升起，并不再放下，直待人工复原。

③ 设备管理系统接获指令后，打开报警点及附近的应急照明灯。

④ 公共广播系统接获指令后，利用紧急广播系统进行疏散指挥。

⑤ 电梯系统接获指令后，将电梯（消防梯除外）降至首层。

⑥ 视频监控系统接获指令后，开启或调用火警点附近及相邻地区的摄像机，同时将图像调至中心大监视器，并进行录像，使监控中心得到更多的现场信息。

⑦ 应急照明灯、电梯系统和公共广播系统的联动通常由消防系统联动台通过硬件联动。

36.11.9.2　安全防范综合管理系统安装

安全防范综合管理系统设备安装包括：机架机柜、操作控制台监视器（电视墙）、线缆的安装、服务器安装等。

1. 机架机柜的安装

（1）安装位置应按设计要求，现场施工时可根据电缆地槽和接线盒位置作适当调整。

（2）机架、机柜应安放平直、美观、整齐；底座应与地面固定。

（3）机架、机柜安装的垂直偏差不超过 0.1％。

（4）几个机架并排安装时，面板应在同一平面上，并与基线平行，前后偏差不大于 3mm，两个机架中间的缝隙不大于 3mm，对相互有一定间隔排成一列的设备，其面板前后偏差不大于 5mm。

（5）机架内设备、部件的安装应在机架定位完毕，并加固后进行。安装的设备、部件应排列整齐、牢固。

2. 操作控制台安装

（1）安装位置应按设计要求，现场施工时可根据电缆地槽和接线盒位置作适当调整。

（2）操作控制台内部接待件接触可靠、接线整齐。

（3）各操作开关动作灵活、可靠；指示灯指示正确。

（4）操作控制台应有风扇和通风散热器。

3. 监视器（电视墙）安装

（1）监视器安装的位置应使屏幕不受外来光直射，当有不可避免的入射光时，应加遮光措施。

（2）监视器安装在固定机架（电视墙）上时，柜子应有风扇和通风散热器。

（3）监视器外部的可调部分应暴露在操作方便的位置，可加保护盖，有保护盖时，应使盖板开启方便。

4. 线缆的安装

机房内的线缆安装方式有：桥架敷设、地槽敷设和活动地板内敷设等。

这部分的安装请参见本章36.2"综合管线"一节的要求和本章36.3"综合布线"一节的要求。

5. 系统服务器的安装

这部分的安装请参见本章36.7"信息网络系统"一节的要求。

6. 监控中心的电源、防雷与接地

(1) 对监控中心的重要负荷，如控制主机等应采用不间断电源供电。

(2) 电源箱、不间断电源的进线端均应加装避雷器，吸收浪涌电流。

(3) 如有从监控中心长距离取电时，应使用防雷插座。

(4) 监控中心的防雷措施，除在电源箱、不间断电源的进线端应加装避雷器外，在从室外引入的摄像机的视频线、电源线、控制线的接入端以及其他从室外引入的探测器的接入端均需加装避雷器。

(5) 监控中心的接地措施

1) 监控中心的接地母线、接地电阻按施工设计施工。

2) 接地母线应表面光滑、完整、无毛刺、无伤痕和残余焊渣。

3) 接地母线与操作控制台、机架、机柜连接牢固。

36.11.9.3 安全防范综合管理系统调试与检测

1. 安全防范综合管理系统调试

(1) 各子系统应分别调试、检测完成。

(2) 各子系统与综合管理系统应正确联通，其通信内容应正确。

2. 安全防范综合管理系统检测

(1) 各子系统的数据通信接口：各子系统与综合管理系统以数据通信方式连接时，应能在综合管理工作站上观测到了系统的工作状态和报警信息，并和实际状态核实，确保准确性和实时性；对具有控制功能的子系统，应检测从综合管理工作站发送命令时，子系统响应的情况。

(2) 对综合管理系统工作站的软、硬件功能的检测，包括：

1) 检测综合管理系统对各子系统的涵盖是否完整。

2) 检测子系统监控站与综合管理系统工作站对系统状态和报警信息记录的一致性。

3) 检测综合管理系统工作站对各类报警信息的显示、记录、统计等功能。

4) 检测综合管理系统工作站的数据报表打印、报警打印功能。

36.11.10 施 工 质 量 控 制

安全防范系统设备、管线与监控屏幕在安装、调试和检测时，需要特别注意以下的事项，以便保障对于该系统安装、调试的质量控制。

1. 重点控制的施工内容

(1) 各系统设备安装应安装牢固，接线正确，并应采取有效的抗干扰措施。

(2) 应检查系统的互联互通，子系统之间的联动应符合设计要求。

（3）监控中心系统记录的图像质量和保存时间应符合设计要求。

（4）监控中心接地应做等电位连接，接地电阻应符合设计要求。

2. 还应注意的事项

（1）各设备、器件的端接应规范。

（2）视频图像应无干扰纹。

（3）防雷施工应符合《建筑物电子信息系统防雷技术规范》GB 50343—2004 等国家相关的规定。

36.11.11　安全防范系统检测与验收

36.11.11.1　安全防范系统的检测

1. 安全防范系统检测的依据

安全防范系统检测的依据是国家、行业与安全防范系统有关的规范、标准，以及工程合同、设计文件等；

国家、行业有关安全防范系统工程的规范、标准：

（1）《智能建筑设计标准》GB/T 50314—2006

（2）《火灾自动报警系统设计规范》GB 50116—1998

（3）《民用闭路监视电视系统工程技术规范》GB 50198—1994

（4）《彩色电视图像质量主观评价方法》GB/T 7401—1987

（5）《安全防范工程程序与要求》GA/T 75—1994

（6）《安全防范系统通用图形符号》GA/T 74—2000

（7）《安全防范系统验收规则》GA 308—2001

（8）《视频安防监控系统技术要求》GA/T 367—2001

（9）《入侵报警系统技术要求》GA/T 368—2001

（10）《入侵探测器　第1倍分：通用要求》GB 10408.1—2000

（11）《入侵探测器　第2部分：室内用超声波多普勒探测器》GB 10408.2—2000

（12）《入侵探测器　第3部分：室内用微波多普勒探测器》GB10408.3—2000

（13）《入侵探测器　第4部分：主动红外入侵探测器》GB 10408.4—2000

（14）《入侵探测器　第5部分：室内用被动红外探测器》GB 10408.5—2000

（15）《入侵探测器　第6部分：微波和被动红外复合入侵探测器》GB1408.6—2009

（16）《振动入侵探测器》GB/T 10408.8—2008

（17）《入侵探测器　第9部分：室内用被动式玻璃破碎探测器》

（18）《建筑电气工程施工质量验收规范》GB 50303—2002

对某些特殊功能的建筑，如银行、金融、博物馆等风险等级和防护级别高的建筑，应执行公安部门相关的技术安全防范规定。

2. 公安部门关于特殊功能建筑的技术安全防范规定

（1）《文物系统博物馆安全防范工程设计规范》GB/T 16571—1996

（2）《银行安全防范报警监控联网系统技术要求》GB/T 16676—2010

3. 工程文件

（1）工程合同。

（2）工程设计文件、有关部门的审核、批复文件。

（3）工程修改和洽商记录等。

4. 安全防范系统的检测

安全防范系统的检测将贯穿在整个工程的各个阶段，通常有：

（1）施工阶段检测

1）检测的主要内容：管、线槽、接地等隐蔽工程的检测。

2）检测者：建设方、监理和施工方共同参加，采用随工检测。

3）检测结果：应由检测者签字的检测报告，以及不合格项的处理和补检报告。

（2）安装阶段检测

1）检测时间：在安装完毕进入调试阶段前进行。

2）检测的主要内容：穿线、支架、设备的施工质量检测。

3）检测者：建设方、监理和施工方共同参加。

4）检测结果：应由检测者签字的检测报告，以及不合格项的处理和补检报告。

（3）自检阶段检测

1）检测时间：在系统调试完毕进入系统试运行阶段前进行。

2）检测的主要内容：对部件、系统的电性能、功能和指标的全面检测。要求100％进行自检。

3）检测者：建设方、监理和施工方共同参加。

4）检测结果：应由检测者签字的检测报告，以及不合格项的处理和补检报告。

（4）验收前的检测

1）检测时间：在系统经试运行后，进入验收前进行。

2）检测的主要内容：对部件、系统的电性能、功能和指标检测，采用抽检的方法进行，抽检比例可参见前文。

3）检测者：除建设方、监理和施工方外，可聘请有关质量技术监督机构和同行专家组成检测小组进行检测。

4）检测结果：应由检测者签字的检测报告，以及不合格顶的处理和补检报告。本检测结果将作为验收的文件之一。

36.11.11.2　安全防范系统的验收

智能建筑工程中的安全防范系统的验收应遵照《安全防范系统验收规则》GA 308—2001执行；以管理为主的电视监控系统、出入口控制（门禁）系统、停车场（库）管理系统等系统的验收可按《智能建筑工程质量验收规范》GB 50339—2003第八章规定执行。

1. 安全防范系统工程验收的条件

（1）根据安全防范系统工程合同和设计文件，安全防范系统相关设备已全部安装调试完毕，并通过了试运行。

（2）现场敷线和设备安装已经过施工质量检查和设备功能检查并已提交建设、监理、施工及相关单位签字的检测报告。

（3）系统安装调试、试运行后的正常连续投运时间不少于1个月。

（4）已进行了系统管理人员和操作人员的培训，并有培训记录系统管理人员和操作人员已可以独立工作。

（5）按《安全防范系统验收规则》GA 308—2001 或《智能建筑工程质量验收规范》GB 50339—2003规定的检测内容、检测数量进行了验收前的系统检测，系统检测结论为合格。

（6）文件及记录完整

2. 安全防范系统工程验收的组织

（1）验收小组：系统的竣工验收应由工程的建设方、监理方、设计方、施工单位和本地区的技术防范系统管理部门的代表和同行专家组成。验收小组中技术专家的人数不低于小组总人数的40%。

（2）验收的组织：

1）由建设方编制验收大纲，并取得验收小组的通过。

2）按竣工图进行验收。

3）验收时应做好记录，签署验收证书，并应立卷、归档。

4）工程验收合格后，验收小组应签署验收证书。

（3）必要时各子系统可分别提前验收，验收时应作好验收记录签署验收意见。

3. 安全防范系统工程验收的文件

系统验收的文件及记录应包括以下内容：

（1）工程设计说明，包括系统选型论证、系统监控方案和规范容量说明、系统功能说明和性能指标等。

（2）技防系统建设方案的审批报告。

（3）工程竣工图纸，包括系统结构图、各子系统监控原理图施工平面图、设备电气端子接线图、中央控制室设备布置图、接线图、设备清单等。

（4）系统的产品说明书、操作手册和维护手册。

（5）工程检测记录，包括隐蔽工程检测记录、施工质量检测记录、设备功能检查记录、系统检测报告等。

（6）其他文件，包括工程合同、系统设备出厂检测报告和设备开箱验收记录、系统试运行记录、相关工程质量事故报告、工程设计变更单、工程决算书等。

4. 安全防范系统工程的交付使用

安全防范系统在通过验收后方可正式交付使用，未经竣工验收的安全防范系统不应投入使用。

当验收不合格时，应由工程承接单位负责整改，在自检合格后再组织验收，直至验收合格。

36.12　其他信息设施系统

36.12.1　其他信息设施基本要求

1. 其他信息设施系统的主要内容

其他信息设施系统是多个相对独立的、涉及在建筑物内提供各种信息服务的各（子）系统的统称。其他信息设施系统包括如下各子系统：

(1) 时钟系统：也称为"时间服务系统"，它对一个建筑各用户提供统一的标准时间信号，还具有向整个楼宇智能化管理的其他弱电系统提供同步时间信号的功能。

(2) 信息引导系统：它是以信息发布为主导的软件系统。它通过多媒体方式，向人们传达各种宣传信息。

(3) 呼叫对讲系统：呼叫与对讲系统有两类实际使用的系统，一类呼叫与对讲系统是用于住宅小区的对讲系统，也称为"楼宇对讲系统"。另一类呼叫与对讲系统是用于医院的对讲系统，也称为"护士站对讲系统"、"护理呼叫系统"。

(4) 卫星通信系统：是对建筑物内的使用者提供通过卫星进行通信的设施。

2. 各信息设施系统设计、施工与验收的依据

各信息设施系统设计、施工与验收的依据是：《智能建筑设计标准》GB/T 50314—2006、《智能建筑工程质量验收规范》GB 50339—2003 等相关国家标准与规范。

36.12.2 时 钟 系 统

36.12.2.1 时间服务系统组成与结构

1. 时间系统的作用

时间系统也称为"时钟服务系统"，该系统要对一个建筑各楼层或者用户整个单位内部提供统一的标准时间信号，还具有向整个楼宇智能化管理的其他弱电系统提供同步时间信号的功能。保证整个建筑物各楼层或者用户单位内部所有的电子设备时间统一和对外显示时间完全一致。为各功能部门之间协调与配合提供标准的时间依据。

2. 时间系统的组成

时间服务系统主要由：GPS 卫星信号接收单元、中心母钟（双机热备份）、时间服务系统的监控终端、网络时间服务器（NTP）、传输通道及各楼层区域子钟设备组成。

系统构成框图如图 36-67 所示：

3. 时钟系统的结构

时间服务系统是一个大型联网计时系统。该系统采用分布式系统结构，系统中心母钟与各子钟之间采用 RS-422 接口方式，与其他局域网采用 NTP 接口方式。该系统的信号接收单元具有接收 GPS 标准时间信号的功能，为整个系统提供校时信号，消除计时系统的积累误差。该系统还采用了母钟热备份、自动切换保护、反馈控制、抗干扰及冗余等技术，成为一个高精度、高可靠性的多时间服务系统。该系统还须适应较大的气候变化。

时间服务系统按照分布式二级星型拓扑结构方式设置。其系统结构如图 36-68 所示：

以下简要描述其各部分的工作方式：

(1) 中心母钟构成

在控制机房内设置中心母钟机柜，机柜内主要安装 GPS 接收单元、中心母钟（双机热备份）、控制管理计算机（监控终端）、所有的子钟设备通过非屏蔽超五类线 UTP 线缆连接到中心母钟的时钟输出接口箱上。

中心母钟主要功能是作为基础主时间服务系统，自动接收主备 GPS 提供的标准时间信号，将自身的时间精度校准，通过传输系统将精确时间信号发送各区域内子钟和其他需要标准时间信号弱电系统的设备，并且通过控制管理计算机终端对时间服务系统的主要设

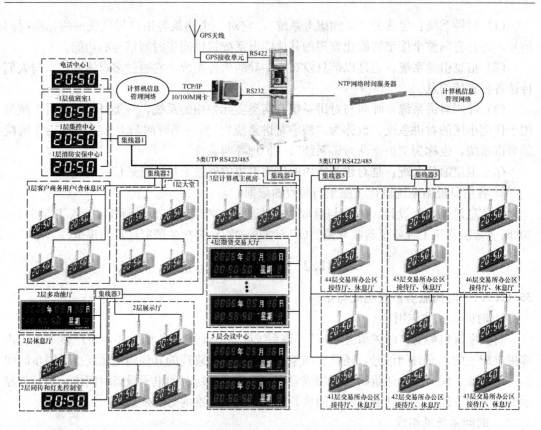

图 36-67 时钟系统的各部分的构成示例

备及主要模块进行点对点监控。中心母钟定时（每秒）向子钟以及其他通信子系统发送标准时间信号。

正常工作状态下，中心母钟接收 GPS 标准时间信号作为时间服务系统的时钟源。

中心母钟主要由以下几部分组成：①GPS 标准时间信号接收单元；②主、备母钟模块（双机热备）；③分路输出接口箱；④电源模块。

中心母钟由主、备两个母钟组成，两个母钟可以互相切换，当中心主母钟出现故障立即自动切换到备母钟，备母钟全面代替主母钟工作。中心母钟给时间服务器校时，通过 NTP 给计算机信息管理网络提供标准时间信号，使整个计算机网络时间统一。

（2）标准时间信号接收单元

GPS 接收单元通过 GPS 天线接收卫星时标信号给时间服务系统提供校准时间信号，正常情况下 GPS 接收单元至少可同时接收 6 颗卫星的信号。GPS 接收单元可向中心母钟输出标准时间信号，用标准时间信号校准和修改中心母钟的时间。

GPS 标准时间信号接收单元是为了向时间服务系统提供高精度的时间基准而设置，时间服务系统通过中心母钟对 GPS 接收单元接收的标准时间信号的不断接收、判断、校时和再接收，来实现系统的长期无累积误差运行。GPS 标准时间信号接收单元采用单片机处理来 GPS 的标准时间信号，经由 RS-485/422 接口每秒的零毫秒时刻向中心母钟发送标准时间信号，从而实现对中心母钟内部时钟的精确校准。

GPS 接收单元还具有阻绝电磁波干扰和抗雷击的性能，具有电源指示、工作状态、

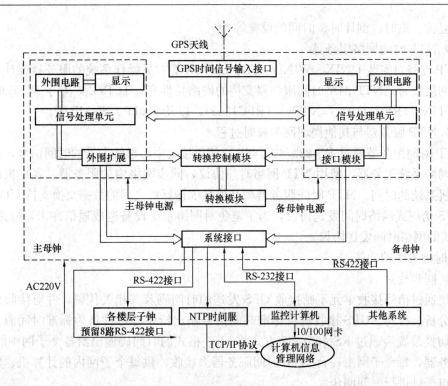

图 36-68 时钟系统的系统结构图

故障指示灯。

（3）通信接口扩展口

中心母钟设置的多路输出接口单元除了能够为多路子钟其他各系统提供标准时间信号以外，还需要预留充足的扩展接口，可根据未来的发展及实际需要方便地进行扩容。

母钟通过通信接口扩展口控制子钟的运行。监控中心计算机通过该扩展口，能接收到整个系统母钟及各子钟运行状况数据及标准时间信号。

（4）子钟

在办公区、交易大厅等场所设置子钟，接收母钟发出的时间信号，产生标准时间信号进行时间信息显示，其显示方式可为模拟式和数字式两种。子钟脱离母钟时能够单独运行。

子钟在调整时间时，子钟在接到母钟指令后立即将时间显示按母钟发出的命令进行调整。

（5）传输通道

母钟到子钟之间的传输通道为超五类双绞线。接口标准为 RS-422。母钟与其他局域子网之间采用 NTP 接口，通信协议为 TCP/IP 协议。

（6）计算机信息监控中心

时钟监测系统为一台高性能的计算机加监控软件，通过数据传输通道，实时监测全楼时间服务系统的运行状态。发现故障立即自动拨传呼通知维护人员，并发出声光报警信息。

在时钟监控主机上可以查看本系统任何一个子钟的运行状况并进行必要的操作校对、

停止、复位、追时、倒计时、时间的设置等。

（7）NTP 时间网络服务器

NTP 支持对安装 UNIX、WINDOWS、LINUX 等常见操作系统的服务器或计算机设备进行网络校时。NTP 网络时间服务器支持的网络特性有：TCP/IP，基于 WEB 的 HTML，NTPv2（RFC1119）&NTPv3（RFC1305），以及 SNTP、SNMP 等。

（8）NTP 服务器与其他局域网的校时过程

NTP 时间服务器通过 RS-232/422/485 通信口接收中心母钟发来的时间信号，再通过计算机网络系统服务器，使用 NTP 网络时间协议，同步网络内的服务器、客户机以及相关计算机系统的时间。NTP 时间服务器与其他系统计算机之间的数据交换支持 UDP 广播式和 C/S 访问式网络时间发送协议，为了避免对网络系统设备造成通信冲击，应采用 C/S 访问式的网络时间发送协议。

4. 时钟系统的功能

（1）同步校对

系统通过信号接收单元不断接收 GPS 发送的时间码及其相关代码，并对接收到的数据进行分析、校对。GPS 接收机将标准时间信号输出给中心母钟作为标准时间源。时间源经过切换装置后通过 RS-485/422 方式将 0183 格式的时间码输出给各个子网中的 NTP 时间服务器，每个子网由一台 NTP 时间服务器来接收，供每个子网内的计算机、网络设备和串口子钟进行时间同步。

（2）时间显示

安装方式采用壁挂式和吊挂式。可以采用高亮度白色或单面和双面时间子钟，建议采用数字式子钟，时间显示建议采用"时：分"显示。

（3）时间发送

向整个楼宇智能化管理的其他弱电系统以及建筑用户提供同步时间信号，使建筑内部所有的电子设备有标准的时间依据。

（4）系统监测功能

在控制中心设置时间服务系统管理终端设备，具有自诊断功能，可进行故障管理、性能管理、配置管理、安全管理。

中心级设备能够检测到区级设备的运行状态信息，对时间服务系统的工作状态、故障状态进行显示，能实时地、详细地反映系统内部各模块的状态，并能够对全系统时钟进行点对点的控制，其主要监控及显示的内容包括：各种主要设备、子钟及传输通道的工作状态，对时间服务系统的控制（复位、停止、校对、追时等），各种主要设备、子钟及传输通道的工作状态，倒计时时间长短设置、故障记录及打印输出等。

系统出现故障时能够发出声光报警，指示故障部位。告警信号能引至有关值班室。通过传呼通知有关人员。

5. 时钟系统的工作方式与系统组织

（1）系统所有设备均按能满足全天候不间断连续运行。

（2）系统具备可监控性，通过中心母钟机柜和值班室内的监控管理计算机终端能够实时监测时钟系统主要设备的运行状态及故障状态，并具有集中告警和远程联网告警功能。

（3）设计采用分布式结构，由中心母钟、NTP 服务器、子钟、监控管理计算机终端、信号分路输出接口箱及传输通道等组成。通过计算机进行集散式控制。

（4）为提高系统的可靠性，系统设计采用闭环控制，实施隔离技术、断电保护、软件自诊断措施等，软硬件设计采用较大冗余度。

（5）系统设计需要考虑电磁电机所产生的电磁波对时钟系统的干扰，采用了抗电磁、抗电气干扰的设备和电缆，并采取必要的防护措施。

（6）设备的防护等级：IP≥45（室内）；IP≥65（室外）。

（7）系统使用率：时钟系统所有设备和部件均是必要和可用的，可用率≥99.9％。

（8）时钟系统连线示意图（见图36-69）。

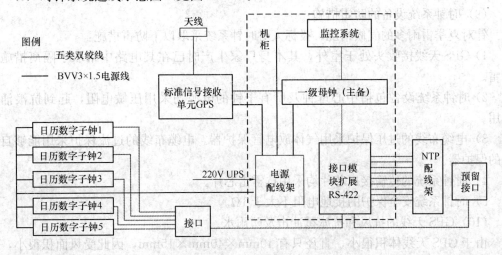

图36-69 时钟系统连线示意图

36.12.2.2 系统的安装要求

（1）时钟系统的设备，诸如中心母钟、时间服务器、监控计算机、分路输出接口箱应安装于机房的机柜内，并符合下列要求：

1）按设计及设备安装图进行分路输出接口箱与子钟等的连接。

2）中心母钟机柜安装位置与GPS天线距离不宜大于300m。

3）时间服务器、监控计算机的安装应符合本章第36.7.2小节"计算机网络设备安装"的要求。

（2）子钟安装应牢固。壁挂式子钟的安装高度宜为2.3～2.7m。吊挂式子钟的安装高度宜为2.1～2.7m。

（3）天线应安装于室外，至少三面无遮挡，且在建筑物避雷区域内。

（4）天线应固定在墙面或屋顶上的金属底座上。

（5）大型室外钟的安装应符合下列要求：

1）应根据室外钟的尺寸，考虑风力影响做室外钟支撑架；

2）对于钢结构的建筑，应以焊接的方式安装室外钟支撑架；

3）对于混凝土结构的建筑应以预埋钢架的方式安装室外钟支撑架；

4）应按设计要求安装防雷击装置；

5）应做好防漏、防雨的密封措施。

（6）时钟系统设备工作环境要求：

1) 工作环境温度：+5～+45℃（室内）；-25～65℃（室外）；

2) 工作环境相对湿度：5%～90%（室内，25℃时）；5%～95%（室外，25℃时）；

3) 海拔高度：小于1200m。

（7）设备接地要求：时钟系统采用系统接地，接地电阻小于1Ω。

（8）时钟系统的综合布线采用BVV3×1.5线缆连接时钟设备的电源，5类及其以上线连接时钟设备的通信，中心母钟或接口与每个子钟的通信距离超过1200m，需增加中继器。中心母钟预留二级母钟的扩展接口，便于增加二级母钟，二级母钟与中心母钟为点对点连接。

（9）时钟系统设备的防雷措施：

针对夏季雷雨多的气候情况，投标人对时钟系统采取以下防雷措施：

1) GPS天线接收头处于室外，其本身厂家生产时已在其电路中采取了隔离措施以防雷。

2) 时钟系统设备包括中心母钟及所有子钟的电源均采用压敏电阻，起到抗浪涌的作用。

3) 电缆布线的过压保护采用气体放电管保护器。电缆布线的过流保护采用能够自恢复的保护器。

4) 时钟系统的传输接口芯片均采用抗雷击芯片。

5) 时钟系统安全保护的接地电阻不大于1Ω。

（10）GPS天线的抗风和抗冰雹冲击及防雨水：

由于GPS天线体积很小，直径只有40mm×40mm×15mm，因此受风面积很小，只要吸附牢固可靠的安装支架（金属）上完全可以经受24～40m/s的瞬时最大风速的袭击；GPS天线的外客采用的全密封的玻璃钢外壳能承受最大直径为20mm的冰雹打击以及雨水的长时间冲刷；另外对于环境温度的剧烈变化、阳光的烤晒、酸雨的侵蚀等环境因素在设计上也采取了周密的防护措施，可以确保在北京的室外环境下使用寿命不少于30年。

（11）时钟系统设备的运行环境（表36-15）：

时钟系统设备的运行环境 表36-15

项 目		控制中心	设备房
温度	工作	+10～+50℃	0～+60℃保证技术指标
	贮存	-25～+65℃	-20～+65℃
湿度	工作	20%～90%	5%～90%
	贮存	10%～95%	0～100%
机械冲击		4g	4g
机械震动		5～20Hz 1.8mm（振幅）20～100Hz；1.4g	5～20Hz 1.8mm（振幅）20～100Hz；1.4g

（12）设备供电：

在弱电机房的GPS接收单元、中心母钟维护终端需要提供UPS交流220V±20%，50Hz±10Hz电源。在各地子钟提供交流220V±20%，50Hz±10%Hz电源。

(13) 设备接地：

时钟系统所有设备需可靠接地，确保用电安全，接地电阻小于 1Ω。所有的子设备采用金属机壳，与电源接地线可靠连接以接地，中心母钟和二级母钟除了各模块外壳通过电源线的地线接地外，还采用机柜外壳通过 $12mm^2$ 的扁铜带与主机房的接地端子牢靠连接，以达到消除静电的目的。具体接地如下：

1）工作接地：母钟设备和子钟设备的工作基准地浮空，采用多点接地。

2）安全接地：母钟设备的地线接至机柜的地线端子上，引至机房等电位端子箱后引至建筑物综合接地体，接地电阻小于 1Ω。子钟采用外壳保护接地引至等电位端子箱。

3）电磁兼容接地：母钟设备将信号电缆线的屏蔽层、电源地线接入大地，来起到抑制变化电场的干扰。接地点选在信号源侧。

4）子钟电源电缆线地线接大地；信号电缆线的地线与系统地相连。

36.12.2.3　系统的调试、检测与检验

1. 时钟系统的调试和测试要求

（1）配置服务器、计算机的软件系统的参数，处理功能、通信功能应达到设计要求。

（2）调试系统设备，应对出现故障的设备、软件进行修复或更换。

（3）调试时钟精度，误差不宜大于 1ms。

（4）应通过监控计算机对系统中的母钟、子钟、时间服务器进行配置管理、性能管理、故障管理。

（5）应通过监控计算机对子钟进行时间调整、追时、停止等功能调试，并达到对全部时钟的网络连接与控制。

（6）应调试母钟与时标信号接收器的同步、母钟对子钟同步，并达到全部时钟与GPS同步。

（7）应调试双母钟系统的主备切换功能、自动恢复功能。

（8）应对所有设备进行 144h 不间断的功能、性能连续试验，并符合下列要求：

1）试验期间，不得出现时钟系统性或可靠性故障，计时必须准确；否则，修复或更换后重新开始 144h 试验；

2）记录试验过程、修复措施与试验结果。

（9）144h 试验成功后，应进行与其他系统接口功能测试和联调测试，并符合下列要求：

1）时钟系统应与其他系统接口正确；

2）时钟系统应按设计要求向其他子系统提供基准时间。

（10）时钟系统联调：联调是指通信系统和机场其他系统的联合调试。在 144h 试验成功后，设备将进入联调。联调包括与其他系统的所有接口功能测试和综合联调测试两个阶段。

1）接口功能测试是证明本（子）系统所有与其他系统的接口功能正确。

2）检查其接口的正确性，负责处理通信系统与其他系统的接口出现的问题。

3）时钟系统按合同要求应向其他子系统提供正确标准时间信息。

2. 时钟系统的检验要求

（1）系统应具有监测功能：监控系统母钟、子钟、时间服务器、授时等的运行状况。

（2）系统应具有控制功能：母钟与时标信号接收器同步、母钟对子钟进行同步校时。

（3）系统断电后应具有自动恢复功能。

（4）系统应具有对其他弱电系统主机校时和授时功能。

（5）母钟独立计时精度、子母钟同步误差等主要技术参数应符合设计要求。

3. 时钟系统的电磁兼容测试

合格的时钟系统本身对周围的系统、设备不产生明显的电磁干扰，测试要求如下：

（1）设备骚扰值符合 IEC 61000-6-4 及《电磁兼容　试验和测量技术》GB/T 17626 的要求，其中电源端口传导骚扰限值见表 36-16，测量距离 30m 处的辐射骚扰限值见表 36-17。

电源端口传导骚扰限值　　　　　　　　　　　　　　　　　　表 36-16

频率范围（MHz）	限值 dB（uV）	
	准峰值	平均值
0.15～0.50	69	56
0.50～5	67	55
5～30	65	53

测量距离 30m 处的辐射骚扰限值　　　　　　　　　　　　　表 36-17

频率范围（MHz）	准峰值 dB（uV/m）
25～230	26
230～1000	55

（2）设备抗扰度限值符合 IEC 61000-6-2 及《电磁兼容　试验和测量技术》GB/T 17626 的要求，其中机箱端口的抗扰度限值见表 36-18，电源、信号等端口的抗扰度限值见表 36-19。

机箱端口的抗扰度限值　　　　　　　　　　　　　　　　　　表 36-18

环境现象	试验规范	单位
工频磁场	49	Hz
	28	A/m
射频电磁场辐射	80～1000	MHz
	10	V/m
	79	%AM（1kHz）

电源、信号等端口的抗扰度限值　　　　　　　　　　　　　表 36-19

环境现象	试验规范	单　位
射频耦合	0.15～80	MHz
	10	V/m
	77	%AM（1kHz）

（3）时钟系统关键设备均需要通过国家电磁兼容检测权威认证单位的检验和测试，各项指标均符合 IEC 61000-6-4 和 IEC 61000-6-2 的要求，并取得标明各项电磁性能合格的检验报告。

4. 系统安装调试时需最终用户提供的条件

（1）需最终用户提供时钟系统安装调试的必要条件：场地、电源、进出现场的便利等。

（2）机房室内预留安装一台 19 英寸标准机柜位置。

（3）按深化设计图纸留有足够子钟安装位置。

（4）将母钟、子钟、接口之间及其他设备之间的电源线和信号线缆预先布好。

（5）最终用户和工程总包商应派出工程人员负责安装工作的协调和控制，特别是但不限于土建与安装的协调、安装规则和工地治安方面。

（6）系统测试时，最终用户和工程总包商应派出工作人员协调有关接口方面的事宜，并审核投标人提交安装调试的检验测试报告。

36.12.3　信息导引及发布系统

36.12.3.1　信息导引及发布系统组成与结构

1. 信息导引及发布系统的作用

信息导引及发布系统也称为"多媒体信息导引及发布系统"或"多媒体信息发布系统"。它是一种以信息输出、播放为目的，以信息发布为主导的信息系统。它通过将文本、图片、动画、视频、音频有机组合，实时的形成一段段连续的画面，并通过多种显示设备，播放给人们观看，向人们传达各种宣传信息。

利用信息技术，以前在公众场合用枯燥文字显示的消息，变成了色彩绚丽的画面生动地显示出来。特别是在人员流动性很大的地方，比如：机场、车站、医院、展览馆等等公共场所。近年在民航机场、火车站该系统的使用日益普遍。

2. 信息导引及发布系统的组成

信息导引及发布系统涉及文本、图片、动画、音频、视频、数据库数据以及各种实时数据等在 IP 网络环境下从发布、管理到播放的一系列技术问题。

信息导引及发布系统由功能强大的计算机设备配合专用系统软件构成系统服务器，再加上支撑网络、播放设备、显示设备组成。将服务器的信息通过网络（广域网或局域网）发送给播放器，再由播放器组合音视频、图片、文字等信息（包括播放位置和播放内容等），输送给液晶电视机等显示设备可以接受的音视频输入形成音视频文件的播放（见图36-70）。

3. 信息导引及发布系统结构

它采用 CS 结构，主从式体系，可借助于现有的通信网络，将信息传送到网络内的任何地方并播放输出。整个应用系统由信息导引及发布系统管理中心、网络平台、播放设备及显示终端构成。

（1）发布系统管理中心

管理中心放有信息制作工作站、播放管理服务器和媒体服务器。信息制作工作站主要功能是企业播放信息的制作、影音广播、实现多媒体信息的编辑工作。播放管理服务器设在系统管理中心，对终端播放器的运程管理和控制。系统的架构灵活，可以采用分布式流服务器管理。播放管理服务器上安装播放管理软件负责企业信息的播放，供管理员对播放器实施管理，如素材管理，编辑节目播出单，把节目单和节目内容传送到播放器上。一个管理工作站可以实现上百个网络播放器的远程、分布式实时管理，实现视频、音频、图

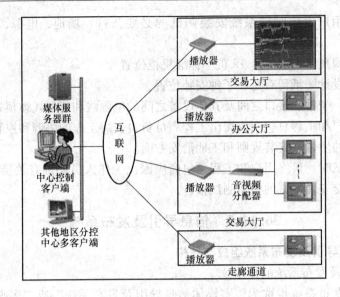

图 36-70 信息导引及发布系统示意图

片、控制信息、节目播出单的实时自动上载。同时，加装视频编辑软件，视频管理工作站可用于音视频节目的编辑、文件格式转换等。媒体服务器存储大量媒体信息资料，所有播放器播放的内容都从媒体服务器下载。

（2）网络平台

合理的布置各地区营运网点的联网的网络，让各播放器都连接到控制中心的交换机上。并将从控制中心制作的媒体文件通过网络传播到终端播放器，实现终端和控制中心相互通信。

（3）播放设备

播放器放在企事业单位的大厅，和显示终端相连接，能响应中心服务器集群发送的各种管理控制命令，可工作在时间线和内容序列两种不同模式下，即用户可根据管理需要向终端显示屏上发布各种视音频信息，一次内容安排后终端播放器即不再需要人工值守，亦可以脱离网络播放；通过运行策略配置或手动监播命令可以方便地控制诸如休眠、恢复、停止、播放、音量增减、切换直播等一系列运行状态。

播放器支持多种音视频流格式、图像、文字和滚动字幕的组合播放。内容安全时分推送技术可以充分平衡网络流量，区分企业专网的工作时间，根据策略引擎自动安排传输队列，从而充分利用网络带宽。

（4）显示终端

系统支持多种显示设备，包括离子显示器（PDP）、液晶显示器（LCD）、CRT 显示器、前投射显示、背投显示器、网络触摸终端、多屏幕拼接显示墙等，根据企业特定需要选择特定的显示终端。

（5）信息导引及发布系统结构示意请参见图 36-71。

4. 信息导引及发布系统的功能

（1）网络功能

支持现有的所有 IP 网络，支持各种网络协议并提供服务质量保证；实时信息发布：

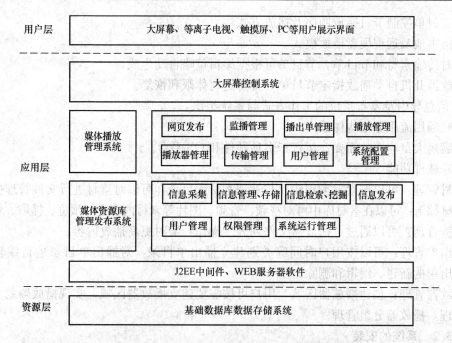

图 36-71 信息导引及发布系统结构示意图

滚动字幕、图片、视频插播等；网络更新播放内容，无需人工更换；通过网络可集中或分布式管理播放终端，支持分级、分区管理；远程升级播放器固件，无需技术人员到播放器终端进行操作。

（2）专业功能

监播室功能：灵活实现插播、选播、跳播、轮播、循环播和播放、停止、暂停、休眠、音量控制、节目更新等。

媒体管理功能：视音频、图片、字幕等组合多媒体内容实时预览、编辑、转换、发布等。

节目单编辑功能：多种编辑视图，使用方便。

显示模板管理功能：模板编辑、保存、效果实时预览等。

播放器管理功能：各种参数配置。

权限管理功能：分级、分区、分功能。

分布式传输管理功能：实现大容量内容传输。

播出统计报表功能：提供存档、审核、计费的依据。

支持多种视音频编码标准和图片格式，播放质量可达高清电视水平（1920×1080i/p）。

方便实现与其他信息系统的集成，如广告合同管理子系统、非线性编辑子系统、媒体发布子系统等。

支持标准的协议与接口。

安全内容时分推送技术：可播放多种视频格式，可播放多种音频格式。

（3）智能功能

远程分布式节目传输及管理，实时监控播放器状态并获取播出记录。

由节目单控制节目播放顺序及播放方式。

支持本地及远程硬盘播放模式。

定时传输素材和节目单，节目单可根据编辑策略自动生成。

播放器开机自动播放指定节目单，支持定时休眠和恢复。

5. 信息导引及发布系统的工作方式与系统组织

（1）通用流服务架构体系

应满足大量应用的需要；运行于多种硬件和 OS 平台。

（2）软件功能

素材管理：可以按素材类别建立与管理素材库目录，可以对素材进行文件管理操作。

素材编辑：可以在素材库中可对视频、音频、图片等素材内容进行预览、抓取、保存。

传输管理：可以通过"播放器文件列表"操作，实时更新播放内容。

播出单管理：可以按用户时间等类别建立播出单目录，对播出单目录进行编辑和删除，播出单的新建、编辑和删除。

播放器管理：创建播放器区域，用户可按需要建立播放器区域，实现播放器划分区域进行管理，播放器分组管理。

36. 12. 3. 2　系统的安装

（1）信息导引及发布系统安装应符合下列要求：

1）系统服务器、监控计算机应安装于机房的机柜内。

2）触摸屏与显示屏的安装位置应对人行通道无影响。

3）触摸屏、显示屏应安装在没有强电磁辐射源及不潮湿的地方。

4）落地式显示屏宜安装在钢架上，钢架的承重能力宜大于显示屏重量的 5 倍，地面支撑能力宜大于 $300 kg/m^2$。

5）室外安装的显示屏应做好防漏电、防雨措施，应满足 IP65 防护等级标准。

（2）关于 IP65 防护等级标准可以参看国家标准《外壳防护等级》GB 4208—2008。此处做简要说明：

IP（International Protection）或者 Ingress Protection（进入防护）。

防护等级系统将灯具依其防尘、防止外物侵入、防水、防湿气之特性加以分级。这里所指的外物包含工具、人的手指等均不可接触到电器内的带电部分，以免触电。

IP 防护等级是由两个数字所组成，第一个数字表示灯具防尘、防止外物侵入的等级；第二个数字表示灯具防湿气、防水侵入的密闭程度。数字越大，表示其防护等级越高。

各数字的含义：

第一标记数字如 IP6 _ 表示防尘保护等级（6 表示无灰尘进入）。

第二标记数字如 IP _ 5 表示防水保护等级（5 表示防护水的喷射）。

0 无防护。无专门的防护。

1 防护 50mm 直径和更大的固体外来物。防护表面积大的物体比如手（不防护蓄意侵入）。1 防护水滴（垂直落下的水滴）。

2 防护 12mm 直径和更大的固体外来物。防护手指或其他长度不超过 80mm 的物体。2 设备倾斜 15 度时，防护水滴。垂直落下的水滴不应引起损害。

3 防护 2.5mm 直径和更大的固体外来物。防护直径或厚度超过 2.5mm 的工具、金属线等。3 防护溅出的水。以 60°角从垂直线两侧溅出的水不应引起损害。

4 防护 1.0mm 直径和更大的固体外来物。防护厚度大于 1.0mm 的金属线或条状物。4 防护喷水。当设备倾斜正常位置 15°时，从任何方向对准设备的喷水不应引起损害。

5 防护灰尘。不可能完全阻止灰尘进入，但灰尘进入的数量不会影响设备的正常运行。5 防护射水。从任何方向对准设备的射水不应引起损害。

6 不透灰尘。无灰尘进入。6 防护大浪。大浪或强射水进入设备的水量不应引起损害。

7 防护浸水。在定义的压力和时间下浸入水中时，不应有能引起损害的水量侵入。

8 防护水淹没。在制造商说明的条件下设备可长时间浸入水中。

防水测试（IP_5）的测试方法和主要的测试条件定义如下：

测试方法——喷嘴的喷水口内径为 6.3mm，放于距离测试样品 2.5～3m 之处。

水流速率——12.5L/min ±5%。

测试持续时间——1min/m² 但是至少持续 3min。

测试条件——从每个可行的角度对测试样品喷射。

36.12.3.3　系统的调试、检测与检验

1. 信息导引及发布系统的调试和测试的要求

（1）配置服务器、监控计算机的软件系统参数，处理功能、通信功能应达到设计要求。

（2）对系统的显示设备进行单机调试，使各显示屏应达到正确的亮度、色彩显示。

（3）加载文字内容、图像内容，调试、检测各终端机正确显示发布的内容。

（4）调试、检测软件系统的各功能，应达到符合设计要求。

（5）测试终端机的音、视频播出质量，应达到全部合格。

（6）系统调试后，应进行 24h 不间断的功能、性能连续试验，并符合下列要求：

1）试验期间，不得出现系统性或可靠性故障，显示屏不应出现盲点；否则，修复或更换后重新开始 24h 试验；

2）记录试验过程、修复措施与试验结果。

2. 信息导引及发布系统的检验要求

（1）应对系统的本机软件功能进行逐项检验：主要内容为操作界面所有菜单项，显示准确性、显示有效性。

（2）应对系统联网功能进行逐项检验：主要检验内容为网络播放控制、系统配置管理、日志信息管理。

（3）应对系统显示设备的安装、供电传输线路进行检验。

36.12.4　呼叫与对讲系统

36.12.4.1　呼叫与对讲系统组成与结构

1. 呼叫与对讲系统的作用

呼叫与对讲系统的概念下，有两类实际使用的系统，其使用场合与系统功能不同，主控设备也不同。下面将分别进行讲述。

第一类呼叫与对讲系统是用于住宅小区的对讲系统，也称为"楼宇对讲系统"。楼宇对讲系统是在各单元口安装防盗门，小区总控中心设置管理员总机、楼宇出入口有对讲主

机、电控锁、闭门器及用户家中的可视对讲分机。可实现住户凭卡进入，而访客需要在单元门口与住户对讲，住户同意后可遥控开启防盗门，从而实现遥控门禁。该类系统还有联防报警等功能，可以将红外报警，紧急按钮甚至燃气报警器等接到对讲分机上，若需要援助时，可通过该系统通知保安人员以得到及时的支援和处理。该类呼叫与对讲系统分可视对讲和非可视对讲两种产品。

第二类呼叫与对讲系统是用于医院的对讲系统，也称为"护士站对讲系统"、"护理呼叫系统"，（下面，我们称之为"护理呼叫系统"）这一类呼叫与对讲系统往往也有紧急呼叫功能。"护理呼叫系统"在护士站设置对讲系统主机，在病人的床边装有终端机，可实现病人与护士站之间的通话、紧急呼叫等功能；还可以进行状况显示，也具有对于内部医护人员的无线寻呼功能。

2. 呼叫与对讲系统的组成

（1）住宅小区使用的呼叫与对讲系统

住宅小区使用的"楼宇对讲系统"主要由非可视（或可视）直按门口主机、门禁一体机、层间分配器、住户室内分机、系统不间断电源以及系统服务软件组成。

"楼宇对讲系统"的系统示意请参见图 36-72。

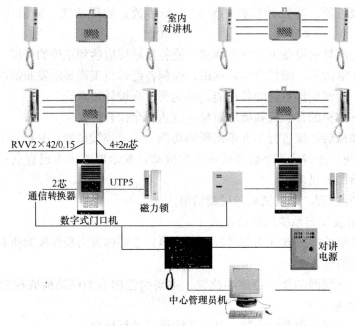

图 36-72 住宅小区使用的呼叫与对讲系统的组成

（2）医院使用的呼叫与对讲系统（护理呼叫系统）

医院使用的"护理呼叫系统"主要由呼叫主机、呼叫对讲机、走廊吊屏、信号集中器、管理电脑、显示设备、无线寻呼设备以及系统服务软件组成。所有的呼叫对讲机与护理主机采用二芯线无正负极相连。实现院方提出的对呼叫系统的需求，包括呼叫、对讲、分级管理、无线寻呼、电脑管理等。也可根据院方的具体要求对系统进行局部定制，以符合院方的实际工作需要。

医院使用的"护理呼叫系统"的系统示意请参见图 36-73。

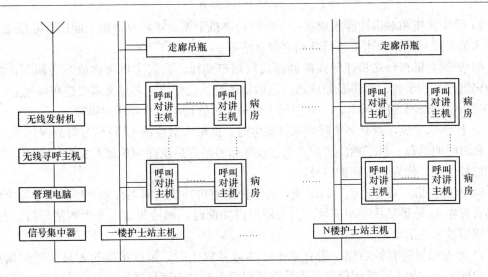

图 36-73 护理呼叫系统网络拓扑结构图

3. 呼叫与对讲系统的结构

对讲系统分为可视对讲和非可视对讲。对讲系统由主机、楼层分配器、若干分机、电源箱、传输导线、电控门锁等组成。

(1) 对讲系统：主要由传声器和语音放大器、振铃电路等组成，要求对讲语言清晰，信噪比高，失真度低。可视对讲系统则另加摄像机和显示器。

(2) 控制系统：一般采用总线制传输、数字编解码方式控制，只要访客按下户主的代码，对应的户主拿下话机就可以与访客通话，以决定是否需要打开防盗安全门。

(3) 电源系统：供给语言放大、电气控制等部分的电源，它必须考虑下列因素：

1) 居民住宅区市电电压的变化范围较大，白天负荷较轻时可达 250～260V，晚上负荷重，就可能只有 170～180V，因此电源设计的适应范围要大。

2) 要考虑交直流两用，当市电停电时，由直流电源供电。

3) 室内分机可根据需要再设置分机。

(4) 楼宇对讲系统用的电控防盗安全门是在一般防盗安全门的基础上加上电控锁、闭门器等构件组成。防盗门可以是栅栏式的或复合式的，关键是安全性和可靠性。

4. 呼叫与对讲系统的功能

(1) 住宅小区使用的"楼宇对讲系统"的功能

1) 可实现住户凭卡进入，而访客需要在单元门口与住户对讲，住户同意后可遥控开启防盗门，从而实现遥控门禁。

2) 该类系统还有联防报警等功能，可以将红外报警，紧急按钮甚至燃气报警器等接到对讲分机上，若需要援助时，可通过该系统通知保安人员以得到及时的支援和处理。

3) 该类呼叫与对讲系统分可视对讲和非可视对讲两种产品。

(2) 医院使用的护理呼叫系统的功能

1) 具有呼叫、对讲、广播、电脑管理、无线寻呼等功能。

2) 呼叫按钮采用拨动开关进行编号任意设定，可以设定房间号（3 位）及床位号（2 位）。完全满足医院、福利院对呼叫号码的设定要求。

3) 呼叫按钮和对讲功能集成在一个呼叫对讲机上面。呼叫对讲机上面还有复位按键，护理人员需要到达床位边上进行呼叫复位（清零）。

4) 护理主机在台式和挂壁式两种样式供用户选择。台式主机可摆放在桌面上，由 6 位数码管作显示装置。对讲及通话通过电话机进行。挂壁式顾名思义需要挂在墙壁上，有 LED 信号灯及病人信息插卡，一台护理主机最大可管理 128 个呼叫对讲机。

5) 挂壁式主机，当有多个呼叫系统发生时，面板上对应的 LED 信号灯同时闪亮，医护人员对呼叫信息一目了然。医护人员按收到信号的先后次序与护理对象进行通话。当有特护信号传来，优先接听特护信号。

6) 台式主机，对讲功能可以屏蔽，若不使用对讲功能，则当有多个呼叫信号发生时，数码管每隔 3s 轮番显示呼叫信号。当启用对讲功能时，则接听完一个呼叫信号后，另一个呼叫信号才显示出来。

7) 走廊吊屏带时钟功能，当有多个呼叫信号发生时，走廊吊屏轮番显示呼叫信息，便于护理人员方便查看呼叫信息。当没有呼叫发生时，走廊吊屏显示当前的时间。可手动设置时钟。

8) 护理主机及走廊吊屏上有和弦音乐供选择，音量可调。

9) 当线路出现故障时，护理主机可提示故障发生的可能原因。

10) 无论在通话或呼叫状态，其他床位仍可呼入并灯光显示，此时，听筒里有"滴滴"的提示声，表明有另外的信号呼入。

11) 呼叫对讲机上有 LED 指示灯，当呼叫启动时，LED 灯点亮，表明呼叫信息已经成功传递出去；当主机叫通该呼叫对讲机时，LED 灯也闪亮，表明此时已经接通。

12) 呼叫对讲可实现双工双向任意对讲，话音清晰，如同电话机通话一般。

13) 通过护理主机可对各呼叫对讲机实现广播功能，即主机启动广播功能时，所有的呼叫对讲机均可听到讲话。呼叫对讲机有广播开关按钮，广播功能可以被屏蔽。

14) 系统可设不同的护理级别，高级别的床位启用呼叫信息时享有优先权。

15) 所有的呼叫信息均可存储在管理电脑中，供院方进行查询审核，便于实行量化考核。整个呼叫系统，只需要一台管理电脑就可完成呼叫记录。

16) 呼叫对讲机可接红外遥控按钮，实现无线遥控功能。通过这样的技术，可以对呼叫床位进行方便扩充。

17) 系统可接无线寻呼、通话录音、手机短消息等功能。

5. 呼叫与对讲系统的设计

呼叫与对讲系统的设计依据为：

(1)《楼宇对讲系统及电控防盗门通用技术条件》GA/T 72—2005。

(2)《楼宇对讲电控防盗门安全要求》DB/998—72。

36.12.4.2　系统的安装

呼叫对讲系统的安装应符合下列要求：

(1) 对讲系统安装应执行《安全防范工程技术规范》GB 50348—2004 第 6.3.6 条规定。

(2) 供电、防雷与接地系统施工应执行《安全防范工程技术规范》GB 50348—2004 第 6.3.6 条，还应符合下列要求：

1) 电源系统、信号传输线路、天线锁线以及进入设备机房的电缆入室端均应采取防雷电过压、过电流保护措施。电涌保护器接地端和防雷接地装置应做等电位连接。

2) 接地母线应铺放在地槽或电缆走道中央，并固定在架槽的外侧。母线应平整，不得有歪斜、弯曲，母线与机架或机顶的连接应牢固、端正。接地母线的表面应完整，无明显损伤和残余焊剂渣，铜带母线光滑无毛刺，绝缘线的绝缘层不得有老化、龟裂现象。

（3）医院使用的护理呼叫对讲系统的安装应符合下列要求：

1) 挂壁式主机的安装高度宜为 1.2～1.8m；

2) 台式主机宜安装在值班人员办公台前。信号集中器安装位置应临近主机；

3) 呼叫按钮宜安装在便于触及的位置；

4) 拉式呼叫开关可视情况安装在不影响视觉效果、易于拉线的位置；

5) 无线寻呼天线的安装位置附近不应有强电磁辐射源；

6) 安装扬声器箱体时，应保持吊顶、墙面整洁。

（4）小区楼宇呼叫对讲系统的安装应符合下列要求：

1) 室外呼叫对讲终端的安装高度宜大于 1.2m；

2) 室外呼叫对讲终端应做好防漏电、防雨措施；

3) 信号集中器安装位置应临近呼叫主机。

36.12.4.3 系统的调试与检测

1. 呼叫与对讲系统质量控制的要点

（1）呼叫对讲系统应对呼叫响应及时、正确，且图像、语音清晰。

（2）设备、线缆标识应清晰、明确。

（3）各设备、器件、盒、箱、线缆等的安装应符合设计要求，布局合理，排列整齐，牢固可靠，线缆连接正确，压接牢固。

（4）馈线连接头应牢固安装，接触良好，并采取防雨、防腐措施。

2. 呼叫与对讲系统调试前的准备工作

呼叫与对讲系统调试准备工作应符合下列要求：

（1）系统调试前，施工单位应制定调试方案、测试计划，并经会审批准。

（2）设备规格、安装应符合设计要求，安装稳固，外壳无损伤。

（3）采用 500V 兆欧表对电源电缆进行测量，其线芯间，线芯与地线间的绝缘电阻不应小于 1MΩ，另有规定的除外。

（4）设备及线缆应标志齐全、准确，符合设计要求。

（5）机柜、控制箱、支架、设备及需要接地的屏蔽线缆和同轴电缆应良好接地。

（6）各系统供配电的电压与功率应符合设计要求。

3. 呼叫对讲系统的调试和测试要求

（1）配置服务器、计算机、呼叫对讲主机的软件系统参数，处理功能、通信功能应达到设计要求。

（2）对各设备进行调试，达到正确的使用状态。

（3）对系统的各终端进行编码并在该软件系统中记录其位置。

（4）逐个、双向调试呼叫对讲主机与呼叫对讲终端机响应状态，应达到响应正确，信号灯闪亮正确明晰。

(5) 调试、测试系统的无线寻呼功能，应达到在设计的覆盖区良好传输与准确响应。

(6) 调试、测试系统的显示功能，各显示屏显示的信息应准确、明晰。

(7) 调试、测试系统终端的图像、语音，应使失真达到设计要求。

(8) 调试、测试系统门禁的开启功能，应使门禁正确响应开启请求。

(9) 调测与测试中，如应用软件系统出现错误，应检查、修改软件并重新开始配置与调试。

(10) 系统调试后，应进行24h不间断的功能、性能连续试验，并符合下列要求：

1) 试验期间，不得出现系统性或可靠性故障，否则应修复或更换后重新开始24h试验；

2) 记录试验过程、修复措施与试验结果。

4. 呼叫对讲系统的检验要求

(1) 呼叫对讲主机与每个呼叫对讲终端机应响应及时、正确。

(2) 应对呼叫对讲系统的音频效果进行检验。

(3) 应通过采用声压计检验呼叫对讲系统的广播、呼叫性能。

(4) 呼叫对讲系统的图像、语音应清晰。

36.12.5 施 工 质 量 控 制

(1) 各系统设备与大屏幕在安装、调试和检测时，需要特别注意以下的事项，这也是验收的质量主控项，以便保障对于该系统安装、调试的质量控制：

1) 应保证机柜内设备安装的水平度，严禁在有尘、不洁环境下施工。

2) 保证显示设备承重机构的承重能力，对轻质墙体、吊顶等须采取可靠的加固措施，安装完毕应及时检查安装的牢固度，严禁出现松动、坠落等倾向。

3) 时钟系统的时间信息设备、母钟、子钟时间控制必须准确、同步。

4) 多媒体显示屏安装必须牢固。供电和通信传输系统必须连接可靠，确保应用要求。

5) 呼叫对讲系统应对呼叫响应及时、正确，且图像、语音清晰。

6) 信号电缆长度严禁超过设计要求。

(2) 还应注意以下事项：

1) 设备、线缆标识应清晰、明确。

2) 各设备、器件、盒、箱、线缆等的安装应符合设计要求，布局合理，排列整齐，牢固可靠，线缆连接正确，压接牢固。

3) 馈线连接头应牢固安装，接触良好，并采取防雨、防腐措施。

36.12.6 信息设施系统调试、质量记录与检验

1. 信息设施系统调试的要求

(1) 各系统内的设备应能够对系统软件指令作出及时响应。

(2) 系统调试中，应及时记录并检查软件的工作状态和运行日志，并修改错误。

(3) 系统调试中，应及时记录并检查系统设备对系统软件指令的响应状态，并修改错误。

(4) 应先进行功能测试，然后进行性能测试。

（5）调试过程中出现运行错误、系统功能或性能不能满足设计要求时，应填写系统调试问题报告表，并对问题进行处理、填写处理记录。

2. 质量记录

各系统在调试和测试完成后，应进行试运行，并整理下列资料：

（1）应整理系统设备检验、安装、调试过程的有关资料。

（2）应整理工程中各阶段的检验资料，如检验批记录、系统检测记录。

（3）应对试运行情况进行记录。

3. 系统检验

各系统检验应符合下列要求：

（1）应对各系统进行检测，并填写检测记录和编制检测报告。

（2）设备及软件的配置参数和配置说明应文档齐全。

36.13 信息化应用系统

36.13.1 信息化应用系统的结构与组成

36.13.1.1 信息化应用系统一般结构

信息化应用系统主要有以下内容。

1. 办公系统

办公系统都是根据客户办公自动化应用的具体要求，从广泛的用户需求中抽象出通用模型，设计成核心组件，围绕着工作流技术并结合信息门户的应用需求开发出来的办公系统。该类软件产品的目标是帮助客户快速地建立内部信息沟通，并实现工作流转与文件管理的自动化，建立起一个弹性、灵活、高效、安全的电子化协同办公与知识管理环境。

（1）常见的功能模块示意请参见图 36-74。

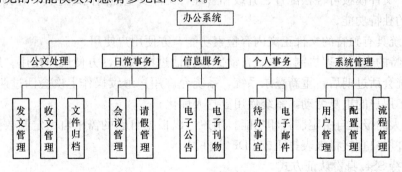

图 36-74　办公系统模块图

（2）系统架构：

办公应用平台多基于 J2EE、XML 的体系结构、基于组件的多层架构技术进行设计开发的，基于 WEB 应用的工作流应用系统。其核心的工作流引擎以组件形式封装，与数据库和用户界面分开，便于系统维护和与单位内部其他系统进行互联。

办公系统架构示意请参见图 36-75。

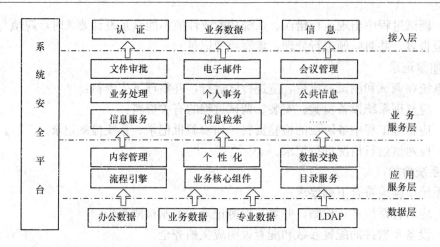

图 36-75　办公系统架构图

（3）系统基本功能

1）办公自动化系统应支持各种 JAVA 应用服务器，如 WebLogic、WebSphere、Tomcat 等。

2）系统允许用户个性化定制应用内容和系统风格，同时又允许管理员进行分级管理，可实现办公系统和 Portal 门户无缝集成，系统同时支持 WebSphere Portal 和 WebLogic Portal。

3）符合 WFMC（工作流管理联盟）规范的简单易用、功能强大的 Web 工作流程引擎，可分级管理并支持子流程。同时可以使用流程引擎与现有应用系统进行业务流程整合。

4）系统采用标准的三层结构，表现层、业务层和数据层分离，各个功能模块以组件的形式嵌入在应用框架中，实现功能模块的即插即用和动态组装。

5）无缝集成 MS Word 和 WPS，具有强大痕迹保留功能，兼容所有 MS Office 版本，无宏代码，文件模板可轻松配置、升级和管理，文件安全性高同时还具有在浏览器上预览文件正文的独特功能。

6）系统具有独特的文件正文内容检索功能，方便用户使用。

7）独特的会话处理机制，系统自动保存会话过期数据，方便用户使用。用户输入的数据在系统会话过期后，重新登录系统，系统允许用户继续操作上次会话过期前的数据，极大减轻了用户的重复劳动，系统使用更趋人性化。

8）强大的报表自由定制打印功能。用户可以根据自己的需求自由定制数据报表，而且系统允许用户直接将报表打印成 PDF 文件。

9）支持 SSL 身份认证方式。

2. 一卡通系统

"一卡通"系统是针对目前使用的证件繁多、管理繁杂的情况而设计的，比如，在学校，用一张卡代替目前使用的菜饭票、考勤卡、洗浴票、开门钥匙、借书证、上机卡、巡检记录本等，从根本上实现"一卡在手，走遍单位"的设想。通过单位的综合网络，逐步将各处的电脑联成一个比较大的数据网，实现全校各类数据的统一性和规范性，大大提高了单位的内部管理。

基于单位内网络的智能卡应用系统（简称一卡通），以单位内系统网络为依托，实现在单位内部的电子货币、身份识别、出入口门禁管理、综合结算、金融管理等诸多功能。有力地推进单位内部的网络化、信息化过程，为单位内部的集中管理与分散操作、高效运作提供了有效的工具。单位领导、员工等人员，人手一张卡通用。一卡通作为身份识别的手段，可用于考勤、多种消费、安全门禁控制管理、巡检管理等。作单位内部的电子货币形式，以及其他各种为单位内部人员服务的项目。

（1）常见的功能模块示意请参见图 36-76。

（2）系统架构：

一卡通系统应用平台基于 WEB 应用的工作流应用系统。其核心的工作流引擎以组件形式封装，与数据库和用户界面分开，便于系统维护和与单位内部其他系统进行互联（见图 36-77）。

（3）一卡通系统具有以下主要功能：

1）身份标识功能：显示身份与

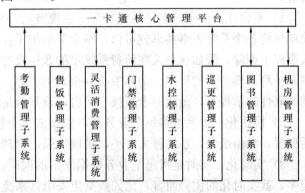

图 36-76　常见的功能模块图

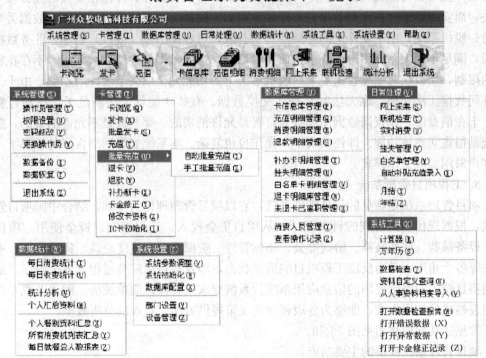

图 36-77　一卡通系统架构图举例

个人基本信息，进出大门、寝室出入管理和考勤管理。

2）查询功能：人员基本信息、巡检信息、门禁、消费信息、图书借阅资料等。

3）租借功能：可租借单位设备、体育器材、图书音像资料。

4）电子钱包：存储现金、奖金，单位内购物、进餐、上机、复印等。

5）形象功能：由于是局域网系统，真正体现了管理的信息化和先进性，属于未来发展的趋势。由于是统一管理，大大提高了单位内部的信息化管理和单位内的统一形象。

（4）一卡通系统的技术特点是平台化、模块化、实时化。系统包含考勤子系统、售饭子系统、灵活消费子系统、水控子系统、门禁子系统、巡更子系统、图书馆管理子系统等。

1）平台化：由于一卡通系统各个子系统既有一定的共性，又有很强的关联性，绝非简单地将各个系统人事共享就可以，举个简单例子：某位员工辞职，不能简单地将此人在人事库里删除，假如这个人在消费系统里的账还没有结清，将导致消费系统账目错误。而本系统将人事、卡的管理、结算中心、报表中心等一卡通系统共性的部分，在充分考虑数据关联性的前提下，做成一卡通核心平台，该平台是本系统的核心和必备部分。

2）模块化：本系统将每个业务都单独做成一个模块，这个就可以根据客户需要，灵活配置，自由组合，系统可大可小，扩展性强，管理方便。

3）实时化：实时是指每笔业务数据发生的同时，马上就送到数据库。实时化的好处很多，就实时化的优势而言，比如数据更安全，系统容量更大，具备更多的功能。特别是大系统，实时性就非常必要，例如银行系统，都是实时系统。脱机系统的业务数据都是保存在硬件上，如售饭机，售饭机不可能不坏，万一售饭机损坏，存储在里面的业务就可能丢失，而实时系统会把业务数据直接送往数据库，硬件上不存储数据，降低了数据丢失的风险。脱机系统，由于硬件上的存储器容量有限，可存储的黑（或红）名单、业务数据等有限，满足不了大系统用户的要求，而实时系统，这些数据都存储在数据库，不存在容量上的限制，所以实时系统容量更大。脱机系统上的功能完全取决于硬件的功能，由于各个硬件间数据无法交换，也无法和数据库交换数据，有些功能就无法满足了，比如订餐功能，卡在消费前，先查询数据库哪些人订餐是允许消费的，哪些人是不允许消费的，脱机系统是很难实现该功能。即使实现了，操作也很复杂。本系统如果网络良好的情况下，建议客户采用实时工作模式。

3. 工程项目管理系统

项目管理系统是常见的信息管理系统，它以项目管理理论为基础，结合中国项目管理现状，根据现代项目管理的科学理论，从项目资金投入、计划编制、资金使用、项目合同、设备采购、成本核算、协同办公、招标管理、资源分配、进度跟踪、风险分析、项目评估等各个角度，动态反馈工程项目的进展状态，涉及项目周期全过程的各个侧面，是大中型项目管理的经常使用的信息应用系统。系统要求具有操作简单灵活、图表美观、自定义图表格式的使用方式，能够为各级领导的决策提供方便、直观的分析数据。

常见的功能模块图见图 36-78。

项目管理系统提供的主要功能如下：

（1）进度计划子系统

进度计划子系统包括项目计划、项目进度等模块，通过对项目的 PCWBS 分解，从时间、费用、设备材料、合同资金、交付成果、资源等多个角度制订项目计划；项目工程进度报告、项目形象进度报告和交付成果进度报告及时反映项目进展情况。

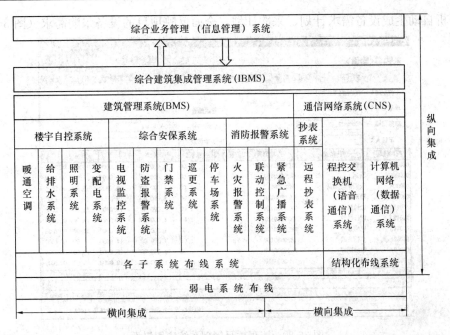

图 36-78　工程项目管理系统功能模块图

1) 项目、子项目、任务无限制多级划分，自动计算作业进度与标识关键路径。

2) 支持多项目管理，分析比较各项目优劣。项目模板记录标准业务流程。

3) 网络图、树状图、甘特图、PERT 多角度表现项目/任务逻辑关系（图 36-79）。

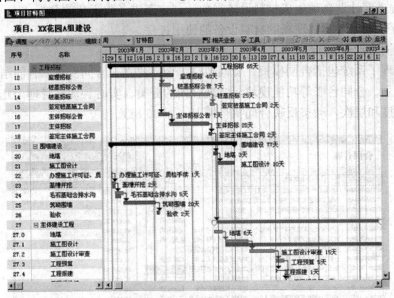

图 36-79　工程项目管理系统架构图

4) 项目计划调整，项目变更记录，分析计划全过程。

（2）材料设备子系统

材料设备子系统解决工程项目中材料设备的采购供应及库存管理问题，包括供应商管理、采购计划、采购申请、采购询价、设备采购、入库出库业务等模块，通过对项目设备需求分析自动生成设备需求计划、采购计划，全面反映项目的设备采购需求（图 36-80）。

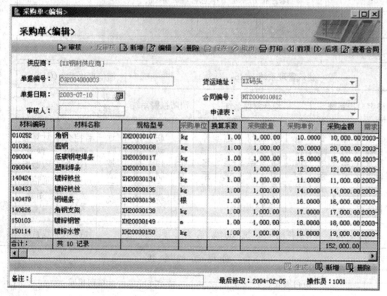

图 36-80 工程项目管理系统应用界面

1）建立材料设备信息库、供应商信息库。

2）供应商比价及材料设备比价。

3）采购计划、采购申请、采购合同、到货跟踪等业务流程自动化。

4）工程进度计划自动生成材料设备采购计划，完成采购资金的分析。

5）库存管理完善项目现场的材料设备的使用过程。

（3）合同管理子系统

合同管理子系统包括合同模板、合同拟订、合同建立、合同变更、合同结算、款项拨付、支付计划、合同台账等功能模块，实现合同的分类、实时、动态管理十几种合同报表从不同的角度和层次，动态反映合同执行情况（图 36-81）。

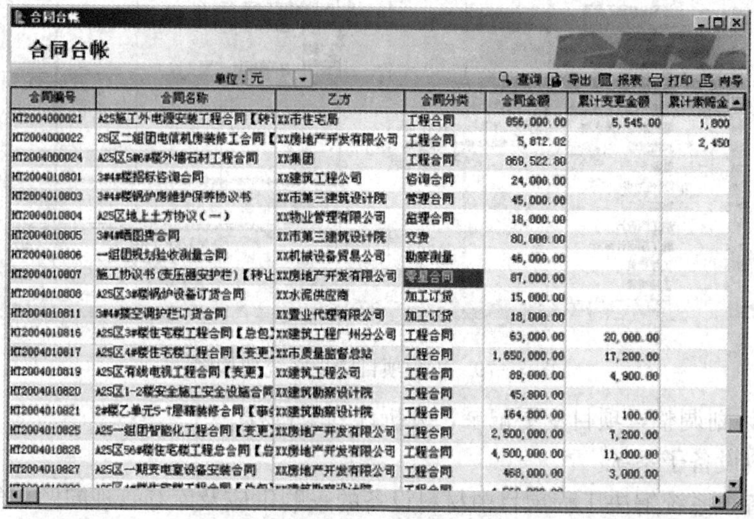

图 36-81 工程项目管理系统应用界面

（4）成本核算与控制

成本管理子系统包括预算成本、控制成本、实际成本等模块。通过对核算项目的成本构成的分解、估算、计划与执行分析，随时比较项目动态成本与控制目标，找出差异及原因，最终达到成本控制的目的。

（5）办公子系统

办公子系统以工作流引擎为核心，基于项目业务平台，通过自定义流转技术，运用消息机制，实现对项目业务数据网上的传递、提醒和审批，搭建项目干系人业务沟通的信息平台。

（6）文档管理子系统

在项目建设过程中，会形成大量的文档资料，包括设计图纸、合同、文件、往来信函等，科学、高效地管理这些文档资料，不仅是简单地分类保存，还要建立各种文档资料与项目/任务的关联关系，使每个项目相关人员都能够快速、准确地了解每份资料的详细情况。

（7）财务资金子系统

财务管理子系统包括资金计划、资金收支、财务处理和资金报表等模块，以项目资金收支为核心，全面实时地反映项目资金的流动和使用情况，可自动生成现金流量表，为项目资金的控制与平衡提供决策依据，同时还可通过财务接口与其他财务系统实现完美对接。

（8）质量管理子系统

质量管理子系统由质量规划、质量报告等模块构成，通过建立项目质量标准体系、进行项目质量管理规划和对项目/任务/交付成果的质量检验，实现对整个项目建设过程及交付成果的质量控制。

（9）招标管理

项目建设过程中，无论是设计招标、材料设备的采购招标、施工招标的管理流程基本是相同的，都需要对相关的供应商的资质、价格体系、质量保证、售后服务和历史使用状况进行考核。PM2的招标管理允许用户自定义多级招标考核指标，允许多名相关专家对每个厂家设备对各项评分指标打分，系统自动汇总产生投标厂家的专家评分汇总表和明细表，为领导决策提供依据。

（10）项目评估子系统

项目评估子系统由进度评估、EVMS评估和临界指数评估模块构成。它主要应用挣值分析（EVMS）技术，对项目的进度和成本进行评估，通过进度差异、费用差异、进度执行指数、费用执行指数等定量数据来客观反映进度的快慢、成本的超出和节省，便于项目高层领导和管理人员掌握项目总体信息。

（11）项目跟踪子系统

项目跟踪子系统将项目执行过程中常用的、需特别关注的项目信息汇集生成项目报告，便于项目高层领导和管理人员掌握项目总体信息。项目跟踪子系统由项目跟踪、资源跟踪、费用跟踪、财务跟踪和合同跟踪模块构成。它将项目在时间、资源、费用和成本方面的实际状况与计划进行对比，以发现计划与实际之间的偏差，它是项目控制的基础。

（12）风险分析子系统

风险分析子系统采用运筹学数理统计原理，对项目建设过程中的工期、成本，进行量化分析，项目进度计划和预算成本完成百分比。

（13）项目报告

项目报告子系统将项目执行过程中常用的、需特别关注的项目信息汇集生成项目报告，便于项目高层领导和管理人员掌握项目总体信息，它包括项目/任务摘要报告、关键任务报告、里程碑任务报告、即将开工任务报告、拖期任务报告、任务计划调整报告、项目/任务管理机构图表等具体内容。

（14）资源管理子系统

资源管理子系统包括资源计划、报表与分析等模块，实现项目人员、大型设备的优化、配置与管理。

（15）安全管理

安全管理子系统对项目建设过程中发生的安全问题，形成一个发现问题、解决问题、问题反馈及追踪的完整体系；同时，可以在系统中辅助规范项目施工过程中的安全法规或者企业规范等体系，并记录汇总项目安全日报、月报。

36.13.1.2　信息化应用系统组成

信息化应用系统有众多的具体应用系统，但其构成基本是：依赖于计算机网络，配置本系统专用的服务器或工作站，在系统专用的服务器或工作站上安装具体应用系统的软件，再配置数据库系统等系统支持软件。

36.13.2　信息化应用系统的安装施工

36.13.2.1　信息化应用系统安装施工

1. 施工准备

（1）技术准备应符合下列要求：

1）根据设计文件要求，施工单位应完成信息化应用系统的网络规划和配置方案、系统功能和系统性能文件，并经会审批准。

2）应具备软硬件产品的安装调试手册和技术参数文件。

3）施工单位应完成系统施工和调试方案，并经会审批准。

（2）材料与设备准备应符合下列要求：

1）设备和软件必须按《智能建筑工程质量验收规范》GB 50339—2003 第 3.2 节的规定进行产品质量检查，应符合进场验收要求。

2）服务器、工作站和其他设备的规格型号、数量、性能参数应符合系统功能和系统性能文件要求。

3）操作系统、数据库、防病毒软件等基础软件的数量、版本和性能参数应符合系统功能和系统性能文件要求。

4）应收集用户单位的业务基础数据的电子文档或数据库。

（3）综合布线系统、信息网络系统及其他相关的信息设施系统施工完毕。

（4）施工准备还应按本章第 36.1.3 小节的要求进行。

2. 信息化应用系统安装施工

（1）计算机网络、服务器等设备的安装、调试、测试请参见本章 36.7 节。

（2）系统软件的安装、调试、测试也请参见本章 36.7 节，此处想着重说明的是：系统软件的安装、调试、测试是需要严格按照要求、次序、遵照规范进行的。应用系统安装施工请见下文。

36.13.2.2　信息化应用系统安装施工要求

（1）依据系统功能和系统性能文件进行软件定制开发，并应按本章第 36.1.3 小节的要求进行应用软件的质量检查。

（2）应依据网络规划和配置方案、系统功能和系统性能文件，绘制系统图、网络拓扑图、设备布置接线图。

（3）服务器、工作站等设备安装应符合本章第 36.7.3 小节的要求。

（4）服务器和工作站不应安装和运行与本系统无关的软件。

（5）软件调试和修改工作应在专用计算机上进行，并进行版本控制。

（6）系统的服务端软件宜配置为开机自动运行方式。

（7）软件安装的安全措施应符合下列要求：

1）服务器和工作站上必须安装防病毒软件，应使其始终处于启用状态。

2）操作系统、数据库、应用软件的用户密码应符合下列规定：

①密码长度不应少于 8 位。

②密码宜为大写字母、小写字母、数字、标点符号的组合。

3）多台服务器与工作站之间或多个软件之间不得使用完全相同的用户名和密码组合。

4）应定期对服务器和工作站进行病毒查杀和恶意软件查杀操作。

36.13.3　施 工 质 量 控 制

（1）信息化应用系统设备与软件在安装、调试和检测时，需要特别注意以下的事项，这也是施工质量控制的主控项，以便保障对于该系统安装、调试的质量控制：

1）应为操作系统、数据库、防病毒软件安装最新版本的补丁程序。

2）软件和设备在启动、运行和关闭过程中不应出现运行时错误。

3）软件修改后，应通过系统测试和回归测试。

（2）信息化应用系统在安装、调试和检测时，还有注意以下的事项：

1）应依据网络规划和配置方案，配酌服务器、工作站等设备的网络地址。

2）操作系统、数据库等基础平台软件、防病毒软件必须具有正式软件使用（授权）许可证。

3）服务器、工作站的操作系统应设置为自动更新的运行方式。

4）服务器、工作站上应安装防病毒软件，并设置为自动更新的运行方式。

5）应记录服务器、工作站等设备的配置参数。

36.13.4　信息化应用系统的调试与测试

36.13.4.1　信息化应用系统的调试

（1）调试准备应符合下列要求：

1）设备和软件安装完成，参数配置完毕。

2）录入调试所需的业务基础数据或测试数据。

（2）系统调试过程中，设计要求不间断运行的软件应始终处于运行状态。

（3）应每天检查软件的工作状态和运行日志，并修改错误。

（4）软件和设备正常运行后，应进行功能测试。

（5）功能测试完成后，应进行性能测试。

（6）调试过程中出现运行错误、系统功能或性能不能满足设计要求时，应填写系统问题报告单。

（7）系统调试结束前应对所有问题报告进行处理，并应填写系统问题处理记录。

（8）用户单位技术人员应参与功能测试和性能测试。

36.13.4.2 信息化应用系统的检测与检验

（1）应对系统的应用软件进行检测，并完成检测记录和检测报告。

（2）应对系统进行网络安全检测，并完成网络安全系统的检测记录和检测报告。

（3）设备及软件的配置方案和配置说明文档齐全。

（4）系统检验后必须将所有测试用户和测试数据删除。

36.14 住宅小区智能化系统

住宅小区的智能化是智能建筑技术向居民住宅小区的发展，用这些技术为住宅小区配备诸如安全防范系统、管理与监控系统和通信网络系统及其智能集成，对人们日常居住环境提供智能化的服务、高效的管理，为住户提供一个安全、舒适、便利的居住环境。

36.14.1 住宅小区的智能化

36.14.1.1 住宅小区智能化配置要求与结构

1. 住宅小区的智能化配置要求

住房和城乡建设部在《全国住宅小区智能化技术示范工程建设大纲》中对智能小区示范工程按智能化系统与技术划分了层次，在其后的国家标准《智能建筑设计标准》GB/T 50314—2006 有如下规定：

（1）住宅小区配置的要求

1）应配置家居配线箱。家居配线箱内配置电话、电视、信息网络等智能化系统进户线的接入点，应在主卧室、书房、客厅等房间配置相关信息端口。

2）住宅（区）宜配置水表、电表、燃气表、热能（有采暖地区）表的自动计量、抄收及远传系统，并宜与公用事业管理部门系统联网。

3）宜建立住宅（区）物业管理综合信息平台。实现物业公司办公自动化系统、小区信息发布系统和车辆出入管理系统的综合管理。小区宜应用智能卡系统。

4）安全技术防范系统的配置不宜低于《安全防范工程技术规范》GB 50348—2004 中有关提高型安防系统的配置标准。

（2）别墅小区配置的要求

1）宜配置智能化集成系统。

2）地下车库、电梯等宜配置室内移动通信覆盖系统。

3）宜配置公共服务管理系统。

4）宜配置智能卡应用系统。

5）宜配置信息网络安全管理系统。

6）别墅配置符合下列要求：应配置家居配线箱和家庭控制器；应在卧室、书房、客厅、卫生间、厨房配置相关信息端口；应配置水表、电表、燃气表、热能（有采暖地区）表的自动计量、抄收及远传系统，并宜与公用事业管理部门系统联网。

7）宜建立互联网站和数据中心，提供物业管理、电子商务、视频点播、网上信息查询与服务、远程医疗和远程教育等增值服务项目。

8）别墅区建筑设备管理系统应满足下列要求：应监控公共照明系统；应监控给水排水系统；应监视集中空调的供冷，热源设备的运行，故障状态；监测蒸汽、冷热水的温度、流量、压力及能耗，监控送排风系统。

9）安全防范技术系统的配置不宜低于《安全防范工程技术规范》GB 50348—2004 先进型安防系统的配置标准，并应满足下列要求：宜配置周界视频监视系统，宜采用周界入侵探测报警装置与界界照明、视频监视联动，并留有对外报警接口；访客对讲门口主机可选用智能卡或以人体特征等识别技术的方式开启防盗门；一层、二层及顶层的外窗、阳台应设入侵报警探测器；燃气进户管宜配置自动阀门，在发出泄漏报警信号的同时自动关闭阀门，切断气源。

2. 住宅小区智能化系统结构

住宅小区智能化系统是以信息传输通道（现场总线、电话线、有线电视网、综合布线系统、宽带接入网等）为物理集成平台的多功能管理与监控的综合性系统，并可与 CATV、公共交换网、互联网等联网使用。小区内部的信息传输通道可以采用多种拓扑结构（如树型结构、星型结构或多种混合型结构）。

住宅小区智能化的系统结构框图如图 36-82 所示。

3. 住宅小区智能化系统设备

（1）小区物业管理智能化系统的硬件有信息网络、计算机、公用设备、计量仪表和电子器材等。系统硬件应具有先进性，避免短期内因技术陈旧造成整个系统性能不高或过早淘汰。

（2）在充分考虑先进性的同时，硬件系统应立足于用户对整个系统的具体需求。选择适用、成熟技术与产品，最大限度地发挥投资效益。

（3）无论是系统设备还是网络拓扑结构，都应具有良好的开放性。网络化的目的是实现设备资源和信息资源的共享，因此，计算机网络本身应具有开放性，并应提供标准接口，用户可根据需求，对系统进行拓展或升级。

（4）计算机网络选择和相关产品的选择要以先进性和适用性为基础，重点考虑网络管理能力，同时考虑软件系统的兼容性。

（5）系统的硬件应充分考虑未来可升级性。

4. 智能化系统软件

系统软件是小区物业管理智能化系统的核心，它的功能好坏直接关系到整个系统的水平。系统软件包括：计算机及网络操作系统、应用软件及实时监控软件等。

（1）系统软件应具有很高的可靠性和安全性。

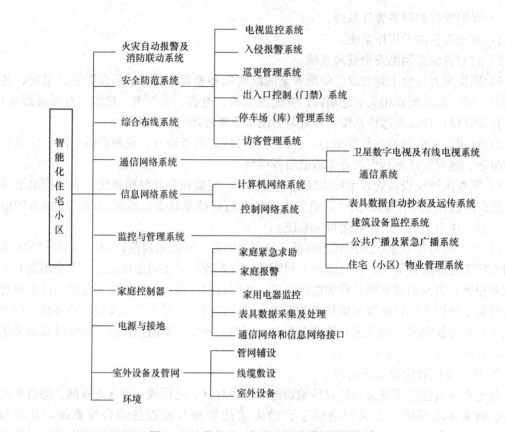

图 36-82 住宅小区智能化系统体系结构框图

（2）系统软件应操作方便，采用中文图形界面，采用多媒体技术，使系统具有处理声音及图像的能力。用机环境要适应不同层次住户及物业公司人员的素质。

（3）系统软件应符合国家标准、行业标准，便于多次升级和支持新硬件产品。

（4）系统软件应具有可扩充性。

36.14.1.2 住宅小区智能化系统的等级划分

住宅小区的智能化等级将根据其具备的功能和相应投资来决定，建设部在《全国住宅小区智能化技术示范工程建设大纲》中对智能小区示范工程按技术的全面性、先进性划分为三个层次，对其技术含量作出了如下的划分，见表 36-20。

在《全国住宅小区智能化系统示范工程建设要点与技术导则》中，还将住宅小区智能化系统评定标准分为三级：一星级、二星级、三星级。三个星级应分别符合下列要求：

1. 一星级

（1）安全防范子系统：1）出入口管理及周界防越报警；2）闭路电视监控；3）对讲与防盗门控；4）住户报警；5）巡更管理。

（2）信息管理子系统：1）对安全防范系统实行管理；2）远程抄收与管理 IC 卡；3）车辆出入与停车管理；4）供电设备、公共照明、电梯、供水等主要设备监控管理；5）紧急广播与背景音乐系统；6）物业管理计算机系统。

住宅小区智能化系统功能及等级表 表 36-20

功能			用　途	最低标准	普及标准	较高标准
物业管理及安防	1. 小区管理中心		对小区各子系统进行全面监控	*	*	*
	2. 小区公共安全防范	周界防范系统	对楼宇出入口、小区出入口、主要交通要道、停车场、楼梯等重要场所进行远程监控		*	*
		电子巡更系统	在保安人员巡更路线上设置巡更到位触发按钮（或 IC 卡），监督与保护巡更人员		*	*
		防灾及应急联动	与 110、119 等防盗，防火部门建立专线联系及时处理各种问题		*	*
		小区停车管理	感应式 IC 卡管理		*	*
	3. 三表（电表、水表、煤气表）计量（IC 卡或远传）		自动将三表读数传送到控制中心	*	*	*
	4. 小区机电设备监控	给水排水、变电所集中监控	实时监控水表的运行情况，对电力系统监控		*	*
		电梯、供暖监控	实时监控电梯和供暖设备的运行情况		*	*
		区域照明自动监控			*	*
	5. 小区电子广告牌		对小区居民发布各种信息		*	*
信息通信服务与管理	1. 小区信息服务中心		对各信息服务终端进行系统管理		*	*
	2. 小区综合信息管理中心		房产管理，住户管理，租金与管理费管理统计报表，住户可以通过社区网进行物业报修		*	*
	3. 综合通信网络		HBS、ISDN、ATM 宽带网		*	*
住宅智能化	1. 家庭保安报警		门禁开关，红外线报警器		*	*
	2. 防火、防煤气泄漏报警		煤气泄漏，发生火灾时发出告警，烟感、温感、煤气泄漏探测器		*	*
	3. 紧急求助报警	消防手动报警	紧急求助按钮-1	*	*	*
		防盗防抢报警	紧急求助按钮-2（附无线红外按钮）		*	*
		医务抢救报警	紧急求助按钮-3（附无线红外按钮）		*	*
		其他求助报警	紧急求助按钮-4	*	*	*
	4. 家庭电器自动化控制		在户外通过电话对家用电器进行操作，实现远程控制			*
	5. 家庭通信总线接口	音频	应用 ISDN 线路提供了 128K 的带宽，住户可在家中按需点播 CD 的音乐节目	*	*	*
		视频	宽带网的接入采用 ADSL 和 FTTB 加上五类双绞线分别能提供 MPEG1 和 MPEG2 的 VCD 点播	*	*	*
		数据	通过 HBS 家庭端口传输各类数据		*	*
铺设管网	根据各功能要求统一设计，铺设管网		建立小区服务网络	按二级功能	按一级功能	按一级功能

注：表中的 * 号表示具有此功能。

（3）信息网络子系统：1）为实现上述功能科学合理布线；2）每户不少于两对电话线和两个有线电视插座；3）建立有线电视网。

2. 二星级

二星级除应具备一星级的全部功能之外，同时在安全防范子系统和信息管理子系统的建设方面，其功能及技术水平应有较大提升。信息传输通道应采用高速宽带数据网作为主干网。物业管理计算机系统应配置局部网络，并可供住户联网使用。

3. 三星级

三星级应具备二星级的全部功能。其中信息传输通道应采用宽带光纤用户接入网作为主干网，实现交互式数字视频业务。三星级住宅小区智能化系统建设在可能条件下，应实施现代集成建造系统（HI-CIMS）技术，并把物业管理智能化系统建设纳入整个住宅小区建设中，作为 HI-CIMS 工程中的一个子系统。同时，HI-CIMS 系统要考虑物业公司对其智能化系统管理的运行模式，使其实现先进性、可扩展性和科学管理。

以上智能化系统有关防火及煤气泄漏等涉及消防、安全的问题应遵守国家有关法规、标准、规范的规定。

36.14.2　住宅小区的智能化系统建设

36.14.2.1　安全防范系统

为给智能住宅小区建立一个多层次、全方位的安全防范系统，一般可以下列方式构成几道安全防线，并且把信息传输到小区集中控制中心：

（1）周界防越报警系统：报警系统采用主动式红外探测器、感应线缆等方式对小区周界进行监测，以防范翻越围墙和周界进入小区的非法侵入者；这构成小区安全防范的第一道防线。

（2）闭路电视监控：在小区的出入口、主要通道、车库等重要场所安装摄像机，将监测区域的情况以图像方式实时传送到管理中心。值班人员通过电视墙随时了解这些重要场所的情况。现在基本上都使用先进的数字式监控系统。这构成小区安全防范的第二道防线。

（3）电子巡更系统：由保安员加上电子系统构成，保安人员对小区内监管、巡逻；由电子巡更系统自动记录下巡更的日期、时间、位置等信息。这构成小区安全防范的第三道防线。

（4）访客（可视）对讲及 IC 卡门禁：是对来访客人与住户之间提供双向通话或可视通话，并由住户遥控防盗门的开关及向保安管理中心进行紧急报警的安全防范系统。在楼宇的每个单元入口设置联网的可视对讲系统和设置非接触式 IC 智能卡门禁系统。楼内住户通过其非接触式 IC 卡，控制门禁开门进入；对外人来访，可通过可视对讲系统与住户联系，确认其身份后，住户可遥控开门让访客进入楼宇。这构成小区安全防范的第四道防线。

（5）家庭防灾报警及应急联动：由安装在住宅内并联网的家庭报警系统及安装在小区应急联动系统构成。当窃贼非法入侵住户家或发生如煤气泄漏、火灾或老人急病等紧急事件时，通过安装在户内的各种自动探测器（以烟感探测器、门磁开关、双鉴探测器、玻璃破碎报警器等）和人工按键进行报警，使接警中心立即获得情况，迅速派出援助人员赶往住户现场进行处理，也可启动消防报警联动机制。这构成小区安全防范的第五道防线。

（6）小区停车场管理：通常采用感应式 IC 卡作为管理手段，具有身份（车辆）识别、遥控车库门开关、防盗报警、计时、计费、倒车限位等功能。

（7）小区集中控制中心：在社区保安中心建立智能化住宅技术防范系统的中央控制系统，将以上系统集成在一个网络平台下，对整个安防系统进行集中控制、监视和管理，并与区域派出所专线进行信息传递，从而科学地、全方位地对整个社区的警情进行处理及防范。

36.14.2.2　通信网络系统

1. 住宅小区电话网

住宅小区的电话业务主要由当地电信部门提供、运营和维护。根据小区的规模常在小区物业管理中心的机房内设置用户远端模块局，交换局和远端局之间通过单模光缆连接实现信息的传送，其容量可达到几千线。这是电信部门推荐的一种建设方案。

采用远端模块局有如下特点：

（1）远端模块局与母局有相同的用户接口、性能、业务提供能力，并可以做到无人值守；

（2）远端局的容量可以是几十门至几千门，扩容方便，还可随母局一起升级业务服务；

（3）远端局的交换设备体积小，物业中心提供相应的房屋、电源、接地体等条件即可安装；

（4）远端模块局内部的通话是免费的；

（5）在电话网上用户可以配上 ADSL 调制器拨号上网，方便但速率低。

2. 住宅小区局域网（LAN）

在住宅小区智能化系统中，计算机局域网是实现"智能化"的关键：即应用计算机网络技术和现代通信技术，建立局域网并与互联网连接，为住户提供完备的物业管理和综合信息服务。

小区局域网结构由接入网、信息服务中心和小区内部网络三部分构成。

（1）接入网：指小区局域网与互联网的连接，接入方式有多种选择：由电信局、有线电视台或其他互联网服务商提供，在其高层网络中心和小区网络服务中心之间通过单模光缆连接。

（2）信息服务中心：是小区局域网的核心，由多种网络设备以及相应的软件系统构成。

1）网络设备一般包括：路由器（Router）：进行和高层网络中心的连接；防火墙：保护局域网免受来自外部的侵害；服务器：针对各种应用使用诸如：Web 服务器、E-Mail 服务器、Proxy 代理服务器、数据库服务器等；

2）软件系统：由上述各服务器的系统软件以及针对小区需要而二次开发的应用软件组成。

（3）小区内部网络：由网络交换机连接小区的各网络设备，包括各住户的计算机，以组成小区内部网络。

3. 住宅小区布线

智能化小区传输线缆按国标和实际传输要求设计。小区的布线建设可以分成两个部分：

（1）家庭布线：在每个家庭内安装家庭布线管理中心即家庭配线箱，家庭内部的所有设备电缆都由配线箱分出连接各个设备。这部分布线相当于本章 36.3"综合布线系统"一节中描述的水平布线与工作区布线。

（2）住宅楼布线：在各个住宅楼设置楼内布线管理配线箱，该楼宇内所有住户的线缆在楼内布线管理配线箱汇集，再由此汇集到小区的布线管理中心。这部分布线相当于本章 36.3"综合布线系统"一节中描述的主干线缆布线。

各部分的详细内容请参见本章 36.3"综合布线系统"、本章 36.4"通信网络系统"、本章 36.7"信息网络系统"。

36.14.2.3 远程抄表系统

智能化小区建设要求具备远程抄表管理系统，便于提高相关部门的管理效率。

1. 自动抄表系统的组成和工作原理

自动抄表系统涉及水表、电表、煤气表，目前已经具有数据输出的电子式电、水、煤气表。

自动抄表系统的工作原理图见图 36-83。

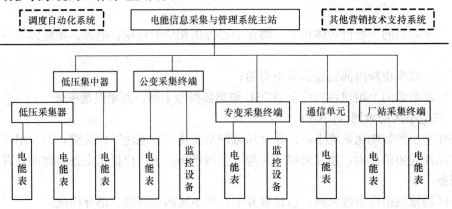

图 36-83 自动抄表系统工作原理图

（1）水表、电表、煤气表的数据采集

电子式用户表使用脉冲进行计数并存贮结果，同时将数据传至传输控制器，并接收传输控制器发来的操作命令。

远传表分有线远传和无线远传，有线是利用综合布线的方式把表中数据传到管理收费单元进行计费，无线是利用无线电技术实现无线数据传输，之后到管理单元进行计费管理。有线远传时，对于多层住宅，采集器集中设在首层，而高层住宅可将其设在竖井内。采集器需提供 220V 电源；可根据基表数量来确定采集器的数量。采集器与基表的连线可采用线径为 0.3~0.5mm 的四芯线，如 RVVP-4×0.3，连线距离一般不宜超过 50m。

（2）传输控制器

其作用是定时或实时抄录采集器内基表的数据，并将数据存储在存储器内，供计算机随时调用，同时将计算机的指令传输给采集器。控制器可设在小区管理中心，挂墙安装，需 220V 电源。可根据采集器的数量来确定控制器的个数，控制器与采集器的通信可采用专线方式，通过 RS-485 串行接口总线将控制器与采集器连接，线路最长可达 1km；也可采用电力载波方式，利用低压 220V 电力线路作通信线路。为此，要求控制器与采集器所接电源应在同一变压器的同一相上；同时，对电源质量有一定要求，如线路上不能有特殊频率干扰，电网功率因数 $\cos\theta \geqslant 0.85$ 等。

（3）管理中心计算机

调用传输控制器内基表数据，将数据处理、显示、存储、打印，并向控制器发出操作指令。系统一般具有查询、管理、自动校时、定时或实时抄表、超载报警、断线检测等功能。中心计算机对一个小区而言，可设在小区管理中心。对一个行业而言，可设在行业主管部门的管理中心（如供电部门可设一个抄表中心对所有电表进行自动抄表），对一个城市而言，可设在城市三表管理中心（如果存在的话）。中心计算机与控制器的通信通常通过 RS-485 串行接口总线，将传输控制器与计算机连接，连线最大距离可达 3km。如果控制器与计算机设在同一处，则可通过 RS-232 接口相连；共用电话网通信方式，将计算机和控制器通过调制解调器接入公用电话网（不需专线，需抄表时才接入使用）。

2. 系统工作方式

自动抄表系统的实现主要有几种模式，即总线式抄表系统、电力载波式抄表系统和利用电话线路载波方式等。总线式抄表系统的主要特征是在数据采集器和小区的管理计算机之间以独立的双绞线方式连接，传输线自成一个独立体系，可不受其他因素影响，维修调试管理方便。电力载波式抄表系统的主要特征是数据采集器将有关数据以载波信号方式通过低压电力线传送，其优点是一般不需要另铺线路，因为每个房间都有低压电源线路，连接方便。其缺点是电力线的线路阻抗和频率特性几乎每时每刻都在变化，因此传输信息的可靠性成为一大难题，故要求电网的功率因数在 0.8 以上。另外，电力总线系统是否与（CATV 无线射频、互联网络等）其他总线方式的相互开放和兼容，也是一个要考虑的因素。

（1）电力载波式自动抄表系统

电力载波采集器与电表、水表、煤气表内传感器之间采用普通导线直接连接。电表、水表、煤气表通过安装在其内传感器的脉冲信号方式传输给电力载波采集器。电力载波采集器接收到脉冲信号转换成相应的计量单位后进行计数和处理，并将结果存储。电力载波采集器和电力载波主控机之间的通信采用低压电力载波传输方式。电力载波采集器平时处于接收状态，当接收到电力载波主控机的操作指令时，则按照指令内容进行操作，并将电力采集器内有关数据以载波信号形式通过低压电力线传送给电力载波主控机。

电力载波式集中电、水、煤气自动计量计费系统：管理中心的计算机和电力载波主控机之间是通过市话网进行通信的。管理中心的计算机可以随时调用电力载波主控机的所有数据，同时管理中心的计算机通过电力载波主控机将参数配置传送给电力载波采集器。管理中心的计算机具有实时、自动、集中抄取电力载波主控机的数据，实现集中统一管理用户信息，并将有关数据传送给银行计算机等。

（2）总线式自动抄表系统

该系统采用光电技术，对电表、水表、煤气表的转盘信息进行采样，采集器计数记录数据。所记录的数据供抄表主机读取。在读取数据时，抄表主机根据实际管辖用户表的容量，依次对所有用户表发出抄表指令，采集器接收指令正确无误后，立即将该采集器记录的用户表数据向抄表主机发送出去。抄表主机与采集器之间采用双绞线连接。管理中心的计算机可以对抄表主机内所有环境参数进行设置，控制抄表主机的数据采集，并读取抄表主机内的数据，进行必要的数据统计管理。管理中心的计算机与抄表主机之间通过市话网通信。管理中心的计算机将电的有关数据传送给电力公司计算机系统、水的有关数据传送给自来水公司计算机系统，热水的有关数据传送给热力公司计算机系统、煤气的有关数据传送给煤气公司计算机系统。管理中心的计算机可以准确、快速地计算用户应交的电费、水费和煤气费，并在规定的时间将这些数据传送给银行计算机系统，供用户交费银行收费时使用。

（3）基于 LonWorks 控制网络的自动抄表系统

LonWorks 技术是智能控制网络技术，它将网络技术由主从式发展到对等式，又发展到现在的客户/服务器方式。不受总线式网络拓扑单一形式的限制，可以选用任意形式的网络拓扑结构。它的通信介质也不受限制，可用双绞线、电力线、光纤、天线、红外线等，并可在同一网络中混合使用。在 LonWorks 技术基础上建立的自动抄表系统，使我们在今后智能化小区的建设中，可以非常简捷地进行系统扩充、升级、增加，如小区安全防范系统、小区停车场管理系统、小区公共照明控制系统、小区电梯控制系统、小区草地喷淋控制系统、住户家电智能化控制系统等。

基于 LonWorks 总线技术的自动抄表系统，该系统使小区内所有住户实现防盗报警（包括室内红外移动探测、非法进入、门磁开关、红外对射）、煤气泄漏报警、紧急求助报警，及对住户的水表、电表、煤气表的远程抄表计量功能。

它由管理中心主机（上位微机）、校准时钟、路由器、控制器组成。每个路由器最多可连接 64 个控制器，在 2.7km 内可连接任意多个路由器，如果需要延长，可增加复合器节点。

控制器由双绞线联网后，最大距离不超过 2.7km，最多不得超过 64 个控制器，增加重复器最多可带 127 个控制器，为了提高系统容量和覆盖面积，采用路由器，按星型网络结构连接，最多连接 62 个路由器，从而提高系统的网络容量和系统的可靠性。管理中心的计算机（上位机）是客房/服务机构，它含有小区内所有用户信息和网络信息数据库，是系统的中枢机构（见图 36-84）。

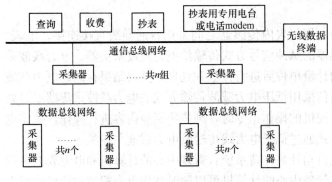

图 36-84   自动抄表系统结构图

36.14.2.4 家庭智能化系统

家庭智能化，或称住宅智能化，到目前为止，还没有一个统一的定义。一般认为，家庭智能化系统是在计算机技术、网络技术、通信技术以及多媒体技术支持下，体现"以人为本"的原则，综合家庭通信网络系统（Home Communication network System，简称 HCS）、家庭设备自动化系统（Home Automation System，简称 HAS）、家庭安全防范系统（Home Security System，简称 HSS）等的各项功能，为住户家庭提供安全、舒适、方便和信息交流通畅的生活环境。

　　1. 家庭智能化系统的组成

　　目前，家庭智能化系统大多以家庭控制器（亦称家庭智能终端）为中心，综合实现各种家庭智能化功能。家庭控制器主机是由中央处理器 CPU、功能模块等组成，包括以下三大控制单元（见图 36-85）。

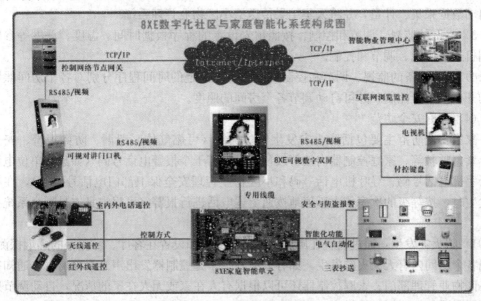

图 36-85　家庭智能化系统结构图

　　（1）家庭通信网络单元：家庭通信网络单元由电话通信模块、计算机互联网模块、CATV 模块组成。

　　（2）家庭设备自动化单元：家庭设备自动化单元由照明监控模块、空调监控模块、电器设备监控模块和电表、水表、煤气表数据采集模块组成。

　　（3）家庭安全防范单元：家庭安全防范单元由火灾报警模块、煤气泄漏报警模块、防盗报警模块和安全对讲及紧急呼救模块组成。

　　2. 家庭智能化系统工作原理

　　（1）家庭控制器主机

　　通过总线与各种类型的模块相连接，通过电话线路、计算机网、CATV 线路与外部相连接。家庭控制器主机根据其内部的软件程序，向各种类型的模块发出各种指令。

　　（2）家庭通信网络

　　1）电话线路：通过电话线路双向传输语音信号和数据信号。

　　2）计算机互联网：通过互联网实现信息交互、综合信息查询、网上教育、医疗保健、电子邮件、电子购物等。

　　3）CATV 线路：通过 CATV 线路实现 VOD 点播和多媒体通信。

　　（3）家庭设备自动化

　　家庭设备自动化主要包括电器设备的集中、遥控、远距离异地的监视、控制及数据采集，主要有：

1）家用电器进行监视和控制：按照预先所设定程序的要求对微波炉、热水器、家庭影院、窗户等家用电器设备进行监视和控制。

2）电表、水表和煤气表的数据采集、计量和传输：根据小区物业管理的要求在家庭控制器设置数据采集程序，可在某一特定的时间通过传感器对电表、水表和煤气表用量进行自动数据采集、计量，并将采集结果传送给小区物业管理系统。

3）空调的监视、调节和控制：按照预先设定的程序根据时间、温度、湿度等参数对空调机进行监视、调节和控制。

4）照明设备的监视、调节和控制：按照预先设定的时间程序分别对各个房间照明设备的开、关进行控制，并可自动调节各个房间的照度。

（4）家庭安全防范

家庭安全防范主要包括防火灾发生、防煤气（可燃气体）泄漏、防盗报警、安全对讲、紧急呼救等。家庭控制器内按等级预先设置若干个报警电话号码（如家人单位电话号码、手机电话号码、寻呼机电话号码和小区物业管理安全保卫部门电话号码等），在有报警发生时，按等级的次序依次不停地拨通上述电话进行报警（可报出具体是哪个系统报警了）。

1）防火灾发生：通过设置在厨房的感温探测器和设置在客厅、卧室等的感烟探测器，监视各个房间内有无火灾的发生。如有火灾发生家庭控制器发出声光报警信号，通知家人及小区物业管理部门。家庭控制器还可以根据有人在家或无人在家的情况，自动调节感温探测器和感烟探测器的灵敏度。

2）防煤气（可燃气体）泄漏：通过设置在厨房的煤气（可燃气体）探测器，监视煤气管道、灶具有无煤气泄漏。如有煤气泄漏家庭控制器发出声光报警信号，通知家人及小区物业管理部门。

3）防盗报警：防盗报警的防护区域分成两部分，即住宅周界防护和住宅内区域防护。住宅周界防护是指在住宅的门窗上安装门磁开关；住宅内区域防护是指在主要通道、重要的房间内安装红外探测器。当家中有人时，住宅周界防护的防盗报警设备（门磁开关）设防，住宅内区域防护的防盗报警设备（红外探测器）撤防。当家人出门后，住宅周界防护的防盗报警设备（门磁开关）和住宅区域防护的防盗报警设备（红外探测器）均设防。当有非法侵入时，家庭控制器发出声光报警信号，通知家人及小区物业管理部门。另外，通过程序订设定报警点的等级和报警器的灵敏度。

4）安全对讲：住宅的主人通过安全对讲设备与来访者进行双向通话或可视通话，确认是否允许来访者进入。住宅的主人利用安全对讲设备，可以对大楼入口门或单元门的门锁进行开启和关闭控制。

5）紧急呼救：当遇到意外情况（如疾病或有人非法侵入）发生时，按动报警按钮向小区物业部管理部门进行紧急呼救报警。

36.14.3 系统施工质量控制

1. 施工质量控制的基本要求

（1）施工单位应按审查合格的设计文件施工，设计变更应有原设计单位的设计变更通知。

（2）施工中的安全技术、劳动保护、防火措施及环境保护等应符合国家有关法律法规和现行有关标准的规定。

（3）在施工现场不宜进行有水作业，无法避免时应做好防护。作业结束时应及时清理施工现场。

（4）对有空气净化要求的房间，在施工时应采取保证材料、设备及施工现场清洁的措施。

（5）对改建、扩建工程的施工，需改变原建筑结构时，应进行鉴定和安全评价，结果必须得到原设计单位或具有相应设计资质单位的确认。

（6）在室内堆放的施工材料、设备及物品不得超过楼板的荷载。

（7）室内隐蔽工程应在装饰工程施工前进行。隐蔽工程应在检验合格后进行封闭施工，并应有现场施工记录或相应数据。

（8）在施工过程中或工程竣工后，应做好设备、材料及装置的保护，不得污染和损坏。

2. 材料、设备基本要求

（1）工程所用的物资的进场、检验及其检查、检验工作，应符合本章 36.1.3 "智能建筑工程的施工准备" 的要求。

（2）特殊材料必须有国家主管部门认可的检测机构出具的检测报告或认证书。

3. 分部分项工程施工验收基本要求

（1）各分部、分项工程应按相关规范进行随工检验和交接验收，并应做记录。

（2）交接检验应由施工单位、建设单位代表或监理工程师共同进行，并应在验收记录上签字。

（3）交接验收时，施工单位应提供下列文件：

1）竣工验收申请报告；

2）竣工图、设计变更通知或相关文件；

3）设备和主要材料的出厂合格证、说明书等技术文件；

4）设备、主要材料的检验记录；

5）工程验收记录。

（4）项目经理应填写交接记录，施工单位代表、建设单位代表、监理工程师等相关人员应确认签字。

36.14.4 系统施工质量控制与检测

1. 系统检测要求

（1）住宅（小区）智能化的系统检测应在工程安装调试完成、经过不少于 1 个月的系统试运行，具备正常投运条件后进行。

（2）住宅（小区）智能化的系统检测应以系统功能检测为主，结合设备安装质量检查、设备功能和性能检测及相关内容进行。

（3）住宅（小区）智能化的系统检测应依据工程合同技术文件、施工图设计文件、设计变更审核文件、设备及相关产品技术文件进行。

（4）住宅（小区）智能化进行系统检测时，应提供以下工程实施及质量控制记录：

1）设备材料进场检验记录；

2）隐蔽工程和随工检验记录；

3）工程安装质量及观感质量验收记录；

4）设备及系统自检记录；

5）系统试运行记录。

（5）通信网络系统、信息网络系统、综合布线系统、电源与接地、环境的系统检测应执行国家规范相关章节有关规定。

（6）其他系统的系统检测应按国标规定进行。

2. 电视监控系统的施工

（1）监视目标应具有一定的光照度：黑白电视监控系统的监视目标最低照度不应小于10lx；彩色电视监控系统的监视目标最低照度不应小于 50lx。达不到照度要求时，前者宜采用高压汞灯，后者宜采用碘钨灯作照度补偿。没有条件作照度补偿时，应采用低照度或超低照度的摄像机。

（2）住宅闭路电视监控装置视频信号一般采用视频同轴电缆进行传输，大型居住区传输距离较远，或是环境干扰噪声较强时，宜采用光缆进行传输。

（3）黑白电视基带信号为 5MHz 时，在不平坦度≥3dB 处，宜加电缆均衡器；在不平坦度≥6dB 处，宜加电缆均衡放大器。彩色电视基带信号为 5.5MHz 时，在不平坦度≥3dB 处，宜加电缆均衡器；在不平坦度≥6dB 处，宜加电缆均衡放大器。

（4）摄像机宜由监控中心集中供电。当摄像机采用 220V 交流电源供电时，电源线应单独敷设在接地良好的金属导管内，不应和信号线、控制线共管敷设。

（5）监控中心的供电电源应有专用配电箱，宜有两路在末端切换的独立电源供电，其容量不应低于系统额定功率的 1.5 倍。

（6）宜与周界报警装置构成联动系统，以便发生报警时对报警现场进行监视。

（7）摄像机安装前应预先调整其焦面同步，使图像质量达到要求后方可安装。安装后还应对其监视范围、聚集、后靶面进行调整，使图像效果达到最佳状态。

（8）室外安装的摄像机离地不宜低于 3.5m，室内安装的摄像机离地不宜低于 2.5m。

（9）电梯轿厢内的摄像机应安装在厢门上方的左或右侧，并能有效监视轿厢内乘员的面部特征；电梯轿厢的视频同轴电缆及电源线，宜由建设方向电梯供应商提出配套供应，以保证图像质量。

（10）摄像机立杆的安装强度应达到能抗拒安装环境可能出现的最大风力的要求，立杆安装基础应稳固，地脚螺栓应配齐拧紧，防松垫片应齐全。

（11）安装云台时螺钉应上紧，固定应牢靠；云台的转动应灵活，无晃动；云台的转动角度范围应满足设计要求。

（12）监控中心操作台、机柜、机架安装应符合下列要求：

1）操作台正面与墙的净距不应小于 1.2m；主通道上其侧面与墙或其他设备的净距不应小于 1.5m，次通道上不应小于 0.8m。

2）机柜、机架的背面和侧面与墙的净距不应小于 0.8m。

3）应有稳固的基础，螺钉应上齐拧紧。

4）安装垂直度偏差不大于1.5mm/m。

5）相邻两柜（台）顶部高差不大于2mm，总高差不大于5mm。

6）相邻两柜（台）正面平面度偏差不大于1mm，五面以上相连接的平面度总偏差不大于5mm。

7）操作台、机柜上的各种零件不得碰坏或脱落，漆面如有脱落应予补漆。

8）各种标志应完整、清晰。

（13）监控中心控制设备、开关、按钮操作应灵活、方便、安全。对前端解码器、云台、镜头的控制应平稳，图像切换、字符叠加功能应达到设计要求。

（14）录像应能正常显示摄像时间、位置；录像回放质量，至少应达到能辨别人的面部特征的水平；现场图像记录保存期限应符合设计规定，但不得少于7d。

（15）具有报警联动功能的监控系统，当报警发生时，应自动开启指定的摄像机及监视器，显示现场画面，录像设备也应以单画面形式记录报警现场图像。

3.电子巡更系统的施工

（1）根据现场条件及用户要求，可选择在线式或是离线式的巡更方式，但应便于设定、读取、查询、修改与监督。

（2）在线式巡更系统应具有异常情况下的即时报警功能。离线式巡更系统巡更人员应配备无线对讲机。

（3）根据现场需要确定巡更点的数量，巡更点的设置应以不漏巡为原则，安装位置应尽量隐蔽。

（4）宜采用计算机随机设定巡更路线和巡更间隔时间的方式。计算机可随时读取巡更时所登录的信息。

（5）巡更系统应能按照预定的巡逻图，对巡更的人员、地点、顺序及时间进行监视、记录、查询及打印。

（6）应与小区物业管理协商，确定信息开关或信息钮的安装位置。

（7）信息开关及信息钮安装高度距地面为1.3～1.5m；安装应牢固、端正、不易受破坏；户外应有防水措施。

（8）巡更装置安装后应经调试并达到下列要求：

1）巡更系统信息开关（信息钮）、读卡机、计算机及输入接口均能正常工作；

2）检查在线式巡更站的可靠性、实时巡更与预置巡更的一致性，并查看记录、存储信息以及发生巡逻人员不到位时的即时报警功能；

3）检查离线式巡更系统，确保信息钮的信息正确，数据的采集、统计、打印等功能正常。

（9）检验巡更系统巡更设置功能。在线式巡更系统应能设置保安人员巡更软件程序，应能对保安人员巡逻的工作状态（是否准时、是否遵守顺序等）进行监督、记录，发现保安人员不到位时应有报警功能；离线式巡更系统应能保证信息识读准确、可靠。

（10）检验巡更系统记录功能，应能记录执行器编号、执行时间、与设置程序的对比等信息。

（11）检验巡更系统管理功能，应能有多级系统管理密码，对系统中的各种动作均应有记录。

4. 自动抄表系统的施工

（1）自动抄表装置施工前应具备的条件：

1）供水、燃气、冷（热）源工程配管施工已经结束；

2）表具已安装到位。

（2）表具的数据探测电缆不应外露，需用软管保护，软管需加固定，软管与表具壳体应使用专用接头连接。

（3）数据采集部件不宜装于厨卫等潮湿环境中，安装在潮湿环境中的数据采集部件应采取可靠的防潮措施。

（4）从数据采集器箱引至各表具的电缆，应设置线号标志，线号应符合设计规定且能长期保存、字迹清晰。箱体内宜附有接线表，以便维修。

（5）系统安装接线后，应对接线的正确性进行复查，确保数据采集部件与表具正确对应。

（6）系统投入使用后应及时将表具的原始读数输入到抄表计算机中，以保证远程抄表的准确性。

（7）业主进行厨、卫装修时，不应封堵表具读数盘，不应打断表具的探头线，以免影响系统正常工作。

（8）在市电断电时，系统不应出现误读数，数据应能保存 4 个月以上；市电恢复后，保存数据不应丢失。

（9）系统应具有时钟、故障报警、防破坏报警功能。

5. 小区网络和物业管理系统的施工

（1）智能化住宅小区每一住户至少应有一个信息插座，每个信息插座，配备一条 4 对双绞电缆，并应与交接间或设备间的配线设备进行连接，配线设备至住户信息插座的配线电缆长度不应超过 90m。

（2）信息插座邻近至少应配置一个 220V 交流电源插座。

（3）落地安装的机柜（架）应有稳固的基础，壁挂式机柜底面距地高度不宜小于 300mm。机柜（架）安装垂直偏差应不大于 3mm，安装时螺丝应拧紧配齐，机柜（架）上的各种零件不得碰坏或脱落，漆面应完整。

（4）机柜（架）正面至少应有 800mm 的空间，机架背面距墙不应小于 600mm。

（5）背板式跳线架安装时，应先将配套的金属背板及接线管理架安装在墙上，金属背板与墙壁应紧固，再将跳线架装到金属背板上。

（6）配线设备交叉连接的跳线应是专用的插接软跳线。

（7）信息插座面板下沿距地应为 300mm。

（8）信息插座应是 8 位模块式通用插座，一条 4 对双绞电缆应全部固定端接在一个信息插座上。

（9）工作区的电源插座应是带保护接地的单向电源插座，保护接地与零线应严格区分。

（10）配线设备、信息插座、电缆、光缆均应有不易脱落的标志，并有详细的书面记录和图纸资料。

（11）小区物业管理中心配备计算机或局域网，配置适宜的物业管理软件，实现物业管理计算机化，并将安全防范子系统、自动抄表装置、设备监控装置在物业管理中心集中管理。档次较高的小区，可提供网上查询物业管理信息、电子商务、VOD、远程医疗、远程教育等服务。

（12）设备的安装位置、类型、规格、配置应符合设计规定。系统通电前应确认供电电压、极性无误后再通电。

（13）安装后，应对系统前台、后台功能逐一进行测试，并按各功能模块的要求输入原始资料，包括：住户人员管理、交费管理功能，房产维修管理、公共设施管理功能，物业公司人事管理、财务管理、企业管理功能等方面的资料。

（14）路由器和家庭控制器安装时下沿距地不宜低于 2.2m，安装后外观应整齐、平直，涂层无脱落，表面无锈斑。

（15）家庭控制器与各个前端探测器或受控设备之间的连接电缆应有线号标志，箱体内宜附接线表，接线表应和实际接线情况一致。

（16）路由器和家庭控制器之间的现场控制总线连接时，应按照端子标志接线，不得接反。

36.14.5　住宅小区智能化系统竣工与交接

36.14.5.1　总体要求

各项施工内容全部完成并已自检合格后，施工单位应向建设单位提出工程竣工验收申请报告。

工程竣工验收应由建设单位组织设计单位、施工单位、监理单位、消防及安全等部门进行。

住宅小区智能化系统工程竣工验收，应按《建筑工程施工质量验收统一标准》GB 50300—2001 划分分部工程、分项工程和检验批，并应按检验批、分项工程、分部工程顺序依次进行。

住宅小区智能化系统工程文件的整理归档和工程档案的验收与移交，应符合《建筑工程文件归档整理规范》GB /T 50328—2001 的有关规定。

36.14.5.2　竣工验收的程序与内容

竣工验收应进行综合测试，施工单位应提交需审核的竣工资料。竣工资料应包括下列内容：

（1）工程承包合同；

（2）施工图、竣工图、设计变更文件；

（3）相关专业的施工验收规范和质量验收标准；

（4）场地设备移交清单；

（5）场地设备、主要材料的技术文件和合格证；

（6）隐蔽工程记录及施工自检记录；

（7）工程施工质量控制数据；

（8）消防工程等特殊工程的验收报告。

现场验收应按国标有关标准内容进行，并应符合《建筑工程施工质量验收统一标准》GB 50300—2001 的有关规定。参加验收的单位在检查各种记录、资料和检验住宅小区智能化系统工程的基础上对工程质量应做出结论，并应按附录 J 填写《工程质量竣工验收表》。

参与竣工验收各单位代表应签署竣工验收文件，建设单位项目负责人与施工单位项目负责人应办理工程交接手续以及合同约定的相关内容。

36.15　智能化集成系统

36.15.1　智能化集成系统组成与结构

36.15.1.1　智能化集成系统组成

1. 智能化系统集成的作用与目标

在智能建筑中，智能化集成系统（IIS，Intelligented Integration System）将不同功能的建筑智能化系统，通过统一的信息平台实现集成，以形成具有信息汇集、资源共享及优化管理等综合功能的系统。在智能建筑中，智能化集成系统分为两个层次：

其基础层次为建筑设备监控系统（BAS）、安全防范系统（SAS）和火灾自动报警及消防联动系统（FAS）等系统的集成，形成楼宇管理系统（BMS）。这个层面上的系统集成的特点是将智能建筑中以实时数据为基础的控制系统集成在一起，形成楼宇的综合实时监控和管理系统。

其高级层次则是将 BMS 与信息网络系统（INS）、通信网络系统（CXS），以及管理信息系统（MIS）等进行进一步的系统集成，形成建筑物的 Intranet。并在此基础上，将智能建筑与办公、管理、网络连接（包括互联网 Internet 的连接），整个工作的服务范围可以视需要集成进来，这种系统集成被称为智能化集成系统（IIS）或智能化楼宇管理系统（IBMS）。

智能化系统集成的目标是：根据智能化系统工程原理，结合在智能建筑工程建设的实践经验，将工程设置的各个智能化子系统进行系统集成，建立统一的网络管理平台，实现建筑物内外各种信息的汇集，达到智能建筑功能、管理和信息的共享，能够对各个智能化子系统进行综合管理，满足整个智能化系统预期的使用功能和管理要求，最大限度地获取系统的综合效益。

2. 智能化集成系统的工作方法

通过系统通信网络，采用同一的计算机平台，运行和操作在统一的人机界面环境下，实现信息、资源和任务共享，完成集中与分布相结合的监视控制和管理的功能。通过对各子系统资源的收集、分析、传递和处理，实现对各个智能化子系统进行最优化的控制和决策。

图 36-86 是智能化集成系统的操作平台，其中，也可以看到它的集成范围。

3. "智能化集成系统"集成的范围

（1）集中的监视、控制与管理。

（2）集成管理系统与建筑设备监控系统。

（3）集成管理系统与安全防范系统（包括闭路电视监控、防盗报警与保安巡更、门禁及一卡通系统、停车场管理系统）。

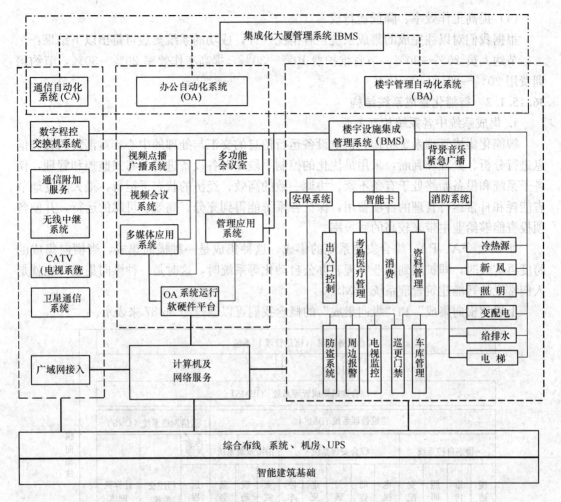

图 36-86　智能化集成系统的操作平台和它的集成范围

（4）集成管理系统与车库管理系统。

（5）集成管理系统与消防报警系统。

（6）智能一卡通系统。

（7）分散控制：各子系统进行分散式控制，保持各子系统的相对独立性，以分离故障、分散风险、便于管理。

（8）集成系统各子系统之间的响应关系。

（9）系统联动：以各集成子系统的状态参数为基础，实现各子系统之间的相关软件联动。

（10）优化运行：在各集成子系统的良好运行基础之上，提供设备节能控制、节假日设定等功能。

4. 系统集成工作要点

（1）对各子系统进行统一监测、控制和管理。

（2）实现跨子系统联动、提高建筑的功能水平。

（3）提供开放的数据结构、共享信息资源。

（4）提高工作效率、降低运行成本。

根据我们对以往完成的集成系统工程情况统计，成功的系统集成可得出以下结果：

节约人员 20%～30%，节省维护费 10%～30%，提高工作效率 20%～30%，节约培训费用 20%～30%。

36.15.1.2　智能化集成系统结构

1. 集成系统中各系统相互关系

智能化集成管理系统将作为机电设备运行信息的交汇与处理的中心，对汇集的各类信息进行分析、处理和判断，采用最优化的控制手段，对各设备进行分布式监控和管理，使各子系统和设备始终处于有条不紊、协调一致的高效、经济的状态下运行，最大限度地节省能耗和日常运行管理的各项费用，保证各系统能得到充分、高效、可靠的运行，并使各项投资能够给业主带来较高的回报率。

如 BA、FA、PA、综合安防系统的集成，这种集成是一种横向集成，当横向集成的跨度再扩大时，即扩展到物业管理、办公自动化等系统时，这时是一种纵向集成，也就是人们常说的智能建筑管理系统 IBMS。

上述"横向集成"和"纵向集成"的概念我们可以通过图 36-87 来表示。

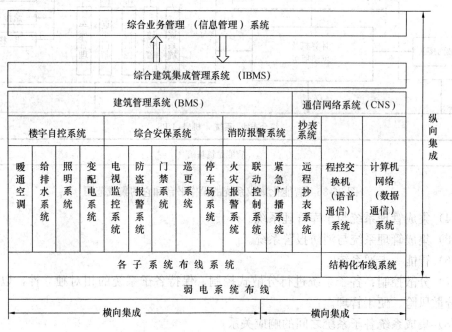

图 36-87　智能化集成系统结构图

图 36-87 可以清楚的表示弱电系统之间的相互关系。但是，在这里我们要着重说明一点的是：系统集成不是盲目地提出所谓的"一体化"，不是说规划一个可以包罗万象的系统，系统集成是要求从实际出发，切实落实各系统之间集成的可能性。同时，系统集成不是孤立于其他子系统的系统，也不是对子系统功能的取代，而是对子系统功能的补充和提高。通过系统集成，构筑整个建筑物的中央监控与管理界面，通过可视化的、统一的图形界面，管理人员可以十分方便、快捷地对系统系统所包容的所有子系统进行实时监视、控制和集中的统一管理。

系统集成概念已经远超出了建筑设备监控系统的概念。我们提供的 IBMS 是完全基于建筑物综合管理的理念开发的，同时又可以无缝的集成建筑设备监控系统（BAS）、消防报警系统（FAS）、停车场管理系统（CP）、综合安保管理系统（SA），因此是完整的集成管理系统。在这样一个完整的系统概念上，我们将这些系统的功能以如下的平台概念来划分：

（1）通信传输平台：最基础的平台是综合布线系统，通过综合布线系统，建立了计算机网络的信息平台，通过计算机网络，连接不同系统，建立了"智能化集成系统"通信传输平台。

（2）现场控制平台：在此平台上，是建筑设备监控系统（包括消防系统、安防系统、停车场管理系统）的现场应用设备，如传感器、执行机构、控制器、探头、摄像机以及相应的工作站。

（3）应用平台：应用平台是指我们在计算机网络系统上所运行的应用软件，包括办公自动化系统、楼宇自控管理系统、集成管理系统等。以上平台的概念也可以关联到前述系统关系图中。

2. 集成系统中各部分信息关系的处理

通常将智能建筑划分为一个四层递阶层次结构的体系，其基础层由建筑设施和建筑设备组成：包括建筑物本体、组成建筑物的各种功能区、电气工程、采暖与空调通风系统、给水排水系统、电梯及自动扶梯系统、照明系统、消防及安防设施等。

基本监控层由各个专业自控系统组成，如建筑设备监控（楼宇自控）系统、消防报警及联动系统、安全防范系统等。

优化监控与管理层是 IBMS 系统集成的核心，在这一层上将安装协调调度与综合优化控制、故障检测与诊断等系统软件，并以这些软件为基础，建立整个智能建筑的设备管理、能源管理、安全管理和物业管理等系统。

最顶层为信息管理层，这一层的核心应是一个异构化的嵌入式信息平台，这是一个在应用服务器上运行的基础软件，其主要用途是将来自各应用系统的异构化数据转换为用 XML 等统一语言表示的数据，实现不同用户之间的信息共享，同时将可对内对外发布的公开信息存入中心数据库，并完成身份认证（CA）和访问控制。应用系统包括企业的主页和企业内部网站、办公自动化系统（人事、财务、公文的审批和流转、文档管理等）、综合业务系统（因建筑物的不同而异，如酒店、写字楼等，为特定用户所使用的应用软件系统）以及 CRM/ERP/GIS 和及各种用于经营决策的专家系统、数据仓库及其 Internet 应用等。

综上所述，智能建筑的结构是由很多子系统构成的。它们之间组成和各系统关系如图所示 36-88。

36.15.2 智能化集成系统的安装施工

36.15.2.1 智能化集成系统安装施工

1. 智能化集成系统实施的前置工作

（1）要求建筑物的电力供应、防雷、接地等场地建设的安装、检测等工作已经完成。

（2）要求计算机网络建设的安装、调试、安全配置、测试等工作已经基本完成，网络

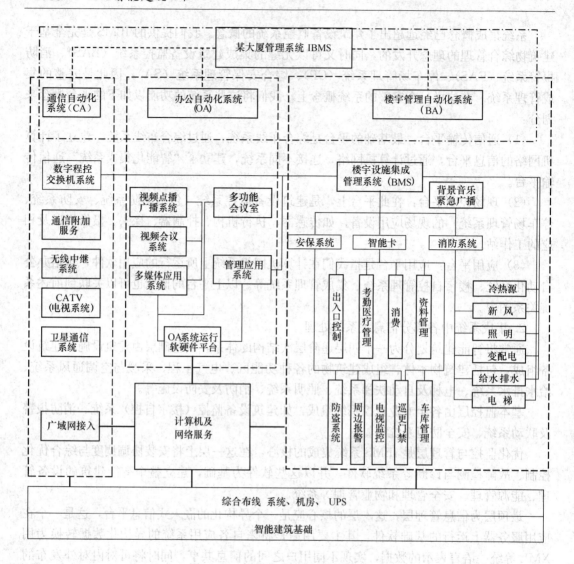

图 36-88　智能化系统集成的结构体系

安全得到保障。

（3）要求各个将要被集成的楼宇智能化系统的安装、调试、安全配置、测试等工作已经基本完成。

（4）要求将要被作为楼宇智能化系统控制中心的机房、楼层设备间、楼层配线间等场地建设的安装、调试、测试等工作已经基本完成。

2. 进行智能化系统之间的连接接口工作

现代智能建筑中都配置了许多智能化系统，智能化集成系统实施的基本工作之一，就是将要被集成的楼宇智能化系统统一到现代计算机网络协议（或者称之为"TCP/IP 通信协议"）上，也就是常说的计算机网络接口。

各个被集成的楼宇智能化系统，在其系统内部可以是符合设计要求的任何一种通信协议、控制协议、控制总线，比如：（1）BACnet 协议，即楼宇自控网络的数据通信协议；（2）LonMark 标准，即可互操作协会组织制定的 EIA709.1/709.3 标准；（3）微软公司开发的、对应用程序的数据对象进行交换及通信的一种 OPC 标准对象连接嵌入协议 OLE。

但是，被集成的楼宇智能化系统在各自的控制工作站上，与智能化集成系统连接时，都需要转换到"TCP/IP 通信协议"，通过计算机网络，将被集成的楼宇智能化系统，与智能化集成系统相连。

3. 对各专项工作站子系统进行配置

对于 IBMS 的各个子系统，我们配置一个专用的工作站进行管理工作，其上配置有专用的接口和部分专用软件，使得各子系统可以在 IBMS 统一调度下工作，也具有独立工作的能力，并且也实现了万一出现故障时，对故障的局限。

其中包括：楼宇设备自控系统工作站、消防报警系统工作站、综合保安管理系统工作站、综合系统管理工作站等。

4. 集成界面与接口协议

IBMS 系统的网络结构为开放式的网络结构，可方便把设备数据集成到其他基于网络的系统，使客户在任何时候和任何地点都能取得所需的实时及历史数据。客户也可使用系统的其他设备，通过预设的界面，将不同系统内的数据进一步集成使用。系统向下提供标准的主流通信接口，向上提供标准数据库。

IBMS 系统将可实现与 ActiveX、DDE、ODBC、API、Access 等标准技术的无缝连接，从而实现有关的联动控制以及方便物业管理和系统集成。

由于 IBMS 系统综合了多种管理功能，因此在系统配置上、控制室设置上，人员数量安排上都要比各弱电系统独立设置经济的多，故本系统是一种先进的、具有极高性能价格比的管理工具。

36.15.2.2　智能化集成系统安装施工要求

（1）应依据网络规划和配置方案、集成系统功能和系统性能文件，绘制系统图、网络拓扑图、设备布置接线图。

（2）应依据子系统工程资料进行图形界面绘制和通信参数配置。

（3）应依据集成系统功能和系统性能文件、子系统通信接口，开发通信接口转换软件，并应按《智能建筑工程施工规范》GB 50606—2010 第 3.5.4 条的规定进行应用软件的质量检查。

（4）服务器、工作站、通信接口转换器、视频编解码器等设备安装应符合《智能建筑工程施工规范》GB 50606—2010 第 6.2.1 条的规定。

（5）服务器和工作站的软件安装应符合《智能建筑工程施工规范》GB 50606—2010 第 6.2.2 条的规定。

（6）通信接口软件调试和修改工作应在专用计算机上进行，并进行版本控制。

（7）应将集成系统的服务端软件配置为开机自动运行方式。

36.15.3　智能化集成系统施工质量控制

（1）智能化集成系统的设备与软件在安装、调试和检测时，需要特别注意以下的事项，以便保障对于该系统安装、调试的质量控制。

1）应为操作系统、数据库、防病毒软件安装最新版本的补丁程序。

2）软件和设备在启动、运行和关闭过程中不应出现运行时错误。

3）通信接口软件修改后，应通过系统测试和回归测试。

4）应根据子系统的通信接口、工程资料和设备实际运行情况，对采集的子系统运行数据进行核对。

（2）智能化集成系统在安装、调试和检测时，还需注意以下的事项：

1）应依据网络规划和配置方案，配置服务器、工作站、通信接口转换器、视频编解码器等设备的网络地址。

2）操作系统、数据库等基础平台软件、防病毒软件必须具有正式软件使用（授权）许可证。

3）服务器、工作站的操作系统应设置为自动更新的运行方式。

4）服务器、工作站上应安装防病毒软件，并设置为自动更新的运行方式。

5）应记录服务器、工作站、通信接口转换器、视频编解码器等设备的配置参数。

36.15.4　智能化集成系统的调试与测试

36.15.4.1　智能化集成系统的调试

智能化系统集成的检测验收应按 GB 50339《智能建筑工程质量验收规范》GB 50339—2003 的规定进行。规范第十章具体规定了检测和验收的办法、步骤和内容。

1. 检测和验收的办法和内容

（1）调试准备应符合下列要求：

1）子系统通信接口安装完成。

2）集成系统的设备和软件安装完成。

3）集成系统的图形界面、参数配置完成。

（2）网络参数配置完成后，集成系统和子系统的设备和软件之间应能按照设计要求相互连通。

（3）系统调试过程中，设计要求不间断运行的软件应始终处于运行状态。

（4）应每天检查软件的工作状态和运行日志，并修改错误。

（5）软件和设备正常运行后，应进行下列检查并修改错误：

1）应将集成系统采集的运行数据与实际设备的运行数据进行对比。

2）应在集成系统的运行控制界面上进行操作，并与实际设备执行的动作进行对比。

3）应在集成系统使用多种查询条件进行历史数据查询，并与子系统的相应历史数据进行对比。

4）应查看集成系统的视频监控图像，并与实际摄像设备输出的图像进行对比。

（6）数据核对完成后，应进行功能测试。

（7）功能测试完成后，应进行性能测试。

（8）调试过程中出现运行错误、系统功能或性能不能满足设计要求时，应填写集成系统问题报告单。

（9）系统调试结束前应对所有问题报告进行处理，并应填写集成系统问题处理记录。

2. 智能化集成系统的调试工作的具体步骤

（1）工程实施及质量控制

1）系统集成工程的实施必须按已批准的设计文件和施工图进行。

2）系统集成中使用的设备进场验收参照《智能建筑工程质量验收规范》GB 50339—2003 第 3.3.4 和 3.3.5 条的规定执行。产品的质量检查按《智能建筑工程质量验收规范》GB 50339—2003 第 3.2 节的有关规定执行。

3）系统集成调试完成后，应进行系统自检，并填写系统自检报告。

4）系统集成调试完成，经与工程建设方协商后可投入系统试运行，投入试运行后应由建设单位或物业管理单位派出的管理人员和操作人员认真作好值班运行记录；并保存试运行的全部历史数据。

（2）系统检测

1）系统集成的检测应在建筑设备监控系统、安全防范系统、火灾自动报警及消防联动系统、通信网络系统、信息网络系统和综合布线系统检测完成，系统集成完成调试并经过一个月试运行后进行。

2）检测前应按《智能建筑工程质量验收规范》GB 50339—2003 第 3.4.2 条的规定编写系统集成检测方案，检测方案应包括检测内容、检测方法、检测数量等。

3）系统集成检测的技术条件应依据合同技术文件、设计文件及相关产品技术文件。

4）系统集成检测时应提供以下过程质量记录：

①硬件和软件进场检验记录；

②系统测试记录；

③系统试运行记录。

5）系统集成的检测应包括接口检测、软件检测、系统功能及性能检测、安全检测等内容。

6）子系统之间的串行通信连接、专用网关（路由器）接口连接等应符合设计文件、产品标准和产品技术文件或接口规范的要求，检测时应全部检测，100％合格为检测合格。计算机网卡、通用路由器和交换机的连接测试可按照《智能建筑工程质量验收规范》GB 50339—2003 第 5.3.2 条有关内容进行。

7）检查系统数据集成功能时，应在服务器和客户端分别进行检查，各系统的数据应在服务器统一界面下显示，界面应汉化和图形化，数据显示应准确，响应时间等性指标应符合设计要求。对各子系统应全部检测，100％合格为检测合格。

8）系统集成的整体指挥协调能力

系统的报警信息及处理、设备连锁控制功能应在服务器和有操作权限的客户端检测。对各子系统应全部检测，每个子系统检测数量为子系统所含设备数量的 20％，抽检项目100％合格为检测合格。

应急状态的联动逻辑的检测方法为：

①在现场模拟火灾信号，在控制台观察报警和做出判断情况，记录闭路电视监控系统、门禁系统、紧急广播系统、空调系统、通风系统和电梯及自动扶梯系统的联动逻辑是否符合设计文件要求；

②在现场模拟非法侵入（越界或入户），在控制台观察报警和做出判断情况，记录闭路电视监控系统、门禁系统、紧急广播系统和照明系统的联动逻辑是否符合设计文件要求；

③系统集成商与用户商定的其他方法。

以上联动情况应做到安全、正确、及时和无冲突。符合设计要求的为检测合格，否则为检测不合格。

9）系统集成的综合管理功能、信息管理和服务功能的检测应符合《智能建筑工程质量验收规范》GB 50339—2003 第5.4节的规定，并根据合同技术文件的有关要求进行。检测的方法，应通过现场实际操作使用，运用案例验证满足功能需求的方法来进行。

10）视频图像接入时，显示应清晰，图像切换应正常，网络系统的视频传输应稳定、无拥塞。

11）系统集成的冗余和容错功能（包括双机备份及切换、数据库备份、备用电源及切换和通信链路冗余切换）、故障自诊断、事故情况下的安全保障措施的检测应符合设计文件要求。

12）系统集成不得影响火灾自动报警及消防联动系统的独立运行，应对其系统相关性进行连带测试。

13）系统集成商应提供系统可靠性维护说明书，包括可靠性维护重点和预防性维护计划，故障查找及迅速排除故障的措施等内容。可靠性维护检测，应通过设定系统故障，检查系统的故障处理能力和可靠性维护性能。

14）系统集成安全性，包括安全隔离身份认证、访问控制、信息加密和解密、抗病毒攻击能力等内容的检测，按《智能建筑工程质量验收规范》GB 50339—2003 第5.5节有关规定进行。

15）对工程实施及质量控制记录进行审查，要求真实、准确完整。

3. 智能化集成系统的调试工作要求实现的功能

（1）操作界面的配置

系统可根据不同级别及对用户指定区域作出权限设置，这些设置可根据操作人员不同，操作站不同而有所不同。可设置多达六个操作级别，高达255种。根据区域控制，操作人员只能连接/取得其指定的图像、警报和控制点数据，这些权限设置都在安排操作人员时已设定。系统这一功能，非常适合于行政中心多建筑、多系统综合管理的要求。

系统的图形化的、彩色、中文界面操作界面，应具有易于使用、界面亲切的形式。

（2）全局化的事件管理

全局化的事件管理包括对各个子系统的集中管理，并与物业管理、展会管理等办公自动化系统的信息集成，将环境控制、能源管理联系起来，实现一体化服务，提高管理人员的工作效率。

（3）及时通报系统报警

报警级别分四层：一般、低、高、紧急。所有报警都被记录在系统的事件数据库作日后检查，如报警/事件报表。还有所有低、高、紧急的报警都会自动进入报警总显示板，并按其紧急程度排序，使操作人员优先处理高危和较重大的报警，然后再解决其他不太重要的报警及事件。

（4）组态工具配置

系统具有功能强大的组态软件，可以方便、快捷地按照用户的应用环境行成用户应用的组态画面，使用户操作管理界面生动、形象、逼真。

一方面，IBMS系统提供功能强大的绘图工具，可以使编程者任意发挥其自由想象。

另一方面，还有内容丰富的图形库，可以使编程者大大提高工作效率。

（5）实时数据库

建筑自动化管理系统 IBMS 系统有非常先进的各类算法，可实时处理数据数据，建立起实时数据库，实时数据库储存了大量历史的实时数据及由实时数据再分析而得到的各种数据。所收集的可以是某一点时间的数据或平均数据，收集时段也各有不同，间隔范围可从 5s～24h。此外，报警/事件的数据以及操作的变化也自动地记录在报警/事件日程表上，以供日后检查。

（6）生成报表

系统预设各种标准表格，客户可按需要随时将有关数据打印在空白表格上。

报表可自动或依照操作人员指令印出。指令可以是按特定的键或由客户自定义的画面上的键发出报表可以定期或根据不同事件，由系统中预设的报表打印机，或由操作人员控制打印。如有需要，也可将报表数据记存于 IBMS 系统的硬件中，再传送到其他计算机系统。

（7）趋势分析

如果说生成报表只是把历史记录整理输出的话，趋势分析就是根据以往的经验作出今后行为的预测。趋势分析相当于专家系统，IBMS 系统提供各式各样的趋势评估，实时准确地分析历史数据及由历史数据推演的数据，作出趋势评估。

利用趋势分析资料，可以提供给行政中心各个部门大量有用处的数据，如对工程部门来说，可以整理能耗情况，对安全防范部门来说，可以分析一些通道人员进出的频率，对物业管理部门来说，可以知道未来几个月中将要发生的电费。

（8）视频系统集成

系统可以将视频数据集成在统一的平台中，既可以通过数据化的方式对视频图像进行传输、对摄像设备进行控制，又可以以文件的方式对视频信息记录，便于今后分析。

（9）设备维护与管理

设备维护与管理是智能建筑工程今后投入运行之后的重要工作之一。因此集成管理系统必须能够实现对设备信息的采集、分析、处理和表现。这里的信息，不是仅仅包括建筑设备监控系统中所提供的设备的运行状态（如启动/停止）、监控工艺参数值、累计运行时间，还包括设备的制造商、供应商、产品型号、安装地点、运行状况等一系列数据。系统将这些数据集中起来，为管理者有效管理或决策提供有力的依据。

（10）一卡通综合管理

集成管理系统可以集成一卡通管理系统，在 IBMS 集成管理系统的平台上统计持卡人的个人信息、可以活动的区域等功能。

对于一卡通系统来说，包括内部员工管理和访客管理两个方面。其中内部员工管理系统是针对员工自身的，在 IBMS 管理系统数据库中的数据与员工所持卡片是一一对应的，员工持卡也是唯一的；而对于访客管理系统来说，访客所持卡片是临时的，该卡片只在限定时间内在限定区域内有效。

考勤系统需向 IBMS 系统提供员工考勤记录、班次表、各种报表、迟到、早退等出勤情况、各部门出勤表。

（11）停车场管理系统集成

集成管理系统通过与停车场管理系统的集成，可以全面了解停车场管理系统的运行状况，在系统中可以分析车辆进出的流量、车辆的平均停放时间、有无碰撞意外等统计信息，同时通过视频系统完成进出车辆的图像比对，更可靠地保证车辆存放的安全性。此外，系统还可以把相关信息送至物业管理系统以及财务管理系统之中，用于统计停车场的收费情况以及运行情况。

（12）与物业管理系统的集成

集成管理系统的一个突出的优点就是可以更好地体现物业管理的智能化。通过集成系统与物业管理系统的集成，统计弱电系统的运行资料、日程管理设备运行（如建筑设备监控系统所控制的设备启停），自动生成运行报告，集成管理系统可以发挥出更大的优势。

（13）在线帮助系统

设备监控管理系统各分系统都具有独立的硬件结构和完整的软件功能，在实现底层物理连接和标准协议之后，由软件功能实现的信息交换和共享是系统集成的关键内容。监控管理服务器是整个设备监控管理系统的信息中心。正常情况下，流通的主要是综合监视信息、协调运行和优化控制信息、统计管理信息等；发生紧急或报警事件时，及时传输报警和联动信息。

（14）与第三方系统的接口

由于 BMS 系统以 OPC Server 的方式集成第三方系统，在系统实施时需要开发与第三方系统的接口驱动程序，因此，第三方系统厂商必须提供其系统的接口协议及所采用的接口形式。同时有义务配合 BMS 系统的实施。常用的通信形式和协议，例如，NetDDE、NetApi、Socket、RS-232、RS-485、LonWorks、BACnet 等。

36.15.4.2　智能化集成系统对各系统的联动调试

1. 消防系统与安保系统联动

（1）当防盗报警系统产生报警时把镜头切换到相应位置。

（2）当防盗报警系统产生报警时控制相应的门锁。

（3）当有人进入防范区域时把镜头切换到相应位置。

（4）当有人进入防范区域时防盗报警系统产生报警。

（5）当有人进入防范区域时控制相应的门锁。

（6）当保安人员巡更时把摄像机切换到相应位置。

（7）当巡更人员未能按指定程序运行时，产生报警。

（8）当有人刷卡时把摄像机切换到相应位置。

（9）消防系统与安保系统的联动。

（10）火灾发生时把镜头切换到相应位置并录像以便分析火情。

（11）火灾发生时打开通道门。

（12）当安保系统出现异常时，启动紧急广播。

2. 消防系统与建筑设备监控系统联动

（1）火灾发生时关闭相应空调/新风机组。

（2）火灾发生时控制电梯紧急停首层，同时启动消防电梯。

（3）火灾发生时防火阀关闭并在建筑设备监控系统内产生报警。

3. 消防系统与停车场系统的联动

（1）火灾发生时打开出口栅栏机以便车辆疏散。

（2）当停车场系统发生故障时启动广播系统。

4. 消防报警系统与楼宇自动化系统的联动

消防报警系统与楼宇自动化系统之间要求联动，当发生灾难性报警时，提供各种信息以及联动请求，为救援人员提供方便，避免引起新的火灾与事故。

两个系统的联动接口：通过网络与工作站接通两个系统，软件工作流程进入应急处理程序；消防系统需向 IBMS 提供消防设备运行情况和各探测器的状态信息、各种消防设备、探测器的运行状态数据及预警数据、火警或意外事件信息，如：火灾报警探测器工作状态；消防排烟及正压送风系统的状况及联动时运行、故障情况；消防泵的状况及联动时运行、故障情况；喷淋泵的运行、故障情况；防火门的状况及联动时运行、故障情况；空调管道防火阀的状况及联动时运行、故障情况。

消防报警系统的接口：消防报警系统集成商需向 IBMS 系统集成商提供消防系统与 IBMS 系统接口形式和通信协议文本，并开放全部的通信协议（即通信指令调用关系）。同时有义务配合 IBMS 系统的接口调试和系统实施。通过网络与工作站接通两个系统的软件参数传输，工作流程进入应急处理程序；

（1）消防报警系统集成商提供的通信协议必须是下列之一：

Network API、Socket、RS-232、RS-485、LonWorks、BACnet、DDE。

（2）对提供的通信协议要求是内容要完整、无歧义，对每条通信指令要求有举例说明，IBMS 系统集成商能据此编程实现通信和数据交互。

（3）根据通信协议文本中具体通信指令调用关系，消防系统可向 IBMS 系统提供应满足本合同项下集成所需各种信息，如消防设备运行情况和各探测器的状态信息、各种消防设备、探测器的运行状态数据及预警数据、火警或意外事件信息。

通信协议的版本必须和工程现场实际应用的系统版本一致。

（4）本项目消防报警系统集成商提供的通信协议文本作为供货产品的一个重要组成部分，提供通信协议时间为：系统联合调试前 5 个月前。

（5）消防报警系统集成商需提供消防报警系统现场数据的地址组态详细资料，该资料应满足本合同项下集成所需。

（6）消防报警系统集成商为满足 IBMS 系统实施提供其他任何所需的工作。

5. 消防系统与建筑设备监控系统联动响应

（1）IBMS 能自动显示相应楼层的空调系统和电源的状态；

（2）通过楼宇自动化系统的给排水系统监视办公楼内的存水情况；

（3）通过区域变配电系统监视事故发生区域的供电情况；

（4）通过区域照明系统可以控制事故发生区域照明系统的工作状态；

（5）火灾发生时关闭相应空调/新风机组；

（6）火灾发生时控制电梯紧急停首层，同时启动消防电梯；

（7）火灾发生时防火阀关闭并在建筑设备监控系统内产生报警。

6. 消防报警系统与防盗报警系统的联动

消防报警系统与防盗报警系统的联动：当发生灾难性情况报警时，响应楼层的报警探测传感器，监听探头和门磁开关等将全部处于监视和报警状态。管理人员可以通过以上这些传感器监视事故发生的区域的人员的疏散情况，并可以帮助确认是否还有人滞留在事故发生区域。

两个系统的联动接口：通过网络与工作站接通两个系统，软件工作流程进入应急处理程序。

消防报警系统的接口：消防报警系统集成商需向 IBMS 系统集成商提供消防系统的接口与通信协议的要求同上。

7. 消防系统与防盗报警系统联动响应

(1) IBMS 能自动显示相应楼层的防盗报警的状态；

(2) 使得楼层的报警探测传感器、监听探头、门磁开关等将全部处于监视和报警状态；

(3) 通过以上传感器监视事故发生区域的人员疏散情况；

(4) 确认是否还有人滞留在事故发生区域。

8. 消防报警系统与闭路电视系统的联动

消防报警系统与闭路电视系统的联动：当发生灾难性报警情况时，闭路电视监控系统自动将事故发生区域的摄像机的镜头转向现场，同时将这些摄像机的画面自动切换至所需要的监控站上并切换至主画面，同时重点监视这些摄像的内容。

两个系统的联动接口：通过网络与工作站接通两个系统，软件工作流程进入应急处理程序。

消防报警系统的接口：消防报警系统集成商需向 IBMS 系统集成商提供消防系统的接口与通信协议的要求同上。

9. 消防报警系统与车库管理系统的联动

消防报警系统与车库管理系统的联动：当灾难性报警发生于大楼底层或是地下层时，车库管理系统可将车库闸门置于开启状态，以便于车库内的车辆迅速撤离事故发生地，或为隔离事故现场将车库封闭。

两个系统的联动接口：通过网络与工作站接通两个系统，软件工作流程进入应急处理程序。

消防报警系统的接口：消防报警系统集成商需向 IBMS 系统集成商提供消防系统的接口与通信协议的要求同上。

10. 消防系统与车库管理系统联动响应

(1) IBMS 能自动显示车库管理系统的工作状态；

(2) 当灾难报警发生于大楼底层或是地下层时，车库管理系统可将车库闸门置于开启状态，以便于车库内的车辆迅速撤离事故发生地；

(3) 隔离事故现场、将车库封闭；

(4) 闭路电视监控系统自动将事故发生区域的摄像机镜头转向现场。

11. 消防报警系统与通信系统的联动

消防报警系统与通信系统的联动：系统管理人员可以事先设定，当中央控制系统确认发生了灾难性警报后，通过 IBMS 系统立即通过通信子系统向消防局等政府部门报警，同时向办公楼的管理人员汇报有关的情况。

12. 消防系统与通信系统联动响应

(1) 当中央控制系统确认发生了灾难警报后，立即通过通信子系统向消防局等有关政府部门报警并传达有关信息。

（2）向办公楼的管理人员汇报有关的情况。

13. 建筑设备监控系统与闭路电视监控系统的联动

建筑设备监控系统与闭路电视监控系统的联动：系统管理人员可以事先设定，当楼宇自动化系统有异常事故或警报发生时，可将闭路电视监控系统中相邻事故现场的摄像机自动转向事故发生点，并自动将这些摄像机的画面切换至相应的监控点成为主画面。

14. 建筑设备监控系统与闭路电视监控系统的联动响应

（1）当楼宇自动化系统有异常或警报发生时，可将闭路电视监控系统中相邻事故现场的摄像机自动转向事故发生点；

（2）自动将这些摄像机的画面切换至相应的监控点成为主画面。

15. 车库管理系统与闭路电视监控系统的联动

车库管理系统与闭路电视监控系统的联动：系统管理人员可以事先设定，当车库有车辆入/出库时，此时的闭路电视监控系统可以控制车库门附近的摄像机的画面切换到有需要的监控工作站上，并可以进行记录以供必要时的核对查证。

车库管理系统与闭路电视监控系统的联动响应：

（1）当有车辆入/出库时，闭路电视监控系统可以控制车库门附近的摄像机的画面切换到有需要的监控工作站上；

（2）可以进行记录以供必要时的核对查证。

16. 保安系统与停车场系统的联动

在保安系统与停车场系统之间建立联动机制。系统管理人员可以事先设定，当车库有车辆入/出库时，此时的闭路电视监控系统可以控制车库门附近的摄像机的画面切换到有需要的监控工作站上，并可以进行记录以供必要时的核对查证。

提供如下的联动机制：

（1）当停车场系统发生故障时把摄像机切换到相应位置。

（2）当防盗系统发生报警时，关闭停车场栅栏。

17. 保安系统与建筑设备监控系统的联动

提供如下的联动机制：

（1）当有人在上班时间刷卡进入大楼/房间时启动相应照明设备。

（2）当有人在上班时间刷卡进入大楼/房间时启动相应空调机组。

（3）当有报警发生时，开启报警区域的灯光照明。

（4）当大型机电设备发生故障时，摄像机切换到相应位置。

18. 物业管理系统与建筑设备监控系统的联动

建筑设备监控系统可将设备维修信息自动传送至物业管理部门，物业管理部门可及时组织维修。

19. 物业管理系统与保安系统的联动

保安系统可将人员刷卡信息自动传送至物业管理部门，物业管理部门可根据刷卡信息对行政中心员工进行考勤，掌握加班状况。

20. 智能化系统集成中的信息安全

如果说在未做系统集成的智能建筑中，信息安全还显现不出其重要性的话，经过系统集成，智能建筑的实时监控部分与办公自动化、物业管理等管理信息系统连通，进而又接入 Internet，可实现远程访问，这样，信息安全在系统集成中的作用变得越来越明显。信息安全包括物理系统安全、网络系统安全、操作系统安全应用系统安全四个层次。物理系统安全应保证智能化系统集成的网络系统、计算机、服务器等设施的物理安全，包括机房的消防、安防、人员管理制度等；网络系统安全是从网络层保证智能化系统集成的安全，包括安全的网络拓扑、防火墙、网络防病毒、实时入侵检测等；操作系统安全主要针对服务器；应用系统安全主要针对应用系统，防止未授权用户非法访问应用系统和保护应用系统的数据安全。

最常用的应用系统安全解决方案是使用应用开发平台，如数据库服务器、Web 服务器和操作系统等提供的各种安全服务，以及开发商在开发应用系统时结合具体应用而开发的各种安全服务。对于重要的智能建筑来说，建议使用第三方应用安全平台提供的各种服务。

不少智能建筑在安保、门禁及停车、购物等子系统中采用 IC 卡系统，IC 卡系统用于信息安全的技术业已问世，作为信息安全的辅助手段，这种信息安全技术在智能建筑系统集成中的应用有着广阔的前景。

36.15.4.3　智能化集成系统的检测与检验

（1）应对集成系统的应用软件进行检测，并完成检测记录和检测报告。

（2）应对集成系统进行网络安全检测，并完成网络安全系统的检测记录和检测报告。

（3）设备及软件的配置方案和配置说明文档齐全。

（4）自检自验后必须将所有测试用户和测试数据删除。

（5）应以下格式填写质量记录：

1）智能化集成系统联动功能需求表应填写《智能建筑工程质量验收规范》GB 50339—2003 附录 B 表 B.0.15。

2）被集成子系统设备参数表应填写《智能建筑工程质量验收规范》GB 50339—2003 附录 B 表 B.0.16。

3）被集成子系统通信接口表应填写《智能建筑工程质量验收规范》GB 50339—2003 附录 B 表 B.0.17。

4）智能化集成系统网络规划和配置表应填写《智能建筑工程质量验收规范》GB 50339—2003 附录 B 表 B.0.18。

5）还应填写本章第 36.7 节"信息网络系统"的相关质量记录表。

36.15.5　智能化系统集成信息管理系统验收

竣工验收应在系统集成正常连续投运时间超过 1 个月后进行。

竣工验收文件资料应包括以下内容：

（1）设计说明文件及图纸；

（2）设备及软件清单；

（3）软件及设备使用手册和维护手册，可行性维护说明书；

（4）过程质量记录；

（5）系统集成检测记录；

（6）系统集成试运行记录。

36.16 机房工程

在信息化高速发展的今天，作为信息储存、信息系统交换和传输中枢的工作场所，机房建设系统日益受到重视，为各个单位信息管理部门的重点建设内容之一。

机房的等级划分也由原来的按面积及使用功能划分，修正为按其使用性质、管理要求及其在经济和社会的重要性来确定所属级别，机房按 A、B、C 三个等级划分，功能区也做了详细划分。具体设计依据可参照《电子信息系统机房设计规范》GB 50174—2008 有关章节。

机房是一项综合了强电、弱电、装修、安防等系统综合科目的专业场地系统，它的建设质量和功能的是否完善对核心的信息处理系统软、硬件设备是否可靠运行起着十分重要的作用，因此机房建设系统也是智能化建设不可缺少的组成部分。

本节以下简要介绍各个系统相关内容（以机房建设中的通用系统为主线，涉及级别时，再作具体说明），机房各系统设计和验收测试主要依据《电子信息系统机房设计规范》GB 50174—2008、《电子信息系统机房工程设计与安装》09DX009 设计图集及《电子信息系统机房施工及验收规范》GB 50462—2008 等相关国标和行业规范标准结合场地建设经验进行阐述。

36.16.1 机房系统建设的要求

机房的布局应具有适当的灵活性，主机房的主体结构宜采用大开间大跨度的柱网，内设隔墙宜具有一定的可变性。机房主体结构具有耐久、抗震、防火、防止不均匀沉陷等性能。机房围护结构的构造和材料应满足保温、隔热、防火等要求。机房设置单独的安全出入口，设置在机房的两端，并有明显的疏散标志。机房的装饰材料选用非燃材料或难燃材料。室内装饰应选用气密性好、不起尘、易清洁，并在温、湿度变化作用下变形小的材料，顶面、地面要做保温，防凝水结露。并要设专用监控室，以方便维护人员对视频、环境和设备进行监控。机房装修后要保证室内高度尽可能提升净空高度。

机房场地建设系统主要包括以下几项内容：

（1）机房装修：机房装修主要考虑吊顶、隔断墙、门窗、墙壁和活动地板等。

（2）供电系统：供电系统是建设重点之一，由于机房内的大量设备需要极大的电力功率，所以供电系统的可靠性建设、扩展性是极其重要的。对于 A 类机房供电系统建设主要有：供电功率、UPS 建设（$n+1$ 方式）、配电柜、电线、插座、照明系统、接地系统、防雷和自发电系统等。

（3）空调系统：机房的温度、通风方式和机房空气环境等。

（4）布线系统：机房应有完整的综合布线系统，包括骨干光缆、铜缆数据布线、语音布线、终端布线、布线管理。

（5）安全系统：门禁系统、电视监视系统、报警系统等。

（6）场地集中监控系统：机房环境、设施与各种设备的监控。

（7）消防系统：气体灭火。

(8) 屏蔽系统：抗干扰、防泄漏、屏蔽体建设等。

36.16.2 系 统 建 设

36.16.2.1 机房装修系统

1. 一般要求

(1) 计算机房的室内装修工程施工验收主要包括吊顶、隔断墙、门、窗、墙壁装修、地面、活动地板的施工验收及其他室内作业。

(2) 室内装修作业应符合《建筑装饰装修工程质量验收规范》GB 50210—2001、《建筑地面工程施工质量验收规范》GB 50209—2010、《木结构工程施工质量验收规范》GB 50206—2002 及《钢结构工程施工质量验收规范》GB 50205—2001 的有关规定。

(3) 在施工时应保证现场、材料和设备的清洁。隐蔽工程（如地板下、吊顶上、假墙、夹层内）在封口前必须先除尘、清洁处理，暗处表层应能保持长期不起尘、不起皮和不龟裂。

(4) 机房所有管线穿墙处的裁口必须做防尘处理，然后对缝隙必须用密封材料填堵。在裱糊、粘结贴面及进行其他涂复施工时，其环境条件应符合材料说明书的规定。

装修材料应选择环保、无刺激性的材料，尽量选择难燃、阻燃材料，否则应尽可能涂防火涂料。

2. 装修建设

(1) 吊顶

机房内的顶棚装修常采用吊顶形式，应考虑耐用可靠且美观、易清洗、自重轻、不燃烧、耐腐蚀、施工方便及防尘吸声等因素。充分考虑机房的净高度和美观程度，并具有一定的承载能力，在吊顶上或者吊顶下铺设消防和其他管线，吊顶上留有一定的间距。机房如存在水管道（应尽量避免），应进行封闭防护处理，同时进行防水处理，并设置漏水检测。专业大型机房不作吊顶装饰。

1) 计算机机房吊顶板材表面平整，漆面坚固，防火性能好，不得起尘、变色和腐蚀；其边缘应整齐、无翘曲，封边处理后不得脱胶；填充顶棚的保温、隔声材料应平整、干燥，并做包缝处理。

2) 按设计及安装位置严格放线。吊顶及马道应坚固、平直，并有可靠的防锈涂复。金属连接件、铆固件除锈后，应涂两遍防锈漆。

3) 吊顶上的灯具、各种风口、火灾探测器底座及灭火喷嘴等应定准位置，整齐划一，并与龙骨和吊顶紧密配合安装。从表面看应布局合理、美观、不显凌乱。

4) 吊顶内空调作为静压箱时，其内表面应按设计要求做防尘处理，不得起皮和龟裂。

5) 固定式吊顶的顶板应与龙骨垂直安装。双层顶板的接缝不得落在同一根龙骨上。

6) 用自攻螺钉固定吊顶板，不得损坏板面。当设计未作明确规定时应符合五类要求。

7) 螺钉间距：沿板周边间距 150～200mm，中间间距为 200～3000mm，均匀布置。

8) 活动式顶板的安装必须牢固、下表面平整、接缝紧密平直、靠墙、柱处按实际尺寸裁板镶补。根据顶板材质作相应的封边处理。

9) 安装过程中随时擦拭顶板表面，并及时清除顶板内的余料和杂物，做到上不留余物，下不留污迹。

（2）隔断墙

机房内隔断墙具有一定的隔声、防火、防潮、隔热和减少尘埃附着力的能力。充分考虑机房内窗户的处理，即做到防火、防潮、隔热，又要确保大楼外观的整体效果。

1）无框玻璃隔断，应采用槽钢、全钢结构框架。墙面玻璃厚度不小于 10mm，门玻璃厚度不小于 12mm。表面不锈钢厚度应保证压延成型后平如镜面，无不平的视觉效果。

2）石膏板、吸声板等隔断墙的沿地、沿顶及沿墙龙骨建筑围护结构内表面之间应衬垫弹性密封材料后固定。当设计无明确规定时固定点间距不宜大于 800mm。

3）竖龙骨准确定位并校正垂直后与沿地、沿顶龙骨可靠固定。

4）有耐火极限要求的隔断墙竖龙骨的长度应比隔断墙的实际高度短 30mm，上、下分别形成 15mm 膨胀缝，其间用难燃弹性材料填实。全钢防火大玻璃隔断，钢管架刷防火漆，玻璃厚度不小于 12mm，无气泡。

5）安装隔断墙板时，板边与建筑墙面间隙应用嵌缝材料可靠密封。

6）当设计无明确规定时，用自攻螺钉固定墙板宜符合：螺钉间距沿板周边间距不大于 200mm，板中部间距不大于 300mm，均匀布置。

7）有耐火极限要求的隔断墙板应与竖龙骨平等铺设，不得与沿地、沿顶龙骨固定。

8）隔断墙两面墙板接缝不得在同一根龙骨上，双层墙板接缝亦不得在同一根龙骨上。

9）安装在隔断墙上的设备和电气装置固定在龙骨上。墙板不得受力。

10）隔断墙上需安装门窗时，门框、窗框应固定在龙骨上，并按设计要求对其缝隙进行密封。

（3）门窗

1）门应选用防火钢制门，门框、窗框的规格型号应符合设计要求，安装应牢固、平整，其间隙用非腐蚀性材料密封。当设计无明确规定时隔断墙沿墙立柱固定点间距不宜大于 800mm。

2）门扇和窗扇应平整、接缝严密、安装牢固、开闭自如、推拉灵活。

3）施工过程中对门窗及隔断墙的装饰面应采取保护措施。

4）安装玻璃的槽口应清洁，下槽口应补垫软性材料。玻璃与扣条之间按设计要求填塞弹性密封材料，应牢固严密。

（4）柱面及墙面

主机房内的墙壁、柱面，宜采用彩钢板，既防火，又美观，配以灯光照明效果，点缀出机房的高档与大方，普通区采用刮腻子、刷环保漆方式。

（5）地板

1）计算机房用活动地板应符合《防静电活动地板通用规则》SJ/T 10796—2001。

2）活动地板满足承重设计要求，铺设高度按实际要求设计（视其是否选用专业空调送风方式而定，兼顾机房净高）。

3）活动地板铺设应在机房内各类装修施工及固定设施安装完成并对地面清洁处理后进行。

4）建筑地面应符合设计要求，并应清洁、干燥，活动地板空间作为静压箱时，四壁及地面均作防尘处理，不得起皮和龟裂。

5）现场切割的地板，周边应光滑、无毛刺，并按原产品的技术要求作相应处理。

6）活动地板铺设前应按标高及地板布置严格放线将支撑部件调整至设计高度，平整、牢固。

7）活动地板铺设过程中应随时调整水平。遇到障碍或不规则地面，应按实际尺寸镶补并附加支撑部件。

8）在活动地板上搬运、安装设备时应对地板表面采取防护措施。铺设完成后，做好防静电接地。

机房内使用高质量无边型全钢防静电地板，地板标准为 600mm×600mm，厚度 35mm，活动地板上安放各类计算机设备机柜，活动地板下的空间敷设各种管线。（UPS 室设计承重 1000kg/m²，通常采用加固方式处理）。

图 36-89 为地板铺设示意图：

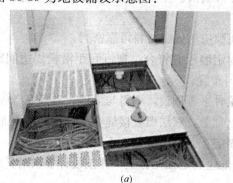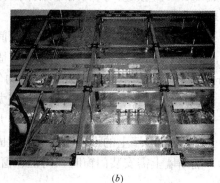

(a)　　　　　　　　　　　　　　　　　(b)

图 36-89　机房抗静电地板的敷设
(a) 地板的上板；(b) 地板下安装的槽道与电气插板

（6）防尘

为满足计算机对含尘量的较高要求，除主材选用不起尘、不吸尘的材料外，活动地板下方及吊顶内空间均作防尘处理，使机房区域与其他部位有效地分隔为两个不同指标的空间环境。

（7）防火

主材为非燃性或难燃性外，其他材料尽可能选用难燃性材料，所有木质隐蔽部分均刷防火漆作防火处理。

36.16.2.2　机房配电系统

1. 一般要求

（1）A 类机房配电系统设计为"双路市电＋柴油发电机＋双 UPS 不间断电源"的供电方式。

（2）完善的计算机供配电系统是保证计算机设备、场地设备和辅助用电设备可靠运行的基本条件。

（3）建立高质量的、高度安全可靠的供配电系统体现在：无单点故障、高容错。

（4）在不影响负载运行的情况下可进行在线维护。

（5）有防雷、防火、防水、抗电网浪涌等功能。

（6）机房供配电系统应为 380V/200V、50Hz，计算机供电质量达到 A 级。

(7) 计算机机房按照国家规定设计为一级负荷，一级负荷要求供配电系统具有非常高的可靠性，因此，一级负荷的总供电电源应符合下列要求：

1) 一级负荷由两个电源或两个以上的电源供电，当一个电源发生故障时，另一个电源应不致受到损坏。两路电源互为备用，每路电源均能承担本工程全部负荷。即当正常工作电源事故停电时，另一路备用电源能够通过 ATS 自动投入。

2) 机房的供电电源分为三类，即：UPS 电源、动力及照明电源、直流通信电源。

①UPS 电源——保证向设备不间断供电的电源。

②动力及照明电源——为机房辅助设备供电，以及为生产指挥中心大楼照明等系统的常规电源。

③直流通信电源——为通信机房内的设备供电的 48V 直流电源。

2. 系统建设

(1) 供电方式

机房的配电系统要求为"双路市电＋柴油发电机＋双 UPS 不间断电源"的供电方式。

其中，柴油发电机为市电的备用电源，一旦市电中断供电，供配电系统将迅速启动柴油发电机，为计算机机房继续供电。在市电断电发电机启动这段时间里，由 UPS 供电来保证机房供电的连续性。所有计算机设备采用双 UPS 并机冗余热备份方式供电，来提高供电可靠性。机房配电系统示意图见图 36-90。

根据应用的要求，两路市电以及柴油发电机须在建筑总配电室内经过两级 ATS 自动转换后输出一路电源作为 UPS 配电室的总配电柜电源输入。

1) 供配电系统采用放射式专用回路供电，做到简单、安全、可靠，负责对 UPS 不间断电源、照明、设备和精密空调供电。

2) 电子信息系统机房用电负荷等级及供电要求应根据机房的等级，按《供配电系统设计规范》GB 50052—2009 及《电子信息系统机房设计规范》GB 50174—2008 规范附录 A 的要求执行。

3) 电子信息设备供电电源质量应根据电子信息系统机房的等级，按《电子信息系统机房设计规范》GB 50174—2008 规范附录 A 的要求执行。

4) 供配电系统应为电子信息系统的可扩展性预留备用容量。

5) 电子信息系统机房应由专用配电变压器或专用回路供电，变压器宜采用干式变压器。

6) 电子信息系统机房内的低压配电系统不应采用 TN-C 系统。电子信息设备的配电应按设备要求确定。

7) 用于电子信息系统机房内的动力设备采用单独的电源系统独立回路配电。

8) 电子信息设备的配电应采用专用配电箱、柜，专用配电箱柜应靠近用电设备安装。

(2) 负荷计算

供配电方式为双路供电系统加 UPS 电源及柴油发电机设备，并对空调系统和其他用电设备单独供电，以避免空调系统启停对重要用电设备的干扰。供电系统的负荷包含如下方面：

1) 服务器功率：单台服务器功率×服务器台数＝总功率

2) UPS 总功率：总功率/85%

一般采用 $n+1$ 备份方式，亦即并联 UPS 台数多加一台，以防止某一台机组出现故障。

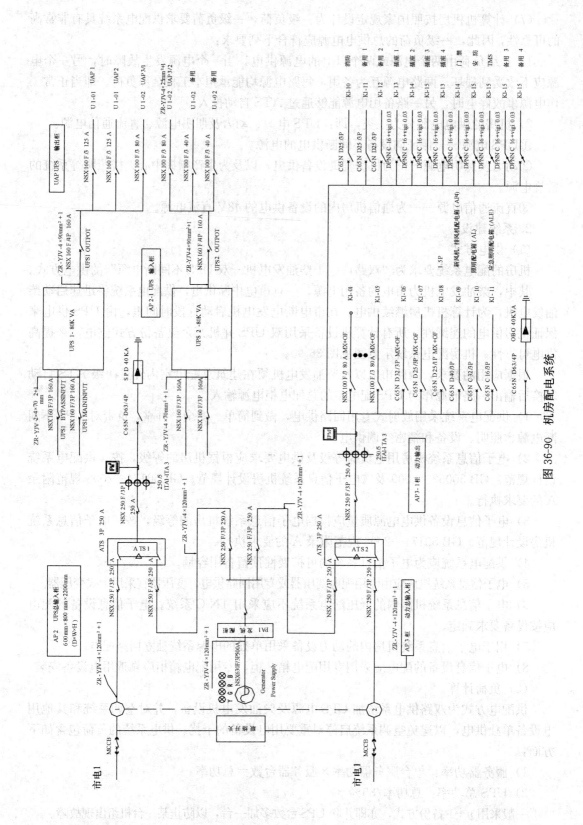

图 36-90 机房配电系统

目前 UPS 效率均在 85% 以上，故按照服务器总功率可以计算出 UPS 的总 kVA 数。

3）工作区恒温恒湿精密空调负荷：

这里指的是机房区的散热量，其计算方式为：

$$机房散热量＝机房面积(m^2)×(200～250)kcal/(h×m^2)$$

实际计算中，再除以 1000，即得到为达到机房恒温而需要空调补充的制冷量，其单位为 kW（千瓦）。

按上述数据即可确定精密空调的数量，同时亦可确定空调所耗费电功率。

4）办公区空调、照明等负荷。

5）其他用负荷。

由上可以计算出一个中心机房所需的用电负荷总功率。

（3）电源分类

1）一类电源为 UPS 供电电源，由电源互投柜引至墙面配电箱，分路送到活动地板下插座，再经插座分接计算机电源处，电缆用阻燃电缆，穿金属线槽钢管敷设。

2）二类电源为市电供电电源，由电源互投柜分别送至空调、照明配电箱和插座配电箱，再分路送至灯具及墙面插座。电缆用阻燃电缆，照明支路用塑铜线，穿金属线槽及钢管敷设。

3）三类电源为柴油发电机组，是作为特别重要负荷的应急电源，应满足的运行方式为：正常情况下，柴油发电机组应始终处于准备发动状态，当两路市电均中断时，机组应立即启动，并具备带 100% 负荷的能力。任一市电恢复时，机组应能自动退出运行并延时停机，恢复市电供电。机组与电力系统间应有防止并列运行的连锁装置。柴油发电机组的容量应按照用电负荷的分类来确定，因为有的负荷需要很大的启动功率，如空调电动机，这就需要合理选择发电机组容量，以避免过大的启动电压降，一般根据上述用电负荷总功率的 2.5 倍来计算。

（4）配电柜

1）配电箱、柜应有短路、过流保护，其紧急断电按钮与火灾报警连锁。

2）配电箱、柜安装完毕后，进行编号，并标明箱、柜内各开关的用途以便于操作和检修。

3）配电箱、柜内留有备用电路，作为机房设备扩充时用电。

4）要求：动力配电箱、柜每一路输入和输出都有一个指示电源的开断的指示灯，一个电压表，用三相转换开关可检查三相电压的平衡情况；每相连接一个电流表，共三个电流表，可检查设备工作时各相的电流及平衡状态。

5）在配电箱、柜加装防雷器、等电位连接器、N 线汇流排。

（5）断路器

1）断路器选用性能优良的断路器，对馈电线路和用电设备起到最佳保护。断路器的额定电流大于回路的计算电流，断路器具有短路保护和过负荷保护功能。对电子设备的线路的保护选用对限制浪涌电流要求较高的保护。

2）在需要消防联动的配电柜的相应断路器要配置分励脱扣器，以便与消防联动提供接口。

（6）插座

1）机房内用电插座分为两大类，即 UPS 插座和市电插座。

2）机房各工作间均留有备用插座安装在墙壁下方供设备维修时用。

（7）柴油发电机

在重要类别的机房系统建设中，柴油发电机是作为市电的备用电源，当市电中断供电，供配电系统将迅速启动柴油发电机，为计算机机房继续供电，因此在机房建设系统的供配电建设中起到极其重要的作用。

1）后备柴油发电机的容量应包括不间断电源系统、空调和制冷设备的基本容量及应急照明和关系到生命安全等需要的负荷容量。

2）并列运行的柴油发电机，应具备自动和手动并网功能。

3）柴油发电机周围应设置检修用照明和维修电源，电源宜由不间断电源系统供电。

4）市电与柴油发电机的切换应采用具有旁路功能的自动转换开关。自动转换开关检修时，不应影响电源的切换。

5）要求采用柴油发电机的控制系统应该是以微处理器为核心的高度智能化控制系统，将调速器和调压器的控制与调节系统有机调节，实现发电机组最佳可靠运行。

6）发电机组监测与报警功能：监测发动机和发电机的运行状态并实时显示发动机和发电机运行参数。系统实时报警和系统自诊断功能。

7）系统网络通信：提供标准接口和通信协议，可以和各种楼宇监控系统和电源监控系统相匹配，满足“三遥”要求。

8）根据实际要求设置柴油发电机组，以保证负荷。

（8）UPS 系统建设

电子信息设备应由不间断电源系统供电。不间断电源系统应有自动和手动旁路装置。确定不间断电源系统的基本容量时应留有余量。

1）不间断电源系统的基本容量可按《电子信息系统机房设计规范》GB 50174—2008 的公式计算：

$$E \geqslant 1.2P$$

式中　E——不间断电源系统的基本容量（不包含备份不间断电源系统设备），kW/kVA；

　　　　P——电子信息设备的计算负荷，kW/kVA。

2）用于电子信息系统机房内的动力设备与电子信息设备的不间断电源系统应由不同回路配电。

（9）电缆、电线

敷设在隐蔽通风空间的低压配电线路应采用阻燃铜芯电缆，电缆应沿线槽、桥架或局部穿管敷设；当配电电缆线槽（桥架）与通信缆线线槽（桥架）并列或交叉敷设时，配电电缆线槽（桥架）应敷设在通信缆线线槽（桥架）的下方。活动地板下作为空调静压箱时，电缆线槽（桥架）的布置不应阻断气流通路。配电线路的中性线截面积不应小于相线截面积；单相负荷应均匀地分配在三相线路上。

户外供电线路不宜采用架空方式敷设。当户外供电线路采用具有金属外护套的电缆时，在电缆进出建筑物处应将金属外护套接地。

电缆、电线敷设的其他要求如下：

1）电缆、电线在铺设时应该平直，电缆（电线）要与地面、墙壁、天花板保持一定的间隙。

 2）不同规格的电缆（电线）在铺设时要有不同的固定距离间隔。

 3）电缆、电线在铺设施工中弯曲半径按厂家和当地供电部门的标准施工。

 4）铺设电缆时要留有适当的余度。

 5）地板下的电缆穿钢管或在金属线槽里铺设。

（10）照明

 1）机房照明按《电子信息系统机房设计规范》GB 50174—2008 的规定：

 ①照明灯具采用嵌入式安装。事故照明用备用电源自投自复配电箱，市电与 UPS 电源自动切换。

 ②灯具内部配线采用多股铜芯导线，灯具的软线两端接入灯口之前均应压扁并搪锡，使软线与固定螺丝接触良好。灯具的接地线或接零线，必须用灯具专用接地螺丝并加垫圈和弹簧垫圈压紧。

 ③在机房内安装嵌装灯具固定在吊顶板预留洞孔内专设的框架上。灯上边框外缘紧贴在吊顶板上，并与吊顶金属明龙骨平行。

 ④在机房内所有照明线都必须穿钢管或者金属软管并留有余量。电源线应通过绝缘垫圈进入灯具，不应贴近灯具外壳。

 ⑤主机房和辅助区一般照明的照度标准值宜符合《电子信息系统机房设计规范》GB 50174—2008 规范表 8.2.1 的规定。

 ⑥支持区和行政管理区的照度标准值应按《建筑照明设计标准》GB 50034—2004 的有关规定执行。

 ⑦主机房和辅助区内的主要照明光源应采用高效节能荧光灯，荧光灯镇流器的谐波限值应符合现行国家标准《电磁兼容限值谐波电流发射限值》（设备每相输入电流≤16A）GB 17625.1—2003 的有关规定；灯具应采取分区、分组的控制措施。

 2）辅助区的视觉作业宜采取下列保护措施：

 ①视觉作业不宜处在照明光源与眼睛形成的镜面反射角上。

 ②辅助区宜采用发光表面积大、亮度低、光扩散性能好的灯具。

 ③视觉作业环境内宜采用低光泽的表面材料。

 ④工作区域内一般照明的照明均匀度不应小于 0.7，非工作区域内的一般照明照度值不宜低于工作区域内一般照明照度值的 1/3。

 ⑤主机房和辅助区应设置备用照明，备用照明的照度值不应低于一般照明照度值的 10%。有人值守的房间，备用照明的照度值不应低于一般照明照度值的 50%；备用照明可为一般照明的一部分。

 ⑥电子信息系统机房应设置通道疏散照明及疏散指示标志灯，主机房通道疏散照明的照度值不应低于 5lx，其他区域通道疏散照明的照度值不应低于 0.5 lx。

 ⑦电子信息系统机房内不应采用 0 类灯具；当采用 I 类灯具时，灯具的供电线路应有保护线，保护线应与金属灯具外壳做电气连接。

 ⑧电子信息系统机房内的照明线路宜穿钢管暗敷或在吊顶内穿钢管明敷。

 ⑨技术夹层内宜设置照明，并应采用单独支路或专用配电箱（柜）供电。

（11）接地系统

依据规范要求，计算机直流接地与机房抗静电接地及保护接地严格分开以免相互干扰，采用等电位连接网格，所有接点采用锡焊或铜焊使其接触良好，以保证各计算机设备的稳定运行并要求其接地电阻 1Ω（采用可联合接地体）。机房抗静电接地与保护接地采用软扁平编织铜线直接敷设到每个房间让地板就近接地，能使地板产生的静电电荷迅速入地。

1）保护性接地和功能性接地宜共用一组接地装置，其接地电阻应按其中最小值确定。

2）对功能性接地有特殊要求需单独设置接地线的电子信息设备，接地线应与其他接地线绝缘；供电线路与接地线宜同路径敷设。

3）电子信息系统机房内的电子信息设备应进行等电位联结，等电位联结方式应根据电子信息设备易受干扰的频率及电子信息系统机房的等级和规模确定，可采用 S 型、M 型或 SM 混合型。

4）采用 M 型或 SM 混合型等电位联结方式时，主机房应设置等电位联结网格，网格四周应设置等电位联结带，并应通过等电位联结导体将等电位联结带就近与接地汇流排、各类金属管道、金属线槽、建筑物金属结构等进行连接。每台电子信息设备（机柜）应采用两根不同长度的等电位联结导体就近与等电位联结网格连接。

5）等电位联结网格应采用截面积不小于 25mm² 的铜带或裸铜线，并应在防静电活动地板下构成边长为 0.6～3m 的矩形网格。

（12）防雷

电子信息系统机房的防雷设计，应满足人身安全及电子信息系统正常运行的要求，并应符合现行国家标准《建筑物防雷设计规范》GB 50057—2010 和《建筑物电子信息系统防雷技术规范》GB 50343—2004 的有关规定。

为防止机房设备的损坏和数据的丢失，机房防雷尤其重要。按国家建筑物防雷设计规范，要求对机房电气电子设备的外壳、金属件等实行等电位连接，并在低压配电电源电缆进线输入端加装电源防雷器。防雷接地电阻满足国标要求。

36.16.2.3　机房专用空调系统

1. 一般要求

机房环境对机房内设备的正常运行起着至关重要的作用，保持机房内温度、湿度、洁净度合格是保证机房设备运营正常的必要条件。

具体的机房空气环境设计目标参数，参见《电子信息系统机房设计规范》GB 50174—2008。

2. 系统建设

机房专用空调机组的送风方式一般为下送风上回风方式，也称为下送上回式（在此只对此种工作方式加以描述）。此种送风方式，送风均匀，造价低，运行成本低，因此应用范围广泛。

气流组织形式：经空调机调整了的温湿度空气，通过计算机柜下部送进计算机柜内，而经机房上部返回空调机的送风形式。此种方式有两种回风方式，其一是从地板下送出的气流，设置在天花顶棚上的回风口从天花内回到空调机组处，其二是从地板下送出的气流直接在机房内顶部回到空调机组处，也称为"漫回风"。

送风输送形式：送风可以在抗静电活动地板下方直接送风，也可经风道送风。

新风量的配置：新风量取总风量的 10%，中低度过滤，新风与回风混合后，进入空调设备处理，提高控制精度，节省投资，方便管理。

根据计算机场地技术要求，按 A 级设计，温度 $T=23℃±2℃$，相对湿度 $=55\%±5\%$，夏季取上限，冬季取下限。

(1) 冷负荷估算依据

人体发出的热按轻体力工作处理并随工作状态与室温而异，在机房冷负荷估算时，其总热负荷约为每人 102kcal。

通过机房屋顶、墙壁、隔断等围护结构进入机房的传导热是一个与季节、时间、地理位置和太阳的照射角度等有关的量。因此，要准确地求出这样的量是很复杂的问题。

1) 当室内外空气温度保持稳定状态时，由平面形状墙壁传入机房的热量可按下式计算：

$$Q = K \times F \times T$$

式中　K——围墙导热系数，kcal(m^2·h·℃)；

　　　F——围墙面积，m^2；

　　　T——机房内外温差，℃。

2) 当计算不与室外空气直接接触的围护结构如隔断等时，室内外计算温度差应乘以修正系数，其值通常取 0.4~0.7。常用材料导热系数可参见《电子信息系统机房设计规范》GB 50174—2008。

3) 当机房的玻璃窗受阳光照射时，透过玻璃进入室内的热量可按下式计算：

$$Q = K \times F \times q$$

式中　Q——透过玻璃窗进入的太阳辐射热强度，kcal/(m^2·h)；

　　　K——太阳辐射热的透入系数，取决于窗户的种类，通常取 0.36~0.4；

　　　F——玻璃窗的面积，m^2；

　　　q——太阳辐射热强度，随纬度、季节和时间而不通，具体数值参考当地气象资料。

4) 换气及室外侵入的热负荷考虑：机房内工作人员需要通过空调设备的新风口向机房补充室外新鲜空气，并用换气来维持机房的正压，这些新鲜空气也将成为热负荷。而门、窗开关和人的出入带来的热负荷，也可折算为房间的换气量来确定热负荷。

(2) 机房专用空调的种类

1) 传统形式：机房室内机/室外机的配合，氟利昂制冷剂循环。

2) 水冷却形式：机房室内机＋室外干冷器配合，或者，室内机＋冷却塔设备配合，制冷剂仅在室内机组循环。

3) 冷冻水形式：冷水机组＋室内机组的配合，由冷水机组利用氟立昂制出 7~9℃ 的低温冷冻水并通过水泵输送到各室内机组，由室内机组使用低温冷冻水最终完成恒温恒湿的精密控制。

(3) 专业机房空调节能方式的选择

机房环境要求常年制冷，而在冬季时，室外大自然温度很低，这时机房也需要冷量，根据中国长江流域以北地区冬季的气象条件，可以利用天然冷源对机房"自然冷却"。目前，中国已经有多个大型机房采用自然冷冻水机房空调方案，运行良好，冬季节能效果

明显:

1) 节约电能:冬季可以节约电能 15~40%。

2) 机房内噪声降低:该类空调系统的室内机组无压缩机,使机房内噪声大大降低。

3) 系统维护量降低:与传统方案相比,整个系统压缩机数量大幅减少,降低系统维护成本。

4) 无需外置冷凝器,具有传统机房专用空调所不易解决的建筑物外美观的效果。

36.16.2.4 机房通风系统

1. 一般要求

机房专用空调送风量远大于普通舒适性空调机组,机房内的换气次数高。同时,由于机房内一般是无人值守,因此为减少新风对机房内的温湿度干扰以及对机房内洁净度的影响,新风量不宜设计过大。另一方面,机房内空气需保持正压,所以新风还必须存在。

2. 系统建设

主机房应按实际要求选用新风净化机,对空气要经过初效、中效和亚高效过滤机进行过滤处理,以保证机房的洁净度,并在风管上设置电动防烟防火调节阀。UPS室存在电池气体泄放问题,所以须在UPS室设计换气系统,机房区设计消防排气系统,消防排气风机的风量按机房内不小于 5 次/h 的换气次数计算。

空调送风的几种方式:上送风、下送风、风道。机房空调系统见图 36-91。

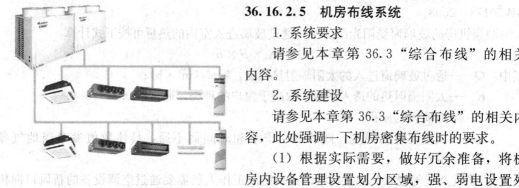

图 36-91 机房空调系统

36.16.2.5 机房布线系统

1. 系统要求

请参见本章第 36.3 "综合布线" 的相关内容。

2. 系统建设

请参见本章第 36.3 "综合布线" 的相关内容,此处强调一下机房密集布线时的要求。

(1) 根据实际需要,做好冗余准备,将机房内设备管理设置划分区域,强、弱电设置列头柜和核心交换柜,布局结构合理,模块化设计,管理便捷。

(2) 主机房、辅助区和行政管理区应根据功能要求划分成若干工作区,工作区内信息点的数量应根据机房等级和用户需求进行配置。

(3) 承担信息业务的传输介质应采用光缆或 6 类及以上等级的对绞电缆,传输介质各组成部分的等级应保持一致,并应采用冗余配置。

(4) 当主机房内的机柜或机架成行排列或按功能区域划分时,宜在主配线架和机柜或机架之间设置配线列头柜。

(5) A 级电子信息系统机房宜采用电子配线设备对布线系统进行实时智能管理。

(6) 电子信息系统机房存在下列情况之一时,应采用屏蔽布线系统、光缆布线系统或采取其他相应的防护措施:

1) 环境要求未达到《电子信息系统机房设计规范》GB 50174—2008 第 5.2.2 条和第 5.2.3 条的要求时;

2）网络有安全保密要求时；

3）安装场地不能满足非屏蔽布线系统与其他系统管线或设备的间距要求时。

4）敷设在隐蔽通风空间的缆线应根据电子信息系统机房的等级，按《电子信息系统机房设计规范》GB 50174—2008 附录 A 的要求执行。

5）电子信息系统机房的网络布线系统设计，除应符合《电子信息系统机房设计规范》GB 50174—2008 的规定外，尚应符合现行国家标准《综合布线系统工程设计规范》GB 50311—2007 的有关规定。

36.16.2.6 机房安防系统

1. 系统要求

门禁、监控管理系统的主要目的是保证重要区域设备和资料的安全，便于人员的合理流动，对进入这些重要区域的人员实行各种方式的安防措施管理，以便限制人员随意进出。

2. 系统建设

机房建设中的技术防范系统，即运用现代化高科技手段（如：电视监控、通道报警、出入口控制等）24h 实时监控机房内情况，及时报警和监控，保证机房内设备和人员的安全。

（1）出入口控制系统

该系统由感应卡、感应读卡器、门禁控制器、电控锁、门禁管理计算机与软件等组成。

1）机房出入口控制系统要求：在主要部位如机房门口等处，安装电控锁、感应卡读卡机等控制装置，在要害部位应装指纹门禁控制装置，由中心控制室监控，系统采用计算机多重任务的处理，能够对各通道口的位置、通行对象及通行时间等实时进行控制或设定程序控制，并能记录人员进出情况和历史情况查询，以及特殊情况（如破坏性强行进入）下报警等。

2）机房出入口控制系统组织：门禁和报警系统不是以一个独立的系统形式存在，它是综合安保系统的一个重要的组成部分，具有联网功能，不仅可以实现安保系统的集成，还可与消防实现报警系统实现网络集成，一旦遇到火警时，门禁系统能自动打开消防门及其他出口，便于人员的疏散。安装于消防门的电控锁采用断电开的类型，以保证发生火灾断电时，仍有逃生路径。

（2）闭路电视监视系统

该系统的技术实现请参见本章第 36.11.4 "视频监控系统"，作为机房管理中监视系统有如下要求：

1）通过电视监控系统，能保证主机房的数据保密及安全，及时发现突发事件，提高快速处置能力。

2）可清晰地观察、记录所有通过摄像机控制范围内的目标和移动物体，并可在监视器上显示，同步记录存储图像。

3）每一台摄像机的图像都被实时存储于硬盘录像机中，存储时间不少于 30d。

4）每一台摄像机的图像都被实时显示于监控室的彩色显示器上。

5）监控主机可通过局域网将视频信号传送到远端，经授权的客户端可通过该局域网浏览监控画面。

36.16.2.7　机房场地集中监测系统

1. 系统要求

机房场地集中监测系统需要对如下机房设施进行实时监测：

（1）供配电子系统，UPS 系统，机房专用精密空调系统，温湿度、漏水、消防报警子系统。

（2）应配备机房集中监测管理系统，对各种设备运行状态和参数应具有：监测设施的汇集、显示、判别、记录、管理等功能，还需具有：多媒体语音报警、电话或手机报警功能。

2. 系统建设

机房场地集中监测系统各子系统要求内容如下（见图 36-92）：

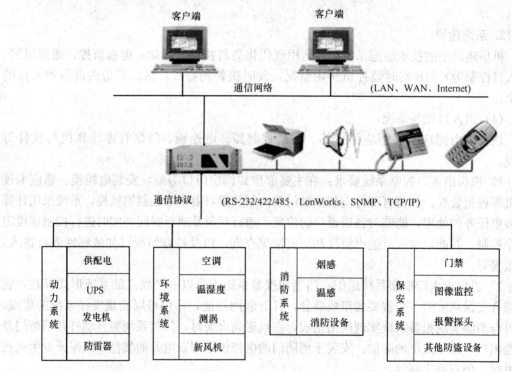

图 36-92　机房场地集中监测系统

（1）供配电监控子系统：监控机房电力参数，三相电压、电流、功率、频率等；检测机房市电、UPS 电源等重要开关的状态。

（2）UPS 监控子系统：实时检测 UPS 工作状态、运行参数以及 UPS 的报警等。

（3）空调监控子系统：实时监控空调的运行状态及参数、报警等。

（4）温湿度监测子系统：实时监测机房内温湿度情况，并可在机房直接查看温湿度值等。

（5）漏水监测子系统：实现机房内漏水报警，包括机房空调下水管道漏水报警，漏水时告知发现漏水，并把机房漏水位置显示在监控画面上等功能。

（6）消防报警子系统：实现烟感报警，突发浓烟时告知发现火灾，并把机房突发浓烟位置显示在监控画面上并实现语音提示等功能。

（7）电话报警子系统：对重要的报警信息可实现电话语音报警，根据设备设置不同的电话号码，拨号次数及间隔可随意设置。

（8）手机短信报警子系统：对重要的报警信息可实现手机短信报警，可根据设备设置不同的手机号码。

（9）多媒体语音系统子系统：对机房内相应的设备报警可实现语音报警功能。

36.16.2.8 机房消防报警系统

1. 系统要求

机房场地的火灾自动报警和气体灭火控制系统应实现如下功能：

（1）防护区的要求

1）防护区围护结构的耐火极限不低于0.5h，耐压强度不低于1200Pa；

2）防护区的通风机和通风管道中的防火阀，在喷放灭火剂前自动关闭；

3）喷放灭火剂前，必须切断可燃、助燃气体的气源；

4）防护区的门向疏散方向开启，并能自动关闭，且在任何情况下均能从防护区内打开；

5）在防护区外设置声、光报警、释放信号标志及气体喷放指示灯；

6）为保证人员的安全撤离，在释放灭火剂前，应发出火灾报警，火灾报警至释放灭火剂的延时时间为30s；

7）为保证灭火的可靠性，在灭火系统释放灭火剂之前或同时，应保证必要的联动操作，即灭火系统在发出灭火指令时，由控制系统发出联动指令，切断电源，停止一切影响灭火效果的设备；

8）防护区应有排风设备，释放灭火剂后，应将废气排尽后，人员方可进入进行检修；

9）灭火系统储瓶间，设置在保护区附近专用独立的房间内，耐火等级不低于二级，室温为−10～50℃，保持干燥通风，出口直接通向室外或疏散通道，且灭火剂储瓶避免阳光照射。

（2）灭火联动控制

当防护区内相邻一对感烟、感温探测器同时报警时，火灾报警控制器发出信号启动声光报警器，通知人员撤离；并关闭空调及防火阀，切断非消防电源，接收动作完成后的返回信号；经30s可调延时后启动钢瓶瓶头阀；释放灭火气体以完成灭火控制器上手动远程启动灭火系统；通过紧急启停按钮在防护区外完成对灭火系统的紧急启动，在瓶头阀启动命令发出前，完成对灭火系统的紧急停止控制；在钢瓶间也可通过手动启动瓶头阀完成灭火功能。

灭火气体应采用国家允许的卤代烷的替代品七氟丙烷（HFC-227ea）洁净气体。应符合《七氟丙烷（HFC−227ea）洁净气体灭火系统设计规范》DBJ 15-23-1999的规定。

在钢瓶间里放置钢瓶，在监控室设置消防自动报警系统，应与空调系统、门禁系统、配电系统等实现联动。

系统控制方式为：当有人工作或值班时采用手动控制，在无人的情况下采用自动控制方式。

消防系统要通过消防部门验收。

2. 系统建设

(1) 消防自动报警及控制系统的组成：

1) 消防控制中心包括智能火灾报警控制主机，用于集中报警及控制。

2) 消防控制中心外围报警及控制包括光电感烟、感温探测器、组合控制器和气瓶等。

(2) 根据实际要求划定分区设计气体剂量。

(3) 根据实际要求选用设计方式：有管网或无管网。

(4) 应采用联动方式设计。

(5) 请参见本章 36.10 节"火灾自动报警及消防联动控制系统"。

36.16.2.9 机房电磁屏蔽系统

1. 基本要求

对涉及国家秘密或企业对商业信息有保密要求的电子信息系统机房，应设置电磁屏蔽室或采用其他电磁泄漏防护措施，电磁屏蔽室的性能指标应按国家现行有关标准执行。

应按照《电子信息系统机房设计规范》GB 50174—2008 第 5.2.2 条和第 5.2.3 条要求的电子信息系统机房的环境条件进行检查，如环境条件达不到要求，应采取电磁屏蔽措施：

(1) 电磁屏蔽室的结构形式和相关的屏蔽件应根据电磁屏蔽室的性能指标和规模选择。

(2) 设有电磁屏蔽室的电子信息系统机房，建筑结构应满足屏蔽结构对荷载的要求。

(3) 电磁屏蔽室与建筑（结构）墙之间宜预留维修通道或维修口。

(4) 电磁屏蔽室的接地宜采用共用接地装置和单独接地线的形式。

2. 系统建设

计算机、通信机及电子设备在正常工作时会产生一定强度的电磁波，该电磁波可能会对其他设备产生干扰或被专用设备所接收，以窃取其工作内容。同时，这些电子设备也需要在小于一定强度的电磁环境下保证其正常工作。

屏蔽室就是利用屏蔽的原理，用金属板体（金属网）制成六面体，将电磁波限制在一定的空间范围内使其场的能量从一面传到另一面受到很大的衰减，由于金属板网对入射电磁波的吸收损耗、界面反射损耗和板内反射损耗，使其电磁波的能量大大的减弱，而使屏蔽室产生屏蔽作用。

(1) 屏蔽室的屏蔽性能

屏蔽室的有效性以屏蔽效能来进行度量。屏蔽效能的定义如下：

$$S = E_0/E_1 \ 或 \ S = H_0/H_1$$

式中　　S——屏蔽效能；

$E_0(H_0)$——没有屏蔽体时空间某点的电场强度（磁场强度）；

$E_1(H_1)$——有屏蔽体时被屏蔽空间在该点的电场强度（磁场强度）。

由于在上述计算与测试中，常遇到场强值相差悬殊（达百万倍的信号），为了便于计算与表达，通常采用对数单位-分贝（dB）进行度量表达为：

$$S_E = 20\lg(E_0/E_1) \ (dB)$$

$$S_H = 20\lg(H_0/H_1) \ (dB)$$

由于在屏蔽室做六面体密闭的同时，还必须配备人员及设备进出的屏蔽门，还须配备通风通道、室内所用电源线及信号线的通道屏蔽与内外隔离。

因此，影响屏蔽室屏蔽效能的主要因素有：屏蔽室所用的金属材料，屏蔽材料的接缝工艺，屏蔽门，各通道的波导处理，电源线的滤波处理，信号线的屏蔽/光电隔离处理。

对使用的屏蔽用金属板材料进行计算时，需要涉及：入射电磁波的波阻抗 Z_w，屏蔽材料的特性阻抗 Z_s，计算不便。一般使用厚度 $\delta=1\sim2\text{mm}$ 优质镀锌的钢板，则在不同场源、不同频率时屏蔽效果均 $\geqslant100\text{dB}$。

测试方法按国标《高性能屏蔽室屏蔽效能的测量方法》GB/T 12190—2006 进行。

(2) 屏蔽室的屏蔽要求

用于保密目的的电磁屏蔽室，其结构可分为可拆卸式和焊接式。焊接式可分为自撑式和直贴式，其相关的要求：

1) 建筑面积小于 50m、日后需搬迁的电磁屏蔽室，结构宜采用可拆卸式。

2) 电场屏蔽衰减指标大于 120dB、建筑面积大于 50m^2 的屏蔽室，结构宜采用自撑式。

3) 电场屏蔽衰减指标大于 60dB 的屏蔽室，结构宜采用直贴式，屏蔽材料可选择镀锌钢板，钢板的厚度应根据被屏蔽信号的波长确定。

4) 电场屏蔽衰减指标大于 25dB 的屏蔽室，结构宜采用直贴式，屏蔽材料可选择金属丝网，金属丝网的目数应根据被屏蔽信号的波长确定。

用于保密目的的电磁屏蔽室的屏蔽件的要求：

①屏蔽门、滤波器、波导管、截止波导通风窗等屏蔽件，其性能指标不应低于电磁屏蔽室的性能要求，安装位置应便于检修。

②屏蔽门可分为旋转式和移动式。一般情况下，宜采用旋转式屏蔽门。当场地条件受到限制时，可采用移动式屏蔽门。

③所有进入电磁屏蔽室的电源线缆应通过电源滤波器进行处理。电源滤波器的规格、供电方式和数量应根据电磁屏蔽室内设备的用电情况确定。

④所有进入电磁屏蔽室的信号电缆应通过信号滤波器或进行其他屏蔽处理。

⑤进出电磁屏蔽室的网络线宜采用光缆或屏蔽缆线，光缆不应带有金属加强芯。

⑥截止波导通风窗内的波导管宜采用等边六角形，通风窗的截面积应根据室内换气次数进行计算。非金属材料穿过屏蔽层时应采用波导管，波导管的截面尺寸和长度应满足电磁屏蔽的性能要求。

36.16.3　机房系统安装施工

36.16.3.1　施工准备

由于机房系统使用的设备、器材繁多，涉及的施工面广，故施工前，需要做好充分的准备工作。准备工作的要求主要参见本章 36.1.3 节的要求，还应考虑到针对机房系统要应符合以下要求：

1. 施工环境的要求

(1) 所需的机房、控制室、配线间等相关房间的结构工程、土建工程已经施工完毕，且符合机房系统的各项要求。

(2) 机房等相关房间内干净整洁。照明、插座以及温、湿度等环境要求，已按设计文件的规定准备就绪，且验收合格。

（3）系统各种缆线所需的预埋暗管、地槽预埋件完毕，孔洞等的数量、位置、尺寸均已按设计要求施工完毕，并有准确的相关图纸。

（4）电源、接地可保证施工安全和安全用电。

2. 重要设备需要进行重点检查

（1）机柜的型号、材质必须符合设计要求。

（2）配电柜的各项性能指标应符合设计要求和产品说明书的规定。

（3）UPS 的各项性能指标应符合设计要求和产品说明书的规定。

（4）空调机的各项性能指标应符合设计要求和产品说明书的规定。

36.16.3.2　机房系统安装的施工要求

（1）机房室内装饰装修工程的施工除应执行《电子信息系统机房施工及验收规范》GB 50462—2008 第 10 章的规定外，还应符合下列规定：

1）建筑地面应找平，并清理干净。

2）地板支撑架应安装牢固，并应调平。

3）地板间的缝隙不应大于 3mm。

4）地板的高度应根据电缆布线和空调送风要求确定，宜 200～500mm。

5）地板线缆出口应配合电脑实际位置进行定位，出口应有线缆保护措施。

（2）供配电系统工程的施工除应执行《电子信息系统机房施工及验收规范》GB 50462—2008 第 3 章的规定外，还应符合下列规定：

1）配电柜和配电箱安装支架的制作尺寸应与配电柜和配电箱的尺寸匹配，安装应牢固，并应可靠接地。

2）吊顶里或防静电地板下的线管，应按明配管路做法，横平竖直，排列整齐，管卡应牢固、平整。

3）线缆穿管和线槽敷线应符合下列要求：

①同一交流回路的导线应穿于同一管内，不同回路、不同电压和交流与直流的导线不得穿入同一管内。

②管内敷设的线缆在管内不应有接头和扭结，接头应设在接线盒内。

③线缆应按要求分色，A 相黄色，B 相绿色，C 相红色，N（中性线）为淡蓝色，PE（保护线）为黄绿双色。

④穿线前清理管路，盒内断线应预留长度为 15cm，配电箱内导线的预留长度应为配电箱体周长的 1/2。

4）灯具、开关和插座安装应符合下列要求：

①灯具、开关和插座安装应牢固，位置准确，开关位置应与灯位相对应。

②同一房间，同一平面高度的插座面板应水平，插座的接线应左零右相上接地。

③灯具的支架、吊架、固定点位置的确定应符合牢固安全、整齐美观的原则。

④灯具、配电箱安装完毕后，每条支路进行绝缘摇测，应大于 0.5MΩ，并做好记录后。

5）不间断电源设备的安装应符合下列要求：

①主机和电池柜应按设计要和产品技术要求进行固定。

②各类线缆的接线应牢固，正确，并做好标识。

③不间断电源电池组应接直流接地。

（3）防雷与接地系统工程的施工应执行《电子信息系统机房施工及验收规范》GB 50462—2008 第 4 章和本规范第 16 章的规定。

（4）综合布线系统工程的施工应执行《电子信息系统机房施工及验收规范》GB 50462—2008 第 7 章和本规范第 5 章的规定。

（5）安全防范系统工程的施工应执行《电子信息系统机房施工及验收规范》GB 50462—2008 第 8 章和本规范 14 章的规定。

（6）空调系统工程的施工应执行《电子信息系统机房施工及验收规范》GB 50462—2008 第 5 章的规定。

（7）给水排水系统工程应的施工应执行《电子信息系统机房施工及验收规范》GB 50462—2008 第 6 章的规定。

（8）电磁屏蔽工程应的施工应执行《电子信息系统机房施工及验收规范》GB 50462—2008 第 10 章的规定。

（9）消防系统工程的施工除应执行《电子信息系统机房施工及验收规范》GB 50462—2008 第 9 章和本规范第 13 章的规定外，自动灭火系统的安装还应符合下列要求：

1）管道必须可靠地支撑和固定。

2）管道、吊架和支架应涂漆均匀。

3）管道应良好接地。

4）喷嘴安装前应进行密封性能试验，应采用氮气或压缩空气进行吹洗。

5）喷嘴应安装牢固，不应堵塞。

6）控制操作装置的周围应留出适当空间，控制操作装置安装应牢固、平稳。

7）储存容器的周围应留有适当的安装调试用空间，正面操作距离不应小于 1.2m，储存容器安装应牢固。

8）灭火气体除做消防常规测试外，还要求通过消防检测机构的毒性试验和绝缘试验。宜采用无毒性的灭火气体。

（10）涉密网络机房还应符合《涉及国家秘密的信息系统分级保护技术要求》。

36.16.4 施 工 质 量 控 制

机房工程工程质量控制，要依据《电子信息系统机房设计规范》GB 50174—2008、《电子信息系统机房施工及验收规范》GB 50462—2008、《建筑电气工程施工质量验收规范》GB 50303—2002《施工现场临时用电安全技术规范》JGJ46—2005 和《智能建筑工程质量验收规范》GB 50339—2003 及其他相关规范及相关标准，制定机房系统工程的质量管理计划。

（1）在机房系统工程的施工阶段，一定要注意以下的施工要点，也是质量控制的主控项，以便保证施工质量：

1）机房内的给排水管道安装不应渗漏。

2）给排水干管不宜穿过机房。若要穿过时，应设套管，套管内的管道不应有接头，管子和套管间应采用阻燃的材料密封。

3) 机房内的冷热管道的保温应采用阻燃材料；保温层应平整、密实，不应有裂缝、空隙；防潮层应紧贴在保温层上，密闭良好；保护层表面应光滑平整，不起尘。

4) 电气装置应安装牢固、整齐，标识明确，内外清洁。

5) 电气接线盒内不应有残留物，盖板应整齐、严密、紧贴墙面。

6) 接地装置的安装及其接地电阻值应符合设计要求，并连接正确。

(2) 在机房系统的施工中，施工中质量控制还需要注意的是：

1) 吊顶内电气装置应安装在便于维修处。

2) 配电装置应有明显标志，并应注明容量、电压、频率等。

3) 落地式电气装置的底座与楼地面应安装牢固。

4) 机房内的电源线、信号线和通信线应分别铺设，排列整齐，捆扎固定，长度留有余量。

5) 成排安装的灯具应平直、整齐。

36.16.5 系统施工调试与测试

36.16.5.1 系统的调试

(1) 综合布线系统的调试应执行《电子信息系统机房施工及验收规范》GB 50462—2008 第 7 章和本章第 36.3 节"综合布线"的要求。

(2) 安全防范系统的调试应执行《电子信息系统机房施工及验收规范》GB 50462—2008 第 8 章和本章第 36.11 节"安全防范管理系统"的要求。

(3) 空调系统的调试应执行《电子信息系统机房施工及验收规范》GB 50462—2008 第 5 章的规定。

(4) 消防系统的调试应执行《电子信息系统机房施工及验收规范》GB 50462—2008 第 9 章和本章第 36.10 节"火灾自动报警及消防联动控制系统"的要求，还应符合下列要求：

1) 气体灭火系统的调试，每个保护区应进行模拟喷气试验和备用灭火剂储存容器切换操作试验。

2) 进行调试试验时，应采取可靠的安全措施，确保人员安全和避免灭火剂的误喷射。

3) 试验采用的储存容器应为防护区实际使用的容器总数的 10%，且不得少于一个。

4) 模拟喷气试验宜采用自动控制模式。

5) 模拟喷气试验的结果，应符合下列规定：

①试验气体能喷出被试防护区内，且能从被试防护区的每个喷嘴喷出。

②阀门控制应正常。

③声光报警器信号应正确。

④储瓶间内的设备和对应防护区的灭火剂输送管道应无明显晃动和机械性损坏。

6) 进行备用灭火剂储存容器切换操作试验时可采用手动操作，并执行《气体灭火系统施工及验收规范》GB 50263—2007 的规定。

36.16.5.2 系统的检测与检验

1. 电子信息系统机房综合测试条件的要求

(1) 测试区域所含分部、分项工程的质量均应验收合格；

（2）测试前应对整个机房和空调系统进行清洁处理，空调系统运行不应少于 48h；

（3）电子信息系统机房竣工后信息系统设备应未安装。

测试项目和测试方法应符合现行国家标准《电子计算机场地通用规范》GB/T 2887—2007 和《电子信息系统机房施工及验收规范》GB 50462—2008 的有关规定。

2. 测试仪器、仪表的要求

（1）测试仪器、仪表应符合现行国家标准《电子计算机场地通用规范》GB/T 2887—2007 和《电子信息系统机房施工及验收规范》GB 50462—2008 的有关规定；

（2）测试仪器、仪表应通过国家认定的计量机构鉴定，并应在有效期内使用。

电子信息系统机房综合测试应由建设单位主持，并应会同施工、监理等单位或部门进行。

电子信息系统机房综合测试后应按《电子信息系统机房施工及验收规范》GB 50462—2008 附录 H 填写《电子信息系统机房综合测试记录表》，参加测试人员应确认签字。

3. 电子信息系统机房综合测试的各项内容与指标的要求

（1）温度、湿度的检验应符合下列要求：

1）面积不大于 $50m^2$，测点应在对角线布置 5 点，每增加 $20\sim50m^2$ 增加 $3\sim5$ 个测点，测点距地面 0.8m，距墙不小于 1m，并应避开送回风口处。

2）机房内温、湿度应满足温度 $18\sim28℃$，相对湿度 $40\%\sim70\%$。

（2）空气含尘浓度的检验应符合下列要求：

1）测试仪器应为每次采样量不小于 1L/min 的尘埃粒子计数器。

2）空气含尘浓度每升空气中大于或等于 $0.5\mu m$ 的尘粒数应少于 18000 粒。

（3）噪声的检验应符合下列要求：

1）测点应在主要操作员的位置上距地面 $1.2\sim1.5m$ 布置。

2）机房应远离噪声源，当不能避免时，应采取消声和隔声措施。

3）机房内不宜设置高噪声的设备，当必须设置时，应采取有效的隔声措施。

（4）供配电系统的检验应符合下列要求：

1）测试仪器应符合下列要求：

①电压测试仪表精度应为 $\pm0.1V$；

②频率测试仪表精度应为 $\pm0.15Hz$；

③波形畸变率测试使用失真度测量仪，精度应为 $\pm3\%\sim\pm5\%$（满刻度）。

2）应在配电柜（盘）的输出端测量电压、频率和波形畸变率。

3）电源质量应满足下列要求：

①稳态电压偏移范围：$-13\%\sim+7\%$；

②稳态频率偏移范围：$\pm1Hz$；

③电压波形畸变率：$8\%\sim10\%$；

④允许断电持续时间：$200\sim1500ms$。

（5）风量检验应符合下列要求：

1）测试仪器应为风速仪，量程在 $0\sim30m/s$ 时，精度应为 $\pm0.3\%$。

2）电子信息系统机房总送风量、总回风量、新风量的测试，应按《通风与空调工程施工质量验收规范》GB 50243—2002 的方法进行。

（6）机房室内正压检验应符合下列要求：

1）测试仪器应为微压计，量程在 0～1kPa 时，精度应为±5%。

2）测试方法应符合下列要求：

①测试时应关闭室内所有门窗；

②微压计的界面不应迎着气流方向；

③测点位置应在室内气流扰动较小的地方。

（7）照度的检验应符合下列要求：

1）测点应按 2～4m 间距布置，并距墙面 1m，距地面 0.8m。

2）机房的照度应符合《建筑照明设计标准》GB 50034—2004 的规定。

（8）电磁屏蔽的检验应符合下列要求：

1）在频率为 0.15～1000MHz 时，无线电干扰场强不应大于 126dB。

2）磁场干扰场强不应大于 800A/m。

3）地面及工作台面的静电泄漏电阻，应符合现行国家标准《防静电活动地板通用规范》SJ/T 10796—2001 的规定。

（9）接地电阻的检验应符合下列要求：

1）测试仪表的要求：

①测试前应将设备电源的接地引线断开。

②测试仪表应为接地电阻测试仪，量程在 0.001～100Ω 时，精度应为±2%。

2）交流、直流各自的工作接地电阻，独立接地不大于 4Ω，联合接地不大于 1Ω。

3）保护接地电阻不大于 4Ω。

4）防雷接地电阻不大于 1Ω。

（10）质量记录：机房工程质量记录应执行《电子信息系统机房施工及验收规范》GB 50462—2008 的相关规定。

36.17 智能建筑电源、接地与防雷工程

智能建筑电源、接地与防雷工程是智能建筑工程的重要组成部分。

智能建筑的电源是为各建筑智能化子系统提供安全、可靠、稳定的电源。智能建筑的接地是为各建筑智能化子系统提供系统稳定工作、保证信息传输质量和人员及设备安全的重要保证。智能建筑的防雷既是建筑物的安全、人员的安全的重要设施，也是各个智能子系统安全、稳定运行的基础之一。

36.17.1 配 电 系 统

1. 智能建筑电源的基本要求

（1）供电容量充分：要求市电系统对智能化系统的供电容量，大于各个智能化子系统最大耗电量的总和。智能建筑电源应配置双路市电，经供电互投开关柜构成智能建筑电源系统。

（2）供电安全可靠：要求电源系统在部分设备发生故障时仍能保证供电不中断。智能

建筑电源的可靠性常用其不可用度来度量。不可用度＝电源故障断电时间/（电源故障断电时间＋正常供电时间），智能建筑电源系统的不可用度一般应不大于 5×10^{-6}。另外，在电源输入端应设电涌保护装置，电涌保护装置可以设置1、2、3级。

（3）供电质量：交流电源直接供电时，380/220V，50Hz 电源，其电源输入端子处的压力允许变动范围应为额定值的$-5\% \sim +5\%$；频率允许变动范围应为$-0.2\% \sim +0.2\%$；电压波形畸变率应小于5%，允许断电持续时间为0～4ms，当系统有更高的要求时应采用 UPS 供电。智能建筑的基础直流电源一般为$-48V$，电压允许变动范围为$-57 \sim -40V$，其背景噪声应符合设计要求。

（4）供电的后备措施：智能化系统应配备市电供电中断时的系统供电的应急后备设施，如设置不间断电源装置，配备柴油发动机。

（5）智能建筑电源的供电经济性和供电灵活性也应在设计中予以充分考虑。

2. 智能建筑供电系统的组成

目前智能建筑的供电系统所采用的供电方式主要有集中供电、分散供电和混合供电三种供电方式，以分散供电方式为主。智能建筑的供电系统由交流供电系统、直流供电系统、接地系统和监控系统（SCADA）组成。本文主要对智能建筑中推荐使用的分散供电方式的安装作出描述。

分散供电方式电源系统组成如图 36-93 所示。

分散供电最好采用开关电源替代老式的相控电源，并应合理设计蓄电池组的容量，合理地将电源分组，尽量减少电源的体积和重量，以利于将其布置在不同楼层上，并使其尽量靠近其需要供电的负载。

有些建筑群中的一些独立建筑物单独设置低压变压器，根据建筑物对智能化的不同要求，也可采用集中供电方式。某些智能建筑系统设计要求集中供电时，也应采用集中供电模式。

构成智能建筑的设备及电器一般应包括：交流配电屏、直流配电屏、电容补偿柜、高频开关整流器、直流—直流变换器、蓄电池组、柴油发电机组、交流自动稳压器、UPS、SCADA 系统等设备；主要电器包括：电流互感器、电压互感器、继电器、低压断路器、熔断器、刀开关、接触器、阀式避雷器、排气式避雷器和金属氧化锌避雷器、电源浪涌抑制器等等，大型设备和实施还包括柴油发电机组、供配电机房等。

3. 一些智能化子系统对电源的特殊要求

计算机房、各控制室、通信设备间等智能建筑用房，应按照机房内主要设备对电源的要求进行工程设计和施工安装。采用 UPS 供电系统。

通信设备间内安放程控用户交换机时，应按照《工业企业程控用户交换机工程设计规范》CECS 09—1989 设计电源系统，采用$-48V$直流电源。同时，通信设备间、交接间应采用 UPS 供电。

火灾自动报警及消防联动系统、自动灭火系统以及重要的安全防范设施等必须根据紧急状况时的负荷要求，采用集中供电，通常要求双路供电，或加装紧急备用电源系统（UPS、柴油发电机组、太阳能等）供电，以保证在紧急状况下电动排烟阀、防火卷帘、电动防火门、喷淋泵、排烟机、气体灭火系统、紧急广播系统以及紧急疏散照明及标志牌等设备在紧急状况下能可靠运行。有些火灾自动报警及消防联动系统使用$-24V$或$-48V$直流电源，直流供电电源必须在事故情况下能可靠地工作。

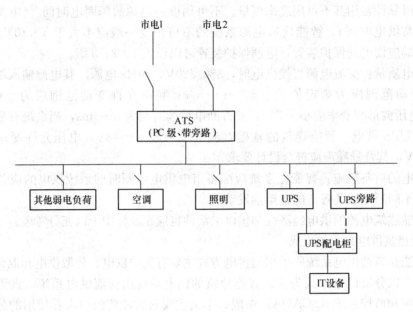

双路电源+1 组 UPS 供电方式

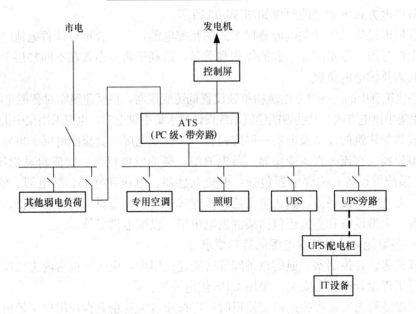

1 路电源、1 路发电机＋1 组 UPS 供电方式

图 36-93 供电方式、电源系统

作为建筑电气工程的一部分，智能建筑电源与接地工程只对系统中的备用电源和不间断电源系统（UPS）以及防雷与接地系统的安装施工、调试投运和检测验收进行描述。

36.17.2 不间断电源系统（UPS）

依据《智能建筑设计标准》GB/T 50314—2006 的规定，应根据智能化系统的大小、设备分布及对电源需求等因素，采取 UPS 分散供电方式或 UPS 集中供电方式。

36.17.2.1 不间断电源系统（UPS）的基本要求

1. UPS 的基本概念

不间断电源系统（简称为"UPS"）。它是能够提供持续、稳定、不间断的电源供应的供电设备。在有市电供应时，UPS 可以有效净化市电；在市电中断时，可持续一定时间（视配置的电池容量）给设备供电，使你能有时间启动备用的柴油发动机或暂时关闭某项耗电应用。

UPS 广泛地应用于智能建筑的各个系统中，保证各系统高质量的可靠供电。

UPS 不但用来给重要的设备提供电力供应的保障，它还可以消除电网中的各种电力骚扰，如电压波动、频率波动、谐波、电压畸变、电噪声等。

2. UPS 的组成与工作原理

从原理上来说，UPS 是一种集数字和模拟电路，自动控制逆变器与免维护储能电池于一体的电力电子设备；UPS 的主要功能包括：双路电源之间的无间断相互切换功能；将电网的瞬间间断、谐波、电压波动、频率波动以及电压噪声等干扰隔离在负载之前，既防止了电网对负载的干扰，又可将输入电压的频率转换成需要的频率、UPS 的后备功能；在断电时，UPS 的蓄电池提供的直流电经逆变器向负载供电。

UPS 按其工作原理可分为后备式和在线式。其输入输出方式可分为：单相输入输出、三相输入单相输出和三相输入三相输出三种方式。

组成 UPS 电源的 7 个部分为：输入整流滤波电路，将交流电变换为直流电，并进行稳压和抑制电网干扰；功率因数校正电路，用来提高功率因数、降低谐波、并使电网的输入电流成为与输入电压接近同相位的正弦波；蓄电池组是 UPS 的蓄能装置；充电电路独立于逆变器工作，在充电阶段向蓄电池组恒流充电，达到其浮充电压时，充电器改为恒压工作，直到充电完成；逆变器将直流电转变成准方波，经 LC 滤波后，用来保护 UPS 的负载，同时是市电供电变为逆变器供电的转换器件；其附属装置包括控制、检测、显示及保护电路。

UPS 供电分为在线式 UPS 供电与后备式供电两种模式。

（1）在线式 UPS 供电

在线式双总线 UPS 配电示意图//UPS 供电的系统框图如图 36-94 所示。

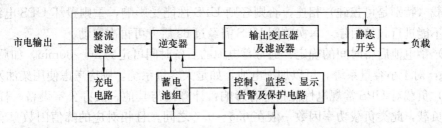

图 36-94　在线式 UPS 供电的系统框图

其工作原理如下：当市电正常工作时，输入电源经整流滤波电路，一路给逆变器供电、逆变器经变压器和输出滤波电路将 SPWM 波形装变成隔离的正弦波送往负载，另一路送入充电器给蓄电池充电，此时静态开关切换到逆变器端，并由逆变器完成稳压和频率跟踪功能。

当市电出现故障时，逆变器将蓄电池的直流电转换成交流电，通过静态开关送往负载。

当市电供电正常，但逆变器故障或输出过载时，则旁路 UPS，静态开关切换到市电供电；逆变器故障会导致 UPS 报警，过载引起的切换在过载消失后会重新切换到逆变器供电。

控制及保护电路提供提供逆变、充电、静态开关动作所需的控制信号、显示工作状态以及过压、过流、短路和过热报警及相应的保护。

在市电故障时，只要 UPS 在线工作就不会出现任何瞬间断电。几乎所有来自市电电网的干扰（电压浪涌、尖峰、瞬变、跌落、噪声电压、过压、持续低电压和电源中断）经过 UPS 隔离后都能得到很大程度的衰减，同时 UPS 能向负载提供十小、稳压精度高的供电电源，所以，目前智能建筑的电源系统大都采用在线式 UPS 供电。

（2）后备式供电

后备式 UPS 电源的系统框图见图 36-95。

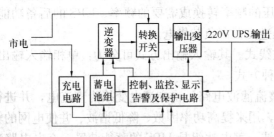

图 36-95 后备式 UPS 电源的系统框图

其工作原理如下：当市电故障时，UPS 工作在后备状态、UPS 内的检测线路一旦发现市电故障，即立刻启动逆变器。并将转换开关切换到逆变器端，由蓄电池经逆变器向负载提供交流方波电压，并通过调节输出方波的宽度来实现稳压功能，切换动作大约持续 $2 \sim 3s$，此时由 UPS 内部的容性器件向负载供电。后备式 UPS 的切换动作会引起电压波动，其稳压性能也比在线式差。

3. 智能化系统对 UPS 的要求

（1）UPS 的电性能指标有基本电性能（如输入电压范围、稳压率、转换时间等）、认证性能（如安全认证、电磁干扰认证）。

（2）常用 UPS 电源分为在线式正弦波输出 UPS、后备式正弦波输出 UPS 和后备式方波输出 UPS 三种。后备式方波 UPS 电源只能连接微容性和纯电阻型设备，不能同其他性质的负载（特别是可控硅）相连，否则轻则 UPS 性能受影响，重则毁坏 UPS 电源系统；此电源不能进行频繁启停，每次关闭 UPS 需经过 6s 后方可再次启动。

（3）蓄电池后备时间的确定：通常蓄电池的后备时间可定为 $10 \sim 30min$，如后备时间超过 1h，对于小容量系统，可以加配电池，如是大容量系统，则应考虑使用柴油发动机。

（4）负载对 UPS 常规电性能指标有影响：计算机与其他一般办公室设备一样，属整流电容负载，此类负载功率因数一般在 $0.6 \sim 0.7$ 之间，且相对应的峰值因数只有 $2.5 \sim 2.8$ 倍。而其他一般的马达负载功率因数也只在 $0.3 \sim 0.8$ 之间。因此一般 UPS 只要设计上具有功率因数 0.7 或 0.8，而峰值因数 3 以上即可符合一般负载的需求。高阶计算机对 UPS 的另一需求为具有低的零地电压，具有超强防雷击保护措施，可短路保护及具有电气隔离等要求。

（5）反映 UPS 对电网适应能力的指标有：1）输入功率因数；2）输入电压范围；3）

输入谐波因数；4）传导性电磁场干扰大小等指标。

（6）UPS输入功率因数低，会产生不良影响：UPS输入功率因数太低对一般用户而言是用户必须投资更粗的电缆线及空气断路器开关等设备。此外，UPS输入功率因数太低对电力公司较为不利（因电力公司需提供更多的电力才能符合负载所需的实际消耗电力）。

（7）反映UPS输出能力和可靠性的指标：UPS输出能力即UPS的输出功率因数，一般UPS为0.7（小容量1~10kVA UPS），而新型的UPS则为0.8，有更高的输出功率因数。UPS可靠性的指标为MTBF（平均无故障时间）。在5万h以上为好。

（8）在线式UPS的基本特征：1）零转换时间；2）输出电压稳压率低；3）可过滤输入电源突波、杂波等功能。

（9）UPS输出电压频率的稳定性是指空载与满载时UPS输出电压及频率变化的大小。尤其是在输入电压变化范围的最大值与最小值变化时仍能有不错的输出电压频率的稳定性。针对此要求，在线式UPS要远比后备式及在线互动式优良，而在线互动式UPS则与后备式相差无几。

（10）用户在配置和选用UPS时应考虑的因素：

1）了解各种架构UPS的适用情况；2）考量对于电力质量的要求；3）了解所需UPS的容量，并考虑未来扩充设备时的总容量；4）选择有信誉的品牌与供应商；5）注重服务质量。

（11）电网质量不好，而又要求100%不能停电的用电场合选用的UPS主要功能指标。

电网条件差的地区最好使用长延时（8h）在线式UPS，电网条件中等或好的地区可考虑用后备式UPS。输入电压频率范围是否宽广、是否有超强防雷击能力、抗电磁干扰能力是否通过认证等均是选用UPS时需要着重考虑的功能指标。

（12）用电容量小或者局部供电的场合，选用UPS主要功能指标。

用容量小或局部供电的场合，首先要选择小容量UPS，其次要依其对供电质量的要求高低，选择在线式或后备式UPS。后备式UPS有500VA、1000VA，在线式有1~10kVA可供用户选择。

（13）用电容量大或者集中供电的场合，选用UPS主要功能指标。

用电容量大或集中供电的场合，应选择大容量三相UPS。并考虑是否有：1）输出短路保护；2）可接受100%不平衡负载；3）具有隔离变压器；4）可作热备份；5）多国语言图形化LCD显示；6）可进行远端监控；7）有超强监控软件，可自动寻呼，自动发E-mail。

（14）对于要求长延时供电的场合，选用UPS主要功能指标。

长延时供电UPS需以满载考虑配置高质量、足够能量的电池，及UPS本身是否具有超大型强充电电流来使外加的电池在短时间内充足电。UPS要有：1）输出短路保护；2）超强过载能力；3）全时间防雷击。

（15）对供电智能管理要求高的场合，选用UPS主要功能指标。应选用可网络监控的智能型UPS，通过UPS所具有的可在局域网、广域网、因特网上监控的监控软件支援，可使用户对UPS实现网络监控的目的。监控软件要做到：1）可自动寻呼及自动发Email；2）可语音自动广播；3）可安全地关闭和重新启动 UPS；4）可跨不同作业平台操作；5）可预约开机；6）可做电源状态分析记录；7）可监看 UPS 运行状态，并且监控软件需通过微软公司的认证。

（16）用户对 UPS 厂商从哪些方面考察：1）生产厂商是否具有 ISO9000 及 ISO14000 认证；2）是否为知名品牌，重视客户利益及产品质量情况；3）是否在本地有维修中心或服务单位；4）是否在安全规格及抗电磁干扰上通过国际认证；5）UPS 是否具有较高的附加价值，例如是否未来可做网络监控或智能监控等。

4. UPS 电源的拓扑结构

智能建筑电源系统由于其多系统共存的特点，可考虑采用多台 UPS 分散供电。

5. UPS 的技术要求

（1）设备运行条件：

1）大型 UPS 宜安装在专用 UPS 机房中，中小型 UPS 可安装在其负载附近；

2）工作环境温度为 15～25℃；相对湿度＜90%（25℃，无凝露）。

（2）输入指标：

1）额定输入电压：220/380V，±15%；

2）额定输入频率：50Hz，±15%；

3）功率因数：＞0.8（满负荷）；

4）电压谐波失真度：＜5%；

5）输入功率因数大于 0.9。

（3）逆变器输出指标：

1）额定电压：220/380V（三相四线），±5%；

2）稳压精度：稳态＜1%，瞬态＜1.5%；

3）瞬态电压恢复时间＜50ms；

4）额定频率：50Hz，±0.1%；

5）频率同步范围：±2Hz（可调）；

6）频率调节速率：0.1～1Hz/s；

7）三相输出电压相位偏移：±1°（平衡负载），±3°不平衡负载；

8）过载能力：10mm（125%额定电流），10s（150%额定电流）；

9）限流：100%～110%额定电流可调；

10）负载功率因数不小于 0.8。

（4）噪声：＜60～70dB（距离设备 1m 处）。

（5）效率：＞90%（满载时）。

（6）静态开关指标：过载能力：100ms（10 倍额定电流）转换时间＜1ms。

（7）蓄电池（阀控式密封铅酸蓄电池，每台 UPS 各接口组）：

1）浮充电层允差：1%；

2）浮充电压：2.23～2.27V/单体；

3）均充电压：2.3～2.4V/单体；

4）放电终止电压：1.67～1.7V/单体；

5）寿命：浮允运行时不低于 10 年（25℃）。

（8）电磁干扰：符合《信息技术设备的无线电骚扰限值和测量方法》GB 9254—2008 标准的要求。

（9）防雷要求：在模拟雷电波为电压脉冲 $10/700\mu s$，5kV 电流脉冲 $8/20\mu s$，20kA 的情况下，UPS 输入端的雷击浪涌保护装置应可靠地保护设备不被损坏。

（10）UPS 应具有遥控、摇信、遥测功能，并带蓄电池检测及保护系统：

可通过总线网路或 RS-232/485 与 RAS/SCADA 系统通信，通信内容包括：输入电源故障、整流器故障、逆变器故障、工作方式（整流器、逆变器和旁路）、同步方式（内同步、外同步）、直流电压低或直流电压高；UPS 的所有报警信号均应被引至 UPS 的端子板上。

6. 相关标准

UPS 必须达到或超过下列标准中的一个或多个 UPS 的技术要求：

（1）《不间断电源设备》GB 7260；

（2）《建筑电气工程施工质量验收规范》GB 50303—2002；

（3）《智能建筑工程质量验收规范》GB 50339—2003。

36.17.2.2　不间断电源系统的安装

1. 安装的准备工作

UPS 安装的准备工作请参见本章 36.1.3 "施工准备"，还需要准备如下文件：安装平面布置图；电气接线图；UPS 容量；蓄电池容量；持续供电时间计算书；设备清单；备件及专用工具清单；工厂测试报告；U/LEMC 认证；原产地证明等。

2. 设备安装

（1）检查 UPS 的整流器、充电器、逆变器、静态开关，其规格性能必须符合设计要求，内部接线连接正确、紧固件齐全、接线和紧固可靠不松动，标记正确清晰。

（2）安装 UPS 的机架组装应横平竖直、其水平度、垂直度的允许偏差不大于 1.5%。紧固件齐全，紧固完好。

（3）引入和引出 UPS 的主回路电线或电缆与控制系统的信号线和控制通信电缆应分别穿保护管敷设，当在支架上平行敷设时应保持至少 150mm 的间距，电线、电缆的屏蔽接地应连接可靠，并与接地干线的最近接地相连接。

（4）UPS 的可接近裸露导体应接地 PE 或接零 PEN，连接可靠且有标识。

（5）UPS 输出端的中性线（N 级）必须与由接地装置直接引来的接地干线相连接，作重复接地。

（6）安装时应检查中线截面，中线截面应为相线截面 2 倍，防止因中线大电流引起事故。这是因为 UPS 运行时，其输入输出线路的中线电流约为相线电流的 1.8 倍以上。

（7）UPS 本机电源应采用专用插座，插座必须使用说明书中指定的保险丝。

（8）蓄电池组的安装应符合以下要求：

1）新旧蓄电池不得混用；存放超过三个月的蓄电池必须进行补充充电；

2）安装时必须避免短路，并使用绝缘工具，戴绝缘手套，严防电击；

3）按规定的串并联线路列间、层间、面板端子的电池连线，应非常注意正负极性；满足截面要求的前提下，引出线应尽量短；并联的电池组到负载的电缆应等长，以利于电池充放电时各组电池的电流均衡；

4）电池的连接螺栓必须紧固，但应防止拧紧力过大损坏极柱；

5）再次检查系统电压和电池的正负极方向，确保安装正确；并用肥皂水和软布清洁蓄电池表面和接线；

6）UPS与蓄电池之间应设手动开关。

36.17.2.3 不间断电源系统的检测和验收

1. 调试和检测

（1）对UPS的各功能单元进行试验测试，全部合格后方可进行UPS的试验和检测。

（2）采用后备式和方波输出的UPS电源时，其负载不能是容感性负载（变频器、交流电机、风扇、吸尘器等）；不允许在UPS工作时用与UPS相连的插座接通容感性负载。

（3）UPS的输入输出连线的线间、线对地间的绝缘电阻值应大于 0.5Ω；接地电阻符合要求。

（4）按要求正确设定蓄电池的浮充电压和均充电压，对UPS进行通电带负载测试。

（5）按UPS使用说明书的要求，按顺序启动UPS和关闭UPS。

（6）对UPS进行稳态测试和动态测试。稳态测试时主要应检测UPS的输入、输出、各级保护系统；测量输出电压的稳定性、波形畸变系数、频率、相位、频率、静态开关的动作是否符合技术文件和设计要求；动态测试应测试系统接上或断开负载时的瞬间工作状态，包括突加或突减负载、转移特性测试；其他的常规测试还应包括过载测试、输入电压的过压和欠压保护测试、蓄电池放电测试等。

（7）通过 SCADA/BAS 系统检测UPS的功能。

（8）按接口规范检测接口的通信功能。

（9）检查连锁控制，确保因故障引起的断路器跳闸不会导致备用断路器闭合（对断路器手动恢复除外），反之亦然。

（10）采用试验用开关模拟电网故障，测试转换顺序。

（11）用辅助继电器设置故障，检测系统的自动转换动作和转移特性。

（12）正常电源与备用电源的转换测试：通过带有可调时间延迟装置的三相感应电路实现正常和备用电源电压的监控。当正常电源故障或其电压降到额定值的70%以下时，计时器开始计时，若超过设定的延时时间（0~15s）故障仍存在，则备用电源电压已达到其额定值的90%的前提下，转换开关开始动作，由备用电源供电；一旦正常电源恢复，经延时后确认电压已稳定，转换开关必须能够自动切换到正常电源供电，同时通过手动切换恢复正常供电的功能也必须具备。

（13）检查声光报警装置的报警功能。

（14）检查系统对UPS运行状况的检测和显示情况。

（15）检测UPS的噪声：输出额定电流为5A及以下的小型UPS，其噪声不应大于30dB，大型UPS的噪声不应大于45dB，大型UPS的噪声不应大于45dB。

2. UPS系统的检测验收

根据《智能建筑工程质量验收规范》GB 50339—2003、《不间断电源设备》GB 7260、《建筑电气工程施工质量验收规范》GB 50303—2002 的有关规定对UPS系统进行检测验收。

36.17.3 防 雷 与 接 地

36.17.3.1 防雷与接地系统的基本要求

1. 弱电系统防雷的特点

雷电是危害电力系统安全可靠运行的重要因素之一。随着科学技术的发展，避雷器制造水平的提高以及金属氧化物避雷器的推广使用，使雷电过电压的保护得到了保证。

当人类进入电子信息时代后，雷电灾害的特点与以往有极大的不同，可以概括如下：

(1) 受灾面积大大扩大，从电力、建筑这两个传统领域扩展到几乎所有行业，特别是与高新技术关系最密切的领域，如航天航空、电信、计算机、电子工业、金融等。

(2) 从闪电直击和过电压波沿线传输变为空间闪电的脉冲电磁场入侵到任何角落，无孔不入地造成灾害，因而防雷工程已从防直击雷、感应雷转变为防雷电电磁脉冲(LEMP)。

(3) 科学技术的发展，使得雷电灾害的主要对象已集中在微电子器件设备上。微电子技术应用渗透到各种生产和生活领域，微电子器件极灵敏这一特点很容易受到无孔不入的雷电干扰的作用，造成微电子设备的失控或者损害。

2. 防雷与接地系统的基本要求

弱电系统的防雷及过电压保护必须综合运用分流（泄流）、均压（等电位）、屏蔽、接地和箝位保护等各项技术，构成一个完整的防护体系，才能取得明显的效果。

分流（泄流）：是对于可能出现的直击雷。靠接闪器、引下线和接地装置，或通过导电连接和接地良好的金属构架，将雷电流分流流散入地，而不流过被保护设备和部件。

均压（等电压）：是对同一楼层同一部位的不同电缆外皮、设备外壳、金属构架、管道做好电气搭接，以均衡电位。

屏蔽：是采用屏蔽电缆，利用人工屏蔽箱、自然屏蔽体来阻挡、衰减过电压能量。

接地：是将所有金属构架、管道、电缆屏蔽层等与总接地网连接。

箝位保护：是在电源线、信号线、接地线等过电压可能侵入的所有端口，装设必要的浪涌过电压保护装置，信号线上装设多级保护，将侵入的冲击过电压箝制在耐压允许的水平。

变电站外部防雷设施（避雷针、线、网、带）在接闪过程中，可泄放 50% 的雷电能量，其余的 50% 要通过建筑物本身的金属结构件、电源进线、通信线、天线的馈线进入建筑物内部。为了使建筑物内的人身、设备不受雷击，浪涌过电压的伤害，必须做防雷保护。防雷设计就是为被保护设备构建立个均压等电位系统，通过所安装的电涌保护器逐级把雷电电流泄放入地，达到真正保护设备的目的。

无论雷电过电波从任何途径入侵，都必须在最短的时间内，就近将被保护线路及设备接入等电位系统中，使线路和设备各个端口等电位。同时释放电路上因雷击而产生大量脉冲能量，以最短的路径泄放到大地，尽量降低设备各端口的电位差，以达到保护线路及设备的目的。通过各项防雷措施，为设备提供一个良好的环境，具体有下列几个方面：

(1) 通过安装在低压配电线路和信号线路上的电涌保护器把能量巨大的雷电流在纳秒级的时间内泄放入地，保护自动化系统通信和配电设备。

(2) 吸收线路上的感性负载和容性负载的引起的浪涌电压及对相电压可能的误输入电

压的保护。

(3) 保证用电设备的安全运行和工作人员的安全。

为了防止因雷击电磁脉冲、开关电磁脉冲和静电放电等原因对电子设备造成的损坏，国际和国内的标准化组织发布了一系列的标准和规范。《雷电电磁脉冲的防护》IEC 61312及《建筑物防雷设计规范》GB 50057—2010 分别提出和规定了系统防护的概念和方法。在建筑内外建立均压等电位系统，并在实际的应用中得到了良好的效果。现代意义的防雷，其工作重点已经从以建筑物为重点保护对象，发展到以电子信息系统为核心的保护，强调综合治理、整体防御、分级泄流、层层设防的思路，把防雷看成一个系统工程。

一个保护的区域，从电磁兼容（EMC）的观点来看，由外到内可分为几级保护区，最外层是 0 级，是直击雷击区域，危险性最高，越往里，则危险程度越低。从 0 级保护区到最内层保护区，必须实行分级保护。对于电源系统，分为 I、II、III、IV 级，如表 36-21 所示，从而将过电压降到设备能承受的水平。对于信息系统，则分为粗保护和精细保护：粗保护量级根据所属保护区的级别，而精细保护则要根据电子设备的敏感度来进行选择。

220V/380V 三相系统各种设备耐冲击过电压额定值　　　　表 36-21

设备的位置	电源处的设备	配电线路和最后分支线路的设备	用电设备	特殊需要保护的设备
耐冲击过电压类别	IV类	III类	II类	I类
耐冲击电压额定值（kV）	6	4	2.5	1.5

机房所在建筑物的外部防直击雷设施承担了约 50% 的雷电电磁脉冲能量，剩下约 50% 的雷电电磁脉冲能量将通过进出建筑物的各种管线（包括微波、卫星接收装置）以感应雷的方式对计算机设备和网络设备造成损坏。因此，建筑物内部防雷是防雷系统中更加重要的一环。

为了尽量降低进入电源线路的过电压，按照国际电工标准 IEC1312-1 技术要求和防雷设计原理，通过多级防雷措施后可以将侵入设备的过电压限制在一个合理的水平。一般电源部分的防雷采用三级防雷保护，这样可以把能量逐级泄放掉，也可以减小 LEMP 雷击电磁脉冲辐射。

设备所在建筑楼层总配电箱电源引入端配置箱式电源避雷器，作为第一级防雷保护配置三相四线制防雷器，标称放电电流选用 40kA，以实现电源一级防雷粗保护对直击屏进行防护，吸收约 90% 的雷电能量。预防感应雷击或操作过电压。防雷器分别接在总电源交流配电屏输入端的三根相线及零线与地线之间，三根相线前端串接小型断路器。

设备机房配电箱和直流电源输出入端配置电源防雷器，作为第二级防雷保护。配置单相箱式防雷器，标称放电电流选用 20kA，对雷电流或过电作进一步吸收，保证直流电源和机房设备的安全。防雷器分别接在机房配电箱输入端的三根相线及零线与地线之间，三根相线前端串接小型断路器。

在机房的重要网络机柜或设备如服务器、小型机路由器、交换机等输入端采用模块式电源避雷器，作为第三级防雷保护。标称放电电流选用 5kA，预防感应雷击或操作过电压。

若从室外架空明经引入的电源经路上安装的 SPD 应选用 10/350μs 波形试验的 SPD。

埋地引入线路，应选择 $8/20\mu s$ 波形试验的 SPD。电源系统入户为低压架空线路，电缆宜选择安装三相电压开关型 SPD 作为第一级保护；分配电柜线路输出端选择安装限压型 SPD 作为第二级保护；在电子信息设备电源进线端选择安装限压型的 SPD 作为第三级保护。当上一级电涌保护器为开关型 SPD，次级 SPD 采用限压型 SPD 时，两者之间电缆线隔距应大于 10m。当上一级 SPD 与次级 SPD 均采用限压型 SPD 时，两者之间电缆线隔距应大于 5m。当不满足要求时，应加装退耦装置。如果配电箱与被保护设备之间的距离大于 15m，应在设备前端安装防雷器。

（1）电源多级防护的级间配合

对于一些耐压水平较低，对电源质量要求比较严格的被保护设备，采用单个元件的保护装置的残压显得太高，为了实现较低的残压水平，可以采用两级或多级保护的概念来设计保护装置，各级相互配合，充分发挥各级器件的优点，以实现整体性能优越的目的。

根据《雷电电磁脉冲的防护》IEC61312-3 第三部分浪涌保护器的要求中的有关规定，配合的总目的就是利用 SPD 将总的威胁值减到被保护设备耐受能力范围以内。各个 SPD 的浪涌电流额定容量不得超过。如果对 $0\sim I_{max}$ 之间的每一个浪涌电流值，由 SPD2 耗散的能量低于或等于其最大能量耐受，则实现了能量的配合。

基本的配合原则有两个：①根据静态伏安特性进行配合（除导线外无附加任何去耦元件），适用于限压型 SPD，这种配合对级间距离有要求，即当 SPD 间有足够的线路距离时，利用线路自然电感的阻滞作用，可使后级 SPD 较前级 SPD 的电流小，实现级间通流配合；②当 SPD 没有足够的距离时，使用去耦元件进行配合。使用电感作去耦元件需要考虑雷电流波形，还可以使用电阻作去耦元件。

级间配合主要是能量的配合，对此也可以从电流方面检查。在同样波形下，电流峰值高，能量就大。关于级间距离，《建筑物电子信息系统防雷技术规范》GB 50343—2004 提出"当电压开关型浪涌保护器至限压型浪涌保护器之间的线路长度小于 10m，限压型浪涌保护器之间的线路长度小于 5m，在两级浪涌保护器之间应加装去耦装置。当浪涌保护器具有能量自动配合功能时，浪涌保护器之间的线路长度不受限制。"《建筑物低压电源电涌保护器选用、安装、验收和运行规程》CECS 174—2004 提出"当制造商未提供 SPD 级间配合措施也未提出级间距离要求，金属氧化物电阻 SPD 与金属氧化物电阻 SPD 之间电气距离不宜小于 10m，非触发式间隙 SPD 与金属氧化物电阻 SPD 之间电气距离不宜小于 15m，触发式间隙 SPD 与下一级金属氧化物 SPD 之间电气距离不宜小于 5m。"由于不同制造商生产的产品电压保护水平不同，级间配合的情况也不同，级间距离应以满足级间配合为准，而不可能有固定的值。

（2）浪涌保护器的安装要求

1）TN 系统中 SPD 宜接在主电路空气开关和熔断器的负荷侧，TT 系统中 SPD 可接在 RCD 的电源侧或负荷侧。当 SPD 接在主电路 RCD 的负荷侧时，所有金属氧化物 SPD 在电网标称电压下的泄漏电流之和应小于 RCD 动作电流的 1/10。接在 SPD 电源侧的 RCD 可带或不带延时，但应具有不小于峰值 3kA，$8/20\mu s$ 的雷电抗干扰能力。

2）应在 SPD 支路上串入后各过电流保护器，如断路器、熔断器。该过电流保护器不应在 SPD 允许通过的最大雷电流下开断，但应能开断该点工频短路电流，并与主电路的过电流保护器满足级间配合要求。空气断路器应选延迟型，C 脱扣曲线，与主电路断路器配合。SPD制造厂应提出此后各保护的要求。

3）SPD接入主电路的引线，应短而直，采取各种减少电感的措施，不应形成回环，不宜形成尖锐的转角。上引线（引至相线或中线）和下引线（引至接地）之和应小于0.5m。当引线长度大于0.5m，应采取减少电感的措施：采用凯尔文接线，或采用多根接地线并在多处接地。

不应将SPD电源侧引线与被保护侧引线合并绑扎或互绞。

4）减少设备级SPD与被保护设备间的线路距离，应减少两连线间的环路面积。

5）SPD应在最近的接地等电位连接点，或宜在预埋的接地板上进行接地。当在局部范围内信号接地点与电源接地点是分开的，则电源SPD的接地点应在电源地上。

6）SPD上引线的导线截面积入口级不应小于10mm^2（多股绝缘铜线），接地引线不应小于16mm^2（多股绝缘铜线）；中间级、设备级上引线导线截面积不应小于6mm^2（多股绝缘铜线），接地引线不应小于10mm^2（多股绝缘铜线）。当采用扁平导体，材料为铜时，其截面积不应小于多股铜线的要求。扁平导体可为裸导体，其厚度不小于2mm^2，并应保证线间和对地（对机壳）的空气绝缘距离和机械固定。

7）接线方式可参照图36-96。需要注意的是，中线和地线之间必须确保有良好的连接。

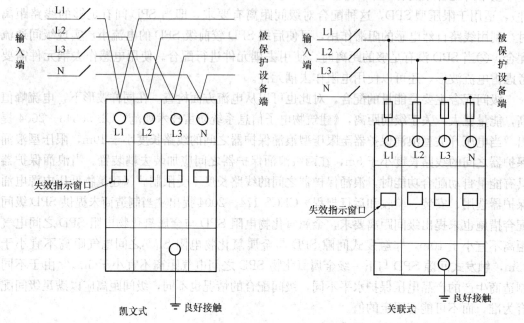

图 36-96 浪涌保护器的接线

（3）综合雷电防护措施

1）二次电源系统防雷击电涌过电压采用了三级防护措施，即设备所在建筑楼层总配电箱电源引入端配置箱式电源避雷器，作为第一级防雷保护；设备机房配电箱和直流电源输出入端配置电源防雷器，作为第二级防雷保护；在机房的重要网络机柜或设备如服务器、小型机、路由器、交换机等输入端采用模块式电源避雷器，作为第三级防雷保护。

2）对于信号防雷，在铜缆（电缆）网络通信接口处应加装必要的防雷保护装置以确保网络通信系统的安全运行。

3）针对变电站接地存在的问题，提出了总体和局部等电位连接的设置位置及要求。特别是局部等电位连接的设置，变电站机房比较大、内部设备较多，因此采用 M 形等电位连接网。这种 M 形等电位连接网络通过多点接地方式就近并入共用接地系统中去，并形成 M 形等电位连接网络，所敷设的地线等电位连接网格的密度要小，所用材料要有比较大的截面积和表面积。

3. 弱电系统防雷与接地措施

（1）建筑物防雷措施

1）建筑物顶部应装设避雷针、避雷网或避雷带。建筑物各层应连成均压网；

2）突出屋面的物体之上应设避雷线或避雷针；

3）防雷接闪器装置的引下线不应少于两根，其间距不应大于 18～24m，引下线连接处必须焊接，并与各均压网联通；

4）接地电阻应满足其工作接地电阻的设计要求；

5）室外电缆、金属管道、架空线在进入建筑物前必须接地；

6）与建筑物的金属构件连接成接地网时必须焊接，并保证等电位连接。

（2）电源系统的防雷措施

1）电力变压器的高、低压两侧应各装一组避雷器，避雷器应尽量靠近变压器安装；且变压器低压侧的第一、二级避雷器间的距离不宜小于 10m；

2）电源交、直流设备及供电电源的自动切换设备，如交流屏的输入端、自动稳压/稳流装置的自动控制模块，均应有防雷措施；

3）在市电/柴油发电机组供电转化屏的输入端、交流稳压器的输入端、交流配电屏的输入端、三根相线及零线上应分别对地安装避雷器；在整流器输入器、UPS 输入器、通信空调输入端也应安装避雷器；

4）在直流屏的输出端增加浪涌吸收装置；

5）在楼层配电箱或进入各种控制室的配电箱主开关入口应安装专业级防雷器，配电总线上应安装并联式电源浪涌分流器；

6）三相/单相交流电压采样端，即来自传感器的信号输入端应安装防雷器；

7）所有安装的避雷器的残压应符合设计要求。

（3）通信线路的雷电浪涌保护

1）在交换机中断线入口安装线路雷电浪涌保护器，每线一个；

2）在 MODEM、DDN/IR/ADSL/ISDN 专线与外部连接处加装 ISP 系列的雷电浪涌保护器；

3）选用合适的网络保护模块，对局域网中的重要设备，综合布线系统中的长电缆进行防雷电冲击和浪涌抑制保护，将冲击衰减到安全水平；

4）在有天馈线接入建筑物内的地方安装避雷器；

5）在雷电高发区，室外设备的信号线、控制总线进入建筑物的入口处安装雷电压浪涌保护器。

4. 防雷系统安装的技术要求

（1）建筑物顶部安装的接闪器（避雷针、避雷带、避雷网）必须与顶部外露的其他金属物体连成一个整体的电气通路，且接闪器与避雷引下线的连接应可靠；

（2）接闪器的安装应做到位置正确，焊接固定的焊缝饱满无遗漏，螺栓固定用的备帽等防松零件应齐全，在焊接部分补刷的防腐油漆应均匀完整；

（3）避雷带的敷设应做到平整顺直，固定点和支撑件应间距均匀、固定可靠，每个支撑件应能承受大于 90N（5kg）的垂直拉力；当设计未指明要求时，支撑件间的间距应保证水平部分间距为 0.5～1.5m，垂直部分的间距 1.5～3m；

（4）敷设的引下线应用卡钉分段固定；明敷的引下线应敷设平直、无急弯，与支架焊接处应做好油漆防腐处理；支撑件间的间距应保证水平部分 0.5～1.5m，垂直部分的间距 1.5～3m；

（5）避雷针装设独立的接地装置，避雷针及其接地装置与被保护的建筑物之间应保持足够的安全距离，以免雷击时发生放电事故，安全间距的大小由其防雷等级决定，但最小间距应保证大于 5m；

（6）为了降低跨步电压，防护直击雷的接地装置距建筑物出入口及人行道的距离不应小于 3m；当小于 3m 时，应采取下列措施之一：保证水平接地体的埋深不小于 1m，或将水平接地体局部包以沥青等绝缘体，也可采用碎石路面，在接地装置上敷设 50～80mm 的沥青层，沥青层的宽度应超过接地装置 2m；

（7）变配电所的避雷针应用最短的接地线与接地干线连接；避雷器必须按其安装说明书正确安装。

5. 接地系统的技术要求

（1）一般要求

1）在装设接地装置时，首先应充分利用自然接地体，以节约投资、节省钢材；

2）可利用人工接地装置作为自然接地体的补充：布置人工接地装置时，应使接地装置附件的电位分布尽可能的均匀，以降低接触电压和跨步电压，保证安全；若接触电压和跨步电压超过规定值，应采取必要的解决措施。

（2）人工接地装置的安装要求

1）接地体/接地模块顶面埋深不应小于 0.6m，接地模块间距不应小于模块长度的 1.2～1.4 倍。按地模块埋设墓坑的尺寸一般为模块外形尺寸的 1.2～1.4 倍，且要注意检查开挖深度内的底层情况。

2）接地模块应垂直或水平就位，不准倾斜设置，并保持与原上层接触良好。

3）圆钢、角钢及钢管的接地极应垂直埋入地下，间距不小于 5m。接地装置的焊接应采用搭接焊，搭接的长度应符合下列规定：

①扁钢与扁钢：搭接长为扁钢宽度的 2 倍，最少 3 面施焊；

②圆钢与扁钢：搭接长为圆钢直径的 6 倍，双面施焊；

③圆钢与扁钢：搭接长为圆钢直径的 6 倍，双面施焊；

④扁钢与钢管/角钢：搭接长为扁钢宽度的 2 倍，紧贴角钢的两个外侧面，或紧贴3/4钢管表面，上下两侧施焊。

4）除埋在混凝土中的焊接接头外，所有焊接处均应作防腐处理。

5）当设计无要求时，接地装置的材料应为经热湿镀锌过的钢材，其规格尺寸应符合表 36-22 的规定。

6) 接地模块应集中引线，用接地干线把接地模块并联焊接成一个环路，构成环形接地体。干线的材质与接地模块焊接点的材质应相同，引出线不少于 2 处。

7) 测试人工接地装置的接地电阻，接地电阻值必须符合设计要求。

接地装置使用材料的规格要求

表 36-22

规格及单位		使用方式			
		地上		地下	
		室内	室外	交流电流回路	直流电流回路
圆钢直径（mm）		6	8	10	12
扁钢	截面（mm²）	60	8	10	12
	厚度（mm）	3	4	4	6
角钢厚度（mm）		2	2.5	4	6
钢管管壁厚度（mm）		2.5	2.5	3.5	4.5

（3）建筑物的等电位联结要求

1) 建筑物等电位联结的接地干线应从与接地装置有不少于 2 处直接连接的总接地汇集线或总接地汇集引出，等电位连接干线或局部等电位箱间的连线应形成网络，环形网络应就近与局部等电位箱或等电位连接干线相连，其支线间不得串联连接。

2) 等电位联结的接线具最小允许截面应符合以下规定：

铜材导体：要求干线截面不小于 $16mm^2$，支线截面不小于 $6mm^2$；

钢材导体：要求干线截面不小于 $50mm^2$，支线截面不小于 $16mm^2$。

3) 等电位联结的可接近裸露导体或其他金属部件、构件与支线的连接应可靠、熔焊、钎焊或机械紧固时应保证其接头处的电阻不大于其他连线的电阻。

4) 需进行等电位联结的高级装修金属部件或零件，应使用其专用接线螺栓与等电位联结支线连接，且有标识；且应保证连接可靠，连接螺栓的防松配件必须齐全。

36.17.3.2　防雷与接地系统的安装

电源与接地系统包括了防雷系统、主接地系统的安装，这部分安装工程通常由电气工程承包单位或土建工程承包单位负责。本节只对设备的防雷及浪涌抑制，电源接地和设备接地进行说明。

1. 安装的准备工作

电源与接地安装的准备工作请参见本章 36.1.3 "施工准备"，还需要准备如下文件：设备材料清单、设备选型的技术文件、接地布置图、安装施工说明、接地系统的安全性分析报告、材料样品及技术规格。

2. 适用标准

适用标准：GB 50303《建筑电气工程质量验收规范》GB 50303—2002 第 24～27 章；《智能建筑工程质量验收规范》GB 50339—2003 第 11 章；《建筑物防雷设计规范》GB 50057—2010；《建筑物防雷设施安装图集》99D562。

3. 防雷器的安装

（1）电力变压器的防雷器连接电力变压器的高、低压侧都应安装防雷器，一般低压侧用电阻防雷器，两侧均作 Y 形连接；通过变压器外壳的接地端就近进行重复接地。

（2）交流配电系统的防雷措施采用三级防雷：低压电缆进线的相线上应安装氧化锌避雷器作为第一级防雷，交流配电屏作为第二级防雷，整流器输入端口为第三级防雷。

（3）传感器采样端防雷在交流供电系统中，应在三相交流传感器和单相交流传感器的采样端安装避雷器。

（4）信号系统防雷：

1）控制网络进出建筑物的出入口、广域网出口均应设信号防雷器；

2）室外传感器等就地仪表的信号出入口应设防雷器。

4. 浪涌抑制器的安装应符合设计要求

5. 电源系统接地的安装

（1）在建筑物低压供电系统中，380/220V 交流电源应采用中性点直接接地的系统，电力设备外壳必须接地。

（2）在三相 TN 系统中，接零是必须采取的措施。

6. 设备接地的安装

（1）电缆和架空线引入建筑物处、高压设备及大功率设备的外壳。设计要求重复接地的设备必须重复接地。

（2）必须做到保护和屏蔽接地的"一点接地"。进行接地连接前，应先测量被接地导体的对地电阻，确认无对地导通时，再将导体的一端就近与其相连设备的接地端子连接，然后用设备的接地端子直接与就近的接地干线连接。

（3）现场仪表（传感器、执行器等）的屏蔽层应接在仪表的接地端子上，不允许从其他相连的控制系统的接地端子上接地。

（4）电子设备、计算机等硬件的工作地一般应浮零，或按设计要求接地。

（5）要求单独接地的设备应按设计要求单独接地。在等电位联结的接地系统中，单独接地系统可采用将设备的接地端子直接接到接地系统的总汇集线上来实现，但连接点不得少于 2 点；也可单独安装接地体进行单独接地。

（6）接地安装必须符合设计要求，保证其接地电阻值。

36.17.3.3 防雷与接地系统的检测和验收

智能建筑的电源、防雷及接地系统的检测和验收必须按《智能建筑工程质量验收规范》GB 50339—2003 的有关规定执行（参照《建筑电气工程施工质量验收规范》GB 50303—2002 第24～27 章），同时，必须符合国家强制性标准的有关要求。

1. 检测验收范围

电源系统的检测验收应包括智能建筑的各智能化子系统交、直流供电电源系统中的供电装置、设备及缆线敷设工程；正常工作状态下的供电应包括建筑物内各智能化系统交、直流供电，以及供电传输、操作、保护和改善电能质量的全部设备和装置。

应急工作状态下的供电设备，包括建筑物内各智能系统配备的应急发电机组、各智能化子系统备用蓄电池组、充电设备和不间断供电设备等。

各智能化系统的电源、防雷及接地系统检测，可作为分项工程，在各系统检测中进行，也可综合各系统电源与接地系统进行集中检测，并由相应的检测机构提供检测记录。

防雷及接地系统的检测和验收应包括建筑物内各智能化系统的防雷电入侵装置、等电位联结、防电磁干扰接地和防静电干扰接地等。

电源、防雷及接地系统必须保证建筑物内各智能化系统的正常运行和人身、设备安全、电源、防雷及接地系统的工程实施及质量控制应执行《智能建筑工程质量验收规范》GB 50339—2003 第 11 节的规定。

2. 应先进行外观检查

(1) 检查防雷器、浪涌抑制器和过电流保护装置的安装是否符合设计要求。

(2) 检查接地体、接地引下线、接地汇集环、总汇集线、分汇集线、均压网的安装是否符合设计要求。当采用联合接地方式时，应使整栋大楼的就地系统构成一个法拉第笼式均压体。

(3) 检查交流电源的接零系统是否符合设计要求。

(4) 检查要求重复接地的设备是否按设计要求进行了重复接地；外露可导电部分是否实现了电气连续性连接并接地。

(5) 检查"一点接地"的实施情况，并保证接地系统按要求进行了一点接地。

(6) 检查就地仪表及其屏蔽的接地是否做到就地仪表端一点接地。

(7) 检查接地线、接地铜排、接地接线柱、接地端子的用材、焊接工艺、防腐处理及机械连接的牢固性，确认所用导体的横截面积符合设计要求。

(8) 切断配电箱的输入电源，按不同的相线，用兆欧表逐步测试，得到配电箱的绝缘性能参数。

(9) 检查每个配电箱的接线，合上配电箱总开关，完成配电箱通电测试。

(10) 测量接地电阻值是否符合设计要求：可以使用接地电阻仪（兆欧表）测量法、电流表测量法、电流表电功率测量法、电桥法和三点法。

(11) 其他部分如机房接地端子、各弱点并接地端子的接地电阻可通过测量各端子与主接地体的电阻值，然后加上主接地体的对地电阻得到。

3. 电源系统检测

电源系统检测应按照《智能建筑工程质量验收规范》GB 50339—2003 中第 11.2 节"电源系统检测"的规定执行。

主要内容如下：

(1) 供电电源质量应符合设计要求和《智能建筑设计标准》GB/T 50314—2006 中第 10.3 节规定：

1) 甲级标准：电源质量应符合：稳态电压偏移不大于 ±2%；稳态频率偏移不大于 0.2Hz；电压波形畸变率不大于 5%；允许断电持续时间为 0~4ms。

2) 乙级标准：电源质量应符合：稳态电压偏移不大于 ±5%；稳压频率偏移不大于 0.5Hz；电压波形畸变率不大于 8%；允许断电持续时间为 4~200ms。

3) 丙级标准：电源质量应符合产品使用要求。

4) 若产品使用无明确要求或使用要求过低时，应以稳态电压偏移不大于 ±10%；稳态频率偏移不大于 ±1Hz，电压波形畸变率不大于 20% 为标准，达不到标准时应采用稳压或稳频措施。

5) 在电源污染严重，影响系统正常运行时，应采取电源净化措施。

(2) 不间断电源（UPS）的检测应执行《建筑电气工程施工质量验收规范》GB 50303—2002 中第 9.1 节不间断电源主控项目的规定：

1）不间断电源的整流装置、逆变装置和静态开关装置的规格、型号必须符合设计要求。内部结线连接正确，紧固件齐全，可靠不松动，焊接连接无脱落现象。

2）不间断电源的输入，输出各级保护系统的电压稳定性、波形畸变系数、频率、相位、静态开关的动作等各项技术性能指标试验调整必须符合产品技术文件要求。

3）不间断电源装置间连线的线间、线对地间绝缘电阻值应不大于 0.5MΩ。

4）不间断电源输出端的中性线（N 极）必须与由接地装置直接引来的接地干线相连接，做重复接地。

（3）智能化系统配置的应急发电机的检测应执行《建筑电气工程施工质量验收规范》GB 50303—2002 中第 8.1 节发电机主控项目的规定：

1）发电机的实验必须符合规范附录 A "发电机交接试验"的规定。

2）发电机组至低压配电柜馈电线路的相间、相对地间的绝缘电阻值大于 0.5MΩ；塑料绝缘电缆馈电线路直流耐压试验为 2.4kV，时间 15ms，泄露电流稳定，无击穿现象。

3）柴油发电机馈电线路连接后，两端的相序必须与原供电系统的相序一致。

4）发电机中性线（工作零线）应与接地干线直接连接，螺栓防松零件齐全，且有标识。

（4）蓄电池组及充电设备的检验应执行《建筑电气工程施工质量验收规范》GB 50303—2002 中第 6.1.8 条的规定：直流屏试验，应将屏内电子器件从线路上退出，检测主回路线间和线对地间绝缘电阻值应大于 0.5MΩ，直流屏所附蓄电池组的充、放电应符合产品技术文件要求；整流器的控制调整和输出特性试验应符合产品技术文件要求。

（5）智能化系统主机房集中供电专用电源设备，各楼层设置用户电源箱的安装质量检测，应执行《建筑电气工程施工质量验收规范》GB 50303—2002 中第 10.1 节的规定：现场单独安装的低电压器交接试验项目应符合规范附录 B "低压电器交接试验"的规定。

（6）智能化系统主机房集中供电电缆桥架和电源线路的安装质量检测、安装和桥架内电缆敷设应执行《建筑电气工程施工质量验收规范》GB 50303—2002 中第 12.1 主控项目（电缆桥架安装和桥架内电缆敷）、13.1 主控项目（电缆沟内和电缆竖井内电缆敷设）、14.1 主控项目（电线导管、电缆导管和线槽敷设）、15.1 节的规定：

1）金属电缆桥架及其支架和引入或引出的金属导管必须接地（PE）或接零（PEN）可靠，且必须符合下列规定：

①金属电缆桥架及其支架全长应不少于 2 处与接地（PE）或接零（PEN）干线相连接；

②非镀锌电缆桥架间连接板的两端跨接钢芯接地线，接地线最小允许截面积不小于 6mm²；

③镀锌电缆桥架间连接板的两端不跨接接地线，但连接板两端不少于 2 个有防松螺帽或防松垫圈的连接固定螺栓。

2）电缆敷设严禁有绞拧、铠装压扁、护层断裂和表面严重划伤等缺欠。

3）金属电缆支架、电缆导管必须接地（PE）或接零（PEN）可靠。

4）金属的导管和线槽必须接地（PE）或接零（PEN）可靠，并符合下列规定：

①镀锌的钢导管、可挠性导管和金属线槽不得熔焊跨接接地线，以专用接地卡跨接的两卡间连线为铜芯软导线，截面积不小于 6mm²；

②当非镀锌钢导管采用螺纹连接时，连接处的两端焊跨接接地线；当镀锌钢导管采用螺纹连接时，连接处的两端用专用接地卡固定跨接接地线；

③金属线槽不作设备的接地导体，当设计无要求时，金属线槽全长不少于 2 处与接地（PE）或接地（PEN）干线连接；

④非镀锌线槽间连接板的两端跨接铜芯接地线，镀锌线槽间连接板的两端不跨接接地线、但连接板两端不少于 2 个有防松螺帽或防松垫圈的连接固定螺栓。

5) 金属导管严禁对口熔焊连接；镀锌和壁厚小于等于 2mm 的钢导管不得套管熔焊连接。

6) 防爆导管不应采用倒扣连接，当连接有困难时，应采用防爆活接头，其接合面应严密。

7) 当绝缘导管在砌体上剔槽埋设时，应采用强度等级不小于 M10 的水泥砂浆抹面保护，保护层厚度大于 15mm。

(7) 一般项目的检验：

1) 智能化系统自身配置的稳压、不间断装置的检测，应执行《建筑电气工程施工质量验收规范》GB 50303—2002 中第 9.2 节的规定；

2) 智能化系统自主装置的应急发电机组的检测，应执行《建筑电气工程施工质量验收规范》GB 50303—2002 中第 8.2 节的规定；

3) 智能化系统主机房集中供电专用电源设备、各楼层设置用户电源箱的安装检测，应执行《建筑电气工程施工质量验收规范》GB 50303—2002 中第 10.2 节的规定；

4) 智能化系统主机房集中供电专用电源线路的安装质量检测，应执行《建筑电气工程施工质量验收规范》GB 50303—2002 中第 12～15 章有关的规定。

4. 防雷及接地系统检测与验收

防雷及接地系统检测应按照《智能建筑工程质量验收规范》GB 50339—2003 中第 11.3 节"防雷及接地系统检测"的规定执行。

主要内容如下：

(1) 智能建筑中智能化系统的防雷、接地，原则上纳入建筑物防雷系统。当设计文件未指明智能化系统主机房接地线截面时，采用绝缘铜导线不小于 25mm²；采用镀锌扁钢不小于 25×4mm² 通信机房接地应符合设计要求。

(2) 智能化系统的单独接地装置的检测，应执行《建筑电气工程施工质量验收规范》GB 50303—2002 中第 24.1 节中的规定：

1) 人工接地装置或利用建筑物基础钢筋的接地装置必须按设计要求位置设测试点。

2) 测试接地装置的接地电阻值必须符合设计要求。

3) 接地模块顶面埋深不应小于 0.6，接地模块间距不应小于模块长度的 3～5 倍。接地模块埋设基坑，一般为模块外形尺寸的 1.2～1.4 倍，且在开挖深度内详细记录地层情况。

4) 接地模块应垂直或水平就位，不应倾斜设置，保持与原土层接触良好。

(3) 智能化系统接地与建筑物等电位联结，从电气安全观点分析是一种最经济实用的措施。不宜利用 TN-C 系统中的 PEN 线或 TN-S 系统中的 N 线，作为智能化系统接地引线，当利用 TN-S 系统中的 PE 线作为智能化系统接地引线时，PE 线截面积应符合设计要求：本条应执行《建筑电气工程施工质量验收规范》GB 50303—2002 中第 27.1 节主控项目（建筑物等电位联结）的规定：

1）建筑物等电位联结干线应从接地装置有不少于 2 处直接连接的接地干线或总等电位箱引出，等电位联结干线或局部等电位箱间的连接线形成环形网络，环形网络应就近与等电位联结干线或局部等电位箱连接。支线间不应串联。

2）等电位联结的线路最小允许截面应符合《建筑电气工程施工质量验收规范》GB 50303—2002 中表 27.1.2 的规定。

（4）智能化系统的防雷及接地系统应连接依《建筑电气工程施工质量验收规范》GB 50303—2002 验收合格的建筑物公用接地装置。采用联合接地装置时，接地电阻不应大于 1Ω。

（5）智能化系统的单独接地装置的检测应按上述规定执行，并且接地电阻不应大于 4Ω。

（6）智能化系统的防过流和过压元件的接地装置、防电磁干扰屏蔽的接地装置、防静电接地装置的检测，其设置应符合设计要求，连接可靠。

（7）一般项目的检验：

1）智能化系统的单独接地装置，防过流和防过压元件的接地装置、防电磁干扰屏蔽的接地位置及防静电接地装置的检测，应执行《建筑电气工程施工质量验收规范》GB 50303—2002 中第 24.2 节的规定。

2）智能化系统与建筑物等电位联结的检测，应执行《建筑电气工程施工质量验收规范》GB 50303—2002 中第 27.2 节的规定。

防雷及接地系统检测应按照《智能建筑工程质量验收规范》GB 50339—2003 中第 11.3 节"防雷及接地系统检测"的规定执行。

（8）上述检测符合设计要求或有关规范要求者为合格，要求全部检测合格。

5. 电源与防雷接地系统的竣工验收

（1）电源、防雷及接地系统的竣工验收应按《智能建筑工程质量验收规范》GB 50339—2003 第 3.5 节的规定实施。

（2）电源、防雷及接地系统的竣工验收应对系统检测结论进行复核，并做好与相关智能化系统的工程交接和接口检验，系统检测复核合格并获得相关智能化系统的确认后，电源、防雷及接地系统竣工验收合格。

37　电梯安装工程

37.1　电梯的分类、基本构成及安装要求

狭义的电梯是服务于建筑物内若干特定的楼层，在垂直方向做间歇性运行，运送乘客或货物的升降设备。广义的电梯包括载人（货）电梯、自动扶梯、自动人行道等，狭义的电梯是指服务于规定楼层、有轿厢的垂直或微倾斜升降设备，不包括自动扶梯、自动人行道。

本章依据《电梯工程施工质量验收规范》GB 50310 及相关的国家规范和标准编写，包括曳引电梯、液压电梯、超高速电梯、自动扶梯和自动人行道的安装。（不适用消防电梯、防爆电梯、仅载货电梯和家用电梯等特殊用途的电梯。）

37.1.1　电 梯 的 分 类

根据《电梯主参数及轿厢、井道、机房的型式与尺寸第1部分：Ⅰ、Ⅱ、Ⅲ、Ⅳ类电梯》GB/T 7025.1—2008 规定电梯类型要求如下：

(1) Ⅰ类：为运送乘客而设计的电梯。

(2) Ⅱ类：主要为运送乘客，同时也可运送货物而设计的电梯。

(3) Ⅲ类：为运送病床（包括病人）及医疗设备而设计的电梯。

(4) Ⅳ类：主要为运输，通常由人伴随的货物而设计的电梯。

(5) Ⅴ类：杂物电梯。

(6) Ⅵ类：为适应大交通流量和频繁使用而特别设计的电梯，如速度为 2.5m/s 以及更高速度的电梯。

注：Ⅱ类电梯与Ⅰ、Ⅲ和Ⅵ类电梯的本质区别在于轿厢内的装饰。

37.1.2　狭义电梯的主参数

电梯的主参数包括额定载重量和额定速度。

(1) 额定载重量是指电梯正常运行的允许载重量，单位为 kg。电梯的额定载重量主要有以下几种：320，400，450，600，630，750，800，900，1000，1050，1150，1275，1350，1600，1800，2000，2500。

(2) 额定速度是指电梯设计所规定的轿厢运行速度，单位为 m/s。电梯的额定速度常见的有以下几种：0.4，0.5/0.63/0.75，1.0，1.5/1.6，1.75，2.0，2.5，3.0，3.5，4.0，5.0，6.0。

速度 0.5~6.0m/s 常用于电力驱动电梯，速度 0.4~1.0m/s 常用于液压电梯。

37.1.3 狭义电梯的基本构成

从空间占位看，电梯一般由机房、井道、轿厢、层站四大部位组成。从系统功能分，电梯通常由曳引系统、导向系统、轿厢系统、门系统、重量平衡系统、驱动系统、控制系统、安全保护系统等八大系统构成。

37.1.4 自动扶梯与自动人行道的基本构成

37.1.4.1 自动扶梯的基本构成

自动扶梯一般由梯级、牵引链条、梯路导轨系统、驱动装置、张紧装置、扶手装置和金属桁架等组成。

37.1.4.2 自动人行道的基本构成

自动人行道有踏步式、钢带式和双线式三种结构。踏步式自动人行道其由平板踏步、牵引链条、导轨系统、驱动装置、张紧装置、扶手装置和金属桁架等组成。与自动扶梯的最大区别在于梯级改为普通平板式踏步取代了梯级，且各踏步间形成的不是阶梯，而是平坦的路面。

37.1.5 其他电梯的特点

（1）液压电梯

液压电梯由于采用液压传动，机房占用面积小，设置灵活，不需要在井道上方设置造价、要求都较高的机房；一般没有对重，井道利用率高；轿厢负荷由液压缸支撑，对井道的结构与强度要求低。液压传动使电梯运行平稳，乘坐舒适，噪声低、载重量大，安全性好，故障率低，维修方便，节能显著。

（2）小机房电梯、无机房电梯

小机房电梯相对传统电梯而言，机房小，仅为传统有机房电梯机房的1/3，节约空间；无机房电梯除了电梯运行的井道外，没有独立机房，一般采用永磁同步无齿曳引机，安装在井道顶部，安装简便，结构紧凑、节省空间，节能高效，运行平稳，安全性能提高。

37.1.6 狭义电梯安装的技术条件和要求

根据国家质量监督检验检疫总局的要求，在电梯安装使用全过程中，必须符合《电梯监督检验和定期检验规则—曳引与强制驱动电梯》TSG T 7001—2009 安全技术规范有关规定。

37.1.6.1 电梯的技术资料

1. 电梯制造资料（出厂随机文件）

安装单位应当在履行告知后、开始施工前（不包括设备开箱、现场勘测等准备工作），向规定的检验机构申请监督检验。待检验机构审查电梯制造资料完毕，并且获悉检验结论为合格后，方可实施安装。

电梯制造资料包括：

（1）制造许可证明文件，其范围能够覆盖所提供电梯的相应参数；

（2）电梯整机型式试验合格证书或报告书，其内容能够覆盖所提供电梯的相应参数；

（3）产品质量证明文件，标注有制造许可证明文件编号、该电梯的产品出厂编号、主要技术参数、门锁装置、限速器、安全钳、缓冲器、含有电子元件的安全电路（如果有）、轿厢上行超速保护装置、驱动主机、控制柜等安全保护装置和主要部件的型号和编号等内容，并且有电梯整机制造单位的公章或检验合格章以及出厂日期；

（4）门锁装置、限速器、安全钳、缓冲器、含有电子元件的安全电路（如果有）、轿厢上行超速保护装置、驱动主机、控制柜等安全保护装置和主要部件的型式试验合格证，以及限速器和渐进安全钳的调试证书；

（5）机房或者机器设备间及井道布置图，其顶层高度、底坑深度、楼层间距、井道内防护、安全距离、井道下方人可以进入空间等满足安全要求；

（6）电气原理图，包括动力电路和连接电气安全装置的电路；

（7）安装使用维护说明书，包括安装、使用、日常维护保养和应急救援等方面操作说明的内容。

上述文件如为复印件则必须经电梯整机制造单位加盖公章或者检验合格章；对于进口电梯，则应当加盖国内代理商的公章。

2. 安装单位提供以下安装资料

（1）安装许可证和安装告知书，许可证范围能够覆盖所安装电梯的相应参数；

（2）审批手续齐全的施工方案；

（3）施工现场作业人员持有的特种设备作业证；

（4）施工过程记录和自检报告，要求检查和试验项目齐全、内容完整；

（5）变更设计证明文件（如安装中变更设计），履行了由使用单位提出、经整机制造单位同意的程序；

（6）安装质量证明文件，包括电梯安装合同编号、安装单位安装许可证编号、产品出厂编号、主要技术参数等内容，并且有安装单位公章或者检验合格章以及竣工日期。

上述文件如为复印件则必须经安装单位加盖公章或者检验合格章。

37.1.6.2 狭义电梯安装前具备的条件

电梯安装前，建设单位（或监理单位）、土建施工单位、电梯安装单位应共同对电梯井道和机房进行检查，对电梯安装条件进行确认，符合施工质量规范的要求：

（1）机房内部、井道结构及布置必须符合电梯土建布置图的要求。

（2）主电源开关必须符合下列规定：

1）主电源开关应能够切断电梯正常使用情况下最大电流；

2）主电源开关应能从机房入口处方便地接近。

（3）井道必须符合下列规定及要求：

1）电梯安装之前，所有厅门预留孔必须设有高度不小于 1200mm 的安全保护围封（安全防护门），并应保证有足够的强度，保护围封下部应有高度不小于 100mm 的踢脚板，并应采用左右开启方式，不得上下开启。

2）当相邻两层门地坎间的距离大于 11m 时，其间必须设置井道安全门，井道安全门严禁向井道内开启，且必须装有安全门处于关闭时电梯才能运行的电气安全装置。当相邻轿厢间有相互救援用轿厢安全门时，可不执行本款。

3）井道最小净空尺寸应和土建布置图要求的一致。井道壁应垂直，铅垂法的最小净空尺寸允许偏差值为：当高度≤30m 的井道，0～+25mm；30m<高度≤60m 的井道，0～+35mm；60m<高度≤90m 的井道，0～+50mm；当高度>90m 的井道，符合土建布置图的要求。

4）井道内应设置永久性电气照明，井道照明电压宜采用 36V 安全电压，井道内照度不得小于 50lx，井道最高点和最低点 0.5m 内应各装一盏灯，中间灯间距不超过 7m，并分别在机房和底坑设置一控制开关。

5）底坑内应有良好的防渗、防漏水保护，底坑内不得有积水。轿厢缓冲器支座下的底坑地面应能承受满载轿厢静载 4 倍的作用力。当底坑底面下有人员能到达的空间存在，且对重（或平衡重）上未设有安全钳装置时，对重缓冲器必须能安装在一直延伸到坚固地面上的实心桩墩上。

6）每层楼面应有最终完成地面基准标识，多台并列和相对电梯应提供厅门口装饰基准标识。

（4）机房应符合下列规定及要求：

1）机房应有良好的防渗、漏水保护。机房门窗应装配齐全并应防雨、防盗，机房门应为外开防火门。

2）机房内应当设置永久性电气照明，地板表面的照度不应低于 200lx。在机房内靠近入口处的适当高度处设有一个开关，控制机房照明。机房内应至少设置一个 2P+PE 型电源插座。应当在主开关旁设置控制井道照明、轿厢照明和插座电路电源的开关。

检验现场的温度、湿度、电压、环境空气条件等应当符合电梯设计文件的规定。

37.1.6.3　电梯电源和电气设备接地、绝缘的要求

电梯电源接地宜采用 TN-S 系统（三相五线制）。采用 TN-C-S 系统（三相四线制）供电的电梯，应符合如下要求：

（1）供电电源自进入机房或者机器设备间起，电梯供电的中性导体（N，零线）和保护导体（PE，地线）应当始终分开。

（2）所有电气设备及线管，线槽的外壳应当与保护导体（PE，地线）可靠连接。接地支线应分别直接接至接地干线的接线柱上，不得互相连接后再接地。机房、井道、地坑、轿厢接地装置的接地电阻值不应大于 4Ω。

（3）导体之间和导体对地之间的绝缘电阻必须大于 1000Ω/V，且其值不得小于：

1）动力电路和电气安全装置电路：0.5MΩ；

2）其他电路（控制、照明、信号等）：0.25MΩ。

37.1.6.4　狭义电梯整机验收应当具备的条件

（1）机房或者机器设备间的空气温度保持在 5～40℃ 之间；机房内应通风，井道顶部的通风口面积至少为井道截面积的 1%；从建筑物其他部分抽出的陈腐空气，不得排入机房内。环境空气中没有腐蚀性和易燃性气体及导电尘埃；应保护诸如电动机、设备以及电缆等，使它们尽可能不受灰尘、有害气体和湿气的损害。

（2）电源输入电压波动在额定电压值 ±7% 的范围内；

（3）电梯检验现场（主要指机房或机器设备间、井道、轿顶、底坑）清洁，没有与电梯工作无关的物品和设备；

（4）对井道进行了必要的封闭。

37.2 曳引式电梯安装

本章适用于额定载重量 2500kg 及以下，额定速度为 6.0m/s 及以下各类曳引驱动电梯安装工程（超高速电梯除外）。

37.2.1 井 道 测 量

37.2.1.1 常用工具及机具

水平尺、钢直尺、钢卷尺、铅笔、榔头、錾子、扳手、木工锯、墨斗、线坠、电钻、电锤等。

37.2.1.2 施工条件

（1）电梯安装现场做到道路平整、畅通，临时用电设备符合有关规范的要求。电梯井道的土建工程必须符合建筑工程质量要求，土建已提供有关的轴线、标高线。

（2）电梯安装施工过程中，明确各自的安全环保责任。结合工程特点和工艺要求，以书面形式向作业班组交代各项工序应遵守的安全操作规程及现场的安全环保制度。

（3）井道内脚手架应使用钢管搭设，搭设标准必须符合安装单位提出的使用要求。井道内脚手架搭设完毕，必须经搭设、使用单位的施工技术、安全负责人共同验收，方准交付使用。

1）脚手架立管最高点位于井道顶板下 1500～1700mm 处为宜，以便稳放样板。同时考虑以后安装拆除立管确保余下的立管顶点应在最高层牛腿下面 500mm 处，以便轿厢安装，见图 37-1（a）。

2）脚手架排管间距以 1400～1700mm 为宜。为便于安装作业，每层厅门牛腿下面 200～400mm 处应设一档横管，两档横管之间应加装一档横管，便于上下攀登，脚手架每层最少铺 2/3 面积的脚手板，板厚不应小于 50mm，板与板之间如有空隙应不大于 50mm，以防踏空或工具坠落，所留的出入孔要相互错开，留孔一侧要搭设一道护身栏

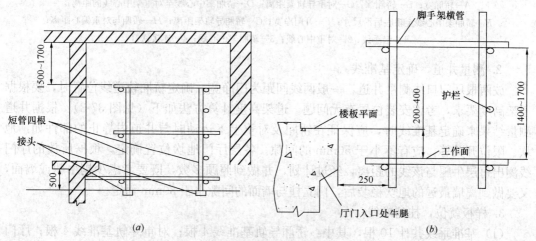

图 37-1 脚手架搭设示意图

杆，以预防坠落。脚手板两端伸出排管 150～200mm，用 8 号铅丝将其与排管绑牢。见图 37-1 (b)。

3) 脚手架在井道内的平面布置尺寸应结合轿厢、轿厢导轨、对重、对重导轨、厅门等之间的相对位置，以及电线槽管、接线盒等位置，在这些位置前面留出适当的空隙，供吊挂铅垂线之用，不能影响电梯安装工作。横档间距应为 800mm 左右，每个厅门地坎下250mm 左右搭设工作平台。

37.2.1.3　施工工艺流程

$$\boxed{搭设样板架} \rightarrow \boxed{测量井道、确定基准线} \rightarrow \boxed{样板就位、挂基准线}$$

1. 搭设样板架

(1) 样板架选取不小于 50mm×50mm 角钢制作。在混凝土井道顶板下面 1m 左右处，用直径 16mm 膨胀螺栓将角钢水平固定于井道壁上。

(2) 若井道壁为砖墙，应在井道顶板下 1m 左右处沿水平方向剔凿洞，稳放样板架，水平度偏差不得大于 3‰。为了便于安装时观测，在样板架上需用文字注明轿厢中心线、对重中心线、导轨中心线、厅门中心线、轿门中心线、厅轿门净宽线等名称。各自的位置偏差不应超过±0.15mm。见图 37-2。

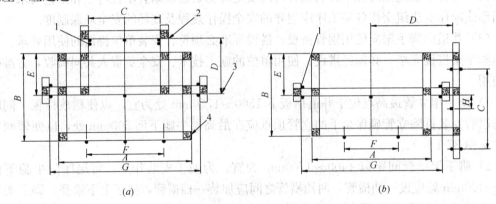

(a)　　　　　　　　　　　(b)

图 37-2　样板架平面示意图

A—轿厢宽；B—轿厢深；C—对重导轨架距离；D—轿厢架中心线至对重架中心线的距离；
E—轿厢架中心线至轿底后沿尺寸；F—开门净宽；G—轿厢导轨架距离；H—轿厢与对重偏心距离；
1—铅垂线；2—对重中心线；3—轿厢架中心线；4—连接铁钉

2. 测量井道，确定基准线

放两根厅门口线测量井道，一般两线间距为门净宽。确定轿厢轨道线位置时，要根据道架高度要求，考虑安装位置有无问题。道架高度计算方法如下（见图 37-3）：根据井道测量结果来确定基准线时，应保证在轿厢及对重上下运动时与井道内静止的部件如：地坎、限位开关等，应有不小于 50mm 的间隙。各层厅门地坎位置确定，根据所放的厅门线测出每层牛腿与该线的距离，经过计划，并做到照顾多数，既要考虑少剔牛腿或墙面，又要做到离墙最远的地坎稳装后，门立柱与墙面的间隙小于 30mm 而定。

3. 样板就位，挂基准线

(1) 基准垂线共计 10 根，其中：轿厢导轨基准线 4 根；对重导轨基准线 4 根；厅门地坎基准线 2 根（贯通门时 4 根）。

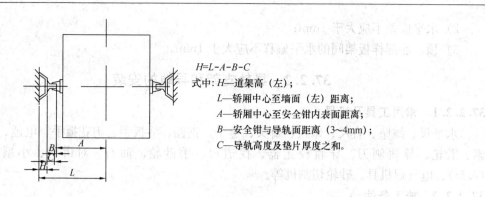

$$H=L-A-B-C$$

式中：H—道架高（左）；

L—轿厢中心至墙面（左）距离；

A—轿厢中心至安全钳内表面距离；

B—安全钳与导轨面距离（3～4mm）；

C—导轨高度及垫片厚度之和。

图 37-3　道架高度示意图

（2）在底坑上 800～1000mm 高处用木方支撑固定下样板，待基准垂线静止，然后再检查样板上各放线点的各部尺寸、对角线等尺寸有无偏差，确定无误后方可进行下道工序。

（3）机房放线：①用线坠通过机房预留孔洞，将样板上的轿厢导轨中心线、对重导轨中心线、地坎安装基准线等引到机房地面上。②根据图纸尺寸要求的导轨轴线、轨距中心、两垂直交叉十字线为基础、弹划出各绳孔的准确位置。③根据弹划线的准确位置，修正各预留孔洞，并确定承重钢梁及曳引机的位置，为机房的全面安装提供必要的条件。

37.2.1.4　施工中安全注意事项

（1）人员进入施工现场，必须遵守现场的所有安全规章制度。操作人员必须持证上岗，并按规定穿戴个人防护用品。梯井内操作必须戴安全帽、系安全带。现场施工临时用电、照明临时用电必须符合国家标准《施工现场临时用电安全技术规范（附条文说明）》JGJ 46 的要求。

（2）楼层之间上下通行要走楼梯，不得爬脚手架，操作人员使用的工具必须装入工具袋，物料严禁上、下抛扔。焊接动火应办理动火证，备好灭火器材，并派专人监护严格执行消防制度。施焊完毕后检查火种，确认火种已熄灭方可离开现场。

37.2.1.5　质量要求

（1）确定基准线时，应先复核图纸尺寸与实物尺寸两者是否一致。不一致时应以实物尺寸为准，并通过有关部门核验。各基准线位置偏差不应大于 0.3 mm。

（2）放钢丝线时，钢丝线上临时所拴重物不得过大，必须捆扎牢固，放线时下方不得站人，并有专人看护。并列电梯、相对电梯的厅门中心距偏差不大于 20mm。

（3）样板架定位，在机房楼板下面 500～600 mm 的砖墙井道上，水平凿四个 150mm×150mm 的洞孔，用两根截面大于 100mm×100mm 刨平的木梁托着样板架，两端放入墙孔内，用水平仪校正水平后固定，在样板架上标记悬挂铅垂线的各处，用直径为 0.4～0.6mm 的钢丝挂上 5～20kg 的重锤，放至底坑。待铅垂线张紧稳定后，根据各层厅门、承重梁，校正样板架的正确位置后固定铅垂线，在底坑距地面 800～1000mm 处，固定一个与顶部样板架相似的底坑样板架。

样板架的安置应符合下列要求：

1）按照井道内的实际净空尺寸来安置；

2）水平度差不应大于 1mm；

3）顶、底部样板架间的水平偏移不应大于 1mm。

37.2.2 导轨支架和导轨的安装

37.2.2.1 常用工具及机具

水平尺、线坠、直尺、塞尺、榔头、錾子、钢锉、活扳手、梅花扳手、电锤、钢丝绳索、滑轮、导轨刨刀、导轨校正器、找道尺、手砂轮、油石、对讲机、小型卷扬机（0.5t）、电气焊机具、砂轮切割机等。

37.2.2.2 施工条件

电梯井墙面施工完毕，其宽度、深度（进深）、垂直度均符合施工要求。底坑要按设计标高要求做好地面。将导轨用煤油擦洗油污后，整齐码放在首层门口处。

37.2.2.3 施工工艺流程

确定导轨支架安装位置 → 安装导轨支架 → 安装导轨 → 调校导轨

1. 确定导轨支架的安装位置

没有导轨支架预埋铁的电梯井壁，按照最低层导轨架距底坑 1000mm 以内，最高层导轨架距井道顶距离不大于 500mm，中间导轨架间距不大于 2500 mm，且均匀布置，如与接导板位置相遇，间距可以调整，错开的距离不小于 30mm，每根导轨不少于两个支架，其间距不大于 2500 mm。

2. 安装导轨支架

（1）导轨架在井壁上的稳固方式有埋入式、焊接式（见图 37-4、图 37-5）、预埋螺栓或膨胀螺栓固定式（见图 37-6、图 37-7）、对穿螺栓固定式（见图 37-8）等四种。

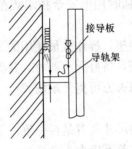

图 37-4 有导轨支架预埋
铁焊接式示意图一

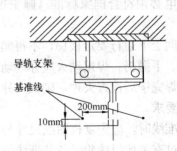

图 37-5 有导轨支架预埋铁
焊接式示意图二

（2）电梯井壁导轨支架预埋铁时，可采用焊接式稳固导轨支架，导轨支架在井道壁上的安装应牢固可靠，位置正确，横平竖直。焊接时，三面焊牢，焊缝饱满。底坑架设导轨基础座，必须找平垫实，导轨支架水平度不大于 1.5％。基础座位置导轨基准线找准确定后，用混凝土将其四周灌实抹平。

（3）导轨支架安装前要复核基准线，其中一条为导轨中心线，另一条为导轨支架安装辅助线。一般导轨中心线距导轨端面 10mm，与辅助线间距为 80～100mm。

（4）若采用自升法安装导轨支架，其基准线为两条，基准线距导轨中心线 300mm，距导轨端面 10mm，以不影响导靴的上下滑动为宜，见图 37-5。

（5）用膨胀螺栓固定导轨支架：混凝土电梯井壁应采用电锤打孔，膨胀螺栓直接固定导轨支架的方法，效率高、施工方便。按电梯厂图纸规格要求使用的膨胀螺栓直径≥16mm。

（6）按顺序加工导轨架：膨胀螺栓孔位置要准确，其深度一般以膨胀螺栓被固定后，护套外端面稍低于墙面为宜，见图37-6。如果墙面垂直误差较大，可局部剔凿，然后用垫片填实，见图37-7。

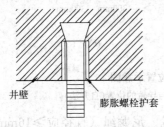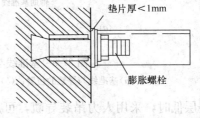

图37-6 膨胀螺栓固定式示意图一　　图37-7 膨胀螺栓固定式示意图二

（7）安装导轨架，并找平校正，对于可调试导轨架，调节定位后，紧固螺栓，并在可调部位焊接两处，焊缝长度≥20mm，防止位移。垂直方向紧固导轨架的螺栓应六角头在下，螺帽在上，便于查看其松紧。

（8）用穿钉螺栓紧固导轨架：若井壁较薄，墙厚<150mm，又没有预埋铁时，不宜使用膨胀螺栓固定，应采用穿钉螺栓固定，见图37-8。

（9）井壁是砖墙时的固定方法：在对应导轨架的位置，剔一个内大口小的孔洞，其深度≥130mm。导轨架按编号加工，支架埋设的深度≥120 mm，支架埋入段应做成燕尾式，长度≥50mm，燕尾夹角≥60°。灌筑前，用水冲洗空洞内壁，冲出渣土润湿内壁。灌筑孔洞的混凝土用水泥、砂、豆石按1∶2∶2的比例加入适量的水搅拌均匀制成。导轨架埋进洞内尺寸≥120mm，而且要找平

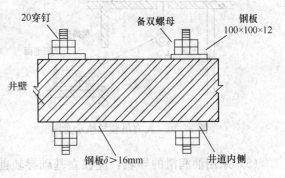

图37-8 对穿螺栓固定式示意图

找正，其水平度符合安装导轨的要求（水平度不应大于1mm）。导轨架稳固后，常温下需要经过6～7d的养护，强度达到要求后，才能安装导轨。

3. 安装导轨

（1）基准线与导轨的位置，见图37-9(*a*)；若采用自升法安装，其位置关系如图37-9(*b*)。

（2）事先在平整的场所检查导轨，其直线度偏差不大于1‰，且单根导轨全长直线度偏差不大于0.7mm，不符合要求的导轨可用导轨校正器校正或由厂家更换。导轨接合部位进行测量、打磨、组合、编号，使之接近标准要求，以减少井道内修整工作。安装时按导轨编号逐一顺序吊装。主导轴两列导轨接头不宜在同一个水平面上。

（3）在顶层厅门口安装卷扬机，在井道顶层楼板下的滑轮，提升导轨。见图37-10。

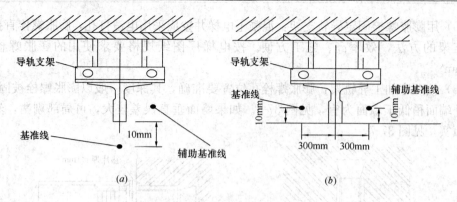

图 37-9 基准线与导轨位置示意图

(*a*)基准线与导轨的位置；(*b*)基准线与导轨的位置(自升法)

(4) 楼层低时，采用人力吊装导轨，可用滑轮、尼龙绳（直径应≥16mm）、双钩工具、人力向上拉导轨。每次只能拉一根，由下往上逐根吊装，用导轨压板将导轨初步压紧不要拧死，待校轨后再紧固；楼层高时，吊装导轨时应用 U 形卡固定住导轨压板，吊钩应采用可旋转式，以消除导轨在提升过程中的转动，见图 37-11。

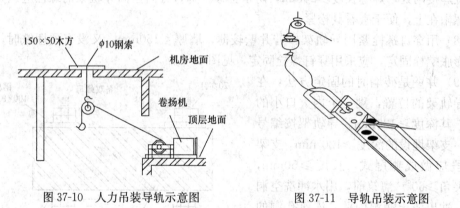

图 37-10 人力吊装导轨示意图　　　　图 37-11 导轨吊装示意图

(5) 采用油润滑的导轨，应在立基础导轨前，在其下端部地坪 40~60mm 高处加一硬质底座，或将导轨下面的工作面的部分锯掉一截，留出接油盆的位置。

(6) 安装导轨时应注意，每节导轨的凸榫头应朝上，当灰渣落在榫头上时便于清除，保证导轨接头处的油污、毛刺、尘渣均应清除干净后，才能进行导轨连接，以保证安装的精度符合规范的要求。

(7) 顶层末端导轨与井道顶距离 50~100mm，将导轨截断后吊装。电梯导轨严禁焊接，不允许用气焊切割（折断面朝上）。

(8) 调整导轨时，为了保证调整精度，要在导轨支架处及相邻的两导轨支架中间的导轨处设置测量点。每列导轨工作面（包括侧面和顶面）对安装基准线每 5m 的偏差均应不大于下列数值：轿厢导轨和设有安全钳的对重导轨为 0.6mm；不设安全钳的 T 形对重导轨为 1.0mm。在有安装基准线时，每列导轨应相对安装基准线整列检测，取最大偏差值。电梯安装完成后检验导轨时，可对每 5m 铅垂线分段连续检验（至少测 3 次），测量值的相对最大偏差应不大于上述规定值的 2 倍。

4. 调整导轨

（1）用验道尺检查时，用螺栓将验道尺平行固定在导轨架部位，拧紧固定螺栓，见图37-12。

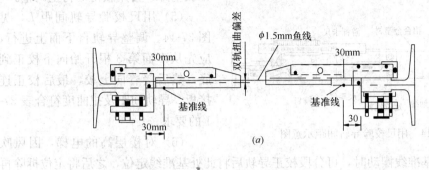

图 37-12　用验道尺检查示意图
(*a*) 脚手架施工；(*b*) 自升法施工

（2）用钢板尺检查导轨端面与基准线的间距和中心距离，如有误差应调整导轨前后距离和中心距离以符合规范要求。见图37-13。

（3）扭曲调整：将验道尺端平，并使两指针尾部侧面和导轨侧工作面贴平、贴严，两端指针尖端指在同一水平线上，说明无扭曲现象。如贴不严或指针偏离相对水平线，说明有扭曲现象，则用专用垫片调整导轨支架与导轨之间的间隙（垫片不允许超过3片），使之符合要求。为了保证测量精度，用上述方法调整以后，将找道尺反向180°，用同一方法再进行测量调整，直至符合要求。检查导轨的直线度偏差应不大于1/6000，单根导轨全长直线度偏差不大于0.7mm。

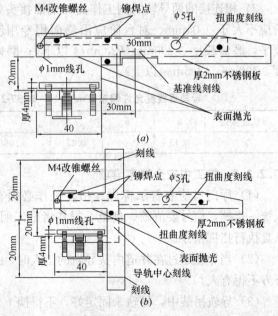

图 37-13　用钢板尺检查示意图
(*a*) 脚手架施工；(*b*) 自升法施工

（4）导轨支架和导轨背面间的衬垫厚度以3mm以下为宜，超过3mm小于

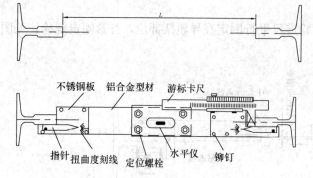

不锈钢板　铝合金型材　游标卡尺

指针　扭曲度刻线　定位螺栓　水平仪　铆钉

图 37-14　用尺校验导轨间距示意图

7mm 时，在衬垫间点焊；当超过 7mm 要垫入与导轨支架宽度相等的钢板垫片，再用较薄的衬垫调整。

（5）用尺校验导轨间距 L，见图 37-14。调整导轨自下而上进行，应先从下面第 3 根开始向下校正到底，然后接着向上校，最后校正连接板。导轨间距及扭曲度符合表 37-1 的要求。

（6）对楼层高的电梯，因风吹或其他原因造成基准线摆动时，可分段校正导轨后将此处基准线定位，之后将定位拆除再进行精校导轨。

（7）修正导轨接头处的工作面：

导轨间距及扭曲度允许偏差 表 37-1

电梯速度	2m/s 以上		2m/s 以下	
导轨用途	轿厢	对重	轿厢	对重
轨距允许偏差（mm）	0～+0.8	0～+1.5	0～0.8	0～1.5
扭曲度允许偏差（mm）	1	1.5	1	1.5

1）导轨接头处，导轨工作面直线度可用 500mm 钢板尺靠在导轨工作面，接头处对准钢板尺 250mm 处，用塞尺检查 a、b、c、d 处（见图 37-15），均应不大于表 37-2 的规定。导轨接头处的全长不应有连续缝隙，局部缝隙不大于 0.5mm。

2）相连接的两导轨的侧工作面和端面接头处台阶应不大于 0.05mm。对台阶应沿斜面用专用刨刀刨平，磨修长度 ≥200mm（2.5m/s 以下）；磨修长度 ≥300mm（2.5m/s 以上）。

导轨直线度允许偏差（mm） 表 37-2

导轨连接处	a	b	c	d
≯	0.15	0.06	0.15	0.06

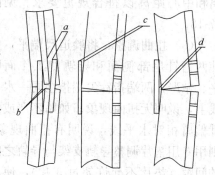

图 37-15　导轨工作面直线度检查示意图

37.2.2.4　施工中安全注意事项

（1）厅门口应有警示标志。吊装工作必须有专人统一指挥，信号要清晰、规范，操作者分工明确，认真执行指挥指令。

（2）当导轨超过在井道内扶导轨的工人时，工人必须立即离开井道，保证导轨末端的下方不得有人。

（3）导轨吊装中，导轨未固定好，不得摘下卡具；导轨入榫时操作要稳，防止挤伤。

37.2.2.5　质量要求

（1）运输导轨时不要碰撞，以免损伤工作面，不可拖动或滚动运输。

（2）导轨及其他附件在露天放置时必须有防雨、防雪措施。设备的下面必须垫起，以防受潮。

（3）焊接的导轨支架要一次焊接成功。不可在调整轨道后再补焊，以防影响调整精度。

37.2.3　轿厢及对重安装

37.2.3.1　常用工具及机具

水平尺、钢板尺、塞尺、螺丝刀、钢丝钳、梅花扳手、活扳手、榔头、线坠、手电钻、电锤、钢丝绳扣、捯链（3t 以上）等。

37.2.3.2　施工条件

（1）机房装好门窗，门上加锁。严禁非作业人员出入，机房地面无杂物。

（2）最底层脚手架拆除后，有足够作业空间。导轨安装、调整完毕。相关的设备已安装好。

（3）按照装箱单将轿厢设备吊到顶层，开箱核对数量，检查外观，做好开箱记录。

37.2.3.3　施工工艺流程

施工准备 → 安装底梁 → 安装立柱、上梁 → 安装轿厢底盘、导靴 → 安装轿壁、轿顶、撞弓 → 安装门机和轿门 → 安装轿内、顶装置 → 安装、调整超载满载开关，安装护脚板 → 吊装对重框架前的准备工作 → 对重框架吊装就位、安装对重导靴 → 安装对重块

1. 施工准备

（1）轿厢的组装，在顶层进行。在组装轿厢前，要先拆除顶站层脚手架。按照制造厂的轿厢装配图，了解轿厢各部件的名称、功能、安装部位及要求。复核轿厢底梁的宽度与导轨距是否相配。在最顶层厅门口对面的混凝土井道壁相应位置上安装两个角钢托架，每个托架用 3 个 M16 膨胀螺栓固定。在厅门口牛腿处横放一根木方，在角钢托架和横木上架设两根 200mm×200mm 木方（或两根 20 号工字钢）。两横梁的不水平度不大于 2‰，然后把方木端部固定牢固，见图 37-16。

（2）若井壁为砖石结构，则在厅门口对面的井壁相应的位置上剔两个 200mm×200mm 与木方大小相适应、深度超过墙体中心 20mm 且不小于 75mm 的洞，用以支撑木方一端。见图 37-17。

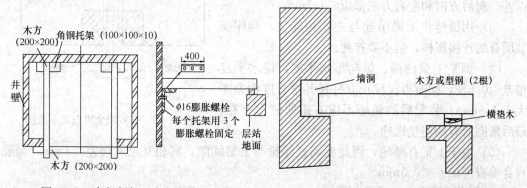

图 37-16　角钢托架、木方安装示意图　　　图 37-17　砖石结构井道

（3）在顶层以上的适当位置固定一根规格不小于 $\phi75\times4$ 的钢管，由轿厢中心绳孔处放下钢丝绳扣（直径不小于 $\phi13mm$），并挂一个 3t 捯链，以备安装轿厢使用。

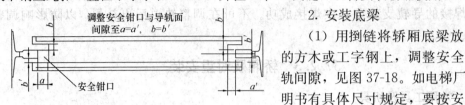

图 37-18　安全钳口与导轨面间隙调整示意图

纵向水平度偏差均≤1‰。

（2）安全钳的安装要求规定如下：

1）安全钳的定位固定可以放在单井字形脚手架上进行，也可采用钳块动作锁紧在导轨上来进行；

2）安全钳定位基准偏差要求见表 37-3；

2. 安装底梁

（1）用捯链将轿厢底梁放在架设好的方木或工字钢上，调整安全钳口与导轨间隙，见图 37-18。如电梯厂家安装说明书有具体尺寸规定，要按安装说明书要求，同时调整底梁水平度，使其横、

安全钳定位基准偏差要求　　　　　　　　表 37-3

水平度差（mm）	定位差（mm）		参考图
	BG 方向	前后方向	
前后方向≤0.5	$\mid A_1-A_2\mid\leqslant2$	$\mid B_1-B_2\mid\leqslant2$	图 37-18

3）安装结束后，应核实确认下述尺寸：

安装安全钳楔块，楔块距导轨侧工作面的距离调整到 3~4mm（制造厂安装说明书有规定者按规定执行），且 4 个楔块距导轨工作面间隙应一致。然后用厚垫片塞于导轨侧面与楔块之间，使其固定，同时把安全钳和导轨端面用木楔塞紧。安全钳楔块面与导轨侧面间隙应为 2~3mm，各间隙相互差值不大于 0.5mm（如厂家有要求时，应按要求进行）。见图 37-19。

3. 安装立柱、上梁

（1）将立柱与底梁连接，连接后应使立柱垂直，其垂直度误差在整个高度上≤1.5mm，不得有扭曲，若达不到要求则用垫片进行调整。

（2）立柱的垂直度，立柱的上下端之间垂直度误差，前后方向和左右方向都应≤1.5mm。

（3）用捯链将上梁吊起与立柱相连接，顺序安装所有的连接螺栓，但不要拧死。

（4）调整上梁的横、纵向不水平度，使水平度偏差≤0.5‰，同时再次校正立柱使其垂直度偏差不大于 1.5mm。装配后的轿厢不应有扭曲应力存在，最后紧固所有的连接螺栓。

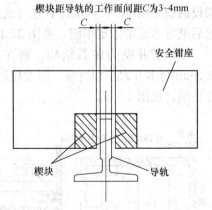

图 37-19　安装安全钳楔块示意图

（5）由于上梁有绳轮，因此要调整绳轮与上梁间隙，其相互尺寸误差≤1mm，绳轮自身垂直度偏差≤0.5mm。

4. 安装轿厢底盘、导靴

（1）用捯链将轿厢底盘吊起，放于相应位置。同时依据基准线进行前后左右的位置调

整。调整完成后，将轿厢底盘与立柱、底梁用螺栓连接但不要把螺栓拧紧。装上斜拉杆并进行调整，使轿厢底盘平面的水平度≤3‰，之后先将斜拉杆用双螺母拧紧，再把各连接螺栓紧固。见图37-20。

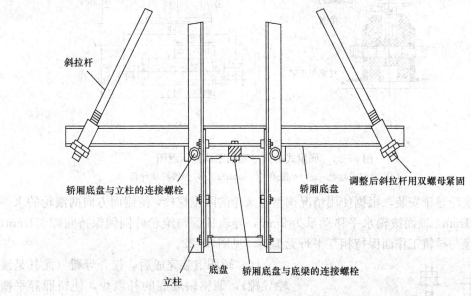

图 37-20　安装轿厢底盘示意图

（2）若轿底为活动结构时，则先按上述要求将轿厢底盘托架安装并调好，再将减振器及称重装置安装在轿厢底盘托架上。然后用捯链将轿厢底盘吊起，缓缓就位，使减振器上的螺栓逐个插入轿底盘相应的螺栓孔中，调整轿底盘平面的水平度，使其水平度不大于3‰。若达不到要求则在减振器的部位加垫片进行调整。最后调整轿底定位螺栓，使其在电梯满载时与轿底保持 1～2mm 的间隙。当电梯安装全部完成后，通过调整称重装置，使其能在规定范围内正常工作。调整完毕，将各连接螺栓拧紧。

（3）安装调整安全钳拉杆。拉起安全钳拉杆，使安全钳楔块轻轻接触导轨时，限位螺栓应略有间隙，以保证电梯正常运行时，安全钳楔块与导轨不致相互摩擦或误动作。同时，进行模拟动作试验，保证左右安全钳拉杆动作同步，其动作应灵活无阻。符合要求后，拉杆顶部用双螺母紧固。

（4）安装导靴前，应先按制造厂要求检查导靴型号及使用范围。安装前，须复核标准导靴间距。要求上、下导靴中心与安全钳中心 3 点在同一条垂线上。固定式导靴要调整其间隙一致，则内衬与导轨两侧工作面间隙各为 0.5～1mm，与导轨顶面间隙两侧之和为 1～2.5mm，与导轨顶面间隙偏差＜3mm。弹簧式导靴根据随电梯的额定载重量调整 b 尺寸，见表37-4和见图37-21，使内部弹簧受力相同，保持轿厢平衡，调整 $a＝b＝2mm$。

表 37-4

b 尺寸的调整

电梯额定载重量（kg）	b（mm）	电梯额定载重量（kg）	b（mm）
400	42	1500	25
750	34	2000～2500	23
1000	30		

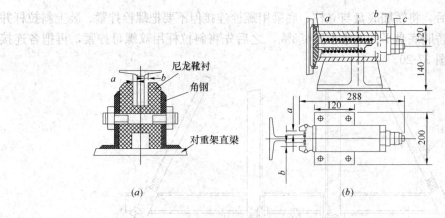

图 37-21   固定式弹簧导靴间距调整示意图

(*a*) 固定式导靴（*a* 与 *b* 偏差＜0.3mm）；(*b*) 弹簧滑动导靴

(5) 滚轮导靴安装，根据使用情况调整各滚轮的限位螺栓，使侧面方向两滚轮的水平移动量为 1mm，顶面滚轮水平移动量为 2mm，导轨顶面与滚轮外圆间保持间隙≤1mm，各滚轮轮缘与导轨工作面保持相互平行无歪斜，见图 37-22。

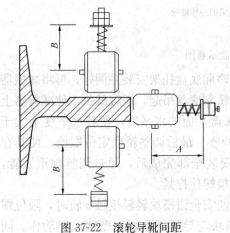

图 37-22   滚轮导靴间距
调整示意图

(6) 轿厢组装完成后，松开导靴（尤其是滚轮导靴），调整轿厢底的补偿块，使轿厢静平衡符合设计要求，然后再回装导靴。

5. 安装轿壁、轿顶、撞弓

(1) 安装前对撞弓进行检查，如有扭曲、弯曲现象应调整。撞弓采用加弹簧垫圈的螺栓固定。要求撞弓垂直度偏差不大于 1‰，相对铅垂线最大偏差不大于 3mm（撞弓的斜面除外）。

(2) 先将轿顶组装好用绳索悬挂在轿厢架上梁下方，作临时固定。待轿壁全部安装好后再将轿顶放下，并按设计要求与轿厢壁定位固定。拼装轿壁可根据井道内轿厢四周的净空尺寸情况，预先在层门口将单块轿壁逐扇安装，也可根据情况将轿壁组装成几大块拼在一起后再安装。首先安放轿壁与井道间隙最小的一侧，并用螺栓与轿厢底盘初步固定，再依次安装其他各侧轿壁。待轿壁全部安装完后，紧固轿壁板间及轿底间的固定螺栓，同时将各轿壁板间的嵌条和轿顶接触的上平面整平。轿壁底座和轿厢底盘的连接及轿壁与底座之间的连接要紧密。各连接螺栓要加弹簧垫圈，以防因电梯振动而使连接螺栓松动。若因轿厢底盘局部不平而使轿壁底座下有缝隙时，应在缝隙处加调整垫片垫实。

(3) 轿壁安装后将轿顶放下。但要注意轿顶和轿壁穿好连接螺栓后不要紧固，应在调整轿壁垂直度偏差不大于 1‰ 的情况下逐个将螺栓紧固。安装完后接缝应紧密，间隙一致，嵌条整齐，轿厢内壁应平整一致，各部位螺栓垫圈必须齐全，紧固牢靠。对玻璃轿壁的要求，参照《电梯制造与安装安全规范》GB 7588 中 8.3.2.2 和 8.3.2.4 规定执行。

6. 安装门机和轿门

（1）门机的安装应按照厂家要求进行，并应做到位置正确，运转正常，底座牢固，且运转时无颤动、异响及剐蹭。

（2）轿门安装要求参见厅门安装的有关条文。玻璃轿门的要求，参照《电梯制造与安装安全规范》GB 7588 中 8.6.7.2 及 8.6.7.5 规定执行。

（3）安全触板（或光幕）安装后要进行调整，使之垂直。轿门全部打开后安全触板端面和轿门端面应在同一垂直平面上。安全触板的动作应灵活，功能可靠。其碰撞力不大于 5N。在关门行程 1/3 之后，阻止关门的力不应超过 150N。检查光幕工作表面是否清洁，功能是否可靠。

（4）轿门扇和开关机构安装调整完毕，安装开门刀。开门刀端面和侧面的垂直偏差全长均不大于 0.5mm，并且达到厂家规定的其他要求。

7. 安装轿内、顶装置

（1）为便于检修和维护，应在轿顶安装轿顶检修盒。检修盒上或近旁的停止开关的操作装置应是红色非自动复位的，并标以"停止"字样加以识别。电源插座应选用 2P＋PE250V 型，以供维修时插接电动工具使用。轿顶的检修控制装置应易于接近并设有无意操作的防护。若无安装图则根据便于安装和维修的原则进行布置。以便于检修人员安全、可靠、方便地检修电梯。

（2）按厂家安装图安装轿顶平层感应器、到站钟、接线盒、线槽、电线管、安全保护开关等。

（3）安装、调整开门机构和传动机构，使门在启闭过程中有合理的速度变化，而又能在起止端不发生冲击，并符合厂家的有关设计要求。若厂家无明确规定则按其传动灵活、功能可靠的原则进行调整。

（4）轿顶护栏的安装，当距轿顶外侧边缘水平方向有超过 300mm 的自由距离时，轿顶应架设护栏。并且满足以下要求：

1）护栏应由扶手、100mm 高的护脚板和位于护栏高度一半的中间护栏组成；

2）自由距离不大于 850mm 时，护栏高度不小于 700mm；自由距离大于 850mm 时，护栏高度不小于 1100mm；

3）护栏装设在距轿顶边缘最大为 150mm 之内。并且其扶手外缘和井道中的任何部件之间的水平距离不应小于 100mm；

4）护栏上应有关于俯伏或斜靠护栏危险的警示符号或须知。

（5）安装轿厢其他附属装置，轿厢及厅门的所有标志、须知及操作说明应清晰易懂（必要时借助符号或信号），并采用不能撕毁的耐用材料制成，安装在明显位置。轿厢内的扶手、装饰镜、灯具、风扇、应急灯等应按照厂家图纸要求准确安装，确认牢固有效。

8. 安装、调整超载满载开关、安装护脚板

调整满载开关，应在轿厢达到额定载重量时可靠动作。调整超载开关，应在轿厢的额定载重量 110％时可靠动作。如果采用其他形式的称重装置，则应按厂家要求进行安装、调整，达到功能可靠，动作灵活。每一轿厢地坎均须装设护脚板，护脚板为 1.5mm 厚的钢板，其宽度等于相应层站入口净宽，护脚板垂直部分的高度不小于 750mm，并向下延伸一个斜面，与水平面夹角应大于 60°，该斜面在水平上的投影深度不得小于 20mm。护

脚板的安装应垂直、平整、光滑、牢固。必要时增加固定支撑，以保证在电梯运行时不抖动，防止与其他部件摩擦撞击。

9. 对重框架吊装就位、安装对重导靴

(1) 吊装对重框架前的准备工作

1) 在脚手架相应位置搭设操作平台，以便吊装对重框架和装入对重块。在机房预留孔洞上方放置一工字钢（可用曳引机承重梁临时代替），拴上钢丝绳扣，在钢丝绳扣中央悬挂一捯链。在首层安装时，钢丝绳扣要固定在相对的两个导轨架上，不可直接挂在导轨上，以免导轨受力后移位或变形。对重缓冲器两侧各支一根 100mm×100mm 木方，木方高度 $C=A+B+$ 越程距离。其中 A 为缓冲器底座高度；B 为缓冲器高度。见图 37-23。

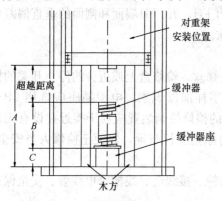

图 37-23　对重框架吊装就位

2) 若导靴为弹簧式或固定式，要将同一侧的两导靴拆下，若导靴为滚轮式，要将四个导靴都拆下。

(2) 将对重框架运到操作平台上，用钢丝绳扣将对重绳头板和捯链钩连在一起。操作捯链将对重框架吊起到预定高度，对于一侧装有弹簧式或固定式导靴的对重框架，移动对重框架使导靴与该侧导轨吻合并保持接触，然后轻轻放松捯链，使对重架平稳牢固地安放在事先支好的木方上，应使未装导靴的框架两侧面与导靴端面距离相等。

(3) 固定式导靴安装时应保证内衬与导靴端面间隙上、下一致，否则应用垫片进行调整。在安装弹簧式导靴前应将导靴调整螺母紧到最大限度，使导靴和导靴架之间没有间隙以便于安装。若导靴滑块内衬上、下与轨道端面间隙不一致，则在导靴座和对重框架间用垫片进行调整，调整方法同固定式导靴。滚动式导靴安装应平整，两侧滚轮对导轨的初压力应相等，压缩尺寸应按厂家图纸规定。如无规定则根据使用情况调整压力适中，正面滚轮应与道面压紧，轮中心对准导轨中心。导靴安装调整后，所有螺栓应紧牢。

10. 对重块的安装及固定

(1) 对重块数量应根据下列公式求出：

装入的对重块数＝[轿厢自重＋额定荷重×(0.4~0.5)－对重架重]/单块重量

(2) 放置对重具体数量应在做完平衡载荷实验后确定。按厂家设计要求装上对重块压紧装置，并拧紧螺母，防止对重块在电梯运行时发出撞击声。待安装好钢丝绳并与轿厢连接好后，撤下支撑方木。

(3) 如果有滑轮固定在对重装置上，应设置防护罩，以避免伤害作业人员，又可预防钢丝绳松弛时脱离绳槽、绳与绳槽之间落入杂物。这些装置的结构应不妨碍对滑轮的检查和维护。在采用链条的情况下，亦要有类似的装置。对重如设有安全钳，应在对重装置未进入井道前，将有关安全钳及有关部件装好。

37.2.3.4　施工中安全注意事项

(1) 长形部件及材料，如立柱、门框、门扇、型钢等不允许立放，防止倾倒伤人。

(2) 在轿厢全部装好，且钢丝绳安装完毕后，必须先将限速器、限速钢丝绳、张紧装置、安全钳拉杆、安全钳开关等装接完成，才能拆除上端站所架设的支撑轿厢的横梁和对重的支撑。

37.2.3.5 质量要求

（1）轿厢的拼装质量直接影响观感质量，因此必须做到横平竖直、组装牢固，轿壁结合处应平整，开门侧壁的不垂直度不大于 1‰。轿厢洁净、门扇平整、洁净、无损伤，启闭轻快、平稳。中分式门关闭时上、下部同时合拢，门缝一致。

（2）开门刀与各层厅门地坎以及各厅门开门装置的滚轮与轿厢地坎间的间隙均必须在 5～10mm 范围以内。

（3）轿厢地坎与各层厅门地坎距离偏差为 0～+3mm（在整个地坎长度范围内），且最大距离严禁超过 35mm。

（4）检查满载开关应在电梯额定载重量时动作，超载开关应在电梯额定载重量 110% 时动作。

（5）应注意的事项：

1）轿厢组件应放置于防雨、非潮湿处。安装立柱时应使其自然垂直，达不到要求时，要在上、下梁和立柱间加垫片进行调整，不可强行安装。

2）轿厢底盘调整水平后，轿厢底盘与底盘座之间，底盘座与下梁之间的连接处要接触严密，若有缝隙要用垫片垫实，不可使斜拉杆过分受力。斜拉杆应用双螺母拧紧，轿厢各连接螺栓必须紧固，垫圈齐全。

3）吊轿厢用的吊索钢丝绳与钢丝绳绳卡的规格必须相互匹配，绳卡压板应装在钢丝绳受力的一边；对 $\phi16mm$ 以下的钢丝绳，所使用的钢丝绳夹应不少于 3 只，被夹绳的长度应大于钢丝绳直径的 15 倍，且最短长度不小于 300mm，每个绳夹间的间距应大于钢丝绳直径的 6 倍。

4）轿厢的保护膜在交工前不要撕下，必要时使用薄木板对轿厢进行保护。

37.2.4 厅门安装

37.2.4.1 常用工具及机具

水平尺、钢板尺、直角尺、钢卷尺、斜塞尺、线坠、活扳子、榔头、手电钻、电锤、电气焊机具等。

37.2.4.2 施工条件

（1）各层脚手架横杆应不妨碍厅门安装。脚手板上干净、无杂物。

（2）各层厅门口应装防护门和警告牌。

（3）各层厅门口建筑结构墙壁上，应有土建专业提供并确认的楼层地坪标高线装修高度和墙面装饰高度。

（4）对厅门各部件进行检查，如发现不符合要求处应及时修整，对转动部分应进行清洗加油，做好安装准备。

37.2.4.3 施工工艺流程

安装地坎 → 安装门立柱、门上坎、门套 → 安装厅门扇、调整厅门 → 安装门锁

1. 安装地坎

（1）按要求使用样板放两根厅门安装基准线，在各厅门地坎上表面和内侧立面上划出

净门口宽度线及厅门中心线，确定地坎、牛腿及牛腿支架的安装位置。

（2）若地坎牛腿为混凝土结构，应在混凝土牛腿上打入两条支撑模板用钢筋，用钢管套住向上弯曲约90°，在钢筋上放置相应长度的模板，用清水冲洗干净牛腿，将地脚爪装在地坎上，然后用细石混凝土浇筑（水泥强度等级不小于P·O42.5R，水泥、砂子、石子的容积比是1：2：2）。稳放地坎前要用水平尺找平（注意开关门和进出电梯轿厢两个方向的地坎水平度），同时三条画线分别对正三条线基准线，并找好地坎与基准线的距离。厅门地坎水平度误差≤2‰，地坎稳好后应高于完工装修地面2～5mm，若是混凝土地面应按1：50坡度与地坎平面抹平，浇筑的混凝土达到强度后可拆除模板。

（3）若厅门无混凝土牛腿，应在预埋铁件上焊支架安装牛腿来稳放地坎，分两种情况：

电梯额定载重在1000kg及以下的各类电梯，可用不小于L75mm×75mm×8mm角钢焊接支架，并稳装地坎，牛腿支架不少于3个（或按厂家要求）。电梯额定载重量在1000kg以上的各类电梯可采用δ＝10mm的钢板及槽钢制作牛腿，并稳装地坎。牛腿不少于5个（或按厂家要求）。

（4）额定载重在1000kg及以下的各类电梯，若厅门无混凝土牛腿又无预埋铁件，可采用M14以上的膨胀螺栓固定牛腿支架，稳装地坎。

2. 安装门套、门立柱、门上坎

按照门套加强板的位置在厅门口两侧混凝土墙上钻φ10mm的孔（砖墙钻φ8mm的孔），将φ10mm×100mm的钢筋打入墙中，剩30mm留在墙外。在平整的地方组装好门套横梁和门套立柱，垂直放置在地坎上，确认左、右门套立柱与地坎的出入口画线重合，找好与地坎槽距离，使之符合图纸要求，然后拧紧门套立柱与地坎之间的紧固螺栓。将左右厅门立柱、门上坎用螺栓组装成框架，立到地坎上（或立到地坎支撑型钢上），立柱下端与地坎（或支撑型钢）固定，门套与门头临时固定，确定门上坎支架的安装位置，然后用膨胀螺栓或焊接的方式将门上坎支架固定在井道墙壁上。

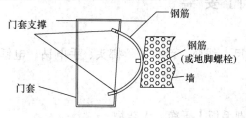

图 37-24　门套钢筋焊接示意图

用螺栓固定门上坎和门上坎支架，按要求调整门套、门立柱、门上坎的水平度、垂直度和相应位置。用门口样线校正门套立柱的垂直度，然后将门套与门上坎之间的连接螺栓紧固，用φ10mm×200mm钢筋与打入墙中的钢筋和门套加强板进行焊接固定，每侧门套分上、中、下均匀焊接三根钢筋，考虑到焊接时可能会产生变形，因此要按要求将钢筋变成弓形后再焊接，不让焊接变形直接影响门套。门套框架安装时水平度误差≤1‰。门套直框架安装时垂直度误差应≤1‰。施工方法：用钢筋与墙内部的钢筋（或地脚螺栓）和门套的装配支撑件进行焊接固定，见图37-24。

3. 安装厅门扇、调整厅门

将门吊板上的偏心轮调到最大值，然后将门吊轮挂到门导轨上，调小偏心轮与导轨间的距离，防止门吊板坠落。将门地脚滑块装在门扇上，在门扇和地坎间垫6mm厚的支撑物，将门地脚滑块放入地坎槽内，门吊轮和门扇之间用专用垫片进行调整，保证门缝尺寸和门扇垂直度符合要求，然后将门吊轮与门扇的连接螺栓紧固；厅门导轨及吊门滚轮按电梯制造厂技术要求调整，将偏心轮调到与滑道间距小于 0.5mm，撤掉门扇和地坎间所垫之物，门滑行试验，应运行轻快、平稳。

4. 厅门门锁、副门锁、强迫关门装置及紧急开锁装置安装

(1) 调整厅门锁和副门锁开关，使其达到：只有当两扇门或多扇门关闭达到有关要求后才能使门锁电触点和副门锁开关接通，一般应使副门锁开关先接通，厅门门锁电触点再接通。

(2) 层门锁钩必须动作灵活，在证实锁紧的电气安全装置动作之前，锁紧元件的最小啮合长度为 7mm。

(3) 在门扇装完后，安装强迫关门装置，层门强迫关门装置必须动作可靠，使厅门具有自闭能力，被打开的厅门在无外力作用时，厅门应能自动关闭。采用重锤式的厅门自闭装置，重锤导管或滑道的下端应有封闭措施。关门时无撞击声，接触良好。

(4) 厅门手动紧急开锁装置应灵活可靠，门开启后三角锁应能自动复位。每层层门必须能够用三角钥匙正常开启；当一个层门或轿门（在多扇门中任何一扇门）非正常打开时，电梯严禁启动或继续运行。

37.2.4.4　施工中安全注意事项

动用电、气焊时应有防火措施，设专人监护。乙炔瓶必须直立使用。氧气瓶、乙炔瓶相互距离不得小于 5m，与明火之间距离不得小于 10m。

37.2.4.5　质量要求

(1) 开门刀与各层厅门地坎、各层厅门开门装置与门锁滚轮间隙应均匀，尺寸应符合电梯厂的要求。

(2) 厅门导轨中心与地坎槽中心的水平距离，导轨本身的不铅垂度偏差应不大于 0.5mm。

(3) 厅门扇垂直度偏差不大于 2mm，在门下端用 150N 的力（约 15kg）扒开时：中分门间隙应不大于 45mm；旁开门间隙不大于 30mm，偏心轮对滑道间隙不大于 0.5mm。

(4) 门扇安装、调整应达到：门扇平整、洁净、无损伤。启闭轻快平稳，无噪声，无摆动、撞击和阻滞。中分门关闭时上下部同时合拢，门缝一致。

(5) 厅门框架立柱的垂直误差和厅门导轨的水平度偏差均不应超过 1‰。

(6) 厅门关好后，门锁应立即将门锁住，锁钩电气触点刚接触，电梯能够启动时，锁紧件啮合长度至少为 7mm。应由重力、弹簧或永久磁铁来产生并保持锁紧动作，做到安全可靠。

(7) 厅门门扇下端与地坎面的间隙、门套与门扇的间隙、门扇与门扇的间隙为：客梯 1～6mm，货梯 1～8mm。由于磨损，间隙值允许达到 10mm。如果有凹进部分，上述间隙从凹底处测量。

(8) 厅门地坎及门套安装的尺寸要求、允许偏差和检验方法应符合《电梯制造与安装安全规范》GB 7588 规定。

(9) 应注意的事项：

1) 若门套横梁与门套左右立柱厚度不同，组装时应保证门套内侧表面（门扇形成门缝的表面）在同一平面上。固定钢门套时，钢筋要焊在门套的加强板上，不可在门套上直接焊接，防止门套变形。

2）凡是需埋入混凝土的部件，要经甲方或监理检查验收合格后，办理隐蔽工程验收手续，才能浇筑混凝土。

3）厅门与井道固定的可调式连接件，在厅门调好后，应将连接件长孔处的垫圈电焊固定，以防移位。

37.2.5　机房曳引装置及限速器装置安装

37.2.5.1　常用工具及机具

水平尺、钢直尺、钢卷尺、弹簧秤、磁力线坠、钢丝钳、压线钳、螺丝刀、扳手、电锤、撬杆、捯链、电气焊机具等。

37.2.5.2　施工条件

土建的预留洞口符合图纸设计要求；机房吊钩符合要求；将机房设备箱吊到机房，开箱核对数量、核查质量，做好开箱记录。开箱后的所有设备必须放进机房，钥匙由专人保管。

37.2.5.3　施工工艺流程

安装承重梁及绳头板 → 安装曳引机及导向轮 → 安装限速器

1. 安装承重梁及绳头板

（1）根据样板架和曳引机安装图画出承重梁位置。承重梁中心与样板架中心的位置允许误差在±2.0mm以内。承重梁的两端插入墙内的尺寸应≥75mm，并且应超过墙厚中心20mm。承重梁组的水平度误差在曳引机安装位置范围内<2‰，两个梁相互的水平差≤2.0mm。承重梁安装找平找正后，用电焊将承重梁和垫铁焊牢。承重梁在墙内的一端及在地面上裸露的一端用混凝土灌实抹平。见图37-25。

（2）受条件所限和设计要求，一些电梯承重钢梁并非贯穿整个机房作用于承重墙或承重梁上，而有一端架设于楼板上的混凝土台。这时，要求机房楼板为加厚承重型楼板或混凝土台位置有反梁设计。混凝土台必须按设计要求加钢筋，且钢筋通过地脚螺栓等方式与楼板相连生根，与钢梁接触面加垫δ≥16mm的钢板，见图37-26。

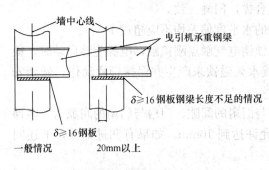

图 37-25　承重梁埋入承重墙内图

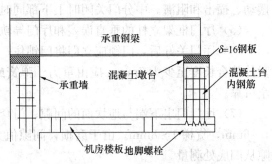

图 37-26　承重梁的安装图

2. 安装曳引机及导向轮

（1）曳引机及导向轮的安装位置误差：有导向轮时，见图37-27所示；无导向轮时，见图37-28所示。

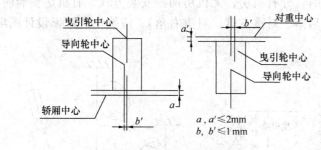

图 37-27 曳引机及导向轮的
安装示意图

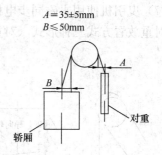

图 37-28 无导向轮曳引
机安装示意图

(2) 按厂家要求布置安装减振胶垫，减振胶垫需严格按规定找平垫实。

(3) 单绕式曳引轮和导向轮的安装位置确定方法：把样板架上的基准线通过预留孔洞投射到机房地坪上，根据对重导轨、轿厢导轨及井道中心线，参照产品安装图册，在地坪上画出曳引轮、导向轮的垂直投影，分别在曳引轮、导向轮两个侧面吊两根垂线，以确定曳引轮、导向轮的位置，见图 37-29。

(4) 复绕式曳引轮和导向轮的安装位置确定方法：首先要确定曳引轮和导向轮的拉力作用中心点，需根据引向轿厢或对重的绳槽而定，见图 37-30 中向轿厢的绳槽 2、4、6、8、10，因曳引轮的作用中心点就是在这五个槽的中心位置，即第 6 槽的中心 A' 点。导向轮的作用中心点是在 1、3、5、7、9 槽的中心位置，

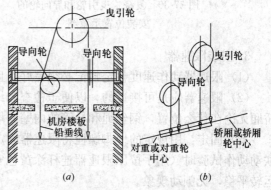

图 37-29 单绕式曳引轮和导向轮的
安装位置示意图
(a) 示意图一；(b) 示意图二

即第 5 槽的中心 B' 点。安装位置的确定：若曳引轮及导向轮已由厂家组装在同一底座上时，确定安装位置极为方便，在电梯出厂时轿厢与对重，中心距已完全确定，只要移动底座使曳引轮作用中心点 A' 吊下的垂线对准轿厢（或轿厢轮）中心，使导向轮作用中心点 B' 吊下的垂线对准对重（或对重轮）中心 B 点，这项工作便完成，然后将底座固定。若曳引轮与导向轮需在工地安装时，曳引轮与导向轮安装定位需要同时进行。其方法是：在曳引轮及导向轮上位置，使曳引轮作用中心点 A' 吊下的垂线对准轿厢（或轿厢轮）中心 A 点，导向轮作用中心点 B' 吊下的垂线对准对重（或对重轮）中心 B 点，并且始终保持不变，然后水平转动曳引轮与导向轮，使两个轮平行，且相距 $\left(\frac{1}{2}S\right)$，并进行固定，见图 37-31。

(5) 曳引机吊装：在吊装曳引机时，吊装钢丝绳应固定在曳引机底座吊装孔上或产品图册中规定的位置，不得绕在电动机轴上或吊环上。待曳引轮挂绳承重后，再检测曳引机水平度和曳引轮垂直度应满足标准要求。

(6) 曳引机制动器的调整见 37.2.9 电梯调试、试验运行有关内容。

(7) 曳引机使用永磁同步电机时，分有机房、无机房两种安装方式。有机房安装时，检查对重放置方式三种形式（对重后落、对重左落、对重右落）。应按生产厂家设计图纸安装。

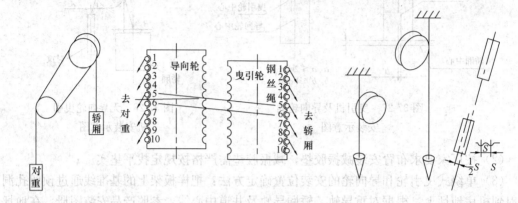

图 37-30　复绕式曳引轮和导向轮的
安装位置示意图

图 37-31　复绕式曳引轮
安装位置示意图

3. 安装限速器

(1) 限速器动作速度整定封记必须完好，且无拆动痕迹。

(2) 限速器应是可接近的，以便于检查和维修。限速器绳轮的垂直度误差＜0.5mm。轿厢无论在什么位置，钢丝绳和导管的内壁面均应有最小为 5mm 间隙。

(3) 固定：用规定的地脚螺栓将限速器固定在机房地面上。限速器安装后与安全钳做联动动作试验时（用手按压限速器连杆涂黄色安全漆的端部使限速器动作）。保证限速器运转平稳，无颤动现象。

37. 2. 5. 4　施工中安全注意事项

(1) 建立严格的值班制度，施工现场应有防范措施，以免设备被盗或被破坏。其他专业人员进入机房施工时必须有专人陪同。机房门在施工人员离开时及时锁好。

(2) 捯链、电动工具、电气焊器具，在使用前应认真检查，发现隐患及时处理。

(3) 机房应有紧急救援操作说明及平层标记表，必须贴于易见处。在盘车手轮上应明显标出轿厢升降方向的标志，盘车装置上电气安全装置动作可靠。应有停电或电梯故障时的轿厢慢速移动措施，例如采用手动紧急操作装置，由持证操作人员紧急放人。

(4) 检修时轿厢顶上总承载（包括检修人员）不得超过 200kg。

(5) 若电梯额定速度大于 3.5m/s，除满足《电梯制造与安装安全规范》GB 7588 中 9.6.1 的规定外，还应增设一个防跳装置。防跳装置动作时，一个符合《电梯制造与安装安全规范》GB 7588 中 14.1.2 规定的电气安全装置应使电梯驱动主机停止运转。

37. 2. 5. 5　质量要求

(1) 曳引机承重梁安装前要除锈并刷防锈漆，交工前再刷与机器颜色一致的油漆。

为了不影响保养管理，限速器（GOV）离墙面的距离要确保≥100mm。限速器铭牌装在墙壁一侧看不到时，要将铭牌换装到限速器另一侧。

(2) 在通往电梯机房门的外侧，应由客户设置下列简短字句的须知："机房重地，闲人莫入。"

（3）在机房顶承重梁和吊钩上应标明最大允许载荷。

（4）观光梯的曳引机放置方式和普通客梯基本相同，但要注意放置搁机大梁的角度，需要严格按土建图的布置放置。

（5）曳引机承重梁安装必须符合设计要求和施工规范规定，并由建设单位代表参加隐蔽验收。

（6）轿厢空载时，曳引轮垂直度误差≤0.5mm，导向轮端面对曳引轮端面的平行度误差≤1mm。

（7）限速器绳轮、钢带轮、导向轮安装必须牢固，转动灵活，其垂直度误差≤0.5mm。

（8）机房设备的安装直接影响电梯整机运行性能和电梯运行舒适感，故主机的曳引轮垂直度误差≤0.5mm，制动器动作灵活，工作可靠。制动时两侧闸瓦紧密，均匀地贴合在制动轮的工作面上，松闸时应同时离开，制动器闸瓦平均间隙≤0.7mm。

（9）曳引绳的张力差≤5%。

（10）钢丝绳上做平层标志，在停电时能确认轿厢所在楼层和平层位置。

（11）机房内钢丝绳与楼板孔洞边缘间隙为20～40mm，通向井道的孔洞四周应设置高度不小于50mm的台阶。

37.2.6　井道机械设备安装

37.2.6.1　常用工具及机具

钢直尺、水平尺、磁力线坠、套筒扳手、榔头、钢丝钳、电气焊机具、捯链等。

37.2.6.2　施工条件

电梯井道土建施工完毕，符合设计标准。各层厅门安装调试全部结束，门锁装置安全有效。

37.2.6.3　施工工艺流程

安装缓冲器底座和缓冲器 → 安装限速器张紧装置及限速绳 → 安装补偿链或补偿绳装置 →

安装井道内的防护隔障

1. 安装缓冲器底座和缓冲器

安装前测量底坑深度，按缓冲器数量全面考虑布置。安装时，缓冲器的中心位置、垂直偏差、水平度偏差等指标要同时考虑。没有导轨底座时，可采用混凝土基座或加工型钢基座。用水平尺测量缓冲器顶面，要求其水平误差<2‰。油压缓冲器在使用前按要求加油，用螺丝刀取下柱塞盖，将油位指示器打开，以便空气外逸，将附带的机械油加至油位指示器上符号位置。

2. 安装限速绳张紧装置和限速绳

直接把限速绳挂在限速轮和张紧轮上进行测量，根据所需长度断绳、做绳头，做绳头的方法与主钢丝绳相同，限速器钢丝绳与安全钳连杆连接时，应用三只钢丝绳卡夹紧，绳卡的压板应置于钢丝绳受力的一边。每个绳卡间距应大于6d（d为限速器绳直径），限速器绳短头端应用镀锌钢丝加以扎结。张紧装置底面与底坑地面的距离见表37-5。

张紧装置底面与底坑地面的距离（mm）			表 37-5
类　别	高速梯	快速梯	低速梯
张紧装置底面与底坑地面的距离	750±50	550±50	400±50

3. 安装补偿链或补偿绳装置

（1）先将补偿链靠近井道里侧拐角部位由上而下悬挂 48h，以减小补偿链自身的扭曲应力；

（2）补偿绳（链）端固定应当可靠；

（3）应当使用电气安全装置来检查补偿绳的最小张紧位置；

（4）当电梯的额定速度大于 3.5m/s 时，还应当设置补偿绳防跳装置，该装置动作时应当有一个电气安全装置使电梯驱动主机停止运行。

4. 安装井道内的防护隔障

对重的运行区域应采用刚性隔障防护，该隔障从电梯底坑地面上＜300mm 处向上延伸到至少 2.5m 的高度。其宽度应至少等于对重宽度两边各加 100mm。如果这种隔障是网孔型的，则应该遵循《机械安全　避免人体各部位挤压的最小间距》GB 12265.3—1997 中 4.5.1 的规定。

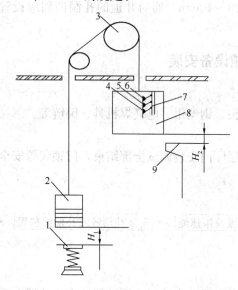

图 37-32　极限开关越程与缓冲越程距离
1—缓冲器；2—对重；3—曳引轮；4—缓速开关；
5—限位开关；6—极限开关；7—撞板；
8—轿厢；9—端站地平面

37.2.6.4　施工中安全注意事项

注意极限开关越程与缓冲越程距离应匹配。有时这两项指标均未超过标准情况下出现人身伤害、机械事故发生。图 37-32 是极限开关越程与缓冲越程距离关系的示意图，图中 H_1 表示对重缓冲越程距离，H_2 表示极限开关越程距离。$H_1 > H_2$ 时才能满足《电梯制造与安装安全规范》GB 7588—2003 要求："极限开关应在轿厢或对重接触缓冲器之前起作用……"。例如，使用弹簧缓冲器时，必须确保对重或轿厢碰到缓冲器之前，UOT（上限位）和 DOT（下限位）已经起作用。

37.2.6.5　质量要求

（1）缓冲器底座必须按要求安装在混凝土或型钢基础上，接触面平整严实，如采用金属垫片找平，其面积不小于底座的 1/2。

（2）如采用混凝土底座，应保证不破坏井道底的防水层，避免渗水。

37.2.7　钢丝绳安装

37.2.7.1　常用工具及机具

活扳手、断线钳、卷尺、榔头、钢凿、管形测力计、锡锅、钢丝绳断绳器、成套气焊器具、砂轮切割机等。

37.2.7.2 施工条件

安装钢丝绳前，应首先确认轿厢框架已经组装完成，绳头板也已安装到位。对重框架已经组装完成，对重绳头板也已安装到位。机房机械设备安装结束。坑底缓冲器安装完毕。

37.2.7.3 施工工艺流程

确定钢丝绳长度 → 放、断钢丝绳 → 挂钢丝绳、做绳头 → 调整钢丝绳

1. 确定钢丝绳长度

确定实际钢丝绳长度：按轿厢位于顶层站，对重框架位于最底层距缓冲器 S_1 值地方，见图 37-33。根据曳引方式（曳引比、有无导向轮、复绕轮、反绳轮等）进行计算。图中：

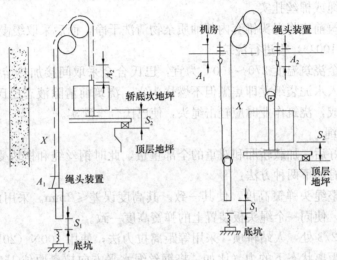

图 37-33　确定实际钢丝绳长度示意图

A_1、A_2 做绳头长度；

S_1 对重底撞板与缓冲器距离（400mm＋每块垫铁高度×垫铁数量）；

S_2 轿厢地坎高出顶层站地坎距离；

X 轿厢绳头锥体出口至对重绳头锥体出口的长度；

L 实际钢丝绳长度；

单绕式钢丝绳长度：$L = 0.996 \times (X + A_1 + A_2 + S_2)$；

复绕式钢丝绳长度：$L = 0.996 \times (X + A_1 + A_2 + 2 \times S_2)$。

说明：每增加 3~5 层楼加一块垫铁（每块垫铁高 100mm），例如标准 6 层（400mm ＋2 块垫铁）。

2. 放、断钢丝绳

在清洁宽敞的地方放开钢丝绳，检查钢丝绳，应无死弯、锈蚀、断丝情况。按上述方法确定钢丝绳长度后，从距剁口两端 5mm 处将钢丝绳用钢丝绑扎成 15mm 的宽度，然后留出钢丝绳在锥体内长度，再按要求进行绑扎，然后用钢丝绳断绳器或钢凿、砂轮切割机等工具切断钢丝绳。

3. 挂钢丝绳、做绳头

钢丝绳端接装置通常有三种类型：锥套型、自锁楔型、绳夹。

现将常用锥套型施工方法介绍如下：

（1）在做绳头、挂绳之前，应将钢丝绳放开，使之自由悬垂于井道内，消除内应力。

（2）挂绳顺序：单绕式电梯挂绳前，一般先做好轿厢侧绳头并固定好，之后将钢丝绳的另一头绕过驱动轮送至对重侧，按照计算好的长度断绳。断绳后在次底层制作对重侧绳头，再将绳头固定在对重绳头板上，两端要连接牢靠。复绕式电梯，要先挂绳后做绳头，或先做好一侧的绳头，待挂好钢丝绳后再做另一侧的绳头。

（3）将钢丝绳断开后穿入锥体，将剁口处绑扎铅丝拆去，松开绳股，除去麻芯，用煤油将绳股清洗干净，按要求将绳股或钢丝向绳中心折弯（俗称编花），折弯长度应不小于钢丝绳直径的 2.5 倍。将弯好的绳股用力拉入锥套内，将浇口处用棉布或水泥袋纸包扎好，下口用石棉绳或棉丝扎实。

（4）绳头浇筑前应将绳头锥套内部油质杂物清洗干净，而后采取缓慢加热的办法使锥套温度达到 50～100℃，再进行浇筑。

（5）巴氏合金浇筑温度 270～400℃为宜，巴氏合金采取间接加热熔化，温度可用热电偶测量或当放入水泥袋纸立即焦黑但不燃烧为宜。浇筑前清除液态巴氏合金表面杂质，浇筑必须一次完成，浇筑作业时应轻击绳头，使巴氏合金灌实。

4. 调整钢丝绳

绳头全部装好后，加载轿厢和对重的全部重量，此时钢丝绳和楔块受到拉力将升高。调整钢丝绳张力有如下两种方法：

（1）测量调整绳头弹簧高度，使其一致。其高度误差≤2mm。采用此法应事先对所有弹簧进行挑选，使同一个绳头板装置上的弹簧高度一致。

（2）在井道 2/3 处，人站轿顶，采用等距离拉力法，使用 200N（20kg）测力计，测量每根钢丝绳等距离状态下的力（比如，将钢丝绳水平方向拉离原位 150mm，记录每根钢丝绳受力大小值）。用公式计算每根曳引绳的张力差，全部曳引绳张力差不应超过 5%。初步调节钢丝绳张力，由于相对紧的钢丝绳楔块比较容易调节，因此可在相对紧的绳套内两钢丝绳之间插入一个销轴，用榔头轻敲销轴顶部，使楔块受力振动，此时该钢丝绳会自行在绳套内滑动，找到其最佳的受力位置。在每个过紧的绳头上重复上述做法，直至各钢丝绳张力相等。钢丝绳张力初步调节完成后，再装上钢丝绳卡，以防在轿厢或对重撞击缓冲器时楔块从绳套中脱出。在此调节过程中，应使轿厢反复运行几次，以使钢丝绳间的应力消除。各钢丝绳的张力偏差最好控制在 2% 以内。

37. 2. 7. 4　施工中安全注意事项

钢丝绳头制作采用一种火焰作业，在浇筑巴氏合金时必须戴手套、配戴目镜、口罩，必须谨慎操作，避免灼伤身体。钢丝绳全部安装好后，才能拆除轿厢底部托梁。

37. 2. 7. 5　质量要求

绳头组合必须安全可靠，且每个绳头组合必须安装防螺母松动和脱落的装置。

钢丝绳规格型号符合设计要求，并应符合《电梯用钢丝绳》GB 8903—2005 标准的规定、无死弯、锈蚀、松股、断丝等现象，麻芯润滑油脂无干枯现象。锥套有整体式和销子式两种，钢丝绳的末端处理法是一样的，但对于后者，应注意在装卸连接销和开口销时，切勿发生变形损伤。

绳头浇筑完成后应待到冷却后才能放开，以免液态巴氏合金流出。

37.2.8 电气装置安装

37.2.8.1 常用工具及机具

水平尺、钢卷尺、直尺、线坠、扳手、剥线钳、尖嘴钳、压线钳、钢丝钳、螺丝刀、弯管器、电钻、电锤、电烙铁、开孔器、摇表、万用表、电气焊机具等。

37.2.8.2 施工条件

(1) 按照装箱单打开相应的电气设备，分类堆放好，做好标识，做好开箱记录。

(2) 土建工作基本完毕。井道、底坑、轿内、轿顶、机房相应的设备已安装好。

37.2.8.3 施工工艺流程

电气配线安装 → 机房电气装置安装 → 井道电气装置安装 → 轿厢电气装置安装 → 厅门电气装置安装

1. 电气配线安装

电线管、槽、构架防腐处理良好。电气配线安装工程，符合《电梯工程施工质量验收规范》GB 50310 中 4.10 电气装置有关规定，安装后应横平竖直，接口严密，槽盖齐全、平整无翘角。管、槽、构架水平和垂直偏差应符合下列要求：机房内不应大于 2‰，井道内不应大于 5‰，全长不应大于 50mm。金属软管安装应符合下列规定：无机械损伤和松散，与箱盒设备连接处应使用接头，安装应平直，固定点均匀，间距不应大于 1m。端头固定牢固，固定点距离端头不大于 100mm。

2. 机房电气安装

控制柜安装：控制柜应布局合理、固定牢固，安装位置应符合下列规定：柜与门、窗正面的距离不应小于 0.6m。柜的维修侧与墙壁的距离不应小于 0.6m，其封闭侧宜不小于 50mm。双面维护的控制柜成排安装长度超过 5m 时，两端宜留宽度不小于 0.6m 的出入通道。柜与机械设备的距离不应小于 0.5m。控制柜的过线盒要按安装图的要求，用膨胀螺栓固定在机房地面上。若无控制柜过线盒，则要用 10 号槽钢制作控制柜底座或用混凝土底座，底座高度为 50～100mm。控制柜底座安装前，应先除锈、刷防锈漆、装饰漆。控制柜与控制柜底座与机房地面固定牢靠。多台柜并列安装时，其间应无明显缝隙且柜面应在同一平面上。同一机房有数台曳引机时应对曳引机、控制屏、电源开关、变压器等对应设备配套编号标识，便于区分所对应的电梯。

3. 井道电气安装

(1) 随行电缆架应安装在电梯正常提升高度的 1/2 加 1.5m 处的井道壁上。随行电缆架位置应保证随行电缆在运行中不得与物品发生碰触及卡阻。轿底电缆架的安装方向与井道随缆架一致，并使电梯电缆位于井道底部时，能避开缓冲器且保持 >200mm 的距离。随行电缆安装前，必须预先自由悬吊，消除扭曲。扁平型随行电缆可重叠安装，重叠根数不宜超过 3 根，每两根间应保持 30～50mm 的活动间距。扁平型电缆固定应使用楔形插座或卡子，见图 37-34。撞弓安装后调整其垂直偏差≤1‰。最大偏差≤3mm（撞弓的斜面除外）。

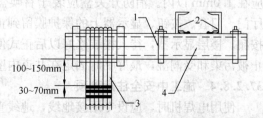

图 37-34　轿底电缆架随行电缆安装图
1—轿底电缆架；2—电梯底梁；3—随行电缆；
4—电缆架钢管

（2）在井道的两端各有一组终端开关，当电梯失速冲向端站，首先要碰撞一级强迫减速开关，该开关在正常换速点相应位置动作，以保证电梯有足够的换速距离。当电梯继续失速冲向端站，超过端站平层 50~100mm 时，碰撞二级保护的限位开关，切断控制回路，当平层超过 100mm 时，碰撞第三级极限开关，切断主电源回路。

终点开关的安装与调整应按安装说明书要求进行，见图 37-35。

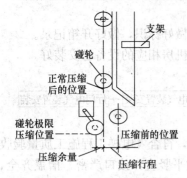

图 37-35   终点开关安装图

（3）在底坑应装设井道照明开关，在机房、底坑两处均能控制井道照明。底坑检修盒的安装位置距厅门口不应大于 1m，并应设在地坎下方距线槽或接线盒较近、操作方便、容易接近、不影响电梯运行的地方。检修盒上或近旁的停止开关的操作装置应是红色非自动复位的并标以"停止"。线槽、电管、检修盒相互之间要有跨接地线。

4. 轿厢电气安装

（1）平层装置安装与调整。平层装置按说明书要求安装，安装后按下述顺序调整：把开关箱装在靠上面的梁上且装在中央。在安装臂上装上支架，但不要上紧。在轿厢平层位置，将安装臂装于导轨上，并固定在适当位置，要使 D2 板的中央与开关箱的基准线大致一致。精确地调整支架，从而使 DZ 板的中央与开关箱的基准线完全在一条直线上。调节检测器的倾斜度且同时调整节板。手动使电梯 DN 运行，使开关箱脱离感应板，然后拧紧支架和安装臂之间的螺栓。手动使电梯在该层附近做上（UP）、下（DN）运行，确认开关与感应板之间的位置，从而确保检测器的感应板插入时，左右间隙相等。

（2）要有可自动为轿内应急照明再充电的紧急电源，在正常照明电源中断的情况下，至少提供 1W 灯泡用电 1h。

（3）操纵盘的安装：操纵盘面板的固定方法有用螺钉固定和搭扣夹住固定的形式。操纵盘面板与操纵盘轿壁间的最大间隙应在 1mm 以内。指示灯、按钮，操纵盘的指示信号应清晰明亮准确，遮光罩良好，不应有漏光和串光现象。按钮应灵活可靠，不应有阻卡现象。

5. 厅门电气安装

呼梯按钮盒应装在厅门距地 1.2~1.4m 的墙上；群控、集选电梯的召唤盒应装在两台电梯的中间位置。指示信号清晰明亮，按（触）钮动作准确无误。墙面和按钮盖的间隙应在 1.0mm 以内。消防开关盒应装于召唤盒的上方，其底边距地面高度为 1.6~1.7m。厅门、门套、按钮、显示器上的保护膜留到正式使用时才能撕掉。必要时施工期间不安装按钮、楼层显示器，待大楼装修好以后正式使用前装上，但插件、电缆用塑料袋包好，防止被污染和受潮湿，最好临时固定在井道内壁。

37.2.8.4 施工中安全注意事项

使用电焊机时，应设专用接地线，地线直接固定在焊件上，不准接在建筑物、机械设备、各种管道、金属架上使用，防止接触火花造成起火事故。

37.2.8.5 质量要求

机房内的配电箱、控制柜盘按图纸设计和《电梯工程施工质量验收规范》GB 50310

的要求安装。电梯的随行电缆必须绑扎牢固，排列整齐、无扭曲，其敷设长度必须保证其在轿厢极限位置时不受力，不拖地。多根并列时，长度应一致。随行电缆两端以及不运动部分应可靠固定。

37.2.9 曳引式电梯无机房电梯安装

37.2.9.1 常用工具及仪器

记号笔、榔头、錾子、木工锯、墨斗、线坠、水平尺、钢卷尺、直尺、盒尺、活扳手、断线钳、管形测力计、锡锅、成套气焊器具、剥线钳、尖嘴钳、压线钳、钢丝钳、螺丝刀、电钻、电锤、砂轮切割机、电烙铁、开孔器、摇表、万用表、电气焊机具等。

37.2.9.2 施工条件

《电梯监督检验和定期检验规则——曳引与强制驱动电梯》TSG T 7001—2009 对无机房电梯附加检验项目：

（1）作业场地总要求

作业场地的结构与尺寸应当保证工作人员能够安全、方便地进出和进行维护（检查）作业；作业场地应当设置永久性电气照明，在靠近工作场地入口处应当设置照明开关。

（2）对轿顶上或轿厢内作业场地要求

检查、维修驱动主机、控制屏的作业场地设在轿顶上或轿内时，应当具有以下安全措施：设置防止轿厢移动的机械锁定装置；设置检查机械锁定装置工作位置的电气安全装置，当该机械锁定装置处于非停放位置时，能防止轿厢的所有运行；（如果有）检修门窗不得向轿厢打开，在打开情况下不能进行轿厢移动运行。

（3）对底坑内作业场地要求

检查、维修驱动主机、控制屏的作业场地设在底坑时，应当具有以下安全措施：设置防止轿厢移动的机械锁定装置，使作业场地内地面与轿厢最低部件之间距离不小于 2m；设置检查机械锁定装置工作位置的电气安全工作装置，当该机械锁定装置处于非停放位置时，能防止轿厢的所有运行，当机械锁定装置进入工作位置时，仅能通过检修装置来控制轿厢电动运行。在井道外设置电气复位装置，只有通过操纵该装置才能使电梯恢复到正常工作状态，该装置只能由工作人员操作。

37.2.9.3 施工工艺流程

搭设样板架、测量井道、确定基准线、挂基准线 → 确定导轨支架位置、安装导轨支架 → 安装导轨支架和导轨 → 安装机房曳引装置及限速器装置 → 安装无机房控制柜 → 安装无机房松闸装置 → 安装无机房检修安全销 → 安装轿厢及对重 → 安装厅门 → 安装井道机械设备 → 安装钢丝绳 → 安装电气装置

（1）井道测量见 37.2.1.3 中 1. 搭设样板架，2. 测量井道、确定基准线，3. 样板就位、挂基准线。

（2）安装导轨支架和导轨见 37.2.2。

（3）导轨支架和导轨见 37.2.2.3 中 2. 安装导轨支架，3. 安装导轨。无机房电梯在安装曳引机侧的最上面的一根轿厢导轨时，应先将曳引机吊上搁机梁，用螺栓固定在搁机梁上，然后安装导轨。

（4）机房曳引装置及限速器装置安装见 37.2.5，确认井道的顶层高度、搁机梁预留

孔位置以及底坑深度是否和土建图一致。无机房电梯搁机梁架设在顶层预留孔上，确认两预留孔的高度差（水平差）不大于5mm。搁机梁梁底至层门地坪的距离：对于速度≤1m/s的无机房电梯，≥2.6m；对于速度≤1.6m/s（或1.75m/s）的电梯，<2.8m。在满足上述条件的前提下，搁机梁梁底到井道顶的最小距离为1.2m。搁机工字钢架设时，两端应垫10号槽钢，搁机梁两端深入基础内>75mm，且超过基础中心20mm以上。两条搁机工字钢的不水平度小于2‰。

1) 无机房曳引机吊装前准备工作。

①井道顶层脚手架做好吊装曳引机准备工作，拆除多余部件。

②安装承重梁及绳头板。

a. 根据样板架和曳引机安装图画出承重梁位置。承重梁中心与样板架中心的位置允许误差在±2.0mm以内。

b. 承重梁在墙内的架设量：承重梁的两端在墙内的架设量应≥75mm，并且应超过墙厚中心20mm以上。

c. 承重梁组的水平度误差在曳引机安装位置范围内<2‰，梁相互的水平差≤2.0mm。承重梁安装找平找正后，与垫铁焊牢。承重梁在墙内的一端及在地面上裸露的一端用混凝土灌实抹平。

d. 调整好搁机梁以后，安装曳引机座板和对重轨撞板。先安装曳引机座板，待曳引机就位调整后再调整对重轨撞板，确保此根对重轨有力地顶住搁机大梁。

③确保电机在前侧。无机房安装时，对重在左侧，选左置电机；对重在右侧，选右置电机。

2) 无机房曳引机吊装

①电梯曳引机的整机外包装，必须在电梯吊装到顶层井道内才能拆除。

②将曳引机搬进顶层脚手架内，通过井道顶部的吊钩用环链拉搁链吊起曳引机，置于搁机梁上。起吊时应注意：

a. 曳引机可通过机架上的吊环吊装，不得利用制动器部分起吊。

b. 起吊时曳引机底座应保持水平，避免碰撞，防止损坏曳引机。

③无机房电梯曳引机布置情况，安装前仔细阅读电梯制造厂的土建总体布置图，按图施工。曳引机起吊，详见37.2.5.3内容中2. 曳引机及导向轮安装。

3) 曳引机的校正

①校正曳引轮的垂直度，在曳引轮的外侧置一铅垂线，要求上沿与下沿的垂直偏差小于0.5mm，超差可用垫片调整。

②在曳引轮轮缘的中线设置一铅垂线，该铅垂线必须与曳引轮轮缘中线和节径交点重合。将该铅垂线延伸至样板架上的轿底轮轮缘中心，与轿厢轿底轮轮缘中线和节径交点的相对误差小于1mm。

③ 对于无机房曳引轮与对重轮轮缘中线的相对误差小于1mm。

④ 在确认校正完成后，紧固所有紧固件，并再一次复查，确认无误后，再用C25混凝土灌实抹平。在浇筑混凝土前，先将搁机梁与枕头槽钢、枕头槽钢与预料钢板的接触部分点焊，点焊长度为20~30mm，要求无虚焊，并清除焊渣。

4) 安装轿厢绳头板安装座（无机房专用），条件是井道导轨安装调整后。确定好安装位置后进行固定并轿厢导轨连接，将绳头板安装座固定在导轨上，并用2个8.8级M12×60的螺栓组现场配钻（必须要加弹簧垫圈）固定。

5）曳引机配有防跳绳架，安装好钢丝绳后，调整防跳绳架，使钢丝绳和防跳绳架的间距不超过1.5mm。

6）完成上述安装校正后，在电动机的机壳上及曳引轮轮缘处贴上轿厢运行标志。

7）曳引机安装注意事项：

①在电梯试运行之前，必须拆除电梯曳引机上电机散热孔上的防水、防潮、防尘用包装纸（六处），并取出放在电机内的干燥剂（干燥剂留在电机内有损坏电机的危险）。

②曳引机必须使用原厂家皮带，不能随意更换。安装时，皮带轮下面两颗螺栓不能凸出底座，以免刮伤皮带。避免异物落到带轮齿槽内或皮带内侧，以免造成皮带切断。

③制动器电源连接端子接线必须牢固，不得直接连接AC220V电源，多只制动器电源必须采用并联连接，否则将会导致制动器不能正常工作。

（5）无机房电梯主开关的设置还应当符合以下要求：

1）如果控制柜不是安装在井道内，主开关应当安装在控制柜内。如果控制柜安装在井道内，主开关应当设置在紧急操作屏上；

2）如果从控制柜不容易直接操作主开关，该控制柜应当设置能分断主电源的断路器；

3）在电梯驱动主机附近1m之内，应当有可以接近的主开关或者符合要求的停止装置，且能够方便地进行操作。

无机房电梯控制柜安装放在顶层厅门侧时，控制柜安装后应不妨碍厅门开关。控制柜框体与装修后外墙面对齐，门扇凸出在墙外，使门扇开关自如。

（6）无机房电梯松闸装置安装

当采用无机房配置时，需配置不间断应急电源（UPS），提供松开制动器和驱动电机转动，使电梯就近停靠层站并具有打开轿门的足够动力。电梯断电盘车时，（适用小机房电梯及标准机房电梯）先将旋转编码器保护罩上的碟形螺栓旋松（勿取下），将保护罩沿另一固定螺母为轴旋转一适当角度，将盘车手轮套在电机轴上，用松闸扳手松开两制动器即可盘车。制动器间隙在出厂前均已预调好，需要测量制动间隙时，采用专用松闸扳手。

（7）安装无机房检修安全销

在轿厢架上梁侧面安装检修安全销装置。检修安全销的使用：轿厢上梁安装检修箱，检修箱上设检修开关。进入轿顶前，先打开控制柜内的曳引机检修开关，进入轿厢顶，将检修开关拨到"检修"档，电梯以检修速度向上运行直至机器设备常规检修点自动停下（轿厢顶距离井道顶2m），此时检修人员站立在轿厢顶上，转动上梁中部的连杆机构，打开安全销锁定位置，使控制系统改变为机器设备检修状态。此时电梯系统不能作任何方向的运行或点动，站在轿厢顶上，能方便安全地对曳引机作检修或保养。安装安全销座板，使安全销插入安全销座板的孔中，安全销伸出座板25mm，用压导板将安全销座板固定在轿厢导轨上。安装限位开关，使连动机构转动时切断电梯控制回路，保持检修状态。连动机构复位时，电梯控制回路要确保恢复，使电梯能够投入正常使用。安装检修平层开关，使电梯能够自动运行到机器设备常规检修点停下来。

（8）见37.2.3轿厢及对重安装。无机房电梯轿厢及对重安装：将轿底轮座和下梁连接，在轿底轮座上安装轿底轮；校正轿底轮，二轿底轮应在一个平面上，其差值不应超过

1mm。轿底轮的垂直度不应超过 0.5mm；轿底轮配有防跳绳架，在安装好钢丝绳后，调整防跳绳架，使钢丝绳和防跳绳架的距离不应超过 0.5mm；调整导轨顶面与安全钳楔块间的间隙两端一致（对于无机房电梯：将下梁和轿底轮轮座稳固，防止移动）；将两侧立柱与下梁连接牢固；安装对重架，对于无机房电梯因为对重块前后不对称，所以安装时要将窄的一边向轿厢，宽的一边向井道壁，在轿厢和对重之间应有足够的间隙。

（9）厅门安装见 37.2.4。

（10）井道机械设备安装见 37.2.6。

（11）钢丝绳安装见 37.2.7，无机房电梯曳引比为 2：1。

（12）电气配线安装见 37.2.8.3 中 1. 电气配线安装，3. 井道电气安装，4. 轿厢电气安装，5. 厅门电气安装。

无机房井道电气安装：无机房井道顶部照明电源（相当于机房照明电源）与电梯电源分开，并在控制柜下方设置照明开关；电梯供电电源必须单独敷设，动力、照明、控制线路应分别敷设；微信号及电子线路应按产品要求，与动力、照明线路应分开敷设或采取抗干扰措施，如中间要加隔板。

37.2.9.4 施工中安全注意事项

（1）为了人身及设备安全，旋转编码器保护罩绝不能取下，只允许松开碟形螺栓，旋转适当角度。

（2）无机房电梯由于占用空间少而备受用户欢迎，但目前的无机房电梯紧急操作装置普遍采用手动松闸，靠轿厢对重不平衡力矩的作用而移动。但当两者重量相当，不平衡力矩差较少时，疏散乘客就比较困难。由于井道顶部空间小，无法实现人工手动盘车，建议无机房电梯应配置紧急电动运行的电气操作装置，以便于电梯停电或发生故障对乘客救援。

（3）无机房轿厢、对重的越程宜尽量偏下限值。

（4）为了安全，在制动器间隙调整过程中，松闸时勿将两个制动器同时松开。应采取必要措施，杜绝油及油脂与制动盘接触。

37.2.9.5 质量要求

（1）底座上用作运输时固定的螺栓（M16）不可用来固定主机。

（2）运行启动，通电试车必须接入变频器。弹簧制动装置出厂时已经调整，在制动臂铭牌上可以看到预整力矩。试车前要检查电机和刹车的功能。

37.2.10 电梯调试、试验运行

37.2.10.1 常用工具及仪器

塞尺、钢卷尺、直尺、扳手、螺丝刀、对讲机、千斤顶、握力计（2000N 以上）、点温计（0～150℃）、照度仪、摇表、声级计、加减速测试仪、深度游标卡尺、数字式绝缘电阻测试仪、数字万用表、模拟（指针）万用表、钳型电流表、数字转速表等。

37.2.10.2 调试运行前的检查准备工作

1. 调试前的准备

在挂曳引绳和拆除脚手架前，先做通电试验（见 37.2.10.2 中 3. 静态测试调整有关内容），后做无载模拟试车（见 37.2.10.3 中 1. 曳引机试运转有关内容）。电梯图纸、调

试安装说明书齐全，调试人员必须掌握电梯调试大纲的内容、熟悉该电梯的性能特点，能熟练使用测试仪器仪表；机房机械设备、控制柜清扫干净，防尘塑纸全部清除；对全部机械设备的润滑系统，均按规定加好润滑油；井道内无阻碍物，不妨碍电梯上、下正常运行。

2. 电气线路检查

检查控制屏内电器元件应外观良好，安装牢固，标志齐全，接线接触良好，继电器、接触器动作灵活可靠；所有插件逐一检查（当电梯采用 PLC、微机控制时，用数字式绝缘电阻测试仪测试）；曳引电动机过电流短路等保护装置的整定值应符合设计和产品要求；检查厅门的机械锁、电锁及各种安全开关是否正常；拆除安全回路短接线；将控制柜，轿厢上所有自动/手动（检修）开关拨到手动侧。

3. 静态测试调整

（1）通电试验。将机械部分各部件进行一次全面细致的检查，机械部分安装是否符合厂家要求，螺栓是否紧固；按照图纸逐一检查电气线路接线是否正确；测量端子间电压是否在规定范围；各熔断器熔丝大小是否符合厂家要求；各类继电器的整定值是否符合该电梯设计要求。通电试验应在电气系统接线正常无误的前提下进行，应切断曳引电动机负荷线、抱闸线路，对控制柜和电气线路进行持续几分通电试验，确认无异常后，才能进行下一步无载模拟试车。

（2）制动器试验调整。单独给抱闸线圈送电，闸瓦与制动轮间隙应均匀，在 0.7mm 以内，不得有摩擦；线圈的接头应可靠无松动，线圈外部必须绝缘良好。

（3）曳引主机试验。在不挂曳引绳情况下（或吊起轿厢，曳引绳离开曳引轮），用手盘动电机使其旋转，应确认电动机旋转方向与轿厢运行方向一致，如无卡阻及响声正常时，启动电机使之慢速运行，5min 后改为快速运行，继续检查各部件运行情况及电机轴承温升情况，减速器油的温升不超过 60℃且最高温度不超过 85℃。如情况正常，正反向连续运行各 2.5h 后，试运行结束。试车时，要对电机空载电流进行测量，应符合规范要求。机房两人手动盘车运行，轿内、轿顶各一人检查开门刀与各厅门槛间隙、各层门锁轮与轿厢地坎间隙，对不符合要求的及时调整，保证轿厢及对重在井道全程运行无任何卡阻碰撞现象，安全距离满足规范要求。

37.2.10.3 电梯的整机运行调试

1. 曳引机试运转

无载模拟试车：在抱闸线圈未接，曳引电动机负荷线不连接情况下，对电梯电气控制程序进行试验。模拟试验应由有经验电气技术人员进行，机房、轿内、轿顶各一人，通电后，机房负责人通过对讲机分别对轿顶、轿内操作人发出指令，操作人按机房指挥的指令操作按钮或开关，按电梯运行程序进行模拟操作。首先试验各急停开关，然后试验选层、开关门按钮，观察控制柜上的信号显示、继电器、接触器的吸合状况，分析各电器元件动作是否正常、顺序是否正确。如发现问题应及时找出原因，予以解决。问题排除后应重新试验，直至所有故障完全解决，全部达到规范要求。

2. 慢车试运行

整机安装全部结束，手动盘车上下行正常后，将电梯轿厢停于中间层，将轿门和厅门都关闭好，然后将 DOOR 开关拨到 OFF 位置；所有自动/手动（检修）开关拨到手动侧。

慢车运行应先在机房检修运行正常后，才能在轿顶上开慢车，在机房控制柜手动开车先单层，后多层。上下往返多次（暂不到上下端站）如无问题，试车人员进入轿顶进行实际操作。检查轿顶优先权的问题：确认当轿顶处于检修状况下，机房与轿内检修无法开慢车。试运行时，仍由三人进行，负责人改在轿顶指挥操作，轿内、机房各一人。慢车试运行时，负责人在轿顶操作，机房人员负责观察曳引机运行是否正常、控制柜上的信号显示、电器元件动作是否正常，观察机房机械设备运行是否正常。负责人在轿顶上除负责操作外，还应检查各种安全装置和机械装置是否符合要求，观察导靴与导轨、各感应器安装位置是否准确，与遮磁板间隙是否符合厂家标准，各双稳态开关与磁环间隙应符合要求。轿内一人检查开门刀与各厅门槛间隙，各层门锁轮与轿厢地坎间隙，厅门与轿门踏板间隙是否全部达标，调整到符合规范要求为止。对所有厅门、轿门进行认真检查，精调整厅、轿门，确保门锁装置达到规范要求。拆除厅、轿门锁的短接线；每层厅门必须能够用三角钥匙正常开启；上、下行点动是否正常；点动正常后，将 DOOR 开关拨到 ON 位置，将电梯手动开到平层区域，检查开关门是否正常。对上、下终端开关进行调整，终端开关与撞弓位置正确后，试验强迫减速开关、限位开关、极限开关全部动作准确、安全可靠。

3. 快车试运行

在慢车带负载试运行正常后，将机房、轿厢开关全拨到"正常"位置，进行快车试运行。在机房控制柜上按不同型号的电梯要求，进行楼层高度测量运行（以慢速将轿厢从最下端站中途不停移到上端站直至轿厢将上端站限位开关 UL 撞开，电梯停车后，楼层显示器显示最高楼层层数）。层高基准数据输入结束，输写开关拨到正常位置。在控制柜上操作快车试运行，试车中对电梯的信号系统、控制系统、驱动系统进行测试、调整，使之全部正常。运行控制功能达到设计要求：指令、召唤、定向、开车、截车、停车平层等准确无误，声光信号显示清晰、正确。

4. 自动门调整

对于动力驱动的自动门，在轿厢控制盘上应设有一装置，能使在轿内操纵盘上按开门或关门按钮，门电机应转动，且方向应与开关门方向一致。若不一致，应调换门电机极性或相序。调整门杠杆，应使门关好后，其两臂所成角度小于 $180°$，以便必要时，人能在轿厢内将门扒开；调整开、关门减速及限位开关，使轿厢门启闭平稳而无撞击声，并测试关门阻力（如有该装置时）；在轿顶用手盘门，调整控制门速行程开关的位置；如采用 VVVF 控制器，在变频器的面板上操作，输入该门系统参数，最后进行自学习。自学习成功后，门机工作正常；通电进行开门、关门试验，调整门机控制系统使开关门的速度符合要求；开门时间一般调整在 $2.5 \sim 4s$ 左右；关门时间一般调整在 $3 \sim 5s$ 左右；安全触板及光幕保护装置应功能可靠。

37.2.10.4　试验运行

1. 安全装置检查试验

（1）过负荷及短路保护

1）电源主开关应具有切断电梯正常使用情况下最大电流的能力，其电流整定值、熔体规格应符合负荷要求，开关的零部件应完整无损伤；开关的接线应正确可靠，位置标高及编号标志应符合规范要求。

2）在机房中，每台电梯应单独装设主电源开关而且应当加锁，在断开位置能有效锁住。电源主开关采用加锁型号，只能断开，闭合复位时必须有钥匙才能复位，防止误动作。该开关不应切断轿厢照明、通风、机房照明、电源插座（机房、轿顶、地坑）、井道照明、报警装置等供电电路。

（2）相序保护装置

相序与断相保护：每台电梯应当具有断相、错相保护功能；电梯运行与相序无关时，可以不装设错相保护装置。

（3）曳引电动机过电流及短路保护装置：

一般电动机绕组埋设了热敏元件，以检测温升。当温升大于规定值即切断电梯的控制电路，使其停止运行；当温度下降至规定值以下时，则自动接通控制电路，电梯又可启动运行。

（4）方向接触器及开关门继电器机械连锁保护应灵活可靠。

（5）强迫缓速装置：开关的安装位置应按电梯的额定速度、减速时间及制停距离而定，具体安装位置应按制造厂的安装说明书及规范要求而确定。试验时置电梯于端站的前一层站，使端站的正常平层减速失去作用，当电梯快车运行，撞弓接触开关碰轮时，电梯应减速运行到端站平层停靠。

（6）安全（急停）开关

1）电梯应在机房、轿内、轿顶及底坑设置使电梯立即停止的安全开关。

2）安全开关应是双稳态的，需手动复位，无意的动作不应使电梯恢复服务。

3）该开关在轿顶或底坑中，距检修人员进入位置不应超过1m，开关上或近旁应标出"停止"字样。

4）如电梯为无司机运行时，轿内的安全开关应能防止乘客操作。

（7）厅门与轿厢连锁试验

厅门与轿门的试验必须符合下列规定：

1）在正常运行或轿厢未停止在开锁区域内时，厅门应不能打开；

2）如果一个厅门或轿门（在多扇门中任何一扇门）打开，电梯应不能正常启动或继续正常运行。

（8）紧急电动运行装置及救援措施

1）电梯的紧急操作装置：电梯因突然停电或发生故障而停止运行，若轿厢停在层距较大的两层之间或蹾底冲顶时，乘客将被困在轿厢中。为救援乘客，电梯均设有紧急操作装置，可使轿厢慢速移动，从而达到救援被困乘客的目的。该装置在现场应有详细的使用说明。

2）紧急操作装置有两种，一种是针对曳引式有减速器的电梯或者移动装有额定载重量的轿厢所需的操作力不大于400N时，采用的人工手动紧急操作装置，即盘车手轮与制动器扳手；另一种是针对无减速器的电梯或者移动装有额定载重量的轿厢所需的操作力大于400N时，采用的紧急电动运行的电气操作装置。

3）紧急电动运行开关及操作按钮应设置在易于直接观察到曳引机的地点。

4）该开关本身或通过另一个电气安全装置可以使限速器、安全钳、缓冲器、终端限位开关的电气安全装置失效，轿厢移动速度不应超过0.63m/s。如用紧急操作装置，制动器松闸开关应能在蓄电池状态有效打开。

5) 该装置不应使层门锁的电气安全保护失效。

(9) 电梯报警装置和电梯运程监控

根据《电梯安装验收规范》GB/T 10060—2011 中 5.8 紧急报警装置相关规定和《电梯远程报警系统》GB/T 24475—2009 具体要求如下：

轿厢中至少有下列标志：

—轿厢内有报警系统和与救援服务组织连接的标志（注：可使用象形图）；

—报警触发装置标志。

1) 为使乘客在需要时能有效向外求援，轿内应装设易于识别和触及的报警装置。该装置应采用警铃、对讲系统、外部电话或类似装置。建筑物内的管理机构应能及时有效地应答紧急呼救。该装置在正常电源一旦发生故障时，应自动接通能够自动充电的应急电源。如果在井道中工作的人员存在被困危险，而又无法通过轿厢或井道逃脱，应在存在该危险处设置报警装置。如果电梯行程大于 30m，在轿厢和机房之间应设置《电梯制造与安装安全规范》GB 7588 中 8.17.4 述及的紧急电源供电的对讲系统或类似装置。

紧急报警装置安装结束后，应对装置进行调试，两人分别在机房、轿顶、轿内、底坑值班室（24h 有人值班）五处进行对讲通话，相互能听清对方讲话，调试结束。

闭路电视监视系统：为了准确统计客流量和及时地解救乘客突发急病的意外情况以及监视轿厢内的犯罪行为，可在轿厢顶部装设闭路电视摄像机。摄像机镜头的聚焦应包括整个轿厢面积，摄像机经屏蔽电缆与保安门或管理值班室的监视荧光屏连接。

2) 电梯运程监控系统是将智能数据采集与电梯控制系统连接，可对电梯运行过程中的各种信号实时采集、分析、报警、储存，并直观的得到电梯运行状态，实现运程监控。被监控电梯发生故障，系统可自动拨打报警电话，以便及时排除故障。系统可随时检索、打印电梯故障列表，方便电梯管理。

根据《特种设备安全监察条例》，对电梯关人事故处罚作出明确规定，从而对电梯运行状态实时监控、故障信息迅速传达、主管人员快速反应等提出了更高的要求，电梯运程监控将逐步推广实施。

电梯关人救援系统：电梯关人救援主机通过实时监测人体感应探头、平层传感器以及门开关传感器来判断电梯是否发生关人故障。如果发生关人故障，则给系统内设定的电梯维保人员、电梯维保公司管理软件、技术监督局管理软件发送短信，并在故障解除后发送故障解除短信。电梯维保公司管理软件和技术监督局管理软件记录电梯的故障情况以及处理情况。

(10) 无机房电梯附件检验项目：

1) 紧急操作与动态试验装置

①用于紧急操作和动态试验（如制动试验、曳引力试验、限速器-安全钳动作试验、缓冲器试验及轿厢上行超速保护试验等）的装置应当能在井道外操作；在停电或停梯故障造成人员被困时，相关人员能够按照操作屏上的应急救援程序及时解救被困人员；

②应当能够直接或者通过显示装置观察到轿厢的运行方向、速度以及是否位于开锁区；

③装置上应当设置永久照明和照明开关；

④装置上应当设置停止装置。

2) 附件检修控制装置

如果需要在轿厢内、底坑或者平台上移动轿厢，则应当在相应位置上设置附加检修控制装置，并且符合以下要求：

①每台电梯只能设置一个附加检修装置；附加检修控制装置的型式要求与轿顶检修控制装置相同；

②如果一个检修控制装置被转换到"检修"，则通过持续按压该按钮装置上的按钮能够移动轿厢；如果两个检修控制装置均被转换到"检修"位置，则从任何一个检修控制装置都不可能移动轿厢，或者当同时按压两个检修控制装置上相同方向的按钮时，才能够移动轿厢。

2. 载荷试验

(1) 按相应验收规范进行静载、空载、满载、超载试验；运行试验必须达到下列要求：

1) 电梯启动、运行和停止，轿厢内无较大的震动和冲击，制动器可靠；

2) 超载试验必须达到下列要求：

①电梯能安全启动、运行和停止；

②曳引机工作正常。

(2) 满载超载保护：当轿厢内载有 90％以上的额定载荷时，满载开关应动作，此时电梯顺向载梯功能取消。当轿内载荷大于额定载荷时，超载开关动作，操纵盘上超载灯亮铃响，且不能关门，电梯不能启动运行。

(3) 运行试验：轿厢分别以空载、50％额定载荷和额定载荷三个工况，并在通电持续率 40％情况下，到达全行程范围，按 120 次/h，每天不少于 8h，往复升降各 1000 次。电梯在启动、运行和停止时，轿厢应无剧烈振动和冲击，制动可靠；制动器线圈、减速机油的温升均不应超过 60℃，且最高温度不应超过 85℃；电动机温升不超过《交流电梯电动机通用技术条件》GB 12974 的规定。

(4) 超载试验：轿厢加入 110％额定载荷，断开超载保护电路，通电持续率 40％情况下，到达全行程范围。往复运行 30 次，电梯应能可靠地启动、运行和停止，制动可靠，曳引机工作正常。

3. 试验

(1) 轿厢上行超速保护装置试验：轿厢上行超速保护装置的型式不同，其动作试验方法亦各不相同。应按照电梯整机制造单位规定的方法进行试验。

试验内容与要求：当轿厢空载以检修速度上行时，人为使超速保护装置的速度监控部件动作，模拟轿厢上行速度失控现象，此时轿厢上行超速保护装置应当动作，使轿厢制停或者至少使其速度降低至对重缓冲器的设计范围；该装置动作时，应当使一个电气安全装置动作。

注：轿厢上行超速保护装置由两个部分构成：速度监控元件和减速元件。速度监控元件通常为限速器（限速器也有多种类型）；减速元件也有多种类型。常见的轿厢上行超速保护装置有：1. 限速器—上行安全钳；2. 限速器—钢丝绳制动器（也称夹绳器）；3. 限速器—对重安全钳；4. 限速器—曳引轮制动器（常见的有同步无齿轮曳引机制动器）。

(2) 缓冲器试验

缓冲器在现场安装后，应进行交付使用前的检验和试验。

1）蓄能型弹簧缓冲器仅适用于额定速度小于 1m/s 的电梯。蓄能型弹簧缓冲器，可按下列方法进行试验：将载有额定载荷的轿厢放置在底坑中缓冲器上，钢丝绳放松，检查弹簧的压缩变形是否符合规定的变形特性要求。

2）耗能型液压缓冲器可适于各种速度的电梯。对耗能型缓冲器需作如下几方面的检验和试验：

①检查液压缓冲器的底座是否紧固，油位是否在规定的范围内，柱塞是否清洁无污；

②将限位开关、极限开关短接，以检修速度下降空载轿厢，将缓冲器压缩，观察电气安全装置动作情况；

③将限位开关、极限开关和相关的电气安全装置短接，以检修速度下降空载轿厢，将缓冲器完全压缩，检查从轿厢开始离开缓冲器一瞬间起，直到缓冲器回复到原状的情况。缓冲器动作后，回复至其正常伸长位置电梯才能正常运行；缓冲器完全复位的最大时间限度为 120s。

（3）轿厢限速器安全钳联动试验

瞬时式安全钳在轿厢装有均匀分布的额定载荷、渐进式安全钳试验在轿厢装有均匀分布的 125％额定载荷，在机房内以检修速度下行、人为使限速器动作时限速绳应被卡住，安全钳拉杆被提起、安全钳开关和楔块动作、安全回路断开，曳引机停止运行。短接限速器、安全钳电气开关，在机房以慢车下行，此时轿厢应停于导轨上，曳引绳应在绳槽内打滑后立即停车。检查轿底相对原位置倾斜度应不超过 5％。在机房开慢车上行使轿厢上升，限速器与安全钳复位，拆除短接线，人为恢复限速器、安全钳电气开关，电梯正常开慢车。检查导轨受损情况并及时修复，判断安全钳楔块与导轨间距是否符合要求。试验的目的是检查安装调整是否正确，以及轿厢组装、导轨与建筑物连接的牢固程度。当安全钳可调节时，整定封记应完好，且无拆动痕迹。

（4）对重（平衡重）限速器—安全钳联动试验：短接限速器和安全钳的电气安全装置，轿厢空载以检修速度向上运行，人为动作限速器，观察对重制停情况。

（5）平衡系数测试：

1）轿厢以空载和额定载重的 25％、40％、50％、75％、110％六个工况做上、下运行，当轿厢对重运行到同一水平位置时，分别记录电机定子的端电压、电流和转速三个参数；

2）利用上述测量值分别绘制上、下行电流—负荷曲线或速度（电压）—负荷曲线，以上、下运行曲线的交点所对应的负荷百分数即为电梯的平衡系数；

3）如平衡系数偏大或偏小，将对重的重量相应增加或减少，重新测试直至合格。

（6）空载曳引力试验：将上限位开关、极限开关和缓冲器柱塞复位开关短接，已检修速度将空载轿厢提升，当对重压在缓冲器上后，继续使曳引机按上行方向旋转，观察是否出现曳引轮与曳引绳产生相对滑动现象，或者曳引机停止旋转。

（7）消防返回功能试验

如果电梯设有消防返回功能，应当符合以下要求：

1）消防开关应当设在基站或者撤离层，防护玻璃应当完好，并且标有“消防”字样；

2）消防功能启动后，电梯不响应外呼或内选信号，轿厢直接返回指定撤离层，开门待命。

（8）额定速度试验：当电源为额定频率，电动机施以额定电压，轿厢加入 50％额定载荷，向下运行至行程中部的速度不应超过额定速度的 92％～105％，符合《电梯监督检验和定期检验规则—曳引与强制驱动电梯》TSG T 7001—2009 要求。

(9) 上行制动试验：轿厢空载以正常运行速度上行至行程上部时，断开主开关，检查轿厢制停和变形损坏情况。

(10) 下行制动试验：轿厢装载 1.25 倍额定载重量，以正常运行速度下行至行程下部，切断电动机与制动器供电，曳引机应当停止运转，轿厢应当完全停止，并且无明显变形和损坏。

(11) 工况噪声检验：

运行中轿厢内噪声测试：运行中轿厢内噪声对额定速度小于等于 4m/s 的电梯，不应大于 55dB（A）；对额定速度大于 4m/s 的电梯，不应大于 60dB（A）（不含风机噪声）。开关门过程噪声测试：开关门过程噪声，乘客电梯和病床电梯的开关门过程噪声不应大于 65dB（A）。

机房噪声测试：对额定速度小于等于 4m/s 的电梯，不应大于 80dB（A）；对额定速度大于 4m/s 的电梯，不应大于 85dB（A）。背景噪声应比所测对象噪声至少低 10dB（A）。如不能满足规定要求应修正，测试噪声值即为实测噪声值减去修正值。

(12) 启动加速度、制动减速度和 A95 加速度、A95 减速度

试验方法：试验开始前，应按照《电梯乘运质量测量》GB/T 24474—2009 中 6.1 的要求做好实验前的准备工作，加速度传感器应按照《电梯乘运质量测量》GB/T 24474—2009 中 6.2 的要求定位在轿厢地板中央半径为 100mm 的圆形范围内，在整个试验过程中传感器和轿厢地板始终保持稳定的接触，传感器的敏感方向应与轿厢地板垂直。

试验时轿厢内应不超过 2 人，如果测量期间有 2 人在轿厢内，他们不宜站在造成轿厢明显不平衡的位置。在测量过程中，每个人都应保持静止和安静。为防止任何轿厢地板表面的局部变形而影响测量，任何人都不能把脚放在距离传感器 150mm 的范围内。

(13) 静态曳引试验：对于轿厢面积超过相应规定的载货电梯，以轿厢实际面积所对应的 1.25 倍额定载重量进行静态曳引试验，对于轿厢面积超过相应规定的非商用汽车电梯，以 1.5 倍额定载重量做静态曳引试验。

将轿厢停在底层平层位置，平稳加入 125%～150% 额定载荷做静载检查，历时 10min，检查各承重构件应无损害，曳引机制动可靠无打滑现象。

(14) 空载曳引力试验：将上限位开关、极限开关和缓冲器柱塞复位开关短接，以检修速度将空载轿厢提升；当对重压在缓冲器上后，继续使曳引机按上行方向旋转，观察是否出现曳引轮与曳引绳产生相对滑动现象，或者曳引机停止旋转。

(15) 轿厢平层准确度测试：在空载和额定载荷的工况下分别测试，一般以达到额定速度的最小间隔层站为间距做向上、向下运行，测量全部层站。电梯平层准确度：交流双速电梯，应在 ±30mm 的范围内；其他调速方式的电梯，应在 ±15mm 的范围内。

37.3 液 压 电 梯 安 装

37.3.1 井 道 测 量

同 37.2.1 要求。

37.3.2 导轨支架和导轨（轿厢导轨、油缸导轨）的安装

同 37.2.2 要求。

37.3.3 油缸的安装

37.3.3.1 常用工具及机具

水平尺、线坠、盒尺、直尺、塞尺、钢锉、活扳手、梅花扳手、记号笔、榔头、錾子、电锤、钢丝绳索、手砂轮、油石、对讲机、捯链、吊索、电气焊机具、砂轮切割机等。

37.3.3.2 施工条件

(1) 电梯井及油缸井结构抹面施工完毕，其宽度、深度、垂直度均符合规范要求。油缸基础的土建工程应符合设计及规范要求。电梯液压油缸应与轿厢在同一井道内。土建与安装的交接经过三方会签。

(2) 施工方案或作业指导书经过审批；施工技术人员已向班组进行质量、安全技术交底；参与施工的人员熟悉各安装内容及流程、质量要求、工期安排、施工中的危险源及防护方法等。

(3) 设备零部件已开箱并作记录，设备及零部件数量符合图纸要求，合格证齐全，外观质量完好。

(4) 井道的安全防护措施齐备。

37.3.3.3 施工工艺流程

施工准备 → 安装油缸底座 → 安装油缸 → 安装破裂阀 → 安装漏油装置

(1) 施工准备

1) 油缸支架按图纸固定好。在导轨支架适当高度横放两根钢管，拴好吊索和捯链。

2) 用手推车配合人力把缸体运到电梯井道门口，注意缸体中心不能受力，搬运时应使用搬运护具，以确保运输途中不磕碰、扭曲。见图 37-36。

3) 在井道门口铺好木板或木方，拆除缸体上的护具，将油缸体按吊装方向慢慢移入梯井内，用捯链将油缸慢慢吊入地坑，放入两导轨之间并临时固定，注意吊点要使用油缸的吊装环，见图 37-37。

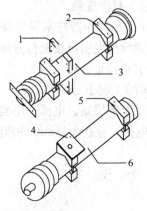

图 37-36　搬运时的防护

1—中置底板；2—搬运护具；3—上段油缸；

4—边置底板；5—搬运炉具；6—下段油缸

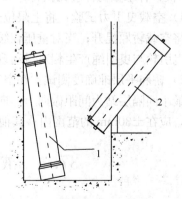

图 37-37　油缸吊装示意图

1—上段油缸；2—下段油缸

（2）液压缸体安装。液压缸体的安装必须按土建布置图进行。

1）安装油缸底座

①把油缸底座用配套的膨胀螺栓固定在基础上，中心位置与图纸尺寸相符，油缸底座的中心与油缸中心线的偏差不大于1mm，见图37-38。油缸底座立柱的垂直偏差（正、侧面两个方向测量）全高不大于0.5mm，见图37-39。

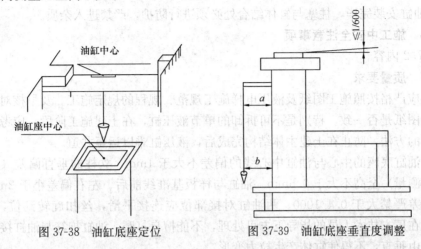

图 37-38　油缸底座定位　　　　图 37-39　油缸底座垂直度调整

② 油缸底座垂直度可用垫片配合调整。如果油缸和底座不是连接的，采用下述方法固定：油缸在底座平台上的固定在前后左右四个方向用四块挡铁三面焊接，挡住油缸以防移动。

2）安装油缸

①在设计规定的油缸中心位置的顶部固定捯链。

②用捯链慢慢地将油缸吊起，当油缸底部超过油缸底座200mm时停止起吊，缓松捯链使油缸慢慢下落，并轻轻转动缸体，对准安装孔，然后穿上固定螺栓。用U形螺栓把油缸固定在相应的油缸支架上，但不要把U形螺栓拧紧，影响下一步调整。调整油缸中心，使之与样板基准线前后、左右偏差小于2mm，见图37-40。

3）用通长的线坠、钢板尺在正面、侧面测量油缸的垂直度。正面、侧面进行测量；测量点在离油缸端点或接口15～20mm处，全长垂直度偏差严禁大于0.4/1000。按上述所规定的要求找好后，上紧螺栓，然后再进行校验，直到合格为止；油缸找好固定后，应把支架可调部分焊接以防位移。

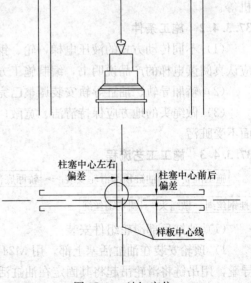

图 37-40　油缸定位

4）压板及吊环的拆除：压板及吊环是油缸搬运过程中的保护装置、吊装点，使用前必须拆除，一般在油缸就位找正找平固定后立即拆除。拆除时先拆除M24的螺钉，再用开口扳手抵住长螺栓拆下六角头螺钉，以防长螺栓松动。压板及六角头螺钉为更换配件时的工具，应保存备用。

5）用 4mm 内六角扳手旋松排气螺钉中间的内六角螺钉一圈，即可进行排气作业，待液压缸内气体排空后，将螺钉拧紧，视情况需重复排气动作数次，已确定缸内无残留空气。

6）油缸安装完毕，柱塞与缸体结合处必须进行防护，严禁进入杂质。

37.3.3.4 施工中安全注意事项

同 37.2 内容。

37.3.3.5 质量要求

（1）应严格按照施工图纸及液压电梯施工规范、规程的规定施工。及早核对制造说明书与土建图纸是否一致。特别是不可拆卸的单节液压缸，在土建施工阶段，应考虑液压缸进入井道的方法，防止在土建主体结构完成后，液压缸难以至到井道。

（2）油缸底座的中心与油缸中心线的偏差不大于 1mm，立柱的垂直偏差（正、侧面两个方向测量）全高不大于 0.5mm。油缸与样板基准线前后、左右偏差小于 2mm，全长垂直度偏差严禁大于 0.4/1000。两油缸对接部位应连接平滑，丝扣旋转到位，无台阶，否则必须在厂方技术人员的指导下方可处理，不能擅自打磨。油缸抱箍与油缸接合处，应使油缸自由垂直，不得使缸体产生拉力变形。

37.3.4 轮及钢丝绳的安装

37.3.4.1 常用工具及机具

水平尺、线坠、盒尺、直尺、塞尺、钢锉、活扳手、梅花扳手、记号笔、榔头、电锤、钢丝绳索、钢丝钳、手砂轮、对讲机、捯链、吊索、电气焊器具、砂轮切割机等。

37.3.4.2 施工条件

（1）不同传动方式的液压电梯，轮、钢丝绳布置方式及安装部位差异较大。在施工前应认真阅读电梯的产品说明书，编制施工方案或作业指导书。

（2）轿厢导轨、油缸导轨安装调整已完毕。

（3）做绳头的地方应保持清洁、宽敞；放开钢丝绳场地应洁净、宽敞，保证钢丝绳表面不受脏污。

37.3.4.3 施工工艺流程

施工准备 → 油缸顶部滑轮安装 → 轿厢底部滑轮安装 → 确定钢丝绳长度 → 放、断钢丝绳 → 挂钢丝绳、做绳头 → 调整钢丝绳

（1）油缸顶部滑轮组件安装

1）顶轮安装在油缸活塞上部，用 M24 螺栓将固定支承板紧固在活塞上，拆下顶轮的导靴，用吊链将滑轮吊起将其固定在油缸活塞顶部，然后将梁两侧导靴嵌入导轨，找正方向，装上导靴，找正顶轮并用 2 个 M12 螺栓拧紧（图 37-41）。

2）调整导靴时应保证两导靴和两绳轮中心在同一中心平面上，导靴和导轨顶面的间隙应两边相同且在 1mm 左右，绳轮的垂直度偏差不大于 0.5mm。梁找平调整后将所有紧

固件紧固。如果油缸距离结构墙较近，在油缸调整垂直度之前，应先把滑轮组件装上。然后先调整油缸的垂直度并固定，再按照上述方法固定调整顶轮。

(2) 轿厢底轮安装：在轿底与轿厢架安装结束后，将轿底轮组安装在轿底下面两块底板上，并用 M24 螺栓连接（图 37-42）。调整轿底轮组中心平面与下梁中心，平行误差应小于 1mm，调整后将 M24 螺栓紧固固定好。

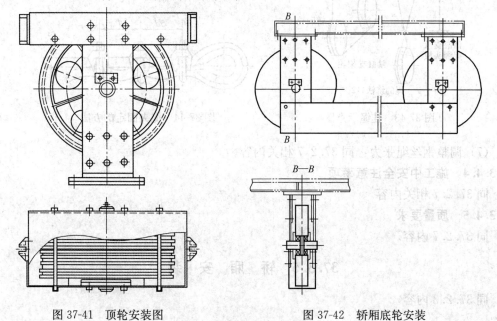

图 37-41 顶轮安装图   图 37-42 轿厢底轮安装

(3) 确定钢丝绳长度：在轿厢及对重、油缸的绳头板上相应的位置分别装好一个绳头杆。绳头杆上装上双螺母，以刚好能装上开口销为准。提起绳头杆（使绳头杆上的弹簧向压缩方向受力），用无弹性收缩的钢丝或铜制电线由轿架上梁穿至机房内，绕过曳引轮和导向轮至对重上部的钢丝绳锥套组合处作实际测量，应考虑钢丝绳在锥套内的长度及加工制作绳头所需要的长度，并加上安装轿厢时垫起的超过顶层平层位置的距离。

(4) 放钢丝绳、切断钢丝绳：同 37.2.7 相关内容。

(5) 挂钢丝绳、做绳头：同 37.2.7 相关内容。

(6) 安装钢丝绳

1) 钢丝绳的安装，缠绕的方式见图 37-43，一端固定在上部绳头架梁上，另一端固定在油缸支架的绳头板上。单绕式电梯先做绳头后挂钢丝绳。复绕式电梯由于绳头穿过复绕轮比较困难，所以要先挂钢丝绳后做绳头，或先做好一端的绳头，待挂好钢丝绳后再做另一端绳头。在安装过程中要注意钢丝绳的长度，太长了将影响油缸的提升高度，太短了轿厢未压到缓冲器，油缸就到了下死点，不利于保护油缸。

2) 在挂绳之前，应先将钢丝绳放开，使之自由悬垂于井道内，消除内应力。挂绳之前若发现钢丝绳上油污、渣土较多，可用棉丝浸上煤油，拧干后对钢丝绳进行擦拭，禁止对钢丝绳直接进行清洗，防止润滑脂被洗掉。在安装 U 形卡时，卡座应靠主绳一侧，U 形卡环应卡在附绳上，这样利于保护主绳，见图 37-44。

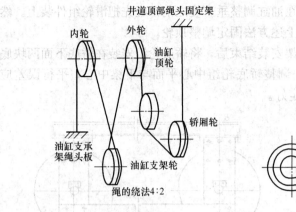

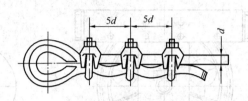

图 37-43　挂绳示意图　　　　　图 37-44　绳夹固定的方法

（7）调整钢丝绳张力：同 37.2.7 相关内容。

37.3.4.4　施工中安全注意事项

同 37.2.7 相关内容。

37.3.4.5　质量要求

同 37.2.7 内容。

37.3.5　轿　厢　安　装

同 37.2.3 内容。

37.3.6　机房设备安装及油管的安装

37.3.6.1　常用工具及机具

捯链、扳手、水平尺、盒尺、电锤、线坠、直角尺、钢板尺、墨斗、电焊机、撬杠、钢锯、钢丝绳扣。

37.3.6.2　施工条件

（1）机房土建工作完毕，门窗齐全封闭。按照液压电梯机房土建布置图，预留孔洞的位置及尺寸应符合图纸要求及规范要求，其结构必须符合承载要求。

（2）机房设计与建造符合《液压电梯制造与安装安全规范》GB 21240—2007 及相关规范的规定。

（3）液压站、电控柜及其附属设备应设置在一个专用的房间里，该房间应有由实体材料制成的墙壁、房顶、门和地面，不允许使用带孔或栅格的材料。

37.3.6.3　施工工艺流程

施工准备 → 控制柜安装 → 泵站安装 → 油管连接

（1）控制柜安装

同 37.2.8 内容。

（2）泵站安装

液压电梯的电机、油箱及相应的附属设备集中在同一箱体内，成为泵站。

1）设备的运输及吊装：泵站吊装时用吊索拴住相应的吊装环，在钢丝绳与箱体棱角接触处要垫上布、纸板等细软物以防吊起后钢丝绳将箱体的棱角、漆面磨坏。泵站运输要避免磕碰和剧烈的振动。

2）泵站安装：①液压泵站的安装必须按土建布置图进行，现场要考虑布局的合理性，泵站安装位置确保油管的走向要满足安装的规范要求。当设计无规定时，泵站箱体距墙500mm 以上，以便维修，如图 37-45 所示。②泵站按上图的要求就位后，要注意防振胶皮要垂直压下，不可有搓、滚现象，见图 37-46。③无底座、无减振胶皮的泵站可按厂家规定直接安放在地面上，找平找正后用膨胀螺栓固定。泵站应用膨胀螺栓固定在地上，其水平度偏差小于 3/1000。液压泵站油位显示应清晰、准确。显示系统工作压力的压力表应清晰、准确。与泵站相连的液压管按规定固定，与泵站相连的线槽的走向要合理。

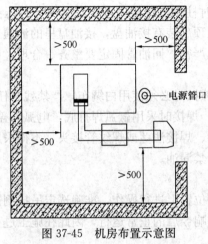

图 37-45　机房布置示意图　　　　　图 37-46　橡胶垫安装示意图

（3）油管的安装

1）安装前必须清除现场的污物及尘土，保持环境清洁，以免影响安装质量。胶管在安装时，应保证不发生扭曲变形，为便于安装可沿管长涂以色彩以便于检查。

2）根据现场实际情况核对配用油管的规格尺寸，若有不符应及时解决。拆开油管口的密封带对管口用煤油或机油进行清洗（不可用汽油，以免使橡胶圈变质），然后用细布将锈沫清除。

3）油管路的安装应可靠，无渗漏。油管口端部和橡胶封闭圈里面用干净白绸布擦干净以后，涂上润滑油。将密封圈轻轻套入后露出管口，把要组对的两管口对接严密，把密封圈轻轻推向两管接口处，使密封圈封住的两管长度相等。用手在密封圈的顶部及两侧均匀地轻压，使密封圈和油管头接触严密。

4）胶管安装时，应避免处于拉紧状态，一般收缩量为管长的 3% ～4%，因此在弯曲使用的情况下，不能马上从端部接头开始弯曲，在直线使用情况下不要使端部接头和软管受拉伸，要考虑长度上有余量使其松弛。胶管弯曲半径应不小于表 37-6 中数值，胶管与管接头处应留有一段直线部分，此段长度不得小于管外径的两倍，见表 37-6。

钢丝编织胶管最小弯曲半径（mm）　　　　　　　　　　　**表 37-6**

胶管内径	22	25	32	38	51
最小弯曲半径	350	280	450	500	600

软管的弯曲同软管接头的安装及其运动平面应尽量在同一平面内，以防止扭转；同时尽可能使软管以最短距离或沿设备轮廓安装，且尽可能平行排列。安装异径管接头应按零件上打印的规格及所示方向安装。

5）在橡胶密封圈外均匀地涂上液压油，用两个管钳一边固定，一边用力紧固螺母。应执行制造厂技术文件的规定，无规定的应以不漏油为原则。

6）在要固定的部位包上专用的齿型胶皮，使齿在外边。然后用卡子加以固定。对于沿地面固定的油管，直接用 Ω 形卡打胀塞固定，固定间距为 1000～1200mm 为宜。固定管卡安装间隔 1.5m，卡圈不宜得过紧，以免产生不必要的应力。胶管避免与机械上尖角接触或摩擦以免损伤胶管。

7）回油管的安装，考虑在轿厢连续运行时柱塞的反复升降，会有部分液压油从油缸顶部密封处压出。为了减少油的损失，在油缸顶部装有接油盘，接油盘里的油通过回油管送回到储油箱。回油管头和油盘的连接应细致严密，回油管固定要整齐、合理，固定在不易碰撞、踩踏的地方。

8）油管连接处必须在安装时才可拆封，擦拭时必须使用白绸布，严禁残留任何杂物。

9）对于金属管道，应采用厚壁无缝钢管，焊接时采用氩弧焊打底，电弧焊盖面。

10）液压泵站以外的管道连接应采用焊接、焊接法兰或螺纹管接头，不得采用压紧装配或扩口装配。所有油管接口处必须严密，严禁漏油。

37.3.6.4　施工中安全注意事项

（1）泵站吊装过程中，施工人员站在安全位置上进行操作，准确选定吊挂捯链位置。

（2）液压系统部件精密，安装质量直接影响今后的正常运行，因此在施工过程中要准确细致。

（3）液压系统设备在运输、保管和安装过程中，严禁受潮、碰撞，严禁将油箱等作为电焊导体，机房内禁止烟火，并应设有适用于扑灭电器和油液的灭火器。

37.3.6.5　质量要求

（1）控制柜质量要求见电气装置安装内容。

（2）泵站水平度＜3/1000。用于机房液压站到油缸之间的高压软管上应印有制造厂名（或商标）、试验压力和试验日期，且固定软管时软管的弯曲半径应不小于制造厂规定的最小弯曲半径。

（3）液压管路及其附件，应可靠固定并易于检修人员的接近。如果管路在敷设时，需穿墙或地板，则在穿墙或地板处加金属套管，套管内应无接头。液压系统的液压管路应尽量地短，长度应控制在 7m 以内。油箱内壁应经除锈处理，并涂耐油防锈涂料。

（4）胶管收缩量为管长的 3％～4％，胶管安装时应留有余量，固定卡间隔小于 1.5m。

（5）清洗软管或管道接口和密封件时，应用煤油或机油进行清洗（不可使用汽油以免橡胶变质），然后用细布将锈沫清除。

37.3.7　平衡重及安全钳限速器安装

同 37.2.3 相关内容。

37.3.8 厅门的安装

同 37.2.4 相关内容。

37.3.9 电气装置安装

同 37.2.8 相关内容。

37.3.10 调 试 运 行

37.3.10.1 常用工具及机具

塞尺、钢卷尺、直尺、扳手、螺丝刀、千斤顶、加减速测试仪、深度游标卡尺、绝缘电阻测试仪、数字万用表、模拟（指针）万用表、钳型电流表、数字转速表、测温仪、噪声仪、秒表、对讲机等。

37.3.10.2 施工条件

液压电梯安装完毕，部件安装合格（细调部件除外）。油压缓冲器按要求加油、泵站油箱内油量已达要求、油缸临时支撑件已拆除。各安全开关、厅门门锁功能正常。

37.3.10.3 施工工艺流程

施工准备 → 电气线路检查试验 → 液压系统性能检查试验 → 快车运行试验 → 各安全装置检查试验 → 载荷试验 → 功能试验

（1）施工准备

调试人员必须掌握电梯调试运行方案的内容，熟悉该电梯的性能特点和测试仪表的使用方法。随机文件的有关图纸、说明书应齐全。对导轨、层门导轨等机械电气设备进行清洁除尘。对全部机械设备的润滑系统，均应按规定加好润滑油，齿轮箱应冲洗干净，按规定加好齿轮油。油缸的排气装置放气阀畅通，漏油收集装置，按规定安装到位。

（2）电气线路动作试验

主要程序及方法同 37.2 电梯安装工程要求。

（3）液压系统检查试验

1）试车前检查工作：

①对液压泵站部分的检查：控制柜中接线点必须接入到位，防止因接触不良导致电动机断相运行。根据泵站接线盒中的资料检查星三角启动装置是否正确。确实做好电动机侧和电源的断相、逆相及过载保护。对于热继电器，热敏电阻必须接入安全回路。在加注液压油前，必须检查油箱内是否有水或其他污物。确认熔丝开关或接触器的容量和电动机的功率匹配。

②对油缸部分检查：电梯运行前，再次检查油缸的垂直度。油缸柱塞首次伸出后，安装人员需要检查油缸柱塞表面是否生锈或有毛刺，如有，可用砂纸进行打磨。

2）液压系统试运行：

①移开油箱盖板，检查油箱内部污物并做必要的清洁处理，要求确保无清洁用品或其他污物留在油箱内。

② 检查油箱内实际油量，液面位于液位计最高和最低油面之间，最好在最小油量的 120％以上，初次一般将液压油加注到距盖板 40mm 处。

③反复点动电梯控制主开关，直到液压系统有一定压力。

④卸掉电磁阀插头，打开球形阀。

⑤拧松油缸上的放气螺钉一圈。

⑥启动电动机，首次启动电机时，在机房用手点动。电机声音过大，不正常，则相序不对，应调相。

⑦直至油缸上部出现液压油为止，多余的油可由漏油收集装置回收。当不再有气排出时拧紧油缸上的放气螺钉。补充液压油到距盖板 40mm 处。

3）液压系统性能检测试验：

①额定速度试验：在液压电梯平稳运行区段（不包括加、减速度区段），事先确定一个不少于 2m 的试验距离。电梯启动以后，用行程开关或接近开关和电秒表分别测出通过上述试验距离时，空载轿厢向上运行所耗费的时间和额定载重量向下运行所耗费的时间，并按速度(V)＝试验距离(L)/通过时间(T)，计算运行速度测量数据按三次平均值。再计算空载轿厢上行速度对于上行额定速度的相对误差以及额定载重量轿厢下行速度对下行额定速度的相对误差，要求均不超过 8％。液压电梯的运行速度可在轿顶上使用线速度表直接测得，也可使用电梯专用测试仪在轿内测量。

②液压泵站耐压试验与调速特性试验：将压力管路的压力调至系统压力的 1.5 倍，运转 10min，检查系统各处有无渗漏现象。根据系统的压力、流量的要求，测定启动、加速、运行、减速、平层、停止的特性参数。

③液压油缸压力试验：

a. 最低启动压力试验：在液压油缸柱塞杆头部不受力的情况下（油缸可横置），调节压力阀使系统压力逐渐上升，直至柱塞杆均匀向前运动时，记录其压力值，应符合产品说明书要求。

b. 超压试验：将液压油缸加压至额定工作压力的 1.5 倍，保持压力 5min，各处应无明显变形，无渗漏现象。

c. 稳定性试验：在油缸柱塞头部加载至额定值，测量柱塞杆中部挠度在加载前后的变化值，应无明显残余变形。

④ 限速切断阀试验：

a. 耐压试验：在额定工作压力 1.5 倍的情况下，保持压力 5min，阀体及接头无渗漏现象。

b. 限速性能试验：在额定工作压力和流量的情况下，突然降低阀入口处的压力，试验阀芯关闭液压油缸中的逆流回油所需时间，应符合设计要求。

⑤ 电动单向阀试验：

a. 耐压试验：在额定工作压力 1.5 倍的情况下，保持压力 5min，阀体及接头无渗漏现象，单向阀处应无渗漏。

b. 启闭特性试验：在额定工作压力和流量的情况下，分别测定背压为零及背压为额定压力时单向阀主阀芯的开启和关闭时间，应符合设计要求。

⑥ 手动下降阀（手动单向阀、截止阀）：

a. 内泄漏试验：在额定工作压力的 1.5 倍的情况下，保持压力 5min，检查应无泄漏。

b. 调节特性试验：在额定工作压力和流量的情况下，开启阀芯，测量通过阀的流量，应符合产品设计要求。

(4) 快车运行试验

同 37.2.8 相关内容。

各项规定测试合格，液压电梯各项性能符合要求，则液压电梯快速试验即结束。

(5) 安全装置检查试验

同 37.2.8 相关内容。

(6) 载荷试验

同 37.2.8 相关内容。

(7) 额定载荷

同 37.2.8 相关内容。

调试检验严格按照《液压电梯监督检验规程（试行）国质检锅［2003］358 号》进行，全部结束后，应符合《液压电梯制造与安装安全规范》GB 21240—2007、《电梯安装验收规范》GB/T 10060—2011、《电梯试验方法》GB/T 10059—2009、《特种设备安全监察条例》等规范要求。

37.3.10.4 施工中安全注意事项

液压电梯调试运行是电梯施工的最终环节，施工时应严格按照施工方案执行，做好成品的防护。由于电梯初次调试运行，状态不稳定，施工的程序应严格参照说明书，注意调试人员安全保护。其余参见设备调试章节的安全事项。

37.3.10.5 质量要求

(1) 如果有钢丝绳，严禁有死弯。当轿厢悬挂在两根钢丝绳或链条上，其中一根钢丝绳或链条发生异常相对伸长时，为此装设的电气安全开关必须动作可靠。对具有两个或多个液压顶升机构的液压电梯，每一组悬挂钢丝绳均应符合上述要求。

(2) 液压泵站溢流阀压力检查应符合下列规定：

液压泵站上的溢流阀应设定在系统压力为满载压力的 140%～170% 时动作。

(3) 压力试验应符合下列规定：

轿厢停靠在最高层站，在液压顶升机构和截止阀之间施加 200% 的满载压力，持续 5min 后，液压系统应完好无损。

液压电梯监督检验内容要求与方法见《液压电梯制造与安装安全规范》GB 21240—2007。

37.4 超高速曳引式电梯安装

超高速曳引式电梯指额定速度大于 6.0m/s 的电梯。它的显著特点是行程大、速度快，需用大容量电动机，以及高性能减振技术和安全设施。超高速曳引式电梯与快速、高速曳引式电梯结构形式基本一致，安装方法仍然可以参照额定速度小于 6.0m/s 的曳引式电梯施工工艺，但是，针对超高速曳引式电梯特点，引用新的施工工艺，将有助于提高施工效率和保证施工质量。下面介绍吊笼法安装超高速曳引式电梯的方法。采用该方法可以不用搭设井道脚手架，提高工作效率和经济效益。

37.4.1　主要工具及机具

钢板尺、钢角尺、钢卷尺、铁水平尺、框式水平尺、塞尺、游标卡尺、验道尺、转速表、声级计、加速减速测试仪、水准仪、激光准直仪、万用表、摇表、导轨尺、测力计、线坠、墨斗、錾子、扳手、钢锯、木工锯、撬棍、螺丝刀、尖嘴钳、钢丝钳、剥丝钳、压线钳、开孔器、锉刀、手锤、千斤顶、捯链、滑轮、钢丝绳卡、电锤、电钻、手持角向砂轮机、砂轮切割机、电气焊工具、卷扬机、施工吊笼等。

37.4.2　施工工艺流程

施工准备 → 设备检验、倒运 → 井道样板架设置 → 井道吊笼设置 → 井道测量放线 →

机房设备安装 → 井道底部设备安装 → 地坎、门套、厅门安装 → 导轨安装 → 井道部件安装 →

井道布线拆除 → 吊笼拆除 → 轿厢底坑设备安装 → 挂曳引绳 → 拆除顶层平台

37.4.3　主要工序施工工艺

37.4.3.1　施工准备

(1) 土建施工方在安装前负责井道、机房的清理工作，包括拆除井道中的安全挡板、清扫底坑等。

(2) 井道内应设置照明灯。在井道最高最低处各设一盏灯，中间每隔 7m 设一盏灯，应有足够的照度，开关设在机房和底坑内。

(3) 确定电梯设备的到货时间，安排好库房。

(4) 施工方案编制完成，通过相关人员审批。

37.4.3.2　设备检验、倒运

1. 设备检验

根据工程进度对设备进行开箱检验，有关人员（业主、生产厂家、监理）应在场，开箱记录应有相关各方签字认可，如有缺件、损坏、遗失要及时解决。设备包装箱不应有明显损坏，检查部件种类和数量应与装箱单一致，没有发生损坏锈蚀现象，零部件原产地与订货合同一致。设备开箱检验完毕，将设备、零部件根据其安装部位搬运到位。

2. 设备倒运

工地的各项安装条件已经符合后，才可进行设备倒运工作，将需要塔式起重装的部件（主要为主机、厅门和钢缆）吊到合适的楼层。通常情况下利用土建塔式起重将电梯主机设备吊装到机房位置，如土建塔式起重不能直接吊装到位，则可先利用塔吊将设备吊至机房楼层外，再采用扒杆或捯链等起重机具配合塔式起重机将设备拖到机房楼层内。

37.4.3.3　井道样板架设置

同 37.2.1.3 要求。

37.4.3.4　井道吊笼设置

(1) 井道吊笼宜用成品吊笼，若加工制作应有设计图纸、计算书，并办理相关手续后方可使用。一般吊笼结构如图 37-47 所示。

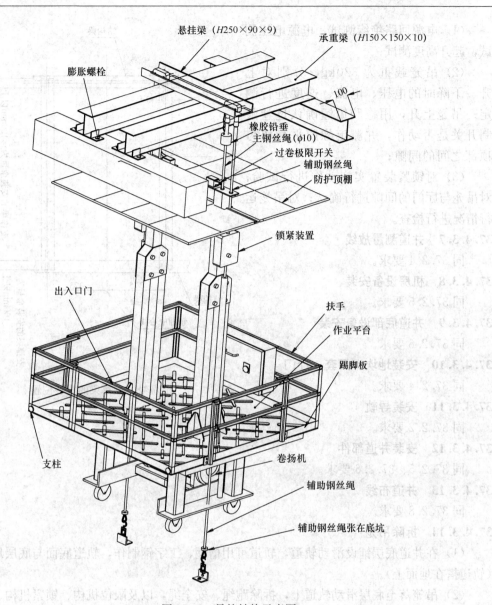

图 37-47　吊笼结构示意图

（2）一般吊笼规格：长×宽×高：1600mm×1600mm×2650mm，重：650kg，载重：320kg，最大提升高度：300m，升降速度：高速 30m/min、低速 10m/min。

37.4.3.5　吊笼安装

（1）吊笼支撑架设置在建筑物梁上，支撑架宜用工字钢或双根槽钢制作，支撑梁安装余量为 100mm（见图 37-48）。在吊笼支撑梁上方应铺设安全棚。

（2）支撑梁上安装吊笼架，用螺栓可靠固定，在吊笼梁上安装定滑轮。

（3）安装卷扬机和跑绳。在井道底层搭建吊笼平台。安装吊笼（见图 37-49）。

37.4.3.6　吊笼组装后检查

吊笼组装结束后应对吊笼进行全面检查，检查合格后方可投入使用。检查主要内容如下：

（1）电源回路绝缘测试，电源电压测试，起升高度测试；

（2）吊笼载重为 320kg，分别对上升、下降时的电压、电流、速度进行测定；吊笼上升，用橡胶铅锤确认过卷限制开关是否动作，并测定橡胶平衡块与顶部之间的间隙；

（3）对锁紧装置实施动作进行试验；对吊笼与厅门的间隙进行确认；对吊笼运行情况进行检查。

37.4.3.7 井道测量放线
同 37.2.1 要求。

37.4.3.8 机房设备安装
同 37.2.5 要求。

37.4.3.9 井道底部设备安装
同 37.2.6 要求。

37.4.3.10 安装地坎、门套、厅门
同 37.2.4 要求。

37.4.3.11 安装导轨
同 37.2.2 要求。

37.4.3.12 安装井道部件
同 37.2.5、37.2.6 要求。

37.4.3.13 井道布线
同 37.2.8 要求。

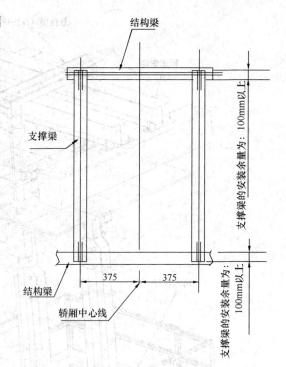

图 37-48 支撑梁的安装位置

37.4.3.14 拆除吊笼

（1）在井道底层铺设滑动轨道，轨道可用槽钢、工字钢制作，轨道底面与底层地坎平（轨道搭在地面上）。

（2）吊笼落至底层滑动轨道上，拆除跑绳、安全绳，以及限位机构、锁紧机构、导靴装置、防护顶棚等吊笼附件。

（3）用捯链将吊笼本体水平拖出井道，拆除吊笼支撑梁、吊笼梁、吊笼安全防护棚。

37.4.3.15 组装轿厢

超高速电梯轿厢分单轿厢和双轿厢，有些轿厢上面还装有整流罩，安装时有其自身特点。

1. 单轿厢安装

同 37.2.3 要求。

2. 双轿厢安装

（1）在安装位置的下部导轨上安装临时支撑支架（见图 37-50），保证其水平，在支撑支架上安装轿厢安全钳部件，安装轿厢下梁，使下梁及安全钳构成一整体。利用水平仪检查下梁的水平度，并调整导轨与安全钳之间的间隙。

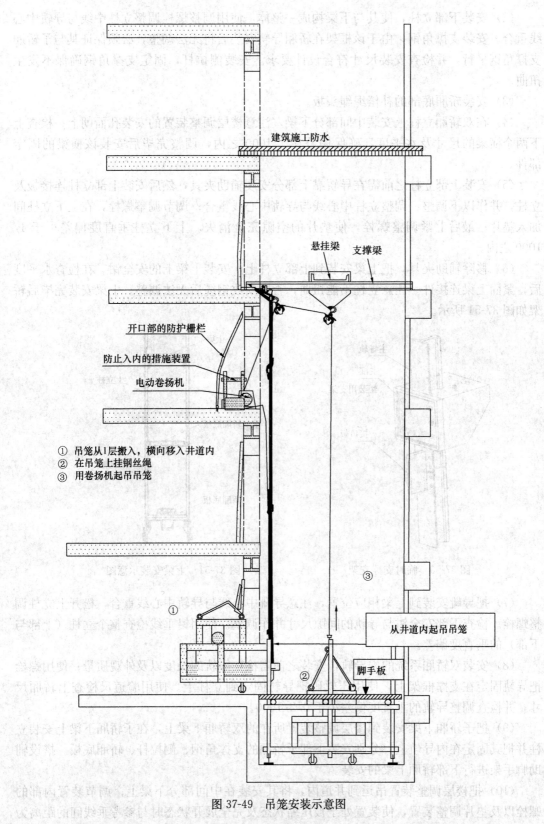

图 37-49 吊笼安装示意图

（2）安装下部立柱，使其与下梁构成一整体，使用调整螺栓调整立柱中线与导轨中心线重合。安装支撑角钢，由于该框架在轿厢导轨安装后将无法调整，必须保证其与子轿厢支撑角钢平行，并检查安装尺寸符合设计要求。安装侧拉杆，固定支撑角钢确保不发生扭曲。

（3）安装轿厢底部的补偿绳绳头板。

（4）在双轿厢立柱上安装中间部分下梁，注意楼层调整装置的安装孔面朝上；检查上下两个横梁的尺寸及水平度，确保偏差在 1/1000 之内，调整完毕后安装该横梁的固定部件。

（5）安装上部立柱之前需在导轨靠上部分安装辅助夹具，然后安装上部立柱连接板及立柱，并作以下调整：调整立柱中心线与导轨中心线重合；调节调整螺栓，在上下立柱间加入垫片；最后上紧调整螺栓，使垫片的空隙完全消失。上下立柱垂直度偏差小于 1/1000 之内。

（6）移除辅助夹具，把上梁安装到上部立柱上，安装上梁上的安全钳。在检查水平度后，紧固上梁连接件。注意立柱不能扭曲，否则安放钢缆后无法调整。上梁安装完毕后轿架如图 37-51 所示。

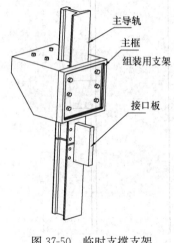

图 37-50   临时支撑支架

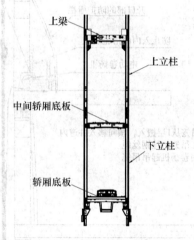

图 37-51   上梁安装示意图

（7）把导靴安装到上梁相应位置，注意导靴中心线与导轨中心线重合，松开上立柱调整螺栓。检查下部安全钳与导轨的间隙尺寸并作调整。使用铅垂线检查整个立柱（上部与下部）的垂直度偏差。

（8）安装双轿厢系统的内导轨，安装之前需检查导轨的长度以及外观质量；使用螺栓把导轨固定在支撑框架上，使用压轨码把导轨固定到立柱上。使用验道尺检查上轿厢尺寸，并检查调整导轨的垂直度偏差小于 0.2/1000。

（9）把子轿厢下梁安装到楼层调整装置所在的双轿厢下梁上，在子轿厢下梁上安装立柱并把其固定在内导轨上。分别安装下部子轿厢的支撑角钢、侧拉杆、轿厢底板。搭设辅助脚手架进行下部轿厢上梁的安装。

（10）把楼层调整装置吊运到井道内，将其安装在中间部分下梁上；调节装置内部的螺栓以及垫片调整装置，使装置处于被压缩状态及完全展开状态时与参考垂线间的距离为

0.5 mm。

(11) 安装上部轿厢的下梁，将其与楼层调整装置连接。上部轿厢的安装方式参考下轿厢的安装过程。安装随行电缆固定支架并完成轿顶检修盒的安装及布线。安装楼层距离调整驱动装置前需在上梁上预设的定位孔上安装橡胶垫使装置就位，使用垫片与调整螺栓调整装置使其前垂直度偏差在 1/1000 之内，并根据设备技术文件调整其余参数。

37.4.3.16 底坑设备安装

同 37.2.6 要求。

37.4.3.17 调试及试运行

同 37.2.10 要求。

37.4.4 施工中安全注意事项

吊笼应有完备的手续。吊笼组装结束后应检查合格后才能使用。检查内容至少包括吊笼承载力、动力、照明、操作正常、限位开关、锁紧装置有效。

37.5 自动扶梯及自动人行道安装工程

37.5.1 土建测量

37.5.1.1 常用机具

钢卷尺、磁力线坠、水准仪、水平尺。

37.5.1.2 施工条件

土建工程已验收合格并办理了交接手续；现场有土建单位提供的明确的标高基准点；扶梯或自动人行道上、下支撑面预埋钢板符合设计要求；基坑内必须清理干净，基坑周边和运输线路周围不得堆放物品。

37.5.1.3 施工方法

(1) 提升高度测量（图 37-52）：用水准仪配合钢卷尺测量上支撑面预埋钢板与下支撑面预埋钢板的垂直距离。

(2) 跨度测量：从上支撑面预埋钢板边沿垂下一线坠，用钢卷尺测量该垂线与下支撑面预埋钢板内沿的水平距离，安装口左右两侧各测一次。通孔长度宽度及支撑间的对角检验：钢卷尺检查。

(3) 基坑深度、长度：用卷尺现场测量土建提供的下支撑最终楼面的标高与基坑之间的垂直距离来确定基坑深度。用卷尺现场测量下支撑边线的铅垂线到对面基坑边线垂线间的水平距离。

(4) 扶梯或自动人行道中间支撑基础的检

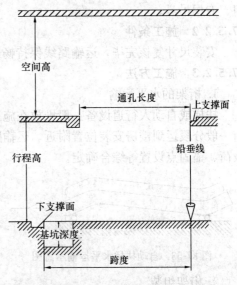

图 37-52 自动扶梯人行道土建测量示意图

验：用卷尺测量中间支撑与下支撑的水平距离及基础的高度，应符合土建布置图的要求。

（5）垂直净高度：钢卷尺测量。扶梯或自动人行道支撑面水平度的检验：用水平尺置于预埋铁板上测量。运输通道尺寸：钢卷尺测量。

37.5.1.4　施工中安全注意事项

扶梯或自动人行道安装口及基坑四周必须使用脚手架管做好临边防护，高度不小于1.2m，且应在明显位置悬挂警示牌；在测量定位时施工人员应正确有效地使用安全带，防止摔伤。

37.5.1.5　质量要求

（1）支撑间距离偏差为0～+15mm。

（2）提升高度的尺寸偏差为±15mm。

（3）基坑深度和长度不得小于土建布置图规定的数值。支撑间对角线相差不得超过10mm；支撑梁预埋铁应保持水平，其不水平度不大于1/1000。

（4）上、下支撑梁与自动扶梯或自动人行道端部配合的侧面应垂直，垂直度偏差应不大于5mm；扶梯或自动人行道支撑面不水平度应不大于1/1000；自动扶梯的梯级或自动人行道的踏板或胶带上空垂直净高度不小于2.3m（装饰后净空尺寸）。

（5）运输通道尺寸：满足产品资料所提供的运输尺寸要求。

（6）各种基准线的标识清晰。

37.5.1.6　成品保护

做好土建单位所提供的各种基准线的标识保护；各洞口防护良好，避免非工作人员随意出入。

37.5.2　桁架的组装与吊装

37.5.2.1　常用机具

卷扬机（钢丝绳手板牵引机）、捯链、搬运小坦克（自制滚轮小车）、扭力扳手、滑轮组、专用吊具。

37.5.2.2　施工条件

安装尺寸复核完毕，运输路线保持畅通。

37.5.2.3　施工方法

1. 桁架的水平运输

扶梯或自动人行道设备一般堆放在施工现场附近的简易库房内，为方便运输，在组装前一般分段运到楼房安装位置附近。运输路线要根据现场勘察情况，考虑通道畅通、地面载荷、锚固点设置等综合确定。

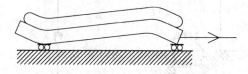

图37-53　自动扶梯水平运输示意图

在安装位置附近（如柱脚）固定卷扬机，要求有足够的强度，能承受水平移动扶梯或自动人行道桁架的拉力。为了提高运输效率，施工单位可使用搬运小坦克或制作滚轮小车，采用卷扬机或钢丝绳牵引机牵引。见图37-53。

2. 桁架组装

对于分段进场的桁架，需要在安装位置进行拼装，拼装可以在地面进行，也可以悬在半空中进行。拼接时先用定位销钉确定两金属结构段的位置，然后穿入厂家提供的专用高强螺栓，使用扭力扳手拧紧（力矩按照说明书要求）。

3. 桁架吊装

（1）扶梯或自动人行道吊挂点：自动扶梯或自动人行道两个端部各有两支吊挂螺栓作为吊装受力点，起吊自动扶梯或自动人行道必须使用该起吊螺栓，不得使其他部位受力。在使用这些螺栓时，需要掀开扶梯或自动人行道上下端部盖板，并配用专用吊具使用该螺栓。如图 37-54 所示。

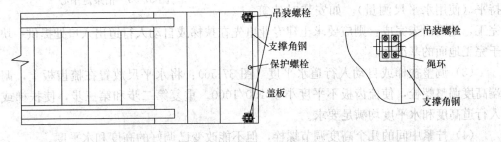

图 37-54　桁架吊装点

（2）桁架吊装：一般单部扶梯或自动人行道自重约 6t，可以利用上部楼板预留吊装洞作为承载点（需要土建设计复核或简单加固），机头部分用卷扬机、滑轮、滑轮组垂直牵引，机尾部分用捯链垂直起吊，并在机尾也用卷扬机拉引，防止机头提起桁架突然前移，做到"一提一放"。对于大跨度扶梯或自动人行道为防止桁架长度过长变形，一般要加设中间辅助吊点，但该点不能拉力过大，一般只承受桁架部位自重即可，且吊挂点必须符合桁架受力点要求。在桁架机头高于上支撑位置后，机尾部分先落入下支撑安装垫板上，机头部分缓缓落在上支撑安装垫板上，并且上下支撑搭接长度应基本相等。

37.5.2.4　施工中安全注意事项

（1）选用的吊装机具和索具必须与起重设备重量相符，并考虑动载荷。

（2）正式吊装前应先进行试吊装，应将起吊物吊离地面 10～15cm，停滞 5～10min，检查所有捆绑点及吊索具工作状况，确认无误后，进行正式吊装。在吊装区域内应设安全警戒线，非工作人员严禁入内，同时起吊过程应由专人指挥，统一行动，重物下严禁站人。起吊过程中注意设备不要与其他物体磕碰。

37.5.3　桁 架 定 中 心

37.5.3.1　施工方法

（1）自动扶梯或自动人行道中心线（图 37-55）：在自动扶梯或自动人行道两端架设两个支架（可用角钢自制），其高度应使连线位置不低于自动扶梯或自动人行道扶手高度为宜。支架竖起后，在近扶梯或自动人行道的中心位置上空，从两支架上放一条钢丝线，并在此线靠近扶梯或自动人行道两端处放两线坠，将线调至线坠中心与端部定位块上标记重合，此线即为自动扶梯或自动人行道中心线。

（2）平面位置对中：吊装前，根据土建提供尺寸，在预埋钢板上划出井道安装中心线。吊装就位时，事先在扶梯或自动人行道支撑角钢和预埋钢板间垫入 DN20 小钢管作为滚杠。使用撬杠或千斤顶水平调整，使扶梯或自动人行道中心线与预埋件上的画线对齐。使用自动扶梯或自动人行道上高度调整螺栓卸下滚杠。调整扶梯或自动人行道高度（图 37-56）：调整桁架之前在支撑板上放置垫片，调整扶梯或自动人行道高度调整螺栓，视情况增减垫片，但垫片数量不得超过 5 片，若多于 5 片时可用钢板代替适量的垫片，使梳齿板与完工地面高度持平（使用水平尺测量）。如安装时建筑

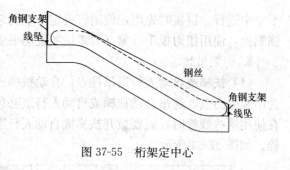

图 37-55　桁架定中心

完工，地面尚未完成，则应要求土建专业事先在扶梯或自动人行道出入口处提供一块相当于完工地面的基准面。

（3）调整扶梯或自动人行道水平度（图 37-56）：将水平尺放置在梳齿板上，调整两端高度调整螺栓，使梳齿板不平度小于 1.0/1000。重复第二步和第三步，使扶梯或自动人行道高度和水平度均满足要求。

（4）拧紧中间的几个高度调节螺栓，但不能改变已调好的高度和水平度。

（5）桁架的固定：将桁架位置及水平调试垫对以后，将桁架支撑角钢上的两侧调节螺栓松开，并将桁架两端支撑角钢与承重梁上安装垫板中的上层钢板焊接牢固（注意：不能与预埋铁焊接）。前后方向的固定：桁架前后方向与支撑基座的间隙，可用减振橡胶或胶泥进行填充。

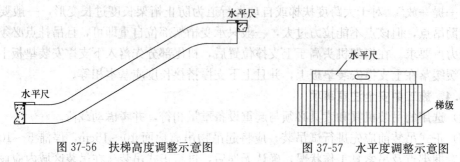

图 37-56　扶梯高度调整示意图　　　图 37-57　水平度调整示意图

37.5.3.2　质量要求

扶梯或自动人行道就位调整后，边框表面与地板的水平线标记高低误差小于 2mm，上下部水平调整误差小于 0.5/1000。桁架调整垫板与预埋钢板间点焊固定。

37.5.4　导轨类的安装

37.5.4.1　常用工具

扳手、水平仪、锤子、线坠、钢板尺、塞尺、钢卷尺等。

37.5.4.2　施工条件

桁架就位调整完毕。

37.5.4.3　施工方法

（1）由于各导轨、反轨之间几何关系复杂，为避免位置偏差，通常在各段金属结构内的上下端内侧安装附加板，将同一侧的各导轨和反轨固定在该板上，再整体安装到金属结构的固定位置。

（2）现场需要连接的轨道有专用件和垫片，把专用件螺栓穿入相应的孔洞（长孔），轻轻敲动专用件使其与两节轨道贴严，如不平可用垫片进行调整直至缝隙严密无台阶，最后将螺栓拧紧。

（3）导轨安装就位后，对其位置进行复核，必要时进行调整。以扶梯或自动人行道中心线为基准，测量调整两个主轨及两个副轨的轨间距。用调整垫片及水平尺分别调整两主轨及两副轨的水平度。

37.5.4.4 施工中安全注意事项

搬运安装导轨时要防止导轨段坠落伤人。防止人员从桁架上滑落摔伤。

37.5.4.5 质量要求

主副轨间距尺寸偏差不大于 0～0.5mm。导轨高差间距偏差不大于 0～0.5mm。导轨接头错口不大于 0.5mm。

37.5.4.6 成品保护

（1）散装导轨在现场存放时，必须可靠垫实并做好防雨措施，避免变形和生锈。

（2）安装时不得在导轨上踩踏，避免磕碰以免损伤和污染导轨。

37.5.5 扶手的安装

37.5.5.1 常用机具

扳手、螺丝刀、线坠、水平尺、1m钢板尺、橡皮锤。

37.5.5.2 施工条件

导轨安装调整完毕，检验合格。施工照明应满足作业要求，必要时使用手把灯。

37.5.5.3 施工方法

扶梯或自动人行道扶手支撑系统一般分为两种：全透明无支撑扶手装置（即玻璃＋扶手型材）、不透明支撑装置（即扶手支撑＋不锈钢内敷板装置）。

（1）全透明无支撑扶手装置的安装、调整（图 37-58）：

1）扶手系统的安装一般从下机头圆弧处开始，按照标记用吸盘将下机头圆弧段玻璃慢慢放入主承座凹槽内，内、外和底面均垫塑料衬板，防止硬接触，将夹紧螺母预固定。

2）安装扶手带回转滚轮支架：扶手带滚轮支架安装配图要求，加入塑料衬板插入圆弧段玻璃的顶面，并预固定螺栓。在滚轮支架预固定后要检查其与圆弧玻璃的配合程度，在生产过程中厂家一般留有很小余量，需用手工打磨（钢锉加油石修磨），不可过紧顶住圆弧段玻璃顶部，也不可使玻璃过分晃动。

3）同时检查左右两侧回转装置的平行度，

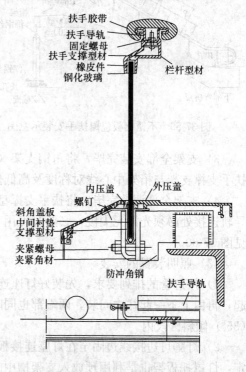

图 37-58 透明扶手安装示意图

使其平行度偏差不要超过±1mm。

4）待第一块玻璃装上后，接着按支撑座上标记第二块、第三块玻璃进行安装，并在相邻两块玻璃之间，装入柔性填充物。

5）在安装玻璃的同时，用塑料衬板调整相邻两块玻璃的高度、间隙及端面平整度，使相邻两块玻璃的错位小于2mm，各玻璃之间的间隙基本相等，符合厂家设计要求，待全部玻璃调整完毕，用扳手小心地将全部螺母锁紧。

6）上部转向端回转滚轮支架安装方法与下部相同，并检查其平行度偏差不要超过±1mm。装入扶手型材，将厂家配置的橡皮件按尺寸要求安装在玻璃板的上端，在玻璃的全长范围内，用橡皮榔头（或木质打入工具）以适当的力将扶手型材嵌入玻璃，并砸实。

7）装入扶手导轨，并将其擦净。扶手导轨连接处，必须光滑无尖棱，必要时用手工修磨平整，扶手导轨装完后，将其固定螺钉紧固。

（2）不透明支撑扶手装置（即不锈钢内敷板包覆）的安装：见图37-59。

1）不透明支撑装置的支架一般采用角钢制作，其安装一般也从机头开始，从支撑支架的第一标记开始安装支架。

2）机头扶手回转滚轮支架的安装与透明无支撑扶手装置相同，应检查其左右两侧水平度偏差不得大于±1mm。第一根扶手支撑支架安装完毕，按指定标记依次装入其余支架。上部扶手回转滚轮支架与下部相同，检查左右平行度偏差不得大于±1mm。

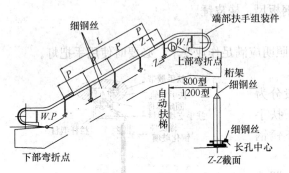
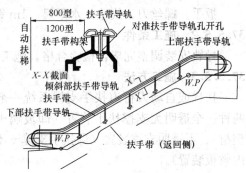

图 37-59　不锈钢板包覆扶手安装示意图　　　　图 37-60　扶手带导轨安装示意图

3）支架全部安装完毕，将角钢支架（自制）放在上下前沿板处，挂钢丝吊线，检查扶手支撑支架与桁架中心线对称度及高低位置。

4）支架全部调整完毕，将扶手支撑型材装入，固定。装入扶手导轨，并揩净，扶手导轨连接处必须光滑无尖棱，必要时可用手工修磨平整。扶手导轨装完后，紧固其螺钉。见图37-60。

（3）照明装置的安装

1）按灯管的排列要求，先装好灯座连接板，灯罩托架板，日光灯应先从弧形灯管装起，再由上下一起往中间装，两端部也同时装，应注意上弧灯管较长直线段一端应在30°（35°）倾斜区段内。

2）灯脚可边接线边固定在灯座连接板上。该连接板预放入支架槽中的螺栓与支架固定，灯罩托板架也是利用预放入支架槽中的螺栓与支架固定。

3）日光灯装好后，应通电检验，待一切正常后可装灯罩，灯罩的一边嵌入玻璃压板槽内，另一边搁在灯罩托架上。所有电线均在扶手支架中间凹槽内通入机房整流器板架上。

37.5.5.4 施工中安全注意事项

施工中防止滑落摔伤。搬运玻璃时要注意安全，应配置防滑手套，并保证通道畅通。

37.5.5.5 质量要求

(1) 扶壁板支架上下端圆弧段支架导轨的法线位置应与基准法线一致重合。

(2) 扶手导轨连接处各平面贴合严密，接缝处凸台不应大于 0.5mm。安装后，螺钉的上表面必须低于减摩片。朝向梯级一侧的扶手装置应是光滑的，压条或镶条的装设方向与运行方向不一致时，其凸出高度不应超过 3mm，且应坚固和具有圆角和倒角的边缘。

(3) 扶手护壁板边缘应是倒圆或倾角，钢化玻璃之间的间隙不允许大于 4mm，玻璃间隙上下一致，玻璃厚度不应小于 6mm。不锈钢护壁板拼缝间隙不大于 0.5mm。相邻两块玻璃之间的错位必须小于 2mm。

37.5.5.6 成品保护

各导轨散件等存放时必须可靠垫实并做好防雨措施，避免变形和生锈。安装扶壁板时要轻拿轻放，避免磕碰，扶手护壁板及玻璃表面的保护纸应保持到向业主移交前撕去。整个安装场地采用栏杆隔离，避免无关人员登梯或进入。在玻璃上粘贴"小心玻璃"等字样。

37.5.6 挂 扶 手 带

37.5.6.1 常用机具

螺丝刀、撬板、橡皮锤、扶手带专用工具。

37.5.6.2 施工条件

扶手支架和导轨安装调整完毕，导轨连接处光滑无棱角。

37.5.6.3 施工方法

(1) 用手盘车检查，扶手驱动轮在导轨上必须能自由上、下滑动。

(2) 滑轮群及防偏轮各轴承应转动灵活，发现有卡死的现象，应随时调换，以免将扶手胶带磨损。若厂家要求，可用石蜡（或凡士林）给扶手导轨和扶手表面充分涂蜡。但注意不要让导轨和扶手胶带中间部分沾上蜡。

(3) 扶手带是整根环状出厂。安装前里外轮应清洁，安装时将扶手带下分支绕驱动端滑轮群，嵌入扶手驱动轮（此时扶手驱动轮应位于最高位置，中间放在托辊上）下部绕过导向轮组，再用扶手带安装专用工具将扶手带套入上下头部转向滑轮群组。

(4) 在上、下扶手转角栏处各站一人，朝下方向用力拉扶手带，如果开始阻力很大，不要松手，因为随着扶手带有较长一部分被拉入导轨后，阻力便会大大减小，中间一人用手将扶手带移动到扶手导轨系统上。

(5) 适当调节扶手驱动滑轮及扶手压紧带托轮及张紧装置，然后反复上、下盘车，调节滑轮群组、导向轮组及张紧弹簧，使扶手带能顺利通过而不碰擦，扶手带自身张紧力适当，不可过紧或过松。调整传动辊与扶手内侧间的间隙每边在 0.5mm 以上。

(6) 测试运行扶手带：沿上行和下行方向多次运行扶手带，注意观察其运行轨迹和松紧度，并通过相应的部件进行调整，使其经过摩擦轮时应尽可能地对中；扶手带的运行中心与扶手带导轨型材的中心应对齐；用小于 70kg 的力人为地拉住下行中的扶手带时，扶手带应照常运行；当改变运行方向后，扶手带几乎不跑偏。

37.5.6.4　施工中安全注意事项

扶手带在抬运时用力要统一，防止扶手带滑落造成手部扭伤。安装时防止挤夹手指。

37.5.6.5　质量要求

扶手带应光滑无划伤。全部扶手带必须嵌入扶手带导轨。扶手带的运行中心与扶手带导轨的中心应对齐。扶手带张紧装置调整合适，扶手带转动灵活。

37.5.6.6　成品保护

扶手带存放应避开有机溶剂，同时避免与硬物接触，以免损伤，不得扭曲存放，避免形成不可恢复的变形。扶手带在最后约 150mm 部分装入时，受力比较大，可采用专用工具将其撬入扶手导轨。注意不要用螺丝刀，因为这样容易损坏带和刮伤抛光栏杆表面。

37.5.7　裙板及内外盖板的组装

37.5.7.1　常用机具

螺丝刀、扳手、曲线锯、板锉、橡皮锤。

37.5.7.2　施工条件

扶手、扶手带安装完毕。

37.5.7.3　施工方法

(1) 安装裙板时应先装上、下两头，然后再装中间段。

(2) 将裙板背面的夹具卡入围裙角钢，裙板与角钢面贴牢，且无松动现象。

(3) 拼装裙板时，接缝处应严密平整，裙板与角钢面平直，不得有凹凸不平和弯曲的现象。装裙板时，应用橡皮锤将裙板敲正。

(4) 调整裙板与梯级的间隙：

1) 梯级（停止状态）的侧面和裙板表面的间隙安装调试标准如下：单边间隙 1～4mm，两边间隙之和不大于 7mm。

2) 标准规定的尺寸范围内，微调裙板安装尺寸，以便升降梯级时，使梯级无论靠近导轨哪一部分，与裙板的间隙均不至于有超越标准的部分，而且保证梯级与裙板不产生接触和摩擦的现象。

3) 调试时可用移动围裙角钢的方法来进行调整。

(5) 安装、调整完裙板后应手动盘车至少一周，以保证无刮蹭、无异响。

(6) 安装内、外盖板：

1) 不锈钢盖板是扶梯的装饰部分，在安装时要特别细心各接缝处要求严密平整，不应有凹凸和弯曲。

2) 首先装内盖板封条，并找好位置，在裙板上钻攻螺丝钉，以便将内、外盖板用螺钉固定在裙板和封条上。

3) 在装好转角处扶手栏杆后，先装转角部分盖板和弯曲部分的内、外盖板，然后装中部的盖板，保证盖板的水平夹角不小于 25°。

37.5.7.4　施工中安全注意事项

现场切割围裙板时要避免毛刺划伤手。使用曲线锯锯割时，向前推力不能过猛，转角半径不宜小于 50mm。若卡住，则应立即切断电源，退出锯条，再进行锯割。

37.5.7.5 质量要求

裙板固定牢固，表面平整，不应有凹凸不平或有毛刺划伤的现象；连接处接口平整，接缝处凸台不大于 0.5mm，上下间隙一致，并与梯级外侧间隙一致（3mm 左右）且与梯级踏步侧面垂直。对围裙板的最不利部位，垂直施加一个 1500N 的力在 $25cm^2$ 的面积上，其凹陷不应大于 4mm，且不应由此而导致永久变形。

37.5.7.6 成品保护

裙板现场存放要避免磕碰，安装后要避免污染，在最终交工前，包装物不要去掉。

37.5.8 梯级链的引入

37.5.8.1 常用机具

锤子、扳手、铜棒、紧线器、钢丝绳套、卡簧钳。

37.5.8.2 施工条件

驱动机组、驱动主轴、张紧链轮安装调整完毕。

37.5.8.3 施工方法

（1）梯级链一般在厂内连接完毕，分节到场，只有分节处需要现场拼接，现场拼装的部位应使用该部位的连接件，不能换用其他位置的连接件，以保证达到出厂前厂家调准的状态。

（2）梯级链为散装发货的自动扶梯或自动人行道，可先使用人力将第一个 3~4 个梯级长度的梯级链段引入到梯级导轨上，然后连接好第二段，连接两相邻链节时应在外侧链接上进行，使用钢丝绳套和紧线器配合拖拉链条引入导轨，再连接其后的链段，将此动作持续进行，最终可完成循环状态。

（3）对于梯级链条已装好的分段运输的自动扶梯或自动人行道，吊装定位后，拆除用于临时固定牵引链条和梯级的钢丝绳，将两段链条对接，使用铜棒将链销轴铆入，用钢丝销（也有用开口弹簧挡圈的）将牵引链条销轴连接（图 37-61）。

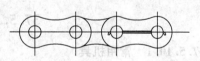

图 37-61 链条连接示意图

37.5.8.4 施工中安全注意事项

链条连接时，应将链条垫实垫稳，防止滑脱砸伤手指。引入链条长度较长时，重量较大，必须使用钢丝绳牵引，不得使用麻绳或铁丝，避免绳子拉断后链条滑落伤人。

37.5.8.5 质量要求

安装后的梯级链应润滑度好，运转自如。链条张紧适度。销轴安装时应使用铜棒顶入，不许用铁锤直接敲击。散装链条存放运输时应有防雨、防腐蚀措施。对装好的梯级链禁止蹬踏。

37.5.9 配　管、配　线

37.5.9.1 常用机具

电工工具、万用表、剥线钳、电钻、开孔器、钢卷尺、手锯、扳手、钢板尺、线坠等。

37.5.9.2　施工条件

各机械机构、控制柜、驱动马达、操纵板及各安全装置开关均已安装完毕。施工现场有良好、安全的照明。

37.5.9.3　施工方法

配管配线主要是解决电源与控制柜、控制柜与驱动马达、操纵板及各种安全装置的开关与控制柜之间连接及照明式扶手的灯具电源供给。施工中按照随机接线图所示在桁架上的线槽内布线并与各装置连接。线号与图纸要一致，不得随意变更。对没有线槽的配线要通过线管或蛇皮管加以保护。

37.5.9.4　施工中安全注意事项

在桁架上布线时防止脚下打滑摔伤。

37.5.9.5　质量要求

（1）电气照明、插座应与扶梯或自动人行道的主电路（包括控制电路）的电源分开。自动扶梯或自动人行道的电缆及其他导线必须绑扎牢固，排列整齐。

（2）自动扶梯或自动人行道配电控制屏的安装应布局合理，横竖端正。配电盘柜、箱、盒及设备配线应连接牢固、接触良好、包扎紧密、绝缘可靠、标志清楚、绑扎整齐美观。

（3）电线管、槽安装应牢固、无损伤、槽盖齐全、无翘角，与箱、盒及设备连接正确。电线管槽固定间距不大于 500mm；金属软管固定间距不大于 1000mm，端头固定牢固。

37.5.9.6　成品保护

施工现场要有安全防范措施，以免设备被盗或被破坏。安装口周围清理干净，以免杂物落入安装口砸伤设备或影响电气设备功能。控制柜等要做好覆盖，避免灰尘等进入。

37.5.10　梯级梳齿板的安装

37.5.10.1　常用机具

扳手、螺丝刀、斜塞尺。

37.5.10.2　施工条件

梯级导轨、扶手带、各安全开关安装完毕。电源与控制柜、控制柜与驱动主机、操纵板及各安全装置开关与控制柜间的接线完成。梯级链已引入并连接好。围裙板全部安装完毕。

37.5.10.3　施工方法

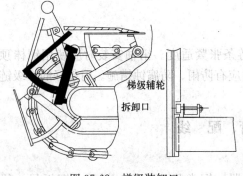

图 37-62　梯级装卸口

（1）梯级的装入：将需要安装梯级的空缺处，运行到转向导轨的装卸口，在此处，先将梯级辅助轮装入，然后将整个梯级徐徐装入装卸口（图 37-62）。

（2）梯级的调整固定：梯级装入后，将梯级的两个固定装置推向梯级牵引轴，并卡在牵引轴上，调整梯级左右位置，将踏板中心线调至与扶梯中心线重合，调试好后用内六角扳手旋紧螺栓（图 37-63）。

（3）梯级要能平滑通过末端回转部分，接触终端导轨时梯级滚轮的噪声和振动应很小。牵引轴通过末端环形导轨时应平稳，停止运行，用手拉梯级，查看有无间隙（若有间隙，是准确性好）；若无间隙，可用手转动辅轮，如不能转动，则需重新调整，然后认真检查另一个梯级。全部梯级的安装，应分成几次进行。先装入半数稍多些，其余梯级根据各工序进行情况安装。

37.5.10.4 施工中安全注意事项

在梯级安装盘车时，一定要口令、动作一致，防止回转梯级挤伤、夹伤、施工人员。

37.5.10.5 质量要求

两个相邻梯级的间隙应不超过6mm。梯级与围裙板之间的间隙单边为1～4mm，双边间隙总和不应小于7mm。梳齿板梳齿与梯级齿槽的啮合深度不小于6mm。梯级至梳齿板梳齿槽根部的垂直距离应大于4mm。

37.5.10.6 成品保护

由于梯级是整体铸造，在安装、搬运过程中要轻拿、轻放，不能用力敲

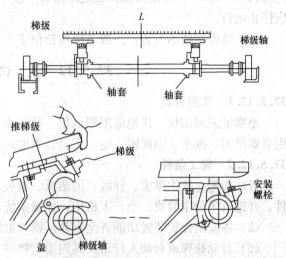

图 37-63　梯级调整示意图

击、摔打，尤其防止梯级表面的损坏。在梯级安装后防止硬物坠落，砸坏梯级。梯级调整时，切不可用金属榔头敲击，防止敲坏梯级两侧硬塑料的黄色警告边缘块。

37.5.11 安 全 装 置 安 装

自动扶梯或自动人行道的安全装置包括：速度监控装置、驱动链条伸长或断裂保护装置、梳齿板保护装置、扶手胶带入口防异物保护装置、梯级塌陷保护装置、裙板保护装置、急停按钮等。

（1）速度监控装置：速度监控装置作用是当扶梯或自动人行道的运行速度超过额定速度或低于额定速度时，及时切断电源。

（2）驱动链条伸长或断裂保护装置的安装：驱动链条伸长或断裂保护装置安装在链条张紧弹簧的端部，当链条因磨损或其他原因变长或断裂时，此开关动作。驱动链条伸长或断裂保护装置的工作距离为2～3mm。

（3）梳齿板保护装置的安装：梳齿板受到一定的水平力时（980N），安全开关应能动作，梳齿板安全开关的闭合距离约为2～3.5mm，可用梳齿板下方的螺杆调节。

（4）扶手胶带入口异物保护装置的安装：常用的扶手胶带入口异物保护装置是弹性体套圈防异物保护装置。如果有异物进入入口处，异物就会使弹性缓冲器变形，当变形达到一定程度时，缓冲器销钉就能触动装在入口处的开关，使扶梯或自动人行道停车。扶手胶带入口异物保护装置是可自动复位的。

（5）梯级塌陷保护装置的安装：一般梯级塌陷保护装置有两套，分别装在梯路上、下曲线段处。安装时注意：连杆、角形件、开关连接必须牢固，螺钉拧紧；开关的立杆与梯

级的距离为 10～15mm。

（6）围裙板保护装置的安装：自动扶梯正常工作时，围裙板与梯级的间隙单边为 0.5～4mm，两边之和不大于 7mm。通常围裙板保护装置共有四个，分别装在梯路上、下水平与曲线的交汇区段处，调节围裙板保护开关支架的伸出长度使围裙板保护开关与 C 形钢间隙为 0.5mm。在围裙板和梯级之间插入一块 2～3mm 厚不太硬的板条，此时自动扶梯应停止运行。

（7）急停按钮的安装：一般急停按钮位于上、下机房的上、下出入口。

37.5.12 调 试、调 整

37.5.12.1 常用机具

绝缘电阻测试仪、接地电阻测试仪、数字万用表、钢板尺、钢卷尺、塞尺、斜塞尺、组合螺丝刀、扳手、钢丝钳、电工工具、手电筒等。

37.5.12.2 施工条件

（1）桁架、扶手系统、梯级、围裙板、盖板、电气装置等均已安装完毕，具备运转条件，并进行了分项验收。上、下机房，梯级系统等已清理完毕。

（2）各安全保护装置功能齐全有效。输入电源正常可靠，电压波动应在±7％范围内。

（3）自动扶梯或自动人行道及其周边，特别是在梳齿板的附近应有足够的照明。

37.5.12.3 施工方法

（1）对照随机发放的电气图纸仔细检查各处接线以及与本系统连接的外部接线。

（2）电磁制动器的调整。

电磁制动器的制动力矩在出厂时已调试好，若空载或有载下行的停止距离不在固定范围内时，应重新调整。松螺母，然后转动调整螺栓，顺时针方向：力矩增加；逆时针方向：力矩减少。尽可能以相等距离按同一方向转动每一只调整螺栓，使每一只弹簧的作用尽可能等同。重复上述调整，使停止距离在 200～1000mm 范围内。特别注意：如果每一只弹簧的作用力由于反复调整而不等同，应完全旋开每一只调整螺栓（使弹簧瓦和芯体接触）；然后尽可能以相等距离，旋足每一螺栓，使每一只弹簧的作用力相等。

（3）驱动装置的调整：一般自动扶梯或自动人行道驱动装置在出厂时已调好，在调试时，可采用人力驱动方法，先将人力松闸杆安装在制动器上，调试人员站在驱动装置侧面，脚踏松闸杆，松开制动器，然后用手转动装在电动机轴上的飞轮，这样就可以用手动方式启动自动扶梯或自动人行道了，在操作完成后，松开松闸杆。

（4）裙板和梯级间隙的调整：梯级（停止状态）的侧面和裙板表面的间隙在标准规定的尺寸范围内微调裙板安装尺寸，以便升降梯级时，使梯级无论靠近导轨哪一部分，与裙板的间隙均无超越标准的部分，而且保证梯级与裙板不产生接触和摩擦的现象。调试时可用移动围裙角钢的方法来进行调整。

（5）扶手带速度的调整。

张紧装置的调整：调节张紧装置的弹簧的长度使扶手带的张力符合厂家设计要求。压紧装置的调整：调节摩擦带与扶手带的摩擦力，使左、右两根扶手带速度相等，偏差不超过 2％。

（6）梳齿板与梯级间隙的调整：打开梳齿板两侧的内盖板，调节梳齿板连杆及每块梳

齿的倾角，使梳齿板与梯级的间隙符合下列要求：梳齿板的齿应与梯级的齿槽相啮合，啮合深度不小于 6mm，间隙不超过 4mm，在梳齿板踏面位置测量梳齿板的宽度不超过 2.5mm。

(7) 参照随机文件的润滑总表，通过加油装置给各部件加油。用控制柜上的检修开关手动一点一点地试转动后，作长达十多个梯级距离的试运转，确认没有异常时方可转入正式运行。

37.5.12.4　施工中安全注意事项

调试前，必须在扶梯或自动人行道上、下出入口应封闭并设立明显的警示标志，以防非专业人员误入。试运转时，如两人以上配合，操作人员必须接到有人准备完毕的信号后才可运转扶梯或自动人行道。检查电压后，注意盖好电源的保护盖板，防止触电。扶梯或自动人行道运行前，专业人员听到警告铃声后要注意安全。

37.5.12.5　质量要求

所有梯级与裙板不得发生摩擦现象，运行平稳，无异声响发生。相邻两梯级之间的整个啮合过程无摩擦现象。在额定频率和额定电压下，梯级沿运行方向空载时的速度与额定速度之间的允许偏差为±5%。扶手带的运行速度相对梯级的速度允许偏差为 0～+2%。对各种安全装置和开关的作用逐个进行检查，动作应灵活可靠。制动器制动距离符合要求。

37.5.12.6　成品保护

自动扶梯或自动人行道周围应干净整洁，不放置与调试无关的物品，并且对自动扶梯或自动人行道进行经常性的保洁。

37.5.13　试　验　运　行

(1) 正常运行测试：断开检修开关盒与控制屏的连接；将检修开关拨到检修位置，按上（下）按钮，扶梯或自动人行道应按指令上行（下行）。注意扶梯或自动人行道有无异常现象，如有应立即切断电源，排除故障后，方可运行。将检修开关拨到正常位置，用钥匙将运行开关拨到上行（下行）位置，扶梯或自动人行道应按指令上行（下行）。分别上行 15min 及下行 15min，观察运行过程中及运行后是否有异常情况，各运转零部件是否有擦碰现象。各机械安全保护装置是否安全有效。挑选不同的梯级站立，感觉梯级滚轮（主/副轮）在导轨上运行是否平稳。站在梯级踏板上上行或者下行，测试（感觉）梯级在水平段从圆弧段过渡到直线段瞬间，人是否有向后倾倒的感觉。查看梯级在转向壁时是否有跳动。在空载情况下，扶梯或自动人行道正反转 2h，电动机减速器温升<60℃。各部件运转正常，不得有任何故障发生。扶梯或自动人行道空载和有载向下运行的制停距离应符合表 37-7 规定。

自动扶梯和自动人行道制停距离　　　　　　　　　　　　　　表 37-7

额定速度	制停有效距离（m）
0.50	0.20～1.00
0.65	0.30～1.30
0.75	0.35～1.50

（2）梯级踏板静载试验

见《自动扶梯和自动人行道的制造与安装安全规范》GB 16899—2011 中 5.3.3.2.2
有关要求。

（3）梯级、踏板扭转试验

见《自动扶梯和自动人行道的制造与安装安全规范》GB 16899—2011 中 5.3.3.3.1
和 5.3.3.3.2.2 有关要求。

（4）附加制动器试验

见《自动扶梯和自动人行道的制造与安装安全规范》GB 16899—2011 中 5.4.2.2.2
和 5.4.2.2.4 有关要求。

参 考 文 献

1. 刘连昆，樊运华，冯国庆. 电梯实用技术手册原理、安装、维修、管理[M]. 北京：中国纺织工
业出版社，1995.

2. 朱昌明，洪致育，张惠侨. 电梯与自动扶梯—原理、结构、安装、测试[M]. 上海：上海交通大
学出版社，1995.

3. 强十渤，程协瑞. 安装工程分项施工工艺手册（第四分册）. 钢结构与电梯工程[M]. 北京：中国
计划出版社，1995.

4. 刘连昆，樊运华，冯国庆，王贯山. 电梯安全技术—结构·标准·故障排除·事故分析[M]. 北
京：机械工业出版社，2003.

5. 张元培. 电梯与自动扶梯的安装维修[M]. 北京：中国电力出版社，2006.

网上增值服务说明

为了给广大建筑施工技术和管理人员提供优质、持续的服务，我社针对本书提供网上免费增值服务。

增值服务的内容主要包括：

（1）标准规范更新信息以及手册中相应内容的更新；

（2）新工艺、新工法、新材料、新设备等内容的介绍；

（3）施工技术、质量、安全、管理等方面的案例；

（4）施工类相关图书的简介；

（5）读者反馈及问题解答等。

增值服务内容原则上每半年更新一次，每次提供以上一项或几项内容，其中标准规范更新情况、读者反馈及问题解答等内容我社将适时、不定期进行更新，请读者通过网上增值服务标验证后及时注册相应联系方式（电子邮箱、手机等），以方便我们及时通知增值服务内容的更新信息。

使用方法如下：

1. 请读者登录我社网站（www. cabp. com. cn）"图书网上增值服务"板块，或直接登录（http：//www. cabp. com. cn/zzfw. jsp），点击进入"建筑施工手册（第五版）网上增值服务平台"。

2. 刮开封底的网上增值服务标，根据网上增值服务标上的 ID 及 SN 号，上网通过验证后享受增值服务。

3. 如果输入 ID 及 SN 号后无法通过验证，请及时与我社联系：

E-mail：sgsc5@cabp. com. cn

联系电话：4008-188-688；010-58337206（周一至周五工作时间）

如封底没有网上增值服务标，即为盗版书，欢迎举报监督，一经查实，必有重奖！

为充分保护购买正版图书读者的权益，更好地打击盗版，本书网上增值服务内容只提供在线阅读，不限定阅读次数。

防盗版举报电话：010-58337026

网上增值服务如有不完善之处，敬请广大读者谅解并欢迎提出宝贵意见和建议（联系邮箱：sgsc5@cabp. com. cn），谢谢！